XIANDAI ZHIWU SHENGZHANG TIAOJIEJI JISHU SHOUCE

现代植物生长调节剂
技术手册

李玲　肖浪涛　谭伟明　主编

化学工业出版社

·北京·

本书详细介绍了我国植物生长调节剂的种类与应用概况，植物生长调节剂的登记、检测与安全的方法与策略，以及植物生长调节剂的加工技术与使用方法；重点介绍了植物生长调节剂在大田作物、蔬菜、果树、观赏植物、林业以及特种植物上的应用技术要点、技术评价和注意事项等方面。同时，还介绍了植物生长调节剂在植物组织培养上应用的技术要点，并分析和展望了植物生长调节剂的发展趋势。

本书可为从事农作物种植管理和植物生长调节剂研究、开发、应用的农林科技人员进行实际操作提供指导和参考，也可供高等院校相关专业师生参考。

图书在版编目（CIP）数据

现代植物生长调节剂技术手册/李玲，肖浪涛，谭伟明主编. —北京：化学工业出版社，2018.2（2024.6 重印）
ISBN 978-7-122-31232-7

Ⅰ.①现… Ⅱ.①李… ②肖… ③谭… Ⅲ.①植物生长调节剂-技术手册 Ⅳ.①S482.8-62

中国版本图书馆 CIP 数据核字（2017）第 315684 号

责任编辑：刘　军　张　艳　　　文字编辑：焦欣渝
责任校对：边　涛　　　装帧设计：王晓宇

出版发行：化学工业出版社（北京市东城区青年湖南街 13 号　邮政编码 100011）
印　　装：北京盛通数码印刷有限公司
787mm×1092mm　1/16　印张 36½　彩插 4　字数 1101 千字　2024 年 6 月北京第 1 版第 4 次印刷

购书咨询：010-64518888　　　售后服务：010-64518899
网　　址：http：//www.cip.com.cn
凡购买本书，如有缺损质量问题，本社销售中心负责调换。

定　　价：198.00 元　

京化广临字 2018——9

本书编写人员名单

主　　编　李　玲（华南师范大学）

肖浪涛（湖南农业大学）

谭伟明（中国农业大学）

副 主 编　张宗俭（中化化工科学技术研究总院）

何生根（仲恺农业工程学院）

何晓明（广东省农业科学院蔬菜研究所）

陈杰忠（华南农业大学）

陈　刚（肇庆学院）

参编人员（按姓名汉语拼音排序）

曹文轩（中国农业大学）

崔海兰（中国农业科学院植物保护研究所）

杜明伟（中国农业大学）

樊高琼（四川农业大学）

贺利雄（湖南农业大学）

贺世雄（华南农业大学）

胡　博（华南师范大学）

靳丁沙（中国农业大学）

李桂俊（台湾正瀚生技股份有限公司）

李红梅（仲恺农业工程学院）

李　娟（仲恺农业工程学院）

李婷婷（中国农业大学）

林　伟（海南热带海洋学院）

蔺万煌（湖南农业大学）

刘梦梦（华南农业大学）

罗小燕（仲恺农业工程学院）

卢忠利（中化化工科学技术研究总院）

沈雪峰（华南农业大学）
苏　益（湖南农业大学）
孙茂龙（中国农业大学）
田　昊（中国农业大学）
王若仲（湖南农业大学）
王永飞（暨南大学）
王羽梅（韶关学院）
吴　顺（中南林业科技大学）
夏　凯（台湾正瀚生技股份有限公司）
夏石头（湖南农业大学）
谢大森（广东省农业科学院蔬菜研究所）
荀　洁（中国农业大学）
杨丽霞（长沙市食品药品检验所）
杨志昆（中国农业大学）
张继伟（中化化工科学技术研究总院）
张小军（中农立华生物科技股份有限公司）
周文灵（广州甘蔗糖业研究所）

Preface

前 言

二十一世纪以来，党中央更加重视解决“三农”问题，全面促进我国农业、农村的可持续发展。植物生长调节剂的研究和开发也得到快速的发展，在我国农业生产中已显示出巨大的增产潜力和可观的经济效益，并已成为提高植物生产力和实现农业现代化的主要生物技术，也是当今农业高产、高效、优质栽培模式研究的热点之一。目前，植物生长调节剂的应用分别涉及促进种子萌发和扦插生根、调控种球发育、组织培养、调控生长和化学整株、开花调节和促进坐果、采后贮运保鲜、提高抗逆性等多个方面。由于植物生长调节剂的使用技术较其他常用农药更为复杂，若对其不甚了解，使用不当可能会效果不明显甚至造成不必要的损失。

由中国植物生理学会生长物质专业委员会组织国内专家编写、化学工业出版社出版的《植物生长调节剂应用丛书》(2002年) 和《植物生长调节剂应用手册》(2012年)，在业界产生了较大的影响，得到了广大读者的肯定。在此基础上，针对主要作物生产上的实际问题，立足我国现行登记的植物生长调节剂产品与应用技术的新变化，我们编写了《现代植物生长调节剂技术手册》，介绍了我国植物生长调节剂的种类与应用概况，植物生长调节剂的登记、检测与安全的方法与策略，以及植物生长调节剂的加工技术与使用方法；重点介绍了植物生长调节剂在大田作物、蔬菜、果树、观赏植物、林业以及特种植物上的应用技术要点、技术评价和注意事项等方面。同时介绍了植物生长调节剂在植物组织培养上应用的技术要点，并分析和展望了植物生长调节剂的发展趋势。这本书以国家颁布的最新农业政策法规为依据，结合我国当前农业研究和农村工作的实际情况，力图反映我国目前植物生长调节剂应用的现状和技术；主题突出，内容丰富，将为我国植物生长调节剂的高效、安全和标准化全方位应用起到积极的推动作用！

编者力求体现以下特点：

1. 着重介绍植物生长调节剂的性质种类和在植物生产上应用的基本知识和实用技术；

2. 重点介绍取得过农药登记、应用相对广谱、效应突出的成分；

3. 介绍植物生长调节剂的登记、检测与安全的方法与策略，以及植物生长调节剂的加工技术与使用方法。

本书编写分工如下：第一章由李玲、胡博编写；第二章由张宗俭、张继伟、蔺万煌、王若仲、崔海兰、卢忠利、李桂俊和夏凯编写；第三章由谭伟明、张小军、田昊、荀洁和杨志昆编写；第四章由崔海兰、卢忠利、张宗俭、苏益、夏石头和王若仲编写；第五章由陈刚编写；第六章由谭伟明、樊高琼、沈雪峰、曹文轩、杜明伟、杨志昆、孙茂龙编写；第七章由何晓明、王永飞、谢大森编写；第八章由李娟、陈杰忠、刘梦梦、贺世雄和罗小燕编写；第九章由何生根、李红梅编写；第十章由吴顺、林伟编写；第十一章由王羽梅、杨丽霞、谭伟明、李婷婷、杨志昆、周文灵、靳丁沙编写；第十二章由胡博、肖浪涛、贺利雄编写。全书最后由李玲、肖浪涛和谭伟明统稿。

在编写本书时，力求做到科学性强、实用性强、操作性强、文字通俗易懂，以便于读者参考应用。在编写过程中，参考了大量有关文献资料。另外，本书的编写得到了化学工业出版社、中国植物生理和植物分子生物学会、华南师范大学生命科学学院等的大力支持。在此一并致以衷心的感谢。

鉴于本书涉及内容广泛，编撰方式也有一些新的尝试，加之编者水平有限，书中难免有疏漏和不当之处，敬请读者批评指正。

李 玲

2018年2月8日

目录
CONTENTS

第一章 绪论 001

第二章 植物生长调节剂品种与应用 008

第三章 03 Chapter

植物生长调节剂的使用技术与评价

079

第四章 04 Chapter

植物生长调节剂登记、检测与安全性评价

094

07 Chapter 第七章 植物生长调节剂在蔬菜上的应用

第八章 08 Chapter

植物生长调节剂在果树上的应用

308

09 Chapter 第九章 植物生长调节剂在观赏植物上的应用 404

第十章

Chapter 10

植物生长调节剂在林业上的应用

483

第十一章 植物生长调节剂在特种植物上的应用 507

第十二章 植物生长调节剂应用的发展趋势 542

第一章　绪论

第一节　植物激素

植物生长物质是植物体内的天然植物激素以及由人工合成的具有生理活性、对植物生长发育起调节控制作用的化合物的统称，泛指对植物生长发育有调控作用的内源的和人工合成的化学物质。植物激素是指植物体内代谢产生、能运输到其他部位起作用、在低浓度下具有明显调节生长发育效应的微量有机物。

目前公认的植物激素包括生长素类（auxins）、赤霉素类（gibberellins，GA）、细胞分裂素类（cytokinins，CTK）、乙烯（ethylene）和脱落酸（abscisic acid，ABA），还包括芸薹素，也称芸薹素甾醇类（brassinosteroids，BR）、茉莉素（jasmonic acid，JA）、水杨酸（salicylic acid，SA）和独脚金内酯（strigolactones，SL）等。同时陆续在植物体内发现了多种对植物生长发育起着重要调控作用的物质，如多胺（polyamine，PA）、植物多肽激素（plant polypeptidehormone）、玉米赤霉烯酮（zearalenone）、寡糖素（oligosaccharin）、三十烷醇（1-triacontanol）等。

一、植物激素的类型

1. 生长素类

生长素大多集中分布在根尖、茎尖、嫩叶、正在发育的种子和果实等植物体内分裂和生长代谢旺盛的组织。生长素由植物体顶部向基部运输，这种单方向的运输形式称为极性运输。叶片中的生长素可通过韧皮部非极性运输到植株其他部位。当植物体内生长素含量过高时，植株会通过把游离型生长素变为束缚型生长素或通过两种降解途径来调控体内自由型生长素的含量。生长素的主要生理作用有：促进侧根和不定根的形成；促进胚芽鞘和茎的生长，抑制根的生长，维持顶端优势；推迟叶片衰老脱落；诱导雌花分化和单性果实发育；促进果实发育，延迟果实成熟；促进叶片扩大；诱导维管细胞分化。

2. 赤霉素

赤霉素是植物激素中被发现种类最多的激素，达135种，但植物体内只有少数几种赤霉素（如GA_1、GA_3、GA_4、GA_7）具有生理活性，其他的赤霉素没有生物活性，都是赤霉素生物合成的中间产物或是代谢产物。赤霉素主要在胚、茎尖、根尖、生长中的种子和果实等组织中合成。它的运输没有极性，根尖合成的GA可通过木质部向上运输，地上部茎叶合成的GA可通过韧皮部向下运输。赤霉素的主要生理作用有：促进茎的伸长是赤霉素最显著的生理作用，大量利用矮生性突变体所做的实验都表明赤霉素对矮生植物的调控作用非常明显；诱导植物开花，赤霉素对未经春化作用的植物和长日照植物诱导开花效果显著；打破休眠，促进种子发芽，赤霉素能启动多种水解酶的合成，从而有效提供了幼苗生长的营养物质；促进雄花分化（对葫芦科植物最有效）；诱导某些植物单性结实，提高坐果率；抑制成熟和器官衰老；延缓叶片衰老；促进块茎形成。研究发现，GA_1 是最主要的促进茎生长的赤霉素类物质，GA_{32} 能有效促进开花。此外，许多研究证实，赤霉素可使植物体内生长素的含量增高，并能促进维管束分化。

3. 细胞分裂素

细胞分裂素（CTK）是一类腺嘌呤衍生物。天然的CTK分为游离态细胞分裂素和结合态细胞分裂素。植物体内天然的游离态细胞分裂素有玉米素（ZT）、玉米素核苷（ZR）、二氢玉米素（DHZ）、二氢玉米素核苷（DHZR）、异戊烯基腺嘌呤（IP）等。结合态细胞分裂素有甲硫基玉米素、甲硫基异戊烯基腺苷、异戊烯基腺苷（iPA）等。人工合成的有6-苄氨基嘌呤（6-BA）、激动素、多氯苯甲酸（PBA）等。其中6-BA在农业和园艺上得到广泛应用。高等植物中细胞分裂素主要在根尖、茎端、发育中的果实和萌发的种子等组织合成。细胞分裂素的生理作用主要有：①促进细胞分裂，细胞分裂素促进细胞质分裂，从而使细胞体积扩大；②延缓植物衰老，其中玉米素核苷和二氢玉米素核苷作用最明显，它们能延缓蛋白质和叶绿素的降解速度，抑制一些与植物组织衰老相关水解酶的活性；③诱导芽分化，当培养基中CTK/IAA的比值较大时主要诱导芽的形成，当CTK/IAA的比值较小时则主要诱导根的形成，两者浓度相同时愈伤组织不分化；④消除顶端优势，促进侧芽生长。

4. 脱落酸

脱落酸（ABA）主要存在于休眠态和将要脱落的器官内。植物在逆境条件下体内的ABA含量迅速增多。ABA主要以游离型形式运输，运输不具有极性。脱落酸作为一种调节休眠、脱落及植物胁迫反应的生长抑制物质，主要生理功能有：抑制植株生长，阻止了细胞壁酸化和细胞伸长，进而抑制胚芽鞘、胚轴、嫩枝、根等伸长生长；引起气孔关闭，原因是ABA促进了保卫细胞钾离子、氯离子等物质外流，引起保卫细胞失水引起气孔关闭；增加植物的抗逆性，这是ABA重要的生理效应。逆境条件引起植物体内ABA含量增加。ABA诱导抗性相关的某些酶的重新合成而增加植物的抗逆性，因此，ABA被称为胁迫激素或应激激素。另外，ABA可促进休眠，抑制萌发。例如许多休眠种子的种皮存在脱落酸，秋季植物叶子中的ABA含量明显多于其他季节。生产实际中已用ABA处理多种植物种子来延长其休眠期。

5. 乙烯

乙烯为一种不饱和烃，常温下为气体，容易燃烧和氧化，是目前发现的唯一的气态激素。乙烯的生理作用：破除休眠芽，促进发芽及生根；抑制植株生长及矮化；引起叶子的偏上生长；促进果实成熟。此外，其还可诱导苹果幼苗提早进入开花期；使葫芦科植物性别转化，诱导多生雌花，从而增加前期雌花数，降低雌花的着花节位，提高早期产量。

6. 芸薹素

芸薹素（BR）是一种甾醇类激素，参与调控植物多方面的生长发育过程。芸薹素促进细胞延伸在很大程度上依赖木葡聚糖内糖基转移酶基因（*XETs*）的表达，木葡聚糖内糖基转移酶主要是将新的木葡聚糖添加进正在形成的细胞壁中。芸薹素通过转录因子BES1结合纤维素合成酶基因（尤其是有关初级壁合成的基因）的上游元件来调节纤维素的合成，调控细胞的伸长。在拟南芥下胚轴伸长过程中，芸薹素所调节的某些基因表达可作用于生长素所调控的植物生长。芸薹素不仅可单独与生长素或者乙烯相互作用调节拟南芥下胚轴的生长，三者之间也可共同发挥作用。芸薹素促进气孔的形成，提高植物对于干旱的抵抗能力。

7. 水杨酸

水杨酸是植物体内产生的一种简单的酚类物质，为邻羟基苯甲酸。水杨酸能诱导多种植物对病毒、真菌及细菌病害产生抗性，是植物产生过敏反应和系统获得抗病性必不可少的条件，能在转录过程中诱导病程相关蛋白（PR-蛋白）合成，并大部分分泌到细胞间隙，构成了抵御病原侵染的第一道防线。水杨酸还促进植物体细胞胚胎发育，延迟果实成熟，尤其是在抗环境胁迫方面具有明显作用。

8. 茉莉素

茉莉素是广泛存在于植物体内的一类化合物。茉莉酸和茉莉酸甲酯是植物组织中最主要的茉莉素，在被子植物中分布最普遍。茉莉素约有 20 种，是抗性相关的植物生长物质。

9. 独脚金内酯

独脚金内酯是一种新型植物激素，主要在植物根部合成，已从不同植物根的分泌物中分离得到 13 个该类化合物，其中 11 个化合物的绝对构型已经被确定。独脚金内酯来源于类胡萝卜素生物合成途径，是 NCED 酶家族催化类胡萝卜素的裂解产物。独脚金内酯的主要生理作用：诱导寄生植物种子萌发，促进丛枝菌根真菌菌丝的分枝，抑制植物分枝。目前认为，生长素对侧芽生长的抑制作用是通过促进独脚金内酯生物合成或抑制下部节间的细胞分裂素的合成来完成，独脚金内酯和生长素共同调控植物侧芽的伸长。有报道指出，拟南芥独脚金内酯信号转导的关键成员 D53-like SMXLs 在调控分枝数目和叶片发育中具有重要作用。

二、其他植物生长物质

1. 多胺

多胺是植物体内一类具有生物活性的低分子量脂肪族含氮碱，含有一个或多个氨基。多胺有刺激细胞分裂、促进生长、延缓衰老、提高抗性、调节与光敏素相关的生长和形态建成、调节开花、提高种子活力、促进根系吸收等作用。但是，多胺不具有运输性，生理浓度（以 mmol/L 计）高于经典植物激素的作用浓度。

2. 寡糖素

寡糖素大多是一些植物细胞壁和真菌细胞壁结构多糖的降解物，如 β-寡葡聚糖、木葡聚糖类寡糖和几丁质类寡糖等。植物细胞中许多游离的寡糖具有广泛的生物活性，尤其是在调节植物对逆境的防御功能方面具有重要意义。寡糖素作为激发子可诱导乙烯合成、诱导病程相关蛋白（如几丁质酶、葡聚糖酶等）合成以及诱导逆境信号分子的产生等，可以诱导植物产生抗病反应，使植物细胞壁 β-D-葡聚糖酶降解真菌的细胞壁。

3. 系统素

系统素（systemin）是研究引起植物受伤反应的信号物质时鉴定的第一个多肽信号分子，由 18 个氨基酸残基组成，系统素 C 端附近的残基为其活性所必需，其间可能涉及 17 位的苏氨酸的磷酸化。当植株受伤时，诱导了原系统素的加工而释放出系统素。系统素经维管束运输到植株的目标细胞（如维管束和叶肉细胞），与其结合蛋白相互作用，开启质膜离子通道或释放细胞器中储藏的钙离子，使胞质中自由钙离子浓度增加。钙离子激活了蛋白激酶（PK）和 PLA2 的活性，后者作用于膜的磷脂，释放出亚麻酸。亚麻酸激活了 LOX、AOS、OPDA 还原酶及 β-氧化作用，进而产生了 JA，有可能在乙烯的参与下，诱导各种信号途径组分基因的表达，以放大第二信使或者在叶肉细胞中诱导了防卫基因的表达。

第二节　植物生长调节剂

植物生长调节剂是根据植物激素的结构、功能和作用原理经人工提取、合成的，能调节植物的生长发育和生理功能的化学物质。

一、植物生长调节剂的分类

植物生长调节剂种类很多。目前有五种分类的方法。

1. 根据与植物激素作用的相似性分类

将常用的、人工合成的具有生长素活性的化合物称为生长素类物质。按照其化学结构分为：吲哚类（如吲哚丙酸、吲哚丁酸等）、萘酸类（如萘乙酸）和苯氧羧酸类［如二氯苯氧乙酸（2, 4-D）、三氯苯氧乙酸（2,4,5-T）、对氯苯氧乙酸（防落素）、对碘苯氧乙酸（增产灵）等］。

赤霉素类物质，目前在生产上应用的有 GA_3 和 GA_4+GA_7 两种产品，主要由发酵法生产。

GA_4+GA_7 对果实的作用优于 GA_3。

在人工合成的、具有细胞分裂素活性的化合物中，最常见的有激动素、6-苄氨基嘌呤、四氢化吡喃基苄基腺嘌呤在侧链 R^1 上具环状结构（腺嘌呤环），使它们的活性高于天然细胞分裂素。另外，二苯脲、氟苯缩脲等没有细胞分裂素的基本结构（腺嘌呤环），但具有细胞分裂素的活性。

脱落酸类物质有诱抗素，来自于中国科学院成都研究所获得的脱落酸高产菌株的发酵生产。

乙烯利是一种水溶性的乙烯释放剂，pH＜4.1 时稳定，进入植物体后，由于植物组织内的 pH＞4.1，乙烯利被分解释放出乙烯。环己亚胺、乙二肟等可造成果皮伤害，用作果实脱落剂。

目前已合成了 40 多种芸薹素内酯（BR）化合物，其中已开发应用的有表芸薹素内酯（24-epi-brassinolide）、高芸薹素内酯（28-homo-brassinolide）和 TS303 等。

2. 根据生理功能分类

植物的茎尖可分为分生区、伸长区和成熟区，而茎的生长主要决定于分生区的顶端分生组织和伸长区的亚顶端分生组织。根据生理功能不同，将植物生长调节剂分为植物生长促进剂、植物生长抑制剂、植物生长延缓剂。

（1）植物生长促进剂　凡是促进细胞分裂、分化和延长的调节剂都属于植物生长促进剂，它们促进植物的营养器官的生长和生殖器官的发育，生长素类、赤霉素类、细胞分裂素类、芸薹素内酯类等都属于植物生长促进剂。

（2）植物生长抑制剂　植物生长抑制剂包括阻碍顶端分生组织细胞的核酸和蛋白质的生物合成、抑制顶端分生组织细胞的伸长和分化的调节剂。外施植物生长抑制剂，使顶端优势丧失，细胞分裂慢，植株矮小，增加侧枝数目，叶片变小，也影响生殖器官的发育。外施生长素类可逆转这种抑制效应，而外施赤霉素无效。马来酰肼、直链脂肪醇或酯、三碘苯甲酸、整形素等都属于植物生长抑制剂。

（3）植物生长延缓剂　植物生长延缓剂是抑制茎部亚顶端分生组织区的细胞分裂和扩大，但对顶端分生组织不产生作用的调节剂。外施植物生长延缓剂，使节间缩短，植株矮小，但叶片数目、节数和顶端优势保持不变，植株形态正常。外施赤霉素可逆转延缓剂的效应，因为植物延缓剂抑制植物体内赤霉素的生物合成或运输，已知赤霉素主要对亚顶端分生组织区细胞的延长起作用。植物生长延缓剂包括季铵类化合物（如矮壮素、甲哌鎓等）、三唑类化合物（如多效唑、烯效唑等）、嘧啶醇、丁酰肼（比久）等。

3. 根据应用中产生的效果分类

根据植物生长调节剂在生产中的用途和效果进行分类，举例介绍几个种类如下：

（1）矮化剂　是使植物矮化健壮，可控制株型的一类生长调节剂，包括矮壮素、多效唑、烯效唑、甲哌鎓等。

（2）生根剂　包括促进林木插条生长不定根的一类生长调节剂，如吲哚丁酸、萘乙酸、丁酰肼（比久）、脱落酸等。

（3）催熟剂　指促进作物产品器官成熟的生长调节剂，如乙烯利和增甘膦等。

（4）脱叶剂　使叶片加速脱落的生长调节剂，包括脱叶磷、乙烯利、脱叶脲等。

（5）疏花疏果剂　指可以使一部分花蕾或幼果脱落的生长调节剂，常用的有二硝基甲酚、萘乙酸、萘乙酰胺、乙烯利等。

（6）保鲜剂　指防止果品和蔬菜的衰变、起到贮藏保鲜作用的一类生长调节剂，主要有 6-苄氨基嘌呤、2,4-D、1-MCP 等。

（7）抗旱剂　指可使气孔关闭、减少水分蒸发、增强植物抗旱性的生长调节剂，包括脱落酸、黄腐酸、水杨酸等。

（8）增糖剂　主要指增加糖分的积累与储藏的生长调节剂，如增甘膦等。

4. 根据调节剂来源分类

从植物、微生物、动物及其副产物中提取的生长调节剂称为天然或生物源调节剂，如赤霉素、玉米素、脱落酸等。工厂化生产的芸薹素内酯等主要通过仿生或半合成，称为仿生或半合成调节剂。多效唑、矮壮素、吡效隆、甲哌鎓、GR24 等主要通过化学合成，称为化学合成调节剂。

5. 根据合成前体分类

根据生长调节剂的合成前种类，可分为氨基酸类（如生长素类、乙烯、赤霉素类）、多肽类（如结瘤素、系统素等）、酯类（如芸薹素内酯）和异戊烯类（如赤霉素类、脱落酸、细胞分裂素）等。

二、植物生长调节剂的特点

植物生长调节剂具有生理活性，大都是人工合成的化合物。植物生长调节剂以较小的剂量处理植物，进入植物体内影响相关的各种酶系活性，或影响相应的信号途径并相互联系，起到调节作用。这个作用不同于矿物质元素氮、磷、钾、镁、钙、硼等作用。

植物生长调节剂对植物生长发育过程中的不同阶段如发芽、生根、细胞伸长、器官分化、花芽分化、开花、结果、落叶、休眠等起到调节和控制作用。它们有的能提高植物的蛋白质、糖等含量，有的能改变其形态，有的可增强植物抗寒、抗旱、抗盐碱和抗病虫害的能力。半个多世纪以来，植物生长调节剂的研究、生产及应用获得了迅速的发展。

植物生长调节剂调控植物的生长发育和产量、质量的重要作用逐渐被重视，并在各类农作物中得到了大面积推广，获得了巨大的经济和社会效益。与传统的农业技术相比，采用植物生长调节剂控制和调节作物生长发育的方法不仅能协调植株的生长发育、植株与外界条件的关系，而且能调控植物体细胞内相关基因的表达，实现对作物性状的“修饰”。目前认为，通过植物生长调节剂的适时适量运用，可使植物体内的激素含量以及生理作用发生显著的变化。

第三节 我国植物生长调节剂发展历程

中国学者在植物激素和植物生长调节剂研究方面开展了大量工作，为推动其在农业中的应用作出了重要贡献。下面介绍我国植物生长调节剂研究的发展经历。

一、跟踪应用阶段

20 世纪初，当生长素被发现不久，我国就将生长素及其类似物应用于促进油桐的扦插生根、促进无籽果实形成、化学除草、防止洋葱和马铃薯等在贮藏期间发芽、防止番茄和苹果落花落果、防止大白菜贮藏脱帮等。但是对作物化学控制的应用研究进展则相对缓慢。当时仅限于跟踪国外研究的实验，基本未在生产中应用。

20 世纪 50 年代末赤霉素传入我国，尤其在 20 世纪 70 年代初，我国出现了推广应用赤霉素（GA）的热潮，应用到大田作物，解决了水稻杂交育种中父母本花期不遇、包颈影响授粉和制种产量低等问题。但应用过程中过分夸大了植物生长调节剂的效果，忽略传统栽培技术，影响了植物生长调节剂应用技术的健康发展。

随着对赤霉素的深入研究，发现了一些新的植物生长抑制剂和延缓剂，开拓了植物生长调节剂应用范围。如中国科学院上海植物生理研究所开展了植物生长延缓剂矮壮素控制棉花徒长、减少蕾铃脱落和增产的试验；管康林等（1966）将矮壮素用于小麦防止倒伏，并在生产上得到一定面积的推广应用。但由于植物激素和植物生长调节剂作用的复杂性和生理生化手段的局限性，在这个阶段我国关于植物激素和生长调节剂的研究工作比较零散，多偏重于生理和应用方面。

二、开发推广阶段

20 世纪 70 年代以后到 90 年代末，植物生长调节剂迅速推广到大田作物生产，并促进了大量植物种类的组织培养的研究，有效地解决了生产难题，显示出常规技术无法替代的作用，取得了巨大的经济效益和社会效益。

中国科学院上海植物生理研究所等单位研究乙烯利应用于水稻生育后期化学催熟、促进棉铃成熟的生理作用。北京农业大学（现中国农业大学）韩碧文等针对棉花晚熟问题，于1973年开始应用植物生长调节剂促进晚期棉铃早熟的研究，形成了棉花应用乙烯利催熟技术，1978年开始，在全国主要棉区示范推广，1979年和1982年分别获农牧业技术改进二等奖和全国农业科学技术推广奖，迄今每年应用面积为15万～20万公顷。该技术是大面积应用调节剂主动控制作物生长发育的成功范例，更是一次作物管理观念更新的尝试。

1980年北京农业大学用新方法合成了甲哌鎓，并用于解决棉花徒长问题，增产增效改善品质的效果显著。20世纪90年代以来每年推广面积约占总植棉面积的80%以上，被列为中国棉花栽培领域三大技术变革之首。

江苏农药研究所等单位1984年成功研制多效唑，1985年中国农业科学院水稻所等组织了全国性的多效唑应用研究协作组，开始研究用多效唑控制连作晚稻秧苗徒长技术和机理，1993年应用面积达700多万公顷。多效唑可防止水稻倒伏并促使其增产；控制花生徒长等。多效唑的应用存在残留和残效问题，中国农业大学作物化控研究中心1991年开始研究的20%甲·多微乳剂（麦业丰）不但克服了多效唑应用的缺陷，而且定向控制植株基部节间伸长，而穗下节间保持适宜长度，株高不降低，抗逆防倒增产效果稳定，1999年累积推广面积达100万公顷；甲哌鎓与烯效唑的复配制剂，全面替代多效唑成分，于2008年登记开发了20.8%甲·烯微乳剂（麦巨金），除了具有稳定的防倒增产效果外，也表现出更高的生理活性。

三十烷醇是1975年美国发现的C_{30}长链脂肪醇，1978年厦门大学引进并开始在多种作物上进行实验，发现在水稻、玉米、大豆等作物上无稳定的增产效果，后发现三十烷醇（TRIA）的效果受其纯度、剂型、环境条件影响很大。福建农业科学院刘德胜等研制了三十烷醇乳粉新剂型，提高了应用效果，特别是成功地开拓了在海带、紫菜等海藻类上应用的新领域，取得了巨大的经济和社会效益，1994年获得农业部科技进步一等奖。

20世纪90年代厦门大学郭奇珍教授合成的具有自主知识产权的叔胺酯类促进型植物生长调节剂，其生理活性更高于国外报道的增产胺（DCPTA）。中国农业大学作物化控研究中心于1999年开始进行了胺鲜酯在玉米、棉花、大豆、花生等作物上的生理活性和作用机理研究，发现胺鲜酯在低浓度（1～40mg/L）下对多种植物具有调节和促进生长的作用。

在这个阶段，植物生长调节剂作用机理和化学控制基础研究方面也取得进展，如表芸薹素内酯对植物生长发育和代谢的作用及应用研究。中国科学院成都研究所获得脱落酸高产菌株并生产出诱抗素，促进了其抗性生理机制的研究。全国从事相关研究的机构和人员逐年增加，成立了"中国植物生长物质学会"（后改为"中国植物生理学会植物生长物质专业委员会"）、"中国农业技术推广协会作物化控专业委员会"和"中国农药发展与应用协会植物生长调节剂专业委员会"，多次举办全国性学术会议并进行交流，组织植物生长调节剂推广应用协作组。在化学工业出版社的支持下，中国植物生长物质学会组织专家编写并于2002年出版了《植物生长调节剂应用丛书》。

三、研究发展阶段

21世纪以来，由于作物生产条件改善、生产目标提高、品种更新和高新技术的引入，以及生产管理技术变革等因素对植物生长调节剂的研究与技术提出了新的要求，表现在对技术的环境和农产品安全性的要求提高、与其他技术的有机融合组装成集约化的技术体系、改善产品品质和增加植物抵御逆境灾害的能力成为研究的重要目标。使用人工合成的植物生长调节剂控制植物生长已经成为一种新的农业技术。

植物激素作用分子机理的研究已成为当前国际植物科学基础研究的重点，我国科学家在激素受体鉴定、激素代谢调控、信号转导以及激素调控株型发育等方面取得了具有重大国际影响的成果，同时又进一步促进了植物生长调节剂的深入研究和广泛应用，在我国农业生产中已显示出巨大的增产潜力和可观的经济效益，成为提高植物生产力和实现农业现代化的先进科技手段，是当今农业高产、高效、优质栽培模式研究的热点之一。作为一种新兴的生物技术，植物生长调节剂正朝着高效低毒、生物活性高、价廉、全方位应用方向发展。

参考文献

[1] 高雨，李颖，谢寅峰，等．独脚金内酯调控植物侧枝发育的分子机制及其与生长素交互作用的研究进展．植物资源与环境学报，2013，22 (4)：98-104.

[2] 许智宏，薛红卫．植物激素作用的分子机理．上海：上海科学技术出版社，2012.

[3] 周燮．新发现的植物激素．南京：江苏科学技术出版社，2010.

[4] 熊国胜，李家洋，王永红．植物激素调控研究进展．科学通报，2009，54 (18)：2718-2733.

[5] 段留生，田晓莉．作物化学控制原理与技术．第 2 版．北京：中国农业大学出版社，2011.

[6] 潘瑞炽，李玲．植物生长调节剂：应用与原理．广州：广东高等教育出版社，2007.

[7] 朱蕙香，陈虎保，张宗俭．常用植物生长调节剂应用指南．北京：化学工业出版社，2012.

[8] 李玲，肖浪涛．植物生长调节剂应用手册．北京：化学工业出版社，2013.

[9] 段娜，贾玉奎，徐军，等．植物内源激素研究进展．中国农学通报，2015，31 (2)：159-165.

第二章　植物生长调节剂品种与应用

第一节　植物生长调节剂品种

诱抗素（abscisic acid）

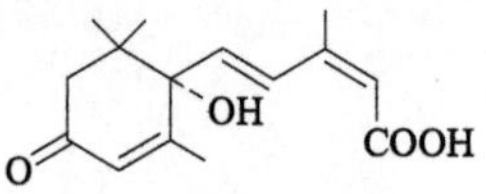

$C_{15}H_{20}O_4$，264.32，21293-29-8

诱抗素（脱落酸，abscisic acid，ABA）是一种植物体内天然存在的具有倍半萜结构的植物激素。1963年由Ohkuma、Addicott、Eagles、Wareing等人分别从棉花幼铃及槭树叶片分离出来，最初被称为脱落素、休眠素，后经结构鉴定后被重新命名为脱落酸。1978年F.Kienzl等首先人工合成，然而其生物活性没有天然的高。四川龙蟒福生科技有限责任公司首次实现了工业化生产。

化学名称　[*S*-(*Z*,*E*)]-5-(1′羟基-2′,6′,6′-三甲基-4′-氧代-2′-环己烯-1′-基)-3-甲基-2-顺,4-反戊二酸

理化性质　诱抗素有多种异构体，天然发酵诱抗素为（+）-2-顺,4-反诱抗素，其生物活性最高。从乙酸乙酯/正己烷中所得诱抗素的结晶体，其熔点为160～163℃（分解）。诱抗素溶于碳酸氢钠、乙醇、甲醇、氯仿、丙酮、乙酸乙酯、乙醚、三氯甲烷，微溶于水（1～3g/L，20℃）。最大紫外吸收峰为252nm。诱抗素稳定性较好，常温下可放置2年，但对光敏感，属强光分解化合物。

毒性　诱抗素为植物体内的天然物质，大白鼠急性经口LD_{50}＞2500mg/kg，对生物和环境无副作用。

作用特性　诱抗素可诱导植物产生对不良生长环境（逆境）的抗性（如抗旱性、抗寒性、抗病性、耐盐性等）。诱抗素是植物的“抗逆诱导因子”，被称为植物的“胁迫激素”。植物在逆境胁迫时，诱抗素在细胞间传递信息，诱导植物机体产生各种对应的抵抗能力；在土壤干旱胁迫下，诱抗素启动叶片细胞质膜上的信号传导，诱导叶面气孔不均匀关闭，减少植物体内水分蒸腾散失，提高植物抗干旱的能力。在土壤盐渍胁迫下，诱抗素诱导植物增强细胞膜渗透调节能力，降低每克干物质Na^+含量，提高PEP羧化酶活性，增强植株的耐盐能力。

应用　外源施用低浓度诱抗素，可诱导植物产生抗逆性，提高植株的生理素质，促进种子、果实的储藏蛋白和糖分的积累，最终改善作物品质，提高作物产量。诱抗素的应用效果有：

① 用诱抗素浸种、拌种、包衣等方法处理水稻种子，能提高发芽率，促进秧苗根系发

达，增加有效分蘖数，促进灌浆，增强秧苗抗病和抗倒春寒的能力，稻谷品质提高，产量提高5%～15%。

② 诱抗素拌棉种，能缩短种子发芽时间，促进棉苗根系发达，增强棉苗抗寒、抗旱、抗病、抗风灾的能力，使棉株提前半个月开花、吐絮，产量提高5%～20%。

③ 在烤烟移栽期施用诱抗素，可使烤烟苗提前3d返青，须根数较对照多1倍，烟草花叶病毒感染率减少30%～40%，烟叶蛋白质含量降低10%～20%，烟叶产量提高8%～15%。

④ 油菜移栽期施用诱抗素，可增强越冬期的抗寒能力，使根茎粗壮、结荚饱满，抗倒伏，产量提高10%～20%；蔬菜、瓜果、玉米、棉花、药材、花卉、树苗等在移栽期施用诱抗素，能提高抗逆性，改善品质，提高结实率。

⑤ 在干旱来临前施用诱抗素，可使玉米苗、小麦苗、蔬菜苗、树苗等度过短期干旱（10～20d）而保持苗株鲜活；在寒潮来临前施用诱抗素，可使蔬菜、棉花、果树等安全度过低温期；在植物病害大面积发生前施用诱抗素，可不同程度地减轻病害的发生或减轻染病的程度。

另外，外源应用高浓度诱抗素喷施丹参、三七、马铃薯等植物的叶茎，可抑制地上部分茎叶的生长，提高地下块根部分的产量和品质；人工喷施诱抗素，可显著降低杂交水稻制种时的穗发芽和白皮小麦的穗发芽；抑制马铃薯在贮存期发芽；抑制茎端新芽的生长等。

注意事项

① 本产品为强光分解化合物，应注意避光贮存。在配制溶液时，操作过程中应注意避光。

② 本产品可在0～30℃的水温中缓慢溶解（可先用极少量乙醇溶解）。

③ 田间施用本产品时，为避免强光分解降低药效，请在早晨或傍晚施用。施用后若12h内下雨需补施一次。

④ 本产品施用一次的药效持续时间为7～15d。

尿囊素（allantoin）

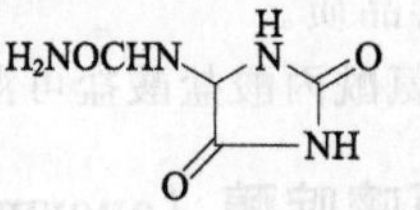

$C_4H_6O_3N_4$，158.12，97-59-6

尿囊素是一种广泛存在于植物体内的杂环类化合物。英文名还有glyoxyldiureide、5-ureidohydantoin、5-garbumidohydantoin。它广泛存在于哺乳动物的尿、胚胎及发芽的植物或子叶中。在多种作物中具有促进生长、增加产量的作用；它也是开发多种复合肥、微肥、缓效肥及稀土肥等必不可少的原料。

化学名称 *N*-2,5-二氧-4-咪唑烷基脲

理化性质 纯品为无色结晶粉末，无臭无味，能溶于热水、热醇和稀氢氧化钠溶液，微溶于水和醇，几乎不溶于醚。饱和水溶液pH值5.5。纯品熔点238～240℃，加热到熔点时开始分解。

毒性 由于人和动物体内都含有尿囊素，对人、畜安全。

作用特性 尿囊素可增强蔗糖酶的活性，提高甘蔗产量；尿囊素对土壤微生物有激活作用，从而有改善土壤的效应，对多种农作物有促进生长的作用。

应用 尿囊素是一种广谱性的植物生长调节剂。其具体应用如下：

① 农作物 如水稻、玉米、小麦，浓度100mg/L，浸种12～14h，提高发芽率及发芽势。

② 果树 在6～8月，对苹果以100mg/L喷两次，促进果实长大；葡萄、柑橘、桃李、荔枝，以100mg/L叶面喷洒2～3次，增加产量。

③ 蔬菜 辣椒开花初期每次100mg/L，7d喷一次，喷2～3次，增加产量。瓜类（西瓜、南瓜、黄瓜）：浸种浓度100mg/L，浸6h，提高发芽率及发芽势；叶面喷洒100～400mg/L，喷

3～4 次，间隔 5～9d，促进瓜类坐果。

④ 油料作物　大豆、花生开花初期每次 100mg/L，喷 3～4 次，间隔 7d，增加产量及含油量。

注意事项

① 处理后 12～24h 内遇雨，需要补喷。

② 与水杨酸、氨基乙酸、抗坏血酸及多种叶面微肥等混合使用效果更为理想。不同作物使用次数有差异。

氨酰丙酸（5-aminolevulinic acid）

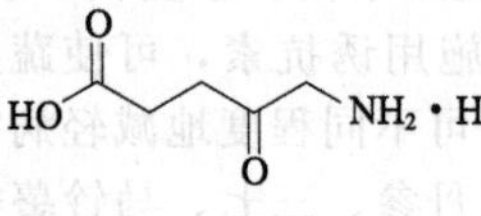

$C_5H_{10}ClNO_3$，167.5，5451-09-2

氨酰丙酸（ALA）属于微毒植物生长调节剂。

化学名称　5-氨基乙酰丙酸盐酸盐

理化性质　原药和制剂外观均为白色或类白色固体。原药相对密度 0.565～0.689。熔点 144～147℃（分解），有吸湿性，对光敏感，溶于水与乙醇，微溶于乙酸乙酯。与碱性农药混合时，易分解失效。

毒性　大鼠急性经口 LD_{50}＞5000mg/kg，急性经皮 LD_{50}＞5000mg/kg，属于低毒植物生长调节剂。

作用特性　是四吡咯的合成前体，而四吡咯是构成生物体必不可少的物质。可促进植物生长，提高作物抗逆性，增加产量，改善品质。

应用　喷雾使用 75～150mg/L 的氨酰丙酸盐酸盐可湿性粉剂到苹果上，可促进着色。

环丙嘧啶醇（ancymidol）

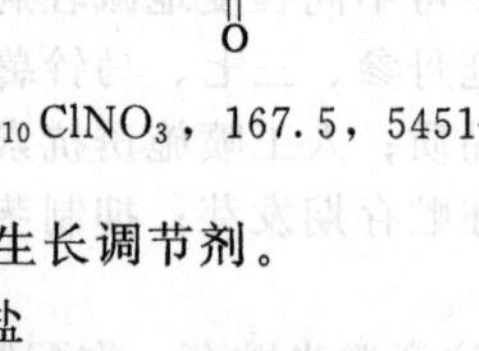

$C_{15}H_{16}O_2N_2$，256.28，12771-68-5

环丙嘧啶醇，又名三环苯嘧醇、嘧啶醇，是一种嘧啶类植物生长调节剂。1973 年发现其生物活性，同年美 EliLilly 公司开发，商品名 A-rest、Reducymol，试验代号 EL-531。商品制剂为 0.026％液剂。

化学名称　α-环丙基-α-(4-甲氧苯基)-5-嘧啶甲醇

理化性质　原药为白色结晶固体，熔点为 110～111℃，蒸气压＜0.13mPa（50℃）。水溶液在 pH11 时稳定，在酸性条件下（pH＜4）不稳定。商品制剂 A-rest 为液体，在水中溶解度为 650mg/L（25℃），易溶于丙酮、甲醇、氯仿，溶于苯。

毒性　环丙嘧啶醇对人、畜安全，大白鼠急性经口 LD_{50} 为 5000mg/kg，兔经皮 LD_{50}＞2000mg/kg。大白鼠和狗以 8000mg/L 剂量饲喂 3 个月均未见异常。

作用特性　环丙嘧啶醇可经由植株的根、茎、叶吸收，然后通过韧皮部传导到活跃生长的分生组织部位，抑制赤霉素的生物合成，从而抑制节间伸长。其具体作用位点有待研究。

应用　环丙嘧啶醇是一种广谱的植物生长调节剂，主要功能是矮化植株，促进开花（表 2-1）。

表 2-1　环丙嘧啶醇的应用方法和剂量

品种	施药时间	剂量	施药方式
菊花	5～15cm 高（摘心后 2 周）	33～132mg/L 药液	叶面喷雾或淋洒
百合花	5～15cm 高（摘心后 2 周）	33～132mg/L 药液	叶面喷雾或淋洒
一品红	摘心后 4 周	33～132mg/L 药液	叶面喷雾或淋洒
大丽菊	栽后 2 周	33～132mg/L 药液	叶面喷雾或淋洒
郁金香	出芽前 1 周到出芽后 2d	33～132mg/L 药液	叶面喷雾或淋洒

注意事项

① 勿与酸性药剂混用。

② 处理浓度过高会导致开花延迟。

③ 国内尚未开发和应用，具体使用技术有待完善。

蜡质芽孢杆菌（*Bacillus cerens*）

蜡质芽孢杆菌的其他名称：广谱增产菌、叶扶力、BC752 菌株等。中国农业大学植物生态工程研究所开发。提高作物对病菌和逆境危害引发体内产生活性氧的清除能力，维持细胞正常的生理代谢和生化反应，提高作物的抗逆性，促进作物生长，提高产量。制剂为 300 亿蜡质芽孢杆菌/g 可湿性粉剂。

菌株特性　蜡质芽孢杆菌在光学显微镜下检验菌体为直杆状，单个菌体甚小，一般长 3～5μm，宽 1～1.5μm；单个菌体无色，透明，孢囊不膨大，原生质中有不着色的球状体，革兰氏反应阳性，为兼性厌氧生长。蜡质芽孢杆菌是活体，以含 5%的水分为最佳保存状态，且具有较强的耐盐性（能在 7%NaCl 中生长），在 50℃以上条件下不能生长。

毒性　蜡质芽孢杆菌属低毒生物农药。蜡质芽孢杆菌原液大鼠急性经口 LD_{50} ＞7000 亿蜡质芽孢杆菌/kg；兔急性经皮和眼睛刺激试验用量 100 亿蜡质芽孢杆菌/kg 无刺激性。豚鼠致敏实验用 1000 亿菌体/kg，连续 7d 均未发生致敏反应。大鼠 90d 亚慢性喂养试验，剂量为 100 亿菌体/(kg·d)，未见不良反应。雌大鼠生殖毒性试验，用 500 亿菌体/(kg·d）喂养 5d，对孕鼠、仔鼠均未见明显病变。急性经口、经呼吸道、经皮三种感染试验和亚慢性感染试验，均表明无致病性，且一般不会影响试验动物生殖功能。

作用特性　蜡质芽孢杆菌能诱导油菜体内 SOD 的活性，在与油菜宿主建立密切关系的过程中，从生物分子水平引起了油菜对 SOD 的应答，激发了油菜体内的生理代谢和生化反应，能提高作物对病菌和逆境危害，引发体内产生活性氧的清除能力，减轻过量的活性氧对膜质和生物分子的损害，调节细胞微生境，维持细胞正常的生理代谢和生化反应，提高作物的抗逆性，以表现出促进作物生长、提高产量的作用。在某些病虫害胁迫下，诱抗素诱导植物叶片产生蛋白酶抑制物阻碍病原或害虫进一步侵害，减轻植物机体的受害程度。

应用　在油菜播种前，每千克种子用 300 亿/g 蜡质芽孢杆菌 15～20g 拌种，拌均匀后晾干，然后播种。在抽薹期或始花期，每公顷用 1.5～2.25kg 药粉，加水 450L 均匀喷雾于油菜叶面，可增加油菜的分枝数、角果数及籽粒数，有一定的增产作用，并可降低油菜霜霉病及油菜立枯病的发病率，有一定的防病作用。

注意事项

① 在 50℃以上失活。

② 应贮存在阴凉、干燥处，切勿受潮。

苄氨基嘌呤（6-benzylaminopurine）

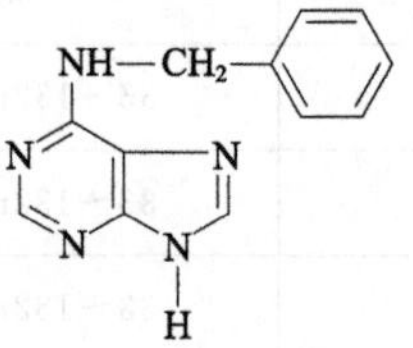

$C_{12}H_{11}N_5$，225.26，1214-39-7

苄氨基嘌呤（6-BA），也称为细胞激动素，为人工合成的一种细胞分裂素类似物，属于嘌呤类植物生长调节剂。1952年由美国威尔康姆实验室合成，1971年由上海东风试剂厂和沈阳化工研究院首先开发。现由美商华仑生物科学公司、江苏丰源生物化工、四川国光农化股份有限公司、郑州信联生化科技有限公司等企业生产。

化学名称 6-苄氨基腺嘌呤

理化性质 原药为白色或淡黄色粉末，纯度为99%。纯品为无色无味针状结晶，熔点234～235℃，蒸气压<0.148MPa（20℃），分配系数 K_{ow} lg$P$ 2.13，Henry常数 8.91×10^{-9} Pa·m³/mol（计算）。水中溶解度（20℃）为60mg/L，不溶于大多数有机溶剂，溶于二甲基甲酰胺、二甲基亚砜。稳定性：在酸、碱和中性介质中稳定，对光、热（8h，120℃）稳定。

毒性 是对人、畜安全的植物生长调节剂，大白鼠急性经口 LD_{50} 为2125mg/kg（雄）、2130mg/kg（雌）；小白鼠急性经口 LD_{50} 为1300mg/kg（雄）、1300mg/kg（雌）。对鲤鱼48h TLM值为12～24mg/L。

作用特性 苄氨基嘌呤可经由发芽的种子、根、嫩枝、叶片吸收，进入体内移动性小。苄氨基嘌呤有多种生理作用：促进细胞分裂，促进非分化组织分化，促进细胞增大增长，诱导休眠芽生长，促进种子发芽，抑制或促进茎、叶的伸长生长，抑制或促进根的生长，抑制叶的老化，打破顶端优势，促进侧芽生长，促进花芽形成和开花，诱发雌性性状，促进坐果，促进果实生长，诱导块茎形成，促进物质调运、积累，抑制或促进呼吸，促进蒸发和气孔开放，提高抗伤害能力，抑制叶绿素的分解以及促进或抑制酶的活性等。

应用 苄氨基嘌呤是广谱多用途的植物生长调节剂。在愈伤组织诱导分化芽，浓度1.0～2.0mg/L；作为葡萄、瓜类坐果剂，在开花前或开花后以50～100mg/L浸或喷花；在水稻抽穗后7～15d以20mg/L喷洒上部，防止水稻在高温气候下出现的早衰；作为苹果、蔷薇、洋兰及茶树分枝促进剂，于顶端生长旺盛阶段，以100mg/L全面喷洒；作为叶菜类短期保鲜剂，菠菜、芹菜、莴苣在采收前后用10～20mg/L喷洒一次，延长绿叶存放期；用苄氨基嘌呤50mg/L+GA_3 50mg/L药液浸泡蒜薹基部5～10min，抑制有机物质向薹苞（总苞）运转，从而延长存放时间；10～20mg/L浓度处理块根块茎可刺激膨大，增加产量。使用技术可详见表2-2所示。

表2-2 苄氨基嘌呤的使用技术

作物	处理浓度/(mg/L)	处理方式	效果
水稻	10	稻苗1～1.5叶期	防止老化，提高成活率
西瓜、香瓜	100	开花当天涂果柄处	促进坐果
南瓜、葫芦	100	开花前一天到当天涂果柄处	促进坐果
黄瓜	15	移栽时浸幼苗根24h	增加雌花
甘蓝	30	采收后喷洒叶面或浸渍	延长贮存期
花椰菜	10～15	采收时喷洒叶面或浸渍	延长贮存期
甜椒	10～20	采收前喷洒叶面或采收后浸渍	延长贮存期

续表

作物	处理浓度/(mg/L)	处理方式	效果
瓜类	10～30	采收后浸泡	耐存放
小麦	20～30	浸种 24h	提高发芽率、出苗快
玉米	20	喷洒早期雌花	提高结实率
棉花	20	浸种 24～48h	出苗快、苗齐而壮
马铃薯	10～20	浸块茎 6～12h	出苗快、壮苗
葡萄（玫瑰）	100	开花前浸葡萄串，开花时浸花序（加赤霉素）	促进坐果，形成无籽葡萄
番茄	100	开花时浸或喷花序（加赤霉素）	促进坐果，防空洞果
唐菖蒲	20	播前浸块茎 12～24h	打破休眠，促进发芽
洋晚玉香	10～40	球茎在播前浸 12～24h	打破休眠，促进发芽
杜鹃花	250～500	生长期喷全株 2 次（间隔 1 日）	促进侧芽生长
蟹爪兰	100 50	短日照处理 5d，全株喷洒 1 次 遮光后 7～10d，全株喷洒 1 次	增加着蕾 防止不开花
郁金香	25	株高 7～10cm，在筒状叶中心滴 1mL（加赤霉素 100mg/L）	防止不开花
蔷薇	0.5%～1.0%膏剂	在近地面芽的上、下部划伤口，涂药膏	增加基部枝条和切花数
荔枝	100	采收后浸 1～3min（加赤霉素）	延长存放期
苹果	每克涂 100 个休眠芽	与萘乙酸、烟酰胺复配的商品制剂抽枝宝	促进苹果、梨抽出健壮的侧枝

注意事项

① 苄氨基嘌呤用作绿叶保鲜剂，单独使用有一定效果，与赤霉素混用效果更好。

② 苄氨基嘌呤移动性小，单作叶面处理效果欠佳，与某些生长抑制剂混用效果较为理想。

③ 苄氨基嘌呤可与赤霉素混用作坐果剂，效果好，但贮存时间短，若选择好的保护、稳定剂，使两种药剂能存放 2 年以上，则会使它们的应用更广泛。

芸薹素内酯（brassinolide）

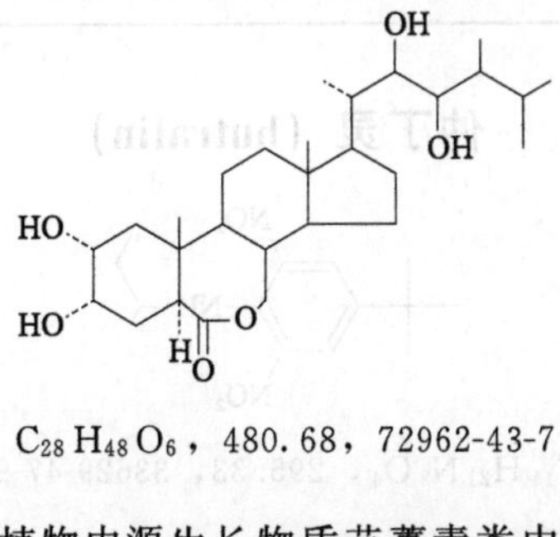

$C_{28}H_{48}O_6$，480.68，72962-43-7

芸薹素内酯（BR）是甾醇类植物内源生长物质芸薹素类中的一种。1970 年由米希尔等发现油菜花粉中含有使菜豆第二节间发生异常生长反应的物质，如节间伸长、弯曲及开裂，这是目前公认为第六类植物激素。随后从油菜花粉中提取了这种物质，称为芸薹素内酯，也称油菜素内酯。20 世纪 80 年代，日本、美国人工合成出芸薹素内酯。现由昆明云大科技产业股份有限公司、山东京蓬生物药业股份公司、上海绿泽生物科技有限公司、深圳诺普信农化股份有限公司和上海威敌生化（南昌）有限公司、郑州信联生化科技有限公司等生产。

化学名称 $(22R,23R,24S)$-2α,3α,22,23-四羟基-β-高-7-氧杂-5α-麦角甾烷-6-酮

理化性质 芸薹素内酯外观为白色结晶粉末，熔点256～258℃，水中溶解度为5mg/L，溶于甲醇、乙醇、四氢呋喃、丙酮等多种有机溶剂。

毒性 芸薹素内酯低毒，原药大白鼠急性经口 LD_{50}＞2000mg/kg，小白鼠 LD_{50}＞1000mg/kg，大白鼠急性经皮 LD_{50}＞2000mg/kg。Ames 试验没有致突变作用。鲤鱼96h LC_{50}＞10mg/L，水蚤3h LC_{50}＞100mg/L。

作用特性 芸薹素内酯在植物生长发育各阶段中，可促进营养生长，有利于完成受精。人工合成的24-表芸薹素内酯活性较高，可经由植物的叶、茎、根吸收，然后传导到起作用的部位，有的认为可增加 RNA 聚合酶的活性，增加 RNA、DNA 含量，作用浓度极微量，一般在 10^{-6}～10^{-5}mg/L。

应用 芸薹素内酯是一种高效、广谱、安全的多用途植物生长调节剂。10^{-5}mg/L 芸薹素内酯处理秧苗，可明显提高抗西草净的能力；同时芸薹素内酯还有提高水稻抗稻瘟病、纹枯病、黄瓜抗灰霉病、番茄抗疫病、白菜、萝卜抗软腐病的能力。其在作物上的应用详见表2-3所示。

表 2-3 芸薹素内酯在作物上的应用

作物	使用方法
小麦	以0.05～0.5mg/L浸种24h，促进根系发育、增加株高
玉米	以0.05～0.5mg/L分蘖期叶面喷洒，促进分蘖 以0.01～0.05mg/L于开花、孕穗期叶喷，提高弱势花结实率、穗粒数、穗重、千粒重，同时增加叶片的叶绿素含量，从而增加产量 以0.01mg/L在玉米抽花丝期喷全株或喷花丝，能明显减少穗顶端籽粒的败育率，抽雄前处理效果更好。处理后，叶片增厚，叶色深，叶绿素含量增加，光合作用增强，可明显增加产量
水稻	以0.01mg/L于水稻分蘖后期至幼穗形成期到开花期叶面喷洒，可增加穗重、每穗粒数、千粒重，若开花期遇低温，处理后更明显地提高结实率
黄瓜	以0.01mg/L于苗期处理苗，提高幼苗抗夜间7～10℃低温的能力
番茄	以0.1mg/L于果实增大期叶面喷洒，可明显增加果实重量
茄子	以0.1mg/L浸低于17℃开花的茄子花，能促进正常结果
脐橙	以0.01～0.1mg/L于开花盛期和第一次生理落果后进行叶面喷洒，50d后，0.01mg/L的坐果率增加2.5倍，0.1mg/L的增加5倍，还有一定增甜作用

仲丁灵（butralin）

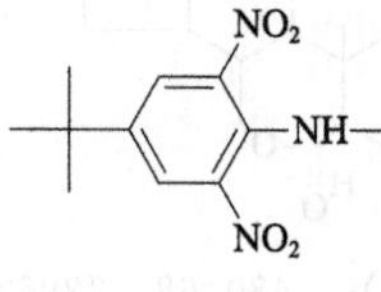

$C_{14}H_{21}N_3O_4$，295.33，33629-47-9

仲丁灵又名止芽素，为触杀兼局部内吸性抑芽剂，属于低毒性的二硝基苯胺类烟草抑芽剂。

化学名称 *N*-仲丁基-4-叔丁基-2,6-二硝基苯胺

理化性质 略带芳香味橘黄色晶体，熔点60～61℃，沸点134～136℃/0.5mmHg，蒸气压0.77mPa（25℃）。溶解度：水0.3mg/L（25℃），丙酮0.773kg/kg，二甲苯0.668kg/kg

(20℃)。257℃分解，光稳定性好，贮存3年稳定，不宜在低于−5℃下存放。

毒性　大鼠急性经口 LD_{50} (mg/kg)：1170（雄）、1049（雌）。属于低毒植物生长调节剂（中国）或按常规使用时一般不可能发生急性危害的农药（国外）。

作用特性　为选择性萌芽前除草剂。药剂进入植物体内后，主要抑制分生组织的细胞分裂，从而抑制杂草幼芽及幼根的生长，导致杂草死亡。作为植物生长调节剂用于烟草、西瓜等作物抑制侧端生长，减少人工抹芽抹杈，促进顶端优势，提高产品的产量和质量。

应用　烟草抑芽：烟草打顶后24小时内用36%乳油对水配成100倍液从烟草打顶处倒下，使药液沿茎而下流到各腋芽处，每株用药液15～20mL。

注意事项　选择晴天露水干后施药，避免药液与烟草叶片接触。

甲萘威（carbaryl）

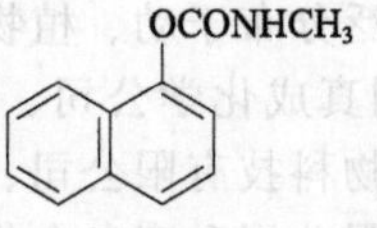

$C_{12}H_{11}NO_2$，201.2，63-25-2

甲萘威也叫疏果安，是一种萘类植物生长调节剂，也可用作杀虫剂。20世纪50年代由美国联合碳化公司开发，作为植物生长调节剂曾用商品名Hexarin，其他名称有Dicarbam、Denapon、Karbtox等。杀虫剂商品名为西维因。商品有25%、40%、50%、80%可湿粉，10%胶悬剂，25%糊剂。现由安徽省瑞特农化有限公司、江苏常隆农化有限公司、山东绿丰农药有限公司、山东东泰农化有限公司、迈克斯（如东）化工有限公司等厂家生产。

化学名称　1-萘基 *N*-甲基氨基甲酸酯

理化性质　甲萘威原药为白色结晶体，熔点142℃，相对密度1.232，蒸气压为 4.1×10^{-2} mPa (23.5℃) 水中溶解度120mg/L (20℃)，可溶于二甲基甲酰胺、丙酮、环己酮等有机溶剂。对光、热稳定，遇碱分解。

毒性　大白鼠急性经口 LD_{50} 为500mg/kg（雌），850mg/kg（雄）；大白鼠急性经皮 LD_{50} 为4000mg/kg；兔急性经皮 LD_{50} 为2000mg/kg。以200mg/L喂大白鼠两年未见异常。鲤鱼 TL_{48h} > 10mg/L，麦穗鱼0.5～3mg/L。

作用特性　甲萘威可经植物的茎、叶吸收，传导性差。它是苹果上常用的疏果剂，也是广谱触杀、胃毒性杀虫剂。

应用　甲萘威主要用作苹果、梨大年疏果，应用技术见表2-4。

表2-4　甲萘威在苹果、梨上的应用

果种	使用浓度	施药时间	施药方式	效果
秋白梨	1500mg/L	盛花后7d至成花后14d	从上向下叶面喷洒到滴水为止	大年疏果效果好
国光苹果	750～1000mg/L	盛花后14d	从上向下叶面喷洒到滴水为止	大年疏果效果好
金冠苹果	1500mg/L	盛花后14d	从上向下叶面喷洒到滴水为止	大年疏果效果好
红星苹果	1500～2000mg/L	盛花后14d	从上向下叶面喷洒到滴水为止	大年疏果效果好

注意事项

① 用疏果安作疏果剂，同一果树品种在不同果园因种植条件、树龄、开花时期、管理水平

不一样，即使用同一浓度疏果作用也不一样。另外，同一果树树冠的上下内外也不一样。因此，用疏果安作疏果剂要经专门培训后上岗。

② 另外，温度、湿度、光也影响其疏果作用，上午、湿度大、无风、天气好则喷洒效果好。

几丁聚糖（chitosan）

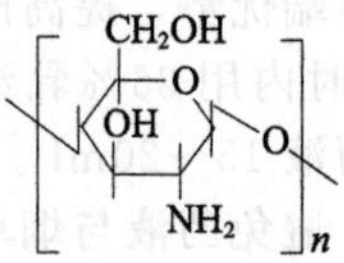

$(C_6H_{11}NO_4)_n$，9012-76-4

几丁聚糖也叫壳聚糖、甲壳素，广泛分布于动、植物及菌类中。地球上几丁聚糖的蕴藏量仅次于纤维素，年产量达 1000 亿吨。韩国真成化学公司、山东青岛中达农业科技有限公司、成都特普科技发展有限公司、江西威力特生物科技有限公司、河北上瑞化工有限公司、山东海利莱化工科技有限公司、山东科大创业生物有限公司和青岛金华海生物开发有限公司等生产。

化学名称 聚葡萄糖胺

理化性质 几丁聚糖纯品为白色或灰白色无定形片状或粉末，无臭无味。几丁聚糖可溶于稀酸及有机酸中。化学性质不活泼，对组织不引起异物反应。耐高温，经高温消毒后不变性。

几丁聚糖可溶解于许多稀酸中，分子越小，脱乙酰度越大，溶解度越大。几丁聚糖溶于弱酸稀溶液中，加工成的膜具有透气性、透湿性、渗透性、抗拉伸性及防静电作用。几丁聚糖有吸湿性，吸湿性大于 500%。

几丁聚糖在盐酸水溶液中加热至 100℃，能完全水解成氨基葡萄糖盐酸盐。在强碱水溶液中可脱去乙酰基。几丁聚糖在碱性溶液或在乙醇、异丙醇中可与环氧乙烷、氯乙醇、环氧丙烷反应生成羟乙基化或羟丙基化的衍生物，从而更易溶于水。几丁聚糖在碱性条件下与氯乙酸生成羧甲基甲壳质，可制造人造红细胞。

毒性 几丁聚糖的毒性极低。经口、皮下给药、腹腔注射的急性毒性试验，经口长期毒性试验，均显示非常小的毒性，也未发现有诱变性、皮肤刺激性、眼黏膜刺激性、皮肤过敏、光毒性、光敏性。表 2-5 列举了几丁聚糖的安全性。

表 2-5 几丁聚糖的安全性

项目	方法			结果
	动物	给药途径	操作法	
急性毒性（LD_{50}）	小白鼠、大白鼠	经口		>15g/kg
	小白鼠、大白鼠	皮下		>10g/kg
	小白鼠	腹腔		5.2g/kg
	大白鼠	腹腔		3.0g/kg
亚急性毒性	大白鼠	皮下	连续给药 3 个月	除给药处有肥厚、结节外，无生理、生化、病理变化
诱变性	—	—	大肠杆菌变异试验，Ames 试验，Recassy	无诱变性
皮肤一次刺激性	豚鼠	皮肤给药	Draize 法给药 2d	无刺激性
皮肤累积刺激性	豚鼠	皮肤给药	Draize 法给药 5 周	无刺激性

续表

项目	方法			结果
	动物	给药途径	操作法	
眼黏膜一次刺激	豚鼠	黏膜给药法	Draize 法	无刺激性，角膜、虹膜、眼底未见异常
光毒性	裸鼠	皮肤给药	—	无
皮肤过敏性	豚鼠	皮肤给药	Maximization 法	无
光敏性	豚鼠	皮肤给药		无
人皮肤粘贴试验	人	皮肤给药		无刺激性
透皮吸收性	人	皮肤给药	涂布后测定血、尿中浓度	不吸收

作用特性　几丁聚糖分子中的游离氨基对各种蛋白质的亲和力非常强，因此可用作酶、抗原、抗体等生理活性物质的固定化载体，使酶、细胞保持高度的活力。几丁聚糖可被甲壳酶、甲壳胺酶、溶菌酶、蜗牛酶水解，其分解产物是氨基葡萄糖及CO_2，前者是生物体内大量存在的一种成分，对生物无毒。几丁聚糖有良好的生物螯合和吸附能力，其分子中含有羟基、氨基，可以与金属离子形成螯合物，在pH2～6范围内，螯合最多的是Cu^{2+}，其次是Fe^{2+}，且随pH增大螯合量增多。它还可以与带负电荷的有机物（如蛋白质、氨基酸、核酸）起吸附作用。几丁聚糖和甘氨酸的交联物可使螯合Cu^{2+}的能力提高22倍。

应用

① 用作种子处理，促进增产。几丁聚糖处理种子，在种子外形成一层包衣，不但可以抑制种子周围霉菌病原体的生长，增强作物对病菌的抵抗力，而且具有生长调控作用。如1%几丁聚糖+0.25%乳酸处理大豆种子，促进早发芽。

② 几丁聚糖的弱酸稀溶液用作种子包衣剂的黏附剂，使种子可以透气，有抗菌及促进生长等多种作用，现配现用，是优良的生物多功能吸附性种子包衣剂。

③ 抗病防病作用。低分子量的几丁聚糖（分子量≤3000）可有效控制梨叶斑病毒、苜蓿花叶病毒（alfalfa mosaic virus）。0.05%几丁聚糖可抑制尖镰菌（*Fusarium solanif* sp. *pisi*）的生长（表2-6）。由于几丁聚糖的氨基与细菌细胞壁结合，具有抑制细菌生长的作用。

表2-6　不同浓度几丁聚糖对尖镰菌生长的影响

几丁聚糖浓度/%	尖镰菌生长情况/%		
	3d	4d	6d
对照（0）	100	100	100
0.025	84	87	92
0.050	17	35	54
0.100	0	0	0

④ 几丁聚糖有效防止土壤板结、植株生长不良等现象，并能调节植物生理状态，促进植物生长，增加产量。用50mL几丁聚糖+300g锯末混合，有改良土壤作用。此外，几丁聚糖的Fe^{2+}、Mn^{2+}、Zn^{2+}、Cu^{2+}、Mo^{2+}液肥可作无土栽培用的液体肥料。

⑤ 用*N*-乙酰几丁聚糖使许多农药起缓释作用，可使有效期延长50～100倍。

⑥ 在苹果采收时用1%几丁聚糖包衣后晾干，在室温下贮存5个月后，苹果表面仍保持亮绿

色没有皱缩，含水量和维生素 C 含量明显高于对照，好果率达 98%。2%几丁聚糖 600～800 倍稀释液（25～33.3mg/L）喷黄瓜，增加产量，提高抗病能力。

氯化胆碱（choline chloride）

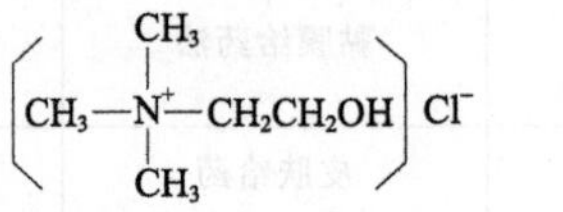

$C_5H_{14}ClNO$，139.6，67-48-1

氯化胆碱是一种胆碱类植物生长调节剂，1964 年由日本农林水产省农业技术所开发，1987 年注册为植物生长调节剂。商品剂型有 98%原粉、50%粉剂、70%液剂、2%液剂。现由广东省东莞市瑞得丰生物科技有限公司、江苏省激素研究所、重庆双丰化工有限公司等生产。

化学名称　(2-羟乙基)三甲基氯化铵

理化性质　氯化胆碱纯品为白色结晶，熔点 240℃，易溶于水，有吸湿性，进入到土壤易被微生物分解，无环境污染。

毒性　氯化胆碱为低毒性植物生长调节剂，大白鼠急性经口 LD_{50} 为 2692mg/kg（雄），2884mg/kg（雌）；小白鼠 LD_{50} 为 4169mg/kg（雄），3548mg/kg（雌）；鲤鱼（48h）TLM 在 5100mg/L 以上。

作用特性　氯化胆碱经由植物茎、叶、根吸收，然后较快地传导到起作用的部位，其生理作用可抑制 C_3 植物的光呼吸，促进根系发育，使光合产物较多地累积到块茎、块根，增加产量，改善品质。

应用　氯化胆碱属于广谱的植物生长调节剂。在移栽甘薯时，以 20mg/L 浓度将切口浸泡 24h，促进甘薯发根和早期块根膨大；水稻种子在 1000mg/L 氯化胆碱中浸 12～24h，可促进生根、壮苗；白菜和甘蓝种子用 50～100mg/L 浸 12～24h，明显增加营养体产量；萝卜以 100～200mg/L 氯化胆碱浸种 12～24h，促进生长；苹果、柑橘、桃在收前 15～60d，以 200～500mg/L 氯化胆碱进行叶面喷洒，使果实增大，提高含糖量；巨峰葡萄在采收前 30d 以 1000mg/L 氯化胆碱进行叶面喷洒，提前着色，增加甜度；大豆、玉米分别在开花期、2～3 叶期及 11 叶期以 1000～1500mg/L 氯化胆碱进行叶面喷施，可矮化植株，增加产量；以 1000～2000mg/L 处理马铃薯，可增加块茎产量。

注意事项

① 作为植物生长调节剂应用时间较短，应用技术还有待完善。

② 勿与碱性药剂混用。

矮壮素（chlormequat）

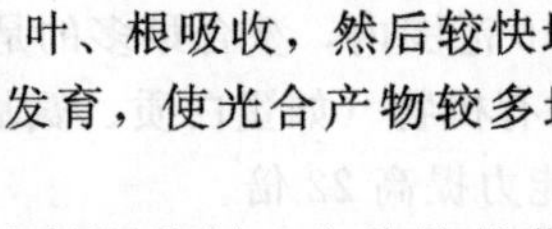

$C_5H_{13}Cl_2N$，158.06，999-81-5

矮壮素（CCC）是一种季铵盐类植物生长调节剂，1957 年由美国氰胺公司开发，商品名 Cycocel，其他名有氯化氯代胆碱（chlorocholine）、Chloride、Cycogan、Cycocel-Extra、Increcel、Lihocin、稻麦立、三西（CeCeCe、Hico CCC）。1964 年上海农药所进行合成。商品为 50%或 40%液剂。安阳全丰生物科技有限公司、济南天邦化工有限公司、山东德州大成农药有限公司、山东荣邦化工有限公司、四川兰月科技有限公司和浙江绍兴东胡生化有限公司等生产。

化学名称　α-氯乙基三甲基氯化铵

理化性质　矮壮素纯品为白色结晶固体，有鱼腥味，熔点 235℃，可溶于水，微溶于二氯乙烷和异丙醇，不溶于苯、二甲苯。在中性或酸性介质中稳定，但遇碱则分解。

毒性　矮壮素属低毒性植物生长调节剂。采用原粉进行测试，雄性大白鼠 LD_{50} 为 833mg/kg，大白鼠经皮 LD_{50} 为 4000mg/kg，大白鼠 1000mg/L 饲喂 2 年无不良影响。

作用特性　矮壮素由植株的叶、嫩枝、芽和根系吸收，然后转移到起作用的部位，主要作用是抑制赤霉素前体贝壳杉烯的形成，致使体内赤霉素的生物合成受到阻抑。它的生理作用是控制植株徒长，使节间缩短，植株长得矮、壮、粗，根系发达，抗倒伏，同时叶色加深，叶片增厚，叶绿素含量增多，光合作用增强，促进生殖生长，从而提高某些作物的坐果率，也能改善某些作物果实、种子的品质，提高产量，还可提高某些作物的抗旱、抗寒及抗病虫害的能力。

应用　矮壮素是一种广谱多用途的植物生长调节剂，在农、林、园艺上得到广泛应用。用于棉花，在初花期、盛花期以 20～40mg/L 药液喷洒 1～2 次，可矮化植株，代替人工打顶，增加产量。用于小麦，以 1500～3000mg/L 药液浸种，5kg 药液浸 2.5kg 种子 6～12h，或以 1500～3000mg/L 药液 50mg 拌 5kg 种子，可壮苗，防止倒伏，增加分蘖和产量；拔节前以 1000～2000mg/L 药液喷洒 1～2 次，矮化植株，增加产量。用于玉米，以 5000～6000mg/L 药液浸种，5kg 药液浸 2.5kg 种子 6h，或者 250mg/L 药液在孕穗前顶部喷洒，使植株矮化，减少秃顶，穗大粒满。用于高粱、水稻，在拔节或分蘖末以 1000mg/L 药液喷洒全株一次，有矮化增产效果。用于花生，在播种后 50d 以 50～100mg/L 药液喷洒全株，矮化植株，增加荚果数和产量。用于马铃薯，在开花前以 1600～2500mg/L 药液喷洒一次，可提高抗旱、寒、盐能力，增加产量。用于大豆，在开花期以 1000～2500mg/L 药液喷洒一次，可减少秕荚，增加百粒重。葡萄开花前 15d，以 500～1000mg/L 药液全株喷洒一次，控制新梢旺长，使得果穗齐，果穗和粒重增加。番茄苗期以 10～100mg/L 全面淋洒土壤，使苗矮、紧凑，抗寒，提早开花结果；开花前以 500～1000mg/L 药液全株喷洒一次，促进坐果，增加产量。黄瓜生长到 14～15 叶时，以 50～100mg/L 药液全株喷洒一次，促进后期坐果，增加产量。用于甘蔗，在收前 6 周以 1000～2500mg/L 药液全株喷洒一次，矮化植株，增加含糖量。郁金香、杜鹃等花卉植物用 2000～5000mg/L 全株喷洒，都有矮化效应。

注意事项

① 本品作矮化剂使用时，被处理的作物水肥条件要好，群体有旺长之势时应用效果才好；地力差、长势弱的请勿使用。

② 在棉花上使用，用量大于 50mg/L 易使叶柄变脆，容易损伤。

③ 使用时勿将药液沾到眼、手、皮肤，沾到后尽快用清水冲洗，一旦中毒如头晕等，可酌情用阿托品治疗。

④ 勿与碱性农药混用。

硅丰环（chloromethylsilatrane）

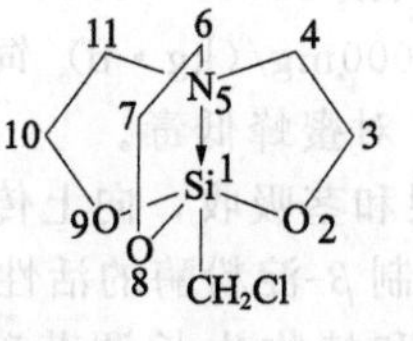

$C_7H_4ClNO_3Si$，223.5，42003-39-4

硅丰环是由吉林省吉林市绿邦科技发展有限公司开发的一种植物生长调节剂（商品名妙福）。产品有 98%原药和 50%硅丰环湿拌种剂。

化学名称 1-氯甲基-2,8,9-三氧杂-5-氮杂-1-硅三环［3,3,3,$0^{1,5}$］十一碳烷

理化性质 原药质量分数＞98%，外观为均匀的白色粉末；熔点 211～213℃；溶解度 1g（20℃，100g 水），2.4g（25℃，100g 丙酮），微溶于乙醇，易溶于 *N*,*N*-二甲基甲酰胺。堆积密度 0.544g/mL。稳定性：在干燥环境下稳定，在酸性溶液中稳定，遇碱易分解。

毒性 硅丰环原药大鼠急性经口 LD_{50}，雄性 926mg/kg，雌性 1260mg/kg；大鼠急性经皮 LD_{50}＞2150mg/kg；对兔皮肤、眼睛无刺激性；豚鼠皮肤变态反应（致敏）试验结果致敏率为 0，无皮肤致敏作用。大鼠 12 周亚慢性喂养试验最大无作用剂量：雄性为 28.4mg/(kg·d)，雌性为 6.1mg/(kg·d)；致突变试验结果：Ames 试验、小鼠骨髓细胞微核试验、小鼠睾丸细胞染色体畸变试验、小鼠精子畸形试验均为阴性，无致突变作用。50%硅丰环湿拌种剂大鼠急性经口 LD_{50}＞5000mg/kg，大鼠急性经皮 LD_{50}＞2150mg/kg；对兔皮肤、眼睛均无刺激性；豚鼠皮肤变态反应（致敏）试验的致敏率为 0，无致敏作用。

作用特性 硅丰环是一种具有特殊分子结构及显著生物活性的有机硅化合物，分子中配位键具有电子诱导功能，可以诱导作物种子的细胞分裂，在种子萌发过程中增加生根点。当作物吸收后，其分子进入植物的叶片，加强叶绿素合成能力，增强光合作用。

应用 硅丰环对冬小麦具有调节生长和增产作用。施药方法为拌种或浸种。用 1000～2000mg/kg 药液，拌种 4h（种子∶药液＝10∶1），或用 200mg/kg 药液浸种 3h（种子∶药液＝1∶1）（50%硅丰环湿拌种剂 2g 加水 0.5～1L，拌 10kg 种子，或加水 5L 浸 5kg 种子，浸 3h），然后播种，可以增加小麦的分蘖数、穗粒数及千粒重，有明显的增产作用。

氯苯胺灵（chlorpropham）

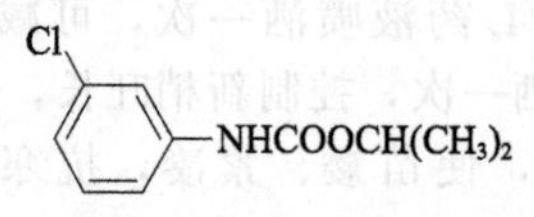

$C_{10}H_{12}ClNO_2$，213.7，101-21-3

氯苯胺灵试验代号 ENT18060。商品名称：Atlas Indigo、Decco Aerosol 273、Neostop、Prevanol、Warefog。其他名称：戴科（戴科马铃薯抑芽剂），系一种氨基甲酸酯类植物生长调节剂，1951 年 E. D. Witman 和 W. F. Newton 报道其生物活性，由 Columbia-Southern Chemical Corp 开发。制剂有 33%、40%、80%乳油，4%、5%、8%颗粒剂，0.7%戴科马铃薯抑芽粉剂、2.5%戴科抑芽粉剂、49.65%戴科抑芽气雾剂。美国仙农有限公司、美国阿塞托农化有限公司、四川国光农化有限公司、江苏南通泰禾化工有限公司和北京安福泰科技有限公司等生产。

化学名称 3-氯苯基氨基甲酸异丙酯

理化性质 原药纯度为 98.5%，熔点 38.5～40℃。纯品为无色晶体，熔点 41.4℃，沸点 256～258℃。水中溶解度为 89mg/L（25℃），可与低级醇、芳烃和大多数有机溶剂混溶，在矿物油中有中等溶解度（如 100g/kg 煤油）。稳定性：对红外线稳定，150℃以上分解，在酸性和碱性介质中缓慢分解。

毒性 急性经口 LD_{50}(mg/kg)：大鼠 5000～7500，兔 5000。兔急性经皮 LD_{50} 2000mg/kg。对豚鼠眼睛和皮肤无刺激。狗和大鼠 2000mg/(kg·d) 饲喂 2 年无不良反应。ADI 值：0.03mg/kg。野鸭急性经口 LD_{50}＞2000mg/kg。对蜜蜂低毒。

作用特性 氯苯胺灵可由芽尖、根和茎吸收，向上传导到活跃的分生组织，通过抑制蛋白质和 RNA 的生物合成抑制细胞分裂，抑制 β-淀粉酶的活性，最终起到抑制发芽作用。

应用 氯苯胺灵为选择性除草剂和植物生长调节剂。作为生长调节剂主要在欧洲使用，用于抑制马铃薯发芽。使用剂量：氯苯胺灵 1.75～2g/100kg 马铃薯，在马铃薯发芽前或收获后 2～4 周浸渍或拌块茎。

对氯苯氧乙酸（*p*-chlorophenoxyacetic acid）

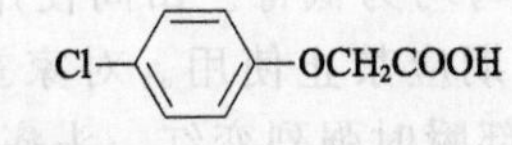

$C_8H_7ClO_3$，186.6，122-88-3

对氯苯氧乙酸（4-CPA,4-氯苯氧乙酸）又名防落素、促生灵、番茄灵、丰收灵，是一种苯氧类植物生长调节剂。1944 年由美国道化学公司、阿姆瓦克公司、英国曼克公司、日本石原、日产公司开发，其商品名为 4-CPA、Tomato Fix Concentrate、Marks 4-CPA、Tomatotone、Fruitone。我国 20 世纪 70 年代初合成。商品有 15%可溶性粉剂、2.5%水剂。现由四川国光农化有限公司、重庆双丰化工有限公司、大连诺斯曼化工有限公司、浙江省台州市黄岩红旗日用化工厂等生产。

理化性质 纯品为白色结晶，熔点 163～165℃，能溶于热水、酒精、丙酮，其盐水溶性更好，在酸性介质中稳定，耐贮藏。

毒性 防落素属低毒性植物生长调节剂，大白鼠急性经口 LD_{50} 为 850mg/kg，LC_{50} 鲤鱼为 3～6mg/L、泥鳅为 2.5mg/L（48h）、水蚤＞40mg/L。

作用特性 防落素可经由植株的根、茎、叶、花、果吸收，生物活性持续时间较长，其生理作用类似于生长素，能刺激细胞分裂和组织分化，刺激子房膨大，诱导单性结实，形成无籽果实，促进坐果及果实膨大。

应用 防落素是一种较为广谱的植物生长调节剂。主要用途是促进坐果，形成无籽果实。用于番茄、茄子、瓠瓜，在蕾期以 20～30mg/L 浸或喷蕾，可在低温下形成无籽果实；在花期（授粉后）以 20～30mg/L 浸或喷花序，可促进在低温下坐果；在正常温度下以 15～25mg/L 浸或喷蕾或花，不仅可形成无籽果促进坐果，还加速果实膨大植株矮化，提早成熟。用于葡萄、柑橘、荔枝、龙眼、苹果，在花期以 25～35mg/L 整株喷洒，可防止落花、促进坐果、增加产量。用于南瓜、西瓜、黄瓜等瓜类作物，以 20～25mg/L 浸或喷花，可防止化瓜、促进坐果。用于辣椒，以 10～15mg/L 喷花；用于四季豆等，以 1～5mg/L 喷洒全株，均可促进坐果结荚，明显提高产量。防落素可抑制柑橘果蒂叶绿素的降解，因此对柑橘有保鲜的作用。防落素与 0.1%磷酸二氢钾混用，以上效果更佳。

注意事项

① 防落素作为坐果剂，要注意水肥充足，长势旺盛时施用效果好。此外，适量增加些微量元素效果更好，但不同作物配比不同，勿任意使用。

② 巨峰葡萄对防落素较为敏感，不要进行叶面喷洒。

单氰胺（cyanamide）

$$H_2N-C\equiv N \rightleftharpoons H-N=C=N-H$$

CH_2N_2，42.04，420-04-2

单氰胺是氰胺类植物生长调节剂，同时兼有杀虫、灭菌、除草、脱叶等功效。浙江龙游东方阿纳萨克作物科技有限公司、宁夏大荣化工冶金有限公司、阿尔兹化学托斯伯格有限公司等生产。

理化性质 原药外观为白色易吸湿性晶体，熔点 45～46℃，沸点 83℃/66.7Pa，蒸气压（20℃）500mPa，纯有效成分在水中溶解度为 4.59kg/L（20℃）；溶于醇类、苯酚类、醚类，微溶于苯、卤化烃类，几乎不溶于环己烷。对光稳定，遇碱分解生成双氰胺和聚合物，遇酸分解生成尿素；加热至 180℃分解。

毒性 单氰胺原药大鼠急性经口 LD_{50}：雄性 147mg/kg，雌性 271mg/kg；大鼠急性经皮 LD_{50}＞2000mg/kg。对家兔皮肤有轻度刺激性，对眼睛具有重度刺激性。该原药对豚鼠皮肤变态反应试验属弱致敏类农药；对鱼和鸟均为低毒。田间使用浓度为 5000～25000mg/kg，对蜜蜂具有较高的风险性，在蜜源作物花期应禁止使用。对家蚕为低风险。极易刺激腐蚀人的皮肤、呼吸道、黏膜；吸入或食入使面部瞬时强烈变红、头痛、头晕、呼吸加快、心动过速、血压过低。

作用特性 有效刺激植物体内的活性物质，从而加速植物体内基础性物质的生成，刺激作物生长，终止休眠，尤其对缺乏冬季寒冷气候的温带及暖棚种植的具有休眠习性的落叶果树等具有特殊作用。一般可使作物提前 7～15d 发芽，提前 5～12d 成熟；并使作物萌动初期芽齐、芽壮；还可增加作物产量，提高单果重和亩产量；还可作为果树的落叶剂。

应用 在葡萄、樱桃、油桃、毛桃、蟠桃、猕猴桃、杏等作物上可使用，使用时稀释一定浓度后对水喷雾。对特定地区、不同品种的使用方法请参照当地的实际情况谨慎使用，或在专业技术人员的指导下使用。

在南方，落叶果树（葡萄）一般施用时间为正常发芽前 45～50d；北方暖棚作物，如葡萄、大樱桃、油桃等，可在扣棚升温后 1～2d 内使用。最佳施用时间可能每年都不同，建议施用时请教专业技术人员或根据当地的施用经验确定。

注意事项

① 过量的单氰胺会伤害花芽，如浓度＞6%时。过早应用该药能使果实提前成熟 2～6 周，但产量可能会由于花期低温造成的落花和授粉不良而降低。

② 单氰胺对蜜蜂具有较高的风险性，在蜜源作物花期应禁止使用。

2,4-滴（2,4-D）

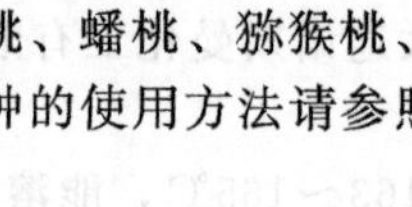

$C_8H_6Cl_2O_3$，221.0，94-75-7

2,4-滴是一种苯氧羧酸类植物生长调节剂，其他名 Agrotect、Albar、Amicide 等，商品有 20%乳油、1%水剂。1941 年由美国朴康合成，美国 Amchem Products 开发，1942 年梯曼肯定了其生物活性。2,4-D 作为除草剂开创了世界化学除草的历史。现由重庆双丰化工有限公司、江苏辉丰农化股份有限公司、四川国光农化股份有限公司、河北万全农药厂等生产。

化学名称 2,4-二氯苯氧乙酸

理化性质 2,4-D 原粉为白色粉末，略带酚的气味，熔点 140.5℃。25℃时水中的溶解度 620mg/L，可溶于丙酮和乙醇中，不溶于石油，不吸湿，有腐蚀性。2,4-滴盐的溶解度高于 2,4-D。

毒性 2,4-D 属低毒性植物生长调节剂。2,4-D 的大白鼠急性经口 LD_{50} 为 375mg/kg；2,4-D 钠盐 666～805mg/kg。

作用特性 2,4-D 可经由植物的根、茎、叶片吸收，然后传导到生长活跃的组织内起作用。它是一种生长素类似物，其生理活性高，促进某些作物的子房膨大，单性结实，作用浓度仅 2.5～15mg/L。它也可使柑橘等果蒂保绿，有一定的保鲜作用。

应用 2,4-D 高浓度是广谱的除草剂，低浓度可作植物生长调节剂，具有促进生根、保绿、刺激细胞分化、提高坐果率等多种生理作用（表 2-7）。

对一些插枝难以生根的树如柏、松等，在 IBA、NAA 中加入少量 2,4-D，可诱导插枝更快地生根。

表 2-7 2,4-滴的应用

作用	施用对象	使用浓度	使用方式
促进单性结实	菠萝、西葫芦 黄瓜、番茄、茄子	5～10mg/L 2.5～15mg/L	浸花 浸花、喷花
促进早熟	香蕉	200～1600mg/L	喷果
防止采前脱落	柑橘	5～20mg/L	叶面喷洒
防止脱帮	大白菜	20～50mg/L	收后全面喷洒
促进分泌松脂	松树	100～200mg/L	切口处涂抹
保鲜，延长贮藏	柑橘	2,4-D 100mg/L＋多菌灵 500mg/L 2,4-D 100mg/L＋甲基硫菌灵 500mg/L	浸果 浸果
保鲜，延长贮藏	甜橙、蕉柑	2,4-D 200mg/L＋小苏打 1.25kg＋50kg 水	浸洗果
诱导组织分化出根	烟草等多种作物	0.1～1.0mg/L	加入到培养基中

注意事项

① 2,4-D作用强烈，浓度在几十毫克/升以上对棉花、瓜类、葡萄等作物就会造成灾害性后果，使用时浓度不能随意加大，一是作坐果剂只能对花器进行处理，勿沾到新叶上；二是防药液漂移；三是使用 2,4-D 喷雾的机械要特别洗净后才能作他用，最好专一使用。

② 严禁在巨峰葡萄上作坐果剂。

③ 2,4-D 不适用于在番茄上作坐果剂。

丁酰肼（daminozide）

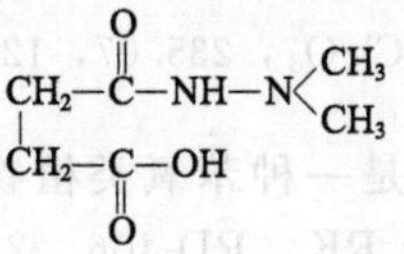

$C_6H_{12}O_2N_2$，160.0，1596-84-5

丁酰肼曾用商品名比久（B_9），是一种琥珀酸类植物生长调节剂。1962 年由瑞德报道了它的生物活性，美国橡胶公司首先开发，商品名 Alar、SADH，其他名 B_{995}、B_9，1973 年原化工部沈阳化工研究院进行合成。现由麦德梅农业解决方案有限公司、四川国光农化有限公司、河北邢台农药厂等生产。

化学名称 *N*-二甲氨基琥珀酸

理化性质 纯品为带有微臭的白色结晶，不易挥发，熔点 156～158℃，蒸气压 1.5mPa (25℃)。在 25℃时，蒸馏水中溶解度为 180g/kg，丙酮中溶解度为 1.475g/L，甲醇中溶解度为 50g/L。它在 pH5～9 范围内较稳定，在酸、碱中加热分解。

毒性 丁酰肼工业品的大白鼠急性经口致死中量（LD_{50}）为 8400mg/kg（雌），家兔经皮毒性＞1600mg/kg。用含工业品 3000mg/L 丁酰肼的饲料连续喂大白鼠和狗 2 年，没有发现不良影响。85％丁酰肼产品对鹌鹑急性经口 LD_{50}＞5620mg/kg，鳟鱼 LC_{50} 为 149mg/L (96h)。

作用特性 丁酰肼可经由根、茎、叶吸收，具有良好的内吸、传导性能。在叶片中，丁酰肼可使叶片栅栏组织伸长，海绵组织疏松，提高叶绿素含量，增强叶片的光合作用。在植株顶部可抑制顶端分生组织的有丝分裂。在茎内可缩短节间距离，抑制枝条的伸长。丁酰肼抑制赤霉素的生物合成。

应用 丁酰肼是一种广谱性的生长延缓剂，可以作矮化剂、坐果剂、生根剂及保鲜剂等。用于苹果，在盛花后3周用1000～2000mg/L药液喷洒全株一次，可抑制新梢旺长，有益于坐果，促进果实着色；在采前45～60d以2000～4000mg/L药液喷洒全株一次，可防采前落果，延长贮存期。用于葡萄，在新梢6～7片叶时以1000～2000mg/L药液喷洒一次，可抑制新梢旺长，促进坐果；采收后以1000～2000mg/L药液浸泡3～5min，可防止落粒，延长贮藏期。在桃成熟前以1000～2000mg/L药液喷洒一次，可增加着色，促进早熟。在梨盛花后2周和采前3周各用1000～2000mg/L药液喷洒一次，可防止采前落果。在马铃薯盛花期后2周以3000mg/L药液喷洒一次，抑制地上部徒长，促进块茎膨大。在樱桃盛花后2周以2000～4000mg/L药液喷洒一次，促进着色、早熟且果实均匀。在花生扎针期以1000～1500mg/L药液喷洒一次，可矮化植株，增加产量。草莓移植后用1000mg/L药液喷2～3次，可促进坐果增加产量。菊花移栽后用3000mg/L药液喷洒2～3次，矮化植株，增加花朵。生长2～3年人参在生长期以2000～3000mg/L药液喷洒一次，促进地下部分生长。菊花、一品红、石竹、茶花、葡萄等插枝基部在5000～10000mg/L药液中浸泡15～20s，可促进插枝生根。在这些花卉高生长初期以5000～10000mg/L喷洒叶面可矮化株高，使节间缩短、株型紧凑、花多、花大。因怀疑其存在“三致效应”，部分国家已禁用，我国仅允许在观赏菊花上使用。

注意事项

① 丁酰肼作为坐果剂可与乙烯利、甲萘威、6-BA混用；也可与一些生根剂混用。

② 水肥充足呈旺长趋势的使用效果好，水肥不足、干旱或植株长势瘦弱时使用反而减产。

③ 丁酰肼不能与湿展剂、碱性物质、油类和含铜化合物混用。

2,4-滴丙酸（dichlorprop）

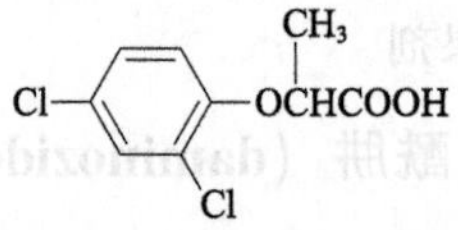

$C_9H_8Cl_2O_3$，235.07，120-36-5

2,4-滴丙酸，曾用商品名防落灵，是一种苯氧类植物生长调节剂。1983年由日本日产化学公司开发，商品名Fernoxone、Cornox RK、RD-406、2,4-DP、Hormatox、Kildip、BASF-DP、Vigon-RS、Redipon等。1984年由原化工部沈阳化工研究院开发，常州市禾东农药有限公司生产。商品为95%粉剂。

化学名称　(2,4-二氯）苯氧异丙酸

理化性质　纯品为白色无臭晶体，熔点117.5～118.1℃，在20℃水中溶解度为350mg/L，易溶于大多数有机溶剂。在室温下无挥发性，在光、热下稳定。

毒性　2,4-滴丙酸原药的大白鼠急性经口LD_{50} 863mg/kg（雄），870mg/kg（雌）。4.5%制剂大白鼠LD_{50} 3352mg/kg（雄）、3757mg/kg（雌）。

作用特性　2,4-滴丙酸为生长素类植物生长调节剂，它主要经由植株的叶、嫩枝、果吸收，然后传导到叶、果的离层处，抑制纤维素酶的活性，从而阻抑离层的形成，防止成熟前果和叶的脱落。

应用　2,4-滴丙酸除了用作谷类作物中蓼及其他双子叶杂草（2.5kg/hm^2）防除外，还可作苹果、梨的采前防落果剂，以20mg/L于采收前15～25d进行全面喷洒（亩药液75～100kg），红星、元帅、红香蕉苹果采前防落效果一般达到59%～80%，且有着色作用；此外在葡萄、番茄上也有采前防落果作用。

注意事项

① 使用时适当加表面活性剂（如0.1%吐温80）有利于药剂发挥作用。

② 用作苹果采前防落果剂，与钙离子混用可增加防落效果及防治苹果软腐病。

③ 喷后24h内防雨淋失。

胺鲜酯（diethyl aminoethyl hexanoate）

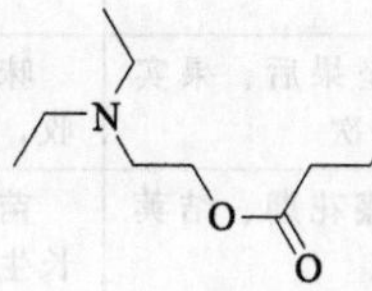

$C_{12}H_{25}NO_2$，215.33，10369-83-2

胺鲜酯（DA-6）是20世纪90年代发现的具有广谱作用效果的植物生长调节剂。国内有郑州郑氏化工产品有限公司、郑州信联生化科技有限公司等企业生产和销售。中国目前已登记的最高含量为98%原药。

化学名称　己酸二乙氨基乙醇酯

理化性质　纯品为无色液体，工业品为浅黄色至棕色油状液体，沸点87～88℃/113Pa。易溶于乙醇、丙酮、氯仿等大多数有机溶剂，微溶于水。

毒性　DA-6原粉对人畜的毒性很低，大鼠急性经口 LD_{50} 8633～16570mg/kg，属实际无毒的植物生长调节剂。对鼠、兔的眼睛及皮肤无刺激作用；测定结果表明：DA-6原粉无致癌、致突变和致畸性。

作用特性　对植物生长具有调节、促进作用。能提高植株内叶绿素、蛋白质、核酸的含量；提高过氧化物酶及硝酸还原酶的活力；提高植株碳、氮的代谢；增强植株对水、肥的吸收，调节植株体内水分的平衡，从而提高植株的抗旱、抗寒性。

应用　胺鲜酯的应用详见表2-8所示。

表2-8　胺鲜酯的应用

作物	浓度/(mg/kg)	使用方法	效果
水稻	12～15	浸种24h。分蘖期、孕穗期、灌浆期各喷一次	提高发芽率，壮秧，增强抗寒能力，分蘖增多，增加有效穗，提高结实率和千粒重，根系活力好，促进早熟、高产
小麦	12～15	浸种8h，三叶期、孕穗期、灌浆期各喷一次	提高发芽率，壮秧，植株粗壮，抗倒伏，抽穗整齐，粒多饱满，提高结实率和千粒重，抗干热风，促进早熟、高产
大豆	15	浸种8h，苗期、始花期、结荚期各喷一次	提高发芽率，增加开花数，提高根瘤菌固氮能力，结荚饱满，干物质增加，促进早熟，增产
棉花	12	浸种24h，苗期、花蕾期、花龄期各喷一次	苗壮或茂，花多桃多，棉絮白，质优，增产，抗性提高
柑橘	10	始花期、生理落果中期、果实3～5cm时各喷一次	加速幼果膨大速度，提高坐果率，果面光滑、皮薄味甜，促进早熟，增产，抗寒抗病能力增强
香蕉	10	花蕾期、断蕾后各喷一次	结实多，果实均匀，增产，促进早熟、品质好
萝卜、胡萝卜、榨菜、牛蒡等根菜类	10	浸种6h，幼苗期、肉质根形成期和膨大期各喷一次	幼苗生长快，苗壮，块根直、粗、重、表皮光滑，品质提高，促进早熟，增产30%
高粱	12	浸种6～16h，幼苗期、拔节期、抽穗期各喷一次	提高发芽率，强壮植株，抗倒伏，粒多饱满，穗数和千粒重增加，促进早熟、高产
甜菜	15	浸种8h，幼苗期、直根形成期、膨大期各喷一次	幼苗生长快，苗壮，直根粗、重，糖度提高，促进早熟、高产
番茄、茄子、辣椒、甜椒等茄果类	8	幼苗期、初花期、坐果后各喷一次	苗壮，抗病抗逆性好，增花保果，提高结实率，果实均匀光滑、品质提高，促进早熟，收获期延长，增产30%～100%

续表

作物	浓度/(mg/kg)	使用方法	效果
西瓜、冬瓜、香瓜、哈密瓜、草莓等	8	始花期、坐果后、果实膨大期各喷一次	味好汁多，含糖度提高，增加单果重，提前采收，增产，抗逆性好
四季豆、豌豆、蚕豆、菜豆等豆类	8	幼苗期、盛花期、结荚期各喷施一次	苗壮，抗逆性好，提高结荚率，促进早熟，延长生长期和采收期，增产25%～40%
韭菜、大葱、洋葱、大蒜等葱蒜类	12	营养生长期间隔10d以上喷一次，共2～3次	促进营养生长，增强抗性，促进早熟，增产25%～40%
蘑菇、香菇、木耳草菇、金针菇等食用菌类	8	子实体形成初期喷一次，幼菇期、成长期各喷一次	提高菌丝生长活力，增加子实体数量，加快单菇生长速度，生长整齐，肉质肥厚，菌柄粗壮，鲜重、干重大幅提高，品质提高，提早采收，增产35%以上
茶叶	8	茶芽萌动时、采摘后各喷一次	茶芽密度、百芽重、新梢增多，枝繁叶茂，氨基酸含量提高，增产
甘蔗	10	幼苗期、拔节初期、快速生长期各喷一次	增加有效分蘖，株高、茎粗、单茎重、糖度增加，促生长，抗倒伏
玉米	15	浸种6～16h，幼苗期、幼穗分化期、抽穗期各喷一次	提高发芽率，植株粗壮，叶色浓绿，粒多饱满，秃尖度缩短，粒穗数和千粒重增加，抗倒伏，防治红叶病，促早熟、高产
马铃薯、地瓜、芋	10	苗期、块根形成期和膨大期各喷一次	苗壮，抗逆性提高，薯块多、大、重，促早熟、高产
花卉	12	生长期每隔7～10d喷一次	增加株高、日生长量，增加节间及叶片数，增大叶面及厚度，提早开花，延长花期，增加开花数，花艳叶绿，增强抗旱、抗寒能力
观赏植物	8	苗期每隔7～10d喷一次，生长期间隔15～20d喷一次	苗木健壮，提早出圃，增加株高及冠幅，叶色浓绿、花盛，加速生长，抗旱、抗寒、抗衰老
油菜	10	浸种8h，苗期、始花期、结荚期各喷一次	提高发芽率，生长旺盛、花多荚多，促早熟、高产，油菜籽芥酸含量下降，出油率高
荔枝、龙眼	15	始花期、坐果后、果实膨大期各喷一次	提高坐果率，粒重增加，果肉变厚变甜、核减小，促早熟，增产
黄瓜、冬瓜、南瓜、丝瓜、苦瓜、节瓜、西葫芦等瓜类	8	幼苗期、初花期、坐果后各喷一次	壮苗，抗病，抗寒，开花数增多，结果率提高，瓜型粗、长、绿、直，干物质增加，品质提高，促早熟，拔秧晚，增产20%～40%
菠菜、芹菜、生菜、芥菜、白菜、空心菜、甘蓝、花椰菜、生花菜、香菜等	10	定植后生长期间隔7～10d以上喷一次，共2～3次	强壮植株，搞高抗逆性，促进营养生长，长势快，叶片增多，宽、大、厚、绿，茎粗、嫩，结球大、重，提早采收，增产25%～50%
桃、李、梅、茶、枣、樱桃、枇杷、葡萄、杏、山楂、橄榄	15	始花期、坐果后、果实膨大期各喷一次	提高坐果率，果实生长快，大小均匀，百果重增加，含糖增加，酸度下降，抗逆性提高，促早熟，增产
花生	12	浸种4h，始花期、下针期、结荚期各喷一次	提高坐果率，增加开花数，提高结荚期籽粒饱满程度，出油率高，增产，促早熟
烟叶	8	定植后、团棵期、旺长期各喷一次	苗壮，叶片增多、肥厚，提高抗逆性，增产，提早采收，烤烟色泽好、等级高
苹果、李	8～15	始花期、坐果后、果实膨大期各喷一次	保花保果，坐果率提高，果实大小均匀、色好味甜，促早熟，增产

注意事项 不宜与碱性农药、化肥混用。使用次数不宜过频，至少要间隔1周以上。

噻节因 (dimethipin)

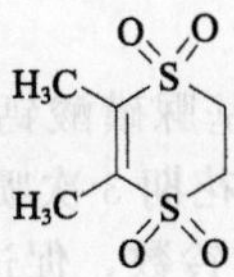

$C_6H_{10}O_4S_2$，210.3，55290-64-7

噻节因，曾用商品名 Harvade、Oxydimethin、哈威。制剂有 22.4%悬浮剂、50%可湿性粉剂。R. B. Ames 等 1974 年报道其生物活性，为 Uniroyal Chemical Co. 开发的植物生长调节剂，美国科聚亚公司、康普顿公司生产。

化学名称 2,3-二氢-5,6-二甲基-1,4-二噻因-1,1,4,4-四氧化物

理化性质 噻节因纯品为白色结晶固体，熔点 167～169℃，蒸气压 0.051mPa（25℃），分配系数 K_{ow} lg$P$ −0.17（24℃），Henry 常数 2.33×10^{-6} Pa·m^3/mol。相对密度 1.59（23℃）。溶解度（25℃）：水 4.6g/L，乙腈 180g/L，二甲苯 9g/L，甲醇 10.7g/L。稳定性：在 pH 3、pH 6 和 pH 9 条件下稳定；在 20℃条件下稳定 1 年，55℃条件下 14d，光照（25℃）≥7d。pK_a 10.88。

毒性 大鼠急性经口 LD_{50} 500mg/kg，兔急性经皮 LC_{50} 5000mg/kg。对兔眼睛刺激性严重；对豚鼠刺激性较弱。大鼠吸入 LC_{50} 1.2mg/L（4h）。NOEL 数据（2 岁）：大鼠 2mg/(kg·d)，狗 25mg/(kg·d)，对这些动物无致癌作用。ADI 值：0.02mg/kg。野鸭和小齿鹑饲喂 LC_{50} >5000mg/L（8d）。鱼毒 LC_{50}（96h）：虹鳟 52.8mg/L，翻车鱼 20.9mg/L，羊肉鲷 17.8mg/L。蜜蜂 LD_{50} >100μg/只（25%制剂）。蚯蚓 LC_{50} >39.4mg/L（14d）（25%制剂）。

作用特性 干扰植物蛋白质合成，作为脱叶剂和干燥剂使用。可使棉花、苗木、橡胶树和葡萄树脱叶，还能促进早熟，并能降低收获时亚麻、油菜、水稻和向日葵种子的含水量。

应用 作为脱叶剂和干燥剂时的用量一般为 0.84～1.34kg/hm^2。若用于棉花脱叶，施药时间为收获前 7～14d，棉铃 80%开裂时进行，用量为 0.28～0.56kg/hm^2。若用于苹果树脱叶，在收获前 7d 进行。若用于水稻和向日葵种子的干燥，宜在收获前 14～21d 进行。

二苯基脲磺酸钙 (diphenylurea sulfonic calcium)

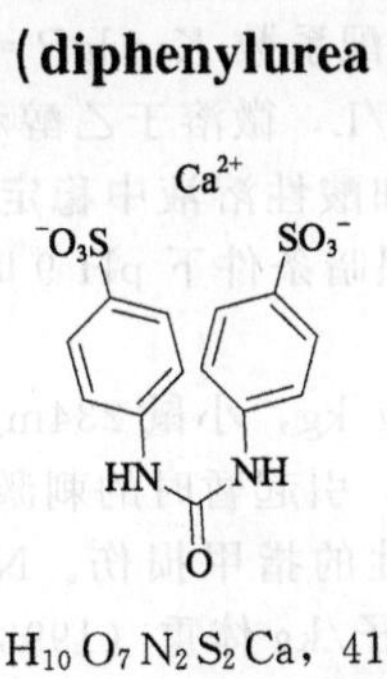

$C_{13}H_{10}O_7N_2S_2Ca$，410.3

二苯基脲磺酸钙是山西大学首创的一种新型低毒植物生长调节剂，制剂为 6.5%二苯基脲磺酸钙水剂。

化学名称 (N,N'-二苯基脲)-4,4′-二磺酸钙

理化性质 外观：固体。熔点 300℃（常压）。稳定性：对酸、碱、热稳定，光照分解。密度 1.033g/mL（20℃）。山西省太原山大新化工有限公司生产

毒性 大鼠急性经口 LD_{50} >5000mg/kg，急性经皮 LD_{50} > 4640mg/kg，属于低毒植物生长调节剂。

作用特性 影响植物细胞内核酸和蛋白质的合成，促进或抑制植物细胞的分裂或伸长，可调控植物体内多种酶的活性、叶绿素含量、根茎叶和芽的发育，从而提高农作物的产量。对棉花、小麦、蔬菜等作物有增产效果。

应用 田间药效试验表明，6.5%二苯基脲磺酸钙水剂对棉花用药浓度为50～75mg/kg（每亩用药液量45kg），于棉花苗期、蕾期、初花期3次喷药，对棉花的生长发育有促进作用，增加植株抗旱能力，减少蕾铃脱落，提高单株结铃数，促进棉花纤维发育及干物质积累，使棉花的产量和质量有明显提高和改善，对棉花安全。对小麦的用药浓度为100～150mg/kg（每亩用药液量30kg），于小麦出齐苗后，拔节前、扬花期连续喷3次药，促进小麦有效分蘖，提高成穗率，增加穗粒数和千粒重，明显提高小麦产量，对小麦安全。对黄瓜的用药浓度为10～20mg/kg（每亩用药液量30kg），于黄瓜苗期7叶期后开始喷药，以后每隔20d喷药1次，共喷药3～4次，可调节黄瓜生长，增加产量，使植株健壮，增强抗病性，对品质无不良影响，对黄瓜安全，未见药害发生。

注意事项 请在阴冷处贮存，应通过试验来确定最佳喷施浓度，特别在苗期更不宜过浓，以免产生药害，若喷药后8h内遇雨需重喷。可与一般农药混合使用。本品低毒，如误服，急救方法为大量饮水并注意休息，一般可用双氢克尿噻等利尿剂解毒。

敌草快（diquat）

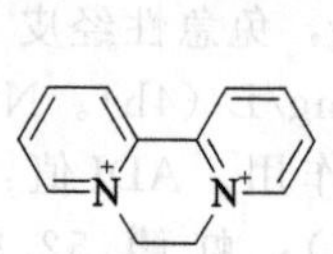

$C_{12}H_{12}N_2$，184.2，2764-72-9

敌草快属于触杀灭生性除草剂，也可用作马铃薯、地瓜和棉花的脱叶剂。1957年由英国ICI公司开发，商品名称Reglone、aquacide、Pathclear、Dextrone、Reglox。产品有40%、41%敌草快母液，150g/L、200g/L、20%、25%水剂。现由广东中讯农科股份有限公司、山东省联合农药工业有限公司、深圳诺普信农化股份有限公司、英国先正达有限公司、浙江永农化工有限公司等生产。

理化性质 敌草快二溴盐以单水合物形式存在，是无色至浅黄色结晶体。在325℃时分子开始分解。蒸气压<0.01mPa（20℃），分配系数 K_{ow} $\lg P=-4.60$，Henry常数 5×10^{-9} Pa·m³/mol（计算值）。20℃，水中溶解度700g/L，微溶于乙醇和羟基溶剂（25g/L），不溶于非极性有机溶剂（<0.1g/L）。稳定性：在中性和酸性溶液中稳定，在碱性条件下易水解。DT_{50}：pH 7，模拟光照下约74d；pH 5～7时稳定；黑暗条件下pH 9时，30d损失10%；pH 9以上时二溴盐不增加降解。对锌和铝有腐蚀性。

毒性 急性经口 LD_{50}：大鼠408mg/kg，小鼠234mg/kg。大鼠急性经皮 LD_{50}>793mg/kg。延长接触时间，人的皮肤能吸收敌草快，引起暂时的刺激，可使伤口愈合延迟。对眼睛、皮肤有刺激。如果吸入可引起鼻出血和暂时性的指甲损伤。NOEL数据：大鼠0.47mg/kg体重，狗94mg/kg饲料。ADI值：0.002mg阳离子/kg体重（1993）。急性经口 LD_{50}：绿头鸭155mg/kg，鹧鸪295mg/kg。镜鲤 LC_{50} 125mg/L（96h），虹鳟鱼 LC_{50} 39mg/L（96h）。水蚤 EC_{50} 2.2μg/L（48h），海藻 EC_{50} 21μg/L（96h）。蜜蜂经口 LD_{50} 22μg/只（120h）。蚯蚓 LC_{50} 243mg/kg土壤（14d）。在22℃条件下，本品施于土壤6d后，降解到5.3%（沙壤土）、7.85%（黏壤土），DT_{50} 7～8周。

作用特性 可使叶片干枯，作用机制同百草枯。敌草快处理茎叶后，会产生氧自由基，破坏叶绿体膜，使叶绿素降解，导致叶片干枯。

应用 主要用作马铃薯或棉花的脱叶剂（表2-9）。

表 2-9 敌草快的应用

作物	剂量/(kg/hm²)	应用时间	应用方法	效果
马铃薯	0.6～0.9	收获前 1～2 周	叶面喷洒	叶片干枯
棉花	0.6～0.8	60%棉铃开裂	叶面喷洒	加速脱叶

敌草快与尿素混用促进马铃薯干燥与脱叶。马铃薯收获前一般需要干燥脱叶，单用 0.4kg/hm² 敌草快干燥脱叶效果一般，但若将敌草快与尿素混合（0.4kg/hm²＋20kg/hm²）使用，脱叶与干燥效果明显好于单用。

敌草隆（diuron）

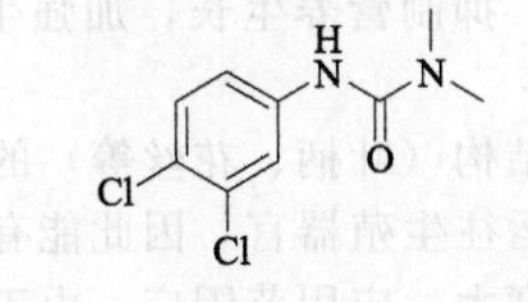

$C_9H_{10}Cl_2N_2O$，233.1，330-54-1

敌草隆是一种脲类植物生长调节剂，1954 年由美国杜邦公司生产。主要产品有 95%、97%、98.4%原药，20%、25%、50%、80%可湿性粉剂，20%、80%悬浮剂，80%水分散粒剂。现由安徽广信农化股份有限公司、广西弘峰合蒲农药有限公司、广西乐土生物科技有限公司、黑龙江鹤岗市清华紫光英力农化有限公司、江苏常隆化工有限公司、辽宁省沈阳丰收农药有限公司等生产。

化学名称 3-(3,4-二氯苯基)-1,1-二甲基脲

理化性质 纯品为无色结晶固体，熔点 158～159℃，蒸气压 1.1×10^{-3} mPa（25℃），分配系数 K_{ow} $\lg P=2.85\pm0.03$（25℃），Henry 常数 7.04×10^{-6} Pa・m³/mol。相对密度 1.48。水中溶解度 5.4mg/L（25℃）；在有机溶剂如热乙醇中的溶解度随温度升高而增加。敌草隆在 180～190℃和酸碱中分解。不腐蚀，不燃烧。

毒性 大鼠急性经口 LD_{50} 3400mg/kg。大鼠以 250mg/kg 饲料饲喂 2 年，无影响。敌草隆对皮肤无刺激。

作用特性 作为植物生长调节剂，它可提高苹果的色泽；为甘蔗的开花促进剂。

应用 以 4×10^{-5}～4×10^{-4} mol/L 敌草隆药液（用柠檬酸调 pH 值 3.0～3.8）喷洒，可促进苹果果皮花青素的形成；作为甘蔗开花促进剂，要在甘蔗开花早期，以 500～1000mg/L 浓度喷洒花。敌草隆与噻唑隆混剂可作棉花脱叶剂。敌草隆与噻唑隆可以制成混合制剂，用于棉花脱叶，并抑制顶端生长，促进吐絮。

敌草隆与柠檬酸或苹果酸混用（药液 pH 3.8～3.0）在苹果着色前处理，能诱导花青素的产生，从而不仅可以增加苹果的着色面积，还可以提高优级果率。敌草隆的使用浓度以 4×10^{-5}～4×10^{-4} mol/L 为宜，在敌草隆与柠檬酸混合液中加入 0.1% 吐温 20 更有利于药效的发挥。

注意事项

① 防止敌草隆飘移到棉田、麦田及桑树上。

② 不能与碱性试剂接触，否则会降低药效。

③ 用过敌草隆的喷雾器要彻底清洗。

调节安（DMC）

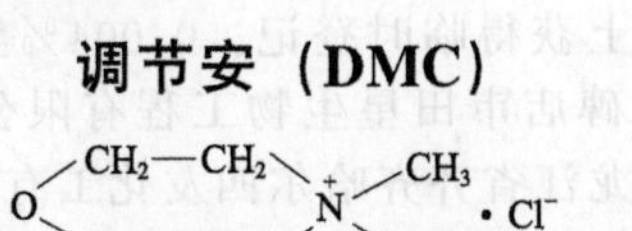

$C_6H_{14}ClNO$，151.0，23165-19-7

调节安（DMC）是一种有抑制生长作用的植物生长调节剂。20 世纪六七十年代由巴斯夫公司开发，1983 年中国农业大学应用化学系开发，1984 年由河北张家口长城化工厂中试，不久成为商品。现由河北省张家口长城化工厂生产。

理化性质 纯品为无色针状晶体，熔点 344℃（分解）。易溶于水，微溶于乙醇，难溶于丙酮及非极性溶剂。有强烈的吸湿性，其水溶液呈中性，化学性质稳定。工业品为白色或淡黄色粉末状固体，有效活性成分含量≥95%。

毒性 毒性极低，雄性大鼠经口 LD_{50} 740mg/kg；雌性大鼠经口 LD_{50} 840mg/kg；雄性小鼠经口 LD_{50} 250mg/kg，经皮 LD_{50}＞2000mg/kg。28d 蓄积性试验表明：雄大鼠和雌大鼠的蓄积系数均大于 5，蓄积作用很低。

由于调节安溶于水，极易在植物体内代谢，初步测定它在棉籽中的残留小于 0.1mg/L。

作用特性 调节棉花的生长发育，抑制营养生长，加强生殖器官的生长势，增强光合作用，增加叶绿素含量，增加结铃和铃重。

扫描电镜对棉株部分器官亚显微结构（叶柄、花丝等）的观察发现，应用调节安的其维管束发达，输导组织畅通，使养分快速地运往生殖器官，因此能有效地调节营养生长和生殖生长。

应用 调节安药效缓和，安全幅度大，应用范围广。由于药效缓和，所以可适当早喷，不致产生药害。应确定好用药量与喷洒时期。

① 棉田中等肥力，后劲不足，或遇干旱，生长缓慢，盛花期每亩用2g 喷洒。

② 中等肥力，后劲较足，稳健型长相，初花期（开花 10%～20%）30～45g/hm^2 喷洒。

③ 肥水足，后劲好或棉花生长中期降水量较多，旺长型长相，第一次调控在盛蕾期，用 52.5～75g/hm^2 喷洒，第二次调控在初花期至盛花期，视其长势用 22.5～37.5g/hm^2 喷洒。

④ 肥水足，后劲好，降水量多，田间种植密度较大，疯长型长相，第一次调控在盛蕾期，用 67.5～82.5g/hm^2 喷洒，第二次在初花期用 22.5～45g/hm^2 喷洒，第三次在盛花期视其田间长势，用 15～30g/hm^2 补喷。

注意事项

① 棉花整个大田生长期内，用药量不宜超过 135g/hm^2。50～250mg/L 为安全浓度，100～200mg/L 为最佳用药浓度，300mg/L 以上对棉花将产生较强的抑制作用。

② 喷洒调节安后，叶片叶绿素含量增加，叶色加深，应注意防止这种现象掩盖了缺肥，所以栽培管理上应按常规方法及时施肥、浇水。

异戊烯腺嘌呤（enadenine）

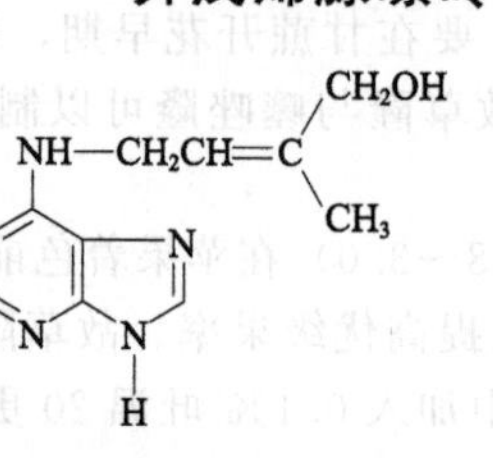

4-羟基异戊烯基腺嘌呤（oxyenadenine）

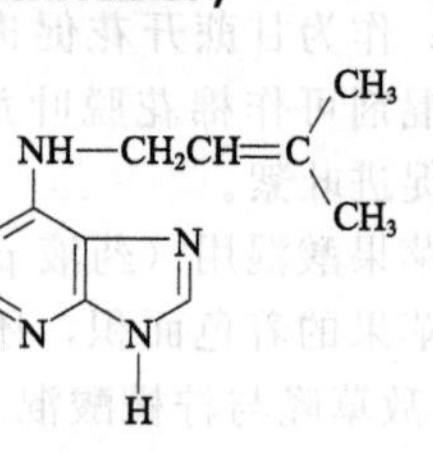

异戊烯腺嘌呤（enadenine）

异戊烯腺嘌呤是微生物发酵产生的含有烯腺嘌呤和羟烯腺嘌呤的具有细胞分裂素活性的生长调节剂，化学名称为 4-羟基异戊烯基腺嘌呤、异戊烯腺嘌呤。0.0001%异戊烯腺嘌呤可湿性粉剂已在我国水稻、玉米、大豆上获得临时登记。0.004%异戊烯腺嘌呤可溶性粉剂已在我国番茄上获得临时登记。河北省高碑店市田星生物工程有限公司、海南博士威农用化学有限公司、河南倍尔农化有限公司、黑龙江省齐齐哈尔四友化工有限公司和浙江惠光生化有限公司等生产。

理化性质 羟烯腺嘌呤纯品熔点 209.5～213℃；烯腺嘌呤纯品熔点 216.4～217.5℃。溶于甲醇、乙醇，不溶于水和丙酮。经发酵生产出的溶液有效成分含量约 240μg/L。

0.0001%异戊烯腺嘌呤可湿性粉剂由发酵液加填料，再经干燥加工成可湿性粉剂。有效成分含量≥0.0001%，外观为米黄色粉末，pH 6～8，水分含量≤5%，悬浮率≥70%，润湿时间≤120s，粉粒细度98%通过74μm筛（200目）。在常温条件下贮存，稳定在2年以上。

毒性 原药小鼠急性经口 LD_{50} ＞10g/kg；大鼠喂养90d试验，无作用剂量5000mg/kg。Ames试验、小鼠骨髓嗜多染红细胞微核试验、精子畸变试验均为阴性。大鼠28d蓄积性毒性试验，蓄积系数 $K>5$，属弱蓄积毒性。

作用特性 本品为泾阳链霉菌（*Streptomyces jingyangensis*）通过深层发酵而制成的腺嘌呤细胞分裂素类型的植物生长调节剂。有效成分为玉米素和异戊烯腺嘌呤，其作用原理是促进细胞分裂及生长活跃部位的生长发育，其特点与羟烯腺嘌呤相同。

应用

① 柑橘于谢花期和第一次生理落果后期，以300～500倍稀释药液均匀喷布枝叶两次，对温州蜜橘、红橘、脐橙、血橙、锦橙等均有显著增加坐果率的效果。在果实着色期（7月下旬至9月下旬），用600倍稀释药液均匀喷雾茎、叶、果，可使果实外观色泽橙红，而且含糖量、固型物增加，柠檬酸含量下降。

② 西瓜开花始期用600倍药液进行茎叶喷雾，喷液量300～450L/hm²，每隔10d处理一次，重复三次，使西瓜藤势早期健壮，中后期不衰，使枯萎、炭疽病等病害减轻，而且使产量和含糖量增加。

③ 以玉米种子：水：植物细胞分裂素三者的比例为1：1：0.1，浸种24h。并于穗位叶分化、雌穗分化末期、抽雄始期，再用600倍药液均匀喷洒三次，喷液量450～750L/hm²。可使玉米拔节、抽雄、扬花及成熟提前，而且穗节位和穗长提高，穗秃尖减少，粒数增加，千粒重增加。其他作物的应用见表2-10。

表2-10 异戊烯腺嘌呤在作物上应用

作物	使用倍数和次数	处理时期	功效
大白菜	400～600倍，3次，间隔10d	50倍液浸种10h，苗后喷雾	增产
茄子	400～600倍，6次，间隔10d	育苗期开始	保花，保果
番茄	400～600倍，5次，间隔10d	4叶期开始	保花，保果
茶叶	400～600倍，3次，间隔7d	1叶1芽期开始	增加咖啡碱、茶多酚，提高品质
烟草	400～600倍，3次，间隔7d	移栽后10d	增产，减少花叶病
水稻	600～800倍，3次，隔7～10d	100倍液浸种24h，分蘖期开始喷雾	增产
人参	600～800倍，3次，隔10d	当年参	抗斑点病，增产

注意事项 本药剂应贮存在阴凉、干燥、通风处，切勿受潮；不可与种子、食品、饲料混放。

乙烯利（ethephon）

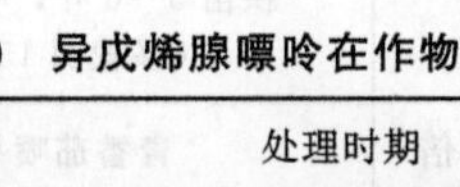

$C_2H_6ClO_3P$，144.5，16672-87-0

1965年美国联合碳化公司开发，商品名Ethrel、Florel、Cepha、CEPHA、一试灵。商品主要有40%水剂、液剂。河北国美化工有限公司、江苏辉丰农化股份有限公司、江苏百灵农化有限公司、江苏安邦电化有限公司、江苏华农生物化学有限公司、江苏连云港立本农药化工有限公司、陕西上格之路生物科学有限公司、陕西韦尔奇作物保护有限公司、四川国光农化股份有限公司、广东东莞瑞得丰生物科技有限公司、广东惠州市中迅化工有限公司等生产。

化学名称 (2-氯乙基)膦酸

理化性质 纯品为白色长针状无色晶体，熔点74～75℃。工业品为浅黄色黏稠液体，相对密度1.258，pH<3。易溶于水和酒精，在酸性介质中十分稳定，在碱性介质中很快分解释放出乙烯，pH>4时开始分解。

毒性 乙烯利是低毒性植物生长调节剂。小白鼠急性经口LD_{50}为5110mg/kg，小白鼠急性经皮LD_{50}为6810mg/kg，无明显蓄积毒性，鲤鱼TLM 290mg/L (72h)。

作用特性 乙烯利经由植株的茎、叶、花、果吸收，然后传导到植物的细胞中，因一般细胞液pH皆在4以上，于是便分解生成乙烯，起植物体内内源乙烯的作用，如提高雌花或雌性器官的比例，促进某些植物开花，矮化水稻、玉米等作物，增加茎粗，诱导不定根形成，刺激某些植物种子发芽，加速叶、果的成熟、衰老和脱落。但乙烯利可抑制生长素的运转及根的伸长等。

应用 乙烯利是一种广谱性的植物生长调节剂，在农、林、园艺上有着广泛的用途(表2-11)。

表2-11 乙烯利的应用

作物	处理浓度	处理时间、方式	效果
橡胶树	40%液剂稀释20～40倍	割胶期，涂割胶、处理树皮	增产胶乳
棉花	500～1000mg/L，40%液剂稀释400～800倍	70%～80%吐絮期，喷叶	催熟、增产
水稻	1000mg/L，40%液剂稀释400倍	秧苗5～6叶，喷苗1～2次(移栽前15～20d)	壮苗、矮化、增产
番茄	1000mg/L，40%液剂稀释400倍	青番茄喷果1次	催熟
菠萝	800mg/L，40%液剂稀释500倍	收获前1～2周喷叶1次	催熟
香蕉	250～1000mg/L，40%液剂稀释400～1600倍	收获后喷果1次	催熟
柿子	250～1000mg/L	采收后浸蘸1次	催熟、脱涩
蜜橘	40%液剂稀释400倍	着色前15～20d，全株喷洒	早着色、催熟
梨	50～100mg/L，40%液剂稀释8000～4000倍	采收前3～4周，全树喷洒	早熟
苹果	400mg/L，40%液剂稀释1000倍	采收前3～4周，全树喷洒	早着色、催熟
黄瓜	100～250mg/L，40%液剂稀释4000～1600倍	在苗3～4片叶喷全株2次(间隔10d)	增加雌花
葫芦	500mg/L，40%液剂稀释800倍	在3叶期喷洒全株1次	增加雌花
瓠瓜	100～250mg/L，40%液剂稀释4000～1600倍	在苗3～4片叶喷全株1次	增加雌花
南瓜	100～250mg/L，40%液剂稀释4000～1600倍	在苗3～4片叶喷全株1次	增加雌花
甜瓜	500mg/L，40%液剂稀释800倍	在苗3～4片叶喷洒全株1次	形成两性花
甘蔗	800～1000mg/L，40%液剂稀释500～400倍	收获前4～5周，全株喷洒1次	增糖

续表

作物	处理浓度	处理时间、方式	效果
甜菜	500mg/L，40%液剂稀释 800 倍	收获前 4～6 周，全株喷洒 1 次	增糖
冬小麦	500～1500mg/L，40%液剂稀释 267～800 倍	孕穗期至抽穗期，全株喷洒 1 次	雄性不育
玉米	800～1000mg/L，40%液剂稀释 400～500 倍	拔节后抽雄前	矮化、增产
茶	600～800mg/L	在 10～11 月茶树盛花期	摘蕾、落花、增加第二年春茶产量
漆树	8%水剂涂在 1～2cm 伤口处	7 月中旬采漆初	刺激多产漆
安息香	10%油剂注在距地面 10～15cm 处钻的 1～1.5cm 小洞里，每洞 0.3～0.4mL	5～6 月采脂初，注或涂	刺激多产脂
烟草	500～700mg/L 1000～2000mg/L	早、中熟品种烟草在夏季晴天喷洒，晚熟品种烟草在深秋晴天喷洒	催熟、着色

注意事项

① 勿与碱性药液混用，以免导致乙烯利过快分解。

② 须在晴天干燥情况下应用，效果好。

③ 有些水果、瓜类催熟有失风味，有待从混用上弥补不足。

吲熟酯（etychlozate）

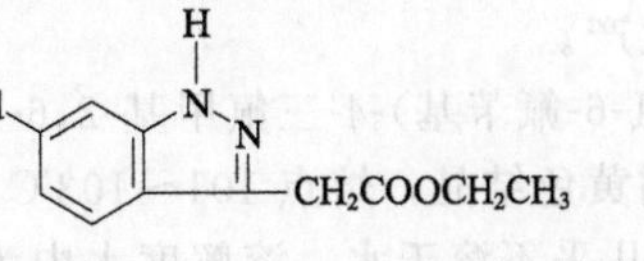

$C_{11}H_{11}ClN_2O_2$，238.6，27512-72-7

吲熟酯是一种吲唑类植物生长调节剂，1981 年由日本日产化学公司研制开发，1986 年原化工部沈阳化工研究院开发，名为富果乐，商品名 Figaron，其他名 J-455。湖北沙隆达股份有限公司生产。

化学名称 5-氯-1*H*-吲哚-3基乙酸乙酯

理化性质 吲熟酯原药为黄色结晶，熔点 76.6～78.1℃，250℃以上分解，遇碱也分解。丙酮中的溶解度 67.3g/100mL，乙醇中 51.2g/100mL，异丙醇中 38.1g/100mL，水中 0.0255g/100mL。

毒性 吲熟酯属低毒性植物生长调节剂。大白鼠急性经口 LD_{50} 4800mg/kg（雄）、5210mg/kg（雌），大白鼠急性经皮 LD_{50} ＞10000mg/kg，对皮肤和眼睛无刺激作用。大白鼠三代繁殖致畸研究无明显异常，均呈阴性。大白鼠急性经口或静脉注射给药的代谢实验表明药物可被消化道迅速吸收，15min 后在血液中测到最大浓度，24h 内几乎全部由尿排出，残留极少。鲤鱼（48h）LC_{50} 1.8mg/L。

作用特性 吲熟酯可经过植物的茎、叶吸收，然后在植物体内代谢成 5-氯-1*H*-吲唑甲酸起生理作用。它可阻抑生长素运转，促进生根，增加根系对水分和矿物质元素的吸收，控制营养生长，促进生殖生长，使光合产物尽可能多地输送到果实部位，有早熟增糖等作用。

应用

（1）在柑橘上应用

① 疏果作用（温州蜜橘） 盛花后 35～45d（幼果直径 20～25mm 时），施药浓度 50～

200mg/L，使用后可使较小的果实脱落，导致保留果实的大小均匀一致，且可调节柑橘的大小年。

② 改善品质（温州蜜橘、脐橙） 盛花后 70～80d，使用吲熟酯处理，施药浓度 50～200mg/L，能使果实早着色 7～10d 左右，糖分增加，也增加氨基酸总量，改善风味，可溶性固形物增加 12.5%，柠檬酸含量降低 10.0%。脐橙可溶性固形物增加 15.8%，柠檬酸含量降低 17.6%。

(2) 在西瓜上的应用 在幼瓜 0.25～0.5kg 时，施药浓度为 50～100mg/L，喷后瓜蔓受到抑制，早熟 7d，糖度增加 10%～20%，且果肉中心糖与边糖的梯度较小，同时亩产增加 10%。

(3) 在葡萄等水果上的应用 在葡萄等果实着色前处理，可增加甜度。对葡萄、柿子、梨等，在果实生长发育早期使用，也有改善果实品质的作用。

注意事项

① 可作苹果、梨、桃的修剪剂，增加葡萄、凤梨、甘蔗的含糖量，促进苹果早熟。

② 本药剂严禁与碱性农药混用。

氟节胺（flumetralin）

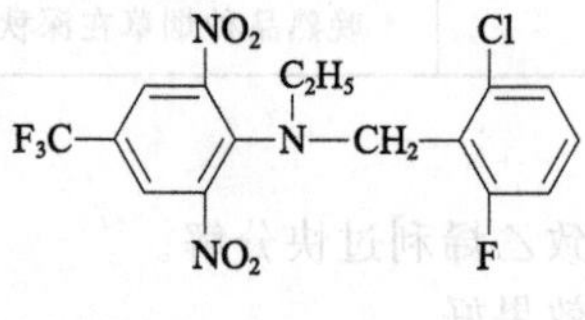

$C_{16}H_{12}ClF_4N_3O_4$，421.7，62924-70-3

氟节胺是一种含氟的硝基苯类植物生长调节剂。氟节胺首先由瑞士汽巴-嘉基公司开发，代号 CGA41065，商品名 Prime、抑芽敏。商品剂型为 25%乳油。现由瑞士先正达作物保护有限公司、连云港禾田化工有限公司生产。

化学名称 *N*-乙基-*N*-(2-氯-6-氟苄基)-4-三氟甲基-2,6-二硝基苯胺

理化性质 纯品为黄色或橘黄色结晶，熔点 101～103℃，25℃时蒸气压为 3.2×10^{-5}Pa，相对密度 1.55（20℃）。在常温下几乎不溶于水，溶解度水中为 0.07mg/L，丙酮中 560g/L，甲苯中 400g/L，乙醇中 18g/L，正己烷中 14g/L，正辛醇中 6.8g/L。分子加热到 250℃分解，在 pH 5～9 范围内稳定。

毒性 氟节胺属低毒性植物生长调节剂。原药大白鼠急性经口 LD_{50}＞5000mg/kg，大白鼠急性经皮 LD_{50}＞2000mg/kg，大白鼠急性吸入 LC_{50}＞2.13mg/L，对皮肤和眼睛有刺激作用。大白鼠亚慢性毒性试验表明，经口无作用剂量为 300mg/L，狗半年喂养无作用剂量为 300mg/L，对动物无致畸和致突变作用。对鱼有毒，鳟鱼 LC_{50}＞3.2μg/L，水蚤 LC_{50}＞2.8μg/L。海藻 EC_{50}＞0.85mg/L。氟节胺对鹌鹑、野鸭等野生动物安全。

作用特性 氟节胺是接触兼局部内吸型烟草侧芽抑制剂，它经由烟草的茎、叶表面吸收，有局部传导性能。当它进入烟草腋芽部位后，抑制腋芽内分生细胞的分裂、生长，从而控制腋芽的萌发，具体作用机理尚不清楚。

应用 氟节胺是烟草专一的抑芽剂。当烟草生长发育到花蕾伸长期至始花期时，氟节胺可以代替人工摘除侧芽，在打顶后 24h，以 25%药剂用 80～100mL/亩稀释 300～400 倍，可采用整株喷雾法、杯淋法或涂抹法进行处理，都会有良好的控侧芽效果。从简便、省工角度来看，顺主茎往下淋为好；从省药和控侧芽效果来看，宜用毛笔蘸药液涂抹到侧芽上。

注意事项

① 侧芽刚萌发时处理。稀释倍数小于 100 倍效果好，但成本高，而大于 600 倍稀释时效果差。

② 对人畜皮肤、眼、口有刺激作用，防止药液飘移，操作时注意劳动保护，器械用后洗净。

③ 勿与其他农药混用，误服本药可服用医用活性炭解毒。

④ 本品勿存放在<0℃和>35℃条件下。

乙二醇缩糠醛（furalane）

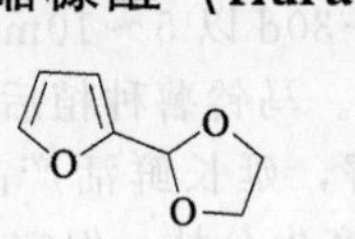

$C_7H_8O_3$，140.1，646-06-0

乙二醇缩糠醛是从植物的秸秆中分离精制而成的新型低毒植物生长调节剂。

化学名称 2-(2-呋喃基)-1,3-二氧五环

理化性质 原药为浅黄色均相透明液体，无可见的悬浮物和沉淀。本品易溶于丙酮、甲醇、苯、乙酸乙酯、四氢呋喃、二氧六环、二甲基甲酰胺、二甲基亚砜等有机溶剂，微溶于石油醚和水。在光照下接触空气不稳定，在强酸条件下不稳定，弱酸性、中性及碱性条件下稳定。

作用特性 促进植物的抗旱和抗盐能力。其作用机制在于减少植物水分的蒸发，增强作物的保水能力，起到抗旱作用；作物在遭受干旱胁迫时，使用该药后，可提高作物幼苗的超氧化物歧化酶、过氧化氢酶和过氧化物酶的活性，并能持续较高水平，有效地消除自由基；还可促进植物根系生长，尤其次生根的数量明显增加，提高作物在逆境条件下的成活力。

应用 田间药效试验表明，20%乙二醇缩糠醛乳油能增强小麦对逆境（干旱、盐碱）的抵抗能力，促进小麦生长，提高小麦产量。使用有效成分浓度为50～100mg/kg，于小麦播种前浸种10～12h，晾干后再播种。在小麦生长期喷药4次，即在小麦返青、拔节、开花和灌浆期各喷1次药，能有效地调节小麦生长、增加产量，对小麦品质无不良影响，未见药害发生。

氯吡脲（forchlorfenuron）

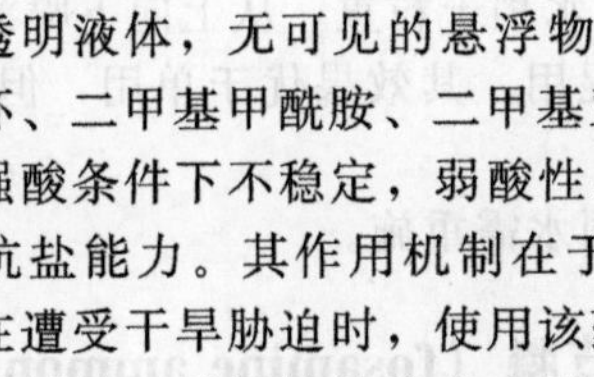

$C_{12}H_{10}ON_3Cl$，247.68，68157-60-8

氯吡脲是一种具有激动素作用的植物生长调节剂，又名调吡脲、吡效隆、脲动素。1981年由日本协和发酵工业开发，其他名KT-30S、4PU-30、CN-11-3183，1993年四川大学、原化工部沈阳化工研究院开发。商品制剂0.1%。现由成都施特优化工有限公司、四川国光农化有限公司、四川省兰月科技开发公司、云南省云大科技有限公司、重庆双丰化工有限公司等生产。

化学名称 *N*-(2-氯-4-吡啶基)-*N*′-苯基脲

理化性质 纯品为白色结晶粉末，熔点171℃，蒸气压4.6×10^{-5}mPa（25℃）。在20℃时溶解度水中为39mg/L（pH 6，21℃），甲醇119g/L，无水乙醇149g/L，丙酮127g/L，氯仿2.7g/L，乙醇-水（1∶1）混液18.4g/L。在热、紫外光、酸、碱条件下分子稳定，耐贮存。

毒性 氯吡脲对人、畜安全，大白鼠急性经口LD_{50} 2787mg/kg（雄）、1568mg/kg（雌），小白鼠LD_{50} 2218mg/kg（雄）、2783mg/kg（雌）。鱼毒：鲤鱼TLM 8.6mg/L（48h）。水蚤LC_{50} 11.5mg/L（3h）。

作用特性 可经由植物的根、茎、叶、花、果吸收，然后运输到起作用的部位。主要生理作用是促进细胞分裂，增加细胞数量，增大果实，提高花粉可育性，并使之容易授粉，诱导部分果树单性结实，促进坐果，改善果实品质。氯吡脲是目前促进细胞分裂活性最高的一种人工合成激动素，它的生物活性大约是6-BA的10倍。

应用 在1mg/L浓度下诱导多种作物的愈伤组织生长出芽。在桃开花后30d以20mg/L喷

幼果，增加果实大小，促进着色，改善品质。扩大赤霉素处理适用时期，在葡萄盛花前 14～18d，以氯吡脲 1～5mg/L＋$GA_3$100mg/L 浸果，增强 GA_3 的效果；盛花后 10d，氯吡脲 3～5mg/L＋$GA_3$100mg/L，促进葡萄果实肥大。防止葡萄落花，在始花至盛花期以 2～10mg/L 浸花效果较好。中华猕猴桃在开花后 20～30d 以 5～10mg/L 浸果，促进果实膨大。甜瓜在开花前后以 200～500mg/L 涂果梗，促进坐果。马铃薯种植后 70d 以 100mg/L 喷洒处理，能增加产量。还可喷洒叶菜类蔬菜，防止叶绿素降解，延长鲜活产品保鲜期。在苹果生长期（7～8 月），以 50mg/L 氯吡脲处理侧芽，可诱导苹果产生分枝，但它诱导出的侧枝不是羽状枝，故难以形成短果枝，这是它与 6-BA 的不同之处。

注意事项

① 氯吡脲用作坐果剂，主要进行花器、果实处理。在甜瓜、西瓜上应慎用，尤其在浓度偏高时会有副作用产生。提高小麦、水稻千粒重，从上向下喷洒小麦、水稻植株上部为主。

② 氯吡脲与赤霉素或生长素混用，其效果优于单用，但须在专业人员指导下或先试验后示范的前提下进行，勿任意混用。

③ 本品处理后 12～24h 若遇雨水需重施。

调节膦（fosamine ammonium）

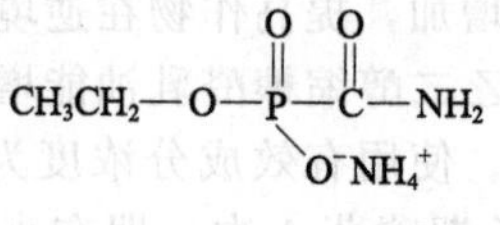

$C_3H_{11}O_4N_2P$，170.1，25954-13-6

调节膦是一种有机膦植物生长调节剂，1974 年由美国杜邦公司首先开发，商品名 Krenite，其他名称有杀木磷、蔓草膦、膦铵素。1978 年原化工部沈阳化工研究院进行合成。现由湖北省沙隆达蕲春有限公司生产。

化学名称 氨基甲酰基磷酸乙酯铵盐

理化性质 纯品为固体结晶，无臭无味，熔点 175℃。易溶于水（179g/100g 水），溶于甲醇（15.8g/100g 甲醇），微溶于其他有机溶剂。

毒性 调节膦对人、畜安全，大白鼠急性经口 LD_{50} 10200mg/kg（雌），工业品大鼠急性经口 LD_{50} 16410mg/kg，大鼠急性经皮 LD_{50} 1683mg/kg。对眼睛没有刺激，也无皮肤刺激。用 1000mg/L 调节膦喂养雌、雄大白鼠 90d 未见异常，对后代也无影响。野鸭急性经口 LD_{50}＞4200mg/kg，鳟鱼 TLM（96h）＞420mg/L。进入土壤后很快被吸附。半衰期 7d 左右，然后被微生物分解。

作用特性 调节膦主要经由茎、叶吸收，进入叶片后抑制光合作用和蛋白质的合成。进到植株的幼嫩部位抑制细胞的分裂和伸长，也抑制枝条的花芽分化。较高浓度（100mg/L）抑制过氧化物酶的活性。在低浓度（0.85～8.5mg/L）有促进作用，而在高浓度（850～8500mg/L）则明显起抑制作用，在循环磷酸化中也呈类似现象。0.85～8500mg/L 浓度范围内，电子传递速度随浓度的增高而加快，表现出明显解偶联剂的效应。

应用 调节膦可以防除和控制多种杂灌木，以促进目的树种的生长发育。其防控的杂灌木如胡枝子、黑桦、山杨、柞树、山丁子、榛子等，用量 2～7kg/hm²（有效成分），有效控制时间 2～3 年。用作植物生长调节剂，它可以控制柑橘夏梢，减少刚结果柑橘的 6 月生理落果。在夏梢长出 0.5～1.0cm 长时，以 500～750mg/L 喷洒一次就能有效地控制住夏梢的发生，增产 15%以上。调节膦能有效地控制花生后期无效花，减少养分消耗，在花生扎针期用 500～1000mg/L 喷洒一次，增产 10%以上。在 1～2 年龄胶树于顶端旺盛生长时用 1000～1500mg/L 药液喷洒一次，促进侧枝生长，起矮化胶树的作用。此外，在番茄、葡萄旺盛生长时期用 500～1000mg/L 药液喷洒一次，可促进坐果，提高果实含糖量。

注意事项

① 本品药液稀释时必须用清水，切勿用浑浊河水。

② 喷后24h勿淋雨，若6h内下雨须补喷。

呋苯硫脲（fuphenthiourea）

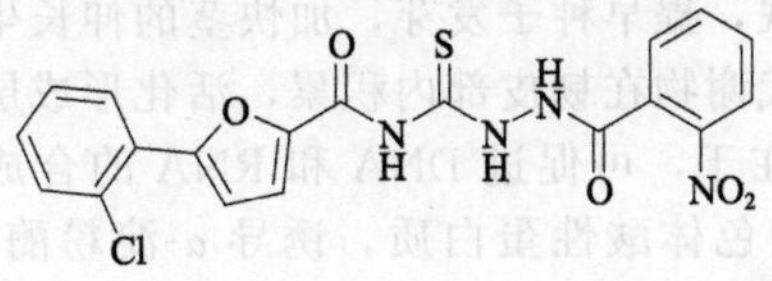

$C_{19}H_{13}O_5ClN_4S$，444.85

呋苯硫脲是由中国农业大学研制的具有我国自主知识产权的一种新型植物生长调节剂，属含有取代呋喃环的酰胺基硫脲化合物，制剂为10%乳油。

化学名称 *N*-(5-邻氯苯基-2-呋喃甲酰基)*N'*-(邻硝基苯甲酰胺基)硫脲

理化性质 呋苯硫脲原药（含量≥90%）外观为浅黄色粉末。熔点207～209℃；蒸气压(20℃)＜10^{-5}Pa。不溶于水，微溶于醇芳香烃，在乙腈、二甲基甲酰胺中具有有一定的溶解性。稳定性：一般情况下对酸碱稳定。

毒性 大鼠急性经口LD_{50}＞5000mg/kg，急性经皮LD_{50}＞2000mg/kg，为低毒植物生长调节剂。

作用特性 能促进秧苗发根，促进分蘖，增强光合作用，增加成穗数和穗实粒数。

应用 呋苯硫脲为含有取代呋喃环的酰胺基硫脲类植物生长调节剂。用于水稻的调节生长。田间药效试验结果表明对水稻具有可增强光合作用、促进生长、增加产量作用。使用的有效成分浓度为100～200mg/kg，浸种48h，催芽24h，然后播种。能促进秧苗发根，根系旺盛，提高秧苗素质，增强活力。移栽大田后，能促进水稻分蘖，增加成穗数和每穗实粒数，但对千粒重无明显影响。可增加水稻产量，对稻谷的品质无不良影响。在试验条件下，用此药处理种子，水稻生长正常，未发现药害及其他副作用

注意事项 在一般条件下，不要与浓碱性液体药混用。

赤霉酸（gibberellic acid）

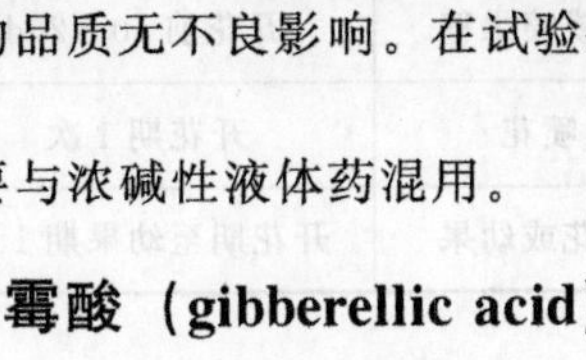

$C_{19}H_{22}O_6$，346.4，77-06-5

赤霉酸，也叫赤霉素、“920”等，是一种植物激素，属贝壳杉烯类化合物。1926年由日本黑泽英一确认赤霉素是赤霉菌的分泌物，1935年，日本东京大学薮田贞次郎分离提纯赤霉素结晶。人工用赤霉菌生产的赤霉素多是赤霉素$_3$（GA_3），生产上用得较多的还有赤霉素$_4$（GA_4）和赤霉素$_7$（GA_7）。1958年中国科学院、北京农业大学组织生产。商品有85%结晶粉、4%乳油、40%水溶性片剂或粉剂等。现由钱江生物化学公司、江西新瑞丰生化有限公司、上海同瑞生物科技有限公司、山东鲁抗生物农药公司、浙江升华拜克生物公司等生产。

化学名称 3*α*,10*β*,13-三羟基-20-失碳赤霉-1,16-二烯-7,19-双酸-19,10-内酯

理化性质 纯品为白色结晶，含量85%以上是白色结晶粉末，熔点223～225℃（分解），比旋光度$[\alpha]_D^{19}$ +86°（酒精），溶于酒精、丙酮、甲醇、乙酸乙酯及pH6的磷酸缓冲液，难溶于煤油、氯仿、醚、苯、水，其钾、钠盐易溶于水。遇碱易分解，加热（50℃以上）或遇氯气

则加速分解。

毒性 小白鼠急性经口 LD_{50}＞15000mg/kg，大白鼠吸入无作用剂量为 200～400mg/L，小鼠无作用剂量为 1298mg/L，未见致突变及致肿瘤作用。

作用特性 人工生产的赤霉素主要经由叶、嫩枝、花、种子或果实吸收，然后移动到起作用的部位。它有多种生理作用：改变某些作物雌、雄花的比例，诱导单性结实，加速某些植物果实生长，促进坐果；打破种子休眠，提早种子发芽，加快茎的伸长生长及有些植物的抽薹；扩大叶面积，加快幼枝生长，有利于代谢物在韧皮部内积累，活化形成层；抑制成熟和衰老、侧芽休眠及块茎的形成。它的作用机理在于，可促进 DNA 和 RNA 的合成，提高 DNA 模板活性，增加 DNA、RNA 聚合酶的活性和染色体酸性蛋白质，诱导 α-淀粉酶、脂肪合成酶、朊酶等酶的合成，增加或活化 β-淀粉酶、转化酶、异柠檬酸分解酶、苯丙氨酸脱氨酶的活性，抑制过氧化酶、吲哚乙酸氧化酶活性，增加自由生长素含量，延缓叶绿体分解，提高细胞膜透性，促进细胞生长和伸长，加快同化物和贮藏物的流动。多效唑、矮壮素等生长抑制剂可抑制植株体内赤霉素的生物合成，它也是这些调节剂有效的拮抗剂。

应用 赤霉素在我国农、林、园艺上应用广泛。

① 促进坐果或无籽果的形成 见表 2-12。

表 2-12 赤霉素促进坐果或无籽果形成

作物	处理浓度/(mg/L)	处理方式	时间次数	效果
黄瓜	50～100	喷花	开花时 1 次	促进坐果，增产
茄子	10～50	喷叶	开花时 1 次	促进坐果，增产
有籽葡萄	20～50	喷幼果	花后 7～10d	促进果实膨大，防止落粒，增产
棉花	20	喷 1～3d 幼铃	3～5 次（隔 3～4d）	促进坐果，减少落铃
玫瑰露	50～100	浸或喷果穗	开花前 10～20d	无核果达 90%以上
番茄	10～5	喷花	开花期 1 次	促进坐果，防空洞果
梨	10～20	喷花或幼果	开花期至幼果期 1 次	促进坐果，增产

② 促进营养体生长 见表 2-13。

表 2-13 赤霉素促进营养体生长

作物	处理浓度/(mg/L)	处理方式	施药时间	效果
芹菜	50～100	喷叶	收获前 2 周 1 次	茎叶大，增产
菠菜	10～20	喷叶	收获前 3 周，1～2 次（间隔 3～5d）	叶片肥大，增产
苋菜	20	喷叶	5～6 叶期，1～2 次（间隔 3～5d）	叶片肥大，增产
花叶生菜	20	喷叶	14～15 叶期，1～2 次（间隔 3～5d）	叶片肥大，增产
葡萄苗	50～100	喷叶	苗期，1～2 次（隔 10d）	植株高生长
矮生玉米	50～200	喷叶	营养生长期，1～2 次（间隔 10d）	植株高生长

续表

作物	处理浓度/(mg/L)	处理方式	施药时间	效果
落叶松	10～50	喷苗	苗期喷洒，2～5次（间隔10d）	促进地上部生长
白杨	10000	涂抹	涂在新梢上或伤口处，1次	促进生长
元胡（中药）	40	喷植株	苗期，2次（间隔1周）	促进生长，防霜霉病，增加块茎产量

③ 打破休眠促进发芽　见表2-14。

表2-14　赤霉素打破休眠

作物	处理浓度/(mg/L)	处理方式	时间	次数	效果
马铃薯	0.5～1	浸块茎30min	播前	1次浸泡	促进休眠芽萌发
大麦	1	浸种	播前	1次	促进发芽
豌豆	50	浸种	播前	浸24h时	促进发芽
扁豆	10	拌种	播前	1次均匀拌湿	促进发芽
凤仙花	50～200	浸种		浸6h	促进发芽
鸡冠花	50～300	浸种		浸6h	促进发芽

④ 延缓衰老及保鲜作用　表2-15。

表2-15　赤霉素保鲜作用

作物	处理浓度/(mg/L)	处理方式	施药时间	效果
蒜薹	50	浸蒜薹基部	10～30min，1次	抑制有机物质向上运输，保鲜
脐橙	5～20	果着色前2周喷果	1次	防果皮软化，保鲜
甜樱桃	5～10	收获前3周喷果	1次	迟熟，延长收获期，减少裂果
柠檬	100～500	果实失绿前喷果	1次	延迟果实成熟
柑橘	5～15	绿果期喷果	1次	保绿，延长贮藏期
香蕉	10	采收后浸果		延长贮藏期
黄瓜	10～50	采收前喷瓜		延长贮藏期
西瓜	10～50	采收前喷瓜		延长贮藏期

⑤ 调节开花　见表2-16。

表2-16　赤霉素调节开花

作物	处理浓度/(mg/L)	处理方式	施药时间	效果
菊花	1000	喷叶	春化阶段，1～2次	代替春化阶段，促进开花
草莓	25～50 10～20	喷叶 喷叶	花芽分化前2周，1次 开花前2周，2次（间隔5d）	促进花芽分化 花梗伸长，提早开花

续表

作物	处理浓度/(mg/L)	处理方式	施药时间	效果
仙客来	1～5	喷花蕾	喷开花前的蕾，1次	促进开花
莴苣	100～1000	喷叶	幼苗期，1次	诱导开花
菠菜	100～1000	喷叶	幼苗期，1～2次	诱导开花
黄瓜	50～100	喷叶	1叶期，1～2次	诱导雌花
西瓜	5	喷叶	2叶1心期，2次	诱导雌花

⑥ 提高三系杂交水稻制种的结实率　在水稻三系杂交制种中，赤霉素可以调节花期，促进制种田父母本抽穗，减少包颈，提高柱头外露率，增加有效穗数、粒数，从而明显地提高结实率。一般从抽穗15%开始喷母本，一直喷到25%抽穗为止，处理浓度为25～55mg/L，喷1～3次，先低浓度，后用较高的浓度。

注意事项

① 应用时加入表面活性剂（如0.1%吐温80等）有助于药效发挥。

② 作坐果剂应在水肥充足的条件下使用。

③ 严禁用赤霉素在巨峰等葡萄品质上作无核处理，以免造成僵果。

④ 作生长促进剂，应与叶面肥配用，才会有利于形成壮苗。单用或用量过大会产生植株细长、瘦弱及抑制生根等副作用。

⑤ 赤霉素用作绿色部分保鲜，如蒜薹等，与细胞激动素混用其效果更佳。

⑥ 赤霉素勿与碱性药液混用。

增甘膦（glyphosine）

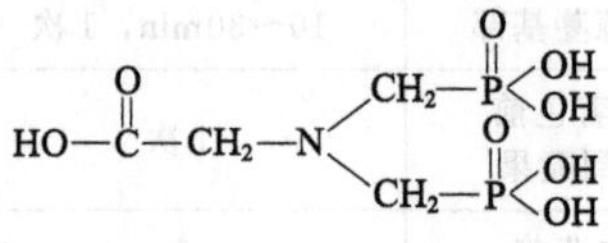

$C_4H_{11}NO_8P_2$，263.1，2439-99-8

增甘膦是一种有机膦酸类植物生长调节剂，1969年美国孟山都化学公司最早开发，商品名Polaris，其他名CP41845、草双甘膦、催熟膦。1974年原化工部沈阳化工研究院在国内合成。商品为85%可溶性粉剂。沈阳化工研究院实验品。

化学名称　*N*,*N*-双（膦羧基甲基）甘氨酸

理化性质　纯品为白色固体，不挥发。在20℃时，水中溶解度为350g/L，微溶于乙醇，不溶于苯。贮藏在阴凉干燥条件下数年不分解。

毒性　低毒性植物生长调节剂，大白鼠急性经口LD_{50} 7200mg/kg，兔经皮无刺激性，对人畜皮肤、眼无太大刺激作用，兔、狗饲喂90d无不良作用。甘蔗允许残留量为1.5mg/L。

作用特性　经由植物的茎、叶吸收，然后传导到生长活跃的部位，抑制生长，在叶、茎内抑制酸性转化酶活性，增加蔗糖含量，同时促进α-淀粉酶的活性。

应用　增甘膦适用于甘蔗、甜菜、西瓜增加含糖量，也可作棉花落叶剂。

(1) 甘蔗　3750g/hm²于收获前4～8周，叶面处理。

(2) 甜菜　750g/hm²于11～12叶片时（块根膨大初期），叶面喷洒。

(3) 西瓜　750g/hm²于西瓜直径5～10cm时，叶面喷洒。

(4) 棉花　600g/hm^2 于棉花吐絮时喷洒，促进棉花落叶。

注意事项　所处理的作物要水肥充足并呈旺盛生长势，其效果才好，瘦弱或长势不旺的勿用药；晴天处理效果好，应用时须适量加入表面活性剂。

氯化血红素 (haemin)

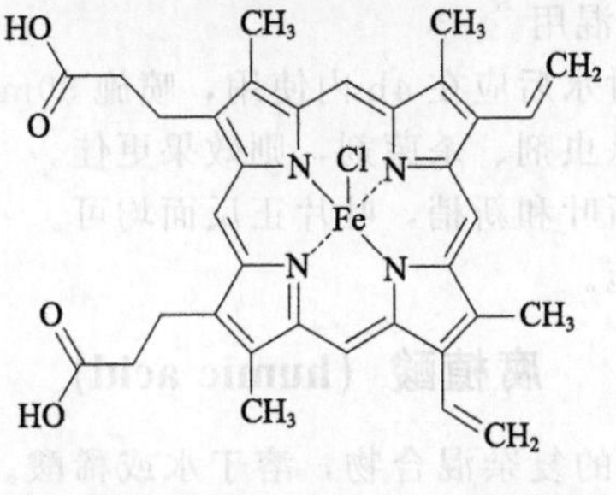

$C_{34}H_{32}ClFeN_4O_4$，651.94，16009-13-5

氯化血红素又称氯化高铁血红素、血晶素英文名 haemin、chlorhematin，是一种新型植物生长调节剂，0.3%氯化血红素可湿性粉剂已获得农业部农药产品登记。由南京农业大学开发，南通飞天化学实业有限公司生产。

理化性质　氯化血红素是从动物血液中提纯出来的血红素结晶，其化学性质与血红素类似。氯化血红素为长片状结晶或粉末，无臭无味，熔点＞300℃。透光为黑褐色，折光为钢蓝色。易溶于稀碱溶液，微溶于醇，不溶于稀酸和水。于氢氧化钠溶液中生成羟高铁血红素。

作用特性　本品为天然提取的动物血液中血红素的氯化物，含有 Fe^{3+} 卟啉环结构，与叶绿素类似。氯化血红素为过氧化氢酶等多种酶的辅基成分。血红素加氧酶参与植物生长发育和对逆境胁迫响应的调控，并与生长素、诱抗素和水杨酸信号转导有关。

应用　促进植株地上部和地下部的协调生长，促进氨基酸、维生素和蛋白质的合成，提高雌花数，增加产量，改善品质。氯化血红素用于番茄、马铃薯的田间试验发现，0.3%氯化血红素可湿性粉剂 20～30g/亩，生长期喷雾处理，可以有效激活植物的耐逆抗病基因，有效促进植物抵抗干旱、低温、盐碱、水涝和病害等不良环境的侵扰，提高产量。

超敏蛋白 (harpin 蛋白)

超敏蛋白，商品名 Messager、康壮素，是由美国伊甸生物技术公司（EDEN）开发的新型植物生长调节剂。

深圳市武大万德福基因工程有限公司发明了一种通过基因工程手段构建的工程菌株，转化生产 Harpin 基因工程蛋白的专利技术。用该蛋白研究研制出安康肽植物抗菌抑菌剂，用于植物细菌、真菌、病毒、线虫等病虫害的防治，并可促进植物的生长发育。江苏省农垦生物化学有限公司和美国伊甸生物技术公司生产。

理化性质　一种具有促进作物生长、提高作物抗病能力、增加作物产量作用的纯天然蛋白制剂。制剂外观为淡褐色固体细粒；密度 0.452g/mL；22℃下 pH 7.86。细度：微细颗粒（约400 目）。

毒性　低毒，急性经口 LD_{50} 5000mg/kg，急性经皮 LD_{50} 6000mg/kg。

作用特性　从梨火疫病细菌蛋白中提取的一种致病病原蛋白激发子（Harpin Ea），喷洒在植物表面以后便与植物表面的信号受体（任何植物表面都存在这种受体物质）接触，给植物一个假的信号（发出病原物攻击警报），随即触发信号传导，引起多种基因表达，3～5min 便可激活植物体内多种防卫系统获得抗性，喷洒 30min 后，植株就表现出抵御病原物（真菌、细菌、病毒等）和一些有害生物侵染、危害等生理效应。同时，通过影响植物生长物质如生长素、茉莉酸、乙烯，增强植物生理生化活动如增强光合作用，进而保证作物健壮生长，增加产量，提高作物品质，延长农产品货架保鲜期。

应用 烟草、辣椒、番茄等作物每亩每次用本品10g，在作物的生育时期（如苗期或移栽期、初花期、幼果期、成熟期等）对上所需的水（采用二次稀释法）均匀喷施在作物叶片上，制剂使用浓度为30～60mg/kg。超敏蛋白还可用于解除药害，快速恢复正常生长。

注意事项 超敏蛋白对氯气敏感，请勿用新鲜自来水配用。能与pH＜5的强酸、pH＞10的强碱以及强氧化剂、离子态肥等混用。

① 启封后在24h内使用，对水后应在4h内使用，喷施30min后遇雨不必重喷。

② 使用期间结合正常使用杀虫剂、杀菌剂，则效果更佳。

③ 重点喷施作物的顶端、新叶和新梢，叶片正反面均可。

④ 避免在强紫外线时段喷施。

腐植酸（humic acid）

腐植酸是一类化学结构相似的复杂混合物，溶于水或稀酸。20世纪六七十年代，许多科技工作者从事腐植酸的开发和应用，80年代用作抗旱剂。其他名称有富里酸、黄腐酸、抗旱剂一号、旱地龙。有些也将其归类为微肥或叶面肥。兰州润泽生化科技有限公司、山东烟台绿云生物化学有限公司、陕西恒田化工有限公司等生产。

理化性质 腐植酸为黑色或棕黑色粉末，含有碳（50%左右）、氢（2～6%）、氧（30～50%）、氮（1%～6%）、硫等，主要官能团有羧基、羟基、甲氧基、羰基等，相对密度在1.330～1.448，可溶于水、酸、碱。

毒性 腐植酸对人畜安全，无环境污染。

作用特性 腐植酸能被植物根、茎、叶吸收，可促进生根，提高植物的呼吸作用，减少叶片气孔开张度，降低作物的蒸腾，调节某些酶的活性，如促进过氧化氢酶，抑制吲哚乙酸氧化酶等。

应用 腐植酸早期用以改良土壤，以300mg/L浸种，可使水稻苗呼吸作用加强，促进生根和生长；葡萄、甜菜、甘蔗、瓜果、番茄等以300～400mg/L灌浇，可不同程度提高含糖量或甜度；杨树等插条以300～500mg/L浸渍，可促进插枝生根；小麦在拔节后以400～500mg/L浓度喷洒叶面，可提高其抗旱能力，提高产量。

注意事项

① 这类物质有生理活性，但又达不到显而易见的程度，各地应用效果也不够稳定，可与某些有抗旱作用的植物生长调节剂混用，以出现更明显的效果。

② 应用时应注意加表面活性剂。

吲哚乙酸（indoleacetic acid）

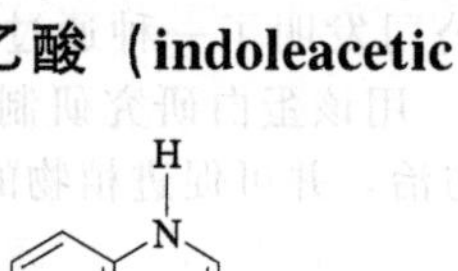

$C_{10}H_9NO_2$，175.2，87-51-4

吲哚乙酸（IAA）是一种植物体内普遍存在的天然生长素，属吲哚类化合物，1934年荷兰克格尔首先从酵母培养液中提纯，植物体内类似的物质还有3-吲哚乙醛、3-吲哚乙腈等。同年，凯恩首先合成。其他名有茁长素、生长素（auxin）、异生长素（Heteroauxin），国外商品名称为EMTC（爱密挺）。北京艾比蒂生物科技有限公司、德国阿格福莱农林环境生物技术股份有限公司、广东省佛山市盈辉作物科学有限公司等生产。

理化性质 纯品为无色结晶；工业品为玫瑰色或黄色，有吲哚臭味。纯品熔点159～162℃。溶于酒精、丙酮、乙醚、苯等有机溶剂，不溶于水。在光和空气中易分解，不耐贮存。

毒性 吲哚乙酸是对人、畜安全的植物激素，小白鼠腹腔注射 LD_{50} 为 1000mg/kg；鲤鱼 LC_{50}＞40mg/L（48h）。对蜜蜂无毒。

作用特性 吲哚乙酸在茎的顶端分生组织、生长着的叶、发芽的种子中合成。外施生长素可经由茎、叶和根系吸收。诱导雌花和单性结实，使子房壁伸长，刺激种子的分化形成，加快果实生长，提高坐果率；使叶片扩大，加快茎的伸长和维管束分化，活化形成层，伤口愈合快，防止落花落果落叶，抑制侧枝生长；促进种子发芽和不定根、侧根和根瘤的形成。低浓度与赤霉素、激动素协同促进植物的生长发育，高浓度则诱导内源乙烯的生成，促进成熟和衰老。吲哚乙酸在植物体内易被吲哚乙酸氧化酶分解。当生长素与邻苯二酚等酚类化合物并用时才呈现较为稳定的生物活性。

应用 诱导番茄单性结实和坐果，在盛花期，以 3000mg/L 药液浸花，形成无籽番茄果，提高坐果率；促进插枝生根是它应用最早的一个方面。以 100～1000mg/L 药液浸泡插枝的基部，可促进茶树、胶树、柞树、水杉、胡椒等作物不定根的形成，加快营养繁殖速度。1～10mg/L 吲哚乙酸和 10mg/L 恶霉灵混用，促进水稻秧苗快生根，防止机插秧苗倒伏。25～400mg/L 药液喷洒一次菊花（在光条件下处理数小时），可抑制花芽的出现，延长开花。生长在长日照下的秋海棠以 1.75mg/L 吲哚乙酸喷洒一次，可增加雌花。处理甜菜种子可促进发芽，增加块根产量和含糖量。

注意事项

① 吲哚乙酸见光分解，产品须用黑色包装物，存放在阴凉干燥处。

② 吲哚乙酸进入到植物体内易被过氧化物酶、吲哚乙酸氧化酶分解，尽量不要单独使用。碱性物也降低它的应用效果。

吲哚丁酸（4-indol-3-yl utyric acid）

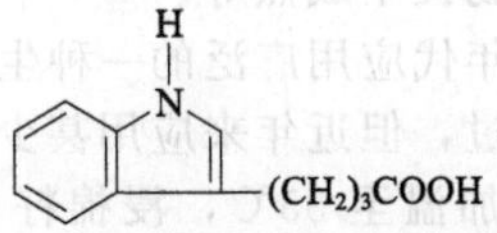

$C_{12}H_{13}NO_2$，203.23，133-32-4

吲哚丁酸（IBA）是一种天然存在的吲哚类植物生长调节剂，1930 年由杰克逊等人合成。由美国曼克公司及联合碳化公司开发，商品名 Hormodin 及 Rootone。其他名称有 Seradix、Tiffy Grow、Hormex Rooting Powder 等。商品为 98%原粉、10%可湿性粉剂。沈阳化工研究院，广西喷施宝集团有限公司、四川国光农化股份有限公司等生产。

理化性质 纯品为白色或浅黄色结晶，有吲哚臭味，熔点 123～125℃，可溶于乙醇、丙酮、乙醚中，不溶于水和氯仿，在光照下会慢慢分解，在暗条件下贮存分子结构稳定。

毒性 吲哚丁酸纯品对大白鼠急性经口 LD_{50} 100mg/kg，小白鼠腹腔注射最小致死量为 100mg/kg，鲤鱼 LC_{50} 180mg/L（48h）。

作用特性 吲哚丁酸可经由植株的根、茎、叶、果吸收，但移动性很小，不易被吲哚乙酸氧化酶分解，生物活性持续时间较长，其生理作用类似生长素，刺激细胞分裂和组织分化，诱导单性结实，形成无籽果实；诱发产生不定根，促进插枝生根等。

应用 促进番茄、辣椒、黄瓜、无花果、草莓、黑树莓、茄子等坐果或单性结实，浸或喷花、果的浓度在 250mg/L 左右，但其主要用途是促进多种植物插枝生根及某些移栽作物的早生根、多生根。茶：20～40mg/L 浸泡枝（插枝下端 3～4cm，下同）3h。桑：新枝 5mg/L 浸泡 24h 或 1000mg/L 浸泡 3s，硬枝 100mg/L 浸泡 24h 或 2000mg/L 浸泡 3s。柳杉、日本扁柏：100mg/L 浸泡枝 24h。苹果、桃：1000mg/L 浸泡枝 5s。桧柏：100～200mg/L 浸泡 6～24h。松：50mg/L 浸泡一年生小枝 16h。葡萄：5～20mg/L 浸泡枝 24h。侧柏：25～100mg/L 在 4～6 月浸泡生长旺盛的枝 12h。杜鹃：100mg/L 浸泡枝 3h。黄杨：100mg/L 浸泡枝 3h。胡椒：25～50mg/L 浸泡枝 12～24h。榛子：4000mg/L 浸泡枝 10h。莱芜海棠：100～200mg/L 浸泡 2～4h。

柑橘：用1000mg/L的水溶液处理空中压条。中华猕猴桃：200mg/L浸泡枝3h。以上均能促进插枝生根，提高插枝成活率。另外，水稻、人参、树苗等以10～80mg/L淋洒土壤，可促使移栽后早生根、根系发达。与萘乙酸或其他生理活性物质进行复合加工成为制剂，则生理活性更高，使用范围更广。

注意事项

① 吲哚丁酸见光易分解，产品须用黑色包装物，存放在阴凉干燥处。

② 吲哚丁酸单一使用对多种作物有生根作用，与其他多种有生根作用的药剂混用其效果更佳。

增产灵（4-iodophenoxyacetic acid）

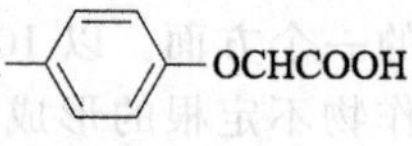

$C_8H_7IO_3$，278.05，1878-94-0

增产灵（IPA），是一种苯氧羧酸类植物生长调节剂。国外未商品化。其他名称增产灵1号。类似化合物有增产素（对溴苯氧乙酸）。商品为95%粉剂。

化学名称　4-碘苯氧丙酸

理化性质　纯品为白色针状或鳞片结晶，熔点154～156℃；工业品为淡黄色或粉红色粉末，含量95%，熔点154℃，略带刺激性臭味。溶于热水、苯、氯仿、酒精，微溶于冷水，其盐水溶性好。

毒性　未见增产灵毒理学数据报道。

作用特性　具有加速细胞分裂、分化作用，促进植株生长、发育、开花、结实，防止蕾铃脱落，增加铃重，缩短发育周期，使植物提早成熟等。

应用　增产灵是我国20世纪70年代应用广泛的一种生长调节剂，在大豆、水稻、棉花、花生、小麦、玉米等作物上大面积应用过，但近年来应用甚少。

（1）棉花　将30～50mg/L药液加温至55℃，浸棉籽8～16h，然后冷却播种，促进壮苗；开花当天以20～30mg/L药液滴涂在花冠内，或在幼铃上点涂2～3次，间隔3～4d，每亩用药液量0.5～1kg，可防止落花落铃；在现蕾期至始花期以5～10mg/L药液喷洒1～2次，间隔10d，也有保花保铃的效果。

（2）大豆、豇豆等　在花荚期用10～20mg/L喷洒1～2次，可减少落花落荚，增加分枝，促进早熟；与磷酸二氢钾混用效果更佳。

（3）花生　在结荚期以10～40mg/L药液喷洒2～3次，总分枝数、果数均有增加，还促进早熟增产。

（4）芝麻　在蕾花期以10～20mg/L药液喷洒一次，增产明显。

（5）水稻　用10～20mg/L药液浸种或浸秧，促进发根，提早返青；苗期喷洒10～20mg/L药液，加快秧苗生长；在抽穗、扬花、灌浆期以20～30mg/L药液喷洒一次，可提早抽穗，提高结实率和千粒重。

（6）小麦　以20～100mg/L药液浸种8h，促进幼苗健壮；抽穗、扬花期以20～30mg/L叶面喷洒一次，提高结实率和千粒重。

（7）玉米　在抽丝期、灌浆期以20～40mg/L药液喷洒全株或灌注在果穗的丝内，可使果穗饱满，防止秃顶，增加单穗重、千粒重。

此外，番茄在花期或幼果期以5～10mg/L药液喷洒一次，促进坐果、增产。黄瓜结果期以6～10mg/L喷或涂果多次，可增加果重、增产。洋白菜、大白菜包心期以20mg/L药液喷洒1～3次，增加产量。葡萄在花后或幼果期以50mg/L喷洒2次，明显增加果穗重量。

注意事项

① 增产灵与叶面肥配用效果更好。

② 处理后24h勿遇雨，否则影响效果。

糠氨基嘌呤（kinetin）

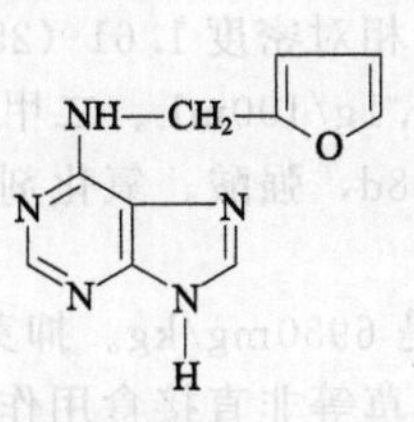

$C_{10}H_9N_5O$，215.21，525-79-1

糠氨基嘌呤，曾用商品名激动素，是一种具有细胞分裂素活性的嘌呤类物质。1955 年密勒和斯柯格从酵母 DNA 中分离提取出结晶，并进行人工合成。0.4%水剂，湖北省天门易普乐农化有限公司生产。

化学名称　*N*-6-呋喃甲基腺嘌呤

理化性质　纯品为白色片状结晶，从乙醇中获得的结晶，熔点 266～267℃；从甲苯、甲醇中获得的结晶，熔点 214～215℃。加热到 220℃升华。它难溶于水、乙醇、乙醚和丙酮；可溶于稀酸或稀碱及冰醋酸。它的最大紫外光吸收光谱 268nm，最小为 233nm。分子在加压下能被 1mol/L 硫酸分解为腺嘌呤及乙酰丙酸。常压、常温下分子稳定。

毒性　纯品毒理学数据未见报道，在微生物体内含有，对人、畜安全。另外，含有糠氨基嘌呤的细胞激动素混液的大白鼠急性经口 LD_{50}＞5000mg/kg。

作用特性　激动素可被作物的叶、茎、子叶和发芽的种子吸收，移动缓慢。主要生理作用：促进细胞分裂、分化、生长；诱导愈伤组织长芽，解除顶端优势；促进种子发芽，打破侧芽的休眠；延缓叶片衰老及植株的早衰；调节营养物质的运输；促进结实；诱导花芽分化；调节叶片气孔张开等。

应用　有多种应用效果。最早以 0.5mg/L 放入愈伤组织培养基内（需生长素的配合）诱导长出芽；用 20mg/L 激动素喷洒多种作物的幼苗有促进生长的作用；300～400mg/L 处理开花苹果，促进坐果；以 40～80mg/L 处理玉米等离体叶片，延长叶片变黄的时间。芹菜、菠菜、莴苣以 20mg/L 喷洒叶片，保绿，延长存放期。白菜、结球甘蓝以 40mg/L 喷洒叶片，延长存放期；以 4～6.7mg/L 喷雾处理水稻，调节生长，提高产量。

注意事项

① 在生产上的应用报道较少。

② 激动素只有与其他促进型植物生长调节剂混用，应用效果才更为理想。

抑芽丹（maleic hydrazide）

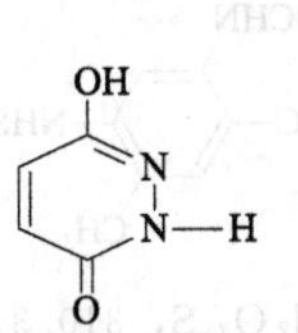

$C_4H_4N_2O_2$，112.1，10071-13-3

抑芽丹（MH）是一种丁烯二酰肼类植物生长调节剂，1949 年美国橡胶公司首先开发，商品名抑芽丹、马拉酰肼、青鲜素、MH-30，其他名有 MH、Sucker-Stuff、Retard、Sprout Stop、Royal MH-30、S10-Gro 等。70 年代江苏丹阳化工厂等单位生产。商品为 50%、25%水剂。现由邯郸市赵都精细化工有限公司、广东省英德广农康盛化工有限公司、连云港金屯农化有限公司、潍坊中农联合化工有限公司、麦德梅农业解决方案有限公司、贵州省遵义泉通化工厂等生产。

化学名称 6-羟基-3-(2*H*)-哒嗪酮

理化性质 纯品为白色结晶固体，相对密度1.61（25℃），熔点298～299℃。在25℃时水中的溶解度为0.45g/100mL、酒精中为0.1g/100mL、二甲基甲酰胺中为2.4g/100mL。其钾盐溶于水，光下25℃时分解一半的时间为58d，强酸、氧化剂可促进它的分解。室温下结构稳定，耐贮藏。

毒性 抑芽丹其盐的大白鼠LD_{50}是6950mg/kg。抑芽丹慢性毒性实验中，发现对猴子有潜在的致肿瘤危险，因而其仅在花卉、烟草等非直接食用作物上使用。

作用特性 抑芽丹主要经由植株的叶片、嫩枝、芽、根吸收，然后经木质部、韧皮部传导到植株生长活跃的部位累积起来，进入到顶芽里，可抑制顶端优势，抑制顶部旺长，使光合产物向下输送，进入到腋芽、侧芽或块茎块根的芽里，可控制这些芽的萌发或延长这些芽的萌发期。抑制分生组织的细胞分裂。

应用 抑芽丹是应用较广的一种调节剂。控制马铃薯、洋葱、大蒜发芽，在收获前2～3周以2000～3000mg/L药液喷洒1次，可有效地控制发芽，延长贮藏期。甜菜、甘薯在收前2～3周以2000mg/L药液喷洒1次，可有效地防止发芽或抽薹。烟草在摘心后，以2500mg/L药液喷洒上部5～6叶，每株10～20mL，能控制腋芽生长。胡萝卜、萝卜等在抽薹前或采收前1～4周，以1000～2000mg/L药液喷洒1次，可抑制抽薹或发芽，甘蓝、结球白菜用2500mg/L药液喷洒，也有此效果。柑橘在夏梢发生初以2000mg/L全株喷洒2～3次，可控制夏梢，促进坐果。它还有杀雄作用，棉花第一次在现蕾后，第二次在接近开花初期，以800～1000mg/L药液喷洒，可以杀死棉花雄蕊；玉米在6～7叶期，以500mg/L每7d喷1次，共3次，可以杀死玉米的雄蕊；另外，西瓜在2叶1心期，以50mg/L药液喷洒2次，间隔1周，可增加雌花；苹果苗期，以500mg/L药液全株喷洒1次，可诱导花芽形成，矮化，早结果；草莓在移栽后，以5000mg/L喷洒2～3次，可使草莓果明显增加。

抑芽丹1000mg/L+乙烯利1500mg/L，在小麦、稻齐穗后（乳熟期）喷洒上部穗、叶片一次，每亩喷液量20～30kg，明显抑制连阴雨环境下谷粒的发芽、变霉。

注意事项

① 抑芽丹作烟草控芽剂，最适浓度较窄，低了效果差，高了有药害，它与氯化胆碱混用效果更为理想。

② 因毒性问题，应尽量避免在直接食用的农作物上使用。

③ 抑芽丹各地应用效果差异大的一个原因是作叶面应用时应加入乳化剂或者将药物加工成乳剂为好。

氟磺酰草胺（mefluidide）

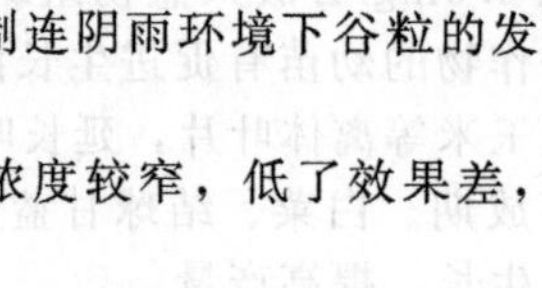

$C_{11}H_{13}F_3N_2O_3S$，310.3，53780-34-0

氟磺酰草胺（矮抑安）是一种酰胺类植物生长调节剂，1974年美国3M公司开发。商品名Embark，其他名MBR-12325，中文通用名氟磺酰草胺（除草剂）、伏草胺。商品为0.48%或0.24%液剂。

化学名称 *N*-[2,4-二甲基-5-(三氟甲基磺酰)氨基]苯基乙酰胺

理化性质 纯品为非挥发性白色结晶固体，熔点为183～185℃，蒸气压<10mPa（25℃）。微溶于水（180mg/L），易溶于甲醇（310g/L）、丙酮（350g/L）、乙腈（64g/L），水溶液呈酸性

(pH4.6)，对冷、热稳定，水溶液在紫外光下分解。

毒性　大白鼠急性经口 LD_{50} 4000mg/kg，小鼠急性经口 LD_{50} 1920mg/kg，兔急性经皮 LD_{50} >4000mg/kg。

作用特性　氟磺酰草胺也可作为除草剂使用，可经由植株的茎、叶吸收，抑制分生组织的生长和发育，抑制多年生禾本科杂草的生长以及杂草种子的产生。作为生长调节剂，可以抑制观赏植物和灌木的顶端生长和侧芽生长，增加甘蔗含糖量。

应用　氟磺酰草胺主要作为草皮、观赏植物、小灌木的矮化剂，也可作为烟草腋芽抑制剂。一般用量为 300～1100g/hm^2。另外，在甘蔗收获前 6～8 周，以 600～1100g/hm^2 喷洒，可增加含糖量。

注意事项　国内尚未开发和应用，具体使用技术有待完善。

甲哌鎓（mepiquat chloride）

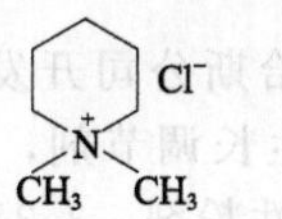

$C_7H_{16}ClN$，149.7，24307-26-4

甲哌鎓，曾用商品名甲哌啶、助壮素、缩节安等，是一种哌啶类植物生长调节剂。1972 年由巴斯夫公司首先开发，1979 年由原化工部沈阳化工研究院和北京农业大学进行合成。商品名 Pix，其他名 BAS-08300、Proposed、mepiquat chloride、调节啶、甲哌啶、缩节胺、棉壮素。商品有 5%液剂、25%水剂、96%可溶粉。现由北京市龙城化工有限公司、河南安阳小康农药有限公司、张家口长城农化有限公司、江苏南通金陵农化有限公司、成都新朝阳生物化工有限公司、四川国光农化有限公司等生产。

化学名称　1,1-二甲基哌啶鎓氯化物

理化性质　纯品为无味白色结晶体，熔点>300℃，蒸气压<1×10^{-11} mPa（223℃），20℃时溶解度（100g 溶剂中）：水>100g，乙醇 16.2g，氯仿 1.1g，丙酮、乙醚、乙酸乙酯、环己烷、橄榄油<0.1g。药剂性质稳定，不易燃易爆，可贮存 2 年以上。

毒性　原粉大白鼠急性经口 LD_{50} 1490mg/kg，小白鼠 LD_{50} 1032mg/kg（雄）、920mg/kg（雌），大白鼠急性经皮 LD_{50} 7800mg/kg，小白鼠急性经皮 LD_{50} >10000mg/kg，急性吸入 LC_{50} 32mg/L，对兔眼睛和皮肤无刺激作用。在动物体内蓄积性较小，大白鼠三代繁殖试验未见异常，无致畸、致癌、致突变作用，对鱼、鸟、蜂无毒害。鳟鱼 LC_{50} 1580mg/L（96h）。

作用特性　甲哌鎓可经由根、嫩枝、叶片吸收，然后很快传导到起作用部位，其生理作用可抑制赤霉素的生物合成、矮化植株、缩短节间长度、增加叶绿素含量、使株型紧凑、促进坐果及早熟、增产等。

应用　甲哌鎓是一个广谱多用途的植物生长调节剂。用于棉花，于初花期以 100mg/L 作均匀喷洒（药液 50kg/亩），矮化植株，紧凑株型，防蕾铃脱落，提早结桃，增加产量。用于番茄，在开花到结果期，以 100mg/L 作整株均匀喷洒，降低株高，增加果重，增加产量，提高含糖量；苗期以 300～500mg/L 叶面喷洒，壮苗，提高抗寒能力。用于黄瓜、西瓜等，在开花到结瓜期，以 100mg/L 整株喷洒，抑制蔓的旺长，促进坐果，增加产量，改善品质。用于苹果、山楂、葡萄在开花前后以 100～300mg/L 叶面喷洒，促进坐果，增加产量。用于花生则在下针前期，以 100～150mg/L 作叶面喷洒，控制营养生长，促进生殖生长，明显增加产量。用于大豆、绿豆、豇豆，在开花到结荚期，以 100～200mg/L 作叶面喷洒，抑制株高，促进结荚，增加产量。用于玉米在大喇叭口期以 200～300mg/L 作叶面喷洒，控制旺长，果穗增长，减少秃顶，增加产量。应用于小麦、谷子上也有增产作用。

注意事项 甲哌鎓是一种较为温和、在作物花期使用对花器没有副作用的调节剂。不足之处是对于旺长的作物需多次叶面喷洒，因此建议：

① 在用作禾本科作物特别是玉米矮化剂时可与乙烯利混用，还可延长乙烯利的适用期。

② 在用作棉花、果树、葡萄等抑制营养生长、促进生殖生长时，能与生长素、激动素进行混用，综合经济性状更为理想。

③ 叶面使用注意适当加入表面活性剂，如平平加、吐温 80 等。

甲基环丙烯（1-methylcyclopropene）

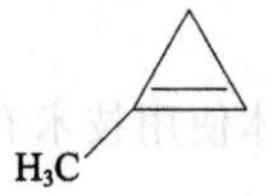

C_4H_6，54.09，3100-04-7

甲基环丙烯（1-MCP）由美国罗门哈斯公司开发，别名聪明鲜。1999 年首次在美国登记。甲基环丙烯是一种用于水果保鲜的植物生长调节剂，是近年来人们研究发现的一种作用效果最为突出的时新保鲜剂。制剂：3.3%可溶性粉剂、3.3%微胶囊剂。美国罗门哈斯公司、龙杏生技制药股份公司、山东奥维特生物科技有限公司等生产。

理化性质 纯品为无色气体，沸点 4.68℃，熔点<100℃，蒸气压（20～25℃）2×10^5 Pa。溶解度（20～25℃）：水 137mg/L，庚烷>2450mg/L，二甲苯 2250mg/L，丙酮 2400mg/L，甲醇>11000mg/L。水解 DT_{50}（50℃）2.4h，光氧化降解 DT_{50} 4.4h。其结构为带 1 个甲基的环丙烯，常温下，为一种非常活跃、易反应、十分不稳定的气体，当超过一定浓度或压力时会发生爆炸，因此，在制造过程中不能对 1-甲基环丙烯以纯品或高浓度原药的形式进行分离和处理，其本身无法单独作为一种产品（纯品或原药）存在，也很难贮存。

毒性 大鼠吸入 LC_{50}>165mg/kg（4h），根据毒性分类，属于实际无毒的物质。

作用特性 甲基环丙烯（1-MCP）是一种非常有效的乙烯产生和乙烯作用的抑制剂。作为促进成熟衰老的植物激素——乙烯，既可由部分植物自身产生，又可在贮藏环境甚至空气中存在一定的量。乙烯与细胞内部的相关受体相结合，才能激活一系列与成熟有关的生理生化反应，加快衰老和死亡。1-MCP 可以很好地与乙烯受体结合，并较长时间保持束缚在受体蛋白上，因而有效地阻碍了乙烯与其受体的正常结合，致使乙烯作用信号的传导和表达受阻。但这种结合不会引起成熟的生化反应，因此，在植物内源乙烯产生或外源乙烯作用之前施用 1-MCP，它就会抢先与乙烯受体结合，从而阻止乙烯与其受体的结合，很好地延长了果蔬成熟衰老的过程，延长了保鲜期。

应用 处理果蔬、花卉时，甲基环丙烯的使用浓度极低，空气中浓度仅为 1mg/kg 左右。1-MCP 的使用量很小，以微克来计算，方式是熏蒸。只要把空间密封 6～12h 然后通风换气，就可以达到贮藏保鲜的效果。尤其是呼吸跃变型水果、蔬菜，在采摘后 1～7d 进行熏蒸处理，可以延长保鲜期至少 1 倍的时间，以苹果、梨为例，其保鲜期可以从原来的正常贮藏 3～5 个月，延长到 8～9 个月。对大多数苹果品种来说，1-MCP 处理后，其保鲜效果普遍好于气调贮藏，不但效果显著，而且经济、操作方便。1-MCP 是目前最先进的延长贮藏期和货架期的保鲜剂。在发达国家果业生产中已开始普遍应用。截至目前，欧盟、新西兰、澳大利亚、美国、加拿大、英国、智利、阿根廷、巴西、危地马拉、尼加拉瓜、哥斯达黎加、中国、南非、以色列、墨西哥、瑞士、土耳其等均已批准使用。有人预言，商业运作中至少在部分果品与蔬菜上 1-MCP 与普通恒温库结合使用，可以替代气调库贮藏。1-MCP 乙烯阻封剂在我国果蔬贮藏保鲜上的应用推广，是缩短我国与发达国家之间的差距的一条捷径。

用 1.0μL/L 浓度的 1-MCP 处理八月红梨，可使果实保持较高的硬度、可溶性固形物（TSS）和可滴定酸（TA）含量，明显降低果实的呼吸强度和乙烯释放速率，能完全抑制八月红梨果实黑皮病的发生，显著降低果心褐变率，推迟果实的后熟和衰老，延长贮藏和货架期。

用25μL/L浓度的1-MCP分别对底色转白期（MG）和成熟期（RR）桃果实进行处理，然后置于（0±1）℃冷库中贮藏24d。结果表明，经过1-MCP处理，能够延缓成熟期果实的后熟软化进程，降低乙烯释放量，并抑制了果实快速软化阶段的PG酶活性。1-MCP处理提高了贮藏后期MG果实的硬度，降低了出汁率，加剧了冷害的发生程度。1-MCP处理对RR果实的冷害发生率没有显著影响，表明1-MCP影响桃发生冷害期间果实的成熟。

火村红杏果实经1-MCP真空渗透处理后，能有效地抑制货架期杏果实呼吸强度和乙烯释放量，延缓果实硬度、可滴定酸和抗坏血酸含量的下降，抑制类胡萝卜素的合成积累和推迟果实色泽的转变；明显延缓货架期杏果实后熟软化，使果实的品质和风味更加突出。

用0.1mg/L 1-MCP分别对东方百合西伯利亚和亚洲百合普丽安娜花枝处理4h，再用蔗糖30g/L+8-羟基喹啉硫酸盐（8-HQ）200mg/L的配比保鲜液对其切花瓶插保鲜处理后，两种切花的瓶插寿命和观赏品质均有所改善，瓶插寿命比对照长，约延长2d，其中东方百合优于亚洲百合，其瓶插寿命较长，约16d。1-MCP处理一定程度上能保持百合细胞膜的完整性，具有延长百合瓶插寿命、提高观赏价值、延迟花瓣质膜相对透性增加等效应。同时对百合花瓣MDA含量、蛋白质含量变化都有一定的影响。

用100mL/L、300mL/L 1-MCP处理河套蜜瓜，能明显抑制河套蜜瓜乙烯的合成和生理作用，与对照相比乙烯释放高峰和呼吸高峰推迟了6d，乙烯高峰仅为对照的49.6%和43.8%，呼吸高峰为对照的80.0%和78.4%，可溶性固形物降解得到抑制，延迟了多聚半乳糖醛酸酶（PG）和β-半乳糖苷酶活性高峰出现的时间，有效延缓了河套蜜瓜硬度的下降速度。10mL/L、30mL/L 1-MCP对河套蜜瓜后熟和软化没有明显的抑制作用。

萘乙酸（naphthyacetic acid）

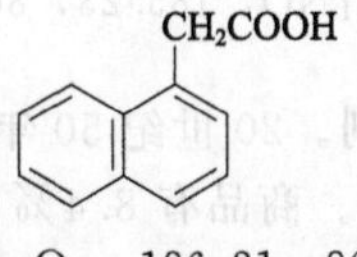

$C_{12}H_{10}O_2$，186.21，86-87-3

萘乙酸（NAA）是一种有机萘类植物生长调节剂。1934年合成，后由美国联合碳化公司开发，商品有Rootone、NAA-800、Pruiton-N、transplantone。其他公司商品名有Celmome、Stik、Phyomone、Planovix等。1959年华北农学院开发，商品为90%粉剂。现由河南省安阳市化工实验厂、四川国光农化有限公司、广西全州县安农化工有限公司、广西玉林市科联化学有限公司、河北农药化工有限公司、河北志诚农药化工有限公司、江苏激素研究所有限公司等厂生产。制剂：0.03%、0.1%、0.6%、1%、5%水剂，20%可溶性粉剂，90%粉剂。

理化性质 纯品为白色结晶，无臭无味，熔点130℃。溶于乙醇、丙酮、乙醚、氯仿等有机溶剂，溶于热水，不溶于冷水，其盐水溶性好。结构稳定，耐贮性好。

毒性 萘乙酸属低毒植物生长调节剂，大鼠急性经口LD_{50} 3580mg/kg，兔急性经皮LD_{50} 2000mg/kg（雌），鲤鱼LC_{50}>40mg/L（48h）。对皮肤、黏膜有刺激作用。

作用特性 经由叶、茎、根吸收，然后传导到作用部位，刺激细胞分裂和组织分化，促进子房膨大，诱导单性结实，形成无籽果实，促进开花。在一定浓度范围内抑制纤维素酶活性，防止落花落果落叶。诱发枝条不定根的形成，加速树木的扦插生根。低浓度促进植物的生长发育，高浓度引起内源乙烯的大量生成，从而有矮化和催熟增产作用，还可提高某些作物的抗旱、寒、涝、盐的能力。

应用 萘乙酸是广谱多用途植物生长调节剂。在番茄盛花期以50mg/L浸花，促进坐果，授精前处理形成无籽果。在西瓜花期以20～30mg/L浸花或喷花，促进坐果，授精前处理形成无籽西瓜。在辣椒开花期以20mg/L全株喷洒，防落花促进结椒。在菠萝植株营养生长完成后，从株心处注入 30mL 15～20mg/L 药液，促进早开花。从棉花盛花期开始，每 10～15d 以 10～20mg/L 喷洒 1 次，共喷 3 次，防止棉铃脱落，提高产量。苹果大年花多、果密，在花期用 10～20mg/L 药液喷洒 1 次，可代替人工疏花疏果防止采前落果。有些苹果、梨品种在采前 2～3 周以 20mg/L 喷洒 1 次，可有效防止采前落果。用于桑、茶、油桐、柠檬、柞树、侧柏、水杉、甘薯等，以 10～200mg/L 浓度浸泡插枝基部 12～24h，可诱导不定根，促进扦插枝条生根。对小麦以 20mg/L 浸种 12h，对水稻以 10mg/L 浸种 2h，可使种子早萌发，根多苗健，增加产量；对其他大田作物及某些蔬菜如玉米、谷子、白菜、萝卜等也有壮苗作用。萘乙酸还可提高有些作物幼苗抗寒、抗盐等能力。用 0.1%药液喷洒柠檬树冠，可加速果实成熟，提高产量。对豆类以 100mg/L 药液喷洒 1 次，也有加速成熟、增加粒重的作用。

注意事项

① 萘乙酸虽在插枝生根上效果好，但在较高浓度下有抑制地上茎、枝生长的副作用，故与其他生根剂混用为好。

② 用萘乙酸作叶面喷洒，不同作物或同一作物在不同时期其使用浓度不尽相同，一定要严格按使用说明使用，切勿任意增加使用浓度，以免发生药害。

③ 萘乙酸用作坐果剂时，注意尽量对花器喷洒，以整株喷洒促进坐果，要少量多次，并与叶面肥、微肥配用为好。

萘乙酰胺（naphthalene acetamide）

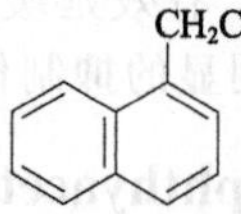

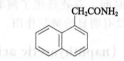

$C_{12}H_{11}NO$，185.23，86-86-2

萘乙酰胺是一种萘类植物生长调节剂。20 世纪 50 年代由美国联合碳化公司等开发，商品名 NAAm、NAD，其他名 Amid-ThimW 等。商品有 8.4%可湿性粉剂、10%可湿性粉剂。

理化性质 原药为无味白色结晶，熔点 182～184℃。在 20℃溶于丙酮、乙醇、异丙醇，微溶于水，不溶于二硫化碳、煤油和柴油。

毒性 萘乙酰胺对大白鼠急性经口 LD_{50} 1490mg/kg，兔急性经皮 LD_{50} ＞2000mg/kg。对皮肤无刺激作用，但可引起不可逆的眼损伤。

作用特性 萘乙酰胺可经由植物的茎、叶吸收，传导性慢，可引起花序梗离层的形成，从而作为苹果、梨的疏果剂，同时也有促进生根的作用。

应用 萘乙酰胺是良好的苹果、梨的疏果剂。

(1) 用于苹果，浓度为 25～50mg/L，于盛花后 2～2.5 周（花瓣脱落时）进行全株喷洒。

(2) 用于梨，浓度为 25～50mg/L，于花瓣落花至花瓣落后 5～7d 进行全株喷洒。

萘乙酰胺与有关生根物质混用是促进苹果、梨、桃、葡萄及观赏作物的广谱生根剂，所用配方如下：萘乙酰胺 0.018%＋萘乙酸 0.002%＋硫脲 0.093%。

注意事项

① 用作疏果剂应严格掌握时间，且疏果效果与气温等有关，因此要先取得示范经验再逐步推广。

② 此品种在美国、欧洲广泛用作生根剂的一个重要成分，国内尚无实践。

核苷酸（nucleotide）

1972 年日本人发现核苷酸对水稻秧苗生长有促进作用。我国从 1970～1973 年就用核苷酸（702）在水稻上进行应用。核苷酸因不同水解方法其产物有异：经碱水解形成的产物中，4 种为

3′-嘧啶核苷酸，2 种为嘌呤碱基；以磷酸二酯酶水解产物为 4 种 5′-核苷酸。其生物活性以酸水解的 3′-嘧啶核苷酸及嘌呤碱基较高。

理化性质　核苷酸干制剂容易吸水，但并不溶于水，在稀碱液中能完全溶解。核苷酸不溶于乙醇，能在水溶液 pH 为 2.0～2.5 时形成沉淀。20 世纪 70 年代核苷酸一般为干制剂或一定含量的水剂（702）。20 世纪 90 年代商品名为桑兰 990A、绿泰宝、绿风 95。现国内洛阳龙门生化制药厂等生产，产品制剂为 0.05%液剂。

毒性　核苷酸为核酸水解产物，纯属天然生物制剂，它对人、畜安全，不污染环境。毒理学资料不详。

作用特性　可经由植物的根、茎、叶吸收，它进入体内的主要生理作用：一是促进细胞分裂；二是提高植株的细胞活力；三是加快植株的新陈代谢。表现为促进根系较多，叶色较绿，加快地上部分生长发育，最终可不同程度地提高产量。

应用　在籼稻移栽前 1～3d 苗期、幼穗分化期、抽穗始期、灌浆初期，叶面喷洒 5～100mg/L 核苷酸都有一定增产效果，以苗期处理增产效果较为稳定。用 0.05%药液稀释 400 倍，喷洒黄瓜幼苗，提高产量。对于其他作物也在试用。

注意事项　核苷酸对作物安全，使用浓度安全范围宽，可多次喷洒，不同水解产品效果有差异。

多效唑（paclobutrazol）

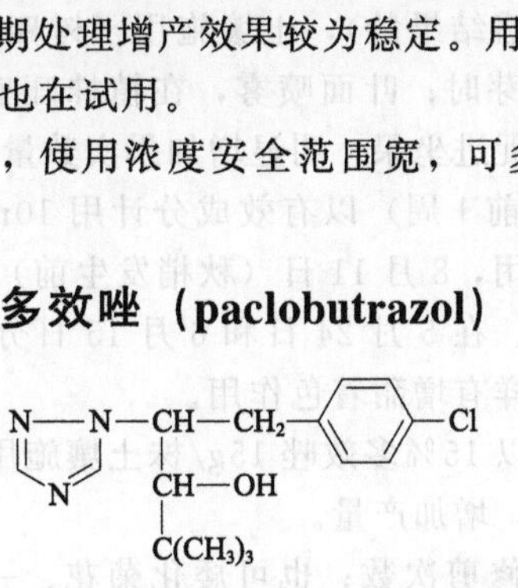

$C_{15}H_{20}ClN_3O$，293.8，76738-62-0

多效唑（PP_{333}），也称为氯丁唑，是一种三唑类植物生长调节剂。1982 年由 Lever. B. G 报道其生物活性，英国卜内门化学有限公司开发，商品名 Cultar、Clipper、Bonzi，其他名 PP333。国内 20 世纪 80 年代中期由江苏农药研究所合成，制剂为 10%、15%可湿性粉剂，25%悬浮剂。现由四川国光农化有限公司、江苏建神生物农化有限公司、江苏绿利来股份有限公司、江苏建农农化公司、盐城市黄龙公司、四川兰月科技开发公司、海南润禾农药有限公司、允发化工（上海）有限公司、河南力克化工有限公司、河南郑州志信农化有限公司、江苏七洲绿色化工公司等生产。

化学名称　(2*RS*,3*RS*)-1-(4-氯苯基)-4,4-二甲基-2-(1*H*-1,2,4-三唑-1-基) 戊-3-醇

理化特性　多效唑原药为白色固体，相对密度 1.22，熔点 165～166℃，20℃时蒸气压为 0.001mPa。溶解度：水中为 35mg/L，丙二醇 5%，甲醇 15%，丙酮 11%，环己酮 18%，二氯乙烷 10%，己烷 10%，二甲苯 6%。纯品在 20℃下存放 2 年以上稳定，50℃下存放 6 个月不分解。稀释液在 pH4～9 范围内及紫外光下，不水解或降解。

毒性　多效唑属低毒性植物生长调节剂。原药大白鼠急性经口 LD_{50} 2000mg/kg（雄）、1300mg/kg（雌）；急性经皮大白鼠及兔＞1000mg/kg。对大白鼠及兔的皮肤、眼睛有轻度刺激。大白鼠亚急性经口无作用剂量为 250mg/(L・d)，大白鼠慢性经口无作用剂量为 75mg/(kg・d)。无致畸、致癌、致突变作用。鳟鱼 LC_{50} 27.8mg/L（96h）；野鸭急性 LD_{50}＞7900mg/kg；蜜蜂 LD_{50}＞0.002mg/只。

作用特性　经由植物的根、茎、叶吸收，然后经木质部传导到幼嫩的分生组织部位，抑制赤霉素的生物合成。具体作用部位：一是阻抑贝壳杉烯形成贝壳杉烯-19-醇；二是阻抑贝壳杉烯-19-醇形成贝壳杉烯-19-醛；三是阻抑贝壳杉烯-19-醛形成贝壳杉烯-19-酸。作用机理是抑制这三

个部位酶促反应中酶的活性。

应用 主要生理作用是矮化植株，促进花芽形成，增加分蘖，保花保果，根系发达，也有一定防病作用（霉病）。

（1）水稻二季晚稻秧苗，300mg/L（15％药200g加100kg水）于稻苗一叶一心前、落水后淋洒，施后12～24h后灌水；早稻，187mg/L（15％药130g加100kg水）于稻苗一叶一心前、落水后淋洒，12～24h时后灌水，可达到控苗促蘖、“带蘖壮秧”、矮化防倒、增加产量的功效。

（2）200mg/L于油菜三叶期进行叶面喷雾，每亩药液100kg，抑制油菜根茎伸长，促使根茎增粗，培育壮苗。

（3）100～200mg/L于大豆4～6叶期叶面喷雾，使植株矮化、茎秆变粗、叶柄短粗，叶柄与主茎夹角变小，绿叶数增加，光合作用增强，防落花落荚，增加产量。用200mg/L多效唑拌种（药液：种子＝1：10），阴干种皮不皱缩即可播种，也有好的效果。

（4）对苹果、梨的大树（旺盛结果龄），土壤施用（树四周沟或穴施）15％多效唑15g/株，使用时间为春季萌芽前至正当萌芽时；叶面喷雾，在植株旺盛生长前，处理浓度500mg/L，控制营养生长，可促进生殖生长，促进坐果，明显增加果实数量。

（5）柑橘 5月24日（夏梢前1周）以有效成分计用10mg/株土壤施用，6月15日（夏梢发生后2周）以30mg/株土壤施用，8月11日（秋梢发生前）以100mg/株土壤施用，伸长生长明显得到控制。柑增甜，色泽好。在5月24日和6月15日分别叶面喷雾500mg/L多效唑，梢的伸长生长也明显得到抑制，同样有增甜着色作用。

（6）桃在新梢旺盛生长前，以15％多效唑15g/株土壤施用，或用500mg/L叶面喷雾，抑制新梢伸长，促进坐果，促进着色，增加产量。

多效唑还可矮化草皮，减少修剪次数；也可矮化菊花、一品红等许多观赏植物，使之早开花、花朵大。

注意事项 多效唑使一些后茬敏感作物生长受到抑制，苹果等果实变小、形状变扁，其副作用要应用几年之后才暴露出来。应用时要注意如下几个方面：

① 用于果树矮化坐果，作叶面处理时，应注意与细胞激动素、赤霉素、疏果剂等混用或交替应用，既矮化植株，控制新梢旺长，促进坐果；又不使果实结得太多，果型保持原貌。可以发展树干注射，以减少对土壤的污染，也要注意与上述调节剂合理配合使用。

② 用于水稻、小麦、油菜矮化分蘖、防倒伏之用，应注意与生根剂混用，以减少多效唑的用量，或者制成含有机质的缓慢释放剂作种子处理剂，既对种子安全，又大大减轻对土壤的污染。

③ 在草皮、盆栽观赏植物及花卉上，多效唑有应用前景。建议制剂为乳油、悬浮剂、膏剂、缓释剂，尽量作叶面处理或涂抹处理，以减轻对周围敏感花卉的不利影响。

苯肽胺酸（phthalanillic acid）

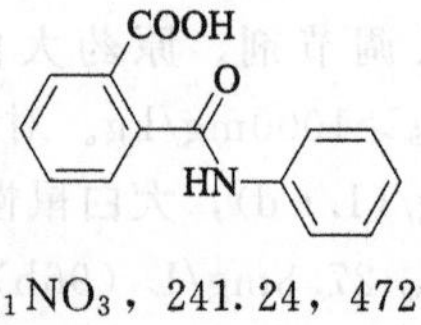

$C_{14}H_{11}NO_3$，241.24，4727-29-1

苯肽胺酸作为一种新型植物生长调节剂，具有明显的保花、保果作用，对坐果率低的作物可提高其产量，别名果多早。西北化工院研究开发、陕西上格之路生物科学有限公司生产，产品为20％苯肽胺酸可溶液剂，商品名宝赢。

化学名称 邻-(-*N*-苯甲酰基)苯甲酸

理化性质 原药外观为白色或淡黄色固体粉末，熔点169℃（分解）。溶解度（20℃）：水20mg/L，易溶于甲醇、乙醇、丙酮和乙腈。在中性介质中稳定，在强酸中水解，蒸气压为1.21×10^{-5}Pa（20℃）。

毒性 大鼠急性经口、经皮LD_{50}均大于10000mg/kg，低毒植物生长调节剂。

作用特性 具有生物活性的植物生长调节剂，通过叶面喷施，迅速浸入植物体内，促进营养物质向花的生长点调动，利于授精授粉，可诱发花蕾成花结果并提早成熟，诱导单穗植物果实膨大，具明显保花保果作用。①喷施后能快速被作物吸收，促进叶绿素和花青素形成，使营养物质向花芽移动，促花孕花，诱导成花；②喷施后能迅速渗透到植物体内，增强植物细胞活力，阻止叶柄、果柄基部形成离层，防止落花落果，起到保花保果作用；③提高抗逆性，增强植株对不良气候条件（低温、干旱、连阴雨、大风）的抵抗能力，使植株正常成花、授粉。④促进叶绿素形成，提高光合作用，提高产量，改善品质。

应用 以20％宝赢水剂为例，通过田间系统观察和数据统计，使用宝赢1000倍液处理枣树，坐果率较空白对照提高4.1％，单果重较空白对照增加1.12g；使用宝赢800倍液处理枣树，坐果率提高2.25％，单果重增加1.16g；单纯使用赤霉素50000倍液处理，虽然前期坐果率高于其他处理（比空白对照增加1.25％），但后期落果率很高。通过试验可以看出，在枣树开花期使用宝赢1000倍液处理或用宝赢1000倍液＋赤霉素50000倍液处理可明显减少落花落果，对枣树保花保果具有显著作用，且使用方便，对枣树安全。建议在枣树花期结合开甲、摘心、枣园放蜂、防治病虫害等农艺措施，间隔10d左右，连续喷施2～3次20％宝赢水剂1000倍液，具体时间在上午9:00之前或下午5:00之后，以减少枣树落花落果。

注意事项 避免在烈日下喷雾，喷后3h内下雨，需重喷。贮存于避光、阴凉处。若药液接触皮肤，要用肥皂和水冲洗干净；若溅入眼睛，要用大量清水冲洗；如误服中毒，应立即催吐并求医治疗。

极细链格孢激活蛋白（plant activator protein）

极细链格孢激活蛋白是从天然微生物中提取的生物活性蛋白，能诱导植物抗逆，促进植物生长发育，提高果实品质及产量。目前该产品登记为3％极细链格孢激活蛋白可湿性粉剂，生产企业为丰汇华农（北京）生物科技股份有限公司。

化学名称 207肽蛋白质

理化性质 极细链格孢激活蛋白是经极细链格孢菌发酵、提取的一种具有生物活性的、单一、稳定的蛋白质。该蛋白质由207个氨基酸组成，分子量（2005年新原子量标准）为$M_W=22590$，分子式为$C_{963}H_{1564}O_{342}N_{280}S_3$。等电点为4.43。易溶于水。在pH4～10稳定，遇强碱和强氧化剂易分解；耐高温，100℃沸水中煮30min仍然稳定。自然光照下2d对效果不产生影响，常温贮存2年稳定。3％极细链格孢激活蛋白可湿性粉剂由有效成分3％、蛋白稳定剂、蛋白保护剂、表面活性剂和载体组成。外观为土黄色粉末；pH4.5～7；润湿时间≤120s；悬浮率≥68％。细度：95％通过45μm试验筛。热贮和常温贮存2年稳定。

毒性 3％极细链格孢激活蛋白可湿性粉剂的大鼠急性经口LD_{50}＞5000mg/kg，急性经皮LD_{50}＞2150mg/kg；家兔皮肤无刺激性，眼睛有轻度刺激性；豚鼠皮肤变态反应试验结果为弱致敏物。3项致突变试验：Ames试验、小鼠骨髓细胞微核试验、小鼠睾丸细胞染色体畸变试验均为阴性，未见致突变性。3％极细链格孢激活蛋白可湿性粉剂为低毒植物生长调节剂。

作用特性 极细链格孢激活蛋白是从天然微生物经发酵提取的一种生物活性蛋白质，当接触到植物器官表面后，与植物细胞膜上的受体蛋白结合，引起植物体内一系列相关酶活性，激发植物体内的一系列代谢调控过程，促进植物根茎叶生长，提高叶绿素含量，提高作物产量。

应用 田间药效试验表明本品对白菜具有一定的生长促进作用和增产效果。用药量为3％极细链格孢激活蛋白可湿性粉剂加水稀释为1000～1200倍液，进行喷雾处理一般于白菜3叶1心期开始使用，每隔20d左右喷1次药，生育期内喷雾3～4次。在推荐使用剂量范围内对白菜安全，未见药害产生。

注意事项 处理4d后，植物表面已基本不存在激活蛋白，因此安全间隔期为4d。

调环酸钙（prohexadione-calcium）

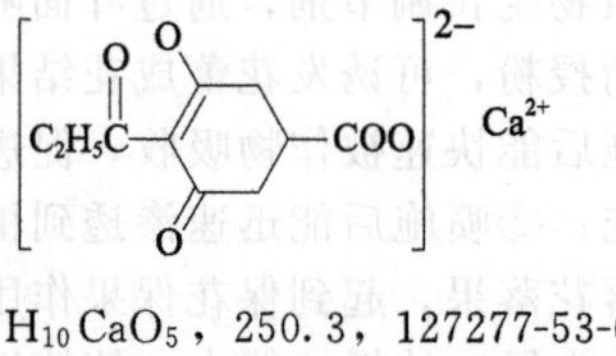

$C_{10}H_{10}CaO_5$，250.3，127277-53-6

调环酸钙，是一种能抑制赤霉素生物合成的植物生长调节剂，曾用商品名 Viviful。1994年由日本组合化学工业公司开发。现湖北移栽灵农业科技股份公司、郑州郑氏化工产品有限公司有生产。

化学名称 3,5-二氧代-4-丙酰基环己烷羧酸钙

理化性质 85%原药，其钙盐为无味白色粉末，熔点＞360℃，蒸气压 1.74×10^{-2} mPa（20℃），分配系数 K_{ow} $\lg P=-2.90$，Henry常数 1.92×10^{-5} Pa·m³/mol。相对密度1.460。溶解度（20℃）：水中174mg/L，甲醇1.11mg/L，丙酮0.038mg/L。其在水溶液中稳定。DT_{50}（20℃）：5d（pH 5），83d（pH 9）。200℃以下稳定，水溶液光照 DT_{50} 4d。pK_a 5.15。

毒性 大、小鼠急性经口 LD_{50}＞5000mg/kg；大鼠急性经皮 LD_{50}＞2000mg/kg。对兔皮肤无刺激性，对兔眼睛有轻微刺激性。大鼠急性吸入 LC_{50}（4h）＞4.21mg/L。NOEL数据（2年）：雄大鼠93.9mg/(kg体重·d)，雌大鼠114mg/(kg体重·d)，雄小鼠279mg/(kg体重·d)，雌小鼠351mg/(kg体重·d)；雄或雌狗（1年）80mg/(kg体重·d)。对大鼠和兔无致突变和致畸作用。野鸭和小齿鹑急性经口 LD_{50}＞2000mg/kg，野鸭和小齿鹑饲养 LC_{50}（5d）＞5200mg/kg饲料。鱼类 LC_{50}（96h）：虹鳟和大翻车鱼＞100mg/L，鲤鱼＞150mg/L。水蚤 LC_{50}（48h）＞150mg/L。海藻 EC_{50}（120h）＞100mg/L。蜜蜂 LD_{50}（经口和接触）＞100μg/只。蚯蚓 LC_{50}（14d）＞1000mg/kg土壤。

作用特性 为赤霉素生物合成抑制剂，能降低赤霉素的含量，控制作物旺长。

应用 主要用于禾谷类作物如小麦、大麦、水稻抗倒伏以及花生、花卉、草坪等控制旺长，使用剂量为75～400g(a.i.)/hm²。

丰啶醇（pyridyl propanol）

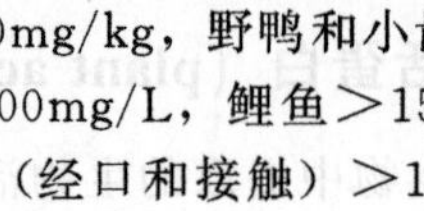

$C_8H_{11}NO$，137.2，2859-68-9

丰啶醇是一种吡啶类具有植物生长调节剂作用的化合物。1986年南开大学开发，商品名7841，其他名：吡啶醇、增产醇、PGR-1、784-1、78401。商品为80%乳油。现由江苏常州市农药厂、上海威敌生化（南昌）有限公司等生产。

化学名称 （α-吡啶基）丙醇

理化性质 纯品为无色透明油状液体，沸点在133Pa时为98℃，折射率1.53。丰啶醇难溶于水，可溶于氯仿、甲苯等有机溶剂。

毒性 大白鼠（雄）急性经口 LD_{50} 111.5mg/kg，小白鼠（雄）急性经口 LD_{50} 154.9mg/kg。丰啶醇有弱蓄积性，蓄积系数＞5。大白鼠致畸试验表明，高浓度丰啶醇对怀孕大白鼠胚胎有一定胚胎毒性，但未发现致畸、致突变、致癌作用。亚急性试验：对大白鼠以每千克饲料含223mg

有效量饲喂 2 个月，肾、肝功能未见异常。对鱼有毒，白鲢 TLM 为 0.027mg/L（96h）。

作用特性　丰啶醇可被根、茎、叶及萌发的种子吸收，可使植株矮化，茎秆变粗，叶面积增大及刺激生根等，作用机理尚不清楚。

应用　丰啶醇主要应用在大豆、花生上，在其他作物上也有应用效果（表 2-17）。

表 2-17　丰啶醇在作物上的应用

作物	浓度	用法	作用
大豆	200mg/L 药液 10.4g 有效量对水 0.5kg 23g 有效量对水 30～40kg	浸种 2h 拌 50kg 豆种 盛花期全株喷	矮化、荚多、粒重 矮化、荚多、粒重 矮化、荚多、粒重
花生	200mg/L 药液 400mg/L 药液	浸种 2h 全株喷洒	增加产量 增加产量
向日葵	300mg/L 药液	浸种 2h	籽增重、增产

注意事项

① 急性毒性较高。处理时防止药液吸入口腔，勿让药液沾到皮肤和眼睛上，勿与食品接近，勿让儿童接近。

② 药品放在低温、干燥处。

水杨酸（salicylic acid）

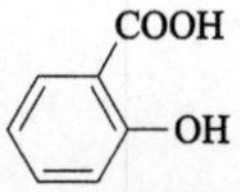

$C_7H_6O_3$，138.12，69-72-7

水杨酸是一种植物体内含有的天然苯酚类植物生长物质。1953 年上海生产后，北京、沈阳等相继投产。别名柳酸、沙利西酸、撒酸。

化学名称　2-羟基苯甲酸

理化性质　纯品为白色针状结晶或结晶状粉末，有辛辣味，易燃，见光变暗，空气中稳定。熔点 157～159℃，沸点 211℃/20mmHg，76℃升华，相对密度 1.443。微溶于冷水（1g/460mL），易溶于热水（1g/15mL）、乙醇（1g/2.7mL）、丙酮（1g/3mL）。其水溶液呈酸性。水杨酸与三氯化铁水溶液生成特殊紫色。

毒性　原药大白鼠急性经口 LD_{50} 890mg/kg；国外数据大白鼠经口 LD_{50} 为 1300mg/kg。

作用特性　水杨酸可被植物的叶、茎、花吸收，有相当强的传导作用。水杨酸的衍生物乙酰水杨酸，即医药上常用的阿司匹林。在植物体内，水杨酸现已被证明是一种与抗逆相关的植物激素。其生理作用：一是提高作物的抗逆能力；二是有利于花的授粉。

应用

① 促进生根　它可促进菊花插枝生根，方法是制成粉蘸插枝基部。其粉剂组分如下：NAA0.2%＋水杨酸 0.2%＋抗坏血酸 0.2%＋硼酸 0.1%＋克菌丹 5%＋滑石粉 92.3%，含水量 2%。

② 提高作物的抗逆能力　在甘薯块根膨大初用 0.4mg/L（加 0.1%吐温 20）处理，叶绿素含量增加，减少水分蒸腾，增加产量；对水稻幼苗以 1～2mg/L 处理，促进生根，减少蒸腾，提高 SOD 酶的活性，增加幼苗的抗寒能力；用 0.05%乙酰水杨酸处理小麦，每平方米喷 75mL 药液促进生根，减少蒸腾，增加产量。

注意事项

① 本品须密封暗包装，产品存放于阴凉、干燥处。

② 本品虽有抗逆等生理作用，生理作用不十分明显。混用可提高其活性。

复硝酚钠（sodium natrophenolate）

复硝酚钠是含有几种含硝基苯酚钠盐（有的产品是铵盐）的复合型植物生长调节剂，其主要成分为邻硝基苯酚钠、对硝基苯酚钠和5-硝基邻甲氧基苯酚钠。20世纪60年代日本旭化学工业株式会社开发，商品名Atonik、爱多收，为1.8%水剂。现由重庆双丰化工有限公司、广西易多收生物科技有限公司、桂林桂开生物科技股份有限公司、河南欣农化工有限公司、山东奥得利化工有限公司和广东省普宁市华秦联农药化工有限公司等生产。

毒性　复硝酚钠为低毒性植物生长调节剂。

作用特性　复硝酚钠可经由植株的根、叶及种子吸收，很快渗透到植物体内，以促进细胞原生质的流动，促进植物的发根、生长、生殖和结果。

应用　复硝酚钠是一种广谱的植物生长调节剂（表2-18）。复硝酚钠有生物活性，应用范围较广，但就其效果而言，直观性较差，且要处理多次。

表 2-18　复硝酚钠的应用

适用作物	浓度	时期	应用方式
水稻、小麦	3000倍 3000倍 3000倍	播种前 幼穗形成期 穗出齐时	浸种12h 叶喷 叶喷
棉花	3000倍 2000倍 2000倍 2000倍	二叶期 8～10片叶 第一朵花开时 棉桃开裂时	叶喷 叶喷 叶喷 叶喷
大豆、绿豆、豌豆	6000倍	开花前4～5d	叶喷
甘蔗	8000倍 2500倍	栽插前 分蘖始期	浸种苗8h 叶喷
茶叶	6000倍	生长期	叶喷
烟草	1200倍	移栽后	叶喷2次，隔1周
黄麻、亚麻	20000倍	幼苗期灌注2次	随灌水
花生	60000倍	生长至开花期	分别喷3次，每隔1周
果树（葡萄、李、梅、柿、龙眼）	5000～6000倍	花前20d至开花前	叶喷1～2次
梨、桃、柑橘、橙、荔枝	1500～2000倍	花前20d至开花前	叶喷1～2次
番茄、瓜类	6000倍	播种前	浸泡5～12h

注意事项

① 浓度过高会对作物幼芽及生长有抑制作用。

② 喷洒处理时要均匀，蜡质多的植物要适当加入表面活性剂后再喷。

③ 可与农药混用，与尿素及叶肥混用能提高功效。

④ 烟草采收前1个月停用，以免使生殖生长过旺。

⑤ 存放在阴凉处。

噻苯隆（thidiazuron）

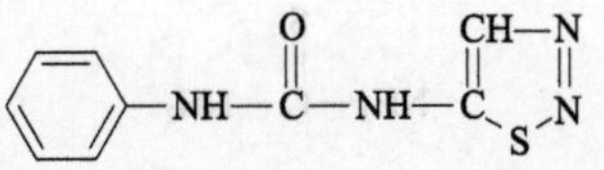

$C_9H_8N_4OS$，220.2，51707-55-2

噻苯隆是一种取代脲类具有细胞分裂素素作用的植物生长调节剂。1979 年由德国先灵公司（Schering）首先开发，商品名 Dropp、Defolit、脱叶灵、脲脱素、脱叶脲，试验代号 SN49537。现由德国拜尔作物科学公司、江苏皇马农化有限公司、江苏省激素研究所有限公司、江苏优士化学有限公司、陕西上格之路生物科学有限公司、四川国光农化有限公司、浙江世佳科技有限公司、湖南化工研究院等生产。制剂有 0.1%可溶性液剂、50%可湿性粉剂。

化学名称 *N*-苯基-*N'*-(1,2,3-噻二唑-5-基)脲

理化性质 噻苯隆原药为无色无味晶体，熔点 210.5～212.5℃（分解），蒸气压（25℃）3×10^{-3} mPa。20℃时溶解度：水 0.002g/100mL，苯 0.0035g/100mL，丙酮 0.8g/100mL，环己酮 21g/100mL，二甲基甲酰胺 50g/100mL。在 pH5～9 范围内分子稳定。在 60℃、90℃及 120℃下贮存稳定期超过 30d。

毒性 噻苯隆属低毒性植物生长调节剂。原药对大白鼠急性经口 LD_{50}＞4000mg/kg，急性经皮 LD_{50}＞1000mg/kg，急性吸入 LD_{50}＞2.3mg/L。对家兔眼有轻度刺激，对皮肤无刺激作用。大白鼠亚急性经口无作用剂量为 25mg/(kg·d)，狗亚急性经口无作用剂量为 25mg/(kg·d)。大白鼠 2 年慢性经口试验在 500mg/L 剂量下未见异常。无致畸、致癌、致突变作用。在土壤中的半衰期为 26d。

作用特性 噻苯隆可经由植株的茎叶吸收，然后传导到叶柄与茎之间，较高浓度下可刺激乙烯生成，促进果胶和纤维素酶的活性，从而促进成熟叶片的脱叶，加快棉桃吐絮。在低浓度下它具有细胞分裂素的作用，能诱导一些植物的愈伤组织分化出芽。

应用 主要用作棉花脱叶剂，在促进坐果及叶片保绿方面其生物活性比 6-BA 还高。可促进坐果，延长叶片衰老，在不少植物的组织培养中它可以很好地诱导愈伤组织分化长出幼芽（表 2-19）。

表 2-19 噻苯隆在作物上的应用

农作物	时期	用量	处理方式	作用
棉花	当 70%棉桃开裂时（气温在 14～22℃）	50g 有效成分加 50kg 水	叶面喷洒	促脱叶，早吐絮
黄瓜	即将开的雌花（第 2d）	2mg/L	喷雌花花托	促进坐果，增加单果重
芹菜	采收后	1～10mg/L	喷洒绿叶	叶片较长时间保持绿色
大豆等愈伤组织	分化初期	1～50mg/L	加入培养基内	促进芽的分化
烟草、甘蓝型油菜、草莓、月季等离体芽			加入培养基内	促进芽的增殖

注意事项

① 作脱叶剂时一定按指定的使用时期、用量、处理方式操作。

② 处理后 24h 内勿遇雨水。

硫脲（thiourea）

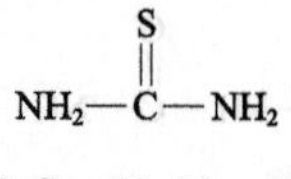

CH_4N_2S，76.12，62-56-6

硫脲是一种有弱激素作用的可溶性粉剂。早在1940年由Robin F. 首先合成，商品名Citlol，其他名Thiurea。

理化性质 硫脲纯品为白色结晶，有苦味，熔点176～178℃，相对密度1.405。硫脲溶于冷水、醇类，不溶于醚。

毒性 大鼠急性经口LD_{50} 1830mg/kg，家鼠急性经口LD_{50} 125～640mg/kg，家兔MLD 6985mg/kg。1984年发现慢性投药引起大鼠肝长瘤、骨髓衰退、甲状腺肿大，是早期诱癌可疑物。

作用特性 硫脲在植物中的生理功能：①叶片吸收硫脲后，既可延缓叶片衰老，又可促进黑暗中CO_2的固定，在谷类作物灌浆时使用可增加叶片光合作用效率，增加产量，另外在缺乏激动素的大豆愈伤组织中添加硫脲，可诱导形成细胞激动素，促进愈伤组织的生长；②硫脲与羟胺等可以抑制植物体内过氧化氢酶的活性，打破休眠，促进萌发；③硫脲进入植物体内具有捕捉体内自由基的作用，或作为抗氧化剂，提高番茄抗灰霉病的能力。

硫脲是一种具有广谱作用的植物生长调节剂，具体应用内容如下：

(1) 增加小麦产量 在小麦分蘖期，用0.5kg/hm^2硫脲对水750kg，对小麦全株进行叶面喷洒，增产可达15%。

(2) 增加玉米产量 在玉米拔节前后，用2kg/hm^2硫脲对水750kg，对玉米全株进行叶面喷洒，可增产34.1%，用同样剂量的尿素则基本没有效果。

(3) 打破休眠 桃树种子用2500mg/L、5000mg/L、7500mg/L硫脲浸种24h时，促进发芽，缩短发芽所需时间。叶芥菜、甘蓝、莴苣种子以0.5%硫脲处理30～60min可明显促进早发芽。尤其是GA_3与硫脲混用（50mg/L+0.5%），打破休眠、促进发芽效果十分明显。

(4) 提高番茄抗灰霉病的能力 灰霉病是番茄组织衰老性的病害，是乙烯氧化中引发了游离基所导致的疾病。用抗氧化剂硫脲10mg/L喷在果实上，可使番茄防灰霉病的效果提高到95%。

注意事项 使用硫脲时，尽量避免不让药剂喷洒或接触到人、畜的身上，硫脲还可以与叶面微肥混合使用，其应用效果更好。

三十烷醇（triacontanol）

$CH_3(CH_2)_{28}CH_2OH$

$C_{30}H_{62}O$，438.8，593-50-0

三十烷醇是一种天然的长碳链植物生长调节剂。1933年卡巴尔等人首先从苜蓿中分离出来，1975年里斯发现其生物活性。它广泛存在于蜂蜡及植物蜡质中。其他名称有蜂花醇、正三十烷醇、Melissyl alcohol、Myrictl alcohol。现由广西桂林宏田生化有限责任公司、河北华灵农药有限公司、河南郑州天邦生物制品有限公司、四川国光农化有限公司、山东亚星农药有限公司等生产。已开发出有关三十烷醇的复合制剂，有的已登记注册，有的正在登记注册。

理化性质 三十烷醇纯品为白色鳞状结晶，熔点86.5～87℃，相对密度0.777。它不溶于水，难溶于冷甲醇、乙醇、丙酮，微溶于苯、丁醇、戊醇，可溶于热苯、热丙酮、热四氢呋喃，易溶于乙醚、氯仿、四氯化碳、二氯甲烷。本品对光、空气、热、碱稳定。

毒性 三十烷醇是对人、畜十分安全的植物生长调节剂。雌小白鼠急性经口LD_{50} 1.5g/kg，雄8g/kg；以18.75g/kg的剂量给10只体重17～20g的小白鼠灌胃，7d后照常存活。

作用特性　三十烷醇经由植物的茎、叶吸收，然后促进植物的生长，增加干物质的累积。能改善细胞膜透性，增加叶绿素含量，提高光合强度，增强淀粉酶、多酚氧化酶、过氧化物酶活性。

应用　三十烷醇在 20 世纪 80 年代应用面积之大，是植物生长调节剂中少有的（表 2-20）。

表 2-20　三十烷醇在作物上的应用

作物	使用浓度	使用时期	使用方式	效果
水稻	0.5～1.0mg/L	幼穗分化至齐穗期	叶面喷洒	增产
小麦	0.1～0.5mg/L	开花期	叶面喷洒	增产
玉米	0.1～0.5mg/L	幼穗分化至抽雄期	叶面喷洒	增产
甘薯	0.5～1.0mg/L	薯块膨大初期	叶面喷洒	增产
花生	0.5～1.0mg/L	始花期	叶面喷洒	增产
大豆	0.1～1.0mg/L 0.5mg/L	种子 盛花期	浸种 叶面喷洒	增产 增产
油菜	0.5mg/L	盛花期	叶面喷洒	增油
棉花	0.05～0.1mg/L 0.1mg/L	种子 盛花期	浸种 叶面喷洒	增产 增产
茶叶	1mg/L	在春、夏新梢平均发出 1～2cm 时	叶面喷洒	改善品质
柑橘	0.1mg/L	开花期	叶面喷洒	增产、增甜、着色
番茄	0.5～1.0mg/L	在开花或生长初期	叶面喷洒	增产
青菜、大白菜	0.5～1.0mg/L	生长期	叶面喷洒	增产
萝卜	0.5～1.0mg/L	生长期	叶面喷洒	增产
食用菌　蘑菇	1～20mg/L	菌丝体初期	喷洒	增产
双孢蘑	0.1～10mg/L	菌丝体初期	喷洒	增产
香菇	0.5mg/L	处理接菌后的板块培养基	喷淋	增产
紫云英	0.1mg/L	现蕾至初花期	喷洒	增加生物量
红麻	1mg/L	6～8 月	叶面喷洒	增加纤维产量
甘蔗	0.5mg/L	甘蔗伸长期	叶面喷洒	增糖
海带	1.0mg/L 2.0mg/L	分苗时浸苗 分苗时浸苗	浸 6h 浸 2h	提高碘含量 增加产量
紫菜	1.0mg/L 1.0mg/L	采苗后 10～17d 采苗后 24～28d 再浸泡网帘上苗 3h，然后下海挂养	喷 1 次	促进生长，增加采收次数，改善品质，提高产量

三碘苯甲酸（triiodobenzoic acid）

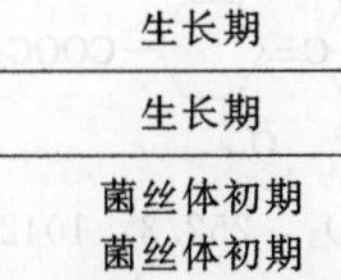

$C_7H_3I_3O_2$，499.8，88-82-4

三碘苯甲酸（TIBA）是一种能抑制生长素极性运输的植物生长调节剂。1968 年由美国联合碳化公司开发，商品名 Floraltone、Regim-8。商品为 2%液剂。

理化性质 纯品为浅褐色结晶粉末，熔点345℃，水中溶解度1.4%，甲醇溶解度21%，溶于酒精、丙酮、乙醚、苯和甲醇。三碘苯甲酸二甲铵盐熔点226～228℃，溶于水。

毒性 小白鼠急性经口致死中量（LD_{50}）是700mg/kg（纯品），大白鼠LD_{50}为831mg/kg（工业品），大白鼠急性经皮LD_{50}＞10200mg/kg，小白鼠腹腔注射最低致死量1024mg/kg，鲤鱼TLM＞40mg/L（48h），水蚤LC_{50}＞40mg/L（3h）。

作用特性 三碘苯甲酸可经由叶、嫩枝吸收，然后进入到植物体内阻抑吲哚乙酸由上向基部的极性运输，故可控制植株的顶端生长，矮化植株，促进侧芽、分枝和花芽的形成。

应用 三碘苯甲酸主要应用在大豆上，在大豆开花初期至盛花期以200～300mg/L叶面喷洒一次，可使大豆茎秆粗壮，防止倒伏，促进开花结荚，增加产量，但不同品种效果不一。于花生盛花期以200mg/L药液喷洒一次，于马铃薯现蕾期以100mg/L药液喷洒一次，于甘薯旺长期以150mg/L药液喷洒一次，皆有促进结荚或增加块茎块根产量的效果。为促进桑树多生侧枝，在其生长旺盛期，以300～450mg/L药液喷洒1～2次，增加分枝和叶数。它还是国光、红玉苹果的脱叶剂，在采收前30d，以300～450mg/L全株或在着果枝附近喷洒一次，可取得满意的脱叶效果，促进果实着色。在苹果盛花期使用，有疏花疏果作用。

注意事项

① 叶面使用应注意加入表面活性剂，以增加它的应用效果。

② 作为单剂，它的应用效果受浓度、时期的严格制约，可与一些叶面处理的生长调节剂以及能提高其生物活性的物质混合使用，更有利于发挥它的应用效果。

抗倒酯（trinexapac-ethyl）

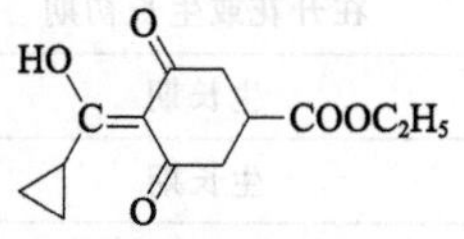

$C_{13}H_{16}O_5$，252.3，104273-73-6

抗倒酯是一种能抑制赤霉素生物合成的植物生长调节剂。试验代号：CGA179500。商品名称Modus、Omega、Primo、Vision；其他名称：挺立。1989年E. Kerber等报道其生物活性，由Ciba-Geigy AG（现在Syngenta AG）公司开发并于1992年商品化现由瑞士先正达作物保护有限公司、迈克斯（如东）化工有限公司、江苏优士化学有限公司、江苏辉丰农化有限公司等厂家生产。

化学名称 4-环丙基(羟基)亚甲基-3,5-二氧代环己烷羧酸乙酯

理化性质 原药纯度为92%，黄棕色液体（30℃）或固液混合（20℃）。纯品为白色无味固体，熔点36℃，沸点＞270℃。蒸气压1.6mPa（20℃）、2.16mPa（25℃），分配系数K_{ow} $\lg P=1.60$（pH 5.3，25℃），Henry常数5.4×10^{-4} Pa·m³/mol。相对密度1.215。水中溶解度（20℃）：2.8g/L（pH 4.9）、10.2g/L（pH 5.5）、21.1g/L（pH 8.2）。乙醇、丙酮、甲苯、正辛醇为100%，已烷为5%。稳定性：沸点以下稳定，在正常贮存下稳定，遇碱分解。

毒性 大鼠急性经口LD_{50} 4460mg/kg，大鼠急性经皮LD_{50}＞4000mg/kg。对兔皮肤和眼睛无刺激性，对豚鼠皮肤无刺激性。大鼠急性吸入LC_{50}＞5.3mg/L（48h）。NOEL数据：大鼠（2岁）115mg/(kg·d)，小鼠（1.5岁）451mg/(kg·d)，狗（1岁）31.6mg/(kg·d)。ADI值：0.316mg/(kg·d)。野鸭和小齿鹑急性经口LD_{50}＞2000mg/kg，野鸭和小齿鹑饲养饲喂LC_{50}（8d）＞5000mg/kg。虹鳟、鲤鱼、大翻车鱼LC_{50}＞35～180mg/L（96h）。水蚤LC_{50} 142mg/L（96h）。蜜蜂LD_{50}＞293μg/只（经口），＞115μg/只（接触）。蚯蚓LC_{50}＞93mg/L。

作用特性 通过降低赤霉素的含量控制作物旺长。

应用 施于叶部，可转移到生长的枝条上，减少节间的伸长。在禾谷类作物、甘蔗、油菜、蓖麻、水稻、向日葵和草坪上施用，可明显抑制生长。使用剂量通常为100～500g/hm²。以100～300g/hm²用于禾谷类作物和冬油菜，苗后施用可防止倒伏和改善收获效率。以150～500g/hm²用于草坪，可减少修剪次数。以100～250g/hm²用于甘蔗，作为成熟促进剂。

烯效唑（uniconazole）

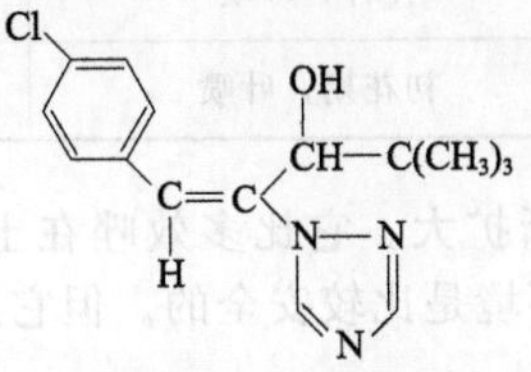

$C_{15}H_{18}ON_3Cl$，291.78，83657-22-1[(*E*)-(±)]；83657-17-4[(*E*)-(*S*)-(+)]；83657-16-3[(*E*)-(*R*)-(−)]；76714-83-5[(*E*)-(*S*)-(−)]

烯效唑（uniconazole）为一种三唑类植物生长调节剂，是赤霉素生物合成的抑制剂。1984年报道其生物活性。1986年日本住友化学公司开发，商品名Sumiseven、Sumagic、Prunit，其他名S-3307、S-327、XE-1019。国内由南开大学元素所等首先合成。商品有5%液剂、5%可湿粉。现由江苏剑牌农化股份有限公司、江苏省盐城利民农化有限公司、江苏七洲绿色化工股份有限公司、四川省化工研究院、四川国光农化股份有限公司、四川兰月科技有限公司、安阳市全丰农化、盐城市绿叶化工有限公司等生产。

理化性质 纯品为白色结晶，20℃蒸气压8.9mPa，熔点159～160℃。微溶于水，21℃下溶解度14mg/L；其他溶剂中溶解度：二甲苯10g/L，乙醇92g/L，丙酮74g/L，*β*-羟基乙醚141g/L，环己酮173g/L，乙酸乙酯58g/L，乙腈19g/L，氯仿185g/L，二甲亚砜348g/L，二甲基甲酰胺317g/L，甲基异丁基甲酮52g/L。其有四种异构体，分子在40℃下稳定，在多种溶剂中及酸性、中性、碱性水液中不分解，但在260～270nm短光波下易分解。

毒性 烯效唑属低毒性植物生长调节剂。小白鼠急性经口LD_{50} 4000mg/kg（雄）、2850mg/kg（雌）。亚急性毒性：大白鼠混入饲料最大无作用剂量2.30mg/kg（雄）、2.48mg/kg（雌）；无致突变、致畸、致癌作用；对兔眼有短期轻微反应，而对皮肤无刺激性；荷兰猪皮肤（变态反应）为阴性；对鱼毒性：鲤鱼TLM 6.36mg/L（48h），蚤（鱼虫）TLM>10mg/L（3h）。

作用特性 烯效唑是广谱多用途的植物生长调节剂，可经由植株的根、茎、叶、种子吸收，然后经木质部传导到各部位的分生组织中。作用机理在于抑制赤霉素的生物合成，主要生理作用是抑制细胞伸长，缩短节间，促进分蘖，抑制株高，改变光合产物分配方向，促进花芽分化和果实的生长；它还可增加叶表皮蜡质，促进气孔关闭，提高抗逆能力。

应用 相关应用技术详见表2-21所示。

表2-21 烯效唑在作物上的应用

作物	处理方式	用量	效果
水稻	20～50mg/L 20～25mg/L	浸种24～48h 拔节初期，叶喷	促进分蘖、矮化，增产 促进分蘖、矮化，增产（5%乳剂）
油菜	20～40mg/L	3～4叶期，叶喷	促进矮化、多结荚，增产
甘薯	30～50mg/L	膨大初期，叶喷	控制营养生长，促进地下块根块茎膨大，增加产量
元胡	20mg/L	营养生长旺盛期叶喷	促进块根块茎膨大，增加产量
春大豆	25mg/L	初花至盛花期，叶喷	控制旺长，促进结荚，增加产量

续表

作物	处理方式	用量	效果
马铃薯	30mg/L	初花期叶喷	控制地上部分旺长，促进块根、块茎膨大，增加产量
棉花	20～50mg/L 30～40mg/L	初花期，叶喷 拌种，叶喷	控制营养生长，促进结棉桃，增加棉花产量
花生	50mg/L	初花期，叶喷	矮化植株，多结荚，增加产量

注意事项 烯效唑的用途在不断扩大。它比多效唑在土壤中的半衰期短，而使用浓度一般又比多效唑低 5～10 倍，对土壤和环境是比较安全的。但它用作坐果剂，也会造成果多、果变形的问题，因此建议：

① 在农作物上也要注意与生根剂、钾盐混用，尽量减少用量，减轻对环境的影响。

② 在果树上，尽量与细胞激动素等科学地混用或者制成混剂，经试验示范后再推广。

抗坏血酸（vitamin C）

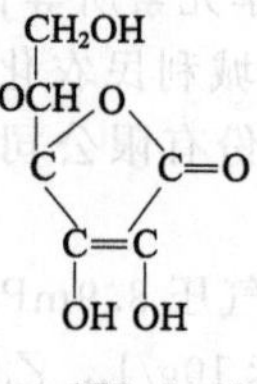

$C_6H_8O_6$，176.4，50-81-7

抗坏血酸（VC）是一种广泛分布在植物的果实以及茶叶中的维生素物质，1928 年从植物中分离出来，1933 年鉴定其结构，同年进行了人工合成。它广泛存在植物的果实中，茶叶中也富含抗坏血酸，是天然存在的维生素。商品名维他命 C、丙种维生素等。

理化性质 纯品为白色结晶，熔点 190～192℃。易溶于水（100℃水中溶解度为 80%，45℃水中为 40%），稍溶于乙醇，不溶于乙醚、氯仿、苯、石油醚、油、脂类。其水溶液呈酸性，溶液接触空气很快氧化成脱氢抗坏血酸。溶液无臭，是较强的还原剂。贮藏时间较长后变淡黄色。

毒性 抗坏血酸对人畜安全，每日以 0.5～1.0g/kg 饲喂小鼠一段时间，未见有异常现象。

作用特性 抗坏血酸在植物体内参与电子传递系统中的氧化还原作用，促进植物的新陈代谢。它与吲哚丁酸混用在诱导插枝生根上往往比单用表现出更好的作用。抗坏血酸也有捕捉体内自由基的作用，可提高番茄抗灰霉病的能力。

应用 用作插枝生根剂，如对万寿菊、波斯菊、菜豆等以“抗坏血酸 6mg/L＋吲哚丁酸 5mg/L”混用处理，在促进插枝生根上表现有增效作用。另一方面，抗坏血酸以 15mg/L 喷洒到番茄果实上，可提高番茄抗灰霉病的能力。此外，6%抗坏血酸水剂 2000 年在农业部农药检定所登记注册，烟草以 6%水剂稀释 2000 倍，叶面喷洒到烟草叶片上，共喷 2 次，可增加烟叶的产量。

我国抗坏血酸生产量大，价格也很适中，又是对人、畜无毒、无副作用的天然生理活性物质，应当提倡广为使用。

矮健素

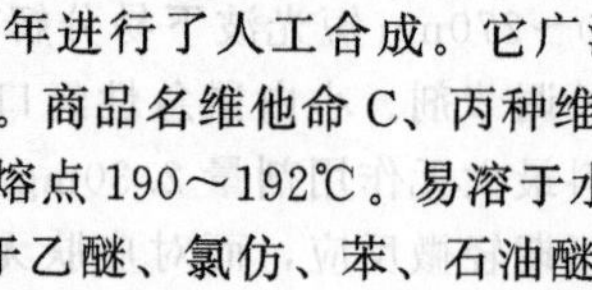

$C_6H_{13}Cl_2N$，170.0

矮健素是一种能抑制赤霉素合成的季铵类植物生长调节剂，1971 年首先由天津南开大学开发，其他名称 7102。商品为 50%水剂。

化学名称　(α-氯丙烯基)三甲基氯化物

理化性质　原药为白色结晶，熔点 168～170℃，近熔点温度时分解。相对密度 1.10。粗品为米黄色粉状物，略带腥臭味，吸湿性强。易溶于水，不溶于苯、甲苯、乙醚。遇碱时分解。

毒性　矮健素小白鼠急性经口 LD_{50} 1940mg/kg。

作用特性　矮健素可经由植物的根、茎、叶、种子进入到植物体内，抑制赤霉素的生物合成。具体作用部位不清。矮健素可使植物矮化、茎秆增粗、叶片增厚、叶色浓绿、增加分蘖、促进坐果、增加蕾铃等。

应用　矮健素在小麦和棉花上广泛应用，在花生、玉米上应用也有增产效果（表 2-22）。

表 2-22　矮健素在小麦和棉花上的应用

植物名称	处理浓度	处理时期	效果
小麦	50g 有效成分拌 5kg 种子	种子	壮苗，矮化，防倒，增产
	300g 有效成分加 50kg 水	拔节初叶面喷洒	矮化，防倒，增产
棉花	20～80mg/L	现蕾期至开花期	减少落蕾，控徒长
	每亩喷 50kg 药液	叶面喷洒	

2-(乙酰氧基)苯甲酸（acetylsalicylic acid）

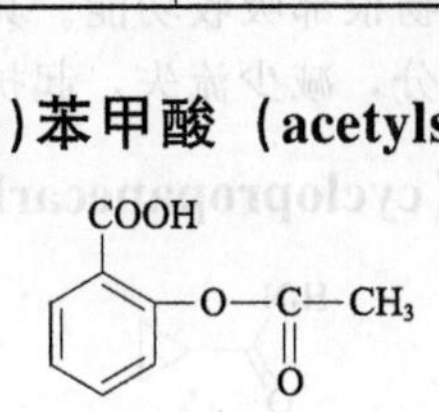

$C_9H_8O_4$，180.16

2-(乙酰氧基)苯甲酸原药（99%）于 2010 年由湖南神隆海洋生物工程有限公司获得登记，登记证号 PD20101267。

理化性质　白色结晶粉末，无臭或微带醋酸臭味，相对密度 1.35；熔点 50℃；沸点 210～250℃。20℃水中溶解度为 1.2g/L；遇酸、碱易分解，遇湿缓慢分解。

毒性　2-(乙酰氧基)苯甲酸原药对雄性和雌性大鼠急性经口 LD_{50} 分别为 3160mg/kg 和 3830mg/kg，急性经皮 LD_{50}＞5000mg/kg。对皮肤和眼睛无刺激作用，有轻度致敏性，为低毒植物生长调节剂。

应用　2-(乙酰氧基)苯甲酸主要可减轻活性氧对植物细胞膜的伤害，保护膜的稳定性，降低气孔导度，减少水分蒸腾，增强作物的抗旱能力，增加叶绿素含量。增强光合作用，延缓叶片衰老，使作物产量形成的有效期延长，具有增产效果。田间药效试验表明，在水稻灌浆结实期喷施 30% 2-(乙酰氧基)苯甲酸可湿性粉剂，能调节水稻生长，具有一定增产效果。

海藻酸（alginic acid）

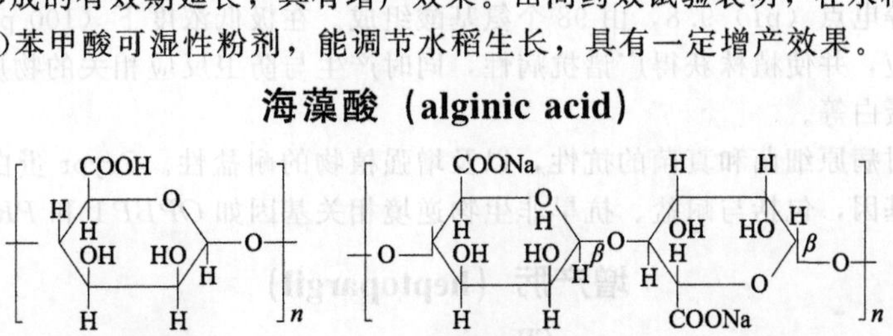

海藻酸　　海藻酸钠

海藻酸的分子式为 $(C_6H_8O_6)_n$，分子量范围 1 万～60 万。广泛存在于巨藻、昆布、海带、墨角藻和马尾藻等上百种褐藻的细胞壁中，其中昆布科藻类中含量较多（平均 20%左右），多数以钙盐和镁盐形式存在。海藻酸是由单糖醛酸线型聚合而成的多糖，单体为 β-1,4-D-甘露糖醛酸

(M) 和 α-1,4-L-古洛糖醛酸 (G)。M 和 G 单元以 M-M、G-G 或 M-G 的组合方式通过 1,4-糖苷键相连成为嵌段共聚物。

理化性质 海藻酸为淡黄色粉末，无臭，几乎无味。海藻酸有助悬、增稠、乳化、黏合等作用，可用作微囊囊材，或作为包衣及成膜的材料。相对密度 1.67g/cm³。制品呈白色至淡黄棕色粉末，平均分子量约为 24 万，熔点>300℃。海藻酸微溶于热水，其水溶液的黏性较淀粉高 4 倍；缓慢地溶于碱性溶液；不溶于冷水；不溶于甲醇、乙醇、丙酮、氯仿等有机溶剂。3%水悬浮液的 pH 值为 2.0～3.4。遇钙盐沉淀，其钠、钾、铵或镁盐溶于水。海藻酸钠的主要组成是海藻酸的钠盐，是聚糖醛酸的混合物。海藻酸钠广泛用于药物制剂、食品和化妆品中，是一种几乎无毒、无刺激性的物质。

毒性 大鼠急性经口 LD_{50}>1600mg/kg，小鼠急性经口 LD_{50}>1000mg/kg。

应用 海藻酸是一种天然的高分子化合物，可以促进土壤团粒结构的形成，提高土壤保水、保肥能力。海藻酸易被植物吸收，能促进作物的光合作用，使植物从土壤中吸收更多的营养元素。其中所含高活性物质可提高作物抗逆性。其增根壮苗功效具体体现在以下几个方面：

(1) 抗病虫害，增药效，可以与农药复配，能大幅度提高药效，降低农药残留；

(2) 保花保果，能促进植株生长健壮、根系发达，提高坐果率，减少畸形果率，促进果实膨大，使果实大小均匀，增产效果显著；

(3) 抗干旱，解冻害，能够促进作物根部吸收功能。具有缩小气孔开张度、减少水分蒸腾的作用，使植株和土壤保持较高水分和养分，减少流失，起抗旱作用。

环丙酰胺 (cyclopropanecarboxamide)

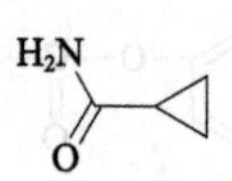

C_4H_7NO，85.10，6228-73-5

Bayer 获美国 EPA 登记 (98.5%原药，1997；与乙烯利混剂，1997/1999/2000；与甲哌鎓混剂，2005；18%SC，2007；2.8%SC，2007)。相关专利有 US20080076665 (Bayer，2008) 和 BG105263 (Aventis，2001，防止苹果提前落果并提高果品质量)。

理化性质 熔点 120～122℃；沸点 248.5℃ (760mmHg)；密度 1.187g/cm³；闪点 104.1℃；蒸气压 0.0242mmHg (25℃)

应用 乙烯释放促进剂，可用于棉花催熟脱叶。

隐地蛋白 (cryptogein)

隐地蛋白 (Crypt) 是由隐地疫霉 (*Phytophthora cryptogea*) 分泌的一种分子量约为 1 万的蛋白类激发子。等电点 (p*I*) 9.8，由 98 个氨基酸组成。在极低浓度下 (100 pmol/L) 就能诱导烟草产生过敏反应，并使植株获得广谱抗病性，同时产生与防卫反应相关的物质如乙烯、植物保卫素、病程相关蛋白等。

可提高植物对病原细菌和真菌的抗性，以及增强植物的耐盐性。Crypt 蛋白作为一种激发子可以激活一系列基因，包括与耐盐、抗旱非生物逆境相关基因如 *OPBP*1 和 *PR*-5*d* 等的表达。

增产肟 (heptopargil)

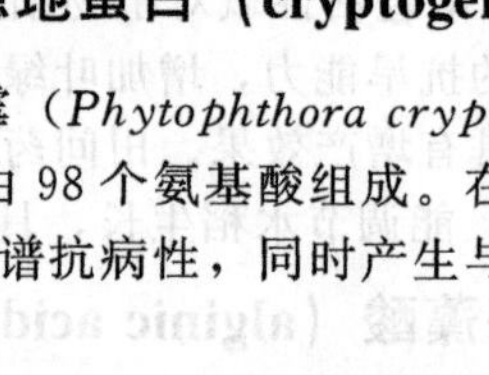

$C_{13}H_{19}ON$，205.3

1980 年 A. Kis-Tamas 报道了增产肟的生物活性，后由 EGYT pharmaceutical Works 公司开发其产品（50%乳油），商品名为 Limbolid，其他名称保绿素（种苗灵）。

化学名称 (*E*)-(1*RS*,4*RS*)-莰-2-酮 *O*-丙-2 炔基肟

理化性质 纯品为浅黄色油性液体，沸点 95℃（133Pa），20℃下相对密度 0.9867。25℃时水中溶解度为 1g/L，溶于有机溶剂。

毒性 大白鼠急性经口 LD_{50} 2100mg/kg（雄性），2141mg/kg（雌性）。大白鼠急性吸入 LC_{50} > 1.4mg/L。

应用 增产肟通过发芽种子吸收，可促进种子发芽和幼苗生长，增产肟主要用作种子包衣剂，广泛用于玉米、水稻、番茄、甜菜等蔬菜种子处理，促进发芽和幼苗生长，兼具抗旱能力，具有稳定叶绿素的作用，使作物结实期延长。当花芽初现时，对大豆、苜蓿等作物全株喷药，可以增产 5%～10%。另外，增产肟在调节植物早期生长发育的同时，还有一定的杀虫作用。

羟烯腺嘌呤（oxyenadenine）

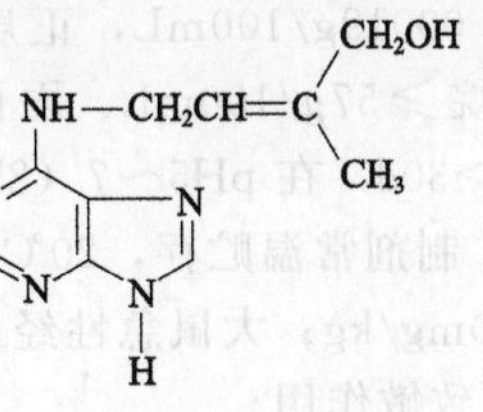

$C_{10}H_{13}N_5O$，219.2

羟烯腺嘌呤属低毒植物生长调节剂，可经微生物发酵产生，也存在于植物根、茎、叶、幼嫩分生组织及发育的果实和种子中，主要由根尖分泌并运输至其他所需部位。

化学名称 (*E*)-2-甲基-4-(1*H*-嘌呤-6-氨基)-2-丁烯-1-醇

理化性质 纯品熔点为 209.5～213℃。溶于甲醇、乙醇，不溶于水和丙酮。在 0～100℃时热稳定性良好。

毒性 属极低毒植物生长调节剂。大鼠急性经口 LD_{50} >10000mg/kg，对其他生物无害。

应用 羟烯腺嘌呤属于细胞分裂素类，能刺激细胞分裂，促进叶绿素形成，防止早衰及果实脱落。促进光合作用和蛋白质合成，促进花芽分化和形成。用于调节水稻、玉米、大豆的生长；用于瓜果等经济作物可增产 20%～30%。对番茄、黄瓜、烟草病毒病也有防治作用。

邻苯二甲酰亚胺（phthalimide）

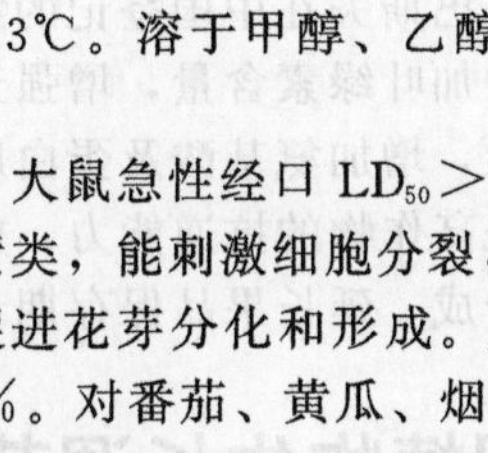

$C_{15}H_{15}ClN_2O_3$，306.75

邻苯二甲酰亚胺是一种具有独特的环状结构的植物生长调节剂。1986 年，Suttle 报道了邻苯二甲酰亚胺的生物学活性，随后，美国 Cyanamid 公司开发了该产品。

理化性质 纯品为白色棱状结晶，熔点 193～197℃。20℃水中的溶解性为 30mg/L，丙酮中溶解性<2%，二甲基亚砜中溶解性>20%。

毒性 大鼠急性经口 LD_{50} >5000mg/kg，兔皮下注射 LD_{50} >2000mg/kg，对皮肤无刺激性，不引起畸变，也不会致癌或引起突变。

应用 邻苯二甲酰亚胺具有与赤霉素类似的生理作用，但与赤霉素结构完全不同。邻苯二甲酰亚胺可通过茎和叶片吸收，能刺激茎的伸长和增加茎节数。

吡唑醚菌酯（pyraclostrobin）

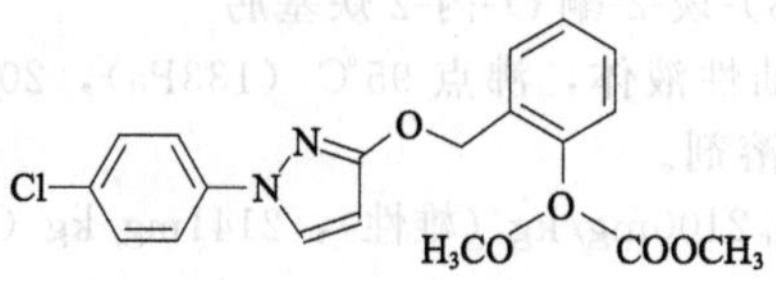

$C_{19}H_{18}ClN_3O_4$，387.82

吡唑醚菌酯是由德国巴斯夫公司于 1993 年开发的兼具吡唑结构的甲氧基丙烯酸酯类化合物，其他名称百克敏、唑菌胺酯。原药含量 95%。

化学名称 *N*-[2-[[1-(4-氯苯基)吡唑-3基]-氧甲基]苯基]-*N*-甲氧氨基甲酸甲酯

理化性质 纯品为白色至浅米色无味晶体，熔点 63.7～65.2℃；蒸气压（20～25℃）2.6×10^{-8}Pa。溶解度（20℃）：蒸馏水 0.00019g/100mL，正庚烷 0.37g/100mL，甲醇 10g/100mL，乙腈≥50g/100mL，甲苯、二氯甲烷≥57g/100mL，丙酮、乙酸乙酯≥65g/100mL，正辛醇 2.4g/100mL。水中水解半衰期 DT_{50}＞30d，在 pH5～7（25℃）时稳定。水中光解半衰期 DT_{50}＜2h。大田土壤中半衰期 DT_{50} 2～37d。制剂常温贮存，20℃下可贮存 2 年。

毒性 大鼠急性经口 LD_{50}＞5000mg/kg；大鼠急性经皮 LD_{50}＞2000mg/kg。对兔的眼睛和皮肤有中等刺激性。对豚鼠的皮肤没有致敏作用。

应用 吡唑醚菌酯为线粒体呼吸抑制剂，即通过在细胞色素合成中阻止电子转移。能促进氮的吸收，提高作物品质。作为杀菌剂，能够防治子囊菌纲、担子菌纲、半知菌类和卵菌纲真菌引起的作物病害。目前市场上主要剂型以 25%吡唑醚菌酯乳油（EC）和吡唑醚菌酯水分散粒剂（WC）为主。

吡唑醚菌酯是高效杀菌剂，也是巴斯夫在中国登记的第一个具有植物健康作用的产品。

吡唑醚菌酯可改善作物品质，增加叶绿素含量，增强光合作用，降低植物呼吸作用，增加碳水化合物积累。提高硝酸还原酶活性，增加氨基酸及蛋白质的积累，提高作物对病菌侵害的抵抗力。促进超氧化物歧化酶的活性，提高作物的抗逆能力，如干旱、高温和冷凉。提高座果率、果品甜度及胡萝卜素含量，抑制乙烯合成，延长果品保存期，并增加产量和单果重量。

第二节　我国植物生长调节剂的应用概况

一、国内的应用情况

植物生长调节剂在农业生产上应用广泛，从大豆、玉米、水稻、小麦、马铃薯等大宗粮食作物，到各种蔬菜、花卉、果树及中草药等经济作物，在壮根、整形、脱叶、诱导抗逆、提高坐果、控制生长、促进生长、催熟、保鲜、提高产量、改善品质等方面，都起到了很重要的作用。据 2016 年 10 月的统计资料，目前在我国登记的植物生长调节剂（简称植调剂）有 804 个，登记总数占农药登记总数的 2%（图 2-1）。

在我国取得登记的植调剂，约有 40 个有效成分，其中以常规品种登记居多，如矮壮素有 33 个，占登记植调剂总量的 5.6%；赤霉酸有 98 个，占登记植调剂总量的 16.6%；多效唑有 68 个，占登记植调剂总量的 11.5%；复硝酚钠有 71 个，占登记植调剂总量的 12.1%；甲哌鎓有 50 个，占登记植调剂总量的 8.5%；萘乙酸有 30 个，占登记植调剂总量的 5.5%；乙烯利有 97 个，占登记植调剂总量的 16.5%；芸薹素内酯有 48 个，占登记植调剂总量的 8.4%（图 2-2）。目前，上述 8 个品种的登记产品数量占植调剂产品登记总量的 87%。我国植调剂目前仍以相同产品登记为主，几个新的产品仍在专利保护期内。

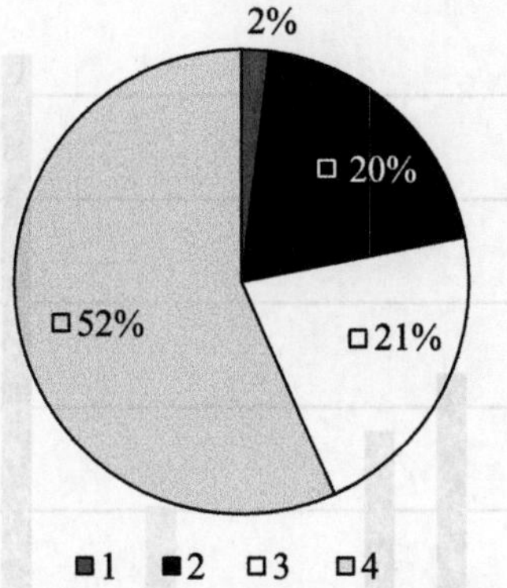

图 2-1 我国各类农药登记产品占农药登记总量的比例（2016 年 10 月）
1—植物生长调节剂；2—除草剂；3—杀菌剂；4—杀虫剂

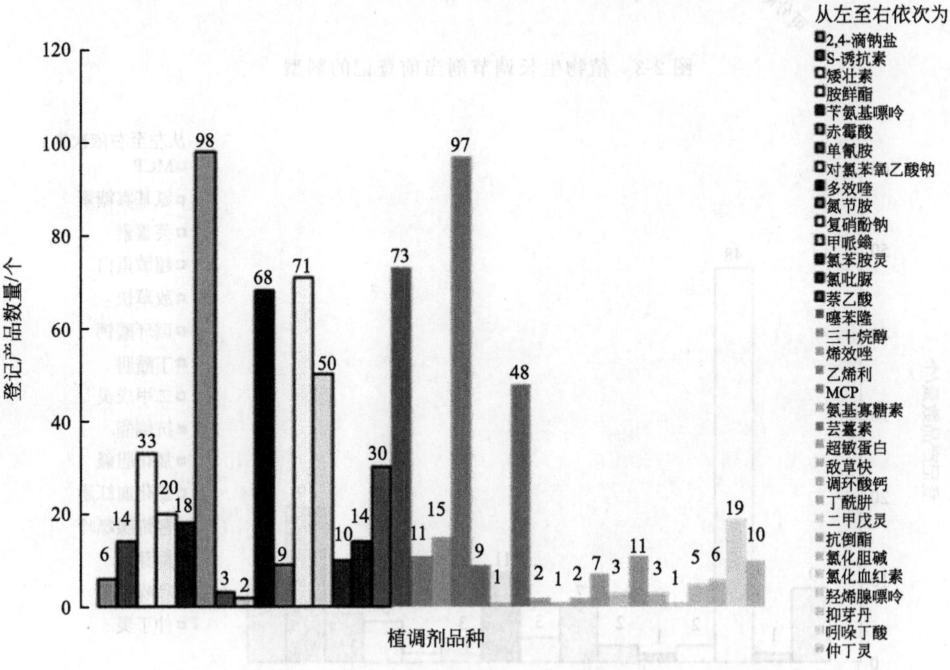

图 2-2 我国主要植物生长调节剂品种登记情况（2016 年 10 月）

植物生长调节剂当前登记的固体剂型以可溶性粉剂和可湿性粉剂等为主（图 2-3），如可溶性粉剂有 116 个、可湿性粉剂有 90 个，还有水分散粒剂，有 9 个产品登记；液体剂型以水剂、乳油及悬浮剂为主，水剂有 270 个，乳油有 52 个，悬浮剂有 37 个；其他环保剂型，如微囊粒剂有 4 个，热雾剂有 2 个。

二、市场前景较好的产品

当前市场前景比较好的植物生长调节剂品种有 1-甲基环丙烯（MCP）、抗倒酯、仲丁灵、调环酸钙、芸薹素等，其相应的登记产品数量受专利保护的限制不同（图 2-4）。下面介绍这些产品的主要作用。

1. 噻苯隆促进棉花的脱叶

噻苯隆在低浓度下能诱导一些植物的愈伤组织分化出芽，促进坐果及叶片保绿，延缓叶片

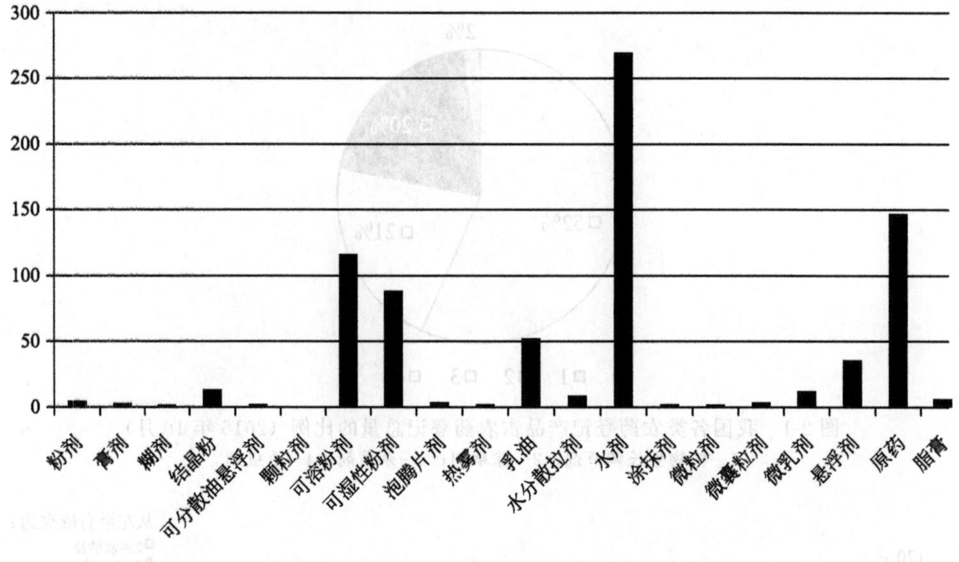

图 2-3　植物生长调节剂当前登记的剂型

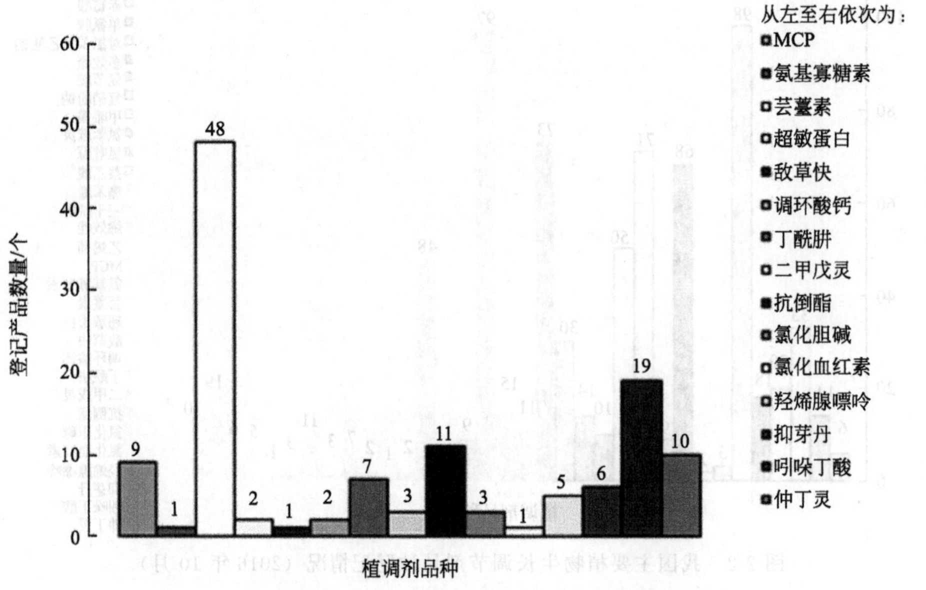

图 2-4　我国新的植调剂品种登记情况比较（2016 年 10 月）

衰老。噻苯隆主要用在棉花生产上作脱叶剂，适时喷洒棉株，被叶片吸收，可及早促使叶柄与茎之间形成脱落层，7d 之内青绿的叶子就掉落，茎枝上无枯叶存在，有利于机械或手工采收棉花，棉絮上无枯碎叶片污染，并促使棉桃迅速、均匀成熟，增加霜前花产量。使用后可使棉花提早 10d 左右成熟，适时播冬小麦。产品有 0.1%和 0.5%可溶性液剂，30%可分散油悬浮剂，50%可湿性粉剂，80%水分散粒剂。在棉花上使用，根据棉株高矮、种植密度及气温、湿度，掌握在初霜期前 20d 左右，棉花吐絮始期，亩用 50%脱落宝可湿性粉剂 20～40g，对水 30～50kg，进行全株叶面喷雾。施药后 7～10d 开始落叶，吐絮增多，15d 达到吐絮高峰。注意施药时间不能太早，以防幼铃脱落而影响产量。

54%敌草隆·噻苯隆 SC（diuron·thidiazuron），以 72.9～97.2g/hm^2 在棉铃吐絮率 20%～60%时喷施（依不同棉区的温度确定），对促进棉叶脱落、提早吐絮、提高棉花霜前花比例等有较好的效果，可使棉花收获期提前10d左右，与乙烯利和百草枯比较具有较大优势。

2. 1-甲基环丙烯对水果和花卉的采后保鲜

1-甲基环丙烯剂型有1%可溶液剂，0.014%、0.14%、3.3%微囊剂，0.03%粉剂，0.18%泡腾片剂，2%片剂。1-甲基环丙烯为用于水果和花卉保鲜的植物生长调节剂。其作用是阻断或减少植物产生乙烯，可以延缓水果和花卉成熟，使水果和花卉保鲜，延长货架期1～2周。已经在苹果、梨、猕猴桃、李子、香甜瓜、番茄、玫瑰、唐菖蒲、百合、非洲菊、康乃馨等上取得登记。采收后贮于密闭的贮藏库，于7～10d内按每立方米用制剂35～70mg计算用药量，使用时将装着药塑料袋中特制的发生器密闭盖打开，加入适量的室温自来水，约5分钟后便会释放出1-甲基环丙烯气体，密闭熏蒸12～24h，并结合低温（0～2℃）贮藏，有利于水果或花卉保鲜。该药剂在应用时需掌握果实采收适宜期，配药时操作迅速，保持熏蒸空间密封。

3. 苄氨基嘌呤促进柑橘坐果率和葡萄的结粒数

苄氨基嘌呤的产品有2%乳油、2%可溶性液剂。用作坐果剂，与赤霉酸混用更好。由于移动性小，叶面处理时单用效果欠佳，与某些生长抑制剂混用有较理想效果。如柑橘在谢花后7d和第二次生理落果初期，喷2%可溶性液剂400～600倍液，可提高坐果率。采收后用40～80倍液浸蘸，有保鲜作用。

荔枝、龙眼用2%制剂400倍液接芽芽片后嫁接，能提高嫁接成活率。荔枝采收后，用200倍液（加赤霉酸）浸1～3分钟，可延长存放期。葡萄在开花前用2%制剂100～200倍液（加100mg/L赤霉酸）浸蘸葡萄串，可提高结粒数。在开花95%时，用100倍液（加200mg/L赤霉酸）浸蘸花序，无核果实率可达97%。采收的葡萄，用40～80倍液浸蘸，有良好贮藏保鲜作用。用20倍液浸休眠芽插条，能促进枝条萌发，提高扦插苗成活率。

4. 复硝酚钠等促进植物的生长

复硝酚钠产品有0.7%、0.9%、1.4%、1.8%、1.95%及2%可溶液剂。自农作物播种至收获的全生育期内的任何时期皆可施药。浸种、浸根、苗床灌注、叶及花蕾喷雾均可。如在粮食作物上应用，在水稻、小麦在播种前用1.8%水剂3000倍液浸种12h，清水冲洗后播种，能提早发芽，促进根系生长、壮苗。水稻秧苗在移栽前4～5d，用3000倍液喷雾，有助于移栽后新根生长。幼穗形成期和齐穗期用3000倍液喷雾，可提高结实率，增加产量。

5. 抗倒酯和调环酸钙抑制植物生长

用120.91g/L抗倒酯（trinexapac-ethyl）可溶性液剂能抑制赤霉酸的生物合成，抑制细胞的伸长。登记产品250g/L抗倒酯乳油，在小麦分蘖期，有效成分剂量75～125g/hm^2，对水均匀喷雾1次，可防止小麦因水肥条件过好、徒长造成的倒伏。在草坪修剪后第2～3d施药，可明显控制结缕草、高羊茅等草坪株高的增长，减少修剪2～3次。

调环酸钙可以通过浸种、浇灌、叶面喷洒被作物的种子、根系和叶吸收，而抑制赤霉酸的合成，能缩短作物的茎秆伸长。与目前广泛应用的三唑类延缓剂相比，调环酸钙对轮作植物无残留毒性，对环境无污染，因而有可能取代三唑类生长延缓剂，具有广泛的应用前景。目前登记的5%泡腾粒剂，有效成分用量为15～22.5g/hm^2，在水稻拔节期使用，可使节间变短，防止倒伏，但在抽穗期不能用，否则会影响产量。

6. 二硝基苯胺类抑制腋芽生长

仲丁灵又称止芽素，产品为36%乳油。对烟草腋芽抑制效果好，药效快。在烟株中心花开打顶后24h内施药，施药前将2.5cm以上长的腋芽全部抹去，每株用36%乳油100倍液15～20mL，顺烟株主茎淋下或用毛笔、棉球等将药液涂抹在每个腋芽上。只需施药1次，不能采用喷雾法。

二甲戊灵用于抑制烟草腋芽则称除芽通，产品为33%乳油。使用方法为：当烟株现蕾50%时打顶，打顶当日施药，用33%除芽通乳油80～100倍液，每株喷淋20～25mL，用换调节器的喷嘴对准株茎上方喷出，使药液沿烟株茎秆均匀流下到地面触及每一个叶腋。在早上有露水或气温高于30～35℃时勿施药。烟株未开花前不宜过早打顶施药。

氟节胺是接触兼局部内吸的高效烟草腋芽抑制剂，吸收快，作用迅速，持效期长，打顶后施药1次即可。产品有12%水乳剂，12.5%、25%乳油，25%悬浮剂，40%水分散粒剂。氟节胺适用于烤烟、晒烟及雪茄烟。在烟株上部花蕾伸长期至始花期，人工打顶并抹去大于2.5cm的腋芽，24h内用喷雾法、杯淋法和涂抹法施药1次。喷雾法亩用25%乳油60mL，对水30kg，喷洒顶叶；杯淋法每株用500倍液15～20mL，顺烟茎淋下；涂抹法用毛笔或棉球蘸药液涂在腋芽上。

7. 单氰胺等促进种子萌发

单氰胺产品为50%可溶液剂，主要用于果树打破休眠、促进早发芽。一般使用浓度为50%水剂10～20倍液，在葡萄发芽前15～20d喷于枝条，使芽眼处均匀着药，可提早发芽7～10d，从而对开花、着色、成熟均有提早作用；在樱桃休眠期喷洒，使芽眼处均匀着药，可打破休眠，促进早发芽、早开花、早成熟，有明显提高产量和改善品质的作用。本药剂对蜜蜂有高风险性，在蜜源植物花期禁止使用。

8. 三十烷醇具增产作用

三十烷醇在作物生长期使用，可提高种子发芽率、改善秧苗素质、增加有效分蘖。在作物生长中、后期使用，可增加蕾花、坐果率、千粒重，从而增产。三十烷醇产品有0.1%微乳剂，0.1%可溶性液剂，1.4%可湿性粉剂，2.8%悬浮剂。可用于水稻、麦类、玉米、高粱、棉花、大豆、花生、烟草、甜菜、蔬菜、果树、花卉等多种作物和观赏植物。可以浸种或茎叶喷雾，如需要催芽的稻种用0.5～1mg/kg浓度药液浸种2d后，催芽播种；旱作物种子用1mg/kg浓度药液浸种0.5～1d后播种，可增强发芽势，提高发芽率，增产。水稻、大豆、玉米等作物一般可增产5%～10%，谷子增产5%～15%。

三、展望

随着人类环保意识的不断增强，世界各国农药登记管理机构对新农药登记的资料要求更加严格，创制新产品难度加大。而国际农产品交易价格持续下滑，各跨国农药公司又掀起了合并的热潮。我国自主农药创制能力还比较弱，与杀虫剂、杀菌剂及除草剂相比，在植物生长调节剂的创制方面，国家投入明显降低。这样的国际环境势必造成在我国登记的植调剂新有效成分的数量也偏少。

目前国内药剂的产品和剂型同质化现象严重，剂型仍然以乳油、可湿性粉剂、可溶液剂、膏剂等为主，缺乏环保型的新剂型。国内农药企业以中小型为主，在植调剂的产品和剂型研发方面亟待提高。

在植调剂产品标准方面，我国已制定了芸薹素内酯、芸薹素内酯活性、芸薹素甾醇和芸薹素等关键术语，确定芸薹素通用名称；理清了国内登记的各类芸薹素产品的化学结构，主要包括14-羟基芸薹素甾醇、24-表芸薹素内酯、22,23,24-表芸薹素内酯、28-高芸薹素内酯和28-表高芸薹素内酯等五种物质；利用苯硼酸作为衍生化试剂，首次建立可同时检测五种芸薹素类产品的高效液相色谱分析方法；制定了芸薹素内酯原药、水剂、可溶粉剂等多项企业标准，在此基础上经多次验证，形成芸薹素原药、乳油、水剂和可溶粉剂化工行业标准；还将芸薹素行业标准应用于国内芸薹素类产品登记管理和市场监管，理顺了芸薹素产品长期存在的登记名称与实际化学结构不一致、分析方法缺乏针对性的问题。

对于植调剂的施用，针对植调剂的不同功能和剂型及不同作物种植情况等，对使用技术的要求也有所不同。但无论是喷雾器的性能及喷头的类型，还是对应药剂的剂型，抵抗恶劣的气候条件，适应不同作物种植情况的施药中靶率，施药人员的能力和素质等，均与发达国家有一定差距。我国农药的利用效率要显著低于发达国家。

与国际农药市场相比较，我国植调剂的品种数量和销售量在整个农药中所占的比例较低，国际市场上植调剂一般可达4%～5%，我国植调剂的登记量和销售量仍有上升的空间。从目前登记的剂型来看，可溶性粒剂、可溶性片剂、微胶囊悬浮剂等环保剂型很少，但也在不断增加。从企业生产能力看，应逐渐向效益好、科技含量高、技术力量强、规模大的现代集约化大型企业的方向发展，以增强国际竞争力，从而也推动我国农业的规模化和集约化发展。

在我国植调剂的品种、产品、剂型和企业生产能力等不断发展的同时，相应的质量控制标准、效果、安全性评价标准、科学合理施药技术规程及有关药害治理和诊断等也需要不断完善，以更好地推动我国农业的可持续发展。

第三节 国外植物生长调节剂的应用情况

一、国外的应用情况

植物生长调节剂市场横跨全球，不仅在美国、欧盟各国和日本等发达国家，在发展中国家如中国、印度和巴西，均表现出高增长的发展趋势。据“全球植物生长调节剂市场报告”显示，2013年全球植物生长调节剂市场价值为13亿美元，预计到2020年，将保持4.6%的复合年增长率，达到18亿美元。欧盟统计局的最新数据显示，欧盟市场的植物生长调节剂2013年的销售总量约1.2万吨，在农药销售总量中占比3%。

截至2016年8月，美国、欧盟和澳大利亚批准的植物生长调节剂的种类有分别有54个、44个和37个，其中比较常见的有吲哚丁酸、甲哌鎓、多效唑、乙烯利、赤霉素、1-甲基环丙烯、6-苄氨基嘌呤、氯苯胺灵等。

全球的植物生长调节剂原药大多数来自中国，国外厂商在美国、欧盟和澳大利亚等国家进行原药创新和登记，然后从中国进口原药进行制剂生产。很可惜的是，目前国内原料生产厂商获得的国外原药登记证很少，在美国仅有2个植物生长调节剂的原药登记证，分别是吲哚丁酸和多效唑。在美国一般只有1～3家公司持有同一植物生长调节剂原药登记证，发放原药登记证最多的植物生长调节剂是乙烯利和吲哚丁酸，两者都是10个。表2-23是美国市场代表性厂商及其持有原药登记证的植物生长调节剂。世界主要的农化企业，如先正达、巴斯夫、拜耳、纽发姆和日本住友（Valent属于住友的子公司）都积极分享美国植物生长调节剂的市场。有两家公司值得关注：一家是已经被法国De Sangosse收购的Fine Agrochemicals，该公司在美国拥有大量的植物生长调节剂原药登记和制剂登记；另一家是CH Biotech R&D Co.，Ltd，该公司近两年新登记两种新的活性成分——氯化胆碱和γ-氨基丁酸。表2-24列出了2010年以后美国及其他国家新登记的部分植物生长调节剂产品。

表2-23 美国市场代表性厂商及其原药登记情况

厂商	原药种类
Syngenta	抗倒酯、氟节胺、多效唑
BASF	调环酸钙、茉莉酸甲酯、矮壮素
Bayer	环丙酸酰胺、噻苯隆、乙烯利
Nufarm	GA_3、GA_{4+7}、6-BA、噻苯隆、调环酸钙、甲哌鎓、矮壮素、环丙酸酰胺、乙烯利
Arysta Lifescience	IBA、复硝酚钠、甲哌鎓、噻苯隆、乙烯利
Valent BioSciences	脱落酸、AVG、GA_3、GA_{4+7}、6-BA、烯效唑
Loveland Products	水杨酸、噻苯隆

续表

厂商	原药种类
Repar Corp	芸薹素内酯
Fine Agrochemicals	IBA、Kinetin、萘乙酸钾盐、茉莉酸丙酯、GA_3、GA_{4+7}、6-BA、烯效唑、多效唑、调环酸钙、嘧啶醇、抗倒酯、矮壮素
Amvac CHEMICAL	萘乙酸、萘乙酸钠盐
CH Biotech R&D Co.，Ltd	IBA、Kinetin、GA_3、GA_{4+7}、6-BA、甲哌鎓、氯化胆碱、γ-氨基丁酸

注：有底纹标记的是目前仅有1张登记证的原药。

表 2-24 2010 年以后美国及其他国家新登记的部分植物生长调节剂产品

商标	有效成分	公司	应用	状态
Anuew™	调环酸钙	Nufarm	观赏性草坪、高尔夫草坪以及运动场草坪	美国 2010
Palisade® 2EC	抗倒酯	先正达	标签拓展至谷类作物	美国 2012
Configure®	2.0% 6-苄氨基嘌呤	Fine Americas	增加观赏作物（绿蟹爪兰、玉簪花、紫松果菊）的分枝和花苞数量	加拿大 2012
MaxCel®	1.9% 6-苄氨基嘌呤	Valent	花后使用，苹果、梨和碧根果疏果剂	英国 2012
Motivate	乙烯利	Fine Americas	促进苹果、草莓、葡萄和西红柿早熟，提高着色性	美国 2012
Consensus®	水杨酸和 IBA	Loveland Products	种子处理剂	美国 2012
Falgro® 2X LV	赤霉素 GA_3	Fine Americas	鲜食葡萄和酿酒葡萄、柑橘以及甜樱桃水稻种子处理	美国 2013.11.18
Refine™ 3.5WSG	NAA	Fine Americas	苹果、梨疏果和减少采前落果，促进来年苹果开花	美国 2015
Refine™ 6.25L	NAA 钾盐	Fine Americas	苹果、梨、柑橘和橄榄疏果以及控制苹果、梨采前落果	美国 2015
Refine™ 24.2L	NAA 钾盐	Fine Americas	控制苹果、梨采前落果	美国 2015
ProGibb® LV PLUS	赤霉素 GA_3	Valent	葡萄、柑橘以及甜樱桃、水稻种子处理	美国 2013.12.20
Moddus®	抗倒酯	先正达	森林养护、春小麦、园艺作物	英国 2013
PoMaxa®	NAA	Valent	花后或坐果前期，苹果疏果剂	美国 2013
Tariss™	茉莉酸甲酯	BASF	种子处理剂，防御跳甲类昆虫	美国 2013
Blush®	茉莉酸丙酯	Fine Americas	苹果着色	美国 2013
Arcus ST®	聚羟基酸复合物	FBSciences	棉花和其他作物种子处理剂	美国 2013
SmartBlock	3-癸烯-2-酮	Amvac Chemical	马铃薯贮藏抑芽剂	美国 2013

续表

商标	有效成分	公司	应用	状态
Kudos® 27.5 WG	调环酸钙	Fine Americas	苹果、甜樱桃、草（用于收获草籽）和花生	美国 2014
RyzUp® Duo	赤霉酸＋脱落酸	Valent	牧草、谷类作物、玉米、棉花、甘蔗以及冬季生长的叶菜类	美国 2015
ReTain®再登记			苹果、梨、核果类（桃、李、杏、樱桃等）、核桃、山核桃、菠萝、黄瓜	美国 2015
TruPick	1-甲基环丙烯	DECCO US POST-HARVEST 印度联合磷化	果蔬和花卉采后管理	美国 2016
Homobrassinolide，0.10％	28-高油菜素内酯		用于谷物、大田作物、果树、油料作物、观赏植物、蔬菜	美国 2016

植物生长调节剂市场根据其施用的作物进行划分，如大田作物（如玉米、大豆、小麦）、水果和蔬菜、草坪草和观赏植物等。其中，应用于大田作物的植物生长调节剂占市场的份额最大，其次是水果和蔬菜。草坪草和观赏作物也是植物生长调节剂应用的一个新范围。

二、主要应用范围

下面介绍国外植物生长调节剂的应用领域，主要侧重于美国。

1. 在大田作物上的应用

美国中部平原是世界著名的农业区之一，盛产玉米、水稻、棉花和小麦等。据美国农业部国家农业统计局 2016 年 6 月 30 日发布的种植面积报告，今年美国的玉米、大豆、小麦、高粱和棉花的种植面积分别达到 9410 万、8370 万、5080 万、723 万和 980 万英亩。大宗作物种植面积很大，意味着调节剂市场很广阔。

大田作物的种子处理剂的市场潜力巨大。2014 年全球化学种子处理剂市值为 24 亿美元，预计 2022 年将增至 41 亿美元。目前种子处理剂产品主要是杀虫剂、杀菌剂及杀虫剂与杀菌剂的混剂。这些产品在环保和耐药性等方面也面临着巨大的压力，植物生长调节剂因其独特的作用机制，在上述方面有可能提供新的解决措施，成为种子处理剂市场的亮点。目前美国市场已经出现一些植物生长调节剂类的种子处理剂。脱落酸抑制种子萌发，2011 年 Valent BioSciences 在美国获批登记了玉米种子处理剂 BioNik®，该产品含有 25％ *S*-ABA，用于帮助杂交玉米生产者在玉米种植时推迟发芽，使雌花和雄花同步开花而利于授粉。该产品已于 2013 年上市。2012 年 Loveland Products 公司推出种子处理产品 Consensus®。有别于传统的种子处理剂，Consensus® 采用了新的种子处理技术，包括水杨酸、吲哚丁酸和壳聚糖三个植物生长调节剂，其具有使用剂量低、对种子安全、对环境影响小的优势，且与其他种子处理产品如根瘤菌接种剂组合使用良好。2013 年巴斯夫的种子处理剂产品 Tariss™在美国获准登记。Tariss™的主要活性成分是茉莉酸甲酯，主要用于防治跳甲类昆虫对植物幼苗的伤害。2014 年 FBSciences 获批登记了用于棉花和其他作物的种子处理剂 Arcus ST。该产品使用了 Complex Polymeric Polyhyroxy Acid 技术，帮助提高发芽率以及种子生长，启动根部生长，并能提高作物抗压能力。

催熟剂和脱叶剂在棉花上要使用。因为机械化采收的需求，采摘前需要用催熟剂对成熟棉铃进行催熟，实现集中吐絮，此外还要用脱叶剂使叶片脱落，以防进行采摘时污染棉花。

乙烯释放剂——乙烯利仍旧是棉花催熟剂的主力产品。乙烯利也具有脱叶剂的功能，但是脱叶效应不佳，易出现枯而不落的现象，机械采摘时对棉花污染严重。噻苯隆是目前美国棉花市场最主要的落叶剂，它可以诱导棉花自身产生乙烯，作用于叶柄与茎之间的离层细胞，让棉叶自行脱落，不会出现枯而不落的现象。美国市场的噻苯隆产品有两类：一种是42.2%的单剂；另一种是12%噻苯隆和6%敌草隆的混剂。噻苯隆也具有一定的催熟功能。

大田作物株型控制简单讲就是控制株高和增加分枝。棉花是重要的纺织原料，甲哌鎓是棉花株型控制上使用最多是棉花高产栽培所必需的植物生长调节剂。美国市售甲哌鎓产品大部分是4.2%单剂，也有少部分厂商的甲哌鎓产品中含有激动素或者吲哚丁酸和激动素，后者在控制株高的同时还兼有保蕾保铃的功效。2012年之前美国没有能直接用于玉米、大豆和小麦等大田作物节间控制的植物生长调节剂。2012年抗倒酯被EPA批准应用于大麦、小麦、燕麦等谷类作物以及甘蔗上。英国市场上常见的用于控制谷类作物高度的植物生长调节剂有乙烯利、抗倒酯和甲哌鎓，以及乙烯利和甲哌鎓的混剂。2014年巴斯夫将抗倒酯＋调环酸钙以及甲哌鎓＋调环酸钙的混剂应用到冬小麦、大麦和燕麦等作物上。目前在美国调环酸钙、多效唑、烯效唑等尚未被批准用于大田作物。

除草剂、杀菌剂、杀虫剂是现代农业化工产品最主要的三个分支，占据了全球农药市场的绝大部分份额。植物生长调节剂在改善作物生长发育方面有肥料等无法企及的功效，这就为植物生长调节剂的应用提供了更多的空间。如何将植物生长调节剂与除草剂、杀菌剂、杀虫剂和肥料联系在一起是相关研发人员和从业人员值得考虑的。复配制剂研究和配方筛选将是植物生长调节剂研究的重要方向。植物生长调节剂与除草剂、杀菌剂、杀虫剂或者肥料的科学混用是未来发展的大趋势。混剂能减轻农业对劳动力的需求，减少生产成本，增加农民利润等，具有多方面优点。更重要的是，植物生长调节剂在减少药害和病虫害耐药性以及提高肥料利用率方面也有很大的发展空间。

近年来美国市场出现了一些很不错的植物生长调节剂与除草剂、杀菌剂的混剂产品。美国Loveland Products公司草甘膦除草剂产品Makaze Yield Pro®中含有0.05% IBA和0.0088% Kinetin，该混剂能显著改善草甘膦对作物可能带来的药害，提升作物的生长势，特别是在逆境条件下。植物生长调节剂在除草剂混剂中的作用类似于除草剂安全剂。2016年先正达在美国获批登记为种子处理剂，该产品由3种植物生长调节剂（GA_3、IBA和Kinetin）、3种杀菌剂（精甲霜灵、氟唑环菌胺、苯醚甲环唑）和1种杀虫剂（噻虫嗪）组成，用于提高谷类作物种子萌发，防治病虫害的发生。

2. 小宗作物应用

美国于1971年首次发布作物分类，现已制定了包括小宗作物在内的科学、完整的作物分类体系。多数高附加值的作物，如大多数果树、蔬菜、草药、香料、花卉植物等，均属于小宗作物，至少占全美农业生产总值的四成以上。美国小作物用药的登记与研究开发、生产处于世界领先地位。现在，美国不同种类的小作物发生的各种病虫草害基本上都“有药可供”“有药可选”“有药可用”，植物生长调节剂企业也有针对性地开发了一些用于小宗作物的产品。

对果树进行疏花疏果是保证坐果率和果品质量的重要措施。以前疏花疏果主要依赖于人工操作，目前美国和欧洲利用植物生长调节剂产品技术代替人工，显著提高了生产效率。花后使用以6-苄氨基嘌呤为活性成分的产品，如Valent BioScience的MaxCel®，能适当疏果，协调坐果率及果实大小，阻止小果进一步发育，降低果实之间对水分和营养的竞争，提高果实重量和质量。以萘乙酸为活性成分的产品，如Valent BioScience的PoMaxa®同样也具有疏果的效果，同时还可以控制果实落果率并促进果树来年的生长。在生产中果农如能合理搭配6-苄氨基嘌呤与萘乙酸的使用，能实现疏果、控制果实大小以及来年开花量的效应最大化。

优良的果实采前管理能够精确地延迟特定果实的成熟时间，农户可以根据市场需求、劳动力等因素有计划地错开其成熟时期，同时确保在果实质量最高时进行采摘。氨氧乙基乙烯基甘氨酸（aminoethoxyvinylglycine，AVG）能抑制乙烯的生物合成。Valent BioScience公司研发了以AVG为核心成分的产品ReTain®，并已成功在美国和世界其他著名的梨果和核果产地用于收获后管理，AVG配合赤霉素或生长素的使用可使收获管理潜力最大化而不会影响水果的质量或耐贮藏能力。

先进的采后管理技术能延长贮藏期和商品的货架期。1-甲基环丙烯是目前采后管理应用最广的植物生长调节剂，其主要用于苹果、梨和特定果蔬的采后保鲜，通过控制果蔬在贮藏和运输过程中自然产生的乙烯，延缓衰老并保证果蔬的新鲜度。马铃薯是美国和欧洲的重要食物来源，如何抑制萌芽是马铃薯采后管理的重点。氯苯胺灵是在马铃薯抑芽上使用最多的植物生长调节剂，此外青鲜素也可以作为马铃薯抑芽剂。2013 年 Amvac Chemical 公司推出了一款采用专利新型抑芽技术的马铃薯抑芽剂 SmartBlock，该产品对采后马铃薯进行处理取得了突破性进展。SmartBlock 包含一种天然存在的化合物 3-癸烯-2-酮，该物质被美国 FDA 批准直接用作食品添加剂，并且被环保署划定在生物农药类中。

蔬菜、瓜果和花卉在移植过程中，植株极易受到各种逆境胁迫，经常发生植物生长停滞甚至大量死亡的现象。传统的肥料或者杀虫剂、杀菌剂在此领域的成功应用很少，而植物生长调节剂恰好就是解决这一公认难题的途径之一。作物移植后根部施用生长素类调节剂，如吲哚丁酸和萘乙酸能促进根系的发育，同时搭配使用具有提高植物抗逆性的调节剂，能显著减少幼苗的死亡率，加快植物生长，使植株健康生长、增加产量。草莓是美国加州的重要作物，其产量占全美 90%以上。目前美国市场已经有登记用于草莓移植的植物生长调节剂产品，如 Loveland Products 的 Radiate®，其他的一些含有吲哚丁酸和萘乙酸的产品也有被使用。2016 年 AgroFresh 公司推出一款新的 LandSpring™ 产品。这是一种 1-甲基环丙烯（1-MCP）处理技术，用于蔬菜作物的移植，目前已经获得登记用于西红柿和辣椒。该技术可通过阻断植物对乙烯的反应，使移植幼苗能够更快生长，并且在整个生长季显示出对逆境和病害较好的耐受能力。

果实着色是水果生产中很常见的一个问题。目前比较常用的着色剂是乙烯的释放剂——乙烯利。乙烯的问题在于着色的同时会诱导果实的脱落并缩短果实贮藏期。2010 年 Valent 在美国和澳大利亚市场推出以脱落酸为活性成分的新型葡萄着色剂产品，市场反响很好。目前日本和欧盟也获准将脱落酸作为活性成分登记。2013 年 Fine Americas 推出活性成分为茉莉酸丙酯的产品 Blush®，用于改善苹果果色。除了美国，日本也将茉莉酸丙酯用于果实着色，而欧盟尚未批准茉莉酸丙酯的活性成分登记。

果实大小和形状是影响水果售价的重要因素之一。Valent 开发的 Promalin®（1.8%6-BA 和 1.8%GA_{4+7}）能改变果实的大小以及萼片的发育，形成所谓的“蛇果”。美国鲜食葡萄有严格的分级标准，不同分级的葡萄售价差异很大，果穗和果径就是分级的关键要点。赤霉素的应用能保证葡萄种植者生产出符合要求的优质葡萄。开花前或开花时施用赤霉素能拉长葡萄花序，保证果实发育有足够的空间。花后小果期施用赤霉素能促进葡萄幼果发育，保证果粒饱满，果径达到优质葡萄的标准。

随着人民生活水平的不断提高，世界各地新兴的草坪产业为增加植物生长调节剂的应用提供了一个新窗口。多效唑、抗倒酯、调环酸钙是草坪矮化应用中较常见的植物生长调节剂，其中先正达开发的抗倒酯是草坪矮化中应用最成功的实例之一。除此之外，烯效唑、嘧啶醇和调嘧啶也被允许用于控制观赏作物的株高。

景观作物一般需要更多的侧枝。Fine Americas 的 Configure®（有效成分是 2.0% 6-苄氨基嘌呤）在营养生长期能增加绿蟹爪兰、玉簪花、紫松果菊等观赏作物的分枝，而在生殖生长期能促进花苞发育。Collate®的有效成分是 21.7%乙烯利，登记用于抑制景观作物的伸长生长，促进侧枝生长。

目前欧盟已经批准将硫代硫酸银三钠作为植物生长调节剂用于花卉保鲜。

三、新型植物生长调节剂的创制

随着植物和化学科技的发展，植物生长调节剂的创新不断地进步，在植物生长发育中具有独特生理功效的一些化合物得以发掘和合成，如芸薹素内酯的抑制剂和独脚金内酯类。国际上对植物生长调节剂的创新，狭义上仅指新单剂的开发，而广义上则包含新单剂、混剂和新剂型开发，以及已知植物生长调节剂的功能拓展。

1. 新的单剂开发

就目前全球植物生长调节剂普遍状况而言，新单剂的开发相对缓慢。一个单剂从功效测试直至农药登记所需时间和资金，无论对学界还是业界来说，都是很大的负担。以美国为例，登记一个调节剂所需时间大约需要从 18 个月到数年不等，花费几十万至几百万美元不等。

2010 年以后，美国市场上还是出现了一些新的活性成分登记（表 2-25）。脱落酸、28-高油菜素内酯、水杨酸和茉莉酸甲酯是植物的天然激素，在经历数十年的学术研究的资料积累后，终于开始了走向田间，应用于提升作物的抗性和品质。广泛用于饲料、食品和医药等领域中的一些化合物，如γ-氨基丁酸和氯化胆碱，在植物和农业领域的基础研究资料也得以积累，被许可登记作为植物生长调节剂。

表 2-25　2010 年后在美国首次登记的植物生长调节剂

植物生长调节剂	活性成分	原药	代表商品	批准登记时间
abscisic acid 脱落酸	√	√	ProTone® SG	2010
homobrassinolide 28-高油菜素内酯	√	√	—	2010
salicylic acid 水杨酸	√	√	Consensus®	2012
methyl jasmonate 茉莉酸甲酯	√	√	Tariss™	2013
3-decen-2-one 3-癸烯-2-酮	√	√	SmartBlock	2013
complex polymeric polyhyroxy acid	√	×	Arcus ST®	2013
prohydrojasmon 二氢茉莉酸丙酯	√	√	Blush®	2013
GABA γ-氨基丁酸	√	√	—	2014
humates (as derived from Leonardite)（来自风化煤腐植酸）	√	×	Elicitore™	2014
choline chloride 氯化胆碱	√	√	—	2015

2. 混剂的开发

相较于新型单剂开发而言，开发混剂的成本要小很多，推向市场的速度也快得多。这是国际调节剂发展的一种主流趋势。混剂不仅指不同调节剂成分之间的混配，也包括调节剂与除草剂、杀菌剂和杀虫剂等成分的混配，甚至包括与肥料的混配。

（1）不同植物生长调节剂的混剂　比较常见的有 IBA＋Kinetin、IBA＋GA_3＋Kinetin、6-BA＋GA_{4+7} 和 NAA＋IBA。2010 年以后美国市场陆续有调节剂混剂产品登记，如 Valent BioSciences 的 GA_3＋ABA；EPRO CORPORATION 的抗倒酯＋多效唑、抗倒酯＋调嘧醇，以及抗倒酯＋调嘧醇＋多效唑；UNITED SUPPLIERS 的 Complex Polymeric Polyhyroxy Acid＋Kinetin。Loveland Products 公司推出的种子处理产品 Consensus® 和 Consensus® RTU，则含有 IBA＋水杨酸＋壳聚糖。2014～2015 年 BASF 在英国登记了 3 个调节剂混剂产品，其活性成分是甲哌鎓＋调环酸钙、甲哌鎓＋乙烯利＋矮壮素、调环酸钙＋抗倒酯。

（2）植物生长调节剂与除草剂的混剂　噻苯隆可以用作棉花脱叶剂，其与敌草隆的混剂脱叶效果更佳，尤其是在低温条件下。Loveland Products 公司草甘膦除草剂产品 Makaze Yield Pro 中含有 0.05% IBA 和 0.0088% Kinetin，该混剂能显著改善草甘膦对作物可能带来的药害，提升作物的生长势。

（3）植物生长调节剂与杀菌剂的混剂　2013 年巴斯夫在英国上市一个专门为油菜开发的植物生长调节剂 Caryx（30g/L 叶菌唑＋210g/L 甲哌鎓），有助于改善植物树冠的生长，减少倒伏，促进根系发育，增加产量。2014 年爱利思达在美国获批登记 1%超敏蛋白与 18.83%四氟醚唑的混剂，用于控制或者抑制大豆和玉米的病害。2016 年先正达在美国获批登记一款种子处理剂，该产品由 3 种调节剂（GA_3、IBA 和 Kinetin）、3 种杀菌剂（精甲霜灵、氟唑环菌胺、苯醚甲环唑）和1种杀虫剂（噻虫嗪）组成，用于提高谷类作物种子萌发，预防病虫害的发生。

(4) 植物生长调节剂与肥料的混剂 植物生长调节剂与肥料的混剂还可以用于草坪和观赏花卉。Andersons公司专长于开发肥料与农药的混剂产品，其旗下有多个含有多效唑和抗倒酯与肥料的混剂产品。

3. 现有植物生长调节剂的新剂型开发

农药剂型种类很多，比较常见的植物生长调节剂的剂型有可湿性粉剂、可溶性粉剂、可溶液剂、乳油、微乳剂和悬浮剂。活性成分的稳定性和溶解度是决定剂型的重要考量指标，而不同剂型采用的溶剂和表面活性剂的差异，也会导致活性成分的功效差异。

对于一些水溶解度低的植物生长调节剂，如多效唑和抗倒酯，早期的产品多为乳油剂型，而目前国际市场已经推出更环保的微乳剂剂型。吲哚丁酸和萘乙酸的水溶性很差，早期多为粉剂，目前也已经利用其钠盐或者钾盐开发出可溶液剂产品。

市场上的1-甲基环丙烯多为粉剂、片剂、微囊粒剂和可溶液剂。2016年印度联合磷化（UPL）的果蔬采后管理公司Decco Worldwide的调节剂TruPick（1-甲基环丙烯）获得美国环保署批准登记。TruPick采用了新型微吸附技术，是首个1-甲基环丙烯凝胶制剂。

4. 现有植物生长调节剂的功能拓展

对现有植物生长调节剂进行功能的拓展，是延续活性成分及相关产品寿命和降低研发成本的重要途径。植物生长调节剂功能拓展包括两个方面，即：对现有产品适用作物的拓展，以及对同一活性成分应用功能的增加。

增加适用作物以先正达Palisade® 2E和巴斯夫Apogee®为例。Palisade® 2E的有效成分为25.5%抗倒酯，2006年上市时登记作物是草坪，2012年获美国登记批准用于大麦、小麦、燕麦等谷类作物以及甘蔗。Apogee®的有效成分为27.5%调环酸钙，2000年登记时在苹果和梨上使用，随后进一步被批准用于甜樱桃、花生和草坪上。增加适用作物的登记。使得抗倒酯和调环酸钙的应用范围大大拓展，为农民提供了更广泛的选择，也降低相应的厂商调节剂研发的成本，增大了利润空间。

活性成分新功能的增加以*S*-ABA为例。2010年Valent BioSciences在美国市场推出了用于葡萄等着色的ProTone®SG，含有20% S-ABA。该产品目前已在澳大利亚、加拿大、智利和南非等国获得批准。同年，该公司又登记了一个含有10% *S*-ABA的提高园艺植物抗逆性的产品。2011年Valent BioSciences登记了玉米种子处理剂BioNik®，该产品含有25% *S*-ABA，在玉米种植时推迟种子发芽，使雌花和雄花同步开花以利于授粉。该产品已于2013年上市。

5. 未来有潜力获准调节剂登记的化合物

在具有植物生长发育调节功能的各种化合物中，有许多是因为没有登记，不能作为合法的植物生长调节剂而应用于作物生产。这些化合物中有一些的研究历史很长，另一些则是新近发现的。

多胺类化合物是广泛存在于原核和真核生物中的天然化合物，丰富的理论研究和应用研究资料揭示了它们的多重生理功能，如诱导花芽、促进果实发育、延缓植物的衰老、增强植物对生物和非生物胁迫的抗性，这些都构成了多胺在农业中应用的可能。

独脚金内酯是具有抑制植物分枝作用的新型植物激素，因其可用于调控植物株型而得到学术界和产业界的关注。目前，人工合成的GR24等独脚金内酯类似物已被证实有PGR活性。独脚金内酯除了抑制分枝的形成，还能促进丛枝真菌菌丝的分枝和养分的吸收，以及促进寄生植物种子的萌发。粮食作物的分蘖、果树的分枝和观赏植物的株型都是重要的经济性状，独脚金内酯及其类似物可能具有潜在应用前景。

丁烯羟酸内酯属于Karrinkins类，是从烟水中分离出来的对植物种子萌发起促进作用的化合物。氰醇类物质可能也是烟水中的活性物质之一。烟水在促进种子萌发、提高生物量和果实品质方面表现出显著的促进效应，此外烟水还能调控药用植物次生代谢产物积累。目前对Karrinkins类化合物的生理功能和作用机制的研究尚在研究初期。

一氧化氮是气体分子，能打破休眠，促进种子萌发，延缓衰老，还能参与调控植物抗病反应。此外，包括能诱导植物防御反应的系统素在内的植物肽类激素，它们也可能登记为植物生长调节剂。

肌醇是一种广泛应用于食品、饲料和医药的天然多元醇类化合物，肌醇及其衍生物构成的信号系统在植物发育和响应环境中有着重要的作用。肌醇参与了细胞壁的合成，能提高植物对非生物逆境的耐受力，且参与调控植物激素生长素的运输和贮藏，很有可能被登记而应用。

脯氨酸和谷氨酸都是植物必需的天然氨基酸。脯氨酸是一种相容性渗透物质，能在渗透胁迫下保护亚细胞结构及大分子物质，减少逆境胁迫对植物的伤害。目前已经有少量美国专利中有提及脯氨酸能作为活性组分改善作物发育的某些生理过程。现有的资料表明谷氨酸促进果实着色，与特定活性成分混合使用，效果更佳。谷氨酸和脯氨酸单剂以及与其他活性成分的混合应用，也可能得以实现。

6. 展望

随着植物激素作用机制的阐述以及受体蛋白被发现，科学家可以根据激素受体的结构，有针对性地设计一些特异化合物作为调节物质。但是从活性化合物设计合成到产品登记所需的时间相当漫长，如何快速且有效地将现有的科学知识转化成终端产品，是植物生长调节剂产业值得持续思考和关注的问题。

虽然植物生长调节剂大多数是低毒的化合物，但是它们属于农药的登记管理范畴。目前发达国家如美国、日本和澳大利亚等，对农药的管理越来越严格，在登记时越来越严格地考量农药对环境和有益生物的潜在风险。植物内源或者生物源的化合物是今后新型植物生长调节剂的挖掘方向。

参考文献

[1] 杨秀荣，刘亦学，等．植物生长调节剂及其研究与应用．天津农业科学，2007，13：（1）23-25.

[2] 潘瑞炽，李玲．植物生产调节剂：原理与应用．广州：广东高等教育出版社，2009.

[3] 冯坚，顾群，柏亚罗，陈铁春．农药名称对照手册．第3版．北京：化学工业出版社，2009.

[4] 段留生，田晓莉．作物化学控制原理与技术．北京：中国农业大学出版社，2005.

[5] 苏明明，杨春光，李一尘，曹际娟．植物生长调节剂对粮食作物、瓜果的影响及其残留研究综述．食品安全质量检测学报，2014，5（8）：2575-2579.

[6] 张宗俭，邵振润，束放．植物生长调节剂科学使用指南．北京：化学工业出版社，2015.

[7] 张宗俭，李斌．世界农药大全．北京：化学工业出版社，2011.

[8] Peng Lei，Zongqi Xu，Jinfeng Liang，et al. Poly（γ-glutamic acid） enhanced tolerance to salt stress by promoting proline accumulation in *Brassica napus* L. Plant Growth Regulation，2016，78（2）：233-241.

[9] 司宗兴．创新型植物生长调节剂——呋苯硫脲．世界农药，2007，29（4）：48-47.

[10] 周文婷．血红素加氧酶介导茉莉酸及氯化血红素包合物诱导的番茄侧根发生：［学位论文］．南京农业大学，2009.

[11] 李军民，唐浩，祖智波，等．苯醚甲环唑的合成研究．农药研究与应用，2009，13（1）：18-2.1

[12] 游开绍，吴斌，黄自强，等．氯化血红素抗贫血疗效及其毒性．中国药理学报，1996，17（3）：284-286..

[13] 黄熠，叶发青，张庆伟，等．杂氮硅三环生物活性的研究进展．温州医学院学报，2009，39（5）：518-521.

[14] 汪宝卿，李召虎，翟志席，等．冠菌素及其生理功能．植物生理学通讯，2006，42（3）：503-510.

[15] 李云玲，孙虎，刘杰，等．冠菌素及其生理功能的研究进展．北京农业，2014，4：14-16.

[16] XueqingGeng，Lin Jin，Mikiko Shimada，et al. The phytotoxincoronatine is a multifunctional component of the virulence armament of *Pseudomonas syringae*. Planta，2014，240：1149-1165.

[17] 刘刚．几种新型植物生长调节剂在小麦生产及育种上的应用．北京农业，2005，（4）：38-39.

[18] 陈咏竹，孙启玲．γ-多聚谷氨酸的性质、发酵生产及其应用．微生物学通报，2004，31（1）：122-126.

[19] 李晶博，李丁，邓毛程，等．γ-聚谷氨酸的特性、生产及应用．化工进展，2008，27（11）：1789-1792.

[20] 王求，王绍磊，李中华，等．杂氮硅三环的性质及应用研究概述．有机硅材料，2011，25（2）：103-106.

[21] 张长宁，张灿．新型植物生长调节剂——2-(乙酰氧基)苯甲酸的抗旱应用效果研究．农药科学与管理，2007，28（12）：21-24，29.

第三章 植物生长调节剂的使用技术与评价

前述章节介绍了主要的植物生长调节剂以及其在国内外的应用情况。要使植物生长调节剂发挥理想的作用效果，必须正确地使用调节剂，并科学的进行应用效果评价，从而建立比较成熟的作物化学控制技术。

第一节 植物生长调节剂使用的特点和影响因素

2001年起国家将植物生长调节剂列入农药进行管理，其作用对象为植物（主要为农作物），与杀虫剂、杀菌剂和除草剂等农药类似，并且需要充分考虑药剂本身、植物（作物）对象、使用技术和环境条件等影响作用效果的多个因素，并且需要遵守农药使用的一般原则。然而，由于植物生长调节剂直接作用于植物，对植物生长发育相关的许多性状如作物节间伸长、果实膨大等性状的调节，既要能解决生产问题，又能保障作物高产，且不影响农产品品质。因此，科学使用植物生长调节剂，需要了解植物生长调节剂的作用特点和影响药效发挥的主要因素。

一、植物生长调节剂作用特点

1. 不同植物生长调节剂作用效果不同

每种植物生长调节剂具有特定的一种或多种功效。由于不同种类的调节剂在化学结构、作用原理等方面存在很大差异，因而其作用效果也不相同，有时甚至截然相反，如植物生长促进剂和植物生长延缓剂对植物生长的影响就存在显著的差异。另外，虽然同一类调节剂的作用效果相似，一般没有质的区别，但由于各方面的原因（如吸收、运输、代谢、受体等）却存在量的差异。如植物生长延缓剂中，不同药剂在相同浓度时对某一作物的效果不同，生产上若要达到相同效果，使用的浓度通常存在差异。以不同植物生长延缓剂降低小麦株高效果为例，特效烯（tetcyclacis）的效果较好，只需 2.8×10^{-5} mol/L就能使小麦株高降低50%，而甲哌鎓（DPC，缩节安）的效果较差，使小麦株高降低50%的浓度高达 6.3×10^{-2} mol/L，较前者高出数千倍。

2. 同一种植物生长调节剂对不同作物或不同品种的效果不同

由于不同植物形态结构、生理和生长发育特点不同，对外源施用的植物生长调节剂的反应不一，使用同样剂量的同种调节剂会有不同效果，因而生产上应用时需要根据植物特点和反应确定适宜的剂量。例如缩节安在棉花上效果明显，一般每亩使用3～5g，使用浓度不超过300mg/L；而小麦对甲哌鎓不敏感，使用到40g/亩反应仍不明显，使用成本较高。小麦、玉米对多效唑反应敏感，可用作防倒剂，棉花对多效唑敏感，使用技术要求很严格，不宜盲目推广。

同一种植物生长调节剂甚至对同一作物不同品种效果也不同。例如苹果品种橘苹表现出能耐高浓度的2,4-D，在浓度高达1000mg/L时仍然不表现出反应；相反布雷姆利实生品种对5mg/L的2,4-D即表现出强烈的生长反应，500mg/L浓度可使植株致死。这是因为橘苹体内含有一种酶，可脱去2,4-D脂肪侧链的羧基，而布雷姆利实生品种体内没有这种酶。乙烯利诱导瓠瓜产生雌花，早熟品种用100mg/L，中熟品种用200mg/L，晚熟品种用300mg/L。另外诱导柑橘类花果疏除的适宜萘乙酸浓度是300～500mg/L，这个浓度比疏除苹果、桃、梨、橄榄和杏所用的浓度高10～20倍，这可能与柑橘类果树可迅速形成结合态生长素有关。

3. 植物生长调节剂的浓度效应

植物生长调节剂的有效浓度多为每升几毫克到几百毫克，每公顷用量多为几十至几百克。如芸薹素内酯在生产上的使用浓度一般为0.01～0.1mg/L，每公顷使用有效成分总量一般0.2～2.0g，属超低用量农药。这与一般化肥、杀虫剂、杀菌剂不同。

不同植物甚至不同品种、不同器官，对同一种植物生长物质敏感性不同。剂量合适则效果好，过低或过高则效果不佳，甚至还会有副作用。通常植物的根、茎、叶对生长素的反应浓度显著不同。植物生长调节剂应用于作物上浓度效应很明显：如使用2,4-D处理番茄花蕾时，10～15mg/L可防脱落、促坐果，浓度过高会造成空心、裂果和畸形果，从而降低产量和品质；比该浓度更低的2,4-D都会引起棉花、大豆等阔叶敏感作物上发生“鸡爪叶”、茎扭曲等受害症状；100～500mg/L能抑制生长与萌发；高浓度（1～2g/L）可杀死许多双子叶杂草，可以用作除草剂。所以在使用植物生长调节剂时要严格掌握浓度和剂量，不可随意增加。

植物生长调节剂的应用效果与使用浓度密切相关。适宜的使用浓度是相对的，并不是固定不变的。在不同地区、作物品种与长势、生长调控的目的和药剂使用方法等情况下，都存在不同的使用浓度。浓度过低，不能产生应有的效果；浓度过高，会破坏植物的正常生理活动，甚至伤害植物。如：乙烯利在1～10g/L促进橡胶树排胶；1000mg/L催熟番茄、香蕉等；100～200mg/L诱导黄瓜雌花。

4. 植物生长调节剂的时间效应

植物生长调节剂一般要在特定生育阶段使用才有效果。过早或过晚使用，不但不能达到理想效果，常会有副作用或药害。如应用植物生长延缓剂防止冬小麦倒伏，最佳时间在小麦基部节间开始伸长的起身至拔节期。使用过早，小麦刚返青，吸收能力差；使用过晚，在小麦拔节后期使用，小麦基部的节间已长成，防止倒伏的效果不佳。如果在抽穗前后使用生长延缓剂，则会影响小麦抽穗或延缓穗下节的伸长，严重影响小麦产量。所以使用植物生长调节剂时要严格遵照产品说明和要求的时间或生育期，不可随意改变。

用乙烯利催熟棉花，用药时期选择很重要，要把握好大多数需要催熟棉铃达到铃期的70%～80%（铃龄45d以上）。如果使用过早，会影响棉花品质。另外，使用乙烯利的具体日期也要特别注意，处理后要有3～5d日最高温度在20℃以上。因为乙烯利在棉花体内需要20℃以上的温度才能迅速释放乙烯，同时考虑到乙烯利的吸收和发挥作用需要几天的时间，不能过晚，否则会影响催熟效果。通常地，乙烯利催熟棉铃应掌握在枯霜期（北方棉区）或拔棉柴（复种棉区）之前15～20d进行处理。

5. 植物生长调节剂存在作用期及“反跳”现象

植物生长调节剂进入植物体内，经过运输和信号转导过程，才能发挥效能。随着时间推移，调节剂代谢、降解或向环境逸散，植物体内调节剂减少，作物随生育过程敏感性变化，作物不再表现反应。使用植物生长调节剂后，从效应表现到消失的时间，一般称为调节剂的作用期（或效应期）。

植物生长调节剂作用（抑制或促进作用）消失后，植物体有时反而表现出相反的生长效果，一般称之为“反跳”现象。这是植物生长调节剂的一种普遍现象，如植物生长延缓剂作用消失后，植物某些节间（其伸长生长已处于延缓剂有效期之后）反而长于对照。以小麦上应用多效唑为例推测这一现象的原理：多效唑在抑制赤霉素生物合成时，主要抑制GA_3生物合成途径中的“贝壳杉烯→贝壳杉烯醇→贝壳杉烯醛→贝壳杉烯酸”的3步氧化过程，不抑制贝壳杉烯合成，也不影响贝壳杉烯酸以后的过程。因而当赤霉素合成受到抑制时，使贝壳杉烯在植物体内有一定的积累。当多效唑抑制作用消失后，由于积累了较高水平的贝壳杉烯，赤霉素合成较多，从而促进了生长。棉花上应用DPC、果树上应用延缓剂也有类似现象。

6. 植物生长调节剂的互作和配合使用

作物生长发育包括多种生理过程，调节剂一般影响某个或某些过程，有时对其他过程无效或有害。植物激素间存在各种相互作用，不同调节剂间的作用既相对独立又相互联系。合理利用两种或多种调节剂复合使用，可发挥增效作用。

(1) 混合使用　利用不同调节剂的效应，同时使用，达到作用效应的加成、相乘，或取长补短，达到增效和减少副作用的目的。对茶树穗枝发根，萘乙酸促进生根但扦插后3～4个月对地上部分生长影响弱，而 VB_1 能促进插穗生命活动。用5mg/L VB_1 溶液加100mg/L萘乙酸溶液处理茶树短穗插枝，相较于两者单独处理，生根早，根多而长，地上部分生长好。乙烯利能矮化玉米和防倒伏，但果穗发育明显受抑制，胺鲜酯和芸薹素内酯等植物生长调节剂能促进玉米果穗发育，减少秃尖。二者配合混用，合理密植，可兼有防倒增产作用。

(2) 顺序使用　利用植物发育阶段性和激素作用的顺序，先后施用不同调节剂，加强对同一目标的控制效果或解决不同发育阶段的问题。要考虑作物发育程序、植物生长调节剂作用效果和作用先后。在植物根系生长发育的不同时期，受不同浓度及不同激素的影响，如不定根诱导期需要激素IAA，起始早期细胞分裂需要较多IAA，高浓度GA会抑制这个过程。在促进作物生根时要考虑在根系生长发育不同时期，不同种类激素的效应差异。研究发现，对绿茎下胚轴生根，先用IBA后用延缓剂效果最好，两者同时处理其次，先用延缓剂后用IBA效果最差。在棉花的生产上，苗期、蕾期和花铃期使用缩节安调控株型，协调营养物质分配，有利于棉花增产和品质改善；在棉花的吐絮期，施用乙烯利促进晚熟棉铃吐絮，施用噻苯隆促进棉花脱叶，利于机械收获。通过在不同的生育阶段进行系统化控，更好地调控作物生长。

二、植物生长调节剂效果的影响因素

植物生长调节剂的种类繁多，功效各异，被植物吸收、运输、钝化、降解与转化的方式也千变万化，对生长效应的影响亦相差很大，即使药剂种类相同、作物相同，在不同地区、不同季节或采取不同的使用方法，也会产生不同的效果。因此，在使用调节剂时，应根据使用目的，选择适当的药剂种类及剂型，确定使用的时期、浓度、部位和方法，从而达到预期的目的，取得更大的经济效益。

1. 药剂因素

(1) 植物生长调节剂的品种和药剂质量　选用不同药剂，其效应、强度、机理、理化性质等不同，药剂效果显然会不同。植物生长调节剂质量也会影响效果。植物生长调节剂生产过程中，如果存在与有效成分结构类似的化合物，竞争植物内结合位点，但生理活性相对较低，或含有靶标植物有害杂质，都会降低药效甚至有副作用。例如缩节安药品的质量对效果有影响。按照缩节安的质量标准，原药合格品为有效成分≥96%，杂质含量<1.5%。杂质含量对药效的影响不容忽视，研究发现，即使有效成分在97%以上，杂质含量超过2%就会影响药效。

(2) 植物生长调节剂的剂型　植物生长调节剂剂型影响药剂存留、吸收、运输、稳定性等，对其效应影响很大。生产上要结合药剂理化特性和应用对象，设计适当剂型。例如三十烷醇在水中溶解度极低，难以被植物吸收，生产上应用效果不稳，甚至多数研究者曾否认其效果。但后来成功开发了三十烷醇乳粉剂型，提高了吸收运转效率，在生产上应用逐步扩大。赤霉素、多效唑、芸薹素内酯等的效应也有类似例子。噻苯隆作为棉花脱叶剂，油悬浮剂的效果优于可湿性粉剂，这是由于油基助剂有利于药剂的渗透和棉花叶片的吸收。

(3) 其他化学成分　产品中的其他助剂如渗透剂、增效剂、展着剂、黏着剂、抗蒸腾剂等能增加植物生长调节剂的稳定性，提高吸收和利用效率。与其他调节剂品种、杀菌剂、杀虫剂、除草剂、肥料等农用化学品配合施用，也会影响效果。

2. 作物因素

植物的生育期、生理状态以及形态特征等，都会影响植物对植物生长调节剂的持留、吸收、敏感性等，这与杂草对除草剂药效的影响相似。对于植物生长调节剂来说，作物对其的敏感性也是影响药效很重要的因素。

不同作物对同种或类似植物生长调节剂的敏感性不同，可能与受体数量、分布、特性和信号传导途径有关。就降低株高、防止倒伏而言，小麦、玉米、棉花各有其适用的植物生长调节剂。小麦为多效唑，棉花为缩节安，玉米为乙烯利。棉花对缩节安很敏感，小麦和玉米则不然。许多农民在小麦、玉米生产上应用缩节安降低株高防倒伏，但成本提高，效果不佳。棉花对多效唑过于敏感，因而对使用技术要求很严格。

即使同种植物，不同品种或生态类型，对植物生长调节剂的敏感性也不同。如大穗型小麦应用20%甲·多微乳剂后穗子更大，多穗型小麦应用后则穗子更多。

3. 使用技术因素

(1) 施用部位　植物器官与部位不同，对植物生长调节剂反应的敏感程度不同。同一植物的不同器官反应敏感性也不同，如根对IAA浓度的反应最敏感，芽次之，茎最迟钝。2,4-D防止番茄落花，促进子房生长，需要10～20mg/L，只能涂于花上，不能洒在叶片与幼芽上，否则会引起它们的畸变。施用IAA或赤霉素防止落果，药剂的作用在于使果实成为代谢库，以促进植物营养物质向施用部位运输，故处理的部位以果柄、果实为宜。若只喷洒于叶片，则使叶片成为代谢库，将起到相反的作用。用乙烯利促进橡胶树排胶，应将乙烯利油剂涂于树干割胶口下方宽2cm处，刺激乳胶不断分泌出来，提高产胶量，否则就收不到预期效果。用萘乙酸或乙烯利刺激凤梨开花，可将药液注入筒状心皮中，直接刺激花序分化，而不是全株喷洒或土壤浇灌。

(2) 施用时期　植物生长发育阶段不同，对植物生长调节剂反应的敏感性存在差异。要根据使用目的、生育阶段、药剂特性等因素，从当地实际情况出发，经过试验确定最适宜的用药时期。如乙烯利催熟棉花，在棉田大部分棉铃的铃期达到45d以上时，才有很好的催熟效果。若使用过早，会使棉铃催熟太快，铃重减轻，甚至幼铃脱落；使用过迟，则催熟的意义不大。黄瓜使用乙烯利诱导雌花形成，必须在幼苗三叶期使用，过迟用药，则早期花的性别已定，达不到诱导早花的目的。水稻和小麦的化学杀雄，以在单核期（花粉内容充实期）施药最佳，不育率在95%以上，杀雄率高。过早或过迟施药效果差，有的甚至无效。果树应用萘乙酸作为疏果剂应在花后使用，作为保果剂应在采前使用。防止小麦倒伏，应在起身至拔节前应用植物生长延缓剂进行处理。

(3) 处理浓度、水量和水质　调节剂适宜的应用浓度是相对的，不是固定不变的。地区不同，作物品种、长势、目的、方法不同，调节剂的使用浓度也不同。浓度过低，不能产生应有的效果；浓度过高，会破坏植物的正常生理活动，甚至产生药害。几种植物生长调节剂浓度对作用效果的影响见表3-1。

表3-1　植物生长调节剂浓度对作用效果的影响

调节剂	浓度/(mg/L)	作用效果
乙烯利	80000	促进橡胶树排胶
	1000	对番茄、香蕉、棉花等催熟
	100～200	诱导黄瓜产生雌花
2,4-D	10～20	防止落花落果
	100～500	抑制生长与萌发
	1000～2000	杀死许多双子叶植物
甲哌鎓	20	苗床培育壮苗
	200～300	防止花铃期徒长

常见植物生长物质用量的表示方法有：

① 使用浓度 一般按有效成分的质量浓度计算应采用国际标准单位，质量用毫克（mg）等，体积用升（L）等，即mg/L。

② 单位面积使用量 是用每公顷使用的药剂有效成分量表示，对植物生长调节剂产品而言多数换算成单位面积使用产品的量。在用水稀释情况下：

单位面积用量（g/hm^2）＝使用浓度（mg/L）×单位面积用水量（L/hm^2）×10^{-3}

因为不同情况下处理时，用水量并不完全一样，在使用植物生长调节剂时，仅强调使用浓度或使用量是不够的，可能会对使用效果有影响。科学和准确地表示方法应同时说明使用浓度、单位面积用药量（或单位面积用水量）。一般喷施处理时，应根据单位面积需要的有效成分量，结合处理作物特点和喷药器械的性能，计算合适的用水量，配制后处理。在浸蘸处理等情况下，药剂浓度的准确性较重要。配制药液用水的质量有时也影响药剂效果。水的硬度不同，可能会影响药剂的分散、溶解、稳定性及吸收效率等。被污染的水不能用来配制药液。

(4) 施用方式和次数 由于不同植物生长调节剂进入植物体的途径不同，所以施用方式就有所不同。多效唑主要通过根部吸收，所以土施效果好；缩节安主要从叶面进入植物体，所以多进行叶面喷施。

植物生长调节剂的使用次数也影响效果。增加使用次数能使药剂的持效期延长，对一些需要持续控制的性状，如株型调节等效果更显著。在棉花生产上应用甲哌鎓（缩节安）可以控制节间伸长，延缓植株生长。20世纪80年代，中国农业大学作物化学控制研究室提出在棉花的不同生育阶段应用缩节安，可以持续控制棉花的株高，达到不徒长，不出现“高大空”的株型。

4. 环境因素

施药时的环境因素如田间温度、大气湿度和光照强度等因素，都会影响植物生长调节剂的作用效果。在一定温度范围内，植物生长调节剂的应用效果一般随温度升高而提高。这是因为温度升高会加大叶面角质层的通透性，加快叶片对植物生长调节剂的吸收；另一方面，叶片的蒸腾作用和光合作用增强，植物体内的水分和同化物质的运输也较快，这也有利于植物生长调节剂在植物体内的传导。例如乙烯利的作用直接受到温度的影响。温度高，分解速度加快，效果好；反之，进入植物体内后分解缓慢，应用效果就差。棉花生育后期应用乙烯利催熟时，必须保证至少有3d的日最高气温在20℃以上。在棉花吐絮期应用脱叶剂噻苯隆，通常会因为气温较低影响棉花植株对药剂的吸收，从而导致叶片脱落率低的结果。

空气湿度高，植物生长调节剂在叶上不易干燥，延长了吸收的时间，进入植物体内的量增多，提高应用效果。阳光下，植物气孔开放，有利于植物生长调节剂渗入；另一方面则加快了植物生长调节剂在植物体内的传导。阳光过强起反作用，而且过强的阳光常也会引起某些植物生长调节剂活性变化。所以，不宜在中午阳光过强时喷施植物生长调节剂。一般在晴天上午8～10时，下午4～6时施用为宜。另外，风、雨等因素均会降低植物生长调节剂的应用效果。通常跟其他农药处理一样，在施药后4h内遇雨需要补喷，在施药后6h内遇雨需要减半补喷。

5. 栽培管理措施

植物生长发育不仅需要植物生长调节剂进行调控，还需要营养、水分、温度、光照等物质和环境条件，品种、种植方式、施肥、浇水、耕作措施等应与植物生长调节剂配合，表现出综合农艺效果（复合效应）。应用植物生长调节剂要达到理想效果，需要最佳的复合效应，必须重视改善环境与常规栽培措施的配合。例如，应用乙烯促进黄瓜多开雌花和多结瓜时，必须配合补充肥水以供应足够营养，否则容易出现瓜小、落瓜、早衰等，影响产量和品质。应用植物生长调节剂胺鲜酯·乙烯利水剂处理，防止玉米倒伏效果很好，可以降低株高，增加抗倒伏能力，但单株营养体缩小，应配合适当增加密度，才能获得更高产量。棉花的“矮密早”栽培模式就是在应用缩节安进行化学控制的基础上，配合增加密度、施肥灌溉等措施形成的综合技术体系。

下面以20%甲·多微乳剂拌种培育壮苗为例，来说明水分、温度、土壤质地及平整状况、种子质量、播期、播深、播量等因素和栽培措施对化学控制效果的影响。

（1）温度和湿度　20%甲·多微乳剂的有效作用期与温度和湿度呈负相关，即温度越高，湿度越大，有效作用期越短，而温度和湿度越低，有效作用期越长，且作用效果越强烈。因此，20%甲·多微乳剂的用量应根据当时的具体情况进行确定。若播种较早，气温较高，土壤湿度大，则宜加大用量（4～5mL/10kg种子）；若播种较晚，气温下降，土壤比较干旱时，20%甲·多微乳剂用量宜减少（1～2mL/10kg种子），或者不做种子处理，待出苗后根据苗情再进行叶面喷施。

（2）播种量与播深　由于应用20%甲·多微乳剂处理种子后，发芽率和出苗率有所下降，因此生产上应适当增加播种量（10%～15%），以保证适宜的基本苗数。种子处理后由于麦苗的胚芽鞘缩短、地中茎不伸长，使幼苗顶土能力减弱、出苗期推迟。因此，在生产中应严格控制播种深度，绝不能超过3～4cm，否则易造成烂种、烂苗和黄芽苗，严重影响田间出苗率和出苗期。

（3）土壤质地和整地质量　土壤质地和整地质量与20%甲·多微乳剂种子处理后的出苗有关。黏性土壤中幼苗出土阻力大，并且20%甲·多微乳剂的降解速度较慢，因而宜减少药剂用量；由于种子处理后小麦幼苗顶土力减弱，因而更应注重整地质量，力求做到上虚下实，无坷垃，无缝隙。

第二节　植物生长调节剂的施用技术

植物生长调节剂的科学使用，除了要理解其使用特点和影响药效的因素外，还需要了解药剂的剂型特点，产品和作物生长特点，以及农业生产上的调节目标，采用科学合理的施药技术。同时，还要特别重视植物生长调节剂的安全使用与合理使用。

一、植物生长调节剂的主要剂型

生产上要结合药剂理化特性和应用对象，设计适当剂型。植物生长调节剂品种除了极少数水溶性很强或挥发性强的原药，如甲哌鎓（缩节安）等，必须加工成不同的剂型，形成产品，才可以在农业生产上使用。对于不溶或难溶于水的原药，需要加入助剂、载体，经过特定的加工程序制备成农药商品制剂，才能满足施用的基本要求，起到药剂应有的作用效果。常见植物生长调节剂的剂型有：

1. 乳油

乳油（emulsifiable concentrate，EC）是由有效成分（原药或原油）、有机溶剂和乳化剂组成的透明油状液体，对水稀释能形成稳定的乳状液。除了上述组分外，乳油还含有适量的助溶剂、增效剂、渗透剂和稳定剂等。我国农药市场中乳油份额较大，近年来由于农药加工水平的提高有所下降。植物生长调节剂大部分水溶性较强，多以水剂为主，但是乳油的比例也不低，代表性品种有4%赤霉酸乳油等。

相较于其他制剂类型，乳油表现出相对较高的药效，这是因为乳油中的溶剂和乳化剂能使有效成分以胶束的形式均匀分布于药液中，利于润湿展着在植株上并渗透到植株体内，充分发挥药剂的效果。乳油生产加工较容易，工艺和生产设备简单，加工生产过程中三废少。但是乳油的不足方面主要有，有机溶剂如甲苯、二甲苯等用量较大，生产和贮运存在安全隐患；有机溶剂容易渗透入皮肤，对人畜经皮毒性较高，另外有机溶剂也容易引起环境污染和资源消耗。以水基性制剂代替乳油将成为必然趋势。

乳油制剂产品在使用时，对水稀释后要求药液稳定，至少在使用时不产生浮油和沉淀，否则容易造成药液喷洒不均匀，无法正常发挥药效。

2. 可湿性粉剂

可湿性粉剂（wettable powder，WP）是将农药原药、载体或填料、润湿剂、分散剂和其他助剂混合，经过气流粉碎机粉碎成一定细度的制剂。使用时，直接对水稀释喷雾即可。一般来说，可湿性粉剂产品要求具有较好的润湿性、分散性、高悬浮率等。可湿性粉剂具有以下优点：①对水溶性和有机溶剂溶解性差的有效成分适宜；②与乳油相比，不含有易燃的有机溶剂，在运输、包装和使用环节更安全；③成本低，工艺简单，生产技术难度小。

当然，可湿性粉剂的缺点也是明显的：①容易漂移，造成生产过程中的粉尘污染，使用时也容易造成吸入毒性和环境污染；②悬浮率低的产品容易影响药效的发挥。植物生长调节剂产品中，具代表性的有15%多效唑可湿性粉剂、5%烯效唑可湿性粉剂和50%噻苯隆可湿性粉剂等。

可湿性粉剂产品在使用时，对水稀释后要求有较好的润湿分散性、较高的悬浮率，确保施药期间有效成分在喷雾容器内有较好的悬浮稳定性。

3. 可溶性粉剂

可溶性粉剂（soluble powder，SP）是指在使用浓度下，有效成分能迅速分散而完全溶解于水中的一种剂型。可溶性粉剂是由水溶性原药、助剂和填料经加工制成的颗粒状制剂。生产上使用时，用水稀释成田间使用浓度时，有效成分能迅速分散并完全溶解于水中，供喷雾使用。可溶性粉剂物理稳定性好，加工成本相对较低，便于贮存和运输，使用方便。与可湿性粉剂相比，可溶性粉剂不会发生药液中有效成分微粒沉降造成施药不均匀的问题和药液堵塞喷头的现象。可溶性粉剂除了高含量的有效成分外，填料可用水溶性的无机盐（如硫酸钠、硫酸铵等），助剂大多是阴离子型、非离子型表面活性剂或是两者的混合物，主要起助溶、分散、稳定和增加药液对生物靶标的润湿和黏着力等效果。加工可溶性粉剂有喷雾冷凝成型法、气流粉碎法和喷雾干燥法等。植物生长调节剂产品中，具代表性的可溶性粉剂产品有96%甲哌𬭩可溶性粉剂等。

一般来说，可溶性粉剂易吸潮，在生产加工时要注意车间的空气干燥或者在湿度较低的秋冬季进行，另外贮运和使用时也要注意密封包装。生产上就经常出现96%甲哌𬭩可溶性粉剂（缩节安）吸潮后不便于计量的情况。田间应用可溶性粉剂产品时，可以采用二次稀释的方法，或者将制剂产品倒入施药容器后适当搅拌，保证充分溶解后再喷雾处理。

4. 悬浮剂

悬浮剂（suspension concentration，SC）又称水悬浮剂、胶悬剂和浓缩悬浮剂，基本原理是在润湿剂和分散剂作用下，将不溶或难溶于水的原药分散到水中，形成均匀稳定的粗悬浮体系。悬浮剂的主要组成包括农药原药、润湿剂、分散剂、增稠剂、防冻剂、消泡剂和水等。悬浮剂具有成本低，生产、贮运和使用安全，对环境影响小，药害轻等优点。农药悬浮剂可用来加工悬乳剂（SE）和悬浮种衣剂（FS）、微胶囊悬浮剂（CS）等，进一步扩大农药的应用范围。这些制剂从其分散原理看，也属于悬浮剂的范畴。微胶囊悬浮剂的分散相为微胶囊；悬浮种衣剂是在悬浮剂的基础上，引入成膜剂而使其在种子表面具有成膜的功能。农药悬浮剂以水为介质，符合农药制剂水基化发展要求，前景广阔。植物生长调节剂产品中，代表性的悬浮剂产品有25%多效唑悬浮剂和540g/L噻苯隆·敌草隆悬浮剂等。

悬浮剂的生产制造过程一般有两种：①用机械或气流粉碎等方法，将固体原料加工至微米级以下，然后与表面活性剂、防冻剂、增稠剂等水溶性助剂混合调配成浆料，经胶体磨和砂磨机研磨，调整pH值、流动性、润湿性等，质量检查合格后包装而得；②先把原药与表面活性剂、消泡剂、水均匀分散，经粗细两级粉碎制成原药浆料，然后与防冻剂、增稠剂、防腐剂和水混合即得。

使用悬浮剂制剂产品时，直接稀释喷雾即可。制剂的悬浮率、分散性和稀释稳定性等指标会影响药剂的效果。

5. 水分散粒剂

水分散粒剂（water dispersible granule，WG）又叫干悬浮剂（dry flowable，DF）。使用时放入水中，能较快地崩解、分散，形成悬浮的分散体系，被认为是21世纪最具发展前景的农药剂型之一。WG剂型的组分除了有效成分外，还包括润湿剂、分散剂、黏结剂、崩解剂和填料等。

WG具备很多优点，具体包括：①粉尘少，降低了环境污染，对作业者安全；②有效成分含量高，易于包装、贮存和运输；③贮存稳定性和物理化学稳定性较好；④颗粒的崩解速度快，很快分散成极小的微粒，悬浮稳定性较好。

加工WG剂型时，将有效成分、助剂和填料经混合、粉碎后再捏合造粒而成。水分散粒剂的制造方法可分为“湿法”和“干法”造粒。常用的方法有喷雾造粒法、转盘造粒法和挤压造粒法等。虽然WG加工技术相对较复杂，投资费用较大，成本较高。但是其突出的安全性、优良的综合性能和对环境保护的有利性，是其他剂型无法比拟的，市场份额仍在不断扩大。植物生长调节剂产品里，代表性的水分散粒剂产品有80%噻苯隆水分散粒剂和2%赤霉素GA_{4+7}水分散粒剂等。

使用水分散粒剂制剂产品时，直接将其倒入喷雾容器待药剂润湿和分散开即可进行喷雾操作，也可以使用矿泉水瓶等小容器先进行分散再倒入喷雾容器。制剂的润湿性、分散性、水中的悬浮率和稀释稳定性等指标会影响药剂的效果。

6. 泡腾片剂

农药泡腾片剂（effervescent tablet，EB）属于片剂中的特殊剂型，由原药、泡腾剂（酸、碱）、润湿剂、分散剂、黏结剂、崩解剂和填料等，经过粉碎、混合、压片等程序制成，使用时同水起反应释放出二氧化碳而快速崩解。泡腾技术最早应用于医药领域，随着高分子材料和制剂技术的发展，20世纪70年代后，日本首先将泡腾技术应用于制备农药除草剂泡腾片，目前该技术已基本成熟，在水稻除草剂产品中泡腾片剂的比例逐渐提高。泡腾片剂利用酸碱泡腾体系及崩解组分，使泡腾片剂具有自我崩解扩散能力，其优良性能包括：①使用方便，省工省力，施药者容易掌握；②直接抛洒，减少药剂漂移，对周边作物安全；③崩解性能优越，扩散均匀；④贮藏安全，质量稳定。

泡腾片剂的制备方法主要包括干法制片、湿法制片、直接压片和非水制片等。其中非水制片能充分除去成分中的剩余水分，减少干燥时间。泡腾剂加工过程由崩解剂、扩散剂、润湿剂、黏结剂、助流剂和载体等组成，泡腾片剂的加工方法是先将物料混合，经过粉碎、造粒，再用压片机制成一定形状后干燥而成。生产场地的一般要求是相对湿度20%～25%，温度15～25℃为宜。另外，泡腾片剂成品的包装材料应有较好的防水性，通常以金属箔衬聚乙烯为主。

除草剂的泡腾片剂在使用时，一般直接抛洒，依靠酸碱崩解剂产生的推力使药剂崩解扩散，将有效成分均匀地分散在水中，发挥药效。目前的植物生长调节剂泡腾片剂，包括40%甲哌鎓泡腾片剂和5%调环酸钙泡腾片剂，需要对水后进行叶面喷雾。使用时，直接将其投入喷雾容器，待药剂分散开后即可进行喷雾操作，也可以使用矿泉水瓶等小容器先进行分散，再倒入喷雾容器。制剂的润湿性、分散性、水中的悬浮率和稀释稳定性等指标会影响药剂的使用效果。

二、植物生长调节剂的施用方法和安全使用

1. 施用方法

植物生长调节剂的科学施用，总体要求是使有效成分最大限度地施用到生物靶标上，尽量减少对环境、作物和施用者的影响。药剂的使用效果好坏，取决于选择适当的施药方法。目前常用的植物生长调节剂施药方法主要有喷雾法、种子种苗处理、涂抹法、熏蒸法、杯淋法、土施法等，叶面喷雾仍然是当前最主要的施药方法。

(1) 喷雾法　喷雾法是用手动、机动或电动喷雾机具，将药液分散成细小的雾滴喷到作物上的一种施药方法。这种施药方法是植物生长调节剂施用最普遍、最重要的方法，凡是可以对水稀释的植物生长调节剂产品剂型，如乳油、可湿性粉剂、可溶性粉剂、悬浮剂、水分散粒剂等，都可采用喷雾法施用。对于植物生长调节剂来说，施药要求株株着药，特别是一些移动性不佳的药剂，如脱叶剂噻苯隆，需要全株充分着药，采用喷雾法容易让药剂分布均匀，见效快。喷雾法缺点是药液容易漂移流失，易沾污施药人员，并受水源限制。

当前，作物抗倒伏的药剂处理，都是在拔节前期叶面喷施植物生长延缓剂。

(2) 种子种苗处理　用植物生长调节剂对种子和苗木施药处理的方法。种苗处理是一种比较节约、高效的施药方法。处理的方法主要有：

① 拌种　用拌种剂与种子混合均匀，使每粒种子外面都覆盖一层药剂的处理方法。可以是粉剂直接拌种，也可以是对水稀释后的药剂进行拌种。这种处理通过种子吸收药剂，对种子萌发和苗期生长进行调控。如使用20%甲·多微乳剂对小麦种子进行拌种，可使出苗整齐、幼苗健壮。

种子包衣法是采用专门用作种子处理的种衣剂，均匀包覆在种子外表面，晾干后进行播种的方法。种子包衣法在杀虫、杀菌剂上使用较多，在植物生长调节剂方面开发和应用相对较少。

② 浸渍　用稀释后的药剂浸渍种子、秧苗、苗木或插条的方法。通过浸种、浸苗、蘸根，可使处理对象充分吸收水分和药剂，调节幼苗生长，特别是根系的生长发育。处理时，药液用量以浸没种子为限。浸渍效果与药液浓度、温度和时间有密切关系。

生产上多采用植物生长调节剂浸泡扦插枝条。以萘乙酸·吲哚丁酸为主要成分的生根剂，在使用时一般采用浸泡法，将插条下部浸泡在溶液中2～12h，处理浓度范围一般为50～200mg/L。

(3) 涂抹法　通过特定的工具将植物生长调节剂的水溶液、乳液或悬浮液涂抹在植物上。涂抹法在冬季果园的病虫防治中使用较多，如苹果树腐烂病的防治一般是在伤口部位涂抹内吸性杀菌剂进行防治。

橡胶树使用乙烯利涂抹剂处理能促进干胶含量。每棵橡胶树涂抹0.02～0.04g，能提高橡胶树干胶产量，延长药剂处理的流胶时间，从对照的12～15d延长至施药后21d以上，达到持续高效、稳产、安全的要求。另外，一些促进果实膨大的药剂，如赤霉素GA_{4+7}等也可制成膏剂，在果实膨大初期涂抹果柄进行处理；烟草生产后期在叶基部茎的周围，涂抹乙烯利溶液，或者把茎表皮纵向剥开涂抹乙烯利原液，利于抹药部位以上的烟叶褪色促黄。

(4) 熏蒸法　熏蒸法是利用常温下有效成分为气体的药剂或通过化学反应能生成具有生物活性气体的药剂，以气体形态发挥药效进行处理的一种方法。这些药剂沸点低，蒸气压大，容易挥发。实施熏蒸处理通常在密闭空间或者相对密闭的环境下进行，使药剂的蒸气不会逸散而保持有效的活性浓度。

果树生产上常用1-甲基环丙烯对采后果品进行熏蒸保鲜处理。1-甲基环丙烯是一种乙烯受体竞争性抑制剂，以气体形态存在，通过制剂技术对其进行包裹制备成微胶囊粉剂或醇溶制剂。使用时将粉剂溶解在热水中，让气体散出并分布在仓库内对果品进行熏蒸处理。

(5) 杯淋法　杯淋法是将药剂稀释后，采用杯子、喷壶、喷雾器（去除孔片）及其他专用容器，使药液成水流状沿处理对象流下而进行处理。这种处理方法一般属于局部器官施药，一方面能有针对性地使药剂到达处理部位，也能在一定程度上避免药剂对植株其他更敏感部位的不利影响。在烟叶的生产上，抑制腋芽的生长是一项必需措施。由于腋芽长在主茎附近的叶腋里，叶面喷雾处理不易使药液达到腋芽，还容易伤害叶片的生长，因此杯淋法是生产上采用的主要方法。主要的药剂有氟节胺、二甲戊乐灵及混剂、仲丁灵等。

(6) 土施法　将药剂喷洒在地面或翻耕于土层下，或直接灌施在土层中进行处理的方法。农药的土壤施药法通常被称为土壤消毒，用于防治地下害虫及杂草等。植物生长调节剂的处理，也有采用土施法的。一些通过根系吸收的药剂，或者处理扦插枝条、移栽树木时，可以在地面喷施或在根区周围进行植物生长调节剂的处理。代表性的例子有：①水稻秧田使用多效唑延缓生长促进分蘖时，由于多效唑通过根系吸收效果更佳，处理时一般放干秧田水，拌土撒施或者直接在秧田畦面喷施处理；②移栽杨树时，在根区周围撒施低含量萘乙酸·吲哚丁酸水分散粒剂，然后浇透水，经过处理的树木能很快复活、生根并促进生长。

以上施药方法各有利弊。生产上使用植物生长调节剂进行处理时，应根据药剂特点、作用对象等灵活运用。

2. 植物生长调节剂的合理使用

（1）根据农作物生长调控要求适时用药　植物生长调节剂的使用具有十分严格的时效性。无论是种子处理、抗倒伏，还是催熟、脱叶、保鲜，药剂的使用都与作物生长的特殊时期密切相关。以小麦和玉米抗倒伏药剂的处理为例，都需要在拔节前期进行处理，玉米的处理时效性要求更严格，需要在玉米6～9片叶展开时进行叶面喷雾处理，过早或过晚都不能起到控制茎基部节间生长的效果，甚至会影响玉米穗器官的发育，造成减产。乙烯利催熟棉铃，棉花脱叶剂的处理等，都需要严格注意适时用药。

（2）正确掌握药剂使用方法和用量　植物生长调节剂的使用，要求严格按照农药标签进行。喷雾处理要细致均匀，不要漏喷，以保证质量。要特别注意按使用说明书量取农药施用量，使用浓度和单位面积用药量务必准确。由于植物生长调节剂的特殊性，使用时不能随意加大剂量，也不能随意减少药液量，更不能随意增加喷药次数，以免造成药害或农产品品质下降。

另外，由于植物生长调节剂直接针对植物（主要是农作物），不同于防治病、虫、草害，农作物一般不会对植物生长调节剂产生耐药性。因此，农业生产管理一般不需要考虑植物生长调节剂混用和轮换使用问题。植物生长调节剂的混用也是由新产品研发单位（科研院所或企业）的科技人员科学设计有效成分和配比，通过严格的试验评价再进行登记开发。

第三节　植物生长调节剂的应用评价

植物生长调节剂的应用效果受调节剂本身、作物、环境、人为因素等多种因素影响，要正确评价并科学使用，必须充分考虑这些因素，建立完善的技术体系和灵活的技术参数，以保证稳定的、理想的生产效果。从众多的研究报道和生产总结看，同样的药剂和使用技术表现各异，根据个别的试验结果片面评价和判断技术的可行性是不科学的。

一、基本效应与复合效应

植物生长调节剂施用后引起植物发生基本的效应，即植物体形态和功能上的直接变化。这些变化在各种实验条件下，只有量（强度）的差异，而没有质（方向）的不同。也就是说，只要使用合格的、适量的药剂，基本效应均能发生，即使由于土壤、气候、品种（最大多数情况）等差异，会使变化的强度有不同，但趋势和方向是总体一致的。以棉花应用缩节安为例，其基本效应可以包括：①正在伸长的节间变短；②主茎和果枝顶芽的生长势减弱，如冀棉2号于4、5果枝时（盛蕾期）喷洒50mg/L缩节安，20d后观察发现叶片数较对照减少0.6片，果枝数减少0.6个，总果节数减少18个；③尚未定形的叶片叶面积减少，叶片加厚，叶绿素含量增加；④腋芽和营养枝的生长势减弱，正出现的芽的生长势加强；⑤促进根系发育，数量增加，活力增强；⑥光合产物和矿物质元素向根、叶、蕾、铃的输送和分配增强。

需要指出的是，植物生长调节剂基本效应不只是一种，生产上应充分发挥积极的效应，同时尽量避免副效应。一般可通过：①选择合适用量、施用方法、时间和部位，将副作用降至最低；②通过与不同植物生长调节剂的配合使用，克服单一调节剂的局限性；③同时配合其他栽培管理措施的调整，例如水稻应用多效唑防止倒伏，但会影响穗分化，可以将晚施穗肥改为早施穗肥，促进其分化。

在基本效应的基础上，植物生长调节剂的应用与环境条件、植物状况、水肥管理、株行配置等栽培措施共同作用后，植物会出现一系列的综合效应，即植物生长调节剂的复合效应。例如脱落率、烂铃率、成铃率等变化不仅有量（强度）的差异，而且有质（方向）的不同。表现在生产效果上，可能是正效应，也可能是负效应。

生产中要求的效果一般是复合效应，是植物生长调节剂、作物、环境、人为措施的综合反应。对复合效应人们早已有认识，但直到20世纪80年代，原北京农业大学作物化控研究室才提出并系统分析了该概念，不仅使对植物生长调节剂应用评价更为科学，而且为作物化学控制与植物生理学、作物栽培学之间的沟通和结合架起了桥梁，对植物生长调节剂生产实践有重大意义。

二、作物化学控制技术的完整目标和完善内容

世界上每年人工合成和开发的化合物数以千万计，有植物生长调节剂活性的物质也很多，但是在生产上大面积推广应用的化合物以及形成成熟技术的作物化学控制技术却是有限的。早期的研究重视应用后的基本效应，有的调节剂研究很多，但一直没能应用于生产。农艺效果和经济效益受到重视，并逐渐成为植物生长调节剂选择和评价的关键。随着人们对健康和环境保护的认识和重视，安全性也是必须重点考虑的。

概括起来，作物化学控制技术的完整目标为：良好的生理效应，稳定理想的生产效果，显著的经济效益，安全的农产品和环境效应。

一项成熟完善的作物化学控制技术，并不仅是简单的药剂处理，而且需要根据生产目标，综合考虑植物生长调节剂、作物、环境和人为措施，经过大量反复试验，提出切实可行的、适用于一定地区范围、不同年份、效果稳定的技术体系，并包括对其效果的评价、目标偏离时的补救措施等。下面以应用20%甲多微乳剂防止小麦倒伏为例，列出了一项成熟化学控制技术包括的主要内容，见表3-2。

表 3-2 完善的作物化学控制技术的内容举例

项 目	举 例
控制目标	防止小麦倒伏
应用对象	小麦
适用地区和范围	全国小麦产区易倒伏品种或高肥小地块
使用药剂和剂型	20%甲・多微乳剂
使用时期	返青-起身期
使用剂量	每亩30～40mL
使用方法	对水30L，叶面喷施
影响因素	风、雨、群体大小等
配套措施	品种选择，肥水运筹等
技术失当的补救措施	使用过量采用浇水，喷GA缓解
农艺、经济评价	增产8%～13%，产投比30：1
安全性评价	低毒，低残留等

三、作物化学控制技术的应用评价

1. 生理效应评价

药剂施用后，植物生长调节剂在植物体内所产生的基本效应表现为完全的或主要是有利于本生长发育阶段各器官的发育，并对以后的发育阶段产生积极的影响，即没有或很少产生不利的副作用。

需要指出的是，衡量植物生长调节剂的基本生理效应对大田作物颇具意义，而且需要考虑在植株的整株水平而非离体条件下，对某个植物器官的单一效应进行评价。在很多情况下，植物生长调节剂在整株水平和离体条件下的表现是不一致的，如缩节安对纤维伸长的作用、IAA和GA对茎节伸长的作用。植物生长调节剂一经使用，它所产生的效应是多方面的，这其中包含着有利的作用，也包含着不利的作用。对某一作物来说，应要求植物生长调节剂的效应主要是有利的作用结合有利措施（混用，栽培措施），尽量降低或克服植物生长调节剂的副作用。

2. 生产效果评价

植物生长调节剂只表现良好的生理效应对大田作物来说是远远不够的，还需要将基本效应在各种栽培措施和生产条件下转化为理想的生产效果（包括产量提高、品质改善），并要求这一结果具有年度间、地区间的重演性。这是一种植物生长调节剂及其使用技术能否广泛应用的关键。

我国已制定了主要作物上植物生长调节剂的田间药效试验准则，在申请农药登记时，由农业部认证的药效试验单位按相应的试验准则进行。为了提高新产品研发效率，一般在产品开发后期申请农药登记前，就需要严格按照田间药效试验准则进行评价。目前我国已制定的调节剂药效标准有：化学杂交剂诱导小麦雄性不育、马铃薯脱叶干燥剂、烟草抑芽剂、棉花生长调节剂、玉米生长调节剂、水稻生长调节剂、大豆生长调节剂、小麦生长调节剂、黄瓜生长调节剂、番茄调节剂、葡萄生长调节剂、生长调节剂促进果实着色、生长调节剂促进果树成花与坐果、生长调节剂提高果型指数等 20 余项。

3. 经济效益评价

植物生长调节剂一般在特定时期通过喷施、拌种、浸蘸等方法处理作物，操作简便易行。由于植物生长调节剂直接改变植株和器官（包括产量器官）的生长发育和产量、品质形成等过程，效果和效益显著，一般直接产出投入比在 10∶1 以上。

需要指出的是，同一种植物生长调节剂或同一项化控技术在不同作物上的产投比是不同的。很多在大田作物上经济效益不显著的植物生长调节剂在果树、蔬菜及部分经济作物上的情况则不同，因为果、蔬产品的价格较大田作物的价格高，产值大。例如芸薹素内酯和 S-诱抗素在大田作物上的应用受限（由于价格的原因），但是在果树和蔬菜上应用相对比较多。另外，如果树上应用着色剂、整形剂等，可以使果品的价格成倍增长，这与大田作物相差很大。

近年来，随着农村劳动力的相对短缺造成农田施药人工成本增加很快，导致一些经济效益不高的作物化学控制技术推广应用有限，这对新产品和新技术的推广提出了更严峻的考验和更高的要求。

4. 毒理学评价(毒性)

植物生长调节剂作为农药的一类，也是人工合成的化学品，因此需要严格评价其对哺乳动物的毒性，只有低毒、微毒的品种才能在生产上进行大面积推广和应用。了解一些农药的毒理学相关知识，对科学认识、合理使用和最大限度减少植物生长调节剂对人畜的毒害非常重要。植物生长调节剂的毒性一般从急性毒性、亚急性毒性、慢性毒性、特殊毒性等方面进行评价。

（1）急性毒性　急性毒性指化学物质 1 次或 24h 内多次对生物体作用后所产生的毒性。一般用大鼠或小鼠，经口灌胃、经皮涂敷和空气吸入染毒。评价参数主要以半致死剂量（LD_{50}）或半数致死浓度（LC_{50}）为主。我国农药剂型毒性分级标准分别为：①经口毒性，LD_{50}<5mg/kg 为剧毒，LD_{50} 5～50mg/kg 为高毒，LD_{50} 50～500mg/kg 为中等毒，LD_{50}>500mg/kg 为低毒；②经皮和吸入毒性，LD_{50}<20mg/kg 为剧毒，LD_{50} 20～200mg/kg 为高毒，LD_{50} 200～2000mg/kg 为中等毒，LD_{50}>2000mg/kg 为低毒。

（2）亚急性毒性　亚急性毒性指化学物质对生物体多次重复作用后产生的毒性，给药期限 2～4 周，每周染毒 7 次，确定农药的累积性。评价参数：累积系数＝$LD_{50}(n)/LD_{50}(1)$，分次与一次给药 LD_{50}的比值。评价分级：<1 高度累积，1～3 明显累积，3～5 中等累积，>5 轻度累积。

（3）慢性毒性　慢性毒性指化学物质对生物体长期低剂量作用后产生的毒性。采用大鼠，染毒期限 1～2 年。评价参数主要有：慢性毒性阈剂量、最大无作用剂量或浓度、每日允许摄入量（ADI）、农药最大残留限量（MRI）等。

（4）特殊毒性　农药的特殊毒性包括致癌、致畸、致突变作用，即通常所说的“三致效应”。

在目前生产上应用的植物生长调节剂中，对三致效应有过一些怀疑和研究。除 2,4,5-T 外基本上都没有可靠的证据。2,4,5-涕是苯氧乙酸类，原来用作植物生长调节剂和除草剂，在其生产和降解过程中产生二噁英。对接触人群调查基本肯定其“三致效应”。

对2,4-D等其他苯氧乙酸类，研究观点不统一。目前没有充分证据。乙烯利和矮壮素因含有氯乙基，代谢中可能产生氯乙烯类致癌物，大剂量动物实验阳性，但正常使用环境中基本不累积。乙烯也曾被怀疑致癌，研究发现对人类无“三致效应”，甚至对环境致癌物有保护作用，可抑制小白鼠肺肿瘤。西维因（甲萘威）是氨基甲酸酯类，动物实验阳性，可能是由于与消化道内亚硝酸盐反应生成亚硝胺。在二十世纪五六十年代已有报告指出，青鲜素结构与尿嘧啶相似，而成为它的抗代谢物，掺入RNA中并抑制尿嘧啶的掺入。青鲜素可使老鼠的染色体断裂，在马铃薯中的残留物可使老鼠生育能力下降。但70年代的研究证明，食物中青鲜素的残留量远远不能影响老鼠肝脏微粒体的酶溶性；用许多哺乳动物细胞进行的实验都得到了否定的结果。1977年美国环境质量研究所实验结果表明，青鲜素动物实验表明其有“三致效应”，但对人类却没有一例致突变或癌变的效应。有研究表明，青鲜素（MH）代谢后形成的同化物肼有致癌作用，规定残留限量：马铃薯50mg/kg、洋葱15mg/kg，烟叶50～100mg/kg。而对于丁酰肼，20世纪80年代怀疑其存在“三致效应”，有些国家禁用。1992年WHO进行两个阶段评估，认为其中偏二甲肼低于30mg/kg，可以安全使用。很多国家对进口花生控制丁酰肼残留量，我国在花生上已禁用。

5. 环境安全评价

植物生长调节剂对环境的影响可能涉及很多方面，在环境问题日益突出的今天，任何可能造成环境污染和破坏生态条件的栽培措施都会逐渐失去生命力。一般而言，植物生长调节剂主要用于调控作物生长发育，毒性相对低，植物体内天然存在或易于代谢，在植物、农产品和环境中残留低，对生物和环境安全性较高。从目前国内外农药安全性评价标准看，植物生长调节剂多属于低毒、微毒、残留低的安全级产品。

对植物生长调节剂环境安全评价主要包括：基本理化性质指标（水溶性、蒸气压、分配系数等），环境行为特征指标（挥发作用、土壤吸附作用、淋溶作用、土壤降解作用、水解作风、光降解作用、富集作用等），非靶标生物毒性指标（鸟类、蜜蜂、家蚕、赤眼蜂、蛙类天敌、鱼类、水蚤、藻类、蚯蚓、土壤微生物等），以及其他基础资料等。

影响植物生长调节剂环境安全性的因素包括农药性质、施用方法及施用区气候土壤等条件。其中农药理化性质指标中影响最大的有蒸气压、水溶性、分配系数、化学稳定性、杂质成分等；农药环境行为是指农药进入环境后，在环境中迁移转化过程中的表现，其中包括物理行为、化学行为与生物效应等三个方面，它比农药理化特性指标更直观地反映对生态环境的影响。主要指标有挥发作用、土壤吸附作用、淋溶作用、土壤降解作用、水环境中的降解与水解作用、农药光降解、生物富集作用等。

植物生长调节剂的施用方法也与其在环境中的行为有一定的相关性。其中不同剂型对其在环境中的残留性、移动性和对非靶标生物的危害性有一定影响。残留性一般颗粒剂＞粉剂＞乳剂，而对非靶标生物接触危害的程度与残留特性刚好相反，即乳剂＞粉剂＞颗粒剂。从施药方式来看，喷施、撒施，特别是用飞机喷洒的方式，影响范围广，对非靶标生物的危害性大；条施、穴施和土壤处理，污染范围小，对非靶标生物相对比较安全。从施药时间来看，与气候条件、非靶标生物生长发育期有关。高温多雨地区，农药容易在环境中降解与消散，在非靶生物活动期与繁殖期施药处理，对非靶标生物的杀伤率高。另外，施药时间对农产品是否遭污染关系十分密切。当然，药剂处理的剂量也影响其环境安全性。农药对环境的危害性主要决定于农药毒性与用量两个因素。高毒农药，只要将其用量控制在允许值范围内，就不会造成对环境的实际危害；相反，低毒农药用量过大，同样会造成危害。对于施药地区与施药范围来说，植物生长调节剂的残留残效主要与当地气候和土壤性质有关，高温多雨区农药在环境中消减速率较快；在稻田或碱性土中施用农药，一般比在旱地或酸性土中降解要快。施药范围愈广，影响面愈大，在水源保护区、风景旅游区与珍稀物种保护区施用农药，更应注意安全。

在靶标生物与非靶标生物并存的环境中，使用农药难免会对非靶标生物造成一定的危害。

不同的农药品种，由于其施药对象、施药方式、毒性及其危及生物种类的不同，其影响程度也随之而异。环境生物种类很多，通常在评价时只能选择有代表性的并具有一定经济价值的生物品种，其中包括陆生生物、水生生物和土壤生物作为评价指标。

应用植物生长调节剂后，其落在植物、土壤或散布在空气中，都会不断分解直到完全消失。残存在生物体、农副产品和环境中的微量农药原体、有毒代谢物、降解物和杂质总称为残留。植物生长调节剂的残留对药效的稳定和持久性有利，但是在农副产品中残留过高，可能会对人畜等有害，在环境中残留过多、时间过长，可能会污染环境，或对下茬作物产生影响（即残效）。

残留的时间一般用半衰期表示，指在某种条件下，农药降解一半需要的时间。一般调节剂残留时间是几天至20d。乙烯利残留时间较短；丁酰肼残留时间较长，在果树上经过4个月才消失20%，残留期可达一年以上，在花生上可通过种子连续3年还保持植物矮化性状，在果树上应用1～2年后种植豆科作物，仍表现出抑制作用。残留量一般用每千克样本（如植物材料、土壤、农产品等）含有的残留物量（mg、μg等）来表示。

经常可观察到植物生长调节剂应用后对后茬作物有影响，即残效。有些残效是积极的，多数是消极的。例如多效唑在土壤中代谢慢，在水稻田应用多效唑防止倒伏，后茬若种植油菜，土壤中残留的多效唑延缓油菜生长，可降低结果节位、防止倒伏、提高产量。但是多效唑在旱地作物上使用，土壤残留时间长，使用多效唑的果园间作或后作花生、绿豆，会影响出苗、生长和产量，限制了其推广应用。调节膦是一种适用于花生的调节剂，它不仅可以有效地调整株型、防止倒伏，并且能较好的提高产量。但是，深入研究发现，调节膦在花生种子中的残留量较高，并且会连续影响第二代、第三代植株的生长和产量。因此，它在花生上的应用只是昙花一现。多效唑在农产品和土壤中的残留得到了广泛的关注。多效唑在土壤中的垂直移动缓慢，降解也慢，旱地施用残留期在一年以上，水田降解要快一些，常表现影响下茬作物。在多种作物（水稻、花生、豆科、油菜、苹果）上进行的研究表明，其在上述作物食用部分的残留是安全的，不致对人畜造成危害。但它在土壤中的残留及对下茬作物的影响限制了多效唑的广泛推广和应用，在北方旱田尤其明显。美国环保局规定青鲜素在马铃薯和洋葱中的残留量允许限值分别是50mg/kg和10mg/kg，在烟叶中为50～100mg/kg。前苏联政府卫生部也规定用青鲜素处理马铃薯植株应在收获前12～15d进行，喷洒量不能超过2.5kg/km²。我国有研究提出，青鲜素不宜施用于食用的作物，特别是安全间隔短的时候；可以施用于烟草、非食用作物。

与目前生产上应用的化肥、杀虫剂、杀菌剂、除草剂等农化产品比，绝大多数植物生长调节剂对环境、人类、其他生物是高度安全的，应加强安全性评价和严格管理，并采用科学合理的使用技术，避免和减轻残留和残效，提高安全性。植物生长调节剂在作物体内的残留量，决定于降解速度、吸收量等因素。生产应用时，可以通过以下措施减少残留：

（1）品种选择　在具有同样效果的原则下，选用残留期短、毒性低的种类，提倡推广生物源植物生长调节剂。

（2）提高药效，降低用量　例如使用表面活性剂等增强展着性能和渗透力，通过调节剂配合使用，增加药效，间接减少用量和残留量。

（3）采用合理应用技术　如合理施用浓度、次数、时期和方法。在不影响生理和生产效应的前提下，尽量减少用量。利用种子处理、浸蘸等在作物生长早期施用，以降低土壤中和植物体内的残留量，严禁在食用作物（粮食、蔬菜、水果等）临近收获时使用较高毒性或残留期较长的调节剂。

参考文献

[1] 叶钟音．现代农药应用技术全书．北京：中国农业出版社，2002.
[2] 刘广文．现代农药剂型加工技术．北京：化学工业出版社，2013.
[3] 刘步林．农药剂型加工技术．第二版．北京：化学工业出版社，2004.
[4] 邵维忠．农药助剂．第三版．北京：化学工业出版社，2003.
[5] 沈晋良．农药加工与管理．北京：中国农业出版社，2002.

[6] 冯建国，张小军，于迟，等．我国农药剂型加工的应用研究概况．中国农业大学学报，2013，18（2）：220-226.
[7] 骆焱平，宋薇薇．农药制剂加工技术．北京：化学工业出版社，2015.
[8] 段留生，田晓莉．作物化学控制技术原理与技术．第二版．北京：中国农业大学出版社，2011
[9] 韩碧文，邵莉楣，陈虎保．植物生长物质．北京：科学出版社，1987.
[10] 韩德元．植物生长调节剂原理与应用．北京：北京科学技术出版社，1997.
[11] 何钟佩，田晓莉，段留生．作物激素生理及化学控制．北京：中国农业大学出版社，1997.
[12] 李曙轩．植物生长调节剂与农业生产．北京：科学出版社，1989.
[13] 农业部农药检定所．农药田间药效试验准则（二）．北京：中国标准出版社，2000.
[14] 潘瑞炽，李玲．植物生长发育的化学控制．第2版．广州：广东高等教育出版社，1999
[15] 王熹，俞美玉，陶龙兴，等．作物化控原理．北京：中国农业科技出版社，1997.
[16] 徐绍颖．植物生长调节剂与果树生产．上海：上海科学技术出版社，1987.
[17] 张大弟，张晓红．农药污染与防治．北京：化学工业出版社，2001.
[18] 王沫．农药管理学．北京：化学工业出版社，2003.
[19] 中华人民共和国农业部农药检定所．2004农药管理信息汇编．北京：中国农业出版社，2004.
[20] Buchanan B B，Gruissem W，Jones R L. Biochemistry&molecular biology of plants. The American Society of Plant Physiology，2003.
[21] Davies P J. Plant hormones：physiology，biochemistry and molecular biology. Dordrecht/Boston/London：Kluwer Academic Publishers，1995.
[22] McLaren J S. Chemical manipulation of crop growth and development. Mackays of Chatham Ltd.，1982.
[23] Nicekll L G. Plant growth regulators：agricultural uses. New York：Spring-Verlag，1982.
[24] Purohit S S. Hormonal regulation of plant growth and development. The Netherlands and Agro Botanical Publishers，1985.
[25] Kefeli V I，Kalevitch M V，Borsari. B. Natural growth inhibitors and phytohormones in plants and environment. Dordrecht/Boston/London：Kluwer Academic Publishers，2003.

第四章　植物生长调节剂登记、检测与安全性评价

第一节　我国植物生长调节剂登记

植物生长调节剂在我国农业可持续发展中发挥了重要极作用。我国于1997年颁布实施、于2001年修订的《农药管理条例》作为农药方面的基本法律，将植物生长调剂作为农药而进行管理。以《农药管理条例》为核心，陆续出台的《农药管理条例实施办法》《农药登记资料规定》《农药登记药效试验区域指南》《农药登记残留试验作物分布区域指南》等将植物生长调节剂登记资料要求不断细化，更加科学可行。

一、登记资料要求

植物生长调节剂在使用前需要先取得登记，其登记可分为田间试验阶段、临时登记阶段和正式登记阶段。植物生长调节剂的登记涉及原药和制剂登记，一般在田间试验阶段后，还要提交产品化学、质量控制、药效、残留、环境、毒性等有关资料或试验报告。

按照有关药效部分资料要求，新植物生长调节剂在申请田间试验阶段一般要提交室内活性测定报告；在临时登记阶段，要提交在我国境内5个以上省级行政地区、2年以上的田间小区药效试验报告，局部地区要提供2～3地、2年以上试验报告；如为相同产品，可提供一年的田间试验报告。

按照最新出台的《农药登记药效试验区域指南》和《农药登记残留试验作物分布区域指南》的有关要求，植物生长调节剂拟申请登记的作物，要参照这两个区域指南的具体要求进行布点试验；试验报告总的数量依据相应的作物在全国的分布范围而定。《农药登记药效试验区域指南》中没有明确植物生长调节剂的具体要求，而是参考除草剂对应作物的区域设计来选择相应的试验点。该指南介绍农药登记田间药效试验点的选择，包括我国20种主要农作物及140余种主要病虫草害。因病虫草害发生等情况变化，《农药登记药效试验区域指南》推荐的田间药效试验区域不能满足登记试验要求时，登记申请人可以根据实际情况，自行调整，并在申请农药登记时提供关于试验地点选择的说明。以水稻田申请除草剂或植物生长调节剂为例，我国水稻可分为华南稻区、长江中游稻区、长江下游稻区、西南稻区、黄淮稻区、北方稻区6大产区。其中，华南稻区包括广东、广西、福建、海南；长江中游稻区包括湖南、江西、湖北、河南；长江下游稻区包括江苏、浙江、安徽、上海；西南稻区包括四川、云南、贵州、重庆、陕西；黄淮稻区包括河北、天津、山东、宁夏；北方稻区包括黑龙江、辽宁、吉林、内蒙古。如申请插秧田、育秧田开展登记药效试验，可以从北方稻区、长江中游稻区、长江下游稻区、华南稻区中各选1省区，从黄淮稻区或西南稻区选1省进行田间试验；直播田可以从长江中游稻区、长江下游稻区、华南稻区各选1省区，从其他稻区选2省进行田间试验；抛秧田可以从长江中游稻区、长江下游稻区、华南稻区、西南稻区中各选1省区，从上述稻区再任选1省进行

田间试验。

有关残留部分资料要求，在《农药登记残留试验作物分布区域指南》中明确划分了 13 个区域，分别为：

① 东北地区：黑龙江、吉林、辽宁、内蒙古东部。

② 黄土高原、内蒙古高原：宁夏、甘肃、陕西、山西、内蒙古西部。

③ 京津冀地区：北京、天津、河北。

④ 山东。

⑤ 河南。

⑥ 长江下游地区：上海、江苏、安徽。

⑦ 长江中游地区：江西、湖南、湖北。

⑧ 四川盆地：重庆、四川。

⑨ 云贵高原：云南、贵州。

⑩ 东南沿海地区：浙江、福建、台湾。

⑪ 南部沿海地区：广东、广西、海南。

⑫ 新疆。

⑬ 青藏高原：青海、西藏。

二、农作物选择残留试验点选择

供试农作物选择残留试验点必须有 1 个试验点安排在必选点的该作物主产区内（表 4-1～表 4-9）；可选点须满足“不同气候带、主产区和跨省”三条原则，供试农作物的试验点须反映出不同气候条件对农药残留的影响，除局部种植的小作物外，试验点不能选择相邻的两个省。

表 4-1 农药残留试验作物（谷物）分布区域布局情况

作物	谷物					
	稻类		麦类		旱粮类	杂粮类
	单季水稻	双季水稻	小麦（冬）	小麦（春）	玉米、高粱	绿豆、豌豆
1	※			※	※	□
2			□	□	□	※
3			□	□	□	
4			□		□	
5			※		□	□
6	□	□	□		□	□
7		□	□			
8	□				□	□
9	□				□	
10	□	□				
11		□				□
12				□		
13						

注：※表示试验的必选点，供试农作物必须有 1 个试验点安排在必选点的该作物主产区内；□表示除必选点外，其他可选点的试验区域。(下同)

表 4-2　农药残留试验作物（油料）分布区域布局情况

作物	油料							
	小型油籽类			大豆	花生	棉籽	葵花籽	油茶籽
	油菜籽	芝麻	亚麻籽					
1			※	※			□	
2	□		□	□			□	□
3			□		□	□	□	
4					※	□		
5	□	※		□	□	□		
6	□	□		□	□			
7	※	□		□	□	□		□
8	□	□		□	□			□
9	□			□				□
10	□				□			□
11								□
12			□			□	□	
13	□							

表 4-3　农药残留试验作物（鳞茎类、芸薹类蔬菜）分布区域布局情况

作物	蔬菜								
	鳞茎类			芸薹属类			叶菜类		
	大蒜、洋葱等	韭菜、葱、青蒜、蒜薹等 韭菜至少1点大棚	百合	结球甘蓝、球茎甘蓝、抱子甘蓝、赤球甘蓝等	花椰菜、青花菜等	芥蓝、菜薹、茎芥菜等	菠菜、普通白菜（小白菜、小油菜、青菜）、苋菜、蕹菜、茼蒿、大叶茼蒿、莴苣、莴笋、苦苣、落葵、油麦菜、叶芥菜等至少1点大棚	芹菜、小茴香、球茎茴香等 芹菜至少1点大棚	大白菜
1					□				□
2	□	□	□		□		□	□	□
3	□	□			□		□	□	□
4	※	※			□		□	□	□
5	□		□		□		□	□	□
6	□	□	□		□		□	□	□
7	□		□		□		□	□	□
8	□	□	□		□		□	□	
9	□				□		□		
10					□		□	□	
11		□			□		□		
12									
13									

表 4-4　农药残留试验作物（茄果类、瓜类等蔬菜）分布区域布局情况

作物	蔬菜							
	茄果类		瓜类			豆类蔬菜		茎类蔬菜
	番茄、樱桃番茄等 至少1点大棚	茄子、辣椒、甜椒、黄秋葵等 至少1点大棚	黄瓜 至少1点大棚	西葫芦、节瓜、苦瓜、丝瓜、线瓜、瓠瓜等	冬瓜、南瓜、笋瓜等	荚可食类：豇豆、菜豆、食荚豌豆、四棱豆、扁豆、刀豆等	荚不可食类：菜用大豆、蚕豆、豌豆、菜豆等	芦笋、朝鲜蓟等
1	☐		☐					☐
2			☐			☐	☐	
3	☐		☐	☐	☐			☐
4	☐	☐	☐	☐	☐	☐	☐	☐
5		☐	☐			☐	☐	☐
6	☐	☐	☐	☐	☐	☐	☐	
7	☐	☐	☐			☐	☐	☐
8	☐	☐	☐	☐	☐	☐	☐	
						☐	☐	
9	☐	☐	☐		☐	☐	☐	
10	☐	☐	☐	☐	☐			☐
11	☐	☐	☐	☐	☐	☐		
12							☐	
13								

表 4-5　农药残留试验作物（根茎类、水生类等蔬菜）分布区域布局情况

作物	蔬菜						
	根茎类和薯芋类			水生类			其他多年生蔬菜
	萝卜、胡萝卜、根甜菜、根芹菜、根芥菜、姜、辣根、芜菁、桔梗等	马铃薯	甘薯、山药、牛蒡、木薯、芋、葛、魔芋等	水芹、豆瓣菜、茭白、蒲菜等	菱角、芡等	莲藕、荸荠、慈姑等	黄花菜、竹笋、仙人掌等
1		☐	☐				☐
2	☐	☐	☐				☐
3	☐	☐					
4	☐		☐			☐	
5	☐		☐				
6	☐		☐	☐	☐	☐	☐
7	☐	☐		☐	☐	☐	☐
8	☐	☐	☐	☐		☐	
9	☐	☐	☐			☐	☐
10	☐		☐	☐	☐	☐	
11	☐		☐	☐	☐	☐	☐
12							☐
13							

表 4-6 农药残留试验作物（柑橘类、仁果类等水果）分布区域布局情况

作物组	水果							
	柑橘类	仁果类		核果类	浆果和其他小型水果			
作物	橙、橘、柠檬、柚、柑、佛手柑、金橘等	苹果、梨、山楂等	枇杷	桃、油桃、杏、枣、李子、樱桃等	枸杞	葡萄	猕猴桃、西番莲等	草莓全部为大棚
1						□		□
2		※		□	※	□	□	□
3		□		□		□		□
4		□		□		□		□
5				□		□	□	□
6		□	□	□		□	□	□
7	※		□	□		□	□	□
8	□	□	□	□		□	□	□
9	□			□		□	□	□
10	□		□	□		□	□	□
11	□		□					
12		□				□		□
13					□			

表 4-7 农药残留试验作物（热带和亚热带水果和坚果）分布区域布局情况

作物	水果									坚果	
	热带和亚热带水果							瓜果类		小粒坚果	大粒坚果
	柿子	杨梅	荔枝、龙眼	芒果	石榴	香蕉	菠萝、火龙果	西瓜	薄皮甜瓜、网纹甜瓜、哈密瓜、白兰瓜、香瓜等	杏仁、榛子、松仁等	核桃、板栗、山核桃等
1								□	□	□	□
2	□				□			□	□	□	□
3	□				□			□	□	□	□
4	□				□			□	□	□	□
5	□				□			□	□		
6	□	□			□			□	□		
7	□	□						□	□		□
8		□	□	□				□			□
9	□	□	□	□	□	□	□	□			□
10	□	※	□	□	□	□	□	□	□		
11	□	□	※	※		※	※	□	□		
12					□			□	□		
13											

表 4-8 农药残留试验作物（糖料、饮料和食用菌）分布区域布局情况

作物	糖料		饮料			食用菌	
	甘蔗	甜菜	茶	咖啡	菊花、玫瑰花	香菇、金针菇、平菇、茶树菇、竹荪、草菇、羊肚菌、牛肝菌、口蘑、松茸、双孢蘑菇、猴头、白灵菇、杏鲍菇等	木耳、银耳等
1		□				□	※
2		□				□	□
3		□				□	
4						□	
5						□	□
6	□	□	□		□	□	
7	□		□			□	□
8	□	□	□		□	□	□
9	□		□	※	□	□	□
10	□		□			□	
11	※			※		□	
12		□			□		
13							

表 4-9 农药残留试验作物（调味料、药用植物）分布区域布局情况

作物	调味料			药用						
	叶类	果实类		根茎类					花及果实类	
	芫荽	花椒	胡椒	人参	三七	天麻	当归	甘草	金银花	银杏
1				※			□	□		
2		□					※	※	□	
3		□						□		
4	□	□							□	□
5	□	□							□	□
6	□								□	□
7	□								□	□
8		※				※			□	□
9		□			※	※	□		□	□
10	□								□	□
11	□		※						□	□
12								□		
13								□		

审查植物生长调节剂的试验报告，要明确其是否能达到预期效果和安全性。如增产的要求，一般增产在10%以上，对作物的主要品质有改善或没有明显的不良影响，或视产品特殊功用进行评价。

三、登记中关注的问题

1. 新创制植物生长调节剂数量偏少

随着人类环保意识的不断增强，世界各国农药登记管理机构对新农药登记的资料要求更加严格，创制新产品难度加大。目前我国自主农药创制能力还比较弱，加上受到国际农产品和农资市场不景气的冲击，近年来在我国登记的植物生长调节剂新有效成分的数量也显著偏少。

2. 老产品扩作明显增加，特色小宗农作物缺乏登记药剂

受到创制成本的制约，目前登记的植物生长调节剂产品主要集中应用于播种面积较大的农作物，如小麦、大豆、玉米、大豆、水稻等。

随着市场经济的发展，农业种植结构也呈现多元化发展，一些以前播种面积比较小的经济作物或植物（如谷子、芝麻、芋头、南瓜、向日葵、高粱等，一些特殊用途的草坪，特殊花卉和中草药等）的种植面积在不断扩大。绝大多数农药企业开始着手老产品扩作问题。如 3.3% 1-甲基环丙烯(1-methylcyclopropene)GL 500～1000μg/L 已经应用于苹果、猕猴桃、柿子、甜瓜、梨、李子保鲜，现正在申请花卉保鲜等方面的登记。

3. 诊断植物生长调节剂药害的技术难度大，其治理技术措施亟待提高

近几年，随着国家农业种植结构的调整，一些经济作物的种植面积逐步上升，但配套农药的登记和使用却相对滞后，致使部分药剂在使用中出现一些药害问题。部分植物生长调节剂品种在使用浓度过高的情况下，容易对作物生长产生不良影响，甚至影响产量。如矮壮素和多效唑在花生上，多效唑在水稻育秧上就曾因使用不当而出现过药害。诊断植物生长调节剂药害的方法和治理措施对农业生产具有重要意义，但目前缺少相关技术，相关研究亟待加强。

4. 与植物生长调节剂混用的肥料产品较多

近年来，在植物生长调节剂市场的营销环节调查中发现，一些企业把药肥混剂以功能性能肥料的名义登记，而从产品的组分和承诺的功能来看，产品里面很可能是添加了植物生长调节剂，尽管这类产品较受农民的欢迎，但其以肥代药规避农药登记的情况表明，国家有必要出台相应的管理办法进行规范。

第二节　植物生长调节剂的安全应用

以植物生长调节剂应用为手段的作物化学控制技术，在农业生产上应用的范围、规模和效益发展迅速，特别是在解决一些传统技术无能为力的生产难题中发挥了重要作用，已经成为作物高产高效生产的重要保障。随着国家和公众对食品安全的持续关注，一些对人畜危害大、环境代谢缓慢、效应不明确的有效成分被逐渐取消登记并在生产上停用。在生产中使用植物生长调节剂时，必须掌握正确的配制方法，才能高效、安全地发挥植物生长调节剂的作用。同时，了解常用植物生长调节剂的毒性、残留限量，对于作物无公害生产和农产品安全非常必要。

一、植物生长调节剂安全应用策略

1. 正确诊断症状

使用植物生长调节剂是用来调控植物生长发育过程的，要针对生产中存在的问题，做到有的放矢，才能取得好的应用效果。因此，首先要正确诊断存在的问题，发现问题的根源，才能对症下药。例如瓜类、茄果类生产中出现化瓜或落果现象，就应根据情况分析造成这种现象的原因，是因为花粉发育不良、阴雨天气等造成的授粉受精不良，还是因为水肥供应不足无法坐果，或是营养生长过旺抑制了生殖生长。如果是授粉受精不良，则可以通过使用生长素、赤霉素和细胞分裂素，促进受精或未受精子房膨大，形成有籽或无籽果实，同时抑制离层的形成，达到保花

保果的目的。如果是肥水供应不足引起的果实发育不良导致的落果，则施用生长促进剂也无法满足植物生长的营养需求，反而更容易导致果实畸形，必须补充营养，增施肥料才可以从根本上解决问题。如果是营养生长过旺抑制了生殖生长导致的无法坐果，则应该通过抑制营养生长来促进生殖生长，再使用生长促进剂则只能起反作用。早春因地温较低，植株根系活动弱，吸收功能差，黄瓜、番茄易产生严重的花打顶和沤根现象，此时如果盲目大量喷施保花、保果的植物生长调节剂，就只会加重花打顶、沤根的生理现象。

2. 正确选用和合理使用植物生长调节剂

了解症状后，还要了解植物生长调节剂的性质和功能，对症选用生长调节剂。植物生长调节剂种类繁多，性质、功能各异。即使是同类植物生长调节剂中，也存在效果、价格、使用方便程度、残留时间等方面的差异。要根据作物种类、使用目的、使用效果、残留时间、价格、农产品的销路等因素全方位考虑，来选择植物生长调节剂，在效果相当的前提下，尽量选用低残留、使用方便、价格便宜的。选定药剂后，要认真阅读说明书，确定其使用范围和使用方法。每种植物生长调节剂都有其应用范围，超范围使用很容易发生药害。如防落素可安全有效应用于茄科蔬菜的蘸花，但如果应用在黄瓜、菜豆上，就很容易导致幼嫩组织和叶片产生严重药害。在叶菜中促进生长的植物生长调节剂如应用到瓜类蔬菜上就可能引起徒长，甚至可能使开花结果受到影响，最终导致产量下降。

植物生长调节剂在适宜的时期施用才能达到预期效果，而施用适宜期则应根据使用目的来确定，使用时期不当，不仅达不到使用目的，有时还会导致药害。如使用乙烯利诱导雌花，处理时期也十分关键，如黄瓜适宜的处理时间在幼苗 1～3 叶期，丝瓜应在幼苗 2 叶期进行，瓠瓜则在 4～6 片真叶时期进行，子叶期喷药不起作用，处理时间过迟则早期花蕾性别已定，达不到诱导雌花的效果。

使用植物生长调节剂对植物的效果对于温度等外界环境条件有一定的要求，施用植物生长调节剂应在一定温度范围内进行，使用浓度也应随着环境温度的变化做相应的调整。通常温度高时应用低剂量，温度低时应用高剂量。否则，温度高时用高剂量，就容易出现药害；温度低时应用低剂量，又达不到增产效果。如防落素在番茄上应用，即使在正常用量下，气温高于 30℃或低于 15℃都易产生药害。高温时易使番茄脐部形成放射状开裂药害，低温时则形成脐部乳突状药害。因此，在夏季高温条件下以及保护地环境中使用植物生长调节剂要十分慎重，应选用较低的浓度，初次使用最好先进行浓度试验，以免造成难以挽回的损失。鉴于植物生长调节剂对温度比较敏感，即使春秋季使用时也要尽量避开高温时段，通常在上午 9 点之前或下午 3 点以后施用，切忌在烈日下喷施；同时还应避免在雨前使用导致药剂流失，通常喷后 7～9h 下雨，药剂已进入植物体内，就不必补喷；如果喷后短时间内遇雨，则应酌情补喷。

在选购农药时，要仔细阅读农药标签。标签上标明了农药贮存、运输和使用的信息。根据标签选购、运输和贮存农药，并严格按照标签指导进行用药。农药标签具有法律效力，如按照标签使用出现问题，可以追究厂家的法律责任，能够维护消费者的权益。

要科学合理地使用植物生长调节剂，避免对植物生长调节剂过分依赖，切忌盲目扩大使用范围、擅自加大使用剂量，在保证效果的前提下，尽量用较低的浓度、较少的次数，严格掌握喷药间隔。同时要根据温度和环境的变化灵活掌握使用浓度、使用时间，使用时尽量避开高温时段，夏季或温室中使用时尽量用较低的浓度，以免产生药害。

由于不同国家对植物生长调节剂的残留标准有所差异，因此，在进行外销农产品生产时，使用植物生长调节剂更要慎重，应事先查询有关标准，以便在生产过程中进行质量控制，保证产品达到出口标准。欧盟、美国、韩国等对多效唑在蔬菜上的残留要求非常严格，如日本对生姜、大葱、洋葱、胡萝卜、萝卜、黄瓜等蔬菜上的多效唑残留要求均不得超过 0.01mg/kg，美国、欧盟、韩国等国家和组织对上述蔬菜中的多效唑残留要求“不得检出”。因此，在生产销往这些国家的蔬菜产品时，生产中不应使用多效唑，以保证产品质量。

按照有机蔬菜生产的有关规定，在有机蔬菜生产中，不得使用人工合成的植物生长调节剂。

3. 小规模试用试验

由于作物种类和品种不同、气候条件不同，同样的植物生长调节剂的使用效果可能有所差异，因此在开始大范围使用某种植物生长调节剂之前，特别是使用新的植物生长调节剂之前，比较稳妥的方法是先进行小规模的试用试验，用推荐的浓度按照正常的使用方法在少量植株上进行试用，如果没有发生异常反应，则可以进行扩大推广，如果发生异常反应，则应视情况严重程度，降低浓度或剂量，或更换植物生长调节剂种类，再进行试验，直至使用安全无害为止。很多成功的经验或失败的教训告诉我们，这种预备试验虽然会消耗一定的人力和时间，却是安全高效使用植物生长调节剂所必需的。

4. 有效栽培措施的配合

植物生长调节剂只是调控植物的生长发育过程，却不能为生长发育提供基础营养成分，不能代替肥料、其他农药和耕作措施。对于使用者，正确估计植物生长调节剂的作用，摆正其在农业生产中的位置，是非常重要的。赤霉素、萘乙酸等是促进植物生长的，如果施用后没有良好的肥水供应，植物生长发育缺乏原料，则无法达到增产的目的。萘乙酸、吲哚丁酸等植物生长调节剂可以促进插条生根，其前提是苗床管理措施要适宜生根，比如保持一定的温度和湿度等。利用 2,4-滴处理番茄落花落果问题，也必须配以行之有效的栽培技术措施，如整枝、施肥、浇水等，否则即使保住果实，由于缺乏养分供应，果实虽多但个头细小，多畸形，经济价值不高。

二、植物生长调节剂降解与残留

目前植物生长调节剂被列为农药范畴，其中赤霉素、三十烷醇、细胞分裂素对人畜无毒，硫脲、吲哚乙酸、脱落酸等属于微毒类，即口服致死中量≥5000mg/kg，α-萘乙酸、6-苄氨基嘌呤、2,4-D、多效唑、烯效唑、乙烯利、芸薹素内酯、矮壮素等属于低毒类，口服半致死剂量为 500～5000mg/kg。随着科学技术和农业的发展，运用植物生长调节剂调控植物的生长发育和产量形成，能够实现作物生长的“人为”调控，已经逐渐成为农业生产中不可缺少的重要措施。

由于植物生长调节剂多为人工合成的化合物，比植物激素更稳定，在土壤和植物体内均可能残留，对食品安全和环境安全构成潜在的威胁，特别是 2011 年以来发生的西瓜开裂等农产品质量安全事件，使得植物生长调节剂的使用越来越受到人们的关注。越来越多的国家和组织针对不同的植物生长调节剂和不同农产品，制定了一系列限量标准。例如，针对矮壮素，国际食品法典（CAC）制定了 24 种产品的最大残留限量（MRL）标准，而欧盟和日本涉及产品数量达到 179 个和 166 个。

1. 植物生长调节剂在植物体中的残留

植物生长调节剂进入植物体后会逐渐代谢降解，药效逐渐消失。植物生长调节剂在植物体内残留量与药剂的使用量、药物的降解速度有关，通常的残留时间是几天或数十天，因药剂不同而异，乙烯利的残留时间比较短，而丁酰肼的残留时间比较长。植物生长调节剂在植物体内的残留还与植物器官有关，不同器官对生长调节剂的富集作用不同，残留水平也会有一定差异。

多效唑是我国应用面积较大的植物生长调节剂，因此对多效唑残留的研究也较多。

有研究指出，同一作物不同器官中多效唑的残留量不同，其中叶片中的残留量较多。不同作物中多效唑在器官中的分配也有所差异：在多花黑麦草中，多效唑主要富集在叶片中；油菜不同器官中多效唑残留量以根为最多，其次为叶、籽粒、茎和种荚；水稻中多效唑残留量以穗梗为最多，其次为叶、茎、谷壳、根和米；小麦中多效唑残留量由多至少依次为叶、籽粒、根和茎；芹菜中多效唑残留以叶片为最多，其次为根和茎。

植物生长调节剂使用后通常多数滞留在原位。在油菜叶上涂抹多效唑后，只有极少数向外输出，有近 99%的药剂还滞留在叶片上，大豆、水稻、棉花中多效唑的运转分配也有类似的特点。

植物生长调节剂会随着喷药时间的延长而降解，喷药间隔时间越长，残留量就越少，喷药

60d后收获的棉花，棉籽及其副产品对人畜无害；大豆始花期喷施多效唑，35～60d后收获，青豆和黄豆残留量为0.007～0.053mg/kg。

2. 植物生长调节剂在土壤中的残留

使用植物生长调节剂时，虽然施用部位多是植物的叶片或者植株，但总会有部分不可避免地进入土壤中。存留于土壤中的植物生长调节剂，部分遇光分解（如脱落酸、吲哚丁酸）、遇碱分解（赤霉素、矮壮素等）、分解蒸发（乙烯利在碱性介质下分解为乙烯气体蒸发）或被微生物分解（氯化胆碱），部分被植物吸收，部分被土壤胶体吸附。植物生长调节剂在土壤中的残留量，除了其本身理化性质外，与土壤温度、降雨量和土质有关，土壤温度越高、雨量越大，土壤中植物生长调节剂残留量就越小；黏土中有机质和微生物越多，植物生长调节剂的分解得就越快。

不同植物生长调节剂在土壤中的残留时间不同，对土壤的影响也有所差异。

多效唑理化性质较稳定，降解较慢，在土壤中有较高的吸附率，不同类型的土壤对其吸附能力有所差异，其中黑土对多效唑的吸附能力最强，其次是黄泥土、红色石灰土、黄棕壤，红土对其吸附能力最差。多效唑在土壤中的残留与有机质含量呈线性关系，在土壤中的行为受有机质、粒径、pH值及环境因素的影响。强光、高温、沙质土壤有利于其降解，土壤中微生物活动对于其加速分解起重要作用。经雨水的淋溶、化合物降解、微生物分解以及作物种植，土壤中残留量会逐渐减少。多效唑的土壤残留量与施用浓度、使用次数、施药间隔天数有关：施用浓度越高，施用次数越多，土壤残留量越大；而施药间隔天数越多，土壤中残留量越低。表土中多效唑的残留量大于深层土壤，且淋溶性差，所以有时会影响第二茬作物的生长。土壤中微生物活性在短时间内会受到多效唑的影响，多效唑可抑制细菌、真菌的生长，对放线菌的影响不大，但从长期效果看，多效唑不会影响土壤微生物的正常生化过程，土壤中物质循环也会正常进行，因此对土壤肥力没有不利影响。有研究表明，多效唑大部分残留在土壤中，在土壤、水体中的残留量分别为58.7%，2.9%，对水体污染程度较小。

烯效唑在土壤中比多效唑更容易分解。烯效唑对光解反应敏感，在不同土壤条件下降解半衰期为多效唑的一半，在土壤中的垂直移动速度也大于多效唑，淋溶性强，所以在土壤中残留少，生物效应很快减弱，对后茬作物的影响较小。烯效唑和多效唑具有相似的生理作用，因此在田间施用烯效唑比施用多效唑更为安全，效果更理想。

3. 国内植物生长调节剂残留限量标准

根据GB 2763—2014食品安全国家标准中农药最大残留限量的规定，将涉及的植物生长调节剂的限量标准介绍如下：

2,4-滴属于低毒农药，对眼睛和皮肤有一定刺激作用。国际食品法典委员会（CAC）标准规定25种农产品中2,4-滴的残留限量范围为0.01～400mg/kg，产品涉及小麦、水果、蛋及草料饲料等，日本、美国的2,4-滴限量标准涉及农产品数量分别达到337个和96个。欧盟和日本大白菜的2,4-滴限量标准分别为0.05mg/kg和0.08mg/kg。我国国家标准中规定的限量如表4-10所示。

表4-10　我国农产品中2,4-滴规定的限量

食品类别/名称	最大残留限量/(mg/kg)
谷物	
小麦	2
黑麦	2
玉米	0.05
鲜食玉米	0.1
高粱	0.01
油料和油脂	
大豆	0.01

续表

食品类别/名称	最大残留限量/(mg/kg)
蔬菜	
大白菜	0.2
番茄	0.5
茄子	0.1
辣椒	0.1
马铃薯	0.2
玉米笋	0.05
水果	
柑橘类水果	1
仁果类水果	0.01
核果类水果	0.05
浆果及其他小粒水果	0.1
坚果	0.2
糖料	
甘蔗	0.05
食用菌	
蘑菇类（鲜）	0.1

国际食品法典委员会（CAC）、欧盟、日本、澳大利亚等国家和国际组织则制定了多种农产品中矮壮素的限量标准，其中日本矮壮素的限量标准涉及的农产品达166个，欧盟涉及的农产品达178个。我国国家标准中规定的限量如表4-11所示。

除此之外，我国也制定了多种农产品中胺鲜酯（表4-12）和单氰胺（表4-13）的限量。

表4-11　我国农产品中矮壮素的限量标准

食品类别/名称	最大残留限量/(mg/kg)
谷物	
小麦	5
大麦	2
燕麦	10
黑麦	3
小黑麦	3
玉米	5
黑麦粉	3
黑麦全麦粉	4
油料和油脂	
油菜籽	5
菜籽油毛油	0.1
棉籽	0.5

表4-12　我国农产品中胺鲜酯规定的限量

食品类别/名称	最大残留限量/(mg/kg)
谷物	
玉米	0.2
蔬菜	
普通白菜	0.05
大白菜	0.2

注：以上含量为临时限量。

表 4-13　我国农产品中单氰胺规定的限量

食品类别/名称	最大残留限量/(mg/kg)
水果	
葡萄	0.05

注：该限量为临时限量。

欧盟、美国、韩国等对多效唑在蔬菜上的残留要求非常严格，日本对包括芥菜、生姜、大葱、洋葱、胡萝卜、萝卜、蒿菜、黄瓜等蔬菜上的多效唑残留最高限量规定均为0.01mg/kg，美国、欧盟、韩国等对上述蔬菜中的多效唑残留则要求为"不得检出"。瑞典等国家已经禁用多效唑。由于多效唑降解较慢，在土壤中残留期较长，在生产出口蔬菜时应针对出口国的相关标准，慎重使用多效唑。我国规定多种农作物中多效唑的限量见表4-14。

表 4-14　我国国家标准中规定的多效唑限量

食品类别/名称	最大残留限量/(mg/kg)
谷物	
稻谷	0.5
小麦	0.5
油料和油脂	
油菜籽	0.2
花生仁	0.5
菜籽油	0.5
水果	
苹果	0.5
荔枝	0.5

我国规定的蔬菜中氯苯胺灵的最大残留限量为30mg/kg。我国对氯吡脲的限量规定见表4-15，萘乙酸和萘乙酸钠的限量见表4-16。我国国家标准中对马铃薯中四氯硝基苯规定的最大残留限量为20mg/kg。我国制定的油料和油脂中噻苯隆最大残留限量如表4-17所示。

表 4-15　我国农作物中氯吡脲最大残留限量

食品类别/名称	最大残留限量/(mg/kg)
蔬菜	
黄瓜	0.1
水果	
橙	0.05
枇杷	0.05
猕猴桃	0.05
葡萄	0.05
西瓜	0.1
甜瓜	0.1

表 4-16　我国农作物中萘乙酸和萘乙酸钠最大残留限量

食品类别/名称	最大残留限量/(mg/kg)
谷物	
糙米	0.1
小麦	0.05
油料和油脂	
棉籽	0.05
大豆	0.05

续表

食品类别/名称	最大残留限量/(mg/kg)
蔬菜	
番茄	0.1
水果	
苹果	0.1

表 4-17　我国油料和油脂中噻苯隆最大残留限量

食品类别/名称	最大残留限量/(mg/kg)
油料和油脂	
大豆	0.05
花生仁	0.05

国外对乙烯利在农产品中的残留量的限量要求更加严格，欧盟的限量标准涉及产品为 145 个，日本的限量标准涉及产品 146 个。美国规定乙烯利在番茄、菠萝、柠檬上的残留量不超过 2mg/kg，黄瓜不超过 0.1mg/kg。新西兰在番茄上的限量为 1mg/kg。日本对我国输日农产品新的限量规定番茄为 2mg/kg。欧盟最新规定的果蔬中乙烯利最高残留限量为 0.02mg/kg。我国国家标准中规定的限量如表 4-18 所示。同时制定了多种蔬菜中抑芽丹最大残留限量（表 4-19）。

表 4-18　我国农作物中乙烯利最大残留限量

食品类别/名称	最大残留限量/(mg/kg)
谷物	
小麦	1
黑麦	1
玉米	0.5
油料和油脂	
棉籽	2
蔬菜	
番茄	2
辣椒	5
水果	
苹果	5
樱桃	10
蓝莓	20
葡萄	1
葡萄干	5
猕猴桃	2
荔枝	2
芒果	2
香蕉	2
菠萝	2
哈密瓜	1
干制无花果	10
无花果蜜饯	10
坚果	
榛子	0.2
核桃	0.5
调味料	
干辣椒	50

表 4-19　我国蔬菜中抑芽丹最大残留限量

食品类别/名称	最大残留限量/(mg/kg)
蔬菜	
大蒜	15
洋葱	15
葱	15
马铃薯	50

赤霉素属于微毒农药，动物急性毒性试验基本无毒性反应。我国目前尚没有农产品中赤霉素的相关国家标准。美国、日本等国家规定蔬菜中赤霉素最高残留限量为 0.2mg/kg。赤霉素稳定性差，遇碱易分解，残留期较短。有实验表明，用赤霉素处理柠檬、脐橙 7d 后，果肉中未检出赤霉素残留；用高效液相色谱法测定鲁黄瓜 9 号成熟期瓜条的赤霉素含量，仅为 0.00242mg/kg，低于美国、日本规定的赤霉素在蔬菜中的残留限量标准。

目前尚未发现青鲜素导致人体不适反应。我国目前尚未计划出台青鲜素的残留标准。美国环境保护局规定青鲜素在马铃薯和洋葱中的最高残留量分别是 50mg/kg 和 15mg/kg；加拿大规定青鲜素在胡萝卜、洋葱、萝卜、甜菜中的最高残留量分别为 30mg/kg、15mg/kg、30mg/kg、30mg/kg。青鲜素的残留期约为 1～2 个月。中国科学院植物生理研究所用浓度为 4000mg/L 的青鲜素抑制甜菜抽薹，喷施 1 个月后测定甜菜块根中青鲜素的残留量不超过 2mg/kg，低于加拿大标准。

4. 植物生长调节剂残留控制策略

目前植物生长调节剂虽被列为农药范畴，但均为低毒或微毒，在蔬菜生产中正常施用不会造成对蔬菜产品、环境和人的危害。但由于部分生产者对植物生长调节剂的作用缺乏正确的认识，目前蔬菜生产中确实存在植物生长调节剂过量使用、不当使用的问题，给蔬菜产品的食品安全造成隐患，也影响了一些蔬菜产品的外销出口。因此，为了生产更加安全优质的蔬菜产品，了解和掌握减少蔬菜产品中植物生长调节剂的方法，是非常必要的。

不同植物生长调节剂的性质、毒性、残留限量标准、残效期等各不相同，要根据作物的特点、产品的销路和市场要求，正确选择和使用植物生长调节剂，其基本原则是：在保证使用效果的前提下，尽量减少植物生长调节剂用量，既可以经济用药，又能够有效减少产品中残留，用尽量少的投入，生产出合格、优质的蔬菜产品，保证蔬菜食品质量安全，减少对环境的污染。

(1) 尽量使用生物源的植物生长调节剂　部分植物生长调节剂是从生物源中提取的天然物质，如赤霉素是从赤霉菌发酵产物中分离提取的，三十烷醇是从植物蜡、蜂蜡、果皮蜡、糠蜡中提取的，与2,4-滴、萘乙酸等人工合成的植物生长调节剂相比，这些天然的植物生长调节剂更加安全，是生产绿色食品等高标准蔬菜产品时允许使用的。因此在蔬菜生产中，如果可能，应尽量选用这些非人工合成的植物生长调节剂。

(2) 选用分解快、残留期短、毒性低的植物生长调节剂　近年来开发的高效、残留期短、安全、广谱的植物生长调节剂越来越受到重视，可选择的高效安全植物生长调节剂越来越多。在相同效果的前提下，应尽量选用毒性低、残留期短的植物生长调节剂，如烯效唑与多效唑有相同的生理功能，但烯效唑活性高、使用量低（比多效唑使用量低 5～10 倍）、残留期短、对人畜和环境更为安全且使用范围广，所以在蔬菜生产中，可以用烯效唑代替多效唑。同样，调节膦与丁酰肼对于控制营养生长有同样的功效，但调节膦毒性低，且残留期只有 7d，而丁酰肼在土壤中的残留可长达一年，因此可以用调节膦代替丁酰肼。

(3) 掌握正确的植物生长调节剂使用方法　植物生长调节剂通常用较低的使用浓度就可以起到调节植物生长发育的作用，增加用量有时反而会起到相反的作用甚至产生药害，因此使用中一定要严格掌握正确的使用浓度、次数和施用时期，不能随意增加使用浓度和施用次数，在保证其生物学效应的前提下，尽量用较少的用量，以减少在植物体和土壤中的残留。从使用方法来看，浸种给土壤和植物体带来的残留量极微，而叶面喷施的残留次之，土壤施用在土壤中的残留最大。从使用时期来看，应该在临界安全期之前使用植物生长调节剂，最好在作物生长前期施用，以减少植物体和土壤中的残留，保证安全。

(4) 采取措施提高药效，以减少植物生长调节剂用量　通过添加表面活性剂等组分，可降低药剂的表面张力，部分溶解叶片表面的蜡质和角质，减轻雨水冲刷程度，增加植物生长调节剂被叶片吸附和吸收的量，从而减少植物生长调节剂的用量。

此外，有些植物生长调节剂之间有互作效应，利用这些药剂间的互作效应，进行不同药剂的混合使用，也可以减少用量，如利用多效唑与乙烯利混合喷施，同样可以起到矮化幼苗培育壮苗的作用，同时又减少了多效唑的用量。

由于目前对于不同表面活性剂对植物生长调节剂的增效效果以及植物生长调节剂之间复合效应的了解还不多，不同作物对这种增效效果和复合效应的反应也有所差异，所以在使用表面活性剂与植物生长调节剂相互混合的方法之前，首先要进行浓度试验，确定适宜的混配浓度和比例，再进行大面积推广，以免因使用不当造成损失。

三、植物生长调节剂应用与食品安全

植物生长调节剂一般不能直接使用，必须根据原药的性质加工成各种类型的制剂后使用。由于不同剂型中原药含量和使用量不同，所以在实际使用中一定要严格按照具体品种推荐的使用方法和剂量使用，以免达不到预期的作用或发生药害等副作用。此外，植物生长调节剂作为一种化学品，要严格注意其产品的毒副作用与安全使用说明，以保障使用和食品安全。本章主要介绍植物生长调节剂的科学使用及其与食品安全的关系。

1. 植物生长调节剂的制剂

第三章第二节已详细介绍了植物生长调节剂的相关剂型，这里主要介绍目前广泛使用的制剂品种及特点。

(1) 可湿性粉剂　目前国内主要植物生长调节剂可湿性粉剂为：15%多效唑可湿性粉剂、5%烯效唑可湿性粉剂、18%氯胆·萘乙酸可湿性粉剂、10%吲丁·萘乙酸可湿性粉剂等。

使用时，按照使用说明书的方法使用，例如将5%烯效唑可湿性粉剂对水成50～150mg/kg用于水稻浸种或稀释成300～450mg/kg用于草坪的茎叶喷雾。

(2) 可溶粉剂　国内主要植物生长调节剂可溶粉剂为：0.01%芸薹素内酯可溶粉剂、80%矮壮素可溶粉剂、92%丁酰肼可溶粉剂、10%乙烯利可溶粉剂、85%2,4-滴钠盐可溶粉剂、10%甲哌鎓可溶粉剂、40%萘乙酸可溶粉剂、50%吲乙·萘乙酸可溶粉剂、20%赤霉素可溶粉剂等。

使用时，按照使用说明书的方法使用，例如将80%矮壮素可溶粉剂对水稀释8000～16000倍用于棉花茎叶喷雾来调节其生长或稀释为1500～2000mg/kg用于小麦茎叶喷雾来调节其生长。

(3) 水剂　国内主要植物生长调节剂水剂为：0.004%芸薹素内酯水剂、50%矮壮素水剂、70%乙烯利水剂、250%甲哌鎓水剂、1.4%复硝酚钠水剂、60%氯化胆碱水剂、30.2%抑芽丹水剂、2% 2,4-滴钠盐水剂、5%萘乙酸水剂、0.751%芸薹·烯效唑水剂、30%芸薹·乙烯利水剂、0.4%芸薹·赤霉素水剂、22.5%芸薹·甲哌鎓水剂等。

使用时，按照使用说明书的方法使用，例如将0.004%芸薹素内酯水剂对水稀释成0.01～0.02mg/kg用于叶菜类蔬菜、水稻茎叶喷雾来提高产量或稀释成0.02～0.04mg/kg用于小麦苗期扬花时茎叶喷雾来促进生长。

(4) 可溶液剂　国内主要植物生长调节剂可溶液剂为：0.01%芸薹素内酯可溶液剂、2%苄氨基嘌呤可溶液剂、0.1%氯吡脲可溶液剂、0.1%三十烷醇可溶液剂等

使用时，按照使用说明书的方法使用，例如将2%苄氨基嘌呤可溶液剂对水稀释400～600倍用于柑橘树来调节生长和增产。

(5) 乳油　国内主要植物生长调节剂乳油为：0.01%芸薹素内酯乳油、4%赤霉素乳油、30%甲戊·烯效唑乳油、3.6%苄氨·赤霉素乳油等。

使用时，按照使用说明书的方法使用，例如将3.6%苄氨·赤霉素乳油对水稀释600～800

倍液（用1次）或800～1000倍液（用2次）用于苹果树来调节果型。

（6）微乳剂　国内主要植物生长调节剂微乳剂为：20％多唑·甲哌鎓微乳剂、20.8％烯唑·甲哌鎓微乳剂、0.1％三十烷醇微乳剂等。

使用时，按照使用说明书的方法使用，例如将20％多唑·甲哌鎓微乳剂用量90～120g/hm^2用于冬小麦喷雾来调节其生长。

（7）悬浮剂　国内主要植物生长调节剂悬浮剂为：25％多效唑悬浮剂、30％矮壮·多效唑悬浮剂、10％烯效唑悬浮剂等。

使用时，按照使用说明书的方法使用，例如将25％多效唑悬浮剂对水稀释成100～150mg/L用于小麦来调节其生长和增产。

2. 准确量取制剂使用量

植物生长调节剂具有用量小的特点，在实际中要特别注意制剂的使用量。标签对制剂的使用说明一般有两种表示方法：倍数浓度表示法和质量含量表示法。

（1）倍数表示法　倍数表示法中X倍是指水的用量是制剂用量的X倍。计算公式为：

制剂用量＝稀释后的药液量÷使用倍数

例如配制10kg 500倍的药液，需要制剂用量的计算式为：

制剂用量＝稀释后的药液量（10kg）÷使用倍数（500）＝20g

（2）质量含量表示法　质量含量一般表示为mg/kg。计算公式为：

质量含量×药液量＝制剂含量×所需制剂用量

例如配制100mg/kg多效唑药液10kg，需要25％多效唑悬浮剂用量计算公式如下：

质量含量（100mg/kg）×药液量（10kg）＝制剂含量（25％）×所需制剂用量

所需制剂用量＝100mg/kg×10kg÷25％＝4000mg＝4g

3. 施用方法

施用植物生长调节剂的方法通常有喷雾、拌种、浸泡、涂抹、点花、浇灌等几种。

（1）喷雾法　按照标签说明配制药液用喷雾设备喷洒植株，要求液滴细小、均匀，以喷洒部位湿润为度。

（2）拌种法　主要用于种子处理。用杀菌剂、杀虫剂、微肥等处理种子时，可适当添加植物生长调节剂。拌种法是将药剂与种子混合拌匀，使种子外表沾上药剂，如用喷雾器将药剂喷洒在种子上，搅拌均匀后播种。如用石油助长剂拌种，可刺激种子萌发，促进生根。种子包衣处理是用专用型种衣剂，将其包裹在种子外面，形成有一定厚度的薄膜，除可促进种子萌发外，还可达到防治病虫害、增加矿物质营养、调节植株生长的目的。

（3）浸泡法　常用于促进插穗生根、种子处理、催熟果实、贮藏保鲜等。如带叶的木本插穗，可放在5～10g/L的吲哚丁酸中，浸泡12～24h后，直接插入苗床中；也可用快蘸法。要注意浓度与环境的关系，如在空气干燥时，枝叶蒸发量大，要适当提高浓度，缩短浸蘸时间，避免插条吸收过量药剂而引起药害。另外，注意扦插温度。一般生根发芽温度以20～30℃为宜。抓好插条药后管理，插条以放在通气、排水良好的沙质土壤中为好，防止阳光直射。

（4）涂抹法　用羊毛脂处理时，将含有药剂的羊毛脂直接涂抹在处理部位，大多涂在伤口处，有利于促进生根，还可涂芽。高空压条切口涂抹法可用于名贵的、难生根花卉的繁殖。方法是在枝条上进行环割，露出韧皮部，将含有生长素类药剂的羊毛脂涂抹在切口处，用苔藓等保持湿润，外面用薄膜包裹，防止水分蒸发。

（5）点花法　以点花法施药时，要选好药剂和浓度，避免高温点花，特别是2,4-滴和防落素用于番茄、茄子点花时，在药液中适当加颜料混合，防止重复点花。

（6）浇灌　将植物生长调节剂配成水溶液，直接灌在土壤中或与肥料等混合施用，使根部充分吸收。一般在苗期时为培育壮苗而进行浇灌，或成长期增加根的生长时进行浇灌。如叶菜苗期用10mg/L复硝酚钠进行浇灌，促使苗齐、苗壮。黄瓜在结瓜期用10g/亩，可以使根系发达，增加结瓜和延长生育期。浇灌时注意药剂量，以免浪费。如为促使植株开花，控制植株茎、枝伸长生长，可用0.1%～0.3%琥珀酰胺酸与矮壮素水溶液浇灌。

4. 影响植物生长调节剂安全使用的因素

各种传统栽培措施基本上是侧重运用外部条件来影响植物生理状况，而导入化控技术后的栽培，则是外部条件加植物激素水平的双重调控，从而为农业栽培展示了取得更高产量的可能。应用植物生长调节剂可通过促进或抑制作物的生长过程达到人们所需的效果。例如：瓜类蔬菜采用化控栽培技术后，早期产量能增加20%～40%。应用从自然界中提取或人工合成的植物生长物质，和传统栽培技术相结合，可按消费者的需要调节控制植物的某些生育阶段和生育状况。

值得注意的是，生产中也存在生产者过分依赖甚至滥用植物生长调节剂的现象，擅自扩大应用范围，加大使用浓度，结果不仅导致食品安全隐患，还造成蔬菜药害，使蔬菜产品的产量和质量受到影响。

（1）应用范围　每种植物生长调节剂都有其应用范围，超范围使用很容易发生药害。如防落素可安全有效应用于茄科蔬菜的蘸花，但如果应用在黄瓜、菜豆上，就很容易导致幼嫩组织和叶片产生严重药害。在叶菜中促进生长的植物生长调节剂如应用到瓜类蔬菜上就可能引起徒长，甚至可能使开花结果受到影响，最终导致产量下降。所以，在使用植物生长调节剂前，一定要仔细阅读说明书，了解适用范围，切忌随意扩大适用范围。

（2）使用浓度　植物生长调节剂用量极微而作用显著，其使用浓度有严格的规定。一般在低浓度范围内，表现出有益的作用；而高浓度则会引起新陈代谢的紊乱，抑制生长，严重的还会导致死亡。擅自加大浓度不仅达不到应有的效果，还有可能适得其反。例如低浓度水杨酸可以促进大葱种子发芽，而高浓度则抑制种子萌发。再如2,4-D低浓度使用时，可以起到防止落花落果的作用，并可刺激子房形成无籽果实，常用于番茄等作物的保花保果；而高浓度则作为除草剂使用，使用浓度达1000～2000mg/L时，可以杀死双子叶植物。适当喷施乙烯利可以增加黄瓜雌花数量，提高增产潜力；而使用浓度过高，则有可能抑制生长，影响产量。同样利用赤霉素促进胡萝卜抽薹开花，浓度不可过高，否则虽然抽薹开花天数提早，但抽出的花薹细弱易倒伏，无法保证种子质量。同时，不同的使用目的，应用的浓度也应该有所区别，同样是用乙烯利处理黄瓜，如果目的是增加黄瓜等瓜类的雌花数量，乙烯利浓度100mg/L即可；如果是进行化学杀雄，乙烯利浓度则应该为250mg/L才可以达到目的。

不同作物甚至不同品种对生长调节剂的浓度要求都可能有所不同，因此在应用植物生长调节剂时应根据作物品种及使用目的慎重确定浓度，在初次使用时应该先进行小面积试验后再大范围使用，以免造成不必要的损失。

（3）使用时期　植物生长调节剂在适宜的时期施用才能达到预期效果，而施用适宜期则应根据使用目的来确定，使用时期不当，不仅达不到使用目的，有时还会导致药害。如花蕾保应用在黄瓜上进行保花保果，提高产量，使用时间应在黄瓜生长中期，如果在黄瓜定植缓苗期就喷施花蕾保，则可能造成黄瓜药害，导致生长受到影响。使用乙烯利诱导雌花，处理时期也十分关键，黄瓜应该在幼苗1～3叶期进行，丝瓜应在幼苗2叶期进行，瓠瓜则应该在4～6片真叶时期进行，子叶期喷药不起作用，处理时间过迟则早期花蕾性别已定，达不到诱导雌花的效果。利用青鲜素抑制洋葱发芽，应该在洋葱收获前7～10d进行处理，如果处理时间过早，则会影响葱头膨大而导致产量、品质下降。同一生长调节剂在同一作物上使用，目的不同，施药时期也不同。如在甜瓜生产上使用乙烯利，用于控制花器性别，增加雌花，宜在幼苗1～3片真叶期施用；用于促进果实催熟的，则宜在果实采收前施用。

植物生长调节剂的使用时期，不能简单地理解为某一日期，而是要根据使用目的、被处理植物的生育阶段和发育状况以及当地的实际情况灵活决定。应先在本地试验后确定了最佳用药时期再在生产中应用，严格掌握各种植物生长调节剂的施用时期。

（4）使用方法　植物生长调节剂的种类繁多，应用对象和目的各异，因此使用的方法也较多，施用植物生长调节剂的方法通常有拌种、喷雾、点花、浸蘸、浇灌等几种，要根据实际目的和药剂特性决定处理方法。利用2,4-D防止落花落果时，要把药剂涂在果柄处，防止离层产生；

如果用叶面喷施的方法处理幼叶，就会造成药害。同时，每种方法都有一定技术要求，不按要求去实施，就会发生药害。如用植物生长调节剂蘸花，并不是把整个花朵浸在调节剂药液中，而是用调节剂药液涂抹花柄，有的菜农几乎全是把花朵浸在药液中，这种做法易产生药害，并造成灰霉病病菌的传播。此外，按照要求，蘸花后要进行标记，如果操作时不做标记，反复多次重复蘸，相当于使用量加大，同样也会产生药害。

(5) 环境和气候的影响　蔬菜使用植物生长调节剂的效果对温度等外界环境条件有着一定的要求，施用植物生长调节剂应在一定温度范围内进行，使用浓度也应随着环境温度的变化做相应的调整。通常温度高时应用低剂量，温度低时应用高剂量。否则，温度高时用高剂量，就容易出现药害；温度低时应用低剂量，达不到增产效果。如防落素在番茄上应用，即使在正常用量下，气温高于 30℃或低于 15℃都易产生药害。高温时易使番茄脐部形成放射状开裂药害，低温时则形成脐部乳突状药害。因此，在夏季高温条件下以及保护地环境中使用植物生长调节剂要十分慎重，应选用较低的浓度，初次使用最好先进行浓度试验，以免造成难以挽回的损失。

鉴于植物生长调节剂对温度比较敏感，即使春秋季使用也要尽量避开高温时段，通常在上午 9 点之前或下午 3 点以后施用，切忌在烈日下喷施；同时还应避免在雨前使用导致药剂流失。

此外，一般蘸花保果类调节剂里含有 2,4-滴等一些易飘移的化学成分，高温时施用易飘移，造成植株叶片或相邻敏感作物上产生药害。

5. 植物生长调节剂与食品安全

植物生长调节剂调节作物生长，缩短水果、蔬菜的成熟期，提高产量和改良品质，是农药现代化的重要措施之一。需要按照规定使用和控制使用量，如果使用不当，就会带来食品安全问题。例如，一些农民为了提早采收，提高经济效益，盲目使用或滥用植物生长调节剂，使得其在农产品中的残留较高，影响了农产品的安全，特别是在反季生产的水果蔬菜中尤其突出。部分果蔬由于使用了植物生长调节剂出现个头增大、颜色改变、味道平淡、果实畸形，降低了产品品质，造成消费者对食品安全的怀疑、警惕甚至拒绝心理。

在植物生长调节剂的生产与应用中，需要加强产品应用技术及其安全性能的研究，及时发现其对生态和人畜的潜在危害及毒理作用，建立正确的使用方法，制定相应的食品和环境标准，建立健全监测评价机制，才能在保证食品安全的条件下提高农产品品质，为农业服务。

第三节　植物生长调节剂相关检测技术

一、植物生长调节剂检测方法概述

在植物生长调节剂研究应用实践中，随着其应用领域的不断扩展，植物生长调节剂的研发、作物不同生育期植物激素的动态变化、植物生长调节剂的吸收运转、植物生长调节剂在植物和环境中的残留等领域都需要测定相关技术的支撑。

由于植物生长调节剂大多为植物激素的结构类似物，其测定方法是通过参考植物激素和测定方法建立的。植物生长调节剂测定的基本流程包括样品前处理和样品检测等步骤（图 4-1）。其

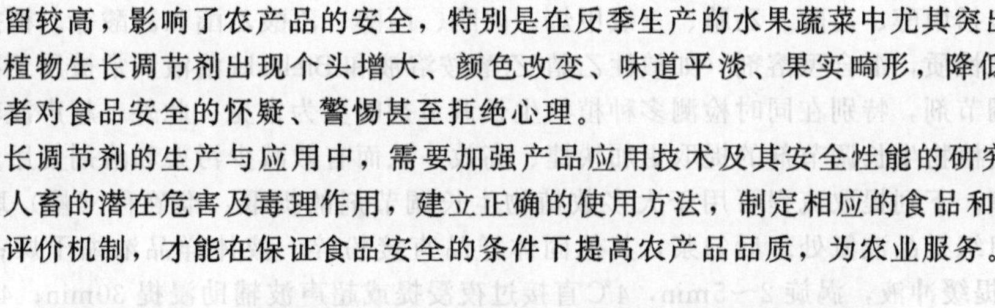

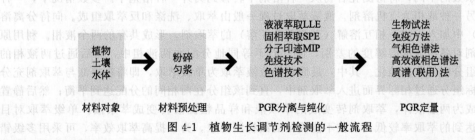

图 4-1　植物生长调节剂检测的一般流程

中样品前处理即检测样品的制备包括采样、液氮处理、粉碎或匀浆、提取、分离纯化等过程。目前，常用于植物生长调节剂检测的方法主要有酶联免疫吸附法（ELISA）、气相色谱法（GC）、气相色谱-质谱联用（GC-MS）、高效液相色谱法（HPLC）、液相色谱-质谱联用（LC-MS）、离子色谱法（IC）等。其中，ELISA易受外界条件影响，而HPLC虽然操作相对简单但灵敏度有限。近年来，基于质谱联用的方法由于其高灵敏度和高准确度已成为植物生长调节剂检测的主流方法。目前，更灵敏的串联质谱法（GC-MS/MS或LC-MS/MS）甚至高分辨的多级质谱（MS^n）亦开始应用于植物生长调节剂检测实践。

二、检测的样品前处理

在进行植物生长调节剂定量检测前，通常需要经过制样、提取及分离纯化等前处理过程。如果检测对象为固体材料（如植物组织和土壤等），取样后还需要用液氮处理，进行匀浆或粉碎；如果检测对象为液体材料，为了便于后续提取，取样后需要进行浓缩，以缩小样品体积。在进行前处理时应小心操作，并保持低温和遮光条件，尽量减少与氧气接触，以便获得对植物生长调节剂的较高回收率。

（一）植物生长调节剂的分离与纯化

对于植物生长调节剂检测而言，无论是生物样品还是环境样品，其化学组成都十分复杂，因此，从复杂的化学组分中提取出植物生长调节剂是实现定量测定的必要前提。提取过程的基本原理为相似相溶，即植物生长调节剂可以高效溶解于化学性质相似的提取溶剂，从而将其与其他大多数化学物质分开。理想的植物生长调节剂提取方法和提取溶剂需要保证提取的高效率和高回收率。尽管曾有直接用水作为溶剂提取植物生长调节剂的报道，但由于植物生长调节剂本身具有极性，因此通常使用极性有机溶剂进行提取。以往在植物生长调节剂提取时用过的极性有机溶剂包括甲醇、乙醇、乙腈、三氯甲烷、丙酮、丙醇、乙酸乙酯和乙酸等。根据不同植物生长调节剂的性质，混合型溶剂（如酸性乙腈-乙酸铵溶液和Bieleski溶液）常被用于抽提样品中的植物生长调节剂，特别在同时检测多种植物生长调节剂时更为常见。此外，超声波辅助提取技术的引入，使植物生长调节剂的提取更加快捷、高效，从而有效减少污染和溶剂使用量，并进一步提高回收率。下列提取流程可用于大多数植物生长调节剂的提取：准确称（量）取一定量的样品，植物组织样品液氮处理后匀浆，其他固体样品直接粉碎，液体样品浓缩干燥；加入预冷的Bieleski抽提缓冲液，涡旋2～5min，4℃直接过夜浸提或超声波辅助浸提30min；4℃，离心5～10min；取上清液至新的离心管，冷冻浓缩至干，根据后续分离纯化的需要用合适的提取溶剂复溶后得到粗提液，即可用于后续的分离纯化。

（二）常用的植物生长调节剂分离纯化方法

利用有机溶剂对样品中植物生长调节剂进行提取后，除去了所有固体杂质和大多数植物生长调节剂以外的化合物，但是由于样品成分过于复杂，许多杂质化合物同样易溶于提取液，须经过进一步的分离纯化后方能进行植物生长调节剂的定量分析。

1. 液液萃取

液液萃取（liquid-liquid extraction，LLE）利用物质在两种互不相溶（或微溶）的溶剂中溶解度或分配系数的不同，将待测化合物从一种溶剂中转移到另外一种溶剂中。多数情况下，一种液相为水，另一种液相为有机溶剂。液液萃取过程一般由萃取、洗涤和反萃取组成。向待分离溶液（粗提液）中加入与之不相互溶解（至多部分互溶）的萃取剂，形成共存的两个液相。利用原溶剂与萃取剂对各组分的溶解度的差别，使它们不等同地分配在两液相中，然后通过两液相的分离，实现组分间的分离纯化。其中，最简单的液液萃取为单级萃取，即将粗提液与萃取剂充分混匀，让目标组分通过相际界面进入萃取剂中，直到该组分在两相间的分配达到平衡；然后静置沉降并分离成为两层液体，萃取剂转变成的萃取液和样品粗提液转变成萃余液。单级萃取对目标组分所能达到的萃取率较低，往往不能满足后续检测要求，为了提高萃取效率，可采用多级错流萃取、多级逆流萃取、连续逆流萃取、回流萃取和分部萃取等一些改进的方法。液液萃取最早于20世纪70年代开始应用于植物生长调节剂的分离纯化。随着技术的进步，液液微萃取、基于中空纤维的液-液-液微萃取、分散液液微萃取等改进的液液萃取技术在富集能力和萃取效率方面取得了长足进步，这些技术在同时分析多种植物生长调节剂时优势明显。例如，液液微萃取与传统的液液萃取相比，萃取溶剂体积小，有机相中的目标物质的浓缩大，具有低成本和高回收率等优点。

2. 固相萃取

固相萃取（SPE）于20世纪70年代后期问世，由液固萃取和柱液相色谱技术相结合发展而来，主要用于待测物的分离、纯化和浓缩。与传统的液液萃取法相比，可以提高回收率，更有效地将待测物与干扰成分相分离，从而提高检出灵敏度，简化样品前处理过程。固相萃取包括液相和固相的物理萃取过程，固相对待测物的吸附力比溶解待测物的溶剂更大。当样品粗提液通过吸附剂基质时，待测物浓缩在其表面，其他成分则通过流动相排出，从而得到较高纯度的浓缩待测物。根据吸附原理，固相萃取主要包括三类：正相固相萃取、反相固相萃取和离子交换固相萃取。正相固相萃取使用极性吸附剂，目标化合物与吸附剂之间包括氢键、π-π键、偶极-偶极和偶极-诱导偶极等极性-极性相互作用。反相固相萃取使用非极性或弱极性吸附剂，主要依赖于范德华力或色散力等非极性相互作用。离子交换固相萃取则基于目标化合物与吸附剂之间的静电吸引力。

植物生长调节剂的固相萃取操作步骤通常包括：

（1）SPE柱选择　根据待测物或其衍生物的理化性质和样品基质，选择对待测物有较强保留能力的固定相。若待测物或其衍生物带电荷，可用离子交换填料；若为中性待测物，可用反相萃取柱。

（2）SPE柱活化　填料干燥时上样会降低待测物保留值，从而降低回收率，所以SPE使用前必须进行湿润活化。甲醇为水溶性有机溶剂，其渗透性很强，既可润湿吸附剂表面，又可渗透到非极性的填料键合相中，使填料更易被水润湿，因此通常先用甲醇等水溶性有机溶剂冲洗填料，然后再加水或水性缓冲液润洗。

（3）上样　SPE萃取过程应适当控制流速，流速过快不利于待测物与固定相结合，导致回收率降低。

（4）SPE柱清洗　把未与填料结合的杂质洗出。反相SPE的清洗溶剂常用水或水性缓冲液，亦可在清洗液中加入少量有机溶剂、无机盐并调节pH值，但加入SPE柱的清洗液应不超过一个SPE柱的容积。

（5）待测物洗脱　一般选用离子强度较弱但能洗下待测物的洗脱溶剂。保留能力较弱的SPE填料可用小体积、较弱的洗脱液洗下待测物。针对可电离待测物，可通过调节pH值促使待测物离子化并用较弱的溶剂洗脱。为了提高回收效率，应尽量采用两次小体积低流速洗脱。

（6）样品干燥　针对植物生长调节剂等痕量物质的检测，为了提高后续仪器检测的灵敏度，一般需要利用真空冷冻干燥法除去洗脱液中的有机溶剂，然后再用优化的流动相复溶待测物。

利用固相萃取方法可以一步实现样品中植物生长调节剂的分离和纯化，能节省时间、减少溶剂消耗、显著提高分离纯化效率和检测灵敏度。目前已有多种商品化的SPE分离柱产品，如Sep-Pak C_{18}、Oasis HLB、Oasis MCX和Oasis MAX等可用于植物生长调节剂的分离纯化。

近年来SPE本身也在不断发展，更多基于不同吸附原理的SPE技术不断涌现。其中，固相微萃取（solid-phase microextraction，SPME）技术于1990年由加拿大Waterloo大学Pawliszyn和Arthur首先提出，经过多年的发展，已经可以与HPLC、质谱等高端设备直接偶联，集采样、萃取、浓缩、进样于一体，增加了分析检测速度并降低了检测成本。为了进一步简化待测物的分离纯化流程，近年来，一种新的磁性固相萃取（magnetic solid-phase extraction，MSPE）技术面世。MSPE技术中，吸附剂为特殊设计的带磁性的固体核心，待测物可以选择性吸附在磁性吸附剂上，通过简单的外加磁场回收磁性吸附剂的方法就可以完成待测物的分离、富集和纯化。如利

用 Fe_3O_4@TiO_2、Fe_3O_4/RGO@β-CD 等带有磁性的纳米颗粒作为植物生长调节剂的选择性吸附剂，已经成功应用于植物样品中细胞分裂素、生长素、脱落酸、赤霉素等植物生长调节剂的分离纯化，其回收率超过了 90%。此外，双层固相微萃取（DL-SPE）以及聚合物整体微萃取（PMME）等新的固相萃取技术兼具高回收率和操作便捷的优点，均可用于植物生长调节剂的分离和纯化。

3. 分子印迹

分子印迹（molecular imprinted polymer，MIP）技术是指为获得在空间结构和结合位点上与某一分子（模板分子、印迹分子）完全匹配的聚合物的制备技术。基于该技术制备的分子印迹聚合物对待测物（模板分子）亲和性和选择性高，在待测物分离纯化应用中具有抗恶劣环境能力强、稳定性好、使用寿命长、应用范围广等优点。目前，分子印迹技术已在色谱分离、固相萃取、仿生传感、药物分析等领域大量应用，其在植物生长调节剂分离纯化方面的应用潜力巨大。按照单体与模板分子结合方式的不同，分子印迹技术可分为分子自组装和分子预组织两种基本方法。分子自组装法（self-assembling）又称非共价法。此方法中模板分子与功能单体之间自组织排列，以非共价键自发形成具有多重作用位点的单体-模板分子复合物，经交联聚合后这种作用被保存下来。常用的非共价键作用包括氢键、静电引力、疏水作用力、电荷转移、金属配位键以及范德华力等，其中氢键应用较多。分子预组织（preorganization）法又称共价法，此法中模板分子首先通过可逆性共价键与功能单体结合形成单体-模板分子复合物，然后交联聚合，聚合后再通过化学途径将共价键断裂而去除印迹分子。目前常用的共价结合作用物质包括硼酸酯、希夫碱、缩醛酮、酯和螯合物等。此外，还可以将二者合二为一，即聚合时单体与印迹分子间作用力为共价键，而在分子识别过程中采用非共价法，从而使该分子印迹聚合物既具有亲和专一性，又具有操作条件温和且易于控制等优点。

目前常用的分子印迹聚合物制备方法如下：

（1）常规方法　即将功能单体在溶液中排列在模板分子周围，经交联干燥之后研磨、破碎、筛分得到一定粒径的分子印迹填料，最后洗脱除去模板分子。该方法操作简单，但后期处理过程复杂、柱效较低。

（2）乳液聚合　将模板分子、功能单体、交联剂溶于有机溶剂中，然后将溶剂移入水中，搅拌，乳化，最后加入引发剂交联、聚合，直接制备粒径较均一的球形分子印迹聚合物材料。

（3）悬浮聚合　采用全氟化碳液体代替传统的有机溶剂-水悬浮介质，在该介质中合成分子印迹聚合物，可消除非共价印迹中存在的不稳定的预组织体。

（4）表面印迹　即在特定粒子表面合成分子印迹聚合物，分子印迹聚合物作为该粒子表面修饰物与之紧密结合。该方法的优点是克服了传统方法获得的 MIP 会将模板分子包覆在内部的弊端，能够快速、高效洗脱待测物，柱效和回收率较高。

分子印迹技术于 20 世纪 90 年代末开始应用于植物生长调节剂的应用，目前已经发展出了常规生长素 MIP、磁性生长素 MIP 等多种技术，利用该方法对样品中的生长素进行分离纯化，回收率达 90%以上。

4. 免疫纯化技术

免疫纯化技术即利用抗体抗原识别原理发展的分析物分离纯化技术。免疫纯化技术的基本流程包括：首先制备待测物抗体（包括多克隆抗体和单克隆抗体），即以高纯度待测物标准样品为半抗原免疫动物，最终收集血清并纯化获得待测物抗体；其次，抗体的固化，即通过不同相互作用原理将抗体固定在一定的固体介质表面；最后，样品中待测物纯化，即将样品溶液通过附着有抗体的固体界面，通过抗体-抗原结合达到富集和纯化的目的。目前，已有较多利用免疫技术分离纯化植物生长调节剂的成功先例，如将植物生长调节剂抗体固定于特定胶体和色谱柱上发展出免疫亲和胶（immunoaffinity gel，IAG）和免疫亲和色谱（immunoaffinity chromatography，IAC）技术，实现了对脱落酸和细胞分裂素的一步富集和纯化。

5. 色谱分离技术

色谱分离技术又称层析分离技术，其利用不同物质在由固定相和流动相构成的体系中具有不同的分配系数，当两相做相对运动时，这些物质随流动相一起运动，并在两相间进行反复多次的分配，从而达到物质分离纯化目的。按固定相类型和分离原理可分为吸附色谱、分配色谱、离子交换色谱、亲和色谱等多种类型。目前，最常用的是吸附色谱分离技术。吸附色谱法是指混合物随流动相通过吸附剂（固定相）时，由于吸附剂对不同物质具有不同的吸附力而使混合物中各组分分离的方法。常用的极性吸附剂有：硅胶、氧化铝。硅胶呈弱酸性，适于分离酸性和中性化合物；氧化铝呈碱性，适于分离碱性物质。活性炭是常用的非极性吸附剂，对非极性物质具有较强的亲和力，在水中对溶质表现出强吸附能力，从活性炭上洗脱被吸附的物质时，溶剂的极性越小，洗脱能力越强。为了提高物质分离纯化效率，实现高通量分离纯化的目的，目前，综合了不同吸附剂优点的填料已经实现了商品化，如常用的 C_8 和 C_{18}。将 C_8 和 C_{18} 柱等整合到高效液相色谱中形成的 HPLC 分离纯化方法已经成为包括植物生长调节剂在内的很多物质分离纯化的基本方法。

此外，随着二维液相色谱（2D-HPLC）的发展，微量样品中植物生长调节剂的分离纯化效率有了更大的提升。二维液相色谱技术利用多通道切换阀将两支色谱柱串联或并联起来，因此可以将在一维色谱系统中未达到满意分离的谱峰进行切割并进入二维色谱柱系统进行再次分离，从而显示出其在分离纯化方面的优势。此外，该系统可以进一步扩展成灵活搭配的多级色谱柱分离系统，富集和分离效果更好，后续定量精度更高。

三、植物生长调节剂的检测方法

对植物生长调节剂进行定量检测的方法有免疫方法、光谱法、电化学方法、生物传感法、色谱法和质谱法等多种，本节主要介绍目前常用的一些检测方法。

1. 免疫测定方法

免疫检测方法是应用免疫学理论设计的一系列的测定抗原、抗体等的方法。免疫技术最早于 20 世纪 60 年代末开始应用于植物生长调节剂的定量分析。目前在植物生长调节剂测定方面应用较多的技术包括酶联免疫吸附剂测定（enzyme-linked immunosorbent assay，ELISA）和放射免疫（radioimmunoassay，RIA）技术。ELISA 和 RIA 都基于抗体-抗原反应，抗体的特异性直接决定了检测精度，因此使用植物生长调节剂的单克隆抗体通常比多克隆抗体具有更高的检测灵敏度。ELISA 是将抗原、抗体的特异性反应与酶对底物的高效催化作用相结合的一种高灵敏度的测定技术，包括用于检测抗体的间接法、用于检测抗原的双抗体夹心法以及用于检测小分子抗原或半抗原的抗原竞争法等。ELISA 方法具有较高的灵敏度，从 20 世纪 80 年代开始，ELISA 方法逐步成为了植物生长调节剂的经典测定方法之一。目前，尽管 ELISA 方法的灵敏度无法与质谱方法相提并论，但是商业化的专用试剂盒仍然是植物生长调节剂定量分析的手段之一。RIA 技术中，定量标样标记上放射性同位素，其将植物生长调节剂的定量转化为测定放射性，相比于其他免疫分析方法，其精度更高，可达 nmol 水平。由于 RIA 需要放射性标样，使用成本相对较高，且需获得公安部门颁发的放射性物质应用许可资格在植物生长调节剂的定量分析方面应用前景有限。

2. 高效液相色谱法

高效液相色谱法（high performance liquid chromatography，HPLC），以液体为流动相，采用高压输液系统，将具有不同极性的单一溶剂或不同比例的混合溶剂、缓冲液等流动相泵入装有固定相的色谱柱，在柱内各成分被分离后，进入检测器进行检测，从而实现对待测物的分析。HPLC 方法已成为化学、生物、医学、工业、农林、商检和法检等学科领域中重要的分析手段之一。高效液相色谱仪主要包含高压输液泵、色谱柱/柱温箱、手动/自动进样器、检测器、馏分收集器等硬件以及数据获取与处理软件。高压输液泵驱动流动相和样品通过色谱柱和检测系统；色谱柱填有粒度 5～10μm 的 C_8、C_{18} 等吸附材料。进样器将待测样品引入色谱系统；检测器将目标分析物在柱流出液中浓度的变化转化为光电信号，为 HPLC 的核心元件，是定量的关键。根据不同检测原理，HPLC 检测器分为示差折光化学检测器、紫外吸收检测器、紫外-可见分光光度检测器、二极管阵列紫外检测器、荧光检测器和电化学检测器等。数据采集及分析平台通过软件把检测器检测到的信号转化成可视数据，并对这些数据进行定量分析。

高效液相色谱早在 20 世纪 70 年代就开始应用于植物生长调节剂的检测分析中，目前是分析检测植物生长调节剂的常用方法之一。例如，选用 ODS_2 C_{18} 等色谱柱，在多种水果、蔬菜和农作物中建立了氯苯氧乙酸和噻苯隆等多种植物生长调节剂残留的 HPLC 分析方法，回收率一般都超过了 90%，检出下限达 0.02μg/g。

近年来，为了提高 HPLC 的分析效率，一种在管路和压力等方面实现改进的超高效液相色谱（ultra performance liquid chromatography，UPLC）逐渐进入包括植物生长调节剂在内的微量物质的定量分析领域。超高效液相色谱法具有以下特点：①通过解决小颗粒填料的装填和耐压问题，大大提升了色谱柱性能，包括颗粒度的分布以及色谱柱的结构；②大大提升了溶剂输送系统性能，可以获得并耐受 15000psi（1psi＝6894.76Pa）以上高压；③有效地降低了色谱系统的死体积；④完善了快速自动进样和高速检测等功能。

3. 质谱法

质谱法（mass spectrometry，MS）可以准确提供所分离组分的分子量和结构信息，能够精确分辨目标待测分子并对其进行定性定量，相比于其他方法，质谱法的灵敏度有了显著提升。质谱工作原理为：离子源将化合物分解成带电离子，其中阳离子进入加速器加速，质量分析器按照质荷比（m/z）的大小顺序进行物质定性和定量分析。目前在有机物分析中应用较多的质谱仪主要包括三重四级杆质谱仪、飞行时间质谱仪、离子阱质谱仪、傅里叶变换质谱仪等。常用的离子源包括电喷雾电离源（ESI）、大气压化学电离源（APCI）、快原子轰击源（FAB）、大气压光电离源（APPI）、基质辅助激光解析电离源（MALDI）等。

为了更加高效地进行植物生长调节剂等有机分子的定性定量分析，在实际应用中通常会结合色谱的定量优势和质谱的定性优势，即实现色谱-质谱联用。色谱-质谱联用技术主要包括气相色谱-质谱联用技术（GC-MS）、液相色谱-质谱联用技术（LC-MS）、气相色谱-串联质谱技术（GC-MS/MS）和液相色谱-串联质谱技术（LC-MS/MS）。利用色谱-质谱技术可以实现多种植物生长调节剂的快速定量分析。例如，利用乙腈抽提，氨基固相萃取小柱纯化，Waters Xterra MS C_{18}柱（5μm，150mm×2.1mm）分离，在多反应监测（MRM）负离子模式下建立了水果中氯吡脲残留的液相色谱串联质谱测定方法，检测下限达 0.2ng/g，回收率达 85%～100%。此外，使用 LC-MS 实现了果蔬等农产品中多种植物生长调节剂的同时检测，最小检出下限可达 3ng/L。

在植物生长调节剂测定实践中，采用 MRM 模式可以选择性地监测样品中的特定分析物，可有效地降低噪声，提高检测灵敏度，缩短分析时间。然而，基质效应（由样品基质或共洗脱物质引起的信号衰减或增强）问题对 LC-MS 的灵敏度和定量可靠性影响较大。以稳定同位素衍生的分析物作内标可以有效地克服基质效应的影响，但商品化的植物生长调节剂稳定同位素内标物的种类非常有限且价格昂贵，不利于普遍应用。近年来，同位素标记衍生技术受到了越来越多的关注，其借助轻/重同位素标记衍生试剂，可获得具有相同官能团的一类分析物的同位素衍生物。以此作为 LC-MS 定量分析的内标可以降低同位素内标物的造价。目前已有针对于氨基、醛基、羧基等官能团的同位素标记衍生试剂并应用于植物生长调节剂定量分析的报道。例如，以 d_0/d_5-ω-溴乙酰吡啶盐（d_0/d_5-ω-BPB）、d_0/d_9-溴代胆碱（d_0/d_9-BETA）、d_0/d_3-10-甲基吖啶酮-2-磺酰哌嗪（d_0/d_3-MASPz）等同位素标记衍生试剂对羧酸类植物生长调节剂进行衍生化，建立了十余种植物生长调节剂的同位素内标定量方法，成功应用于果蔬和环境样品中羧酸类植物生长调节剂的快速、准确测定。

4. 生物传感法

植物生长调节剂生物传感器（biosensor）的研发起步较晚，21 世纪初才开始进入人们的视野。其主要由植物生长调节剂的识别单元与信号转换检测元件等组成，包括压电型、电化学型、核酸型。生物传感器等在植物激素检测方面取得了较高的灵敏度，尤其是在简化样品前处理、减少实验材料取样量、缩短测定时间和提高可重复性等方面取得了较大的进展。同时，尽管生物传感法在检测灵敏度上还无法与色谱-质谱联用法相媲美，但其具有可以实现活体实时监测植物激素的潜力，值得进一步深入研发。近年来，植物生长调节剂生物传感器研究表现出与分子生物学紧密结合的趋势，用于探索植物体内植物激素活体原位分布。随着电极材料的创新以及信号放大检测技术的进一步发展，随着高特异性、高灵敏度的超微电极的创制，未来生物传感法有望走出实验室，成为植物生长调节剂快速实时测定的新型手段之一。

5. 其他测定方法

除上述检测方法外，近年来还对其他测定方法在植物生长调节剂中的应用进行了探索。例如，基于高分辨质谱和聚类分析的代谢组学方法也开始应用于植物生长调节剂测定，用于同时测定植物体内植物激素的游离态、结合态及植物激素衍生物并解析其与其他植物激素间的相互作用。毛细管电泳和化学发光等方法被用于植物生长调节剂测定，但目前已实现的灵敏度一般在 μg 级，离植物植物生长调节剂检测的实际需求还有一定差距。此外，集成了单细胞毛细管电泳、纳米技术和原子力显微镜等多种先进方法的单细胞分析技术，能对特定细胞中的代谢物进行分析和动态监测；基于质谱的纳电喷雾（nanoelectrospray）活体定位技术可以在植物细胞中定位分析多糖和类黄酮等活性物质。这些新技术的探索为建立植物生长调节剂的测定新方法提供了新的思路。

参 考 文 献

[1] 杨秀荣，刘亦学，等．植物生长调节剂及其研究与应用．天津农业科学，2007，13：(1) 23-25.

[2] 潘瑞炽，李玲．植物生产调节剂：原理与应用．广州：广东高等教育出版社，2009.

[3] 冯坚，顾群，柏亚罗，陈铁春．农药名称对照手册．第3版．北京：化学工业出版社，2009.

[4] 段留生，田晓莉．作物化学控制原理与技术．北京：中国农业大学出版社，2005.

[5] 金芬，邵华，杨锚，等．农业质量标准，2007，6：26～27.

[6] 郭潇，赵文．植物生长调节剂的安全性分析．中国中部地区农产品加工产学研研讨会论文集，2007，233-236.

[7] 苏明明，杨春光，李一尘，曹际娟．植物生长调节剂对粮食作物、瓜果的影响及其残留研究综述．食品安全质量检测学报．2014，5 (8)：2575-2579.

[8] 牟艳莉，郭德华，丁卓平．瓜果中常用植物生长调节剂的限量及检测方法．农药，2013，52 (6)：398-401.

[9] 李莉，田士林．酶联免疫（ELISA）分析晋麦叶片中脱落酸的含量．安徽农业科学，2007，35 (23)：7098-7099.

[10] 吴颂如，陈婉芬，周燮．酶联免疫法（ELISA）测定内源植物激素．植物生理学通讯，1988，5 (1)：53-57.

[11] 宋莹，张耀海，黄霞，等．气相色谱-串联质谱法快速检测水果中的多效唑残留．分析化学，2011，08：1270-1273.

[12] 张莹，鹿毅，杨涛，等．高效液相色谱-串联质谱法测定果蔬中 7 种植物生长促进剂残留．分析测试学报，2012，31 (4)：442-447.

[13] 陆益民，易国斌，陈创彬，等．西瓜中 4 种植物生长调节剂残留的分析方法研究．分析测试学报，2011，30 (2)：186-189.

[14] 周建科，徐鹏，杨冬霞，等．固相分散萃取-高效液相色谱法测定番茄酱中的植物生长调节剂．中国调味品，2011，36 (3)：99-101.

[15] 牟艳莉，郭德华，丁卓平．高效液相色谱-串联质谱法检测瓜果中的 4 种植物生长调节剂的残留量．色谱，2013，31 (10)：1016-1020.

[16] 张军，杜平．高效液相色谱-串联质谱法测定葡萄中的吡效隆和赤霉素．色谱，2011，29 (11)：1133-1136.

[17] 谢文，史颖珠，侯建波，等．液相色谱-串联质谱法同时测定棉花中乙烯利，噻苯隆和敌草隆药物的残留量．色谱，2014，32 (2)：179-183.

[18] 周旭，许锦钢，陈智栋，等．流动相离子色谱法同时测定植物中残留的矮壮素和缩节胺．色谱，2011，29 (03)：244-248.

[19] 林涛，黎其万，刘宏程，等．果蔬中外源植物生长调节剂的快速提取和测定．环境化学，2016，35 (1)：57-66.

[20] 钟莉萍，徐敦明，方恩华，等．高效液相色谱法和高效液相色谱-质谱/质谱法测定荔枝中对氯苯氧乙酸（钠）．检验检疫学刊．2010，20 (2)．24-27.

[21] 孙大利，郑尊涛，叶火春，等．氯吡脲在葡萄中的残留分析方法及消解动态．农药．2011，50 (10)：751-753.

[22] 胡江涛，盛毅，方智，等．分散固相萃取-高效液相色谱法快速检测猕猴桃中的氯吡脲．色谱．2007，25 (3)：

441-442.
[23] 蔡轶平，孙志伟，王小艳，等．同位素编码衍生-高效液相色谱串联质谱法测定果蔬样品中的羧酸类植物生长调节剂．分析化学．2015，(3)：419-423.
[24] 邬方宁．超声提取技术在现代中药中的应用．中草药，2007，38 (2)：315-316.
[25] Ma L，Zhang H，Xu W，et al. Simultaneous determination of 15 plant growth regulators in bean sprout and tomato with liquid chromatography－triple quadrupole tandem mass spectrometry. Food Analytical Methods，2013，6 (3)：941-951.
[26] Engelberth J，Schmelz E A，Alborn H T，et al. Simultaneous quantification of jasmonic acid and salicylic acid in plants by vapor-phase extraction and gas chromatography-chemical ionization-mass spectrometry. Analytical Biochemistry. 2003，312 (2)：242-250.
[27] Ross A R，Ambrose S J，Cutler A J，et al. Determination of endogenous and supplied deuterated abscisic acid in plant tissues by high-performance liquid chromatography-electrospray ionization tandem mass spectrometry with multiple reaction monitoring. Analytical Biochemistry. 2004，329 (2)：324-333.
[28] Barkawi L S，Tam Y-Y，Tillman J A，et al. A high-throughput method for the quantitative analysis of auxins. Nature Protocols. 2010，5 (10)：1609-1618.
[29] Wan Y Q，Mao X J，Yan A P. Simultaneous determination of organophosphorus and organonitrogen pesticides residues in Angelica sinensis. Journal of Environmental Science and Health Part B. 2010，45 (4)：315-324.
[30] Schmelz E A，Engelberth J，Alborn H T，et al. Simultaneous analysis of phytohormones，phytotoxins，and volatile organic compounds in plants. Proceedings of the National Academy of Sciences of the United States of America. 2003，100 (18)：10552-10557.
[31] Lu Q，Chen L，Lu M，et al. Extraction and analysis of auxins in plants using dispersive liquid－liquid microextraction followed by high-performance liquid chromatography with fluorescence detection. Journal of Agricultural & Food Chemistry. 2010，58 (5)：2763-2770.
[32] Gupta V，Kumar M，Brahmbhatt H，et al. Simultaneous determination of different endogenetic plant growth regulators in common green seaweeds using dispersive liquid-liquid microextraction method. Plant Physiology & Biochemistry. 2011，49 (11)：1259-1263.
[33] Poole C F. New trends in solid-phase extraction. Trac Trends in Analytical Chemistry. 2003，22 (6)：362-373.
[34] Dobrev P I，Havlícek L，Vagner M，et al. Purification and determination of plant hormones auxin and abscisic acid using solid phase extraction and two-dimensional high performance liquid chromatography. Journal of Chromatography A. 2005，1075 (1-2)：159-166.
[35] Liu H T，Li Y F，Luan T G，et al. Simultaneous determination of phytohormones in plant extracts using SPME and HPLC. Chromatographia. 2007，66 (7)：515-520.
[36] Li N，Chen J，Shi Y P. Magnetic reduced graphene oxide functionalized with β-cyclodextrin as magnetic solid-phase extraction adsorbents for the determination of phytohormones in tomatoes coupled with high performance liquid chromatography. Journal of Chromatography A. 2016，1441：24-33.
[37] Ding J，Mao L J，Yuan B F，et al. A selective pretreatment method for determination of endogenous active brassinosteroids in plant tissues：double layered solid phase extraction combined with boronate affinity polymer monolith microextraction. Plant Methods. 2013，9 (1)：1-9.
[38] Kugimiya A，Takeuchi T. Molecularly imprinted polymer-coated quartz crystal microbalance for detection of biological hormone. Electroanalysis. 1999，11 (15)：1158-1160.
[39] Chen C，Chen Y，Zhou J，et al. A 9-vinyladenine-basedmolecularly imprinted polymeric membrane for the efficient recognition of plant hormone 1 H-indole-3-acetic acid. Analytica Chimica Acta. 2006，569 (1－2)：58-65.
[40] Hauserová E，Swaczynová J，Dolezal K，et al. Batch immunoextraction method for efficient purification of aromatic cytokinins. Journal of Chromatography A. 2006，1100 (1)：116-125.
[41] López-Carbonell M，Gabasa M，Jáuregui O. Enhanced determination of abscisic acid（ABA）and abscisic acid glucose ester（ABA-GE）in Cistus albidus plants by liquid chromatography-mass spectrometry in tandem mode. Plant Physiology & Biochemistry. 2009，47 (4)：256-261.
[42] Tarkowski P，Ge L，Yong J W H，et al. Analytical methods for cytokinins. Trac Trends in Analytical Chemistry. 2009，28 (3)：323-335.
[43] Liang Y，Zhu X，Zhao M，et al. Sensitive quantification of isoprenoid cytokinins in plants by selective immunoaffinity purification and high performance liquid chromatography-quadrupole-time of flight mass spectrometry. Methods. 2012，56 (2)：174-179.
[44] Hu J，Fang W，Dong X，et al. Characterization and quantification of triacylglycerols in peanut oil by off-line compre-

hensive two-dimensional liquid chromatography coupled with atmospheric pressure chemical ionization mass spectrometry. Journal of Separation Science. 2013，36（2）：288-300.

[45] Lee S W，Choi J H，Cho S K，et al. Development of a new QuEChERS method based on dry ice for the determination of 168 pesticides in paprika using tandem mass spectrometry. Journal of Chromatography A. 2011，1218（28）：4366-4377.

[46] Cazorla-Reyes R，Fernández-Moreno J L，Romero-González R，et al. Single solid phase extraction method for the simultaneous analysis of polar and non-polar pesticides in urine samples by gas chromatography and ultra high pressure liquid chromatography coupled to tandem mass spectrometry. Talanta. 2011，85（1）：183-196.

[47] Sun X，Ouyang Y，Chu J，et al. An in-advance stable isotope labeling strategy for relative analysis of multiple acidic plant hormones in sub-milligram Arabidopsis thaliana seedling and a single seed. Journal of Chromatography A. 2014，1338（7）：67-76.

[48] Li J，Xiao L T，Zeng G M，et al. A renewable amperometric immunosensor for phytohormone β-indole acetic acid assay. Analytica Chimica Acta. 2003，494（1-2）：177-185.

[49] Liu Y，Dong H，Zhang W，et al. Preparation of a novel colorimetric luminescence sensor strip for the detection of indole-3-acetic acid. Biosensors & Bioelectronics. 2010，25（10）：2375-2378.

[50] Wang R Z，Xiao L T，Yang M H，et al. Amperometric determination of indole-3-acetic acid based on platinum nanowires and carbon nanotubes. Chinese Chemical Letters. 2006，17（12）：1585-1588.

[51] Wang Z H，Xia J F，Han Q，et al. Multi-walled carbon nanotube as a solid phase extraction adsorbent for analysis of indole-3-butyric acid and 1-naphthylacetic acid in plant samples. 中国化学快报（英文版）. 2013，24（7）：588-592.

[52] Zhou Y，Xu Z，Wang M，et al. Electrochemical immunoassay platform for high sensitivity detection of indole-3-acetic acid. Electrochimica Acta. 2013，96（5）：66-73.

[53] Yang Y J，Xiong X，Hou K，et al. The amperometric determination of indole-3-acetic acid based on $CeCl_3$-DHP film modified gold electrode. Russian Journal of Electrochemistry. 2011，47（1）：47-52.

[54] Wells D M，Laplaze L，Bennett M J，et al. Biosensors for phytohormone quantification：challenges，solutions，and opportunities. Trends in Plant Science. 2013，18（5）：244-249.

[55] Farrow S C，Emery R N. Concurrent profiling of indole-3-acetic acid，abscisic acid，and cytokinins and structurally related purines by high-performance-liquid-chromatography tandem electrospray mass spectrometry. Plant Methods. 2012，8（1）：1-18.

[56] Li H，Ding G S，Yue C Y，et al. Diamino moiety functionalized silica nanoparticles as pseudostationary phase in capillary electrochromatography separation of plant auxins. ELECTROPHORESIS. 2012，33（13）：2012-2018.

[57] Sokolowska K，Kizińska J，Szewczuk Z，et al. Auxin conjugated to fluorescent dyes-a tool for the analysis of auxin transport pathways. Plant Biology. 2014，16（5）：866-877.

[58] Ward S K，Heintz J A，Albrecht R M，et al. Single-cell elemental analysis of bacteria：quantitative analysis of polyphosphates in Mycobacterium tuberculosis. Frontiers in Cellular & Infection Microbiology. 2012，2（1）：

[59] Peng Y，Zhang S，Wen F，et al. In Vivo Nanoelectrospray for the localization of bioactivemolecules in plants by mass spectrometry. Analytical Chemistry. 2012，84（7）：3058-3062.

[60] Dekhuijzen H，Gevers C. The recovery of cytokinins during extraction and purification of clubroot tissue. Physiologia Plantarum. 1975，35（4）：297-302.

[61] Durgbanshi A，Arbona V，Pozo O，et al. Simultaneous determination of multiple phytohormones in plant extracts by liquid chromatography-electrospray tandem mass spectrometry. Journal of Agricultural and Food Chemistry. 2005，53（22）：8437-8442.

第五章 植物生长调节剂在植物组织培养中的应用

第一节 概 述

一、植物组织培养的概念

植物组织培养（plant tissue culture）的概念有广义和狭义之分。广义的植物组织培养是指在无菌和人工预知的控制条件下，将离体的植物胚胎、器官、组织、细胞或原生质体等，放在由营养物质和植物生长调节剂等组成的培养基中，使它们得以继续生长、分化形成完整植株的所有培养技术的总称。用于培养的离体植物胚胎、器官、组织、细胞或原生质体等通常称为外植体（explant），外植体的来源极其广泛，如植物成熟和未成熟的胚胎、植物的根、茎、叶、花、果实、种子等器官、木质部、韧皮部、形成层、皮层、髓部、分生组织、薄壁组织、胚乳等组织、细胞及去掉细胞壁的原生质体等。由于这些外植体已经脱离了母体，因此，植物组织培养也被称为植物离体培养（plant culture *in vitro*）。狭义的植物组织培养就是指仅对植物的组织（如分生组织、表皮组织、薄壁组织等）及培养物产生的愈伤组织（callus）进行离体培养的技术。本书所讲的植物组织培养多指广义的植物组织培养。

1. 植物组织培养的理论依据

植物组织培养的理论依据是植物细胞的全能性。所谓细胞的全能性是指每个具有细胞核的活细胞都具有母体的全套基因，具有分化发育成完整个体的潜在能力。植物细胞只要具有一个完整的膜系统和一个有生命力的细胞核，即使已经高度成熟和分化的细胞，也还保持着恢复到分生状态的能力。这种能力使植物能够在适当的培养条件下无限地分裂和增殖。例如，经过培养产生的兰花试管苗，其遗传性状与母株一样。这个过程通常也叫做克隆。又如，从一个香蕉的吸芽，经过组织培养，一年可产生成千上万株与母体植株一样的试管苗。经过100多年的植物组织培养实践，科学家们已成功地对1000多种植物的各种类型的组织、细胞甚至是原生质体，诱导出胚状体和完整植株，充分证明了植物细胞所具有的全能性。

植物细胞要实现全能性，就要保证在离体培养的条件下，组织和细胞能够继续生长，通常经过脱分化和再分化的过程。众所周知，受精卵经过细胞的不断分裂和分化，在胚胎发育过程中，形成根端和茎端，发育成种子。种子萌发后，长根、长叶，形成完整的植株。完整植株的每个细胞都保持着这种潜在的全能性。根、茎、叶等高度分化的器官从植物体取下来后，经无菌操作接种到培养基上进行离体培养，培养基中除了具有满足植物生长所需要的营养成分外，还有植物生长物质。离体的器官或组织细胞在植物生长物质等的诱导作用下，可以改变原来的分化状态，失去原来的结构与功能，转变成具有分生能力（可以分裂）的细胞，产生愈伤组织，即发生脱分化过程。将脱分化的愈伤组织转移到适当的培养基上继续培养，经过再次分化，细胞不断分裂和分化，重新产生根、茎和叶，最后形成完整植株（图5-1）。在植物细胞全能性实现的过程中需要适当的环境条件，如光、温度、植物生长物质、营养条件、培养条件等。例如蓝猪耳的叶片组织块，在一定浓度2,4-D的诱导下，诱导产生愈伤组织。不同离子强度培养基对蓝猪耳不定芽生根有着显著的影响。在同样浓度的植物生长物质组合培养基上，黑暗条件下能够诱导愈伤组织的产生；而光照条件下诱导不定芽和少量愈伤组织的产生。离体器官培养产生完整植株的途径也可能经过愈伤而直接产生芽和根（图5-1）。

植物体的组织或器官 —分离→ 离体培养 —脱分化→ 愈伤组织 —再分化→ 幼芽、幼根 ——→ 完整植株

图5-1　实现植物细胞全能性所经历的过程

植物细胞在培养过程中表现出极大的可塑性，可以分化出不同类型的细胞和组织，形成胚状体或分化出芽、根直至形成完整植株。植物细胞培养的这种可塑性在不同植物种类或不同器官和组织之间有很大的差别。一般来说，细胞全能性高低与细胞分化程度有关，分化程度越高，细胞全能性越低。根据细胞类型的不同，其全能性的表现从强到弱依次为：营养生长中心、形成层、薄壁细胞、厚壁细胞。根据细胞所处组织的不同，其全能性表现从强到弱依次为：顶端分生组织、居间分生组织、侧生分生组织、薄壁组织。

需要指出的是，植物细胞的发育程度直接影响着细胞全能性的表现。如高等植物特化细胞筛管在未成熟时是具有细胞核的，具有细胞全能性的可能，筛管细胞成熟后，细胞核消失，原生质体和横壁消失，多个筛管细胞彼此连接成为运输有机物的通道，不再表现细胞全能性的能力。对于一些组织，如输导组织、厚壁组织等，能否表现全能性要根据其细胞是否具有细胞核和膜系统的完整性等具体情况而定。

2. 植物组织培养类型

（1）根据培养植物不同的部位划分：

① 植株培养　植株培养是指在无菌的人工条件下，将幼苗及较大植物体接种于培养基上使其生长发育的培养方法。常用于幼苗材料的起始、壮苗培养、再生植株的微繁殖，以及名、优、新或濒危植物的种质保存。

② 植物胚胎培养　植物胚胎培养是指在无菌的人工条件下，将植物成熟或未成熟胚接种于培养基使其生长发育的离体培养方法。该方法常被用于杂种胚的挽救培养。

③ 植物器官培养　植物器官是指在无菌的人工条件下，将植物的根、茎、叶、花、果实、子房和胚等各种器官的全部或部分以及其原基进行离体培养的方法。根据植物器官的不同又可分为不同类型，如根培养、花药培养、叶培养等。

④ 植物组织培养　植物组织培养就是指仅对植物的组织（如分生组织、表皮组织、薄壁组织等）及培养物产生的愈伤组织进行离体培养的技术。愈伤组织原指植物体的局部受到创伤刺激后，在伤口表面新生的组织。植物组织培养过程中，愈伤组织是离体条件下诱导植物外植体产生的一团无序生长的细胞，它是由活的薄壁细胞组成。由于离体培养的组织大多是先脱分化形成愈伤组织，可起源于植物体任何器官内各种组织的活细胞。后再进一步生长分化，因此也将培养过程中经历愈伤组织的这一阶段称为愈伤组织的培养。

⑤ 植物细胞培养　植物细胞培养是指在无菌的人工条件下，将植物材料从母体植株上切取后，分离出细胞或小细胞团，对其进行离体培养的技术。植物细胞培养强调的培养对象是游离细胞或小细胞团，培养时可用一群细胞，也可用单个细胞。

⑥ 植物原生质体培养　植物原生质体培养是指将植物细胞除去细胞壁后形成裸露的原生质体，把原生质体放在无菌的人工条件下使其生长发育的培养方法。

（2）根据培养基的物理性状划分　根据培养基的物理性状大致分为两类，即固体培养基和液体培养基。在培养基中加入一定量的凝固剂（如琼脂、卡拉胶、结冷胶等）即为固体培养基，而不加入凝固剂的即为液体培养基。固体培养指在液体培养基中加入一定量凝固剂使液体培养基固化，再接种培养物的培养方法。液体培养指在不加凝固剂的液体培养基中接种培养物的培养方法。根据所用培养液的量的不同，又可将液体培养分为液体悬浮培养和液体浅层

培养。

（3）根据培养过程划分

① 初代培养是指将外植体进行离体培养的最初培养阶段。目的是建立无菌培养体系。

② 继代培养是指将初代培养诱导产生的培养物重新分割，并转移至新鲜培养基上继续培养的阶段。目的是使培养物得到大量繁殖。

③ 生根培养是指诱导健壮的不定芽生根，形成完整植株的阶段。

此外，培养类型还可按不同的划分依据而再有其他类型。如根据培养过程中是否需光照，可分为光培养和暗培养。根据培养方法的不同，可分为平板培养、微室培养、悬浮培养等。

3. 植物组织培养的特点

（1）培养条件可人为控制　植物组织培养完全摆脱了多变不可控的自然环境，在无菌的人工条件下进行培养，模拟自然的昼夜变化，甚至是季节变化，还可调节不同的光周期，且条件均一。这种人为可控的条件可以进行各类科学研究，同时也可以寻找到最有利于植物生长的条件，便于稳定地进行组培苗大规模生产。

（2）生长周期短，繁殖系数高　生产用组培苗一般是在最有利于植物生长的条件下培养，因此生长较快，繁殖系数高。另外，植物材料在组培瓶中微型化，所占空间小。所以，在一个有限的空间内，植物材料按几何级数繁殖生产，总体来说成本低廉，利于规模化生产，且能及时提供规格一致的优质种苗或脱病毒种苗。

（3）管理方便，利于工厂化生产和自动化生产　植物组织培养是在一定的人工条件下，人为控制的温度、光照、湿度、营养、植物生长物质等条件下，既利于高度集约化和高密度工厂化生产，也利于自动化控制生产。生产实践证明，植物组织培养快速繁殖自动化、现代化、专业化程度越高，生产效益越大。植物组织培养不仅生产工艺已经自动化，甚至接种上已投入能分清材料好坏的机器人操作，它是未来农业工厂化育苗的发展方向。

（4）使用材料经济，保证遗传背景一致　由于植物细胞具有全能性，少量植物材料甚至单个细胞就可以培养出完整的植株。对于优良种质资源，仅仅取一个茎尖或一片叶子就可以培养出完整植株，保证了材料的生物学来源单一和遗传背景一致。由于植物组织培养取材少、获取方便、培养效果好、速度快，对于新品种的推广和良种复壮更新，可以实现大规模的生产。

二、植物组织培养的专用名词

植物组织培养领域有一系列专有名词和概念，对它们的正确理解有利于工作开展。下面列举了常用的名词概念：

（1）离体培养　即广义的植物组织培养，是指从植物体分离的组织、器官、细胞或原生质体等，通过无菌操作在人工控制条件（培养基、温度、光照等）下，以获得再生植株或生产其他生物产品的培养技术。

（2）外植体　用于进行组织培养的器官、组织和细胞称为外植体。简单地说，凡是在离体条件下培养的植物或植物体的一部分都叫做外植体。如用菊花的叶片、野葛的子叶、芦荟的茎段或苹果树的茎尖等，脱离母体后在培养基上培养的这些叶片、子叶、茎段或茎尖就是外植体。将已经培养的组织器官（如叶片、茎段等）继续进行继代培养时，将培养组织切开，移入新的培养基中，这样的分割部分也称为外植体。

（3）愈伤组织　来自于植物各种器官的外植体在离体培养条件下，细胞经脱分化等一系列过程，改变了它们原有的特性而转变形成一种能迅速增殖的无特定结构和功能的细胞团，称为愈伤组织。如菊花的叶片，经诱导培养几天后，不再长出叶片，而观察到无特定结构和功能的细胞团块出现。一般情况下，植物的各种器官和组织都有诱导产生愈伤组织的潜在可能性，经过培养基中含有的植物生长物质的诱导作用，即可产生愈伤组织。不同植物、同一植物的不同器官或组织产生的愈伤组织，在质地和物理性状方面是有差别的，如有的很坚实，有的疏松脆弱，一碰就会散开，颜色也不一样。

(4) 脱分化 已有特定结构与功能的植物组织，在一定条件下，其细胞被诱导而改变原来的发育途径，转变为具有分生能力的胚性细胞或愈伤组织，这个过程称为脱分化。如各种植物的叶片，是有特殊结构和功能的器官组织，一般不再发生分裂。由于加入培养基中的植物生长物质(如2,4-D)的诱导作用，叶片形成愈伤组织，愈伤组织的细胞可以发生分裂，产生新的细胞或组织。

(5) 再分化 指脱分化的细胞团或组织（如愈伤组织）再次分化，产生新的具有特定结构和功能的组织或器官的一种现象。例如，菊花叶片产生的愈伤组织是脱分化的组织，在一定条件下的离体培养，加入合适的生长物质，这些愈伤组织又能够发生新的器官（如根或芽），形成完整的植株，这样的过程就叫做再分化。

(6) 植株再生 是指从植物体上分离出的部分（器官或组织）具有恢复植物其余部分的能力。当从植物体上分离的根、茎、叶等器官或组织，在适当的培养条件下培养，有可能发育成新的完整植株。植株再生方式有器官发生和胚胎发生两种方式。

(7) 继代培养 为了迅速获得更多的试管苗或培养物，当初代培养的培养物生长量增大或培养基养分利用完时，将试管苗或培养物转瓶置于新的培养基上培养的过程。

(8) 器官培养 植物的各种器官，主要是指根、茎段、茎尖、叶原基、花器官的各部分原基或成熟的花器官的各部分以及未成熟果实等的离体培养。也就是说，外植体是植物的器官。例如，培养马铃薯时，用茎尖作为外植体进行培养，经过脱分化和再分化，获得的试管苗是脱毒试管苗，解决植株病毒病的问题；以叶、胚轴、子叶等器官作为外植体的培养，可进行大规模组织培养，生产大量的试管苗。

(9) 试管苗 是在无菌条件下，采用人工培养基离体培养植物的器官、组织、细胞或原生质体，利用植物细胞全能性，使其分裂、分化或诱导成苗木。由于细胞培养和组织培养的过程早期一般是在玻璃试管中进行的，由此而得的苗木被称为试管苗。

(10) 微嫁接 是指在无菌条件下，用显微操作法将仅带1～3片叶原基的茎尖（约1mm）取下，然后将此茎尖嫁接于在试管中培养的砧木上的技术，它是在离体繁殖的嫁接技术基础上发展起来的。

(11) 胚状体 也称为体细胞胚，是指在离体植物细胞、组织或器官培养过程中，由一个或一些体细胞，经过胚胎发生和发育过程，形成的与合子胚相类似的结构。胚状体一般专指在组织培养条件下产生的非合子胚，以区别于自然发生的珠心胚及其他通过无融合生殖和由合子胚分裂产生的胚。众所周知，在植物的有性生活史中，精卵结合形成合子，发育形成合子胚。大量实验证实，植物的体细胞也具有形成胚的潜力。在组织培养过程中，可以观察到一种由外植体细胞或愈伤组织细胞形成的、具有类似于合子胚的结构，即为胚状体或体细胞胚。如石龙芮的下胚轴在含有10%椰子汁的培养基上，形成愈伤组织，继续培养3周后，在愈伤组织上出现大量胚性结构。胚状体的发育也经历类似于合子胚发育的过程，要经过原胚期、球形胚期、心形胚期、鱼雷胚期和子叶胚期等。研究胚状体的发生，为制备大量的人工种子提供基础，因为它组成人工种子的胚结构。有些胚状体在发育的早期与试管苗的不定芽常用的区别方法是，在显微镜下，观察来自于体细胞的胚状体在发育的早期阶段具有极性，即在其相反的两端分别出现茎端和根端，是一种单极性结构。另外，在组织学上，胚状体的维管组织与母体植物或外植体的维管组织没有联系，其维管组织的分布呈“Y”形；而不定芽的维管组织与母体植物或外植体的维管组织是相连接的。

(12) 原球茎 最初指兰花种子萌发过程中的一种形态学构造，其萌发初期不出现胚根，只是胚逐渐膨大，然后在种皮的一端破裂，胀大的胚呈现小圆锥状；也可以理解为原球茎为缩短的、呈珠粒状、由胚性细胞组成的、类似嫩茎的原器官。在兰科植物的组织培养中，根尖、叶片等适宜外植体也可诱导类似组织结构，在一定条件下培养会进一步分化出芽和根而形成完整植株。由于这些锥（球）状物在形态上和种子萌发时由胚形成的原球茎相似，因而被称为原球茎，更多的学者称其为类原球茎或拟原球茎。

(13) 人工种子　天然的植物种子通常由胚、胚乳和种皮三部分组成。人工种子是指将植物离体培养产生的胚状体包埋在有营养成分和保护功能的物质中，在适宜条件下发芽出苗的颗粒体，又称合成种子或体细胞种子。人工种子包括胚状体、人工胚乳和人工种皮三部分（图 5-2）。其中，营养成分起胚乳的作用，提供营养、保护功能的物质。

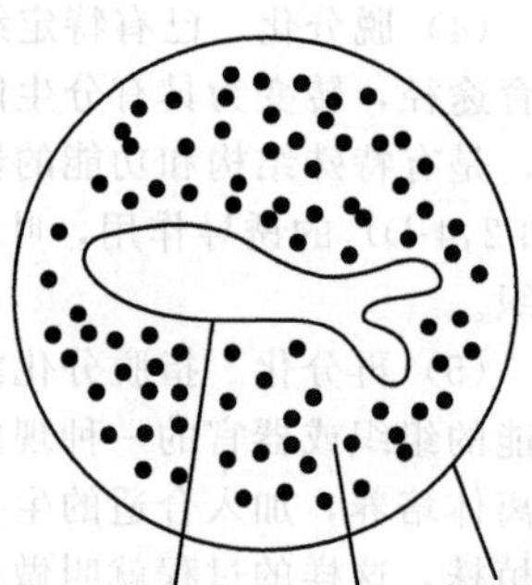

图 5-2　人工种子示意图

(14) 脱毒培养　一般情况，除了部分豆类作物外，种子是不会传递病毒的。植物病毒是通过无性繁殖传递的，而植物的快速繁殖建立在无性繁殖的基础上，病毒在母体内逐代积累，危害会越来越严重。因此在快速繁殖时，结合脱毒进行培养十分重要。病毒在植物体内的分布是不均匀的。在受侵染的植物中，顶端分生组织一般来说是无病毒的，或者只携有浓度很低的病毒。在较老的组织中，病毒数量随着与茎尖距离的加大而增加。这是因为病毒一般通过维管束转移，顶端分生组织没有维管束，病毒只能通过胞间连丝传递，赶不上细胞分裂和生长的速度，所以几乎不含病毒或很少含病毒。1952 年，Morel 和 Martin 首先利用茎尖分生组织培养获得了大丽花和马铃薯无病毒苗，同时建立了茎尖脱毒的组织培养技术体系。此后茎尖培养方法得到了长足的进展，现已成为最有效的获得完全无毒植物的方法，成功地用于多种栽培植物。茎尖培养方法虽然主要用于消除病毒，但也可消除植物中其他病原菌，包括类病毒、类菌质体、细菌和真菌。现在这一方法已在园艺上得到了普遍的应用。进行茎尖培养时，切取茎尖越小，带有病毒的可能性就越小，但茎尖太小，离体培养时成活率小。表 5-1 介绍了几种带病毒植株脱病毒时宜采用的茎尖大小。

表 5-1　几种带病毒植株脱病毒时宜采用的茎尖大小

植物种类	病毒种类	茎尖长度/mm	品种数
马铃薯	马铃薯 Y 病毒	1.0～3.0	1
	马铃薯 X 病毒	0.2～0.5	7
	马铃薯卷叶病毒	1.0～3.0	3
	马铃薯 G 病毒	0.2～0.3	1
	马铃薯 S 病毒	0.2 以下	5
甘薯	斑叶花叶病毒	1.0～2.0	6
	缩叶花叶病毒	1.0～2.0	1
	羽毛状花叶病毒	0.3～1.0	2
甘蔗	花叶病毒	0.7～0.8	1
大理花	花叶病毒	0.6～1.0	1

(15) 体细胞无性系变异　在植物组织培养过程中，再生植株及其后代中会出现各种变异，这些变异，有些是不能遗传的生理性变异，有些则属于遗传性的变异。可遗传的变异可通过有性世代和无性繁殖稳定地遗传下去。这种经组织培养诱导出的再生植株的变异被称作“体细胞无性系变异”。凡是能通过配子而传递的性状，就是遗传变异性状。由于体细胞无性系变异广泛，变异后代遗传稳定，能基本保持原品种特性。因此就有可能在实践中筛选出这些变异性状，选育适合的优良品种，还可利用各种诱变因素定向诱导突变个体的产生。体细胞无性系变异在品种改良上已取得了成功，如从马铃薯的体细胞无性系中选育出了抗旱疫病的品种，从水稻中选育出了抗白叶枯病的品种等。

(16) 细胞转化　通过无菌技术，将外源的基因（脱氧核糖核酸，即 DNA）转入植物基因组中，并且这些基因能在细胞中表达，这种方法叫做细胞转化，也叫做外源基因导入或转基因技术。细胞转化的目的是以某一物种的优良栽培品种（希望推广）为受体材料，针对某一缺陷转入一个特定的目的基因（如抗病、抗虫基因），使转基因植株既保留了原来的优良性状，又增加了新的性状，无疑有利于植物的品种改良。细胞转化是植物细胞和基因工程的基本技术。目前的技术主要有两大类：①农杆菌介导的转化，即用携带有目的基因的农杆菌感染植物或离体器官（如叶片、茎段等）的受伤部位，再将感染后的离体组织或器官在选择培养基上培养，筛选出转基因细胞；②DNA 直接导入的转化，即用裸露的 DNA 经特殊处理后，直接转移到植物的原生质体、细胞或组织中，导致细胞转化。

三、植物组织培养过程中使用的植物生长调节剂

植物生长物质包括植物激素和植物生长调节剂两大类，其在培养基中的用量虽然小，但对植物组织培养过程中细胞分化和形态建成有着明显的调节作用，不同种类的植物生长调节剂对于植物组织培养材料的作用效果不同。它不仅可以促进植物组织的脱分化和形成愈伤组织，还可以诱导不定芽、不定胚或不定根的形成。因此，可以说植物生长调节剂在植物组织培养中起着极其关键的作用。

1. 生长促进剂

植物生长促进剂是指具有促进植物细胞分裂、分化和延长作用的植物生长调节剂。如生长素类、细胞分裂素、赤霉素类、芸薹素内酯等都是植物生长促进剂。在植物组织培养中，生长素类在诱导愈伤组织形成和生根方面起重要的作用。生长素类的吲哚丁酸、萘乙酸可以促进插条生根，在生产上广泛应用。如 2,4-D 在 1～2mg/L 浓度下可诱导组织培养中愈伤组织、胚状体的产生。

（1）生长素类　在植物组织培养中生长素类常用的是 2,4-D、萘乙酸、吲哚乙酸（IAA）、吲哚丁酸（IBA），它们使用的适宜浓度：吲哚乙酸为 10^{-10}～10^{-5} mol/L，以 0.1～10mg/L 最常用；2,4-D 为 10^{-7}～10^{-5} mol/L，萘乙酸的适宜浓度范围高于吲哚乙酸，吲哚丁酸的适宜浓度也为 0.1～10mg/L。由于植物组织中存在吲哚乙酸氧化酶，吲哚乙酸见光易分解、不耐高温和价格较高，在高压灭菌时会受到破坏。因此，在植物组织培养中使用时需采用过滤除菌。

（2）细胞分裂素类　在组织培养中常用的细胞分裂素类有：激动素（KT）、6-苄氨基嘌呤（6-BA）、玉米素（ZT）、异戊烯基腺嘌呤（IP）、吡效隆（CPPU）和噻唑隆（TDZ），尤以人工合成的、性能稳定、价格适中的激动素、6-苄氨基嘌呤常用，其使用的浓度为 10^{-7}～10^{-6} mol/L。高浓度的细胞分裂素会抑制根的产生。使用吡效隆和噻重氮苯基脲时浓度低，一般在 0.1～1mg/L 之间。在细胞分裂素中，ZT 的价格较贵，在高压灭菌时容易被破坏，但是 ZT 对某些植物不定胚的诱导效果较好。在培养基中加入细胞分裂素的目的，主要是为了促进细胞分裂和由愈伤组织分化或器官分化不定芽。由于这类化合物有助于腋芽从顶端优势的抑制下解放出来，因此也可以用于茎的增殖。生长素与细胞分裂素的配合使用，对于器官形成和植物体再生以及生长状态均可以起调控作用。

（3）赤霉素　在植物的组织培养过程中添加 GA_3 不仅可起到打破休眠、促进细胞分裂、茎伸长的作用，还对生长素和细胞分裂素的活性有增效作用。如 GA_3 能显著增加许多马铃薯品种的试管苗株高，当 GA_3 与适宜浓度的 NAA 搭配使用不仅可以增加株高，同时也可增加节数和叶片数。但是 GA_3 对马铃薯块茎的形成有很强的抑制作用。在培养基中添加赤霉素，可显著刺激黄芩外植体芽的形成，同时抑制根的生长。也有学者认为赤霉素能刺激在培养中形成的不定胚发育成正常植株。

（4）芸薹素内酯（BR）　在植物组织培养中，0.001mg/L 芸薹素内酯（BR）即可显著促进细胞的分裂和组织的增殖。也有研究表明 BR 能刺激愈伤组织的诱导、不定芽的分化、不定根的分化和植株再生，BR 还能促进胚性愈伤组织中胚性细胞的诱导和进一步的分化。

2. 生长延缓剂

在组织培养中使用的生长延缓剂有多效唑、矮壮素、丁酰肼、粉锈宁等，起壮苗生根作用。例如，在MS培养基中加入1mg/L多效唑，野葛试管苗培养1周，再生苗生长健壮，根发育良好，出瓶移栽后成活率达100%。同样，在玉米幼胚愈伤组织的继代、分化和培养基中附加2～4mg/L多效唑，得到健壮的再生苗，直接移栽入土后，叶色正常，成活率提高。1μmol/L或5μmol/L的粉锈宁可明显提高菜心茎尖继代培养时的繁殖系数，其繁殖系数分别达到4.31和4.21，为对照的1.57倍和1.53倍，表明粉锈宁对改善菜心茎尖繁殖具有良好的作用。

3. 其他植物生长调节剂

毒莠定（picloram）是一种除草剂，在一定剂量下可用于植物组织培养，在某些植物中有类似2,4-D、NAA等生长素的生理效应。毒莠定可用于诱导植物产生胚性愈伤组织，对多种植物的体细胞胚胎发生的诱导作用明显。在百合、小苍兰、风信子和郁金香等植物诱导体细胞胚胎发生中都得到了应用。在大花蕙兰培养基中加入一定量的毒莠定，分化的不定芽比对照（不含毒莠定）培养基中的不定芽生长旺盛，表明毒莠定对芽的分化起一定作用。但是毒莠定对不同植物的丛芽诱导效果不同，有学者认为这与植物本身含有的内源激素有关。

麦草畏（dicamba）是一种植物生长调节剂，在小麦幼胚和成熟胚的愈伤组织诱导和分化方面都有较好的效果。Mariag运用Dicamba对小麦成熟胚进行离体培养，愈伤组织再生比2,4-D的效果更好，且在4mg/L时诱导的愈伤组织的再生率最高。

木薯初生胚状体的诱导可采用毒莠定1～12mg/L、麦草畏1～66mg/L及2,4-D 1～16mg/L，使用生长素的类型及浓度依据不同的品种、外植体的类型而变化。也有研究表明麦草畏和毒莠定较其他植物激素对草地早熟禾的愈伤组织诱导及再生效果更好。利用3种基因型的燕麦材料的成熟胚，发现2,4-D对胚胎发生和再生能力有促进作用，而毒莠定和麦草畏作用相反。

在植物组织培养中发现，单独使用ABT生根粉具有生根作用，其既可诱导愈伤组织，又可使芽枝抽高壮实，也能生根。在珠美海棠试管苗培养过程中，在相同条件下ABT诱导生根效果比IBA好。添加0.1mg/L ABT生根粉生根作用明显，生根快，根系粗壮、多，生根率高。在厚朴（*Magnolia offinalis*）的组织培养过程中，培养基中添加1.5mg/L ABT_3，生根率高达61.2%。在百合生根培养过程中，0.3mg/L ABT对百合再生苗具有明显的生根效应，且优于NAA和IBA，最高生根率达90%。

第二节 植物生长调节剂的应用技术

一、诱导愈伤组织

愈伤组织原指植物体的局部受到创伤刺激后，在伤口表面新生的组织。它的产生是由于植物受伤部位的组织代谢发生改变，诱导生长素和细胞分裂素加速合成，促进植物受伤部位愈合的结果。植物组织培养过程中，愈伤组织是离体条件下诱导植物外植体产生的一团无序生长的细胞，主要是由活的薄壁细胞组成。它的产生是外植体在离体条件下，人为添加植物生长调节剂诱导的结果。植物的各种组织或器官都有在离体条件下诱导产生愈伤组织的潜在可能性。由于细胞全能性，植物愈伤组织具有发育成根、茎、叶或胚状体的潜能。在培养条件合适时有可能分化产生出一个完整的新植株。同时，愈伤细胞还可以用作细胞的悬浮培养，以此建立细胞悬浮系。

愈伤组织的形成分为诱导期、分裂期和形成期三个时期。对于植物细胞分裂的诱导，损伤是诱导细胞分裂的重要因素。植物受伤时，由受伤细胞释放出来的物质对诱导细胞分裂具有很大影响。一般说来，外植体细胞分化程度越高或者说细胞越成熟，所需时间就可能越长，衰老叶子比幼嫩叶子难培养，成熟的芽比幼嫩的芽难培养，休眠芽几乎不能培养成功。此时细胞原有的代谢方式改变，合成代谢活动加强，迅速进行蛋白质和核酸物质的合成。外植体细胞经过诱导后，其外层细胞开始发生细胞分裂，回复到分生组织状态。形成期是指外植体细胞经过诱导、分裂后形成了无序结构的愈伤组织的时期。形成的愈伤组织在原来培养基培养一段时间，就必须转移到新的原培养基上进行继代培养。如果不进行继代培养，愈伤组织经长期培养可能表现出遗传的不稳定和变异。愈伤组织发生的遗传变异使得由此而获得的再生植株也相应地在遗传组成上存在差异。

虽然植物的各种器官、组织或细胞都具有产生愈伤组织的潜能，但是在生产实践中诱导植物出愈伤组织，其受到外植体、培养基和培养环境等因素的影响。

1. 外植体生理生化状态

外植体供体的遗传因素、基因型和外植体本身的生理生化状态对植物组织培养有直接的影响。不同的物种，诱导愈伤组织的能力有着明显差异。如胡萝卜的根容易诱导出愈伤组织，而竹子的叶就未见诱导愈伤组织的报道。外植体的取材部位以及外植体的幼嫩程度均对愈伤组织诱导和再生有影响。在玉米组织培养的过程中，基因型被认为是影响幼胚组织培养的首要内在因素。这种由基因型产生的差异主要有质效应和核效应。玉米幼胚胚龄是影响愈伤组织诱导的另一内在因素。胚龄不同，体内植物激素水平不同，直接影响愈伤组织的诱导。南方红豆杉愈伤组织诱导中，幼茎、老茎、针叶切段中，幼茎的愈伤组织产生的时间最早、诱导率最高，为最佳诱导愈伤组织的外植体。在美洲商陆愈伤组织诱导过程中，发现叶、下胚轴、根尖均有利于诱导脱分化产生愈伤组织。叶片最易诱导脱分化，下胚轴次之，根尖最难。有研究们者对多种基因型芒的研究结果表明，不同基因型愈伤组织的诱导率差异可达数倍，8 种基因型芒愈伤组织的诱导率介于 0.80%～91.70%之间。同时发现植物细胞壁木质素含量与其愈伤组织诱导率也存在一定的相关性。材料的基因型直接决定木质素含量的高低，木质素含量低的材料不易褐化，愈伤组织诱导率较高。芒幼穗组织处于细胞的快速生长和分化阶段，含有较高的植物生长调节剂，有利于愈伤组织的形成。

2. 培养基

合理选用培养基并根据愈伤组织的生长状态改变培养基有效成分及其配比，对于诱导愈伤组织具有重要的作用。其中，植物生长调节剂是诱导愈伤组织形成的极为重要的因素。目前，用于诱导愈伤组织形成常用的生长素种类是 2,4-D、IAA 和 NAA，所需浓度在 0.01～10mg/L 范围内。在大多数情况下，只用 2,4-D 就可以诱导外植体产生愈伤组织。但 2,4-D 具有诱变作用，在只含 2,4-D 的诱导培养基上生长的愈伤组织比较松软，呈黏液化和泡状。由于 IAA 具有高温分解的特点，培养基添加时需要过滤灭菌。因此，在愈伤组织诱导阶段，添加生长素类植物生长调节剂应优先考虑采用 NAA，改进愈伤组织的质量。采用 NAA 诱导愈伤组织时，一般需要添加一定量的细胞分裂素。如：三裂叶野葛的叶柄和茎段外植体在含有 6-BA 1.0mg/L 和 NAA 0.1mg/L 的 MS 培养基上产生愈伤组织，愈伤诱导率分别为 100%和 94%。愈伤组织诱导中常用的细胞分裂素是 6-BA、KT 和 TDZ，使用的浓度范围在 0.01～10mg/L。6-BA 是最为常用的细胞分裂素，能促进细胞分裂，有利于愈伤组织的形成；KT 对愈伤组织诱导率的影响不大，但在诱导培养基中添加 KT 可以改善愈伤组织的质量，在一定程度上能延缓愈伤组织的衰老，延缓其器官分化能力的丧失，从而提高植株再生频率；TDZ 具有很高的生物活性，其同浓度的诱导愈伤组织效力高于 6-BA 和 KT，也容易诱导出胚性愈伤组织。在草木樨状黄芪愈伤组织诱导过程中，单独使用不同浓度的 2,4-D，结果表明高浓度 2,4-D（2mg/L）促进细胞脱分化的进程，从而使愈伤组织形成加快（表 5-2）。在 2,4-D 浓度相同的条件下，当 6-BA 浓度增加到 0.5mg/L 时，愈伤组织的相对生长速率有较大幅度的增加（表 5-3）。说明 6-BA 与 2,4-D 配合使用，似乎对愈伤组织形成没有明显促进作用。但加与不加 6-BA，以及 6-BA 的使用浓度对愈伤组织进一步的生长速率有明显影响。

表 5-2 不同植物生长调节剂组合对草木樨状黄芪愈伤组织形成的影响

培养基代号	植物生长调节剂/(mg/L)		接种的外植体块数	形成愈伤组织的外植体块数	愈伤组织形成频率/%
	2,4-D/(mg/L)	6-BA/(mg/L)			
C_1	1	0	132	126	95.45
C_2	1	0.2	143	137	95.80
C_3	1	0.5	118	115	97.45
C_4	2	0	125	122	97.60
C_5	2	0.2	160	156	97.50
C_6	2	0.5	153	147	96.08

表 5-3 不同植物生长调节剂组合对草木樨状黄芪愈伤组织生长速率的影响

培养基代号	植物生长调节剂/(mg/L)		愈伤组织接种量的鲜重/g	愈伤组织生长后的鲜重/g	相对生长量/%
	2,4-D/(mg/L)	6-BA/(mg/L)			
C_1	1	0	1.03	1.18	14.56
C_2	1	0.2	2.89	12.92	347.06
C_3	1	0.5	2.13	15.40	623.01
C_4	2	0	1.85	3.80	105.41
C_5	2	0.2	2.97	11.48	286.53
C_6	2	0.5	2.61	13.78	427.97

在愈伤组织诱导过程中，不同培养基种类、不同糖类、不同蔗糖浓度以及不同有机附加物诱导愈伤组织都有一定的影响。如非洲菊叶片愈伤组织诱导时，不同的基本培养基添加相同剂量的植物生长调节剂，MS基本培养基诱导愈伤组织的效果最好；而在 ER、SH、B_5 和 N_6 培养基上，叶片逐渐干枯死亡，不能诱导出愈伤组织。在剑麻愈伤组织诱导时，SH 培养基对叶片愈伤组织诱导的时间快，出愈率高，愈伤量大，效果最好；NB 培养基次之；N_6 培养基再次之；MS 培养基最差。深入研究认为，培养基中低铵盐含量对愈伤组织的诱导有利；在含有较高浓度的盐酸硫胺素（VB_1）的培养基中，愈伤组织的诱导率、愈伤组织的生物量有显著提高。

糖的种类和浓度影响到植物组织培养中愈伤组织的形成、生长和分化。不同植物、同一植物不同组织的细胞生长所要求的渗透压不同，对各种糖的降解利用能力也不同。常规植物组织培养中常添加 3%蔗糖，油茶愈伤组织诱导时，以蔗糖、果糖、葡萄糖以及麦芽糖作为碳源，均可诱导出愈伤组织，且各碳源之间存在明显差异。其中蔗糖为碳源时，愈伤组织诱导率较高，分别达到 100%和 93.3%，其次为葡萄糖和麦芽糖，诱导率最低的为果糖，仅有 57.5%。当蔗糖浓度升高到 30g/L，愈伤组织诱导率达到 100%，随着蔗糖浓度的继续升高，愈伤组织反诱导率而下降。但也有例外，如红掌愈伤组织诱导时，在相同的培养基上，添加葡萄糖的明显比添加蔗糖的愈伤组织诱导率高，两者相差达 33.4%。苜蓿花药愈伤组织诱导时，9%蔗糖浓度下愈伤组织诱导率最高，但随着蔗糖浓度的提高而诱导率下降。但是，苜蓿花药愈伤组织在蔗糖含量为 3%的诱导培养基上生长速度最快，愈伤组织疏松；随着糖浓度增加，愈伤组织生长缓慢，糖浓度为 9%时，很多愈伤组织成为坚硬的球形。蓖麻愈伤组织诱导时，蔗糖在 20～40g/L 之间均有较高的愈伤组织诱导率，且随蔗糖浓度的增加而升高。

一般认为培养基 pH 为 5.8 时有利于植物的组织培养中愈伤组织的诱导。不同的材料也有其他报道。如杜仲愈伤组织诱导时，培养基在 pH5.5 以下时不利于愈伤组织的生长；培养基 pH 为 5.5～6.5 时对愈伤组织的生长具有促进作用；当培养基 pH 为 6.5 时，愈伤组织增长量最大；

培养基 pH 为 7.0 时，随着培养时间的延长，愈伤组织逐渐失去光泽，生长缓慢。水稻花药培养中发现，将 pH 调至 6.3～6.8，特别是在 6.3 时，愈伤组织的诱导率较 pH 为 5.8 时有大幅度提高。野葛愈伤组织诱导时，pH 不同，愈伤组织诱导率和生长量有着显著的变化（图 5-3）。

图 5-3　不同 pH 对野葛愈伤组织诱导及生长的影响

有机附加物常含有氨基酸、植物生长调节剂和蛋白质等成分复杂的营养成分和生理活性物质，补充一些未知的微量成分，促进细胞增殖和组织分化。如培养基中添加水解酪蛋白有利于胡桃楸胚性愈伤组织的诱导。但是也有研究表明，添加水解酪蛋白对黑莓愈伤组织诱导率和生长势的影响并不是特别明显，甚至水解酪蛋白浓度高于一定值时对于诱导愈伤组织有一定的抑制作用。

3. 培养条件

培养条件主要指温度、光照。常规植物组织培养光照为 800～2000lx，8～16h/d，(25±2)℃。对于愈伤组织诱导，因植物种类而改变光照。红掌愈伤组织诱导时无论哪个品种，暗培养的愈伤组织诱导率均显著高于光照培养。变温培养有利于红掌叶片愈伤组织的形成。更为重要的是经过变温处理的大部分愈伤组织表面颜色很快地转化为鲜黄绿色，呈现出较高的活性。而恒温培养的愈伤诱导率明显低于变温处理，而且愈伤组织需经过较长的时间才能转变成鲜黄绿色继续生长，部分叶片愈伤组织则丧失转变成黄绿色的能力，最终褐化，失去生长活性。马齿苋愈伤组织诱导时采用 (30±1)℃、全光照，下胚轴愈伤组织诱导率达到 100%。可能的原因是马齿苋属于 C_4 植物、兼性 CAM 植物，其仅在 30℃ 以上时萌发迅速，高光强全光照条件下生长旺盛。

二、芽诱导及增殖

以现存的芽（顶芽和腋芽）以外的任何植物器官、组织上通过器官发生重新形成的芽称为不定芽。而以植物茎尖或带有腋芽的茎段接种到培养基上进行培养，在植物生长调节剂作用下，打破顶端优势，促进腋芽生长，形成丛芽。这种以腋芽、顶芽、胚芽等定芽诱导形成的再生芽称为丛生芽。但也有学者将密集生长在一起呈丛生状的不定芽称为丛生芽。

1. 芽诱导及增殖途径

采用顶芽或腋芽作为外植体，在含有较高细胞分裂素的培养基上培养，其顶芽或腋芽就会形成丛生芽，以后再分割为单芽或小的丛芽进行反复增殖培养，快速获得大量的丛生芽，经诱导生根即可获得成千上万的完整植株。这种增殖方式称为丛生芽增殖途径。理论上经过一年的培养，一个茎尖即可产生几百万乃至上千万株小苗。如香蕉组织培养，月增殖系数为 4～5，一个吸芽在 1 年内可增殖数百万甚至上千万个芽。这种方法是目前应用最广泛的植物组织培养快速繁殖方法，适用于这种繁殖方法的植物种类也比较多，因为它不经过愈伤组织阶段而再生，是遗传性稳定的一种快速繁殖方式。此法增殖率高，但试管苗弱小，生根培养前常需要控制试管苗的分化数量和进行壮苗培养。

微型扦插也称为无菌短枝扦插繁殖（图 5-4），该方法操作简便，适用范围广，试管苗移栽成活率高，但初期继代繁殖的速度较慢。

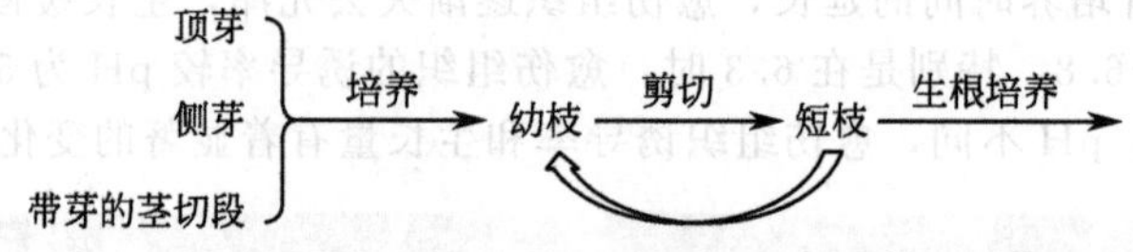

图 5-4　无菌短枝扦插繁殖

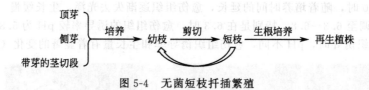

在植物组织培养中，不定芽的发生方式有两种：一种是从外植体表面直接分化出不定芽来，最终形成完整植株的途径，这种途径称为器官型不定芽途径，如裂叶秋海棠、非洲紫罗兰、百合、蓝猪耳等植物的培养。另一种途径是先从外植体上诱导出愈伤组织，再从愈伤组织上诱导出不定芽的间接器官发生过程，包括从愈伤组织或悬浮培养的细胞和原生质体再生植株。这种途径叫做器官发生型不定芽途径。这种途径再生的植株中发生变异的可能性较大，而变异频率太高会降低组培苗的商品价值。因此，不通过愈伤组织而直接形成不定芽的途径要更优越些。

不定芽增殖率明显比腋芽萌发率高。如裂叶秋海棠叶片诱导不定芽时，$1cm^2$ 的叶片可以分化出 150 个芽。许多常规方法在植物组织培养条件下却能产生不定芽而形成再生植株，如松柏类植物。许多单子叶植物储藏器官能强烈地发生不定芽，用百合鳞片的切块就可以大量形成不定鳞茎，从而使繁殖率大大提高。需要注意不定芽或丛生芽诱导形成的培养物继代次数不能太多。当不定芽形成能力减弱时，或出现变异时，则需要重新建立培养物，以保持原有的遗传稳定性。

2. 芽诱导及增殖的影响因素

在植物组织培养中，芽的诱导及增殖不仅受到植物自身遗传因素的影响，还受到培养基成分和培养条件的影响。其中，植物生长调节剂对芽诱导和增殖起着重要的调节作用。

芽诱导和增殖不仅与植物生长调节剂的种类有关，也与其组合及浓度有关。在植物组织培养中，细胞分裂素对芽诱导及增殖有着显著作用。如细胞分裂素 6-BA 和 KT 在同一浓度下对辣木的不定芽诱导存在着显著差异，总体上以 6-BA 对不定芽的诱导效果较好；同种植物生长调节剂不同浓度对不定芽的诱导也存在显著差异，且以 0.5mg/L 时效果最好，说明过高的细胞分裂素浓度对芽的增殖产生了抑制作用。可见，细胞分裂素 6-BA 对辣木不定芽的诱导效果较好，且低浓度的细胞分裂素有利于芽的诱导。在巴戟天继代培养中，增殖率主要受 6-BA 浓度的影响，丛芽的数量随着 6-BA 浓度的升高而增多，而且较高的 6-BA 浓度可以使形成丛芽的时间提前 5～10d；比较不同 6-BA 浓度对增殖率的影响，结果表明，6-BA 浓度为 1.0mg/L 时，单个外植体的最高增殖率为 8.0 个/块，平均繁殖系数为 6.0/50d，芽苗健壮；6-BA 升高至 2.0mg/L 时，单个外植体的最高增殖率达 10.0 个/块，平均繁殖系数为 6.5/50d，芽苗下部叶片黄化。

细胞分裂素与生长素的配合对芽的形成和增殖有较明显的影响，二者比值较高，并且各自都在一定的极值范围内时，效果较好。细胞分裂素与生长素的组合中应用的生长素不仅对芽的分化有一定的影响，而且适当浓度的生长素能促进不定芽生长。在选择生长素时，IAA 不稳定易分解，一般增殖培养时，最常用的是 NAA 和 IBA。有时也添加 GA，促进细胞伸长，对一些长势弱的品种适量加入可以促进植物的生长。如巴戟天增殖培养时，6-BA 浓度固定，NAA 或 IBA 浓度变化对增殖率有直接影响。NAA 浓度为 0.1～0.2mg/L 时，增殖率为 5.0；随着 NAA 浓度的升高，增殖率明显下降；当 NAA 浓度升到 1.6mg/L，每块外植体只形成单一的芽。IBA 在 0.1～0.4mg/L 之间，增殖率为 6.0；随着浓度的升高，丛芽数量有所下降；当 IBA 浓度升到 1.6mg/L 时，每块外植体也能萌发 4 个新芽；高浓度的 IBA 与 NAA 均在一定程度上抑制芽苗长高。有研究发现，6-BA 是影响“蓝心忍冬”不定芽诱导和增殖的主要因素，NAA 对“蓝心忍冬”不定芽诱导和增殖的效果优于 IBA，且随着 NAA 浓度的增加，不定芽诱导率和增殖系数均有所增加。在蓝猪耳不定芽诱导时，6-BA 和 NAA 组合效果比单一使用 6-BA 好，表现为分化芽频率较高，叶片较厚，叶色深绿，但当 NAA 浓度过高时，分化芽的频率反而下降。辣木不定芽诱导时，6-BA/NAA 的比值为 10∶1 时芽的繁殖系数最高，每个上胚轴平均能产生 4.0 个芽，6-BA/NAA 比值越小，繁殖系数越低。在添加同一种生长素的处理中，细胞分裂素以 6-BA 效果较好，KT的效果较差。增殖培养时，细胞分裂素与生长素配合使用，在比值为10∶1时能有效促进不定芽的伸长，而且以绝对质量浓度低时不定芽的平均高度较大。辣木芽诱导与增殖单独使用6-BA 0.5mg/L即可，但是采用6-BA 0.1mg/L与NAA 0.01mg/L组合效果最好。

植物生长调节剂对芽诱导和增殖起着重要的作用。选择不定芽诱导率高的基因型、适宜培养条件和外植体来源对芽诱导及增殖有着直接的影响。如：以6个基因型的大豆为材料，研究了大豆不同基因型的不定芽诱导率、芽数和芽长情况。研究结果表明：大豆不定芽的产生对基因型具有依赖性，不同基因型之间存在明显差异。也有研究表明：紫苏不定芽诱导频率与品种基因型密切相关。在各外植体最适合植物生长调节剂组合及浓度下，子叶、下胚轴不定芽诱导率低，茎尖和真叶不定芽诱导率高。向日葵3种基因型不定芽诱导率有着明显的差异，不同外植体不定芽诱导率依次为子叶节＞下胚轴＞子叶＞真叶。在南烛（*Vaccinium bracteatum* Thunb.）组培苗离体叶片不定芽诱导研究时，基本培养基类型、植物生长调节剂种类及质量浓度、琼脂和蔗糖质量浓度、外植体类型、外植体接种方式和暗培养时间均对南烛离体叶片不定芽的出芽时间、再生率以及不定芽的生长状况有明显影响。这些研究表明，基因型的选择、外植体的来源和适宜培养条件等都是植物不定芽诱导不可忽视的重要因素。

三、胚状体诱导

1. 胚状体的概况

在正常情况下，被子植物的胚是由合子（受精卵）发育而成，但在自然界中，少数植物胚珠的珠心或珠被细胞也可发育成胚状结构，并能够萌发长成幼苗。这种由植物胚囊外面的珠心细胞或珠被细胞直接经过有丝分裂而发育形成的胚状结构，被称为不定胚，又叫珠心胚。离体培养的植物细胞、组织或器官也能产生胚状结构。这种在植物组织培养过程中不经过受精过程起源于非合子细胞，经过多次细胞分裂所产生的一种与正常合子胚相似的结构称为胚状体。因此，胚状体具有以下含义：①它是器官、组织和细胞培养的产物，区别于自然界中无融合生殖产生的不定胚；②起源于非合子细胞，以区别于由受精卵发育形成的合子胚；③具有胚根、胚芽和胚轴的完整结构，并与外植体的维管束无联系，而区别于组织培养中的不定芽或不定根。

植物离体培养细胞产生胚状体的过程称为植物体细胞胚胎发生。植物体细胞胚胎发生形成胚状体的途径有直接途径和间接途径。前者是指从培养中的器官、组织、细胞或原生质体等外植体某些部位直接分化成胚；后者是指先诱导外植体产生胚性愈伤组织（即植物组织培养中外植体产生的具有胚胎发生能力的愈伤组织），再由胚性愈伤组织细胞分化形成胚。目前，多数胚状体的形成是通过间接途径产生的。胚状体在其形成的早期就具有根端（胚根）和茎端（胚芽），是一个完整植物体的雏形。可以通过根端（类胚柄结构）从外植体或愈伤组织中吸取营养，与培养材料的维管系统无直接连接，具有自己独立的维管系统，极易从外植体或愈伤组织表面分离，脱离培养材料后，在培养条件下可独立生长，形成新的植株。植物胚状体按外植体来源分为3大类：

（1）体细胞胚　来源于植物的根、茎、叶以及它们的组织和细胞，经离体培养而发生的类胚结构。其染色体组为两套，可发育成正常可育的植物体。

（2）生殖细胞胚　来源于大孢子和小孢子细胞（来源于小孢子的又称花粉胚），经离体培养而形成的类胚结构。染色体为单套，可发育成单倍性植物体，经染色体加倍后才能形成可育的植物体。

（3）三倍体胚　来源于胚乳细胞的胚状体，具有三套染色体组。如红江橙、枣、猕猴桃、杜仲的三倍体胚。由于三倍体植物具有不育性，因此就有可能建立起三倍体新类型，或以此产生无籽果实，或是利用其营养体生长优势。

由于胚状体具有繁殖快、单细胞起源、两极性等优点，因此，体细胞胚胎发生所产生的胚状体可为人工种子研制、单倍体育种、品种改良、优良种质的无性繁殖、植物转基因和突变体筛选等提供材料和技术基础。

2. 胚状体诱导的影响因素

(1) 外植体　胚状体诱导中外植体的筛选是成功的前提。理论上讲，植物体的各类器官，如根、茎、叶、花、种子都可以产生胚状体。然而胚状体诱导要获得成功不仅依赖于植物的基因型、外植体的类型，也跟外植体的生长发育、生理状态有很大关系。从植物胚状体诱导成功的实例看，所用的外植体有多种，大多是子叶、幼胚和幼叶，但也有以茎段、花药等为外植体。许多研究表明，材料的基因型是影响单倍体植株诱导率的关键因素，不同基因型植株对花药胚状体诱导率的影响不同。如5种不同基因型枸杞花药培养时，都可以诱导出胚状体，但是5种基因型的枸杞之间花药胚状体诱导率差异极显著。小白菜花药培养时，在供试的13个基因型中，有11个诱导形成了胚状体和植株，但不同基因型之间的小孢子胚诱导率相差极大，诱导率差异可达14倍。7种不同基因型的矮牵牛花药培养时，只有1个品种获得了胚状体，并一步成苗，而其他6个品种无任何反应。基因型影响体胚发生的原因可能是不同基因型的最适诱导条件不同，导致不同的胚状体诱导频率不同。在蓝桉的胚状体诱导中，以蓝桉成熟合子胚、子叶、下胚轴、叶子和茎段为外植体，研究发现成熟合子胚为外植体最有利于胚状体的诱导。在地中海蓝钟花叶片的诱导培养中，叶片的取材部位对诱导结果有一定的影响。靠近叶片基部较厚的叶片切块较易产生愈伤组织及胚状体的分化，叶尖部位的切块只能诱导出少量愈伤组织，无胚状体的产生。所以，在外植体处理时，一般选择生长健壮的叶片，而且在处理过程中将叶片靠近顶部1/3的部位切去，只选择剩下的2/3叶片作为外植体。刺五加胚状体诱导时，采用萌发15d以内的复叶叶柄外植体可以诱导出胚状体，诱导率取决于2,4-D和6-BA的质量浓度。因此，外植体的基因型、器官的种类以及生理年龄、接种方式等对胚性愈伤组织的诱导均有重要影响。

(2) 植物生长物质　在胚状体诱导的早期阶段，植物生长物质的作用很重要。有些胚性取决于外植体，如柑橘、苹果等珠心组织，不需要诱导也能形成胚状体，但低浓度的生长素是促进其胚状体形成所必需的。诱导胚状体时，对于绝大多数植物而言，2,4-D都是诱导胚性愈伤组织必不可少的。在胚性愈伤组织形成后，应降低2,4-D的量或去除2,4-D；否则，胚状体便不能正常生长。因此，2,4-D的作用具有阶段性，在诱导胚性愈伤组织产生阶段通常起促进作用，而在胚性愈伤组织产生之后的胚状体分化发育阶段，则一般起抑制作用。细胞分裂素对多数植物胚状体诱导有一定的促进作用，但对于一些植物种类的胚性细胞诱导可能会起抑制作用或不起作用，合理地搭配生长素和细胞分裂素是胚状体的诱导关键之一。如人参培养时降低2,4-D的浓度能够诱导胚性愈伤组织的形成。胚性愈伤组织转入到去除2,4-D，只含细胞分裂素的培养基中培养，30d可产生大量的易分离的早期胚状体。转入MS基本培养基可获得再生植株。葱茎尖组织培养时，在6-BA浓度固定在2.0mg/L的条件下，添加1mg/L 2,4-D培养基上可诱导出愈伤组织；该愈伤组织在降低2,4-D浓度到0.5mg/L培养基上继代培养，继代3次，转变为胚性愈伤组织；在转入2,4-D仅为0.25mg/L的培养基上可诱导出胚状体。在植物组织培养过程中，噻苯隆(TDZ)既可以在愈伤组织诱导阶段起作用，也可以在体胚诱导、发育或萌发阶段起作用。许多难以再生植株的植物采用TDZ可成功地获得胚状体及再生植株。TDZ对植物诱导胚状体的作用因植物种类而异，它对胚状体诱导有促进或抑制作用，甚至对同一种植物不同栽培种的体胚发生，有的起促进作用，有的则起抑制作用。进一步研究表明TDZ对体胚发生的促进作用与浓度和处理时间有关。如在天竺葵胚状体诱导期间用10mmol/LTDZ处理3d，体胚发生率最高；TDZ浓度高于20mmol/L或处理时间长于3d都会严重地抑制体胚发生。虽然植物胚状体的诱导实验中，2,4-D和TDZ使用的最广泛，但2,4-D和TDZ并不是适宜于所有植物胚状体的诱导，或诱导效果就一定优于其他生长素类物质。

(3) 培养基及培养条件　有研究表明，培养基种类、成分及培养条件对胚状体的诱导有一定影响。如蓝桉胚性愈伤组织转接到不含植物生长调节剂的MS、1/2MS、B5、DKW、WPM、JADS等培养基中，12周后胚性愈伤组织上不同程度地产生胚状体，MS培养基中获得最高胚状体发生率(30%)，B5培养基中胚状体发生率为26%，1/2MS培养基中的为10%，JADS中的为

8%，DKW 中的为 6%，而 WPM 培养基中的胚性愈伤组织不产生胚状体。在小白菜“丰乐上海青”花药培养中，10%蔗糖浓度有利于胚状体的诱导。当蔗糖浓度提高到 13%时，胚状体诱导率较 10%蔗糖下降了 75%。此外，水解酪蛋白、麦芽提取物、椰乳的添加也会促进胚状体的发育。对赤桉胚状体诱导的研究中，在不同光照条件下，胚状体发生率有明显差异。当光照强度为 20μmol/(m^2·s)、光照时间为 16h/d 时胚状体诱导率最高，而暗培养时胚状体发生率较低。也有研究表明：尽管暗培养不能增加蓝桉胚状体诱导率和增殖率，但有利于胚状体质量的提高。因此，子叶诱导形成胚状体阶段之前外植体应该维持在黑暗中培养，然后再转移到光照下。

四、生根培养

试管苗生根培养是使无根苗生根的过程。生根培养的成功与否不仅直接决定了植物组织培养苗木生产的成败，而且生根状态对移栽的成活率及生长状况也有重要的影响。

研究表明，植物的组织培养根的发生都来自不定根。解剖学研究更进一步证明，试管苗不定根根原基是由愈伤组织、皮层、髓射线、维管射线和形成层等部位的细胞分化而成。根的形成从形态上可分为根原基形成和根原基的伸长及生长两个阶段。根原基的形成经历约 48h；根原基的伸长和生长阶段快的需要 3～4d，慢的则要 20～30d。

试管苗的生根方法可分为试管内生根和试管外生根两种。试管内生根是最常见的植物组织培养获得再生植株的方式。当丛生芽增殖到一定数量后，及时转入生根培养基进行生根培养，即可形成带根系的再生植株。而有些植物种类在试管内生根困难；或者能够生根，但是根的维管束与茎的维管束无内在的联系；或有根而无根毛，移栽后不易成活。解决这些问题的最有效办法就是试管外生根。在油茶试管内生根培养中，不定根形成过程中伴随着大量的愈伤组织产生，消耗掉茎内的生根物质而呈老化状态，导致不能生根。而试管外生根苗的愈伤组织比较小，根原基从茎的维管束与形成层的交接处形成。瓶内生根一般 1～2 条根，且纤弱透明；而瓶外生根数一般为 5～8 根，根系发达，比较粗壮。另外，试管外生根也是一种降低生产成本的有效措施，不仅可以减少无菌操作的工时消耗，还减少了培养基制作的材料与能源。可见，采用瓶外生根的方法，把生根和驯化过程结合起来，既可大幅度降低成本，又可提高移栽成活率，这在蓝莓、栀子花、满天星、核桃、树莓等植物上应用已获得了成功。

生根和移栽是决定能否进行植物组织培养大量生产和应用实际的关键环节，而如何提高试管苗的生根和移栽成活率就成为了工厂化育苗主要研究的任务之一。

影响试管苗生根的因素很多，有培养材料自身的生理生化状态的影响，还受到培养基成分和培养条件的影响。

(1) 培养材料自身的生理生化状态　诱导生根是由植物基因控制的，不同基因型的外植体诱导生根难易不同。如观赏型北美红杉较用材型生根效果好；杉木不同优良无性系之间生根效果存在较大的差异。一般不同植物生根的规律是：木本植物比草本植物难，成年树比幼年树难，乔木比灌木难。如 1 年生桉树的插条易生根，但 5 年生的插条则不能生根。

(2) 培养基成分也是影响试管苗生根的重要因素　植物组织培养生根阶段，降低培养基中大量元素的浓度，可提高大多数植物的生根能力。所以在生根培养时，多采用 1/2MS、1/4MS 培养基或 White 培养基，不加植物生长调节剂或者只加入适量的生长素。如需添加生长素，多数以 IBA、IAA、NAA 单独或配合使用，它们具有明显的促进不定根和侧根发生和生长的作用。其中最常用的是 NAA 和 IBA，浓度一般为 0.1～10.0mg/L。因生长素具“双重作用”，即在较低质量浓度下生长素可促进生长，在高质量浓度下对生长有抑制作用。如蝴蝶兰生根培养中，随着 NAA 浓度的升高，生根率不断增加，当 NAA 为 0.8mg/L 时，生根率达到 100%，且试管苗的茎叶生长良好。当 NAA 浓度高于 1mg/L 时，生根率降低，根及茎叶生长的各项指标随 NAA 浓度的增加呈下降趋势。一般而言，赤霉素、细胞分裂素和乙烯通常不利于生根。培养基中添加椰子汁、香蕉泥后可改善试管苗根及茎叶生长状态。在蝴蝶兰生根培养中，生根效果以添加

50mL/L椰汁+50g/L香蕉泥的处理分化的根数多，根较长且粗，茎叶生长旺盛。单独添加100g/L香蕉泥的处理组生根率最高，达到100%，说明香蕉泥具有生根壮苗的作用。培养基中的蔗糖，一方面为培养物的生长和发育代谢提供所需的能量和底物，另一方面也影响培养基的渗透势。培养基的渗透势又反过来对培养物的代谢起到调节作用。为了使生根小苗健壮生长利于移栽，生根培养基中的蔗糖用量可适当减少，用1.5%~2%的浓度，以减少试管苗对异养条件的依赖；同时提高光照强度，改善光质，促进光合作用。如蝴蝶兰生根诱导阶段，采用红：蓝：远红=3：6：1的LED组合，其根长及根系活力均较对照显著增加。而有些植物生根培养过程中根原基的形成和生长需要弱光或黑暗条件。活性炭（AC）可起到遮光的作用，提供生根的暗环境，吸附植物生长调节剂与其他有利生根的物质，防止褐变。所以在一些生根培养基中添加适宜浓度（0.1%~0.5%）的活性炭有利于生根。甚至有些植物生根过程需要好的通气状态，因此在培养基中添加蛭石、珍珠岩等填充料来改善通气状态。如番木瓜丛生芽在生根培养基中先暗培养1周后，再转接至添加蛭石的生根培养基，3周后生根率达90%以上，根系发达，形态正常，可形成完整的组培苗。另外，丛生芽如果一直在不添加蛭石的生根培养基上连续培养，也能诱导出根，根粗壮、膨化、根系不发达，并且有愈伤化现象。在油茶生根培养基中添加不同量的珍珠岩后，随着培养基中珍珠岩含量的增加，生根率先升后降，当珍珠岩为50g/L时，生根率可达95.83%，比未加珍珠岩的生根率提高了2.6倍，且生根数及平均根长都显著增加，根系均深入培养基里面，更有利于后期的炼苗移栽。

第三节　植物生长调节剂的应用实例

一、植物的快繁与脱毒

1. 红肉苹果

红肉苹果［*Malus sieversii f. neidzwetzkyana*（Dieck）Langenf］为蔷薇科苹果属小乔木，原产于中国新疆，春季长出的新叶为紫红色，果皮和果肉全为红色。果肉中富含多种类黄酮，其中对抗癌起重要作用的槲皮素含量要比普通苹果高。苗木繁殖效率低。

培养方法及步骤：

（1）外植体消毒及预培养　在春季芽萌动前1周采集侧芽饱满的当年生茎段，自来水冲洗1h，70%乙醇浸泡1min，10%次氯酸钠（含吐温）表面消毒15min，灭菌去离子水清洗茎段3次，切取带饱满芽的茎段（芽距离上下端各约1~2cm），芽向上斜插入预培养培养基（MS+0.1g/L肌醇+0.1mg/L IBA+1mg/L 6-BA+蔗糖+0.8%琼脂，pH 5.8），每个试管内放置1个茎段。培养条件：4000~6000lx光照，16h/d，25℃室温。

（2）叶盘法诱导不定芽　从预培养萌发的幼芽上选取顶端全展开的4片叶子，切成0.5~1cm^{2}大小的叶盘，生理正面朝下放在培养基上，先暗培养2周，然后光照培养，2周更换1次培养基（MS+0.1g/L肌醇+0.2mg/L IBA+1.0mg/L TDZ+蔗糖+0.8%琼脂，pH 5.8）。再生率为100%，平均每个叶盘再生9.57个不定芽。

（3）材料扩繁　选取高度2cm以上的不定芽，接种于扩增培养基（MS+0.1g/L肌醇+1mg/L IBA+1mg/L 6-BA+蔗糖+0.8%琼脂，pH 5.8），4周扩繁率为8.27。

（4）生根培养　选取3cm以上，生长健壮无根苗接种到生根培养基（MS+0.1g/L肌醇+0.6mg/L IBA3%+蔗糖+0.8%琼脂，pH 5.8）。在弱光条件（1000~5000lx）下培养，4周时生根率为93.3%。

2. 铁皮石斛

铁皮石斛（*Dendrobium officinale* Kimura et Mi-go），为兰科石斛属多年生草本植物，具有抗氧化、抗肿瘤、降血糖、提高免疫力等诸多功效。铁皮石斛对生长环境要求苛刻，自然条件下繁殖率极低，种子不易萌发，生长缓慢，市场供不应求。由于过度采挖及生境恶化，铁皮石斛野生资源日趋稀少。

(1) 种子快繁技术

① 外植体消毒及预培养 挑选饱满、未开裂的蒴果，流水冲洗15min，双蒸水冲洗3～5次。在超净工作台上将蒴果用75%乙醇冲洗3次，酒精棉球擦拭果实表面，无菌水冲洗2～3次，0.1%升汞浸泡2～5min，无菌水漂洗5次，于酒精灯上灼烧数秒后用灭菌解剖刀切开口。

② 种子萌发培养 将种子接种于培养基1/2MS上，暗处培养3d，再转入光下进行培养，30d后种子平均萌发率为90%。

③ 原球茎增殖培养 选取直径大小在0.5～1.0cm，颜色淡绿色、没有玻璃化的团状原球茎，接种到原球茎增殖培养基（MS+0.2mg/L NAA+0.5mg/L 6-BA），35d增殖率为120%。

④ 芽增殖培养 将原球茎接入芽增殖培养基（MS+2.0mg/L 6-BA+0.25mg/L NAA+20%马铃薯提取液），植株健壮，叶片呈深绿色，且生出了根，35d时其再生率高。

⑤ 生根培养 将丛生芽接种到生根培养基（MS+0.2mg/L NAA+20%马铃薯提取液），35d平均根长1.9cm。

所有培养基的pH6.0左右，培养条件为温度（25±2)℃、光照强度1500～2000lx、湿度60%～75%、光照12h/d。

(2) 茎段快繁技术

① 外植体消毒及初代培养 在无菌条件下将冲洗干净的茎段用75%乙醇消毒20s后，无菌水冲洗1次，0.1%升汞灭菌10min，无菌水冲洗3～5次，切成带1个节的1cm茎段。

② 丛生芽诱导培养 消毒过的小茎段接种于诱导培养基（MS+1.5-2.0mg/L 6-BA+0.2mg/L NAA+10%椰子汁），腋芽萌动早，生长快，40d时诱导丛生芽多，50d时丛生芽高0.5～1.5cm。转接2～3次，不同铁皮石斛生理小种丛生芽诱导率在7.8%～30.8%之间。

③ 继代增殖培养 将分化的丛生芽转接到增殖培养基（MS+0.5mg/L 6-BA+0.2mg/L NAA+10%椰子汁）。40d时不同铁皮石斛生理小种增殖倍数在3～5之间，芽生长正常。

④ 壮苗生根培养 将高1.0～3.0cm丛生芽接种到生根培养基（1/2MS+0.5mg/L NAA+0.2mg/L IBA+10%香蕉泥），生根率在95%以上，根个数在4.2～5.2个之间。

⑤ 炼苗移栽 铁皮石斛生根瓶苗或袋苗在自然光下炼苗2个月，移栽于松树皮上，2个月后成活率在90%以上。

所有培养基均附加30.0g/L蔗糖、琼脂4.0g/L，pH5.8。培养条件：温度25～28℃，光照强度1500～2000lx，光照9h/d。

3. 草莓

草莓（*Fragaria ananassa* Ducde）是蔷薇科草莓属宿根性多年生常绿草本植物。草莓成熟果实鲜红艳丽，柔软多汁，香味浓郁，酸甜可口，营养丰富，深受国内外消费者的欢迎。草莓在我国多数地区广泛栽培。有些栽培品种品质差、产量低，在种植老区出现病害日趋严重，尤其是病毒的侵染，导致植株长势差、产量低、品质劣。

方法一：茎尖脱毒培养

(1) 外植体消毒及茎尖培养 先将草莓“丰香”匍匐茎放在40℃热水中处理4h，选取匍匐茎顶端约3～4cm长的顶芽，自来水冲洗2～3h，在超净台上摘除匍匐茎外部大叶，用70%酒精浸泡30s，饱和漂白精浸泡15min，然后用无菌水冲洗3～5遍。在双筒解剖镜下由外向内逐层剥去幼叶，直至闪亮半圆球的顶端分生组织充分暴露出来，切取0.5mm左右大小茎尖接种于培养基（MS+0.5mg/L 6-BA）。茎尖成活率47.37%，脱毒效果良好。

(2) 快速繁殖 将分化的组培苗转接到增殖培养基（MS+0.5mg/L 6-BA），增殖培养过程中40d或更长时间继代1次，其增殖系数为6。

① 试管苗生根 经过几代增殖培养后，将生长健壮的组培苗转接到生根培养基上，培养20d左右，生根率达100%，平均生根6条/株，根长4～5cm。

② 试管苗驯化 生根培养20d后，将生根试管苗瓶口打开，培养室内放置2～3d，取出后洗

净其根部的培养基（1/2MS），生根苗移栽到全蛭石的基质上驯化，成活率高于98%。

培养基均含有3%蔗糖、0.8%琼脂，pH5.6。光照强度31.25μmol/(m^2·s)，温度(25±2)℃。

方法二：叶片培养

(1) 外植体消毒及预处理　从田间取草莓"鬼露甘"15～20d在左右叶龄的叶片，用自来水冲洗30～60min，75%酒精中浸泡40s，无菌水冲洗3～5次，0.1%升汞溶液中轻摇4min，用无菌水冲洗3～5次，用无菌滤纸吸干水分。

(2) 不定芽诱导　叶片进行四周刻伤，其远轴端接触不定芽诱导培养基（MS+2.0mg/L 6-BA+0.1mg/L IBA），先进行7d的暗培养，防止外植体的褐化。叶龄在15～20d时，叶片再生能力最强，叶片再生频率最高，可达60%以上。当叶龄超过40d，再生率低于10%。

(3) 不定芽伸长　将再生的不定芽从基部切下，转移到不定芽伸长培养基（MS+0.5mg/L 6-BA+0.5mg/L IBA）。一般单生芽都能伸长直至成苗，分不开的丛生芽会有1～2个健壮的小芽经伸长培养后能够发育成植株，其他的发育不良或枯萎死亡。

(4) 不定芽生根　待不定芽长到3cm左右，从茎基部分切下接种到生根培养基（MS+0.2mg/L IBA），诱导无菌苗发根，获得完整植株，生根率达100%，试管苗移栽成活率87%。

上述培养基均含有3%蔗糖、6g/L琼脂，pH5.8。121℃高压灭菌20 min。培养条件：光照强度1500～2000lx，光/暗周期16h/8h，温度(25±2)℃。

4. 马铃薯

马铃薯（*Solanum tuberousm* L.）是双子叶植物，属茄科（Solanaceae）茄属（*Solanum*）一年生草本植物。马铃薯生育期短，产量高，营养丰富，是典型的粮菜两用型作物，是世界重要栽培作物之一，主要分布在欧洲和亚洲。我国是世界上最大的马铃薯生产国。马铃薯在种植过程中感染病毒而引起退化，直接影响了马铃薯的品质及产量，严重阻碍了马铃薯的生产和利用。应用植物组织培养方法特别是茎尖组织培养来获取脱毒苗，已成为当前解决马铃薯品种退化的主要技术。

方法一：茎尖脱毒培养

培养方法及步骤如下：

(1) 外植体预处理及茎尖培养　马铃薯品种陇薯6号块茎出芽后，将芽用自来水冲洗2h，在超净工作台上用75%酒精浸30s，0.1%升汞浸泡8～10min，然后无菌水冲洗3～4遍，接种到快繁培养基上。待成苗后在40×解剖镜下剥取带两个叶原基的茎尖，接种到快繁培养基（MS+0.5g/L 6-BA+0.1mg/L GA_3+0.1mg/L NAA+0.05%活性炭）中，成活率可达80%，成苗率70%，经检测可获得11.17%的去毒株。

(2) 切繁培养　待单芽分化出两片可见叶、茎明显伸长时，转入无植物生长调节剂的MS培养基上培养，苗高4～5cm时开始切繁。

以上培养基均加3%白糖和0.65%卡拉胶，培养室通过自然光培养。

方法二：花药培养

培养方法及步骤如下：

(1) 材料处理及花药愈伤组织诱导　选取小孢子发育在单核靠边期至双核早期的花蕾，花蕾经低温(4℃)处理24～48h，用0.1% $HgCl_2$消毒10min，无菌水冲洗4～5次，在无菌条件下取出花药接种在花药愈伤组织诱导培养基（MS+0.5mg/L NAA+0.5mg/L 2,4-D+0.5mg/L KT），黑暗培养。观察发现在相同的培养条件下不同基因型材料的愈伤组织的诱导频率有较大的差异。蔗糖浓度提高到6%时，愈伤组织诱导率最高。

(2) 愈伤组织的分化　30d后将愈伤组织转移到分化培养基（MS+0.2mg/L NAA+2.0mg/L 6-BA+1.0mg/L ZT），每隔20d继代1次。分化培养条件：16h/d，光照强度2000lx，培养温度25℃。在分化了根的愈伤组织中能分化出绿苗，炼苗移栽后的双单倍体植株生长势、叶色、薯型等性状与对照相比存在差异。

5. 香蕉

香蕉属于芭蕉科（Musaceae）芭蕉属（*Musa*），是世界著名的热带、亚热带水果，其具有丰富的营养价值，依照其用途通常将香蕉作物分为香蕉（banana）和粮蕉。目前栽培的香蕉品种主要是三倍体，遗传背景复杂，高度不育和单性结实，因此无性繁殖是香蕉的主要繁殖方式。

（1）外植体消毒及腋芽启动培养　“金手指”（Goldenfinger）香蕉，选取生长健壮、无病害植株 40～50cm 高的吸芽为外植体，用自来水冲洗，切除上部的外假茎，留下 6cm 高的茎和下部外假茎。在无菌条件下逐层剥去包在茎外的叶鞘，直至外植体大小为 2cm×2cm×2cm，70％酒精浸泡 15s，0.1％升汞溶液消毒 2 次，每次 5min，无菌水冲洗 4～5 次，将处理后的外植体纵切一分为二接种到腋芽启动培养基（MS＋6 BA 6.0mg/L＋IBA 0.5mg/L）中培养。25d 左右茎节处有不定芽生成，不定芽数量平均可达 3.5 个。

（2）丛生芽增殖培养　将腋芽切下在丛生芽增殖培养基上培养。丛生芽增殖培养初期采用增殖培养基 1（MS＋6 BA 6.0mg/L＋IBA 0.5mg/L）；多次增殖培养后应采用增殖培养基 2（MS＋6-BA 4.0mg/L＋IBA 0.2mg/L）；5 次增殖培养后，增殖速度可以达到 2.5～3.0 倍。

（3）壮苗生根培养　继代到 10～12 代时进行壮苗和生根培养。将 2～3cm 长的生长正常的丛生芽切成单芽后转入生根培养基（MS＋IBA 1.0mg/L＋NAA 0.2mg/L），培养 7d 左右 100％生根，生长快。

（4）炼苗和移栽　当根系长出后进行炼苗培养，30d 左右出瓶移栽，成活率可达 95％以上，移栽后需注意浇水。

以上培养基均含蔗糖 30g/L、琼脂 6.7g/L，pH5.5～5.8。培养温度（28±2）℃，光照强度 1500～2000lx，光照时间 12h/d。

6. 白芨

白芨［*Bletilla striata*（Thunb.）Reichb. f.］为兰科（Orchidaceae）白芨属（*Bletilla*）多年生草本植物，花艳丽，地下茎肥厚，是常用的中药材。目前，白芨的采集主要以野生自然资源为主，随着白芨的价值日渐提升，野生资源不能满足市场需求。白芨蒴果内含种子数万粒，但在自然条件下不易发芽，其繁殖方式是以分株繁殖为主，但繁殖系数较低，难以满足大规模生产的需要，而且分株繁殖方法，发生病毒很难去除。

（1）外植体消毒及种子萌发培养　选取 4 个月的果荚，用 75％乙醇浸泡 3min 后，置于 10％次氯酸钠溶液中消毒 20min，再用无菌水冲洗 4～5 次后，十字状切开果实。用接种针或镊子在解剖镜下将白色粉末状胚接种到种子萌发培养基（1/2MS＋10％椰子汁），并转瓶培养成苗。萌发率可达 93％，成苗率 95％。

（2）丛生芽诱导　将试管苗的茎尖切下接种到丛生芽诱导培养基（MS＋0.5g/L 6-BA＋0.2mg/L NNA）可诱导丛生芽的发生。

（3）生根诱导　将丛生芽分离为分生苗转移至生根培养基（MS＋0.5g/L NAA＋10％香蕉汁），转瓶后 30～40d 均能形成根。在此培养基中加入 10％香蕉汁能促进小苗生根并有壮苗作用。

（4）试管苗移栽　将有根试管苗在室温下炼苗 3～5d，再打开瓶塞炼苗 2～3d，洗去培养基，晾干后移植于透水良好的碎砖、蕨根、碎炭、粗椰糠混合基质中，置于阴凉处，保持较高的空气湿度和适当通风，成活率均可达 90％以上。试管苗在种植 3～4 年后可作为药材收购。

所有培养基用 0.7％琼脂固化，pH5.5～5.8，培养温度（25±2）℃，每日光照 10～12h，光照强度 1600～2000lx。

7. 蓝莓

蓝莓（*Vaccinium* spp.）是杜鹃花科（Ericaceae）越橘亚科（Vaccinioideae）越橘属小浆果灌木。花青素含量高，具有低糖、低脂肪和强抗氧化性的特点，是延缓人体机能衰退的天然功能性水果。扦插繁殖受到季节的限制，并且生根缓慢，生根率不高，繁殖速度慢。培养方法及步骤：

(1) 外植体消毒及预处理　剪取蓝莓“顶峰”健壮优株萌发的新枝条作为外植体。去除枝条上的叶片，保留腋芽，将枝条剪切成长约2cm的茎段，用自来水冲洗干净，在超净工作台上用75%乙醇浸泡30s，再用0.1% $HgCl_2$ 浸泡2～3min，无菌水冲洗5～6次，无菌滤纸吸干水分。

(2) 腋芽的诱导　将消毒处理过的茎段接种于腋芽诱导培养基（WPM+0.5mg/L ZT），1个月时芽诱导率80%。

(3) 继代培养　将以上培养获得的无菌植株切成约2cm的茎段，接种于继代培养基（WPM+1.0mg/L ZT）。30d时平均株高6.6cm，增殖系数13.5。

(4) 生根培养　取高约3～5cm的无菌苗转移到生根培养基中，2个月培养诱导出不定根系，试管苗生长健壮，叶色浓绿。

(5) 试管苗的移栽　当试管苗长到4～7cm时即可出瓶移栽，将瓶盖打开，炼苗3d后取出试管苗，用清水冲洗根部培养基，栽入泥炭土中，浇透水，环境温度22～25℃，湿度80%～90%，60d后移栽成活率80%。

以上培养基均加3%的蔗糖和0.6%的琼脂（生根培养基中用河沙代替琼脂），pH 5.2。培养温度（25±2)℃，光照强度1500～2000lx，光照时间12h/d。

8. 百合

百合（*Lilium* spp.）是百合科（Liliaceae）百合属（*Lilium*）多年生草本球根植物的统称，种类丰富。全世界百合属植物100多种，其中中国产55种。百合用途广泛，既是名花，又为良药，很多还可以食用。百合的珠芽繁殖、小子球繁殖和鳞片繁殖的系数较低，长期的无性营养繁殖易感染病毒。

培养方法及步骤如下：

(1) 外植体消毒　取绿花百合健康植株的地下鳞茎作为外植体，洗去污物，5%洗衣粉溶液漂洗10min，再用清水冲洗干净，然后置于超净工作台内进行消毒灭菌。先用75%乙醇浸泡10s，再转入0.1%升汞溶液中浸泡10min，无菌水冲洗6～8次，每次不低于2min，备用。

(2) 胚性愈伤组织和小鳞茎的诱导　将消毒好的鳞片切成约0.8cm×0.8cm方块接种于胚性愈伤组织和小鳞茎诱导培养基（MS+6-BA 0.5mg/L+NAA 0.5mg/L+2,4-D 0.1mg/L），培养35d后出愈率达89.29%，小鳞茎发生系数4.7。

(3) 增殖培养　将胚性愈伤组织切成小块，接种于增殖培养基（MS+6-BA 1.0mg/L+2,4-D 0.1mg/L），培养35d后繁殖倍数5.0。

(4) 生根培养　选取生长健壮高3～4cm的小植株接入生根培养基（1/2MS+NAA 0.2mg/L）中，培养35d后生根率为100%，且根系粗壮多根毛，幼苗移栽成活率达90%以上。

以上培养基均加3%蔗糖和0.45%琼脂，pH 5.8～6.0。培养室温度控制在（20±1)℃，光照强度1500～2000lx，光照时间12h/d。

9. 红掌

红掌（*Anthurium andraeanum*）别称花烛、安祖花，是天南星科花烛属多年生常绿草本植物，在世界各地广泛栽培。红掌主要用于切花和盆栽，具有极高的观赏价值、经济价值。红掌常规采用种子繁殖和分株繁殖，繁殖率低，难以满足市场需求。

培养方法及步骤如下：

(1) 外植体消毒及预培养　将红掌品种“红国王”幼嫩叶片、叶柄放在盛有洗洁精溶液的烧杯中摇10min，用自来水冲洗5～6次，除去洗洁精液和表面污物；接着在无菌条件下，用75%乙醇消毒30s；再用0.1% $HgCl_2$ 消毒5～8min，倒去 $HgCl_2$ 溶液，用无菌水冲洗5～6次。

(2) 愈伤组织诱导　将消毒后的叶片切成1cm×1cm小块，叶柄切成长约1cm的茎段，接种到愈伤组织诱导培养基[MS（1/2NH_4NO_3）+6-BA 1.0mg/L+2,4-D 0.4mg/L]。光照时间12h/d，光照强度1000～1500lx，培养30d，叶片愈伤组织诱导率86.21%，茎段愈伤组织诱导率为76.67%。

(3) 诱导芽分化　将诱导出的愈伤组织接种至芽分化培养基[MS（1/2NH_4NO_3）+6-BA

1.0mg/L＋KT.5mg/L＋CH 100mg/L］上进行培养，光照时间 12h/d，光照强度 1000～2000lx；光照时间 14h/d，光照强度 1500～3000lx，不定芽分化率高 85％。

（4）芽增殖培养　将诱导获得的无菌芽切下转至芽增殖培养基（MS＋6-BA 0.2～0.8mg/L），增殖系数在 3.5 以上。

（5）生根培养　将高 2cm 以上芽由丛生芽上单个切下，转至生根培养基（1/2MS＋NAA 0.5mg/L），生根光照时间 14h/d，光照强度 2000～3000lx。30d 生根率达到 93.05％，平均出根数为 4～6 条。

（6）移栽　将高约 4cm、根系发达的健壮幼苗移栽至装有消毒基质的穴盘中，pH 调至 5.8 左右，30d 移栽成活率 95％以上。

以上培养基均加 3％蔗糖和 0.7％琼脂，pH 5.8。培养条件：温度（25±2）℃。

10. 矾根

矾根（*Heuchera micrantha*）又称为珊瑚铃，虎耳草科（Saxifragaceae）矾根属多年生耐寒草本花卉，原产于美洲中部。由于其具有彩叶、耐寒、耐阴的优良品质，是北方地区布置阴生环境的优良宿根花卉。品种繁多，部分品种可以播种繁殖，有些品种采用无性繁殖。

培养方法及步骤如下：

（1）外植体消毒　将矾根品种 Obsidian 截成 1.0～1.5cm 的带顶芽或腋芽的茎段，用洗衣粉仔细清洗，并在流水下冲洗 1h，用无菌水冲洗 2 次，75％乙醇洗涤 30s，无菌水冲洗 2 次，2％次氯酸钠溶液浸泡 12min，最后用无菌水冲洗 5 次，滤纸吸取外植体表面水分，备用。

（2）诱导培养　灭菌的外植体接种于诱导培养基（MS＋3mg/L 6-BA＋0.2mg/L NAA），14d 左右出芽，生长速度快，发育正常，诱导率达 92％。

（3）增殖培养基　将诱导的芽接种于增殖培养基（MS＋1mg/L 6-BA＋0.1mg/L NAA），30d 生长的茎段伸长可达 2.55 倍，增殖系数达 8.6 倍，不定芽生长和分化速度较快，发育正常，茎段粗壮。

（4）生根和炼苗　在 1/2MS 培养基上培养 30d，生根率 100％，根色洁白，主根坚韧，须根多，根长可达 2～5cm。经炼苗移栽 2 个月，主根明显增粗，须根数略增长，成活率 90％以上。

以上培养基均加 3％蔗糖和 0.8％琼脂，pH 5.8。培养条件：（23±1）℃，光照 14h/d，光照强度 4000lx。

11. 欧洲甜樱桃

欧洲甜樱桃（*Cerasus avium*）为蔷薇科（Rosaceae）李亚科樱属植物，原产欧洲黑海沿岸及西亚地区。有“春果第一枝”的美称。其果实成熟早，色泽艳丽，营养丰富，外观和内在品质俱佳，具有便于加工、适宜生食、经济效益高等特点。

培养方法及步骤如下：

（1）外植体消毒　每年 6～7 月间剪取欧洲甜樱桃“红灯”植株的幼嫩枝条，剪去叶片后用流水冲洗 5～6h，用皂液刷净表面，剥去顶芽和腋芽外部的鳞片，露出 2～5mm 大小的芽尖；切取茎尖、腋芽或带腋芽的茎段，将其置于含有 40mg/L 维生素 C 的无菌水中浸泡数分钟，再用 70％乙醇表面灭菌 1min、0.1％ $HgCl_2$ 溶液振荡浸泡 10min，无菌水冲洗 5 次，备用。

（2）初代培养　芽体在初代培养基（MS＋0.8g/L 6-BA＋0.02mg/L NAA＋0.5mg/L AC）上培养约 10d 开始萌动，迅速展叶，长势良好，萌发率可高达 90％。

（3）继代培养　剪取高约 2cm 的无菌苗，转接到继代培养基（MS＋0.6g/L 6-BA＋0.02mg/L NAA＋0.1mg/L GA_3＋40mg/L VC），培养 25d，组培苗继代增殖系数 3.0 左右，成苗率 92.5％。

（4）生根培养　选取在继代培养基上高 3～4cm、长势良好的无菌苗，转接至生根培养基（1/2MS＋0.8mg/L NAA）上培养，20d 生根率达到 100％，根个数为 3～4 条，根系健壮，叶片充分舒展。移栽成活率 86.7％。

以上培养基均加 0.7％的琼脂，pH 5.8，初代培养和继代培养添加蔗糖 3％，生根培养添加蔗糖1.5%。培养条件：温度（25±1）℃，光照强度80μmol/(m²·s)，光照时间15h/d。

12. 蝴蝶兰

蝴蝶兰（*Phalaenopsis* spp.）为热带兰中的珍品，被誉为“洋兰皇后”。蝴蝶兰是单茎性气生兰，植株极少发育侧枝，且种子极难萌发，实生苗变异严重。

培养方法及步骤如下：

（1）外植体消毒　取蝴蝶兰“V31”带有腋芽的花梗，冲洗干净，腋芽两端各保留0.5～0.8cm，用70%乙醇处理25s、0.2% $HgCl_2$ 处理11 min。将灭菌后的花梗腋芽的包叶除去，芽下端斜切，芽上端平切，备用。

（2）丛生芽诱导　将处理好的外植体插入培养基（MS+8.0g/L 6-BA+2.0mg/L NAA+15g/L椰子粉）中，芽点距离培养基约0.5cm。培养50d，平均出芽数2.60，平均分化时间6.2d，分化率84.57%。

（3）增殖培养　当无菌苗长至2.0cm左右，取大小一致的无菌芽苗，接入增殖培养基（MS+10g/L 6-BA+0.6mg/L NAA+0.2mg/L 2,4-D+15g/L椰子粉），培养60d，平均增殖倍数7.94。

（4）生根培养　芽增殖培养基（1/2MS+1.0g/L 6-BA+0.1mg/L NAA+20g/L蔗糖+10g/L香蕉粉）中培养30d左右，选取健壮的组培苗接入生根培养基。培养45d，生根率达到100%，平均生根时间11.77d，平均生根数9.47个。

以上培养基均加0.8%琼脂，pH 5.7，从生芽诱导和增殖培养添加3%蔗糖，生根培养添加2%蔗糖。培养条件：温度（26±2）℃，光照时间12h/d，光照强度27～36μmol/(m²·s)。

13. 金线兰

金线兰（*Anoectochilus roxburghii*）为兰科开唇兰属多年生草本植物，又名金线莲。可全草入药，是我国传统中药材。金线兰的种子小，种胚发育不全，在野生自然条件下萌发率和繁殖率都极低，难以大量繁殖。

培养方法及步骤如下：

（1）外植体消毒　选取生长健壮金线兰茎尖和茎段，冲洗干净，置于加入少量洗涤剂的溶液中，用软毛刷轻轻刷洗，再用流水冲洗1h左右。用75%乙醇消毒30s，转入0.1% $HgCl_2$ 中消毒8min，用无菌水漂洗5次，吸干水分备用。

（2）丛生芽诱导培养　将金线兰茎尖和带节茎段切成1cm，接种于丛生芽诱导培养基（MS+1mg/L 6-BA+1mg/L NAA）。茎尖和带节茎段均能诱导出丛生芽，但带节茎段丛生芽诱导率高于茎尖，且带节茎段最多可产生6～8个新芽。

（3）继代培养　选取生长健壮的丛生芽，将其切分为2～3株一丛，接种于培养基（MS+1mg/L IBA+3mg/L 6-BA）中进行丛生芽增殖培养，增殖系数5.2。

（4）生根培养　当丛生芽长至3～5cm时，将其切为单株小苗转接于生根培养基（1/2MS+0.5mg/L IBA+0.5mg/L NAA）。生根率84.6%，平均根数2.45。健壮植株移栽60d统计成活率为90%。

以上培养基均加3%蔗糖和0.62%琼脂，pH 5.8。培养条件：(25±2)℃，光照强度2000lx，光照时间12h/d。

14. 多肉植物

多肉植物也称为多浆植物、肉质植物，在园艺上有时称多肉花卉。多肉植物是指植物营养器官的某一部分，如茎或叶或根（少数种类兼有两部分）具有发达的薄壁组织用以储藏水分，且在外形上显得肥厚多汁的一类植物。多肉植物品种现已达12000多种，隶属80多科，近800属。目前，多肉植物育性较差，大多采用扦插、嫁接和分株等繁殖方法，繁殖系数较低，且繁殖周期长，难以满足生产需要。利用植物组培技术，可以发挥多肉植物的快速繁殖、丰富品种的作用。下面以多肉植物“劳尔”为例，其培养方法及步骤见下：

（1）外植体消毒　选取多肉植物劳尔（*Sedum clavatum* L.）的叶片，先用自来水冲洗

5min，然后在超净工作台上用75%乙醇消毒30s，再用0.1% $HgCl_2$ 消毒7min，最后用无菌蒸馏水冲洗3～5次，用无菌滤纸吸干多余水分，备用。

(2) 愈伤组织诱导　将消毒好的叶片接种于愈伤组织诱导培养基（MS+3mg/L 6-BA+0.1mg/L NAA+1mg/L KT）。培养60d，愈伤组织诱导率95.7%，叶片膨胀形成球状愈伤组织，增殖速度较快，愈伤组织呈深绿色。

(3) 不定芽诱导培养　将愈伤组织接种至不定芽诱导培养基（3/4MS+3mg/L 6-BA+0.3mg/L NAA），培养45d，不定芽分化率80.0%，每个愈伤组织块可形成多个芽，且新芽健壮，生长旺盛。

(4) 生根培养　将分化出的新芽切下，接种至生根培养基（1/2MS+0.03mg/L NAA），30d时生根率94.89%，根多且粗长。经炼苗后移栽，基质采用珍珠岩：蛭石（1：2），成活率为90%。

以上培养基均加3%蔗糖和0.9%琼脂，pH 6.2～6.4。培养条件：24～26℃，8h/d，光照强度18μmol/(m^2·s)。

15. 风铃玉

风铃玉（*Ophthalmophyllum friedrichiae*），番杏科风铃玉属多肉植物。风铃玉植株小巧玲珑，花朵洁白素雅，是小型多肉植物中的珍品，但栽培较为困难。

培养方法及步骤如下：

(1) 外植体消毒　选取风铃玉叶片，在超净工作台上用70%乙醇浸泡30s，无菌水冲洗1次，再用0.1% $HgCl_2$ 消毒10min，无菌水冲洗5次，用无菌滤纸吸干表面水分，备用。

(2) 愈伤组织诱导　将消毒好的叶片切割成1.0cm×0.5cm大小的片状，接种于愈伤组织诱导培养基（MS+0.2mg/L 6-BA+0.2mg/L NAA），愈伤组织诱导率85.7%，愈伤组织呈现淡黄色颗粒状，质地松散。

(3) 不定芽诱导培养　将生长旺盛的叶片愈伤组织切成约4mm×4mm大小的块状，接种于不定芽诱导培养基（MS+0.2mg/L 6-BA+0.02mg/L IBA）。培养30d，每块愈伤组织有11个不定芽，平均芽高1.1cm。

(4) 生根培养　选择生长健壮、长势一致的无菌苗，转接于生根培养基（1/2MS+0.1mg/L IBA）。21d时生根率83.3%，平均生根数2.7条。

以上培养基均加0.7%琼脂，pH 5.8，愈伤组织诱导和不定芽诱导添加3%蔗糖，生根培养添加2%蔗糖。培养条件：(25±2)℃，14h/d，光照强度18μmol/(m^2·s)。

16. 非洲菊

非洲菊（*Gerbera jamesonii*）是异花授粉植物，自交不亲和，自然条件下种子萌发力低，且种子繁殖后代性状容易发生变异，失去原有种性，如花型变小、花梗变细等。非洲菊传统采用种子繁殖、分株繁殖和扦插繁殖等。对具有优良品种特性的非洲菊采用植物组织培养法进行快速繁殖，能够在短期内生产出整齐均匀的大量健壮种苗。

培养方法及步骤如下：

(1) 外植体消毒　取非洲菊带3cm花梗的未展开花蕾，用洗涤剂溶液浸泡10min，在流水下冲洗干净。在超净工作台上用70%乙醇浸泡30s，再用0.1% $HgCl_2$ 溶液浸泡8min，无菌水冲洗3～5次，备用。

(2) 愈伤组织及不定芽诱导　将消毒好的花蕾用解剖刀纵向切开，挑出花托，并对切成1/4片花托，接种到诱导培养基（MS+6mg/L 6-BA+0.3mg/L IAA）上。外植体接种后3～4d切口膨大，6～7d后长出愈伤组织，愈伤组织呈现青绿色，并伴随一定程度的褐化。20d左右开始分化出带3～4片真叶的芽。

(3) 增殖培养　将高3cm以上的芽切下，转接到增殖培养基（MS+0.5mg/L 6-BA+0.1mg/L NAA），增殖系数13。

(4) 生根培养　将高度3～4cm的丛生芽切成单株，转接到生根培养基（1/2MS+0.5mg/L

IBA+0.05mg/L NAA)，培养15d，植株基部形成少量愈伤组织，生根率98%，根系长势较好。

(5) 炼苗及移栽　待苗长出4～5条根，平均根长2～3cm时，经炼苗后移栽到栽培基质上，15d后，成活率97.1%，苗长势较好。

以上培养基均加0.7%卡拉胶，pH 5.8，愈伤组织诱导及丛生芽增殖添加3%蔗糖，生根培养添加1.5%蔗糖。培养条件：(25±2)℃，光照14h/d，光照强度1500～2000lx。

17. 黑果枸杞

黑果枸杞（*Lycium ruthenicum*）是茄科（Solanceae）枸杞属多年生落叶植物，常生于盐碱荒地、盐化沙地等各种盐渍化土壤或荒漠环境，具有防风固沙作用，是我国荒漠地区特有的野生植物。黑果枸杞是迄今为止发现的原花青素含量最高的天然野生植物，远超蓝莓等植物。

培养方法及步骤如下：

(1) 外植体消毒及种子萌发　将黑果枸杞种子用0.1% $HgCl_2$ 消毒7～8min，无菌水冲洗3～5次，置于无菌水中浸泡3～4h，然后接种于种子萌发培养基（MS)。约8d后，幼苗萌发。

(2) 愈伤组织诱导　将无菌苗的下胚轴切成0.5cm的小段，接入愈伤组织诱导培养基(MS+1mg/L 6-BA+0.5mg/L NAA)。15d形成愈伤组织，愈伤组织诱导率100%。

(3) 丛生芽诱导　将愈伤组织接种于丛生芽分化培养基（MS+0.5mg/L 6-BA+0.5mg/L NAA)，培养35d后开始形成芽，增殖系数为7.73。

(4) 生根培养　当丛生芽长至2～3cm长时，将其从基部切下插入生根培养基（1/2MS+1mg/L IBA)，45d开始生根，生根率90%。炼苗之后移栽，成活率达90%。

以上培养基均加3%蔗糖和0.225%植物凝胶，pH 5.8。培养条件：光照强度2000lx，光照时间12h/d，种子萌发温度（25±2)℃，其他培养温度为23～25℃。

18. 番木瓜

番木瓜（*Carica papaya*）是番木瓜科（Caricaceae）番木瓜属多年生常绿大型草本植物，营养丰富，为药食兼用的果蔬植物。由于有雄株、雌株和两性株3种株型，用常规种子繁殖不能保证株型一致；而采用扦插、嫁接等常规无性繁殖方法成活率低，易感染病毒。利用植物组培技术繁殖种苗是优质番木瓜规模化生产的最有效的方法，其培养方法及步骤如下：

(1) 外植体消毒　选取新鲜、成熟番木瓜果实，先用洗衣粉进行表面清洗，然后流水冲洗1h；接着转至超净工作台用70%乙醇擦拭表面进行初步消毒；最后用经消毒的刀将其剖开，取出种子，小心将表面透明包衣去除，获得番木瓜种子。种子浸泡于1.0mg/L 6-BA与1.0g/L GA_3 等体积混合液中18h后，接种至种子萌发培养基（1/2MS)。种子发芽率高达93.3%，接种培养后污染率低至3.3%。

(2) 芽诱导培养　无菌苗长至4～5节后，切成至少含两个节的带节茎段，平放至芽诱导培养基（MS+0.5mg/L 6-BA+0.2mg/L NAA)。培养30d，芽数较多，基部有少量愈伤组织，在后续培养中切除愈伤组织对生长无影响。

(3) 增殖壮苗培养　丛生芽长出后，将丛生芽切下，分成均匀的含有2～3个不定芽的小簇，接种到增殖培养基（MS+0.2mg/L 6-BA+0.1mg/L NAA+40.0g/L 蔗糖)，增殖系数最高4.3。

(4) 生根培养　选取经增殖的健壮不定芽，小心切除附于上面的愈伤组织，切成长2～3cm、带2～3片叶子的茎段，接种到生根培养基（MS+1.0mg/L IBA+0.05mg/L KT+2.0g/L AC)。7d左右开始在芽基部出现突起的根原基，14d开始出现细小的根，继而根系增多，生根率达80.0%。

以上培养基均加0.7%卡拉胶，pH 5.8；增殖壮苗培养基添加4%蔗糖，其他培养基添加3%蔗糖。

19. 互叶白千层

互叶白千层（*Melaleuca altennifolia*）属桃金娘科白千层属常绿灌木至小乔木，是从澳大利亚成功引进的高经济价值的芳香植物，其新鲜枝叶和树干提取的精油，俗称“茶树油”。培养方法及步骤：

(1) 外植体消毒　选取高精油互叶白千层优良单株，取当年生的幼态萌条，将其剪成5～6cm长的茎段，用75%乙醇浸泡30～60s，0.1%升汞溶液中振荡消毒8～15min，无菌水冲洗5次以上，最后剪切成长1.5～2.0cm的茎段作为外植体。

(2) 茎段诱导培养　外植体接种于培养基（MS+1.0mg/L 6-BA+0.05mg/L NAA）上，可获得较高的诱导率。不同互叶白千层优良单株诱导的芽形态不同，有的以单芽为主，有的以丛生芽为主。

(3) 继代增殖培养　3个高精油无性系诱导培养40d或小芽长0.4～0.5cm时转入继代增殖培养基（B1+1.5mg/L 6-BA+0.01mg/L NAA），其增殖系数分别为4.1、5.3、5.6，且有效芽苗率（高1cm的芽苗为有效芽苗）均达90%以上。在继代培养基中添加0.4～0.6mg/L GA_3，芽苗整齐、粗壮，平均每瓶有效芽苗数达17～22株。

(4) 生根培养　取高1.0cm以上的小苗，转入培养基（1/2 MS+0.5mg/L ABT+0.5mg/L NAA）中生根，但不同无性系生根率差异较大。

(5) 炼苗和移栽　以纯黄心土为移栽基质，炼苗30d，3个无性系平均移栽成活率高达84.8%。

诱导和增殖培养基含蔗糖30g/L，生根培养基含糖15g/L，pH值均为5.7～5.8，琼脂5.5～6.0g/L。培养温度白天（27±2)℃，夜晚（22±2)℃，继代培养光照强度1500～2000lx，生根培养前7d放置在无直射光源处，培养15d后，以自然散射光为辅助光源，光照强度约为3000lx。

20. 降香黄檀

降香黄檀（*Dalbergia odorifera*）属蝶形花科落叶乔木，国家二级保护树种，为中国最常见珍贵的红木品种。

(1) 外植体消毒　选取8～9月降香黄檀半木质化枝条，用自来水冲洗5～10min，洗涤剂溶液浸泡10～15min，自来水冲洗干净，0.1%新洁尔灭浸泡15～20min，自来水冲洗干净，在超净工作台上用75%乙醇浸泡30s，0.1%升汞10～12min，无菌水冲洗4～5次。切去茎段上下两端，保留长度约为1cm左右的带腋芽茎段作为外植体。

(2) 腋芽诱导培养　外植体接种于改良DCR（增加KNO_3 460mg/L）+2.0mg/L 6-BA+0.1mg/L的培养基中，茎基部产生愈伤组织，腋芽萌发，茎叶绿色，生长基本正常。

(3) 继代培养　将外植体诱导生长正常的茎芽切下，转入改良的继代增殖培养基中（MS_1+0.5mg/L 6-BA+0.1mg/L NAA），该培养基作为继代培养基经多次继代培养不产生褐化现象。

(4) 生根培养　当继代茎芽高1.5cm时，切下接种于改良MS+0.5g/L AC，含适量植物生长调节剂的培养基中生根。该方法生根率90%，生根过程中芽基部仍然有少数愈伤组织出现。

诱导和增殖培养基含蔗糖30g/L，生根培养基含糖20g/L，pH值均为5.8，琼脂3.5g/L。培养温度（26±2)℃，外植体诱导第一周无光照，以后光照强度均为20～25μmol/(m^2·s)，光照时间12h/d。

二、植物细胞培养生产次级代谢产物

1. 茶树愈伤组织培养生产茶氨酸

茶氨酸是一种非蛋白氨基酸，主要存在于山茶科植物中，占干茶称重的1%～2%，具有多种生理功效，包括抗氧化、抗肿瘤、降压安神、减少体脂、提高机体免疫与抗衰老等。茶氨酸可抑制其他食品中的苦味和辣味，改善食品风味，在食品和医药行业中具有很高的应用前景。

以龙井茶的春梢嫩叶为外植体，经常规表面消毒后接种于愈伤组织诱导培养基。在培养基中添加不同浓度的植物生长调节剂，愈伤组织形成的起始时间在10～20d内变化。愈伤组织初期生长缓慢，组织坚实，继代培养后愈伤组织逐渐疏松，生长速度加快。用蔗糖、葡萄糖作为培养基碳源，其生长速率、茶氨酸含量接近；用乳糖作为碳源时，其生长速率、茶氨酸含量都低于蔗糖、葡萄糖为碳源的培养基。茶氨酸在愈伤组织中的积累以温度20～28℃较好，最佳积累茶氨酸的温度是25℃。光照有利于愈伤组织生长，但对茶氨酸积累不利。暗培养不利于愈伤组织的生长，但茶氨酸积累却大幅度提高。茶愈伤组织在暗培养条件下培养，培养基添加6%蔗糖、2mg/L IAA、4mg/L 6-BA、25mmol/L 前体物质（盐酸乙胺），愈伤组织的生长周期与茶氨酸的积累曲线几乎同步。茶氨酸在第5周达到高峰，其量达到201.6mg/g。

龙井品种"碧云"嫩叶经表面消毒后诱导成愈伤组织，3周继代培养一次。将块状愈伤组织接种于液体培养基（MS+2mg/L IBA+4mg/L 6-BA+25mmol/L 盐酸乙胺），采用水平振荡，转速90～110r/min，振幅2～4cm，100mL 锥形瓶中加入30mL 培养基，2周继代培养一次。经液体振荡培养后，细胞分散情况好，大块的聚集体少，总细胞量最高。取继代培养所得的培养物，经倾倒法弃掉瓶底沉积的块状聚集体，摇匀后，取250mL锥形瓶，以30%装液量装入液体培养基，以占培养基总体积33%的接种量接入悬浮细胞，进行培养。茶细胞总量在15～21d时达到最高值，而茶氨酸积累的最高值出现在27d前后，这说明茶细胞的代谢产物茶氨酸的合成具有滞后性，但在21d时茶氨酸积累也已达到27d时的98.45%。经培养基成分优化后，每克干茶细胞中茶氨酸含量可达233.25mg。因此，锥形瓶装其体积30%的培养液，接入1/3培养液体积的悬浮细胞，在转速90～110r/min、温度（26±1)℃的摇床上培养3周后，收获较为理想。

2. 甘草培养生产甘草酸

甘草为植物乌拉尔甘草（*Glycyrrhiza uralensis* Fisch.）、胀果甘草（*Glycyrrhiza inflata* Bat.）和光果甘草（*Glycyrrhiza glabra* L.）的干燥根及根茎。以乌拉尔甘草分布最广，产量最多，质量最好。

乌拉尔甘草种子经消毒后接种于MS培养基中培养，待萌发后切取下胚轴0.5cm的小段接于愈伤组织诱导培养基（MS+2,4-D 2mg/L+KT 0.7mg/L+3%蔗糖+1%琼脂，pH5.8）上黑暗培养。4周于继代培养基（MS+NAA 2mg/L+KT 0.7mg/L+3% 蔗糖+1%琼脂，pH5.8）上继代1次，培养条件同上。

将2g新鲜愈伤组织转入含50mL液体愈伤组织诱导培养基的250mL锥形瓶中悬浮培养，转速110r/min，光照条件为12h/d。在悬浮培养初期，对悬浮液进行过滤，滤去较大的细胞团，得到分散性较好的悬浮细胞体系。每16d继代1次，继代时，原培养基与新鲜培养基的比例为1∶3。在培养的第5d分别添加水杨酸、酵母提取物、水解酪蛋白等，培养16d后测定甘草酸含量，表明添加物均能较显著地促进甘草细胞中甘草酸的积累。其中添加10mg/L 水杨酸，甘草酸的含量为对照组的1.86倍；添加酵母提取物可使甘草酸的含量达到14.20μg/g，是对照组的3.71倍；添加100mg/L 水解酪蛋白，含量为对照组的1.69倍。经对比表明，在培养的第5d添加酵母提取物（1mg/L）促进甘草细胞中甘草酸积累的效果最佳。

3. 人参细胞培养生产人参皂苷

人参（*Panax Ginseng* C. A. Meyer）为五加科植物，其干燥根和根茎是我国传统名贵中草药，人参中含多种有效活性成分，如皂苷、多糖和脂溶性成分等。人参皂苷是人参的主要有效成分，人参所表现出的药理活性主要是人参皂苷作用的结果。

将5年生新鲜人参洗净，经外植体消毒后，切成1cm×1cm 的小块，将其接种在培养基（MS+2,4-D 1.0mg/L+蔗糖30g/L+琼脂6.5g/L）上诱导愈伤组织。愈伤组织在培养基（MS+2,4-D 1.0mg/L+KT 0.3mg/L+蔗糖30g/L+琼脂6.5g/L）上继代培养。继代培养3次后，将愈伤组织打碎后接种至含50mL 液态继代培养基的250mL 锥形瓶中，在100r/min 的摇床上培养。培养温度为（25±2)℃，相对湿度70%，暗培养。培养20d后收集悬浮培养的细胞4g用于重新悬浮培养。经测定，人参细胞的鲜重与干重的变化趋势类似，随着培养期延长呈增加的趋势，在培养0～10d时，细胞的鲜重与干重增加缓慢，人参皂苷含量变化不大；在培养10～25d时，鲜重与干重迅速增加，鲜重（11.1g/L）和干重（496.0mg/L）在25d时达到最大，25d后鲜重和干重不再继续增加，而人参皂苷在10～20d增加迅速，20d时达到6.6mg/g DW，在20～25d人参皂苷含量和生产量下降，25d后保持稳定。因此，为了得到最大量的人参皂苷，人参细胞培养以20d为宜。经过对比研究发现，使用有滤脱的瓶盖、采用6g接种量和120r/min更有利于人参细胞悬浮培养和人参皂苷的合成。

4. 鸡血藤细胞培养生产异黄酮类化合物

鸡血藤是蝶形花科植物密花豆（*Spatholobus suberectus* Dunn.）的干燥藤茎，是我国传统中药材，有祛风活血、舒筋活络之功效。鸡血藤其药理作用的关键活性成分是异黄酮类化合物，主要包括大豆黄酮、染料木素、刺芒柄花素和美皂异黄酮这4种主要的异黄酮活性成分。

取密花豆嫩叶，经外植体消毒后，嫩叶切成5mm×5mm的方块接种到愈伤组织诱导培养基（MS+1.0mg/L 6-BA+0.5mg/L NAA）。先遮光培养4d，再进行光照培养，每天光照12h，强度1200～1500lx，培养温度为（25±2）℃。14d后在叶片边缘膨大形成小芽点，30d左右完全形成愈伤组织，颜色幽绿。向培养基中添加0.10g/L VC后，愈伤组织诱导率提高到95%，且褐化现象最低，愈伤组织生长良好。在暗培养条件下继代培养，每15d继代培养一次。愈伤组织经筛选后获得浅黄色、疏松颗粒状的培养物。

将筛选后的愈伤组织5g接入300mL锥形瓶中，含100mL液体培养基（MS+0.5g/L NAA+1.0mg/L 6-BA+30g/L蔗糖+0.1g/L VC+3g/L水解酪蛋白），于（25±1）℃暗环境下以100r/min的速度进行摇瓶悬浮培养12d。鸡血藤细胞生长曲线呈现S形分布，培养0～3d为细胞生长延滞期，生长缓慢，异黄酮合成也未开始。第4d进入指数生长期，细胞快速生长，生物量在培养的第8d达到最大（12.03g/L），异黄酮含量也在培养的第4d开始快速上升。指数生长期过后即快速进入衰亡期，稳定期较短，生物量从培养的第8d开始衰减，但异黄酮合成继续进行，异黄酮含量在培养的第12d达到最大（5.34mg/L）。经对比研究，在悬浮培养的第3d协同添加适量诱导子和前体（茉莉酸甲酯100μmol/L+苯丙氨酸300μmol/L+乙酸钠100μmol/L），培养21d，异黄酮含量达到最高值（19.32mg/L），为对照组的3.62倍。

5. 藏红花培养生产藏红花色素

藏红花（*Crocus sativus* L）是鸢尾科番红花属球根类多年生草本植物，其干燥柱头作为传统名贵药材，其提取物及其提纯组分藏红花素（crocin）、藏红花苦素（picrocrocin）、藏红花酸（crocetin）等具有良好的抗肿瘤功效，我国藏红花栽培量少，产量极低，又因为其资源极其有限，不能满足藏红花市场需求。

将藏红花球茎表面消毒后切成0.5～1cm的小块；球茎表面消毒后切下芽点，置于萌发培养基上形成无菌芽，将无菌芽切成0.5～1cm的小段；藏红花球茎萌发形成4～6cm的幼叶，经外植体消毒后，切成0.5～1cm的小段。以球茎、花芽中幼叶和无菌芽为外植体接种于愈伤组织诱导培养基上进行黑暗培养。无菌芽和幼叶的愈伤组织诱导率高于球茎，诱导时间较短，但形成的愈伤组织性状不稳定，容易褐化。添加2.0mg/L 2,4-D和0.5mg/L 6-BA的MS有利于球茎愈伤组织诱导，30d愈伤组织诱导率70%以上，愈伤组织色泽橙黄，质地疏松，不透明。愈伤组织培养基为MS+0.5mg/L 6-BA+2.0mg/L NAA+30g/L蔗糖+6.5g/L琼脂，pH 5.8～6.0，（20±1）℃，黑暗条件下培养，每28d继代一次。

悬浮培养采用改良的1/2B5培养基［KNO_3、$MgSO_4$、$(NH_4)_2SO_4$、NaH_2PO_4用量减半］，添加20g/L蔗糖、0.5mg/L 6-BA、2.0mg/L IAA，pH 5.8～6.0，分装于250mL锥形瓶，每瓶50mL。愈伤组织接种量为12%，黑暗振荡培养25～30d，120r/min，温度（20±1）℃。分别添加一定量的壳聚糖、壳寡糖、茉莉酸甲酯、水杨酸和Cu^{2+}等5种诱导子，低浓度诱导子对藏红花悬浮培养细胞生长无明显影响。其中茉莉酸甲酯诱导效果最好，在细胞培养第0d添加终浓度100μmol/L茉莉酸甲酯，藏红花色素含量达到28.57mg（以1g干细胞计），比对照提高177.9%。

6. 蛇足石杉离体培养产石杉碱甲

蛇足石杉（*Huperzia serrata*）为石杉科石杉属的多年生小型蕨类植物。在我国主要分布于福建、两广、东北和长江流域等地区。全草可供药用，治疗跌打损伤、毒蛇咬伤、烧伤烫伤、瘀血肿痛、内伤吐血等。目前，已从蛇足石杉中提取了几十种生物碱和一些萜类等活性物质。其中从蛇足石杉中提取的石杉碱甲是一种可逆性乙酰胆碱酯酶抑制剂，对老年痴呆症的治疗非常有效，被公认是最有前途的天然抗老年痴呆症药物之一。

蛇足石杉植株秋季的半木质嫩茎，经表面消毒后接种到叶状体诱导培养基（6,7-V＋IAA 0.5mg/L）中。60d后蛇足石杉外植体分化出簇生叶状体，叶状体诱导率为50%。取诱导产生的叶状体分割成小块进行增殖培养。叶状体在添加植物生长调节剂（如ZT、2,4-D、NAA、IAA）(0.1～1.0mg/L）的不同浓度培养基上相对增长率均低于未添加植物生长调节剂的培养基。在含有20g/L蔗糖、不加任何植物生长调节剂的MS培养基上，增长率达到了1336%。进一步优化表明：1/2MS基本培养基对叶状体相对增殖率最好，平均为2087%，但是未检测出石杉碱甲；在1/4MS中生长的叶状体检测到石杉碱甲，1.18μg/g。相同光照强度的红光、蓝光、白光作光源培养叶状体，培养70d后检测目标产物。白光培养的蛇足石杉叶状体生长量及石杉碱甲累积量均最高，相对增殖率达到1548%，石杉碱甲达到1.94μg/g。12h/d光照时间的叶状体累积石杉碱甲的能力优于15h/d光照的叶状体。经条件优化后，培养30d的叶状体开始快速增殖，60d后增长量开始减慢，75d后叶状体基本不增长，叶状体生长进入稳定期，叶状体的相对增殖量达到127.3g/L。60d后石杉碱甲的累积量开始迅速增加，85d达到最大量7.57μg/g，以后呈快速下降趋势。因此，1/4MS培养基，12h/d的白光光照培养85d的叶状体增殖及石杉碱甲含量最高。

三、原生质体的培养

1. 霸王的原生质体培养及植株再生

将霸王（*Sarcozygium xanthoxylon* Bunge）萌发的无菌苗子叶切成小块，诱导形成愈伤组织。诱导培养基：MS＋2.0mg/L 2,4-D＋0.2mg/L 6-BA＋3%蔗糖＋0.65%琼脂，pH5.8～6.2。将愈伤组织转移至含1.0mg/L 2,4-D、0.2mg/L 6-BA、500mg/L CH的相同培养基上继代培养，3周继代1次。选择淡黄绿色、生长旺盛、易分散的愈伤组织用于原生质体分离。

取继代培养14d的松软愈伤组织1～2g，置于盛有10mL酶液（2%纤维素酶、1%半纤维素酶、1%果胶酶、0.5mol/L甘露醇、0.1%MES、0.05mol/L $CaCl_2$、pH值5.8）的锥形瓶中，在（25±2)℃、黑暗条件下静置培养12h，在恒温摇床上50r/min振荡1h，游离原生质体。酶解液用300目不锈钢筛过滤，于800r/min离心10min，收集原生质体。

原生质体悬浮于洗液中（0.16mol/L $CaCl_2$，0.1% MES，pH5.8），用18%蔗糖溶液离心(50r/min离心15min）漂浮纯化原生质体，将漂浮的原生质体吸至新管，用洗液洗涤1次，再用原生质体培养液洗涤1次，随后计数原生质体产率和活力。每克愈伤组织可分离出2.36×10^6个原生质体，酚藏花红染色结果显示原生质体活力在85%以上。

纯化后的原生质体重新悬浮于培养液中，并调整原生质体至合适的密度，置于直径6cm的玻璃培养皿中，每皿2mL。此过程在（25±2)℃暗条件下进行。原生质体培养液为DPD的基本成分，同时都附加2.0mg/L 2,4-D、0.2mg/L 6-BA、500mg/L CH、2%蔗糖、0.5mol/L甘露醇，pH值5.8。培养基中的植物生长调节剂组合对原生质体再生细胞的生长状态、分裂以及克隆形成影响较大，比较6-BA（0.1～0.5mg/L)、NAA（0.5～2.0mg/L)、2,4-D（0.5～2.0mg/L）和KT（0.2～1.0mg/L）等不同植物生长调节剂在原生质体培养中的影响。结果表明，2,4-D对原生质体的分裂频率影响较大，当2,4-D的浓度从0.5mg/L增至1.0mg/L时，原生质体的分裂频率由12.8%提高到28.4%，而当2,4-D过高（2.0mg/L）时反而会抑制细胞生长导致分裂频率降低。6-BA、NAA以及KT等对原生质体的分裂也均有较为明显的影响，例如KT的加入有助于提高分裂频率。在1.0mg/L 2,4-D、0.2mg/L 6-BA和0.2mg/L KT组合中，霸王原生质体的最佳培养密度为2×10^5个/mL，此条件下培养7d发生分裂频率可达28.4%。原生质体培养24h后，体积增大并变成椭圆形，细胞壁合成，3～4d出现第1次细胞分裂，之后持续分裂。原生质体培养2周左右形成小细胞团，大约4周后形成直径2mm的肉眼可见的小愈伤组织。移至弱光下继续培养，愈伤组织能进一步形成淡黄色质地疏松的愈伤组织。将愈伤组织置于MS固体继代培养基上扩增，并移至光照条件下培养，愈伤组织可转变成淡黄绿色。大约经3周后将愈伤组织转到分化培养基上。在2500lx光照下，培养2周后出现绿色芽点，继而形成丛生芽。当丛生芽长到1～2cm高时，移入生根培养基，约15d有不定根出现，3周后形成完整植株。

2.“过山香”香蕉原生质体培养及植株再生

“过山香”香蕉吸芽经外植体消毒后，将顶芽茎尖平均纵切为4块，接种到不定芽分化培养基（MS+6-BA 22.2μmol/L+NAA 0.05μmol/L）中诱导不定芽的分化；分化的不定芽转移到增殖培养基（MS+6-BA 17.8μmol/L+NAA 0.10μmol/L+腺嘌呤 29.85μmol/L）扩繁。挑选增殖培养第3代且幼嫩粗壮的不定芽，切除上部叶鞘至基部1cm处，逐层剥离剩余叶鞘组织后置于继代培养基（MS+6-BA 100μmol/L+IAA 1μmol/L）中培养。经过一定次数的继代培养后可获得类似花椰菜结构的多芽体。用尖嘴手术刀将多芽体从接合部位分离，切取单个球状茎顶端3mm×3mm×1.5mm（长×宽×厚）的薄切片，置于愈伤组织诱导培养基（1/2MS+VC 10mg/L+2,4-D 5mg/L和ZT 1mg/L+琼脂粉7.0g/L）中培养。挑选易松散的白色或浅黄色愈伤组织为“过山香”香蕉的胚性愈伤组织，用于原生质体分离与培养。

取贡蕉花蕾中刚坐完果的雌花，剥取花序顶端1.5cm长的部分，经外植体消毒后，将花梳置于愈伤组织诱导培养基中培养。在小花基部开始出现乳白色或浅黄色圆球形、质地致密的分生小球体。经过2～3个月的培养，在小球体旁出现松散易碎的浅黄色愈伤组织。经多次继代和筛选培养可得到大量浅黄色的贡蕉的胚性愈伤组织，用作原生质体培养的看护细胞。

“过山香”香蕉胚性愈伤组织和贡蕉胚性愈伤组织在液体培养基（MS+100mg/L麦芽水解物+680μmol/L谷氨酰胺+4.1μmol/L生物素+4.5μmol/L 2,4-D+130mmol/L蔗糖）中，黑暗、(27±2)℃条件下培养，每15d继代一次。

在最近继代的4～7d时取香蕉胚性愈伤组织，用200μm的筛网过滤后，取细胞密实体积0.5mL的胚性愈伤组织加入到10mL酶液（3.5%纤维素酶R-10、1%离析酶R-10、0.15%果胶酶Y-23、204mmol/L KCl、67mmol/L $CaCl_2$、0.41mol/L甘露醇，pH 5.6～5.8）中，酶解8～11h后，采用过滤离心法进行原生质体的洗涤和纯化。刚分离的原生质体球形，细胞质浓厚，内含物丰富，细胞大小不一。原生质体产量为3.1×10^7个/mL胚性愈伤组织，活力85%以上。

将原生质体密度调整到1×10^5个/mL，以贡蕉胚性愈伤组织作看护培养细胞，在制作好的看护培养基上覆盖混合纤维素滤膜，将1mL原生质体悬浮液转移到混合纤维素滤膜上进行培养。培养基组成为：MS+100mg/L麦芽水解物+680μmol/L谷氨酰胺+4.1μmol/L生物素+0.5mmol/L MES+4.5μmol/L 2,4-D+117mmol/L蔗糖+0.4mol/L葡萄糖，pH5.7，过滤灭菌。经过3d的培养，原生质体变成椭圆形的细胞，细胞质浓厚，内含物丰富；经过7d左右的培养，原生质体开始第一次分裂，随后进行第二次分裂；经过20d的培养，成为肉眼可见的细胞团；45d时可见大量的肉眼可见的细胞团。所形成的细胞团细胞质浓厚、球形，具有典型的胚性细胞特征，转移到体胚诱导培养基上能进一步分化。

经看护培养获得的细胞团在体胚诱导培养基上培养20～25d左右，可见到长椭圆形、直径大约1.0～1.5mm的发育成熟的体胚。这些体胚在新鲜的体胚诱导培养基上再经过30d的培养，7.8%的体胚萌发。萌发的体胚在培养基（MS+0.1%活性炭）上30d后发育为10～12cm高的幼苗；在温室驯化培养3个月后长成健壮的植株。

3.番石榴原生质体培养

将番石榴“Beaumont”无菌丛生芽叶片剪成0.5mm的细条，转入含有5mL酶解液［酶占比6%，离析酶∶纤维素酶∶半纤维素酶=0.5∶0.4∶0.1，细胞原生质体洗涤液（CPW）、0.75mol/L甘露醇或山梨醇，pH 5.8，过滤灭菌］的100mL锥形瓶中。在黑暗27℃条件下45r/min旋转振荡培养10h，采用75μm不锈钢滤网和40μm尼龙滤网过滤，过滤物转移到15mL离心管中，100*g*离心5min，弃去悬浮物，原生质体重新悬浮于无酶液的CPW等渗盐溶液中。将2mL粗制原生质体悬浮物置于4mL 25%糖溶液中，80*g*密度梯度离心3min，用去尖的巴氏吸管收集密度梯度中部的原生质体，重悬于新鲜培养液中。原生质体得率>3.7×10^6/mL，活力>90%。

原生质体培养的基本培养基：MS中无NH_4NO_3，附加20mg/L VB_1、10mg/L VB_6、2mg/L

烟酸、5mg/L 泛酸、30mg/L VC、1.5mg/L 谷氨酰胺、100mg/L 肌醇、50mg/L 脯氨酸、30g/L 蔗糖及山梨醇或甘露醇，pH 5.8，过滤灭菌。原生质体培养在无菌状态下用海藻酸钠微球培养或涂布培养。

海藻酸钠溶于等渗溶液中，浓度 4%，过滤灭菌。用无钙离子的培养液调整原生质体密度为 1×10^5 个/mL，再与海藻酸钠溶液混合。混合物逐滴加入到含有 50mmol/L $CaCl_2$、无海藻酸钠的培养液中。经 1h 固化后，海藻酸钙凝胶微球用培养基洗涤 2 次，每次 10min，取 10mL 培养液含有 10 个凝胶微球，置于 100mL 锥形瓶中，每天光照 4h，光照强度 15μmol/(m^2·s)，27℃条件下 30r/min 旋转振荡培养。每 4d 用 15%无甘露醇的培养液替换原培养液。

经过 3 周的培养，海藻酸钠钙凝胶微球中长出微小的细胞团。2mL 离心管中加入 1.5mL 20mmol/L 柠檬酸钠缓冲液（pH 7.4），取 3 个海藻酸钠钙凝胶微球置于管中，每 5min 轻轻颠倒 10 次，使凝胶溶解，细胞团释放到溶液中。45*g* 低速离心收集细胞团，再用柠檬酸缓冲液清洗细胞团 1 次。细胞团重悬于 0.5mL 液体培养基中，将其加入到含有 1mg/L NAA 固体培养基的培养皿中进行涂布培养。每平方厘米可形成肉眼可见的微小愈伤组织 18 个。经过 4 周的培养，3 个微小愈伤组织（大约 $3mm^3$）被置于芽再生培养基，其中含有 3.4mg/L 的 KT 和 6-BA 的混合物（KT∶6-BA=0.6∶0.4），在 27℃、光照时间 16h/d、强度 40μmol/(m^2·s) 条件下培养。8 周后 4 片叶子或以上的芽数量>12。芽在培养基（MS+0.1mg/L IBA）上生根，4 周后移栽于混合栽培基质（珍珠岩 10%、泥炭土 70%、蛭石 20%）的花盆中，用 1/8MS 无机盐溶液浇灌 4 周。

4. 美国榆原生质体的培养

美国榆无菌苗嫩叶剪碎用无菌水冲洗，然后悬浮于含有 700mg/L MES 的 4.8%海藻酸钠溶液（pH5.7）中，缓慢滴加 1% $CaCl_2$ 溶液，固化 30min，形成海藻酸钙微球。微球用无菌水洗涤 3 次，转入 125mL 锥形瓶中，锥形瓶中含有 25mL 培养基，其成分为：MS 无机盐和维生素，3%蔗糖，5μmol/L 6-BA，1μmol/L NAA，100μmol/L 2-氨基吲哚 2-磷酸（AIP），pH5.7。培养 1 个月后，在培养液中形成了浓的细胞悬浮物，以其为原生质体分离的起始材料。悬浮培养物每 2 周继代培养 1 次。

将细胞悬浮培养物转入 50mL 离心管中，90*g* 离心 6min，保留沉淀的细胞。细胞重新悬浮于过滤灭菌的混合酶液（包含 CPW 盐溶液、91g/L 甘露醇、500mg/L MES、2g/L 纤维素酶、1g/L 离析酶、0.3g/L 果胶酶，pH5.5）中，再转入培养皿中 25℃黑暗静置培养 2h。用 100μm 尼龙网过滤获得的悬浮物，并收集原生质体，90*g* 离心 6min，1mL CPW 重新悬浮原生质体。转入 25mL CPW21 洗液中，90*g* 密度梯度离心 10min。吸取两项中间的原生质体至 15mL 离心管中，加 CPW 溶液至 10mL，90*g* 离心 6min，弃上清液。原生质体重新悬浮于修改的 KM5/5 培养液（KM 培养基无机盐和维生素、10%甘露醇、500mg/L MES、5μmol/L 6-BA、5μmol/L NAA，pH 5.7）中，调整密度至 2×10^5 个/mL。原生质体悬浮液与含 1.6%低熔点琼脂糖的 CPW 溶液等体积混合，混合液滴入 24 孔细胞培养板，每孔 1 滴，凝固后，每孔加入 25μL KM5/5 培养液。在黑暗条件下，10r/min 回旋振荡培养，每 2 周更换一次培养液，如发现褐化，则添加 10μmol/L AIP。培养 24h，可观察到细胞壁形成，培养 48h 即可观察到细胞分裂，培养 6d，细胞分裂比例为 37.5%，细胞形态正常。

经培养，琼脂糖凝胶微球中形成微小的愈伤组织，细胞和细胞团逐渐释放到液体培养基中。取含有细胞团的培养液转入 KM5/1 培养基（KM 培养基无机盐和维生素、3%蔗糖、5μmol/L 6-BA、1μmol/L NAA，0.22%植物凝胶，pH 5.7）中培养。愈伤组织转入 ERM 培养基（MS 无机盐、3%蔗糖、10μmol/L 或 20μmol/L TDZ）进行不定芽诱导，大约 14%的愈伤组织形成不定芽。切去不定芽转入丛生芽诱导的 ESM 培养基（DKW 培养基无机盐和维生素、3%蔗糖、2.2μmol/L 6-BA、0.3μmol/L GA_3、0.22%植物凝胶）。丛生芽在 RM 培养基（DKW 培养基无机盐和维生素、3%蔗糖、0.5μmol/L IBA、0.6%活性炭、0.22%植物凝胶）上生根。经过 1～2 个月的培养后进行炼苗移栽，成活率 51%。

5. 合欢花的原生质体培养

合欢花（*Albizia julibrissin*）种子用自来水冲洗 20min，浸于 85～90℃热水中，自然降到室温。然后将种子用 70%乙醇浸泡 3min，转入 20%的消毒液（含 5.25%NaClO）中 3min，无菌水冲洗 3 次，每次 3min，吸干种子水分，接入 MS 基本培养基，在（26±2）℃、光照时间 16h/d、光照强度 40μmol/(m^2·s）条件下进行种子萌发。种子培养 6～10d 开始萌发，取培养 4～5 周顶端的全展叶片作为原生质体的分离材料。如果用愈伤组织，则种子在黑暗环境下培养 10～14d 以获得黄化的下胚轴，下胚轴剪成 5～7mm，平放在培养基（MS＋0.2g/L 肌醇＋10.8μmol/L NAA＋4.4μmol/L 6-BA）上，诱导白色、易碎的愈伤组织。

酶液组成为：1.5%纤维素酶 R-10 和 1%果胶酶 Y23，均溶于含有 0.7mol/L 甘露醇和 5μmol/L MES 的 CPW 溶液（pH 5.5～5.8）。酶液贮存于－20℃，每管 5mL 分装，使用前在 55℃水浴 10min。

取 1g 叶片剪成小条，或 1g 愈伤组织置于 20mL 含有 0.7mol/L 甘露醇或山梨醇的 CPW 溶液中。在黑暗、（25±2）℃条件下，叶片小条预处理 60min，愈伤组织预处理 90min。取 250mg 预处理材料转入含有 5mL 酶液的 CPW 溶液中，在黑暗、（25±2）℃条件下，40r/min 摇床振荡培养 6h。再加入等体积含 0.7mol/L 甘露醇的 CPW 溶液，用 0.75μm 尼龙网过滤，去除杂质，滤液转入 15mL 含 0.7mol/L 甘露醇的 CPW 溶液的离心管中，100*g* 离心 5min，弃去上清液，保留原生质体。用含 0.7mol/L 甘露醇的 CPW 溶液洗涤原生质体，100*g* 离心 3 min，弃去上清液，用 3mL KM 液体培养基重新悬浮原生质体。原生质体密度 7.77×10^5 个/g 组织鲜重，原生质体活力 94%。

原生质体置于 10mL CPW 溶液中，室温放置 30min。KM8P 基本培养基添加 2.7μmol/L NAA、2.2μmol/L 6-BA、0.2%MES、1.4%琼脂糖维持在 45℃。调整原生质体密度为 3.5×10^5 个/mL，将其与 KM8P 培养液 1∶1 室温下混合，取 2mL 于 60mm×12mm 培养皿中静置 60min，加入相同成分的 KM8P 液体培养基 5mL，加入 8%蔗糖溶液 10mL，轻混匀，用封口膜密封，在（25±2）℃、黑暗条件下 30～40r/min 振荡培养。在小细胞团形成过程中如发现褐化，重新更换 KM8P 液体培养基和蔗糖溶液。

培养过程中原生质体逐渐生长，在琼脂糖中形成细胞团并释放到培养液中。如果液相中出现褐化时，更换 50%（体积分数）新鲜培养液。更换出的旧培养液用 5mL 离心管收集，40*g* 离心，弃去上清液，管底的细胞团用 KM8P 培养液洗涤，离心，收集细胞并用 1mL KM8P 培养液重新悬浮，涂布于无甘露醇的固体培养基，在 100mm×12mm 培养皿中培养，6h/d 光照，光照强度 6～8μmol/(m^2·s）。培养 3 周，叶片分离的原生质体在每个培养皿中有 52.3 个小细胞团形成，愈伤组织分离的原生质体在每个培养皿中有 49.3 个小细胞团形成。挑取直径 2～4mm 的小细胞团，转入含有 B5 有机成分和 MS 无机盐的培养基，附加 3%蔗糖、0.8%琼脂、10.8μmol/L NAA、4.4μmol/L 6-BA、0.2g/L 水解酪蛋白。培养过程中，愈伤组织 2 周继代培养 1 次。在培养基（MS＋13.2μmol/L 6-BA＋4.6μmol/L ZT）上诱导不定芽。培养 5 周时，不定芽形成频率为 78%～93%，每块愈伤组织上有芽 3～4 个。在生根培养基（1/2MS＋4.9μmol/L IBA）上进行生根培养。培养 4～5 周时，从叶片分离原生质体来源的不定芽生根为 68%，从愈伤组织分离原生质体来源的不定芽生根率为 61%。生根后炼苗移栽。

6. 二倍体马铃薯原生质体培养

脱毒马铃薯 RH2（IVP48-168）无菌苗，取培养 20d 左右的叶片，20℃黑暗条件下放置 48h。然后转入 CM 中 4℃培养 24h。再将叶片切成 1～2mm 细条，加入到过滤灭菌的酶液（0.35mol/L 甘露醇、2.0%纤维素酶、0.2%果胶酶）中酶解 4h，温度（20±1）℃，黑暗处理，40～45r/min 振荡。酶解后用 300 目筛过滤，将滤液转入离心管，100*g* 离心 5min，收集原生质体，稀释、清洗 2 次，沿管壁缓慢滴入到加装 23%蔗糖 6～8mL 的离心管中悬浮，80*g* 离心 9min，收集中间界面的原生质体，再洗涤 2 次，离心收集原生质体。所获得的原生质体完整率达到 68.8%，原生质产量和活力分别为 17.5×10^5 和 80.9%。原生质体活力较高，总体效果较好。

将纯化的原生质体密度调整为$1\times10^4\sim1\times10^5$个/mL，在原生质体液体培养基上浅层静止培养，7d后补充1/3新鲜培养基。原生质体在液体培养基上培养3d左右，开始形成细胞壁，细胞逐渐由圆球形变为椭球形。5～7d时细胞发生第一次分裂，然后持续发生二次分裂和多次分裂，15d左右形成多细胞的细胞团。将其悬液接种在固体培养基上进行固-液双层培养，继续培养20d左右，形成肉眼可见的小愈伤组织。将愈伤组织挑出接种到增殖培养基上，在光照2000～3000lx、温度（25±1）℃条件下培养。待愈伤组织长至2～3mm时，转到分化培养基上，愈伤组织逐渐变绿，结构逐渐致密。培养50d左右，胚性愈伤组织开始分化出芽。将芽切下，放入MS培养基，7d左右生根，形成完整植株。RH2愈伤组织发育快，分化能力强，可获得大量再生植株。

四、毛状根的诱导与培养

1. 乌拉尔甘草毛状根的诱导与培养

乌拉尔甘草（*Glycyrrihizag uralensis* Fisch）是中国重要的传统中药材，以根和茎入药。其主要药用成分为甘草酸和甘草黄酮。人工种植甘草周期较长，且部分药用成分含量远低于野生甘草，从而限制了甘草资源的开发与利用。选取饱满的甘草种子，先用98%浓H_2SO_4处理30min，然后经外植体消毒，接种于1/2MS培养基上，萌发无菌苗，以株龄14d的活体幼苗、无菌苗子叶和下胚轴作为转化外植体。

取出保存于−70℃冰箱中的原始发根农杆菌15834、A4菌种，划线接种于YMB固体培养基，28℃培养2d，挑取单菌落接种于含Amp 50mg/L的YMB液体培养基中，28℃下180r/min振荡培养至OD_{600}值0.6～0.8。收集菌液，8000r/min离心10 min，弃上清液，加MS液体培养基稀释菌液至OD_{600}值0.6，加入乙酰丁香酮至浓度为100μmol/L，28℃下180r/min振荡培养2h，用于甘草遗传转化。

用发根农杆菌菌液对乌拉尔甘草幼苗的下胚轴进行穿刺侵染2～3次，然后将幼苗接种于含乙酰丁香酮100μmol/L的1/2MS培养基上共培养5d。将幼苗转至含300mg/L头孢霉素的1/2MS培养基中培养，7d后在幼茎穿刺部位诱导出大量白色的丛生毛状根，剪取2～3cm长的毛状根转入含300mg/L头孢霉素的1/2MS固体培养基进行除菌培养，每周继代培养1次，逐渐降低头孢霉素浓度，直至无菌。剪取2～3cm的无菌毛状根接种于1/2MS固体培养基中培养。该方法采用农杆菌菌株15834转化率达到79.5%，并且在培养的第5d即可在针刺部位形成白色根端，7d时发育成丛生毛状根。

甘草无菌苗子叶切成0.5cm²的小块，下胚轴切成约1.0cm的小段，用无菌针刺出小创口，分别侵入发根农杆菌菌液中，侵染15～20 min，吸干多余菌液，置于含乙酰丁香酮100μmol/L的MS培养基上，黑暗条件下共培养48h，转接至含500mg/L头孢霉素的1/2MS培养基上，28℃、光照时间12h/d、光照强度2000lx条件下培养。剪取2～3cm的毛状根转入1/2MS固体培养基中培养，12～14d后，陆续从外植体伤口处产生白色毛状根，毛状根分枝较多，且无向地性。发根农杆菌15834和A4转化时，以子叶为外植体的毛状根诱导率分别为24.9%和14.3%，而下胚轴的转化率更低。经PCR检测，毛状根中存在发根农杆菌T-DNA片段中的*rolA*和*rolC*基因序列，未检测到发根农杆菌病毒区*VirD*2基因片段，证实了发根农杆菌中基因片段已整合到甘草基因组中。

剪取生长迅速毛状根根尖分别接种在不含植物生长物质的MS、1/2MS、1/2B5和B5培养液中，置于150mL锥形瓶中，每瓶装培养液50mL，在（25±0.5）℃条件下110r/min振荡暗培养，培养周期为35d。乌拉尔甘草毛状根在无植物生长调节剂的1/2MS培养液中的生长最显著，形成分枝较多，毛状根的生物量最大，培养25d，毛状根增殖倍数达到19.13倍（鲜重）；在MS培养液中增殖倍数达到11.57倍；在1/2B5培养液中生物量最低，培养7d毛状根褐变严重，且根尖出现明显愈伤组织，抑制了毛状根生长，增殖倍数仅为2.35倍。培养35d，毛状根生物量与其最大值比较均有所下降。

2. 催眠睡茄毛状根的诱导与培养

催眠睡茄（*Withania somnifera* L.）为茄科睡茄属植物，是印度传统中草药，可全草入药。催眠睡茄含有睡茄素类、醉茄素类等各种生物碱，具有抗炎、抗压、抗氧化、抗肿瘤等功效；睡茄素A是睡茄属植物的主要药用成分，集中在植株的根部。将发根农杆菌C58C1在含40mg/L利福平（Rif）的YEB固体培养基上划线培养，挑取单菌落，接种于10mL含40mg/L Rif的YEB液体培养基中，200r/min、27℃振荡培养（以下条件相同）24h，取100μL菌液接种于50mL含40mg/L Rif的YEB液体培养基中，振荡培养约12h至A_{600}为0.3左右，加入乙酰丁香酮（AS）至终浓度为100μmol/L，继续活化3h。取50mL菌液4000 r/min离心10min，收集菌体，用50mL含100μmol/L AS的MS液体培养基重悬菌体，继续振荡培养30 min，获得菌液用于转化催眠睡茄。

将培养20d的催眠睡茄幼苗的叶片浸入C58C1的菌液中，振荡20min，用无菌滤纸吸干叶片表面的菌液，接种到含100μmol/L AS的MS固体培养基上，27℃黑暗条件下共培养4～5d，当叶片周围有菌圈出现时，取出叶片，无菌水200r/min振荡洗涤3次，每次10min，吸干水分，接种到含300mg/L头孢噻肟钠（Cef）的MS固体培养基上，光照培养，每4d更换1次培养基。培养10d左右开始有毛状根出现，15d时毛状根诱导率达30%，每块外植体上平均诱导4条毛状根，表现出无向地性、绒毛较多的特点。当毛状根生长至3cm左右时，剪下分别接种到含300mg/L Cef的1/2MS培养基上，每7d剪取根尖继代培养，继代5～6次后，将毛状根转移至YEB琼脂培养基上培养7d，无农杆菌污染的毛状根接种于1/2MS液体培养基中，110r/min、27℃振荡培养。取催眠睡茄毛状根进行PCR检测 *virD* 基因和 *rolB* 基因，排除农杆菌基因组对毛状根基因组污染，阳性率为96.67%。选择性状保持稳定且生长迅速的阳性毛状根克隆进行扩大培养30d，此时毛状根出现轻微的褐化现象。收集毛状根，经冷冻干燥、粉碎、过筛后提取睡茄素A进行HPLC检测。检测的10个毛状根系中睡茄素A的含量都显著高于野生催眠睡茄根的含量，平均质量分数为1.588mg/g，是野生植株平均含量的1.96倍，其中毛状根系M3的睡茄素A含量最高（1.783mg/g），是野生催眠睡茄植株平均含量的2.21倍、根的1.51倍。

3. 人参毛状根的诱导与培养

人参（*Panax ginseng* C. A. Meyer）是一种以人参皂苷为主要药用成分的多年生植物，生长周期长，一般种植6年以后才能采收。人参栽培对土壤环境有着严格的要求，我国传统栽培人参方法是开垦林地种植，对森林资源破坏极其严重。况且种植过人参的土地20～30年不能再次种植人参。人参的药用部位是根生产毛状根，从其中提取人参皂苷等次生代谢产物。

发根农杆菌A4菌用YEB液体培养基在120r/min、28℃振荡黑暗培养过夜，所获菌液用于人参遗传转化。取2年生的根消毒后，切成0.2～0.3mm薄片，接种于MS基本培养基上。将菌液通过微量注射器注入人参薄片中，将人参薄片在25℃、光照14h/d、光照强度2000lx或黑暗条件下培养，诱导毛状根。培养6周时，毛状根开始形成，诱导率达到31.6%。同时发现光照与否对毛状根的形成无明显影响。当毛状根形成后，剪取1cm长的毛状根转移至含500mg/L羧苄青霉素的MS培养基上进行除菌培养，每5～7d转接一次，直至无菌。除菌后的毛状根表现出多分枝、丛生、无向地性的特点，在1/2MS无植物生长物质培养基上25℃黑暗培养，每4周继代培养一次。人参毛状根经冠瘿碱检测和Southern杂交证实为转基因根系。生长速率比较发现，不同的转化之间生长速率有明显差异，其中根系R9923拥有最高的生长速率。

人参毛状根R9923液体振荡培养4周，增长速率达到28.8倍，人参皂苷含量达到1.54%，人参皂苷产量达到0.432g/L。经放大培养，人参毛状根R9923在MS液体培养基中，110r/min、25℃、黑暗条件下振荡培养时，生长速率达到7.97倍，倍增时间接近5d，生长曲线类似于指数增长。人参毛状根经4周的液体振荡培养，所获得毛状根经人参皂苷总含量接近于6年生的人参中皂苷含量。这说明人工培养人参毛状根是一种可行的商业化生产药用成分人参皂苷的途径。

4. 伞形花耳草毛状根的诱导与培养

伞形花耳草（*Oldenlandia umbellata*）是茜草科耳草属草本植物，根系十分发达，在印度和斯里兰卡名为 Chay-root。根中富含蒽醌类化合物，常用于提取染布用的染料，染出的布为暗红紫色，经久不褪色。

取-70℃保存的野生型发根农杆菌菌株532，活化培养3d，连续继代培养3次，转入YEB液体培养基中，25℃、250r/min条件下振荡培养16h，此时菌液处于对数生长期。收集菌液，5000r/min离心10min，弃上清液，菌体用含3%蔗糖的液体MS培养基重新悬浮，调整OD_{600}到0.4～0.6之间。

经带节茎段培养获得的无菌苗，取培养5周高5～7cm的植株叶片作为预培养材料。剪取生长15d的叶片，在叶脉处划出3～4条伤口，接入100mL含25mL菌液的锥形瓶中，在25℃、黑暗条件下，250r/min振荡培养3h。在培养皿中放置滤纸，用1/2MS培养液浸湿，取出叶片转到滤纸上，在(25±1)℃、黑暗条件下进行24h、48h、72h和96h共培养。其中共培养时间48h，毛状根诱导率达到86.67%，与其他共培养时间组比较有显著性的差异。随着共培养时间(>48h)的延长，每个外植体形成的毛状根数量逐渐减少，毛状根褐化比例增加。共培养过程中添加200μmol/L乙酰丁香酮(AS)可以显著提高毛状根诱导率(95%)，并且增加每个外植体形成的毛状根数量。过量添加AS，则毛状根诱导率和每个外植体形成的毛状根数量均有显著下降。

共培养后的外植体用含有500mg/L氨苄青霉素的无菌水清洗，将外植体近轴面贴在1/2MS(含500mg/L氨苄青霉素、0.8%琼脂、3%蔗糖)固体培养基上培养。每2d转接1次，逐渐降低抗生素浓度，从250mg/L到100mg/L。再将外植体转入添加植物组培抑菌剂的培养基上清除杂菌，然后转入无抗生素的MS培养基上培养。

选取生长快的2～3cm长的毛状根，单独接种于1/2MS(含3%蔗糖)液体培养基中，120r/min振荡培养2周。每一根系分3份转接于3瓶中扩大培养。经分子生物学的PCR方法证实，毛状根中存在基因*rolA*、*rolB*、*rolC*，在检测的毛状根中没有*rolD*基因存在。

叶片诱导的毛状根形态细长、密集，多分枝，生长快。选取10个毛状根根系转入MS液体培养基中培养，表现出显著差异。L3在连续的继代培养过程中，鲜重、干重和蒽醌含量表现稳定，继代培养中测量数据无显著性差异。其中蒽醌含量在10.38～10.45mg/g DW之间变化，表现出转基因根系的遗传稳定性。将L3转入MS液体培养基，在培养的10～15d，快速生长；在随后的培养过程中，蒽醌含量增加。对蒽醌类化合物中的羟基茜草素用HPLC检测分析，伞形花耳草毛状根和野生伞形花耳草根中均含有羟基茜草素。其中野生伞形花耳草根中羟基茜草素含量为6.08mg/g DW；毛状根中羟基茜草素含量21.83mg/g DW，比野生的高出260%。

五、转基因植株的诱导与培养

1. 玉米转基因体系的建立

玉米既可食用也可以作为工业原料。中国是世界上第二大玉米生产国，在中国经济生产中具有重要的战略地位，其遗传转化研究具有明显的理论和应用意义。

取人工授粉后9～12d的多个玉米品系的雌穗，4℃冰箱存贮3～4d，室内去苞叶，用70%乙醇擦拭表面，再用0.1% $HgCl_2$浸泡5min，无菌水冲洗4～5次，切去3/5籽粒，取同一部位长度为1～2mm的幼胚，盾片朝上分别接种于11个因素比较的胚性愈伤组织诱导培养基。15d继代1次，温度27℃，光照12h。结果表明：基因型对玉米胚性愈伤诱导具有决定作用，即使改进培养条件也难使一些玉米品种诱导出胚性愈伤组织。6-BA、培养基、$AgNO_3$、2,4-D、ABA对胚性愈伤诱导的影响达到显著水平。其中生长素维持在2mg/L，细胞分裂素保持在低水平，有利于胚性愈伤组织的诱导；ABA以2mg/L的浓度隔代补充，愈伤组织生长快、易碎、分散性好、颜色鲜黄，有利于胚性愈伤组织的增殖、继代、保持及后续分化。玉米品种综31在改良培养基(MB+2,4-D 2mg/L+KT 0.2mg/L+ZT 0.5mg/L+6-BA 1mg/L+ABA 2mg/L+L-谷氨酰胺50mg/L+$AgNO_3$ 5mg/L)上愈伤组织诱导效果好；玉米品种黄早4在改良培养基(MB+2,4-D 1.5mg/L+NAA 0.2mg/L+KT 0.5mg/L+ZT 0.2mg/L+ABA 2mg/L+甘露醇5mg/L+L-谷氨酰胺300mg/L)上愈伤组织诱导效果好(ABA每间隔1代添加1次)。

黄早 4、综 31、金黄 96B 和 GY237 的胚性愈伤组织接种于测试培养基中，培养温度 25℃，光照 12h。黄早 4 和综 31 的最佳胚性愈伤组织分化培养基分别是改良 NB＋6-BA 2mg/L＋KT 0.5mg/L＋ZT 0.5mg/L＋ABA 0.1mg/L＋$AgNO_3$ 1mg/L 和改良 MB＋2,4-D 0.1mg/L＋KT 0.1mg/L＋6-BA 2mg/L＋ABA 0.5mg/L＋$AgNO_3$ 5mg/L。

幼胚用预先加入 AS 的侵染液浸泡处理，用无菌吸水纸将外植体表面菌液吸干后放入共培养基中（含有 AS 及 500mg/L 乙磺酸），暗培养 3d，转入筛选培养基（含 25mg/L 潮霉素及 500mg/L 头孢噻肟钠），2 周继代 1 次，共 4 次。然后黄早 4 和综 31 愈伤组织分别转入相应的分化培养基上（含 300mg/L 头孢噻肟钠及潮霉素由 20mg/L 渐降到 10mg/L），获得转基因植株。

添加 50μmol/L AS 能启动 T-DNA 的转移，黄早 4 在 150～170μmol/L、综 31 在 170～190μmol/L 达到最高的转化率。培养温度 18℃有低水平的转化，24～25℃时达到最大值，而在 26℃后大幅度下降。在农杆菌菌液浓度和浸泡时间方面，OD 值为 0.7 时浸泡 15min 转化率最高。以抗性愈伤率为指标，黄早 4 和综 31 转化率分别达到 48.6%和 46.2%。

2. 水稻转基因植株的诱导与培养

经过近 30 年的探索，水稻转基因技术取得了巨大的进步。由于水稻品种间差异较大，具有遗传的多样性，转化效率对品种的基因型依赖性较强。

成熟的不同品系种子去除硬壳，用 70%乙醇浸泡 2 min，0.1% $HgCl_2$ 溶液浸泡 30 min，无菌水漂洗 3 次，然后在含有 2.0mg/L 2,4-D 的 MS 基本培养基上培养。培养物在暗处于 26℃培养 2 周，然后切下诱导产生的盾片愈伤组织，选择致密的愈伤组织颗粒，用于转化。带有 *Xa*21 基因的农杆菌培养 24h 至 A_{595} 为 0.8。离心收集农杆菌细胞，用 AAM 培养基洗涤 1 次，再悬浮在 AAM 中至 A_{595} 为 0.5（约 10^9 细胞/mL）。

将待转化的愈伤组织颗粒放入 AAM 农杆菌悬液中浸泡 5min，然后放置于灭菌纸上，除去过多的菌液。转移到培养基（MS＋10μmol/L 乙酰丁香酮）上于 26℃暗培养条件下共培养 2～3d。在共培养后，用无菌水彻底洗涤愈伤组织几次，然后在含噻孢霉素 500mg/L 的无菌水中 120r/min 振荡洗涤 2h，洗涤后的愈伤组织铺在选择培养基（MS＋2mg/L 2,4-D＋300-500mg/L 噻孢霉素＋30～50mg/L 潮霉素）上培养 3 周。然后转移到新的选择培养基上继续培养 2～3 周。经两次选择培养后生长旺盛的愈伤组织在预分化培养基（MS＋5mg/L ABA＋2mg/L 6-BA＋2mg/L NAA＋50mg/L 潮霉素）上 26℃暗培养 2～3 周，然后转移到分化培养基（MS＋3mg/L 6-BA＋0.5mg/L NAA＋1.0mg/L IAA＋2.5mg/L KT＋50mg/L 潮霉素）上，持续光照下 26℃培养 2～3 周至分化出苗，当再生苗长至 10cm 高时移植到土壤中，在温室中长至成熟。

利用农杆菌介导的转化 *Xa*21 转入明恢 63、珍汕 97B、盐恢 559、太湖粳 6 和中花 11 号 5 个水稻品种，经 PCR 检测和 Southern 杂交确定转基因的真实性，经抗性筛选获得粳稻和籼稻的转基因株系。测试水稻品种转化率在 3.6%～10.5%之间，表现出籼稻转化率高于粳稻。转基因植株抗性分析表明，所有分子检测阳性的转基因植株均表现出对白叶枯病的高度抗性。转基因株系自交 T_1 代经 PCR 分析和接种分析揭示的抗感分离比均为 3∶1。田间试验还表明，转基因植株及其后代的其他性状均未见可察觉的变异。

3. 非洲菊转基因毛状根诱导与境良

非洲菊（*Gerbera hybrida*）是研究花瓣形态建成调控机制的理想材料，在国际上已被作为研究复杂花序的模式植物。将－80℃保存的发根农杆菌 K599、R1000 和 ATCC15834 在含 50mg/L 链霉素（streptomycin，Str）的 LB 固体培养基上划线培养，挑取单菌落，接种于含 50mg/L Str 的液体 LB 培养基中，于 28℃、230～250r/min 培养至 OD_{600} 为 0.5～0.6。收集菌液，4500*g* 离心 10 min，含 2%乙酰丁香酮（acetosyringone，AS）的 1/2MS 液体培养基重悬菌体至 OD_{600} 为 0.5～0.6，备用，标记为侵染液。

将继代 21～28d 的无菌苗叶片的叶基部、叶顶部和叶柄，用解剖刀划出创伤口，转至 MS 固体培养基（pH 6.8）上，25℃黑暗预培养 2d，转入侵染液中，28℃、100r/min 振荡侵染 5～30min。吸干外植体表面菌液并移至 MS 固体培养基（pH 6.8）上，黑暗共培养 0～4d。经过共培养的外植体转入含250mg/L头孢氨苄（cefalexin，Cef）的无菌水中10 min，转入含250mg/L Cef的MS固体培养基（pH 6.8）上，25℃、长日照条件下（16h/d）诱导毛状根产生。产生的毛状根转移至不含植物生长物质的MS固体培养基上继续生长。

研究发现：3个发根农杆菌菌株对非洲菊品种LL叶片进行毛状根诱导，K599菌株毛状根诱导率最高（80.27%），ATCC15834最低（0.71%）。因此，后续研究选择发根农杆菌K599进行。选用4个品种的非洲菊进行毛状根诱导，品种LL毛状根诱导率最高（81.14%），与其他3个品种相比存在明显优势。非洲菊叶片叶基部的毛状根诱导效率最高（86.7%），叶基部培养18d即可见到白色毛根，叶柄26d才可见到白色毛根。最适共培养时间为2d。用带有表达载体35*S*::*AtHBI*1-*GUS*的发根农杆菌K599菌液侵染非洲菊叶基部，获得转基因毛状根。经GUS显色表明，成功转化35*S*::*AtHBI*1-*GUS*的毛状根出现明显的深蓝色。转入*AtHBI*1的毛状根生长快，出现较分枝多。与对照相比，转入HBI1的毛状根生长速率高9%。

4. 黄瓜转基因植株的诱导与培养

黄瓜在生长过程中极易遭受各种病虫害及不利环境的影响，使黄瓜的产量和品质大大降低。由于种内资源有限，常规育种出现瓶颈。

取饱满的“新泰密刺”黄瓜种子预浸泡2～3h，剥除种皮后用75%乙醇消毒30s，再用6.5%次氯酸钠消毒15 min，用无菌水冲洗5次，接种在MS培养基上，28℃暗培养。培养1～2d，将子叶部分横切成4块，获得子叶外植体。如果以子叶节作外植体时要待种子萌发后转入光下培养，约4～5d后子叶呈直立状态时切取，去除1/2子叶仅留2mm的下胚轴，并在预培养基（MS+0.5mg/L 6-BA+2.0mg/L $AgNO_3$）上培养2d。

选取含有目的基因载体的农杆菌单菌落，接种于50mg/L Kan和50mg/L Rif的LB液体培养基中进行摇菌，250r/min、28℃过夜培养。当OD在0.6～0.8时收集菌液，10000*g*离心8～10min，弃上清液，用等体积MS液体培养基重悬菌体。菌液侵染前添加0.725mg/L AS。

黄瓜子叶外植体于农杆菌悬浊液中侵染15～20min，用无菌滤纸吸干，接种在培养基（MS+2.0mg/L 6-BA+1.0mg/L ABA+1.45mg/L AS）上共培养，25℃暗培养2～3d。转入培养基（MS+2.0mg/L 6-BA+1.0mg/L ABA+10mg/L Hyg+400mg/L Cef）对子叶进行筛选培养3周。此过程可形成具有抗性的再生芽，再生频率为76.5%。将具有抗性的再生芽转入含25mg/L Hyg的筛选培养基培养1周，抗性植株率降低到8.8%。经筛选后保持绿色的再生植株可转到生根培养基（MS+1mg/L GA+400mg/L Cef）中培养，2～3周后可发育为完整植株。对子叶再生植株进行PCR产物扩增，平均阳性率为27.8%。将PCR阳性的子叶再生植株进一步经Southern杂交检测，平均阳性率为13.9%，同时通过杂交条带数可看出目的基因均以单拷贝形式插入基因组中。

子叶节外植体在预培养基上培养2d，在农杆菌悬浊液中侵染15～20min，取出后吸干外植体表面的菌液，接种于共培养基（MS+0.5mg/L 6-BA+2.0mg/L $AgNO_3$+1.45mg/L AS）上，25℃暗培养2～3d。转入培养基（MS+0.5mg/L 6-BA+2.0mg/L $AgNO_3$+7mg/L Hyg+400mg/L Cef）上筛选2周，可见发育出的小芽点，再生频率为51.8%。将小芽点转入培养基（MS+0.5mg/L 6-BA+2.0mg/L $AgNO_3$+15mg/L Hyg+400mg/L Cef）上对子叶节进行高浓度筛选1周，可发育为再生芽，抗性植株率降低到29.6%。将保持绿色的再生抗性芽转入生根培养基中培养，1～2周后可获得完整植株。对子叶节外植体再生植株进行PCR检测，平均阳性率为19.3%。将PCR阳性的子叶节再生植株进一步采用Southern杂交检测，平均阳性率为6.9%。

5. 马铃薯转基因植株的诱导与培养

马铃薯（*Solanum tuberosum* L.）为同源四倍体，具有高度杂合性，常导致自交不亲和和雄性不育，从而降低了用常规育种方法进行马铃薯改良的效率。目前，人们通过农杆菌导入外源基因来实现马铃薯的品质改良。

根据*AlNHX*1基因（Na^+/H^+逆向转运蛋白）全长序列设计相应引物，PCR扩增*AlNHX*1基因，并将*AlNHX*1基因构建到植物表达载体pBI121。将构建好的质粒导入农杆菌EHA105，并将菌液涂布于含有卡那霉素和利福平的YEB培养基上，挑选抗性菌落并经PCR筛选出阳性工程菌。

将马铃薯“克新18号”经外植体消毒后切成1～2mm薄片，于无菌滤纸上吸水干燥后置于诱导培养基（MS+2mg/L ZT+0.1mg/L NAA+2mg/L 2,4-D+0.3g/L酪蛋白水解物+2.88g/L L-脯氨酸+0.1g/L肌醇+30g/L蔗糖）上，28℃预培养。约10d后马铃薯表面出现小颗粒愈伤组织。将马铃薯愈伤组织浸入含有重组质粒的农杆菌菌液（$OD_{600}=0.6$）中，振荡摇匀，5min后倒掉菌液。将马铃薯愈伤组织转入共培养基（MS+2mg/L ZT+0.1mg/L NAA+0.3g/L酪蛋白水解物+0.02g/L AS+0.1g/L肌醇+30g/L蔗糖）上，28℃暗培养2d。然后将其用无菌水和MS液体培养基各清洗3次，接种于筛选培养基（MS+2mg/L ZT+0.3g/L酪蛋白水解物+2.88g/L L-脯氨酸+0.1g/L肌醇+0.02g/L G418+0.4g/L头孢霉素+30g/L蔗糖）上，28℃培养10d，转到新的筛选培养基上继代培养，直至长出绿色抗性愈伤颗粒。将筛选后的马铃薯愈伤组织转移到分化培养基（MS+0.1mg/L NAA+2mg/L KT+2g/L酪蛋白+0.1g/L肌醇+30g/L山梨醇+0.02g/L G418+0.4g/L头孢霉素+30g/L蔗糖）上，28℃光照培养，当抗性芽生长至1cm左右时移到生根培养基（1/2MS+0.1g/L肌醇+0.02g/L头孢霉素+30g/L蔗糖）上诱导生根，当植株长到6～8cm时将其在温室内移栽入土。

转基因马铃薯在0.7% NaCl盐胁迫条件下植株仍能正常生长，耐盐性得到提高。转基因马铃薯中的Na^+、K^+含量及Na^+/K^+的比值均高于野生型马铃薯，表明*AlNHX1*基因在马铃薯中表达可以使植物细胞维持较高的Na^+/K^+，使马铃薯的耐盐性得到提高。

6. 大豆转基因植株的诱导与培养

1988年转基因大豆植株获得成功，但目前转化的效率还比较低。成熟大豆“南农-34”种子经常规灭菌，接入培养基［MSB5（MS无机盐和维生素B_5）+6-BA 0.4mg/L］中萌发5～6d。用切除部分下胚轴，留3～5mm，去除1/3的子叶，在两片子叶之间纵切。将切好的子叶节浸泡于含有重组Na^+/H^+逆向转运蛋白基因的农杆菌菌液中，于25℃、180r/min振荡培养30min，吸干子叶节上的菌液，接入无抗生素的培养基中黑暗条件下培养72h，转接至芽诱导培养基（MSB5+1.5mg/L 6-BA+50mg/L Kan+250mg/L Cef）中光照培养，约1周后外植体开始出现鲜绿的芽点，继代培养逐渐长成丛生芽，出芽数4～8个，约4周后，苗高可达7～10cm，且长势良好。选取带有丛生芽的外植体转接至根诱导培养基（1/2MSB5+1.0mg/L IBA+250mg/L Cef）中，7～10d后开始形成新生根系，3周后主根粗壮，侧根浓密。选取根长7～10cm的再生植株，经炼苗后移栽至温室内盆栽培养，获得形态特征正常的再生抗性植株。

将含有pBI121-LW重组质粒的EHA105、C58和AGL1侵染的抗性苗，切下部分组织进行GUS染色，发现EHA105侵染的外植体来源的组织中58%呈现蓝色，而C58和AGL1侵染的外植体来源的组织没有出现蓝色。表明EHA105的侵染大豆和整合外源基因的能力强于C58和AGL1；也说明质粒载体中携带的*GUS*基因已得到表达。在抗性植株中58%检测到LW-MRP基因，对检测结果为阳性的核酸提取产物进行测序，测序结果与目的基因序列一致，说明目的基因已整合到大豆基因组中。

大豆抗性植株叶片采用自动氨基酸分析仪检测甲硫氨酸含量，转基因大豆植株的甲硫氨酸含量有不同程度提高，甲硫氨酸含量提高最大植株达到51.11%，甲硫氨酸含量提高的平均值达到27.81%。

参考文献

[1] 王小菁，陈刚，李明军，等．植物生长调节剂在植物组织培养中的应用．北京：化学工业出版社，2010.
[2] 巩振辉，申书兴．植物组织培养．第二版．北京：化学工业出版社，2013.
[3] 李胜，杨宁．植物组织培养．北京：中国林业出版社，2015.
[4] 李玲，肖浪涛．植物生长调节剂应用手册．北京：化学工业出版社，2013.
[5] 潘瑞炽，李玲．植物生长调节剂原理与应用．广东：广东高等教育出版社，2007.
[6] 李浚明，朱云登．植物组织培养教程．北京：中国农业大学出版社，2005.

[7] 黄学林，李筱菊．高等植物组织离体培养的形态建成及其调控．北京：科学出版社，1995.
[8] 王进茂，杨敏生，杨文利，等．我国木本植物体细胞胚胎发生研究进展．河北林果研究，2004，19 (3)：295-301.
[9] Clive J. 2015 年全球生物技术/转基因作物商业化发展态势．中国生物工程杂志，2016，36 (4)：1-11.
[10] 刘扬洋，马丽，周玉霞，等．2,4-D、Dicamba 和 KT 对小麦成熟胚离体培养的影响．麦类作物学报，2014，34 (8)：1044-1048.
[11] Maria G M，Heid F K. Auxin and sugar effects on callus induction and plant regeneration frequencies from mature embryos of wheat. *In Vitro* Cellular & Developmental Biology-Plant，2002，38：39-45.
[12] 刘琳，俞斌，黄鹏燕，等．芒不同基因型愈伤组织诱导及分化的差异．植物学报，2013，48 (2)：192-198.
[13] 杨峰，刘巧莲，代真真，等．不同基本培养基和外植体对剑麻愈伤组织诱导及分化的影响．热带作物学报，2012，33 (3)：475-478.
[14] 马菊兰，张博．培养基、蔗糖和激素对苜蓿花药愈伤组织诱导的影响．新疆农业科学，2007，44 (6)：839-844.
[15] 陈刚，贾敬芬，金红，等．草木樨状黄芪高频离体再生体系的建立．西北植物学报，2001，21 (1)：136-141.
[16] Chen G，Li L. Nutrient consumption and production of isoflavones in bioreactor cultures of *Pueraria lobata* (Willd.)．Journal of Environmental Biology，2007，28 (2)：321-326.
[17] 黄宁珍，付传明，赵志国，等．巴戟天组织培养和快速繁殖研究．广西植物，2007，27 (1)：127-131.
[18] 马冬菁，陈罡，叶景丰．红肉苹果的组织培养快繁技术．安徽农业科学，2009，37 (32)：15697-15698.
[19] 庾韦花，蒙平，张向军，等．铁皮石斛以芽繁芽离体培养技术体系的建立．南方农业学报，2014，45 (10)：1831-1836.
[20] 何欢乐，阳静，蔡润，等．草莓茎尖培养脱毒效果研究．北方园艺，2005 (5)：79-81.
[21] 朱海生，潘东明，林义章，等．草莓高频离体再生体系的研究．西北植物学报，2007，27 (5)：859-863.
[22] 齐恩芳，王一航，张武，等．马铃薯茎尖脱毒培养方法优化研究．中国马铃薯，2007，21 (4)：200-203.
[23] 卢翠华，石瑛，邸宏，等．马铃薯四倍体栽培品种花药培养及再生植株的鉴定．中国蔬菜，2009，1 (18)：60-63.
[24] 刘雪红，吴坤林，陈国华，等．"金手指"香蕉的组织培养和快速繁殖．中国南方果树，2006，35 (1)：34-35.
[25] 曾宋君，黄向力，陈之林，等．白及的无菌播种和组织培养研究．中药材，2004，27 (9)：625-627.
[26] 李森，高丽霞，刘念，等．兔眼蓝莓'顶峰'的离体快繁技术研究．北方园艺，2015，(24)：101-103.
[27] 杨利平，陈乃明，何贵整，等．"红国王"红掌愈伤组织的诱导与植株再生．林业实用技术，2015，(2)：38-40.
[28] 乔永旭．黑果枸杞高频再生体系的建立．中药材，2015，38 (10)：2031-2034.
[29] 毕晓颖，程超，魏秀娟，等．非洲菊'大臣'花托离体培养的研究．广东农业科学，2013，40 (15)：50-52.
[30] 吴正景，黄雪娇，王柏，等．风铃玉的组织培养与快速繁殖．植物生理学报，2015，51 (11)：2013-2016.
[31] 黄东梅，李艳霞，林妃，等．番木瓜实生苗茎段组培快繁条件的优化．南方农业学报，2014，45 (12)：2215-2219.
[32] 陈瑛，钟俊辉．茶细胞悬浮培养生产茶氨酸的工艺条件研究．绍兴文理学院学报，1998，18 (5)：71-75.
[33] 卞爱华，高文远，王娟．不同诱导子对甘草悬浮培养细胞中甘草酸积累的影响．中国药学杂志，2008，43 (22)：1690-1693.
[34] 孙镇，袁丽红，吴频梅．诱导子对藏红花悬浮培养细胞生产藏红花色素的影响．生物加工过程，2013，11 (3)：18-23.
[35] 吉枝单，涂艺声，丁明华，等．蛇足石杉离体培养产生有效成分的研究．天然产物研究与开发，2014，26：645-649，720.
[36] 王瑛华，陈刚，贾敬芬，等．霸王的原生质体培养及植株再生研究．草业学报，2009，18 (3)：110-116.
[37] 魏岳荣，黄学林，黄霞，等．"过山香"香蕉多芽体的诱导及其体细胞胚的发生．园艺学报，2005，32 (3)：414-419.
[38] Jones A M P，Shukla M R，Biswas G C G，et al. Protoplast-to-plant regeneration of American elm (*Ulmus americana*)．Protoplasma，2015，252 (3)：925-931.
[39] Ramezan Rezazadeh，Randall PNiedz. Protoplast isolation and plant regeneration of guava (*Psidium guajava* L.) using experiments in mixture-amount design. Plant Cell Tiss Organ Cult，2015，122：585-604.
[40] Mohammad-ShafieRahmani，Paula MPijut，Naghi Shabanian. Protoplast isolation and genetically true-to-type plant regeneration from leaf-and callus-derived protoplasts of *Albizia julibrissin*. Plant Cell Tiss Organ Cult，2016，127 (2)：475-488.
[41] 郭生虎，王敬东，马洪爱．乌拉尔甘草毛状根的诱导及离体培养．中国农学通报，2014，30 (28)：153-158.
[42] 王凤英，孙一铭，吕翠萍，等．催眠睡茄 *Withania somnifera* 毛状根的诱导及睡茄素 A 的合成．中国中药杂志，2014，39 (5)：790-794.
[43] Saranya Krishnan SR，Siril E A. Induction of hairy roots and over production of anthraquinones in *Oldenlandia umbellata* L.：a dye yielding medicinal plant by using wild type *Agrobacterium rhizogenes* strain. Ind J Plant Physiol，2016，21 (3)：271-278.

[44] 赵寿经，杨振堂，李昌禹，等．发根农杆菌诱导人参产生发根及离体发根中人参皂甙含量的测定．吉林农业大学学报，2001，23 (2)：57-63.
[45] 翟文学，李小兵，田文忠，等．由农杆菌介导将白叶枯病抗性基因 *Xa*21 转入我国的 5 个水稻品种．中国科学，2000，30 (2)：200-206.
[46] 庞滨，张文斌，钟春梅，等．非洲菊转基因毛状根诱导系统的建立．植物生理学报，2016，52 (9)：1449-1456.
[47] 王烨，顾兴芳，张圣平，等．RNAi 载体导入黄瓜的遗传转化体系．植物学报，2014，49 (2)：183-189.
[48] 王旭达，丰明，王鹤，等．农杆菌介导马铃薯转化体系的优化及转基因马铃薯的耐盐性研究．中国农业大学学报，2016，21 (9)：49-56.
[49] 林树柱，曹越平，卫志明．根癌农杆菌介导的大豆遗传转化．生物工程学报，2004，20 (6)：817-820.
[50] 陈宏伟，钱玮，饶力群，等．高甲硫氨酸蛋白基因的克隆及转化大豆的研究．分子植物育种，2016，14 (8)：1930-1939.

第六章 植物生长调节剂在大田作物上的应用

06 Chapter

第一节 概 述

作物生产对保障我国粮食安全、推动国民经济发展具有重要意义。作物是指田间大面积栽培的农艺作物，即农业上所指的粮、棉、油、麻等农作物，因其栽培面积大，地域广，又称为大田作物。传统的作物栽培技术在我国农业发展中起到了十分重要的作用，对解决人们的温饱问题起决定性作用。然后，面对农业逆境出现频率的不断提高以及现代化农业高产、优质、高效和可持续发展的目标，传统栽培技术的一些局限性也显现出来。通过应用植物生长调节剂，影响植物激素系统，调节作物生长发育过程的作物化学控制技术已可在提高作物抗逆性、简化栽培程序、稳定优质等方面发挥作用。

一、应用概况

植物生长调节剂的研发和应用，是近代农业科学的重大进步之一，是农业科技水平提高的重要标志，在全世界农业生产中得到广泛应用。植物生长调节剂科学应用于大田作物生产，可达到破除种子休眠、控制种子发芽、促进植物生根、控制开花、提高植物抗逆性能、增加作物产量或改善农产品品质等功效，在克服环境限制、缓和遗传限制、提高产量、改善收获等方面发挥了积极作用。

早在20世纪60年代初，欧洲就大面积地应用矮壮素防止麦类倒伏。20世纪70年代，北美洲用乙烯利催熟棉花，巴斯夫公司推出了新植物生长延缓剂甲哌鎓（商品名为缩节安），开始了世界范围内棉花等作物生产的革命。

我国是一个农业大国，也是世界上应用植物生长调节剂最早的国家之一。20世纪70年代以后，我国专家学者对乙烯利、缩节安、多效唑、烯效唑等植物生长调节剂进行了全国性的应用研究，在大田作物上，将乙烯利用于水稻、棉花催熟，调控瓠瓜性别，促进橡胶树泌胶，梨、柑、香蕉等多种果实催熟，柿子脱涩，促进菠萝开花等。其中推广面积较大的是促进橡胶树泌胶和棉铃成熟，如用乙烯利促进棉铃成熟的技术在1978年就开始组织在全国主要棉区示范推广，迄今每年应用面积约为15万～20万公顷。该项技术是大面积应用植物生长调节剂主动控制作物生长发育的成功范例，更是一次作物管理观念更新的尝试，影响深远。随后，以缩节安为主的棉花系列化控技术成功解决了棉花徒长问题，增产增效、改善品质的效果显著，随其机理研究的深入和技术内容的不断更新，连续被列为国家重点科技推广成果。20世纪90年代以来，每年推广面积约占总植棉面积的70%以上，被列为新中国成立后棉花栽培领域三大技术变革之首。

20世纪80年代中期，多效唑的应用研究成为我国作物化控研究的热点之一，有关应用技术与应用理论方面的研究成果，也将我国化控事业推向一个较为成熟的阶段。1984年江苏农药研究所成功研制多效唑。1985年中国农科院水稻所等组织了全国性的多效唑应用研究协作组，开始研究用多效唑控制连作晚稻秧苗徒长技术和机理，被列为八五科技成果推广重点项目，1993年应用面积达700多万公顷。中国农业科学院针对移栽油菜"高脚苗"、倒伏和越冬死苗问题，开展应用多效唑培育油菜壮苗及抗寒性机理与技术研究，1993年应用面积达120万公顷，农业部将"多效唑培育水稻、油菜壮秧及配套增产技术"列为"八五"至20世纪末十大高产技术之一。我国多效唑的商品销售量居世界之最。此外，多效唑防止水稻倒伏和增产技术、多效唑控制花生徒长等技术也均有推广应用。

但是研究发现，多效唑的应用存在残留和残效问题，在小麦等旱地作物上更为突出。随后，开发活性更高的烯效唑等延缓剂和复混剂，研制多效唑的替代产品。1991年开始，四川农业大学系统研究了烯效唑在水稻、小麦、玉米上的应用；中国农业大学研究20%甲·多微乳剂（麦业丰）在小麦上的应用，1999年开始研究甲哌鎓与烯效唑的复配制剂，全面替代多效唑成分，并于2008年登记开发了20.8%甲·烯微乳剂（麦巨金），除了稳定的防倒增产效果外，表现出更高的生理活性。

近20年来，植物生长调节剂的发展更快，无论是植物生长调节剂的品种还是应用的广度和深度，一些产品的应用技术已赶上或超过了某些发达国家。现已在我国大规模推广的植物生长调节剂比较多，如赤霉素应用于杂交水稻制种过程，解决包颈问题，替代人工剥苞，同时调节花期，使花期相遇，有效节约劳动力，提高杂交种产量；应用甲哌鎓防止棉花徒长，增加产量；多效唑应用于水稻幼苗，促蘖增产；多效唑应用于油菜秧苗，壮秧抗逆，增加产量；乙烯利用于玉米矮化增密、抗倒增产；仲丁灵、二甲戊灵等用于烟草打顶后抑制腋芽生长等。这些技术已成为生产上的常规技术，经济有效地解决了生产难题，其推广应用的规模、普及程度和产生的巨大效益，是任何其他国家无法比拟的。因此，目前我国植物生长调节剂在大田作物上的研究和应用居国际领先地位。

二、应用前景

农业生产的现代化离不开机械化、集约化和规模化，随着土地流转、新型经营主体的出现，规模经营有了发展，生产效率、效益越来越受到重视，对植物生长调节剂及使用技术的需求显得更加迫切。

1. 作物生产机械化需要植物生长调节剂及配套技术

稻麦机械化收割要求作物不倒伏，否则收获效率低，质量差；工厂育秧，机械移栽要求秧苗矮健；旱育稀植、抛秧、直播等省工技术无不借助于多效唑控制作物顶端生长优势的生物效应。谷物烘干最好有化学脱水配合，马铃薯机收要求地上部分催枯和脱叶，摘棉机械要求棉花经化学催熟和脱叶。

2. 作物模式化栽培需要植物生长调节剂及其配套技术

近年来，我国在作物管理上重视高产模式栽培的研究，丰产模式要求作物在不同发育阶段具有相应的形态指标、组织结构和生理功能。面对多变环境，如果缺乏有效控制手段，很难实现栽培模式的预期目标，化学控制技术正是提供了实现栽培模式的最有效控制手段，因而植物生长调节剂及其使用技术是作物模式化栽培必需的产品和技术支撑。

3. 作物抗逆丰产优质高效多目标的实现需要植物生长调节剂及其配套技术

现代农业生产的目标是高产、优质、高效、生态、安全，多目标的实现往往要借助于植物生长调节剂的应用。如良种是高产高效农业的基础，但良种并非十全十美，往往伴随一些遗传缺陷，如株高太高不抗倒伏、对温度敏感不耐低温等。选用适宜的生长调节剂，可弥补品种缺陷。例如高产优质但株型松散的棉花品种，在缩节安的调控下其株型趋向紧凑，有利于集中成铃和增加密度。

优质也是人们日益重视的指标，从遗传育种上改良品质并非易事，因为作物品质多属数量性状，且受环境、栽培技术等因素影响较大。常规技术在品质改良上的研究很多，但进展缓慢。植物生长调节剂具有调节同化物运输和分配、协调营养生长和生殖生长的作用，可有效调控营养物质向产品器官运转，达到改良品质的效果。如应用 6-BA 和乙烯利配合在小麦灌浆期使用，可有效延长叶片功能期，改善其功能，促进碳、氮、矿物质元素等营养物质向籽粒中分配，提高产量的同时改善品质。

逆境一直是限制作物良种潜力发挥和增产增收的症结，而大田生产条件下有些逆境难以控制或控制成本太高，如温度逆境、水分逆境、空气污染等。已证实有些植物生长调节剂（如脱落酸、水杨酸、茉莉酸甲酯等）在诱导抗逆性方面有良好效应和应用效果。

在人口刚性增长、耕地面积减少的情况下，提高复种指数是确保粮食安全的途径之一。生产中前作与后作的协调高产也需要植物生长调节剂及其配套技术。例如，针对粮棉争地的北方棉区短季棉栽培，以甲哌鎓和乙烯利的应用为主，以密植和优势成铃争取早熟高产，推动了黄淮海地区麦棉两熟的发展，对稳定植棉面积和产量起到重要作用。华北地区为发展亩产吨粮田，夏玉米改种生育期较长的品种，冬小麦播种晚、播量大，春季肥水运筹就面临难题，过量与不足都有减产的危险，倒伏威胁已成为关键难题。应用20%甲·多微乳剂等可以有效控制旺长、防止倒伏，保障晚播小麦的高产。连作晚稻秧龄长、秧苗素质差，移栽到本田后易倒伏和败苗严重，这些问题曾经是限制我国南方双季稻发展的难题，多效唑的应用有效解决了上述问题，为连作稻和中晚稻丰产创造了条件。用多效唑培育冬油菜壮苗，不仅解决了长江中下游地区“水稻—冬油菜”复种中的油菜“高脚苗”问题，提高了油菜籽产量，而且增强了油菜抗寒性，使这一复种模式的适用区域北移。在我国东北和西北地区种植冬小麦试验中，植物生长调节剂在增加小麦抗寒性和越冬安全方面也显示了良好效果，一旦成功，将会引起这些地区种植制度的重大变革。

4. 精准调控需要植物生长调节剂及其配套技术

20 世纪 60 年代，半矮秆水稻和小麦品种的大面积推广有效地解决了高产和倒伏的制约矛盾，使主要粮食作物的产量得到极大提高，在全世界范围内解决了由于人口快速增长对粮食安全带来的严峻危机，这一历程即为众所周知的“绿色革命”。经过了 40 多年的探索和研究，从分子水平上认识到第一次“绿色革命”的本质，水稻“绿色革命”基因 *SD1* 是控制水稻赤霉素合成途径的关键酶基因，而小麦“绿色革命”基因 *Rhtl* 则是赤霉素信号转导途径的关键元件 DELLA 蛋白基因。

近年来生物技术发展迅速，对植物基因调控、信号物质研究、抗逆机理等研究发现，植物自身的调节能力和对逆境的适应能力以及对病、虫害的耐抗性能均可以通过一些激素类物质或信号分子进行调节和控制。因此，结合生物技术的进步，人们预测，通过化学处理和基因工程揭示激素调节对植物的控制，在靶标发现及分子设计上突破，然后基于分子和基因水平进行“靶标”设计植物生长调节剂，其目的性、有效性、稳定性更强，效率更高，则可成为改善产量、诱导对病害抗性和对生物/非生物逆境忍耐性的一把钥匙。如基于抑制乙烯的保鲜剂，已经开始针对乙烯生物合成、乙烯受体和信号转导等关键位点的关键蛋白或基因进行分子设计和筛选。植物生长调节剂的应用已成为现代化农业的重要措施之一，在生产上的前景是不可估量的。作物化学调控在美国发展 21 世纪早期农业技术白皮书中也被列为 10 项高新技术之一。

第二节　在水稻上的应用

水稻是我国第一大粮食作物，栽培中常常遇到秧苗素质差、徒长、倒伏、杂交制种花期不遇、制种产量低等问题，采用常规栽培技术解决这些问题成效不大，且费工费时，应用植物生长调节剂调控技术可有效地解决这些难题。

目前，在水稻生产上的化控技术主要应用于培育壮秧、防止倒伏、提高三系法杂交稻制种的产量、化学杀雄等。其中，应用赤霉素提高三系法杂交稻制种产量和化学杀雄这两项技术开展较早，开始于 20 世纪 70 年代；而应用多效唑和烯效唑培育壮秧技术在 20 世纪 80 年代中后期较为成熟。

一、调节种子休眠

（一）促进种子萌发

刚收获的水稻种子往往发芽势较差，发芽不够整齐。水稻种子贮藏条件不适宜，也会使种子发芽受阻，影响成苗率，增加用种量。播种前用生长调节剂处理水稻种子，能刺激种子增强新陈代谢作用增强，促进发芽、生根，提高发芽率和发芽势，为培育壮秧打下基础。

1. S-诱抗素

S-诱抗素用于水稻浸种处理，具有增强发芽势、提高发芽率、促根壮苗、促进分蘖和增强植物抗逆性的功效。

选用纯度高、发芽率高、发芽势强、整齐、饱满的种子，播前晒 2～3d，使用 0.3～0.4mg/L 的S-诱抗素药液，浸种 24～48h，温度在 15～20℃左右。种子吸水达到种子重的 40%时即可发芽，清水冲洗后播种。浸种的同时可以与其他杀菌剂如多菌灵和百菌清等混用，可达防病目的。

S-诱抗素的商品制剂有 0.1%水剂和 0.006%水剂，生产应用时每千克种子取 0.006%水剂 5mL 对水 1L 稀释后直接浸种处理。

2. 复硝酚钠

复硝酚钠的用途很广，以其浸种能促进种子发芽和发根，打破休眠；用于苗床喷洒能培育壮苗，提高移栽后的成活率；用于叶面喷洒，能促进新陈代谢；花蕾期喷洒能防止落花，提高产量，改善品质并提早收获。

水稻种子用 1.8%复硝酚钠 6000 倍液，即 5mL 对水 30L 浸种 12h，阴干后播种可提高种子发芽率，而且芽壮根粗整齐，促使种子发芽达到快、齐、匀、壮的效果。复硝酚钠浸种处理的种子能提前出苗 1d 以上，秧田分蘖比对照明显增多，秧苗素质好。

复硝酚钠登记的产品有 0.7%、1.4%和 1.8%水剂等，生产应用时，取 1.8%复硝酚钠水剂对水稀释 6000 倍即可。

3. 萘乙酸

使用 160mg/L 萘乙酸溶液浸种 12h，能增加水稻不定根的数量、根重和根长，提高不同活力的水稻种子的萌发率和活力指数，具有增加分蘖和增加产量的作用。由于萘乙酸的水溶性很好，高含量的萘乙酸生理效果更好，可以使用 80%的萘乙酸稀释 5000 倍进行水稻浸种。

4. 烯腺嘌呤和羟烯腺嘌呤

烯腺嘌呤和羟烯腺嘌呤应用于水稻、大豆和玉米的浸种和喷雾处理，起到调节生长、增产的作用；用于水稻种子处理时，用 0.006～0.01mg/L 药液进行浸种处理；其中早稻浸种 48h，中稻和晚稻浸种 12h，可促进水稻发芽，培育壮苗，增强秧苗的抗逆性；能提前成熟 3～5d，平均增产 10%左右。

烯腺嘌呤和羟烯腺嘌呤的商品化制剂有 0.0001%可湿性粉剂，其中羟烯腺嘌呤和烯腺嘌呤分别为 0.00006%和 0.00004%，生产应用时进行 100～150 倍稀释进行种子处理；也有羟烯腺嘌呤的 0.0001%可湿性粉剂，使用方法也是用 100～150 倍稀释进行种子处理，大田喷雾处理对水稻生长也有效果。

5. 烯效唑

水稻浸种时使用 50～150mg/L 的烯效唑溶液浸种 12h，即用 5%可湿性粉剂 5～15g 对水 5L，浸种后能有效降低秧苗株高，促进分蘖时间提早 5d，分蘖数增加 5 个/株，特别是能够显著促进根系的生长，使根系的吸收能力大大增强，根系活力增加 70%。通过提高秧苗素质，能在一定程度上增加水稻籽粒产量。需要注意的是，水稻使用烯效唑浸种时每生长季最多使用 1 次，且生长季节不能再施用同类型药剂，以防控制过度。

烯效唑的商品化制剂主要为 5%可湿性粉剂，浸种使用时可以用 5%可湿性粉剂稀释 333～1000 倍进行种子处理。

6. 吲哚乙酸·玉米素混剂

吲哚乙酸·玉米素混剂的有效成分主要是吲哚乙酸和玉米素。0.11%吲哚乙酸·玉米素混剂能促进水稻种子的发芽，加快幼苗的生长发育进程。使用时每1000kg种子使用含有0.11%吲哚乙酸和玉米素的溶液10～15mL稀释后进行种子拌种处理。

7. 吲哚丁酸·萘乙酸混剂

生产上有2%吲哚丁酸·萘乙酸可溶性粉剂，两种有效成分吲哚丁酸和萘乙酸含量均为1%。生产上可以使用2%吲哚丁酸·萘乙酸可溶性粉剂对水稀释500～750倍，按药种比（1.2～1.5）：1，浸种10～12h，再用清水浸种至发芽露白，按常规催芽播种。

使用2%吲哚丁酸·萘乙酸可溶性粉剂时，需要注意不要随意增加使用浓度和浸种时间；已经破胸或长芽的劣质稻种应用效果不佳；同时也要注意，由于生长素类植物生长调节剂稳定性较差，在使用2%吲哚丁酸·萘乙酸可溶性粉剂进行水稻种子处理时需要即配即用，不宜使用配制过久的药液。

8. 赤霉素

种子经过选种后，使用10～50mg/L有效成分的赤霉素药液，浸种24h可提高水稻发芽率，使出芽整齐。

赤霉素也可用于促进再生稻萌芽，使用方法：第一种方法是分两次施用，第1次在收获头季稻的当天及时施用，每亩用20mg/L赤霉素药液喷施，药液量为50L左右，第2次在抽穗20%时每亩用20mg/L赤霉素药液50L喷施；另一种方法是在头季稻齐穗后15d左右施用，与促芽肥同时进行，每亩用40mg/L赤霉素药液喷施，药液量为50L左右，可促进再生稻萌芽，尤其是低节位芽的萌发和生长，使头季稻、再生稻产量均提高。再生稻施用赤霉素后，可明显促进再生芽的萌发与形成，促使抽穗整齐一致，且抽穗时间相对集中，无效分蘖减少，改善再生稻的穗粒结构，提高结实率和千粒重。赤霉素在再生稻上的使用增产效果明显，且不受品种和环境限制，一般可增产稻谷20%左右。

赤霉素的商品制剂除4%乳油外，还有10%可溶性片剂等。水稻浸种时，选择10%赤霉素可溶性片剂，用少量水进行溶解，根据片剂的净重稀释成20～40mg/L赤霉素溶液处理即可。如片剂的净重为1g时，取一片10%赤霉素可溶性片剂溶解稀释于5L水中，即得20mg/L的赤霉素药液。

9. 三十烷醇

用1.0mg/L三十烷醇药液浸种，早稻浸种48h，中、晚稻浸种24h，可促进水稻种子发芽发根，有利于培育壮秧和增强抗逆力。三十烷醇的商品制剂有0.1%微乳剂等，种子处理时可使用商品化的0.1%三十烷醇用清水稀释为1000倍液，即得1.0mg/L三十烷醇药液。

10. 芸薹素内酯

使用0.04mg/L芸薹素内酯溶液浸种24h后进行清洗催芽，能使发芽率增加2%，芽长增加9%；稻苗鲜重和干重分别增加3%和10%左右。

由于芸薹素内酯生理活性很高，因此生产上登记开发的芸薹素内酯制剂的有效成分含量很低，主要有0.1%可溶粉剂、0.01%可溶性液剂、0.01%乳油、0.15%乳油，0.0075%水剂和0.0016%水剂等。使用芸薹素内酯处理水稻种子时，可以使用有效成分在0.01%左右的制剂稀释为2500倍液进行浸种。

（二）延长休眠，抑制萌发

种子休眠期短的水稻在阴雨季节里成熟收获，种皮虽由于潮湿而处于透气性不良的状态，但雨水中溶解的氧气可以随水分而渗入种子中，尤其在温度较低的情况下，氧气的溶解度增大，能使休眠较浅的种子很快“苏醒”，引起穗发芽。而我国栽培的水稻品种，休眠期一般都较短或不明显，成熟或收获季节遇高温多雨，也容易发生穗发芽，使产量和品质受到影响。我国南方生产杂交水稻种子上，穗发芽是一个突出的问题，正常年份穗萌率（穗发芽率）为5%左右，特殊年份（遇到连续高温阴雨天气）可超过 20%，严重降低了种子质量。尤其在四川杂交水稻繁殖制种中，常用的不育系（如冈46A）休眠期短，加之施用赤霉素打破了种子的休眠，在种子成熟后期遇连续阴雨更易发生穗萌，自然穗萌率在 2%～15%，高的时候达到 70%左右，直接影响种子的商品质量和发芽率。如何防止杂交水稻制种时穗萌已是杂交水稻繁殖制种急需解决的问题。

生产上除了用催熟剂处理提前收获外，还可用植物生长调节剂延长休眠，抑制萌发。在杂交水稻繁殖制种或杂交水稻制种F1代的乳熟末期喷施 70mg/L S-诱抗素溶液，每亩药液用量为 30～50L，可有效防止穗萌。

应用时可以取 1% S-诱抗素可溶性粉剂，稀释 150 倍，得到 70mg/L S-诱抗素溶液，进行叶面处理即可。

二、培育壮秧

（一）生产问题及传统解决方法

育秧是水稻生产上的第一个重要环节。但在育秧过程中，由于密度大、光照不足和肥水管理等原因，很容易造成徒长，形成细高弱苗。我国长江中下游双季稻种植区，连作晚稻正值盛夏，秧苗生长迅速。又因茬口限制，秧龄偏长，使移栽时苗体过大，栽后易败苗、迟发，这不仅延误季节生产，而且影响产量。特别是推广连晚种植杂交稻以来，这一问题更为突出，有时不得不先割叶，再拔秧移栽，成为该稻区高产稳产的一大障碍。而东北地区春季寒冷，华南地区早春低温多雨，常常冻死早稻秧苗。在四川一季的中稻育秧中，苗期经常遭遇低温寒潮，秧苗死苗严重，栽后“坐蔸”等症状越来越突出，同时，受茬口和等雨栽秧的限制，迟栽老秧面积大。因此，必须培育矮壮秧，增加分蘖数，使移栽后发根快而多。传统栽培措施常用秧田稀播、肥水控制等或用“两段育秧”技术缓解上述矛盾。然而，往往因秧苗素质低、秧田杂草危害严重、秧田面积过大及农事辛劳而不能尽如人意。

（二）增蘖促根，培育壮苗

禾谷类作物产量构成因素包括每亩穗数、每穗实粒数、粒重（常用千粒重或百粒重表示）。水稻的每亩穗数除决定于密度外，还与单株分蘖力有关，而增强水稻单株的分蘖能力对于提高穗数从而增加产量具有重要意义。除了用施肥、灌排等栽培管理措施来促控分蘖外，还可施用植物生长调节剂促控分蘖。

水稻壮秧的标准是“矮壮带蘖、栽后早发”，这也是稻作高产工程的基础。利用萘乙酸、乙烯利等控制连作晚稻秧苗徒长和促进壮秧的研究，已应用了十余年，由于种种实际问题而难以大面积推广应用。目前比较成熟且在生产上得到应用推广的是多效唑和烯效唑的壮秧技术。

1. 多效唑

美国在 1982 年开始在水稻上应用多效唑，可增加分蘖数，植株矮化抗倒伏，提高了产量。水稻扎根后 2～3d 撒施含多效唑的颗粒剂，可使秧苗矮壮，分蘖多，叶短而宽，尤其是在多肥和密播条件下，叶片生长快，秧苗素质仍较好。由于多效唑处理后可使秧苗带较多的分蘖，这个优势在移栽到大田后仍能保持，一直延续到生育后期，所以有效穗数增多，产量也略有提高。多效唑之所以使秧苗矮化，是因为多效唑使秧苗体内的赤霉素和生长素含量下降，乙烯释放量增加。

20 世纪 80 年代我国建立了多效唑培育水稻壮秧的生产应用技术，并在全国稻区先后组织示范推广“多效唑控制连晚秧苗徒长”和“多效唑培育水稻壮秧技术”。多效唑在早稻、中稻、晚稻、单季稻、双季稻等生产上都能使用，培育壮秧、增产效果稳定，并从“控制秧苗徒长”的单一应急技术衍生为“培育水稻壮秧”的普遍和常规技术。

(1) 技术效果

① 控制秧苗伸长　多效唑对水稻秧苗生长有十分显著的控制作用。据全国涉及 60 余个水稻品种/组合 1000 多个点的试验，无论是籼稻、粳稻还是糯稻，无论是常规品种还是杂交组合，多

效唑都能有效控制秧苗伸长。品种/组合间受多效唑控制的程度不同，这主要取决于个品种/组合秧苗自身的长势（生长速度），与所属亚种是籼稻还是粳稻关系不大，与供试材料是常规品种还是杂交组合关系也不大。

多效唑控制长势主要是降低了秧苗的生长速度，如籼优6号的日伸长量由1.4～1.6cm降至1.0～1.2cm。在一定浓度范围内，多效唑对秧苗日伸长量控制的有效期为35d左右，此后赶上并渐渐超过对照秧苗，出现“反跳”现象。处理秧苗与对照的株高差异约于移栽后10～15d消失。

多效唑对第6叶的控长率最低，为5.3%，对第10叶（移栽时最上部的一片完全叶）的控长率最高，可达27.3%。多效唑对秧苗主茎的控长率高于分蘖。多效唑对根系发育有促进作用，根数、根量均增加20%，而且与对照相比，根系分布较集中于土壤表层，不增加拔秧的难度。

② 增加分蘖　多效唑促进秧苗分蘖的效应显著。播量每亩10.0kg的籼型杂交组合秧田，多效唑处理的分蘖可增加50%～100%。如籼优6号45日龄秧苗一般单株带蘖3.0～3.5个，多效唑处理可增加到5～8个/株。

多效唑增加秧苗分蘖的原因，以籼优6号秧苗为例：一是提早分蘖，处理分蘖发生较对照早4～6d；二是分蘖出生快，对照平均每百苗每天出生约10个分蘖，处理可提高到12～16个；三是分蘖死亡率低，对照分蘖死亡率为30%左右，处理为18%～20%。

多效唑增加秧苗分蘖的效果与品种和播种量有关。如晚粳稻的播量为每亩40～50kg，杂交稻一般为每亩10.0kg，多效唑对杂交稻的促蘖效应远高于晚粳稻。

③ 抑制秧田杂草　多效唑对秧田杂草生长的抑制作用远比对秧苗大，除了完全杀死一些杂草外（如牛毛毡），其他多数杂草的生长严重受抑，在苗草生长竞争中逐渐死亡。但这种对杂草的抑制作用仅在秧田有效，若将生长受到抑制的稗草移到大田，仍会加剧为害，可能产生“反跳”现象。

④ 减轻移栽后败苗　移栽后败苗的形态表现为叶片黄萎和分蘖迟。总体来看，多效唑处理的秧苗移栽后老叶不卷不萎，新叶生长不停顿，栽插后分蘖早。大田调查，籼优6号移栽后5d单株枯叶率为49.1%，多效唑处理的秧苗为5.1%。移入本田后，处理比对照早分蘖4～5d。多效唑减轻栽后败苗的原因可能在于秧苗发根力强，叶片蒸腾量低，有助于维持生理水分的平衡。

⑤ 增穗增产　多效唑培育壮苗技术的增产幅度为8%～15%。原因在于：因秧田分蘖多、本田分蘖早，使单位面积穗数增加；由于大分蘖增加、穗部性状好，使穗粒数增加。

(2) 技术要点　多效唑壮秧的技术要点概括起来是：“一二三，水要干。”即在秧苗一叶一心期，每亩均匀喷施浓度为300mg/L的多效唑溶液100L；同时放掉秧田水层，次日按生育需要供水。

早、晚季稻都是在秧苗1叶1心期（约为播后5～8d）施用。实验表明，从浸种到7叶1心期使用多效唑都有“控长、增蘖”的效应，以1叶1心期为最佳，推迟会降低效果。建议在立芽期至2叶期使用，宁早勿迟，可能与秧苗生长发育过程特点有关。另外，此时喷施大部分药剂是施在土壤中，有利于秧苗对多效唑的吸收。

在100～500mg/L范围内，随多效唑浓度的提高，秧苗株高递减，单株分蘖数呈抛物线形增加，分蘖高峰点在300mg/L。300mg/L多效唑处理，秧苗高度下降、分蘖数增加、生长量（苗高×分蘖数）与对照相似。施用浓度超过700mg/L，秧苗生长量下降过多，控制过头，恢复生长较慢。因此，多效唑培育壮秧的适宜浓度为300mg/L。

多效唑主要通过根系吸收，所以喷施时用水量要比喷施一般农药时多，以每亩100L为宜。另外，还要根据秧龄长短来考虑药液量的多少，秧龄长要多喷，秧龄短要少喷，一般在50～100L之间变动。

试验证明，15%多效唑可湿性粉剂200 g（有效成分30 g）拌土15kg撒施、300mg/L多效唑药液浸种 36h、1 叶 1 心期 300mg/L 多效唑喷施三种方式处理，喷施效果最好。撒施不如喷施均匀度高，浸种的控长促蘖有效期仅 15d 左右，相当于喷施的一半。

(3) 影响技术效果的因素和配套技术

① 播种期和播种量　多效唑不延迟晚粳稻的齐穗期，促进抽穗整齐，加快灌浆速度。但多效唑延迟杂交稻始穗 3～4d，齐穗期延迟 1～2d。其原因主要是多效唑处理后的杂交稻，主茎叶片数增加了 0.5～1.0 片。因此，使用多效唑的杂交稻秧田应适当提早播种。

杂交晚稻秧田播种量低，一般为每亩 8～10kg；晚粳、糯稻秧田播种量高，一般为每亩 40～50kg。晚粳、糯稻秧田喷施多效唑的效应随播种量提高而下降，提倡晚粳稻、糯稻秧田的播种量不超过每亩 30kg。

② 施肥期与施肥量　植株含氮量较高时合成赤霉素较多，氮素可拮抗多效唑的控长效应。300mg/L 多效唑在低氮条件下（不施氮）控长率为 31.2%，高氮条件下（每亩施氮 12kg）仅为 16.0%。

多效唑处理的秧田分蘖多，分蘖发生早而快，始蘖期较对照提早 3～5d，最高分蘖数多，但后期分蘖消亡率也较高。因此，早施、重施分蘖肥，尤其是多施磷、钾肥对多效唑促蘖成穗有很大作用。

③ 秧板平整程度和灌水情况　如果秧板面不平，喷施多效唑后药液流向低处，造成移栽时秧苗高矮不一。另外，若处理时秧板上有水层，药液易流失。同一浓度多效唑对旱秧（不定期间歇供水）控长率为 40.7%，对水秧（秧田面一直保持 2～3cm 水层）的控长率为 31.2%。

④ 翻耕插秧　经多效唑处理的连作晚稻秧田不宜“拔秧留苗”，应翻耕后插秧。多效唑处理的籼优 6 号秧田沟边留苗稻，平均每丛稻实粒数为 1554.2 粒，畦中间留苗稻每丛实粒数为 1004.5 粒，经处理的秧田翻耕后插秧的，每丛稻实粒数为 1256.5 粒，比未经翻耕的畦中间留苗稻增加 252 粒。

⑤ 气温　日均温 20℃以下，多效唑的控长率低于 20℃以上条件时；气温高至 30℃控长率也有所下降。

(4) 技术评价　多效唑应用于水稻秧田具有壮秧促蘖的效果是肯定的，但应注意以下问题：

① 残留和残效由于多效唑残留，杂交稻拔秧留苗田的秧苗生长受抑制，产量下降，因此处理的连晚稻秧田不宜“拔秧留田”。有些地区多效唑的残留影响后季稻或后茬秋大豆等作物的生长发育。

② 影响水稻生育期　多效唑对晚粳稻具有促进抽穗、齐穗、加速灌浆的效果；而对杂交稻有延迟抽穗、齐穗的作用。因此，使用多效唑的杂交稻秧田应适当早插。

多效唑的商业化开发较早，登记生产的企业也非常多，主要的剂型产品有 5%悬浮剂、10%可湿性粉剂、15%可湿性粉剂和 25%悬浮剂等，以 15%可湿性粉剂为主。在水稻上可用于育秧田控制生长，也可以用于本田的控制倒伏。生产应用时可以使用 15%可湿性粉剂稀释 500～750 倍，即得 200～300mg/L 的多效唑溶液，对秧苗进行叶面喷雾处理即可。

2. 烯效唑

烯效唑延缓生长的生物活性比多效唑高 2～6 倍。烯效唑 60～100mg/L 在 1 叶 1 心期喷施，可达到与多效唑同样的效果，在水稻培育壮秧上已逐渐取代多效唑。下面主要介绍烯效唑浸种技术：

(1) 技术效果

① 延缓秧苗生长、使秧苗矮化健壮（表 6-1）。一般烯效唑浸种处理后 20 内，秧苗生长速度明显低于对照。随着时间的推移，控长效应逐渐减弱，秧苗日增长量赶上并超过对照，到 50d 时苗高已接近对照。

烯效唑的控长效应与种植密度有关，随密度降低，烯效唑控长效应持续时间延长，高密度下（6.6cm×3.3cm）20mg/L 烯效唑的控长有效期为 30d，中密度下（6.6cm×4.05cm）为 40d，低密度下（6.6cm×6.6cm）其控长效应有效期更长，在 50d 时其控长率还达 6.09%。

表 6-1 烯效唑对苗高日增长量和控长率的影响

日期（日/月）	苗高/cm			日增长量/cm	
	清水对照	20mg/L	控长率/%	清水对照	20mg/L
10/4	7.01	4.08	41.80	0.701	0.408
20/4	8.55	4.96	41.99	0.154	0.088
30/4	11.40	9.77	14.30	0.285	0.481*
10/5	22.29	21.69	2.69	1.089	1.192
20/5	35.03	34.47	1.60	1.274	1.278

注：*表示秧苗日增长量赶上并超过对照。

② 分蘖早　多烯效唑浸种后，促进了分蘖提前发生。随播期推迟，温度升高，促蘖效果好，一般可比对照早分蘖4d左右。提早分蘖，有利于低节位分蘖的发生，从而使分蘖发生早而多，浸种后25d促蘖率能达到60%以上，最终导致单株分蘖增加。烯效唑浸种后，本田早期分蘖速度加快，且分蘖个数较多，为高产群体奠定了基础。

③ 控冠促根，根多活力高　烯效唑浸种能促进根系生长，根重增加而地上部分干重降低，根冠比和秧苗粗壮度增加，秧苗呈现壮苗长相。处理31d后测定，10～30mg/L烯效唑浸种处理根系活力提高了50.2%～74.2%。

(2) 增产效果　水稻经烯效唑浸种后，在浙江的试验表明“一畈秧苗无高低，一把秧苗无大小”“早稻栽后不发僵，晚稻栽后不败苗”，穗数增加15万～45万/hm²，增产6.8%～7.1%(表6-2)。四川省1994～1996年不同区域的8个县进行的田间对比试验也表明，有效穗平均比对照增加15.8万/hm²，提高6.79%；每穗实粒数增加4.1粒，提高3.36%，千粒重较对照高0.2g，实际产量较对照多32.65kg/亩，提高6.62%，而且在不同区域和不同品种上表现出了良好的增产稳定性。

表 6-2 烯效唑浸种对水稻产量及构成的影响

处理	产量/(kg/亩)	穗数/(穗/丛)	着粒数/(粒/穗)	实粒数/(粒/穗)	结实率/%	千粒重/g
对照	407.5	11.9	72.2	56.0	77.5	26.05
分蘖肥	446.2	12.5	80.5	57.1	70.9	25.73
烯效唑浸种	436.4	12.7	79.2	58.3	73.6	26.15
烯效唑浸种—分蘖肥	476.5	13.6	86.4	59.0	69.2	25.61

(3) 烯效唑浸种化控栽培技术　水稻种子用烯效唑药液20～50mg/L浸种，种子量与药液量比为1∶(1.2～1.5)，浸种36h(24～48h)，每隔12h拌种一次(以利着药均匀)，稍清洗后催芽播种。浸种浓度因种而异，浸种期间注意搅拌，药剂浓度＞100mg/L浸种发芽势下降，将推迟8～12h。

水稻烯效唑浸种常规配套栽培技术为：一是适当提前浸种以确保按时播种；二是秧苗分蘖增多，在保证适宜基本苗的情况下，可适当扩大栽插行距；三是秧苗根系多，地上部矮健，起苗时带土较多，适宜进行“定点抛秧”。

以烯效唑为主要成分，与杀菌剂、微肥(B、Zn等)进行复配而形成的种子处理剂、包衣剂和壮秧剂也在生产中得到广泛应用，如四川以复配产品水稻浸种剂作为烯效唑的应用途径之一，在彭州、江油等地进行了水稻浸种剂的小区试验和生产试验的结果表明，浸种1.0kg稻种的水稻浸种剂最佳用量为2.5g(含烯效唑20mg)，彭州试验点增产40kg/亩，增幅为6.74%；江油试验点增产48.9kg/亩，增幅为8.03%；使用浸种剂能促进秧苗生长、分蘖，在四叶一心期表现为苗矮叶宽多蘖壮秧，水稻苗高和穗长均增加，并能提高结实率和经济系数；水稻浸种剂操作简便，投入少，增产增收效果好，产投比高，具有较好的市场前景。因此，种用烯效唑的使用方法一是可直接用 20mg/L 烯效唑浸种；二是可用烯效唑复配产品。

5%可湿性粉剂稀释为 1000～2500 倍液即得到 20～50mg/L 烯效唑溶液，对水稻进行浸种处理。

3. 乙烯利

在水稻秧田期使用乙烯利处理后，能起到提高秧苗素质、控制秧苗高度等生理作用。上海市农科院等曾经推荐使用 1000mg/L 乙烯利控制连作晚稻秧苗徒长。

(1) 技术效果

① 提高秧苗素质　乙烯利处理能显著提高水稻秧苗素质，秧苗基部宽度和单位长度干重明显增加，叶鞘内养分积累增多，"扁蒲"粗矮。秧苗出叶速度加快，叶色深绿，单叶光合效率明显高于对照。以双丰一号为例，处理后 20d，秧苗叶片数达 9.8 片，对照仅 9.2 片。秧苗移栽前和移栽后，根系吸收能力增强，单株发根力强，根量多，返青快。

② 控制后季稻秧苗的高度　从喷药时期看，后期喷用较前期喷用效果好。喷药次数，则以喷 2 次较好，秧苗高度控制在 40cm 左右，比对照矮约 10cm，比对照下降 25%左右。乙烯利处理秧苗受控的叶位符合"$n+2$"的规律，即施药时的叶龄为 n 时，受控叶位为"$n+2$"。

③ 减轻拔秧力度　在拔秧前 15～20d 时，用浓度为 1000mg/L 的乙烯利喷洒水稻秧苗，拔秧容易、省力，拔秧速度比对照快 30～40 倍，移栽后新根发生也快。测定秧苗内源激素表明，处理的秧苗乙烯释放量和脱落酸含量都显著高于对照，赤霉素、细胞分裂素含量和对照差别不大。乙烯和脱落酸含量增加，可能是使秧苗变矮、根系受控的生理原因。

④ 促进移栽后早发　移栽后，返青快，发根快，单株发根力强，根量多，根系吸收能力增强。

⑤ 提早抽穗　幼穗分化进程亦加快，处理的比对照提早抽穗约 2d，有利于避开低温危害。据研究，如果晚季稻齐穗期相差 2d，即由 9 月 23 日推迟到 9 月 25 日，低温危害率从 27%上升到 45%。

⑥ 增加产量　在 32 块乙烯利处理秧苗移栽的水稻田中，其中 30 块水稻田平均每亩实收产量比对照增产约 25kg，增产率达 5%～10%。

(2) 应用技术　乙烯利处理后季稻秧苗，主要应用于秧龄较长的双季或三熟制连作晚稻的秧苗。用药量为每亩用 40%乙烯利原液 125～150g，均匀喷在秧苗上。喷药时，可以根据具体情况加适当倍数的水，包括可用原液进行超低量喷雾，但喷洒要均匀。喷药时期以水稻秧苗长有 5～6 叶片时为最好，也就是在拔秧前 15～20d 用药最为合适。喷药后 2h 内无雨，即为有效。喷乙烯利的秧苗，必须是在落谷稀（每亩播种量 50kg 左右）、培育壮秧基础上才能收到较好的效果；对于播种量太高、秧苗过密、苗较弱的田块，不宜喷用乙烯利。

(3) 技术评价　乙烯利所释放的乙烯促进秧苗发育，常发生"早穗"，只有掌握在拔秧前 15d 左右使用才能免除这一副作用。可是早稻收获期不易掌握，如果早稻晚熟，则晚稻秧苗会发生早穗的危险；乙烯利只能控制粳稻、糯稻秧苗的生长，对籼稻无效。

广西弘峰（北海）合浦农药有限公司在水稻上进行了 40%乙烯利水剂的登记，用于水稻调节生长、提高产量。使用时用 40%乙烯利水剂稀释 700～800 倍液（约 500～600mg/L）进行叶面喷雾，处理 2 次即可。

4. 复硝酚钠

复硝酚钠用于种子浸种，能促进发芽和发根，消除休眠状态；用于苗床喷洒能培育壮苗，提高移栽后的成活率；用于叶面喷洒，能促进新陈代谢，提高产量；用于花蕾喷洒，防止落花，改善品质并提早收获。

在水稻幼苗移栽前 5～7d 用 1.8%复硝酚钠水剂稀释 6000 倍液喷秧苗能促进秧苗壮苗。复硝酚钠登记的产品有 0.7%、1.4%和 1.8%水剂等。

5. 烯腺嘌呤和羟烯腺嘌呤

烯腺嘌呤和羟烯腺嘌呤是细胞分裂素的两种类型，烯腺嘌呤和羟烯腺嘌呤的商品化制剂有0.0001%可湿性粉剂，其中羟烯腺嘌呤和烯腺嘌呤分别为0.00006%和0.00004%，用100～150倍稀释液进行种子处理，该产品也可以进行大田喷雾处理，能增加水稻产量，提高抗逆性能；也有用羟烯腺嘌呤的0.0001%可湿性粉剂100～150倍稀释液进行种子处理，大田喷雾处理对水稻生长也有效果。

6. 萘乙酸及其混剂

萘乙酸能增加须根数量和长度，有利于根多根壮，发根能力比对照强，单株新根数、新根重和新根总长度均明显高于对照，缩短植株移栽返青天数，提高移栽成活率。使用萘乙酸进行秧田喷雾时，有效浓度在5～15mg/L时比较适宜。施药期为拔秧前15d左右。萘乙酸控制秧苗有效期只有5～6d。因此在30～45d的晚稻育秧期间，需要多次使用，进行有效控制。

萘乙酸与其他促进型生长调节剂如吲哚丁酸和复硝酚钠等进行混用，用于水稻种子浸种，也可以在水稻的生育期进行喷雾处理。萘乙酸用于种子处理与生育期喷雾使用的有效浓度差异较大，与有效浓度范围较宽、生理调节目标不同等有关。

用于水稻种子浸种处理，促进根系生长增加分蘖一般使用萘乙酸150～200mg/L；但在水稻生育期进行生长调节时，推荐使用5～15mg/L萘乙酸有效成分，也可用150～200mg/L进行处理。萘乙酸的登记产品有不同含量的水剂和可溶性粉剂，生产上可以使用80%萘乙酸5000倍稀释液进行水稻生长调节，也可以使用1%萘乙酸500～750倍稀释液，对茎叶喷雾。萘乙酸与复硝酚钠的混剂有登记2.85%的水剂产品，其中复硝酚钠含量1.65%、萘乙酸含量1.2%，使用时使用2.85%复硝酚钠·萘乙酸水剂对水稀释为3000～4000倍液，进行叶面喷雾2次。

7. 吲哚乙酸·玉米素混剂

0.11%的吲哚乙酸·玉米素混剂除了能用于水稻浸种、促进水稻种子的发芽、加快幼苗的生长发育进程外，也可在水稻秧期和花期进行叶面喷雾处理，促进水稻生长。使用时每公顷使用0.11%吲哚乙酸和玉米素混剂10～15mL，根据作物生物量进行对水喷雾处理即可。

8. 其他植物生长调节剂

(1) 三十烷醇　在水稻幼苗生长至1叶1心或2叶1心期，以0.5～1.0mg/L三十烷醇喷洒处理，2～3周后，可观察到幼苗的株高、叶片数、叶面积、茎基宽、根长、鲜重、干重及分蘖数等指标都比对照提高。以喷洒2次的效果较好，幼苗整体素质提高。三十烷醇促使秧苗素质提高的原因主要是：提高秧苗吸肥能力，有利于氮素代谢，促进蛋白质合成，总糖量和碳氮比明显增加。

(2) 吲哚丁酸　使用浓度为2000mg/L的吲哚丁酸溶液在水稻播后10d进行叶面喷雾，每亩用药量40～50kg，可促进发根，培育壮苗。使用时可与其他非碱性杀菌剂混用。

(3) 黄腐酸　使用浓度为0.1%的黄腐酸释液在水稻播种前浸泡种子24h，可促进水稻根系发育，进而促进根系对氮、磷、钾的吸收，使幼苗生长健壮。

(三) 控制徒长，防止倒伏

倒伏问题也是水稻高产的限制因子之一。虽然随着矮秆水稻品种的培育，倒伏问题有所缓解。但是近年来一些优质水稻株高在1m以上，加之插植密度稍大，或者多施氮肥以求高产，也有倒伏之虞。如抽穗后遇大风，植株更易倒伏。随着节本高效栽培技术的发展，人工和机械抛秧逐渐取代插秧，但是抛栽秧苗入土较浅，后期更易发生倒伏。近年来直播稻和旱稻有所发展，但倒伏严重，限制了产量与收获效率的提高。

1. 多效唑

(1) 施用时间　拔节期，即抽穗前30d施用多效唑控制节间伸长、增加节间重量及控制株高、防止倒伏的效果最佳。过早或过晚使用，效果均不佳。

(2) 施用浓度　拔节期使用多效唑的浓度愈高，控制株高的效果愈明显，但穗型也随之减小，每穗总粒数下降，单位面积穗数也有下降趋势。若多效唑浓度达到700～800mg/L，则叶片畸形，叶色墨绿，严重包颈。因而多效唑浓度不宜超过500mg/L，以每亩喷施300mg/L的多效唑药液60kg为宜，有效成分量每亩20g左右。

(3) 技术效果　在水稻拔节前一个叶龄期，每亩大田施用20g左右的多效唑，可使节间粗短，植株重心位置降低，下弯力矩小，抗弯性随之提高；基部节间纤维素和木质素含量增加，增加茎纤维木质化程度；茎壁和机械组织增厚，机械组织发达，减少田间郁闭，增加通风透光度，能有效防止倒伏。

(4) 技术评价　应用多效唑防止水稻徒长效果显著，但能否增产取决于对照是否倒伏，在不倒伏情况下，使用多效唑反而减产。原因是拔节前施多效唑在抑制节间伸长时，也抑制了幼穗发育，穗型小，穗粒数少，偏前偏后（拔节前和拔节后）使用对穗的影响降低，但防倒效果不佳。所以只有在生长过旺的田块应用多效唑，才有既防倒伏又增加产量的效果。

生产应用时可以使用15%可湿性粉剂稀释500倍，即得300mg/L多效唑溶液，对秧苗进行叶面喷雾处理即可。

2. 矮壮素·烯效唑混剂

这是中国农业大学作物化学控制研究中心研究开发的水稻抗倒增产调节剂新产品。30%矮壮素·烯效唑微乳剂用于水稻生长调节的主要作用有：①控制基部节间伸长，降低株高，主要缩短基部第二、第三节间伸长，对上部节间作用不明显，茎节间增粗，抗折力增强，抗倒伏能力增强；②促进根系发生和提高根系活力，促进根系从土壤中吸收养分与矿物质元素；③促进叶片光合作用，同化物合成和输出能力加强，用药后水稻叶片浓绿，生理功能增强。

30%矮壮素·烯效唑微乳剂在水稻拔节前期处理后，用药后水稻叶片明显变厚、变浓绿。强台风使得邻近田块大面积倒伏，但试验处理未出现倒伏。通过调查水稻生长节间的影响，30%矮壮素·烯效唑微乳剂处理的水稻株高比对照降低5cm左右，对水稻控长抗倒起一定作用，通过节间测定发现，混剂主要影响水稻第二、三节节间伸长，处理比清水对照缩短2～3cm。每亩60～80mL的混剂浓度处理能使水稻增产5%以上。

试验结果表明，30%矮壮素·烯效唑微乳剂对调节水稻生长、增产均有效果，对水稻调节生长时间应掌握在水稻拔节前15d左右，在拔节前10～15d应用既能起到有效控长作用，又能提高水稻结实、增加产量。在全国不同的生态区，多个代表性的水稻品种均有稳定的矮化、抗倒伏和一定的增产作用。

3. 其他植物生长调节剂

(1) 矮壮素　从拔节期开始，将水稻培养在含有矮壮素的溶液中，表明不同浓度的矮壮素都能明显地抑制水稻品种农垦58和老来青的株高。抑制程度随浓度增加（50～1000mg/L）而增强。拔节期用矮壮素处理大田水稻，由于茎基部第1～3节间缩短，对防止后期倒伏有明显作用。同时，可结合水稻搁田，每亩施用矮壮素1～2kg。

矮壮素抑制水稻生长的有效时间不超过3星期。在拔节初期茎叶喷施500～1000mg/L矮壮素药液每亩50L，可抑制正在伸长的第1～3节间的生长，而对第四、五节间的生长，不但没有抑制，反而明显地“补偿”。

(2) 烯效唑　一般在抽穗前40d左右，每亩用5%烯效唑可湿性粉剂100g，对水50L，配成浓度为100mg/L的烯效唑药液喷施，可有效防止水稻倒伏。使用时应严格控制好使用时期和浓度，使用过早，防倒效果差，过迟则影响产量。

(3) 乙烯利　每亩晚季稻秧苗，用40～50L的3000mg/L乙烯利进行叶面喷洒，或移栽大田后20～30d，每亩用50kg的1500mg/L（取40%的乙烯利水剂187.5g加水50L）乙烯利溶液喷施。处理后有效抑制了株高生长，分蘖增加，达到了培育壮秧和防止倒伏的效果。

（四）促进光合，提高产量

促进水稻生长后期植株的光合作用，促进同化产物向籽粒运转与积累，也是水稻生产管理的主要目的。在水稻的中后期生产管理中，可以应用的植物生长调节剂主要有：

1. 赤霉素

在水稻有效分蘖终止期进行赤霉素喷施处理，20～50mg/L赤霉素可起到控制分蘖发生、减少无效分蘖、促进主茎和大分蘖生长的效果，使每亩有效穗数和产量提高。

商品制剂主要有85%结晶粉、4%乳油、20%～40%可溶性粉剂、40%可溶性片剂等。使用时根据产品说明进行操作。

2. 芸薹素内酯

水稻的初花期喷施0.005～0.020mg/L芸薹素内酯后，剑叶中的叶绿素、可溶性糖、淀粉含量提高，光合速率增强，灌浆速率增大，结实率和千粒重增加，增产10%～12%。明显延缓叶片中总核酸和RNA降低的速率，延缓衰老并维持较高的光合速率。芸薹素内酯用于水稻生长调节的有效使用浓度范围较宽（0.025～0.1mg/L），在水稻不同的生育期进行叶面喷雾1～3次。

由于芸薹素内酯生理活性很高，因此生产上登记开发的芸薹素内酯制剂的有效成分含量很低，主要有0.1%可溶粉剂、0.01%可溶性液剂、0.01%乳油、0.15%乳油、0.0075%水剂和0.0016%水剂等。在水稻上进行调节生长和增产等生理效果的农药登记，使用时可以参考产品使用说明进行操作。

3. 复硝酚钠

复硝酚钠在水稻上的应用除了可以用于种子浸种促进发芽和发根，消除休眠状态；还能用于秧田期苗床喷施培育壮苗，提高移栽后的成活率。在水稻的生长期叶面喷施，能促进新陈代谢，提高产量，改善品质并提早收获。在水稻幼穗形成期、齐穗期各喷施1次，花穗期、花前后各喷1次1.8%复硝酚钠水剂1000～2000倍液，即15～30mL对水30kg喷施水稻，能调节水稻生长并提高产量。复硝酚钠登记的产品有0.7%、1.4%和1.8%水剂等。

4. 烯效唑

用20mg/L烯效唑浸种或20mg/L烯效唑于孕穗期喷施，均可提高剑叶叶绿素含量，延缓剑叶叶片衰老，促进叶片输出可溶性糖，促进弱势粒灌浆，显著提高每穗实粒数，增产。

三、在提高三系法杂交稻制种产量上的应用

杂交稻的成功是种植业的一项革命，但传统的杂交稻三系育种法存在的问题有：一是不育系包颈现象严重，严重地影响了异交结实率（包颈是籼型杂交水稻不育系固有的遗传特性，常使穗颈节缩短10cm左右）；二是父母本花期不遇、花时不遇、穗层分布不合理（母本高于父本）及柱头外露率低等都不同程度地影响着异交结实率，影响制种产量和效益。赤霉素处理成为杂交稻制种技术中一项必不可少的高产措施。

（一）赤霉素打破不育系的包颈现象

由于母本包颈，只有部分穗粒外露。包颈的原因是内源赤霉素水平偏低，穗颈下节间（倒一节间）居间分生组织细胞不能正常伸长，其长度小于剑叶叶鞘长度。

应用技术为：在花期相遇的条件下，施用赤霉素最有效的时间是母本见穗5%时，先喷父本，采用85%赤霉素结晶粉，用量为每亩2～3g，再父母本同时喷，用量为每亩4～5g，第3d再每亩喷6～7g，总用量为每亩12～15g。为保证杂交稻种子产量和质量，赤霉素总量一般每亩不宜超过15g。近年的资料和生产调查发现，赤霉素用量增加，在日均温25℃、花期相遇良好的情况下，每亩使用12～16g。

1. 喷施赤霉素的时期

不育系抽穗是依靠穗颈节间的伸长而实现的。当不育系由营养生长转入生殖生长时，随着幼穗的逐步分化发育，穗颈节间居间分生组织细胞不断分裂和伸长，使节间不断伸长，其中以幼穗分化Ⅷ期伸长最为显著。由于始穗期多数个体处于幼穗分化的Ⅶ期和Ⅷ期，因此按照群体器官的同伸规律，选择群体见穗（包括破口穗）5%左右彻底进行去杂，再喷施赤霉素效果最佳。

使用过早，会导致倒 2、3 节间过度伸长，植株过高，造成拔节不抽穗，即使抽穗，穗子变白，下部颖花大量退化，小分蘖难以抽出，易倒伏和诱导穗发芽；使用过迟，用量大、成本高，穗下节老化不易伸长，难以解除母本包颈现象，造成柱头外露率和异交结实率低，产量不高。

在生产实践中要根据不同亲本对赤霉素的敏感性，掌握适当的应用时期。在花期相遇较好时，威优系列组合母本见穗 13%～18%，汕优系列组合母本见穗 8%～15%，金 23A、Ⅱ-32A、优 IA 等系列组合母本见穗 15%～25%，进行第一次喷施。

2. 喷施次数及各次用量的确定

赤霉素进入植株体内，一般不能长期保持其原有状态，会由于酶促作用或其他化学反应而分解，也可能因吸附作用或解毒作用而由活动状态变为不活动状态。赤霉素效应期只有 4～5d，而最大效应期一般出现在喷施后的第 3～4d。因此，喷施赤霉素次数不宜过多，每次间隔的时间不宜过长，一般以 3d 内连续喷施 3 次效果最佳。第一次用总用量的 20%，第 2 次占 30%，第 3 次为 50%，能充分发挥赤霉素的累加效应。如遇阴雨天不能及时喷施，母本抽穗超过了第一次喷施赤霉素的标准时，应在原用量的基础上，每亩酌情增加 3～5g，并将第一次用量增加到总量的 30%。

3. 赤霉素总用量的确定

赤霉素的用量要根据亲本的自然卡颈程度、对赤霉素的敏感性以及喷施时的天气情况而定。花期相遇正常田块用量掌握在每亩 15～18 g。随着制种技术的提高，行比加大，有效穗增加及使用时间推迟，应适当加大赤霉素的用量。用量过大，杂交种子在催芽时可能只发芽不生根，并出现类似恶苗病的徒长苗；用量过低，不利于提高制种产量。对包颈率比较低的 80-4A 施用量为每亩 6～8 g、7001S 为每亩 8～10 g、协青早 A 为每亩 10～12 g、珍汕 97A 为每亩 12～16 g。对赤霉素敏感如 D 优 10 号的亲本，使用宜晚（一般幼穗分化后期至始穗期），用量略减；对赤霉素不敏感的品种，使用宜早，用量也应增加。另有报道认为，对卡颈率低、柱头外露率和异交结实率较高的 II-32A、优 IA、金 23A 等亲本施用每亩 18～20g，V20A、珍汕 97A 施用每亩 25～30g，培矮 64S 等两系母本每亩施用 30～35g。

施用赤霉素时，同时使用赤霉素增效剂，可增强赤霉素的吸附力，起到减少赤霉素的用量、提高使用效率、节约成本、增加产量的作用。

4. 喷施赤霉素的天气及时间选择

在晴天施用赤霉素，并应在上午扬花授粉前喷施为宜，因为在上午喷施后，随着气温由低到高，叶面角质层透性增加，对赤霉素的吸收量加大，也可避免因暴晒造成药液很快干燥，影响赤霉素的吸收。

5. 决定赤霉素使用剂量、使用次数及间隔天数的因素

应根据大田穗层结构、组合类型、群体大小、禾苗的嫩绿程度及使用时间的早迟来确定赤霉素的使用方法。以 V20A 为例，如第一次喷施时见穗 15%，则第一次喷 40%，第二天喷第二次，用量 60%；若群体过大，叶色十分嫩绿，应间隔 1d 或分 3d，3 次按 30%、40%和 30%的比例进行喷施。如 V20A、珍汕 97A 第一次喷施时抽穗已达到或超过 20%，金 23A、II-32A、优 IA 等抽穗已达 25%时，第一次用 60%，第二次 40%，连续 2d 分 2 次喷完。如遇雨天等特殊情况，不能按计划喷施，V20A、珍汕 97A、培矮 64S 等不育系抽穗达 30%以上，金 23A、II-32A、优 IA 等抽穗达 40%以上的，应在原用量的基础上每公顷增加 60～90g 赤霉素，一次性喷施。

（二）促进父母本花期相遇

在杂交稻制种中，父母本虽按预定的播种差期播种，但在生长发育过程中，因受气候、土肥、秧苗素质、栽培管理及病虫害等因素影响，常使父母本预定的花期有所变动，导致花期不遇，造成减产或失收。

1. 促进开花

应用赤霉素和多效唑可以有效调节水稻开花，使母本、父本花期花时协调。基本方法是用赤

霉酸（GA_3）等促进剂加快抽穗延迟一方的发育，用多效唑延缓抽穗较早一方的发育，并要考虑到母本抽穗和父母本穗层分布的问题。

晚稻生育后期，易出现低温寒潮天气，对其抽穗扬花非常不利。特别是迟播的田块，抽穗迟，开花迟，产量低。喷施赤霉素能有效解决这一问题。在抽穗10%左右时，每亩用赤霉素有效成分1.5～2.0g（若穗数多，可增加0.2～0.5g），对水40～50L稀释，于早上、阴天或傍晚喷施叶面。与对照相比可促进晚稻穗下节间伸长，减少包颈，提早抽穗3～5d，有利于授粉结实。

注意事项：喷施赤霉素时最好每亩加100 g磷酸二氢钾一起喷施；喷药次数只能一次，喷多次有不利作用；一些营养生长旺甚至贪青迟熟的田块不能施用；喷施时要保持浅水层。

2. 调节花期，提高制种产量

杂交水稻制种存在父、母本花期不遇等问题，不利于异交授粉，降低结实率，从而影响制种产量。用赤霉素、三十烷醇以及茉莉酸甲酯等植物生长调节剂能有效地解决这一问题，目前已成为各地杂交水稻制种提高结实率、夺取高产的一项关键性措施。

(1) 赤霉素

① 选择合适的药剂　喷施赤霉素前，除了做好喷雾机械的维修外，选择合适的赤霉素药剂十分重要。可供选择的赤霉素制剂可以是商品化的4%赤霉素乳油和可湿性粉剂、40%赤霉素水溶性粉剂、40%赤霉素水溶性片剂、20%赤霉素可溶性粉剂等。但是，尽量不要选择浓度过高的85%赤霉素结晶粉，因为溶解稀释的时候不太方便。

② 确定喷施时期　一般在剑叶叶枕距平均值达3～5cm或抽穗5%～10%时施用。

③ 确定赤霉素用量　在气温方面，当日平均气温≥25℃时，花期相遇良好的情况下，一般每亩喷施赤霉素12～16g，可达到预期效果。当温度低于25℃，在22℃左右时，或用过多效唑调节花期的杂交水稻制种田，赤霉素的用量应有所增加，一般亩用量为20～28g，才能达到预期的效果。因为多效唑有抑制细胞伸长的作用，故必须加大赤霉素的用量才能打破多效唑抑制细胞伸长作用，使穗伸出剑叶，便于父母本授粉。对赤霉素敏感的亲本品种如D优10号的亲本，使用宜晚，用量减少，一般在幼穗分化后期（第八期）至始穗期使用，每亩用量掌握在12～18g之间；反之，对赤霉素不敏感的亲本品种，使用宜早，用量应有所增加。在适宜使用赤霉素的时期，早用宜少，晚用宜多。使用超低容量喷施赤霉素溶液呈露状，能够均匀地分布在植株叶面上，易被植株吸收。使用普通喷施方法时用量宜多，因喷出的溶液不呈雾状而颗粒较大，不易被植株充分吸收。因此，喷施时应做到尽量均匀，同时加施微量元素及增效剂，有助于提高赤霉素的施用效果。

④ 确定赤霉素使用次数　生产上应根据亲本生长情况确定使用次数。父母本生长进度一致，花期相遇良好，稻苗生长整齐的赤霉素使用次数和用量宜少，一般为3～4次，每次用量一般掌握前轻、中重、后稍轻，最后一次稍重。相反，父母本生育进度不一致，父本早母本迟的宜促母本控父本，父本迟母本早的应促父本控母本，使用次数宜多，用量也相应增加。

⑤ 配套技术　在配好所用的赤霉素药液后，可在每亩药液中加磷酸二氢钾1.0～1.5kg，有利于提高千粒重；也可在赤霉素药液中加20～50mL的1% α-萘乙酸，可减少使用85%赤霉素4g左右。

注意事项：①赤霉素不能与纯碱、氨水、石硫合剂等碱性物质混合，但可与尿素、过磷酸钙、乐果、敌百虫等混合；②赤霉素溶液应置于低温干燥处保存，最好是随配随用，不要久存，以免赤霉素溶液失去活性，影响其使用效果。

(2) 三十烷醇　三十烷醇的主要作用是促使母本花时提前，并与恢复系花时相遇。不育系经三十烷醇处理后，其母本午前的开花数可提高13%～22%，从而提高父母本之间授粉、受精的机会，使每穗实粒数和结实率均比对照提高27%～28%。三十烷醇是通过腺三磷（ATP）能量储积调节不育系提前开花，使之与恢复系花时相遇机会增加。三十烷醇与赤霉素混用，既可提高能量代谢水平（促使提前开花），又促进穗颈伸长，两者发挥协同效应，从而增加了授粉机会，使结实率和产量提高。

① 使用方法　三十烷醇在杂交水稻制种上施用的浓度一般为0.5～1.0mg/L。当父母本都处于始穗阶段时，在下午3～4点后喷施母本植株叶片（双面），隔7～10d后，于盛花初期再喷1次，一般可增产10%以上。三十烷醇与25mg/L赤霉素混用后，增产效果比单独使用赤霉素增加1倍，增产达2成以上。

② 注意事项　喷施时对父本不必采取隔离或覆盖等措施，因为三十烷醇不影响父本的开花习性；三十烷醇与赤霉素混用时，一般喷2次比喷1次增产幅度大一些。

(3) 茉莉酸甲酯

① 使用效果茉莉酸甲酯对杂交水稻不育系开颖具有明显的诱导效应，可使其在一天中开花出现明显的高峰，并能和父本的开花高峰重叠，使制种产量大幅度提高。试验表明，经茉莉酸甲酯处理过的制种田要比经赤霉素处理过的增产76%～139%。一般每亩使用茉莉酸甲酯16g，先用少量酒精溶解，加水配制成30～50L药液，在开花盛期对不育系喷雾。茉莉酸甲酯的应用，为解决杂交水稻制种中存在的父母本花时不遇问题开辟了一条行之有效的新途径。但目前茉莉酸甲酯尚未工业化生产，价格昂贵，也没有可工业化生产的替代物，大面积推广应用尚不现实。

② 使用技术　一般按每亩16g的用量，经少量酒精或高度白酒溶解后，加清水稀释至需要的喷药量，在开花盛期（抽穗50%）对不育系进行喷雾处理，即可达到预期效果。

(4) 芸薹素内酯　水稻秧田分蘖期用0.01～0.05mg/L芸薹素内酯药液50L叶面喷施，可使秧苗返青快；开花期用0.01～0.05mg/L芸薹素内酯叶面再喷施一次，可早抽穗、早扬花，一般比对照早扬花3～5d。配制药液时取0.04%芸薹素内酯水剂1.25～6.25mL对水50L，即得溶液浓度为0.01～0.05mg/L的芸薹素内酯药液。

(三) 促进花时相遇

在父母本花期相遇时，仍然存在着父母本在同一天内的开花盛期不能很好相遇的问题，如父本在上午9点至下午1点时间段集中开花，而母本在中午12至下午4点时间段集中开花。使用赤霉素等调节剂能有效解决这一问题，最终提高异交结实率。

应掌握在全田不育系植株抽穗10%～20%时喷施为宜，喷施过早或过晚都会影响制种产量：如喷施过早，会发生颈节拔高，分蘖穗过分伸长，穗子难以抽出，影响授粉，无法解除包颈而达到增产的目的；若喷施过晚，穗颈细胞定型，细胞壁老化，就难以较好地解除包颈，也达不到增产的目的。

喷施时间以上午露水干后进行效果较好。喷施前后几天，清早下田击苞赶露水，可促使散苞，降低母本行湿度，提高母本温度，提早开花，有利于授粉。

(四) 调节穗层

对杂交稻制种较为有利的穗层分布是父高母矮，但常常由于品种特性或调节花期的原因，造成母高父矮的不利局势。另外，母本的穗层厚度及穗层的穗密度等都影响制种产量。对母高父矮的不合理穗层结构，可以在不影响花期相遇的情况下通过对父本喷施赤霉素来解决。对母本过高的，可通过父本喷施赤霉素，同时父本喷施多效唑或青鲜素配合解决。母本穗颈节与剑叶叶枕平齐时，异交结实率较高。以后随着赤霉素用量的增大，母本穗颈节逐渐伸长，异交结实率却不再提高，反而有下降的趋势。

四、化学杀雄

化学杀雄是水稻制种的一项有效的措施手段，在利用杂交优势时可以不受三系限制，亲本来源丰富，选配自由；另外二系杂交的某些组合，杂种二代仍有利用价值；可以在推广良种的基础上争取更高产量；制种程序简单，方法简便。

(一) 甲基胂酸盐

甲基胂酸锌（$CH_3A_SO_3Zn \cdot H_2O$）和甲基胂酸钠［$CH_3A_SO_3Na_2 \cdot (5\sim6)H_2O$］在水稻孕穗期（叶枕距1～9cm时，最好是5cm左右）进行适量叶面均匀喷雾处理，杀雄效果达99%～

100%。喷洒浓度为0.015%～0.025%，药液量一般每株10mL左右，每亩200L。喷药时，喷头离稻株的距离宜在27～30cm；喷药当天气温太高，易发生药害，喷完药的当晚，应给予回水；喷药后不久遇雨，应及时补喷，浓度适当降低。

(1) 甲基胂酸盐的杀雄机理　甲基胂酸盐被叶片吸收后，0.5h运转到穗部。水稻喷洒杀雄剂后，花药中巯基（—SH）化合物含量减少，琥珀酸脱氢酶和细胞色素氧化酶活性显著下降。导致花药的呼吸速率下降，仅为对照的30%～50%，花粉内容物（淀粉、蛋白质）形成和积累减少，从而严重影响甚至破坏花粉的发育过程。当处理浓度稍高或药量稍大时，在某些品种当中容易引起闭颖率增高，当浓度稍低或药量较少则杀雄不彻底。

(2) 应用　甲基胂酸锌作为杀菌剂用于防治水稻纹枯病一直在生产上使用，可以利用20%甲基胂酸锌可湿性粉剂对水稀释1000倍进行叶面喷雾，每亩使用药液量200L即可。

(二) 其他水稻杀雄剂

1. 均三嗪二酮

在孕穗期喷洒4000～8000mg/L均三嗪二酮溶液，诱导雄性不育率可达88.9%～100%，不损伤雌蕊育性。处理后颖壳张开，柱头蓬松外露，持续日久，有利于异花授粉，进行杂交制种。

2. 乙烯利

在水稻花粉母细胞减数分裂期施用1%～2%乙烯利可以诱导花粉高度不育。

(三) 水稻杀雄剂的局限性

甲基胂酸盐使用效果良好，但由于是有机砷制剂，易污染环境。另外，杀雄效果受环境条件的影响。如在喷药后不到6h下雨会降低杀雄效果，在适时喷药时间连续下雨，就会贻误最佳喷药时期，使制种产量降低，制种不纯。

稻株生育期影响杀雄效果，一般稻株主茎和分蘖所处生育期不同，若接受同样浓度药液，杀雄效果不一致，浓度过低杀雄效果差，浓度过高导致闭颖率提高或雄性败育，都会降低制种产量和纯度。

五、增强抗逆性

低温、干旱、病虫害和土壤过酸、过碱均影响作物的生长发育，因此消除或减轻这些灾害对作物生长的影响，可大幅度提高作物产量，改进产品品质。植物生长调节剂可通过改变内源激素水平与平衡，调节生理代谢来提高作物抗旱、抗寒和抗病能力，刺激作物的生长，从而提高作物的产量，改善作物品质。

(一) 增强水稻的抗寒性

提高植物抗寒性的措施，除了通过低温锻炼和调节氮、磷、钾肥的比例等之外，还可通过植物生长调节剂的诱导，增强作物抗寒力。研究表明，使用脱落酸、乙烯利、芸薹素内酯等植物生长调节剂能提高植物的抗寒性。

在南方双季稻产区，春季早稻育秧期间，经常会遇到低温、连绵阴雨、光照不足等天气的危害，从而导致秧苗生长瘦弱，素质降低，影响秧苗移栽后的早生快发，或发生烂秧，使产量降低而不稳，直接影响早稻生产。因此，避免或减少烂种、烂秧是早稻育秧的一个重要问题。

1. S-诱抗素

在水稻有2片完全展开叶时，每亩喷施0.64～6.4mg/L S-诱抗素50L，在8～10℃低温下，水稻幼苗能正常生长，阻止叶片的枯萎死亡，减慢叶片的褪色速率和阻止叶鲜重下降，保持叶片的重量，降低叶片电解质渗漏率，提高幼苗可溶性糖含量，特别在低温第4d效果更明显。生产应用时取0.1%S-诱抗素水剂稀释为200～500倍液，直接叶面处理即可。

2. 芸薹素内酯

用0.5～5.0μg/L的芸薹素内酯处理稻种，或用0.5～5.0μg/L芸薹素内酯水剂处理水稻幼苗，与对照相比，成苗率高，促进低温下的生长，使株高、干物质重量、叶绿素含量和成苗率均明显提高，组织电导率下降，膜脂不饱和脂肪酸中的亚麻酸含量及脂肪酸不饱和指数有所提高，从而提高水稻幼苗的抗寒能力。使用芸薹素内酯提高水稻抗寒性时，可以使用0.01%的制剂进行两次稀释，也可以使用0.0016%的制剂对水稀释3000倍。

3. 多效唑

多效唑可以间接增强水稻幼苗对低温的抵抗能力。

用多效唑处理在（5±1）℃低温胁迫下的水稻苗，可使稻苗的叶绿素含量比对照高41.5%，可溶性蛋白含量比对照高5.0%；苗高降低，地上部分鲜重增加65.4%，根冠比提高。特别是在低温胁迫下，多效唑能使根干重增加86.7%。单株生物产量比对照增加16.9%，对解决早稻烂秧具有重要意义。早季杂交稻在3叶1心期，使用300mg/L多效唑，每亩用药液量75L左右进行喷雾处理；中季杂交稻在1叶1心期，使用200mg/L多效唑，每亩用药液量75L左右进行喷雾处理；晚季杂交稻和晚粳稻在1叶1心期，使用300mg/L多效唑，每亩用药液量75L左右进行喷雾处理。

生产应用时可以使用15%多效唑可湿性粉剂稀释500～750倍，即得200～300mg/L多效唑溶液，对秧苗进行叶面喷雾处理即可。

4. 烯效唑

四川早春低温寒潮往往导致烂秧和死苗，给水稻生产带来严重危害。用20mg/L烯效唑浸种处理可较好地解决这一问题，浸种处理后死苗率明显降低，在寄插后15d，较早播的两期其死苗率降低10～15个百分点，而4月4号播种，比对照少死苗40%以上，处理浓度以20mg/L的效果最好。烯效唑浸种处理的秧苗寄插后返青成活快，叶片枯尖率显著降低，一般可降低20%左右，早播情况下效果更显著。

5. 乙烯利

在双季稻地区，晚季稻秧龄长达40～55d，苗高50～60cm，扎根深，拔秧、挑秧和插秧都很费工，影响“三抢”进度和质量，且不利于栽后返青、分蘖。上海市农科院植保所应用乙烯利促控后季稻秧苗的技术，获得良好的效果。后季稻秧苗喷施浓度为2.5g/L的乙烯利。喷施后具有如下效果：①抑制秧苗根系伸长，易于拔秧；②秧苗生长健壮，素质提高，乙烯利控制秧苗伸长，促进横向生长，出叶快，秧苗粗壮，单株绿叶数多3.8%，单位长度干重增加16.6%，叶鞘内积累的养分亦多；③返青、分蘖速度快，生育期提前。后季稻移栽时正处于高温季节，对秧苗返青不利，会出现较长时期的落黄现象。经乙烯利处理的秧苗植株矮小，叶面蒸腾量少，且秧苗质量好，移栽后返青快，分蘖提前，10d时分蘖株率已达16.1%，对照仅为10%；20d时分蘖达高峰期，为118.3%，对照25d后达高峰期仅为103.3%。幼穗分化和抽穗等生育期均提早，因而避免了低温冷害。

使用40%乙烯利水剂稀释为160倍液，每亩用药液量50L，进行叶面喷雾，即调节水稻生长、提高产量。

6. 复硝酚钠

早稻受低温寒流侵袭后稻叶普遍落黄，喷施复硝酚钠后叶色很快转青，恢复正常生长。高海拔山区抽穗期受低温影响，常出现包颈现象，抽穗不畅，及时喷施复硝酚钠，可使包颈率下降49.2%。生产上一般使用1.8%复硝酚钠水剂对水稀释6000倍液进行喷雾即可。

7. 黄腐酸

黄腐酸拌种和喷施可减轻早稻秧苗断乳期（3叶1心期）的低温危害。用0.1%黄腐酸浸种的秧苗，由于早发根，根系发达，秧苗健壮，烂秧明显减少，成秧率比对照提高6%～7%。秧田喷施黄腐酸可提高秧苗素质，减轻低温危害。据王凯荣等报道，在秧苗3叶1心期“断乳期”喷施黄腐酸，秧苗素质均有所提高，其中喷施0.2%黄腐酸的效果最好。主要表现在秧苗基茎增宽，白根增多，地上部分干物质和组织充实度（单位苗高干重）均有增加。另外，秧苗地上部分养分含量及其组成比例也发生了明显的改变，其中氮的含量有所降低，磷、钾含量分别增加5.84%和3.85%，磷/氮和钾/氮比值分别提高6.58%和6.00%。这种磷、钾营养较为丰富的老壮秧苗，新陈代谢较为旺盛，体内可溶性糖、磷脂等的浓度相应增加，细胞生物膜的持水能力较强，因而抗寒性和耐土壤逆境的能力提高。国内的黄腐酸未进行有效的农药登记。

8. 茉莉酸甲酯

将用5～10mg/L茉莉酸甲酯预处理2d的水稻幼苗，移到1～7℃下培养3d，冷害减少，存活率由对照的20%提高到70%～78.3%。国内未进行茉莉酸及茉莉酸甲酯的工业化生产与农药登记开发。

9. 水杨酸

水杨酸具有缓解因温度胁迫造成伤害的作用。将水稻种子于15℃下以1.4～6.0mg/L水杨酸浸种24h，然后置于15℃萌发，发现根长、芽长、根冠比和生物学产量随水杨酸浓度的提高而递增，说明水杨酸具有促根壮苗的作用，同时提高了水稻种子萌发期的抗冷性。水杨酸易溶于热水，使用时应先用热水溶解，再配成相应浓度。

（二）增强水稻的耐旱性

利用激素的生理效应可调节植物的抗旱能力。研究表明，脱落酸、多效唑、乙烯利等都与增强作物耐旱性有关

1. 多效唑

用多效唑浸种的水稻三叶期秧苗比对照矮壮，叶绿素含量高，根系发达，根冠比大，稻苗的水势、渗透压和膨压提高，脯氨酸含量增加，抗旱力增强。在3叶1心期停水后7d，对照叶全部萎蔫，而多效唑处理的仍挺立；至第9d（土壤含水量9%）才开始萎蔫，而此时对照苗尖已开始枯黄；第12d（土壤含水量6%）复水后对照的存活率只有5.7%，而多效唑处理的为76.1%。

生产应用时可以使用15%多效唑可湿性粉剂稀释500～750倍，即得200～300mg/L多效唑溶液，对秧苗进行叶面喷雾处理即可。

2. 黄腐酸

黄腐酸类物质可提高作物的抗旱能力，在减轻农业干旱危害方面发挥着巨大的作用。黄腐酸在水稻应用上的作用：① 在正常供水下，促进生长发育，提高产量；② 在遇到季节性干旱时抗旱增产；③ 浸种可防止早稻低温烂秧；④ 在制种田使用可提高种子质量，促进优良品种推广。

应用的方式有浸种和喷施两种，一般喷施优于浸种，并且喷施2次效果更好。在北方春稻区和旱稻种植地，增产效果更大。用黄腐酸浸种或喷施水稻，其根长增加27.50%，根重增加12.00%，对N、P_2O_5和K_2O的吸收量分别增加13.07%、13.08%和10.30%。喷施可单独进行，也可随防治水稻病虫害（稻瘟病、纹枯病、白叶枯病、稻纵卷叶螟等）混合喷施。旱稻秧苗喷施0.2%或0.4%黄腐酸均明显改善了水稻的经济性状。对水稻的增产幅度为7%～20%。国内的黄腐酸未进行有效的农药登记。

（三）增强水稻的抗病虫性

植物生长调节剂可诱导、增强植物抗病虫性，减轻病虫害的危害程度，从而提高作物产量和品质。

1. 多效唑

多效唑对水稻的纹枯病、立枯病、恶苗病、稻曲病等有较强的抑制活性作用。据报道，66mg/L多效唑处理可抑制水稻的稻瘟菌等病菌。使用时取15%多效唑可湿性粉剂对水稀释2000倍即可。

2. 烯效唑

每亩用0.04%烯效唑颗粒剂0.5～1.5kg在水稻拔节期施用。施用前先将田水放干，待田边

开细裂，于搁田后期撒施。处理后水稻植株矮壮，叶片短直，通风透光好，田间湿度小，纹枯病危害轻。丛发病率和株发病率分别降低 30%～50%。

3. 复硝酚钠

抽穗期每亩喷施 6mg/L 复硝酚钠水溶液 50L 能使纹枯病明显减轻，病情指数降低 12.5，黄叶病发病率下降 40%左右。生产上一般使用 1.8%复硝酚钠水剂对水稀释为 3000 倍液，即 10mL 对水 30L 进行喷雾即可。

(四) 延长大龄迟栽秧苗的秧龄弹性

在广大麦（油）稻两季田或季节性干旱区域，因前茬收获迟或等雨栽培，造成水稻栽插偏迟，秧龄在 50d 以上，易形成大龄老秧。烯效唑浸种处理后，延缓了秧苗地上部生长，使其生长高峰后移，促进根系生长，增强了抵抗不良环境的能力。烯效唑处理后迟栽秧株高降低、分蘖数增加，根茎叶的鲜重和干重均高于对照，干重与苗高之比也低于对照。在塑盘旱育秧条件下，烯效唑浸种处理后，在秧龄 30～40d 前，可增加分蘖；在秧龄 30～40d 后，可减少分蘖死亡。处理后叶原基分化发育良好，生长点完整，具有“潜在分蘖势”，保证了在较大秧龄下形成较好的秧苗素质，使抛秧后分蘖发生快，有效穗和成穗率提高。该技术仍以浓度为 20～40mg/L 的烯效唑浸种为好。

六、在机插秧育秧上的应用

随着水稻生产经营方式的转变，水稻生产对机械化作业的需求越来越迫切，而机械化作业的核心和难点在机械化育插秧环节。其中，育秧环节中常常要使用壮秧剂、旱育保姆、育秧伴侣等，这些都含有不同植物生长调节剂，主要以三唑类的多效唑为主。如壮秧剂中含有植物生长调节剂、土壤调理剂以及十多种水稻生长发育必需的中微量元素，不仅有助于改善土壤和秧苗生长环境，而且可增加床土水分补给缓冲能力，防止青枯死苗的发生。

1. 在常规机插秧上的应用

手扶步进式或高速乘座式插秧机要求的秧块规格为 58cm×28cm×(2～2.5)cm（长×宽×高），四角垂直方正，不缺边缺角。每平方厘米成苗 1～2 株，苗高 10～20cm，秧苗整齐均匀，根系盘结力≥3.5kg，提起不散，可整体放入秧箱内。

秧苗一般采用软盘育秧和双膜育秧方式。软盘育秧和双膜育秧均可采用旱育秧和湿润育秧，旱育秧苗易控制苗高，根系发达，盘结力较高，秧龄弹性大，栽后缓苗期短，更有利于高产，应用更广泛。要达到机插秧壮秧要求，在旱育秧培育时有两个环节需要化控处理：

一是床土准备。栽插每公顷本田的秧苗需 1050～1500kg 营养土。提前取肥沃菜园土或疏松稻田表土浇入人畜粪尿，并加过磷酸钙 15kg 堆沤，然后风干打碎过筛。土壤 pH 值应为 5.5～7.0，重黏土、粗沙土和 pH>7.8 的土壤不宜作床土。播种前可用壮秧剂拌土调酸和消毒，但选择壮秧剂时注意其类型和用量，且必须先试验其安全性；也可用敌克松消毒。已拌壮秧剂或育秧伴侣的底土，直接播种；未拌壮秧剂或育秧伴侣的底土，旱育保姆包衣后播种。分次播匀后用未加壮秧剂的营养土覆盖种子，盖种厚度以不见种子为宜。

二是化控苗高。在 1 叶 1 心至 2 叶 1 心期用多效唑配成 100～200mg/L 的浓度喷施，或者烯效唑配成 20～30mg/L 的浓度喷施。

2. 在钵苗机械化超高产栽培上的应用

自 2010 年以来，江苏常州亚美柯机械装备有限公司全套引进并吸收改进了日本水稻钵苗栽插机械及配套装备，扬州大学、江苏省作栽站牵头与全国有关单位紧密合作，开展了水稻钵苗机插高产栽培联合攻关。在苏北、苏中、苏南多个试验基地进行相关专题研究、连片高产栽培试验示范，同时还在安徽、江西、湖北、四川等多地进行不同种植制度下的试验示范。

不同生态区试验示范表明，钵苗机插较毯苗机插亩增产 8.1%～14.2%，一般增产 10%左右。增产的主要原因是在适宜穗数基础上，明显增大了穗型，使群体颖花量显著增加，从而提高产量。

而钵苗机插水稻超高产栽培的关键技术，除了选用优质高产高效抗逆品种外，培育标准化壮秧是钵苗机插超高产核心技术中的重中之重。壮秧标准为：秧龄 30d 左右，叶龄 4.5～5.5，苗高 15～20cm，单株茎基宽 0.3～0.4cm，平均单株带蘖 0.3～0.5 个，单株白根数 13～16 条，发根力 5～10 条，百株干重 8.0g 以上，钵体重 5g 左右，成苗孔率常规稻≥95%，杂交稻≥90%，平均每孔苗数常规粳稻 3～5 苗，杂交粳稻 2～3 苗，杂交籼稻 2 苗左右；植株带蘖率常规稻≥30%，杂交稻≥50%。要培育壮秧，矮化壮苗，离不开植物生长调节剂的应用。

技术要点：在秧苗 2 叶期时，每百张秧盘用 15%多效唑粉剂 4g，对水喷施，均匀喷雾。能有效控制苗高，便于机械化栽插。

第三节　在小麦上的应用

小麦是全世界种植面积最大的谷类作物，占谷类作物总面积的 30%左右。在我国，小麦是主要的粮食作物，生产形势的好坏直接影响到我国（特别是北方地区）农业生产。目前小麦生产中存在倒伏威胁、冬前旺长和越冬不安全、逆境（倒春寒、干热风等）危害、分蘖成穗率低、杂种优势利用难、穗发芽和贮存损失严重等问题。

一、壮苗促蘖和安全越冬

冬小麦种植后越冬前若气温较高，或暖冬年份，易造成小麦冬前或早春旺长，分蘖节离开地面一遇到寒流极易造成冻害，特别是近年来全球性气候变化，暖冬等异常气候给小麦安全越冬带来威胁。北方二熟冬麦区，晚播小麦弱苗促壮问题更为突出，如何使幼苗在冬前达到一定的生长量，使总茎数达到高产要求，并保证安全越冬，是种植制度改革后出现的又一新问题。应用甲哌鎓·多效唑混剂、矮壮素、烯效唑、萘乙酸、吲哚乙酸等处理种子（拌种或浸种）或苗后处理（叶面喷施或土壤处理）等化控技术，对冬小麦有控旺促壮的作用。

小麦分蘖多少与成穗率高低是小麦高产的重要因子，栽培上不少措施是以促蘖及成穗为目标的。小麦的分蘖成穗率一般只有 30%～50%，常规栽培措施很难有效发挥作用。采用化学调控对小麦分蘖成穗进行合理的促控，可为小麦生育中后期的穗、粒、重协调发展创造出良好的群体结构条件。

（一）20%甲哌鎓·多效唑微乳剂

20%甲哌鎓·多效唑微乳剂可以用于小麦壮苗促蘖和控制徒长，使产量增加。

1. 技术效果

冬小麦播种前用有效成分含量为 150mg/L 的 20%甲哌鎓·多效唑微乳剂浸种 4～6h，或用 3mL 20%甲哌鎓·多效唑微乳剂拌 10kg 种子，明显改善冬前幼苗根系和叶片的发育及功能，促进分蘖发生并提高麦苗的抗寒能力，但对种子萌发和出苗有一定影响。

（1）促进根系生长　20%甲哌鎓·多效唑微乳剂处理全方位提高了麦苗根系的生长发育和活力，对培育冬前壮苗、提高麦苗适应不良环境能力有益。

（2）影响种子萌发和出苗　20%甲哌鎓·多效唑微乳剂浸种浓度增加到 200mg/L，拌种用量提高到 6mL/10kg 种子，出苗率的下降幅度达 13%～18%，出苗期推迟 3d。

（3）加快叶龄进程和促进分蘖发生　20%甲哌鎓·多效唑微乳剂种子处理显著加快小麦叶片的分化和出叶速度，至越冬期主茎展开叶比对照增加 1.5～2.0 片。虽然处理的单叶面积下降 22%～45%，但单株主茎叶面积比对照提高 8%～10%。处理和对照叶片分化数量的差异开始于 3 叶期，即当对照的主茎叶片数为 3 时，20%甲哌鎓·多效唑微乳剂处理的麦苗已有 4 片叶，越冬前的平均单株分蘖数增加 1.2～1.6 个，3 叶以上的大蘖增加 0.5～0.9 个。

20%甲哌鎓·多效唑微乳剂处理后麦苗叶片长度缩短、单叶面积下降、叶色加深，符合壮苗标准。在暖冬年份预计麦苗会发生旺长时，用适宜浓度的 20%甲哌鎓·多效唑微乳剂及时处理，可以有效克服这一问题。另外，处理后叶片分化，出生速度加快，单株主茎叶面积和分蘖数增加，这对晚播麦的意义十分重大，可提高培育晚播麦冬前壮苗的可操作性。

(4) 增强抗低温的能力　虽然小麦是冷季作物，但过低的温度以及异常的气温变化对小麦生产不利。在小麦生育前期，低温冻害的发生常常造成叶片和分蘖的死亡，严重时甚至死苗。20%甲哌鎓·多效唑微乳剂拌种处理（3mL/10kg种子）可以显著降低低温胁迫后的死苗率、死叶率和死蘖率，提高麦苗的根系活力。

2. 技术规程

(1) 拌种　一般品种和气候条件下适宜的20%甲哌鎓·多效唑微乳剂拌种用量为3mL/10kg种子。具体操作如下：量取3mL 20%甲哌鎓·多效唑微乳剂，加入0.5kg清水中，混匀后倒在称好的10kg种子上，快速反复搅拌，使药液与种子混合均匀，在阴凉处堆闷2～3h，然后摊开晾晒至种子互相之间不粘连，即可播种。实际生产中，若拌种后不能马上播种，可将种子晾干保存，20d之内不影响出苗和药效。拌种操作宜在塑料布上或塑料袋中进行。

(2) 注意事项

① 严格掌握用量　20%甲哌鎓·多效唑微乳剂用量加大，出苗率下降幅度越大，出苗期推迟时间越长，因此需要严格掌握20%甲哌鎓·多效唑微乳剂用量。拌种时10kg种子的用药量一般不宜超过3mL，若遇播种出苗后持续阴雨，20%甲哌鎓·多效唑微乳剂种子处理的有效作用期缩短，可酌情再进行叶面喷雾控制麦苗生长。

② 品种的敏感性　作物不同品种对同一种调节剂的反应强度不同。不同类型的小麦品种对20%甲哌鎓·多效唑微乳剂的反应不尽相同，冬性较弱的品种或春性较强的品种对20%甲哌鎓·多效唑微乳剂的反应相对比较迟钝，在应用上应适当加大剂量。

③ 温度和湿度　20%甲哌鎓·多效唑微乳剂的有效作用期与温度和湿度呈负相关，即温度越高，湿度越大，有效作用期越短，而温度和湿度越低，有效作用期越长，且作用效果越强烈。因此，20%甲哌鎓·多效唑微乳剂的用量应根据当时的具体情况进行确定。若播种较早，气温较高，土壤湿度大，则宜加大用量（4～5mL/10kg种子）；若播种较晚，气温下降，土壤比较干旱，20%甲哌鎓·多效唑微乳剂用量宜减轻（1～2mL/10kg种子），或者不做种子处理，待出苗后根据苗情再进行叶面喷施。

④ 播量　应用20%甲哌鎓·多效唑微乳剂做种子处理后，发芽率和出苗率有所下降，因此生产上应适当增加播量（10%～15%），以保证适宜的基本苗数。

⑤ 播深　种子处理后由于麦苗的胚芽鞘缩短、地中茎不伸长，使幼苗顶土力减弱、出苗期推迟，因此在生产中应严格控制播种深度，绝不能超过3～4cm，否则造成烂种、烂苗和黄芽苗，严重影响田间出苗率和出苗期。

⑥ 土壤质地和整地质量　土壤质地和整地质量与20%甲哌鎓·多效唑微乳剂种子处理后的出苗有关。黏性土壤中幼苗出土阻力大，并且20%甲哌鎓·多效唑微乳剂的降解速度较慢，因而宜减少药剂用量；由于种子处理后小麦幼苗顶土力减弱，因而更应注重整地质量，力求做到上虚下实，无坷垃，无缝隙。

（二）烯效唑

利用小麦籽粒冠毛对药粉有较好的黏附作用，直接将烯效唑药剂干粉与小麦种子按照相应浓度在塑料袋中混合拌匀而成。干拌种符合农民播种小麦的习惯，减少操作环节，降低用药量，减轻污染，土壤和籽粒中无烯效唑残留，节水效果显著，操作简便，农民易于接受。

1. 技术效果

① 植株矮键，叶片宽、短、厚　烯效唑干拌种处理降低小麦苗期的株高55%左右，处理后叶片变宽、短、厚，叶色浓绿，叶中全氮含量增加，叶片代谢旺盛。

② 分蘖早而多　20mg/kg烯效唑干拌种处理后有利于麦苗分蘖的早生快发，在2叶期便开始在芽鞘节进行分蘖，4叶期的平均单株分蘖数增加1.5倍，亩最高苗增加2.72万个，为分蘖

成穗和形成大穗奠定了基础。

③ 根多活力　高烯效唑干拌种后有利于根系的形成，根数增多，根干重增加，根系活力增强。以3叶期为例，处理能使小麦单株根数增加1.3条，单株根干重增加39.6%，根系活力66.5%，协调了地上部和地下部的关系，长度根冠比和重量根冠比均增加，分别较对照增长68.4%和68.8%。烯效唑干拌种通过控上促下和控纵促横，形成了健壮的苗期长相。

④ 增产明显　从多年多点多品种的试验结果看，小麦应用烯效唑干拌种技术表现出了一致的增产效果。平均每亩增产28.7kg，增幅为7.8%。烯效唑干拌种增产原因主要在于有效穗和穗粒数增加。从田间表现来看，处理后麦苗明显矮健、分蘖增多，从而增加了有效穗；中、后期表现为茎秆较粗壮，绿叶面积大，叶片落黄推迟，为穗大粒多打下了物质基础。

2. 技术的稳定性和安全性

与水稻、玉米、油菜等作物不同，小麦种子尾部有冠毛，对粉剂表现出较好的黏附作用，对烯效唑干拌种处理的小麦种子镜检后发现烯效唑干粉主要吸附在冠毛上，洗脱法测定烯效唑含量证明小麦种子上烯效唑的吸附量是均匀的。发芽实验和田间出苗情况也表明，烯效唑干拌种后发芽一致，田间出苗整齐，无过高过低苗，表明了烯效唑干拌种技术是稳定可靠的。

使用20～60mg/kg烯效唑对小麦干拌种处理后，收获时小麦籽粒及土壤样品的检测均未检出烯效唑（最低检出浓度为0.05mg/kg），可见烯效唑干拌种小麦是安全的。

3. 技术体系

干拌种即是利用小麦籽粒冠毛对药粉有较好的黏附作用，直接将药剂干粉与小麦种子按照相应浓度在塑料袋中混合拌匀而成。干拌种是烯效唑在小麦上的最佳使用方法，具有安全、经济、高效等优点，但在使用中必须注意其浓度和配套栽培技术。

烯效唑浓度与小麦产量呈二次曲线关系，最适浓度是20mg/kg。烯效唑对不同小麦品种均表现出增产的效果，由于其促进分蘖的效果非常显著，因而在品种的选择上，对较早熟的、分蘖力较弱的品种更有效。烯效唑干拌种后可有效控制小麦生产中的弱、旺苗问题，因而烯效唑干拌种后播期可适当提前（四川11月2日之前），利用早期的温、光条件促进麦苗生长。烯效唑干拌种能提高四川盆地小麦的有效饱和穗数，缓解因密度过大带来的对穗粒数、千粒重的负效应，表现出烯效唑与高密度群体的协调配合，在较高密度时其增产作用更大（12万～18万/亩）。在不同施氮量时，烯效唑也均有增产效果，但以较高施氮量下的效果更好，较高氮素水平（12～18kg纯氮/亩）下以20mg/kg为佳，低氮时以10mg/kg的增产效果最好。究其原因是烯效唑具有促蘖作用，分蘖增多，需要较多的营养物质和同化产物，而较高的施氮量能够满足烯效唑处理后的这些需求，使其有效穗和穗粒数得到了较大幅度的提高。

烯效唑干拌种对小麦具有稳定的增产作用，增产幅度在5.2%～11.5%之间，其拌种浓度应控制在5～20mg/kg，浓度过高抑制效应过强，对田间种子萌发、出苗整齐度有一定影响。

（三）其他植物生长调节剂

（1）萘乙酸　对小麦可以使用160mg/L萘乙酸溶液浸种24h，播种前用清水洗1遍，可促使促早发2～3d，苗全苗壮，根深根多，抗性增强，可以促进小麦生长，并引起增产和早熟。

目前，在小麦浸种应用上进行农药登记的萘乙酸产品有80%萘乙酸原药。由于萘乙酸水溶性强，因此可以选择80%萘乙酸原药进行小麦浸种处理，使用时将80%萘乙酸稀释为5000倍液，即得160mg/L萘乙酸溶液，用配好的萘乙酸溶液浸泡种子24h，再用清水洗1遍即可播种。

（2）矮壮素　选用纯度高、发芽率高、发芽势强、整齐、饱满的小麦种子优良品种。用0.3%～0.5%矮壮素药剂浸泡小麦种子6～8h，捞出晾干，即可播种。经过矮壮素浸种处理后，能提高小麦叶片的叶绿素含量和光合作用速率，促进小麦根系生长及干物质的累积；也能增强小麦抗旱能力，提高产量。生产应用时取50%矮壮素水剂稀释成0.3%～0.5%药液，浸种6～8h，捞出晾干，即可播种。

（3）芸薹素内酯　播种前用0.01mg/L的芸薹素内酯浸种24h，或者在幼苗期每亩喷洒50kg

药液，可使幼苗代谢活动加强，叶片生长加快，根系吸收养分增多，分蘖提早且生长快，成穗率高。使用芸薹素内酯处理小麦种子时，可以使用0.0016％芸薹素内酯水剂稀释1600倍液进行浸种处理。

(4) 三十烷醇　三十烷醇具有促进生根、发芽、开花、茎叶生长和早熟作用，并具有提高叶绿素含量、增强光合作用等多种生理功能。在小麦分蘖初期至越冬期喷洒0.1～1.0mg/L三十烷醇，可提高单株分蘖数和分蘖成穗率，株高和次生根数也相应增加。

在小麦分蘖初期至越冬期喷施处理时，可使用商品化的0.1％三十烷醇用清水稀释1000～10000倍液，即得0.1～1.0mg/L三十烷醇药液。

(5) 多效唑　在小麦拔节期叶面喷施100～150mg/L多效唑溶液，穗数增加5％～7％。另有研究表明，在麦苗1叶1心期，每亩使用100～150mg/L多效唑溶液，使用药液量75kg左右进行叶面喷洒，喷后灌水一次，也同样可以提高小麦的分蘖成穗数。应用时可以使用15％多效唑可湿性粉剂稀释1000～1500倍，即得100～150mg/L多效唑溶液，可进行苗期和拔节期的叶面喷施处理。

(6) 吲哚乙酸·萘乙酸混剂　小麦在播种前，将50％吲哚乙酸·萘乙酸可溶性粉剂稀释16700～25000倍后，配制成含有效成分吲哚乙酸和萘乙酸总量为20～30mg/L的药液进行拌种，可提高小麦出苗率，培育壮苗。已登记开发的吲哚乙酸和萘乙酸的混用产品是50％吲哚乙酸·萘乙酸可溶性粉剂，其中有效成分吲哚乙酸和萘乙酸的含量分别为30％和20％。

(7) 赤霉素·吲哚乙酸·芸薹素内酯混剂　赤霉素、吲哚乙酸、芸薹素内酯混用后，既能促进小麦种子的萌发，也能促进根系的生长和地上部的生长。已登记开发的赤霉素、吲哚乙酸和芸薹素内酯的混用产品是0.136％赤霉素·吲哚乙酸·芸薹素内酯可湿性粉剂，其中有效成分赤霉素、吲哚乙酸和芸薹素内酯的含量分别为0.135％、0.00052％和0.00031％。小麦在播种前，取7～14 g 0.136％赤霉素·吲哚乙酸·芸薹素内酯可湿性粉剂溶解稀释到一定量的水中，对小麦种子进行浸种处理。浸种6～8h，捞出晾干，即可播种。此措施可提高小麦出苗率，培育壮苗。

(8) 吲哚乙酸·玉米素混剂　0.11％吲哚乙酸·玉米素混剂能促进小麦种子的发芽，加快幼苗的生长发育进程。使用时每1000kg种子使用含有0.11％吲哚乙酸和玉米素的溶液10～15mL稀释后进行种子拌种处理。将事先按药剂处理浓度配制好的药液喷洒在种子上，边喷边搅拌，搅拌均匀后，将种子闷1～2h，待种子完全吸收药液后晒干播种。据报道，用吲哚乙酸·玉米素混剂拌种处理后，能使小麦根系发达，次生根增多，有效分蘖数也相应增加，并能有效减轻赤霉病、白粉病和蚜虫的发生为害。

(9) 萎锈宁·福美双混剂　萎锈宁和福美双为杀菌活性的物质，具有内吸和触杀双重作用，对土传、种传和苗期病害等防治对象均有较好的防治效果，可防止烂种。同时，这两种杀菌剂能促进作物生长，提高出苗率，使苗齐苗壮、根系发达、分蘖增多，增加产量。

选种后，以1∶333（药种比）进行拌种，可防止烂种，促进作物生长，提高出苗率。初次使用该药剂时，由于作物品种之间存在差异，建议对包衣的种子先做室内发芽试验，以保证种子在田间播种的正常出苗。如果包衣时使用的设备良好，该药剂可以不稀释直接包衣。如需稀释时，1份药剂可对1～4份水，原则上是水愈少愈好。稀释后的药液要当天用完。每天包衣机使用后要用清水清洗，以免药剂干涸，造成管道堵塞。使用该药剂处理种子时，使用剂量可依当地病害发生轻重加以选择。病害发生重的地区，宜使用推荐剂量范围内的高剂量。

已登记开发的萎锈宁和福美双的混用产品是400g/L萎锈宁·福美双悬浮剂，其中有效成分萎锈宁和福美双的含量均为200g/L，登记用于小麦拌种。用120g/100kg种子的量进行拌种，有利于提高出苗率，可以调节小麦生长。

需要注意的是，该药品药液和经包衣的种子不要长时间在阳光下曝晒，以免降低药效。经该品包衣后的种子一般可直接包装，在配制药液用水量大和北方低温季节包衣等情况下，包衣后的种子需要吹干或晾干。虽然未经稀释的药液不会发生沉淀，但在使用该品前，仍需先将药液摇匀。品质差、生活力低、破损率高或含水量高于国家标准的种子不宜进行包衣处理。经该品处理过的种子，不能用作食物或饲料。

(10) 赤霉素　在小麦返青早期，喷施 10～20mg/L 赤霉素溶液，有促进前期分蘖生长和提前起身、抑制后期分蘖的双重作用，其效果可维持一个多月，直到拔节后才消失。另有研究表明，低浓度的赤霉素（5～15mg/L）能使小麦增加分蘖成穗。2 月下旬到 3 月初喷洒赤霉素，能有效地促进小麦直立生长。

选择 10% 赤霉酸可溶性片剂，取少量水进行溶解，根据片剂的净重稀释成 10～20mg/L 进行处理，如片剂的净重为 1 g 时，取一片 10% 赤霉酸可溶性片剂溶解，稀释到 5～10L 的水中，即得 10～20mg/L 赤霉酸药液。

二、防止倒伏

小麦倒伏一直是世界性难题，世界各小麦主产国每年都不同程度地发生小麦倒伏现象，造成大幅度减产（20%～50%）。20 世纪 50～60 年代以来，由于使用优良品种、增施氮肥和适当密植，小麦的产量不断提高，但继之而来的小麦倒伏的危险也越来越大。倒伏不仅影响产量，而且降低品质，同时还增加收获难度。随栽培技术和产量水平的不断提高，倒伏威胁有上升趋势。一是为追求高产，加大麦田水肥投入，尤其在不合理偏施氮肥的情况下，遇到风雨极易发生倒伏；二是中国北方一年两熟条件下的茬口限制（玉米、棉花），常造成小麦晚播和播量加大，造成的弱个体大群体，对水肥措施极为敏感，易发生倒伏。南方随施肥水平和密植程度的提高，加上在小麦抽穗灌浆期常有暴风雨影响，历来小麦倒伏比较严重，已成为小麦高产的严重障碍。另外，自 1999 年国家提出农业产业结构调整以来，小麦生产上着重推广优质品种，而当前优质品种的茎秆普遍较高，倒伏的危险也自然加大。

解决小麦倒伏问题，通过育种手段，需要花费多年精力；栽培措施除采取蹲苗、镇压等原始措施外，尚没有切实有效的解决办法。采用化学调控的技术措施能弥补传统栽培措施上的不足，起到明显的控制旺长、防止倒伏的效果。

与冬小麦相同，随着春小麦产量水平的提高，倒伏也成为生产中的主要问题。20 世纪 90 年代初，应用多效唑进行种子处理，对防止春小麦倒伏起到了较好的作用。随着 20 世纪 90 年代中期 20% 甲哌鎓·多效唑微乳剂推出，以及中国农业大学农作物化控研究中心研制出 20.8% 甲哌鎓·烯效唑微乳剂，在春小麦上拌种防倒伏的技术成熟。由于该项技术的作用效果不仅明显而且稳定，并具有较高的产投比，因此在我国东北春麦区迅速推广，目前年应用面积约为 100 万公顷左右。

从发生倒伏的部位可将小麦倒伏分为根倒和茎倒两类，根倒是由于根系发育不良（根量小、根系分布浅）造成的，茎倒则主要与植株高度和基部节间的长度、茎壁厚度、柔韧性等有关。生产中的倒伏大部分属于茎倒。

(一) 矮壮素

20 世纪 60 年代以来，矮壮素广泛应用于欧洲各国、澳大利亚、美国等防止小麦、黑麦倒伏，取得了良好效果，目前在很多地区仍在应用。统计表明，欧洲小麦 20 世纪 60～90 年代矮壮素的应用面积、施氮肥水平与小麦产量水平平行上升，说明小麦高产已离不开化控技术的保驾护航。

1. 技术效果

小麦不同生育期应用矮壮素均可降低株高，但抑制节间伸长的部位不同。其中分蘖末拔节初期处理，能有效抑制基部 1～3 节间伸长，有利于防止倒伏。同时处理的小麦节间短、茎秆粗、叶色深、叶片宽厚、矮壮，但不影响穗的正常发育，可增产 17%。在拔节期以后处理，虽可抑制节间伸长，但影响穗的发育，易造成减产。

2. 技术要点

喷施矮壮素最适宜的时期，是在分蘖末至拔节初期，第 1 节间长约 0.1cm 时。如果两次喷用，最好是在基部第2节间伸长0.1cm时再喷施一次，两次相隔时间约10d左右，施用浓度以有效成分1250～2500mg/L为宜，植株过旺时取高限，偏旺时取下限。每亩每次用50%矮壮素水剂0.5L，每亩每次喷药液量50～75L，要求喷雾均匀，否则会使植株高矮不齐，成熟早晚不一致，并要避免烈日中午喷药，以防烧叶。对总茎数不足、苗情较弱的麦田，不宜喷洒矮壮素，而对点片旺苗，可局部喷洒。

3. 技术评价

矮壮素应用是一项成熟的防止小麦倒伏技术。应用矮壮素有推迟幼穗发育和降低小麦出粉率等副作用。生产应用时取50%矮壮素水剂进行200～400倍稀释，每亩每次喷药液量50～75L即可。

（二）多效唑

20世纪90年代初中期小麦产区春季连续降雨，使得多效唑在生产上迅速推广。但此后的研究和生产实践表明，多效唑在防止小麦倒伏的方面存在一些不易克服的缺陷，如晚熟、残留、田间群体不整齐等。近年来这项技术应用面积已大幅度减少。

1. 技术效果

小麦起身至拔节期叶面喷施多效唑，可有效降低株高7.6%～11.9%，增强抗倒伏能力，使倒伏面积减少30%～50%，并且可以增加穗数和穗粒数。但推迟籽粒灌浆，一般晚熟1～2d，正常时间收获，则粒重可能会降低。多效唑宜用在群体过大、有倒伏危险的麦田，或者植株过高、容易倒伏的品种上。

2. 技术要点

在小麦单棱期（返青期）至雌雄蕊分化期（拔节期），叶面喷洒，施用浓度200mg/L左右，每亩药液量30～50L。在此期间，喷洒越早，抑制基部节间的效果越好，但考虑到用药效果，一般以二棱期（起身期）施用最好。如浓度低于100mg/L，效果不显著；如浓度大于250mg/L，则会抑制过甚。二棱期叶面喷药，可兼治白粉病。喷雾一定要均匀，并严格掌握用药量，浓度过高或重喷会造成药害，如导致生长缓慢或停止、麦穗畸形等。

3. 技术评价

小麦起身至拔节期叶面喷施多效唑，防倒伏效果显著。但是深入的研究和大量生产实践表明，该技术存在很多问题，目前在小麦上特别是旱地小麦上不提倡使用。主要问题如下：

（1）残留和残效　研究表明，北京小麦区在小麦起身期（距收获的间隔天数为76d）每亩施用30～60g的15%可湿性粉剂多效唑，籽粒中多效唑的最终残留量在0.018～0.012mg/L之间，采用多效唑防止小麦倒伏的产品器官（籽粒）是安全的。但是小麦籽粒中残留的多效唑可以明显影响萌发时幼苗的胚芽鞘长度，同时多效唑在土壤中的残留对下茬作物影响明显。种植不同作物种类、不同气候条件下的不同质地土壤应用不同剂量多效唑，其半衰期约为10～100d，属中等残留品。土壤中残留的多效唑对后茬作物的前期生长一般都有延缓作用，对产量的影响因作物种类和残留量而异，若下茬种植蔬菜（叶菜类、茄子等）会明显地引起产量下降。从长期角度考虑，多效唑使用可能会造成环境累积。

（2）延迟抽穗和成熟，降低千粒重　多效唑能减缓幼穗分化进程，在拔节期前后进行多效唑处理能使抽穗期延迟0～6d，并且多效唑的剂量越高、喷施的时间越晚，抽穗期延迟的时间越长。穗下节伸长速率较低、长度缩短是影响抽穗的另外一个主要原因，如生产中曾发现，多效唑用量偏大时，麦穗抽出后立即开花，充分说明了穗下节缩短在延迟抽穗方面的副作用。更为严重的情况是，植株着药量如果过大，小麦甚至不能抽穗。据各地历年大田应用的情况，多效唑推迟小麦成熟的副作用也比较普遍，一般晚熟2～3d。农谚说“春争日，夏争时”，小麦晚熟2～3d对下茬作物的播种和/或管理都造成了不小的影响。起身至拔节期应用多效唑处理后，大部分小麦品种落黄欠佳，千粒重降低（降低的幅度为3～7d）。多效唑的剂量越大，喷施时间越晚，千粒重下降的幅度越大。多效唑处理后籽粒的灌浆速度减慢，叶片和茎秆中的储藏物质向籽粒中的转移滞后，而后期气候条件的变化往往不允许这样的麦田正常成熟，经常发生高温逼熟，因而实际上多效唑处理还使籽粒的灌浆期缩短。这就是多效唑造成小麦晚熟和千粒重下降的主要原因。

（3）技术安全性　小麦应用多效唑，必须严格掌握处理时间和剂量，过晚或剂量过大，甚至地头或人为疏忽造成重喷，副作用明显，影响抽穗。即使是正常施用量，对敏感品种也很容易发生药害。生产应用时可以使用15%多效唑可湿性粉剂稀释750倍，即200mg/L多效唑溶液，每亩使用药液量30～50L进行叶面喷施处理即可。

（三）20%甲哌鎓·多效唑微乳剂

【对冬小麦的应用效果】

1. 技术效果

小麦应用20%甲哌鎓·多效唑微乳剂后，主要农艺表现为：降低茎基部1～3节间长度，增加单位长度干物重，提高了茎秆的质量。植株重心降低，茎秆质量提高，增强了抗倒、抗弯的能力。第4、5节间的“反跳”，有利于旗叶光合作用和利用茎秆干物质再分配。单位面积穗数、穗粒数、千粒重协调增加，增产8%～13%。

（1）抑制茎秆和基部节间伸长　小麦抗倒能力与植株高度（特别是基部节间的长度）直接相关，起身期应用20%甲哌鎓·多效唑微乳剂防止小麦倒伏的根本原因是由于茎秆的发育得到改善。小麦倒伏，与基部1、2、3节间长度密切相关。20%甲哌鎓·多效唑微乳剂对不同品种和在不同栽培或生态条件下小麦株高的控制有一个共同的特点，即孕穗期前处理的株高明显低于对照，而孕穗期以后处理的株高逐渐赶上对照，至收获时与对照差异不大。这种对株高和节间调控特征的优点在于，它不仅可以提高植株的抗倒能力，而且第5节间的加长改善了群体冠层上部的通风透光状况，有利于群体光合能力的提高和产量的形成。

（2）增加节间壁厚和单位长度干重　节间壁厚和单位长度干重是两个反映节间物质积累的指标，节间壁越厚，单位长度干重越高，说明节间结构致密，比较健壮，抗倒伏能力较强。

20%甲哌鎓·多效唑微乳剂处理明显增加小麦植株各节间的壁厚和单位长度干重，每亩25mL的20%甲哌鎓·多效唑微乳剂处理后，植株基部1～5节节间壁厚增加6%～18%左右，单位长度干重也显著增加。

（3）改善叶片功能　20%甲哌鎓·多效唑微乳剂处理后，小麦春生第4～6叶（即倒3叶、倒2叶和旗叶）叶片长度缩短1.5～3.2cm，宽度略有下降。拔节前喷施20%甲哌鎓·多效唑微乳剂对小麦植株上部叶片的缩短和对穗下（第5节间）及倒2节间（第4节间）伸长的促进，有利于改善植株株型和群体的受光态势。

（4）对产量构成因素的影响

① 增加单位面积穗数　除极个别品种，经20%甲哌鎓·多效唑微乳剂处理后，处理区绝大部分品种穗数高于对照。

② 增加穗粒数　20%甲哌鎓·多效唑微乳剂增加小麦穗粒数也是一个普遍现象，不同地区不同品种的增幅在0.5～7.2粒/穗之间。20%甲哌鎓·多效唑微乳剂处理后，在抑制营养器官（茎秆、叶片）伸长生长的同时，促进了幼穗的发育，具体表现为穗部干物质积累较多，小穗数稍有增加，不孕小穗数减少，因而穗粒数得到提高。小麦品种特性不同，穗数和穗粒数经20%甲哌鎓·多效唑微乳剂处理后的变化特征也有很明显的区别。分蘖力强的品种处理后穗数增加较多，而大穗型品种处理后穗粒数增加较多。

③ 粒重　20%甲哌鎓·多效唑微乳剂一般减缓麦穗灌浆前期的灌浆速度，但显著提高中后期灌浆速度。

在不发生倒伏的情况下，应用20%甲哌鎓·多效唑微乳剂处理照样能提高小麦产量，增产幅度为8%～13%。当对照发生倒伏时，植株的粒重严重下降，粒数也受到影响，产量损失较大，而20%甲哌鎓·多效唑微乳剂由于改善了茎秆的发育，提高了植株的抗倒伏能力，在同样恶劣的气候条件下可以不倒伏或大大减轻倒伏程度，因而增产幅度明显上升。这就是应用20%甲哌鎓·多效唑微乳剂防止小麦倒伏能达到“（对照）大倒伏（处理）大增产，小倒伏小增产，不倒伏也增产”的原因。

2. 技术要点

（1）施用时期　20%甲哌鎓·多效唑微乳剂的最佳应用时期为起身期，该时期应用不仅可以控制茎秆和节间的生长，而且能影响单位面积穗数和穗粒数的形成。北京地区二棱期处于3月下旬至4月上旬，越往南，这一时期越早，如河南麦区的二棱期为3月上中旬。

（2）施用浓度　20%甲哌鎓·多效唑微乳剂用于防倒增产的用量为每亩25～35mL，如果群体过大、长势过旺，可适当增加至40～45mL，但一般不宜超过60mL。对水可按常规量每亩25～30L。

（3）施用方法　20%甲哌鎓·多效唑微乳剂可进行叶面喷施，对水量一般为每亩30kg，以保证喷洒均匀。

3. 技术评价

应用20%甲哌鎓·多效唑微乳剂可有效防止冬小麦倒伏，促进灌浆，正常成熟，改善产量构成因素，不倒伏情况下也可增产8%～13%。技术安全性较高，一般不易发生药害。

【对春小麦的效果】

由于春小麦和冬小麦生长发育的差异，20%甲哌鎓·多效唑微乳剂的使用技术有所不同。

1. 技术效果

（1）对节间和株高的影响　20%甲哌鎓·多效唑微乳剂播种前每10kg种子用3～5mL拌种，基部节间长度明显缩短，缩短率可达25%～45%，对第3节间的抑制作用减弱，至第4节间开始出现“反跳”，总体株高与对照没有明显差。

（2）对叶片的影响　20%甲哌鎓·多效唑微乳剂拌种处理后，春小麦下部叶片长度缩短，宽度增加，而上部叶片像节间一样出现“反跳”，长度大于对照，宽度与对照差异不大。这样的调控效果一方面有利于群体冠层下部通风透光，另一方面上部的叶面积增大对穗发育具有良好作用。

（3）对根系的影响　20%甲哌鎓·多效唑微乳剂拌种处理后春小麦根系总量变化不大，但深层土壤根量增加10%以上，能明显促进根系下扎作用，充分利用土壤深层水分，增强春小麦的抗旱能力。

（4）对产量及产量构成因素的影响　20%甲哌鎓·多效唑微乳剂拌种促进春小麦分蘖成穗，单位面积穗数分别较对照增加6%～8%；小穗数变化不大，但不孕小穗数减少了20%以上，穗粒数增加8%～15%。处理降低了开花后第1～3周的穗粒灌浆强度，提高了第4～5周的灌浆强度；由于穗数和穗粒数增加，而千粒重基本不变，产量增加9%左右。

2. 应用时期

春小麦生育期短，出苗后1个月左右即开始拔节，基部节间的伸长正处于20%甲哌鎓·多效唑微乳剂的作用期内，所以采用种子处理对基部节间影响明显。春小麦播种后气温逐渐升高，降低了20%甲哌鎓·多效唑微乳剂种子处理影响出苗的风险性。如果植株长势过旺，也可在3～4叶期用与冬小麦相同剂量（每亩25～30mL）的药液进行叶面喷施，可达到较好的调控效果。

3. 应用剂量

由于春小麦对20%甲哌鎓·多效唑微乳剂的反应较冬性品种较为迟钝，加之播种后气温逐渐升高，幼苗生长量不断增加、生长势不断增强，因而原则上拌种用量较冬小麦高。生产上推荐的20%甲哌鎓·多效唑微乳剂用量为4～6mL/10kg种子进行拌种处理。

4. 注意事项

提高整地质量，控制播种深度为3～4cm，保证出苗不受影响。20%甲哌鎓·多效唑微乳剂同样抑制春小麦胚芽鞘和地中茎的伸长，减弱幼苗的顶土能力。

（四）20.8%甲哌鎓·烯效唑微乳剂

中国农业大学作物化学控制研究中心研制了新型的小麦专用植物生长调节剂 20.8%甲哌鎓·烯效唑微乳剂，由福建浩伦生物工程技术有限公司进行登记开发，用于冬小麦防止倒伏，增加产量。

1. 技术效果

田间试验结果表明，20.8%甲哌鎓·烯效唑微乳剂能有效调节生长，防止倒伏，增产效果显著，品质略有改善。在小麦生长的拔节初期，使用20.8%甲哌鎓·烯效唑微乳剂 30～40mL，对水 30L进行叶面喷雾一次，能调节小麦生长，降低基部节间长度，改善产量因子，提高穗粒数和粒重，提高产量。

2. 应用技术

小麦新型植物生长调节剂 20.8%甲哌鎓·烯效唑微乳剂使用方法简单，操作方便。在小麦拔节初期时，每亩取 20.8%甲哌鎓·烯效唑微乳剂（麦巨金）产品 30～40mL 对水 30L，进行叶面喷雾一次即可。施药时注意选择晴朗无风的天气进行田间操作，在 4h 内下雨需要减半补喷。

（五）其他植物生长调节剂

1. 抗倒酯

抗倒酯，由 3,5-二氧代环己烷基羧酸乙酯与环丙基甲酰氯反应生成，可被作物茎、叶迅速吸收传导，对禾谷类作物、蓖麻、向日葵等显示生长抑制作用，可降低株高，增加茎秆粗度和茎壁厚度，促进根系发达、长度增加、次生根增多，防止作物倒伏。

抗倒酯为植物生长调节剂，为赤霉素生物合成抑制剂，通过降低赤霉素的含量控制植物旺长。在小麦分蘖末期，用 400～700mg/L 有效成分的药液进行叶面喷雾处理，可以降低小麦株高，促进根系发达，防止小麦倒伏。经田间药效试验，结果表明 250g/L 抗倒酯乳油对小麦可有效降低株高，防止倒伏。每公顷使用有效成分 75～125g（折成 250g/L 乳油制剂量为 20～30mL/亩，加水稀释），于小麦分蘖末期进行叶面喷雾处理 1 次，可防止小麦倒伏。对小麦安全无药害，且对小麦抽穗和成熟无影响，并可通过增加有效穗数来增加产量。注意勿将抗倒酯乳油用于受不良气候（干旱、冰雹等）影响和严重病虫害危害的作物。

在小麦抗倒伏上进行农药登记的抗倒酯产品是瑞士先正达作物保护有限公司生产的 250g/L 抗倒酯乳油。

2. 烯效唑

在拔节初期叶面喷施 40～50mg/L 烯效唑溶液，抗倒伏效果较好，有一定的增产作用。但要注意严格掌握用药时期和剂量。

烯效唑的商品化制剂主要为 5%烯效唑可湿性粉剂，生产应用时，5%烯效唑可湿性粉剂对水稀释为 1000 倍液，拔节初期叶面喷雾即可。

三、提高抗逆性

冬小麦抗性包括对环境逆境（如干旱、干热风等）和生物逆境（如病害等）的抵抗能力。20%甲哌鎓·多效唑微乳剂处理后，植株根系发达、茎秆粗壮、叶片素质全面改善，对不良环境逆境和生物逆境的免疫能力大大提高。

1. 干热风

干热风是小麦生育后期的主要灾害，尤其是在北方冬麦区，每年为害面积达 74%，一般年份减产 10%左右，严重时减产 30%以上。大于 30℃的高温条件是诱发干热风的主要因素，因此干热风实质上主要是高温胁迫。小麦成熟前发生雨后青枯猝死的主要原因也与高温胁迫有关。受干热风危害的小麦，植株体内水分散失加快，正常的生理代谢进程被破坏，过多的含氮化合物不能正常代谢，产生大量的游离氨，致使植株因氨中毒而死亡，或导致叶片、籽粒含水量下降，蒸腾强度加剧，叶绿素含量和净光合强度显著降低，“逼死”植株，同时，根系吸收能力减弱，因灌浆时间缩短，干物质积累提早结束，千粒重下降，致使产量锐减。因此，积极采取有效措施防御小麦干热风，是保证小麦高产稳产的重要保障。

（1）20%甲哌鎓·多效唑微乳剂　20%甲哌鎓·多效唑微乳剂提高小麦的抗性，是因为处理后植株根系发达、茎秆粗壮、叶片素质全面改善，对不良环境逆境和生物逆境的免疫能力大大提高。用20%甲哌鎓·多效唑微乳剂处理能增加植株的根量，促进根系下扎，因而可以显著提高小麦植株抵抗拔节后干旱的能力，有效减缓穗粒数和粒重的下降，增产效果明显。20%甲哌鎓·多效唑微乳剂在提高小麦植株抵抗高温胁迫能力方面有一定的潜力，是目前生产上解决高温胁迫问题、实现小麦安全高产的一项有效措施。

（2）黄腐酸　黄腐酸是从风化煤中提取出来的一种能防治小麦干热风的生长调节剂。黄腐酸能降低小麦叶蒸腾速率，增大气孔阻力，提高脯氨酸含量。在小麦孕穗期及灌浆初期叶面喷洒黄腐酸均有明显的增产效果，尤以孕穗期喷洒后的增产效果最为显著，在孕穗期喷洒以旗叶伸出叶鞘1/3～1/2时为宜，在孕穗期和灌浆初期各喷一次，效果更好。用药量一般为50～150g/亩，对水40kg进行喷洒，一般可增产10%左右。

（3）其他　脱落酸可有效提高小麦抗干热风能力。茉莉酸甲酯有类似效果，但目前尚未形成成熟的生产应用技术。

2. 干旱

四川小麦主要分布在土层瘠薄、保水力差、蓄引水困难的丘陵区坡台旱地，抗旱设施差、抗旱成本高，当旱情发生时，可供选择的抗旱措施少，因而干旱对小麦生产的影响大。在规模化生产、机械化播种的形势下，播种时间高度集中，在雨养农业地区，播后无适宜降水，常导致大面积缺苗断垄，极大地影响小麦生产。除选择耐旱品种外，施用外源植物生长调节剂是一种有效提高作物抗旱性的技术措施。

四川农业大学利用PEG模拟干旱胁迫，发现采用适宜的植物生长调节剂浸种后，可在一定程度上增强小麦种子萌发期的抗旱能力，表现为发芽率、发芽势、发芽指数提高，苗高、胚芽鞘长度、根长伸长，根数增多，根冠比、储藏物质转运率增大，表现较好的调节剂有：乙烯利、黄腐酸、氯化胆碱、赤霉素、吲哚丁酸·萘乙酸。浸种浓度为：乙烯利200mg/L，或黄腐酸3000mg/L，或氯化胆碱200mg/L，或赤霉素10mg/L，或吲哚丁酸·萘乙酸20mg/L，浸泡24h后播种（表6-3、表6-4）。

表6-3　PEG胁迫下植物生长物质浸种对小麦种子萌发特性的影响

药剂	浓度/(mg/L)	发芽势/%	较CK增加/%	发芽率/%	较CK增加/%	发芽指数(GI)	较CK增加/%
乙烯利	200	79.1	14.8	86.4	7.9	0.800	11.6
黄腐酸	3000	82.5	19.8	88.2	10.1	0.823	14.8
氯化胆碱	200	75.7	9.9	83.7	4.5	0.761	6.2
赤霉素	10	83.3	21.0	89.1	11.2	0.863	20.4
吲哚丁酸·萘乙酸	20	78.2	13.6	85.5	6.7	0.776	8.2
CK（清水）	—	68.9	—	80.1	—	0.717	—

表6-4　PEG胁迫下植物生长物质浸种对小麦幼苗形态指标的影响

药剂	浓度/(mg/L)	苗高/cm	较CK增加/%	胚芽鞘长度/cm	较CK增加/%	根长/cm	较CK增加/%	根数/(条/株)	较CK增加/%	储藏物质转运率	较CK增加/%
乙烯利	200	6.9	121.7	2.29	20.4	8.1	32.8	5.6	52.7	35.3	46
黄腐酸	3000	6	94.3	2.2	16	6.4	5.3	5.1	39.1	29.4	21.5
氯化胆碱	200	6	94.9	2.37	24.6	7.9	29.6	5.1	39.1	33.8	39.9

续表

药剂	浓度/(mg/L)	苗高/cm	较CK增加/%	胚芽鞘长度/cm	较CK增加/%	根长/cm	较CK增加/%	根数/(条/株)	较CK增加/%	储藏物质转运率	较CK增加/%
赤霉素	10	4.8	54.6	2.2	15.6	7.3	20.2	4.8	30	25.4	5.2
吲哚丁酸·萘乙酸	20	3.6	17.2	2.18	14.9	7	15.2	5	35.5	29.8	23.2
CK（清水）	—	3.1	—	1.9	—	6.1	—	3.7	—	24.2	—

大田试验表明，采用黄腐酸（3000mg/L）、吲哚丁酸（5mg/L）、胺鲜酯（3mg/L）、赤霉素（20mg/L）浸种后，在相同播量情况下，可显著提高基本苗，对于抵制苗期干旱导致的出苗难有一定的缓解作用。最终因有效穗增加而增产。

也有报道认为，20%甲哌鎓·多效唑微乳剂处理，可增加植株的根量，促进根系下扎，因而可以显著提高小麦植株抵抗拔节后干旱的能力，有效减缓穗粒数和粒重的下降，增产效果明显。

四、化学杀雄与杂优利用

化学杀雄指在作物生育的一定时期，选用化学杂交剂（chemical hybridizing agent，CHA）喷施于母本上，直接杀死或抑制雄性器官，造成生理不育，达到杀雄目的。小麦杂交优势利用一直未能普遍推广，主要原因是没有好的不育系，三系难以配套。用化学杀雄方法可以突破技术限制，不受三系限制，亲本来源丰富，选配自由；二系杂交的某些组合，杂种二代仍有利用价值；可以在推广良种的基础上争取更高的产量；制种程序简便。目前生产上应用的植物生长调节剂主要是乙烯利，但存在难抽穗的副作用。

1. 青鲜素

青鲜素是最早研究的杀雄剂之一。在小麦旗叶抽出前，用青鲜素100～1000mg/L进行叶面喷洒3次，或者青鲜素250mg/L喷洒1～3次，可诱导花粉完全败育。但青鲜素有引起部分雌性不育的副作用，对其安全性有争议，也没有青鲜素在粮食作物上的登记应用。

2. 乙烯利

乙烯利在小麦杀雄剂中最具实际应用价值。小麦使用乙烯利，能使大部分花粉败育，花粉皱缩、畸形，花粉粒没有或很少，无生活力，花丝变短，花药瘦小，不开裂，相对不育率达85%～100%。雌蕊抗性比雄蕊强，适当浓度的乙烯利可达到抑杀雄蕊和保存雌蕊的效果。乙烯利被小麦吸收后，通过输导组织逐渐向穗部运转，使穗部乙烯利量不断增加。乙烯利对小麦杀雄是由其释放乙烯而起作用的。乙烯利处理对小麦植株各部分正常磷代谢有一定影响，雄蕊的核酸和蛋白质合成受到严重抑制，从而导致败育，但乙烯利对雌蕊的影响较小。

于小麦孕穗期（花粉母细胞形成到减数分裂期），每亩叶面喷洒50L浓度为4000～8000mg/L的乙烯利稀释液。浓度越高作用越大，但产生植株变矮及抽穗不良等副作用也大。由于乙烯利抑制了茎的伸长，特别是穗颈明显缩短，造成旗叶叶鞘“包穗”，影响制种产量。为此，可用20～40mg/L赤霉素与乙烯利混喷，或喷乙烯利后再喷赤霉素，能有效地克服小麦“包穗”现象。

乙烯利在不同小麦品种间存在着很大差异。不同品种对药剂的反应，大致分成三类：

① 敏感型　在3000mg/L乙烯利作用下，已达较好的杀雄效果，不育率95%～99%，穗颈长度缩短11～16cm。

② 中间型　在3000mg/L乙烯利作用下，杀雄效果较差；而在6000mg/L乙烯利作用下，杀雄效果显著增加，不育率92%～99%，穗颈缩短9～16cm。

③ 迟钝型　在3000mg/L乙烯利作用下，不育率仅56%～63%。

因此，选择一些受药后去雄效果好、副作用小的小麦品种，作为化学去雄制杂交种的母本是十分重要的。

由于使用乙烯利进行杀雄可能引起叶片发黄、株高降低、抽穗困难、小穗退化及青穗增多等问题，因而在使用时应认真做好预试验。

3. 均三嗪二酮(KMS-1)

均三嗪二酮（KMS-1）是中国科学院广州化学研究所合成的小麦化学杀雄剂。从小麦花粉母细胞形成到花粉成熟喷洒，均有一定的杀雄效果，有效时间长达12～15d。而乙烯利杀雄最适时期仅仅局限在花粉母细胞减数分裂前后的5～7d时间。

应用均三嗪二酮在小麦花粉母细胞形成期、减数分裂期、二分体、四分体、穗已破口4个时期喷洒，均有良好的杀雄效果。不同小麦品种对药剂浓度的反应不一，早白和908小麦品种，均三嗪二酮杀雄的适宜浓度为4000～6000mg/L。

均三嗪二酮对小麦DNA代谢有一定影响。不同时期用药对雄蕊抑制作用大致相同，比乙烯利的药效略强。均三嗪二酮处理后的小麦花药瘦小，花丝缩短，花药常常不能吐出或残留在颖壳内，花药不开裂或仅部分开裂，花粉不能正常散出，出现大量畸形或圆形的败育花粉，而且生殖核和营养核表现异常。另外，均三嗪二酮对小麦雄蕊的呼吸强度亦有影响。

应用均三嗪二酮杀雄，同时会发生药害，使植株变矮、穗颈缩短，但药害程度一般比乙烯利轻，对穗长和小穗数均无影响。为克服因均三嗪二酮喷洒造成抽穗不良的缺点，亦可喷洒20～30mg/L赤霉素，达到良好的杀雄效果和使抽穗正常。

4. 氨基磺酸、甲基胂酸钠

于花粉母细胞形成期和单核期喷用氨基磺酸，在0.6%～1%浓度范围内，杀雄效果均达100%；甲基胂酸钠也达95%～100%。同一药剂的杀雄效果因喷药时期不同而有较大差别，0.8%氨基磺酸处理小麦，以花粉母细胞形成期处理效果最高，减数分裂期处理其次，单核期效果最差。

第四节 在玉米上的应用

玉米是我国第三大粮食作物，常年种植约3000万公顷。随着畜牧业和综合利用新技术的发展，玉米已成为全世界重要的粮食、饲料、经济兼用作物，需求量不断增加，在国民经济和人民生活中占有愈来愈重要的地位。我国东北地区的玉米面积占全国玉米总面积的36%，总产占40%；华北地区的玉米面积和总产分别占全国总量的32%和35%，是我国最主要的两个玉米产区。玉米总产增加主要依赖于单产的提高，适当创建合理的群体结构是玉米高产栽培的重要环节。

玉米生产中的主要问题是：①抽雄后植株过高容易发生倒伏，特别是7～8月份雨季影响产量的进一步提高；②存在营养与生殖生长的矛盾，尤其抽穗前，若雄穗茎秆伸长过长而耗费过多营养，则雌穗就会因养料不足而产生“秃尖”现象；③密植情况下，空秆率增加；④北方的干旱、南方的涝渍等逆境常造成减产。为夺取玉米高产，早播、培育壮苗、防止倒伏、防止空秆和秃尖、提高杂种优势的利用是重要的栽培管理内容。植物生长调节剂的应用，为玉米高产提供了简便易行的技术保障。

一、促进萌发

杂交玉米种子往往由于成熟晚或成熟期间光、温条件差而成熟不良，发芽率低下。播种前用萘乙酸、矮壮素、羟烯腺嘌呤、萎锈宁·福美双或爱密挺等植物生长调节剂处理玉米种子，能刺激种子增强新陈代谢作用，促进发芽、发根，提高发芽率和发芽势，为培育壮秧打下基础。

1. 萘乙酸

选用纯度高，发芽率高，发芽势强，整齐、饱满的玉米种子进行浸种处理。玉米浸种时可以使用16～32mg/L萘乙酸溶液浸种24h，播种前用清水洗1遍，可使早发2～3d，苗全苗壮，根深根多，增强幼苗对不良环境的抗性。

目前，在玉米浸种应用上进行农药登记的萘乙酸产品有80%萘乙酸原药，由于萘乙酸水溶性强，因此可以选择80%萘乙酸原药进行玉米浸种处理，使用时将80%萘乙酸稀释为25000～50000倍液，即得16～32mg/L萘乙酸溶液，用配好的萘乙酸溶液浸泡玉米种子24h，再用清水洗1遍即可播种。

2. 萘乙酸·吲哚丁酸混剂

萘乙酸和吲哚丁酸混用后可激化植物细胞的活性，打破种子休眠，促进细胞分裂与扩大，促进根系分化，刺激愈伤组织形成不定根，加速根系发育，提高发芽率，有效促进植物育苗、移栽生根，提高成活率，增强植物抗逆性等。

玉米种子浸种时，将10%吲哚丁酸·萘乙酸可湿性粉剂稀释5000～6667倍后，配制成含有效成分吲哚丁酸和萘乙酸总量为15～20mg/L的药液浸种。浸种24h，再用清水洗1遍即可播种。浸种处理后，可以激化植物细胞的活性，打破种子休眠，提高发芽率。

3. 矮壮素

选用纯度高、发芽率高、发芽势强、整齐、饱满的玉米优良品种种子进行浸种处理。可以使用300～1000mg/L矮壮素溶液浸种6～8h，捞出晾干，即可播种。能使玉米早出苗2～3d，增强光合作用，且能杀死种子表面和残留在土壤中的黑粉菌，降低玉米丝黑穗病的发病率15%～32%。

4. 羟烯腺嘌呤及烯腺嘌呤·羟烯腺嘌呤混剂

选用纯度高、发芽率高、发芽势强，整齐、饱满的玉米种子，使用有效成分含量为0.007～0.01mg/L的羟烯腺嘌呤或者烯腺嘌呤·羟烯腺嘌呤溶液浸种，种子吸水达到种子重的40%时即可发芽，清水冲洗后播种。

烯腺嘌呤和羟烯腺嘌呤的商品化制剂有0.0001%可湿性粉剂，其中羟烯腺嘌呤和烯腺嘌呤分别为0.00006%和0.00004%，使用时进行100～150倍稀释用于种子处理。该产品也可以进行大田喷雾处理，能增加玉米产量，提高抗逆性能。也可用羟烯腺嘌呤的0.0001%可湿性粉剂，100～150倍稀释进行种子处理，大田喷雾处理对玉米生长也有效果。

5. 吲哚乙酸·玉米素混剂

0.11%吲哚乙酸·玉米素混剂能促进玉米种子的发芽，加快幼苗的生长发育进程。使用时每1000kg种子使用含有0.11%吲哚乙酸和玉米素的溶液10～15mL稀释后进行拌种处理。将事先按药剂处理浓度配制好的药液喷洒在种子上，边喷边搅拌，搅拌均匀后，将种子闷1～2h，待种子完全吸收药液后晒干播种。据报道，用吲哚乙酸·玉米素混剂拌种处理后，玉米秃尖长平均下降0.4～0.5cm，穗粒数增加25～60粒，产量提高8%～12%。

6. 萎锈宁·福美双混剂

400g/L萎锈宁·福美双悬浮剂，由美国科聚亚公司公司登记开发，其中有效成分萎锈宁和福美双的含量均为200g/L，登记用于玉米拌种。选种后，以1∶333（药种比）进行拌种，可防止烂种，促进作物生长，提高出苗率。

7. 赤霉素

玉米种子播前用12～24mg/L赤霉素药液浸泡2h，浸种后在阴凉处晾干，然后播种，可使出苗早而整齐，增加幼苗干重和出苗率。在播种较深时，提高种子顶土能力的效果更明显。玉米浸种时选择10%赤霉酸可溶性片剂稀释成10～20mg/L进行处理，如片剂的净重为1g时，取一片10%赤霉酸可溶性片剂溶解到5～10L的水中，即得10～20mg/L赤霉酸药液。

8. 烯效唑

使用浓度为20～30mg/L的烯效唑药液浸种玉米5h，将种子在阴凉处晾干后播种，可提高玉米的发芽率和发芽势，使根系发达，幼苗矮健，栽后成活快。使用5%烯效唑可湿性粉剂对水稀释2000～2500倍进行种子处理即可。

9. 三十烷醇

玉米种子可以使用三十烷醇浸种，粒小皮薄的种子用浓度为 0.1%的溶液；粒大饱满的种子用浓度为 0.5%的溶液。按种子和溶液 10∶7 的比例倒入缸内搅拌均匀，然后浸泡 6h，捞出后晾干播种。浸种一般在播前 2d 进行。经过三十烷醇浸种处理后，显著提高了种子的脱氢酶活性，对种子的吸水和淀粉酶活性也有一定的促进效果，提高了种子的发芽率。三十烷醇浸种处理对幼苗的生长也有明显的促进作用，苗高、第二叶的长度和叶绿素含量均较对照明显增加。种子处理时可使用商品化的 0.1%三十烷醇用清水稀释 1000 倍液，即得 1.0mg/L 三十烷醇药液。

10. 芸薹素内酯

用芸薹素内酯浸种时，使用浓度为 0.1mg/L 的芸薹素内酯药液浸泡玉米种子 24h，在阴凉处晾干后播种，可加快玉米种子萌发，增加根系长度，提高单株鲜重。使用芸薹素内酯处理玉米种子时，可以使用含有效成分 0.01%左右的制剂稀释为 1000 倍液进行浸种。

玉米浸种处理时应注意：①灵活掌握浸种时间，籽粒饱满的硬粒型种子浸种时间要适当长一些，籽粒秕、马齿型的种子浸种时间要短一些；②无论哪种浸种方法，浸后必须将种子在阴凉处晾干（不要日晒），才能播种或进行药剂拌种，否则容易招致药害；③浸过的种子不要日晒，不要堆成大堆，以防“捂种”；④在天气干旱、墒情不好、没有浇水条件的情况下，不宜浸种，以免造成萌动的种子出现“芽干”不能出苗。

二、培育壮苗

在玉米栽培中常常出现大、小苗不匀的现象。利用甲哌鎓、芸薹素内酯和羟烯腺嘌呤等植物生长调节剂控制玉米幼苗徒长，促进根系生长，增强玉米抗性，培育出健壮抗性强的早壮苗，为高产打下基础。

1. 甲哌鎓

在玉米大喇叭口期，配制 500～833mg/L 甲哌鎓药液，进行茎叶喷雾，可以抑制玉米细胞伸长，缩节矮壮，有利于培育壮苗。

甲哌鎓主要登记应用于棉花生长调节，主要产品有 96%～98%原药（由于甲哌鎓极易溶于水，通常原药相当于可溶性粉剂直接应用）和 250g/L 水剂等。生产应用时可以取 250g/L 的甲哌鎓水剂 100～150mL，稀释为 300～500 倍液，得到 30L 药液进行叶面喷雾即可。

2. 芸薹素内酯

使用时配制 0.05～0.2mg/L 芸薹素内酯药液，于玉米苗高 30cm 左右和喇叭筒期各喷施一次，能培育玉米壮苗，有一定的增产效果。生产上可以使用 0.01%芸薹素内酯制剂对水稀释 500～2000 倍液，使用药液量 30L 进行叶面喷雾，促进玉米壮苗时；也可以使用 0.004%芸薹素内酯制剂对水稀释为 500～1000 倍液，使用药液量 30L 进行叶面喷雾。

3. 吲哚乙酸 · 玉米素混剂

吲哚乙酸 · 玉米素混剂除了可以进行玉米种子拌种处理外，还可以在苗期进行叶面喷雾，促进玉米壮苗。在玉米 7～9 叶期进行叶面喷施，每公顷量取 0.11%吲哚乙酸 · 玉米素混剂 10～15mL 对水稀释成 450L 药液进行叶面喷雾，在玉米花期再进行一次叶面喷雾效果更好。穗粒数、产量均有所提高，增产 8%左右。

4. 羟烯腺嘌呤及烯腺嘌呤 · 羟烯腺嘌呤混剂

使用含有效成分 0.0017mg/L 的羟烯腺嘌呤或者烯腺嘌呤 · 羟烯腺嘌呤混剂药液，分别在玉米田拔节期和喇叭口期进行茎叶喷雾各一次，可以调节玉米生长，促进部分雄花向雌花转化，增强玉米光合作用，改善籽粒品质。注意用前要充分摇匀，使用不能过量，否则反而会减产。用药后 24h 内下雨会降低效果。

烯腺嘌呤 · 羟烯腺嘌呤混剂两种有效成分含量分别为 0.00006%和 0.00004%，使用时对水稀释为600倍液，在玉米拔节期和喇叭口期进行叶面喷雾处理。这两种产品也可用于玉米种子处理。

5. 赤霉素

在玉米生长中常常出现大、小苗不匀的现象。小苗由于生长势弱，在田间竞争中处于劣势，易形成小株空秆，苗期管理上通常施“偏心肥”，以促进小苗快速生长，也可以使用赤霉素进行生长调节。

在玉米苗期使用10～20mg/L赤霉素溶液，药液量50L，对小苗进行叶面喷洒，可促进小苗快速生长，使全田植株均匀一致，减少空秆。生产上可以使用4%赤霉素乳油稀释为2000～4000倍液，即得10～20mg/L赤霉素溶液，进行叶面喷雾即可。

6. 烯效唑

在玉米苗期使用200～300mg/L烯效唑溶液浸种8h，或用10～30mg/L烯效唑药液浸种24h，可明显延缓玉米地上部的生长，茎秆粗壮，壮苗，提高保护性酶的活性，增强玉米的耐旱性和抗倒力，使玉米增产。注意：浸后必须将种子在阴凉处晾干才能播种，否则会招致药害。

7. 矮壮素

矮壮素用于玉米种子进行浸种处理，可使植株矮化，促进根系生长，培育壮苗，结棒位低，无秃尖，穗大粒满。在玉米生长至13～14片叶（大喇叭口时期）喷施500mg/L矮壮素溶液，一定程度上增加玉米产量，经济效益较高。生产应用时可以使用50%矮壮素水剂进行对水喷雾处理，在玉米大喇叭口期每亩取50%矮壮素水剂50mL对水稀释为1000倍液，每亩用药液量50L进行喷雾。

三、控制徒长，防止倒伏

适当增加密度是提高玉米单产的有效手段，然而增加密度易造成玉米茎秆脆弱和倒伏，严重减产，已成为提高玉米产量的关键性限制因素。调查表明，我国华北玉米栽培区一般年份倒伏率约为10%～20%，重发年份倒伏率达80%～90%。全国每年因倒伏而造成的损失高达总产的20%左右。倒伏率每增加1%，每公顷产量减少100kg。如果吐丝时发生大面积倒伏，会造成绝产绝收。另外，倒伏不仅影响产量，还会给机械收获带来很大困难。田间茎秆倒伏是造成密度不能加大、产量不高的主要原因。

在玉米生产中，为了发挥密植增产效应，不仅要选择紧凑型品种，还要通过改变栽培措施有针对性地合理调控个体株型和群体结构，以提高植株抗倒伏能力。应用植物生长调节剂乙烯利或复配剂，可改善玉米茎秆质量、提高抗倒能力，是解决玉米倒伏问题的有效途径，已成为我国玉米高产、稳产、高效栽培措施中的重要组成部分。

（一）乙烯利

1. 生理基础

乙烯利有效成分2-氯乙基膦酸，喷施后在植物体内可释放乙烯，抑制细胞伸长并增加细胞的横向膨胀，进而抑制茎秆的伸长生长。从酶学水平和激素水平而言，乙烯利处理显著提高了基部伸长节间中的苯丙氨酸解氨酶和吲哚乙酸氧化酶活性，而IAA含量显著下降，ABA含量显著升高，GA_4/ABA比值显著减小，被认为是乙烯利抑制节间伸长生长的关键原因。

2. 应用效果与使用技术

在玉米田有1%植株抽雄时喷施乙烯利，可缩短基部节间长度，降低穗位高，增加茎粗，促进玉米根系的发育。中秆品种的穗位高降低25cm左右，茎秆坚韧，第8～9层气生根数增加，显著增强玉米植株的抗倒伏能力，增产。具体使用浓度因品种不同而异，株型为平展型的玉米品种四单19比紧凑型的平安18对乙烯利更敏感。

玉米雌穗分化期始于小喇叭口期，至大喇叭口期时雌穗处于小花分化期。因此有人建议，在保证株高降低、抗倒伏能力有效增强的前提下，把乙烯利的施用时期推迟至开始抽雄时（1%植株抽雄），以便使对雌穗发育的影响降至最低。

一般在玉米田有1%植株抽雄时，使用40%乙烯利水剂稀释为2000～3000倍液（约133～200mg/L）进行叶面喷雾处理即可，每亩用水量25～30L。

3. 注意事项

玉米上单用乙烯利有很多副作用，主要表现为影响雌穗发育，使穗变小，易秃尖，穗粒数减少，败育率提高，千粒重下降。在生产上不推荐单独使用乙烯利。同时，玉米籽粒的败育主要发生在吐丝后的14～20d。抽雄时玉米株高已超过人体高度，此时用乙烯利，不仅增加了技术操作的难度，而且仍无法完全避免乙烯利对雌穗发育的负面影响。

由于乙烯利能明显使玉米植株矮化，可防止倒伏，因此在多风暴的地区使用还是有很大意义的。另外，使用乙烯利进行玉米生长调节时，适当增加种植密度可以获得更好的产量。

（二）40%羟烯·乙烯利水剂

乙烯利可以与其他调节剂如甲哌鎓、芸薹素内酯、羟烯腺嘌呤、三十烷醇、胺鲜酯等配合施用。20世纪80～90年代开发的甲哌鎓·乙烯利水剂、羟烯·乙烯利水剂、芸薹素内酯·乙烯利水剂和三十烷醇·乙烯利水剂等混剂，都克服了单用乙烯利的缺陷，生产上都有较稳定的防倒效果。只要掌握适时喷施，并与增加密度相结合，一般都会获得10%左右的增产效果，其中羟烯·乙烯利水剂应用面积最大。

1. 应用效果

玉米上喷施40%羟烯·乙烯利水剂（玉米健壮素），可以达到以下效果：

（1）抑制茎生长　主要缩短果穗以上节位（9～14节间），茎粗增加，株高降低，株高/茎粗减少，穗下节间长度缩短，穗位下降，植株矮健，抗倒力提高。

（2）促进根系发生和提高根系活力　单株气生根条数增加11～23条，增加处理时正在生长的第6～7层根，根直径增粗，根系伤流量及流液中的氨基酸、CTK及无机磷含量也增加。

（3）叶片功能期延长　单株叶面积增加，棒三叶面积增加，叶绿素含量提高，上部叶倾角变小，有利于光线透过冠层，改善下部叶片受光状况。

（4）影响穗粒和产量　空株率下降，穗长增加，秃尖长降低，穗粒数、穗粒重、千粒重增加，提高籽粒脱水强度，加快籽粒发育，产量增加。

2. 使用技术

40%羟烯腺嘌呤·乙烯利水剂的混剂中乙烯利含量为40%，羟烯腺嘌呤由于调节活性较高，含量很低，只有0.3mg/mL。40%羟烯·乙烯利水剂用于防止玉米倒伏时，有效成分用药量为10～12g/亩（制剂25～30mL），每亩用水量30L左右。一般在玉米大喇叭口期叶片叶面喷施，同时应适当增加种植密度，更大挖掘增产潜力。如密度由4000株/亩增加到5400株/亩，产量可提高12%。

（三）芸薹·乙烯利水剂

30%芸薹·乙烯利水剂的混剂中芸薹素内酯含量只有0.0004%。在北方玉米产区应用较多，喷施时间与乙烯利和玉米健壮素相同，都在抽雄前3～5d（大喇叭口期）。具体方法是：每亩取30%芸薹·乙烯利水剂30～40mL，对水稀释成30～40L进行叶面喷施一次。要求在肥地使用，并要施足底肥，在拔节时缺肥应施拔节肥。另外，种植密度应在原基础上增加1000株/亩，增产效果更显著。芸薹·乙烯利水剂不能与其他农药混用。

30%芸薹·乙烯利水剂能够调节玉米的营养生长，提高其抗倒伏能力。施药30～40mL/亩，可使玉米增产3.1%～9.2%，但对品质无明显影响。

（四）胺鲜·乙烯利水剂

羟烯·乙烯利水剂、芸薹·乙烯利水剂等产品的喷施时间都在大喇叭口期及以后时期，玉米冠层已经较高，秆脆易折断，喷施不方便，难以机械化施药，限制了这些植物生长调节剂的应用。中国农业大学研究的30%胺鲜·乙烯利水剂，使用时间提前到小喇叭口期（6～9叶），对雌穗分化的副作用很小，能促进穗长和穗粒数增加，减少秃尖，从效果上看是含乙烯利有效成分的混剂中最优者，而且在大口期使用同样有效。

1. 应用技术

在玉米6～9真叶期（小喇叭口期）至大喇叭口期，每亩取30%胺鲜·乙烯利水剂20～25mL（每亩有效成分0.6～0.75 g），对水30～50L进行叶面喷施。需要注意的是30%胺鲜·乙烯利水剂适于干燥天气使用，下雨前、后请勿施药。不可与呈碱性的农药、化肥等物质混合施用。

2. 抗倒伏及增产效果

玉米上应用30%胺鲜·乙烯利水剂后，具有以下生物学效应：

（1）抑制基部节间伸长，控制倒伏　降低穗位，总体株高不降低，主要缩短基部节间伸长，降低穗下各节间长度，对穗上节间作用不明显或因“反跳”而略有促进。最终株高不显著降低，但穗位降低，中心降低，茎节间增粗，抗折力增强。

（2）促进根系发生和提高根系活力　促进根系生长，增加1～2层气生根。根系量和活力都增强，根系伤流中氨基酸、无机元素、细胞分裂素等含量增加。

（3）叶片功能期延长　促进叶片光合作用同化物合成和输出能力加强。效应期叶片浓绿，加宽，中上部叶倾角变小。

（4）增加穗粒和产量　空株率下降，穗长增加，显著减少秃尖，穗粒数、穗粒重和千粒重增加，加快籽粒灌浆，有的地方可早熟1周左右，产量增加。

（5）有效防止倒伏　田间防倒伏效果显著。如2002年在江苏盐城的试验中，对照倒伏率56.6%，每亩叶面喷施15mL、20mL、25mL 30%胺鲜·乙烯利水剂处理的倒伏率分别为32.2%、20.6%、15.4%。

多年以来在全国20多个地市40多个品种的实验表明，30%胺鲜·乙烯利水剂效果稳定。为挖掘增产潜力，可适当增加种植密度，产量可再增加10%以上。

3. 生理基础

（1）调控玉米株型，提高抗倒伏性能　30%胺鲜·乙烯利水剂处理后，缩短穗下部节间长度，穗位降低15～20cm，株高降低8～10cm，通过降低植株和果穗的重心，提高穗下部节间在折断时的最大载荷和径向的碾碎强度，增加穗下各茎节的粗度，有利于抗倒伏性能的提高。穗上部节间比对照节间增长，出现“反跳”，使上部叶片分布均匀，有利于后期的通风透光。

（2）促进根系发达，增强根系功能　30%胺鲜·乙烯利水剂进行叶面喷施处理，增加根系干重，提高第8层气生根根量，提高拔节期和籽粒形成期1～4层根、6～7层根的活力；提高拔节期和籽粒形成期1～4层根中蔗糖转化酶活性；同时能够提高玉米灌浆期氮的累积，增加向果穗和根系的分配，提高根系伤流量和根系中氨基酸含量。通过增强根系生理功能调节玉米根系中生长素、细胞分裂素、赤霉素、脱落酸等激素含量的变化，特别是增强根系伤流液向地上部输送细胞分裂素的能力，引起玉米整株生长发育的改善和玉米产量提高。

（3）提高光合性能，优化同化物的合理分配　30%胺鲜·乙烯利水剂处理能够提高穗位叶叶绿素含量、PEP羧化酶活性、蔗糖磷酸合成酶活性和ATP含量，特别是提高籽粒灌浆初期的穗位叶光合活性，能加速同化物的输出，在拔节期提高同化物向根系分配比例；在籽粒灌浆期提高同化物向根系和产量器官的输出。

（4）提高穗粒数和粒重，大幅度增加玉米籽粒产量　30%胺鲜·乙烯利水剂处理对春、夏玉米产量构成因子主要影响行粒数，对春玉米而言，处理能提高穗粒数，降低穗轴重、空秆率和秃尖长度，最终提高产量；对夏玉米产量因子的影响与春玉米相同，主要是减少了秃尖长，提高了行粒数和穗粒重，进而提高产量（表6-5）。

表 6-5 30%胺鲜·乙烯利水剂对春、夏玉米产量因子的影响

项目	春玉米		夏玉米	
	对照	处理	对照	处理
穗长/cm	19.5	19.7	18.6	18.3
秃尖长/cm	1.4	1.2	1.2	1.1
穗行数/行	13.7	14.0	13.4	13.4
行粒数/粒	42.1	43.9	40.8	42.1
穗轴重/g	22.2	19.1	26.4	26.3
百粒重/g	33.30	33.10	29.69	30.85
穗粒重/g	190.5	203.7	156.2	166.7
密度/(株/亩)	3800	3880	4000	4000
空秆率/%	2.6	0.3	1.8	0.2
产量/(kg/亩)	705.2	787.9	613.5	665.5

(五)其他植物生长调节剂

1. 多效唑

多效唑在玉米上的应用可以进行种子处理，使用200mg/L多效唑浸种；或者在玉米5～6片叶时进行叶面喷雾处理，苗期处理使用的多效唑浓度为150mg/L，使用药液量50L即可。多效唑进行玉米苗期处理可以解决麦套玉米苗弱易倒问题，有一定的增产效果。

生产应用时可以使用15%多效唑可湿性粉剂稀释750倍，即得200mg/L多效唑溶液用于种子处理；使用15%多效唑可湿性粉剂稀释1000倍，即得150mg/L的多效唑溶液用于苗期喷雾处理。

2. 矮壮素

矮壮素用于控制节间、防止倒伏等。在玉米拔节前3～5d，使用浓度为1000～3000mg/L的矮壮素溶液，每亩叶面喷洒30～50kg药液，能抑制植株伸长，使节间变短、穗位高度降低，表现出矮化抗倒效果。同时，矮壮素也抑制了叶片伸长，但叶片宽度反而增加，单株绿色叶面积并不减少，光合势有所增强。矮壮素处理的玉米，秃尖度减少，千粒重提高，有一定的增产效果。

生产应用时可以使用50%矮壮素水剂进行对水喷雾处理，在玉米拔节前期每亩取50%矮壮素水剂60～180mL对水稀释为500倍液，每亩用药液量30L进行喷雾。

四、促进籽粒灌浆，调节籽粒品质

1. 三十烷醇

三十烷醇除了用于浸种处理可提高玉米种子发芽率、增强发芽势外，还可以在幼穗分化期和抽雄期进行叶面喷雾。具体处理方法是：在幼穗分化期和抽雄期使用0.1mg/L三十烷醇溶液各喷雾1次，使用药液量50L。经过处理后，玉米叶色浓绿，穗大粒多，籽粒饱满，实粒数增加5%～20%，千粒重提高4～9g，增产10%左右。

2. 赤霉素

在玉米雌花受精后，花丝开始发焦时，每亩用40～100mg/L赤霉素药液50L喷洒花丝，或灌入苞叶内（约1mL/株），均能减少秃尖，增加籽粒数，促进灌浆，提高千粒重。

生产上可以使用4%赤霉素乳油稀释为400～1000倍液，即得40～100mg/L赤霉素溶液，进

行叶面喷雾即可。

3. 芸薹素内酯

在玉米大喇叭口期用0.01mg/L芸薹素内酯全株喷雾处理，每亩喷施药液50L，可明显减少玉米穗顶端籽粒的败育率，增产20%左右；或在吐丝期每亩喷施0.01mg/L的药液50L，可以使玉米根系发达，长势旺盛，增强抗病虫性，提高植株光合速率、叶绿素含量和比叶重，促进灌浆，特别是能使果穗顶端的籽粒得到充足的营养，使之发育成正常的籽粒，减少玉米籽粒的败育率，提高籽粒产量13%左右，玉米籽粒中总氨基酸含量比对照增加25%左右。在抽雄前处理的效果优于吐丝后施药。

使用芸薹素内酯在玉米大喇叭口期处理时，可以使用有效成分0.01%左右的制剂稀释为10000倍液进行。

4. 吲哚乙酸·玉米素混剂

吲哚乙酸·玉米素混剂除了能促进玉米种子的发芽、加快幼苗的生长发育进程外，在夏玉米花期喷施0.11%吲哚乙酸·玉米素混剂，穗粒数、产量均有所提高，增产率为8%左右。

五、增强耐旱性

1. 乙烯利

乙烯利能增强玉米植株对干旱的抵抗能力。在雄穗伸长期和雄穗小花分化期时，用65mg/L乙烯利喷施叶片，20cm以下土层中根系明显增加，说明乙烯利有促进玉米根系向下发展的效应，对提高玉米的抗旱能力有利。在水浇条件或肥力条件较差的玉米田使用可起到明显的增产作用。研究也发现，干旱条件下，乙烯利能显著提高玉米幼叶的相对含水量，增强其渗透调节能力，并在一定程度上降低膜相对透性，随干旱时间的延长，玉米幼叶的净光合速率和气孔导率皆下降，尤其在严重胁迫下，乙烯利对维持叶片光合速率有一定积极作用。

应用时使用40%乙烯利水剂稀释为6000倍液（约65mg/L）进行叶面喷雾即可。另外，一些含有乙烯利成分的混剂如30%胺鲜酯·乙烯利水剂处理后也可显著增强玉米植株的抗旱能力。

2. 芸薹素内酯

芸薹素内酯也可以用来提高作物的抗旱性。春播玉米一般在雌穗分化初期、小花分化期、抽雄期、吐丝期后7d与17d各喷一次；夏播玉米在雌穗小穗分化初期、小花分化期或吐丝后7d各喷1次。每亩用0.001mg/L芸薹素内酯50L叶面喷施，可促进受水分胁迫影响的玉米生长，降低原生质膜相对透性，提高硝酸还原酶活性，增加ATP和叶绿素含量，加快光合速率，促进复水后生理过程的恢复，减少籽粒产量的损失。

使用芸薹素内酯处理时，可以使用有效成分0.0016%的水剂稀释为16000倍液，或者选用其他含量的产品，进行二次稀释，喷雾处理。

3. 矮壮素

矮壮素具有抵抗盐碱和干旱的能力。苗期每亩施用50L浓度2000～3000mg/L的矮壮素药液，可起到蹲苗的作用，提高玉米抗盐碱和抗旱的能力，后期还有一定的增产能力。

生产应用时可以使用50%矮壮素水剂进行对水喷雾处理，在玉米苗期每亩取80%矮壮素水剂75～100mL对水稀释为300～400倍液，每亩用药液量30L进行喷雾。

4. 黄腐酸

黄腐酸对玉米有明显的抗旱效果。玉米一般为点播，每亩用种子量仅3～4kg，所以黄腐酸拌种（浸种）用药量较少，是简单易行且经济有效的增产措施，很受各地欢迎。拌种使用的黄腐酸用量与各生产厂家的产品有所差别，每1kg种子约使用20～25g对水1kg进行。拌种的主要作用是促进根系发育，使植株生长健壮、果穗粗大、秃尖短，通过增加穗粒数和百粒重，达到提高产量的效果。喷施的最佳时期是玉米大喇叭口期。喷施使用的黄腐酸用量约每亩60～75g，对水60L进行叶面喷雾，以喷施均匀为宜。喷施的主要作用是增加叶面积、提高叶绿素含量和叶面积系数，增强光合作用能力，增加穗粒数和百粒重，降低空秆率，提高双穗率。

六、在杂交制种中的应用

调节剂除了在玉米生产中用于促进萌发、培育壮苗、增加产量、改善品质和提高抗逆性能等功能外，还能在杂交制种中发挥增强杂种优势，克服花期不遇和化学去雄等作用。

1. 增强杂种优势

使用乙烯利（1000mg/L）、青鲜素（500mg/L）、赤霉素（300mg/L）、萘乙酸（30mg/L）、2,4-D（30mg/L）、矮壮素（2000mg/L）、三碘苯甲酸（300mg/L）、激动素（30mg/L）、丁酰肼（40mg/L）等9种植物生长调节剂，在自交系7叶和11叶期分别进行喷洒处理，然后配制杂交种。525和C103两个自交系，共配制19个化学杂交种，比525×C103杂交的群单105更具有优势。

（1）植株优势　如525（乙烯利）×C103（萘乙酸），植株高度和穗位高度均表现更强的优势，茎秆也表现略粗。株高较亲本高29.2%，较群单105高15%。穗位高度较亲本高68.5%，较群单105高23.2%。茎粗较亲本粗11.1%，较群单105粗3.7%。525（青鲜素）×C103（赤霉素），绿叶面积和茎粗表现较强优势，单株绿叶面积较亲本多62.2%，较群单105多6.8%。茎粗较亲本粗14.8%，较群单105粗7.4%。穗重和穗粒重也均有提高。

（2）产量优势　525（三碘苯甲酸）×C103（乙烯利）是一个典型的株型紧凑、穗大穗重类型，但穗重和穗粒重表现较强的优势。株高较亲本高5.7%，但比群单105矮8.5%。穗位高较亲本高30.4%，但比群单105矮14.9%。茎粗较亲本增粗7.4%，而和群单105相同。单株绿叶面积较亲本多43.8%，比群单105少11.6%。穗重较亲本多129.2%，较群单105高21.2%。穗粒重较亲本重124.2%，较群单105多18.1%。

（3）适应类型　525（三碘苯甲酸）×C103（乙烯利）化学杂交种，既表现穗大穗重，而且在两年不同条件下都表现较强的优势，是一个典型的适应性类型。第一年种植在地肥、施肥量多，生育期间雨水适中的条件下，穗重比亲本增加129.2%，较群单105增加21.2%。穗粒重较亲本增加124.2%，比群单105增加18.1%。第二年种植在沙地、施肥量少，而雨水偏多的条件下，穗重比亲本增加141.4%，较群单105增加30.6%；穗粒重较亲本增加157%，较群单105增加51.2%。

2. 克服花期不遇

玉米杂交制种时，父母本花期不遇时，喷洒20mg/L赤霉素溶液，可调节花期相遇。赤霉素的主要剂型产品有4%赤霉酸乳油、20%赤霉酸可溶性粉剂、15%可溶性片剂、20%可溶性片剂等。生产上可以使用4%赤霉素乳油稀释为2000倍液，即得20mg/L赤霉素溶液，进行叶面喷雾即可。

3. 化学去雄

用青鲜素作为去雄剂，以1000～2000mg/L青鲜素在雄蕊形成前进行处理，可诱导玉米雄性不育，从而获得雄性完全不育的植株。

此外，500～1000mg/L赤霉素溶液处理玉米叶片，也能诱导雄性不育。赤霉素的主要剂型产品有4%赤霉酸乳油、20%赤霉酸可溶性粉剂、15%可溶性片剂、20%可溶性片剂等。生产上可以使用20%赤霉酸可溶性粉剂稀释为200～400倍液，即得500～1000mg/L赤霉素溶液，进行叶面喷雾即可。

第五节　在马铃薯上的应用

马铃薯（*Solanum tuberosum* L.）又名洋芋、土豆、山药蛋等，是一年生的茄科、薯芋类作物，块茎可供食用，是世界第四大粮食作物。自从2015年我国启动马铃薯主粮化战略，预计到2020年50%以上的马铃薯将作为主粮消费，为此，需要进一步挖掘马铃薯的生产潜力，改善营养品质和安全保鲜贮藏。

马铃薯是以块茎为收获对象的高产作物。在马铃薯生产上，应用植物生长调节剂可以有效调节块茎的休眠与发芽，协调地上部分与地下部分的关系，促进块茎膨大，对于提高产量、改善品质和保鲜贮藏有着重要的实践意义。

一、打破块茎休眠

马铃薯块茎休眠期的长短因品种不同而异，休眠期长的可达3个月以上，短的约1～2个月。未完成休眠的种薯，播后发芽困难，出苗缓慢，甚至还会烂种，对生产极为不利。特别是我国马铃薯春、秋二季种植区，为使秋播用的种薯能在贮藏期间解除休眠，提早发芽，需采用一些技术来打破种薯休眠。生产上，用于打破块茎休眠的植物生长调节剂主要有赤霉素和生长素（包括萘乙酸、吲哚乙酸、硫脲、氯乙醇等）。由于生长素类浓度不易把握，硫脲或氯乙醇浸种时间太长会对种子发芽有影响，因此，在生产中使用最多的是赤霉素（主要为赤霉酸）。

马铃薯种薯经用赤霉酸浸种处理，可以打破种薯休眠期，一般可以提早5～7d发芽。首先挑选出无病种薯，放在0.5mg/L的赤霉酸溶液中，浸泡5～10min，然后取出放于温度为20℃左右的地方进行催芽。

赤霉素处理马铃薯种薯的三种方法：

① 播前浸种　将中、晚熟春薯品种在播前先切块，把种薯放在1.0mg/L赤霉素溶液中浸10～15min，取出，阴干，放在催芽床上，4～5d后就可出芽。需要注意赤霉素的浓度，过高虽然出芽快，但芽细弱；浓度0.5mg/L的赤霉素也有效果，但浸泡时间较长，一般为1h，若超过30℃，容易腐烂。对秋薯的早、中、晚熟品种均可用此法。

② 播前喷施　对于中、晚熟春薯品种，秋播时还可用10～20mg/L赤霉素药液喷施马铃薯块茎，至表面湿润为止，喷施3次，间隔期约8h左右。

③ 收前喷施　在马铃薯采收前10～30d每亩用100mg/L赤霉素药液50kg喷施植株，均能促进薯块发芽，出芽多且整齐，腐烂率少。在对萌发不利的寒冷和潮湿气候下，效果更为明显。需要注意赤霉素的应用浓度不可过高，否则会产生抑制作用，或使幼苗过于细长；浸种时间不宜过长，也不宜在高温下催芽，否则会引起植株徒长。

赤霉酸的商品制剂主要有：3%赤霉酸乳油、75%赤霉酸结晶粉等。生产中，可以选择3%赤霉酸乳油，对水稀释为40000～80000倍液，即得0.375～0.75mg/L赤霉酸溶液，浸薯块10～30min即可，可以达到苗齐并增产的目的。

二、控制茎叶徒长

马铃薯茎叶徒长现象一般在丰产地块出现较多，主要是施肥量过大，特别是施氮肥过多，加之种植密度过大，在马铃薯植株生长期间严重拥挤和枝叶互相遮阴造成的。马铃薯茎叶徒长极易造成不结薯、结小薯、烂秧。另外，茎叶徒长还会造成枝叶郁闭，加重晚疫病的发生，导致马铃薯植株全田或成片死亡。且收获时或入窖后薯块块茎腐烂，严重影响产量。

生产上通常使用的植物生长调节剂为甲哌鎓、矮壮素、多效唑等控制马铃薯植株徒长。使用剂量应非常慎重，剂量小，达不到预期效果；浓度过大或喷施次数过多，马铃薯植株会受到严重抑制，表现为地上部生长受阻，植株严重矮化，节间缩短，分枝少，叶片浓绿肥厚，导致地上部光合作用面积减少，供给块茎的光合产物降低，使块茎形成晚，膨大速度慢，块茎小，大薯率低，严重降低马铃薯的产量和商品性。

1. 甲哌鎓

甲哌鎓也可用于马铃薯的调节生长，每亩使用8%甲哌鎓可溶性粉剂4～8g，每亩使用药液40～50L喷雾即可。需要注意，马铃薯封垄后，初花期使用，安全间隔期为10～15d。

2. 矮壮素

对出现徒长趋势的马铃薯，在现蕾至开花期，使用浓度为2000～2500mg/L的矮壮素，以叶面全面喷湿为止，能有效地延缓茎叶生长，缩短节间，使株型紧凑，叶色浓绿，叶片增厚，叶片 CO_2 同化能力提高，改变同化产物在植株内的分配比例，使输向块茎的同化产物的绝对量和相对量都有增加。矮壮素处理后，不仅能加快马铃薯块茎的生长速度，促使块茎形成的时间提早1周，而且大薯率显著提高，单株产量增加20%左右。

目前，国内登记的矮壮素产品主要有50%矮壮素水剂和80%矮壮素水剂。生产应用时可以使用50%矮壮素水剂，对水稀释200倍，每亩使用药液40～50L，进行叶面喷雾即可。

3. 多效唑

在马铃薯生长至株高25～30cm时，每亩使用浓度为250～300mg/L多效唑药液50L进行叶面喷雾处理，可控制茎叶徒长，适用于旺长田块。土壤肥力好，马铃薯长势旺盛，多效唑的浓度可选用300mg/L；土质一般的用250mg/L；土壤肥力差、长势瘦弱的薯地不宜使用多效唑；要适时使用，防止过早或过迟施药。

生产应用时可以使用15%多效唑可湿性粉剂稀释1000～3000倍，即得浓度为50～150mg/L的多效唑溶液，按上述方法用该溶液进行相应的喷雾即可。

多效唑在马铃薯上使用效果比较好，但多效唑在旱地作物残留期较长，对下茬作物的生长影响较大；另外，种薯生产时，尽可能不要用该类植物生长调节剂，以免药剂残留影响下一代马铃薯正常生长。如果生产中发生由多效唑、矮壮素等植物生长抑制剂产生的药害，可喷施赤霉素进行解除。

三、促进薯块肥大

在薯类作物植株生长中后期，施用植物生长调节剂可改善叶片光合性能，控制地上部分的生长，促进光合产物向产品器官转运，增加大中薯的比例，提高产量及淀粉含量。

1. 甲哌鎓

于马铃薯蕾期至花期，使用50mg/L甲哌鎓药液叶面喷雾，能够促进有机养分向地下部转移，促进块茎肥大，提高产量。

2. 矮壮素

一般在现蕾期至开花期（块茎形成与膨大初期），用2000mg/L矮壮素药液每亩喷药40L左右，至叶面全面喷湿，可抑制马铃薯地上部茎叶生长，改变同化物运输方向，促进块茎生长，且可使薯块形成时间提早，大薯块增多，单株产量提高。

目前，国内登记的矮壮素产品主要有50%矮壮素水剂，生产厂家有数十家。生产应用时可以使用50%矮壮素水剂，对水稀释250倍，每亩使用药液40～50L，进行叶面喷雾即可。

3. 芸薹素内酯

在马铃薯块茎膨大初期，使用0.01%芸薹素内酯乳油1000～3000倍液1～2次，可促进块茎膨大，增产10%左右。

目前，国内登记的芸薹素内酯产品主要有0.1%可溶性粉剂、0.01%可溶性液剂、0.01%乳油、0.0016%～0.04%水剂等。应用时可以根据商品制剂的含量进行相应倍数的稀释，以0.01%含量的制剂为例，对水稀释为1000～3000倍液，叶面喷雾处理1～2次即可。

4. 多效唑

在马铃薯栽培中，由于密度过高、肥水过量、日照不足等原因，地上部茎叶生长过旺，光合产物向薯块输送减少，会影响薯块形成和膨大。施用多效唑可促进生长中心向薯块转移。多效唑对马铃薯植株有明显的抑制作用，使茎叶产量下降，生物产量略减，而薯块重量增加，经济系数提高。研究表明，薯块增加的原因是多效唑对马铃薯起到了“控上促下”的作用，促进薯块膨大，大薯块比例提高和单个薯块重量增加，产量增加10%左右。生产上应用时，在马铃薯发棵末至结薯初期，叶面喷施25～50mg/L的药液或在结薯期喷施50mg/L的药液50L进行处理。

在甘薯薯块膨大初期，即移栽后70d左右，叶面积指数达3.8～4.0时，使用50～150mg/L

多效唑药液喷施，每亩药液量50～60L，可提高叶绿素含量，促进薯块膨大，提高产量和淀粉含量，并可促使甘薯提早成熟。在甘薯的花蕾期，每亩用90～120mg/L多效唑药液50L喷施，可使植株茎秆增粗、叶片增厚，增产10%左右。

四、延缓薯块贮藏时间

在马铃薯贮藏后期（如春季贮藏期间），块茎容易萌芽生长。萌发后的薯块，重量损失20%～30%，淀粉含量减少20%～50%，而且外皮皱缩，易腐烂，并在芽和芽眼周围产生对人畜有毒的龙葵素，食后会引起人体中毒甚至死亡。因此，有必要选用有效地控制块茎发芽、对马铃薯既无毒副作用也不降低营养价值的生产技术。

延缓马铃薯块茎发芽的方法主要包括采前处理和采后处理两种，其中，采前处理多使用抑芽丹，采后处理可以使用萘乙酸甲酯和氯苯胺灵等药剂。

1. 采前处理

抑芽丹，又名青鲜素、马来酰肼，是一种丁烯二酰肼类植物生长调节剂。药剂可通过叶面角质层进入植株，降低光合作用、渗透压和蒸腾作用，能强烈地抑制芽的生长。用于防止马铃薯块茎、洋葱、大蒜、萝卜等贮藏期间的抽芽，并有抑制作物生长、延长开花的作用。一般制成二乙醇胺盐，配成易溶于水的溶液使用。在马铃薯采前2～3周，用2500～4000mg/L抑芽丹进行叶面喷施，亩用量为50L药液，可以防止马铃薯块茎在贮藏期间发芽，呼吸下降，淀粉水解变少。若采前处理再结合适当低温贮藏，则效果更佳。

目前，国内登记的抑芽丹产品的剂型主要有30.2%水剂。生产中，应用时进行对水稀释使用。另外，2,4-二氯苯氧乙酸（简称2,4-D）、萘乙酸处理也有一定效果，但是，这些药剂对块茎有副作用，使块茎贮后品质差，应用不及抑芽丹广泛。然而，采前处理后，块茎上芽的萌发能力弱，抽生出的芽条纤细，多数不能长成正常植株，因此，不宜作种薯使用。

2. 采后处理

（1）氯苯胺灵　将氯苯胺灵粉剂（使用剂量为1.4～2.8g/kg）撒入马铃薯堆中，上面扣上塑料薄膜或帆布等覆盖物，24～48h后打开，处理后的马铃薯在常温下也不会发芽。该抑芽剂必须在马铃薯愈伤后使用，否则会干扰马铃薯的愈伤，造成马铃薯贮藏中腐烂。出休眠期前的马铃薯使用该药抑芽效果好；出休眠期后再使用，抑芽效果明显减弱。

近年来多采取混用处理：①氯苯胺灵（1.27%）＋苯胺灵（0.07%）混合制剂，用1.25～1.5kg可处理马铃薯1000kg，要淋洒均匀；②氯苯胺灵（0.74%）＋苯胺灵（0.25%）＋噻菌灵（0.2%）混合制剂，用2kg可处理1000kg马铃薯，需要淋洒均匀。

氯苯胺灵登记产品主要有2.5%氯苯胺灵粉剂和49.65%氯苯胺灵热雾剂等，2.5%氯苯胺灵粉剂可以采用撒施或者喷粉的方法进行处理，热雾剂可直接进行热雾处理。生产应用时可以使用2.5%氯苯胺灵粉剂，每1000kg马铃薯使用10～15g制剂混土进行撒施，或者直接进行喷粉处理即可，处理后的薯块置于常温暗室中保存。

（2）萘乙酸甲酯　萘乙酸甲酯作为一种新型植物生长调节剂，可用于马铃薯抑芽，小麦抑芽，甜菜贮存，水果坐果，抑制烟草侧芽生长等。它不仅应用范围广，而且毒性低，生产和使用安全，因此被认为是取代抑芽丹等的良好替代品。对采后贮藏的马铃薯利用萘乙酸甲酯进行处理，以延长其休眠和贮藏期，是植物生长调节剂在马铃薯生产中应用最成功的事例之一。现在，马铃薯大多以这种方法保存。

萘乙酸甲酯使用方法有二：

其一是把萘乙酸甲酯与细土等填充剂混匀，再掺入到采后2个月的薯堆里。其用药量：10000kg薯块用药200～500g，与15～30kg细土制成粉剂。应在休眠中期进行，不能过晚，否则会降低药效。

其二是先将萘乙酸甲酯溶解后喷在纸屑上，再与薯块混匀。

两种处理方法处理后均应贮藏在密闭库中，以利于萘乙酸甲酯挥发后作用于芽，干扰细胞分裂，进而抑制萌发。不过，在食用前应先将处理过的薯块在通风处摊放几天，以便萘乙酸甲酯挥发，除去毒害。此外，萘乙酸乙酯处理也有相同的功效。

五、提高产量，改善品质

马铃薯块茎是储藏器官，块茎内各种成分的含量高低直接影响到马铃薯的加工品质和加工工艺。长期以来中国马铃薯育种和生产只片面追求产量，造成了外观品质较差，大多数品种薯形较差，芽眼较深，削皮损耗率很大，薯皮抗损伤能力差，直接影响其加工品质。此外，内在品质方面，干物质含量较低，密度低，淀粉含量低，维生素 C 含量低，还原糖含量较高，薯肉易褐变，不适宜马铃薯加工业的需要。

植物生长调节剂不仅可以调节马铃薯产品的均匀度，降低畸形薯率和大中薯率，而且调控碳水化合物的运输与分配，在有效改善外观品质和内在营养品质方面发挥着重要作用。目前生产上使用比较多的植物生长调节剂有：胺鲜酯、烯效唑、氯化胆碱和矮壮素等。

1. 胺鲜酯

胺鲜酯在马铃薯苗期、块根形成期和膨大期各喷一次，喷施 10mg/L 可促进壮苗，提高植株抗逆性，达到薯块多、大、重，并适当促进早熟。于盛花期喷施 100mg/L 胺鲜酯，能够显著提高马铃薯的大薯重（表 6-6），并适当改善薯块品质，表现在维生素 C 含量的提高（表 6-7）。

表 6-6　不同植物生长调节剂对不同马铃薯品种产量的影响

品种	处理	产量/(t/hm^2)	大薯重（≥100g）/(t/hm^2)
大西洋	对照	29.96±2.53 a	19.23±0.09 b
	胺鲜酯	28.14±2.92 a	21.75±1.93 a
	烯效唑	27.00±3.59 a	14.30±0.33 b
	氯化胆碱	31.40±1.48 a	22.56±1.57a
费乌瑞它	对照	35.39±2.31ab	23.99±2.75 a
	胺鲜酯	39.67±0.68 a	24.58±1.15 a
	烯效唑	29.45±0.92 b	21.87±0.78 a
	氯化胆碱	31.34±1.25 b	20.07±3.02 a
克新 13 号	对照	34.87±1.04 a	24.47±0.59 b
	胺鲜酯	35.29±6.16 a	27.72±0.54 a
	烯效唑	32.20±1.07 a	22.52±0.66 b
	氯化胆碱	32.63±1.20 a	26.41±2.87ab

注：同一品种的相同小写字母表示 0.05 显著水平。

目前国内有不少厂家登记胺鲜酯的水剂，含量有 1.6%、2%、5%和 8%等，以 2%胺鲜酯水剂为例，生产应用时对水稀释为 2000 倍液，每亩使用药液量 30～50L。

2. 烯效唑

在马铃薯盛花期施用，使用 40mg/L 烯效唑进行叶面喷雾处理，能适度改善马铃薯块茎的品质，主要表现在淀粉和维生素 C 含量的提高，但对马铃薯的产量影响不大（表 6-6）。烯效唑的商品化制剂主要为 5%烯效唑可湿性粉剂，生产应用时可使用 5%烯效唑可湿性粉剂，对水稀释 1000～1500 倍，每亩使用药液 25～30L，进行叶面喷雾处理即可。

3. 氯化胆碱

在马铃薯块茎膨大初期使用氯化胆碱 2500～5000mg/L，每亩药液量 30L，叶面喷雾处理，喷施 2～3 次，膨大增产效果明显。可以提高马铃薯大薯比率和产量（表 6-6），同时提高淀粉和维生素 C 含量，胺鲜酯和烯效唑等植物生长调节剂也有一定效果（表 6-7）。

表 6-7　不同植物生长调节剂对不同品种马铃薯块茎品质的影响

品种	处理	淀粉/%	维生素 C/($\times10^{-2}$mg/g FW)
大西洋	对照	15.79±1.88 a	9.35±1.65 b
	胺鲜酯	15.83±1.81 a	7.69±1.07 c
	烯效唑	16.66±1.77 a	12.31±1.66 a
	氯化胆碱	16.81±1.79 a	9.22±0.61 b
费乌瑞它	对照	12.79±1.37 b	7.69±1.65 b
	胺鲜酯	13.26±1.38ab	14.66±1.39 a
	烯效唑	12.85±1.12 b	10.96±0.52ab
	氯化胆碱	14.11±1.99 a	12.44±0.99ab
克新 13 号	对照	10.90±1.87 a	7.69±1.23 b
	胺鲜酯	8.63±1.03 a	10.81±1.75 a
	烯效唑	9.32±1.82 a	9.21±1.10ab
	氯化胆碱	10.18±1.53 a	10.48±0.81 a

注：同一品种的相同小写字母表示 0.05 显著水平。

氯化胆碱登记的有 60%水剂，生产应用时，每亩使用 60%水剂 10～20mL，对水 30L 稀释为 1500～3000 倍液，叶面喷施 2～3 次即可。

4. 矮壮素

矮壮素一般在现蕾期至开花期（即块茎形成与膨大初期）施用，叶面喷施 2000mg/L，每亩用药液量 30～40L，能够促使块茎形成的时间提早 1 周，增产显著，单株产量提高 20%左右，大块茎的比例有所增加。

六、促进脱毒快繁

在 MS 培养基上，马铃薯试管苗生根比较缓慢、长势较差；而 MS+1mg/L 6-BA+0.5mg/L NAA 处理，脱毒苗生根较快，植株长势较好，并且比较健壮。在 MS 培养基中，添加 PP_{333} 0.2mg/L 处理效果明显，抑制了试管苗的徒长，增加了茎粗，缩短了节间长度。MS 培养基中加入 0.2mg/L IBA 后，试管苗生长速度加快，繁殖周期比对照缩短了 5d，繁殖效率提高。此外，在 MS 培养基中加入 10mg/L 丁酰肼（比久），有利于壮苗。在马铃薯试管苗培养基中加入适量 CCC 或 B_9 可使细弱的试管苗变粗壮，且不影响生长繁殖速度。当光照强度为 3000lx、昼夜温差为 8℃左右时，即培养温度在 18～26℃时，植物生长调节剂壮苗培养效果最好。丁酰肼壮苗培养的效果明显，而且经济实惠。

第六节　在大豆上的应用

大豆［*Glycine max*（L.）Merr.］通称为黄豆，属于豆科蝶形花亚科大豆属一年生草本植物。它是我国重要的粮食作物和油料作物之一，也是我国主要的植物油和植物蛋白来源之一，在国民生活中发挥着重要作用。长期以来，由于大豆营养生长和生殖生长并进时间长、群体不易控制以及花荚脱落严重等问题，造成了其产量低而不稳。

植物生长调节剂可以调控植株的生长发育，协调营养生长和生殖生长，有利于增花保荚、提高产量等，对大豆栽培具有一定的实践指导意义。

一、促进种子生根

根系作为大豆的重要营养器官，直接决定了大豆吸收转化的能力，对大豆的生长发育也起着至关重要的作用。大豆发芽要求最低温度10～12℃，最适温度为18～20℃，土壤含水量为20%～24%，一般情况下10d可以出苗。然而，在北方高纬度地区，低温常常会延长春播大豆的发芽过程，推迟发芽，降低发芽率。同时，低温会增加大豆幼芽的感病率，降低幼苗的存活力，造成群体参差不齐。

植物生长调节剂可以有效调控大豆的内源激素系统，增强其抗寒性，同时加快了侧根原基的发生进程，提高了侧根原基发生的数量，缩短了侧根原基的发生时间，提高出苗率。生产上常用的植物生长调节剂有：

1. 复硝酚钠

用1.8%复硝酚钠配制成6000倍药液，浸大豆种子3h，有良好的促根效果，提高出苗质量。

2. 赤霉素

使用3.5mg/L赤霉素溶液浸种，有效地加快春播大豆在10～15℃条件下的初期发芽速度，明显加快幼根生长速度，增加幼根鲜重和干重。尤其在10℃条件下的促进效果大于15℃，而在25℃下则没有明显的促进效果。

3. 三十烷醇

浸种可使用三十烷醇乳粉，浓度为0.5mg/L的药液浸泡种子4h，可提高发芽率和发芽势，增加三仁荚，减少单仁荚，增加豆数。也可使用0.1%微粒剂，加水1000倍，或者0.05%悬浮剂加水500倍，浸种0.5～1d后，即可催芽播种。

三十烷醇的商品制剂有0.1%微乳剂、0.05%悬浮剂和2%可溶性乳粉。生产上可以使用2%三十烷醇可溶性乳粉稀释为40000倍液进行浸种处理。

二、控制旺长，防止倒伏

许多大豆品种具有无限生长习性。茎蔓易徒长，造成群体郁闭，倒伏，使蕾、花、荚少而成熟晚。使用多效唑等植物生长延缓剂对大豆有抑制营养生长、减少顶端优势、增加分枝、枝秆矮化并增花增粒、增产促熟的作用。

1. 多效唑及混剂

对无限和亚有限结荚习性大豆品种、长势过旺的有限结荚型大豆品种的田块，于春大豆始花期、夏大豆盛花期，每亩喷洒150～200mg/L多效唑药液50L，可使株高降低、株型紧凑，推迟封行10～15d，群体通风透光好，促进同化能力和同化产物向荚运输，使大豆的地上部与地下部、营养生长与生殖生长、个体与群体协调发展，增加有效分枝数、荚数、粒数和粒重，一般可增产10%。但使用多效唑时应注意，多效唑适用于长势较旺的田块；施药浓度应严格，以200mg/L为宜，过高会造成减产。

在大豆分枝期至初花期叶面喷施多效唑250mg/L（药液量40～50L），可促使大豆节间明显缩短、主茎矮化，增强抗倒伏能力。同时，可增加主茎有效分枝数和单株粒数。

采用高密度种植大豆在花期叶面喷施80mg/L多效唑1～2次后，能使大豆株高降低，花荚期根干重比例增加，茎干重比例下降，鼓粒期荚干重比例增加，有利于提高大豆产量。在大豆盛花期喷施多效唑，可以显著降低株高，喷施后8d植株高度可降低16～20cm，成熟期可降低40cm，同时，也可使结荚高度降低12cm，而且植株抗倒伏能力增强，但对植株主茎节数没有明显影响。喷施多效唑可以显著增加大豆产量，增产幅度为10%～15%。多效唑主要通过提高植株叶片叶绿素含量和增加光合效率，增加单株粒数和荚数，使粒重增加，最终提高产量。

多效唑的登记开发以15%可湿性粉剂为主，在大豆上登记的产品有25%多效唑悬浮剂。生产应用时，使用25%多效唑悬浮剂24～30mL，对水稀释为800～1000倍液即得250mg/L多效唑溶液，在大豆分枝期至初花期进行叶面喷雾即可。

甲哌鎓和多效唑的混剂有10%多效唑·甲哌鎓可湿性粉剂，其中多效唑和甲哌鎓的含量分别为2.5%和7.5%，混剂利用了两种不同延缓剂控制大豆生长的增效作用，减少了残留较严重的多效唑有效成分的使用量。生产中应用10%多效唑·甲哌鎓可湿性粉剂时，每亩使用混剂产品65～80g，对水稀释500～800倍，在大豆分枝期至初花期进行叶面喷雾。

2. 三碘苯甲酸

大豆使用三碘苯甲酸的适宜用药量为每亩3～5g，低于3 g或高于6 g效果均不好。药液配制必须溶解后加水稀释。稀释水量为15～30L。药液配法可以采用：①酒精作溶剂，1g三碘苯甲酸溶于40～50mL酒精中，当溶液呈黄白色时，表明已全部溶解，再按规定加水稀释；②小苏打作促溶剂，将称好的药剂加少量温水搅拌呈糊状后，按比例将小苏打放入调匀，待泡沫反应消失后，成三碘苯甲酸-钠盐，加水搅动即可溶解［药剂与小苏打的比例为1∶（1.5～2）］。然后在配好的溶液中加少量洗衣粉作附着剂（附着剂的用量为每50L溶液加洗衣粉30g左右即可）。

配制好药液后，于大豆初花期或盛花期用喷雾器喷洒，喷洒时间最好在晴天的上午，喷洒后4h内下大雨时需重新补喷

大豆施用三碘苯甲酸后，株高比对照降低30%，主茎节数减少20%，可防止倒伏，加速生殖生长。喷后初期，叶面积减少；开花后期，叶面积反而高于对照，这使植株积累更多的光合产物。在大豆整个生长时期，茎皮内还原糖和蛋白质的含量一般在盛花期处于低峰。经三碘苯甲酸处理后，植株的顶端生长明显抑制，使体内各种营养物质被迫趋向合成，加速光合产物的储存。在大豆初花期喷三碘苯甲酸100mg/L或盛花期喷200mg/L，每亩使用药液量50～60L，对中晚熟品种均可增产，对早熟品种有减产趋势。据黄家驿等研究，喷施三碘苯甲酸使黄叶减少，延长叶片寿命，增加叶绿素含量，提高光合效率，促进干物质积累，并能抑制细胞分裂，消除顶端优势，加速糖类和蛋白质合成，增产15%左右。

应用三碘苯甲酸对大豆生长进行控制时，应注意：①适宜在中熟和中晚熟品种上应用，用于肥水充足条件下枝叶繁茂的品种，增产效果更好，早熟品种反应不明显，对极早熟品种则反而减产；②掌握好药量和喷洒时期，药液必须先溶解，再按比例加水稀释。

三、提高产量，改善品质

1. 芸薹素内酯

芸薹素内酯可以增加大豆幼苗硝酸还原酶的活性，增加对硝酸盐肥料的吸收、转化，增加株高和物质的积累，提高作物对不良环境的抗性。在大豆生育期多次喷施0.04mg/L芸薹素内酯能增加大豆有效荚数及百粒重，从而提高大豆产量；能增加株高和主茎节数，提高产量10%以上；但略降低种子的蛋白质和脂肪含量，对大豆种子发芽率基本没有影响。

在大豆调节生长上登记的芸薹素内酯有0.0016%水剂、0.01%可溶性液剂和0.15%水剂等。生产上应用时，可以使用0.01%芸薹素内酯可溶性液剂，对水稀释2500～5000倍，或稀释为0.01～0.04mg/L药液，进行茎叶喷施，可调节大豆生长，达到增产的目的。

2. 羟烯腺嘌呤及混剂

烯腺嘌呤和羟烯腺嘌呤的商品化制剂有0.0001%烯腺嘌呤·羟烯腺嘌呤可湿性粉剂，其中0.0001%的混剂产品中羟烯腺嘌呤和烯腺嘌呤分别为0.00006%和0.00004%，使用时对水稀释为600倍液喷施大豆；也有0.0002%烯腺嘌呤·羟烯腺嘌呤可湿性粉剂，其中羟烯腺嘌呤和烯腺嘌呤含量均为0.0001%，使用时对水稀释为800～1000倍液喷施大豆，可促进大豆增产，提高抗逆性能；也有羟烯腺嘌呤的0.0001%可湿性粉剂，使用方法同0.0001%烯腺嘌呤·羟烯腺嘌呤可湿性粉剂。

3. 复硝酚钠及混剂

复硝酚钠是由5-硝基邻甲氧基苯酚钠、对硝基苯酚钠和邻硝基苯酚钠组成的促进性植物生长调节剂，市场上的商品主要是含量1.8%的，其中5-硝基邻甲氧基苯酚钠、对硝基苯酚钠和邻硝基苯酚钠分别占0.3%、0.9%和0.6%。

复硝酚钠的用途很广，在大豆生长期喷施1.8%复硝酚钠水剂，稀释为3000～4000倍液，使用3次，可以促进大豆植株快发，增强光合作用，提高产量。

在大豆上登记的复硝酚钠有1.8%复硝酚钠水剂等，按上述使用方法进行叶面喷雾处理即可。生产上也有复硝酚钠和萘乙酸的混配制剂2.85%复硝酚钠·萘乙酸水剂，其中2,4-二硝基苯酚钠0.15%、对硝基苯酚钠0.9%、邻苯基苯酚钠0.6%，萘乙酸含量为1.2%。生产使用时，可以参考1.8%复硝酚钠水剂进行，对水稀释4000～6000倍液，进行叶面喷雾处理2次，能促进大豆植株快发，增强光合作用，提高产量和改善品质。

4. 胺鲜酯·甲哌鎓混剂

中国农业大学研制了胺鲜酯·甲哌鎓的混剂产品27.5%胺鲜酯·甲哌鎓水剂（胺鲜酯和甲哌鎓含量分别为2.5%和25%），进行了农药登记。在大豆生产上应用表现为具有抗倒、抗逆、提高产量和蛋白质含量的作用，而且促进了根系的活性、结瘤性和固氮能力。

一般在大豆分枝期至初花期叶面喷施，使用浓度为100mg/L，总有效成分使用量为61.9～103.1g/hm^2，每亩使用药液30L。早熟品种，可在三叶期叶面喷施，剂量和用法同中熟品种；晚熟品种，三叶期和初花期两次叶面喷施更好，每次使用浓度为200mg/L，每亩使用药液30kg。多雨年份或地区可以使用两次，用药量宜大；干旱年份在初花期使用一次，用药量宜小。使用时可与中性杀虫剂及叶面肥混喷；喷药时加入少许中性洗衣粉，有利于植株的吸收；喷药后6h内有降雨，则应补喷，药量酌情减少。也可进行拌种处理或掺入种衣剂中进行包衣，使用浓度100～200mg/L，种子量与药液量的质量比为50∶1，阴凉处晒干后使用。

胺鲜酯·甲哌鎓的混剂产品有80%胺鲜酯·甲哌鎓可溶性粉剂和27.5%胺鲜酯·甲哌鎓水剂。生产上使用时，在大豆开花初期（分枝期）每亩可使用27.5%胺鲜酯·甲哌鎓水剂15～25mL，对水30L进行叶面喷雾一次即可。

5. 其他植物生长调节剂

（1）三十烷醇　经三十烷醇处理后，叶片浓绿，叶绿素含量增加。叶片功能时间延长，增加鼓粒后期叶面积系数。提高喷洒后10d内的光合势。单位面积干物重比提高，增加单株实粒数。花期喷洒三十烷醇增加荚数，荚期喷洒则增加粒数。喷施后，千粒重无明显变化。一般增产7%以上。在大豆花期使用0.2～2.0mg/L三十烷醇药液喷洒，间隔7～10d再喷洒一次，增产显著。若与氮、磷、钼肥等配合施用，增产效果更佳。据试验，单喷三十烷醇（1.0mg/L）仅增产5.3%，单喷氮、磷（尿素、过磷酸钙各0.75kg/亩）和钼酸铵，仅增产1.8%和1.5%。如果三者混合喷施，增产可达15.4%。

三十烷醇的商品制剂有0.1%微乳剂，生产上可以使用0.1%三十烷醇微乳剂稀释500～5000倍，在大豆花期进行叶面喷雾处理，7～10d再处理一次。

（2）亚硫酸氢钠　大豆属C_3植物，具有明显的光呼吸作用。抑制光呼吸强度，可以明显提高光合效率、增加产量。亚硫酸氢钠又称重亚硫酸钠，在大豆体内能抑制乙醇酸的氧化，从而降低大豆的光呼吸强度，提高净光合作用强度。一般增产幅度为5%～15%左右。

大豆初花期是使用亚硫酸氢钠处理大豆的适宜时期，连续喷两次，两次间隔为7～10d。每亩大豆田用亚硫酸氢钠4～6g，加水30～60L。根据喷施面积和用药量，称好亚硫酸氢钠后，加入少量清水，不断搅拌使之全部溶解，然后加足水量。

四、提高抗逆性

大豆是需水量较多的作物，水分不仅影响大豆植株形态，而且还会影响其生理反应。从始花期到盛花期，植株生长快，需水量逐渐增大，为水分敏感期。在生产实践中，掌握了大豆需水规律，及时进行排灌，同时适时利用植物生长调节剂增强作物的抗逆性，为生产栽培奠定坚实的基础。

1. S-诱抗素

在大豆生殖生长阶段，用2mg/L脱落酸喷洒叶面，可使植株在中等干旱或不干旱的条件下增加大豆的结荚数、粒数和产量。

2. 多效唑

大豆喷施多效唑后，能够让其细胞变粗、变短，增加细胞厚度，起到抗病、抗寒、抗倒伏的作用。同时，叶片颜色也会变深，叶型会变小，能有效提高大豆的抗寒能力。即便是在干旱与高温环境下，叶片也不会枯黄，有效减少空荚数量，避免植物早衰。

第七节　在甘薯上的应用

甘薯［*Dioscorea esculenta*（Lour.）Burkill］，又名甜薯，属旋花科甘薯属。甘薯因其产量高、抗干旱、耐瘠薄、适应性广及营养丰富，是全世界普遍种植的主要块根作物之一，广泛应用于食品工业及饲料工业。栽培过程中可能会遇到萌发困难、成活率低、不能开花、产量低、品质差等问题，采用育种技术或常规栽培技术解决这些问题成效低，且费工费时。本节介绍的植物生长调节剂技术可有效解决这些问题。

一、打破种薯休眠，促进萌芽

甘薯为异花授粉作物，自交不孕，用种子繁殖的后代性状很不一致，产量低。因此，除杂交育种外，在生产上采用块根、茎蔓、薯尖等无性繁殖。施用赤霉素等植物生长调节剂可打破甘薯种薯休眠，促进种薯萌芽。

1. 赤霉素

对于甘薯来说，赤霉素也有打破种薯休眠、促进萌芽的效果。使用时将甘薯用清水洗净，用10～15mg/L赤霉素药液浸泡10min后捞出，待药干后上床，可打破种薯休眠，促进发芽。

赤霉酸的商品制剂主要有4%乳油和10%可溶性片剂等，多家企业针对甘薯打破休眠促进萌芽进行了农药登记。生产应用时，可以选择4%赤霉酸乳油对水稀释为2000～4000倍液，即得10～15mg/L赤霉酸溶液，浸薯块10min即可，可使甘薯苗齐并增产。

2. 三十烷醇

利用三十烷醇处理甘薯薯块时，在甘薯上床前，用1.0mg/L药液浸泡10min，可促进种薯生根和早出苗。三十烷醇的商品制剂有0.1%微乳剂，生产上使用0.1%三十烷醇微乳剂稀释为1000倍液，浸泡甘薯10min，即可促进种薯生根和早出苗。

二、促进扦插生根

甘薯生产上通常利用薯苗进行扦插，在扦插之前使用植物生长调节剂处理后能促进生根，缩短缓苗期，提高成活率。促进生根的植物生长调节剂主要有萘乙酸和三十烷醇等。

1. 萘乙酸

在甘薯苗扦插之前，用10mg/L萘乙酸溶液浸薯苗剪口一端5～10 min，可促进扦插生根，缩短缓苗期，提高成活率。

选择80%萘乙酸原药进行薯苗的处理，使用时将80%萘乙酸稀释80000倍（可进行二次稀释），即得10mg/L萘乙酸溶液，用配好的萘乙酸溶液浸薯苗剪口一端5～10min即可。

2. 三十烷醇

在甘薯苗扦插之前，用0.5mg/L三十烷醇浸薯苗基部30min，可促进扦插生根，缩短缓苗期，提高成活率。施用时应严格控制浓度，可加入磷酸二氢钾等营养肥。

三十烷醇的商品制剂有0.1%微乳剂，生产应用时，0.1%三十烷醇微乳剂用清水稀释2000倍，即得0.5mg/L三十烷醇药液，浸薯苗基部30min，可促进扦插生根。

三、控制徒长

在薯类栽培中，由于密度过高、肥水过量、日照不足等原因致使地上部茎叶生长过旺，光合产物向薯块运输减少，影响薯块形成和膨大。用甲哌鎓、多效唑、矮壮素等植物生长调节剂可有效控制茎叶徒长，促进光合产物向薯块运转，从而提高薯块产量。

1. 甲哌鎓

在甘薯藤蔓长至0.5～0.7m长时，茎叶喷施200～300mg/L甲哌鎓溶液，生育期内连续施用两次，间隔15d。处理后甘薯的营养生长受到抑制，藤蔓的增长明显减缓，浓度越高，蔓长增长越慢；甲哌鎓处理促进了甘薯光合产物向块根转移，能显著增加甘薯的大薯个数和产量，对甘薯品质无不良影响。

在甘薯上有8%甲哌鎓可溶性粉剂的农药登记，生产应用时可以取8%甲哌鎓可溶性粉剂对水稀释300～400倍，即得200～300mg/L甲哌鎓倍液，进行茎叶喷雾，喷湿即可。

注意事项：①甲哌鎓在水肥条件好、徒长严重的地块使用时增产效果明显；②使用甲哌鎓应遵守一般农药安全使用操作规程，避免吸入和长时间与皮肤、眼睛接触；③甲哌鎓易潮解，要严防受潮，潮解后可在100℃左右温度下烘干；④本剂虽然毒性较低，但贮存时还需妥善保管，勿使人、畜误食，不要与食物、饲料、种子混放。

2. 其他植物生长调节剂

(1) 矮壮素　对出现徒长趋势的甘薯，在甘薯栽插后30d左右，每亩用浓度为2500mg/L矮壮素药液叶面喷施，隔1个月后再喷施1次，可抑制地上部茎生长，缩短节间，使茎蔓粗壮，促进块根膨大，增产15%～30%，但只适用于徒长田块。

目前国内登记的矮壮素产品主要有50%矮壮素水剂和80%矮壮素水剂。生产应用时可以使用50%矮壮素水剂对水稀释200倍，每亩使用药液40～50L，进行叶面喷雾处理即可。

(2) 多效唑　在甘薯剪秧前4～5d，每亩使用浓度为100mg/L的多效唑药液50L进行叶面喷雾处理；或在栽插前使用浓度为100mg/L的多效唑药液浸薯苗剪口端2h；或在栽插后50～70d亩用50～100mg/L多效唑药液50L叶面喷雾，可控制薯蔓徒长，增产15%左右；或在薯块膨大期，亩用50～150mg/L多效唑药液50L叶面喷雾，可控制地上部生长，促进薯块膨大。

多效唑的登记开发以15%可湿性粉剂为主，生产中应用时可以使用15%多效唑可湿性粉剂稀释1000～3000倍，即得50～150mg/L多效唑溶液，按上述方法用该溶液进行相应的喷雾处理即可，每亩使用药液量50L左右。

四、促进开花结实

甘薯属于短日照植物，多数品种在北纬以南的地区能够自然开花，有的还能结实，但在我国北方地区由于秋季日照较长，大多数甘薯品种不能开花。因此有必要应用植物生长调节剂对甘薯进行处理，促进其开花结实。

1. 赤霉酸

赤霉酸不仅可以打破种薯休眠、促进萌芽，而且可以促进开花结实。使用赤霉酸时应注意合适浓度，浓度过高或过低都不利于甘薯开花结实，亩使用400mg/L赤霉酸药液50L进行叶面喷雾处理，即可达到效果（见表6-8）。

赤霉酸的商品制剂主要有4%乳油和10%可溶性片剂等。生产应用时，可以选择4%赤霉酸乳油对水稀释100倍，即得400mg/L的赤霉酸溶液，叶面喷雾即可，可促进甘薯开花结实。

表 6-8 赤霉酸和 6-BA 对甘薯的开花结实效果

处理浓度/（mg/L）		开花/（朵/株）	结朔/（个/株）
对照		43.11	11.22
赤霉酸	200	31.78	7.33
	300	30.00	8.44
	400	72.11	16.56
	500	54.89	13.44
6-BA	25	73.67	24.78
	50	38.67	8.33
	100	62.33	12.00
	150	25.22	6.22g

2. 6-BA

较低浓度的 6-BA 对诱导甘薯开花和结实具有促进作用，亩使用浓度为 25mg/L 6-BA 药液 50L 进行叶面喷雾处理，即具有显著作用（见表 6-8）。

五、提高产量与改善品质

甘薯的产量由单位面积的株数、单株结薯数及单薯重构成；品质则是由块根、块茎中储藏的碳水化合物的组成及数量决定。大量试验及生产应用表明，在甘薯植株生长中后期，施用植物生长调节剂可改善叶片光合性能，控制地上部分的生长，促进光合产物向产品器官转运，增加大中薯的比例，提高产量及淀粉含量。

1. 甲哌鎓

在甘薯长至蔓长 0.5～0.7m 时，茎叶喷施 200～300mg/L 甲哌鎓溶液，生育期内连续施用两次，间隔 15d。此法可使甘薯的营养生长受到抑制，藤蔓的增长明显减缓，浓度越高，蔓长增长越慢；甲哌鎓处理促进了甘薯光合产物向块根转移，能显著增加甘薯的大块茎个数和产量，对甘薯品质无不良变化。

甘薯上应用有 8%甲哌鎓可溶性粉剂的农药登记，生产应用时可以取 8%甲哌鎓可溶性粉剂对水稀释 300～400 倍，即得 200～300mg/L 甲哌鎓倍液，进行茎叶喷雾，喷湿即可。

2. 其他植物生长调节剂

用于甘薯提高产量、改善品质的植物生长调节剂还有多效唑、烯效唑、三十烷醇、萘乙酸和矮壮素等。

(1) 多效唑　在甘薯生长的薯块膨大初期，即移栽后 70d 左右，叶面积指数达 3.8～4.0 时，使用 50～150mg/L 多效唑药液喷施，每亩喷 60L，可提高叶绿素含量，促进薯块膨大，提高产量和淀粉含量，并可促使甘薯提早成熟。在甘薯的花蕾期亩用 90～120mg/L 多效唑药液 50L 喷施，可使植株茎秆增粗、叶片增厚，增产 10%左右。

多效唑的登记开发以 15%可湿性粉剂为主，生产应用时可以使用 15%多效唑可湿性粉剂稀释 1000～3000 倍，即得 50～150mg/L 多效唑溶液，按上述方法用该溶液进行相应的喷雾处理即可，每亩使用药液量 50L 左右（见表 6-9）。

(2) 矮壮素　在甘薯扦插后 1 个月左右，用 2500mg/L 矮壮素叶面喷施，隔 1 个月后再喷施 1 次，可抑制地上部茎生长，缩短节间，使茎蔓粗壮，促进块根膨大。

(3) 烯效唑　在甘薯扦插后 60d，用 30mg/L 烯效唑溶液叶面喷施，每亩用药量 25L。能有效控制地上部过量徒长，增加分枝数和薯块粗度，促使地下部和地上部协调生长，也能增大光合作用面积，提高光合速率，促使有机物向块根转化，提高块根产量。

表 6-9　多效唑对甘薯的产量效果

处理浓度/（mg/L）	单株薯数/个	单薯重/g	亩产量/kg
0	1.86	289.22	1785.93
150	2.19	315.09	2366.24
300	2.30	278.72	2167.92

烯效唑的商品化制剂主要为5%烯效唑可湿性粉剂，生产应用时可以5%烯效唑可湿性粉剂对水稀释1700倍，每亩使用药液25L，进行叶面喷雾处理即可。

（4）三十烷醇　在甘薯薯块开始膨大期间，使用0.5～1.0mg/L三十烷醇溶液进行茎叶喷施，处理3～4次的增产效果最好，可增产10%～20%。

三十烷醇的商品制剂有0.1%微乳剂，生产应用时，取商品化的0.1%三十烷醇微乳剂用清水稀释1000～2000倍，即得0.5～1.0mg/L三十烷醇药液，在甘薯薯块开始膨大期间喷雾处理即可。

（5）芸薹素内酯　甘薯使用芸薹素内酯后，从扦插到封垄的时间缩短，主蔓长度增加，分枝数增加，叶面积增大且叶色深绿，地上部分生长良好，使甘薯的单株块数、单株薯重和甘薯的产量大幅度增加。一般在甘薯分枝期，使用0.2mg/L芸薹素内酯溶液叶面喷雾，以叶面完全喷湿为宜。喷施1周后，薯蔓明显粗壮，生长旺盛。

（6）萘乙酸　在甘薯的结薯期，每亩喷施20mg/L萘乙酸药液50L，可促进薯块生长。生产应用时可以选择80%萘乙酸稀释40000倍，进行叶面喷施即可。

第八节　在棉花上的应用

棉花不但是我国的重要经济作物，也是我国纺织工业的主要原料。我国每年棉花产量约650万～700万吨，年均用棉量约1100万吨，年进口量约300万～400万吨，是世界第一大产棉国、用棉国和棉花进口国。棉花产业解决了中国10多亿人口穿衣的问题，也解决了约1.5亿人口的就业问题。此外，棉籽可以用于生产棉籽油，它是一种营养丰富的食用油脂。棉籽油稳定性较好，适用于煎炸各类食品。

目前，棉花生产主要存在以下问题：一是易徒长，株型难控制，由于棉花具有无限生长习性和蕾铃脱落的特点，生产上常因水肥管理不当或不良气候（如多雨），造成棉花徒长而结铃不多，株型松散而不利于机械化管理和采收；二是蕾铃脱落严重，由于棉花开花结铃持续时间长，生殖生长与营养生长并进期源库关系不协调，可导致蕾铃大量脱落，造成减产，传统栽培中，人们多采用深中耕断根、整枝打杈等措施防止棉花徒长和大量蕾铃脱落，但费时费工，而且效果不明显也不稳定；三是棉铃贪青晚熟，一些后期的棉铃由于气候条件和种植制度影响，往往不能正常开裂吐絮，导致北方棉区的霜后花增加，影响南方棉区下茬作物的适时播种或移栽。20世纪70年代应用植物生长调节剂乙烯利成功地解决了贪青晚熟问题，但现在，机采棉的发展与推广对脱叶的要求也越来越高。

通过施用植物生长调节剂，直接影响棉花体内的激素平衡关系，来改善和协调棉花的生化过程和形态建成，从而实现对棉株生长速度的调控，以提高棉花产量与品质。其主要特点是调控速度快，强度大，用量小，效果好。

徒长、蕾铃脱落、晚熟是棉花生产中的三大难题。协调好棉花的营养生长和生殖生长是破解这些问题，获得高产优质的关键。

一、调控株型

（一）甲哌鎓(缩节安)

1. 主要功效

缩节安对棉花的根、茎、叶、蕾、花和棉铃等器官的发育和功能都有良好的调节作用，可以协调营养生长和生殖生长，协调根系和茎枝生长，塑造株型和改善棉田生态条件，减少蕾铃脱落，增加纤维产量和改善品质，提高棉花种植效益，还可在一定程度上减轻枯黄萎病、棉铃虫等病虫害的发生或危害。

(1) 叶片　应用缩节安 5～7d 后，在田间可明显观察到叶色形态变化：①变绿，由于叶绿素含量增加；②单叶叶片扩展受到抑制，尚未成熟的叶片面积减少；③叶片增厚，是栅栏组织变长的原因；④叶片寿命延长、衰老延迟 1 周左右；⑤光合速率提高，叶片通过光合作用合成的营养物质向棉桃的运输和分配增加。这些变化对改善棉花群体结构和增产有重要意义。

(2) 茎　缩节安的典型作用是"缩节"，就是延缓棉花主茎和果枝伸长，使它们的节间缩短，可以防止徒长。缩节安处理过的棉株各果枝与主茎的夹角减小，基本上呈筒状株形，处理比对照推迟封垄 13d 以上。

① 对主茎生长速度的控制　缩节安处理后 3～5d，主茎的日生长量开始下降，使旺长的棉株逐渐恢复到平稳状态；处理后 10～15d 是药效发挥的最大作用期；20～25d 左右，缩节安控制主茎生长的效果明显减弱。缩节安对主茎生长速度的控制作用在不同棉花品种上表现无明显差异。缩节安对茎枝控制表现"用药时间决定控制部位，用药剂量决定控制强度"的规律。最大作用期一般在处理后 10～15d，有效期 30d 左右，控制 2～4 个新生节间。在控制范围内，受控强度最大的节间是 N+1～N+4，其长度缩短最多（见表 6-10）。因为这几个节间的整个伸长期正好处于缩节安的最大药效发挥期内。

表 6-10　缩节安处理对主茎不同部位节间的控制强度

品种	年份	生育时期	处理时果枝数	缩节安浓度/(mg/L)	不同部位节间控制强度①/%			
					N－1～N－3	N+1～N+4	N+5～N+7	N+8～N+10
冀棉 2 号	1982	蕾期	4～5	50	－12.3	－21.7	－16.9	+9.4
			8～9	8～9	－11.4	－17.2		
岱 16	1981	蕾期	5～6	100	－34.4	－47.6		
		初花期	13～14	100	－18.3	－55.7	－23.9	－40.4
		盛花期	15～16	100	－25.7	－47.2		

① 缩节安处理节间长度较对照相同部位节间减少或增加的百分数。

② 控制果枝 在棉花蕾期和盛花期两次处理，可以影响全株上、中、下全部果枝的伸长；始花期前后处理，可以影响中部以上的所有果枝；盛花期处理则只能影响上部果枝的伸长。缩节安对不同部位果枝的控制趋势，基本上与对主茎节间的控制规律一致，在最大药效期间伸长的节间，其缩短的程度也最大。但因为果枝的每个节间从伸长到固定的时间长于主茎节间，所以缩节安对果枝节间的影响范围比主茎宽。

③ 对株型的影响　主茎和果枝的伸长生长都能受到缩节安的明显调控，缩节安系统化控后可以很容易地根据需要塑造"筒形"和"塔形"株形，防止形成不利于棉株下部通风透光的"伞形"株形。

(3) 根系　缩节安浸种促进棉花侧根原基的早发，并且增大了侧根原基发生区的范围，幼苗发根能力显著提高。如中棉所 16 号在萌发后 5～6d，处理的侧根原基数较对照增加 25%～35%，不仅加快侧根原基发生的进程，还增加侧根原基的可发生量。缩节安处理促进根系发育，同化物向根系中的转移增加，因而根系干重增加，根系活力增强。缩节安处理后，促进棉株根系吸收水分、无机元素（氮、磷、钾、硼等），促进氨基酸和细胞分裂素的合成。

（4）成铃结构和棉铃发育　应用缩节安改善了棉铃营养和株形，减少脱落，增加了棉花结铃数，一般单株结铃数增加0.5～2.0个。棉花成铃结构得到改善，从空间上看，最佳结铃部位至中下部和内围铃比例增加；从时间上看，早期蕾铃的脱落减少，最佳结铃期结铃比例增加，从而使多数棉铃处于较好的光照、温度、营养条件，提高了棉铃质量。缩节安处理后促进同化物向棉铃运输，棉铃发育加快，单铃重提高0.21～0.90g。另外，缩节安处理能促进棉铃发育后期乙烯的释放，促进棉铃开裂，使铃期平均缩短1～2d。

（5）种子质量　应用缩节安对种子质量有所提高，在棉花繁种田可以放心使用。缩节安化控的棉田，结铃集中在最佳时期和中部、内围铃比例增加，棉花籽指提高，棉仁重比对照提高1.3%～5%。棉仁中脂肪、氨基酸、蛋白质等物质含量提高，使用后对后代种子活力无不良影响。

（6）纤维品质　缩节安对棉花纤维长度、单强、细度、断裂长度等品质指标没有显著影响。从田间群体来看，由于缩节安系统化控能优化整体的成铃结构，棉花结铃吐絮集中，僵烂霉桃减少，霜前花率提高，棉花整体品质和商品品质提高。

（7）幼苗抗性　缩节安浸种处理能降低种子中可溶性糖的渗漏，可以提高种子活力，加强了棉籽的吸水能力和保水能力，提高棉花对低温和盐的抵抗能力。

应用缩节安可以主动控制棉花茎枝和叶片生长，显著改善棉田群体生态条件。一般从蕾期开始使用，可推迟封垄7～10d，群体光照条件较好，有利于棉铃发育。缩节安处理能减少各层叶片（包括主茎和果枝叶）中叶倾角0°～30°的叶片比重，增加30°～60°叶片的比重。叶片变得较直立，有利于接受光照，棉田光照透射率提高15%～30%，光反射减少2%左右，使行间通风透光条件改善，这是使棉花稳定增产和改善品质的重要原因之一。

2. 使用技术

缩节安在棉花不同生育时期，有不同的使用剂量和作用效果。

（1）种子处理　缩节安浸种适用于任何种植方式下的棉花，可以促进棉籽发芽，使出苗整齐，提早和增加侧根发生，增强根系活力，实现壮苗稳长，增加棉花幼苗对干旱、低温等不良环境的抵抗能力，促进壮苗，减少死苗，增加育苗移栽成活率。

处理方法是：经硫酸脱绒的种子使用100～200mg/L缩节安药液浸种6～8h，未经脱绒的种子处理药液的浓度为200～300mg/L，药液与种子质量比不要低于1∶1，使浸种结束时种子都在液面下，保证种子吸收药液均匀。浸种期间可翻搅2～3次，使浸种均匀。浸种完毕后及时捞出种子，控干浮水，稍微晾干即可播种。

（2）苗期喷施　缩节安浸种有效作用期长，一般经过种子处理后，无需再在苗期用药。未进行种子处理的可在苗期喷施低浓度缩节安，同样可达到壮苗、抵抗逆境的效果。苗期用药多见于移栽育苗的苗床上，可显著防止“高脚苗”和“线苗”的出现，缩短移栽后的缓苗期。缩节安的浓度一般掌握在40mg/L以下，在2片真叶展开时喷施。

（3）蕾期喷施　在苗蕾期使用缩节安能促进根系发育，实现壮苗稳长，定向塑造合理株型，促进早开花，增强棉花对干旱、涝害等的抵抗能力，协调水肥管理，避免早施肥浇水引起徒长等。前期可不整枝。根据种植方式和气候条件，蕾期用药的时间在刚开始现蕾到盛蕾或初花前变动。地膜棉，或者是蕾期处于梅雨季节的长江流域棉区棉花，生长比较迅速，生长势较强，常常在刚现蕾时就需要应用缩节安。其他长势正常的棉花多在盛蕾（出现4～5个果枝）后首次喷施缩节安，能促进根系发育、壮蕾早花、定向整形，增强抗旱、涝能力，为水肥合理运筹消除后顾之忧等等。蕾期用药的浓度一定不能过量，一般情况下应用50～80mg/L即可。根据每亩对水10～15L计算，折合成缩节安原粉即为每亩0.5～1.2g。如果蕾期降雨较多、地力较高，棉株长势特别旺时，缩节安用量每亩可增加到1.5g（约为100mg/L）。蕾期喷施缩节安时，药液量（对水量）宜少，要做到株株着药，均匀喷洒，个别长势较旺的棉株可适当多着药，长势弱的棉株则适当少着药。

（4）初花期喷施　20世纪80年代我国开始在棉花上推广应用缩节安，主要是在初花期一次使用，美国等也主要采用这种方式。初花期用药是“缩节安系统化控”技术的重要一环，因为此时喷施缩节安可以塑造理想株型，优化冠层结构，推迟封垄，改善棉铃时空分布，增强根系活力。初花期的用药量较蕾期要多，每亩可用缩节安原药2～3g。因为群体较大，对水量也需增加，一般每亩为20L。这样缩节安的浓度为100～150mg/L。对初花期有徒长趋势的棉田，喷施缩节安时不仅要做到株株着药，而且要让主茎和果枝的顶端都着药。

这时使用缩节安的主要作用有：①塑造株型，使棉花冠层结构优化；②促进早结铃和棉铃发育；③推迟封垄时间，为棉花结铃提供良好的环境条件；④增强根系活力，增加营养吸收和供应；⑤简化中期整枝。

(5) 花铃期喷施　花铃期是棉花产量形成的关键时期，此期应用缩节安的主要目的是增加同化产物向产量器官中的输送，提高铃重，终止后期无效花蕾的发育，防止贪青晚熟和早衰，简化后期整枝等等。如果花铃期只应用一次缩节安，一般在打顶前后喷施，如果多雨，密度大，可增加应用次数。用量也较初花期更大，一般每亩可用3～5g或更多的缩节安，对水量也增加到每亩25～30L。

应用的效果有：①促进棉铃发育和增加铃重；②促进物质运输和向棉铃中分配，防止贪青晚熟；③增加早秋桃，提高产量；④简化后期整枝。

不同情况下喷药时要求不同。缩节安为内吸性植物生长调节剂，喷洒到棉花上后，可以向上、向下运输到各个部位，但输出量较少，主要停留在接受药液的叶片上。因此，在不徒长的棉花喷施时，要做到均匀喷施、株株着药，不需要整株喷淋，可使全田整齐，节约用工，还可以防止用药过量控制过头。但是对已经徒长的棉田，为了尽快控制生长，可以增加药液量，做到全株上下着药。

喷施缩节安时，如果不小心用过量，应据情况和长势及时采取补救措施。缩节安药效期一般20d左右，而且受水分影响较大，一般不会造成毁灭性药害。用药过量不太严重的地块，浇一次水会很快缓解。生长受抑制特别严重的地块，可以喷施赤霉素解除。

表6-11　棉花系统化学控制技术规程

生育期	形态指标	调节剂	用药量	处理方法	主要作用	注意事项
播种前		缩节安	脱绒种子100～200mg/L，不脱绒种子200～300mg/L	浸种6～8h	促进萌发；促根壮苗；增加抗性	适当晾干再播种
苗蕾期	春棉8～10叶到4～5个果枝；短季棉3～4叶至现蕾	缩节安	春棉：0.3～1.5g/亩 两熟棉：0.5～2.0g/亩	对水10L/亩，叶面喷施	促根、壮苗稳长；定向整形；壮蕾早花；增加抗性；协调肥水；简化前期整枝	喷施均匀，株株着药
初花期	棉田见花	缩节安	1.5～3.0g/亩	对水15～20L/亩，叶面喷施	塑造株形；促早结铃和棉铃发育；推迟封垄；增强根系活力；简化中期整枝	
盛花期	大量开花，已有成铃	缩节安	3.0～5.0g/亩	对水15～20L/亩，叶面喷施	增结伏桃和早秋桃；增加铃重；防止贪青晚熟；简化后期整枝	
吐絮期	60%左右棉铃吐絮，或在枯霜期或拔棉柴前15～20d	乙烯利	药液浓度500～800mg/L，用40%乙烯利水剂100～150g/亩	对水15～20L/亩，叶面喷施	促进晚熟棉铃吐絮；增加霜前花产量；改善纤维品质	晚熟棉铃较多时使用

生产上采用系统化控（3～4 次，见表 6-11），一般每亩使用缩节安原药 8～10g，成本 1.0～1.5 元，可增产棉花 10%以上，改善品质。产出投入比在（30～40）∶1 左右。若把防止徒长脱落、减少损失、简化整枝、节约用工等计算在内，效益更高。

（二）胺鲜酯·甲哌鎓(缩节安)混剂

中国农业大学研制的胺鲜酯·甲哌鎓混剂——27.5%胺鲜酯·甲哌鎓水剂在棉花生产中得到广泛应用。

胺鲜酯在低浓度（1～40mg/L）下对多种植物具有调节和促进生长的作用，可以提高多种作物的根系活力。通过利用胺鲜酯与缩节安之间的互补作用，促进棉苗期根系和地上部的协同生长，增加功能叶叶绿体基粒类囊体的垛叠程度，提高光合作用。有效地提高了棉花的根系活力，增强了根系合成氨基酸和细胞分裂素的能力，提高了根系吸收和运输 NO_3^- 的能力，有利于防止后期早衰。

1. 主要功效

通过多年的研究与应用技术推广，深入研究和探讨了胺鲜酯·甲哌鎓混剂对棉花株型、纤维产量、种子质量的影响，也从该产品促进棉苗期生长发育、促进根系功能方面进行了机理研究。胺鲜酯·甲哌鎓混剂的主要功效如下：

（1）促进早发，防止旺长　胺鲜酯·甲哌鎓混剂进行系统化控后，降低棉株高，分别降低 10%～15%。

（2）优化株型，优化成铃与产量构成因素，提高纤维产量

① 增加单株成铃率　混剂产品对棉株茎枝生长具有延缓作用，减少棉株的果枝数和单株总果节数，可以提高棉株的成铃率 5%以上，效果优于单独使用缩节安，能增加棉花单株成铃，优化成铃结构。

② 增加中下部果枝形成的内围铃　混剂产品处理增加下部果枝（第 1～5 果枝）和中部果枝（第 6～10 果枝）的铃数，减少上部果枝（≥11 果枝）的铃数。

③ 减少烂铃，增加正常吐絮铃数　混剂产品处理减少烂铃和吐絮不畅棉铃，吐絮不畅铃数减少 1.2 个；处理还可以增加正常吐絮的铃数，效果优于缩节安单独使用。

④ 优化产量构成因素，大幅度增加棉花产量　混剂产品处理后能提高子棉和皮棉产量，幅度可达到 15%以上。产量的增加是通过增加成铃数，同时提高铃重来提高子棉和皮棉产量，对衣分的影响不大（表 6-12）。

表 6-12　胺鲜酯·甲哌鎓混剂对棉花产量和产量构成因素的影响

项目	对照	缩节安	胺鲜酯·甲哌鎓混剂
子棉产量/(kg/hm^2)	1845.9	2031.8	2311.1
皮棉产量/(kg/hm^2)	589.9	653.6	733.4
公顷铃数/($\times 10^4$)	47.1	54.7	61.4
铃重/g	4.06	4.47	4.59
衣分/%	31.99	32.80	32.10

（3）提高棉花种子质量　胺鲜酯·甲哌鎓混剂可增加棉花种子的子指，同时还可增加抗虫棉种子中的饱子数，减少秕子数，通过对种子质量的改善，可以提高棉花的制种效益。

（4）改善棉花纤维品质　胺鲜酯·甲哌鎓混剂使棉花纤维品质在一定程度上有所改善（见表 6-13），能提高内围铃的纤维强度和麦克隆值，伸长率和整齐度也有不同程度的提高；外部成铃也有相同的改善效果。

表 6-13 专用型调节剂对棉 SGK321 纤维品质的影响

节位	处理	2.5%跨长/mm	整齐度/%	比强度/(cN/tex)	伸长率/%	麦克隆值
Ⅲ-1	对照	32.40	87.87	25.63	8.20	3.63
	缩节安	31.90	86.83	27.33	8.40	3.90
	胺鲜酯·甲哌鎓混剂	32.24	88.17	27.46	8.30	3.77
Ⅴ-1	对照	30.80	82.90	22.30	8.50	2.20
	缩节安	31.60	83.70	22.80	7.70	2.70
	胺鲜酯·甲哌鎓混剂	31.60	84.80	24.80	8.20	2.30

(5) 减弱缩节安大幅度减小棉花光合叶面积的作用，大幅度提高功能叶光合能力 单独使用缩节安处理，会使棉株的光合叶面积降低 15%～25%，抑制其营养器官的快发。胺鲜酯能提高抗虫棉光合叶面积，胺鲜酯·甲哌鎓混剂处理后单株叶面积略有降低，在很大程度上弥补了单独使用缩节安对抗虫棉叶面积的减少作用。胺鲜酯能提高棉功能叶的光合速率，不同棉品种能提高 20%～80%；缩节安单独应用对不同的棉品种影响不一致，对光合能力的提高不显著；胺鲜酯·甲哌鎓混剂处理后不同棉品种功能叶的光合速率提高 30%～70%，能大幅度改善生长势较弱的棉品种的光合能力，对加快棉株的物质积累、促进棉苗期生长具有重要意义。

(6) 促进根系吸收与还原功能，延长根系生理功能时期，延缓植株早衰

① 大幅度提高根系活力 胺鲜酯·甲哌鎓混剂能提高根系活力，在盛花期表现尤为明显，可以提高根系活力 30%以上。

② 大幅度提高根流量 缩节安在结铃盛期能提高根系伤流量 60%以上，胺鲜酯·甲哌鎓混剂应用后能提高棉花不同生育时期的根系伤流量，在各生育时期均表现出明显的促进作用，有利于增强植株通过根系从土壤的吸收能力。

③地提高根系伤流液中多种物质的流量，提高植株对磷钾等元素的利用能力 胺鲜酯·甲哌鎓混剂处理能大幅度增加伤流液中游离氨基酸的流量，在盛花期和结铃盛期能增加伤流量 40%～50%；其中伤流液中硝态氮流量提高 15%～50%；也能提高棉体内 Pi 和 K 的利用效率，改善棉株的钾营养并缓解棉株的后期易早衰问题。

④ 促进地上部同化物向根系的运输，有利于防止后期早衰 胺鲜酯·甲哌鎓混剂处理后，能增加各个生育时期地上部合成的同化产物通过韧皮部运往根系的蔗糖流量，加快根系发育，确保根系维持各项生理功能所需。

2. 应用技术

27.5%胺鲜酯·甲哌鎓水剂在棉花生长的初花期、盛花期和打顶后喷施三次，在三个时期取 27.5%胺鲜酯·甲哌鎓水剂 4.5～7.5mL、9～15mL 和 13.5～22.5mL 分别对水 15L、30L 和 30L 进行叶面喷雾。为了方便，在初花期、盛花期和打顶后三个时期分别取 6.0mL、12mL 和 18mL 对水 15L、30L 和 30L 进行叶面喷雾也可。

胺鲜酯·甲哌鎓混剂是在缩节安的系统化控技术基础上，针对棉的生理特征建立起来的化学调控技术，其调控的思路主要是在抗虫棉的生长前期通过引入代谢促进型生长调节剂，加快棉的早发，促进营养器官的形态建成，使棉株既不旺长，又确保植株不弱小。因此，如果能在苗蕾期适当加大肥水投入，增产潜力更明显。不同的抗虫棉品种对胺鲜酯·甲哌鎓混剂的反应也存在一定的差异，生产应用时期剂量需要有所调整。

胺鲜酯·甲哌鎓混剂产品在全国开展了多年多点大田试验。每亩使用 27mL、36mL 和 45mL 制剂（折合有效成分 114.5～185.6g/hm^2），在初花期、盛花期和打顶后分别施总药剂量的 16.7%、33.3%和 50%。结果表明，胺鲜酯·甲哌鎓混剂平均降低株高 8%～14%，增加子棉产量 6%～14%。通过设置高浓度的处理，也未见其对棉花生长有影响，安全性高。

与单独使用缩节安相比，胺鲜酯·甲哌鎓混剂增加了一定的用药成本，生产上在初花期、盛花期和打顶后进行系统化控处理3次，每亩成本3.0～6.0元。从经济效益来看，胺鲜酯·甲哌鎓混剂较单独使用缩节安效果更明显，可使稳定增产棉花10%～15%，并能使品质改善。同时，胺鲜酯·甲哌鎓混剂表现出更优异的防止徒长脱落、减少损失、简化整枝、节约用工等效果，因此与缩节安相比也有相当高的经济效益。

二、化学打顶技术

棉花生产工序繁多，用工量达20个/亩以上，这导致植棉成本居高不下、比较效益降低，种植面积近几年急剧下降。在这种严峻的形势下，要想降低植棉成本、稳定棉花种植面积，用机械化、化学化替代人工管理是必然趋势。为替代人工打顶，20世纪60年代初新疆八一农学院农业机械系研制了马拉棉花打顶机。近年来石河子大学又研制了组控式单行仿形棉花打顶机，但机械打顶常对棉株、蕾铃造成过大损伤。化学打顶不像人工打顶那样利用机械会损伤棉花顶尖，而是利用植物生长调节剂强制延缓或抑制棉花顶尖的生长，控制棉花的无限生长习性，从而起到类似人工打顶的调节营养生长与生殖生长的作用。化学打顶可以大幅度提高棉花打顶效率，节约植棉成本。

1. 技术原理

化学打顶剂是一种加强型DPC（DPC^+），为25%缓释型水乳剂。在棉花生长期间应用常规DPC化控技术，在打顶时喷施DPC缓释型水乳剂（较普通DPC可溶性粉剂的有效期长），并可借助助剂中的成分对幼嫩组织表皮形成轻微伤害，可以替代人工打顶。

2. 应用技术范围

近年来在新疆棉区进行了多点试验和示范，DPC^+与常规DPC化控技术相结合，化学打顶的效应基本得到肯定。除新疆棉区外，近年来长江流域棉区也开始探索稀植条件下（1500～2500株/亩）棉花化学打顶的可行性，发现化学打顶的产量与人工打顶相比并不降低，而且在某些条件下表现出增产作用（表6-14）。

3. 施用技术

（1）用药时间　结合棉花生育期缩节胺全程化控技术，在盛花期进行化学打顶，新疆棉区一般在7月初进行，黄河流域棉区在7月20日左右喷施，长江流域棉区在8月初进行喷施。株高90～110cm，果枝数12～13台。

（2）适宜剂量　化学打顶剂用25%缓释增效型缩节胺水乳剂，用量50～100mL/亩，人工背负喷施对水量为15～20L/亩，机械喷施对水量为30～40L/亩。

（3）喷施技术　喷施时，喷杆离棉株顶心30cm。化学打顶技术必须与缩节胺全程化控技术结合。化学打顶剂可与杀虫剂混用；喷施后6h内不下雨，如遇下雨，要减量重新补喷。

4. 棉花化学打顶

应用植物生长调节剂化学打顶在新疆棉区已得到较多研究，在常规DPC化控技术基础上应用DPC^+及氟节胺已开始示范和推广。

（1）加强型DPC（DPC^+）　DPC阻断GA合成的环化步骤。DPC^+为含有DPC、缓释剂和助剂的水乳剂，强制延缓或抑制棉花主茎顶芽的生长。

棉花DPC化学打顶技术在黄河流域北部棉区基本可行，其技术效果受到气象因子、品种、密度及DPC和/或DPC^+应用技术的影响。采用中（6000株/亩）、低（4500株/亩）密度种植，一般年份（4～10月降水量＜500mm，7～8月降水量＜250mm）合理运用常规DPC化控技术（从苗期至打顶后应用3～5次，总剂量10～15g/亩）即可起到化学打顶作用；如果种植密度超过6000株/亩，或花铃期降水量大于常年水平（7～8月降水量＞250mm），则需要在适当加大常规DPC用量（可达到15g/亩以上）的基础上于花铃期（7月中旬至7月底）喷施50～80mL/亩25%DPC^+，以提高对棉株生长的控制强度，但应避免在结铃盛期（7月底）应用大剂量DPC^+

(100mL/亩以上)。不同棉花品种的植株生长、产量形成和熟期对DPC化学打顶技术的响应存在差异，需要根据环境条件选择适宜的品种推广（表6-14）。

表6-14 化学打顶对棉花植株生长和产量的影响

试验点	株高/cm			亩产量/kg		
	未打顶	人工打顶	化学打顶	未打顶	人工打顶	化学打顶
河北邯郸	106.5	88.5	94.0	320.2	331.0	328.8
河南开封	119.9	118.8	114.7	171.4	177.0	183.4
河南新乡	73.4	58.6	64.7	107.8	166.2	169.2
河南南阳	135.0	119.0	122.0	275.0	256.9	323.2
山东聊城	130.5	105.5	118.1	310.5	325.3	333.4
江苏盐城	73.9	65.3	69.4	158.5	219.8	261.5
湖北黄冈	113.1	104.8	110.1	253.2	259.2	251.2
湖北荆州	72.7	70.5	68.8	181.6	193.7	207.1
湖南常德	71.1	60.1	61.9	193.6	174.7	170.7
江西九江	91.9	90.5	86.2	210.5	245.1	226.4
辽宁辽阳	70.4	68.0	68.5	113.0	107.5	164.1
平均	96.2	86.3	88.9	208.7	223.3	238.1

(2) 氟节胺　氟节胺为烟草抑芽剂，也可抑制棉花顶端的生长，对产量影响不明显，可以代替人工打顶，同时还具有省工、省时、无漏顶的优点。但还存在一些问题，如：氟节胺使用成本过高，需降低使用成本；氟节胺打顶效果较迟缓，棉株后期长势强，对脱叶剂使用效果影响明显，不利于棉花机采。

三、化学催熟与辅助收获技术

化学催熟的目的是解决晚熟问题。目前使用的催熟剂主要为乙烯利，它可以改善棉花成熟条件，抑制贪青，使晚秋桃提早均匀成熟，提高霜前花比例。辅助收获剂主要是有效成分为噻节因或噻苯隆的脱叶剂，它可以促进棉花叶柄基部提前形成离层，导致棉花脱叶，不仅可以改善棉田通风透光条件，促进棉铃成熟，而且叶片在枯萎前脱落，可以避免机械采收时枯叶碎屑污染棉絮，提高棉花质量。化学催熟和脱叶技术的应用能促进棉铃开裂、集中吐絮，有利于实现棉花的人工集中快采和机械化采收，可以减少采拾晾晒次数和用工，实现节本增效。

1. 乙烯利催熟技术

(1) 技术原理　乙烯利是一种乙烯释放剂，为2-氯乙基膦酸的酸溶液。乙烯利被植物吸收后，可以在体内分解，释放出乙烯。乙烯促进果实成熟，对棉花也有效。棉铃为典型的呼吸跃变型果实，正常情况下棉铃一直产生乙烯，到成熟阶段开裂前，出现乙烯释放高峰，促进棉铃中与开裂吐絮有关的一系列复杂的生理反应。由于气温限制，晚期形成的棉铃发育迟缓或停滞，自己不能释放足够的乙烯达到生理成熟，人工使用乙烯利，可以补充棉铃内乙烯的不足，促进成熟和吐絮。乙烯利催熟的作用机制在于提高棉铃内乙烯的含量，加快棉铃的发育，使开裂前必然出现的乙烯释放高峰提前到来，从而提早开裂吐絮。

(2) 应用技术范围　因为棉花的无限生长习性和气候条件的限制，特别是随着夏播棉的发展，部分晚期棉铃不能自然成熟，甚至不能开裂吐絮。以往拔棉柴后摘棉桃或在棉株上后熟，费时费工，棉花品质差。这种情况下，可以用乙烯利催熟，使用得当，可提前吐絮高峰，霜前花产量增加25%～50%，纤维品质改善，并可及早腾茬和复种小春作物。

乙烯利直接增加棉株的乙烯，从而引起叶片脱落和棉铃开裂，但一般情况下，乙烯利的催熟效果优于脱叶效果。乙烯利对控制二次生长无效，脱除幼叶的活性也很有限，可作为预处理剂使用（脱叶前至少 4d），或在正常脱叶后 7～12d 使用，这对特别繁茂或倒伏的棉田可以保证良好的覆盖效果。在一些情况下，乙烯利与其他收获辅助剂混用可以促进棉铃开裂，加快叶片的脱落速度。含有乙烯利的混合物通常在 7～10d 之内可使叶片的脱落程度达到收获的要求，7～14d 后可以使开裂的棉铃增加 1 倍，一般喷施后 14d 应开始收获，否则会降低应用乙烯利的优势，不（冷凉天气下除外）。用乙烯利催熟处理后早熟棉花 10 月上中旬吐絮率可达 95%以上，增加 10%～20%，提高脱叶率，催熟效果明显，增产率可达 6%～20%。

适合使用乙烯利催熟的棉田类型有：北方特早熟棉区单产较高的棉田，由于间作、套种、复种、晚播、迟发等原因造成晚熟棉田；单产高、秋桃比重较大的棉田；需要早腾茬，赶种小春作物的棉田。

(3) 施用技术

① 用药时间　用乙烯利催熟棉花，用药时期选择很重要，一般依据下面 3 点：

a. 大多数需要催熟的棉铃达到铃期的 70%～80%（铃龄45 以上）。不能过早，否则影响棉花品质。

b. 喷药后要有 3～5d 日最高温度在 20℃以上。因为乙烯利在棉花体内需要 20℃以上的温度才能迅速释放乙烯，同时考虑到乙烯利的吸收和发挥作用需要几天的时间，不能过晚，否则会影响催熟效果。

c. 一般可掌握在枯霜期（北方棉区）或拔棉柴（复种棉区）15～20d。因为在上述条件满足时，一般用乙烯利后 7d 可见催熟效果，10～15d 出现集中吐絮高峰。具体施药日期各地有差别。

② 适宜剂量　用乙烯利催熟棉花，药液浓度一般在 500～800mg/L。目前我国使用较多的是 40%乙烯利水剂，每亩用 100～150mL，对水量可根据使用的喷雾方法调整，手动喷雾时用水 20～30L，机动喷雾时可用水 15～20L，超低量喷雾时加水相当于原液的 2 倍左右就可以。

用药量可根据下属情况调整：

a. 考虑使用时期和气温高低，用药时间较早、秋季气温高时，浓度可以低些。

b. 考虑茬口安排，想在收花后再种一季的，为减少拔秆桃和提前拔棉秆，要求在 15～20d 内有 80%～90%棉铃吐絮，浓度可高达 2500mg/L。

c. 看棉花长势，棉花发育早，浓度可低些；棉花发育晚，浓度应高些。长势好，可争取晚秋桃的，可以把中下部、中上部棉铃分层分期处理，浓度分别为 800～1200mg/L、1200～1600mg/L。

③ 喷施技术　乙烯利喷到棉株上以后，以乙烯利的形式吸收运输，一般从下到上的输出量较低。所以喷药时强调喷头由下向上，全株均匀喷施，使棉铃均能着药。拔棉柴后的青铃，也可用乙烯利催熟，减少晒摘时间，提高棉花品级。一般每 100kg 青铃用 40%乙烯利水剂 200～300g，对水 10L，均匀喷洒棉铃后，堆积一起，围盖塑料薄膜，5～7d 开始开裂，10～15d 可全部吐絮。

(4) 注意事项

① 乙烯利是一种酸性物质，常见的商品是强酸溶液，pH 值 3.8 以上就释放乙烯，原液保质期 2 年，长时间存放的乙烯利最好不要使用。

② 水的 pH 值一般在 6～8，所以乙烯利加水稀释后，很快失效，要现配现用，不要存放。

③ 不要与碱性农药混用，使用时保存和使用过程中，可以使用塑料、陶瓷或玻璃容器，不能使用金属容器。

④ 乙烯利为强酸性水剂，对皮肤、眼睛、黏膜有刺激作用，应尽量避免接触，若洒到皮肤上，要立即用大量清水或肥皂水冲洗。

⑤ 喷施乙烯利要在晴天无风天气进行，喷药后若 6h 内下雨，最好根据情况减量补喷。

⑥ 由于乙烯利能使棉铃内铃壳叶绿素蛋白质降解，铃壳脱水过程加速，因此能促进棉铃的开裂，使棉铃在籽粒还没有充分发育成熟的情况下吐絮，因此用乙烯利催熟的棉花籽，最好不作

种子用。

2. 棉花脱叶和辅助收获

棉花叶片降低机械化收获的效率，碎叶片易混到棉花中影响纤维纯度和质量，降低棉花品级。收获前脱去叶片，可大幅度提高收获效率，提高棉花的商品品质，应用调节剂进行化学脱叶是较好的方法。目前，美国75%以上的棉田使用脱叶剂辅助收获，我国新疆等规模化植棉区也逐渐推行。近年来，新疆生产建设兵团机采棉面积已达到70%左右，对棉花脱叶和辅助收获技术的要求也日渐提高。

(1) 噻苯隆　噻苯隆是一种具细胞分裂素活性的新型高效植物生长调节剂，能促进植物的光合作用，提高作物产量，改善果实品质，增加果品耐贮性。噻苯隆在棉花种植上作落叶剂使用，被植株吸收后，可促进叶柄与茎之间的分离组织自然形成而脱落，是很好的脱叶剂。

噻苯隆可促进乙烯的产生，抑制生长素的运输，降低生长素与乙烯的比例。噻苯隆处理后24h，叶片释放的乙烯达到峰值，然后维持在一定的水平，直至叶片脱落。它既可有效脱除成熟叶片，也可有效脱除幼嫩叶片，是目前最好的抑制二次生长和脱除幼叶的收获辅助剂，但催熟效果不及脱叶效果。噻苯隆较磷酸盐类脱叶剂起效慢，在低温下尤其如此，因此日均温低于21℃时不建议使用。加入磷酸盐类脱叶剂可以提高噻苯隆在低温下的活性。在所有的收获辅助剂中，噻苯隆要求喷后无雨的时间最长（24h），表明它的吸收最慢。噻苯隆在受到干旱胁迫的棉花上的吸收也比较慢，这种情况下需要增加用量或添加助剂。

当棉铃开裂70%左右时，配制有效成分为300～350mg/L的药液，进行全株喷雾，每亩用药液量30～40L，10d开始落叶，吐絮增加，15d达到高峰，20d有所下降。棉叶可脱落90%左右，对植株无伤害，吐絮正常。噻苯隆使用后5d的药效反应即非常明显，外表看叶片仍呈青绿状态，但用手轻碰棉叶时，叶片就从叶柄基部脱落，老叶一般较嫩叶的脱落速度快。处理后12～18d为脱叶高峰期，20d后脱叶率达到80%以上。噻苯隆对棉花品种苏棉12号下部叶片致脱效果明显，可改善棉花生产后期下部的郁蔽状况，减少棉花烂铃，提高吐絮比率，增产效果明显。棉花自然吐絮率达35%～40%左右时，用50%噻苯隆可湿性粉剂进行茎叶喷雾，能有效促进棉花脱叶，对棉铃吐絮也有一定的促进作用，使得霜前花比例有所提高。气候条件（温度、日照时数和湿度）对棉花脱叶率和吐絮率有一定影响，用药前后高温和充足光照能促进对药剂的吸收，提高脱叶率及吐絮率。

噻苯隆于20世纪80年代开始商业化应用，目前商品化制剂主要有50%可湿性粉剂和80%可湿性粉剂，在棉花上登记的产品较多。生产应用时可以使用50%噻苯隆可湿性粉剂对水稀释1500倍，使用药液量30～40L进行叶面喷雾即可。需要注意的是：施药时期不能过早，否则会影响产量；施药后2d内降雨会影响药效，施药前应注意天气预防；不要污染其他作物，以免产生药害。

(2) 噻苯隆·敌草隆混剂　噻苯隆与除草剂复配后对棉花亦有较好的脱叶作用，目前已在棉花上进行农药登记产品的是噻苯隆和敌草隆的混剂。敌草隆是一种磺酰脲类除草剂，这是一种光合作用抑制剂，可抑制光合作用中的希尔反应。噻苯隆·敌草隆混剂处理后，可使棉叶提前脱落，对棉花快速催枯，落叶迅速，7～10d见效，药后30d脱叶和催熟效果明显，棉田脱叶率可达88.7%～93.8%。

德国拜耳作物科学公司在我国登记开发并生产540g/L噻苯隆·敌草隆悬浮剂（其中敌草隆180g/L、噻苯隆360g/L）。使用方法是在收获前7～14d，棉铃开裂70%～80%时，每亩使用540g/L噻苯隆·敌草隆悬浮剂10mL，对水30～40L进行全株喷施。

需要注意的是，540g/L噻苯隆·敌草隆悬浮剂是一种接触型脱叶剂，施药时应对棉花植株各部位的叶片均匀喷雾，使植株各部分叶片充分着药，以达到预期的脱叶效果；施药后24h内降雨会影响药效，需要重喷。

(3) 噻苯隆·乙烯利混剂　噻苯隆与乙烯利复配后对棉花兼具脱叶和催熟效果，目前已在棉花上进行农药登记的产品是噻苯隆和乙烯利水悬浮剂。噻苯隆·乙烯利水悬浮剂处理后，可使棉花快速脱叶，并促进棉铃开裂、吐絮，5～7d见效，药后25～30d脱叶和催熟效果明显，棉田脱叶率可达88%～97%。

河北国欣诺农生物技术有限公司在我国登记开发生产50%噻苯隆·乙烯利悬浮剂（噻苯隆：乙烯利为1：4）。在收获前15～20d（棉铃开裂50%～70%）使用，每亩用量120～180mL，对水30～40L进行全株均匀喷施。

(4) 噻节因　噻节因是一种植物生长调节剂，可用于棉花脱叶。它抑制负责气孔开关蛋白的合成，气孔失去控制后导致叶片迅速失水，刺激乙烯生成。噻节因是最有效的成熟叶片脱落剂，但对嫩叶的脱除作用很小，而且无催熟和控制二次生长的作用。此外，噻节因是对低温最不敏感的收获辅助剂，在低温下的活性较高。噻节因很少单独作为脱叶剂使用，常与噻苯隆、唑草酯或乙烯利配合使用。噻节因要求喷后无雨的时间为6h；无论单用还是与其他收获辅助剂混用，最好加入高乳化剂作物油作为助剂。

棉花脱叶的施药时间在收获前7～14d，棉铃开裂70%～80%时进行，使用45～75mg/L噻节因，用药液量30～40L，进行全株喷雾。处理后棉花叶面脱落迅速，脱叶率高，喷施15～20d后叶片脱落率达92%以上，促进成熟，加快棉铃开裂速度，吐絮率达到96%以上，有助于提高霜前花率，作用显著且符合采摘要求，对棉花产量的影响极小。

噻节因对棉花的脱叶、催熟效果与施药时的气温、棉花成熟度、叶片老化程度关系密切。同时，噻节因处理后未发现对棉株有畸形、落铃等药害反应。

需要注意的是，在使用噻节因悬浮剂之前一定要充分摇匀后再开桶混配加药，防止因沉淀影响药效；使用噻节因悬浮剂时，要用量杯量取药剂（以体积计），不能称取药剂重量进行混配喷施，以免降低药剂的用量而影响效果；在药箱加水加药剂时，无论是飞机药箱还是机力喷雾器药箱，一定要先加入1/3的水后再加入药剂，然后再加水，确保水与药剂混合均匀，以免药液混合不均降低药效；噻节因悬浮剂是一种接触型脱叶剂，施药时应对棉花植株各部位的叶片均匀喷雾，使植株各部分叶片充分着药，以达到预期的脱叶效果；施药后24h内降雨会影响药效，需要重喷。另外，使用噻节因促进棉花落叶时，每亩加100mL 40%乙烯利水剂效果更佳。

噻节因于20世纪80年代开始商业化应用，目前商品化制剂主要为美国科聚亚公司生产的22.4%噻节因悬浮剂。生产使用时，每亩取22.4%噻节因悬浮剂80～100mL，对水30～40L，进行全株喷雾即可。

(5) 百草枯　百草枯是一种非选择性除草剂，对叶绿体层膜破坏力极强，使光合作用和叶绿素合成很快终止，还可产生自由基，导致细胞膜受到破坏，水分迅速丧失。百草枯主要用于杂草和作物的催干，但也具有一定的脱叶和催熟活性。通常将低剂量百草枯与其他收获辅助剂合用，增强对杂草的催枯作用，剂量若过高会引起叶片干枯不脱落和对未成熟棉铃的伤害。如果常规脱叶后发生二次生长，也可用百草枯进行催干，此时二次生长的叶片一旦萎蔫（尚未破碎），即应当开始收获，这通常在使用干燥剂后的1～2d。需要特别注意的是，由于百草枯使未开裂的棉铃成为僵铃，因此在应用百草枯时要求所有的成熟棉铃已经吐絮。

在棉田中使用百草枯催枯催熟时，使用400～600mg/L百草枯有效成分的药液，用药液量50L左右，均匀喷施于整株棉花。处理后棉花催熟见效快，效果好，可加快棉铃开裂吐絮速度，可使青铃开裂吐絮率达到70%～80%，提高霜前花和吐絮花产量，减少霜后青铃率。技术简便易行，具有理想的省工增收效果。

需要注意的是，百草枯为灭生性除草剂，在园林及作物生长期使用，切忌污染作物，以免产生药害。配药、喷药时要有防护措施，戴橡胶手套、口罩，穿工作服。如药液溅入眼睛或皮肤上，要马上进行冲洗。使用时不要使药液飘移到果树或其他作物上。百草枯属于中等毒性农药，但是对人毒性极大，且无特效药，口服中毒死亡率可达90%以上。目前已被20多个国家禁止或者严格限制使用。目前生产上对百草枯的管理通过添加催吐剂来减轻其毒性。生产应用时，每亩取200g/L百草枯水剂100～150mL，对水50L进行叶面均匀喷雾即可。

(6) 百草枯·乙烯利混剂　催枯效果较好的百草枯和催熟效果较好的乙烯利，二者可以混用，在棉花成熟时处理后能同时起到催枯和催熟效果。二者混用可大大促进棉铃开裂吐絮进程，吐絮率一般提高15%～20%，霜前花率提高10%～20%。

我国有企业登记开发了32.5%百草枯·乙烯利水剂产品（其中百草枯7.5%，乙烯利25%），使用方法是在收获前，每亩使用32.5%百草枯·乙烯利水剂产品80～100mL，对水30～40L进行全株喷施。

第九节　在油菜上的应用

油菜是世界上重要油料作物之一，也是我国种植面积最大的油料作物。我国油菜种植面积及产量居于世界首位，油菜产量约占世界油菜产量的30%。油菜是食用植物油的最重要来源，油菜饼粕也是仅次于豆粕的大宗饲用蛋白源。近年来，菜籽油约占我国食用植物油消费量的40%，菜籽饼粕约占我国植物饼粕消费量的25%。因此，油菜生产对保证我国食用植物油脂和饲用蛋白质的有效供给、改善食物结构、促进养殖业和加工业发展等诸方面均有重要影响。

目前，油菜生产存在以下问题：一是单产水平偏低，未能充分发挥油菜的增产潜力；二是稳产性差，生长期间容易受到低温、渍水、干旱等的危害，越冬期冻害死苗是油菜生产上的一个突出问题，如河南省一般年份油菜冻害死苗率为15%～20%，严重年份为30%～50%，1988年油菜死苗率高达80%以上，当年全省油菜平均单产仅18kg/亩；三是品质差。

生产上除了选用良种、加强肥水管理等常规栽培措施外，植物生长调节剂被广泛应用到油菜生产中。

一、培育壮苗

培育壮苗是油菜高产、稳产的基础，生产上由于受到苗床面积限制，留苗过密，或由于天气等原因晚稻收获过迟致使移栽过迟，常导致油菜高脚苗、弯颈苗出现，不易培育壮苗。直播油菜靠多株多角获得高产，但直播油菜密度增大后，高脚苗、弯颈苗现象严重，也不利于高产。而壮苗移栽后活棵快，出苗齐，根系生长能力强，有机物积累多，有利于形成冬前壮苗，为大田苗期的生长打下基础，也能够加快移栽后油菜的生长速率，且壮苗抗逆性强，对干旱、冻害有更强的抵抗能力。多效唑和烯效唑广泛用于油菜壮苗培育中。

1. 多效唑

在油菜秧苗期应用多效唑，能显著矮化苗高，根颈短而粗，叶柄变短，使根系发达，叶色深绿，叶片增厚，总叶数增多，提高秧苗素质。多效唑处理过的油菜秧苗抗寒和抗旱能力提高，移栽后活棵多，死苗少。同时，叶片光合速率增强，干物质积累多，增加有效分枝和单株角果数。在油菜幼苗期用多效唑处理后，苗高可降低3～5cm，减少高脚苗46.7%～58.9%，壮苗增加55%～77%，一般增产10%左右。特别是对于肥力较高、播量偏大、苗数较多、间定苗偏迟的油菜，使用多效唑效果更好。

在油菜上使用多效唑，以二叶一心期到三叶一心期为适期。使用过早，秧苗太小，会造成抑制过度而影响植株生长量；使用过晚，会影响培育壮秧的效果。使用浓度以100～150mg/L为好(每亩喷施药液量50～60L)；50mg/L浓度太低，壮秧效果不明显；400mg/L浓度太高，会抑制过度而影响植株生长量。因而在应用时需要严格用药浓度、使用时间，做到喷施均匀；需要注意的是，多效唑在旱地降解缓慢，不要在同一地块连年使用多效唑，以防止控制过度或对下茬作物造成伤害。

同时，40mg/L多效唑和200mg/L脱落酸复配使用，对甘蓝型油菜种子进行浸种12h处理后播种，能够达到壮苗增角的效果。

多效唑的登记开发以15%可湿性粉剂为主，有企业登记用于油菜培育壮苗。生产应用时可以使用15%多效唑可湿性粉剂稀释1000～1500倍，即得100～150mg/L多效唑溶液，在油菜苗期进行叶面喷雾处理即可。

2. 烯效唑

在油菜生长的三叶期，叶面喷施 100mg/L 烯效唑溶液，能明显降低油菜幼苗高度、增加幼茎粗度和叶绿素含量，同时增加单株绿叶数和叶片厚度，使叶柄变短；降低有效分枝节位，增加单株一次和二次分枝数以及角果数，增产 8%左右。

油菜三叶期喷施 25mg/L 烯效唑药液，处理后能显著抑制苗高，增加移栽时菜苗的茎粗、绿叶数与干物质重量，叶片叶绿素含量、超氧化物歧化酶与过氧化氢酶活性、根系活力等显著提高。

烯效唑的商品化制剂主要为 5%可湿性粉剂，生产应用时可以使用 5%烯效唑可湿性粉剂对水稀释 500 倍，即得 100mg/L 烯效唑药液，在油菜生长的三叶期进行喷洒即可。

烯效唑也应用到包衣剂中，可有效防治油菜苗期的蚜虫，减轻虫害；还可降低苗高和根颈长，同时显著增加根颈粗和根干重，提高幼苗素质和抗逆性，有效解决了油菜生产中存在的高脚苗问题，为油菜的高产稳产奠定了基础；并使烯效唑使用趋于简单有效，省工省力。

油菜种子包衣剂由助剂、药剂和水按质量体积百分含量混合搅拌均匀而成，其中，烯效唑用量为 0.004%～0.025%。油菜种子包衣具有促进作物生长、增强作物抗性、提高作物产量的作用，包衣种子播种后出苗整齐，根系发达，秧苗素质明显提高，起到很好的控上促下作用，直播增产效果也显著（一般可增产 8%左右)。包衣油菜的配套栽培技术包括精量播种技术，减少用种量和匀苗用工；配合高产的肥料增施技术；包衣油菜增强了植株抗逆性与抗倒性，对直播油菜的机械收获十分有利，并对发展油菜机播机收等新型轻简栽培技术十分有效。种衣剂包膜处理能使过氧化物酶、过氧化氢酶及多酚氧化酶等活性显著提高，改善了油菜的经济性状，增加有效分枝数和单株角果数，提高了籽粒产量。

二、增强抗逆性

1. 控旺防冻

油菜是我国唯一的越冬油料作物，其正常生长发育温度为 10～20℃，当气温低至 3℃时，则地上部分停止生长，−3～−5℃ 3d 以上，叶片出现受冻症状，−7～−8℃油菜植株受冻严重。由于油菜全生育期要经历较长时期的低温环境，故每年都会发生冻害，但一般年份仅在局部地区发生，部分年份大面积发生，如 2008 年 1月 10 日以来，连续大范围、长时间的雨雪冰冻天气，使得 1 月 1 日以后我国大部分地区气温降至 0℃以下，导致湖北、湖南、贵州、江西、四川等地油菜严重受冻，给油菜生产造成了严重影响，当年冬油菜产区单产比 2007 年降低约 10.9%。越冬冻害是黄淮以及长江中下游地区冬油菜的主要灾害，预防、缓解油菜冷害至关重要。除选用抗寒品种、打薹摘薹、适时灌好冬水、中耕培土、增施磷钾肥等冻害防御措施外，还可施用植物生长调节剂进行控旺防冻。

在苗床 3～4 叶期，对生长过旺的苗床叶面喷施多效唑，能使油菜苗矮壮，叶色加深，叶片增厚，增强抗寒能力，提高产量，改善品质。一般在越冬前（12 月上中旬）视大田生长情况，每亩用 15%多效唑 50～75g 对水 50L 喷施（浓度 150～225mg/L)，能有效防止早薹，调整株型，增加植株抗寒能力。

2. 增强耐渍能力

油菜渍水后叶色转淡，根系生长受阻，叶面积与干物重下降，从而造成植株早衰。在三叶期喷施 50mg/L 烯效唑处理后，能促进五叶期受渍油菜生长发育，提高油菜籽粒产量。这是由于烯效唑能提高受渍油菜苗期和开花期叶片超氧化物歧化酶、过氧化氢酶与过氧化物酶的活性以及内源游离脯氨酸含量；能调节受渍油菜膜脂脂肪酸配比，提高膜脂不饱和脂肪酸含量，同时显著降低苗期和开花期植株叶片膜脂化水平与电解质外渗率；能延缓渍水逆境胁迫导致的叶绿素降解与根系活力下降，以及降低叶片与茎秆的可溶性糖水平。

三、控制株高，防止倒伏

1. 多效唑

目前生产上推广的甘蓝型优质油菜品种（尤其是杂交油菜）植株偏高，后期易倒伏，造成阴角多、产量低。喷施多效唑可以在一定程度上提高叶片光合面积，增加植株的分蘖数以及成穗数，降低株高，增加茎秆强度，从而降低作物倒伏程度，提高作物产量，并改善作物品质。在现蕾期用150mg/L多效唑喷施，成熟期株高降低20%以上，一次分枝高度降低35%以上，增加单株有效分枝数和角果数，千粒重增加6%左右，有效防止倒伏，提高产量10%～30%，出油率也有一定的提高。

多效唑的登记开发以15%可湿性粉剂为主，生产应用时可以使用15%多效唑可湿性粉剂1000倍液，即得150mg/L多效唑溶液，在油菜现蕾期进行叶面喷雾处理，即可控制油菜株高，防止倒伏。

2. 甲哌鎓

在油菜抽薹期喷40～80mg/L甲哌鎓溶液，能使油菜果枝紧凑，封行期推迟，延长中下部叶片的光合时间，提高群体光合速率，使产量提高15%～30%。甲哌鎓主要产品有96%～98%原药和250g/L水剂等。生产应用时可以使用250g/L水剂对水稀释3000～6000倍，在油菜抽薹期进行叶面喷雾处理即可。

3. 吡啶醇

目前吡啶醇尚未在油菜上的登记应用，有报道在油菜生长盛花期，用90%乳油50mL加水45L（稀释900倍），进行叶面喷雾处理，可控制营养生长，促进生殖生长，提高结实率，增加种子重量，提高固氮作用和根瘤数，并有一定的抗病和抗倒伏作用。

四、促进生长，提高产量

1. 芸薹素内酯

在油菜幼苗期，喷施0.01～0.02mg/L芸薹素内酯溶液，能促进下胚轴伸长，促进根系生长，提高单株鲜重，提高氨基酸、可溶性糖和叶绿素含量。

生产上登记开发的芸薹素内酯制剂主要有0.1%可溶粉剂、0.01%可溶性液剂、0.01%乳油、0.15%乳油、0.0075%水剂和0.0016%水剂等。在油菜生长期，使用0.0016%水剂稀释800～1600倍即得浓度为0.01～0.02mg/L的芸薹素内酯药液，进行茎叶喷施，可调节油菜生长，达到增产的目的。

2. 赤霉酸

在油菜移栽前，用20mg/L赤霉酸蘸秧根，促使植株早发，增加产量。也可以在盛花期叶面喷施25mg/L赤霉酸溶液，可提高油菜结实率。利用赤霉酸和营养物质混合浸种处理，不仅使油菜种子萌发速度加快，整齐度好，且子叶肥大，颜色浓绿，秧苗健壮整齐，同时对油菜秧苗生长也有促进作用。在油菜二叶一心期，以40mg/L赤霉酸混合液处理，生长指标和质量指标最佳。赤霉酸的商品制剂主要有4%乳油和10%可溶性片剂。生产应用时，可以在油菜移栽前选择4%赤霉酸乳油对水稀释2000倍，即得10～20mg/L赤霉酸药液，进行叶面均匀喷雾即可。

3. 三十烷醇

用0.05mg/L三十烷醇浸种，可提高种子萌发率，培育早苗和壮苗。盛花始期，用0.5mg/L三十烷醇喷洒叶片，有利于提高结实率和千粒重。对生长一般的植株，可在抽薹期喷施0.5mg/L三十烷醇，可增加主花序长度，一般可增产10%～15%。若选用三十烷醇乳粉效果则更好。生产上使用0.1%三十烷醇微乳剂稀释1000～1250倍，在油菜盛花期和抽薹期进行叶面喷雾处理即可。

4. 烯效唑

在油菜苗期（四叶期）叶面喷施烯效唑处理后，油菜幼苗露茎长度明显缩短，根茎粗壮，植株矮化；出叶速度加快，叶色加深，叶片短宽，开展度大，单株叶面积略有下降；根系下扎较深，支根量发达，扎根范围较广；移栽后返青活棵快，植伤小，缩短移栽返青期，植伤叶片数少；增强越冬期间抗寒性，降低冻害率和冻害指数；增加单株有效分枝、有效角果数和每荚粒数；亩喷 1.0g 有效成分增加 9.54%。生产应用时每亩使用 5%烯效唑可湿性粉剂 20g 对水，在油菜四叶期进行喷洒即可。

五、抑制三系制种中微粉产生

通过油菜化学杀雄、利用杂种优势的技术始于 20 世纪 70 年代。利用化学杀雄，使得油菜发生生理性雄性不育，从而制得杂交种，这是利用油菜杂交种的一种方式。但是由于油菜三系制种中有微粉产生干扰，导致生产中不能使用，利用化学杀雄剂减少甚至去除微粉现象，对于油菜制种有着重要的意义。使用化学杀雄剂会影响油菜的营养器官，产生株高降低、花器官变态、花期推迟、叶片失绿等现象。

1. 多效唑

虽然多效唑对微粉并不产生直接作用，但它能通过延缓生长发育、推迟生育期，使小孢子发育处于温敏发育后无微粉。油菜雄性不育系陕 2A，抽薹盛期用 300mg/L 多效唑喷施一次能降低株高和一次有效分枝高度，增加一次分枝个数。用多效唑可提早 10～15d 播种，植株健壮又无微粉，提高制种产量和质量。

使用 15%多效唑可湿性粉剂稀释 500 倍，即得 300mg/L 多效唑溶液，在油菜抽薹盛期进行叶面喷雾处理即可。

2. 苯磺隆

苯磺隆是一种油菜除草剂，有低残留、低毒、高效的特点，但是有研究表明，苯磺隆可用于油菜的化学杀雄，能够减少甘蓝型油菜微粉产生，第一次打顶后喷施，经过 10d 以后进行第二次喷施，以 0.1mg/L 效果最好，雄蕊退化成针状，杀雄时间可持续 25d，且药害不明显，若加大浓度会产生较为明显的药害。

苯磺隆的登记开发以 75%水分散粒剂为主，尚未有在油菜上进行农药登记。生产应用时可以使用 75%水分散粒剂稀释 7500 倍，即得浓度为 1mg/L 的多效唑溶液，在油菜第一次打顶后进行叶面喷雾处理即可。

3. 苯磺隆·四硼酸钠混剂

苯磺隆·四硼酸钠混剂 EN 是一种较为新型的油菜杀雄剂，在甘蓝型油菜不育系 208A 的不同时期喷施 EN 均有不同程度的杀雄效果，其中，在单核期使用 0.5～0.8mg/L EN 喷施效果最佳，全不育株率在 95%，不育株率 100%，F1 代种子纯度提高 8%左右；对于甘蓝型油菜的农艺性状影响较小，结实率影响小，但浓度高于 1.0mg/L 会产生药害，植株生长缓慢，产生药害，需要注意使用浓度。EN 中的两种主要成分苯磺隆和四硼酸钠质量浓度比为 1∶2000。

六、缩短移栽后的返青期

在油菜移栽前，用 20mg/L 赤霉素蘸秧根，可以促使植株早发，缩短返青期，增加产量。也可以用含有赤霉素的肥泥浆蘸根，来缩短返青期。具体做法如下：用赤霉素 1g 对水 100L，加入过磷酸钙 2.53kg，再加适量塘泥或肥土调成糨糊状，边将菜苗根部蘸上肥泥浆边栽种，栽后培土并浇好定根水。处理后的菜苗多发新根、新叶，返青期可缩短 3～4d。

在油菜移栽时选择 4%的赤霉素乳油对水稀释为 2000 倍液，即得 20mg/L 赤霉素药液，进行蘸根处理即可。

七、加快脱水成熟

油菜籽粒成熟不一致，成熟顺序为先主序后分枝，主茎与一次分枝均为先下部成熟，依次中部、上部成熟，具有先开花先成熟的特点，成熟期差异较大，造成机械收割损失8%～20%的影响。在油菜成熟期通过化学催熟，能够减少油菜机械收割的损失。

1. 敌草快

敌草快在促进油菜脱水催熟方面还没有登记，但有研究表明，采用20%敌草快水剂，使用1.8L/hm^2于油菜黄熟期主花序角果喷施，油菜籽粒脱水明显，贮藏2周后农药残留达到国家标准。

敌草快的登记开发以20%水剂为主，多家企业进行了农药登记，用于催枯、干燥及除草。生产应用时使用每亩20%敌草快水剂60mL对水稀释喷雾处理即可。

2. 草甘膦

草甘膦在油菜催熟方面还没有农药登记，但有研究表明，采用2.5～7.5g/L草甘膦（41%草甘膦异丙胺盐水剂，推荐浓度5g/L)，在成熟前10d左右喷施最佳，但对于油菜籽粒品质有一定影响。草甘膦的登记开发以41%水剂为主。生产应用时取41%草甘膦水剂对水稀释80～100倍使用即可。

3. 乙烯利

生产上应用以在80%油菜角果成熟时喷施1g/L乙烯利，或在70%油菜角果成熟时喷施500mg/L乙烯利为宜，既有利于促进油菜成熟的一致性，从而适合机械化收获，同时又对产量和含油量的提高具有一定的效果，还能够减少机收损失，比较划算，但是对籽粒含水量的降低程度影响有限，大约有1%的含水量变化。

使用40%水剂稀释800倍，即得浓度为500mg/L的乙烯利溶液，进行叶面喷雾处理即可。

八、抗裂角

甘蓝型油菜是我国重要的油料作物，种植面积广，但我国油菜机械化水平低，大大降低了油菜的生产效益，油菜机械化收获是油菜种植发展的一种趋势，但甘蓝型油菜成熟期机械收获过程中易裂角，导致产量受损，限制了油菜机械化收获的发展。通过一定的化控手段可以提高甘蓝型油菜的抗裂角能力。在油菜封行期采用150mg/L多效唑水溶液进行叶面喷施，获得的产量最大。使用方法为以细小、均匀的液滴喷施，药液用量为600～750L/hm^2，喷施时间在晴天的上午9～11点之间，喷施后2d内遇雨则需补喷一次，能够显著提高甘蓝型油菜的抗裂角能力。使用15%多效唑可湿性粉剂稀释1000倍，即得浓度为150mg/L的多效唑溶液，在油菜封行期进行叶面喷雾处理即可。

第十节　在花生上的应用

花生（*Arachis hypogaea* L.）又名落花生，俗称万寿果、长寿果、千岁果等，当代誉称“干果之王”。它是我国主要的油料作物和创汇作物，在国民经济中占有重要的地位。然而，生产上普遍存在营养生长和生殖生长不协调的问题，特别是气候湿润、肥水条件好的情况下，极易出现徒长和倒伏，导致其饱果率和果重降低，严重影响花生产量的提高和品质的改善。自20世纪70年代以来，在花生生产上应用植物生长调节剂愈来愈多，并取得了显著的增产效果。应用植物生长调节剂已成为花生增产的一项重要栽培技术措施。

一、调节种子萌发和幼苗生长

种子的好坏决定了花生的出苗率，幼苗长势影响了花生中后期的生长发育。利用植物生长调节剂进行浸种或拌种，可以确保花生出苗快、出苗齐、苗壮、分枝早，为优质高产奠定基础。

用于花生浸种或拌种的植物生长调节剂主要有：

1. 吲哚乙酸

在花生播种前，取0.1mL爱密挺（吲哚乙酸）加水200mL，拌种8kg，可使花生苗齐、苗壮，促进幼苗的健康生长。该产品已在乌克兰、德国、以色列、南非、俄罗斯、白俄罗斯、哈萨克斯坦等国登记和应用。该产品在我国已获得小麦、水稻、玉米、大豆和黄瓜、番茄等蔬菜上的农药登记。

2. 吲哚乙酸·萘乙酸混剂

花生在播种前，用含有20～30mg/L有效成分的吲哚乙酸·萘乙酸混剂进行拌种处理，可确保花生出苗快、出苗齐、苗壮。目前在花生浸种、拌种应用上进行农药登记的吲哚乙酸·萘乙酸混剂为50%可溶性粉剂（其中有效成分萘乙酸和吲哚乙酸含量分别为20%和30%），使用50%吲哚乙酸·萘乙酸可溶性粉剂进行花生拌种时，对水稀释20000倍即可。

3. 烯效唑

烯效唑拌种其主要通过使花生幼苗变矮、主茎变粗、分枝数增多、根系发达，并提高叶绿素含量，从而使苗期花生生长健壮，增加干物质重量。花生在播种前，用1mg/L有效成分的烯效唑溶液进行拌种处理，可使花生幼苗矮化，分枝增多，根系发达，叶绿素含量提高，增加干物质积累。

4. 芸薹素内酯

用芸薹素内酯浸种时，使用浓度为0.1mg/L的芸薹素内酯药液浸泡花生种子24h，在阴凉处晾干后播种，可以促进花生种子萌发和幼苗生长，使花生的发芽率提高到60%以上，同时增加根系长度，提高单株鲜重，提高氨基酸、可溶性糖和叶绿素含量。

需要注意的是，使用芸薹素内酯进行花生种子处理时，需要严格控制有效成分的使用浓度，芸薹素内酯含量高于0.5mg/L时会抑制花生萌发，而5.0mg/L芸薹素内酯浸种可引起花生幼苗生长异常。

生产上登记开发的芸薹素内酯制剂主要有0.1%可溶性粉剂、0.01%可溶性液剂、0.01%乳油、0.15%乳油、0.0075%水剂和0.0016%水剂等。生产上使用芸薹素内酯处理花生种子时，可以使用有效成分在0.01%左右的制剂稀释1000倍进行浸种。

5. 甲哌鎓

甲哌鎓用于花生浸种，可以调节根系生理活性，促进根系生长，增加根重，促进地上生长，增加分枝数。花生在播种前，用含有150mg/L有效成分的甲哌鎓药液进行浸种处理，可以提高幼苗根系中吲哚乙酸和玉米素含量，提高根系活力，促进根系的生长；可以促进苗期叶片叶绿素的合成，提高叶绿素含量，提高苗期叶片的光合速率，最终取得花生壮苗丰产的效果。用于花生浸种，以甲哌鎓有效成分800mg/L的水溶液为宜。

生产应用时，可以使用250g/L水剂，对水稀释1500倍左右，进行浸种处理即可。

二、控制茎叶旺长，协调荚果发育

目前，花生生产普遍存在旺长、徒长、冠层郁闭、花位高、果针入土率低，以及由此而引起的花多不齐、针多不实、果多不饱等问题，应用植物生长调节剂能够显著抑制植株茎秆纵向生长，促进茎秆横向生长，抑制花生茎枝徒长，增强花生抗倒伏、抗旱和抗病能力。

1. 多效唑

多效唑能抑制赤霉素的合成，可以有效提高花生体内吲哚乙酸氧化酶的活性，降低赤霉素含量，促进体内脱落酸和乙烯浓度增加。经多效唑处理后，能够有效控制花生的茎枝生长，增强抗倒能力和光合能力，协调营养生长和生殖生长的关系，促进同化产物向荚果运输，增加结果数，提高饱果率，花生荚果一般可增产15%左右。

于花生始花后40～50d，当植株高度超过45cm，第一对侧枝8～10节，平均节长大于或等于

5cm 时，喷施 25～100mg/L 多效唑水溶液，可取得控旺增产的效果。生产上为达到节本增效目的，可施用 25mg/L 多效唑溶液，每亩叶面喷施 50～75L 药液。在田间适宜剂量范围内，多效唑可湿性粉剂控制营养生长的能力强于烯效唑可湿性粉剂，但两者在提高花生饱果数、增加花生产量方面的表现基本一致。

多效唑在中等以上地力、植株生长旺盛的地块上施用，才有明显的增产效果；在地力差，植株长势弱的地块，则不表现增产作用。所以，在植株生长弱的地块，不能喷施多效唑。必须严格控制用药浓度和施用时期，浓度过大，植株生长抑制过头，反而造成减产；施用过早或过晚，都达不到预期目的。值得注意的是，多效唑在花生盛花期、盛花末期处理会加重花生后期叶斑病病害和落叶，与 70%代森锰锌 400 倍液配合使用，收获时主茎绿叶数、产量比单独喷施多效唑增加 4%，比对照增产 13.3%。

生产应用时使用 15%多效唑可湿性粉剂稀释 1000～1500 倍，即得浓度为 100～150mg/L 的多效唑溶液，进行叶面喷雾处理。

2. 胺鲜酯·甲哌鎓混剂

中国农业大学作物化学控制研究中心利用胺鲜酯（化学名称为 *N*,*N*-二乙氨基乙基己酸酯柠檬酸盐）和甲哌鎓进行了混剂的研究和开发，研制了新型花生专用生长调节剂 27.5%胺鲜酯·甲哌鎓水剂（有效成分胺鲜酯和甲哌鎓含量分别为 2.5%和 25%），并进行了农药登记。

在花生生长至开花下针期，应用 27.5%胺鲜酯·甲哌鎓水剂可控制花生植株生长，使花生株型矮化，提高单株饱荚数，增加饱荚重。在花生生长至开花后多数果针入土时，每亩取 27.5%胺鲜酯·甲哌鎓水剂产品 20～40mL 对水 30kg 进行叶面喷雾，一次即可。施药时注意选择晴朗无风的天气进行田间操作，在 4h 内下雨需要减半补喷。

每亩使用 15～30mL 制剂（折合有效成分 82.5～165g/hm^2），在花生开花后大量花针入土时进行叶面处理，结果发现 27.5%胺鲜酯·甲哌鎓水剂平均降低株高 8%，增加荚果产量 9%～18%。高浓度的 27.5%胺鲜酯·甲哌鎓水剂处理也未见花生生长发生任何异常，对花生生长高度安全。

27.5%胺鲜酯·甲哌鎓水剂在生产上只需要使用一次，亩用药量只需要 20～40mL 即可使花生稳定增产荚果 10%～15%，并能使品质略有改善，特别是提高对不良环境的抵抗能力。因此，在花生上应用 27.5%胺鲜酯·甲哌鎓水剂具有相当高的经济效益。

3. 甲哌鎓

于花生苗期叶面喷施甲哌鎓，可以调节根系生理活性，促进根系生长，增加根重，促进地上生长，增加分枝数；能使叶片增厚、增绿，有利于增强同化能力和营养物质的积累与利用。花针期和结荚初期叶面喷施，可促进根系对有机磷的吸收和调节糖类物质的转化利用，延迟根系衰老。可明显抑制主茎生长，增加结果数，提高饱果率。施用得当，一般可增产 10%左右。

一般生产上，用于初花期叶面喷施，以甲哌鎓有效成分 800mg/L 的水溶液为宜。结荚期喷施以 1000mg/L 为宜；高产栽培中，用于控制花生徒长，可于结荚期用 1000mg/L 浓度叶面喷施两次，相隔 10～15d。这种方法在土壤肥力较高、土质较黏重的土壤使用效果较好，旱薄地、花生生长较弱的田块不宜喷施，同时，施用后要注意水肥管理。也有研究以北京 4 号花生品种为试验材料，在结荚后期施用可显著增加荚果产量，表现为饱果率提高，果重增加。甲哌鎓可提高花生籽仁中氨基酸含量，对蛋氨酸含量的提高效果尤为明显，提高 30%～40%，同时对籽仁中粗蛋白、粗脂肪及糖分的含量也有增加的趋势。

甲哌鎓主要产品有 96%～98%原药（由于甲哌鎓极易溶于水，通常原药相当于可溶性粉剂直接应用）和 250g/L 水剂等。生产应用时可以使用 96%～98%可溶性粉剂（或原药）对水稀释为 1000～1250 倍液，进行叶面喷雾处理即可。

4. 丁酰肼(比久)

应用丁酰肼曾经是花生高产栽培中的一项重要措施。它主要能够防止花生茎枝徒长，使植株矮化，防止倒伏；提高叶片的光合性能，促进光合产物向果实中转移；使根和荚果重量增加，籽仁增大，能使荚果产量提高 5%～20%。

但是，由于丁酰肼存在可能的“三致”效应，其使用已受到严格限制。20 世纪 90 年代研究发现，丁酰肼的水解产物非对称二甲基联氨具有致癌作用。日本要求花生不得检出丁酰肼，韩国要求花生丁酰肼限量为 1.0mg/kg，比利时规定花生果和花生仁的限量分别是 5.0mg/kg 和 1.0mg/kg。我国商检部门也严禁出口的花生使用丁酰肼。从 2003 年 4 月 30 日，中国农业部发布公告，撤销丁酰肼在花生上的登记，规定不得在花生上使用含有丁酰肼的农药产品，此前已限制丁酰肼在出口花生上的使用。该成分目前仅限于菊花等观赏植物的小范围登记使用。

三、促进生长，提高产量

1. 芸薹素内酯

芸薹素内酯除可用于花生种子处理外，还可以在花生生长始花期开始下针时进行叶面喷施处理，使用有效成分含量为 0.02～0.04mg/L 的芸薹素内酯，处理后能使花生植株生长稳健，增加单株总果数，提高百果重和百仁重，比对照增产 22%。芸薹素内酯处理花生植株，也能够提高花生对低温的抵抗能力，主要是通过减缓叶绿素降解，减少膜脂氧化产物丙二醛的积累作用。在苗期使用有效成分含量为 0.5～1.0mg/L 的芸薹素内酯进行茎叶处理，对花生幼苗生长发育均有一定的促进作用，对花生株高、根长、株鲜重、茎叶鲜重等生长指标均有一定程度的提高，能使单株果针数量增加 20 以上。

值得注意的是，进行田间操作时，下雨时不能喷药，喷药后 6h 内遇雨需重喷。喷药时间最好选在上午 10 点之前或者下午 4 点以后。

2. 三十烷醇

三十烷醇一般在花生生长至 4～5 叶，叶面喷施，能增加前期花、饱果数和百仁重。在下针后喷施三十烷醇处理，能提高叶绿素含量和光合作用，加快脂肪和蛋白质的积累速度，使花生提早成熟 5～7d，并能提高饱果率、双仁率和百仁重，增产 5%～10%。需要注意的是，三十烷醇生理活性很强，使用浓度很低，配制药液要准确。但是也有研究报道表明，花生生长使用三十烷醇进行处理时，在苗期和始花期喷施较为理想，下针期喷施会引起植株增高，对增产不利。在苗期和花期使用 0.5mg/L 三十烷醇处理，能促进花生生长发育，有促进花生植株生长稳健、花芽分化增多、饱果率提高和单株果重增加的作用，增加花生产量 10%左右；但是，在荚期使用效果不明显。

生产上使用 0.1%三十烷醇微乳剂稀释 1000～1250 倍，在花生苗期或开花下针期进行叶面喷雾处理即可。

四、调控开花下针

花生是地上开花、地下结果作物。花生单株开花量变异幅度很大，一般为 40～200 朵，所开的花中有相当大的部分不能形成果针，约占总花数的 30%～60%，能形成荚果的则更为有限。因而，调控开花成针对提高花生产量有着重要意义。

1. 赤霉素

一般来说，花生早开的低节位花都是有效花，能结荚；迟开的高节位花都是无效花，不能结荚。在始花后 20d，叶面喷施 10～20mg/L 赤霉素溶液，能够延长果针，并入土结荚，提高高节位荚果数、荚果级数和荚果重，从而提高产量。

赤霉素的商品制剂主要有 4%乳油，生产应用时可以在花生始花后选择 4%赤霉素乳油，对水稀释 2000～4000 倍液，即成 10～20mg/L 赤霉素溶液，进行叶面喷雾即可。

2. 调节膦

使用调节膦时，可将药液由植物顶端开始自上向下喷洒。施药剂量、时间视施药对象、施药环境而定。因调节膦属于铵盐，对黄铜或铜器及喷雾零件有腐蚀，药械施用后应立即冲洗干净。它还可以与草甘膦混用，具有增效作用，也可以与少量的萘乙酸或整形素、赤霉素混用，均有一定的增效作用。喷药后24h内下雨必须重喷；落叶前20d最好不要用药。

调节膦不但对花生地上部生长的抑制作用极强，抑制主茎高度和侧枝长度，促进光合产物向地下部和向生殖器官转移，而且能抑制花芽的形成。有研究报道，在花生盛花期喷施调节膦500～1500mg/L，喷后12d花数急剧减少。花朵明显变小，花药中没有花粉，所以饱果数多，饱果率增加。大面积示范表明，调节膦应用于花生生产一般平均增产6%～15%左右，籽仁增产幅度为10%～20%。需要注意的是，使用调节膦影响后代的出苗率，降低植株生长势和主茎高度，影响结实，故不宜再作种用。

五、提高抗旱性

花生具有较耐旱和耐瘠薄的特征，是发展旱作农业和开发旱薄地的理想作物。我国花生主要集中在年降雨量少于250mm的干旱地区（占国土面积30.8%），降雨量在250～600mm的半干旱地区也有相当面积的种植。因此，干旱是花生产量提高的重要限制因子。全国每年因干旱引起的花生减产率在20%以上，经济损失超过50亿元。植物生长调节剂可以有效控制茎枝生长，增强抗倒能力和光合作用能力，协调营养生长和生殖生长的关系，提高植株的饱果率和抗旱性。

1. 多效唑

喷施多效唑是花生生产中控制倒伏徒长、防病、防旱的一项有效增产措施。

用100～200mg/L多效唑溶液喷施于5～6片叶的花生植株，11d后停止淋水，土壤逐渐干旱，40d后土壤含水量下降到41%。这时测定各项指标，与对照不喷多效唑相比，多效唑处理可促进根系生长，并提高根系的吸水、吸肥能力；叶片中的储水细胞体积加大，蒸腾速率下降，叶片含水量增多。上述解剖和生理特征都有利于抵抗水分胁迫。所以，喷施多效唑可以提高花生的抗旱能力。

在春花生始花后25～30d，叶面喷施25～100mg/L多效唑能增加产量7%左右。多效唑在花生体内和土壤中降解迅速。花生仁内多效唑残留量为0.03mg/kg，在最大残留量限制范围内，故食用安全。在干旱条件下，经多效唑预处理的花生幼苗体内脱落酸含量和脯氨酸水平提高，超氧化物歧化酶、过氧化物酶和过氧化氢酶活性下降程度低于对照，明显提高抗旱性。

生产应用时，可以使用15%多效唑可湿性粉剂对水稀释750～1500倍，即得浓度为100～150mg/L的多效唑溶液，进行叶面喷雾处理。

2. 矮壮素

用75～300mg/L矮壮素溶液处理三叶期的花生，然后进行干旱处理。试验表明，矮壮素能提高干旱胁迫时期花生幼苗的脱落酸含量，其中以150mg/L处理最显著；此外，也提高植物体内防护氧自由基伤害的防护酶（如超氧歧化酶）活性，使细胞膜少受干旱的伤害。因此，叶片含水量较高，这说明矮壮素处理可以一定程度地提高花生幼苗的抗旱能力。

遇到较严重的干旱时，可以使用50%矮壮素水剂，对水稀释3000倍左右进行叶面喷雾处理。

3. S-诱抗素

S-诱抗素，又名天然脱落酸，当植物处于水分、温度、盐离子等不利环境胁迫条件下时，植物体内脱落酸含量大增，诱导植物对不利环境产生抗性。有数据显示，干旱条件下植物体内脱落酸的增加和气孔的关闭一致，从而降低了植物的蒸腾速率，增强其抗旱性。

在花生开花下针期和果实膨大期分别喷施有效成分含量12～16mg/L的S-诱抗素，能够使叶片相对含水量增加12.02%以上，有利于降低植株的蒸腾失水速率，但光合速率降低较少，增强其抗旱性，使花生在干旱情况下减产幅度降低。

使用S-诱抗素时忌与碱性农药混用，忌用碱性水（pH>7.0）进行稀释，稀释液中加入少量的食醋，效果会更好。施药最好在阴天或晴天傍晚进行，喷药后6h内下雨应补喷。虽然S-诱抗素对蜜蜂、鸟、鱼、家蚕等环境有益生物安全，仍然有必要禁止在河塘等水域内清洗施药器具或将清洗施药器具的废水倒入河流、池塘等水源。

S-诱抗素的商品制剂有0.006%～0.025%不同含量的水剂，以及1%可溶性粉剂和5%可溶性液剂等。生产中遇到较严重的干旱时，可以使用S-诱抗素对水稀释进行叶面喷雾处理。

4. 粉锈宁

在花生四叶期，喷洒100～300mg/L粉锈宁溶液，可使植株矮壮，根系发达，根冠比大，减少叶面积，提高叶绿素含量，光合作用加强，植株鲜重和干重都增加。

在春花生始花后25～30d，叶面喷施300～600mg/L粉锈宁，比对照增产10%左右。经过粉锈宁预处理的花生幼苗，在干旱条件下青叶数多，形成较多光合产物，可增加产量。值得注意的是，施用粉锈宁的花生不宜出口埃及。埃及政府禁止在食用作物上使用粉锈宁。

粉锈宁与酸性和微碱性药剂混用，以扩大防治效果。使用浓度不能随意增大，以免发生药害。出现药害后常表现植株生长缓慢、叶片变小、颜色深绿或生长停滞等，遇到药害要停止用药，并加强肥水管理。

参考文献

[1] 蔡文振，刘德盛．油菜喷洒三十烷醇的适宜浓度与剂型．福建农业科技，1996，1：9.

[2] 曹焕泰．三十烷醇不同剂型对烟草生理和产量效应的研究．福建师范大学学报（自然科学版），1985，2（2）：87-92.

[3] 曾红，王小春，陈国鹏，等．喷施烯效唑对玉米-大豆套作群体株型及产量的影响．核农学报，2016，30（7）：1420-1426.

[4] 陈立梅．赤霉素对棉花产量的影响．农村科技，2000，12：12.

[5] 陈文瑞，张武军．乙烯利对玉米生长和产量的影响．四川农业大学学报，2001，19（2）：129-130，157.

[6] 陈仙平，刘宏友，王静．不同浓度的烯效唑浸种对玉米营养生长的影响．农业科技通讯，2008，11：51-53.

[7] 陈秀双．矮壮素50%水剂调节棉花生长田间药效试验．农药科学与管理，2009，30（7）：49-50.

[8] 陈宇．增甘膦——甜菜增产增糖的良药．新农业，1987，15：26.

[9] 陈玉国，李淑君，王海涛，等．33%二甲戊乐灵乳油对烟草腋芽的抑制效果．河南农业科学，2005，11：49-50.

[10] 成卓敏．简明农药使用手册．北京：化学工业出版社，2009.

[11] 程增书，徐桂真，李玉荣，王延兵．多效唑对花生生长、产量和品质的影响．花生学报，2006，35（3）：32-36.

[12] 崔洪秋，冯乃杰，孙福东，等．DTA-6对大豆花荚脱落纤维素酶和GmAC基因表达的调控．作物学报，2016，42（1）：51-57.

[13] 董学会，段留生，何钟佩．30%己乙水剂对玉米根系生理活性的调控效应．作物学报，2005，31（11）：1500-1505.

[14] 董学会，段留生，孟繁林．30%己乙水剂对玉米产量和茎秆质量的影响．玉米科学，2006，14（1）：138-140，143.

[15] 董学会，李建民，何钟佩．30%己乙水剂对玉米叶片光合酶活性与同化物分配的影响．玉米科学，2006，14（4）：93-96.

[16] 杜连涛．调环酸钙对丘陵地区夏直播花生生理特性及产量的影响．云南农业大学学报，2014，29（3）：365-369.

[17] 段留生，田晓丽，主编．作物化学控制原理与技术．第2版．北京：中国农业大学出版社，2011：6.

[18] 樊翠芹，王贵启，苏立军，李秉华，许贤．50%噻苯隆在棉田的应用效果及气候因素的影响．河北农业科学，2007，11（1）：51-54.

[19] 樊翠芹，王贵启，苏立军，祁至尊．矮壮素在棉田的调控效果研究．河北农业科学，2007，11（4）：3-4.

[20] 樊翠芹，李香菊，王贵启，等．芸薹素内酯乳油对大豆产量和品质的影响．河北农业科学，2005，9（2）：1-3.

[21] 范希峰，周勇，田晓莉，段留生，何钟佩，李召虎．DPC与DTA-6复配对转基因抗虫棉产量及品质的影响．棉花学报，2008，20（3）：198-202.

[22] 范希峰，周勇，田晓莉，段留生，何钟佩，李召虎．DPC与DTA-6复配对转基因抗虫棉产量及纤维品质的影响．2007年全国植物生长物质研讨会论文摘要汇编，2007.

[23] 范希峰，周勇，田晓莉，等．DPC与DTA-6复配对转基因抗虫棉株型及产量的影响．中国棉花学会2006年年会暨第七次代表大会论文汇编，2006.

[24] 方贯娜，庞淑敏，李建欣．马铃薯生产中如何正确使用植物生长调节剂．长江蔬菜，2011，(1)：43-44.

[25] 冯涛，曹爱华，徐光军，刘保安．25%氟节胺乳油在烟草和土壤中的消解动态研究．烟草科技，2000，149（10）：38-40.

[26] 伏军，石高翔．三十烷醇在花生生产上的应用效果．湖南农业科学，1983，6：44-45.

[27] 氟节胺和二甲戊乐灵烟草抑芽复配制剂．中华人民共和国专利．公开号CN 101228869A.

[28] 高艾兰，宋贤利．50%噻苯隆可湿性粉剂对棉花脱叶及防止烂铃的药效试验．农药，2003，42（1）：35.

[29] 高波，周亚冬，李冬梅，王克臣，李明．乙烯利对春玉米生长发育及产量的影响，东北农业大学学报，2009，40（1）：13-17.

[30] 高煜珠，韩碧文，饶立华．植物生理学．北京：中国农业出版社，1995.

[31] 关华，杨文钰．烯效唑对小麦苗期生长的调控效应．种子，2002，(3)：62-63.

[32] 官春云．现代作物栽培学．北京：高等教育出版社，2011.
[33] 韩碧文，邵莉楣，陈虎保．植物生长物质．北京：科学出版社，1987.
[34] 韩惠芳，杨文钰，樊高琼，任万军．烯效唑干拌种对不同群体小麦分蘖成穗的调控．麦类作物学报，2003，23（4）：113-116.
[35] 何林，王金信，邓新平．8%甲哌鎓可溶性粉剂对甘薯生长发育、产量及品质的影响．农药学学报，2001，1（3）：89-92.
[36] 何卫疆，魏新海．脱吐隆悬浮剂对棉花脱叶和吐絮效果试验．新疆农业科技，2009，4：40.
[37] 何永梅，罗光耀，谢梦纯．油菜冷害和冻害的发生与应对措施．科学种养，2013，（01）：29-30.
[38] 何钟佩，田晓莉，段留生．作物激素生理及化学控制．北京：中国农业大学出版社，1997.
[39] 褐维言，冯斗．三十烷醇浸种对超甜玉米种子萌发和幼苗生长的影响．福建农业科技，2000，6：7-8.
[40] 洪亚军．"脱吐隆"棉花专用脱叶剂的应用效果．新疆农垦科技，2008，31（6）：42-43.
[41] 胡立勇，张静，李京，等．适用于油菜壮苗及增加角果数的种子处理剂：中国专利，申请号 CN 200910273295，公开号 CN 101731274 B 2010-06-16.
[42] 胡雯媚，李国瑞，樊高琼，等．增强小麦种子萌发期抗旱性的植物生长调节物质的筛选与评价．麦类作物学报，2016，36（8）：1093-1100.
[43] 黄福先．花生不同时期喷施三十烷醇的增产效应试验初报．花生科技，1983，3：21-23.
[44] 黄继援，范长海，刘忠元．棉花喷施德罗普脱叶试验．新疆农业科学，1990，4：160.
[45] 黄蓉，程雨贵．多效唑对高密度大豆生长发育的影响．吉林农业科学，2002，27（4）：33-34.
[46] 黄兆峰，李彩凤，孙世臣，尹春佳，赵明珠，赵丽影，陈业婷，越鹏，王圆圆．赤霉素对甜菜当年抽薹及光合作用的调控．作物杂志，2009，2：41-43.
[47] 姜孝成，蒋益芳．萘乙酸浸种对"湘早籼 11 号"种子萌发的影响．湖南师范大学自然科学学报，1997，20（4）：70-73.
[48] 焦敏，刘红，徐媛媛．植物生长调节剂爱密挺用于小麦拌种的试验初报．现代农业科技，2007，9：98-99.
[49] 娇岩林，何东平，王晓君，赵健，殷岩．花生抗旱性研究进展．河北农业科学，2008，12（8）：7-8，11.
[50] 揭良波．2008 年我国油菜冻害发生特点、症状及补救措施．农技服务，2008，（2）：7-8.
[51] 解晓林，王祝彩．烯效唑在油菜苗期应用初报．上海农业科技，2002，4：82-83.
[52] 井苗，董振生，严自斌，等．BHL 等 4 种药物对油菜杀雄效果的研究．西北农业学报，2008，（03）：165-170.
[53] 井苗，汪奎，王斌，等．BHL 诱导油菜雄性不育效果再研究．西北农业学报，2009，18（05）：150-152.
[54] 孔繁华，刘震，孙竹波，马冲．多效唑和烯效唑调节花生生长对比试验．黑龙江农业科学，2009，（5）：74-75.
[55] 李合生．现代植物生理学．北京：高等教育出版社，2002.
[56] 李建磊，李自坤，满朝军．化学调控剂对甘薯植株生长及产量构成的影响．中国农村小康科技，2010，（10）：52-53.
[57] 李玲，潘瑞炽．植物生长调节剂提高花生产量和增强抗旱性研究．花生科技，1996，1：1-6.
[58] 李丕明，何钟佩，奚惠达．作物化学控制栽培工程的建立与发展．北京农业大学学报，1991，17（增刊），1-4.
[59] 李曙轩．植物生长调节剂与农业生产．北京：科学出版社，1989.
[60] 李文．化学杂交剂对不同品种油菜杀雄效果研究：［学位论文］．长沙：湖南农业大学，2012.
[61] 李欣欣，廖红，赵静．GA_3、ABA 和 6-BA 对大豆根系生长的影响．华南农业大学学报，2014，35（3）：35-40.
[62] 李馨园．干旱胁迫下 DCPTA 对大豆幼苗生长的调控．大豆科学，2016，35（1）：86-90.
[63] 李艳花，廖采琴，魏鑫，等．嫁接与短日照处理下 3 种植物生长调节剂对诱导甘薯开花结实的影响．西南农业学报，2012，（01）：97-102.
[64] 李宗霆，周燮．植物激素及其免疫检测技术．南京：江苏科学技术出版社，1996.
[65] 梁一萍，兰海东，黄礼勘，邓斌胜．植物生长调节剂对苦丁茶的矮化作用研究．广西科学院学报，2006，22（2）：82-84，93.
[66] 刘春娟，冯乃杰，郑殿峰，等．S3307 和 DTA-6 对大豆叶片生理活性及产量的影响．植物营养与肥料学报，2016，22（3）：626-633.
[67] 刘春娟，冯乃杰，郑殿峰，等．植物生长调节剂 S3307 和 DTA-6 对大豆源库碳水化合物代谢及产量的影响．中国农业科学，2016，49（4）：657-666.
[68] 刘江，陈中说，吴春，等．外源绿原酸对大豆下胚轴不定根形成的影响．天然产物研究与开发，2016，28：262-265.
[69] 刘生荣，刘党培．不同熟性棉花乙烯利催熟效应研究．耕作与栽培，2004，4：31，44.
[70] 刘伟，王金信，杨广玲，等．芸薹素内酯对花生幼苗生长的影响．现代农药，2005，1：42-43.
[71] 刘文宝，李青，段友臣，侯涛，杨鹏，张文杰，朱振林，王芳．S-诱抗素在花生抗旱栽培上的应用效果初报．山东农业科学，2007，5：65-67.
[72] 刘绚霞，董军刚，刘创社，等．新型化学杀雄剂 EN 对甘蓝型油菜的杀雄效果及其应用研究．西北农林科技大学学

报（自然科学版），2007，(04)：81-85.
[73] 刘绚霞．新型化学杀雄剂 EN 对甘蓝型油菜的杀雄效果与应用研究：［学位论文］．咸阳：西北农林科技大学，2005.
[74] 刘长令．世界农药大全（除草剂卷）北京：化学工业出版社，2003.
[75] 陆子梅，顾自豪，高国训，靳力争．赤霉素和营养物质对油菜种子萌发及秧苗生育的协同作用．天津农业科学，2002，8（2）：15-17.
[76] 马德英，羌松，孔宪辉，等．哈威达 25F 在北疆棉区的催熟脱叶效果评价．中国棉花，2004，31（3）：22-24.
[77] 马葵阳，于芳祥．玉米制种喷施矮壮素试验效果．新疆农业科技，2005，4：14.
[78] 马跃峰，李雪生，林明珍．萘乙酸乳油浸秧对晚稻植株素质及产量的影响．广西农业科学，2000，4：176-177.
[79] 农业部农药检定所编．植物生长调节剂规范使用知识．北京：中国农业出版社，2014：2.
[80] 潘瑞炽，陈惜吟，罗蕴秀．花生结荚期施用赤霉素促进高节位果针发育．华南师范大学学报（自然科学版），1987，2：78-82.
[81] 潘瑞炽，李玲．植物生长发育的化学控制 第 2 版．广州：广东高等教育出版社，1999.
[82] 潘瑞炽．植物生理学．第 5 版．北京：高等教育出版社，2003.
[83] 裴润梅．多效唑对春花生的生物和产量效应：[硕士论文]．南宁：广西大学，2003.
[84] 彭应财．水稻应用植物细胞分裂素的效果．作物杂志，1996，(2)：29.
[85] 乔醒，程勇，陆光远，等．敌草快对成熟期油菜脱水和种子质量的影响．中国油料作物学报，2015，(02)：240-245.
[86] 曲文章．增甘膦提高甜菜含糖效应的研究．东北农学院学报，1984，3：27-36.
[87] 任万军，王群华，袁革，袁继超，杨文钰．烯效唑浸种对麦（油）后稻大龄抛秧的产量效应．杂交水稻，1999，14（4）：26-29.
[88] 邵廷富．赤霉素对甘蔗生长的影响．植物生理学通讯，1965，4：8-10.
[89] 沈雪峰，陈勇．花生高效栽培．北京：机械工业出版社，2014.
[90] 沈岳清，方炳初，盛敏智．乙烯利催熟棉铃生理原因的探讨．植物学报，1980，22（3）：236-240.
[91] 石程仁，罗盛，沈浦，等．花生栽培化学定向调控研究进展．花生学报，2015，44（3）：61-64.
[92] 石春华，朱俊庆．爱多收在茶树上的应用试验初报．中国茶叶，2005，2：32-33.
[93] 宋莉莉，刘金辉，郑殿峰，等．不同时期喷施植物生长调节剂对大豆花荚脱落率及多聚半乳糖醛酸酶活性的影响．植物生理学报，2011，47（4）：356-362.
[94] 苏立军，王贵启，李秉华，樊翠芹．玉米应用 30% 乙烯利・芸苔素内酯水剂效果研究．河北农业科学，2006，10（1）：63-65.
[95] 苏永倍，孙占礼，毕洪建，王希成．三十烷醇在甜菜上应用效果初报．中国甜菜，1984，2：55-57.
[96] 孙大业，郭艳林，马力耕，等．细胞信号转导，第 3 版．北京：科学出版社，2001.
[97] 孙福东，冯乃杰，郑殿峰，等．植物生长调节剂 S3307 和 DTA-6 对大豆荚的生理代谢及 GmAC 的影响．中国农业科学，2016，49（7）：1267-1276.
[98] 孙笑梅，郑义，易玉林，刘玉堂．爱密挺在河南农作物上的应用及展望．中国农技推广，2007，8：37-39.
[99] 谭伟明，段留生，田晓莉．DPC 与 DTA-6 复配对转基因抗虫棉产量、品质和种子性状的调控．中国棉花学会 2005 年年会暨青年棉花学术研讨会论文汇编，2005.
[100] 谭伟明，樊高琼，主编．植物生长调节剂在农作物上的应用．北京：化学工业出版社，2010.
[101] 谭显平，吕达，李红梅，周英明．不同生长调节剂对果蔗产量和品质的影响．甘蔗糖业，2004，6：6-10.
[102] 汤海军，周建斌，王春阳．矮壮素浸种对不同小麦品种萌发生长及水分利用效率的影响．干旱地区农业研究，2005，23（5）：29-34.
[103] 汤晓红，邵春喜，杨景志，王世武．机采棉脱叶及催熟效果小区试验小结．石河子科技，2002，1：15-17.
[104] 唐湘如．作物栽培学．广州：广东高等教育出版社，2014.
[105] 田晓莉，谭伟明，段留生．DPC 与 DTA-6 复配对转基因抗虫棉根系功能的调控．棉花学报，2006，18（4）：218-222.
[106] 田晓莉，谭伟明，段留生．DPC 与 DTA-6 复配对转基因抗虫棉苗期生长发育的调控．棉花学报，2006，18（1）：3-7.
[107] 王贵林，张玉保．抗旱剂 1 号（黄腐酸）在玉米上的研究应用．山西气象，1997，1：28-32.
[108] 王桂盛，田中午，陈发，杨建梅．机采棉化学脱叶催熟技术的应用研究．中国棉花，1997，24（10）：25-26.
[109] 王海艳，李凤云，王立春，等．植物生长调节剂在马铃薯生产中的应用．黑龙江农业科学，2013，(11)：140-143.
[110] 王汉中．我国油菜产需形势分析及产业发展对策．中国油料作物学报，2007，1：101-105.
[111] 王浩，姜妍，李远明，等．不同化控处理对大豆植株形态及产量的影响．作物杂志，2014，3：63-66.
[112] 王建国，王陈，于正茂．矮壮素・烯唑微乳剂对水稻生长及产量的影响．安徽农学通报，2008，14（5）：81.
[113] 王铭伦，何钟佩，李丕明．缩节安（DPC）对花生荚果产量及籽仁品质的影响．北京农业大学学报，1991，17

(S1)：124-128.
[114] 王铭伦，王福青，韩广清，陶世蓉，郑芝荣．DPC浸种对花生幼苗根系和叶片生理功能的影响．西北植物学报，2002，22 (1)：168-172.
[115] 王乃宁，高鹤荣，季艳，戴在光，陆士超．0.6%萘乙酸水剂调节棉花生长药效试验．现代农业科技，2009，9：127-129.
[116] 王能如，徐增汉，李章海，等．乙烯利和烘烤方法对靖西烤烟上部叶质量的影响，安徽农业科学，2007，35 (29)：9277-9278.
[117] 王仕林，黄辉跃，唐建，等．低温胁迫对油菜幼苗丙二醛含量的影响．湖北农业科学，2012，20：4467-4469.
[118] 王同华，陈卫江，王建喜．苯磺隆对甘蓝型油菜的杀雄效果研究．现代农业科技，2013，19：13-14.
[119] 王熹，俞美玉，陶龙兴，等．作物化控原理．北京：中国农业科技出版社，1997.
[120] 王熹，俞美玉，陶龙兴．烯效唑化控技术对水稻的增产效果．中国水稻科学，1994，8 (3)：181-184.
[121] 王学东，刘岩，于洋，等．调节剂对大豆生理特性及籽粒发育的影响．东北农业大学学报，2013，44 (4)：14-19.
[122] 王永山，王风良，沈田辉，茅永琴．百草枯和乙烯利混配对棉花催熟效果好．农药，1996，35 (10)：45-46.
[123] 王忠．植物生理学．北京：中国农业出版社，2000.
[124] 韦锦坚．云大120在茶叶上的应用研究．广西农业科学，2002，5：248-249.
[125] 温仙明．芸苔素内醋对春茶产量与品质影响的初步试验．福建农业科技，2004，5：22-23.
[126] 翁晓燕，蒋德安，陆庆．表芸薹素内酯对水稻产量和光合特性的影响．浙江农业大学学报，1995，21 (1)：51-54.
[127] 武维华．植物生理学．北京：科学出版社，2003.
[128] 夏恩荣，徐勇，杨波，杨万全，冯登成，任万军．育秧组合技术对机插秧秧苗素质的影响．耕作与栽培，2010，3.
[129] 项洪涛，冯乃杰，王立志，等．3种植物生长调节剂对马铃薯产量和营养品质的调控．中国马铃薯，2015，29 (2)：97-102.
[130] 肖琳，庞瑞华，蔡荣先．水稻初花期喷施芸薹素内酯的生理效应及增产作用．安徽农业科学，2007，35 (11)：3317，3330.
[131] 肖文娜，周可金．作物化学催熟技术的研究与应用．湖北农业科学，2010，(07)：1722-1725.
[132] 肖文娜．化学催熟技术在油菜上的应用研究：[硕士学位论文]．合肥：安徽农业大学，2010.
[133] 谢文娟，曾德芳，范钊，等．环保型花生种衣剂的研制及防病增产试验．环境科学与技术，2015，38 (4)：84-88.
[134] 熊桂花，温春晖，魏小渊，王志峰．36%仲丁灵EC抑制烟草腋芽生长田间药效试验．江西植保，2004，27 (1)：27.
[135] 许立瑞，王玉兰．应用百草枯对棉花催熟技术的研究．农药，1993，1：56-57.
[136] 许旭旦，王一钧，高俊山，李新民．花生叶面喷施调节膦的增产效果．中国油料，1985，2：63-65.
[137] 轩梅．植物生长调节剂在甘薯生产上的应用．农村实用技术，2008，2：49.
[138] 禤维言，冯斗，裴润梅．三十烷醇对甘蔗种苗萌发和幼苗生长的影响．广西热作科技，2000，4：1-3.
[139] 禤维言，冯斗，徐建云．苗期喷施芸薹素对花生生长的影响及其生理效应．花生科技，2001，2：1-3.
[140] 严寒，田志宏，徐勇刚．烯效唑对甜玉米种子萌发及幼苗生理特性的影响．长江蔬菜，2009，8：40-42.
[141] 杨安中，时侠清．烯效唑浸种对杂交稻秧苗素质及籽粒产量的影响．安徽农业技术师范学院学报，1995，9 (1)：44-60.
[142] 杨波，杨文婷，吴健英，龚芸，任万军．对加快水稻机械育插秧技术推广应用的思考．四川农业科技，2016，1.
[143] 杨春，杜珍，裴荣信，齐海英．氯苯胺灵对马铃薯的抑芽效果．陕西农业科学，1999，2：25.
[144] 杨文钰，樊高琼，董兆勇，任万君，刘卫国．烯效唑干拌种对小麦根系生长及吸收功能的影响．核农学报，2005，19 (3)：222-227.
[145] 杨文钰，樊高琼，任万军，王竹，于振文，余松烈．烯效唑干拌种对小麦根叶生理功能的影响．中国农业科学，2005，38 (7)：1339-1345.
[146] 杨文钰，韩惠芳．烯效唑和密度对小麦产量及其构成的影响．四川农业大学学报，2001，19 (4)：344-347.
[147] 杨文钰，徐精文，张鸿．烯效唑(S3307)对秧苗抗寒性的影响及其作用机理研究．杂交水稻，2003，18 (2)：53-57.
[148] 杨文钰，屠太文，张鸿．烯效唑浸种对水稻秧苗的壮苗机理研究．西南农业学报，2002，(15)，4：50-54.
[149] 杨文钰，于振文，余松烈，等．烯效唑干拌种对小麦的增产作用．作物学报，2004，30 (5)：502-506.
[150] 杨阳，吴莲蓉，蒯婕，等．提高甘蓝型油菜品种成熟期角果抗裂角性的方法及其应用：中国专利，申请号CN201510030128.7，公开号CN104604556A 2015-05-13.
[151] 易代勇，周正邦，刘凡值，等．几种植物生长调节剂对甘蔗品种黔糖4号出苗的影响．广西蔗糖，2004，3：3-5.
[152] 于正茂，张夕林，王陈，等．0.6%萘乙酸水剂调节棉花生长试验效果的评价．现代农业科技，2006，3：65-66.
[153] 余凯凯，宋喜娥，高虹，等．不同施肥水平下多效唑对马铃薯光合及叶绿素荧光参数的影响．核农学报，2016，30 (1)：0154-0163.

[154] 余叔文，汤章城．植物生理与分子生物学．北京：科学出版社，1998.
[155] 余泽玉．油菜喷施多效唑壮苗高产栽培．云南农业，2004，9：9.
[156] 俞海君．吲哚丁酸和萘乙酸在茶树短穗扦插上的应用效果．热带农业科技，2004，27（1）：18-20.
[157] 袁秋梅，何永香，张为民．飞机喷施哈威达棉花专用催熟脱叶剂的应用效果．农村科技，2007，6：26-27.
[158] 张宝娟，赵惠贤，胡胜武．苯磺隆对甘蓝型油菜中双 9 号的杀雄效果．中国油料作物学报，2010，4：467-471.
[159] 张海峰，张明才，翟志席，等．SHK-6 对不同群体下大豆花荚脱落及其产量的调控．大豆科学，2007，26（1）：78-83.
[160] 张海峰，张明才，翟志席，等．SHK-6 对大豆株型、产量及其生理基础的调控．中国油料作物学报，2006，28（3）：287-292.
[161] 张辉，吴姝菊．矮壮素对春小麦抗旱能力的影响．现代化农业，1996，11：8-9.
[162] 张佳蕾，王媛媛，孙莲强，等．多效唑对不同品质类型花生产量、品质及相关酶活性的影响．应用生态学报，2013，24（10）：2850-2856.
[163] 张明才，段留生，何钟佩，等．SHK-6 对大豆根系生理活性和激素的调控效应．中国油料作物学报，2005，27（3）：32-36.
[164] 张明才，何钟佩，田晓莉，等．SHK-6 对干旱胁迫下大豆叶片生理功能的作用．作物学报，2005，31（9）：1215-1220.
[165] 张明才，何钟佩，田晓莉，等．新型植物生长调节剂 SHK-6 对大豆产量与蛋白品质的化学调控．中国农业大学学报，2004，9（1）：26-30.
[166] 张明才，李召虎，田晓莉，等．植物生长调节剂 SHK-6 对大豆叶片氮素代谢的调控效应．大豆科学，2004，23（1）：15-20.
[167] 张明才，翟志席，何钟佩，等．80％胺羧酯·甲哌鎓可溶性粉剂对大豆根系生理生化特性的调控．华北农学报，2007，22（1）：44-49.
[168] 张明才，翟志席，何钟佩，等．不同时期喷施 SHK-6 对大豆光合生理及产量、品质形成效应的研究．大豆科学，2006，25（4）：399-403.
[169] 张舒，彭超美，许凌风，等．30％胺鲜酯·甲哌鎓水剂对花生生长及产量的调控作用．华中农业大学学报，2007，4：469-471.
[170] 张舒，许凌风，朱秋珍，等．40％乙烯利 EC 对棉花的催熟效应．湖北农业科学，2006，45（5）：602-603.
[171] 张松鹏．矮壮素浸玉米种．新农业，1984，3：14.
[172] 张薇，赵丽华，马吉勋．芸苔素内酯在玉米上的应用．西昌农业高等专科学校学报，2001，15（2）：25-26.
[173] 张苇．油菜喷施多效唑育壮苗．农技服务，2000，2：47.
[174] 张喜民．多效唑（PP333）对大豆增产作用和生理效应的研究．大豆通报，2006，2：14-15.
[175] 张骁，王玲，高俊风，宋纯鹏，李锦辉．喷施乙烯利提高玉米幼苗抗旱机理研究．灌溉排水，1999，18（1）：39-41.
[176] 张晓红，冯梁杰，杨特武，等．冬季低温胁迫对油菜抗寒生理特性的影响．植物生理学报，2015.
[177] 张晓军，秦欣，陶群，等．干旱胁迫下冠菌素（COR）对花生种子萌发和幼苗生长的影响．农学学报，2014，4（12）：25-29.
[178] 张智，张耀文，任军荣，等．多效唑处理后油菜苗在低温胁迫下的光合及生理特性．西北农业学报，2013，（10）：103-107.
[179] 赵婧，张伟，邱强，等．不同时期喷施多效唑对大豆农艺及生理性状的影响．大豆科学，2011，30（2）：211-214.
[180] 赵丽梅，彭宝，孙寰，等．化控剂在杂交大豆制种中的应用．大豆科学，2011，30（5）：777-780，785.
[181] 赵乃福，杨先法，高勇，刘丽凤，郭法成．贪青棉花应用百草枯催枯催吐试验．中国棉花，2004，31（1）：25.
[182] 赵毓橘，陈季楚．植物生长调节剂生理基础与检测方法．北京：化学工业出版社，2002.
[183] 郑殿峰，宋春艳．植物生长调节剂对大豆氮代谢相关生理指标以及产量和品质的影响．大豆科学，2011，30（1）：109-112.
[184] 郑旭．不同浓度 6-BA 对大豆叶片碳代谢相关生理指标的影响．大豆科学，2013，32（6）：858-861.
[185] 中华人民共和国农业部农药检定所．2004 农药管理信息汇编．北京：中国农业出版社，2004.
[186] 中华人民共和国农业部农药检定所．2009 农药管理信息汇编．北京：中国农业出版社，2009.
[187] 钟瑞春，唐秀梅，蒋菁，等．烯效唑对花生生长、光合作用及产量性状的影响．广东农业科学，2015，（11）：65-70.
[188] 周冬梅，张仁陟，孙万仓，等．甘肃省冬油菜种植适宜性及影响因子评价．中国生态农业学报，2014，22（6）：697-704.
[189] 朱良天．农药．北京：化学工业出版社，2004.
[190] 朱永和．农药大典．北京：中国三峡出版社，2006.
[191] 卓根．油菜巧施多效唑抗逆增产．江苏农业科技报，2008，11：1.

[192] 邹德炎．应用吲哚丁酸处理茶穗扦插试验初报．湖北农业科学，1979，10.
[193] Albrecht L P，Braccini A D E，Scapim C A，et al. Plant growth regulator in the chemical composition and yield of soybeans. Revista Ciencia Agronomica，2012，43（4）：774-782.
[194] Anjum S A，Wang L，Farooq M，et al. Methyl jasmonate-induced alteration in lipid peroxidation，antioxidative defence system and yield in soybean under drought. Journal of Agronomy and Crop Science，2011，197（4）：296-301.
[195] Balestrasse K B，Tomaro M L，Batlle A，et al. The role of 5-aminolevulinic acid in the response to cold stress in soybean plants. Phytochemistry，2010，71（17-18）：2038-2045.
[196] Bethke P C. Ethylene in the atmosphere of commercial potato（*Solanum tuberosum*）storage bins and potential effects on tuber respiration rate and fried chip color. American Journal of Potato Research，2014，91（6）：688-695.
[197] Day S，Aasim M，Bakhsh A. Effects of preconditioning，plant growth regulators and KCl on shoot regeneration of peanut（*Arachis hypogea*）. The Journal of Animal & Plant Sciences，2016，26（1）：294-300.
[198] Dhital S P，Lim H T. Microtuberization of potato（*Solanum tuberosum* L.）as influenced by supplementary nutrients，plant growth regulators，and in vitro culture conditions. Potato Research，2012，55（2）：97-108.
[199] Finoto E L，Godoy I J，Carrega，W C，et al. Effect of the growth regulator prohexadioneca on the cycle reduction and other traits of runner peanut. Bioscience Journal，2011，27（4）：558-571.
[200] Foukaraki S G，Cools K，Terry L A. Differential effect of ethylene supplementation and inhibition on abscisic acid metabolism of potato（*Solanum tuberosum* L.）tubers during storage. Postharvest Biology and Technology，2016，112：87-94.
[201] Ghasemzadeh A，Talei D，Jaafar H Z E，et al. Plant-growth regulators alter phytochemical constituents and pharmaceutical quality in Sweet potato（*Ipomoea batatas* L.）. BMC Complementary and Alternative Medicine，2016，16：152.
[202] Hao L，Wang Y Q，Zhang J，et al. Coronatine enhances drought tolerance via improving antioxidative capacity to maintaining higher photosynthetic performance in soybean. Plant Science，2013，210：1-9.
[203] Hu B，Wan X R，Liu X H，et al. Abscisic acid（ABA）-mediated inhibition of seed germination involves a positive feedback regulation of ABA biosynthesis in Arachis hypogaea L. African Journal of Biotechnology，2010，9（11）：1578-1586.
[204] Kefeli V I，Kalevitch M V，Borsari. B. Natural growth inhibitors and phytohormones in plants and environment. Dordrecht/Boston/London：Kluwer Academic Publishers，2003.
[205] Kumlay A M，Ercisli S. Callus induction，shoot proliferation and root regeneration of potato（*Solanum tuberosum* L.）stem node and leaf explants under long-day conditions. Biotechnology & Biotechnological Equipment，2015，29（6）：1075-1084.
[206] Kumlay A M. Combination of the Auxins NAA，IBA，and IAA with GA_3 improves the commercial seed-tuber production of potato（*Solanum tuberosum* L.）under in vitro conditions. BioMed Research International，2014：439259.
[207] Ladyzhenskaya E P，Korableva N P. Interaction of phytohormones and synthetic growth regulator melafen in the control of Ca^{2+} translocation across the plasma membrane of potato（*Solanum tuberosum* L.）tuber cells. Applied Biochemistry and Microbiology，2010，46（2）：212-215.
[208] Leul M.，Zhou W. J. Alleviation of waterlogging damage in winter rape by uniconazole application：Effects on enzyme activity，lipid peroxidation and membrane integrity. Journal of Plant Growth Regulation，1999，18（1）：9-14.
[209] Li X Y，Lu J B，Liu S，et al. Identification of rapidly induced genes in the response of peanut（Arachis hypogaea）to water deficit and abscisic acid. BMC Biotechnology，2014，14：58.
[210] Luo Q L，Li Y G，Gu H Q，et al. The promoter of soybean photoreceptor GmPLP1 gene enhances gene expression under plant growth regulator and light stresses. Plant Cell，Tissue and Organ Culture，2013，114（1）：109-119.
[211] Purohit S S. Hormonal regulation of plant growth and development. The Netherlands and Agro Botanical Publishers，1985.
[212] Rajala A，Peltonen-Sainio P，Onnela M，et al. Effects of applying stem-shortening plant growth regulators to leaves on root elongation by seedlings of wheat，oat and barley：mediation by ethylene. PLANT GROWTH REGULATION，2002，38（1）：51-59.
[213] Rajala A，Peltonen-Sainio P. Plant growth regulator effects on spring cereal root and shoot growth. AGRONOMY JOURNAL，2001，93（4）：936-943.
[214] Souza C A，Figueiredo B P，Coelho C M M，et al. Plant architecture and productivity of soybean affected by plant growth retardants. Bioscience Journal，2013，29（3）：634-643.
[215] Thornton M K，Lee J，John R，et al. Influence of growth regulators on plant growth，yield，and skin color of spe-

cialty potatoes. American Journal of Potato Research，2013，90（3）：271-283.

[216] Wang C T，Yu H T，Wang X Z，et al. Production of peanut hybrid seeds in an intersectional cross through post-pollination treatment of flower bases with plant growth regulators. Plant Growth Regulation，2012，68（3）：511-515.

[217] Wang H Q，Zhao Y Y，Cheng P，et al. Chlorocholine chloride application effects on physiological responses for late season potato（*Solanum tuberosum* L.）under soil well-irrigated and drought-stressed conditions. Journal of Food Agriculture & Environment，2012，10（3-4）：409-416.

[218] Yu C，Hu S，He P，et al. Inducing male sterility in Brassica napus L. by a sulphonylurea herbicide，tribenuron-methyl. Plant Breeding，2006，125（1）：61-64.

[219] Zhang F Z，Zhao P Y，Shan W L，et al. Development of a method for the analysis of four plant growth regulators（PGRs）residues in soybean sprouts and mung bean sprouts by liquid chromatography-tandem mass spectrometry. Bulletin of Environmental Contamination and Toxicology，2012，89（3）：674-679.

[220] Zhang G P，Chen J X，Bull D A. The effects of timing of N application and plant growth regulators on morphogenesis and yield formation in wheat. Plant Growth Regulation，2001，35（3）：239-245.

第七章　植物生长调节剂在蔬菜上的应用

第一节　应用概述

蔬菜是生活中必不可少的食品，蔬菜富含维生素、矿物质、有机酸、芳香物质、纤维素，也含有一定量的碳水化合物、蛋白质和脂肪。据联合国粮农组织统计，人体必需的VC的90%、VA的60%来自蔬菜。蔬菜不仅可以带来美味享受，其中还含有多种植物化学物质，如番茄中的番茄红素、豆类中的类黄酮和异黄酮、芦笋中的谷胱甘肽和叶酸、胡萝卜中的类胡萝卜素、南瓜中的肌醇等，对人体健康十分有益，具有其他食物无法替代的营养价值。蔬菜还含有比较多的纤维素、果胶和有机酸等，能刺激胃肠蠕动和消化液的分泌，因此可促进食欲和帮助消化。

《中国居民膳食指南》建议每人每天蔬菜摄入量为400～500g（中国营养学会，2016）。而目前我国每人每天蔬菜摄入量平均为286克，尚未达到推荐摄入量（国家卫生计生委，2015）。市场和消费者对蔬菜产量、品质和周年供应的要求不断提高，蔬菜产业有较大的发展空间。

我国是蔬菜生产大国，据《全国蔬菜发展规划（2010—2020）》显示，2010年我国蔬菜年播种面积约2.3亿亩，蔬菜总产量5亿吨，总产量、播种面积均居世界第一位。我国蔬菜产业以占农作物播种面积11.9%的土地，获得1.2万亿元的总产值，占种植业总产值的33%。蔬菜产业成为种植业中经济效益最为显著的产业之一，在农业增效、农民增收中发挥重要作用。

目前我国的蔬菜产品是鲜菜为主，生产季节性强，贮运难度大，自然风险高。而蔬菜又是人们每天必备的食品，周年供应需求十分迫切。近几十年保护地的发展极大地缓解了淡季蔬菜生产和供应的矛盾，流通的改善也为蔬菜产品运输提供了极大方便。但由于反季节生产和长途运输，对生产和保鲜提出了新的要求。

蔬菜生产的现状和需求，使植物生长调节剂有了广阔的用武之地，由于保护地栽培中使用生长调节剂，提高了黄瓜、番茄坐果率和产量，利用植物生长调节剂的保鲜和催熟作用，延长了蔬菜产品的贮藏期，减少了贮运过程的损失，对改善蔬菜产量、品质和周年供应都发挥了重要作用。

但近年来媒体上出现了诸如“西瓜爆炸”“避孕药黄瓜”等各种传闻，矛头直指植物生长调节剂的使用，甚至将植物生长调节剂与动物激素混为一谈，严重误导了消费者，不仅造成了消费者的恐慌，也扰乱了市场，给产业和生产者带来严重损失。近年来相关科研工作者针对这种情况，通过严谨的科学实验批驳了关于生长调节剂的不实传闻，例如避孕药并不能促进黄瓜果实膨大，“避孕药黄瓜”纯属谣传（张作标等，2016）。同时还结合现代仪器设备建立了更加精准的各种植物生长调节剂测定方法，对生长调节剂在果蔬上及土壤中的残留进行了深入研究，例如在黄瓜、甜瓜上对氯吡脲残留的研究表明，按照正常浓度使用氯吡脲，在黄瓜、甜瓜商品成熟期果实上氯吡脲残留未检出，低于欧盟标准（0.01mg/kg），有研究指出，现有氯吡脲MRL标准对消费者有较高的保护作用。因此，正确认识和按规范使用植物生长调节剂，对于促进蔬菜产业健康可持续发展，保持良好的蔬菜市场秩序和周年供应，维护社会稳定，均具有重要意义。

一、蔬菜的种类与发育特征

蔬菜是可以用作烹饪的植物及食用真菌的总称。目前蔬菜种类涉及 20 多个科，包括 300 多种植物，较常见的有 80 多种。按照作为蔬菜产品的器官，可以将蔬菜分为 5 大类，即：根菜类、茎菜类、叶菜类、花菜类、果菜类。根菜类是指产品器官为根的蔬菜，包括肉质根为食用器官的萝卜、胡萝卜、根用芥菜、芜菁等，以及以块根为食用器官的豆薯和葛。茎菜类是指食用器官为茎或变态茎的蔬菜，如产品为地下茎的马铃薯、菊芋、莲藕、姜、荸荠、芋头，以及地上茎类的莴笋、竹笋、芦笋、茎用芥菜等。叶菜类通常以普通叶片或叶球、叶丛、变态叶为产品器官，如小白菜、芥菜、菠菜、莴苣、芹菜、韭菜、芫荽等以普通叶片为产品器官，大白菜、甘蓝、结球莴苣和包心芥菜等则以叶球为产品。花菜类以花、肥大的花茎或花球为产品器官，如花椰菜、金针菜、青花菜、菜心和紫菜薹等。果菜类以幼嫩果实或成熟的果实为产品器官，包括黄瓜、苦瓜、冬瓜、丝瓜等瓜类蔬菜和西瓜、甜瓜等鲜食瓜类，以及辣椒、番茄、茄子和各种豆类蔬菜。

为了适应现代农业生产要求，蔬菜栽培中通常以农业生物学特性作为依据进行蔬菜分类，将蔬菜分为瓜类、茄果类、豆类、十字花科类、绿叶菜类、葱蒜类、根菜类、薯芋类、水生蔬菜、多年生蔬菜和食用菌等 11 大类。由于农业生物学分类方式将产品器官、农艺性状和生产方式相似的作物归为一类，更有利于栽培管理措施的统一，因此本章后面将依据这种分类方式对不同作物的植调剂使用进行分类阐述。

（1）瓜类　指以果实为食用部分的葫芦科蔬菜。包括黄瓜、南瓜、西瓜、甜瓜、冬瓜（节瓜）、丝瓜、苦瓜、葫芦、越瓜、佛手瓜等。茎匍匐或借助于卷须攀援，叶片多为掌状叶，生长根为须根，花为雌雄同株的单性花，也有部分瓜类为两性花，通常以成熟或者未成熟果实为产品，部分瓜类种子有不同程度的休眠。瓜类要求较高的温度及充足的阳光。西瓜、甜瓜、南瓜根系发达，耐旱性强。其他瓜类根系较弱，要求湿润的土壤。生产上，利用摘心、整蔓等措施来调节营养生长与生殖生长的关系。种子繁殖，直播或育苗移栽。露地栽培春种夏收，南方部分地区可露地栽培两季甚至三季。保护地栽培较为普遍。

（2）茄果类　指以果实为食用部分的茄科蔬菜。主要包括番茄、辣椒、茄子，要求肥沃的土壤及较高的温度（不耐寒冷）。对日照长短要求不严格，但开花期要求充足的光照。种子繁殖，通常进行育苗移栽，一般在冬前或早春利用保护地育苗，待气候温暖后定植于大田。保护地栽培较为普遍。

（3）豆类　以嫩荚或豆粒供食用的豆科蔬菜。包括菜豆、豇豆、蚕豆、豌豆、扁豆、刀豆等。除了豌豆及蚕豆耐寒力较强能越冬外，其他都不耐霜冻，须在温暖季节栽培。豆类根瘤具有生物固氮作用，对氮肥的需求量没有叶菜类及根菜类多。种子繁殖，通常以直播为主，也可育苗移栽。

（4）十字花科蔬菜　以十字花科柔嫩的叶丛、叶球、嫩茎、花球供食用，包括白菜类（大白菜、小白菜、菜心）和甘蓝类（结球甘蓝、球茎甘蓝、花椰菜、抱子甘蓝、青花菜）、芥菜类（榨菜、雪里蕻、结球芥菜）。生长期间需湿润和凉爽气候及充足的水肥条件。温度过高、气候干燥则生长不良。除采收菜薹及花球外，一般第一年形成叶丛或叶球，第二年抽薹开花结实。栽培上要避免先期抽薹。均用种子繁殖，直播或育苗移栽。

（5）根菜类　指以膨大的肉质直根为食用部分的蔬菜。包括萝卜、胡萝卜、大头菜、芜菁、根用甜菜等。生长期中喜温和冷凉的气候。在生长的第一年形成肉质根，储藏大量的养分，到第二年抽薹开花结实。一般在低温下通过春化阶段，长日照下通过光照阶段。要求疏松深厚的土壤，用种子繁殖。

（6）绿叶蔬菜　以幼嫩的叶或嫩茎供食用，如莴苣、芹菜、菠菜、茼蒿、芫荽、苋菜、蕹菜、落葵等。其中多数属于二年生，如莴苣、芹菜、菠菜；也有一年生的，如苋菜、蕹菜。共同特点是生长期短，适于密植和间套作，要求极其充足的水分和氮肥。有时也将十字花科蔬菜中食用幼嫩叶片和嫩茎种类如小白菜、芥蓝、雪里蕻等归入绿叶蔬菜。根据对温度的要求不同，又可将它们分为两类：菠菜、芹菜、茼蒿、芫荽等喜冷凉不耐炎热，生长适温15～20℃，能耐短期霜冻，其中以菠菜耐寒力最强；苋菜、蕹菜、落葵等，喜温暖不耐寒，生长适温为25℃左右。喜冷凉的主要作秋冬栽培，也可作早春栽培。

(7) 葱蒜类　多为百合科葱属植物，食用器官为鳞茎（叶鞘基部膨大）、假茎（叶鞘）、管状叶或带状叶，如洋葱、大蒜、大葱、香葱、韭菜等。根系不发达，吸水吸肥能力差，要求肥沃湿润的土壤，一般较为耐寒。长日照下形成鳞茎，低温通过春化，可用种子繁殖（洋葱、大葱、韭菜），也可无性繁殖（大蒜、分葱、韭菜）。以秋季及春季为主要栽培季节。

(8) 薯芋类　以地下块茎或块根供食用，包括茄科的马铃薯、天南星科的芋头、薯蓣科的山药、豆科的豆薯等。这些蔬菜富含淀粉，耐贮藏，要求疏松肥沃的土壤。除马铃薯生长期短不耐高温外，其他生长期都较长，且耐热不耐冻。均用营养体繁殖。

(9) 水生蔬菜类　生长在沼泽地区池塘、湖泊或者水田中的蔬菜，如藕、茭白、慈姑、荸荠、水芹、菱等。生长期间喜炎热气候及肥沃土壤。除菱角、芡实以外，其他一般无性繁殖。

(10) 多年生蔬菜类　指一次种植后，可采收多年的蔬菜。如金针菜、石刁柏、百合等多年生草本蔬菜及竹笋、香椿等多年生木本蔬菜。此类蔬菜根系发达、抗旱力强，对土壤要求不严格，一般采用无性繁殖，也可用种子繁殖。

(11) 食用菌类　指子实体硕大、可供食用的大型真菌，其中多属担子菌亚门，常见的有香菇、草菇、蘑菇、木耳、银耳、猴头、竹荪、灵芝、虫草、牛肝菌等。它们不含叶绿素，不能进行光合作用，必须从培养基质中吸取养分。培养食用菌需要温暖、湿润肥沃的培养基。常用的培养基有棉籽壳、植物秸秆等。

二、主要应用领域

传统的蔬菜栽培措施侧重运用外部条件来影响植物生长状况，而应用化学调控技术后，可在外部条件加植物激素水平进行双重调控，在蔬菜生产中产量、品质的提高和周年供应等方面已发挥更大的作用。20世纪中叶以来，随着植物生长调节剂研发的进步，应用植物生长调节剂调节植物的生长发育，已逐渐成为当前蔬菜科学研究和应用中一个十分活跃的领域，植物生长调节剂在控制蔬菜种子萌发和植株生长、促进插枝生根、培育壮苗、提高抗逆力、控制花性别转化、促进开花、保花保果、增加结实、形成无籽果实、改善品质、促进成熟，延长贮藏保鲜期等方面发挥越来越重要的作用。

1. 根据需求调节生长

利用植物生长调节剂，可以有目的地改变蔬菜的生长习性，满足人类的需求。如冬瓜、茄子等蔬菜种子具有休眠特性，种子收获后不能立即使用，利用赤霉素、细胞分裂素等植物生长调节剂处理种子，可诱导糊粉层中各种水解酶的活性，促进淀粉酶和胚中核糖核酸的形成，从而打破种子休眠，促进种子萌发。番茄等作物扦插繁殖时应用萘乙酸、萘乙酰胺、吲哚丁酸等生长素类调节剂，可以促进插条维管形成层、基部组织的韧皮部和木质部的薄壁细胞形成愈伤组织，分化根的原基，形成不定根，提高了扦插成活率。生长素类调节剂也可以促进蔬菜幼苗生根，培育壮苗。对于以幼嫩茎叶为产品的蔬菜作物，如芹菜、莴苣、小白菜等，可以通过赤霉素、细胞分裂素和生长素配合处理，促进或者抑制茎的伸长，使茎叶充分发育，得到更高的经济产量。

2. 控制性别分化，促进坐果

瓜类作物以雌花形成果实，其雌雄花比例直接影响产量形成。调控植物花的雌雄性别，是植物生长调节剂的特有生理功能之一，许多植物生长调节剂，包括萘乙酸、吲哚乙酸以及各种生长抑制剂，都会影响雌、雄性别的分化，应用最广泛、效果最显著的有乙烯利和赤霉素，其他植物生长调节剂通过对这两种物质的诱导来控制性别。乙烯利和赤霉素在控制雌雄性别的生理功能上完全不同，乙烯利的作用在于当瓜类植株的发育处于两性期时，抑制了雄蕊的发育，促进了雌蕊的发育，引起植株花序性别的改变，使雄花转变成雌花，在瓜类蔬菜的幼苗期喷洒低浓度的乙烯利，可以促进雌花生成，使第一雌花节位下降，促进早熟，提高产量；赤霉素调控花的性别与乙烯利正好相反，利用赤霉素则诱导瓜类雌性系产生雄花，使自然状况下无法繁殖的全雌材料得以自交繁殖，为利用雌性系培育杂交种创造条件。

利用植物源生长调节剂，还可以调节和控制果柄离层的形成，防止器官脱落，达到保蕾、保花、保果的目的。生长素、细胞分裂素和赤霉素等都具有防止器官脱落的功能，如防止生理落果，提高茄果类蔬菜的坐果率。吲哚丁酸、萘乙酸、2,4-D和赤霉素等，被广泛应用于蔬菜的保花和保果，从而达到增产的目的。例如，使用2,4-D、防落素（又叫番茄灵，化学名称为对氯苯氧乙酸）等药剂夏秋季防高温落花。番茄灵的使用浓度为26mg/kg，2,4-D的使用浓度一般为10～20mg/kg。高温季节浸花或喷花浓度可稍低，反之可稍高。但使用2,4-D费工，要求操作精细，又易造成药害，残毒量也较大，故多采用番茄灵。用小型喷雾器由内向外均匀给花序喷药，要尽量避免触及植株嫩梢、嫩叶，以免发生药害。

3. 提高抗逆性

植物生长调节剂具有保护植物减少不利环境因素的影响。一般是通过改变酶的活性和合成过程，维持膜的结构和降低膜的通透性，从而提高其抗逆性。

一是提高植物的抗旱性，主要是通过生长抑制剂或生长延缓剂的处理，降低蒸腾作用，提高原生质体的黏滞性，在有些作物上还会引起形态学上的变化，降低需水量，从而提高植物对水分匮乏的抗性。植物生长延缓剂能使植物根系生长好，降低冠根比，降低蒸腾率，提高抗旱性。

二是增强植物的抗倒伏力。植物生长抑制剂和延缓剂可抑制节间伸长，使植株矮化，从而提高其抗倒伏性。

三是提高抗寒性。矮壮素、多效唑、丁酰肼等植物生长延缓剂均能增强植物的抗寒、抗旱能力，主要用于黄瓜、番茄等。脱落酸（ABA）是一种抑制性植物激素，也称“逆境激素”。研究证明，ABA含量高的植株，其抗寒性较强；而经外施ABA处理的幼苗同样也能增强其抗寒性。多效唑可以提高甜椒的抗寒性，其机理就是诱导植株体内ABA含量的升高。

四是改善抗病性。植物生长抑制剂可使植物厚壁组织加厚，从而在某种程度上起到保护作用，阻止病害的入侵。

4. 改善蔬菜产品品质

果实和种子的形成和发育与植物激素密切相关。经研究发现，外施生长素、赤霉素和细胞分裂素均促进受精或使未受精子房膨大，形成有籽或无籽果实。例如，用4-对氯苯氧乙酸（PCPA）处理番茄花蕾，可以诱导形成无籽番茄；经过生长素处理的茄子花朵，果柄增粗，花冠不易脱落，并能形成无籽果实。氯吡脲处理黄瓜子房也可以促进幼果膨大，形成少籽或无籽果实且“顶花带刺”，提高了果实商品性，果实可溶性固形物、维生素C含量也有所提高，改善了营养品质。

三、使用原则

1. 正确诊断症状

正确诊断存在的问题，发现问题的根源，才能对症下药，避免对植物生长调节剂的过分依赖和滥用。例如瓜类、茄果类生产中出现化瓜或落果现象，应分析造成这种现象的原因，是花粉发育不良、阴雨天气等造成的授粉受精不良，还是水肥供应不足无法坐果，或是营养生长过旺抑制了生殖生长。如果是授粉受精不良，则可以通过使用生长素、赤霉素和细胞分裂素，促进受精或未受精子房膨大，形成有籽或无籽果实，同时抑制离层的形成，达到保花保果的目的。如果是肥水供应不足引起的果实发育不良导致的落果，则施用生长促进剂也无法满足植物生长的营养需求，反而更容易导致果实畸形，通过补充营养、增施肥料才能从根本上解决问题。如果是营养生长过旺抑制了生殖生长导致的无法坐果，则应该通过抑制营养生长来促进生殖生长，再使用生长促进剂则只能起反作用。早春因地温较低，植株根系活动弱，吸收功能差，黄瓜、番茄易产生严重的花打顶和沤根现象。此时如果盲目大量喷施花蕾保等保花、保果植物生长调节剂，就只会加重花打顶、沤根生理现象。

2. 正确选用和合理使用生长调节剂

植物生长调节剂种类繁多，性质、功能各异。即使是同类生长调节剂中，也存在效果、价格、使用方便程度、残留时间长短等方面的差异。要根据作物种类、使用目的、使用效果、残留时间、价格、蔬菜产品的销路等因素全方位考虑，选择植物生长调节剂，在效果相当的前提下，尽量选用分解快、残留时间短、使用方便、使用量少的种类，如培育油菜壮苗，可选用残留期短、活性高的烯效唑。

防落素可安全有效应用于茄科蔬菜的蘸花，但如果应用在黄瓜、菜豆上，就很容易导致幼嫩组织和叶片产生严重药害。在叶菜中促进生长的植物生长调节剂如应用到瓜类蔬菜上就可能引起徒长，甚至可能使开花结果受到影响，最终导致产量下降；在保证效果的前提下，尽量用较低的浓度、较少的次数，严格掌握喷药间隔；同时要根据温度和环境的变化灵活掌握使用浓度、使用时间，使用时尽量避开高温时段，夏季或温室中使用时尽量用较低的浓度，以免产生药害。

由于不同国家对植物生长调节剂的残留标准有所差异，在进行外销蔬菜产品生产时，使用植物生长调节剂更要慎重，应事先查询有关标准，以便在生产过程中进行质量控制，保证产品达到出口标准。如瑞典等国禁用多效唑，日本、新西兰、韩国和澳大利亚等国规定多效唑的最高残留限量为0.5mg/kg；美国、澳大利亚要求西瓜、甜瓜、黄瓜产品中“不得检出”氯吡脲，欧盟的残留限量标准为0.05mg/kg，较我国的标准（0.1mg/kg）更为严格。在生产销往这些国家的蔬菜产品时，应慎重选用生长调节剂，并加强监测，以保证产品质量。

按照有机蔬菜生产的有关规定，在有机蔬菜生产中，不得使用人工合成的植物生长调节剂。

3. 配合栽培措施

萘乙酸、吲哚丁酸等植物生长调节剂可以促进插条生根，其前提是苗床管理措施要适宜生根，比如保持一定的温度和湿度等。利用2,4-D处理番茄落花落果问题，也必须配以行之有效的栽培技术措施，如整枝、施肥、浇水等，否则即使保住果实，由于缺乏养分供应，果实虽多但个头细小，多畸形，经济价值不高。

应用植物生长调节剂要与当地的生产情况相结合，同一种植物生长调节剂的作用与品种、气候、作物长势等因素有关，也受产品质量、使用方法等因素的影响。因此，使用前需结合本地的经验，根据实际情况调整使用方法。

此外，使用植物生长调节剂仅是作物栽培管理的辅助手段，必须与其他技术措施相结合。管理不善、缺乏水肥，单靠生长调节剂就很难达到栽培优质高产作物的目的。只有在加强综合栽培管理技术的基础上，植物生长调节剂才可收到较好的效果。要注意不要以药代肥。植物生长调节剂是生物体的调节物质，使用植物生长调节剂不能代替肥水及其他农业措施。即便是促进型的调节剂，也必须有充足的肥水条件才能发挥作用。在干旱气候条件下，药液浓度应降低；反之，雨水充足时使用，应适当加大浓度。施药时间应掌握在上午10时以后、下午4时以前。

第二节　在瓜类上的应用

一、主要种类

瓜类是葫芦科（Cucurbitaceae）中以果实为主要食用器官的栽培植物的总称，是一类重要的蔬菜作物。瓜类种类繁多，常见的有黄瓜、西瓜、甜瓜、苦瓜、丝瓜、冬瓜、节瓜、南瓜、瓠瓜等，其中黄瓜、西瓜、甜瓜、南瓜分布在世界各地，类型和品种多，栽培面积大，经济价值高。黄瓜、南瓜、冬瓜、西瓜、甜瓜是我国重要的蔬菜和水果，近年来苦瓜、丝瓜、节瓜等瓜类蔬菜因其营养价值和经济价值越来越受到市场青睐，在国内各地广泛引种栽培。

瓜类作物为一年生或多年生攀援草本植物，为短日照植物，喜温暖，不耐低温。对温周期和光周期比较敏感，低温和短日照有利于花芽分化和雌花的形成。多数瓜类作物如西瓜、黄瓜、南瓜、冬瓜、苦瓜、丝瓜等为雌雄同株异花植物，也有部分如甜瓜和黄瓜的一些品种和类型属于雌雄同花。花芽分化通常在幼苗期开始，先形成雌雄两性的花芽，然后继续发育成雄花或雌花，有些雌雄原基都正常发育便成为两性花。部分瓜类种子具有休眠特性，如冬瓜、节瓜的某些品种休眠期达 3 个月之久。

1. 黄瓜

黄瓜（*Cucumis sativus* L.）以幼嫩果实为产品器官。黄瓜属于喜温型作物，种子发芽的适温为 27～29℃，幼苗生长适温为白天 22～25℃，夜间 15～18℃，开花结果适温为 20～25℃，低于 15℃影响坐果和果实发育，超过 33℃则易出现畸形瓜和苦味瓜；黄瓜根系浅，茎无限生长，多侧枝；花单性，雌雄同株异花，也有全雌株和强雌株，偶尔出现两性花。雌雄花分化受环境调控，低温和短日照条件下容易形成雌花；而高温和长日照条件下则易形成雄花。果形为圆筒形或长棒状，皮色多为绿色，个别品种为白色或黄色，果实表面刺瘤有无或颜色因品种类型而异，其中华北型黄瓜通常表面有明显的刺瘤（彩图 7-1），华南型黄瓜则无刺瘤（彩图 7-2）。一般授粉后 10d 左右为商品采收的最适宜时期，部分品种有单性结实能力。培育壮苗是黄瓜高产的基础，控制栽培条件促进雌花分化、保花保果、延长收获期则是高产的关键。

2. 南瓜

南瓜（*Cucurbita moschata* Duch.）包括中国南瓜（番瓜或倭瓜，见彩图 7-3）、美洲南瓜（西葫芦）、印度南瓜（彩图 7-4）、黑籽南瓜等重要蔬菜作物。南瓜还适合深加工，是食品工业、医药工业等行业的重要原材料，可开发出多种产品，市场发展前景非常广阔。南瓜多为蔓生，根系发达，花单性，雌雄同株异花。南瓜对温度有较强的适应性，属短日照作物，短日照条件下有利于雌花的生成，在光照充足的条件下生长良好，果实生长发育快而且品质好；光照不足则植株生长不良，易化瓜，影响产量和质量。南瓜根系发达，抗旱能力强，但其植株生长需水量大，应保持 14%以上的土壤湿度。南瓜不耐涝，雨后应及时排水。部分品种种子有休眠特性。

3. 西瓜

西瓜（*Citrullus lanatus*）以成熟果实作为产品器官（彩图 7-5），西瓜籽也是重要的加工原料。西瓜根系分布广，茎蔓分枝性强，花单性，雌雄同株异花，果实圆形或卵圆形，果肉可溶性固形物含量为 8%～12%。种子卵圆形或长卵圆形，种皮较厚，大粒种子千粒重 100～150g，籽用西瓜种子千粒重甚至可达 200g，小粒种子千粒重仅 20～25g。西瓜为喜温性作物，种子发芽适温为 25～35℃，生长和结果适温为 25～30℃。西瓜优质高产栽培的关键是提高发芽率，培育壮苗，防止徒长，提高坐果率，以及增加可溶性固形物含量，改善品质。无籽西瓜目前多是以四倍体和二倍体杂交而成的三倍体西瓜，很受消费者欢迎，其种胚不充实，外种皮革质化，坚硬而厚，透水透气性差，同时还有相当比例的畸形胚，导致种子发芽率和发芽势低，苗期长势弱，生长缓慢而不整齐。生产上常采用破壳浸种催芽法来促进无籽西瓜发芽。

4. 甜瓜

甜瓜（*Cucumis melo* L）以成熟果实为产品，鲜食为主，分为厚皮甜瓜（彩图 7-6）和薄皮甜瓜（彩图 7-7）两种类型。甜瓜根系发达，但再生能力弱，茎蔓分枝性强，花单性或两性，栽培类型中多为雄花和两性花同株。果实圆形、卵圆形或纺锤形，种子长扁圆形。甜瓜优质高产栽培的关键是提高发芽率，培育壮苗，防止徒长，提高坐果率，以及增加可溶性固形物含量，改善品质。

5. 冬瓜和节瓜

冬瓜［*Benincasa hispida*（Thunb.）Cogn.］和节瓜（*Benincasa hispida* Cogn. var. *chiehqua* How）属于葫芦科冬瓜属一年生蔓性植物，其中节瓜是冬瓜的变种。冬瓜通常以老熟果实为产品，节瓜则主要以幼嫩果实为产品，部分品种也可以老熟果实为产品。冬瓜和节瓜根系强大，茎蔓分枝性强，多数品种花单性，雌雄同株异花，少数品种具有两性花。冬瓜果实因品种类型不同而差异很大，大型冬瓜可达50kg以上（彩图7-8），小型冬瓜则只有1kg左右（彩图7-9），有些还有特殊风味，如香芋冬瓜（彩图7-10）。节瓜以幼嫩果实为产品时，单瓜重通常为200～500g（彩图7-11）。冬瓜和节瓜果实长圆柱形、圆柱形或近圆形、扁圆形，老熟果实分为有蜡粉和无蜡粉两种类型，果皮颜色有墨绿、青绿、黄绿色等，老熟果实耐贮藏，贮藏期可长达6个月。冬瓜喜温耐热，发芽适温30～33℃，生长和结果适温20～30℃。种子具有较强的休眠性。节瓜部分品种的种子也有休眠特性。

6. 丝瓜

丝瓜［*Luffa cylindrica*（L.）Roem］以嫩果为产品器官，分为普通丝瓜（彩图7-12）和有棱丝瓜（彩图7-13）。通常开花后15d左右即可收获；成熟果实纤维发达，可入药。丝瓜根系发达，叶掌状或心形，果实短圆柱形或长圆柱形。丝瓜是喜温且耐热的蔬菜。种子的发芽适宜温度25～35℃；茎叶生长和开花结果都要求较高温度，生长适温为20～30℃，15℃左右生长缓慢，10℃以下生长受抑制甚至受害。丝瓜属于短日照植物，低温短日照可促进雌花分化。丝瓜种子近椭圆形，有棱丝瓜种皮较厚，表面有皱纹；普通丝瓜种皮较薄，表面平滑或具翅状边缘，黑色或白色。部分丝瓜品种种子具有休眠特性。

7. 苦瓜

苦瓜（*Momordica charantia* L.）通常以幼嫩果实为产品的主要器官，部分地区还食用嫩梢、叶片、花器。根据表面条瘤性状，可分为油瓜类型苦瓜（彩图7-14）、珍珠苦瓜（彩图7-15）、大顶苦瓜等类型。苦瓜的营养丰富，尤其以鲜果中维生素C含量在瓜类菜中最高。此外，苦瓜还具有很高的药用价值，性寒味苦，入心脾胃，清暑热，明目解毒，苦瓜中含有类胰岛素的物质，有明显的降血糖作用。苦瓜根系发达，茎分枝，花单生，雌雄同株异花。苦瓜喜温，幼苗生长适温为20～25℃，在30℃左右幼苗生长迅速，但易徒长；开花结果期适温为20～30℃，在25～30℃时，坐果率高，果实发育迅速。苦瓜喜光不耐阴，抗病性能也较差，开花结果期更要求有较强的光照，充足的光照能提高坐果率，增加产量。

8. 瓠瓜

瓠瓜［*Lagenaria siceraria*（Molina）Stabdl.］通常食用其幼嫩果实，是重要的瓜类蔬菜（彩图7-16）；果实老熟后可做容器或工艺品。瓠瓜生长势强，耐热耐涝，抗枯萎病，可以作为黄瓜、西瓜、甜瓜、冬瓜的嫁接砧木。瓠瓜喜温，不耐低温，种子15℃开始发芽，30～35℃发芽最快。生长及结果最适温度为25～30℃。对光照条件要求高，阳光充足有利于生长和结果。要求土壤透气性良好，富含有机质。要求一定量的氮肥，结瓜期喜充足的磷、钾肥。生长前期喜湿润环境，开花结果期土壤和空气湿度不宜过高。由于种皮厚，吸水困难，生产中常出现瓠瓜种子发芽不良或发芽缓慢、出苗不整齐等现象，直接影响生产。

二、促进种子萌发

（一）黄瓜

1. 赤霉素促进种子发芽

赤霉素处理黄瓜种子发芽可以提前2～3d出苗，且发芽率、活力指数均有所改善，幼苗根和子叶鲜重都有所增加。

（1）使用时期　播种前。

（2）使用方法　利用100～200mg/L GA_3 溶液浸泡黄瓜种子3h，沥干水分后用纱布包裹保湿，放置在适宜的温度下。待种子露白后播种。需要注意的是，高浓度赤霉素对发芽具有抑制作用，因此在使用时切忌随意加大使用浓度。

2. 吲哚乙酸、萘乙酸提高种子的发芽率

（1）使用时期　播种前。

（2）使用方法　吲哚乙酸（IAA）5mg/L、萘乙酸（NAA）0.5mg/L浸种3h。

（3）使用效果 在适宜温度和湿度下催芽，可以缩短发芽时间，明显增加种子的发芽势、发芽指数、活力指数，提高发芽率。

3. 复硝酚钠促进种子萌发

（1）使用时期 播种前。

（2）使用方法 利用4mg/L复硝酚钠溶液浸种12h，然后催芽播种。目前市场上复硝酚钠有0.8%、1.4%、1.8%三种剂型，配制时应按照不同剂型来进行换算。

（3）使用效果 复硝酚钠是广谱的复合型植物生长调节剂，可以提高细胞活力，促进种子萌发，使根系发达，且可以提高幼芽和幼苗的抗性。

（二）南瓜

1. 赤霉素打破黑籽南瓜种子休眠，提高发芽率

黑籽南瓜植株生长势强，抗枯萎病，是黄瓜、西瓜嫁接的优良砧木。黑籽南瓜新鲜种子休眠期长达6个月以上，给嫁接育苗带来困难。利用植物生长调节剂可以打破休眠，促进黑籽南瓜种子萌发。

（1）使用时期 播种前。

（2）使用方法 用30℃左右的温水浸泡种子1～3h，搓洗掉种皮上的黏膜。用浓度为4mg/L的GA_3溶液浸种2～3h，捞出后再用清水浸种3～4h，用拧干的湿毛巾包好在25～30℃的条件下催芽处理。黑籽南瓜种子发芽率明显提高，较清水对照提高76%。

2. 复硝酚钠和吲丁·萘合剂促进西葫芦种子发芽

（1）使用时间 播种前。

（2）使用方法 用1.4%复硝酚钠（爱多收）水剂160mg/L浸种5～12h，或用10～15mg/L吲丁·萘合剂浸种2～4h，可以提高西葫芦发芽率，促进幼苗生根。

（三）西瓜

1. 赤霉素提高小型西瓜种子发芽率

小型西瓜种子较小，和大西瓜相比，存在播种后出苗慢、出苗不整齐、发芽率偏低的问题，育苗较困难。特别是新采收的小型西瓜种子这类问题更加明显，制约着小型西瓜成苗率和壮苗的培育。

（1）使用时期 播种前。

（2）使用方法 种子用10mg/L GA_3溶液室温下浸种4h，显著提高西瓜种子的发芽势和发芽指数，出苗快而整齐，发芽率也提高。值得注意的是，赤霉素使用浓度不宜超过30mg/L。

2. 三十烷醇、吲哚丁酸·萘乙酸合剂提高西瓜种子发芽率，改善幼苗质量

（1）使用时期 播种前，幼苗期。

（2）使用方法 用浓度为0.5mg/L的三十烷醇溶液浸泡西瓜种子6h，提高西瓜种子发芽率，改善幼苗质量，在幼苗5片真叶时加喷1次，效果更佳。

利用10～25mg/L生根剂（吲哚丁酸+萘乙酸）溶液浸种1h，显著提高西瓜种子发芽率，改善幼苗质量。

3. 赤霉素改善无籽西瓜发芽率和种子活力

无籽西瓜种壳厚而坚硬，种胚发育不良，发芽率和成苗率低，提高无籽西瓜发芽率和培育壮苗是无籽西瓜高产栽培的重要环节。GA_3处理无籽西瓜种子，使种子发芽率、发芽指数、活力指数、出苗率、成苗率均明显提高，其中出苗率和成苗率分别比对照提高26%和31%。

（1）使用时期 播种前。

（2）使用方法 无籽西瓜种子在室温（25℃左右）用20mg/L GA_3溶液浸种6h，之后取出种子在室内自然晾干，进行正常发芽处理（1%高锰酸钾溶液消毒2h，清水洗净，再进行人工破壳处理并播种）。

4. 6-BA、芸薹素提高无籽西瓜发芽率和活力指数

（1）使用时期　种子破壳后播种前。

（2）使用方法　将破壳的无籽西瓜种子置于150mg/L 6-BA溶液或4000倍的天然芸薹素溶液中浸泡8h，32℃恒温箱中发芽，然后于育苗床上育苗，可以明显提高无籽西瓜发芽率和活力指数，其中6-BA处理时发芽率和活力指数分别提高7.35%和8%，天然芸薹素处理时发芽率和活力指数分别提高4.5%和4.6%。两种处理的无籽西瓜成苗率和正常苗数量分别比对照增加17%和20%以上。

（四）甜瓜

1. 吲哚乙酸、萘乙酸等生长素可以提高甜瓜种子活力

（1）使用时期　播种前。

（2）使用方法　用10mg/L吲哚乙酸、萘乙酸溶液浸泡甜瓜种子8h，置于28℃培养箱中培养，促进甜瓜种子萌发，发芽势提高，芽长度也增加。

2. 6-BA提高甜瓜种子发芽率

（1）使用时期　播种前。

（2）使用方法　用20mg/L 6-BA溶液对甜瓜种子进行浸种处理，可以提高种子发芽率。

3. 赤霉素提高甜瓜种子发芽率和发芽势

（1）使用时期　播种前。

（2）使用方法　用10mg/L赤霉素对甜瓜种子进行浸种处理，提高种子发芽率和发芽势。

（五）冬瓜

1. 赤霉素、6-BA提高冬瓜种子发芽率

（1）使用时期　播种前。

（2）使用方法　利用GA_3 100mg/L溶液浸种2h，然后播种，无棱冬瓜种子的发芽率和发芽势分别提高45%和56%；用6-BA 100mg/L溶液浸种5min，冬瓜种子的发芽率和发芽势分别提高41%和49%。

2. GA_3和6-BA处理打破冬瓜种子休眠

部分品种的冬瓜种子收获后有一定时间的休眠期。GA_3和6-BA处理可以明显改善无棱冬瓜种子和有棱冬瓜种子的发芽率和发芽势，对打破新鲜冬瓜种子的休眠也有一定帮助。

（1）使用时期　播种前。

（2）使用方法　利用0.7%KNO_3＋33.3mg/L GA_3＋33.3mg/L 6-BA浸种3min，再在适宜温度下进行催芽，可以在一定程度上打破休眠，种子发芽率和发芽势都有所提高。不同品种和类型对药剂处理的反应有所差异，建议根据品种类型先进行试验找出其最佳浓度。

（六）苦瓜

GA_3浸种，可提高苦瓜种子活力，使之出芽快而整齐，解决了常规方法发芽慢而不齐的难题。

（1）使用时期　播种前。

（2）使用方法　催芽时用200mg/L GA_3溶液浸种24h。

（七）瓠瓜

赤霉素或乙烯利溶液浸种，可以显著提高瓠瓜种子的发芽势和发芽率，其中赤霉素处理种子发芽势和发芽率分别比对照提高21.27%和16.65%，乙烯利处理种子发芽势和发芽率分别比对照（清水）提高5%和11.69%。

（1）使用时期　播种前。

（2）使用方法　用20mg/L赤霉素或100mg/L乙烯利溶液浸种8h，然后正常催芽。

三、培育壮苗

(一)黄瓜

1. 丁酰肼防止黄瓜徒长

(1) 使用时期　苗期。

(2) 使用方法　在黄瓜3～5片真叶时，用1～2g/L丁酰肼溶液进行叶面喷洒，隔10～15d再喷1次，防止黄瓜幼苗徒长，提高幼苗素质，培育壮苗。

2. 芸薹素内酯提高黄瓜幼苗抗性，促进壮苗

(1) 使用时期　苗期，生长期。

(2) 使用方法　在黄瓜苗期用浓度为0.01mg/L的芸薹素内酯药液喷洒茎叶，生长期、结果期加喷1次，可显著提高黄瓜幼苗抗夜间7～10℃低温的能力，第1雌花节位下降，花期提前，坐果率明显提高，增产效果显著。

3. 赤霉素改善花打顶，防止幼苗老化

黄瓜花打顶是黄瓜生产过程中常见的一种生理性病害，其表现为顶梢节间缩短，不产生或很少产生心叶，生长点呈花簇状，茎蔓伸长受抑，甚至停止抽蔓，轻者植株生长缓慢，产量下降，商品性变差，重者植株停止抽蔓，失去生产能力。黄瓜花打顶现象形成的原因有温度异常、水分异常和蹲苗时间过长、老龄苗等。为了逆转花打顶现象，在解除上述形成原因的同时，利用赤霉素处理幼苗，改善生长状况，可以使节间伸长，开始抽生新叶，幼苗恢复正常生长。

(1) 使用时期　苗期。

(2) 使用方法　用15～20mg/L赤霉素加2.5g/L尿素水溶液灌根，7d灌1次，连续灌2次。

4. 多效唑提高黄瓜抗性，促进壮苗

黄瓜幼苗遇高温特别是高夜温、高湿或弱光等条件时，造成徒长，使幼苗长势细弱、抗性低，使用多效唑可防止幼苗徒长，使之节短茎粗、株形紧凑，降低雌花分化节位，幼苗叶色浓绿，抗病、抗寒能力增强。

(1) 使用时期　苗期。

(2) 使用方法　用浓度为30～70mg/L的多效唑溶液，在黄瓜苗期喷洒。

(二)西瓜和甜瓜

1. 吲哚丁酸+萘乙酸合剂(生根剂)促进西瓜幼苗生长培育壮苗

(1) 使用时期　苗期定植前。

(2) 使用方法　在西瓜幼苗定植前3d，用10～15mg/L生根剂（吲哚丁酸＋萘乙酸按3：2比例配制的复合剂）溶液淋根或叶面喷施，促进西瓜幼苗生长，促进生长和生根，培育壮苗。

2. 芸薹素内酯培育西瓜壮苗

(1) 使用时期　苗期。

(2) 使用方法　在西瓜苗期用芸薹素内酯乳油配成浓度为0.01mg/L的溶液进行喷施，每0.5亩用药40L左右。

3. 多效唑防止西瓜徒长，控制茎蔓伸长，培育壮苗

(1) 使用时期　苗期。

(2) 使用方法　育苗时利用50～100mg/L多效唑溶液进行喷药，或在成株期利用200～500mg/L多效唑溶液全株喷洒，间隔时间10d左右，视瓜苗生长情况喷2～3次。

4. GA_3和三十烷醇缓解西瓜苗期药害，促进壮苗

西瓜育苗特别是嫁接育苗过程中容易发生多种病虫害，在喷施农药防治过程中，喷药浓度

过高或使用不当极易产生药害，轻则嫩叶叶片褪绿或变厚畸形，重则叶缘焦枯，心叶皱缩变小变厚，不能正常舒展，生长停滞。GA_3 和三十烷醇可以缓解药害，促进生长。

(1) 使用时期　苗期。

(2) 使用方法　用 0.5% 葡萄糖＋赤霉素 12.5mg/L，或 0.5%白糖＋0.1% 三十烷醇 200mg/L 喷施药害西瓜苗，间隔 3d 再喷施一次。7d 后幼苗开始长出新叶，14d 后大部分幼苗恢复正常生长。使用时 GA_3 浓度不可过高，否则叶片生长速度过快，幼苗移栽时容易失水萎蔫。

5. GA_3 挽救西瓜僵苗

西瓜早熟栽培中，幼苗展叶至抽蔓阶段因受低温阴雨等不良气候的影响和病虫危害等，产生新叶不发、新蔓不抽生等现象，称为僵苗，如不及时补救，则严重影响产量。

(1) 使用时期　苗期。

(2) 使用方法　用浓度为 50mg/L 的 GA_3 溶液喷施西瓜幼苗。3～5d 后瓜苗根系和茎叶明显生长，节间伸长，新叶发生。

6. 矮壮素促进甜瓜壮苗，使甜瓜抗旱抗寒能力增强

(1) 使用时期　苗期。

(2) 使用方法　100mg/L 矮壮素药液喷施甜瓜幼苗叶面。用药后增强肥水管理，保证幼苗生长。

7. 多效唑提高西瓜砧木及嫁接苗质量

(1) 使用时期　砧木子叶期。

(2) 使用方法　在砧木子叶展开时（播种后 6d）用 30～50mg/L 喷洒砧木幼苗，可以提高砧木叶绿素含量，防止砧木徒长，提高嫁接成活率和嫁接苗质量。

(三) 南瓜

1. 芸薹素内酯增强南瓜幼苗抗疫病能力，促进壮苗

(1) 使用时期　苗期。

(2) 使用方法　在南瓜 1 片真叶时用浓度为 1mg/L 的芸薹素内酯进行叶面喷洒，调节植物体内代谢平衡，增强南瓜对疫病的抗性，喷施后明显促进南瓜幼苗生长，疫病病情指数明显降低，最高降幅可达 29%。

2. 多效唑、矮壮素增强西葫芦抗性，促进壮苗

(1) 使用时期　苗期，3～4 片真叶展开后。

(2) 使用方法　西葫芦 3～4 片真叶展开后，用 100～500mg/L 矮壮素或 4～20mg/L 多效唑进行叶面喷施。使用后植株节间缩短，叶片增厚，叶色浓绿，抗逆性增强。

四、调节性别分化，控制雌雄花比例

瓜类作物大多是雌雄同株异花，性别分化受温度和光照控制，利用植物生长调节剂可以调节花的性别分化，满足生产和育种工作的需要。

(一) 黄瓜

1. 乙烯利诱导增加雌花数量

雌花数量是黄瓜产量形成的基础，增加雌花数量就可以提高增产潜力。使用乙烯利诱导雌花，提高雌花着生率，通常雌花数增加 1～4 倍；显著降低第 1 雌花节位，并使中部节位（5～18 节）的雌花比例明显增加，使前期产量明显提高。

(1) 使用时期　苗期幼苗 1～3 片真叶时。

(2) 使用方法　幼苗 1～3 片真叶时，用 100mg/L 乙烯利溶液喷施叶片，用药 1 次或 2 次（第 1 次喷施 1 周后再喷第 2 次）；或用 50mg/L 乙烯利滴加在生长点上，使生长点湿润并稍有液体下滴时为止。应注意处理时间要恰当，子叶期处理对性别比例没有明显作用。同时乙烯利对生长有抑制作用，使用时浓度不可过高。

2. 利用乙烯利进行化学去雄

杂交制种时利用乙烯利处理可以进行化学去雄，显著降低雌花着生节位，极大地减少甚至阻止了雄花产生。减少人工去雄的工作量，简化制种程序。

(1) 使用时期　幼苗第1真叶展开期。

(2) 使用方法　在幼苗第1真叶展开时，用250mg/L乙烯利溶液喷幼苗茎叶，以后根据幼苗生长状态每3～5d喷1次，共处理2～4次。由于药剂处理效果容易受植株生长状况及气候影响，乙烯利处理后仍可能有少量雄花出现，应及时检查并去除残留雄花，以保证种子质量。使用乙烯利去雄如果浓度过大或次数过多，会对植株生长产生抑制，可以用赤霉素解除乙烯利对植株的抑制作用。

3. 萘乙酸、吲哚乙酸处理增加雌花数量

(1) 使用时期　苗期。

(2) 使用方法　幼苗1～3片真叶时，用10mg/L萘乙酸或500mg/L吲哚乙酸溶液喷施叶片可增加雌花数量。

4. 赤霉素诱导雌性系产生雄花

在黄瓜中，有些植株所开的花全部或绝大多数是雌花，只有少数雄花或无雄花，通过选育可获得雌性遗传能力稳定的系统，称为雌性系，雌性系用于杂交制种可以省去母本去雄的程序。为了繁殖雌性系，需要用赤霉素诱导雄花使之进行自交，获得原种。

(1) 使用时期　苗期。

(2) 使用方法　在幼苗2～3叶时用1000mg/L赤霉素喷洒茎叶，使用后植株第10～12节出现雄花。为了使雌性系繁殖时雌雄花花期相遇，喷赤霉素的植株应提早播种7～15d，提早的时间根据季节不同有所差异，原则上在春季要适当早播。

（二）甜瓜

1. 乙烯利增加甜瓜两性花

甜瓜花分为雌花、两性花和雄花。栽培甜瓜通常为两性花和雄花同株，两性花是甜瓜产量形成的基础，增加两性花比例则可以提高增产潜力。喷施乙烯利可明显提高主茎两性花的比例。

(1) 使用时期　苗期。

(2) 使用方法　幼苗1～3片真叶时用100～200mg/L乙烯利喷施叶面。使用时需注意，乙烯利处理效果受温度和气候影响。高温季节应使用较低浓度乙烯利，其对植株生长产生抑制作用。

2. 丁酰肼增加甜瓜两性花比例

(1) 使用时期　播种前及苗期。

(2) 使用方法　用5mg/L丁酰肼溶液浸种6～8h进行催芽播种，出苗后用相同浓度的溶液叶面喷施1～3次。

（三）南瓜

1. 乙烯利促进南瓜雌花提早出现

早熟是提高经济效益的重要性状，雌花出现的早晚在一定程度上决定了南瓜的早熟性。喷施乙烯利使南瓜雌花节位降低，雌花数量增多，促进早熟，达到调节市场供应、改善种植效益的目的。

(1) 使用时期　苗期。

(2) 使用方法　南瓜幼苗1～4叶期用100～200mg/L乙烯利溶液喷洒。

2. 丁酰肼推迟南瓜雄花花期

南瓜通常先出现雄花，后出现雌花，雄雌花开花时间间隔过长可能导致花期不遇而影响授粉，使坐果率下降，导致种子产量下降甚至失收。使用丁酰肼可以调节雄花花期，使雌雄花花期

协调。

(1) 使用时期　苗期。

(2) 使用方法　幼苗 1 片真叶时用 1000～1500mg/L 丁酰肼溶液喷施茎叶，处理 1～2 次，可使雌花花期推迟 1～1.5 个月，雌雄花比例不变。

3. 乙烯利增加西葫芦雌花数量

雌花数量是西葫芦产量形成的基础，喷施乙烯利可以在初花期抑制雄花形成，增加雌花数量，提高产量。

(1) 使用时期　苗期。

(2) 使用方法　3 叶期喷施 200～500mg/L 乙烯利溶液，在初花期可以完全抑制雄花形成，但单瓜重有所下降。

(四) 其他瓜类

1. 乙烯利使瓠瓜提早出现雌花，且数量有所增加

(1) 使用时期　苗期。

(2) 使用方法　幼苗 4～6 片真叶时喷施 100～200mg/L 乙烯利溶液。

2. 乙烯利降低节瓜雌花节位

节瓜雌花发生节位是重要的早熟性指标，喷施乙烯利可以降低雌花节位，提早坐果，提前上市，增加种植效益。

(1) 使用时期　苗期。

(2) 使用方法　利用 60mg/L GA_3 在节瓜幼苗 5 片真叶时进行喷雾处理，每隔 5d 处理一次，连喷 3 次。使第一雌花节位下降 3 节左右，同时植株高度、节间长、茎粗均有所下降。

3. 乙烯利促进丝瓜雌花分化

雌花是丝瓜产量形成的基础，增加雌花数量，有助于提高产量。乙烯利可以促进丝瓜雌花分化，延迟和抑制雄花分化。

(1) 使用时期　苗期。

(2) 使用方法　在丝瓜幼苗 2 叶期用 100mg/L 乙烯利进行叶面喷施，喷至叶面湿润并有液体下滴为止。

4. 矮壮素(CCC)对丝瓜有促雌作用

(1) 使用时期　苗期。

(2) 使用方法　在丝瓜幼苗 1～2 叶期用 100～200mg/L 矮壮素进行叶面喷施，对第 1 雄花、第 1 雌花节位无显著影响，但提早了第 1 雄花、第 1 雌花的开放时间，有利于早熟。同时还促进雌花发生，显著增加雌花数量，降低雄雌比例，从而提高了产量潜力。

5. GA_3 诱导节瓜雄花分化

利用节瓜雌性系配制杂交种是简化制种程序、降低制种成本的重要手段。雌性系植株通常每株雄花在 3 朵以下，且大多在基部出现，给雌性系材料留种造成困难。利用 GA_3 诱雄可以使雌性系植株雄花比例增加，便于自交留种。

(1) 使用时期　苗期。

(2) 使用方法　在节瓜幼苗 3～4 片真叶时用浓度为 100mg/L GA_3 溶液处理节瓜幼苗，其中 3 片真叶时喷 GA_3 可以使雄花数量增加 1 倍以上。

五、防止化瓜，提高产量

化瓜是瓜类果实在发育过程中出现黄化、萎缩、落果的现象，化瓜导致瓜类坐果率下降，对产量造成极其不利影响。化瓜的原因有营养供应不足、授粉不良等。利用生长调节剂改善体内激素的平衡状况，可以防止化瓜，提高坐果率，达到增产目的。

（一）黄瓜

1. 赤霉素保花保果，提高产量

（1）使用时期　开花期。

（2）使用方法　黄瓜开花期用70～80mg/L赤霉素喷花1次。

2. 番茄灵和赤霉素防止化瓜

（1）使用时期　开花期。

（2）使用方法　黄瓜开花时用35mg/L番茄灵与12mg/L赤霉素混合溶液喷花。

（3）使用效果　番茄灵和赤霉素混合使用防止化瓜，促进黄瓜果实生长，使上市时间提早。

3. 防落素防止化瓜，促进果实生长

（1）使用时期　开花期，雌花开放时。

（2）使用方法　每一雌花开花后1～2d，用100～200mg/L防落素溶液喷幼瓜。喷花时注意避免将药液喷到生长点、幼嫩叶片上，同时药剂喷花的时间应选择在气温较低时进行，气温高则应适当降低浓度，以免产生药害。药剂处理后应肥水供应充足，保证果实发育。

4. 乙烯利和三十烷醇配合提高坐果率和产量

乙烯利具有诱导雌花发生的作用，与三十烷醇配合使用，提高坐果率，增加产量。实验表明，单独喷施乙烯利，坐果率较不喷施的对照提高15%，产量提高12%；而乙烯利与三十烷醇配合使用，坐果率较对照提高18%，产量提高40%。

（1）使用时期　苗期喷乙烯利，花期喷三十烷醇。

（2）使用方法　黄瓜3～4片真叶时，用浓度150mg/L的乙烯利进行叶面喷雾，间隔7d后进行第二次喷施处理；从初花期开始，每隔10d用0.3mg/L三十烷醇进行叶面喷雾处理，连续处理3次。处理时间以下午6点以后为宜，药液用量以叶面出现液滴为止。需要严格控制浓度，乙烯利浓度过高，或三十烷醇浓度过高，都会抑制生长，导致坐果率和产量下降。

5. 6-BA防止化瓜，促进坐果

（1）使用时期　花期。

（2）使用方法　用50～100mg/L 6-BA溶液于黄瓜开花前后喷雌花子房柱头，可有效防止化瓜，提高坐果率。外界环境不良时效果尤为显著。

6. 萘乙酸促进坐果，提高产量

（1）使用时期　开花期或结果期。

（2）使用方法　用浓度为100～200mg/L的萘乙酸溶液，在黄瓜开花或结果期，喷洒植株1～2次，间隔7～10d。

7. 矮壮素促进生殖生长，提高坐果率

矮壮素具有控制植株的营养生长、促进植株的生殖生长的作用，使植株的节间缩短、矮壮并抗倒伏，促进叶片颜色加深，光合作用加强，提高植株的坐果率、抗旱性、抗寒性和抗盐碱的能力，增加产量。

（1）使用时期　植株生长前期（14～15片真叶期）。

（2）使用方法　在14～15片真叶时，用20～100mg/L矮壮素药液喷施植株。

8. 表油菜素内酯提高产量，并可以提高抗病性

（1）使用时期　播种前或苗期。

（2）使用方法　利用浓度为0.05～0.5mg/L的2,4-表油菜素内酯溶液浸种，或用0.1mg/L溶液喷洒幼苗叶面，产量可提高30%左右。

9. 复硝酚钠防止落花落果，提高产量

（1）使用时期　结果期。

（2）使用方法　1.4%复硝酚钠水剂6000～8000倍液，在结果期进行叶面喷施，具有促进坐

果、防止落花落果、提高产量的作用。需要注意喷施时期，喷施过早可能产生药害。

（二）西瓜和甜瓜

1. 萘乙酸防止落果，提高坐果率

萘乙酸常用于提高无籽西瓜、难以坐果的西瓜、温室栽培甜瓜的坐果率，防止落花落果。

（1）使用时期　开花期。

（2）使用方法　用10mg/L萘乙酸溶液喷花或用100mg/L萘乙酸溶液涂抹雌花子房基部。

2. 三十烷醇提高西瓜产量

（1）使用时期　苗期和幼果膨大期。

（2）使用方法　分别于西瓜6叶期和幼果膨大期用1mg/L三十烷醇溶液喷施1次。

（3）使用效果　可使产量提高8%左右，并促进果实膨大，增加大瓜比例。

3. 赤霉素防止落瓜，促进西瓜膨大

赤霉素可以促进果实膨大，提高产量，使用后单瓜可增重20%左右。但赤霉素处理后种子可能发育不良，因此赤霉素不可处理留种瓜或籽瓜。

（1）使用时期　雌花开放至幼嫩果实膨大期。

（2）使用方法　雌花开放至幼果0.5kg之间，用20～30mg/L赤霉素溶液顺着瓜生长的方向涂抹2～3次，或用药液喷幼瓜2～3次。

4. 6-BA促进西瓜、甜瓜坐果，提高产量，改善品质

（1）使用方法　开花前后。

（2）使用方法　西瓜、甜瓜开花前后1～2d，用浓度为200～500mg/L的6-BA药液涂抹果柄，可以促进西瓜、甜瓜坐果，防止落花落果，提高产量，含糖量也有所提高。

5. 番茄灵和赤霉素混合处理提高甜瓜坐果率

（1）使用时期　开花期。

（2）使用方法　开花前一天或开花当天，用25～35mg/L番茄灵加100mg/L赤霉素混合溶液对雌花柱头或子房喷雾，可显著提高坐果率。

6. 萘乙酸处理提高甜瓜坐果率

（1）使用方法　甜瓜开花当天用200～300mg/L萘乙酸溶液喷花。

（2）使用效果　提高坐果率，增加产量。

7. 2,4-表油菜素内酯提高西瓜产量和抗性

（1）使用时期　播种前或苗期。

（2）使用方法　利用浓度为0.05～0.5mg/L的2,4-表油菜素内酯溶液浸种，或用0.1mg/L溶液喷洒幼苗叶面，可以使西瓜产量提高20%左右。

（三）南瓜

1. 三十烷醇提高南瓜坐果率

（1）使用时期　苗期。

（2）使用方法　用0.5mg/L三十烷醇溶液喷南瓜幼苗，每周喷1次，连续喷3次，可提高南瓜坐果率，增加产量和大瓜比例。

2. 萘乙酸和2,4-D防止南瓜落瓜

（1）使用时期　开花期。

（2）使用方法　南瓜开花时，用100～200mg/L萘乙酸溶液或20～30mg/L 2,4-D溶液，在早晨8～9点涂抹刚开放的雌花花柱基部一圈，可防止南瓜幼瓜脱落，还可促进单性结实，诱导无籽果实形成。该方法不能用于采种田。为防止重复涂抹，可在生长调节剂溶液中加染料作标记。

3. 2,4-D与GA_3配合使用提高西葫芦产量和质量

（1）使用时期　开花期。

(2) 使用方法　利用20～30mg/L 2,4-D溶液与30mg/L赤霉素溶液混合，在早晨8～9点涂抹刚开放的雌花花柱基部一圈。在保花保果的同时，可使瓜条伸长，提高商品性。

4. 玉米素提高西葫芦坐果率和产量

玉米素处理后西葫芦坐瓜率高、瓜条生长快，且果实整齐度高，畸形瓜少，产量高。气温很少影响玉米素处理效果，不容易发生药害，使用安全。

(1) 使用时期　开花期。

(2) 使用方法　在西葫芦开花前1～3d，用毛笔蘸取4～6mg/L玉米素药液，涂抹子房；或用喷壶喷幼瓜两侧；对于已开放的雌花可以采取涂抹柱头和喷花的方式。

(四) 其他瓜类

1. 2,4-D防止冬瓜化瓜

(1) 使用时期　开花期。

(2) 使用方法　冬瓜开花当天，用15～25mg/L 2,4-D溶液喷花，可防止化瓜，提高坐果率，并促进冬瓜生长。喷施时要遮挡不需处理的部分，避免将药液喷到幼嫩叶片及生长点上；使用浓度要适宜，高温时喷施应适当降低浓度，以免发生药害。这种处理方法易形成无籽果实，不可用于采种田。

2. 对氯苯氧乙酸(防落素)提高冬瓜坐果率，形成无籽果实

(1) 使用时期　开花期。

(2) 使用方法　冬瓜开花时，用浓度为60～80mg/L的防落素溶液喷雌花，可以使坐果率显著提高，并促进幼果膨大，形成无籽果实，增厚果肉，改善品质，夏秋季冬瓜种植时效果明显。避免将药液喷到生长点或叶片上，否则会导致叶片畸形。同时药剂处理后的雌花应做好标记，以免重复处理产生药害。

3. 赤霉素处理提高佛手瓜坐瓜率

佛手瓜栽培时可能遇到花期不遇的情况，即雌花比雄花早开放4～6d，致使前期1～5个雌花不能授粉坐瓜，影响产量。赤霉素处理可以有助于提高坐瓜率。

(1) 使用时期　开花期。

(2) 使用方法　用200mg/L赤霉素溶液蘸花或者对准柱头喷雾。在自然授粉不能正常坐果的情况下，赤霉素处理的坐果率可达80%；同时还可以促进果实发育，果实长度、横径及单果重均较自然授粉的正常瓜有所提高，商品性状好，产量高。

六、促进果实膨大和成熟

(一) 黄瓜

1. 氯吡脲促进黄瓜果实膨大

氯吡脲是一种高活力细胞分裂素，具有增强光合作用、促进细胞器官形成的作用。

(1) 使用时期　开花期。

(2) 使用方法　黄瓜开花前一天或开花当天，用0.1%氯吡脲可溶性液剂10mg对水0.5～1kg，浸或者涂抹子房（瓜胎），可促进果实膨大，形成少籽果实，果实长度、横径和单瓜重都明显提高，并增加果实含糖量。氯吡脲处理时要均匀，且浓度不可随意加大，否则容易出现空心瓜或畸形果的现象。

2. 对氯苯氧乙酸钠促进黄瓜果实膨大

(1) 使用时期　开花期。

(2) 使用方法　黄瓜开花前一天，用100mg/L对氯苯氧乙酸钠溶液浸或者涂抹黄瓜子房（瓜胎），可以提高坐果率，促进果实膨大，使长度、横径和单瓜重增加。

(二)西瓜、甜瓜

1. 氯吡脲提高早春设施栽培西瓜坐果率，促进西瓜膨大

(1) 使用时期　开花期。

(2) 使用方法　在雌花开放当天或开花前一天，用5～20mg/L氯吡脲溶液对西瓜瓜胎进行喷洒，可促进西瓜坐果和膨大，用于解决无昆虫授粉导致的化瓜问题。

西瓜生产中使用氯吡脲主要是为了提高在早春设施中栽培的西瓜坐果率。由于温度低且环境相对密闭，花粉生活力低下，设施内缺乏传粉媒介。利用氯吡脲可以提高坐果率，促进果实膨大。近年来也有研究指出，与蜜蜂传粉的果实相比，利用氯吡脲促进膨大的果实挥发性成分等风味物质有所减少；使用氯吡脲也可能延迟糖分积累和瓤色发育，高浓度氯吡脲也有可能导致裂瓜和使畸形瓜率提高。因此，正常季节露地西瓜生产中应尽可能选用蜜蜂传粉或人工辅助授粉来促进坐果，通常不需要使用氯吡脲。

2. 氯吡脲促进甜瓜膨大

(1) 使用时期　开花期。

(2) 使用方法　在雌花开放当天或开花前1～3d，用2～15mg/L氯吡脲溶液对甜瓜子房进行喷洒，具有促进甜瓜坐果和膨大的作用，可提高产量。

3. 吲哚乙酸、萘乙酸、赤霉素和激动素等防西瓜裂果

(1) 使用时期　开花后。

(2) 使用方法　用15mg/L吲哚乙酸、15mg/L萘乙酸、30mg/L赤霉素或8mg/L细胞激动素在西瓜开花后喷施，每周喷1次。这些生长促进剂可促进果皮生长，减少西瓜裂果。

4. 丁酰肼(比久)和矮壮素促进西瓜果实均匀膨大，减少裂果

西瓜果实成熟过程中如果温度或水分条件变幅过大就可能导致裂果，如：果实膨大初期遇低温，前期发育缓慢，后期温度回升后果实迅速膨大，可引起裂果；果实发育阶段，由于干旱土壤水分少，此时突然大量灌水后使土壤水分剧增也可引起裂果。果皮薄的品种和小型瓜发生裂果的概率较高。用比久、矮壮素等作为生长延缓剂，可以增强瓜皮坚韧度，减少裂果。

(1) 使用时期　坐果初期。

(2) 使用方法　用2000～4000mg/L比久溶液喷西瓜植株，或用500mg/L矮壮素灌根。

(三)其他瓜类

1. 三十烷醇促进丝瓜膨大，提早收获

(1) 使用时期　开花期。

(2) 使用方法　开花后用0.02mg/L三十烷醇涂抹幼瓜果柄，促进果实发育，加速果实膨大，提早收获6～9d，显著增加产量。

2. 氯吡脲促进丝瓜果实膨大

(1) 使用时期　开花前。

(2) 使用方法　丝瓜雌花开放前一天，用0.1%氯吡脲可溶性液剂100～200倍液对丝瓜子房（瓜胎）进行均匀喷洒，有助于丝瓜坐果，并有刺激丝瓜果实生长、促进果实发育的作用。试验结果显示，氯吡脲处理的坐瓜率略低于人工授粉的坐瓜率，且果实也比人工授粉的果实稍小。因此，氯吡脲处理应在温室栽培或者授粉媒介不充分的情况下作为促进坐果的补救措施来使用，更不可擅自加大浓度和使用次数。同时，不同品种、不同气候条件对氯吡脲的浓度要求也不尽相同，建议针对具体的品种和栽培条件，应先进行小面积浓度试验，确定适宜的使用浓度后再大范围应用。

3. 乙烯利催熟南瓜，促进果实转色成熟

(1) 使用时期　采收后。

(2) 使用方法　南瓜栽培中如遇不良天气或发生病虫害，使采收的南瓜未能完全成熟，可以

用乙烯利溶液进行南瓜催熟，促进南瓜成熟转色，转色时间提早2d左右。具体做法是，接近成熟的南瓜采收后，用0.5%乙烯利溶液喷果实表面。使用时应注意越接近成熟的南瓜催熟效果越好。过于幼嫩的南瓜催熟转色后在烹饪过程中有返绿现象，影响其外观品质。催熟的南瓜种子因未正常成熟，不能留作种用。

第三节　在茄果类蔬菜上的应用

一、主要种类

茄果类蔬菜包括番茄（含樱桃番茄）、辣（甜）椒、茄子等，是主要的夏、秋菜，也是保护地生产中的主要种类之一。茄果类蔬菜营养丰富，适应性强，结果期长，产量较高，耐贮运，在市场供应中占有重要地位，约占蔬菜总面积的20%以上。番茄食用部分为成熟的果实，茄子食用嫩果，辣椒、甜椒嫩果和熟果都可食用。

各种颜色的樱桃番茄、甜椒、水果辣椒、白茄、青茄等，以及通过特殊栽培措施培育的番茄树、辣椒树等等，这些品种并非是转基因蔬菜，是育种专家通过定向选择把自然界已存在的种质资源筛选、纯化，进而培育出来的新品种。

1. 生物学特性及栽培技术共同点

茄果类蔬菜要求温暖的气候条件，不耐霜冻。它们的生长期长，为提早收获，延长结果期，增加产量，需采用育苗方式进行栽培；若直播栽培，产量很低。

茄果类蔬菜发育上受光周期影响很小，属中光性植物，温度适宜，可四季栽培。但对光照强度要求较高，并需良好的通风条件。

根系较发达，有一定的耐旱性，不耐较高的土壤和空气湿度。

生长迅速，生长量大，生长期长，需肥量大而全面。栽培上要施足底肥，早施及多次追肥。

顶芽分化成花芽。一般在2片真叶后开始花芽分化，定植时几乎构成全部产量的花芽已分化完毕。所以育苗对早熟丰产性影响较大，必须培育壮苗。

植株生长健壮，分枝强，连续结果，需进行植株调整，以调节营养生长和生殖生长的平衡，改善通风透光条件。

2. 番茄

番茄（*Lycopersicon esculentum* L.）别名西红柿、番柿、柿子等，富含维生素C和番茄红素，营养价值高，已成为全国各地的主要蔬菜种类之一（彩图7-17）。樱桃番茄则是深受消费者喜爱的水果（彩图7-18）。番茄富含碳水化合物、蛋白质、维生素、胡萝卜素及多种矿物质元素。番茄为喜温性蔬菜，适应性较强。番茄的花芽分化受环境条件及栽培措施的影响，环境条件主要是温度及光照；而栽培措施主要是施肥及灌溉水。温度的高低不仅影响到花芽分化的时期；同时也影响到开花的数量及质量。充足的阳光有利于花芽分化。此外，如果土壤肥沃或施肥水平高，且土壤的通气性能好，花芽分化较早，第一花序着生节位较低；还有灌水过多或过少，也会影响花芽的分化。

种子发芽在25～30℃时最为理想。在18～20℃的温度条件下虽能正常生长，但落花率较高。当日温超过30℃，夜温超过25℃时生长缓慢，并由于花粉机能减退而抑制结果。番茄也是喜强光的作物。在生产上已广泛利用植物生长调节剂减少番茄落花落果现象，促进坐果，提高产量，改善品质。

3. 辣椒

辣椒（*Capsicum annuum* L.）的品种有几十种，包括牛角椒（彩图7-19）、线椒、灯笼椒（彩图7-20）、朝天椒等。辣椒在我国广泛种植，产量居世界第一。其产品器官为果实，是常见蔬菜，食品烹饪加工中是不可少的调味佳品，同时具有很高的营养价值和保健功能。

辣椒是喜光作物，幼苗生长期，良好的光照是培育壮苗的必要条件。合理使用植物生长调节剂能有效地培育壮苗，提高植株对病虫害以及逆境的抵抗能力。辣椒性喜温，生长发育的适宜温度为20～30℃。植株体内植物激素的变化与落花有密切联系，应用植物生长调节剂可防止落花落果。

4. 茄子

茄子（*Solanum melongena* L.）果实的形状有长或圆，颜色有白、青、红、紫等（彩图7-21，彩图7-22）。中国各省均有栽培，果实可供蔬食，根、茎、叶可入药。

茄子的根系发达，耐热性较强。茄子需水量较大。茄子的外种皮为革质，内种皮透水性差，加之种皮表面光滑并有胶质物包裹，加大了种子吸水吸氧的困难，且种子具有休眠特性，发芽较困难。茄子的花为两性花，一般单生，但也有2～3朵簇生的。茄子喜高温，对光照要求严格，日照时间长，光照度强，植株生育旺盛。

二、促进发芽和生根

（一）番茄

1. 石油助长剂提高番茄种子发芽率

石油助长剂主要含有环烷酸钠，是一种多效能植物生长调节剂。它有改善植物的新陈代谢、加强植物体生理生化过程、增强光合效能、减少呼吸消耗等作用。

（1）使用时期　播种前。

（2）使用方法　用石油助长剂进行番茄育苗，方法是在播种前用浓度为50～100mg/L的石油助长剂溶液浸种子12h，取出，等稍干后进行播种。

（3）使用效果　使番茄种子萌发整齐，生长快。

2. 萘乙酸提高番茄扦插成活率

萘乙酸诱导番茄扦插枝形成不定根，改变雌雄花比例，增加坐果率等。

（1）使用时期　扦插时。

（2）使用方法　利用番茄侧枝8～12cm作插条，伤口经自然晾干以后，浸在50mg/L萘乙酸溶液中10min，取出后用清水冲洗，然后扦插到苗床中或清水中。

3. 萘乙酸和吲哚乙酸促番茄扦插生根

（1）使用时期　扦插时。

（2）使用方法　在扦插前10～15d，取健壮无病春番茄植株，不抹杈，待侧枝长至7～8cm采下，用50mg/kg萘乙酸和100mg/kg吲哚乙酸等量混合，浸泡插条下部10min，捞出后用清水冲洗，置于水中培养，可促其生根成活。

4. 噻苯隆（TDZ）提高番茄移栽成活率，促进生根与生长

（1）使用时期　移植时。

（2）使用方法　移栽蹲苗后5000倍液全株喷雾，能提高番茄移栽成活率，促进生长，增强抗性。

5. 赤霉素促番茄生根

（1）使用时期　定植时。

（2）使用方法　当番茄从苗床移植到露地栽培时，用10～50mg/L赤霉素喷洒植株。

（3）使用效果　可消除番茄移栽后生长停滞现象，使番茄根系发达，侧根多，提高抗旱性。

6. 萘乙酸促番茄出苗

经催芽播种的种子出苗后幼苗整齐、健壮，抗寒性增强，可防止番茄疫病的发生。

（1）使用时期　种子处理。

（2）使用方法　育苗前用5～10mg/kg萘乙酸药液浸种10～12h，之后用清水冲洗干净播种。

7. 萘乙酸促番茄生根

（1）使用时期　生长期。

(2) 使用方法　在番茄苗期、开花或结果期，用萘乙酸 1%～2% 药液喷洒植株 1～2 次，间隔 7～10d。

(3) 使用效果　萘乙酸可增强植株的吸水、吸肥能力，从而达到提高产量的目的。

8. 萘乙酸和吲哚乙酸提高番茄扦插成活率

番茄扦插育苗目前在生产中应用较少，主要用于进口的一些品种，因种子数量较少又需扩大栽培面积，或为了赶茬在保护地中进行再生栽培。秋番茄常规育苗时正值高温多雨，幼苗易徒长和感染病毒病，用侧枝扦插，则可有效避免这些弊病，并可早结果。

(1) 使用时期　扦插期。

(2) 使用方法　利用侧枝 8～12cm 作插条，伤口经自然干燥后，浸在吲哚乙酸 100mg/L 和萘乙酸 50mg/L 混合液中 10min，用清水冲洗，扦插到苗床中或清水中培养。

9. 三十烷醇促进种子萌发

(1) 使用时期　种子处理。

(2) 使用方法　用浓度 0.1～1.0mg/L 的三十烷醇（蜂花醇）处理番茄种子，能促进种子发芽、发根，促进花芽分花和增强光合效率。

（二）辣椒、甜椒

1. 萘乙酸促进青椒根系发育

(1) 使用时期　生长期。

(2) 使用方法　用萘乙酸 1%～2% 药液，在青椒苗期、开花或结果期，喷洒植株 1～2 次，间隔 7～10d。

2. 赤霉素促进甜椒根系发达

(1) 使用时期　定植期。

(2) 使用方法　在甜椒从苗床移到露地栽培时，用 10～50mg/L 赤霉素溶液喷洒植株。

(3) 使用效果　可消除甜椒移栽后生长期停滞现象，可使甜椒根系发达、侧根多。

3. 萘乙酸促进辣椒根系发达

(1) 使用时期　定植期。

(2) 使用方法　辣椒幼苗在从苗床移入大田前用 5～10mg/L 萘乙酸蘸根。

4. 三十烷醇促辣椒种子发芽

(1) 使用时期　种子处理。

(2) 使用方法　用 0.5mg/L 三十烷醇处理辣椒种子，可促进种子萌发，促进花芽分化。

5. 萘乙酸浸蘸促进辣椒扦插生根

(1) 使用时期　扦插时。

(2) 使用方法　剪取辣椒侧枝或主枝，用 2% 萘乙酸快速浸蘸约 5s，然后扦插入培养基中。

6. 赤霉素促进移栽后生长

(1) 使用时期　定植期。

(2) 使用方法　在甜椒从苗床移到露地栽培时，用 10～50mg/L 赤霉素溶液喷洒植株，可使甜椒根系发达，增加侧根。

（三）茄子

1. 赤霉素提高茄子发芽势和发芽率

(1) 使用时期　发芽期。

(2) 使用方法　先用清水浸种 2h，再用 600mg/L 赤霉素溶液浸泡茄子种子 6h。

2. 萘乙酸促进茄子生根

(1) 使用时期　扦插期。

(2) 使用方法　用茄子侧枝或主枝约 2～3 节，在基部用稀释 500～1000 倍的萘乙酸水溶液快速浸蘸，10～15d后生根。

3. 萘乙酸促进茄子扦插枝条成活

(1) 使用时期　扦插期。

(2) 使用方法　茄子侧枝或主枝，用2%萘乙酸快速浸蘸5s，然后扦插入培养基质中。

(3) 使用效果　成活率可达70%，促进茄子扦插生根。

4. 噻苯隆提高茄子移栽成活率

(1) 使用时期　移植时。

(2) 使用方法　移栽蹲苗后用噻苯隆5000倍液全株喷雾，促进生根与生长。

5. 芸薹素内酯打破茄子种子休眠

(1) 使用时期　种子处理。

(2) 使用方法　低浓度的芸薹素内酯（0.005mg/L）处理茄子种子24h。

(3) 使用效果　此法不仅可促进种子萌发，也提高作物抗病、抗盐能力，增强抗逆性，减轻除草剂对作物的伤害。

6. 三十烷醇促进茄子种子发芽

(1) 使用时期　种子处理。

(2) 使用方法　用0.5mg/L三十烷醇处理茄子。

(3) 使用效果　促进种子发芽生根和花芽分化，增强光合作用。

7. 赤霉素促进茄子生长

(1) 使用时期　定植期。

(2) 使用方法　在茄子从苗床移到露地栽培时，用10～50mg/L赤霉素溶液喷洒植株。

(3) 使用效果　能消除移栽后生长停滞现象，促进根系发育。

8. 6-苄氨基嘌呤打破茄子种子休眠

(1) 使用时期　种子处理。

(2) 使用方法　10mg/L 6-苄氨基嘌呤处理茄子种子8h。

(3) 使用效果　可打破种子休眠，提高发芽率和发芽势。

9. 赤霉素和6-苄氨基嘌呤混合处理打破种子休眠

(1) 使用时期　种子处理。

(2) 使用方法　300mg/L赤霉素＋10mg/L 6-苄氨基嘌呤混合处理茄子种子24h。

(3) 使用效果　彻底打破种子休眠，促进萌发。

10. 石油助长剂提高茄子发芽率

(1) 使用时期　种子处理。

(2) 使用方法　用50～100mg/kg石油助长剂浸种12～24h。

(3) 使用效果　可明显促进种子萌发，提高发芽率。

三、提高抗逆性

(一) 番茄

1. 多效唑抑制茎叶生长，增强抗性

番茄在育苗期间由于高温、高湿或因移栽不及时引起植株群体过密，幼苗徒长形成徒长苗（高脚苗）。徒长苗定植后缓苗慢，生育期推迟，坐果率低，抗逆性差，对产量影响较大。采用生长抑制剂能防止幼苗徒长，使植株矮化、叶色浓绿、茎秆矮缩粗壮。

(1) 使用时期　苗期。

(2) 使用方法　2～3叶期用150mg/L多效唑溶液喷施。

多效唑有效时间为3周左右，若控苗效果过度，可喷施100mg/L赤霉素同时增施氮肥进行

解除。秧苗较小、徒长程度轻的可喷雾，使秧苗叶和茎秆表面均匀附着雾滴而不流淌；秧苗较大、徒长程度重的可喷洒或浇施。一般在18～25℃时选早、晚或阴天施用。施药后禁止通风，尽量提高温度，促进药液吸收。施药后1d内不能浇水，以免降低药效。喷药后10d开始见效，可维持20～30d。

2. 诱抗素促进移栽苗返青，提高移栽成活率

(1) 使用时期 苗期。

(2) 使用方法 在番茄幼苗移栽前3d和移栽后3～5d用1000mg/L诱抗素喷苗，在开花前2d再喷施1次。

(3) 使用效果 此法可促进幼苗返青，提高成活率，提高抗寒抗旱性，促进花芽分化，使番茄提早上市。

3. 萘乙酸防番茄早疫病

(1) 使用时期 苗期。

(2) 使用方法 番茄出苗后，如果幼苗生长细弱、叶片发黄，用5～7mg/kg萘乙酸药液全株喷洒1次，幼苗即可恢复正常生长。幼苗进入中后期，当苗床内的温度为26～28℃时，用5～7mg/kg萘乙酸药液喷洒1次，可防止番茄早疫病的发生。

4. 芸薹素内酯提高抗病力

(1) 使用时期 苗期。

(2) 使用方法 在番茄苗期用0.01mg/L芸薹素内酯喷施叶面，每亩用药20～30L，或在大田期间用0.05mg/L芸薹素内酯喷施，每亩用药50L，隔7～10d，喷第2次，共喷2～3次。

(3) 使用效果 此法可提高坐果率，并使果型增大、产量增加，并能延缓植株的衰老，抑制猝倒病和后期的炭疽病和病毒病的发生。

5. 烯效唑控制番茄徒长，提高耐寒性，提早开花

(1) 使用时期 苗期。

(2) 使用方法 在2～3叶期处理幼苗，以5mg/L烯效唑喷洒植株，具有蹲苗、控长、防寒、早花的效果。施用延缓剂后，叶片表现浓绿色，出现植株营养充足假象，在生产上仍需增加肥水供应。

6. 助壮素使植株适度矮化提高抗寒能力

(1) 使用时期 生长期。

(2) 使用方法 在番茄育苗期、定植后和初花期，均可用100～150mg/L助壮素喷施全株，使植株适度矮化，增根，促进早花结果，提高抗寒能力。注意如果番茄苗期使用助壮素剂量大、时间晚，易造成“小果症”。

7. 丁酰肼(比久)抑制番茄营养生长，提高耐寒能力

(1) 使用时期 苗期。

(2) 使用方法 在番茄1叶和4叶时用2500mg/L 85%比久粉剂各喷1次，可抑制番茄营养生长，明显提高作物的耐寒能力，促进坐果。使用比久要注意：一是避免用铜器盛装和用铜机具；二是不能与波尔多液等混用，可以在波尔多液喷后5d使用；三是喷后不久下雨，会影响使用效果，需酌量补喷；四是比久易被土壤微生物分解，且淋溶性低，故一般不进行土壤施用。

8. 甲哌鎓促进壮苗稳长

(1) 使用时期 种子或苗期。

(2) 使用方法 以每千克番茄种子用1g甲哌鎓（缩节安），加水8kg，浸种约24h，捞出晾至种皮发白播种。若无浸种经验，建议在苗期（2～3叶期）亩用0.1～0.3g，对水15～20kg喷洒。

(3) 使用效果 此法可提高种子活力，抑制下胚轴伸长，防止出现高脚苗，促进壮苗，提高

抗逆性。

9. 噻苯隆促进番茄果实生长，提高抗病性

（1）使用时期　第二穗果期。

（2）使用方法　坐第二穗果后连续喷施2000倍液噻苯隆。

（3）使用效果　促进果实生长，减少畸形果、空心果，提高单果重，并可提高早疫病、晚疫病的抗性。

10. 5406细胞分裂素提高番茄抗逆性，促进壮苗

（1）使用时期　种子处理。

（2）使用方法　用5406细胞分裂素160mg/L浸番茄种子8～24h，在暗处晾干后播种。

11. 矮壮素防止番茄幼苗徒长，增强抗病性

（1）使用时期　苗期。

（2）使用方法　在番茄4～6叶期至定植前1周，用100～250mg/L矮壮素喷洒植株；在定植后发现有徒长现象，可用500mg/L矮壮素浇施，每株浇100～150mL。

秧苗较小，徒长程度轻微的，可使用喷雾器均匀喷雾，使秧苗的叶和茎秆表面完全均匀地布满细密的雾滴而不流淌为度；当秧苗较大，徒长程度重时，可使用喷壶进行喷洒或浇施，每平方米用1kg稀释液，注意用药均匀，防止局部过多，造成药害。

（3）使用效果　可防止幼苗徒长，使主茎粗壮，根系发达，促进花芽分化，抑制茎叶生长，促进开花、坐果，提前收获，增加产量，增强抗病性。注意苗期使用矮壮素不宜超过2次。

12. 复硝酚钠提高抗性，避免畸形果

（1）使用时期　生长期。

（2）使用方法　在番茄生长期和花蕾期分别用复硝酚钠160mg/L液喷洒1～2次。

（3）使用效果　提高植株抗性，改善果实色泽，避免畸形果。

13. 诱抗素提高移栽成活率，增强抗逆性

（1）使用时期　定植期。

（2）使用方法　用1000mg/L诱抗素在番茄幼苗移栽前3d和移栽后3～5d喷苗，在开花前2d再喷一次。

（3）使用效果　喷施后移栽苗返青快，增强素质，提高移栽成活率，提高幼苗抗低温、抗干旱能力，促进花芽分化，提高坐果率，提早上市。

14. 萘乙酸提高番茄抗病抗逆性

（1）使用时期　种子，苗期，定植期。

（2）使用方法　育苗前，用5～10mg/L萘乙酸药液浸种10～12h，再用清水洗净，催芽播种。

出苗后，如果幼苗生长细弱，叶片发黄，用5～7mg/L萘乙酸药液全株喷洒1次，可恢复正常生长。中后期，床温26～28℃时用5～7mg/L药液喷洒1次。

定植前6～7d，用5mg/L药液喷洒1次，能促进壮棵、早现蕾。定植缓苗后每10～15d喷洒1次5mg/L药液，共喷2次。

15. 乙烯利抑制番茄幼苗徒长，增强抗逆性

（1）使用时期　苗期。

（2）使用方法　可在3叶1心期、幼苗5片真叶时，用300mg/kg乙烯利喷叶。

（3）使用效果　幼苗健壮，叶片增厚，茎秆粗壮，根系发达，抗逆性增强，早期产量增加。

（4）注意事项　乙烯利具强酸性，腐蚀性强，使用时应戴手套和眼镜作业，作业完毕应充分清洗喷雾器具；乙烯利在中性溶液中易分解，现用现配效果最好，也不能同碱性农药、化肥混用；不能用坑或池塘水等碱性较强的水稀释；配成药液最好加0.1%～0.2%中性洗衣粉作为润湿剂，以提高药效。

16. 碧护处理番茄提高抗性

(1) 使用时期 苗期。

(2) 使用方法 第 1 次 2～4 叶期施用 8000～10000 倍液，可促苗齐、苗全、苗壮，提高作物抗性；第 2 次定植前 15000 倍促定植缓苗，提高移栽成活率。

（二）辣椒

1. 甲哌鎓提高辣椒抗逆能力

(1) 使用时期 幼苗期。

(2) 使用方法 用 200～400mg/L 甲哌鎓喷施辣椒幼苗，喷 2 次，间隔 5～7d。

(3) 使用效果 植株变矮，抗寒、抗旱力增强。

2. 噻苯隆能提高辣椒移栽成活率，增强抗病性

(1) 使用时期 定植时。

(2) 使用方法 移植时 1000 倍液噻苯隆蘸根。

(3) 使用效果 可提高移栽成活率，促进生根与生长，提高抗病性。

3. 矮壮素抑制辣椒茎、叶生长，增强抗寒、抗旱能力

(1) 使用时期 生长期。

(2) 使用方法 辣椒育苗期间秧苗徒长或生长瘦弱时或有徒长趋势的辣椒植株，可于初花期喷洒 20～25mg/L 矮壮素液。需要注意，矮壮素只能在土壤条件好、作物长势旺盛、有徒长趋势的菜地使用，不宜用在长势较弱的作物上，以免影响正常生长。

(3) 使用效果 使植株矮化粗壮、叶色浓绿，增强抗寒和抗旱能力。

4. 芸薹素内酯浸种培育甜椒壮苗

(1) 使用时期 种子处理。

(2) 使用方法 用 0.03～0.045mg/kg 芸薹素内酯浸种甜椒种子 10min。

(3) 使用效果 有利于培育壮苗，增产 5%～10%，高的可达 30%，并能明显改善品质，增加糖分和果实重量。同时还能提高作物的抗旱、抗寒能力，缓解作物遭受病虫害、药害、肥害、冻害的症状。

5. 复硝酚钠促进辣椒生长，培育壮苗

(1) 使用时期 幼苗期。

(2) 使用方法 苗期用 4～6mg/L 复硝酚钠作叶面喷施，每亩用药液 25～30kg。

6. 胺鲜酯促进辣椒生长，培育壮苗

(1) 使用时期 幼苗期。

(2) 使用方法 苗期用 10mg/L 胺鲜酯作叶面喷施，每亩用药液 25～30kg。

7. 多效唑促进辣椒壮苗

(1) 使用时期 幼苗期。

(2) 使用方法 在辣椒苗高 6～7cm 时用 10～20mg/L 多效唑药液进行叶面喷施；或选取带花蕾、具有 2 次分枝的辣椒壮苗，用 100mg/L 多效唑溶液浸根 15min 后再移栽。

(3) 使用效果 此法可促进辣椒壮苗，控制秧苗徒长，增加叶片叶绿素含量，并可提高抗寒、抗病能力，对生长及产量均有显著的促进作用。

使用时一定要注意浓度的选择。

8. 碧护培育辣椒壮苗

(1) 使用时期 苗期。

(2) 使用方法 第 1 次 2～4 叶期 8000～10000 倍培育壮苗，使苗齐、苗全、苗壮，提高作物抗性；第 2 次定植前 15000 倍促定植缓苗，提高移栽成活率。

9. 诱抗素提高辣椒抗逆性

(1) 使用时期 幼苗期。

(2) 使用方法　在幼苗移栽前3d和移栽后3～5d用1mg/L诱抗素喷苗，在开花前2d再喷一次。

(3) 使用效果　提高幼苗抵抗低温、抗干旱能力，保障在逆境条件下正常生长，促进花芽分化，提高坐果率，提早成熟上市。

(三) 茄子

1. 多效唑提高茄子抗性，促进花芽分化

(1) 使用时期　幼苗期。

(2) 使用方法　幼苗期喷10～20mg/kg多效唑。

(3) 使用效果　可使苗茎增粗，叶片发厚，增强植株抗旱、抗寒力，并能促进花芽分化。

2. 碧护处理茄子提高抗性，培育壮苗

(1) 使用时期　苗期。

(2) 使用方法　第1次2～4叶期8000～10000倍培育壮苗，第2次定植前15000倍促定植缓苗，提高移栽成活率。

3. 细胞分裂素浸种促茄子壮苗，提高抗逆性

(1) 使用时期　种子。

(2) 使用方法　用160mg/L细胞分裂素溶液浸茄子种子8～12h，在暗处晾干后播种，促进壮苗。

4. 矮壮素抑制茄苗徒长，增强抗逆性

(1) 使用时期　苗期，开花期。

(2) 使用方法　在茄子苗期用300mg/L矮壮素药液进行叶面喷施，每亩用药50L；在开花期用250mg/L矮壮素药液进行叶面喷施。

(3) 使用效果　可抑制幼苗徒长，节间短，促进根系发育，增强抗性。

5. 丁酰肼(比久)提高茄子苗抗逆性

(1) 使用时期　苗期。

(2) 使用方法　在苗期喷洒1%～4%比久。

(3) 使用效果　能控制植株徒长，促进生殖生长，增强抗逆性。

6. 芸薹素内酯提高茄子抗性

(1) 使用时期　苗期。

(2) 使用方法　用浓度为0.01mg/L芸薹素内酯作叶面肥喷施，大田期用浓度为0.05mg/L芸薹素内酯。

(3) 使用效果　可抑制猝倒病和后期的炭疽病、疫病、病毒病的发生。在大田期施用后可提高坐果率并使果实增大，产量增加，延缓植株衰老。

7. 诱抗素提高茄子幼苗抗逆性

(1) 使用时期　苗期。

(2) 使用方法　在茄子幼苗移栽前3d和移栽后3～5d用1000mg/L诱抗素喷苗，在开花前2d再喷施1次。

(3) 使用效果　经处理后，移栽苗返青快，增强素质，提高移栽成活率，提高幼苗抗低温、抗旱能力，保障在逆境条件下正常生长，促进花芽分化，提早成熟上市。

四、提高产量和品质

(一) 番茄

1. 复硝酚钠处理番茄可提高产量

(1) 使用时期　幼苗期及花蕾期。

(2) 使用方法　使用浓度为6～9mg/L的复硝酚钠溶液，在幼苗期及花蕾期叶面喷洒1～2次。

2. 芸薹素内酯提番茄产量和品质，延长采收期

（1）使用时期 苗期、花期、坐果后、幼果期。

（2）使用方法 芸薹素内酯1500倍液叶面均匀喷雾，可提高番茄产量和品质，延长采收期15～30d，增产30%～60%。

3. 整形素促进番茄产生无籽果实

（1）使用时期 花期。

（2）使用方法 用0.1～100mg/L整形素处理去雄后的番茄。

4. 调节膦提高番茄果实含糖量

（1）使用时期 花期。

（2）使用方法 在番茄开花盛期用0.05%调节膦进行叶面喷洒，果实还原糖含量提高7.55%。

5. 矮壮素控制植株徒长，改善品质，增加产量

（1）使用时期 苗期。

（2）使用方法 在3～4叶至定植前1周，用200～250mg/L矮壮素溶液喷洒，可控制提高番茄幼苗质量，促进生殖生长，使植株节间缩短，根系发达，抗倒伏，叶色加深，叶片增厚，叶绿素含量增多，光合作用增强，改善抗性和品质，提高产量。秧苗较小，徒长程度轻微的，可使用喷雾器均匀喷雾，使秧苗的叶和茎秆表面完全均匀地布满细密的雾滴而不流淌为度；当秧苗较大或徒长程度重时，可使用喷壶进行喷洒或浇施，每平方米用1kg稀释液。

6. 萘乙酸促进果实膨大，防止植株早衰，提高总产量

（1）使用时期 结果期。

（2）使用方法 盛果期使用。当幼果鸡蛋大时，用10mg/L药液每7d喷洒1次，连喷2次；无限生长型的番茄在结果后期用10mg/L药液全株喷洒1次。萘乙酸促进果实膨大，提高品质，使果肉增厚、含糖量增加；结果后期使用，可防止植株早衰，延长采收期，提高总产量。

7. 芸薹素内酯与其他植物生长调节剂组合可增加前期产量

（1）使用时期 花期。

（2）使用方法 芸薹素内酯（BR）＋番茄灵（*p*-CPA）、氯吡脲（CPPU）＋番茄灵（*p*-CPA）、赤霉素（GA_3）＋番茄灵（*p*-CPA）对番茄果实生长发育有促进作用，其中以BR＋*p*-CPA效果最好。或在植株第1花序开花时，用浓度0.02～0.05mg/kg的芸薹素内酯喷花，或涂花、涂果。芸薹素内酯等植物生长调节剂组合可增加前期产量，有效地促进番茄果实生长发育。

8. 5406植物细胞分裂素促进茎叶生长，增加产量

（1）使用时期 作底肥或花期使用。

（2）使用方法 定植时用5406菌种粉作底肥，或未开花用5406细胞分裂素400～600倍液喷雾，可促进光合作用，帮助茎叶加速生长，促使开花结实和膨大早熟。定植缓苗后1周开始喷施。每隔7～10d喷1次，连续喷3～4次（可同杀虫剂、杀菌剂等混喷）。喷施时间最好是晴天早上9时前，下午3时以后，喷后如2h内下雨，应补喷；番茄自4叶起开始用200～250mg/L 5406细胞分裂素喷洒，每隔10d喷1次，共喷5次。

9. 三十烷醇提高番茄产量和品质

（1）使用时期 花期。

（2）使用方法 整个生长期喷施2～3次0.5mg/L三十烷醇，喷施时加入磷酸二氢钠，可提高果实中维生素C的含量，同时大幅度提高产量。

10. 乙烯利疏花疏果，改善品质

（1）使用时期 花期。

（2）使用方法 在盛花期喷100mg/L乙烯利。乙烯利对番茄的花粉萌发有抑制作用，当浓度增大到100mg/L时，就能起到很好的疏花疏果作用。

11. 萘乙酸促进番茄吸收矿物质，改善品质

番茄在保护地生产中，因气温较低，在保证底肥充足的情况下，在生长期应适量喷施叶肥类速效营养，满足植株正常生长需要。实践证明，萘乙酸在促进营养吸收方面有着积极的作用。

(1) 使用时期　果实膨大期。

(2) 使用方法　20mg/L 萘乙酸＋0.5％氯化钙在果实膨大期使用；0.2％磷酸二氢钾或0.2％尿素与 20mg/L 萘乙酸配合。改善速效钙的供应，降低脐腐病发生率，满足植株对硼元素需求，明显改善品质，也可减轻脐腐病的发生；0.2％磷酸二氢钾或 0.2％尿素与 20mg/L 萘乙酸配合，在增产效果上均有加和效应。

12. 胺鲜酯提高番茄产量

(1) 使用时期　苗期和花蕾期。

(2) 使用方法　在番茄苗期和花蕾期连续 2 次喷雾浓度为 13.3mg/L 的胺鲜酯。

13. 多效唑提高番茄产量

(1) 使用时期　幼苗期。

(2) 使用方法　在幼苗 1～4 叶期用 1％～3％多效唑药液喷施。

(二) 辣椒

1. 三十烷醇促进辣椒生长，早熟增产

(1) 使用时期　幼苗期。

(2) 使用方法　从初花期开始每半小时喷施 0.5mg/kg 的三十烷醇 1 次，共喷施 3 次，早期产量增加十分显著。严格掌握适期和使用浓度，喷施时雾点要细，喷施要均匀，药液量要足，喷施时间应选择晴天下 3h 以后效果较好，若喷施以后 6h 内遇雨，需重喷。可以与化肥和农药混用，但不可与碱性农药或化肥混用。

2. 芸薹素内酯提高抗病、抗逆能力，促进早熟高产

(1) 使用时期　生长期。

(2) 使用方法　用芸薹素内酯 1500 倍液于生长期进行叶面喷雾，可提高抗病、抗逆能力，增花保果，果实均匀光亮，品质提高，早熟，延长采收期 15～30d，增产 30％～60％。

3. 矮壮素使辣椒早熟增产

(1) 使用时期　花期。

(2) 使用方法　用浓度为 20～40mg/L 矮壮素，花期喷花一次，促进早熟，壮苗，提高坐果率和产量。

4. 多效唑提高甜椒

(1) 使用时期　花期。

(2) 使用方法　在 2 叶 1 心期用 25～50mg/L 多效唑喷苗。或在辣椒 11 叶期用 150mg/L 浓度多效唑喷施，特别是当秧苗开始出现徒长趋势时，施用多效唑效果更为显著。

5. 复硝酚钠处理提高辣椒产量

(1) 使用时期　初花期、盛花期。

(2) 使用方法　辣椒初花期、盛花期，在晴天下午 16:00 后或阴天用复硝酚钠 900 倍液加 0.2％磷酸二氢钾进行叶面喷施，防止落花落果，增加产量。

6. 番茄灵提高辣椒产量

(1) 使用时期　花期。

(2) 使用方法　使用浓度为 30～50mg/L 的番茄灵喷蘸辣椒花，喷蘸辣椒花，提高产量。使用时要避开中午高温期，并根据处理时环境温度调整使用浓度，温度低时用上限浓度，温度高时使用下限浓度，以免出现药害。

7. 萘乙酸促进青椒增产

(1) 使用时期　苗期、开花或结果期。

（2）使用方法　用100～200mg/L萘乙酸药液喷洒植株1～2次，间隔7～10d，促进青椒增产。

8. 异戊烯腺嘌呤(又称5406细胞分裂素)培育壮苗，促进花芽分化

（1）使用时期　定植后。

（2）使用方法　5406号制剂1500mg/L叶面喷洒；定植时用5406菌种粉作底肥，辣椒定植缓苗后1周开始喷施。每隔7～10d喷1次，连续喷3～4次（可同杀虫剂、杀菌剂等混喷），有助于培育壮苗，促进花芽早分化、早坐果，有明显增产效果。喷施时间最好是晴天早上9时前、下午3时以后，喷后如2h内下雨，应补喷。

9. 矮壮素提高甜椒产量

（1）使用时期　花期。

（2）使用方法　花期用矮壮素100～125mg/L溶液喷雾。

（三）茄子

1. 芸薹素内酯提高茄子抗性和产量

芸薹素内酯可提高茄子抗性，抑制猝倒病和后期的炭疽病、疫病、病毒病的发生。在大田施用后可提高坐果率并使果实增大，产量增加，并能延缓植株衰老。

（1）使用时期　苗期。

（2）使用方法　苗期用浓度为0.01mg/L的芸薹素内酯作叶面肥喷施，大田期用浓度为0.05mg/L的芸薹素内酯。

2. 5406细胞分裂素提高茄子产量

（1）使用时期　花期。

（2）使用方法　在定植30d后，可用5406细胞分裂素600倍溶液喷洒，每隔10d喷一次，共喷3次，增产效果达12%～14%。

3. 赤霉素提高茄子产量

（1）使用时期　花期。

（2）使用方法　在茄子开花时，用10～50mg/L赤霉素喷洒叶片1次，促进茄子坐果，增加产量。

4. 复硝酚钠提高茄子产量

（1）使用时期　苗期、花期。

（2）使用方法　在茄子苗期、开花期喷施3mg/L复硝酚钠溶液。

5. 5406细胞分裂素3号制剂提高茄子产量

（1）使用时期　花期。

（2）使用方法　5406细胞分裂素3号制剂1500mg/L叶面喷洒或定植时用5406细胞分裂素3号制剂作底肥，定植缓苗后1周开始喷施。每隔7～10d喷1次，连续喷3～4次（可同杀虫剂、杀菌剂等混喷）。喷施时间最好是晴天早上9时前，下午3时以后，喷后如2h内下雨，应补喷。

6. 萘乙酸提高茄子产量

（1）使用时期　生长期。

（2）使用方法　用20mg/L萘乙酸溶液在茄子生长期每隔10～15d喷叶喷茎1次，共喷3～4次；开花初期用50～500mg/L萘乙酸水溶液处理花朵，可获得无籽果实。

7. 多效唑提高茄子产量

（1）使用时期　结果初期。

（2）使用方法　在茄子门茄结果初期喷施350mg/L多效唑，增产10%以上。

8. 胺鲜酯促进茄子发育，提早上市，增加产量

（1）使用时期　生长期。

（2）使用方法　在初花期喷施600倍液胺鲜酯1～2次，能增强茄子抗寒、抗旱、抗涝、抗

倒伏、抗病、抗药害等抗逆能力，增产 25%～100%以上，早熟 5～20d，并能提高产品的蛋白质、氨基酸、维生素、糖分、胡萝卜素等营养成分的含量。

五、防止落花落果

（一）番茄

1. 2,4-D 防止落花落果

（1）使用时期　花期。

（2）使用方法　2,4-D 使用浓度 10～20mg/L，在早晨或傍晚用毛笔涂抹刚开花的花柄或浸花，减少落花落果。

生产上应用 2,4-D 必须注意：

① 不同番茄品种施用浓度不同，一般情况下，严冬用 8～20mg/L，早春用 14～16mg/L，以后随着温度升高降为 10～12mg/L。涂抹法是用毛笔蘸药液涂到花柄或花柱上。浸蘸法是把基本开放的花序放入盛有药液的容器中，浸没花柄后立即取出，并将留在花上的多余药液在容器口刮掉，以防畸形果或裂果发生。涂抹法比浸蘸法效果好，较费工，生产上常采用浸蘸法。在低温条件下，一旦对某株番茄的花序处理后，则这株番茄以后所开放的花序就都要进行处理，否则会大量落花。

② 未张开的花不能处理，开足的花处理效果不大，因此，以刚开花或半开花时使用效果最佳。每朵花只能处理一次，不能重复，以免产生裂果和畸形果。

③ 2,4-D 溶液不能涂在生长点和嫩叶上，防止叶皱缩，影响生长和结果。

④ 2,4-D 不是营养物质，当结实增加后，更应注意施肥和供水，用 2,4-D 处理过的植物不能留种。

2. 赤霉素增加单株结果数，促进果实生长

（1）使用时期　花期。

（2）使用方法　在番茄开花期，喷 10～50mg/L 赤霉素溶液，明显增加单株结果数，约有 1/3 为无籽果实，促进果实生长，防止产生空洞。赤霉素在番茄花不同的发育时期处理时，其对果实发育的效果不同。据报道，对正常番茄的花，去雄后，用 GA 处理，会形成较小的无籽果实；如果是畸形花，在花芽分化初期用 GA 处理，授粉后不再用 GA 处理，则会发育成为较大的有籽果实。

3. 矮壮素或甲哌鎓提高坐果率和产量

（1）使用时期　初花期。

（2）使用方法　以 500～1000mg/L 矮壮素或 100mg/L 甲哌鎓喷洒全株，能有效地控制番茄徒长，提高坐果率，达到增产目的。处理后要加强水肥管理，保证水肥供应。

4. 防落素提高坐果率，改善果实品质

（1）使用时期　花期。

（2）使用方法　江南一带在 5 月以前使用 25～50mg/L 防落素，在有一半左右的花朵开放时喷洒，隔 3～5d 喷一次。在番茄盛花期用 20～30mg/L 防落素蘸花或喷洒，尤其在花序第 3～5 朵花时施用，增产最明显。防落素与赤霉素以较低浓度混合喷花，效果更好；含防落素溶液应避免与嫩尖、嫩叶接触。防落素在一定浓度范围内不会产生药害，因而可以采取喷花处理，省工省力效果好。在气温为 15～20℃时，使用浓度以 30～40mg/L 为宜；在 20～30℃时，以 10～25mg/L 为宜。防落素喷花处理浓度也不宜过高，否则会产生药害。一般当每一花穗上有 3～4 朵花盛开时喷用为好。使用时注意，防落素不溶于水，使用时应先用酒精溶解后再加水稀释配制成所需浓度；经处理过的果实种子不能发育或发育不良，不能留种；要严格按照使用说明书上的浓度应用，并尽量不要将药液喷到心叶或嫩叶上，以免引起药害。

5. 赤霉素提高番茄坐果率，防空洞果

（1）使用时期　花期。

（2）使用方法　开花时用 30～35mg/L 赤霉素喷花一次。

6. 番茄灵保花保果

番茄灵的优点是可以喷施，其药液对番茄叶片药害轻，省去蘸花的麻烦，保花保果性强。

(1) 使用时期　花期。

(2) 使用方法　用小喷水壶对准花朵喷射 40mg/L 番茄灵溶液，以喷湿为度，尽量避免药液溅到嫩叶上。处理时右手用喷壶喷洒，左手以食指和中指轻轻夹住花梗，并用手遮住不处理的部分。在每一朵花序上有 3～4 朵花开时开始处理，每朵花处理一次。可喷施，比 2,4-D 省工，不易产生药害，温度低时（15～20 ℃）处理浓度适当提高，温度 20～25 ℃时浓度可低些。当每个花序上有 3～4 朵花盛开时处理；每朵花处理 1 次即可，一般 4～5d 处理 1 次；如气温较高且开花较集中，则一个花序喷 1 次即可。番茄灵处理的花朵子房膨大速度开始稍慢于 2,4-D 处理的花朵，但 15d 后就可逐渐赶上。在使用番茄灵时，加入赤霉素 10mg/L，效果更佳。

7. 丁酰肼促进坐果

(1) 使用时期　花期。

(2) 使用方法　在番茄 1 叶和 4 叶时用 2500mg/L 丁酰肼各喷 1 次，促进番茄坐果。

8. 萘乙酸保花保果

(1) 使用时期　花期。

(2) 使用方法　春夏之交低温或高温季节番茄易落花时可用 10～25mg/L 萘乙酸喷花。使用时应特别注意，严禁重喷或喷在生长点上。

9. 玉米素提高坐果率，增加产量

(1) 使用时期　花期。

(2) 使用方法　番茄开花前 7d 喷施 110～160mg/L 玉米素，提高番茄坐果率，加快番茄果实的膨大，增产效果为 6.59%～18.75%。

10. 烯效唑促进开花坐果

(1) 使用时期　花期。

(2) 使用方法　在温室番茄进入营养生长旺盛期时，可用 5～10mg/L 烯效唑在初花期全株喷洒 1～3 次，即有显著效果。

11. 萘氧乙酸刺激子房迅速膨大，避免落花落果

(1) 使用时期　花期。

(2) 使用方法　在番茄的初花期，未授粉前，用 50～100mg/L 萘氧乙酸喷花，可刺激番茄子房迅速膨大，避免因授粉不良导致的落花落果，果实生长快，诱导番茄无籽果实。

12. 助壮素促进开花坐果

(1) 使用时期　花期。

(2) 使用方法　在移栽前和初花期分别用 100mg/L 缩节胺喷雾；在温室番茄进入营养生长旺盛期时，用 100～200mg/L 助壮素在初花期全株喷洒 1～3 次，即可促进开花，防止落花落果，早期结果率增加 50%～100%，总产量增加 20%～30%。若产生药害，可加大肥水供应或喷施一定浓度的赤霉素缓解。

13. 喷施碧护防止落花落果，提高品质与产量

(1) 使用时期　花期。

(2) 使用方法　番茄开花前喷 15000 倍液碧护（有效成分为赤霉酸、吲哚乙酸、芸薹素内酯的混剂）保花保果，果实大小均匀，着色好。第 2 次采收 2～3 次后喷 15000 倍液延长采收，增加产量。此法用于茄子、辣椒上也同样有效。

（二）辣椒

1. 芸薹素保花保果

(1) 使用时期　花期。

（2）使用方法　用浓度 0.17mg/L 的芸薹素药液喷洒全株，喷药后 13d 观察，花蕾发育正常，有的开始现蕾；18d 后观察，坐果率达 80%以上。喷施芸薹素对辣（甜）椒保花保果效果十分明显。

2. 噻苯隆抑制徒长，提高坐果率

（1）使用时期　初花期。

（2）使用方法　初花坐果后喷施噻苯隆 50%可湿性粉剂 2000 倍液，可抑制辣椒徒长，提高坐果率，促进辣椒快速生长，增加单椒重，增产 50%以上。

3. 萘乙酸保花保果

（1）使用时期　花期。

（2）使用方法　用 50mg/kg 萘乙酸喷蕾喷花能减少落花落蕾，显著提高坐果率。

4. 2,4-D 保花保果

（1）使用时期　花期。

（2）使用方法　开花前或开花后 1～2d（喇叭花状态）时用 15～20mg/L 的 2,4-D 单朵蘸花。一个花序中有 3～4 朵已经开放时用 30～50mg/L 的 2,4-D 喷施整花序效果均很好。使用 2,4-D 时要注意处理的花只能是半开或刚开的花，未开花不能处理，开败花处理无效；每朵花只能处理一次。

5. 助壮素促进开花坐果，增加产量

（1）使用时期　花期。

（2）使用方法　在温室辣椒进入营养生长旺盛期时，可用 100～200mg/L 助壮素在初花期全株喷洒 1～3 次。

6. 烯效唑促进开花坐果

（1）使用时期　花期。

（2）使用方法　在温室辣椒进入营养生长旺盛期时，用 5～10mg/L 烯效唑在初花期全株喷洒 1～3 次，促进开花坐果效果显著。

7. 助壮素保花保果

（1）使用时期　花期。

（2）使用方法　在辣椒初花期，用 100mg/L 助壮素叶面喷施，防止落花落果，增加辣椒产量。

8. 防落素提高坐果率

（1）使用时期　花期。

（2）使用方法　在甜椒第 1 代的幼苗定植后 20d，用 30mg/L 防落素喷花或 60mg/L 防落素浸花，每隔 7～10d 处理一次，前后共处理 4～5 次。

（3）使用效果　防止甜椒落花落果，提高坐果率，并提高甜椒早期产量和总产量。

9. 萘氧乙酸保花保果

（1）使用时期　开花初期。

（2）使用方法　开花初期用 50～500mg/L 萘氧乙酸水溶液处理花朵，防止授粉不良引起的落花落果，可获得无籽果实。

10. 对氯苯氧乙酸(PCPA)处理辣椒防止落花落果，获得无籽果实

（1）使用时期　开花初期。

（2）使用方法　开花初期用 10～100mg/L 对氯苯氧乙酸（PCPA）水溶液处理花朵，防止落花落果，也具有形成无籽果实的功效。

（三）茄子

1. 2,4-D 防止落果，提高产量

（1）使用时期　花期。

（2）使用方法　用20～30mL/kg的2,4-D溶液喷花，能防止落花落果，促进果实发育，增产10%～30%。

2. 防落素防落果，提高产量

（1）使用时期　花期。

（2）使用方法　茄子开花时，用25～40mg/L浓度药液，用手持小喷雾器喷洒当天开的花，或前后1～2d开的花，或浸蘸药液。气温低时使用浓度可稍高些，气温高时浓度可稍低些。每隔3～4d用1次药。

3. 乙烯利疏花疏果

（1）使用时期　花期。

（2）使用方法　在盛花期喷100mg/L乙烯利。乙烯利对茄子的花粉萌发有抑制作用，当浓度增大到100mg/L时，就能起到很好的疏花疏果作用。

4. 助壮素促进开花坐果

（1）使用时期　生长旺盛期。

（2）使用方法　在温室茄子进入营养生长旺盛期时，可用100～200mg/L助壮素在初花期全株喷洒1～3次，即有显著效果。

5. 烯效唑促进开花坐果

（1）使用时期　生长期。

（2）使用方法　在温室茄子进入营养生长旺盛期时，可用5～10mg/L烯效唑在初花期全株喷洒1～3次，即有促进开花坐果的显著效果。

6. 三十烷醇提高茄子坐果率

（1）使用时期　苗期，花期。

（2）使用方法　在茄子苗期、花期喷0.5mg/L三十烷醇。

7. 番茄灵、丰产剂2号促进坐果，提高产量

（1）使用时期　花期。

（2）使用方法　在花期对准花朵进行喷施番茄灵、丰产剂2号等植物生长调节剂，使用浓度为20～30mg/L。

8. 对氯苯氧乙酸(PCPA)处理茄子避免授粉不良引起的落花落果

（1）使用时期　开花初期。

（2）使用方法　开花初期用10～100mg/L对氯苯氧乙酸（PCPA）水溶液处理花朵，避免授粉不良引起的落花落果，可获得无籽果实。

六、催熟保鲜

（一）番茄

1. 吲熟酯促进成熟

（1）使用时期　结果期。

（2）使用方法　在番茄定植后30d，果实直径3cm，幼果占50%时，喷50mg/L吲熟酯，15d后以同样浓度再喷1次，促进番茄成熟，并增加果汁内氨基酸种类及赖氨酸、脯氨酸和精氨酸的含量。

2. 助壮素促进早熟

（1）使用时期　苗期和初花期。

（2）使用方法　在番茄移栽前和初花期，用100mg/L助壮素分2次进行叶面喷施，具有提早坐果、促进早熟的作用。

3. 芸薹素内酯处理催熟

（1）使用时期　生长后期。

（2）使用方法　在番茄果穗大部分果实进入绿熟期时，用10mg/L芸薹素内酯喷果，6d后重复喷1次，共喷3次。

4. 水杨酸处理进行保鲜

（1）使用时期　采收期。

（2）使用方法　将绿熟番茄用0.1%水杨酸溶液浸泡15～20min。

（3）使用效果　番茄果实硬度大，抗病力强，能有效保持果实新鲜度，增强抗病力，延长货架期。

5. 赤霉素延缓成熟

（1）使用时期　采收期。

（2）使用方法　10mg/L赤霉素溶液浸渍番茄。

6. 激动素延缓成熟

（1）使用时期　采收期。

（2）使用方法　100mg/L激动素溶液浸渍番茄，可延缓番茄成熟5～7d。

7. 乙烯利促进提早成熟

（1）使用时期　采收期。

（2）使用方法

① 植株上涂果。适用于番茄分期采收的生产方式。当番茄果实进入转色期后，戴纱手套或用块棉布在40%水剂133～200倍液中浸湿后在果实表面抹一下，或用棉花、毛笔蘸药液涂果，整个果实都会变红，提早6～8d成熟，其营养和风味与自然成熟的果实相近。

② 植株上喷洒。适用于一次采收的加工番茄。在番茄生长后期，大部分果实已转红，尚有一部分不能做加工用，可用40%水剂400～800倍液喷全株，重点喷果实，可使番茄叶面很快转黄，青果成熟快，增加红熟果的产量。对于番茄人工分期采收的田块，只能用在最后一次采收并又需要催熟的番茄上。

③ 采后浸果。转色期的青熟果实采收后，在40%水剂400～800倍液中浸1min，取出沥干后装筐或堆放在温床、温室中，控制温度20～25℃。3d后大部分果实即可转红成熟。低于15℃，催红效果差，高于35℃，果实略带黄色，红度低。涂果或浸果还可用10%可溶性粉剂200～300倍液。

8. 多效唑，促进果实成熟

（1）使用时期　采收期。

（2）使用方法　用500mg/L多效唑药液在结果后喷施。

9. 助壮素促进早期坐果，促进早熟

（1）使用时期　苗期和初花期。

（2）使用方法　在番茄栽前和初花期，用100mg/L助壮素溶液分2次叶面喷施。

10. 芸薹素内酯促进转色催熟

（1）使用时期　采收期。

（2）使用方法　在番茄大部分果实进入绿熟期时，用10mg/L芸薹素内酯喷果，6d后重复一次，共喷3次，可使番茄提前上市。

（二）辣(甜)椒

1. 乙烯利促转红

（1）使用时期　采收期。

（2）使用方法　在收红辣椒时，有1/3辣椒果实转红时，用200～1000mg/L乙烯利喷洒在植株上。果实自然转红与温度有关，温度高转红快，若低于15℃就不易转红。注意不要过早使用乙烯利对青果进行催熟，否则会严重影响辣椒果实品质。后期若一次性罢园、提早收获，可再喷1次。

2. 6-苄氨基嘌呤对青椒防衰保鲜

（1）使用时期　采收期。

（2）使用方法　于青椒采收前1～2d喷洒5～20mg/L 6-苄氨基嘌呤，能抑制呼吸，阻止蛋白质和叶绿素分解，延缓青椒衰老和保持新鲜。

第四节　在甘蓝类上的应用

一、主要种类

甘蓝为十字花科芸薹属一、二年生草本植物，包括结球甘蓝、羽衣甘蓝、花椰菜、青花菜、芥蓝等。甘蓝类蔬菜不仅有各自独特的风味品质，而且含有丰富的维生素、蛋白质和矿物质等营养成分。甘蓝类蔬菜在栽培上有许多共同的要求，它们喜欢温和冷凉的气候，适宜在秋季温和条件下栽培，一般耐热和耐寒力强，喜肥沃而不耐瘠薄，要求在肥沃、保肥力好的土壤上栽培，喜湿润，不耐干旱，要求有良好的灌溉条件。但各变种和品种间阶段发育的时间以及对环境条件的要求有所不同。冬季气温变暖或倒春寒使春甘蓝先期抽薹现象增加，给生产带来重大损失，因而调节控制甘蓝生长发育是实现甘蓝周年供应的重要技术措施。

1. 结球甘蓝

结球甘蓝（*Brassica oleracea* L. var. *capitata* L.）又名卷心菜、包菜、圆白菜、包心菜、莲花白（彩图7-23），产品器官为叶球。结球甘蓝根系浅，茎短缩，外短缩茎着生莲座叶，内短缩茎着生球叶层层包裹成叶球。结球甘蓝为绿株春化型，叶球或者未结球的植株甚至幼苗在感应一定时间的低温后通过春化作用即可抽薹开花。花为总状花序，异花授粉；果实为长角果，种子圆球形，红褐或黑褐色，千粒重4g左右。结球甘蓝具有栽培适应性广、抗性强、耐寒、耐病虫害、稳产高产、品质优良、耐贮运、供应期长等特点，故全国各地普遍栽培，以秋冬和春季种植为主。甘蓝属长日照蔬菜，较短的日照有利于叶球的形成。春化温度要求10℃以下，经过春化的植株在长日照而温暖的条件下抽薹开花。在生产中可以通过调节甘蓝的抽薹时间调节上市时间或制种。

2. 花椰菜

花椰菜（*Brassica oleracea* L. var. *botrytis* DC.）产品器官为短缩的花薹，由花枝、花蕾聚合而成，为养分积累和储藏器官，称“花球”（彩图7-24）。花球具有营养丰富、味道鲜美、粗纤维少、容易消化等特点，富含维生素、矿物质，颜色洁白美观，含纤维少。在南方，除7～8月高温季节外，其余各月均可生产。花菜根系发达，再生能力强，适于育苗移栽。花椰菜喜温暖湿润的气候，花球形成要经过低温春化阶段。通过花芽分化的植株，顶芽遇到冻害，不能形成花球，而形成所谓的“瞎株”。

3. 西蓝花

西蓝花（*Brassica oleracea* var. *italica*）又名绿花菜、青花菜（彩图7-25），为一、二年生蔬菜。近年来在福建、广东、浙江、上海、北京等地引种成功，已大量生产，食用部分为绿色花球和带有花蕾群的肥嫩花茎，品质优良，营养价值高，是一种营养成分齐全的高档优质蔬菜。西蓝花适应性广，容易栽培，供应期长，为我国有发展前途的鲜用或加工出口创汇的重要蔬菜品种。西蓝花属于喜冷凉、不耐高温炎热、半耐寒性蔬菜，花芽分化对低温要求不严，花芽分化条件为早熟种22℃以下21d，中熟种17℃以下28d，晚熟种12℃以下35d，因此晚熟种早播不能达到早收的目的。

4. 芥蓝

芥蓝是中国的特产蔬菜之一（彩图7-26），以肥嫩花薹和嫩叶为产品，是一年生或二年生草本植物。芥蓝含有丰富的硫代葡萄糖苷，而它的降解产物萝卜硫素是迄今为止所发现的蔬菜中最强有力的抗癌物质，同时也是我国南方重要的出口蔬菜之一。芥蓝以肥嫩的花薹和嫩叶供食用，营养丰富，其味甘，性辛，具有利水化痰、解毒祛风、除邪热、解劳乏、清心明目等功效。

二、促进发芽和生根

（一）甘蓝

1. 萘乙酸、吲哚乙酸提高扦插成活率

（1）使用时期　扦插前。

（2）使用方法　用浓度为2000mg/L的萘乙酸或吲哚乙酸溶液快速（2～3s）浸泡甘蓝腋芽，然后置于温度为20～25℃、相对湿度为85％～95％的环境中扦插培养，刺激甘蓝生根，成活率达90％以上。

2. 石油助长剂提高种子发芽率

（1）使用时期　播种前。

（2）使用方法　在甘蓝播种前，用0.005％～0.05％石油助长剂药液浸种12h，提高种子发芽率。

3. 萘乙酸、吲哚乙酸促进生根

（1）使用时期　移栽前。

（2）使用方法　用1000～2000mg/L萘乙酸或吲哚乙酸溶液在甘蓝移栽前蘸根，促进幼苗生根，缩短返青时间。

（二）花椰菜

1. 石油助长剂提高种子发芽率

（1）使用时期　种子处理。

（2）使用方法　在花椰菜播种前，用0.005％～0.05％石油助长剂溶液浸种子12h，提高种子发芽率。

2. 增产灵促进幼苗发根，缩短缓苗期

（1）使用时期　移栽前。

（2）使用方法　用10mg/L ABT 5号增产灵溶液于花椰菜移栽时浸根20min，可促进幼苗发根，缩短花椰菜移栽缓苗期，根茎粗壮，叶片数增加，增产20％以上。

三、培育壮苗，提高抗性

（一）甘蓝

1. 细胞分裂素促进壮苗早发

（1）使用时期　移栽前。

（2）使用方法　用150mg/L细胞分裂素溶液浸泡甘蓝种子8～24h，在暗处晾干后播种，促进壮苗早发。

2. 乙烯利抑制植株徒长，培育壮苗

（1）使用时期　1～4叶期。

（2）使用方法　在甘蓝1～4叶期，用250～1000mg/L乙烯利喷洒，可使甘蓝生长速度减缓，抑制植株徒长，培育壮苗。

3. 三十烷醇促进生长，提早成熟

（1）使用时期　莲座期至包心初期。

（2）使用方法　在甘蓝莲座期至包心初期，用0.5mg/L三十烷醇，隔5～7d喷施一次，共喷2～3次。此方法可促进甘蓝生长，使其提早成熟和提高商品品质，维生素C增加7.1％，可溶性糖含量增加13.2％，纤维素降低18.6％。

4. 邻氯苯氧乙酸抑制早抽薹

（1）使用时期　幼苗期。

(2) 使用方法　在甘蓝幼苗长至4～5片真叶时，在低温期间用100～250mg/L邻氯苯氧乙酸（CIPP）进行叶面喷洒，可抑制早抽薹，提高商品性。

5. ABT 4号增产灵缩短缓苗期，促进根系发育

(1) 使用时期　移植时。

(2) 使用方法　用6.25mg/L ABT 4号增产灵药液于甘蓝移栽时浸根20 min，可使地膜覆盖的甘蓝苗缓苗期缩短，根茎粗壮，根系发达。

6. 萘乙酸促进壮苗

(1) 使用时期　苗期。

(2) 使用方法　用20～40mg/L萘乙酸溶液在甘蓝苗期进行灌根，使幼苗生长健壮。

7. 多效唑促进壮苗

(1) 使用时期　2叶期。

(2) 使用方法　用50～75mg/L多效唑溶液在甘蓝2叶1心期进行喷施，促进壮苗。

8. 萘乙酸促进抽薹开花，加代繁殖种子

(1) 使用时期　苗期。

(2) 使用方法　用50～500mg/L萘乙酸处理，有利于植株抽薹开花，可用于种子生产。

9. 甲哌鎓使植株变矮，抗逆性增强

(1) 使用时期　幼苗期。

(2) 使用方法　对甘蓝幼苗，喷浓度200～400mg/L的甲哌鎓，喷2次，间隔5～7d，使幼苗叶片浓绿，植株变矮，抗寒、抗旱力增强。

10. 丁酰肼增强抗逆性，提高产量

(1) 使用时期　苗期。

(2) 使用方法　早熟甘蓝在播种前20d，幼苗2叶1心时，用2000mg/L丁酰肼（比久）溶液均匀喷洒甘蓝叶面，以叶面充分湿润为宜。可增强甘蓝植株的抗逆性，明显增加甘蓝产量。

11. 多效唑防止紫甘蓝徒长，增加产量

(1) 使用时期　幼苗期。

(2) 使用方法　用200mg/L多效唑溶液在紫甘蓝3叶期进行喷施。

12. 芸薹素内酯提高产量

(1) 使用时期　苗期。

(2) 使用方法　在甘蓝莲座期喷洒100mg/L芸薹素内酯，可增产15%～30%。

13. 赤霉素提高产量

(1) 使用时期　包心初期。

(2) 使用方法　在开始包心时，用20～25mg/L赤霉素喷雾，7～10d后再喷一次。或用50～100mg/L喷洒植株或点滴生长点，诱导完成春化阶段，使甘蓝2年生长日照作物在越冬之前的短日照条件下提早抽薹开花。

14. 矮壮素抑制抽薹，提高产量和品质

(1) 使用时期　抽薹前。

(2) 使用方法　在甘蓝抽薹前，用4000～5000mg/L矮壮素溶液喷洒，每亩用药量50L。可抑制抽薹，使甘蓝保持较好的品质。

(二) 花椰菜

1. 赤霉素促进花球提早形成，促进早采收

(1) 使用时期　生长期。

(2) 使用方法　花椰菜长到6～8片叶、茎粗0.5～1.0cm时用100mg/L赤霉素喷洒。可促进花球提早形成，促进早采收，提前10～25d采收。对晚熟品种，用500g/L赤霉素溶液，滴花

椰菜的花球，每隔1～2d滴1次，可促进花椰菜花梗生长和开花。

2. 整形素促进菜花花球成熟

（1）使用时期　生长期。

（2）使用方法　用1000mg/L整形素药液在花椰菜展开12～14片叶片时均匀喷洒植株。可明显促进菜花花球提前成熟，提早采收5～7d。

3. 三十烷醇提高花球产量

（1）使用时期　圆棵期和初花期。

（2）使用方法　在90d中熟花椰菜圆棵期和初花期，用0.5～1mg/L三十烷醇进行喷施，喷施2次，可显著提高花椰菜花球产量。

4. 石油助长剂提高花椰菜产量

（1）使用时期　包心期。

（2）使用方法　用500mg/L石油助长剂溶液于花椰菜包心期进行叶面喷洒，每亩用药量40L。用此方法可提高花椰菜产量，叶球干重增加9%，维生素C增加7.1%，可溶性糖含量增加13.2%，纤维素降低18.6%。

5. 矮壮素抑制花椰菜抽薹，提高花球品质

（1）使用时期　抽薹期。

（2）使用方法　于花椰菜抽薹前10d，用4～5g/L矮壮素溶液进行喷洒，每亩用药量50L。用此方法可明显抑制花椰菜的抽薹，较好地保持花球品质。

（三）西蓝花

GA_3可促进西蓝花的花芽分化进程，促进早熟，提高产量。

（1）使用时期　苗期。

（2）使用方法　在苗期（3～5片真叶）喷施50mg/L GA_3，可促进青花菜的花芽分化进程，使花球的现蕾期、膨大期和采收始期相应提前，产量也有所提高。

四、促进贮藏保鲜

（一）甘蓝

1. 2,4-D钠盐延长甘蓝贮藏期

（1）使用时期　收获前。

（2）使用方法　甘蓝于收获前7d用100mg/L 2,4-D钠盐溶液喷洒，可延长甘蓝贮藏期，冷藏90d不脱外叶。

2. 氯苯乙酸(CZPP)延迟抽薹开花，保持品质

（1）使用时期　收获前。

（2）使用方法　用100mg/L氯苯乙酸，在低温期喷洒甘蓝，延迟甘蓝抽薹开花，保持叶球品质。

3. 细胞分裂素延长贮存期

（1）使用时期　收获前。

（2）使用方法　甘蓝采收前1d用30mg/L细胞分裂素喷洒或浸泡叶球，在5℃条件下贮存50d仍能保鲜。

4. 赤霉素促进花球在贮藏期继续生长

（1）使用时期　收获前。

（2）使用方法　在甘蓝开始包心时，用20～50mg/L赤霉素溶液滴生长点，或用100～500mg/L喷洒叶面1～2次。

5. 6-BA延长保鲜期

（1）使用时期　收获前。

（2）使用方法　在甘蓝采收前用10～30mg/L 6-BA喷洒叶片，可有效地防止甘蓝衰老，防止变质腐烂，延长保鲜期。

6. 6-苄氨基嘌呤延长球茎甘蓝保鲜期

（1）使用时期　采收前。

（2）使用方法　球茎甘蓝使用6-苄氨基嘌呤，配制浓度为10mg/L，于采收前喷洒植株，可以起到延长球茎甘蓝保鲜期和减少腐烂的作用。

（二）花椰菜

1. 细胞分裂素与2,4-D混合液处理促进贮藏保鲜

（1）使用时期　收获前。

（2）使用方法　采收前用10～15mg/L细胞分裂素与10mg/L 2,4-D混合液喷洒花椰菜，可延长保鲜期。

2. 萘乙酸甲酯延长贮藏期

（1）使用时期　收获时。

（2）使用方法　花椰菜收获后，与用萘乙酸甲酯浸过的纸屑混堆，每1000个花球用药50～200g。

（3）使用效果　减少花椰菜贮藏期落叶，并延长贮藏期2～3个月。

3. 2,4-D延长贮藏期

（1）使用时期　收获前。

（2）使用方法　采收前2～7d用10～50mg/L 2,4-D于花椰菜采收前在田间进行喷洒。喷洒2,4-D时，只喷洒叶片，不喷洒花球。

（3）使用效果　延长花椰菜贮藏期，并可以防止叶片的脱落及延缓叶色变黄。

4. 6-苄氨基嘌呤延长贮藏期

（1）使用时期　收获前。

（2）使用方法　在临采收前用10～20mg/L6-苄氨基嘌呤溶液田间喷洒贮藏在5℃、相对湿度95%的条件下。

（3）使用效果　延长贮藏期3～5d，延缓衰老和小花萼片变黄。

（三）西蓝花

1. 赤霉素降低黄化率，延长保鲜期

（1）使用时期　收获前。

（2）使用方法　80～120mg/L赤霉素处理。

（3）使用效果　能延缓花球中氮、钾含量的下降，抑制磷含量上升，促进钙、镁含量的上升，诱导铁、锰和锌含量在西蓝花贮藏后期的升高，使铜含量稳定在一定水平，这些变化均有利于西蓝花的采后保鲜。用赤霉素处理过的西蓝花花球，其黄化率显著降低，叶绿素和维生素C含量的降低速度减缓。

2. 2,4-D促花球在贮藏期继续生长

（1）使用时期　贮藏期。

（2）使用方法　2,4-D使用浓度50mg/L，贮前喷叶。

3. 6-BA减缓西蓝花小花的黄化速率

（1）使用时期　贮藏期。

（2）使用方法　5℃温水处理和0.04%6-BA处理西蓝花，能较好地减缓西蓝花小花的黄化速率，延长保鲜期。

第五节　在白菜类上的应用

一、主要种类

白菜原产于中国，属于十字花科芸薹属。白菜种类繁多，高产、易栽培、适应性广，风味佳，营养丰富。产品有绿叶、叶球、花薹、嫩茎等。白菜类蔬菜的矿物质、纤维素、蛋白质、糖和脂肪的含量也很丰富。

白菜类属于喜凉性作物，最适宜栽培季节的月均温是15～18℃。白菜类蔬菜为种子春化型，种子萌动后或苗期阶段，在15℃条件下，经过一定时期都可完成春化过程。白菜类蔬菜叶面积大，而根系浅，吸水能力弱，不耐干旱，也不耐瘠薄。

大白菜（*Brassica campestris* L. spp.）栽培容易，适应性广，耐贮运，品质鲜嫩，营养丰富，既可鲜食，又能加工腌渍，喜冷凉湿润气候，虽属耐寒蔬菜，但当气温过低也会受冻，耐热性较差。小白菜（*Brassica rapa* L. Chinensis Group.）(不结球白菜）简称白菜、青菜（彩图7-27），在我国长江流域各省普遍种植，是一种大众化的蔬菜，其生长季节短，适应性广，高产、省工、易种，可周年供应。小白菜是性喜冷凉的蔬菜，25℃以上高温及干燥条件下，生长衰弱，易受病毒病危害，品质也明显下降。

目前植物生长调节剂在白菜类蔬菜上的运用主要是促进发芽、提高产量和贮运能力等几方面：

二、促进生根

1. 吲哚乙酸和萘乙酸促进大白菜移栽生根

(1) 使用时期　移栽时。

(2) 使用方法　在大白菜移栽时用1000～2000mg/L吲哚乙酸在大白菜移栽时蘸根，促进大白菜移栽生根，缩短缓苗时间。

2. 萘乙酸、吲哚乙酸促进生根，提高扦插成活率

(1) 使用时期　扦插时。

(2) 使用方法　以砻糠灰、沙、珍珠岩作扦插基质，取大白菜叶片，切取一段中肋，带有一个侧芽（腋芽）及一小块茎组织，用浓度为2000mg/L的萘乙酸或吲哚乙酸溶液快速（2～3s）浸蘸大白菜的腋芽切口底面，注意不要蘸到芽，置于温度为20～25℃、相对湿度为85%～95%的环境中扦插培养，可刺激大白菜生根，提高扦插成活率，经过10～15d可以生根及发芽，成活率达90%。

3. 吲哚丁酸促进生根，提高成活率

(1) 使用时期　在温室扦插时。

(2) 使用方法　大白菜叶插繁殖，取用从第10片叶到第30片叶，切取一段中肋，带有一个腋芽及一块茎的组织。在扦插前用浓度为0.1%的吲哚丁酸溶液快速浸茎切口底面1s取出，取出后扦插在砻糠灰和沙的混合基质中。注意保温、保湿，两个星期后开始生根，能很好地促进生根，提高成活率。

三、调节抽薹，培育壮苗

1. 多效唑矮化小白菜植株，增加采种量

(1) 使用时期　苗期。

(2) 使用方法　用50～100mg/L多效唑在3～4片叶期喷施，可矮化小白菜植株，增加采种量。

2. 赤霉素促进白菜抽薹开花

（1）使用时期　花期。

（2）使用方法　赤霉素 20～25mg/L 喷洒白菜，可促进抽薹开花，增加白菜种子产量。

3. 矮壮素抑制小白菜抽薹

（1）使用时期　抽薹前。

（2）使用方法　用浓度为 4～8g/L 的矮壮素溶液于抽薹前喷洒小白菜，可抑制抽薹。

4. 萘乙酸促进小白菜抽薹开花

（1）使用时期　生长期。

（2）使用方法　用 50～500mg/L 萘乙酸的处理，促进抽薹开花，有利于采种。

5. 5406 细胞分裂素促进大白菜壮苗早发

（1）使用时期　种子期。

（2）使用方法　用 5406 细胞分裂素 150mg/L 浸大白菜种子 8～24h，在暗处晾干后播种。

6. 复硝酚钠缓解大白菜冻害，促进营养生长和花芽分化

（1）使用时期　苗期，寒潮来临前或者受冻后。

（2）使用方法　每月喷施复硝酚钠 6000 倍液 2～3 次，促进营养生长和花芽分化，并可防止幼苗徒长和老化。在幼苗期寒流来临前提前喷复硝酚钠 5000 倍液 1 次。受冻后，迅速喷施复硝酚钠 4000 倍液 2～3 次，可解除或缓解冻害，有效预防大白菜幼苗期冻害的发生。

7. 赤霉素诱导大白菜提前开花

（1）使用时期　生长期。

（2）使用方法　用 50～100mg/L 赤霉素喷洒植株或点滴生长点，可诱导大白菜完成春化阶段，使大白菜这种 2 年生长日照作物在越冬之前的短日照条件下提早抽薹开花，便于留种。

四、提高产量，改善品质

（一）大白菜

1. 多效唑抑制抽薹，改善品质

（1）使用时期　生长后期。

（2）使用方法　用 50～100mg/L 多效唑在大白菜生长后期喷施。

（3）使用效果　抑制抽薹，保持品质，提高商品产量。

2. 芸薹素内酯改善品质，提高产量

（1）使用时期　生长期。

（2）使用方法　用 100mg/L 芸薹素内酯溶液于大白菜苗期、莲座期各喷雾 1 次。

（3）使用效果　使大白菜封畦早，包心早，叶片质地细嫩，抗软腐病、晚疫病，提高产量。

3. 赤霉素提高大白菜产量

（1）使用时期　包心期。

（2）使用方法　在开始包心时，用 20～25mg/L 赤霉素喷雾，7～10d 后再喷一次，可显著提高产量。

4. 细胞分裂素促进生长，提高产量

（1）使用时期　拌种或生长期。

（2）使用方法　采用拌种结合叶面喷施的方法进行。拌种时，先用 1 份细胞分裂素与 2 份大白菜种子拌匀后播种；或用 1500mg/L 细胞分裂素于大白菜莲座期至包心期叶面喷雾，每亩喷药液 50～70L。在叶面喷施时，每亩喷施药液量，要根据植株大小决定，苗小少喷，苗大多喷。与尿素、磷酸二氢钾等混用，具有减轻病害、促进生长、增产增效作用。但细胞分裂素处理不能代替正常的病害防治工作。

5. 三十烷醇促进早熟增产

(1) 使用时期　莲座期。

(2) 使用方法　温暖地区9月播种越冬到早春上市的大白菜，存在裂球和抽薹问题。喷施0.5～1.0mg/L三十烷醇。药剂处理以下午3时以后喷施为宜。喷施三十烷醇后，要加强肥水管理和病虫害防治工作。三十烷醇可与农药混用（碱性农药不能混用），也可以与微量元素、稀土肥、叶面肥等混用。

(3) 使用效果　可以抑制抽薹，减少裂球，使植株生长势强，叶色鲜嫩，抗病性增强，提早成熟，提高产量。

（二）小白菜

1. 多效唑处理抑制抽薹，保持品质

(1) 使用时期　生长后期。

(2) 使用方法　用50～100mg/L多效唑在小白菜生长后期喷施，可抑制植株抽薹，保持产品品质。

2. 赤霉素促进不结球白菜生长，提高产量

(1) 使用时期　生长前期。

(2) 使用方法　在不结球白菜长到4片真叶时，用20～75mg/L赤霉素药液处理2次。

(3) 使用效果　可促进生长，叶片的长、宽均较对照增大，增产10%左右。

3. 三十烷醇促进小白菜和青菜生长加快，提高产量

(1) 使用时期　生长前期。

(2) 使用方法　在青菜和小白菜移栽活棵后开始喷施三十烷醇0.5mg/L，间隔7～10d再喷一次，在收获前15d再喷一次。

(3) 使用效果　可使小白菜和青菜生长加快，叶色嫩绿，增产10%以上。

五、促进贮藏和加工保鲜

（一）大白菜

1. 2,4-D防止大白菜脱帮

(1) 使用时期　采收前。

(2) 使用方法　使用浓度40～50mg/L的2,4-D，在收获前5～7d喷外叶。喷洒时，不必喷到所有的叶子，喷洒量以大白菜外部叶片喷湿为止。

(3) 使用效果　能有效地抑制大白菜叶片基部离层形成，减少生理性脱帮，减少损失。

2. 防落素减少收获、贮藏期脱帮

(1) 使用时期　采收前。

(2) 使用方法　防落素使用浓度50mg/L，在收获前3～7d喷外叶，以外部叶片湿透为宜。

(3) 使用效果　可减少收获时和贮藏期脱帮。

3. 萘乙酸防止脱帮

(1) 使用时期　采收前。

(2) 使用方法　用50～100mg/L萘乙酸液在大白菜收获前5～6d，或入窖后喷洒白菜基部，或在入窖前用药液浸蘸白菜基部。

4. 防落素防止贮存期间脱帮，促进保鲜

(1) 使用时期　收获前。

(2) 使用方法　在收获前3～15d用25～35mg/L防落素药液选晴天下午对大白菜进行喷雾。喷施时沿大白菜基部自下而上均匀喷雾，以菜叶全湿但药液不下流为宜。亩用药液50～75kg。

(3) 使用效果　可以有效防止大白菜贮存期间脱帮，并且有保鲜作用，即使贮藏到来年3月

中下旬，外层老帮仍然呈鲜绿色。

5. 6-苄氨基嘌呤促进防衰保鲜

(1) 使用时期　采收前。

(2) 使用方法　于大白菜采收前 1～2d 喷洒 5～20mg/L 6-苄氨基嘌呤。

6. 氯吡脲延长鲜活产品保鲜期

(1) 使用时期　采收前。

(2) 使用方法　于大白菜采收前 1～2d 喷洒 1mg/L 氯吡脲。

(3) 使用效果　氯吡脲促进叶绿素合成，防止衰老，延长产品保鲜期。

(二) 小白菜

1. 苄氨基嘌呤抑制呼吸，延缓衰老

(1) 使用时期　采收前。

(2) 使用方法　于采收前 1～2d 喷洒 5～20mg/L 苄氨基嘌呤。

(3) 使用效果　能抑制呼吸，明显延缓小白菜衰老，促进保鲜。

2. 氯吡脲延长保鲜期

(1) 使用时期　采收前。

(2) 使用方法　于小白菜采收前 1～2d 喷洒 1mg/L 氯吡脲。

(3) 使用效果　防止小白菜叶绿素降解，延长产品保鲜期。

第六节　在绿叶菜类上的应用

绿叶菜是主要以柔嫩的绿叶、叶柄和嫩茎为食用部分的速生蔬菜。主要包括莴苣、芹菜、菠菜、茼蒿、芫荽、苋菜等。绿叶蔬菜富含各种维生素和矿物质，含氮物质丰富，是营养价值比较高的蔬菜。绿叶蔬菜在生物学特性及栽培技术方面有许多共同特点：绿叶蔬菜根系浅，在单位面积上种植数较多，生长迅速，生长期短，因此吸收的营养元素较多，对养分要求严格；绿叶蔬菜的食用部分是营养器官，要使营养器官特别是作为同化器官的叶片充分发育，是栽培和调控技术的关键；防止未熟抽薹是绿叶叶菜类的共同问题，因此，利用植物生长调节剂调控绿叶蔬菜的抽薹是其主要用途之一，其次植物生长调节剂还可用于打破种子休眠、促进发芽、提高产量、改善品质等。

一、主要种类

1. 生菜

生菜（*Lactvca saiva* L.）属直根性蔬菜，半耐寒，喜欢冷凉，忌高温。目前市面上已有绿生菜、紫生菜、红叶生菜、奶油生菜等。生菜的含水量很高，营养非常丰富，而且最突出的特点就是脂肪含量低。生菜种子发芽适温为 15～20℃，幼苗生长的适宜温度为 16～20℃，结球莴苣外叶生长的适宜温度为 18～23℃，结球期的适温为 17～18℃，25℃以上时不易形成叶球或因叶球内温度过高而引起心叶坏死腐烂。生菜在 2～5℃条件下，10～15d 可以通过春化阶段，在长日照下加快通过春化阶段。生菜是高温感应型植物，但其感应的程度随品种不同而异，早熟品种敏感，中熟品种次之，晚熟品种迟钝。此外，不同品种或同一品种，由于播种期不同，致积温不同，也能影响花芽的分化时期。开花后 15d 左右瘦果即成熟。

2. 苋菜

苋菜（*Amaranthus mangostanus* L.）为一年生草本，目前市面上主要有两种：白苋、红苋。苋菜喜温暖，较耐热，生长适温 23～27℃，20℃以下生长缓慢，10℃以下种子发芽困难。要求土壤湿润，不耐涝，对空气湿度要求不严。苋菜在高温短日照条件下，易抽薹开花；在气温适宜、日照较长的春季栽培，抽薹迟，品质柔嫩，产量高。

3. 菠菜

菠菜（*Spinacia oleracea* L.）(彩图 7-28) 根圆锥状，带红色，较少为白色，叶戟形至卵形，鲜绿色，全缘或有少数牙齿状裂片。直根系，侧根不发达。抽薹前叶片簇生于短缩茎上。叶片绿色，呈箭头状或近卵圆形，我国各地普遍栽培，是一年四季都有的蔬菜，但以春季为佳。菠菜适应性广，生长适温 15～25℃，最适温度为 15～20℃。菠菜是典型的长日照作物，在 12h 以上的日照和高温条件下易抽薹、开花；在天气凉爽、日照短的条件下营养生长旺盛，产量高，抽薹开花晚。菠菜生长需要大量的水分，适宜的土壤湿度为 70%～80%，空气相对湿度 80%～90%。生育期缺水，则植株生长不良，品质变劣。

4. 芹菜

芹菜（*Apium graveolens* L.）属伞形科植物（彩图 7-29），有水芹、旱芹、西芹三种，药用以旱芹为佳。旱芹香气较浓，称“药芹”。芹菜要求冷凉湿润的环境条件，生长适温 15～20℃，苗期耐高温；幼株能耐－7℃的低温，发芽最适温度 15～20℃，高温下发芽缓慢，特别是新收获的种子更慢。芹菜富含蛋白质、碳水化合物、胡萝卜素、B 族维生素、钙、磷、铁、钠等，同时，具有平肝清热、祛风利湿、除烦消肿、凉血止血、解毒宣肺、健胃利血、清肠利便、润肺止咳、降低血压、健脑镇静的功效。

5. 落葵

落葵（*Basella* spp.）又称木耳菜、胭脂菜、豆腐菜，属落葵科一年生草本植物，属于绿叶蔬菜。落葵用种子繁殖，种子皮厚而坚硬，吸水、透气困难，致使生产上落葵种子发芽率较低，发芽时间长，出苗速度慢、整齐度差。

二、促进种子发芽

（一）芹菜

1. 赤霉素提高出苗率，缩短出苗天数

(1) 使用时期　播种前。

(2) 使用方法　夏季用 100～200mg/L 赤霉素浸芹菜种子 24h。

(3) 使用效果　可以快速有效地消除芹菜种子内发芽抑制物质的抑制效应，提高芹菜出苗率，缩短出苗天数。

2. 硫脲打破芹菜休眠，促进萌发

(1) 使用时期　播种前。

(2) 使用方法　用 1%硫脲处理芹菜种子，可打破种子休眠，促进萌发。

3. 6-苄氨基嘌呤打破休眠，促进萌发

(1) 使用时期　播种前。

(2) 使用方法　1000mg/L 6-苄氨基嘌呤溶液浸泡芹菜种子 3min，在 30℃条件下 10h 后可萌发。

4. 赤霉素提高西芹种子发芽势

(1) 使用时期　播种前。

(2) 使用方法　200mg/L 赤霉素处理西芹种子。

(3) 使用效果　打破种子休眠，显著提高西芹种子发芽势。

（二）莴苣

1. 6-苄氨基嘌呤打破种子休眠，促进萌发

(1) 使用时期　种子处理。

(2) 使用方法　夏秋莴播种前催芽比较困难，可用浓度为 1000mg/L 6-苄氨基嘌呤溶液浸泡莴苣种子 3 min，再用自来水冲洗干净播种，在 30℃条件下 10h 后可萌发。

2. GA_3 促进萌发

（1）使用时期 种子处理。

（2）使用方法 秋季莴苣播种期为7～8月份，天气炎热，直接播种，发芽率很低，不足15%，需要井窖、冰箱等低温处理种子，打破休眠，才能发芽。GA_3 能代替低温处理打破莴笋休眠，促进萌发。用100mg/L的 GA_3 浸种2～4h，发芽率提高至60%。

3. 激动素打破种子休眠

（1）使用时期 种子处理。

（2）使用方法 用100mg/L激动素溶液在莴苣播种前浸种3 min，可打破休眠，促进种子萌发。

4. 6-苄氨基嘌呤+赤霉素混合药液促进莴苣发芽

（1）使用时期 种子处理。

（2）使用方法 10mg/L 6-苄氨基嘌呤＋10mg/L赤霉素混合药液浸泡种子2～4h。

5. 细胞分裂素提高发芽率

（1）使用时期 种子处理。

（2）使用方法 高温季节时可用100mg/L细胞分裂素浸莴笋种子3min，然后取出晾干播种。

（3）使用效果 发芽率可明显提高，2d出齐苗。

6. 6-BA提高种子发芽率

（1）使用时期 种子处理。

（2）使用方法 在秋季高温季节播种的莴笋，用100mg/L 6-BA浸泡莴笋种子3min。

（三）其他绿叶蔬菜

1. 硫脲打破菠菜种子休眠

（1）使用时期 播种前。

（2）使用方法 用1%硫脲处理菠菜种子。

（3）使用效果 可打破菠菜种子休眠，促进萌发。

2. GA_3 打破落葵种子休眠

（1）使用时期 播种前。

（2）使用方法 100mg/L GA_3 溶液浸泡落葵种子。

（3）使用效果 可打破休眠，种子的发芽势、发芽率、发芽指数都有不同程度的提高。

3. 三十烷醇打破菠菜种子休眠

（1）使用时期 播种前。

（2）使用方法 用0.5mg/L三十烷醇溶液在菠菜播种前浸种24h，置于室温下催芽。

三、促进生长发育

（一）芹菜

1. 赤霉素防止芹菜抽薹，促进生长，提高产量

（1）使用时期 生长期。

（2）使用方法 用50～100mg/L赤霉素喷洒植株或点滴生长点。芹菜喷施赤霉素时浓度不能过高，以免使植株过于细长，喷施赤霉素后的1～2d内，要增施肥料，适时采收，防止植株老化。

（3）使用效果 赤霉素对芹菜有促进营养生长、提高产量、改善品质、减缓前期抽薹的作用。还可增强抗寒力，使叶色变淡，生长加快，茎叶肥大，可食用部分的叶柄变长，纤维素减少，产量增加20%左右，提前收获。

2. 芸薹素内酯提高产量和抗性

（1）使用时期 生长期。

（2）使用方法　在芹菜立心期，用0.1mg/L芸薹素内酯叶面喷洒，或在采收前10d再叶面喷施一次。

芸薹素内酯可使芹菜植株增高5%～12%，增重8%～15%，叶绿素含量提高0.55%～2.81%，叶色浓绿，富有光泽。还可提高生理活性和增强抗逆力，适合长途贮运。

3. 噻苯隆提高产量，改善品质

（1）使用时期　生长期。

（2）使用方法　定植后喷施2000倍液噻苯隆1～2次。使芹菜生长快、茎中含纤维素少、鲜嫩、无黄叶、无烂心，增产50%以上。

4. GA_3+脱落酸(ABA)促进芹菜抽薹

（1）使用时期　生长期。

（2）使用方法　先喷施50mg/L脱落酸（ABA）1d后，再喷施400mg/L GA_3。

5. 芸薹素内酯促进芹菜生长

（1）使用时期　生长期。

（2）使用方法　在芹菜生长期喷施0.1mg/L的芸薹素内酯溶液。能明显促进芹菜生长，鲜重和干重都增加，蛋白质和氨基酸含量也增加。

6. 细胞分裂素培育壮苗

（1）使用时期　浸种。

（2）使用方法　用150mg/L细胞分裂素药液浸种芹菜种子8～24h，在暗处晾干后播种。

7. 石油助长剂促进生长发育，提高产量

（1）使用时期　生长期。

（2）使用方法　芹菜使用石油助长剂，是在芹菜生长期喷洒，用浓度为650～800mg/L的石油助长剂溶液喷洒1～2次即可。能够促进芹菜植株生长发育，使株粗壮，显著提高产量。

（二）莴苣

1. 多效唑防止徒长

（1）使用时期　莲座期。

（2）使用方法　用200mg/L多效唑溶液在莴苣莲座期进行喷施，可防止植株徒长。

2. 矮壮素防止幼苗徒长，促进幼茎膨大

（1）使用时期　莲座期。

（2）使用方法　苗期喷1～2次浓度为500mg/L的矮壮素液；莲座期开始喷施矮壮素，使用方法为7～10d 1次，共2～3次，使用浓度为350mg/L，能有效防止夏莴笋幼苗徒长；莲座期开始喷施矮壮素，也能防止徒长，促进幼茎膨大。

3. 赤霉素促进生菜叶片肥大，增产

（1）使用时期　生长期。

（2）使用方法　生菜13～14片时用50mg/L赤霉素喷植株1～2次，可促进生菜叶片肥大，增产50%，并能提早采收。

（三）其他绿叶蔬菜

1. GA_3改变菠菜性型，诱导雄株

（1）使用时期　生长期。

（2）使用方法　在菠菜三叶期至性别定型前多次喷施50mg/L GA_3，可诱导雄株，有利于杂交种生产。

2. 乙烯利改变菠菜性型

（1）使用时期　生长期。

（2）使用方法　在菠菜三叶期至性别定型前多次200mg/L乙烯利，可诱导雌株。

3. 萘乙酸、吲哚乙酸促进蕹菜扦插生根，恢复生长

(1) 使用时期　扦插浸条。

(2) 使用方法　用1000～2000mg/L萘乙酸或吲哚乙酸对蕹菜扦插浸条、蘸根快速蘸用，浸条时间一般15min，可促进枝条生根和恢复生长。

四、提高产量和品质

(一) 芹菜

1. 邻氯苯氧丙酸抑制芹菜抽薹，提高产量

(1) 使用时期　开花前。

(2) 使用方法　在芹菜低温诱导开花前、花原基尚未分化时，喷施100mg/L邻氯苯氧丙酸，能显著抑制芹菜的抽薹，从而促进产品器官的形成和产量的增加。

2. 三十烷醇促进植株生长，提高产量

(1) 使用时期　生长期。

(2) 使用方法　三十烷醇在芹菜定植后，用0.5g/L三十烷醇溶液，每亩喷50L，以后每隔10d左右喷一次，共喷3～4次。在收割前半个月停止喷施。三十烷醇可促进芹菜植株生长，提高产量，提高叶绿素含量，增强光合作用，且品质也有所提高，维生素C和含糖量均有所提高。在收获前15～20d，施用三十烷醇是增产的关键。冬季施用三十烷醇，应注意采取保温措施，使三十烷醇发挥更大的增产效果。

3. 赤霉素增加株高和分枝数，提高产量和品质

(1) 使用时期　生长期。

(2) 使用方法　在采收前10～20d全株喷洒赤霉素60～80mg/L溶液1～3次，可使芹菜增加株高和分枝数，促茎嫩纤维质少，促茎叶增大、增多，增产10%～30%，提前10d采收，也可显著提高芹菜可溶性糖、维生素C及纤维素含量等。

4. GA_3 处理增加株高，提高产量

(1) 使用时期　生长期。

(2) 使用方法　冬芹菜在生长期间用10～20mg/L GA_3 喷洒植株，能使冬芹菜株高增加，叶数增多，叶柄增粗，并提前30d采收，可增产26.5%～26.7%。

5. 碧护增加产量，改善品质

(1) 使用时期　生长期。

(2) 使用方法　用碧护15000倍液喷施，第1次在2～4叶期，第2次间隔25～30d喷施，可增加叶绿色含量，使植株健壮，并可增加产量，改善品质，提前采收。

6. 芸薹素内酯优质高产

(1) 使用时期　生长期。

(2) 使用方法　在芹菜苗期、生长期，用100mg/L芸薹素内酯叶面喷洒，可以使芹菜生长加快，植株嫩，纤维少，增产。

7. 赤霉素促进生长，提高产量

(1) 使用时期　采收前。

(2) 使用方法　在采收前15～30d开始，用20～50mg/L赤霉素药液喷洒植株或心叶，赤霉素在芹菜上的使用效果，与气温有密切关系，高温季节施用生长迅速，低温季节喷施作用慢，效果不显著。平均气温12～17℃，施用效果好；气温9℃以下，几乎没有效果；20℃以上气温，作用快但影响品质。此外，喷洒赤霉素时，可配合喷洒叶面肥，如加入0.2%的磷酸二氢钾或氯化钾等叶面肥，增产效果更好。

8. 石油助长剂促进植株生长发育，显著提高产量

(1) 使用时期　生长期。

(2) 使用方法　在芹菜生长期喷洒，用浓度为650～800mg/L的石油助长剂溶液喷洒1～2次即可，能够促进芹菜植株生长发育，使植株粗壮，显著提高产量。

9. 矮壮素抑制抽薹，提高产量和品质

(1) 使用时期　抽薹前。

(2) 使用方法　于芹菜抽薹前喷洒浓度为4000～8000mg/L矮壮素，抑制植株抽薹，保持产品品质。

(二) 莴苣

1. 赤霉素使植株高度增加，提高产量

(1) 使用时期　生长前期。

(2) 使用方法　促进生长以食用嫩茎为主的莴笋，当植株长有10～15片叶时，用10～40mg/L赤霉素液喷洒，加速心叶分化，叶数增加，叶柄增粗，白而质嫩，嫩茎快速伸长，提早10d采收，增产12%～44.8%。叶用莴笋收获前10～15d，用10mg/L浓度赤霉素处理，可增产10%～15%。应用赤霉素要注意避免使用浓度过高，也不宜在苗太小时喷洒。莴苣应用赤霉素促进茎叶生长，宜在早春处理，效果较明显。如果到了春末夏初再处理，气温已转暖，效果不一定明显。在施肥水平高、水分充足的条件下，赤霉素促进营养生长的作用更为明显。

2. 丁酰肼提高产量，增进品质

(1) 使用时期　膨大期。

(2) 使用方法　当莴笋开始伸长生长时，在莴笋茎部开始膨大时用4000～8000mg/L丁酰肼(比久)喷洒莴苣，每隔3～5d喷一次，喷2～3次，能明显防止莴苣早抽薹，促进茎增粗，提高产量，增进品质。

3. 多效唑提高莴笋产量和延长收获期

(1) 使用时期　生长前期。

(2) 使用方法　在莴笋长到30～40cm时，用多效唑100mg/L点施到心叶上，提高莴笋产量和延长收获期。

4. 2,4-D促进结球莴抽薹开花，增加种子产量

(1) 使用时期　生长期。

(2) 使用方法　用10～25mg/L 2,4-D处理结球莴苣种株，可促进结球莴抽薹开花，增加种子产量。

5. 芸薹素内酯促进生长，提高产量

(1) 使用时期　苗期、生长期。

(2) 使用方法　100mg/L芸薹素内酯，在莴苣苗期、生长期喷洒，可使莴苣生长加快，茎粗，鲜嫩，口感好，增产15%以上。

6. 矮壮素提高产量

(1) 使用时期　生长期。

(2) 使用方法　在莴苣植株叶片充分生长后，用350mg/L矮壮素溶液喷洒叶面，每5～7d喷一次，共喷2～3次，可使莴苣笋茎粗壮，提高其商品质量和产量。

7. 三十烷醇提高莴苣产量

(1) 使用时期　采收前。

(2) 使用方法　在莴苣采收前15d进行叶面喷施0.5mg/L三十烷醇溶液。

(三) 菠菜

1. 赤霉素提高产量，改善品质

(1) 使用时期　生长期。

(2) 使用方法　在菠菜5～6片叶期，用20～30mg/L赤霉素喷洒，7d后再喷一次，可使菠

菜叶片宽厚嫩绿，品质改善。

2. 三十烷醇提高的产量和品质

(1) 使用时期　苗期。

(2) 使用方法　在菠菜苗期进行叶面喷施 0.5mg/L 三十烷醇溶液，每亩用药液量 50L，可提高菠菜的产量和品质，一般增产幅度达 10%以上。

3. 整形素、矮壮素抑制春菠菜抽薹，提高产量

(1) 使用时期　抽薹前。

(2) 使用方法　在春菠菜抽薹前用 500～1000mg/L 整形素溶液或者 1000～2000mg/L 矮壮素溶液喷洒植株，抑制春菠菜抽薹，提高品质。

4. 芸薹素内酯改善品质和产量

(1) 使用时期　苗期。

(2) 使用方法　100mg/L 芸薹素内酯，在菠菜 3～5 片叶时喷洒，可使菠菜叶片变肥大而厚，质嫩，增产 20%以上。

5. 石油助长剂促进速生快长

(1) 使用时期　生长期。

(2) 使用方法　在菠菜生长期，用浓度为 650～850mg/L 的石油助长剂溶液喷洒叶面 1～2 次即可，能够促进菠菜速生快长，使植株繁茂翠绿，从而大幅度提高菠菜产量。

6. 嗪酮·羟季胺合剂喷控制抽薹，提高产量

(1) 使用时期　抽薹前。

(2) 使用方法　在菠菜抽薹前叶面喷施 10000mg/L 嗪酮·羟季胺合剂，可抑制植株抽薹，保持产品品质。

(四) 其他绿叶蔬菜

1. 赤霉素促进苋菜叶片生长

(1) 使用时期　苗期。

(2) 使用方法　用 20mg/L 在 5～6 叶期喷洒植株，可促进苋菜叶片生长，提高产量。

2. 赤霉素提高茼蒿产量

(1) 使用时期　采收前。

(2) 使用方法　在采收前 5～7d 或在植株具有 10 片叶子前后，全株喷洒赤霉素 20～50mg/L 溶液，可提高茼蒿产量，增产 20%～30%。

3. GA_3 可促进芥菜抽薹，提高产量

(1) 使用时期　生长期。

(2) 使用方法　GA_3 喷施芥菜最佳浓度为 500mg/L，若在喷施 GA_3 前一天喷施 50mg/L 脱落酸 (ABA)，则可加强芥菜植株对赤霉素的敏感性，使促进抽薹的赤霉素最佳浓度降低到 400mg/L。

4. 石油助长剂促进蕹菜生长发育，增加产量

(1) 使用时期　收获前。

(2) 使用方法　在收获前 18d，用浓度为 0.04%的石油助长剂进行喷施植株，能够提高蕹菜生命力，促进植株生长发育，使植株嫩绿，增加产量。

5. 赤霉素提高芫荽产量

(1) 使用时期　生长期。

(2) 使用方法　用 20mg/L 赤霉素喷洒芫荽植株 2～3 次，可提高芫荽产量 10%以上。

6. 芸薹素内酯促进苋菜生长

(1) 使用时期　生长期。

(2) 使用方法　在苋菜苗期、生长期，用100mg/L芸薹素内酯叶面喷洒，可以使苋菜生长旺盛，叶片肥厚，茎粗、鲜嫩，增产20%以上。

7. 赤霉素提高荠菜产量

(1) 使用时期　采收前。

(2) 使用方法　用20mg/L赤霉素在采收前10d喷洒植株，提高荠菜产量，增产10%以上。

8. 三十烷醇加快苋菜生长，提高产量

(1) 使用时期　苗期。

(2) 使用方法　在苋菜3叶期叶面喷施0.5mg/L三十烷醇溶液，隔3～5d再喷一次，可以使苋菜生长加快，叶片肥厚，有增产效果。

五、延长贮藏期

(一) 芹菜

1. 5406细胞分裂素提高保鲜效果

(1) 使用时期　采收时。

(2) 使用方法　芹菜采收时用10mg/L 5406细胞分裂素喷洒处理，具有延长保鲜期的效果。

2. 6-苄氨基嘌呤可延缓芹菜衰老和保持新鲜

(1) 使用时期　采收前。

(2) 使用方法　于芹菜采收前1～2d喷洒5～20mg/L 6-苄氨基嘌呤，能抑制呼吸，阻止蛋白质和叶绿素分解，可延缓芹菜衰老和保持新鲜。

3. 噻苯隆延长贮藏期

(1) 使用时期　采收后。

(2) 使用方法　将采后的芹菜洗净泥土，晾干多余的水分，用5～10mg/L的噻苯隆（TDZ）喷洒全株，或将芹菜放在噻苯隆溶液中浸泡一下，晾干表面水分后，装入保鲜袋中，在10℃下贮藏。可使芹菜保鲜30d，仍然保持正常的鲜绿状态，失重率极低，保鲜效果良好。

4. 6-BA与$CaCl_2$配合使用促进采后保鲜

(1) 使用时期　生长期。

(2) 使用方法　5mg/L 6-BA+3%$CaCl_2$对芹菜进行采后保鲜处理，可抑制呼吸强度，延缓叶绿素、蛋白质和维生素C的分解，延缓鲜重下降，起到保鲜作用。

5. 6-BA延长芹菜运输和贮藏期

(1) 使用时期　采收后。

(2) 使用方法　将采回来的芹菜洗净泥土，晾干后，用浓度为10mg/L 6-苄氨基嘌呤（6-BA）溶液喷洒全株，可使芹菜叶片较长时间保持绿色，缓解芹菜叶片变色或衰老，有利于贮运期间保持产品品质。

(二) 莴苣

1. 细胞分裂素提高结球莴苣保鲜效果

(1) 使用时期　采收后。

(2) 使用方法　结球莴苣采收后，易发黄，脱叶，最后腐烂，在莴苣采收时用5～10mg/L细胞分裂素喷洒能有效地减少贮藏过程中的损失。

2. 6-苄氨基嘌呤防止生菜叶片变黄

(1) 使用时期　采收后。

(2) 使用方法　生菜使用6-苄氨基嘌呤，应选择在采收后进行，当生菜采收后，用5～8mg/L的6-苄氨基嘌呤溶液速浸生菜取出，然后晾干，接着于低温条件下贮藏，可以防止叶片发黄腐烂，保持生菜的新鲜。

3. 6-BA使莴笋包装后保持鲜绿的时间

(1) 使用时期　采收前。

(2) 使用方法　在莴笋收获前5～10d用5～10mg/L 6-BA溶液进行田间喷洒，或收获包装后用6-BA处理。于收获后1d用2.5～10mg/L 6-BA喷洒效果更好。收获后用相同程度的6-BA浸叶球，然后置于低温条件下贮藏，可延迟贮藏期3～5d。在收获后第一天用2.5～10g/L的6-BA喷洒莴苣，效果更佳。用6-BA处理一定要低温冷藏，温度超过20℃，会加速其衰败。若先将莴苣放在4℃温度下保存2～8d，然后用5g/L的6-BA溶液喷洒叶面，再在21℃下保存，5d后，还有70%可上市。

4. 矮壮素促进莴苣防衰保鲜

(1) 使用时期　采收后。

(2) 使用方法　用50～100mg/L矮壮素溶液浸渍莴苣的叶比浸渍茎基部更有效，其中以浓度60mg/L的矮壮素液效果最佳。

5. 赤霉素提高结球生菜的采后品质

(1) 使用时期　采后。

(2) 使用方法　将结球生菜外层破损老叶去除，用50mg/L赤霉素溶液均匀涂抹于生菜茎的切口处3次。经赤霉素处理生菜的可溶性糖含量和可溶性蛋白含量比对照有显著提高。

(三) 其他绿叶蔬菜

1. 6-苄氨基嘌呤促进茼蒿防衰保鲜

(1) 使用时期　采收前。

(2) 使用方法　于茼蒿采收前1～2d喷洒5～20mg/L 6-苄氨基嘌呤。

2. 6-BA延缓菠菜叶片变色和衰老

(1) 使用时期　采收前。

(2) 使用方法　在菠菜收获前5～10d用10～20mg/L 6-BA溶液进行田间喷洒，可延缓菠菜叶片变色和衰老，延长运输和贮藏时间，提高菠菜的食用品质和商品价值。

3. 6-苄氨基嘌呤延缓菠菜衰老，有利于保鲜

(1) 使用时期　采收前。

(2) 使用方法　于菠菜采收前1～2d喷洒5～20mg/L 6-苄氨基嘌呤，能抑制呼吸，阻止蛋白质和叶绿素分解，可明显延缓菠菜衰老和保持新鲜。

第七节　在豆类上的应用

一、主要种类

豆类主要包括豇豆、菜豆、豌豆、蚕豆等蔬菜，属一年生、二年生或多年生草本，在蔬菜生产和消费中有重要地位。豆类蔬菜含有丰富的蛋白质、脂肪、糖类、矿物质和各种维生素。豆类蔬菜的生育期可分为种子发芽期、幼苗期、抽蔓期和开花结荚期。在豆类蔬菜中，豌豆和蚕豆属于长日植物，其他属于日照植物。豆类的很多品种对光照长短要求不严格，但幼苗期短日照能促进花芽分化。豆类蔬菜中豌豆、蚕豆等适于冷凉气候。低于10℃会抑制生长，不利于开花结荚。

1. 豇豆

豇豆（*Vigna sesquipedalis* W.F.Wight）自古就有栽培。从果实颜色上豇豆可分为青豇豆（彩图7-30）、红豇豆、油青豇豆、白豇豆。营养丰富，味鲜美，供应期长。豇豆属耐热短日照蔬菜，种子发芽适温为25～30℃，开花结荚适温为25～28℃，较耐高温，35℃以上仍能正常生长和开花结荚。豇豆对低温敏感。开花结荚期要求光照充足，否则会引起落花落荚。豇豆根系深，吸水能力强，叶片蒸腾量小，较耐干旱。豇豆生长期要求适量的水分，土壤水分过多时易引起叶

片发黄和落叶，甚至烂根、死苗和落花落荚，也不利于根瘤苗的活动。

2. 菜豆

菜豆（*Phaseolus vulgaris* L.）又叫四季豆，俗称芸豆、玉豆、小刀豆等（彩图 7-31）。南方各省春秋两季栽培，以避过盛夏高温与冬季严寒。菜豆性喜温暖，不耐霜冻，亦不耐热，对温度要求较严，因此早春必须在晚霜过后才能进行露地栽培。菜豆为短日植物，我国各地目前栽培的品种，多数对日照长短反应不甚敏感，属于中光性。

3. 豌豆

豌豆（*Pisum sativum* L.）又叫荷兰豆、小寒豆（彩图 7-32）。我国各地均有栽培，喜冷冻湿润气候，耐寒，不耐热，生长期适温 12～16℃。豌豆是长日照植物。多数品种在北方的生育期比南方短。在排水良好的沙壤上或新垦地均可栽植，但以疏松含有机质较高的中性（pH6.0～7.0）土壤为宜，有利于出苗和根瘤菌的发育。豌豆根系深，稍耐旱而不耐湿，播种或幼苗排水不良易烂根，花期干旱时授精不良，容易形成空荚或秕荚。

在豆类蔬菜上正确使用植物生长调节剂，可以促进生长，培育壮苗，提高产量，改善品质，延长保鲜期。

二、促进生长，培育壮苗

（一）大豆

芸薹素内酯促进大豆种子萌发和幼苗生长：

（1）使用时期　播种前和幼苗。

（2）使用方法　0.01～5.0mg/L 芸薹素内酯浸种和喷施茎叶，可促进大豆萌发，加速幼苗生长。

（二）豇豆

1. 碧护处理豇豆，培育壮苗

（1）使用时期　播种前。

（2）使用方法　播种前用碧护 5000 倍液拌种，可提高种子发芽率和发芽势，培育壮苗。

2. 噻苯隆促进豇豆生根与生长

（1）使用时期　播种前。

（2）使用方法　噻苯隆 1500 倍液浸种 10min，可促进豇豆发芽和幼苗生长。

三、提高产量，改善品质

（一）豇豆

1. 赤霉素促进果实生长，增加产量

（1）使用时期　花期。

（2）使用方法　豇豆在开花期用 20～30mg/L 赤霉素喷花荚，可促进豇豆果实生长，坐果率高，增产 15%以上。在生长后期为促进萌发新芽，可用 20g/L 赤霉素溶液喷洒种株，一般每 5d 喷 1 次，喷 2 次即可。

2. 芸薹素内酯促使提早开花结荚，增加产量

（1）使用时期　花期。

（2）使用方法　在豇豆生长期，开花期，喷施 100mg/L 芸薹素内酯，可促使植株生长茂盛，开花结荚早且多，产量增加 10%以上。

3. 萘乙酸减少落花落荚，提早成熟，增加产量

（1）使用时期　花期。

（2）使用方法　开花结荚时温度过高、过低均会使豇豆落花落荚加重。在豇豆的花期，喷施

5～15mg/L萘乙酸溶液，可减少落花落荚，提早成熟。由于结荚数增加，必须增施肥料，才能取得高产。

4. 复硝酚钠可使豇豆条荚饱满，增加产量

(1) 使用时期　生长期。

(2) 使用方法　4片真叶时，用6000倍复硝酚钠液叶面喷施，加速幼苗生长，提早4～7d抽蔓；初花期和盛花期用6000倍液叶面喷施，可保花保荚，采收盛期叶面喷施，促使早发新叶新梢，提前5～7d返花。

5. 防落素提高秋豇豆产量

(1) 使用时期　花期。

(2) 使用方法　秋豇豆开花期间，每隔4～5d，用2～3mg/L的A-4型防落素喷花1次，可提高产量。

6. 碧护提高豇豆抗性和产量

(1) 使用时期　生长期。

(2) 使用方法　2～4叶期喷施15000倍液碧护增加叶绿色含量，提高光合作用，增强抗性，促植株健壮；花前喷施15000倍液碧护提高坐果率，增加产量。

7. 三十烷醇喷洒促进豇豆结荚，提高产量

(1) 使用时期　花期。

(2) 使用方法　在豇豆开花期、结荚期喷施0.1～1mg/L三十烷醇溶液。三十烷醇对豇豆的生长、开花、结荚均有明显的促进作用，特别是豇豆春季遇低温不结荚时，经三十烷醇处理后，能提高结荚率，有利于提高早期产量。对豇豆"之豇28-2"始花期和结荚初期，各喷施0.5mg/L的三十烷醇溶液一次，豇豆增产12%。掌握在豇豆始花期和结荚初期，全株喷施三十烷醇0.5mg/L浓度溶液，每亩喷50L。对豇豆施用三十烷醇要掌握好使用浓度，防止浓度过高。在喷施时可与农药和微量元素混用，但不能与碱性农药混用。

8. 噻苯隆促进豇豆坐果，提高产量

(1) 使用时期　初花期。

(2) 使用方法　始花后喷施2000倍液噻苯隆，促进豇豆坐果，角果发育快，增大增长效果显著，并能延缓衰老，抑制叶斑病的发生。

(二) 菜豆

1. 矮壮素防止菜豆徒长，增加产量

(1) 使用时期　生长前期。

(2) 使用方法　在生长前期用50～75mg/L矮壮素喷菜豆，可防止菜豆徒长，改善群体结构，增强光合作用，从而提高结荚率，使产量增加。

2. 助壮素、烯效唑促进菜豆花芽分化，提高产量

(1) 使用时期　生长前期。

(2) 使用方法　用100～300mg/L助壮素或10～20mg/L烯效唑喷洒菜豆全株1～2次，促进菜豆花芽分化，提前结荚，增产20%～30%。

3. 多效唑提高菜豆产量

(1) 使用时期　花期。

(2) 使用方法　在菜豆初花期喷100mg/L多效唑，可提高菜豆产量。

4. 矮壮素、多效唑、丁酰肼控制植株高度，提高产量

(1) 使用时期　生长期。

(2) 使用方法　菜豆生长中期喷施20mg/L矮壮素或150mg/L多效唑或500mg/L丁酰肼，能控制植株高度，减少郁蔽，减少病虫害的发生，提高产量。

5. 萘氧乙酸防止菜豆落花落荚，提高产量

（1）使用时期　始花期。

（2）使用方法　用5～25mg/L萘氧乙酸溶液喷洒菜豆花序，可防止菜豆落花落荚。

6. 萘乙酸保花保荚，提高产量

（1）使用时期　开花结荚期。

（2）使用方法　菜豆开花结荚期，用5～25mg/L的萘乙酸溶液喷花，可减少落花落荚。

7. 赤霉素促进菜豆生长，提高前期产量

（1）使用时期　花期。

（2）使用方法　菜豆开花期用10mg/L赤霉素喷1次，可促进菜豆生长，增产，提前11～25d采收。如与0.2%磷酸二氢钾混合喷施，效果更好。

8. 复硝酚钠提高菜豆产量

（1）使用时期　苗期及花期。

（2）使用方法　4片真叶时，用6000倍复硝酚钠液叶面喷施，加速幼苗生长，提早4～7d抽蔓；初花期和盛花期用6000倍液叶面喷施，起保花保荚作用；采收盛期叶面喷施，促使早发新叶新梢，提前5～7d返花。

9. 碧护提高产量

（1）使用时期　苗期或始花期。

（2）使用方法　2～4叶期用15000倍碧护增加叶绿素含量，提高光合作用，促植株健壮；花前喷施15000倍碧护提高坐果率，果实大小均匀、口感好、产量高。

10. 三十烷醇可以提高结荚率，增加前期产量

（1）使用时期　始花期。

（2）使用方法　在菜豆生育期，用0.1～0.5mg/L三十烷醇溶液喷洒菜豆植株，隔7～10d以后再喷施第2次，共喷2～3次，每次喷药液50L，产量增加8.3%。菜豆应用三十烷醇的适用浓度为0.1～1.0mg/L，最适浓度为0.5mg/L，不可提高使用浓度；从全年的各季栽培中，以6月下旬播种的菜豆施用三十烷醇增产效果最好，可以增加植株的持水性，增加抗性，提高授粉率；三十烷醇可与微药和微量元素混用，特别是与磷酸二氢钾混合施用效果更好，但不可与碱性农药混用。

11. 芸薹素内酯促使菜豆植株茂盛，产量提高

（1）使用时期　始花期。

（2）使用方法　在菜豆生长期、开花期，喷施100mg/L芸薹素内酯，可促使菜豆植株茂盛，开花结荚多，产量增加10%以上，早熟，延长生长期和采收期。

12. 三碘苯甲酸控制菜豆株型，提高结荚数

（1）使用时期　生长期。

（2）使用方法　菜豆生长中期喷施100mg/L三碘苯甲酸，可防止徒长，增加分枝，提高结荚数。

13. 赤霉素控制株型，增加早期产量

（1）使用时期　开花结荚期。

（2）使用方法　地四季豆（短四季豆）出苗后，用10～20mg/L的赤霉素每5d喷洒1次植株，连续处理3次。可控制地四季豆（短四季豆）株型，使茎节伸长，分枝增加，促进开花，提高结荚率，增加早期产量，采收期提前3～5d，提高早期产量。

14. 防落素提高菜豆荚重

（1）使用时期　始花期。

（2）使用方法　用1mg/L防落素喷洒菜豆已开花的花序，每隔10d喷1次，共喷施2次，可提高菜豆荚重，增产8%以上。

（三）其他豆类

1. 三十烷醇增加毛豆叶片叶绿素含量提高产量

（1）使用时期　花期。

（2）使用方法　在毛豆开花前喷洒 0.5mg/L 三十烷醇，可增加毛豆叶片叶绿素含量，增强花荚期叶片光合作用强度，提高植株开花前硝酸还原酶活性，产量提高 12%。

2. 芸薹内酯提高产量，改善外观品质

（1）使用时期　花期。

（2）使用方法　在毛豆开花前喷洒 500mg/L 芸薹内酯。可增加毛豆叶片叶绿素含量，增强花荚期叶片光合作用强度，提高植株开花前硝酸还原酶活性，产量提高 16%，单荚重、百粒重、优质荚比例均高于对照，显著改善了产品外观品质。

3. 复硝酚钠使蚕豆籽粒饱满，提高产量

（1）使用时期　生长期。

（2）使用方法　在蚕豆生长期叶面喷施 250mg/L 复硝酚钠溶液。

4. 石油助长剂提高大豆抗逆能力，提高大豆产量

（1）使用时期　花期。

（2）使用方法　石油助长剂的浓度为 0.03%，在大豆始花期喷施（于晴天下午 4 时后进行喷施），能够提高大豆抗逆能力，促进植株健壮，提高大豆结荚率，增加荚粒数，从而提高大豆产量。

5. 三碘苯甲酸控制扁豆株型，提高结荚数

（1）使用时期　生长期。

（2）使用方法　扁豆生长中期喷施 100mg/L 三碘苯甲酸，可防止徒长，增加分枝，提高结荚数。

6. 矮壮素控制毛豆株型，增加产量

（1）使用时期　生长期。

（2）使用方法　毛豆生长中期喷施 20mg/L 的矮壮素，可使茎秆粗壮，防止倒伏，促进开花，增加产量，提高品质。

7. 多效唑、丁酰肼控制毛豆植株高度，提高其产量

（1）使用时期　生长期。

（2）使用方法　毛豆生长中期喷施 150mg/L 多效唑或 500mg/L 丁酰肼，能控制植株高度，减少郁蔽，减少病虫害的发生，提高其产量。

8. 芸薹素内酯提高豌豆结荚率

（1）使用时期　苗期盛花期结荚期。

（2）使用方法　0.01mg/kg 芸薹素内酯，叶面均匀喷雾。促使荷兰豆苗壮抗逆性好，提高结荚率，早熟，延长生长期和采收期，增产 30%～45%。

9. 黄腐酸提高毛豆产量

（1）使用时期　花期。

（2）使用方法　在毛豆开花前喷洒 1000mg/L 黄腐酸，提高产量 8%左右，并可提高籽粒蛋白质含量。

10. 矮壮素防止大豆徒长，提高产量

（1）使用时期　花期。

（2）使用方法　大豆始花期用 100mg/L 矮壮素溶液喷施，能防止大豆徒长，增加结荚数，提高产量。

11. 多效唑提高毛豆产量

（1）使用时期　花期。

（2）使用方法　在毛豆初花至盛花期喷 100～200mg/L 多效唑，可增加毛豆有效分枝数、有效荚数和荚重，显著提高产量。

12. 矮壮素、丁酰肼控制扁豆植株高度，提高产量

（1）使用时期　生长期。

（2）使用方法　扁豆生长中期喷施 20mg/L 的矮壮素或 500mg/L 丁酰肼，可以控制扁豆植株高度，减少郁蔽，减少病虫害的发生，提高其产量。

13. 复硝酚钠提高毛豆产量

（1）使用时期　花期。

（2）使用方法　在毛豆开花前喷洒 250mg/L 复硝酚钠（爱多收），可增加毛豆叶片叶绿素含量，增强花荚期叶片光合作用强度，提高植株开花前硝酸还原酶活性，提高产量。

14. 噻苯隆促进荷兰豆坐果，提高产量

（1）使用时期　初花期。

（2）使用方法　始花后喷施 2000 倍液噻苯隆，促进荷兰豆坐果，角果发育快，增大增长效果显著，并能延缓衰老、抑制叶斑病的发生。

15. 多效唑控制扁豆植株高度，提高产量

（1）使用时期　生长期。

（2）使用方法　扁豆生长中期喷施 150mg/L 多效唑，能控制植株高度，减少郁蔽，减少病虫害的发生，提高其产量。

16. 三碘苯甲酸控制毛豆植株高度，提高产量

（1）使用时期　花期。

（2）使用方法　毛豆生长中期喷施 100mg/L 三碘苯甲酸，能控制毛豆植株高度，减少相互遮蔽，减轻病虫害，提高其产量。

17. 芸薹素+ 复硝酚钠+ 矮壮素增加大豆产量

（1）使用时期　花期。

（2）使用方法　毛豆生长中期喷施芸薹素 1000 倍液＋复硝酚钠 6000 倍液＋矮壮素 1000 倍液，可改善大豆植株性状，增加单株荚数及单株粒数，提高产量。

18. 4-碘苯氧乙酯减少毛豆落花落荚，增加产量

（1）使用时期　花期。

（2）使用方法　在毛豆开花结荚期，喷施 20～30mg/L 4-碘苯氧乙酯溶液，可减少落花落荚，提高种子百粒重，增加产量。

19. 吲哚乙酸增加蚕豆果荚数和种子重量

（1）使用时期　种子处理。

（2）使用方法　在播种前用 10～100mg/L 吲哚乙酸溶液浸泡蚕豆种子 24h，可增加蚕豆果荚数和种子重量，增加种子多糖含量，提高产量。

20. 复硝酚钠增加大豆分枝，提高大豆产量

（1）使用时期　生长期。

（2）使用方法　在大豆生长期叶面喷施 250mg/L 复硝酚钠溶液，具有非常显著的增产效果，主要表现在分枝数增多、花期提前、花蕾数增加、百粒重提高。

四、促进贮藏和保鲜

（一）豌豆

1. 6-BA 延长食荚豌豆贮藏期

（1）使用时期　苗期。

（2）使用方法　采用 15mg/L 6-BA 溶液对食荚豌豆进行处理，可降低食荚豌豆呼吸强度、减少豆荚腐烂的发生，抑制抗氧化酶 POD、PPO 活性与过氧化产物丙二醛的生成，抑制豆荚粗纤维含量增长，延缓豆荚衰老和品质下降的作用。6-BA 处理的保鲜效果优于热处理。

2. 赤霉素延缓豌豆苗衰老和保持新鲜

（1）使用时期　苗期。

（2）使用方法　豌豆苗长至 8～10cm 长时切割采收，并立即用 20mg/L 赤霉素浸泡 15min，可延缓豌豆苗采后叶绿素、可溶性糖和蛋白质降解，还显著地抑制了其纤维化进程，延缓豌豆苗衰老和保持新鲜。

（二）豇豆

1. 6-苄氨基嘌呤抑制豇豆呼吸，延缓衰老

（1）使用时期　收获期。

（2）使用方法　于豇豆采收前 1～2d 喷洒 5～20mg/L 6-苄氨基嘌呤，能抑制豇豆呼吸，阻止蛋白质和叶绿素分解，延缓衰老和保持新鲜。

2. 2,4-D 延缓豇豆的衰老和保持新鲜

（1）使用时期　采后。

（2）使用方法　可用 80g/L 的 2,4-D 溶液浸泡 10 min，取出风干，贮藏于 9℃左右的加湿气流系统中。豇豆经 2,4-D 处理后豆荚的干重/鲜重比、可溶性蛋白质的含量下降比对照缓慢，豆粒的干重/鲜重比、可溶性蛋白质含量的增加比对照减少，表明 2,4-D 处理部分地阻抑了豇豆营养物质由豆荚向豆粒的运输，同时，2,4-D 处理也延缓了豇豆豆荚的叶绿素含量的下降。2,4-D 处理在抑制豇豆营养物质转运的同时，也延缓了豇豆的衰老。

第八节　在根类蔬菜上的应用

根菜类蔬菜是指以肉质根为食用器官的蔬菜，主要包括十字花科的萝卜、芜菁、芜菁甘蓝，伞形花科的胡萝卜、根芹菜，菊科的牛蒡、菊牛蒡等。根菜类在蔬菜中占有重要地位，我国种植最广的是萝卜和胡萝卜，其次是大头菜（根用芥菜）、芜菁甘蓝、芜菁。在欧美市场胡萝卜则是重要的蔬菜作物。近年来发展到根据市场要求全年栽培。

一、主要种类

根菜类蔬菜起源于温带，多为耐寒或半耐寒的 2 年生植物，产品器官即肉质根形成要求凉爽的气候和充足的光照，秋季的凉爽气候有利于肉质根的生长，经过秋冬季的低温短日照，植株从营养生长转变为生殖生长，翌年春季高温长日照下抽薹开花，完成生命周期。根菜类多通过种子繁殖，可以直播也可以育苗移栽。根菜类蔬菜对土壤和气候的适应性广，生长快，栽培相对容易。根菜类要求土层深厚、疏松而肥沃、排水良好，沙壤土为好，土壤黏重、瘠薄、多瓦砾时不利于肉质根正常生长，影响产量和品质。根菜类蔬菜产品器官是营养器官，在营养生长过程中茎叶生长和肉质根生长有一定顺序，先是吸收根生长占优势，之后茎叶等同化器官与肉质根同步生长，最后储藏器官（肉质根）迅速生长。所以在管理上前期要促进营养器官和吸收器官的生长，使其充分吸收水分养分，制造充足的营养物质，而后期要适当抑制茎叶生长使养分向肉质根中转移，同时要保证茎叶可以持续制造养分，达到高产的目的；同时还要抑制其春化过程，防止过早抽薹开花。生产的关键是调节同化器官和储藏器官的生长平衡，促进营养生长，抑制生殖生长。使用生长调节剂可以在促进种子萌发、调节生长等方面发挥作用。

1. 萝卜

萝卜（*Raphanus sativus* L.）为十字花科萝卜属二年生草本植物，以肉质根为产品器官。萝卜种子萌动到肉质根形成为营养生长期，抽薹、开花和结果为生殖生长期。萝卜为种子春化型，

种子萌动后感受低温（2～4℃，15～20d）完成春化过程，可早春播种，当年开花结子。提高萝卜产量的关键是培育壮苗，维持地上部和地下部生长的平衡，促进肉质根膨大和生长。

2. 胡萝卜

胡萝卜（*Daucus carota* L.）为伞形花科植物，通常两年生，供食用的部分是肥嫩的肉质直根。品质佳，秋冬季节上市。按色泽可分为红、黄、白、紫等数种，按形状可分为圆锥形和圆柱形。胡萝卜肉质细密，质地脆嫩，有特殊的甜味，并含有丰富的胡萝卜素、维生素C和B族维生素。胡萝卜种子小，其外皮革质化且含挥发油，透水性差，发芽十分缓慢且不整齐，发芽率较低，给生产带来不利影响。植物生长调节剂可以改善胡萝卜发芽状况。

3. 生姜

生姜（*Zingiber afficinale* Rosc.）是姜科姜属多年生草本植物，生产中作一年生栽培。以其地下肉质根茎为产品器官，可以鲜食、加工成姜干、姜汁等多种食品或作为香辛调料。生姜以肉质根状茎（种姜）为繁殖器官，经历发芽期、幼苗期、茎叶与根茎旺盛生长期、根茎休眠期，促进生长、促进根茎膨大是生姜高产的重要措施。

二、打破休眠，促进发芽和生根

（一）萝卜

1. 赤霉素打破萝卜种子休眠

有些品种的萝卜种子具有休眠的特性，对种子的销售和萝卜生产有一定影响。使用赤霉素处理可以打破萝卜种子休眠，显著提高萝卜种子的发芽势和发芽率，对萝卜生产和育种工作均具有重要意义。

（1）使用时期　播种前浸种。

（2）使用方法　用浓度为50～100mg/L的赤霉素溶液浸泡种子3～4h，然后催芽。赤霉素处理使萝卜种子的发芽势、发芽率和活力指数均明显提高，幼苗单株鲜重也显著增加。使用时不可随意增加使用浓度，浓度高于150mg/L则对种子发芽和幼苗生长均有不利影响。

2. 吲哚乙酸促进萝卜种子发芽

（1）使用时期　播种前浸种。

（2）使用方法　用50～100mg/L吲哚乙酸溶液浸种处理3h，然后按常规方法催芽播种。处理后种子发芽率、发芽势、活力指数均明显提高，其中100mg/L处理效果最好，同时幼苗生长的速度、整齐度及幼苗鲜重均高于清水对照，幼苗生长良好。不可随意提高吲哚乙酸使用浓度，浓度超过200mg/L时对种子萌发和幼苗生长有抑制作用。

3. 萘乙酸促进萝卜种子发芽

（1）使用时期　播种前浸种。

（2）使用方法　萝卜种子用0.5mg/L萘乙酸溶液浸种处理3h。处理后种子发芽率、发芽势、活力指数均较清水浸种的对照明显提高，同时胚根长度、胚根鲜重、子叶鲜重及幼苗鲜重均高于对照。萘乙酸浓度超过5mg/L时对幼苗生长有不利影响。

4. 赤霉素(GA_3)、6-BA恢复陈化萝卜种子活力

（1）使用时期　播种前浸种。

（2）使用方法　种子保存过程中由于自然老化导致其活力降低，使商品种子失去利用价值，也影响种质资源保存的安全性。老化的萝卜种子用50～100mg/L赤霉素（GA_3）或者100～200mg/L 6-BA溶液浸种4h，可以显著提高萝卜种子的发芽势、发芽率和活力指数。有研究表明，用100mg/L的赤霉素处理“中蔬红樱桃”老化萝卜种子，可以将发芽率从80%提高到95%，活力指数从4.73提高到9.60。

（二）胡萝卜

赤霉素提高胡萝卜发芽率：

（1）使用时期　播种前浸种。

（2）使用方法　用浓度为150～250mg/L的赤霉素溶液浸种12h，然后在20℃下催芽或播种，可显著提高种子的发芽势和发芽率。

三、培育壮苗，提高产量

（一）萝卜

1. 细胞分裂素浸种培育壮苗

（1）使用时期　播种前。

（2）使用方法　用细胞分裂素6000倍液浸泡萝卜种子8h左右，在暗处晾干后播种。特别注意使用浓度不可过高，否则会抑制幼苗生长。

2. 赤霉素促进萝卜芽苗菜生长

萝卜芽苗菜是萝卜种子经催芽培养待子叶展开后采收上市的一种芽苗类蔬菜，其富含维生素A、维生素C及矿物质，风味独特，健胃消食，深受消费者欢迎。在萝卜芽苗菜生产中适当使用生长调节剂，可以提高产量，缩短生产周期。

（1）使用时期　播种催芽前。

（2）使用方法　种子清洗干净后，用500mg/L赤霉素溶液浸泡8～12h，用清水淘洗2～3次，并轻轻搓去种皮上的黏液，然后播种。使用后芽苗菜高度增加，显著提高了芽苗菜的产量和质量。

（二）胡萝卜

1. 丁酰肼促进胡萝卜生长，促进肉质根的生长

（1）使用时期　生长期。

（2）使用方法　胡萝卜在间苗后，用2500～3000mg/L丁酰肼药液喷洒茎叶，可以有效抑制胡萝卜地上部茎叶的生长，促进肉质根生长。使用后加强肥水管理，以满足肉质根快速生长的需要。

2. 三十烷醇促进肉质根生长

（1）使用时期　肉质根膨大期。

（2）使用方法　在胡萝卜肉质根膨大期，用0.5mg/L的三十烷醇溶液喷洒植株，每8～10d喷施1次，每亩约用50L溶液，连续喷施2～3次。促进植株生长及肉质根肥大，使品质细嫩。

四、调节抽薹开花

（一）萝卜

1. 赤霉素促进萝卜抽薹开花

耐抽薹萝卜是指在正常栽培条件下不容易抽薹的萝卜品种。由于不易抽薹，有利于储藏器官的发育和产量的提高。耐抽薹是春季栽培萝卜品种选育的主要目标，而耐抽薹的特性对采种和制种又有一定的制约，由于耐抽薹的特性，使得春季抽薹开花时间延迟，推迟采收时间，对种子生产造成不良影响。利用植物生长调节剂人为控制萝卜抽薹开花，对于萝卜育种工作和种子生产具有重要意义。

（1）使用时期　采种植株。

（2）使用方法　以500mg/L赤霉素溶液喷耐抽薹萝卜采种成株或采种小株（3～4叶期）生长点，每7d喷1次，连喷3次。处理成株，抽薹、开花均比对照提早6d，而处理小株，抽薹、开花则分别比对照提前26d和11d。赤霉素浓度不可过高，否则抽薹开花天数提早，但薹细弱易倒伏，无法保证种子质量。

2. 烯效唑抑制萝卜抽薹开花

萝卜是种子春化型植物，春季进行反季节栽培时很容易感受低温而抽薹开花，严重影响萝

卜的产量和品质。以往春季反季节栽培时通常选用冬性强、耐抽薹的品种。应用烯效唑等生长调节剂可以抑制萝卜抽薹开花，提高春季反季节栽培萝卜肉质直根的经济价值。

(1) 使用时期　苗期。

(2) 使用方法　在萝卜苗期三片真叶时用浓度为 600mg/L 的烯效唑溶液对植株进行喷洒，每 4d 喷一次，共喷 4 次。经烯效唑处理的植株有一定程度矮化，叶片增厚，幼苗粗壮，烯效唑可以有效延迟萝卜植株抽薹和现蕾，延长肉质直根生长时间，提高萝卜产量和品质。

(二)胡萝卜

胡萝卜为 2 年生幼苗春化型植物，从播种到种子成熟通常需要 2 年时间，第一年为肉质根生长期，第二年为生殖生长期。赤霉素处理可以使胡萝卜在越冬前抽薹开花，有利于种子生产。

(1) 使用时期　幼苗期、叶生长期、肉质根生长期。

(2) 使用方法　在幼苗期、叶生长期、肉质根生长期喷施浓度为 200mg/L 的 GA_3 溶液，或在肉质根生长期喷施浓度为 300mg/L 的 GA_3 溶液，可促进胡萝卜抽薹开花。赤霉素促进开花的效果可能因品种不同而略有差异，应根据具体品种进行浓度试验。

五、提高产量，改善品质

(一)萝卜

1. 赤霉素和多效唑促进增产

平衡萝卜的地上部茎叶和地下部肉质根的生长是高产的关键环节。GA_3 处理幼苗会促进叶片增大，增加同化潜能，提高萝卜产量；在肉质根膨大期喷施多效唑（PP_{333}）减少叶片的生长，促进肉质根营养积累，提高产量。两种药剂配合处理后萝卜肉质根增产效果显著。

(1) 使用时期　幼苗期和肉质根膨大期。

(2) 使用方法　萝卜幼苗 3～4 片叶时用浓度为 30～50mg/L 的 GA_3 溶液喷洒叶片，在萝卜根膨大期（肉质根直径 4～5cm）再用 50mg/L 的多效唑溶液喷洒叶片，前期可促进叶片生长，提高光合能力，后期可促进肉质根营养积累，提高产量。

2. 多效唑促进萝卜增产

(1) 使用时期　肉质根形成期。

(2) 使用方法　在萝卜肉质根形成初期，用 100～150mg/L 多效唑药液进行叶面喷洒。喷施 1 次即可。可抑制萝卜植株徒长，并使植株叶色加深，叶片短而挺立，增加光合作用，促进光合产物向肉质根输送，一般可增产 10%～15%。使用时要严格控制浓度，防止重喷；用多效唑时要对萝卜叶面喷洒，减少多效唑在土壤中的残留。

3. 石油助长剂提高萝卜产量

(1) 使用时期　苗期。

(2) 使用方法　萝卜出苗后 2 周，用 0.005%石油助长剂喷施叶面。促进萝卜生长和肉质根肥大，同时肉质细嫩，品质优良，增产幅度明显，一般可增产 10%以上。

4. 三十烷醇促进增产

(1) 使用时期　肉质根膨大初期。

(2) 使用方法　在萝卜肉质根开始膨大期，用浓度 0.5mg/L 三十烷醇喷施叶面，雾点要细，喷施要均匀，每亩用药液 50L 左右，间隔 8～10d 再喷施 1 次，共喷 2～3 次。三十烷醇可以使萝卜肉质根生长快，心髓部细，提高了食用价值，使产量增加 24%。

5. 羟季铵·萘合剂增加产量

(1) 使用时期　肉质根膨大初期。

(2) 使用方法　用 300～600mg/L 的羟季铵·萘合剂药液，在肉质根开始膨大时进行叶面喷雾，间隔 10～15d 再喷 1 次，提高萝卜光合作用效率，促进有机物质运输，提高萝卜产量。喷施后要加强肥水管理，保证肥水供应充足。

6. 芸薹素内酯提高产量，提高抗性

（1）使用时期　莲座期。

（2）使用方法　用100mg/L芸薹素内酯，在萝卜莲座期进行叶面喷洒。芸薹素内酯应先用50～60℃温水溶解，再倒入冷水中，搅匀并定容。芸薹素内酯可促进萝卜成熟，改善品质，提高抗软腐病能力，并增加产量，增产幅度可达15%。

7. 萘乙酸防止萝卜糠心，改善品质

萝卜肉质根形成时，由于水肥供应不均匀，或是地上部地下部生长不平衡，营养物质的积累和消耗失衡，都会导致萝卜糠心，使得产品品质下降。萘乙酸的作用是延迟成熟，调节地上部和地下部生长的平衡，防止空心组织的出现。

（1）使用时期　肉质根形成初期。

（2）使用方法　在肉质根形成初期，用100mg/L萘乙酸加0.5%蔗糖和0.2%硼砂的混合溶液进行叶面喷洒。

（二）胡萝卜

1. 赤霉素提高产量

（1）使用时期　苗期和叶片生长期

（2）使用方法　在幼苗期和叶生长期累积连续喷200mg/L赤霉酸溶液，对植株生长和产量增长有促进作用。

2. 三十烷醇促进增产

三十烷醇具有改善细胞透性，提高光合能力的生理功能，可有效提高胡萝卜产量和品质，可以使产量提高12%，含糖量提高28%，维生素C含量也有所提高。

（1）使用时期　肉质根膨大期。

（2）使用方法　在胡萝卜肉质根膨大期，用0.5mg/L三十烷醇溶液，每隔8～10d喷施1次，共喷施2～3次。药液要喷洒均匀。

3. 石油助长剂提高产量

石油助长剂具有生长调节剂的生物活性，可以增强光合效能，减少呼吸消耗，促进胡萝卜生长和肉质根膨大，一般可增产10%～20%；并可改善胡萝卜品质，使之肉质细嫩。

（1）使用时期　苗期。

（2）使用方法　于胡萝卜出苗后2周，用0.005%石油助长剂药液进行叶面喷洒，每亩用药量50L左右。

六、抑制萌芽，延长贮藏期

（一）萝卜

萝卜的产品器官是肉质根，萝卜肉质根没有生理休眠期，贮藏的适宜温度是0～3℃，湿度95%，贮藏过程中如果温度过高，肉质根就会长叶、长根甚至抽薹，消耗水分和养分，导致糠心，影响萝卜品质。为了保证萝卜在贮藏期间品质不至于显著下降，则应该抑制萝卜贮藏期发芽长叶生根。

1. 2,4-D抑制萝卜发芽生根，延长贮藏期

（1）使用时期　收获前14d，或收获后贮藏前。

（2）使用方法　收获前14d，在田间用30～80mg/L 2,4-D溶液喷洒植株；或在收获后，贮藏前喷洒。要注意使用时2,4-D浓度不可以过高，以防引起萝卜腐烂。

2. 萘乙酸甲酯抑制发芽，延长贮藏期

（1）使用时期　采收后或贮藏过程中。

（2）使用方法　萝卜采收后，用2%萘乙酸甲酯油剂（即每1000kg萝卜用20～30g萘乙酸甲

酯）均匀喷洒；或将2%萘乙酸甲酯均匀喷在干土或纸屑上，再均匀覆盖在萝卜上进行贮藏。

（二）胡萝卜

胡萝卜的肉质根为产品器官，较耐贮藏，在适宜的条件下（0℃±0.5℃，90%～95%），可贮存5～6个月。胡萝卜贮藏期间要抑制肉质根发芽抽薹，以保证品质。

1. 2,4-D抑制胡萝卜肉质根萌芽，延长贮藏期

（1）使用时期　收获前3周。

（2）使用方法　胡萝卜采收前3周，用100mg/L 2,4-D喷整个植株，贮藏时间明显延长。

2. 萘乙酸抑制萌芽

（1）使用时期　采收前4d。

（2）使用方法　胡萝卜采收前4d，用1000～5000mg/L萘乙酸喷叶面。喷雾要均匀，喷后胡萝卜应保持在较低的贮藏温度下。处理后的胡萝卜，可以有效地抑制贮藏期间的萌芽，延长贮藏期，保持品质。

3. 萘乙酸甲酯抑制萌芽

（1）使用时期　采收后，贮藏前。

（2）使用方法　在胡萝卜采收后，用2%萘乙酸甲酯油剂均匀喷洒在胡萝卜上，每1000kg胡萝卜用药20～30g左右；然后用草遮盖进行贮藏。

（三）根用芥菜

根用芥菜以肉质根为产品器官，其肉质根贮藏期间花芽处于半休眠状态，如遇适宜条件，花芽开始发育，可导致贮藏期间抽薹，使肉质根空心，产品品质下降甚至失去商品性。利用2,4-D可以抑制根用芥菜贮藏期间发芽。

（1）使用时期　采收前。

（2）使用方法　采收前20d左右，用浓度为100mg/L的2,4-D溶液喷洒植株，可防止肉质根在贮藏期间萌芽，延长贮藏期，保证产品品质。

第九节　在葱蒜类蔬菜上的应用

葱蒜类蔬菜包括洋葱、大葱、韭葱、大蒜、韭菜等，是重要的香辛类蔬菜，含有丰富的碳水化合物、蛋白质、矿物质和多种维生素，并有特殊的辛辣味，具有杀菌消炎、增进食欲等功效，可以预防和治疗很多疾病。葱蒜类蔬菜不但可以鲜食，也可以作为调味品和加工品。除内销外，其也是重要的出口蔬菜。

一、主要种类

葱蒜类蔬菜的营养生长期多具有分蘖性，属于幼苗春化型，在低温下通过春化，在长日照和适当温度下抽薹、开花、结籽。葱蒜类的根系属于浅的须根系，在短缩茎的基部或边缘形成须根，根群分布广，但入土不深，需要具有一定肥力和保水能力的土壤；叶由叶片和叶鞘构成，叶为管状或扁平，有蜡质，较耐旱；叶子的分生组织在叶鞘基部，叶身收割后基部可以继续生长。葱蒜类以叶和叶的变态器官为产品器官，鳞茎和假茎的形成依赖于叶的长势，叶片的生长是产量和质量形成的基础。

1. 大葱和洋葱

大葱（*Allium fistulosun* L. var. *giganteum* Makino）、洋葱（*Allium cepa* L）是百合科葱属二年生草本植物，大葱以肥大假茎和嫩叶为产品，洋葱以肉质鳞片和鳞芽构成的鳞茎为产品。营养生长期分为发芽期、幼苗期、葱白生长期或鳞茎生长期（洋葱），种株或鳞茎收获后进入休眠

在低温下越冬并通过春化，第二年气温升高后进入抽薹期、开花期和结果期。

2. 韭葱

韭葱（*Allium porrum* L.）又名洋大蒜、葱蒜、扁葱、扁叶葱、洋蒜苗等，是百合科葱属二年生草本植物，以嫩叶、假茎、地下鳞茎和花薹为食用器官，目前在我国各地都有种植，近年来有部分用于脱水加工出口外销，面积逐渐扩大。

3. 大蒜

大蒜（*Allium sativum* L.）是百合科葱属以鳞芽构成鳞茎为产品的二年生草本植物。大蒜为弦状根，根系浅，叶由叶片和叶鞘组成，叶鞘套合着生在短缩茎盘上。花茎（蒜薹）顶部有总苞，伞形花序，花与气生鳞茎混生其中，之后小鳞茎生长，花停止发育而凋萎。大蒜的鳞茎由5～10个甚至更多的鳞芽（蒜瓣）组成，每一个蒜瓣由两层鳞片和一个幼芽构成，外层（干膜状）为保护鳞片，内层为储藏鳞片。大蒜通常以鳞芽（蒜瓣）进行繁殖，从播种到鳞茎形成经历萌芽期、幼苗期、花芽和鳞芽分化期、花茎伸长期、鳞茎膨大期、休眠期。大蒜的种蒜因品种不同而有一定程度的休眠。

4. 韭菜

韭菜（*Allium luberosum* R.）为百合科葱属二年生宿根草本植物。以嫩叶、假茎和幼嫩花茎为主要产品器官。根系为弦线状须根系，着生于短缩茎基部，根系浅，分吸收根、半储藏根、储藏根，春季发生吸收根和半储藏根，秋季发生储藏根。叶着生于短缩茎上，由叶片和叶鞘组成，叶鞘抱合成假茎，叶的分生带在叶鞘基部，收割后可以继续生长。种子为蒴果，寿命1～2年。

二、促进萌发

（一）大葱和洋葱

葱属种子属于短命种子，在贮藏过程中很容易降低活力。植物生长调节剂可以促进大葱种子萌发，特别是提高低活力种子的发芽率。

1. 赤霉素促进大葱种子萌发

（1）使用时期　播种前。

（2）使用方法　利用浓度为25～60μg/L的赤霉素溶液浸种6h，处理后自然干燥，备用。赤霉素处理可以加快发芽速度，提高活力，其中对于低活力种子以不超过25μg/L的赤霉素处理为宜，可使发芽率为40%左右的种子发芽率提高到60%左右；而当年种子（中等活力）以40μg/L的处理浓度为宜。处理后自然干燥有助于增进处理效果。

2. 水杨酸促进大葱种子萌发

（1）使用时期　播种前。

（2）使用方法　用浓度为7mg/L的水杨酸溶液浸种24h，可显著提高发芽率和发芽势。使用时要严格掌握浓度，浓度过高会降低发芽率。

3. 赤霉素打破洋葱种子休眠

赤霉素可以打破洋葱种子休眠，促进生长发育，使洋葱株高增加，假茎变粗，叶片增多，增产效果显著。

（1）使用时期　播种前。

（2）使用方法　用浓度为5mg/L的GA_3溶液浸种处理8h。

4. 石油助长剂提高洋葱种子发芽率

（1）使用方法　洋葱种子播种前，用0.005%～0.05%的石油助长剂浸种12h。

（2）使用效果　显著提高种子发芽率。

（二）韭葱

但韭葱种子在播种时常出现发芽率低、发芽缓慢、出芽不整齐的现象。利用赤霉素、生长素类物质可以促进韭葱发芽。

1. 赤霉素提高韭葱发芽率

（1）使用时期　播种前。

（2）使用方法　利用浓度为50mg/L的GA_3溶液浸种24h，可显著改善韭葱种子发芽率和发芽势，使韭葱种子的发芽势和发芽率分别提高52%和37%。

2. 萘乙酸提高韭葱种子发芽率

（1）使用时期　播种前。

（2）使用方法　利用10～50mg/L萘乙酸溶液浸种24h，其中50mg/L萘乙酸效果最好，使韭葱种子的发芽势和发芽率分别提高38%和24%。100mg/L萘乙酸处理则对种子萌发有抑制作用，所以使用时不可盲目提高处理浓度。

3. 吲哚乙酸提高韭葱种子发芽率

（1）使用时期　播种前。

（2）使用方法　利用2～5mg/L的吲哚乙酸溶液浸种24h，可提高韭葱种子发芽率和发芽势，其中以3mg/L浸种效果最好，可以将发芽势和发芽率分别提高25%和29%。

（三）大蒜

大蒜通常以鳞芽（蒜瓣）进行繁殖，部分品种蒜瓣具有休眠特性，对生产具有一定影响。用生长调节剂处理种蒜蒜瓣，可以解除蒜瓣休眠，促进大蒜提早出苗，达到提早采收的目的。沙培处理时间不可过长，以防烂种。配合低温处理效果更佳。

1. 赤霉素打破种子休眠

（1）使用方法　蒜播种前。

（2）使用方法　利用浓度为150～200mg/L的赤霉素溶液对种蒜进行3～5d沙培处理，然后播种。适宜的处理浓度因品种不同而略有差异，早熟品种浓度宜稍低，晚熟品种处理浓度可以高些。

2. 三十烷醇促进出苗，提高出苗率

（1）使用方法　播种前。

（2）使用方法　用0.2mg/L三十烷醇溶液浸泡蒜种4h，然后播种，使大蒜出苗快，出苗率也显著提高。

（四）韭菜

韭菜种子由于种皮坚硬，发芽缓慢，使用赤霉素可以提高其发芽率和发芽势。

1. 赤霉素提高发芽质量

赤霉素可以显著增强韭菜种子淀粉酶的活性，明显提高韭菜种子的发芽率、发芽势和发芽指数。

（1）使用方法　播种前。

（2）使用方法　用200mg/L赤霉素溶液浸种。

2. 植保素提高种子发芽力

（1）使用方法　播种前。

（2）使用方法　用125～200mg/L的植保素溶液浸种，可极显著地提高韭菜种子发芽力。用0.05%～0.15%硝酸钾也可达到类似效果。

三、提高产量

（一）洋葱

1. 乙烯利促进鳞茎形成

（1）使用方法　生长早期。

(2) 使用方法 在洋葱生长早期，喷施 500～1000mg/L 乙烯利水溶液，喷 1～2 次，可加速鳞茎的形成。气温为 20～30℃时使用效果较好，温度过高或过低效果均不理想。

2. 乙烯利提高幼苗成活率和鳞茎产量

乙烯利可以促进洋葱苗发育，加快缓苗速度，提高成活率，改善鳞茎形状，提高商品率。

(1) 使用方法 定植前。

(2) 使用方法 洋葱幼苗长至叶鞘直径 4～6mm 时，用 120mg/L 乙烯利溶液浸泡根部，然后定植，使洋葱幼苗缓苗快，成活率提高，产量比对照提高 16.5%。

3. 羟季铵·萘合剂提高产量

(1) 使用时期 鳞茎膨大期。

(2) 使用方法 利用浓度为 1000mg/L 的羟季铵·萘合剂溶液在洋葱鳞茎开始膨大时喷洒地上部分植株，生长旺盛的可以喷 2～3 次，其间间隔为 10～15d，可提高洋葱光合作用效率，促进有机物质的运输，提高产量。使用后要注意保证肥水充足供应。缺水或缺肥请勿用该方法。

4. 复硝酚钠提高产量

(1) 使用时期 幼苗定植前。

(2) 使用方法 洋葱幼苗长至叶鞘直径 4～6mm 时，用 120mg/L 复硝酚钠溶液浸泡根部，然后定植。幼苗鲜重、根系数量、鳞茎质量都比对照有明显提高，其中产量提高近 20%。

(二) 大蒜

1. 2,4-D 提高产量

(1) 使用时期 播种前。

(2) 使用方法 利用浓度为 5mg/L 的 2,4-D 溶液浸泡大蒜蒜种 12h，然后播种，可以明显提高植株高度和单株重，产量增加 30%以上。

2. 三十烷醇提高产量

(1) 使用时期 生长期。

(2) 使用方法 用浓度为 0.15～0.2mg/L 的三十烷醇溶液在生长期间喷施植株，增强大蒜抗逆性，促进蒜头膨大，提高产量。注意如果在大蒜幼苗期进行喷施处理，则浓度应适当降低，以免产生药害。

3. 羟季铵·萘合剂提高光合效率，促进有机物运输，提高产量

(1) 使用时期 鳞茎膨大期。

(2) 使用方法 利用浓度为 1000mg/L 的羟季铵·萘合剂溶液在大蒜鳞茎开始膨大时喷洒地上部分植株，生长旺盛的可以喷 2～3 次，其间间隔为 10～15d。使用后要注意保证肥水充足供应。缺水或缺肥请勿用该方法。

(三) 韭菜

1. 烯效唑控制幼苗生长，提高产量

(1) 使用时期 播种前。

(2) 使用方法 5mg/L 烯效唑浸种处理促根壮苗，增产幅度 11.5%～14.7%。烯效唑药液浸种处理后出苗时间较对照有所延长，但可有效降低韭菜幼苗的株高，控制徒长，提高叶片光合速率，增粗假茎，提高根系活力，增加干物质积累，提高壮苗指数。

2. 赤霉素促进生长

(1) 使用时期 收获前后。

(2) 使用方法 在韭菜收获前 15d，用 10～20mg/L 赤霉素溶液喷洒韭菜植株，或在韭菜收获后 2～3d，用浓度为 10～20mg/L 的赤霉素溶液喷洒韭菜根茬。每亩用药量 40～50L。可以促进韭菜生长，增加产量 15%以上。在药液中加入 1%硝酸铵可以提高效果。

3. 三十烷醇提高产量

三十烷醇具有促进生长的作用，可使韭菜生长加快，增加产量，并使韭菜的质量鲜嫩，叶色

翠绿，商品率高。

(1) 使用时期　生长前期和中期。

(2) 使用方法　在春季韭菜初出土时用0.5mg/L的三十烷醇液，按每亩100L用量浇根。待韭菜生长到6～7cm高时，再用0.5mg/L的三十烷醇，每亩用50L进行叶面喷施。或用0.5～1mg/L的三十烷醇溶液，在韭菜的营养生长期，叶面喷洒1～2次。

4. 赤霉素促进抽薹

韭薹是韭菜生产中的重要产品，消费市场需要其质地细嫩。赤霉素促进生长，使其出薹整齐，薹细嫩，品质好。

(1) 使用时期　抽薹期。

(2) 使用方法　在抽薹期用70mg/L赤霉素液喷洒。

5. 复硝酚钠处理提高产量

(1) 使用时期　整个生长期。

(2) 使用方法　苗期喷2次，相隔7～10d，对温室内正在生长的韭菜可10d喷一次，每亩用量为10mg。也可每亩用复硝酚钠80mg，对水后灌根，效果很好。复硝酚钠从苗期到产品生长期均可使用，可促进发根，使幼苗茁壮。

6. 芸薹素内酯提高质量和抗性

(1) 使用时期　生长期。

(2) 使用方法　韭菜发生黄叶病后心叶或外叶褪绿后叶尖开始变成茶褐色，后逐渐枯死，致叶尖枯黄变褐影响品质。可用芸薹素内酯（云大－120）植物生长调节剂3000倍液喷雾，可有效地减少韭菜病害发生，改善韭菜品质。

四、抑制发芽，延长贮藏期

洋葱、大蒜的产品器官是肉质鳞片和鳞芽构成的鳞茎，鳞茎成熟后进入自然休眠状态。经过60～70d后进入被迫休眠期。贮藏期间的洋葱或大蒜鳞茎处于被迫休眠期时如遇适宜温湿度，鳞芽就会发芽，使洋葱、大蒜失去商品价值。利用生长调节剂处理可以抑制鳞芽萌发，延长贮藏期。

1. 嗪酮·羟季铵合剂抑制洋葱、大蒜发芽

(1) 使用时期　收获前。

(2) 使用方法　在洋葱收获前2～3周或蒜头收获前2～3周用嗪酮·羟季铵合剂80～100倍液喷洒植株，可抑制洋葱和大蒜贮藏期间鳞茎萌芽，延长贮藏期。

2. 赤霉素延长蒜薹贮藏期

(1) 使用时期　收获后。

(2) 使用方法　蒜薹收获后用浓度为40～50mg/L的赤霉素溶液浸蒜薹基部10～30min，可以抑制有机物质向上运输，起到保鲜和延长贮藏期的作用。

第十节　在其他蔬菜上的应用

一、在山药上的应用

山药（*Dioscorea opposita*）又名怀山药、淮山药。多年生草本单子叶植物，茎蔓生，常带紫色，叶对生，卵形或椭圆形，叶腋内常有珠芽（零余子）。雌雄异株。山药块茎富含淀粉和蛋白质，常作蔬菜食用。块茎（山药）及珠芽（零余子）亦可药用，具有补脾养胃、生津益肺的功效。山药喜光，耐寒性差，宜在排水良好、疏松肥沃的壤土中生长，忌水涝。块茎通常为圆柱形或椭圆形，也可能因为生长地质不同而变形，肉质肥厚。

赤霉素、多效唑等植物生长调节剂对山药块茎产量和零余子形成有一定的影响。

（一）提高山药块茎产量

1. 赤霉素提高山药块茎产量

（1）使用时期　块茎成熟期。

（2）使用方法　山药块茎成熟期喷施浓度为200mg/L的赤霉素（GA_3）溶液，可以提高单个块茎质量，从而提高块茎产量，增产幅度在20%以上。

2. 矮壮素提高山药产量

（1）使用时期　块茎膨大期。

（2）使用方法　在块茎膨大初期用浓度为2000mg/L的矮壮素溶液喷施植株，间隔18d再喷1次，可以提高山药双薯比例和块茎的长度、粗度，使产量提高10%左右。

（二）影响零余子的数量、形状和繁殖能力

零余子是山药的珠芽，可以用作繁殖器官，也可以食用。根据用途的不同，选用不同的生长调节剂进行处理。

1. 赤霉素提高零余子单重

（1）使用时期　块茎成熟期。

（2）使用方法　山药块茎成熟期喷施浓度为200mg/L的赤霉素（GA_3）溶液，可以显著提高零余子的长度，从而提高了零余子的单重，但对宽度的影响不大。尽管赤霉素处理使单株零余子产量有所减少，但畸形率也明显下降。

2. 多效唑提高零余子总产量

（1）使用时期　块茎成熟期。

（2）使用方法　山药块茎成熟期喷施浓度为200mg/L的多效唑溶液，零余子收获期单株零余子产量显著提高，零余子的宽度明显提高，但零余子的单重下降，畸形率有所增加。

3. 多效唑、矮壮素打破零余子休眠，促进萌发

（1）使用时期　零余子收获后。

（2）使用方法　利用零余子作为繁殖材料，通常要贮藏60d以上才能正常萌发，贮藏40d左右的零余子用10mg/L的多效唑溶液浸泡24h，再播种于育苗基质中，可以打破休眠，促进萌发，60d后萌芽率显著高于对照。

二、在莲藕上的应用

莲藕（*Nelumbo nucifera* Gaertn）是睡莲科莲属水生草本植物，以肥嫩的根状茎为主要产品器官，此外其种子莲子也可鲜食或加工用。莲藕的根为不定根，较短，茎分为匍匐茎和根状茎，匍匐茎由种藕顶芽萌发而成，节上发根和抽生分枝、长叶和抽生花薹。匍匐茎生长初期节间较短，以后延长，到结藕期节间又缩短，先端几个节间积累养分，膨大形成短缩肥大的根状茎。莲藕生长期分为萌芽生长期、茎叶生长期、结藕期（根状茎膨大期），通过调节茎叶生长和根状茎生长的平衡，可以使莲藕早熟，提高产量。

1. 多效唑、水杨酸促进莲藕生长，提高产量

（1）使用时期　根状茎膨大期。

（2）使用方法　用浓度为25mg/L的多效唑溶液，或100ml/L水杨酸溶液，在根状茎膨大期进行叶面喷施。使叶片变大，叶色浓绿，结藕节位平均提前1.2节，产量提高10%左右，但对株高、叶片数和单株结藕数量没有明显影响。

2. 矮壮素促使莲藕根状茎膨大，结藕节位提前

（1）使用时期　2片立叶期。

（2）使用方法　用浓度为72mg/L的矮壮素溶液处理莲藕幼苗，可以促进莲藕根状茎膨大，结藕节位提前1～2节，且单株结藕重量有所提高，藕鞭比对照显著下降。

三、在百合上的应用

百合（*Lilium brownii* var. *viridulum*）是百合属多年生宿根草本植物，以鳞茎为产品器官，可以鲜食、干制，也可制造淀粉，花可供观赏。鳞茎由肉质鳞片抱合而成。百合可用珠芽、小鳞茎、鳞片和种子进行繁殖。利用鳞片繁殖百合籽球是目前普遍应用的重要快繁技术，具有实施简便、周期较短和能够保持母本性状等优点。利用生长调节剂可以改善繁殖效果。

用吲哚丁酸提高百合鳞片繁殖系数的方法：

（1）使用时期　鳞片扦插前。

（2）使用方法　取百合鳞茎中外部健康鳞片，用浓度为200～300mg/L的吲哚丁酸溶液浸泡5h后取出鳞片，以含水量为60%的草炭为保湿基质，进行小鳞茎培养。可以有效提高鳞片繁殖效率，使繁殖系数提高30%。不同品种的适宜浓度有所差异。

四、在食用菌上的应用

食用菌是可以食用的大型真菌的统称。多数食用菌属于担子菌纲。食用菌为异养型生物，目前仅数十种可以人工栽培。食用菌的食用器官为子实体，常见的食用菌有平菇（彩图7-33）、香菇、金针菇、灵芝、木耳等，其营养丰富，富含多种维生素和矿物质，并具有一些调节人体机能的特殊物质如多糖、萜类等，有些食用菌如灵芝、猴头菇等还具有特定的滋补或医疗功效。目前在食用菌栽培中鲜有应用植物生长调节剂，但有研究表明，植调剂可以促进菌丝生长，提高食用菌产量。植调剂在食用菌生产中有潜在的应用价值。

（一）促进菌丝生长

菌丝是食用菌的营养体，菌丝生长是食用菌产量形成的基础。植物生长调节剂可以促进菌丝生长，为子实体形成提供保障。

1. 三十烷醇促进平菇菌丝生长

（1）使用时期　拌培养料时。

（2）使用方法　在每1kg干料中加入100mL浓度为1mg/L的三十烷醇，充分搅拌后装入培养袋，灭菌后接种并在25℃下培养。三十烷醇可以促进平菇菌丝生长，日均生长速度为15mm，比对照提高78%，菌丝满袋天数也由对照的27d缩短到22d，为产量形成奠定了良好的基础。

2. 激动素促进平菇菌丝生长

（1）使用时期　拌培养料时。

（2）使用方法　在每1kg干料中加入100mL浓度为1mg/L的激动素，充分搅拌后装入培养袋，灭菌后接种并在25℃下培养，促进平菇菌丝生长，但其效果稍逊于三十烷醇。

3. 6-BA促进平菇菌丝生长

（1）使用时期　拌培养料时。

（2）使用方法　用棉籽壳50kg，加过磷酸钙1kg、石膏1.5kg、灭菌灵50g，清水拌和，料水比1∶1.2，并加1%石灰调整培养料pH为6.5～7.5，堆制2～3d进行前发酵制成培养料。用喷雾器将6-BA喷入培养料并搅拌均匀，使6-BA最终浓度为0.5mg/kg，然后播种。菌丝日长速度比对照提高22%，菌丝满袋时间可缩短3d；菌丝比对照组粗壮、洁白、密集。6-BA浓度超过2.5mg/kg时则会抑制菌丝生长。

4. GA_3加快平菇菌丝生长速度

（1）使用时期　拌培养料时。

（2）使用方法　培养料配方：棉籽壳95.7%、石灰2%、石膏粉1%、蔗糖1%、磷酸二氢钾0.2%、硫酸镁0.1%，料水比为1∶1.25，pH为9。用86～173mg/L的GA_3直接拌料或者喷洒，常规灭菌后接种栽培。于22～25℃发菌培养，常规管理。GA_3处理可以加快菌丝体生长，其中以86mg/L GA_3直接拌料效果显著，菌丝长满瓶只需13d，比对照提前4d，且菌丝洁白、粗壮、浓密，抗杂菌能力强。

5. 6-BA 促进白灵菇菌丝生长

（1）使用时期　拌培养料时。

（2）使用方法　白灵菇菌丝培养基的配方为：蛋白胨 2g，葡萄糖 20g，$MgSO_4$ 0.5g，KH_2PO_4 0.5g，K_2HPO_4 0.48g，酵母浸膏 4g，琼脂 15g，VB_1 10g，水 1000mL。在培养基中加入 6-BA 使之最终浓度为 0.5mg/L。接种白灵菇菌种在 25℃下培养。对白灵菇菌丝生长具有明显促进作用，菌丝生长速度比对照提高 1 倍，差异达极显著水平，而且使菌丝生长更加健壮和浓密。

6. GA_3 促进白灵菇菌丝生长

（1）使用时期　在培养基中加入。

（2）使用方法　白灵菇菌丝培养基的配方为：蛋白胨 2g，葡萄糖 20g，$MgSO_4$ 0.5g，KH_2PO_4 0.5g，K_2HPO_4 0.48g，酵母浸膏 4g，琼脂 15g，VB_1 10g，水 1000mL。在培养基中加入 GA_3 使之最终浓度为 0.5mg/L。接种白灵菇菌种在 25℃下培养。可以提高胞外酶的活性，促进菌丝对营养物质的吸收，菌丝生长速度比对照提高 83%，差异达极显著水平。

7. IAA 促进黑木耳菌丝生长

（1）使用时期　制菌期。

（2）使用方法　用 0.03mg/L 的 IAA 在制菌期进行拌料处理，以未拌生长调节剂的样方为空白对照。观察到经 IAA 处理的菌丝生长速度明显加快，制菌周期缩短 7～8d，且菌丝质量较好。

（二）提高食用菌产量

1. 芸薹素内酯提高平菇产量

（1）使用时期　培养料配制时

（2）使用方法　培养料配方为棉籽壳 58%、锯木屑 20%、麸皮 18%、石膏粉 1%、过磷酸钙 1%、碳酸钙 7%、白糖 1%。用 0.04%芸薹素内酯水剂，配制为 2mg/L 溶液，一次性拌入培养料中，料水比为 1∶1.2，混匀后装瓶，常规高温高压灭菌，接种后置于 22～24℃下培养。菌丝满瓶后移至出菇房进行常规出菇处理。芸薹素内酯处理后对平菇有极显著的增产效应，使用芸薹素内酯后平菇产量比对照增产 17.9%。

2. GA_3提高平菇产量质量

（1）使用时期　培养料配制时。

（2）使用方法　培养料配方棉籽壳 95.7%、石灰 2%、石膏粉 1%、蔗糖 1%、磷酸二氢钾 0.2%、硫酸镁 0.1%，料水比为 1∶1.25，pH 为 9。用 86mg/L GA_3 直接拌料或者喷洒，常规灭菌后接种栽培。于 22～25℃发菌培养，待菌丝长满并出现子实体原基时移至 15～18℃下进行出菇。GA_3 有促进子实体提前发育及增大菇体的作用，其中以 GA_3 直接拌料效果最为显著，比对照增加 25.14%，提前出菇 4～5d，且菇盖大而厚，菇质好。

3. 三十烷醇提高平菇产量

（1）使用时期　菇蕾形成时。

（2）使用方法　在平菇第 1 次出小菇蕾后用 1mg/L 三十烷醇喷洒，以后每采收一次后适当喷洒，覆盖薄膜待出现子实体原基后揭膜。三十烷醇对平菇增产的效果显著，比对照增产 35.5%。

4. KT 提高黑木耳产量

（1）使用时期　黑木耳出耳期。

（2）使用方法　用 0.02mg/L KT 在出耳期进行喷洒处理，共喷洒 2 次，之后正常管理。KT 可以有效促进原基的形成和子实体分化，延缓子实体中蛋白质的降解，提高黑木耳抗病性，增产 20%以上。

5. 乙烯利提高凤尾菇产量

（1）使用时期　菌蕾期、幼菇期和菌盖伸展期。

（2）使用方法　在凤尾菇的菌蕾期、幼菇期和菌盖伸展期用500mg/L乙烯利溶液各喷洒1次，促进现蕾、早熟和提高产量，一般增产20%左右。

6. 三十烷醇提高凤尾菇产量

（1）使用时期　小菇蕾期。

（2）使用方法　在凤尾菇菌丝扭结的珊瑚期（小菇蕾期），用0.5～1.0mg/L三十烷醇溶液喷洒处理，平均产量比对照增加60%左右。

7. 赤霉素与三十烷醇混用提高凤尾菇产量和抗性

（1）使用时期　培养料拌料时。

（2）使用方法　用10～15mg/L赤霉素和0.25～0.5mg/L三十烷醇的混合液在凤尾菇拌料时加入，可以缩短凤尾菇生长期，提高菇体抗高温能力，提高产量45%左右。处理后在生产后期应补充氮源。

8. 三十烷醇处理提高金针菇产量

（1）使用时期　菇蕾形成期

（2）使用方法　金针菇菇蕾形成期用0.5mg/L三十烷醇喷施1次，可促进金针菇早出菇、出齐菇，提高金针菇产量，较对照增产8%左右。

9. 三十烷醇与赤霉素喷洒促进金针菇出菇

（1）使用时期　头潮菇采后。

（2）使用方法　金针菇头潮菇采后，于现蕾、齐蕾、菇柄伸长期，用0.5mg/L三十烷醇和10mg/L赤霉素混合液进行喷洒，促进金针菇早出菇。

10. 三十烷醇提高香菇产量

（1）使用时期　现蕾期及幼菇期。

（2）使用方法　在香菇现蕾期及幼菇期，用0.5mg/L三十烷醇溶液喷施2次，可使香菇增产15.9%。

参考文献

[1] 曹涤环．多效唑在蔬菜生产上的多种作用．农药市场信息，2015，26：85-87.

[2] 曹君，唐树发，杨镇，等．“易丰收”植物生长调节剂在保护地番茄上的应用试验．园艺与种苗，2012，04：24-26.

[3] 陈光平，牛来春，但忠，等．4种植物生长调节剂对控制番茄幼苗徒长的影响．中国园艺文摘，2015，1：37-38.

[4] 单守明，刘国杰，李绍华，等．秋季叶面喷施IAA、6-BA或GA_3对草莓植株的影响．果树学报，2007，24（4）：545-548.

[5] 党金鼎．植物激素及生长调节剂在蔬菜上的应用技术．吉林蔬菜，2005，（4）：42.

[6] 葛记生．植物生长调节剂在蔬菜生产上的应用．乡村科技，2011，08：51-52.

[7] 耕作者．番茄栽培中常用的植物生长调节剂及其主要作用．农村实用技术，2010，9：38.

[8] 龚明霞，罗海玲，袁红娟，等．外源赤霉素和多效唑对山药块茎膨大和零余子形成的影响．园艺学报，2015，42（6）：1175-1184.

[9] 郭得平．蔬菜植物果实发育的激素调控。植物生理学通讯，2001，37（4）：178-182.

[10] 郭允娜．亚适宜温光下萘乙酸钠对番茄生长、生理特性和产量的影响：［硕士学位论文］．北京：中国农业科学院，2015.

[11] 国家西甜瓜产业技术体系．CPPU在西瓜上的应用研究进展．中国瓜菜，2011，24（4）：39-43.

[12] 何惠玲，王心燕．植物生长调节剂和渗调剂对石碣紫长茄种子活力的影响．中国种业，2008，（10）：37-38.

[13] 何涛．植物生长调节剂浸种对无籽西瓜种子活力的影响．广西农业科学，2009，40（6）：737-741.

[14] 何永梅，郭鹏程．植物生长调节剂在花椰菜生产上的应用，农村实用技术，2008，5：52.

[15] 何永梅，胡为．氯吡脲（施特优）在蔬菜生产上的应用．农药市场信息，2009，13：67-69.

[16] 何永梅，胡为．缩节胺（甲哌啶）在蔬菜生产上的应用．科普天地（资讯版），2009，09：25-26.

[17] 何永梅．植物生长调节剂在豇豆生产上的应用．农药市场信息，2009，（9）：41.

[18] 胡兆平，李伟，陈建秋，等．复硝酚钠、DA-6 和 α-萘乙酸钠对茄子产量和品质的影响．中国农学通报，2013，29（25）：168-172.
[19] 黄远，李文海，赵露，等．设施栽培下不同坐果技术对西瓜果实挥发性物质的影响．中国瓜菜，2016，29（10）：10-15.
[20] 蒋欣梅，李丹，王凤娇等，外源赤霉素（GA_3）对青花菜花芽分化和花球发育的影响．植物生理学通讯，2008，44（4）：639-641.
[21] 金芬，邵华，杨锚，等．国内外几种主要植物生长调节剂残留限量标准比较分析．农业质量标准，2007，（6）：26-27.
[22] 康秀灵．植物生长调节剂在蔬菜生产上的应用．河南农业，2013，17：47-48.
[23] 康云艳，郭世荣，段九菊．新型植物激素与蔬菜作物抗逆性关系研究进展．中国蔬菜 2007，（5）：39-42.
[24] 李峰，彭静，柯卫东，等．植物生长调节剂对藕莲植株生长及根状茎膨大的影响．湖北农业科学，2009，48（2）：354-356.
[25] 李峰，彭静，柯卫东，等．植物生长调节剂对藕莲植株生长及根状茎膨大的影响．湖北农业科学，2009，48（2）：332-333.
[26] 李晓晶．细胞分裂素等激素对番茄生殖器官生长及光系统Ⅱ光能吸收利用的影响：[学位论文]．保定：河北农业大学，2010.
[27] 李云乐．细胞分裂素在蔬菜上的应用．农业技术与装备，2012，10：45-46.
[28] 林德清，龙雪飞，扬和连．赤霉素对落葵及西瓜种子发芽的影响．西南园艺，2002，30（增）：67-69.
[29] 刘独臣，刘小俊，房超．几种药剂处理对无棱冬瓜种子发芽力的影响．中国种业，2006，（11）：39-40.
[30] 刘广富，李伟，张亮，等．不同植物生长调节剂对茄子产量和品质的影响．广东农业科学，2013，40（23）：24-28.
[31] 刘广勤，常有宏，张小虎，等．花期喷布 CPPU 对草莓生长结实的影响．中国南方果树，1998，27（1）：46-47.
[32] 刘文涛，黄廷伟，李炳涛，任丹．健大素在温室樱桃番茄上的应用效果．中国植保导刊，2015，（1）：56-57.
[33] 刘忠德．植物生长调节剂 2%胺鲜酯水剂在番茄上的应用研究．现代农业科技，2007，（9）：10-11.
[34] 龙雯虹，王琼，肖关丽，等．山药珠芽休眠期内源激素含量的变化及多效唑破除休眠的效应．西南农业学报，2013，26（5）：1996-2000.
[35] 龙雯虹，肖关丽，王琼，等．多效唑和矮壮素破除山药零余子休眠的效应．中国蔬菜，2011，（12）：56-59.
[36] 陆晓民．五种植物生长调节剂对早熟毛豆产量、品质及某些生理特性的影响．作物杂志，2005，（5）23-25.
[37] 路凤琴，冯蓓芳，张明．芸苔素增强茄果类蔬菜苗期抗逆抗病性示范研究．上海蔬菜，2011，01：67-68.
[38] 梅春雷．植物生长调节剂在草莓生产中的应用．现代园艺，2013，（9）：30-31.
[39] 孟鸿菊．番茄坐果安全用药四注意．致富天地，2011，08：21-22.
[40] 米国全，赵肖斌，程志芳，等．不同植物生长调节剂对番茄穴盘幼苗生长发育的影响．河南农业科学，2012，11：105-107.
[41] 穆瑞霞，阮云飞，王吉庆等．不同浓度水杨酸浸种对大葱种子萌发及生理特性的影响．中国农学通报，2008，24（6）：270-273.
[42] 努尔买买提．阿不林林，阿祖古丽．阿卜力孜．温室茄子生理障碍及防治措施．农村科技，2014，9：31-32.
[43] 潘瑞炽，李玲著．植物生长发育的化学控制．第二版．广州：广东高等教育出版社，1998.
[44] 潘新环．茄果类蔬菜落花落果原因及防治措施．河北农业，2011（4）：32-32.
[45] 彭庆务，陈清华，赫新洲，等．节瓜强雌系化学诱雄机理初探．广东农业科学，2002，（1）：16-17.
[46] 彭子模，张宝欣，祝长青，等，乙烯利和三十烷醇对黄瓜性别对期产量的影响．新疆农业科学，2000，（1）：29-31.
[47] 秦成荫，杨延杰，林多．植物生长调节剂对不同萝卜品种抽薹效应的影响．吉林农业科学，2013，（5）：77-78.
[48] 饶贵珍，不同浓度 GA_3、6-BA 对萝卜芽苗菜生长及产量的影响．种子科技，2002，（4）：220.
[49] 阮先乐，张杰，陈龙．植物生长调节剂对番茄扦插繁殖的影响．北方园艺，2011，（24）：28-30.
[50] 史云鹏，朱蕾，华树东，等．植物生长调节剂对马铃薯块茎品质的影响．黑龙江八一农垦大学学报，2009，21（3）：42-45.
[51] 宋江萍，汪精磊，李杨，等．老化萝卜种子活力恢复技术的比较研究．华北农学报，2015，30（增刊）：189-195.
[52] 孙金利，曹仁香．植物生长调节剂在蔬菜生产上的应用．上海蔬菜，2009，01：33-34.
[53] 谭云峰，苏小俊，宋波，等．普通丝瓜性别分化的化学调控．江苏农业学报，2009，22（4）：439-442.
[54] 万茜，湖志辉，赤霉素对苦瓜种子活力影响．北方园艺，2001，41（1）：31-32.
[55] 汪峰，赵永华．6-BA 和热处理对食荚豌豆贮藏品质的影响．食品科学，2004，25（11）：314-317.
[56] 王炳贤，张强强．复配植物生长调节剂在茄果类蔬菜上的效果试验．农业科技与信息，2013，14：67-69.
[57] 王迪轩，刘红英，卢建祥，等．番茄生产中常用的植物生长调节剂．西北园艺，2007，（7）：38.
[58] 王广印．赤霉素丙酮溶液处理对无籽西瓜种子活力的影响．中国西瓜甜瓜，2001，（4）：6-7.

[59] 王俊香，曹春田，冶晓瑞，等．如何科学合理使用植物生长调节剂．中国农药，2008，(5)：48-50.
[60] 王楠，崔娜，张佳楠，等．茉莉酸信号对不同发育时期番茄果实中糖含量的影响．中国园艺学会 2013 年学术年会论文摘要集，2013：342-343.
[61] 王萍．植物生长调节剂防止温室辣椒落花及其增产效应．农业工程技术，2007，(1)：32-33.
[62] 王全德．0.004%芸薹素内酯水剂在小白菜上的应用试验．河南农业，2009，(7)：16.
[63] 王三根主编．植物生长调节剂在蔬菜生产中的应用．北京：金盾出版社，2009.
[64] 王淑珍，徐文玲，郎丰庆，等．赤霉素对耐抽薹萝卜抽薹开花的影响．山东农业科学，2002，(2)：14-16.
[65] 王廷芹，杨暹．赤霉素对青花菜花芽分化、光合特性、花球产量和品质的影响．北方园艺，2008，(1)：10-12.
[66] 王希波，梁欢，肖康飞，等．植物生长延缓剂对西瓜砧木和嫁接苗质量的影响．中国蔬菜，2016，1 (2)：35-39.
[67] 王晓理．有机胺对两种茄果类蔬菜种子萌发的影响．北方园艺，2012，24：25-26.
[68] 王秀雪，张青．蘸花结合叶面喷施微量元素对番茄果实的影响．长江蔬菜，2013，16：58-60.
[69] 王燕．高温诱导番茄柱头外露的生理及分子基础的研究：[学位论文]．杭州：浙江大学，2015.
[70] 王贞，孙治强，任子君．复合型植物生长调节剂对番茄果实生长及品质的影响．河南农业大学学报，2008，42 (2)：176-179.
[71] 魏猛，李洪民，唐忠厚，等． 植物生长调节剂对食用型甘薯产量、品质性状及淀粉 RVA 特性的影响．西南农业学报，2013，26 (6)：2261-2264.
[72] 魏卫东，张优良．喷施 GGR6 号植物生长调节剂对结球甘蓝产量的影响．青海农技推广，2005，(4)：56-57.
[73] 温国泉，文成中，莫江妮．六种植物生长调节剂（组合）在南方地区淮山药上的应用筛选初报．西南农业学报，2010：710-713.
[74] 吴锋．植物生长调节剂在芹菜种子包衣技术中的应用研究：[硕士学位论文]．北京：中国农业科学院，2013.
[75] 吴建辉，陈清香，王泽清，任顺祥．复硝酚钠对番茄生长的调节效果．浙江农业科学，2010，2：25-26.
[76] 吴巧玉，何天久，吴锦慧．叶面肥与植物生长调节剂对叶菜型甘薯茎尖产量的影响．贵州农业科学，2013，41 (10)：61-63.
[77] 武刚．植物生长调节剂在茄果类蔬菜上的应用．瓜果蔬菜，2007，(2)：17-18.
[78] 夏瑾华，喻慧荣，邹如意，等．6-BA、赤霉素和水杨酸对甜瓜种子萌发的影响．江苏农业科学，2015，43 (12)．
[79] 向长平，雷进生，李汉霞．几种药剂对瓠瓜种子发芽力影响的研究．种子，1997，(5)：13-15.
[80] 谢大森，何晓明，林毓娥，等，打破冬瓜种子休眠试验初报．广东农业科学，2002，(2) 18-20.
[81] 谢桂英，王学虎，孙淑君，等．烯效唑浸种对韭菜幼苗生长及产量的影响．北方园艺，2008，(10)：16-18.
[82] 徐爱东．我国蔬菜中常用植物生长调节剂的毒性及残留问题研究进展．中国蔬菜，2009，(8)：1-6.
[83] 徐爱东．乙烯利催熟对番茄果实营养品质影响的研究进展．北方园艺，2011，10：181-184.
[84] 徐荣，陈君，陈士林．植物生长调节剂在种子处理中的应用．种子，2008，27 (12)：68-71.
[85] 徐盛生，苗丰祚．用赤霉素处理佛手瓜坐果效果好．山东农业，2006，(6)：4.
[86] 许如意，吴乾兴，任红，许彦，李劲松．氯吡脲授粉对丝瓜座果率和品质的影响．热带农业科学，2012，32 (1)：21-23.
[87] 许瑞娟．延长蔬菜贮藏期三法．农业知识：瓜果菜，2009，(2)：49.
[88] 严庆玲．蔬菜使用植物生长调节剂注意事项．吉林蔬菜，2009，(3)：72-73.
[89] 杨国放，姜河，纪志雨，等．叶面喷施烯效唑对马铃薯生长及产量的影响．辽宁农业科学，2006 (2)：81-82.
[90] 杨进，龙建军，黄远双．马铃薯施用多效唑增产效果显著．安徽农业，2004，(5)：7.
[91] 杨苏亚，刘锦霞，郭振军．植物生长调节剂对兰州药用百合鳞片快速催芽的影响．内蒙古中医药，2013，32 (30)：1.
[92] 杨文竹．植物生长调节剂在茄子上应用的效果试验．安徽农学通报，2012，18 (3)：47-48.
[93] 叶贻勋，沈清景，许朝辉．赤霉素破除马铃薯脱毒原原种休眠的研究．植物生理学报，2000，36 (2)：123-125.
[94] 尹立荣，管长志，陶雷．植物生长调节剂对黄瓜嫁接苗成活及生长的影响．天津农业科学，1999，5 (2)：1-3.
[95] 尹燕枰，张琳，高荣岐，等．外源激素对大葱种子萌发、休眠的调控作用．种子，2005，24 (3)：28-31.
[96] 应冬勤，陈旦蕊，苏士法，等．GA_3 和 PP333 对萝卜生长及产量的影响．中国农学通报，2007，23 (6)：363-370.
[97] 岳贤田，高桂枝．萘乙酸对黄瓜根、芽生长的影响．长江蔬菜，2008，(10)：18.
[98] 张春娟，冯乃杰，郑殿峰．叶面喷施植物生长调节剂对马铃薯产量及品质的影响．中国蔬菜，2009，(14)：43-48.
[99] 张焕丽，李晓慧，段小玲，等．常用植物生长调节剂在番茄初冬季育苗上的应用效果．中国瓜菜，2014，02：49-50.
[100] 张丽华，刘红，董玉军．“喷施宝”在保护地蔬菜生产中的应用前景．农业工程技术（温室园艺），2013，06：42-43.
[101] 张猛，付广志，石有山，等．植物生长调节剂在蔬菜上的使用方法．特种经济动植物，2010，11：57-58.
[102] 张平，郝建军，于洋，等．GA_3 与 6-BA 复合剂对黄瓜产量的影响．沈阳农业大学学报，2003，34 (6)．

[103] 张小冰．新型植物激素——油菜素内酯在农业上的应用．生物学教学，2009，34（1）：4-6.
[104] 张巽，王鑫，植物生长调节剂的研究现状及其在马铃薯田的应用进展．安徽农学通报，2006，12（13）：61-63.
[105] 张志恒，汤涛，徐浩，等．果蔬中氯吡脲残留的膳食摄入风险评估．中国农业科学，2012，45（10）：1982-1991.
[106] 张作标，许春梅，顾兴芳，等．不同蘸花剂对黄瓜果实生长及品质的影响．中国蔬菜，2016，（5）：10-13.
[107] 张作标，许春梅，柳景兰．氯吡脲、对氯苯氧乙酸钠对黄瓜果实生长的影响．北方园艺，2016，（20）37-40.
[108] 赵尔成，王祥云，韩丽君，等．常用植物生长调节剂残留分析研究进展．安徽农业科学，2005，33（9）：1709-1711.
[109] 中国营养学会编著．中国居民膳食指南（2016）．北京：人民卫生出版社，2016.
[110] 邹桂花，胡美华．植物激素在蔬菜中的应用探讨．现代农业科技，2011，12：85-86.

第八章　植物生长调节剂在果树上的应用

植物生长调节剂调节果树的营养生长或生殖生长与发育，改变果树生长、发育的固有模式，使之能按生产需要，调控果树的生长发育，提高果树的产量与品质。如：促进种子萌发，或延长种子休眠；促进枝梢伸长，延缓或抑制枝梢生长；既可促花保果，又可疏花疏果；调节果实的成熟和保鲜期，改善果实品质；能增强果树的体质，提高抗病性，减少果园农药化肥使用量，保护生态环境；也可以代替人工控制果树生长发育，疏花疏果，以及改善果实品质，提高果品附加值，节省劳动力，降低生产成本等。植物生长调节剂具有成本低、收效快、收益高、省工省力的特点，而且传统的农业措施难以解决的某些技术环节，应用植物生长调节剂均可迎刃而解，在现代果树生产中已发挥出巨大的经济效益和社会效益，深受果农的欢迎和重视。因此，植物生长调节剂在果树上的应用已是生产上常用的栽培技术措施和现代果树生产技术之一。

第一节　打破种子休眠，促进种子发芽

种子休眠是果树发育过程中适应环境条件及季节性变化的一个正常生理现象，落叶果树种子都要经过后熟阶段休眠期才能发芽。在生产上，若不能及时解除种子休眠，往往出现发芽率低甚至隔年发芽的现象，严重影响正常育苗工作。植物激素对种子休眠与萌发的调控起着至关重要的作用，植物生长调节剂处理能促进种子内部的一些生理生化变化，使种子解除休眠。植物生长调节剂能打破种子休眠，缩短层积处理时间，促进萌发，提高种子发芽率和发芽势，是培育壮苗的一种简单易行的方法。

一、打破苹果种子休眠

苹果种子胚未完成生理后熟，即使在适宜条件下，剥去种皮亦不能发芽，因为存在于胚内的抑制物质会抑制种子萌发。解除苹果种子休眠、使其萌发的主要方法是低温层积和植物生长调节剂处理。

1. 赤霉素

用200mg/L赤霉素溶液浸泡苹果砧木八棱海棠种子24h，再低温层积60d，其发芽率比直接沙层积的相应指标高。去皮的新疆野苹果种子低温层积30d后用500mg/L GA_3处理，提高了种子的发芽率；杨磊等（2008）以GA_3和6-BA处理带皮的苹果种子也能萌发。

2. 萘乙酸钠盐

用100～500mg/L萘乙酸钠盐、0.3%碳酸钠、0.3%溴化钾分别浸泡苹果砧木种子2h，均有促发芽的作用。

二、打破梨种子休眠

引起梨种子休眠的主要原因是种皮障碍和种胚后熟。一般梨种子需要低温与潮湿的条件，

经过几周到数月后的生理后熟，才能萌发生长。解除休眠的主要方法是低温层积处理和植物生长调节剂处理。在湿沙层积中所发生的代谢变化主要是消除对萌发有抑制作用的物质，增加促进的物质和可利用的营养物质，以利于萌发。

1. 赤霉素

马锋旺等（1995）用 800～1000mg/L 赤霉素在常温下浸种当年采集的杜梨种子，可使发芽率提高 22%～28%，发芽势提高 20%～26%。藺经等（2006）将砂梨丰水品种的实生种子用 500～1000mg/L GA_3 浸种 24h 后，捞出洗净置于 3℃冰箱沙藏 30d，然后放在 25℃恒温条件下，发芽率达到 90%以上，萌发时间比直接沙层积缩短 30d。程奇等（2005）用 500～1500mg/L GA_3 浸杜梨种子 48h 后置于 3～4℃冰箱低温处理 30d，可有效地打破种子休眠，其发芽率也达到 90%以上。单独使用赤霉素效果不明显，需结合低温处理效果才显著。

2. 芸薹素

何华平等（2000）用 0.3mg/L 天然芸薹素将棠梨种子浸泡 24h 后置于 8～10℃冰箱低温冷藏 1 周，可有效地打破未层积种子休眠。

三、打破桃种子休眠

桃种子休眠属于混合休眠类型，引起桃种子休眠的原因主要有 3 个：种皮障碍、内果皮障碍和种胚需要后熟。种皮障碍是引起桃种子休眠的重要因素。种皮抑制桃种子萌发的主要因素不是机械阻力，也不是透性问题，而是诸如脱落酸（ABA）类的抑制物质的作用，去掉种皮的种子可迅速萌发。陶俊等（1996）用“秋香”蜜桃去内果皮种子试验进一步表明，种皮中 ABA 含量极显著高于种胚，是抑制桃种子萌发的重要物质，有皮种子的休眠状态与 ABA 有某种关系，而去除种皮的胚可迅速萌发。内果皮障碍亦是引起桃种子休眠的另一个重要因素。木质化坚硬致密的内果皮，其机械阻力和对种子吸水的阻碍构成了果皮障碍。Lipe 等（1996）对桃种子休眠研究后指出，木质化内果皮的机械阻力是桃种子休眠的重要原因。内果皮阻碍了水分的吸收，延长了休眠时间或低温层积时间。桃种子休眠可能还与胚的后熟有关。一些成熟桃种子的胚虽已分化完善，但在适宜条件下即使剥去种皮亦不能萌发。这类种子一般需低温与潮湿的条件，经过几周到数月之后才能完成生理后熟。桃种子在低温层积处理过程中，ABA 类抑制物质的含量随处理时间的延长逐渐降低以至消失，而 GA 含量不断上升。

生长调节剂处理是解除桃种子休眠的一种常用方法。一般用 GA 和 CTK 处理桃种子能代替低温处理打破休眠，当种子中抑制物质和 GA 水平低，单用 GA 即可打破休眠；当种子 GA 水平低，而抑制物质含量高时，种子的休眠则需要 GA+CTK 才能打破。

1. 赤霉素

桃破壳种子经 500mg/L 赤霉素溶液浸泡 24～48h 可解除休眠，与低温层积处理效果相当。将“秋香”蜜桃的有皮种子用 200mg/L 赤霉素溶液浸泡 24h，其种子发芽率与剥除种皮的种子发芽率相近。未经层积处理的毛桃种子，用 400～800mg/L 赤霉素溶液浸泡 24h 后，有部分种子发芽，但种子发芽率较低；而赤霉素和低温层积处理相结合，效果则更好，经过 60～90d 层积处理的毛桃种子，再用 400～800mg/L 赤霉素溶液浸泡 24h，则种子发芽率提高。将未经层积处理的山桃和栽培品种“燕红”的种子用 800mg/L 赤霉素处理 24h，可以有效地解除休眠。

2. 6-苄氨基嘌呤

用 50～100mg/L 6-BA 浸泡层积的桃种子 24h，能有效解除桃种子休眠，同时与低温层积处理相结合，效果更好。

3. 普洛马林

普洛马林的主要成分是赤霉素和 6-苄氨基嘌呤，用 3.0～5.0g/L 普洛马林溶液浸泡处理山桃、甘肃桃、毛桃的破壳种子 24～48h，其解除桃种子休眠的效果与低温层积处理效果基本相当。

四、促进樱桃种子发芽

樱桃种子采种后需要进行湿贮藏以保持其活力。不同品种的种子活力不同。欧洲甜樱桃的种子干贮藏时间不能超过 8d，否则将丧失活力。而中国樱桃种子在室内干贮藏 7 个月却仍能保持较高的生活力。樱桃种子只有经过一定时间低温层积才能打破休眠，萌发成正常苗木。层积的种子经过一定的低温处理后，其内部抑制物质含量下降，促进物质含量上升，从而打破休眠状态。脱落酸和赤霉素（GA_3）的平衡对种子的休眠和萌发起主导作用，处于休眠状态的种子脱落酸（ABA）含量较高，萌发状态的种子 GA_3 含量较高。细胞分裂素能促使 ABA 降解。错过层积时间或层积天数不足的情况下，用 GA_3、6-BA 等可部分或全部代替低温层积处理。

1. 赤霉素

樱桃种子采收后立即浸于 100mg/L GA_3 溶液中 24h，可使后熟期缩短 2～3 个月，或将种子在 7℃冷藏 24～34d，然后浸于 100mg/L GA_3 溶液中 24h，播种后发芽率达 75%～100%。尹章文等将新鲜樱桃果实的果肉去除并用清水冲洗，然后将种子的核壳剥去，用 100mg/L GA_3 浸泡 48h，放入纯净湿沙中培养，能显著促进种子整齐发芽；而且用 200～300mg/L GA_3 处理效果不如 100mg/L GA_3 处理的效果好。张建国对当年采收的毛樱桃种子剥壳后用清水浸种 24h，剥去种皮再用 1000mg/L GA_3 浸泡 5h，发芽率可达 56%。

2. 6-苄氨基嘌呤

在中国樱桃胚培养基中加入 6-BA 可代替低温层积处理而打破种胚休眠，萌发率高达 100%。

3. 普洛马林

韩明玉等（2002）在层积前用 1.0～3.0g/L 的普洛马林对马哈利樱桃浸种 24～48h，然后进行层积，即可达到较好的发芽效果。

五、打破核桃种子休眠

核桃属植物的种子具有休眠特性，播种前打破休眠的措施不当，常导致发芽率偏低，影响核桃育种效率，为提高其发芽率，常采用流水浸种、层积处理、生长调节剂 GA_3 处理打破种子休眠。

1. 赤霉素(GA_3)

云新 14 号核桃经过 150mg/L GA_3 浸种 8d 后，再进行层积 35d，种子萌动率最高，达到了 82%；150mg/L GA_3 浸种催芽 35d 发芽情况最好，发芽率达到了 94%，烂种率为 6%。

2. 6-苄氨基嘌呤

6-BA、NaCl 均可提高光核桃种子的发芽率，其中以 50mg/L 6-BA、0.2% NaCl 的处理效果最好，发芽率分别达到 96%、84%。

3. 赤霉素和乙烯利

50mg/L、150mg/L、250mg/L、350mg/L GA_3 和 50mL/L、150mL/L、250mL/L、350mL/L 乙烯利单独使用或者混合使用浸种 8d，均可显著提高美国山核桃种子的发芽率。GA_3 和乙烯利混合浸种的 4 个处理中，$GA_3$150mg/L＋乙烯利 150mL/L 效果最好；GA_3 单独浸种的 4 个处理中，$GA_3$250mg/L 效果最好；乙烯利单独浸种的 4 个处理中，乙烯利 150mL/L 最好。以上三个处理发芽率分别达 94.4%、94.4%和 92.2%。

4. 其他生长调节剂

卢铁兵等（2013）用浓度为 50μg/L 的 GA_3 溶液浸泡春播小拱棚覆盖核桃种子效果最好，出苗率为 73.00%；浓度为 20μg/L 的 NAA 浸泡春播小拱棚覆盖核桃种子，出苗率为 72.73%。

六、促进番木瓜种子发芽

番木瓜主要用种子繁殖，但番木瓜种子发芽速度慢，持续时间长，而且不整齐，发芽率和壮苗率低，给生产造成很大不利。采用植物生长调节剂浸种是提高种子发芽率、培育壮苗的一种简单易行的方法。

1. 赤霉素

番木瓜种子在播种前用1000mg/L、800mg/L、600mg/L赤霉素浸泡24h，大大地增加种子的发芽率。其中，以1000mg/L的发芽速度最快，发芽率最高。Nagao和Furutani（1986）、Sheldon等（1987）研究发现，番木瓜种子播种前用560mg/L赤霉素或10%硝酸钾处理种子15min，可提高番木瓜种子发芽率和缩短萌发时间。赵春香等（2005）用15%、20%、25%聚乙二醇（PEG 6000）和100mg/L、200mg/L GA_3溶液处理人工老化（种子在湿度100%、温度40℃±1℃的条件下进行老化处理）2d、4d、6d的番木瓜种子，发现不同浓度GA_3和PEG溶液处理对人工老化的番木瓜种子的发芽率、发芽势、活力指数均有促进作用，以200mg/L GA_3和20% PEG处理效果最好。

2. 吲哚乙酸和萘乙酸

何舒等（2007）报道，番木瓜种子分别置于GA_3、吲哚乙酸（IAA）、吲哚丁酸（IBA）、萘乙酸（NAA）溶液中浸种18h，GA_3、IAA、IBA、NAA对番木瓜种子的发芽率和发芽势都有一定的促进作用，其中100mg/L GA_3、125mg/L IAA、125mg/L IBA和125mg/L NAA的处理对番木瓜种子发芽率和发芽势的促进作用较好。50mg/L、100mg/L IAA和2mg/L、5mg/L、50mg/L、100mg/L NAA对根系生长有显著的促进作用，其中以100mg/L NAA处理对根系生长的促进效果最好，比对照提高了33.2%。赵春香等应用的植物生长调节剂浓度更低，用GA_3、IAA、NAA浸泡番木瓜种子12h，可提高种子发芽率、发芽势和活力指数。50mg/L GA_3处理效果最好，种子发芽率最高达83.7%，发芽势最强达82.3%，种子活力指数为245.26%；50mg/L IAA处理的发芽率为39.7%，发芽势22%；100mg/L NAA的效果较好，发芽率为44.7%，发芽势为30.7%。

3. 赤霉素和6-BA

申艳红等用1000mg/L GA_3+100mg/L 6-BA也可迅速打破番木瓜种子休眠，提高种子的发芽势，使种子提前萌发，并且整齐一致。

4. 多效唑

15%多效唑可湿性粉剂100mg/L、200mg/L、400mg/L浸种明显降低番木瓜的种子发芽率，并延迟种子萌发时间。

七、打破枣种子休眠

在枣（含青枣）的育苗工作中，若不能及时解除种子休眠，往往会出现发芽率低、发芽不整齐等现象，所以解除枣树种子休眠、促进种子萌发非常重要。

于玮玮研究了不同浓度（50mg/L、100mg/L、150mg/L和200mg/L）GA_3浸泡大果沙枣和尖果沙枣种子24h对其催芽的影响，发现除200mg/L GA_3外，其余浓度均能提高尖果沙枣的发芽势，所有处理均能提高其发芽指数，其中用100mg/L GA_3处理能极显著提高两种沙枣种子发芽率；用98%浓硫酸分别浸泡两种种子3min、5min和10min，发现浸泡3min和5min能极显著提高两种沙枣种子发芽率。宁夏沙坡头和甘肃古浪的沙拐枣种子用不同浓度的赤霉素（GA_3）以及模拟干旱胁迫（PEG）处理，结果表明：GA_3处理对宁夏沙坡头沙拐枣种子的萌发没有明显促进作用，但是用150mg/L GA_3溶液处理甘肃古浪沙拐枣种子出苗率达到了最高，说明GA_3对萌发具有一定的促进作用。王欢等（2015）认为冬枣种子需要经历后熟才能正常萌发，贮藏120d左右，破壳处理后，采用0.2mg/L GA_3浸种24h，这是促进冬枣种子萌发的最佳方法，萌发率可达85%以上。

八、打破葡萄种子休眠

葡萄种子皮厚、革质化，具有休眠特性。种子种壳中含有较高的脱落酸或类似物，会抑制种子萌发，需要经过低温层积处理，然后播种催芽，所需时间长，且萌芽率不高，成苗率较低。植物生长调节剂可打破葡萄种子休眠，提高萌芽率与整齐度。

1. GA_3

王庆莲等（2015）以欧亚种葡萄新玫瑰和粉红亚都蜜新鲜种子为材料，用不同浓度 GA_3 浸泡，对比沙藏层积 3 个月后催芽处理。结果表明：欧亚种葡萄品种的种子休眠特性不是很严格，新鲜种子以 2000～2500mg/L GA_3 浸泡处理 24h 的发芽率和发芽势最高，破眠效果高于层积催芽处理。

2. 6-BA和GA

潘学军等分别用 100mg/L、150mg/L、200mg/L 6-BA 处理浸泡原产于贵州的毛葡萄种子 8h，种子发芽率分别为 30%、78%、41%，而对照的发芽率为 42%，以 150mg/L 6-BA 处理效果最好，其种子发芽率显著高于对照，且发芽势、发芽指数最高，平均发芽天数最短；同时发现 200mg/L 浓度赤霉素处理的发芽率为 57%，整体效果好，发芽整齐，幼苗生长健壮，且随着浓度的提高，效果明显加强。

九、打破猕猴桃种子休眠

新采收的猕猴桃种子有一个休眠期，播种前常用沙藏或赤霉素处理。用 GA_3 处理可代替低温层积处理，促使种子萌发。赤霉素处理的猕猴桃种子比未经处理的猕猴桃种子过氧化氢酶活力、过氧化物酶活力、酸性磷酸酯酶活力均明显增强，提前完成生理后熟过程，发芽率显著提高。

陈长忠等（1995）将干藏猕猴桃种子用 100mg/L 赤霉素溶液浸泡 6h，极显著地提高了种子发芽率。匡银近将预先沙藏层积 10d 的猕猴桃种子用 GA_3 500mg/L 溶液浸泡 24h，能促使种子生理后熟过程提前完成，促进种子解除休眠，提高发芽率。

十、打破蓝莓种子休眠

蓝莓果实矿物质元素、维生素等营养物质含量高，具有较好的保健和医疗价值。我国部分地区有大量种植，近年南方发展也很快。但由于蓝莓种子具有较强的休眠特性，体积小，不易发芽，严重影响其生产栽培，所以通过破除蓝莓种子休眠，提高发芽率，十分必要。

蓝莓种子经 50mg/L、100mg/L、200mg/L、300mg/L GA_3 浸泡 12h 均能萌发，以 50mg/L GA_3 浸泡种子的发芽率和发芽势最高，分别达到 16%、16%，其他处理的发芽率均低于 10%（丁亦男等，2013）。而野生笃斯蓝莓种子用 200mg/L、400mg/L、600mg/L、800mg/L、1000mg/L 赤霉素浸种，处理时间分别为 6h、12h、24h、48h、72h，结果显示：在 200～1000mg/L 的赤霉素浓度范围内均能使其萌发，以 600mg/L 浸种 48h 发芽效果最好，发芽势、发芽率为 43.33%、57.33%；其次为 800mg/L 浸种 48h，发芽势和发芽率分别为 41.33%、51.67%。但是，申瑞雪等（2012）认为短尾越橘种子的发芽率随 GA_3 溶液浓度不同而有所变化，用浓度为 1000mg/L GA_3 溶液处理后的种子发芽率最高。

十一、促进枇杷种子发芽

枇杷为蔷薇科植物，果肉柔软多汁，是著名的亚热带果树之一。枇杷主要通过播种实生苗作砧木嫁接后繁殖，成熟的枇杷种子不耐贮藏，自然条件下发芽力很容易丧失，因此生产上都用新鲜的种子直接播种，但萌发率低，生长不整齐。

适宜浓度的生长调节剂能够促进种子萌发，以 50mg/L、100mg/L、200mg/L、400mg/L GA_3 对普通枇杷种子进行处理，结果表明：用 GA_3 处理后的枇杷种子发芽率和发芽速度都比没有经过处理的对照组要高，且以 400mg/L 浓度处理效果最好，可达 96%，而且 GA_3 处理有助于改善枇杷种子的萌发速度、整齐度。龙泉 1 号枇杷种子经不同温度（10℃、20℃、30℃、40℃、50℃、60℃）和不同浓度（100mg/L、300mg/L、500mg/L、700mg/L）GA_3 处理后，10℃下基本不萌发，50℃以上种子很快丧失生命力；20℃、30℃、40℃下的发芽率分别为77%、89%、96%；随着温度的升高，种子萌发速度呈上升趋势，但生长速度也逐渐变慢，甚至停止。最适温度为25 ℃左右，GA_3 处理均可促进枇杷种子的萌发速度、整齐度和根的生长速度；300mg/L GA_3 浓度效果较好，但经5℃低温处理后再用 GA_3 处理，其效果不明显。

十二、促进西番莲种子发芽

西番莲是典型的热带、亚热带浆果类果树，在我国的广西、广东、云南、四川等地有大量种植。每年更新种植果苗和推广实生大苗种植已成为应对西番莲果园病害和低温冷害的有效措施。但多数西番莲品种的种子休眠期较长，发芽率低，整齐度差，应用植物生长调节剂打破休眠、促进萌发是提高西番莲出芽率和齐苗壮苗的有效措施。

1. NAA和6-BA

将紫玉一号西番莲种子分别用20mg/L NAA和10mg/L 6-BA水溶液100mL浸泡30min后，播种于盛有菜园土的花盆中，结果显示，处理后种子的萌发时间提前、萌发率提高，其中20mg/L NAA处理的种子在播种12d开始萌发，28d总萌发率为57.00%；10mg/L 6-BA播种9d后萌发，34d后总萌发率74.67%。

2. 赤霉素

100mg/L GA处理的种子在9d后萌发，31d后总萌发率58.00%；而对照在播种15d后才萌发，总萌发率为43.00%，历时38d。从消除休眠和提高萌发率的角度来看，6-BA浸泡处理的效果更佳。

十三、促进其他果树种子发芽

（一）李

中国李原产于中国长江流域，是我国的主要栽培种之一，其种子休眠期较长，打破在自然条件下的休眠阶段，提早播种，对加速苗木繁殖、缩短育种时间具有重要意义。

李会芳等研究了不同处理对野生樱桃李休眠及萌发的影响，结果表明：GA_3 对带壳种子的萌发有一定作用，但解除休眠、促进萌发的效果未达到显著水平。山桃稠李种子采用 GA_3 结合低温和变温两种层积方法进行种子催芽，结果表明经过 GA_3 结合层积处理的种子，对其有促进萌发效果，且500mg/L GA_3 处理的种子发芽率最高。

（二）银杏

银杏种子属于典型的后熟种子，种子脱离母体后，没有萌发能力，需要一个后熟过程，种子催熟与打破种子休眠非常重要。

周宏根（2001）在银杏采收前10d（种子已达到形态成熟）喷洒500mL/L乙烯利，采后4d呼吸高峰到来，6d外种皮软化，容易去皮；且贮藏90d，除霉变率稍高外，浮水率、失水率、硬化率都较低，还原糖、蛋白质、脂肪、淀粉含量保持较高水平，适宜于以食用为目的的贮藏。

3月中下旬，对已完成后熟的银杏种子用500mg/L赤霉素（GA_3）浸种48h，可显著提高发芽率，银杏种子发芽率和发芽势分别提高33.3%和24.9%，而且幼苗生长健壮，同时还能降低烂种率，提早发芽。

（三）梅

果梅种子与其他核果类果树种子一样存在休眠现象，在实生繁殖过程中发芽困难。为了改善其萌发情况，常用层积与植物生长调节剂处理以打破休眠。香瑞白梅和美人梅天然授粉种子进行赤霉素（GA_3）浸泡和层积处理，结果香瑞白梅种子经150mg/L、300mg/L GA_3 浸泡处理，并结合90d低温层积后，种子发芽率最高，可达30%；美人梅的种子在 GA_3 浸泡和低温层积相结合处理后，虽然能够发芽，但发芽率极低，仅为0.61%。黔荔1号果梅种子经50mg/L赤霉素溶液浸泡后，发芽率最高，为32%；150mg/L赤霉素浸泡果梅种子的最适宜时间为30h。

（四）杏

杏种子与其他蔷薇科植物（如苹果、桃、梨、樱桃）种子一样，存在后熟现象，具有休眠期，一般要解除休眠才能萌发。新疆伊犁地区野生苦杏仁经200mg/L赤霉素浸泡24h后，发芽率由原来的48.6%升高到60%，萌发速率也加快了33%。经赤霉素处理的野生甜仁杏萌发率达53%，是对照的2.9倍，说明赤霉素对杏仁具有显著促进萌发的效应。刁永强等用GA_3对野生杏种子进行处理，结果6号带壳种子与去壳种子的最适GA_3浓度均为100mg/L，发芽率分别为86.7%、100%。而7号带壳种子的最适GA_3浓度为300mg/L，发芽率为70%。

（五）柿子

柿子种子经预处理后，4℃低温层积10d，再用500mg/L的GA_3溶液浸泡15h，对柿种子的发芽率和发芽势的影响均达到了显著性差异，发芽率提高了42.3%，发芽势提高了32.9%，发芽期也提前了8d。

已沙藏好的黑枣种子，分别用生根粉（ABT）6号50mg/L、7号50mg/L浸泡22h，均对苗木加粗生长和根系生长发育有促进作用，提高出苗率。其中，以ABT 7号综合效果较好。

（六）板栗

中国栗种子休眠期很长，打破其在自然条件下的休眠，提早播种，可缩短育种年限和加速苗木繁殖。重阳栗种子用400～800mg/L GA_3处理带皮的种子，可以部分打破休眠，促进萌发。

（七）杨梅

杨梅种子核壳（内果皮）坚硬，种子发芽率较低。在生产上，通过催芽提高杨梅种子发芽率。用不同浓度的赤霉素浸泡大叶杨梅的种子48h后，冲洗干净，清水作对照，沙藏60d后进行发芽试验，结果显示：200mg/L、500mg/L、1000mg/L、1500mg/L赤霉素处理和对照的发芽率分别为48%、76%、62%、50%和56%，其中200mg/L、1500mg/L赤霉素处理的发芽率显著低于对照，500mg/L赤霉素处理种子发芽率最高。

（八）龙眼

有休眠现象的顽拗型龙眼种子，发芽率低，整齐度差，需要采用技术手段打破休眠，提高发芽率。用赤霉素处理新采收的顽拗型龙眼品种“乌圆”种子，能够打破休眠，促进发芽。在30℃下，将龙眼种子用不同浓度赤霉素（0mg/L、250mg/L、500mg/L）溶液浸泡1d，做萌发试验。发芽率分别为62.5%、100%和84%，其中以250mg/L赤霉素处理的种子，5d后的发芽率最高，达到100%，活力指数也较对照有大幅度的升高。

（九）番石榴

番石榴为热带果树，主要用圈枝繁殖，要耗去较多的繁殖材料。其种子细小，种壳坚硬，吸水困难。正常情况下，播后半个月才能发芽，期间又极易为地下害虫所食，发芽率不高。植物生长调节剂能够促进发芽，使其在短期内发芽整齐。番石榴的种子经不同浓度（0mg/L、200mg/L、400mg/L、600mg/L、800mg/L、1000mg/L）GA浸泡（24.5℃）24h后，加入适量的新洁尔灭溶液（0.2%）防霉、保湿，置于室内培养2周，不同浓度处理对应的种子发芽率为56.5%、77%、64.0%、75.5%、78.2%、62.7%；以800mg/L的效果最好，发芽率最高，其次为200mg/L和600mg/L，三者之间的差异不大，可见赤霉素处理可以促进番石榴种子发芽。

第二节　促进插条生根

扦插是利用果树的枝条进行扦插育苗的一种无性繁殖方法，能保持品种的特性，可大量繁殖。使用适当的植物生长调节剂扦插繁殖果树，可提高成活率和促进根的发生，萌芽整齐，成苗快。目前用于促进果树扦插生根的生长调节剂有IAA、IBA、NAA、苯酚化合物、ABT生根粉等。

一、促进苹果插条生根

苹果的根在一年中开始生长比地上部早，而停止生长比地上部晚，在适宜的条件下可周年生长，一个年周期内有2～4个生长高峰。生产上可利用这一特点促进插条生根。

1. 吲哚丁酸

红星苹果1年生硬枝在3月下旬扦插，半木质化枝在7月下旬扦插，插枝长15～20cm，半木质化枝留3～5片叶，插枝下端削成斜面，先用0.1%高锰酸钾消毒，后在1000mg/L IBA溶液中浸泡12h，生根率达到60%。苹果一年生无病毒的硬枝用2000mg/L IBA浸蘸5s，生根率达84.7%。李海伟等剪取B9苹果砧木的顶端新梢，长15～20cm，粗度为0.2～0.4cm，保留顶端2～4片叶作为插条，插穗用1500mg/L IBA浸泡30s，可促进插条生根，生根率达89.7%，而对照仅为51.7%。韩静也报道，取T337和M26两种苹果砧木的当年生半木质化直径为0.3～0.5cm绿枝为插穗，剪成8～10cm长，下接口靠近节部斜剪。插条用3500mg/L IBA浸蘸10s，对生根有促进作用，生根率分别为78%和32%，而对照为0%。

2. 吲哚丁酸+萘乙酸

辽砧2号半木质化绿枝用100mg/L IBA浸泡4h、1000mg/L IBA浸泡30s、1000mg/L IBA+100mg/L NAA混合液处理30s，扦插效果都较好，生根率分别为21.7%、43.3%、50%，对照仅为8.3%。

二、促进桃插条生根

1. 吲哚丁酸

弦间洋等（1989）用25mg/L IBA浸泡野生桃绿枝基部1h，生根率达80.0%，而对照仅为33.3%。金童5号黄梨冬剪后经沙藏的一年生枝，在3月中旬进行扦插，扦插前将插条剪成长20～30cm、粗0.5～0.9cm，沿插条基部纵刻达木质部（长约2cm的2～4条伤口），用500mg/L IBA浸泡处理1min，可提高插条成活率，成活率为62%，而对照没有成活。魏书等（1994）用1500mg/L吲哚丁酸处理朝晖等4个桃品种硬枝10s，其生根率均在80%以上。崔少平等（1998）于6月上中旬剪取多个长20cm桃绿枝，保留上部3～4片半叶，经500倍多菌灵消毒后，将插条基部双面反切，形成长约2cm的马蹄形斜面，用3000mg/L吲哚丁酸速蘸10s，稍干后在弥雾插床上扦插，发现蟠桃、油桃、甘肃桃等品种生根率较高，新疆桃、丰黄、西伯利亚等品种生根率中等，而北农早艳、五月鲜品种生根率一般。杜消等（2009）从3年生实生长柄扁桃上截取长5～8cm，带两片叶的绿枝，上端剪口为平口，下端为斜口，将插条基部1～2cm浸入IBA溶液中10s，处理插条生根率为93%，插条平均生根3.5条，25%的一级根上有二级根，根系质量良好，可以满足生产性繁殖的要求。将2年生长柄扁桃的当年生枝条剪成8～10cm，穗上保留2～3个饱满芽，扦插时用800mg/L IBA速蘸30s，扦插成活率可达81.25%，对照仅为35.4%。白晓燕（2014）用中桃抗砧1号的半木质化新梢，在2500mg/L IBA溶液中浸蘸处理，扦插生根率达73.33%，对照没有生根。用6000mg/L IBA速蘸处理4个品种（Tsukuba-1、Tsukuba-2、Tsukuba-3和Okinawa）桃的嫩枝，对插条生根有一定的促进作用。用20～100mg/L吲哚丁酸溶液浸泡桃树插条24h，然后用自来水洗去插条上的药液，置于沙床中培育，保持pH值7.5，放在阴凉处，促进生根效果好，其中以40～60mg/L吲哚丁酸溶液效果最好，而且用软枝插条比硬枝插条好。

2. 萘乙酸

取10～15年生五月鲜、太久保、白凤、土仑等桃品种，5月份以15～24cm长当年绿枝扦插，保留中上部叶片，经750～1500mg/L萘乙酸速蘸5～10s后插于沙床中，保持温度20～30℃，空气相对湿度90%以上，扦插生根率达80%～90%。郑开文等（1990）将不同品种桃硬枝扦插，用700～1500mg/L萘乙酸速蘸，发根率为42%～48%。

三、促进李插条生根

1. 吲哚丁酸

李振坚将玉皇李的嫩枝斜削成 8～15cm 长，插穗基部在 3 种不同浓度（1000mg/L、1500mg/L 和 2000mg/L）的 IBA 溶液中速蘸 5s，发现用浓度为 1000mg/L 的 IBA 处理的插条生根效果最好，生根率达 75%。李树硬枝插条用 2500～5000mg/L 吲哚丁酸＋50%乙醇溶液快蘸后缩短生根时间。用 8000mg/L 吲哚丁酸溶液蘸李树插条能显著促进生根。

2. 吲哚乙酸和萘乙酸

用 20～150mg/L 吲哚乙酸钾盐水溶液浸泡李树插条，促进其生根。黄文玉（1998）选择长 15～25cm、顶部带 3～4 片叶的半木质化大石早生李嫩枝，用 250mg/L NAA 溶液处理插穗基部 30s，在扦插床内保持温度 25～28℃、湿度 85%以上、透光率 30%，生根率可达 87%，扦插 45d 后，移栽成活率可达 95%。李树母树上新梢长度达到 20～30cm 时，可采集嫩枝进行扦插。插条剪成 10～20cm，上部保留 2～3 片叶，基部约 2cm 浸入 250mg/L NAA 溶液中 1h 或采取 1000mg/L NAA 溶液速蘸，促进插条生根。

3. ABT 生根粉

以 18 年生六号李结果树的半木质化绿枝为插穗，将其截成长 12m 左右的插条，保留上部 3～4 片叶。扦插前插条基部在 100mg/L ABT 生根粉溶液中浸泡 45min，能促进插条切口愈合，40d 后插条生根率达 80%，而且发根量多，根系粗壮。

四、促进樱桃插条生根

樱桃扦插有枝插和根插，枝插可采用硬枝扦插和绿枝扦插两种方法。硬枝扦插宜在临近春季树液流动时进行，绿枝扦插在 6 月至 7 月下旬进行。绿枝扦插插条选用半木质化的当年生新梢，直径 0.3cm，过粗不宜生根，过细营养不足。采后剪成 15cm 左右的枝段，摘除大部分叶片，只保留顶部 2～3 片叶，随采随插，扦插前用生长调节剂处理可提高扦插成活率。

1. 吲哚丁酸

欧洲甜樱桃插条经 50mg/L 吲哚丁酸浸泡 24h 后，扦插在 18～21℃的温床，能有效地诱导生根。褚丽丽等（2013）用 800mg/L IBA 处理吉塞拉 5 号樱桃砧木嫩枝 10min，生根率达 96.22%，明显促进插条生根。用 1 年生甜樱桃砧木马哈利的新梢作插穗（长约 15～25cm，保留 2～3 片功能叶），插穗基部用 3 种不同浓度（200mg/L、1000mg/L、2000mg/L）的 IBA 和 NAA 处理 30s，发现 IBA 比 NAA 更适于马哈利嫩枝扦插繁殖，且用浓度为 2500mg/L 的 IBA 处理时，生根率高达 96.00%，平均生根 9.5 条。

2. 萘乙酸

王关林等（2005）用当年生樱桃砧木的半木质化枝条进行扦插试验，枝条长约 5～7cm，带 4～5 个芽，保留上部 2～3 片叶，每片叶剪去 2/3。用浓度为 100mg/L 的 NAA 速蘸处理接穗基部 5s，生根率达到 88.3%。

3. ABT 生根粉

取野生天山樱桃当年生半木质化枝条，剪成 10cm 左右，留顶部 3～5 片叶子进行扦插，用 600mg/L ABT 生根粉浸蘸 5min，扦插于河沙基质中，扦插成活率为 75.76%，比对照（清水处理）高 17.16%，扦插条根系长且粗，生根数量多，苗木质量高，扦插效果好。

五、促进银杏插条生根

1. 吲哚乙酸

银杏当年生枝条用 1000mg/L 吲哚乙酸速浸 10s，生根率为 95%；100mg/L 吲哚乙酸溶液浸

1～2d，也可提高生根率。姜宗庆等（2014）选择发育健壮、树冠外围的半木质化银杏枝条作插穗，将枝条剪成长 15～20cm，留 2～3 叶，保留顶芽，插穗基部在 200mg/L IBA 溶液中浸泡 1h，可以促进扦插苗生根，生根率为 90.1%，高于对照的 76.4%。

2. 萘乙酸

孙兆永（1994）用 1 年生枝条放在 250mg/L 萘乙酸溶液中浸 5s，扦插成活率达 95.7%。银杏当年生芽体饱满的半木质化枝条用 800mg/L 萘乙酸速蘸 2s，生根率为 85%，主根数为 5.3 条，主根长达 2.65cm。

3. ABT6 号生根粉和木质素酸钠

从银杏母株上剪取当年生嫩枝作插穗，长 15cm 左右，插穗上切口在芽上方 1cm、下切口在芽下方 1cm，切口平滑，每插穗保留上部 2～3 片叶，之后在 500mg/L ABT6 号生根粉或木质素酸钠溶液中速蘸 2s，浸蘸深度为 3cm，扦插效果以 500mg/L 木质素酸钠溶液处理最好，生根率为 51.19%，ABT6 号生根粉处理生根率为 44.6%。

魏高军（2006）取银杏嫩枝剪成 15cm 的枝段，在清水中浸泡 12h，晾 3h 后浸泡在 100mg/L ABT6 号生根粉溶液中，扦插在沙床内，插条生根率达 91.3%，比对照提高 52.5%。

六、促进枣插条生根

比起传统速度慢、效率低和繁殖率不高的嫁接和分株方式来说，利用植物生长调节剂处理促进枣树（含青枣）嫩枝生根，成本小，繁殖系数较高，易操作。

1. 萘乙酸

取酸枣 1 年生休眠枝，接穗剪成 10cm 左右长，留 2～3 个芽，上端距顶芽 1cm 处截平，下端距下芽约 0.5cm 处削成斜面，速蘸 1500mg/L NAA溶液，生根率较清水处理 24h 的效果好。

2. 吲哚丁酸(IBA)

灰枣双芽嫩枝扦插技术是把当年生已半木质化的萌蘖枝、侧枝或主枝延长枝，剪成长 10～15cm 左右，每条带两个芽眼。上剪口距芽眼 5mm，插条粗度以 3mm 左右为佳。插条剪好后，将其下部 5cm 左右枝段在 1000mg/L 的纯吲哚丁酸稀释液中速蘸 15～30s（叶片不蘸药液，以便生根），立即插入蛭石和珍珠岩的混合基质苗床中，喷透清水，生根效果良好。

据试验，华北地区在 6 月下旬到 7 月底，采当年生根蘖条枣头或二次枝，长度 15～40cm，留顶芽及中上部叶片，用激素（IBA 2000mg/L＋2,4-D 20mg/L）速蘸 5s 后插入苗床中，并搭设小拱棚和荫棚，保持棚内气温 25～30℃，相对湿度 85%～95%，扦插 30d 后生根成活率可达 85%以上。吲哚丁酸对提高枣头扦插生根率效果最好。据试验，用吲哚丁酸 1000mg/L 处理 10s，生根率达 93.8%。

“大灰枣”“梨枣”“玲枣”“团枣”“宁阳葛石鸡心枣”“蒙阳大雪枣”等品种在春天大地解冻后，在枣树四周刨深 20～30cm 的条沟或环状沟，边刨边断根，适宜育苗的根直径为 0.5～2.5cm。注意不要切断直径 4cm 以上的根，以免伤害母树，且粗根也不能用于育苗。插根长度以 10～15cm 为宜，下端削成马耳形，上端横切，50 根一捆，下端平齐后进行生根剂处理。用吲哚丁酸稀释液（100mL 加水 10kg）浸泡 16～18h，浸泡深度 4～6cm，扦插成活率达到 70%～95%。

另外，吲哚丁酸（IBA）与萘乙酸混合剂也能很好的促进枣插条生根。如采取枣树的二次枝插穗，在浓度为 500mg/L 的 IBA＋NAA（1∶1）混合液中速蘸 5～30s，生根效果好，生根率高达 91.1%。

3. ABT 1 号生根粉

孔祥等（2015）采用 0.1% ABT 1 号生根粉浸泡新疆大沙枣硬枝插穗 12h，可显著提高育苗成活率和苗木质量，苗木平均成活率达到 90.4%，比对照高 12.4 个百分点。用圆玲枣当年生枝条的先端部分作插条，扦插前用50～100mg/L ABT 1号生根粉速蘸30s，扦插后每天喷雾5～10次，插条生根率达85%以上，且根系短而多，移栽成活率达97%。

4. GGR7

用冬枣当年生枣头嫩枝作插条，扦插前用50mg/L GGR7（有效成分为氨基酸类物质）浸泡插条1h，插条生根率达85%以上，根系长而多。

七、促进葡萄插条生根

扦插是葡萄繁殖最常用的方法，繁殖成苗率和苗木质量与插条的发根率、发根速度、根的数量和质量存在密切关系。葡萄插条自然生根迅速，但是它没有潜伏根原体。植物激素能诱导根原基的形成，生长素能够促进不定根的产生，但是其机理因为器官分化的问题没有解决，很难加以讨论。葡萄不同的种和品种生根的程度不同，其中山葡萄和冬葡萄是较难生根的种，藤稔是生根较难的栽培品种，合理应用植物生长调节剂，能够促进葡萄生根，提高成活率和苗木质量。常用的促进葡萄生根的生长调节剂有IAA、IBA、NAA等。

1. 吲哚乙酸(IAA)

扦插前用0.01mg/L的吲哚乙酸处理葡萄插条，可促进生根。冬季葡萄插条在顶端用吲哚乙酸处理，可诱导基部生根。IAA及其钠盐浓度较高时，对愈伤组织的产生和芽的萌发有抑制作用。IAA在植物体内易被酶分解而降低其活性，也易被光破坏。

2. 吲哚丁酸(IBA)

截取藤稔、紫珍香和蜜汁三个葡萄品种的一年生主梢为插条，插条带有两个芽，长12～15cm，上端靠节处剪平，下端距芽2～3cm处斜剪，将插条插端直立浸入100mg/L IBA溶液中12h（深度为3cm），三个品种的扦插效果都较好，生根率分别为80%、93%、63%，对照分别为44%、57%、31%。用50mg/L吲哚丁酸溶液浸泡葡萄插条基部8h，能促进生根。用1000mg/L吲哚丁酸溶液快蘸葡萄软枝5s，发根率达73%～100%，并能提高葡萄产量。IBA在葡萄枝内运转性较差，且其活性不易被破坏，在处理的部位附近可以长时间保持活性，产生的根也比较强壮。IBA和NAA等量混用或按一定比例混用，生根效果往往比单用的好。

3. 萘乙酸(NAA)和6-苄氨基嘌呤(6-BA)混合处理

选择枝蔓生长健壮、芽饱满、直径0.7～1.0cm的充分成熟的1年生枝条，剪成具有2个芽且长10～15cm的插穗。插穗上切口距上芽约1.0～1.5cm剪平，下切口距下芽约0.5cm处斜剪。将插穗基部浸泡在1000mg/L NAA+500mg/L 6-BA混合液中30min，生根率和发芽率较好，分别高于对照的40%和26.7%。

4. ABT生根粉

取克瑞森葡萄的一年生枝条，扦插前浸水一昼夜，然后剪成具双芽的枝条，分别在不同浓度（30mg/L、50mg/L、70mg/L、100mg/L和200mg/L）的ABT生根粉溶液中浸泡4h，结果用50mg/L ABT生根粉处理的生根效果最好，生根率和生根数分别为100%和7.3，而对照分别为70%和2.4。

5. GGR7生根粉

取华东葡萄的新梢，长10～15cm，带有一完全叶和一腋芽，在基部环剥一圈，插条上端2～3cm处剪平，下端靠节处斜剪。将插条插端直立浸入700mg/L GGR7生根粉溶液中10～15s，深度为2～3cm，可促进插条生根，生根率为24%，而对照没有生根。

八、促进猕猴桃插条生根

猕猴桃多用扦插繁殖，是简便易行、多快好省的培育优良苗木的方法。研究发现，嫩枝、硬枝都具有茎的典型结构，不定根的发生部位主要始于形成层，植物生长调节剂处理对嫩枝、硬枝插穗生根的促进效应明显。

1. 吲哚乙酸

取“三峡虹”红阳猕猴桃半木质化的1年生枝条作为插穗，将插条剪成长约15cm，上端截成平口，下端剪成斜口，带2～3个饱满的腋芽，将插条生长势上端蜡封处理。用200mg/L IAA溶液浸泡基部1h，浸泡深度为插条长度的1/3，能促进插条生根，生根率为50.3%。

选取健壮、无病虫害的野生软枣猕猴桃1年生萌条，剪成长度约14cm的插穗，其中下切口在芽外约0.5～1.0cm处按45°斜剪，上切口剪成平口。用200mg/L IAA或ABT生根粉浸泡24h，对插条生根效果均较好，生根率分别为77.93%、77.26%，而对照仅为44.48%。

2. 吲哚丁酸

猕猴桃繁殖常用软（绿）枝或硬枝扦插育苗方法，用500～1000mg/L IBA快速浸蘸绿枝，或用200～500mg/L IBA浸蘸3h，再扦插在沙土苗床中培育，生根率达95%～100%。硬枝插条在2月底至3月中旬，选择枝长10～15cm、直径0.4～0.8cm的一年生中、下段枝作插条，插条上端切口用蜡封好，然后用5000mg/L IBA快速浸3s，扦插成活率达81.9%～91.9%，平均每插条出根10条以上。用200mg/L吲哚丁酸溶液浸泡中华猕猴桃软枝插条，或用5000mg/L吲哚丁酸溶液快蘸猕猴桃硬枝插条3～5s，均可提高插条生根率。

3. 萘乙酸

一年生半木质化嫩枝插条，适当留1～2叶片，将插条基部浸于200mg/L NAA溶液中3h，可促使猕猴桃插条生根。张洁等将中华猕猴桃用200mg/L和500mg/L NAA溶液浸泡处理3h，其生根率分别为66.6%和53.3%，比对照枝条的生根率（26.6%）高。扦插前先将插条切口用100mg/L萘乙酸溶液浸泡3h，然后按10cm×10cm的株行距斜插入苗床，上端留出3cm左右，保持棚内相对湿度85%以上，插条10d便能形成愈伤组织，20d左右即能生根。张琛等（2015）选用中壮龄华特猕猴桃树的1年生枝条，无病虫害，腋芽饱满，粗度均为0.4～0.8cm。枝条剪截成长度10～15cm，带2～3个饱满芽。插穗上切口于芽眼上方0.5cm处剪平，下端距芽4cm处斜切。用400mg/L NAA浸泡插穗24h，对扦插苗生根、根系生长和新梢生长较好，生根率高达84.61%。

4. 吲哚丁酸和萘乙酸混合剂

猕猴桃嫩枝扦插以1000mg/L IBA＋1000mg/L NAA浸蘸处理5s，生根率为60.8%，对照仅为42.8%；硬枝扦插以500mg/L IBA＋500mg/L NAA浸蘸处理10s，生根率达32.2%，对照仅为10.6%；嫩枝、硬枝插穗愈伤组织形成和生根时间比对照分别提早1～2d、4d和5～7d、7～8d，平均根数、平均根长都比对照高，差异显著。莫权辉等（2010）截取金花猕猴桃的一年生枝条，中部芽眼饱满部分作为插穗，剪成长12～15cm，留2～3个芽，插穗上部离芽眼0.5～1cm处截平，用蜡封顶保湿，基部在芽眼底部呈45°斜截。插穗在（IBA＋NAA）1500mg/L混合液中浸蘸处理1min，生根率为50.0%，且对插穗原发根的数量、长度和粗度均有促进作用。

5. 萘乙酸和赤霉素混合剂

取武植3号猕猴桃的二年生枝，截成15cm左右、带2～3个侧芽的插条，上端在芽上方的2cm处横截，用蜡封口，下端斜截成楔形。将插条基部2～3cm浸入NAA 20mg/L＋GA 40mg/L混合溶液中3min，对插条生根效果较好，生根率为83%，平均生根量4.6条，而对照生根率仅为50%，平均生根量为2.7条。

九、促进无花果插条生根

无花果在我国南方发展较快，育苗繁殖一直是影响其大量发展的瓶颈。生产上均用扦插繁殖方法育苗，提高扦插的成活率显得较为重要。

赵兰枝等（2006）将无花果插条用生长素如NAA、IBA、IAA、2,4-D处理后进行水培，发现其生根率达100%。

不同浓度（400mg/L、600mg/L、800mg/L、1000mg/L）的 IBA 对不同品种的无花果生根效果不同，绿抗一号速蘸处理的最佳浓度是 600mg/L，生根率为 73%；HAA9 速蘸的最佳浓度是 400mg/L，生根率为 80%；小果黄速蘸的最佳浓度是 800mg/L，生根率为 83%；玛斯依陶芬速蘸的最佳浓度是 600mg/L，生根率为 73%。

杨学儒等（2011）以 2 年生无花果健壮枝条为试材进行压条繁殖，在枝条下部靠近节的部位环剥 1cm 树皮，后用 600mg/L NAA 涂抹在环剥口上，生根数是对照（样品不做任何处理）的 41 倍，平均根长是对照的 9 倍。

无花果 1 年生枝条基部经 1000mg/L IBA 或 500mg/L ABT 生根粉浸泡 10～30min，可显著提高无花果扦插成苗率，促进根系生长，成苗率分别为 80%、72%，分别是对照的 1.9 倍和 1.7 倍，每株平均根数和根长也得到增加。

十、促进草莓的插条生根

草莓匍匐茎分株法是目前生产上最主要的繁殖方法。在草莓生产上及时摘除匍匐茎可明显减少母株养分消耗，使养分集中于花芽分化及开花结果。对摘下的匍匐茎进行无性繁殖也是增加经济效益的一种有效途径。草莓匍匐茎上生长簇叶，幼嫩茎段组织分生能力极强，加上茎段生长的顶芽和簇叶在插条愈合和生根过程中产生生根促进物质，形成了茎段生长的良好生理和物质基础。

1. 赤霉素

生产上的草莓繁殖，在其匍匐茎抽生时，喷施 50mg/L GA_3 1 次，用药量为 10mL/株，可促生新根。抽生匍匐茎较少的品种可喷施 GA_3 促进匍匐茎的抽生，在母株成活并长出 3 片新叶后喷施 1～2 次 50mg/L GA_3，每株喷 5～10mL，可促进母株生长，促生匍匐茎。利用匍匐茎上着生的子株繁殖幼苗，用 50mg/L GA_3 处理草莓分株，成活率更高。

2. 萘乙酸

用 80% NAA 可湿性粉剂对水配制成浓度 15mg/L 的水溶液浸泡草莓幼苗根尖部位 10～12h，将水倒掉静置 10～12h；然后用 80%可湿性粉剂 NAA 对水配制成浓度 5mg/L 的水溶液浸泡幼苗根尖部位 10～12h 后，再将水倒掉，静置 10～12h；最后以浓度 5mg/L 的水溶液反复浸泡 2～3 次，即可诱导出草莓初生根或不定根。

十一、促进柑橘的插条生根

1. 吲哚丁酸

6 月中旬剪取枳橙的半木质化枝条，剪口平滑，剪成具有 3 个叶芽的茎段，用 400mg/L IBA 浸泡 8h，之后地下部分剪去叶、刺进行扦插，结合喷施 1/2MS＋6-BA 20mg/L＋$NaHSO_3$ 400mg/L 的改良代谢调节剂（3～5d 喷施一次），直至插条生根。枳橙插条的生根率可达 95%，根系发达，长势旺盛。

2. 6-苄甲基腺嘌呤(BAP)和吲哚丁酸(IBA)混合剂

柑橘木质部和韧皮部的发育受生长素的影响。采用茎段培养方法，以 MT 为基本培养基，墨西哥来檬、甜橙和香橼 3 个柑橘品种在附加 2.0mg/L BAP 和 0.1mg/L IBA 的培养基中腋芽萌发效果最好，离体植株在附加 1.0mg/L BAP 和 0.2mg/L IBA 的培养基中增殖系数最大。

3. 萘乙酸+硼酸

3 月中旬取二年生枳苗，剪取基部 4～5cm 长，剔掉刺，放在 0.5%硼酸＋250mg/L α-萘乙酸混合液中 19h，以浸没插条基部为准，可促进插条生根，3 个月后发根率为 83.9%，株平均发根数 3.01 条。

4. 萘乙酸和吲哚丁酸混合剂

以 1/2MT 为基本培养基，附加 2.0mg/L NAA 和 0.25mg/L IBA，适宜于墨西哥来檬和甜橙的生根，而单独使用 3.0mg/L NAA 则易于香橼的生根。用 500mg/L 吲哚丁酸溶液处理柠檬、酸橙插条，促进生根效果良好。

十二、促进荔枝插条生根

荔枝为我国特产优质果品，是公认的扦插难生根成活的树种。巴基斯坦的 NWFP 农业大学园艺部对荔枝空中压条繁殖技术进行了研究，发现用 2500mg/L IBA 蘸环剥口 5min，可使成活率达 75.23%，每株平均生根数 32.97 条，主根长达 9.59cm；而对照成活率仅 36.20%，平均每株生根数仅为 10.53 条，根长 4.53cm。

荔枝一般用高空压条法进行繁殖，选取荔枝母树上生长势一致的 1～2 年生枝条进行环剥后刮去形成层，环剥处枝条粗 1cm 左右，环剥口宽 2～3cm。用毛笔将 3 种不同浓度（1000mg/L，1500mg/L 和 2000mg/L）的 ABT 2 号涂抹环剥口，涂抹完毕，随即包椰糠，扎薄膜。结果显示，以 1000mg/L ABT 2 号处理插条时，更有利于荔枝高空插条的生根。谭宏超（1997）取荔枝一年生枝条，每穗 2～3 节，带 1～2 片叶，长 6～10cm，剪下的插穗立即放入清水中，以防止伤口氧化。用流水冲洗 24h 以减少插穗内部抑制生根的物质，然后用 100mg/L ABT 1 号生根粉浸泡插穗基部 2h，可明显提高成活率，成活率比对照（清水处理）高 11.9 倍。

十三、促进龙眼插条生根

龙眼育苗方法有多种，其中实生苗变异大，童期长，结果迟，经济效益低；高压苗树势易早衰，同时根系浅，易被风（尤其台风）吹倒；嫁接苗从砧木播种到成苗出圃，一般要 3 年，周期较长；扦插苗可缩短育苗周期。

1. 吲哚丁酸

将龙眼老熟的春梢剪成长约 8～9cm，基部的 1～2 托复叶剪掉，上部的叶及顶芽全部保留，将其垂直浸入温水中 4h，以浸至剪口上 2cm 为宜，然后放入盛有营养液（100mL 水＋3mg 蔗糖＋0.5mg 尿素＋1mg 硼酸）的盘中浸泡插穗基部 9～10h，再放入 100mg/L IBA＋250mg/L 落地生根汁液中泡浸插穗基部 9h，可促进插条生根。取福眼龙眼的一年生枝条，茎粗 0.8～1.0cm，长度 20cm 左右，顶端留两片小叶，插穗基部浸在 500mg/L IBA 溶液中 6h，后扦插在上层沙下层沙壤土的基质中，可促进插条生根，比对照高 29.9 个百分点。

2. ABT 1 号生根粉

选择龙眼一年生颜色为绿色或浅褐色的半木质化、粗度为 0.5～1.5cm 的枝条，每穗 2～3 节，带 1～2 片叶，长 6～10cm。先用流水处理龙眼枝条 24h，以除去枝条内部抑制生根的物质，然后用 100mg/L ABT 1 号生根粉溶液浸泡插穗基部 2h，成活率比对照（清水处理）高 10.0 倍，且生根比对照提前 16d。

十四、促进西番莲插条生根

取西番莲当年生硬枝茎段作插穗，枝长约 25～30cm，留 2 片叶，下切口为斜面。扦插前插穗基部用 200mg/L IBA 浸泡 2min，扦插成活率为 84.2%。

采用西番莲当年生半木质化硬枝为插条，插条长约 10～15cm，留 1～2 节，并保留上部 2 片叶，上端切口为平口，下端切口为斜面。用 IBA 1500mg/L＋NAA 1000mg/L 的混合液处理插穗基部 5s，生根率达 95.16%。李红艳（2009）采取二年生紫果西番莲的健壮枝条，将其剪成长约 10～12cm、上端口齐平、下端口为斜切面、带 2 节的插穗。插穗下端浸泡于 ABT 100mg/L＋IBA 10mg/L 混合溶液中 4h，插穗基部浸入 4cm 左右，扦插成活率为 81.11%。

选取红花西番莲健壮的一至二年生枝条作插穗，截成长约 10～15cm 的小段，每段保留 2～3 个芽。切口上端在芽节上方约 1cm 处截平，下端在芽节下方约 0.5cm 处剪成马耳形。将插穗下端 2cm 的一段蘸上 500mg/L GGR-6 生根粉与滑石粉调成的稀浓适中的糊状物，可促进扦插生根，生根率比对照高 25%。杨妙贤等（2014）挑选西番莲无病虫害、带有 2～3 个侧芽的当年生嫩枝作插穗，离基部侧芽约1cm处斜切，上切口距顶部侧芽2～3cm处平切，每根插条上端留1～2片半叶；用200mg/L的生根粉浸泡插穗基部20min，可促进插条生根，生根率达86.67%，而对照仅53.33%。

十五、促进核桃插条生根

1. 萘乙酸

用流水冲洗美国山核桃1年生实生苗休眠枝12h，之后于500mg/L NAA溶液中浸泡6h，硬枝扦插的生根率达80.0%。用50～100mg/L NAA溶液处理山核桃根18h，能有效提高生根率、新根数、新根长和新根径粗。

2. ABT 1号生根粉

选取山核桃当年生半木质化健壮枝条，剪截成长度为10～15cm的插条，插条在用维生素C和高锰酸钾溶液预处理后，放入ABT 1号生根粉溶液中浸泡4～6h，然后将插条插入基质中培养60d后生根率高达85%，成苗率达到80%。李凯（2015）用3种生长素（ABT、IBA、NAA）的3种浓度（150mg/L、250mg/L和350mg/L）处理新手核桃嫩枝插穗，结果表明，低浓度的生长素处理可促进插穗生根，高浓度的生长素处理则抑制插穗生根。其中，250mg/L ABT处理的生根效果最好，生根率可达83%。

3. 吲哚丁酸及与萘乙酸混合剂

用3000mg/L的IBA快蘸波斯胡桃的硬枝插条基部6s，可促进插条生根。一年生薄壳山核桃插穗经600mg/L IBA+900mg/L NAA混合剂速蘸处理后，生根率达80%。

十六、促进蓝莓插条生根

蓝莓属于杜鹃花科越橘属灌木，一般可分为3个品种群，即高丛蓝莓、兔眼蓝莓和矮丛蓝莓。嫩枝扦插（又名绿枝扦插）已经被广泛应用于蓝莓扦插育苗中。尤其是兔眼蓝莓，扦插繁殖较困难，必须经过特殊的处理才能生根。

将“美登蓝莓”组培苗底端的木质化部分和顶端生长弱的部分剪掉，留下生长较旺盛的茎段，剪成5cm茎段进行扦插繁殖。用1500mg/L IBA浸蘸处理茎段2s，生根效果较好，生根率达75%，远高于对照的24%。

闫金玲等（2012）从3～4年生的粉蓝、灿烂、杰兔、园蓝及精华五个蓝莓品种上选用生长健壮、粗细均匀的当年生枝作插穗，插穗基部1～2cm浸入4种不同浓度（300mg/L、500mg/L、700mg/L和1000mg/L）组合的NAA+IBA溶液中1min，NAA+IBA混合溶液比例分别为1∶2、2∶3、2∶5和3∶7。结果表明：经c(NAA)∶c(IBA)=2∶5、浓度为700mg/L的混合溶液处理后，粉蓝、精华、灿烂和园蓝四个品种的蓝莓扦插生根率和生根效果均达到最佳；经c(NAA)∶c(IBA)=2∶3、浓度为500mg/L的混合溶液处理后，杰兔的生根率和生根效果达到最佳。用组织培养得到的芽苗，当高度为6～8cm时，可进行瓶外“微型扦插”。将继代芽苗茎段切口快速蘸混合液1000mg/L NAA+1000mg/L IBA，之后扦插在苔藓基质上，生根率达85%。

十七、促进菠萝插条生根

经500mg/L IBA处理的菠萝叶片，叶插后20～90d，发根率、发芽率分别比对照提高65%和16%，根和芽的生长量分别比对照增加30%和40%。用2000mg/L丁酰肼处理后叶插25～27d没有发现生根，但是对芽的生长有明显效果，处理后芽点饱满，发芽健壮；采用500mg/L IBA+1000mg/L B_9处理明显促进生根及芽的生长。

十八、促进番石榴插条生根

番石榴可采用高压法繁殖，在春季选取直径约1.2～1.5cm的2～3年生枝条，在距枝顶部约50cm处环剥，环剥口宽为1.5～2cm，在环剥口处涂抹1% NAA可促进枝条生根。

用 1.5% IBA 处理番石榴嫩枝，在温度为 25～28℃和相对湿度 80%～85%的条件下生长，成活率为 55.75%，平均生根数 27.1 条，而对照成活率仅 13%，平均生根数 9.69 条。Yamamoto（2010）认为 2000mg/L IBA 是处理 Seculo XXI 番石榴插条生根的最适宜浓度。在生长季节取番石榴嫩枝（枝长约 12cm，带有 2～4 个节点），于 4000mg/L NAA 溶液中处理后进行扦插繁殖，保持温度 25℃和相对湿度 85%的条件下 25d，插条成活率高达 92.17%。

选择生长健壮、芽好、无病害的当年生半木质化或木质化的番石榴新梢，修剪成 8～10cm 的双叶双芽的枝条作为插穗，插穗下部剪成斜面，将插穗基部 2～4cm 浸入 60mg/L ABT 2 号生根粉溶液中 60～90min，有利于生根。

十九、促进其他果树的插条生根

（一）梨

王震星等（2000）采用当年生杜梨新梢为插条，插条长度 4～5cm，留 1～2 节并保留上部一个叶片，扦插前插条基部 2～3cm 用 800mg/L IBA 溶液处理 30s，插条成活率为 83.3%，而对照仅为 46.7%。杜梨的硬枝用 200mg/L IBA 浸泡 8h，浸泡插穗深度距下切口 5cm，之后立即扦插，插条生根率为 81.8%，而对照仅为 45.5%；OHF97 和 OHF333 两个品种的梨硬枝用 200mg/L ABT 生根粉浸泡 8h，可促进插条生根，生根率分别为 56%和 40%，对照分别为 24%和 25%。

（二）梅

以青梅的当年生枝条为插穗，插穗基部用 100mg/L ABT 生根粉处理 4h，平均成苗率与苗木质量指数分别达 80%、77.5%，比对照（清水处理）分别提高 55%和 35.62%。陈红等（2011）以果梅当年生硬枝的基段、中段和末段为插穗，用不同浓度的生根粉（100mg/L、200mg/L、500mg/L、1000mg/L）浸泡果梅插条基部 2～3cm 处，浸泡时间分别为 0.25h、1h、2h、4h，发现以硬枝中段为插穗，在 200mg/L 的生根粉中浸泡 2h 的扦插效果最佳，其成活率高达 80%，比对照（清水处理）高 30%。不同生根剂（ABT 1 号、IBA、NAA）及不同浓度（500mg/L、1000mg/L、1500mg/L）和浸泡时间（4min、8min 和 12min）对滨梅嫩枝扦插生根效果影响的试验，得出 3 种生根剂对滨梅插条生根率的影响顺序是 ABT 1 号＞IBA＞NAA，其中用 1000mg/L ABT 1 号浸泡插条基部 8min，扦插 40d 后的生根率平均达到 89.1%，效果最好。

（三）杏

山杏嫩枝扦插生根类型属于愈伤组织生根型，插穗生根过程可划分为诱导、表达和伸长 3 个阶段。在插穗生根过程中，植物生长调节剂处理能够引起插穗中植物激素含量的变化，从而促进生根。用山杏插穗下段作为扦插材料，以混合激素 IBA 900mg/L＋NAA 600mg/L 混合剂处理 30s，生根率为 83.1%。以山杏当年生的木质化或半木质化茎段作为插穗，用 600mg/L IBA＋900mg/L NAA 混合剂处理 30s，可促进插条生根，插条成活率为 66.7%，而对照（清水处理）仅为 15%。

（四）柿

次郎和西村早生 2 个柿子品种的根蘖叶芽插穗经 IAA 处理后于 6 月下旬扦插，发根率达 70%，而未用 IAA 处理的叶芽插穗几乎没有发根。

夏季取柿树嫩茎进行扦插，插条基部在 3000mg/L IBA 溶液中处理 5s，并在安装有弥雾系统的温室中进行生根培养，可促进插条生根。

（五）板栗

生产上板栗多用嫁接方法育苗，偶用扦插方法育苗，具体方法是取板栗树冠上部、外围的新梢作插穗，及时放入代森锰锌 500 倍液中消毒 2h，于水中切制枝条，穗段长 9～21cm，直径 0.2～0.6cm，保留 5～7 芽，同时剪去插穗上端过嫩部分，下端切口剪成马蹄形。于混合药剂

1000mg/L IBA＋100mg/L 6-BA＋20mg/L 2,4-D 中速蘸 5s，可促进插条生根。用 2500mg/L 萘乙酸加 2500mg/L 吲哚丁酸、50％酒精溶液快蘸插条 5s，也显著促进板栗插穗生根。

（六）杨梅

当年生半木质化东魁杨梅春梢于 0.1％硝酸银液中浸泡 12h 后，再浸到 98％的 IAA 2500 倍稀释液 1h，然后扦插于泥炭：珍珠岩＝5：1 的轻基质无纺布容器内，可促进插条成活。

杨梅树体内富含单宁，能阻止扦插愈伤组织的形成，造成扦插繁殖不易成活，故在扦插繁殖过程中先用去单宁剂处理插条，再经植物生长调节剂处理，扦插成活率会大大提高。取杨梅树冠下部 1 年生幼枝，长约 10～15cm，顶部留 3～4 片叶，枝条基部斜剪并用 250mg/L 的去单宁剂丙酮浸泡 2h，再用 100mg/L ABT 生根粉处理 2h，可促使扦插于黄泥苗床上的杨梅插条生根。

（七）枇杷

杨巧云等（2013）研究了 3 种不同浓度（100mg/L、200mg/L 和 400mg/L）的植物生长调节剂（NAA、IBA 和 ABT 1 号生根粉）对枇杷品种叶莢蓬当年生枝条嫩枝扦插生根的影响。结果表明，用 400mg/L IBA 处理插穗基部 2h，扦插生根率达 83％，平均根长、根数和生根效果指数在各处理中表现最好。徐金莲等（2011）在枇杷生长季节于大棚内进行弥雾嫩枝扦插试验，结果表明，插穗用 500mg/L ABT 1 号液处理 2s 后，扦插在干净河沙上，成活率达 90％以上。

（八）木瓜

曹玉翠（2010）于夏季分别从皱皮和光皮木瓜实生苗木上剪取生长健壮的当年生半木质化枝条，选取枝条的中上部，长约 8～10cm，上切口平剪，下切口斜剪，保留上部 2 片叶。在 8 月份，皱皮木瓜嫩枝插穗经 IBA 300mg/L 处理 0.5h，光皮木瓜嫩枝插穗经 500mg/L IBA 处理 10min，之后扦插于用多菌灵 500 倍稀释液消毒的河沙中，生根率分别为 68.9％和 58.9％，而对照都没有生根。

剪取木瓜海棠树冠上部向阳面的一年生中部枝段为插穗，枝剪成长度 7～9cm 的插穗，每段留 3～5 个芽，上口在芽点 1cm 处平切，下口在芽点 2～3cm 处斜切成马耳形。用 4 种浓度（50mg/L、100mg/L、200mg/L 和 400mg/L）的 NAA、ABT、911 生根剂浸泡插穗基部 2～3cm 处 2h，之后扦插于混合基质（泥炭：珍珠岩：蛭石＝3：2：5）中，结果是 100mg/L NAA 的效果最好，成活率达 83.21％，远高于对照（18％）。

第三节　调控新梢生长

在我国南方地区，雨水多，气温高，热量多，果树枝梢的生长量较大，幼年荔枝、龙眼、柑橘一年抽梢 5～8 次，成年结果树也抽梢 3～6 次。而枝梢的营养生长和开花结果的生殖生长互为消长关系。常绿果树的花芽生理分化期以冬季为主，冬天枝梢的营养生长影响到花芽分化，生产上必须抑制冬梢的生长。夏天幼果发育期，新梢生长诱导幼果脱落的现象较普遍，在鳄梨、葡萄、柑橘、龙眼、苹果、油桃、荔枝、澳洲坚果等果树上均有所报道。新梢生长导致的落果，实质上是调节树体的果实负荷量，新梢生长与果实发育的关系并不是一直存在营养竞争的关系。当新梢叶片转绿后，新梢叶片逐渐老熟，开始有净光合产物产生，反而有利于果实后期的生长发育。生产上常通过平衡施肥、环割、人工抹梢或化学药物控（杀）梢等方式控制新梢生长，以期获得更高产量。化学药物调控新梢生长具有高效、低成本的优点。

一、调控梨的枝梢生长

梨芽属于晚熟性芽，在形成的当年一般不萌发。一年只抽生一次新梢，除南方地区的个别品种和树势很强（尤其是幼树）及早期落叶者以外，很少有当年形成的芽萌发为二次梢。梨芽萌发率高，但成枝能力低，除基部盲节外，几乎所有明显的芽都能萌发生长，但抽生成长梢的数量不多。应用植物生长调节剂可较好地调控梨树新梢生长，促进次年花芽的形成。

1. 多效唑

梨树新梢旺长期（一年生枝条长约15cm）时喷施500～2000mg/L 15%多效唑可湿性粉剂，可减少枝条的延长生长，缩短节间长度，促进侧枝和短果枝发育。杨志义等（1995）针对7年生梨幼旺树和低产壮树，当春梢长15cm时和秋梢长5cm时喷500～1000mg/L的多效唑，成花率提高16.7%，中短枝率提高27.9%，新梢长度减少21.8cm。梅龙珠等（1995）用多效唑土施5g/株或喷500mg/L＋土施5g/株，对库尔勒香梨幼树的新梢生长和树高具有明显的抑制作用。

2. 矮壮素

4～6年生长旺盛的少花梨树，在盛花后不久，连续喷洒浓度为500mg/L的矮壮素2次（第二次在第一次喷施后的2周喷洒），或喷洒1000mg/L的矮壮素1次，即可控制新梢生长，提高第二年花量和开花结果。何云生在7年生苹果梨上的实验表明，每年喷施2次500mg/L的矮壮素（第1次在萌芽前，第2次在新梢和幼叶长出时），可明显减少枝条生长量。枝条在5月份、6月份、7月份的生长量仅为对照的38.9%、45.5%和47.3%，发芽期比对照推迟7～10d，开花期推迟3～4d。

3. 乙烯利

锦丰梨幼旺树新梢迅速生长期喷布500～1000mL/L乙烯利，新梢长度比对照（71.0cm）分别减少72.3%～82.1%；每主枝中短枝数比对照（88.0个）分别增加49.7%～98.0%；平均单株花序数比对照（470个）分别增加2.0～4.7倍；平均株产分别为29.7～34.5kg，高于对照树的10.2kg。秋白梨在盛花后30d左右喷布1000～1500mL/L的乙烯利，具有明显的控梢促花效果，新梢长度为对照的63.1%～73.2%，节长为对照的82.7%～86.2%，树冠矮小紧凑。

4. 丁酰肼

在5月上旬对梨幼旺树喷布1500mg/L丁酰肼1次，中旬和下旬再各喷1次，可控制新梢生长，促进花芽分化，提高坐果率。使用时需注意，丁酰肼与乙烯利、矮壮素混用可以提高控梢效果，但丁酰肼不能与2,4-D、赤霉素混用。

二、调控桃树新梢生长

1. 多效唑(PP_{333})

桃树以中短枝结果为主，在头年秋季落叶至来年春季萌动期或春季发芽后至4月下旬，新梢长至10～20cm时，在树冠投影线下绕树干挖一宽30～40cm、深15～20cm的浅沟，按树冠投影面积每平方米施0.1～1g的有效成分15%多效唑可湿性粉剂，用水充分溶解后覆土20～30d，可表现出抑制枝梢生长作用；而叶面喷施反应快，10～15d即出现抑制作用，使用时间宜在桃树生长季内，新梢长至30cm左右开始，即5月中旬和6月下旬，对北方品种和壮旺树，用500～1000mg/L多效唑喷施，隔20d后再喷1次，每株用药量不超过5L；南方品种和中庸树使用300～500mg/L喷施，每株用药量不超过3L，对控制树冠、稳定枝量、免除夏季修剪有特殊意义。生产上还需注意多效唑的残效问题，叶面喷施的多效唑第二年仍有部分作用；土施对桃树当年新梢抑制作用明显，第二年的抑制作用最强，第三年才开始缓和；高剂量处理时，第三年对新梢仍有较强的抑制作用。因此，土施容易出现抑制过度现象。油桃喷施PP_{333}可抑制新梢生长，提高坐果率。

2. 果树促控剂(PBO)

每年7月油桃喷洒PBO 100倍液，半月后再喷1次，控梢保花效果明显。

3. 矮壮素

7月份前用200～350mg/L矮壮素喷施桃树新梢1～3次，也可抑制新梢伸长，促进叶片成熟及花芽分化。

4. 氨基乙基乙烯甘氨酸

油桃树开花前用5000mg/L氨基乙基乙烯甘氨酸喷施，可有效抑制顶芽生长，枝条节间缩短，延迟开花 10d 左右。

三、调控李树新梢生长

1. 多效唑

多效唑在李树的应用有涂干法或土施、叶面喷施法。

取 15% 多效唑可湿性粉剂 333g，加入 617g 水溶解，然后加入已溶解的平平加（脂肪醇聚氧乙烯醚类）50g，搅拌均匀即可使用。在李树谢花后 20～30d，选择晴天用毛刷蘸取配好的药液均匀地涂抹整个主干表皮（即从地面以上至第一主枝之间）。一年刷一次即可，翌年是否再涂视树势而定，使用时要摇匀药液。

土施则抑梢效果显著而持久，抑制作用一般可持续 2～3 年。土施多效唑的最佳时期应在落叶后至萌芽前，这段时间土施可显著抑制生长期的新梢生长，增加产量和单果重。5 月份施用只能稍微减少当年新梢生长；而 8 月份施用对当年新梢生长无影响，但对次年的新梢生长起明显的抑制作用。土施的适宜剂量以树冠投影面积每平方米 0.5～1g（以单株计：幼龄树 1～1.5g，结果树 2～4g），剂量过高不仅会过度抑制新梢生长，而且能使果肉变粗，并在施用后第 3 年会因树势太弱而减产。

叶面喷施抑梢效果迅速，但持效期短。一般 1 次作用不太明显，连续喷 2～3 次才有显著效果。使用剂量以 300～500mg/L 较适宜，对幼树和无果树，在新梢长 10cm 时，使用较高浓度的多效唑喷施；对结果树，使用时期应在李生理落果期结束以后，看树势使用较低浓度的多效唑喷施。多项研究表明，在花期和生理落果期叶面喷布多效唑能引起生理落果，减少当年产量。

2. PBO

欧毅等（2006）在青脆李采果后 30d 先喷一次 300 倍的 PBO 药液，再于谢花后 3d 和落花后 30d 各对幼果喷一次 300 倍的 PBO 药液，可促发当年枝梢的抽生，并使枝条平均长度、节长和树冠减小，叶面积系数增加，当年枝梢抽生数量、枝梢平均长度、节长、树冠冠径及叶面积系数分别为对照的 140.85%、68.39%、71.28%、90.95%、120.73%，优化了叶片和树冠性状，增强了叶片光合作用和提高光合产物输出率，促使叶片碳水化合物向果实库中运转，增加坐果率，提高果实品质。

四、调控葡萄枝梢生长

在自然状态下，低温是满足葡萄冬季休眠的必需条件，对低温需要程度因品种而异。在冬季温暖的地区，尤其设施栽培提早覆膜升温，才能顺利解除休眠，否则易引起结果母枝萌芽率下降、生长不整齐等。葡萄种子和芽休眠的开始和终止，除环境因素外，主要是内部促进物质（生长素、GA、细胞分裂素）和抑制物质（ABA）相互作用的结果。对葡萄芽的研究表明，芽的休眠与内源 ABA 和 GA 的含量有关，芽的萌发需要较高浓度的赤霉素和低浓度的 ABA，因此打破休眠的关键在于降低芽部 ABA 的含量，提高 GA 的含量。吴月燕（2004）用石灰氮（氰氨化钙和氧化钙的混合物）和硝酸铵处理葡萄枝条可降低下部芽的 ABA 含量，提高 GA 含量，有效打破休眠，促进萌发。对于冬天不防寒越冬而春天嫩梢有遭晚霜冻害的地区，春季 2～3 月给葡萄树喷 750～1000mg/L NAA，可延迟发芽，避免晚霜危害。

在温度和水分适宜条件下，葡萄的枝蔓可以一年四季不停地生长并且多次分枝。旺盛生长的葡萄植株体内植物激素平衡状况和营养分配不利于生殖器官的发育和坐果。研究表明，旺盛生长的葡萄树体内 GA 和 IAA 的水平偏高。矮壮素、PP_{333}、青鲜素、调节啶等生长延缓剂具有抑制内源 GA 合成并使 IAA 含量下降的作用，使植株由营养生长转为生殖生长。

1. 矮壮素

在初花期开始喷用 300～1000mg/L 矮壮素对葡萄枝梢生长均有抑制作用。但是由于植物生长调节剂的药效只能持续较短的时期，药效过了以后，枝梢又会疯长，所以需要在葡萄枝梢生长期间，连续用药 2～3 次才能更好地抑制其生长。从综合效应考虑，800mg/L 的浓度最合适，不仅能较好地抑制巨峰葡萄枝梢的生长，而且有促使其节间缩短、枝条加粗的效果。

2. 丁酰肼(比久)

吴诗标（2001）对巨峰和早生高墨两个葡萄品种于盛花后喷施丁酰肼1000mg/L和2000mg/L，均使主梢与副梢生长受抑制，同时提高了单果重和株产，提早了成熟期；以2000mg/L的效果比1000mg/L明显，对巨峰的作用比早生高墨明显。喷施2000mg/L的丁酰肼两品种主梢伸长率从121%和100%降为6.7%和17.6%，副梢伸长率从367%和509.7%降为100%和500%，单果重都提高了83.3%，单株产量分别提高200%和116.9%，成熟期都提早了11d。

3. 助壮素

马飞（2008）的研究表明，在玫瑰香葡萄上使用10%的助壮素2000倍液是抑制其主副梢生长、减少新梢摘心用工、达到优质丰产的有效技术措施。

4. 多效唑

张孝棋等（1987）用有效成分为14%的多效唑对处于花后新梢生长盛期，主蔓新梢平均长度为122.1cm的晚熟种巨峰进行以下5种处理：①500mg/L喷洒新梢；②1000mg/L喷洒新梢；③15g药剂（相当于有效成分2.1g）水溶后于根周淋施；④45g药剂（相当于有效成分6.3g）水溶后于根周淋施；⑤对照（叶面喷清水）。结果表明：处理①、处理②的植株在处理后的5～8d新梢的生长受到抑制，节间短，节数增加，这一情况能维持10～15d，15d后药效消失，原来处于生长受抑制状态的主蔓新梢伸长，节数增多，节间加粗，副梢萌发生长加快；处理③与处理④的控梢作用不如前两个处理出现早，但有效时间长，作用程度较大。淋施不仅对新梢生长有长时间的抑制作用，而且对全株生长也有抑制作用，时间可达5个月以上；用喷洒处理的抑制时间短，效果亦是局部的。

五、调控柑橘新梢生长

柑橘一年抽生多次枝梢，依发生时期分为春梢、夏梢、秋梢、冬梢，夏梢在5～7月抽生，正处于结果树的幼果生长发育阶段和高温多雨季节。夏梢大量萌发时，常与幼果争夺养分从而加剧生理落果。砂糖橘易萌发夏梢，而且生长量大、速度快，诱导幼果大量脱落。McFadyen等(2011) 研究发现，新梢与果实间的营养竞争导致果实脱落是具有区域限制性的，即新梢只影响邻近果实的坐果，而对其他结果枝的远距离果实坐果影响不大。砂糖橘栽培上也通常应用化学药物杀梢，以达到有效控制新梢、减少落果的目的。

1. 调节膦

在初果期温州蜜柑的夏梢发生前3～7d，树冠喷洒浓度为500mg/L的调节膦，抑梢率可达45.8%，树梢长度缩短，节间变密，抑梢期1个月左右，坐果率提高1～2倍，产量提高20%，对果实品质无不良影响。若将喷药期提至春梢伸长末期，可使坐果率进一步提高。据李学柱等试验，使用调节膦抑制新梢生长，品种间反应不一样，温州蜜柑、本地早以浓度500mg/L为宜，五月红甜橙、暗柳橙及雪柑等以750mg/L为宜。避免应用高浓度或随便增加喷药量，以防药害发生。此外，喷药时切勿与碱性农药混用，或用井水、浑浊泥浆水等配制，以免降低药效。调节膦连用2年后，应停止使用，避免引起抑制过度，影响翌年春抽梢与开花。

2. 多效唑

柑橘喷施多效唑（PP_{333}）均可抑制新梢生长，提高坐果率。在柑橘夏梢发生期叶面喷洒250～1000mg/L多效唑，可使夏梢短缩50%～75%，节间缩短，夏梢发生数也略有减少，夏叶增大，坐果率提高2%～4%，产量提高6%～48%，果皮变薄，可食率增加，但存在当年秋梢略有减少和夏叶变薄的特点。在生产上应用时，浓度以温州蜜柑750mg/L、椪柑1000mg/L、本地早500mg/L为宜。童昌华等（1990）将喷药期提早到春梢伸长末期时，抑制夏梢发生和伸长、提高坐果率和产量的作用更加明显。

暗柳橙夏梢发生前喷洒浓度为250～750mg/L时，可使夏梢缩短11%～26%，抑制效果随施用浓度增加而加强，且对果实发育及品质无影响。应用浓度为1000mg/L的多效唑可使盆栽柑橘树体生长缓慢而粗壮，还可抑制根系生长。梅正敏等（2009）认为在生产上应用青鲜素500mg/L＋多效唑700mg/L在新梢长2cm左右时用药效果较好，但是年用药次数不应超过两次。

3. 矮壮素

在三年生尾张温州蜜柑的夏梢发生期，喷洒浓度为2000～4000mg/L或每株根际浇施500～1000mg/L的矮壮素水溶液，前者夏梢发生数仅为对照的5.8%～86.9%，枝条短缩，坐果率提高5.1%～5.6%，增产40%～50%；后者可使发梢数减少1～2成，坐果率提高1.4%～3.3%，增产10%左右。果实品质与对照无异，但根际浇灌1000mg/L矮壮素水溶液的果实，果色橙红，鲜艳悦目，且富有光泽。

4. 丁酰肼

在幼龄温州蜜柑夏梢发生初期，用400mg/L丁酰肼喷洒树冠，可减少夏梢发生数达261%，长度缩短26.6%，长度不到1cm的夏梢达到40%以上，坐果率提高2.2%，产量增加5%～10%。

5. PBO

在柑橘花蕾期、新梢旺长期和果实膨大期，喷施3次100～150倍的PBO，能有效地控制新梢旺长，提高坐果率，改善果实品质，增加产量。枳砧锦橙于开花前15d按树冠投影面积每平方米5g的PBO粉剂（稀释成100倍液）根施，或谢花后7d，每株20g进行树冠喷布，能有效控制夏梢生长，促发秋梢，提高果实品质和增加产量。使用时应注意，根施PBO宜在花前进行，宜早不宜迟。对于有机质含量丰富的土壤，PBO宜喷布不宜根施。施PBO后结果多，应注重疏果和加强肥水管理，以提高果实品质和经济效益。

六、调控荔枝枝梢生长

荔枝冬季11月至翌年1月遇到多湿温暖的天气会抽生冬梢，冬梢生长缓慢，枝条细弱，嫩叶小且不能正常老熟转绿，容易受冻害，多数品种冬梢不能在花芽分化前老熟，营养积累低，不能成为结果母枝。同时冬梢生长消耗了大量的养分，不利于树体养分积累和花芽分化，影响来年的开花结果，造成来年减产或欠收。荔枝控梢促花的原则是，根据不同品种花芽分化期的要求，采收后适时抽放2～3次梢，于末次秋梢结果母枝转绿或老熟后即可进行控冬梢促进花芽分化的管理措施。利用植物生长调节剂可成功地控制荔枝冬梢的萌发，促进成花，提高成花率及雌花比例，培养健壮的花穗，为翌年开花结果打下良好的物质基础。

1. 丁酰肼+ 乙烯利

当早熟品种在10月中旬、中熟品种在11月中旬、晚熟品种在12月上中旬冬梢长出5cm以下时用浓度为1000mL/L的乙烯利＋500～1000mg/L丁酰肼叶面喷洒，1周后嫩梢自然脱落。

2. 萘乙酸

在荔枝生长过旺、不分化花芽情况下，用200～400mg/L萘乙酸溶液喷洒全树，可抑制新梢生长，增加花枝数，提高果实产量。

3. 多效唑

用5000mg/L多效唑可湿性粉剂喷洒新抽生的冬梢或在冬梢萌发前20d土施多效唑，每株4g，可抑制冬梢生长，使树冠紧凑，促进抽穗开花，增加雌花比例。

4. 防止冲梢

荔枝梢尖顶芽和雏形叶的叶腋出现“白点”是花芽诱导成功的标志，“白点”实质上是披白色绒毛的萌动芽体。“白点”出现以后如遇到高温高湿环境，雏形叶会展开，花序原基的进一步发育受阻，芽向营养梢的方向发育，俗称“冲梢”现象。花穗“冲梢”后，会使已形成的花蕾萎缩脱落，成穗率降低，甚至完全变成营养枝。荔枝“冲梢”会造成不同程度减产，甚至绝收，已成为荔枝欠收的重要原因之一。

(1) 乙烯利　对花穗带叶严重的荔枝树，可用40%乙烯利10～13mL加水50kg喷雾，喷至叶面湿润而不滴药液为宜，以杀死小叶，促进花蕾发育。用乙烯利杀小叶时，必须掌握好浓度，过高易伤花穗，过低效果不好，气温高时使用低浓度。

(2) 多效唑和乙烯利 唐志鹏等（2006）用1000mg/L多效唑和800mL/L乙烯利在11月中旬处理6年生的鸡嘴荔，10d后再处理1次，显著提高了植株的成花率。

七、调控龙眼枝梢生长

冬梢是冬季萌发的营养枝，因其营养积累低，不能成为结果母枝。由于冬季温度较低，冬梢一般生长缓慢，枝条细弱，嫩叶小且不能正常老熟转绿，容易受冻害。同时，冬梢生长消耗了大量的养分，不利于树体养分积累和花芽分化，影响来年的开花结果，造成来年减产或欠收。龙眼的控梢促花已成为龙眼获得高产稳产的重要措施，利用植物生长调节剂进行控梢促花处理有使用简便、容易掌握等优点。

（一）抑制冬梢

1. 多效唑

龙眼叶片喷施多效唑，使节间变短、叶片增厚，提高叶绿素含量，叶片光合速率加快。在龙眼末次秋梢老熟后，用浓度为400～600mg/L的多效唑进行叶面喷施一次，以后每隔20～25d喷一次，可有效地抑制冬梢的抽生。据刘国强和彭建平（1994）报道，在秋末冬初花芽生理分化期处理明显促进花穗形成，500～2000mg/L范围内随着使用浓度的提高，龙眼的抽穗率及成穗率均较高。

2. 乙烯利

乙烯利是控、杀冬梢的常用药物。由于龙眼对乙烯利较为敏感，加上乙烯利的作用能随气温的升降而发生变化，故生产上常因使用不当而发生黄叶、落叶和树势衰退现象。用乙烯利控冬梢时，可在末次梢老熟后，用200mL/L乙烯利喷一次，以喷湿叶片为度，隔20～25d后重复一次，可有效抑制冬梢的萌发，不会出现黄叶现象；也可在冬梢未展叶或刚展叶时用250～300mL/L乙烯利喷一次，即可脱掉未展或刚展开的小叶，抑制冬梢继续伸长生长。用乙烯利800mL/L浓度处理后，龙眼叶片扭曲，甚至出现脱落现象，对树体生长有明显的伤害作用，影响枝梢的生长发育。

乙烯利能抑制龙眼的营养生长，控梢的浓度为300mL/L左右，以刚好喷湿叶背、叶面为度。一般是在冬梢抽出时喷施，其抑制效果可以维持20～30d，如果仍抑制不住，可以再喷浓度为250～300mL/L的乙烯利。在使用乙烯利时，应注意不能在弱树上使用，喷药时间宜在早上或傍晚，喷药时以喷湿叶片不滴水为度，不能重复喷或喷得太湿。一个冬季乙烯利只能喷2次，而且2次的间隔时间必须在15d以上。其他方法能够控制冬梢的情况下，应尽量少用乙烯利。

3. 丁酰肼

丁酰肼控制龙眼冬梢抽生较安全，在龙眼末次秋梢老熟后用1000mg/L丁酰肼喷施叶面，能有效控制冬梢抽生。丁酰肼与200～300mL/L乙烯利混合使用控梢效果更好。苏明华等（1997）在龙眼生理分化期（11～12月）选用200mg/L 6-BA＋2000mg/L丁酰肼处理两次，减少了冬梢抽生，明显提高了花穗抽生率以及花穗的质量，花穗冲梢比率明显下降。

（二）防止冲梢

龙眼在抽生花穗过程中，因受内部条件和外部环境因素的影响，常导致营养生长加强，花穗上幼叶逐渐展开、生长，或花序发育中途终止，花穗顶端抽生新梢，这种现象称为冲梢。花穗冲梢后，会使已形成的花蕾萎缩脱落，成穗率降低，甚至完全变成营养枝。龙眼冲梢一般发生在花序迅速分化期。冲梢有两种类型：一种是花穗上既有叶片又有花蕾，通常称为“叶包花”型的冲梢，一般发生较早，多在3月上中旬；另一种是花穗的中下部有少量花蕾，上部抽生营养枝，成为“花包叶”型的冲梢，发生时期较迟，多在3月下旬至4月上旬，外观上可见花序中途停止发育，花序主轴顶端转变成营养枝。龙眼冲梢不同程度地造成减产，甚至绝收，已成为龙眼欠收的重要原因之一。抽生花穗期间持续4～5d气温高于18℃，就容易出现冲梢花穗。

1. 乙烯利

花穗发生冲梢初期，可采用浓度为150～250mL/L的乙烯利抑制花穗上的红叶长大及顶芽的伸长，每隔5～7d喷1次，连续喷2次。龙眼使用乙烯利要特别小心，其对乙烯的反应比荔枝敏感，应用时要根据树势、气候条件灵活掌握浓度。浓度过高，会造成老叶和花穗大量脱落，一般以浓度150～250mL/L较为安全。

2. 多效唑

花穗发生冲梢初期用300mg/L多效唑喷施，可以抑制龙眼红叶的长大。

3. 细胞分裂素

当龙眼花穗主轴长5～6cm时，可喷施300～400mg/L细胞分裂素，可促进花穗的迅速发育，减少冲梢发生。

八、控制番木瓜的株高

随着果树设施栽培和果园机械的发展，要求果树的株型要矮化。当然，通过砧木选择和修剪可以使果树矮化，使用生长调节剂也可控制树高，特别是一些不便于短截的果树，如番木瓜。生产上应用多效唑处理，可抑制其营养生长，使节间缩短、树体矮化、茎干增粗。

1. 多效唑

杨清和刘国杰（2008）研究表明，15%多效唑可湿性粉剂400mg/L浸种可显著提高番木瓜幼苗的根冠比，降低番木瓜幼苗的株高，有利于繁育番木瓜矮壮苗。

2. 生长素

赵春香等（2003）用25mg/L、50mg/L、100mg/L IAA浸种12h能使番木瓜植株矮化，并能促进根系的生长，其中以25mg/L IAA处理对幼苗矮化作用最明显。50mg/L、100mg/L IAA和25mg/L、50mg/L、100mg/L NAA对根系生长有显著的促进作用，其中以100mg/L NAA处理对根系生长的促进效果最好，比对照提高了33.2%。用100mg/L GA_3和50mg/L、100mg/L NAA浸泡番木瓜种子12h也能明显增高番木瓜幼苗。

3. 赤霉素

播种前用560mg/L赤霉素或10%硝酸钾处理番木瓜种子15min，结果表明赤霉素处理的苗比其他处理的明显增高，而硝酸钾处理的苗更壮、更浓绿。

九、调控菠萝叶片生长

菠萝为多年生常绿草本植物，种子极细小。由于菠萝是异花授粉植物，一般自花不实，即使同一品种进行人工授粉也不能获得种子，故生产上不能用种子繁殖。只有不同品种进行人工授粉，才能获得种子，而且在杂交育种上才用种子繁殖。随着菠萝密植栽培技术的推广，对芽的需量增大，而一株母株产生的芽数量有限，单株继代繁育5～6株，仅占全株休眠芽的20%左右，因此，需要利用植物生长调节剂促进芽的萌发，提高繁殖系数。常用的催芽剂主要有乙烯利和整形素。

1. 乙烯利

广东省农业科学院果树研究所用卡因品种进行催芽试验，每株选低位叶2片，每片叶的叶腋注入10mL浓度为25～500mL/L的乙烯利药液，均有效增加吸芽数，以25～75mL/L浓度效果较好，处理后吸芽数明显增加。经处理的平均每株吸芽数为1.8～2.3个，对照1.0个，但抽芽期没有提前。

2. 整形素

日本曾有报道，应用整形素促进菠萝果实芽的生长，一般单株果实芽为7.5～15.7株，个别达32株。据南非报道，应用整形素对每公顷种植4.3万株的大田菠萝处理2次，每公顷可增加

100万株，平均单株增芽23株。1988年广西农科院报道，应用833mg/L整形素处理“4382”品种，平均单株增芽6.8株，个别达30株。据报道，浓度50～750mg/L的整形素均能明显抑制菠萝植株生长发育，活化休眠芽，使花芽转变为叶芽的生理效应，浓度越高，抑制作用越强，诱芽效果越好，芽体越健壮。其中，应用整形素250mg/L或500mg/L，处理后平均单株增芽15～25株，个别达50株。

十、调节其他果树的株高

（一）苹果

苹果树新梢生长一般有3次生长高峰期，即春梢（萌芽后至5月上旬）、夏梢（5月中旬至7月中旬）和秋梢（7月中旬至9月下旬）旺盛生长。已经结果的树新梢生长一般有两个生长高峰期，即4月上旬至5月下旬、7月下旬至8月中旬，但不同地区、不同年份、不同品种有差异。新梢生长通常在春季，日平均气温达5℃以上，地温7～8℃，经过10～15d开始萌芽。新梢生长可以分为开始生长、迅速生长、缓慢生长及二次生长与停止生长几个阶段。密植苹果树尽管进入丰产时期早，但是树龄小，所以新梢生长势较强，二次生长高峰仍较明显。苹果树经植物生长调节剂处理，可有效调节枝梢生长。Unrath（1988）于苹果幼树栽植后的第2～4年每年喷施1次300mg/L BA，发现喷施处理能使植株产生较多分枝，栽植后的7年生长点增多，枝条开张角度变大，树形得到很大改善，树体生长势由旺盛变为中庸，产量较对照提高177%。对于BA作用效果的研究也使化学促分枝技术得到广泛应用，并开发出多种以BA作用为基础的商品试剂，如Promalin（普洛马林，有效成分为BA和GA_{4+7}，二者各占1.8%）。

（二）梅

对幼年梅树土施每株0.2～0.5g多效唑，能明显地抑制当年新梢生长，使得新梢增粗、节间缩短，但不可连年使用，要观测梅树的生长情况，确定下一次使用多效唑时间。对于盛果初期梅树，当生长势偏旺，可选择穴施0.125g/m²多效唑，1株梅树约施多效唑1.5g（有效成分），可有效抑制新梢生长，促进花芽形成，提高果实品质。

（三）樱桃

樱桃的芽可分为花芽和叶芽两类。樱桃的顶芽都是叶芽，侧芽有叶芽和花芽，因树龄和枝条的生长势不同而异。幼树或旺树上的侧芽多为叶芽，成龄树和生长中庸或偏弱枝条上的侧芽多为花芽。樱桃的萌芽力较强，但各种樱桃的成枝力有所不同。中国樱桃和酸樱桃成枝力较强，甜樱桃成枝力较弱。一般在剪口下抽生3～5个中长枝，其余芽抽生短枝或叶丛枝，基部极少数芽不萌发而变成潜伏芽。樱桃幼树生长旺盛，控制不力当年生枝易徒长，影响花芽分化，容易造成树冠郁闭，结果期推迟。由于樱桃成枝力较低，下部芽不易萌发，容易出现枝条下部光秃现象。利用生长调节剂可以较好地控制幼树旺长，促进花芽形成，提高早期产量。

樱桃在萌芽前每平方米树冠投影面积土施1～2g多效唑，或新梢迅速生长期叶面喷施多效唑200～2000mg/L，均能较好地控制幼树旺长，促进花芽形成，提高早期产量。

樱桃在萌芽前每平方米树冠投影面积土施5～10g PBO，或新梢迅速生长期叶面喷施200～400倍PBO稀释液，能较好地控制幼树旺长，促进花芽形成，提高早期产量。

（四）杏

杏幼树生长旺盛，枝梢极易徒长，影响杏树的花芽分化。采用PP_{333}、PBO等生长调节剂来控制杏树营养生长，抑制茎部顶端分生组织区细胞分裂和扩大，使节间缩短，使营养生长与生殖生长的矛盾趋于缓和，有利于短果枝的形成和生长，促进花芽分化。

刘太国在7～8月份对金太阳杏幼树连续喷布3次330～1000mg/L多效唑溶液，间隔期为15d，具有明显的控梢促花作用，其中以500mg/L处理效果最好。瓣脱落后约15d，用1000mg/L多效唑溶液叶面喷洒，可抑制树枝总长度，利于结果。设施栽培中，杏果实采收后，在6～7月份用750mg/L多效唑溶液叶面喷施3次，控制新梢旺长明显。

PBO对新梢生长具有显著的调控作用，胡友军在新梢进入迅速生长期的前期对凯特杏进行叶面喷施50～200mg/L PBO，随着浓度的增加，其新梢的长度明显减小，节间长度变短。刘新社等在美国杏开花前7～9d，即花蕾露红期和果实膨大期各喷1次200～250倍的PBO稀释液，可控制梢生长，提高坐果率。朱凤云等研究认为，杏树一年喷施4次PBO后，可抑制新梢的旺长，使节间变短，提高短果枝比例和坐果率，是取代环剥和多效唑的有效方法。

（五）枇杷

枇杷促进花芽分化时间是6月下旬至8月下旬，在7月上旬和8月上旬各喷一次500～700mg/L多效唑可控制夏梢疯长。大五星枇杷幼树土施多效唑0.6g/m² 树冠投影面积结合叶面喷施多效唑1000mg/L 2次，能适度控制枝梢生长，保持中庸树势，促使营养枝与结果枝比例协调。而汤福义等报道枇杷土施多效唑0.5g/m² 树冠投影面积＋叶面喷施多效唑1000mg/L 2次，控梢效果明显；而土施多效唑1g/m²＋叶面喷施1000mg/L 2次对枝梢的抑制作用太强，容易形成大小年。

早钟六号枇杷经多效唑120～150mg/L＋磷酸二氢钾500倍液＋硼砂400倍液在7月中旬均匀喷洒一次，隔20d再喷1次，总抽花穗率可达到74.3%～76.0%。刘素君等研究认为，土施多效唑0.5g/m² 树冠投影面积，可使枇杷早花、早果、早丰产。但土施多效唑后有残效期问题，其抑制作用可持续多年；如果出现土施多效唑对枝梢生长抑制过度，可采用叶面喷布GA_3以逆转多效唑阻碍。

施用矮壮素1000～2000mg/L，对控制枇杷枝梢生长、催促开花和改善花穗外形也有良好的效果。

6月中旬（夏梢13～16cm）时喷200～300倍PBO稀释液，控梢促花效果明显，树势健壮，细胞液浓度提高，抗冻性增强，可避免多效唑施用过量而产生的不良现象。

（六）猕猴桃

米良一号猕猴桃于4月底至5月初喷一次2000～3000mg/L的多效唑，新梢的生长受到明显抑制，新梢长度随着处理浓度的增加而减少，翌年植株的成花量增加，萌芽率和结果枝比率明显提高。当猕猴桃新梢长至30～35cm时，叶面喷布1次或2次2000～4000mg/L多效唑，可显著地降低新梢长度，增加中短枝比例，抑制生长的效应可延续到翌年，并可显著地增加花芽数量，花芽量随喷布浓度的加大呈增加趋势。3000mg/L一次处理不影响果实大小，二次处理则使果实变小。土施多效唑控制猕猴桃枝梢生长，施用最佳时期是萌芽期或头年秋季，施用量以2.0～4.0g/株为宜。

中华猕猴桃幼树，在当年新梢旺盛生长开始时，喷布2000mg/L丁酰肼（B_9），能有效地控制营养生长，减少新梢的生长量，改变新梢的生长节奏，提高短枝的比例。

（七）无花果

近年来南方发展无花果较多，由于南方温度高、雨水多、湿度大，无花果营养生长旺盛，当年新梢可达1.5～2.0m。在生长季节应于每次新梢展叶期进行摘心，留梢长度一般不超过20片叶，结合施用多效唑（PP_{333}）控制枝梢旺长。

赵兰枝等（2006）采用800mg/L的NAA、IAA、IBA、2,4-D处理无花果插条基部后进行水培试验，观测了不同处理的生根和萌梢情况，结果表明：IBA、NAA处理的无花果插条生根和萌梢效果较好，其中IBA处理的插条生长最好，水培第8d开始生根，第12d开始萌发新梢，平均根量达25.3条、根长5.9cm，萌梢量为16条，新梢长度2.9cm、叶片数45片、叶面积达28.4cm²，生根率和萌梢率均为100%。

（八）核桃

朱丽华等（1994）在8年生晚实嫁接核桃上的试验表明，春季新梢长15cm左右时，叶面喷施1000～2000mg/L PP_{333}，可显著抑制核桃树的营养生长，新梢长度、节间长度、新梢粗度、干径和叶面积均明显减小。

在增加树体营养生长的基础上，采用环剥、喷布 1500mg/L B_9 溶液措施，可以有效控制幼树的枝梢生长，从而促进结实。

花后喷施 50mg/L GA_3，可促进枝梢伸长生长，增大树体冠径，增加雌雄花量和坚果数。在枝梢生长前期喷施两次（间隔 15d）500～1500mL/L 乙烯利，能降低核桃幼树树高，缩小干周和促进幼树提早结实，以 1500mg/L 乙烯利的效果最好。

矮壮素对核桃新梢生长具有显著的影响，能抑制核桃的营养生长。建议使用矮壮素的浓度为 200mg/L，浓度过高会影响光合作用。

（九）草莓

喷布 250mg/L 多效唑对草莓匍匐茎的生长长度、株高以及叶柄长度都有明显的抑制作用，同时，有增加草莓产量的作用。但是不能过多使用多效唑，否则会造成抑制作用过大，如 500mg/L 溶液喷布后，不仅对草莓有极强的抑制作用，而且还能造成减产，而且直到翌年 5 月果实发育期间，仍有较大的抑制作用，光合面积严重减少。

赤霉素具有解除多效唑对草莓抑制作用的效果，叶面喷布 20mg/L 赤霉素溶液后，1 周左右即可见效。经赤霉素处理后，长期受多效唑严重抑制的草莓，植株明显增高，叶柄明显加长，生长势加强。

为了抑制草莓匍匐茎的发生，在 6 月中旬和 7 月上旬分别喷布一次 2000mg/L 矮壮素，能收到良好的效果。为使早期在匍匐茎萌发的苗株粗壮，并减少后期匍匐茎的小苗，在 8 月上旬、中旬各喷 1 次 2000mg/L 4%的矮壮素，效果也很好。

（十）枣

在枣成龄树开花前用 3000～4000mg/L 98%丁酰肼可湿性粉剂进行全树喷洒，或在花前施用 2g/L 丁酰肼 2 次，喷洒后能抑制枝条顶端分生组织生长，使新梢节间变短、枝条加粗、皮层加厚，抑制新梢生长效应在施用后 1～2 周见效，持续 50d 左右。

（十一）板栗

朱长进等（1992）报道，用 1000mg/L BA 抑制了板栗新梢的增粗生长和叶片扩大，500mg/L PP_{333} 在一定程度上减缓新梢伸长生长，同时抑制了叶片扩大，而 200mg/L GA_3 虽然能增加结实率，但其作用效果主要表现为加速新梢伸长生长。

（十二）芒果

芒果花芽是混合花芽，在花序形态分化期遇高温天气易带叶冲梢，应用 40%乙烯利 7～8mL 加水 15kg 对花序小叶喷雾，喷至叶面湿润而不滴药液为度，可抑制花穗小叶叶面积进一步扩大，2～3d 后小叶脱落，促进花芽发育。

第四节 提高抗逆性

植物在长期与自然界相抗争的进化过程中，形成了相应的自我保护机制，从感受环境条件的变化到调整体内新陈代谢，直至发生有遗传性的根本改变，并且将抗性遗传给后代。植物的抗逆性是指植物具有的抵抗不利环境的某些性状，如抗寒、抗旱、抗盐、抗病虫害等。植物生长延缓剂 CCC、PP_{333}、丁酰肼（比久）等均能增强苹果、柿、核桃、樱桃等多种果树的抗寒、抗旱能力。

一、提高苹果抗逆性

1. 茉莉酸

苹果幼苗用 50～150mg/L 茉莉酸处理可使气孔开度减小 27.4%～63.8%。茉莉酸处理可显著降低苹果幼苗叶片相对电导率，提高脯氨酸和可溶性糖含量，从而减轻干旱对质膜的伤害，增强苹果树体在干旱条件下的抗脱水能力。

2. 多效唑

单喷 1000mg/L 多效唑和混合喷施 1000mg/L 多效唑＋1000mg/L B_9 可抑制红富士苹果新梢生长，对降低一年生枝髓部受冻褐变有明显效果。

3. 黄腐酸

平邑甜茶是世界上最优良的苹果砧木，所嫁接的苹果品质好、寿命长。海棠砧苹果可活 50 年，而平邑甜茶砧苹果可活 100 年，并有一定的矮化作用。干旱胁迫条件下，黄腐酸和甜菜碱单独使用或两者配合使用均能不同程度提高平邑甜茶叶片可溶性糖、脯氨酸及可溶性蛋白含量，提高了过氧化物酶（POD）、超氧化物歧化酶（SOD）和过氧化氢酶（CAT）活性，降低丙二醛（MDA）含量，提高其叶片相对含水量，改善其叶片含水状况，增强叶片净光合速率及水分利用率，从而缓解平邑甜茶的受旱程度。且两者配合喷布效果较好，即黄腐酸 200mg/L＋甜菜碱 100mg/L。

4. 多巴胺

多巴胺（3,4-二羟基苯乙胺）作为植物儿茶酚胺中的一员，可以与其他激素相互作用从而影响植物生长发育。以长富-2 苹果两年生盆栽幼苗为试材，在短期自然干旱胁迫条件下，于根部定期施用 100μmol/L 多巴胺溶液。结果表明，多巴胺能显著提高其抗旱能力，主要表现在干旱条件下维持叶片的保水力，降低电解质外渗，保持叶绿素的稳定和光合能力。

5. 褪黑素(N-乙酰-5-甲氧基色胺)

褪黑素在植物中的含量随昼夜变化而不同，在暗期达到最高值，在光期达到最低值，这表明褪黑素参与了植物光周期的调节。以苹果砧木平邑甜茶一年生幼苗为试材，在水培条件下，外施 0.1μmol/L 褪黑素能够缓解盐胁迫对平邑甜茶生长及光合速率的抑制作用，抑制叶绿素的降解，同时能减轻盐胁迫下的膜损伤。其耐盐性与其作为抗氧化剂的功能有关，主要表现在减少了过氧化氢（H_2O_2）的积累，增强了过氧化氢酶（CAT）和过氧化物酶（POD）等的活性。

二、提高香蕉抗逆性

1. 多胺

低温胁迫前用 1mmol/L 多胺喷洒香蕉叶片，可以提高香蕉叶片中过氧化物酶活性、降低电解质渗漏率、增加可溶性糖和脯氨酸的含量，有助于提高香蕉的抗寒力。

2. 2,4,5-三氯苯氧乙酸

梁立峰等研究表明，0.05％多效唑处理可减轻香蕉冷害。据刘长全报道，20mg/L 脱落酸和 1000mg/L、1500mg/L 2,4,5-三氯苯氧乙酸（2,4,5-涕）在喷后 1 周内，或 500mg/L 和 1000mg/L 缩苹果酰联氨在喷后 2 周内，或 3000mg/L 缩苹果酰联氨在喷后 3 周内，都能减轻香蕉的冷害，提高香蕉的产量。1000mg/L 和 2000mg/L 矮壮素、1000mg/L 和 2000mg/L 丁酰肼也可增加香蕉的抗寒力；100mg/L 和 500mg/L 的癸烯酰琥珀酸能有效减轻香蕉的冷害，提高香蕉的产量。

3. 矮壮素、丁酰肼

在生长前期用矮壮素处理植株，使植株矮壮，抗风力增强。使用矮壮素可使粉蕉矮化 50～70cm。1000mg/L 和 2000mg/L 矮壮素、1000mg/L 和 2000mg/L 丁酰肼也可增加香蕉的抗寒力。

4. 水杨酸

香蕉幼苗经 41～124mg/L 水杨酸昼夜温度（22/15℃）预处理 1d 可显著降低 7℃低温胁迫造成的膜内电解质泄漏，减少 5℃低温引起的萎蔫面积，提高抗寒性。

5. 芸薹素内酯

刘德兵等（2008）研究表明，芸薹素内酯（BR）可以影响冷胁迫处理后香蕉幼苗的生理代谢，其中 0.9mg/L BR 可以明显减轻植株的冷伤害程度，减少叶片萎蔫面积，降低冷胁迫期间电解质外渗率，减缓叶绿素降解，提高可溶性糖和可溶性蛋白含量，对冷胁迫期间香蕉幼苗的保护效果最好。

6. 茉莉酸甲酯

茉莉酸甲酯（MeJA）提高香蕉幼苗在低温胁迫下POD活性，降低超氧阴离子的产生速率与细胞膜电解质外渗率，提高叶片脯氨酸与可溶性糖含量，对提高香蕉幼苗的耐寒性有明显的促进作用。其中，以浓度为44.9mg/L的MeJA处理诱导香蕉幼苗的抗寒效应最佳。在生长前期用矮壮素处理植株，可使粉蕉矮化50～70cm，抗风力增强。

三、提高杏抗逆性

1. 多胺

在干旱胁迫下，对1年生金太阳杏苗（毛桃为砧木）喷施1.0mmol/L亚精胺（Spd），可增强金太阳杏苗在干旱胁迫环境的适应能力。主要表现在促进杏苗叶片可溶性糖含量、脯氨酸含量、MDA含量、叶绿素总含量的增加以及大部分光合参数的提高。

2. 脱落酸

魏安智等以8年生仁用杏为试材，于花芽膨大期喷施18mg/L ABA，能在不影响仁用杏花蕾、花朵和幼果发育情况下，提高仁用杏花期的抗寒性。对扁杏品种7年生树在花芽膨大期喷施20mg/L ABA，可防止其花和幼果遭遇春季低温和晚霜的危害。因为杏开花坐果期喷施ABA可导致内源ABA的增加，抑制GA_3的形成，使得ABA/GA_3值增大，可溶性糖含量增加，POD和SOD活性增强，MDA含量降低，导致质膜透性减小，膜结构的完整性得到保护，从而提高杏抗寒性。

3. 赤霉素

在龙王帽大扁杏蕾期和花期喷施0.08mg/L GA_3溶液，可抑制低温胁迫下膜脂过氧化作用，并降低花器官中MDA含量，增强其抗寒性。

4. 芸薹素

白建军研究发现于低温胁迫下于蕾期和花期喷施≥1.4mg/L芸薹素内酯溶液，可提高花器官中脯氨酸含量，抑制膜脂过氧化作用，降低MDA含量，提高其抗寒力。

四、提高其他果树的抗逆性

（一）梨

多效唑（PP_{333}）对南果梨幼苗苗高具有抑制作用，可提高其抗寒能力。酥梨于盛花期、新梢旺盛生长期2次喷施1000mg/L PP_{333}，叶片脯氨酸含量提高24.3%，并提高了树体脯氨酸含量，可在一定程度上提高植株抗寒能力。

胡春霞（2010）以二年生南果梨幼苗为试材，喷施浓度为450mg/L的复配PP_{333}+6-BA（按体积比1∶1混合），可使南果梨幼苗地径粗壮，苗高适中，枝条相对电导率、丙二醛含量降低，脯氨酸含量、可溶性糖含量升高，苗木的抗寒能力增强。

（二）桃

喷施多效唑可抑制赤霉素的形成和新梢生长，增强了桃树的抗寒能力。

PBO可提高桃树抗寒性，有效防治桃树晚霜冻害与幼树冻旱抽条危害。石晓萍（2015）以沙红桃、甜桃王和阿布白桃2年生苗为试材，用PBO处理后沙红桃、阿布白桃越冬抽条死株率为0，甜桃王死株率为6.67%；而对照树抽条死株率沙红桃为26.67%，阿布白桃为33.33%，甜桃王为40%。

（三）核桃

核桃在新梢15cm长时叶面喷布1000～2000mg/L多效唑能显著减少新梢生长量，提高枝条可溶性糖含量，从而提高抗冻性，避免越冬抽条。山核桃幼树喷施 2000mg/L 多效唑可提高其抗寒性。

（四）葡萄

王文举等对红地球葡萄施用抑制生长调节剂对抗寒性的影响试验表明，秋季喷施 200mg/L 赤霉素、1000mg/L 青鲜素或 100mg/L 乙烯利都可以提高葡萄的抗寒性；1000mg/L 青鲜素＋100mg/L 乙烯利的混合液处理较好。其原因可能与青鲜素、乙烯利抑制葡萄夏芽副梢生长，促进营养回流积累有关。

单喷施 200mg/L 赤霉素、混喷 200mg/L 赤霉素＋100mL/L 乙烯利，可显著降低红地球葡萄细胞电解质渗出率和体内丙二醛含量，从而提高植株的抗寒性。

5 年生红地球葡萄单喷 100mL/L 乙烯利或混喷 100mL/L 乙烯利＋100mg/L 青鲜素，其根系电导率和丙二醛的浓度较低，抗寒性增强。其原因可能与青鲜素、乙烯利抑制葡萄夏芽副梢生长，促进营养积累有关。

3 年生夏黑和红地球葡萄在果实着色初期全株喷施 250mg/L ABA，可提高葡萄的抗逆性。幼苗期喷施 5.0mmol/L 水杨酸可提高巨峰和里扎马特根葡萄的抗寒性；1.0mmol/L SA 喷施全球红葡萄幼苗叶片，起到相同的效果。

（五）猕猴桃

低温冻害条件下用氨基寡糖素喷施猕猴桃，可使植株表现出较好的抗逆性，生理状态也得到改善，果实品质得到提高，耐贮性增强，并有一定的增产效果。

1 年生秦美实生苗和 2 年生海沃德盆栽苗喷施 60μmol/L 的 ABA 后，MDA 和 H_2O_2 含量降低，谷胱甘肽、植物激素、抗坏血酸和部分有机酸含量增加，抗旱性提高；而且持续喷施 ABA 的效果优于一次性使用和对照，干旱 4d 时使用要优于干旱 6d 时使用和对照。

（六）草莓

盐胁迫下，草莓地上部对盐胁迫的敏感性大于地下部，根冠比增大，外源多胺能够增加 NaCl 胁迫下草莓的根冠比。用 1×10^{-3} mol/L 和 1×10^{-4} mol/L 精胺（Spm）、1×10^{-4} mol/L 和 1×10^{-5} mol/L 亚精胺（Spd）处理，根冠比显著增加，有利于根部储存较多的 Na^+，能降低 NaCl 对叶片的伤害，提高植株的耐盐性。

（七）柑橘

喷施低浓度的脱落酸可增加柑橘类植物的耐盐性。

在晚秋梢萌发前期叶面喷施 250～2000mg/L 多效唑，对 5 年生宫川蜜柑的晚秋梢具有良好控制作用，增强其抗寒性。

干旱胁迫下，分别用 0.1mmol/L、0.5mmol/L 和 2.5mmol/L 水杨酸处理红肉脐橙、国庆 4 号温州蜜柑和枳，可增强叶片膜透性，提高抗旱能力。

（八）荔枝和龙眼

低温胁迫下喷施 1000mg/L 壳聚糖＋50mg/L 水杨酸，可使 15 年生桂味品种荔枝叶片脯氨酸、可溶性糖、叶绿素的含量增加，保护酶的活性也增加，MDA 的含量减少，明显提高荔枝的抗寒性。

长时间干旱和盐胁迫下龙眼叶片 ABA 含量显著增加，但没有改变 IAA 的浓度。对自然水分胁迫下的龙眼幼苗喷布 150mg/L 矮壮素，可有效减轻干旱对龙眼幼苗造成的伤害。

（九）芒果

Kishor 等发现多效唑可以减少盐胁迫作用对芒果的伤害，利用多效唑可以提高盐渍化地区芒果的产量和质量。

第五节 株型与花性调控

果树部分树种雌雄异株，如番木瓜、橄榄，也有一些树种是雌雄同株异花，如荔枝、芒果等，这些雌雄异株果树雌株与雄株的分布及雌雄同株异花的雄花和雌花的分布通常受遗传基因的支配，但是在雌雄同株异花果树苗期或花芽分化期用植物生长调节剂处理，可有效地增加番木瓜、板栗、核桃等果树雄花败育数量，减少雄花比例，增加雌花数量，常用药剂有NAA、乙烯利、PP_{333}等。

一、银杏的花性调控

银杏是雌雄异株的木本植物，其花器官的形成需要在5～6年生植株上方可显现出来，激素处理可以明显改变银杏的性比。

1. 赤霉素

离体培养银杏试管苗在90d时性别已分化。赤霉素可改变银杏试管苗雌雄株数的比例，而且雌雄株数比例的变化与植物激素的浓度有关，当GA_3浓度为10mg/L时，雄株的比例最大，达到86.67%。

2. 乙烯利

乙烯利可以改变银杏试管苗雌雄株数的比例，而且雌雄株数比例的变化与植物生长调节剂的浓度有关，乙烯利在浓度为5mL/L时雌株比例最大，高达90%。

二、板栗的花性调控

1. 赤霉素

板栗在雌花分化期叶面喷施GA_3时雄花节位减少，在雌花分化期叶面喷施50mg/L、100mg/L GA_3和100mg/L BA能显著提高雌花与雄花的比值。

2. 乙烯利

乙烯利对板栗雌花分化具有显著的抑制作用，促进雄花分化，并使雄花序节位增多。

3. 多效唑

4月中旬于节节红板栗花序始露时，整株喷洒750mg/L多效唑，结果显示，雌花花序数量比对照增加70%，结蓬数比对照提高75%。多效唑处理可显著增加雌花数和结蓬数，提高产量。

三、核桃的株型与花性

核桃花单性，雌雄花同株，而且具雌雄异熟性。提高雌花比例才能增加核桃丰产的潜力，生产上有用植物生长调节剂改变花性的报道。

1. 赤霉素

雄花成花比例与GA含量呈显著正相关，较高的内源GA含量促进核桃雄花分化。用GA_3＋三碘苯甲酸（TIBA）喷施核桃幼叶可增加雌花芽数量；整形素可有效地增加核桃雄花败育数量，但不影响雌花分化数量。

2. 多胺

徐继忠以5～7年生早实核桃品种辽宁1号为试材，研究外源多胺对核桃雌雄花芽分化及叶片内源多胺含量的影响。两年试验结果表明，喷布0.1mmol/L或1mmol/L腐胺（Put）和亚精胺（Spd）可显著增加雌花数，提高雌雄花芽比例。在核桃雌雄花芽分化期喷施0.1mmol/L或1mmol/L腐胺（Put）、0.1mmol/L或1mmol/L亚精胺（Spd）可调控早实核桃（辽宁1号、中林5号）花芽分化向雌性分化转变，且表现出促雌抑雄的双重效果，其效果随浓度的降低而下降。同时，外源喷施0.1mmol/L或1mmol/L甲基乙二醛（MGBG）能调控花芽分化向雄性分化转变。

3. IBA

在核桃品种希尔（Serr）上的试验表明，在新梢旺盛生长的 6～7 月份喷施 25～30mg/L IBA，对促进雌花发育有一定的效果。

4. 6-BA

在核桃品种希尔（Serr）新梢旺盛生长的 6 月份和 7 月份喷施 25～50mg/L 6-BA，对促进雌花发育、防止雌花脱落有一定效果，其效果相当于冬季疏雄。

5. 乙烯利、甲哌鎓

段泽敏等研究结果表明：28 年生辽河一号核桃品种在雄花序萌动至伸长期配合乙烯利和甲哌鎓使用，可使核桃雄花在用药处理后 24h 开始大量脱落，100h 以内累计脱落率大于 80%。

四、葡萄的株型与花性调控

花性有 3 种，雄花、雌花和两性花（也叫完全花）。栽培品种绝大多数为两性花，少数为雌花；野生种多为雌雄异株，也有极少数为两性花的株系，如双庆山葡萄和塘尾刺葡萄。山葡萄开花前 15d（花序分离前期）是其雄株性别转换的最佳处理时期，采用氯吡脲（CPPU）可诱导雄株花朵性反转，以 100mg/L CCPU 为最佳处理浓度。CPPU 处理降低了山葡萄雄株花朵的花粉萌发率。CPPU 处理后雄株花朵中的 4 种植物激素含量和平衡关系表现出不同的变化趋势，CPPU 可能是通过调节花蕾植物激素在不同时期的水平及其平衡关系进而调控雌雄蕊的发育进程，最终实现山葡萄雄株性反转的诱导。

五、猕猴桃的株型与花性调控

猕猴桃是原产于中国的重要水果资源，为多年生雌雄异株落叶藤本植物。猕猴桃属植物多数为雌雄异株，有少数为雌雄同株或两性花，存在性别的多样性。同时雌雄同株或两性花是暂时性的偶然现象，不能每年稳定地表现。

1. 赤霉素

GA_3 含量在软枣猕猴桃雌雄花发育不同时期差异显著。在雌花中，GA_3 含量一直呈缓慢递增趋势，开花前含量最高达到 21.98mg/L。在雄花发育过程中 GA_3 含量的最高值出现在两性期，之后随着雄花的发育 GA_3 含量逐渐降低，至小孢子时期降至最低，仅为雌花 GA_3 含量的 1/2，但在雄花开花前含量却又急剧上升。可见，GA_3 含量的增加有利于软枣猕猴桃雌花的发育，仅在雄花花粉成熟过程中起到重要的调控作用。

2. 生长素

桃雌雄花中 IAA 含量在雌花发育过程中一直呈递增趋势，开花前期含量达到最高值(27.92mg/L)；在雄花中 IAA 含量随着两性向单性花转变逐渐减少，到小孢子时期降到最低值(13.84mg/L)；随着花粉粒的发育至成熟，IAA 含量急剧升高，到开花前达到 22.23mg/L。推测 IAA 在软枣猕猴桃雌花发育过程中有利于雌花由两性花到单性花的转变，而不利于雄花的发育，仅在花粉成熟过程中起到正调控作用。

3. 玉米核苷素

猕猴桃花中 ZR 含量较低，但对性别分化的影响较大。在雌雄花发育过程中，ZR 含量除在四分体时期差异显著外，其他时期差异也极显著。在四分体时期之前雄花 ZR 含量先上升后降低，雌花则先降低后上升。而从四分体时期到大、小孢子时期变化较平缓，但之后雄花 ZR 含量急剧下降，到开花前 2d 下降到 0.29mg/L，是雄花发育过程中的最低值；而雌花 ZR 含量急剧增加，到开花前 2d 达到 1.33mg/L，是雌花发育过程中的最高值。可见高水平的 ZR 有利于雄花早期的发育和雌花晚期的发育。

4. 脱落酸

ABA 含量在软枣猕猴桃雌雄花发育的几个不同时期变化比较平缓，雄花 ABA 含量一直高于雌花，ABA含量最高值均出现在两性花期，雌、雄花ABA含量分别为0.584mg/L和0.454mg/L；二者在大、小孢子时期差异不显著，之后雄花ABA含量略有上升，而雌花则有一个较为明显的下降过程，到雌花开花前2d ABA含量降至最低。ABA含量在雌雄花发育的不同时期差异小，变化趋势也基本一致，表明其对雌、雄花性别发育的影响较小。

六、荔枝的株型与花性调控

荔枝有三种性别的花：雄花、雌花及少数两性花。但在单花开始分化时均具有两性体原基，直至性母细胞减数分裂期，两性器官的分化仍正常同步地进行，其雌、雄蕊的特化和性别差异是在减数分裂之后才开始发生。使用植物生长调节剂可改变花性。

1. 生长素与异戊烯基腺苷类

东刘1号荔枝在雌花发育进程中，其IAA含量一直高于雄蕊，在减数分裂期，其浓度比雄蕊高出2.16倍；iPAs含量也一直高于雄蕊，至大孢子发生发育期，高达5.48倍。这一趋势正好与雄花中的雄蕊发育趋势相反，说明较高浓度的IAA和iPAs有利于雌蕊的发育。

2. 乙烯利

梁武元等以8年生糯米糍荔枝品种为试材，1月中旬叶面喷施1000mg/L B_9＋500μL/L乙烯利，可使花序变短，雄花量减少，雌花量增加，雌花/雄花比值提高，开花期延迟。在荔枝花芽生理分化末期至花芽形态分化初期喷洒乙烯利花量减少，相应雌花比例增加，2000mL/L、1000mL/L、500mL/L乙烯利处理雌花比对照分别增加31.25％、16.51％和4.25％，因为乙烯利有杀雄促雌作用，诱导雌花发育。以6年生长势一致的鸡嘴荔枝品种为试材，蒋晔研究结果表明，喷施400mg/L和800mg/L乙烯利可提高其成花率，末次梢成花率比对照（喷清水）分别提高了7.15％和18.59％。开花后经乙烯利处理的荔枝明显延长其雌花开放天数，400mg/L和800mg/L乙烯利处理比对照分别延长雌花开放3d和4d。也有报道称在荔枝花芽分化期喷施乙烯利有利于提高妃子笑荔枝雌花的比例。

3. 烯效唑

王令霞等研究结果表明，叶面喷施0.6g/L烯效唑＋0.8mL/L乙烯利和0.8g/L烯效唑＋0.8mL/L乙烯利，可明显控制妃子笑荔枝枝梢的生长，提高荔枝的成花率、坐果率和雌花比例；但叶面喷施0.2g/L烯效唑＋0.8mL/L乙烯利时效果不明显。而18年生妃子笑荔枝花穗喷施60mg/L烯效唑（S-3307）可推迟开花时间，延长花期，显著提高雄花量，利于提高初始坐果量，并可诱导果实种子的败育，使焦核果增多。

4. 萘乙酸

胡香英（2016）以18年生妃子笑和16年生紫娘喜荔枝品种为试验材料，分别用67mg/L萘乙酸、10mg/L氯吡苯脲喷施花穗，发现可显著提高雄花量，降低雌花量。对于紫娘喜荔枝品种，其雌花率分别为0.91％和5.16％；而对于妃子笑荔枝品种，用萘乙酸处理花穗后其雌花率也极低，仅为5％，初始坐果量4粒。但是，用130mg/L萘乙酸喷施妃子笑花穗，能抑制雌花的形成或引起雌性器官的衰退，降低雌花量和初始坐果量，导致产量明显降低。

七、芒果的花性调控

芒果是雌雄同株异花植物，花有雄性花和两性花之分，着生于同一花序上，大多数品种的两性花占5％～60％，因品种、花芽分化时的气候和树体营养状况、开花的时间和气候条件、树龄等条件不同而异，两性花比率高的品种通常较丰产。

1. 萘乙酸和矮壮素混合剂

在芒果花芽分化前每隔1个月喷布3次100mg/L萘乙酸和200mg/L矮壮素，两性花与雄花比分别为1∶4.6和1∶7.8。从9月起每隔10d，连续喷8次200mL/L乙烯利，两性花达9.9％，对照仅为1.86％。

2. 赤霉素

在芒果开花时，喷施 50mg/L 赤霉素，可减少畸形花，比对照增产 4 倍。

3. 马来酰肼和丁酰肼

萘乙酸、马来酰肼、丁酰肼和矮壮素都能改变芒果雌花和雄花的比例。其中，马来酰肼、丁酰肼和矮壮素减少了雄花而增加了两性花，萘乙酸在两年试验中既增加了芒果两性花，也增加了雄花；但两性花增加的数量多一些。萘乙酸的最佳浓度为 50mg/L 和 100mg/L，马来酰肼的最佳浓度为 1000mg/L，丁酰肼和矮壮素的最佳浓度为 2000mg/L。

八、番木瓜的株型与花性调控

番木瓜花可分为雌花、雄花和两性花。番木瓜的花从叶腋中抽出，随着植株进入生殖生长，每个叶腋均会抽生花芽并形成花蕾。番木瓜有雌株、雄株和两性株。雄株不能结果，在生产上应该剔除；雌株和两性株能结果，是生产上的有效植株。雌株花性稳定，结果能力强，是主要的结果株；两性株易受外界环境因素影响，花性不稳定，结果能力比雌株差。

1. 整形素、乙烯利和三碘苯甲酸

印度农业研究所的实验证明，定植前用整形素、乙烯利和三碘苯甲酸处理番木瓜幼苗，可增加雌株比例，尤其施用 100mg/L 整形素的效果最为显著。施药株倾向于在较低节位抽花，且比对照株矮壮。施用 20～80mg/L 整形素也有明显的效果，所诱导的雌花或两性花都能结果。

2. 萘乙酸

Mitra 和 Ghanta 用 100mg/L NAA 处理番木瓜幼苗可以提高雌株的百分率，由 46％提高到 62％。Suranant 等（1997）用 NAA 和 GA_3 处理番木瓜幼苗，发现适当浓度的 NAA 处理可以提高雌株比例，而 GA_3 处理雄性特征的出现早于其他两种株性型，但雌雄株比例未发生改变。Subhadrbandhu 等（1997）在播种后 30d 喷 100mg/L NAA，过 30d 再喷一次，明显降低了雄株比例。

3. 乙烯利

用 200mL/L 乙烯利和 100mg/L 三碘苯甲酸处理番木瓜幼苗后雌花比例也提高。Kumar（1997）在苗期喷洒乙烯利，在营养生长转入生殖生长阶段再喷一次，结果发现 240～960mL/L 乙烯利处理使 90％的植株开雌花或两性花，所诱导的雌花或两性花都能结果；番木瓜在实生苗 2 片叶阶段，叶面喷施 100～300mL/L 乙烯利，15～30d 后重复喷布，共喷 3 次以上，可使雌花率达到 90％以上。在番木瓜实生苗生长 2 片叶时用玉米素处理，雌花率可达 90％，为对照的 3 倍。

九、龙眼的株型与花性调控

龙眼花属于杂性花，即同一植株上开放雄花、雌花和两性花。龙眼花发育是在共同的两性原基基础上通过选择性分化与程序性死亡（programmed cell death，PCD）实现的，在雄花中雄蕊正常发育，雌蕊败育；在雌花中雌蕊正常发育，雄蕊败育，使用植物生长调节剂可改变花性。7 年生的泸丰一号龙眼喷施 150mg/L 多效唑＋100mg/L 乙烯利＋10mg/L 细胞分裂素或 150mg/L 多效唑＋150mg/L 乙烯利＋10mg/L 细胞分裂素组合调节剂，均可显著提高树体的雌花数、雌花率和坐果率，其中雌花率比对照（不做任何处理）分别提高了 38.22％和 32.57％。

第六节　调控花芽分化

早在 1865 年 Sachs 就提出了植物开花是由于有诱导开花物质的观点。Clark 与 Kerns（1942）首先用萘乙酸处理凤梨，引起营养植株开花。此外，荔枝在夏威夷一般开花较少，Shigeura（1948）用萘乙酸喷施后，则有 85％～90％的植株开花。事实上花芽分化过程是植物激素和营养物质在空间和时间上相互作用的结果。试验证实 GA 对苹果、梨、桃、柑橘、葡萄、荔枝、龙

眼、芒果、杏等木本果树的花芽分化具有抑制作用，却对一些草本植物具有促进花芽分化的作用，如外施 GA 可促使长日照植物在短日照条件下花芽分化。生长素对果树花芽分化也起着抑制的作用，荔枝嫩梢顶端植物生长素（吲哚乙酸）含量下降较低时花芽才开始分化；人工合成的生长素类物质萘乙酸能诱导乙烯产生，从而促进菠萝开花，但对其他木本果树的作用都是抑制花芽分化。细胞分裂素促进苹果、葡萄、柑橘、荔枝的花芽分化。脱落酸的增加有利于荔枝花芽分化。

一、调控苹果的花芽分化

苹果由叶芽的细胞组织形态转化为花芽生长点的组织形态之前，生长点内部由叶芽的生理状态转向花芽的生理状态的过程称作生理分化阶段。苹果花芽的形态分化是花器在生理生化基础上的发生和建造过程。苹果的花芽分化要具备的条件：其一，芽的生长点细胞必须处在缓慢分裂状态；其二，营养物质积累达到一定水平，特别是碳水化合物和氨基酸的积累；其三，适宜的环境条件，如充足的光照，适宜的温度和湿度。干旱、控水和植物生长调节剂处理可以促进花芽分化。

1. 多效唑(PP_{333})

富士苹果幼树春梢 95%开始停止生长时叶面喷布 1000mg/L PP_{333} 可抑制新梢生长，促进第 2 年的花芽形成。若 1 月份树干涂布 1000mg/L 的 PP_{333} 或土施 1g/m^2 的 PP_{333}，抑制营养生长效果好，盛花期再喷布 1000mg/L 的 PP_{333} 则能提高坐果率。5～7 年生红星、富士、长富 2 号苹果全树喷布 1000～2000mg/L PP_{333}，翌年营养生长受抑制，促进成花。由于药效长，750～1500mg/L PP_{333} 即可满足第 3 年正常花序需求量。PP_{333} 施用方法有叶面喷布、涂干，还可土施。土施比叶面喷布效果好，持效期长。土施适宜用量为 0.5～1.0g/m^2，可持效期 2～3 年；叶面喷施适宜浓度为 1500～2000mg/L，可持效期 1 年。不同苹果品种对处理的反应有差别，如红星比红富士对药剂 PP_{333} 反应更敏感，在使用浓度上稍有差别。在新梢长 10～15cm 时喷布 50～1000mg/L 多效唑 1～2 次，在晚秋喷布抑制效果更为明显。

2. 乙烯利和丁酰肼(B_9)

乙烯利用于苹果无花旺树，多于春梢旺长前喷布 1000～1500mL/L 乙烯利 1～2 次，或与 2000～3000mg/L B_9 混合使用，也可交替使用。交替使用先喷乙烯利，20～40d 后再喷一次 B_9 效果更佳。首次使用乙烯利的幼旺树，浓度可降至 500～1000mL/L。王东昌（2001）对红富士苹果于新梢旺长期喷 1600mL/L 乙烯利，可有效缩短新梢节间长和新梢长度，促进花芽分化。苹果无花树于春梢旺长前，树冠喷布 2000～3000mg/L B_9 1～2 次，对控制营养生长、促进花芽分化具有显著的效果。薛进军等（1998）于盛花后 3 周（5 月中旬）用 2000mg/L B_9 或 2000mg/L B_9＋250mL/L 乙烯利叶面喷施，促进 4 年生富士苹果树的花芽分化，抑制新梢生长，以混用效果为佳。

3. 果树促控剂

苹果春梢长 15～20cm 时，喷 1 次 200 倍 PBO，可以控制春梢生长，6 月份花芽分化临界期春梢顶芽萌动，再喷 1 次 200～300 倍 PBO，防止萌发秋梢。在花芽萌动后至花序分离前，喷 1 次 100～150 倍 PBO，可防霜冻和提高坐果率。

4. 烯效唑

曹尚银等对 15 年生长健壮的红富士苹果在短枝停长后 2 周喷烯效唑 1g/L，可显著促进花芽分化，效果同多效唑。

5. 赤霉素

在苹果小年花芽开始分化前 2～6 周，喷洒 300mg/L 的赤霉素液，对抑制苹果小年花芽形成过多具有较好效果。

二、调控杏的花芽分化

(一)花芽分化

1. 多效唑

在7月和9月上旬，对适龄不结果大树、幼旺的杏树，可根据控势情况连续喷布2～3次500～1000mg/L多效唑溶液，间隔期为15～20d，具有明显的控梢促花作用。在杏花瓣脱落后约3周，用1000mg/L多效唑溶液叶面喷洒，可抑制树枝总长度，利于结果。对于大棚栽培的盛果期大树，可在当年新梢长到10cm左右，叶面喷洒100～300mg/L多效唑溶液，根据树势间隔10d左右连喷2～3次，可明显地控制当年树势，促进坐果。在果实采收完毕揭棚后，在秋梢旺长初期再喷200～300mg/L多效唑2～3次，可达到控梢促花之目的，有利于次年优质花芽的发育。发芽前土壤施用8～10g/株的多效唑能抑制杏树枝条生长，控制树冠作用明显，并有利于提高当年坐果率和提高当年成花率。或者花后3周在土壤中每平方米树冠投影面积使用15%多效唑可湿性粉剂0.5～0.8g的水溶液，可以控制枝梢生长，促进花芽分化。

2. PBO

PBO在杏树上一般每年喷4次：第1次在杏树开花前1周喷施1次250倍液；第2次在新梢长出7～8片叶时喷1次150倍液；第3次在6月初喷1次250倍液；第4次在7月中旬喷1次250～300倍液。喷施时以药液浸湿叶片不滴水为宜。杏树喷施PBO后，可抑制新梢的旺长，增加营养积累，使节间变短，枝条略有增粗，提高短果枝比例，促进花芽分化，提高成花率、坐果率和单果重，并能有效抵御低温及晚霜的危害。刘新社等在美国杏花花蕾露红期和果实膨大期各喷1次200～250倍的PBO溶液，可控制新梢生长，提高坐果率。生产上喷施PBO时，应增施有机肥，合理灌水，提高杏园营养水平，加强综合管理，才能充分发挥其增产效果。

(二)延迟开花

1. 青鲜素

在花芽膨大期，喷500～2000mg/L青鲜素溶液，可推迟花期4～6d，并可提高杏树的抗性，保护20%的花芽免受霜冻。

2. 萘乙酸

杏树萌芽前喷250～500mg/L萘乙酸或萘乙酸钾盐溶液，可推迟杏树花期5～7d。

3. 赤霉素

在9～10月份，喷50～200mg/L赤霉素液，可延迟杏树落叶期8～12d，有利于花芽继续分化，推迟花期5～8d，并能提高翌年杏树的坐果率。

4. 乙烯利

10月中旬喷施100～200mL/L乙烯利溶液，可推迟杏树花期2～5d。若浓度太高，会引起流胶和落叶。

5. 丁酰肼

在杏树开花期喷1500～2000mg/L丁酰肼溶液，可推迟花期4～6d。

6. 氨基乙基乙烯甘氨酸(AVG)

杏树喷洒AVG后，能安全度过早春寒流、低温，延迟花期，确保杏的丰产丰收。一般在发芽前喷洒，中花期品种用浓度0.5%的AVG溶液，早花品种则用1%，晚花品种用0.1%。

三、调控桃的花芽分化

1. GA_3

在“八月脆”桃品种成花诱导期7月10日前，叶面喷施$GA_3$100mg/L能显著抑制花芽分化，成花率仅为11.67%。因为GA_3处理抑制了成花关键基因的表达，从而抑制“八月脆”桃成花。

2. 多效唑

边卫东等指出，叶面喷施或土壤施用PP_{333}均可显著减小单叶面积，增加叶片厚度，抑制新梢生长，增加可溶性糖和蛋白质含量，促进花芽分化。2年生久保桃花芽分化期，用1000mg/L多效唑点芽2次或2000mg/L多效唑喷雾1次和点芽2次，对桃实生树的始花节位有明显的降低作用。同时用1000mg/L多效唑喷雾2次、2000mg/L多效唑喷雾1次处理可促进二次枝诱导成花。陈大明等研究表明，多效唑对2年生桃实生苗花芽分化有明显的促进作用，其中于萌芽前期土施0.1g/株和5月中旬叶面喷施1000mg/L和2000mg/L多效唑可促进植株形成花芽，增加花芽量。

3. 乙烯利

桃实生树花芽分化期，用500mL/L乙烯利喷雾2次或1000mL/L乙烯利点芽1次，可明显降低桃实生树的始花节位。用1000mg/L乙烯利点芽2次对促进二次枝诱导成花有明显作用。

4. 烯效唑

俎文芳等报道，在花芽分化期，用125mg/L烯效唑喷雾2次或250mg/L烯效唑喷雾2次，可明显降低桃实生树的成花始花节位；而用125mg/L烯效唑点芽1次则对二次枝诱导成花效果明显。

四、调控李的花芽分化

1. 赤霉素

GA_3是延迟许多果树花期的重要植物生长调节剂，但在李树上应用效果不尽如人意。有报道认为，在落叶前1～2个月，单用GA_3叶喷对延迟李树花期无效。刘山蓓的试验表明，叶面喷施GA_3对延迟或延长柰李翌年花期有一定效果。赤霉素延迟柰李翌年花期最佳浓度为100mg/L，南昌地区处理最适时期为9月底。同时，叶面喷施GA_3能提高柰李翌年的坐果率和产量。

2. 乙烯利

乙烯利可延迟李树开花期。在自然落叶前1～2个月叶面喷施200～500mg/L乙烯利，能明显延迟李树花期。在李树落叶前的9月或10月喷250～500mg/L乙烯利能够推迟李树花期1～13d，但单用乙烯利会降低花芽质量和使开花坐果不稳定。在乙烯利中加入25～50mg/L GA_3，能改善花芽质量，增加产量2～4倍，且对果实的品质和成熟期均无不良影响。如果将乙烯利浓度进一步提高，虽明显延迟李树花期，但能降低花芽重量，使花芽变小，甚至造成叶片黄化、脱落、顶梢枯死或流胶。

3. 青鲜素

在李树芽膨大期，用浓度为500～2500mg/L的青鲜素药液喷洒，可推迟开花期4～5d。

4. 萘乙酸或萘乙酸钾盐

在预告有冷空气流或倒春寒时，为避免霜害的发生，在李树萌芽前对全树喷施250～500mg/L萘乙酸或萘乙酸钾盐溶液，可推迟李树花期5～7d；或在李树开花前15d喷500mg/L萘乙酸钾盐，可推迟开花15d左右。

五、调控樱桃的花芽分化

1. 吲哚乙酸

王玉华等研究表明，吲哚乙酸抑制花芽分化，但高浓度的细胞分裂素（CTK）和低浓度的IAA配合可促进花芽分化。在花芽分化期，花芽的玉米素核苷（ZRs）/IAA值较高，远大于叶芽ZRs/IAA值。

2. 多效唑和丁酰肼

黄海等报道甜樱桃2年生幼树叶面喷施125mg/L以上浓度的多效唑可强烈地抑制树体营养

生长；土施（0.1g/m^2，0.3g/m^2，0.5g/m^2，1.0g/m^2，1.5g/m^2）后第二年依然能强烈地抑制枝条生长，明显促进花芽分化，但过高剂量使得促花作用减弱。对于叶面喷施的植株，在施后第二年不再有抑制生长的作用。施用 2000mg/L B_9 当年也有明显的抑制作用，但效果低于 250mg/L 多效唑的控制量。

六、调控草莓的花芽分化

1. 赤霉素

以福田和红鹤品种草莓为试材，在花芽分化前 2 周，用 25～50mg/L 溶液喷施，发现福田可提早 5～7d 分化，红鹤能提早 10d 分化。对福田品种草莓，用 50mg/L GA_3 溶液在相当花芽分化初期的生长点开始肥大时喷施，也可使得福田开花提早 1 周。在开花前 2 周左右和开花之前，用 10～20mg/L GA_3 溶液，可使花梗伸长，提早开花。用赤霉素喷施春香草莓品种，发现喷施的最佳时期是 10 月底至 11 月初的第 2、第 3 花序花芽分化后，且最佳浓度为 10mg/L，可使开花和收获期提前。为促进草莓花芽分化，可在定植后每株喷施 5～10mg/L 赤霉素溶液 5mL，间隔 7～10d 后新芽萌动时再喷施 1 次。

2. 多效唑

曹亚萍等试验结果表明，不同浓度的多效唑、赤霉素、乙烯利喷施和遮光处理显著提早了草莓的花期。用 50mg/L、100mg/L 和 150mg/L 多效唑处理，始花期分别比对照提早 8.33d、15.12d 和 18.00d；盛花期分别提早 5.67d、15.67d 和 19.67d。

3. 乙烯利

用 50mg/L、100mg/L 和 150mg/L 乙烯利处理华香 2 号草莓，可明显地提早花期；与对照相比，始花期提早 16.67～19d，盛花期提早 15～20.67d，以 100mg/L 乙烯利处理花期提早效果最显著。

七、调控柑橘的花芽分化

1. 赤霉素

柑橘容器大苗繁育过程中容易开花结果，导致春梢生长少，影响出圃苗木质量。白芝兰等以 2 年生枳砧纽荷尔脐橙容器大苗为试材，在 10 月 5 日至次年 2 月 5 日时段喷施赤霉素一次，浓度为 200mg/L、300mg/L、400mg/L、500mg/L，对枳砧纽荷尔脐橙容器大苗的花芽形成有不同程度抑制作用。其中以 11 月 5 日前后喷施一次 300mg/L 赤霉素的综合效果最好，且对叶片无负面影响。11 月 20 日至 12 月 20 日每隔半月喷一次 50～500mg/L 赤霉素，连喷 3 次，均可显著抑制枳砧纽荷尔脐橙容器大苗花芽的形成，以 50mg/L 的综合效果最好。

2. 多效唑

多效唑可促进花芽分化，其作用主要是抑制植株的赤霉素合成和细胞的纵向伸长，提高光合作用强度而增加有机碳水化合物的积累。因此，在末次秋梢充分成熟后，喷布多效唑可起到控冬梢抽发、促进花芽分化的效果。

八、调控荔枝的花芽分化

荔枝花芽分化在秋冬季进行，具体时间与品种、地区、气候及结果母枝老熟的迟早有关。一般年份的气候条件下，早熟品种如三月红、水东、白蜡等，花芽分化从 10 月份开始，花芽分化期约在 10～12 月中下旬，要求末次秋梢老熟期在 10 月份；中熟品种如黑叶、妃子笑等花芽分化从 11 月份开始，花芽分化期约在 11～12 月份，其末次秋梢结果母枝要求 10 月底至 11 月初老熟；迟熟品种如糯米糍、桂味、怀枝等花芽分化从 11 月中下旬开始，要求末次秋梢老熟期在 11 月上中旬较为理想。荔枝花芽分化过程中，植物激素的种类、数量和比例都发生明显的变化，叶片内脱落酸和细胞分裂素的含量增加，赤霉素和生长素含量减少，有利于花芽分化。控梢促花的主要措施如下：

1. 乙烯利

荔枝果实成熟期在夏季，正是高温高湿的季节，果实不耐贮藏和运输，此时也是菠萝、龙眼等水果大量上市的季节，荔枝价格低。利用植物生长调节剂进行产期调节，可提早或推迟成熟期，拉开集中的采收季节，果实分批成熟，分期分批供应市场，减少高温季节采收所造成的损失。在荔枝即将成熟时使用浓度为 30～50mL/L 的乙烯利，可提早成熟 3～5d。

2. 多效唑

用 5000mg/L 多效唑可湿性粉剂喷洒荔枝新抽生的冬梢，或在冬梢萌发前 20d 土施多效唑，每株 4g，抑制冬梢生长，使树冠紧凑，促进抽穗开花，增加雌花比例。

3. 丁酰肼+乙烯利

若花穗上的小叶斜生向上，气温在 18℃以上时，在花穗上的小叶在未转红色以前，用 100～250mL/L 乙烯利＋500mg/L 丁酰肼溶液喷洒于花穗上，可杀伤嫩叶，使其脱落，对花穗发育无不良影响；在 1 月中旬用 1000mg/L 丁酰肼＋500mL/L 或 800mL/L 乙烯利全树喷洒，使花序基部变粗，增加花枝数，提高坐果率。但由于乙烯利的效果不稳定，随气温的变化而变化，温度较高时药效明显，温度低时药效差。喷后药物能在植物体内残留一段时间后再起作用，故常常由于暂时不见药效而重复喷洒或使用浓度不当，引起严重的落叶，有些品种如糯米糍、桂味对乙烯利的反应敏感，更容易造成药害。因此，必须根据气候条件调节乙烯利的使用浓度。

九、调控龙眼的花芽分化

龙眼的花芽是混合花芽，花芽分化可分为两个阶段（即生理分化和形态分化）、三个时期。

花芽分化的三个时期包括：

① 花序原基形成期（露红）：早熟品种如石硖等，从 1 月下旬开始；中迟熟品种如储良等，从 2 月初开始。

② 花序各级枝梗分化期（抽穗）：在正常年份，龙眼枝条顶芽在 2 月中旬至 3 月中旬抽穗。

③ 花分化期（抽蕾）：一般从 3 月中旬开始。龙眼雌雄性器官的消长及性别差异都发生在这个时期，也是提高雌花比例的关键时期。

利用植物生长调节剂进行控梢促花处理有使用简便、容易掌握等优点，常用的药剂有多效唑、乙烯利及丁酰肼等。龙眼叶片喷施多效唑，使节间变短、叶片增厚，提高叶绿素含量，使叶片光合速率加快。

1. 多效唑

在龙眼末次秋梢老熟后，用浓度为 400～600mg/L 的多效唑进行叶面喷施一次，以后每隔 20～25d 喷一次，可有效地抑制冬梢的抽生；据刘国强和彭建平报道，在秋末冬初花芽生理分化期用多效唑喷施龙眼叶片，可促进花穗形成，500～2000mg/L 范围内随着使用浓度的提高，龙眼的抽穗率及成穗率均较高。

2. 丁酰肼

龙眼末次秋梢老熟后可喷施 1000mg/L 丁酰肼控制冬梢，单独用丁酰肼来控冬梢的效果较差，生产上常与 200～300mL/L 乙烯利混合使用，控梢效果很好。

3. 6-苄氨基嘌呤(6-BA)

苏明华等（1997）在龙眼生理分化期（11～12 月）选用 200mg/L 6-BA＋2000mg/L 丁酰肼处理两次，明显减少冬梢抽生，提高花穗抽生率及质量。药剂处理后抽生的花序冲梢比率也明显下降。

十、调控芒果的花芽分化

芒果的花序是圆锥无限花序，花芽分化在结果母枝的顶芽或枝条上部的腋芽上进行，其分化的起止期、全过程以及各分化阶段的长短都因品种、地区、气候、栽培管理水平等因素不同而异。某些品种在一年中有多次花芽分化的习性。内因则与树体植物激素有关，如赤霉素与细胞激动素的比值是影响芒果花芽分化的重要因素。适龄芒果树不开花是芒果栽培上遇到的主要问题，要使芒果开花就必须采用物理和化学的方法促使枝梢停止生长，枝梢及时老熟，积累足够的碳水化合物以有利于花芽分化。

(一) 控梢促花

可以利用植物生长调节剂促进芒果开花，芒果控梢促花常用的植物生长调节剂有乙烯利、多效唑、丁酰肼、矮壮素等。

1. 乙烯利

应用乙烯利促花常在现蕾前1～3月进行，使用浓度为2000～4000mL/L，每隔10～15d 1次，喷洒1～6次。广州地区一般在11月上旬开始，粤西、海南等冬季高温地区可提早至10月中旬，浓度为250mL/L，每隔10～15d喷1次，连喷3次。冬季温暖、湿度大时，在大寒前再喷1～2次。要特别注意的是：

① 乙烯利稀释后的水溶液稳定性较差，应现配现用。

② 使用乙烯利时温度宜保持在20～25℃，温度过低，乙烯释放慢，作用不显著；温度过高，乙烯释放快，易产生药害。

③ 使用乙烯利时不能随意加大浓度，否则会造成芒果落叶。

2. 多效唑

多效唑控梢促花常进行土壤施用。在广州地区9月中旬对4年生紫花芒每株施有效成分15%的多效唑15～20g，在湛江、徐闻等地8月对4年生紫花芒每株施6～8g，并保持土壤湿润，能有效促进成花。在海南7月每株土施5～20g有效成分15%的多效唑，8月即现蕾，9月开花，成花率为67%～100%，对照成花率为5.3%～37.8%。但是，多效唑在土壤中的残留时间长，不能连年使用。叶面喷施多效唑浓度为200～500mg/L，每隔7～10d喷1次，连喷3～4次，促花效果较好。但是，使用多效唑浓度过高，对枝梢生长抑制过强，可增施氮肥或喷赤霉素来消除这种抑制效应。

3. 丁酰肼

用浓度为800～1000mg/L的丁酰肼，在12月至次年2月份，每隔15d喷1次，连续喷3～4次，也可明显促进芒果成花。要特别注意的是：丁酰肼不能与铜剂农药、石硫合剂和酸性物质等混用，易被土壤微生物分解，不宜土施。

4. 矮壮素

在花芽分化期喷施5000mg/L矮壮素或环割＋3000mg/L矮壮素，诱导芒果成花效果好。但是，矮壮素不能与碱性药剂混用，不宜用于生长势较弱的树，不能任意增加浓度和药量。使用不当时，可用赤霉素减弱其作用。

5. 硝酸钾

用1%硝酸钾溶液于12月至次年1月连续喷3次，每隔15d喷1次，可促进芒果开花。不同植物生长调节剂对芒果花芽分化的作用不同，有些植物生长调节剂对芒果树成花有促进作用，而有些植物生长调节剂对芒果树成花有抑制作用。生产上可采用化学措施调节芒果的花期，从而提早或推迟花期或进行反季节栽培。

(二) 推迟花期

1～2月早抽的花序人工摘除后每隔7d喷1次500mg/L多效唑，连喷3～4次，花穗再抽时间比只摘花不喷药的对照延迟40d。选用750～1000mg/L多效唑点喷刚萌发的幼蕾可推迟花期40～60d。50mg/L赤霉素处理可推迟花期35d，1000～7000mg/L的丁酰肼处理可推迟花期20～84d。据在印度的试验结果，认为在花芽分化前喷洒赤霉素可抑制芒果的花芽分化，延迟开花期约2周。

（三）控制早花

早花品种摘除花序 1 次可推迟花期 10～30d，摘花的次数一般可根据天气预报情况进行 1～3 次，在早秋梢老熟后喷 350～400mL/L 乙烯利，可以抑制花穗的生长。在芒果花芽萌发时喷 1000～2000mg/L 青鲜素有杀死花穗的效应，可用于代替早春人工摘除早花。

（四）反季节生产

在芒果花芽分化前（11～12 月）连续喷 2～3 次 30mg/L 赤霉素，翌年春季（2～3 月）再土施 5～10g 多效唑，可将花期推迟至 6 月以后，成熟期推迟至 10 月中旬以后，产量和品质与正常季节收果相比无差别。

十一、调控菠萝的花芽分化

菠萝植株为有限生长，植株经过一段营养生长，达到一定的叶片数量后开始转入花芽分化，其顶端生长点转变成花芽。菠萝正造花的花芽分化多在 11～12 月进行，花序分化期为 30～50d，2 月底至 3 月初抽蕾为正造花，果实在夏季成熟，4 月末至 5 月末抽蕾为二造花，7 月初至 7 月底抽蕾为三造花。利用植物生长调节剂进行人工催花，可增加抽蕾率，缩短生长周期，果实分批成熟，分期分批供应市场，减少高温季节采收所造成的损失，提高经济效益。当巴厘品种 33cm 长以上的绿叶数超过 25 片，无刺卡因 33cm 长绿叶数 30～35 片以上，菲律宾品种 35cm 长绿叶数达 30 片以上，红西班牙种 30cm 长的叶片达 25 片以上，即可进行人工催花。人工催花的药剂主要有碳化钙（电石）、乙烯利和萘乙酸。

1. 电石

化学名称为碳化钙，它与水起化学反应生成乙炔，乙炔具有促进菠萝生长和花芽分化的效果，在生产上应用比较广泛。使用方法有两种：第 1 种是干施，即在晴天上午，将电石粉粒 0.5～1g 投入到菠萝的株心中，然后加入 30～50mL 水；第 2 种是水施，即把电石溶解于水后直接向菠萝灌心，但溶液要现配现用，每株灌心 50mL。使用电石催花以晨间有雾水时或晚上进行效果好，溶解电石的水温越低越好，其原理是水温越低乙炔溶解越多、挥发越少，并且电石浓度不能超过 2%。用电石催花需 35～50d 抽蕾，抽蕾率可达 90%以上。

2. 乙烯利

乙烯利催花效果显著，抽蕾率高，抽蕾期短，成本低，使用方法简便、安全，现生产上已逐步以乙烯利代替电石催花。乙烯利在 pH4.0 以上的水溶液中分解放出乙烯，利用乙烯诱导花芽分化。菠萝苗使用 100mL/L 乙烯利可使植株在正造或反季节的成花率达 80%以上，并使植株提前开花。250～1000mg/L 浓度对促花都有效果，其中以 250～500mg/L 比较适合。每株灌药液 30～50mL 于心叶丛中，使用时加入 2%尿素，促花作用显著。高温时，100～150mg/L 处理，35d 开始抽蕾；200～400mg/L 处理 30d 开始抽蕾，500～1000mg/L 处理 26d 开始抽蕾。低温时，250mg/L 处理 53d 后抽蕾率 60%，500mg/L 处理 45d 后抽蕾率 90%，1000mg/L 处理 42d 后抽蕾率 100%。

3. 萘乙酸和 2,4-D

萘乙酸（或萘乙酸钠）和 2,4-D 也用于促花，15～20mg/L 萘乙酸或 5～50mg/L 2,4-D，每株菠萝灌药液 20～30mL，抽蕾率可达 90%以上。

十二、调控其他果树的花芽分化

1. 梨

多效唑处理对库尔勒香梨幼树的花芽形成具有明显的促进作用，且可提高株产，以土施多效唑 5g/株或喷布 500mg/L＋土施 5g/株为宜。多效唑叶面喷施、土施以及土施和叶面喷施结合处理可增加苹果梨的坐果率和花芽占总芽的百分率；其中以叶面喷施 1000mg/L 与土施 10g/L 效果最明显。于盛花后 3 周喷 450mg/L PP_{333} 处理成花效果显著。王东昌等（2000）发现花芽分化期，喷施 950mg/L 多效唑、20mg/L 6-苄氨基嘌呤可促进花芽分化，且两者综合处理时对促进花芽分化和提高产量效果最显著。

金水一号梨经100～200mg/L赤霉素喷施后，比对照推迟落叶13～17d、花芽萌动期3～5d、盛花期3～4d。

2. 香蕉

正常气候和环境条件下，香蕉植株经过一段营养生长，达到一定的叶片数量后开始转入花芽分化，其顶端生长点转变成花芽。一般粗壮吸芽种植后抽生18～22片叶，试管苗（5～8叶龄）种植后抽生25～30片叶就开始花芽分化。一般3月底至4月初种植的植株7月中旬至8月上旬开始花芽分化，9～10月种植的植株于翌年4～5月花芽分化。在盛产期喷施芸薹素内酯（BR）使香蕉提前7d进行抽蕾，苗期喷施BR可使香蕉的抽蕾时间提前26d。

3. 番石榴

Gorakh等以Allahabad Satoda番石榴为试材，发现施用硝酸钙（2%）后再用100mg/L萘乙酸，显著缩短了花芽发育期，提早开花；而且施用2%硝酸钙+100mg/L萘乙酸比单独使用效果更佳。

Vijai将17年生Safeda品种番石榴喷施浓度为20mg/L和40mg/L的GA、2,4-D和2,4,5-T，除了20mg/L 2,4,5-T外，其余处理明显缩短了开花时间，改善果实品质，其中40mg/L GA在各方面的效果最佳。高浓度乙烯利（500～3000mL/L）对矮化植株和促进花芽分化、增加花朵数效果明显。

4. 葡萄

以欧亚种葡萄皇家夏天、鲁贝无核、火焰无核、莫丽莎无核、皇家秋天和克瑞森无核等6个品种为试材，喷施200mg/L乙烯利，结果表明不同品种的欧亚种葡萄新梢对乙烯利的敏感度不同，且处理对莫丽莎无核新梢的抑制作用最强，促进花芽分化效果最明显，翌年花枝率达70.8%。李成祥研究表明，用多效唑和乙烯利蘸梢尖，可有效抑制树体过旺生长，减少同化物的消耗，使更多的同化物用于花芽分化。150～250倍多效唑液或200倍乙烯利液蘸梢尖效果最佳。

5. 板栗

以2年生板栗实生树为试材，喷施一次1mg/L KT+1000mg/L PP_{333}对板栗雄花和雌花序分化促进作用最大，但1mg/L KT对板栗雄花量的抑制作用最大。

王广彪等对2年生板栗实生树施用1次50mg/L 6-BA，对雄花量抑制作用最大；喷施2次50mg/L 6-BA对板栗实生树花芽分化的延迟作用最明显；而喷施3次1000mg/L PP_{333}对降低板栗实生树开花节位效果最显著。

6. 杨梅

以14年生共砧的"荸荠种"杨梅小年树为试材，6月10号、7月1号、7月20号对主枝3次喷布0.25g/L GA_3溶液。经检测，赤霉素处理降低了花芽孕育期间POD、PAL和PPO的活性，导致木质素合成滞缓，抑制花芽发端和降低成花率。

7. 猕猴桃

赵淑兰等以8～9年生的软枣猕猴桃为试材，当新梢长至30～35cm时，叶面喷施1次2000～4000mg/L或2次3000mg/L PP_{333}，可明显地降低新梢长度，增加中短枝比例，并显著增加花芽量，花芽量随喷施浓度的增大而增加。

8. 枣

曲泽洲等应用500mg/L、250mg/L赤霉素（GA_{4+7}）及500mg/L乙烯利喷施枣树，对抑制枣的花芽分化效果明显。

第七节 保花保果

落花落果是果树自我调节的生理活动，但是脱落的迟早或程度受外界条件的影响，也受植物本身的遗传特性、生理状态特别是植物激素的影响。早在1951年Shoji等证实植物在器官衰老及脱落过程中，生长素含量减少，用2,4-D等喷到苹果和柑橘上可以增加果实的激素含量，提高坐果率。目前果树生产上施用植物生长调节剂提高果实坐果率、增加产量已成为基本的栽培措施，常用的起保花保果作用的植物生长调节剂有2,4-D、GA_3和细胞分裂素等。

一、苹果的保花保果

1. 赤霉素

在苹果小年的开花期对国光、元帅等品种喷洒500mg/L赤霉素，平均坐果率提高33%。赵建戟（2001）在苹果盛花期喷布30mg/L赤霉素溶液，对提高红富士苹果的坐果率有利，但赤霉素对花芽分化有抑制作用。因此，在花量小的年份使用赤霉素，不仅对当年的保花保果作用明显，而且能有效抑制下年花芽的过多形成，但是大年时不宜使用。

2. 三十烷醇

对着色差的苹果品种如长富2号、北斗等，花期喷布0.5～1mg/L三十烷醇，可提高坐果率，并促进果实后期着色。

3. 防落素和尿素

于苹果花期喷20mg/L防落素+0.5%尿素，花序坐果率为对照的294%，花朵坐果率为对照的227%。

4. 萘乙酸

苹果采前落果也较常见，采前40d和20d各喷一次20mg/L萘乙酸，能有效地降低采前落果。对红香燕、红星、红玉等品种，在采果前的一个月每隔10～15d喷施一次20～40mg/L萘乙酸，共喷施2次，即可防止采前落果。对津轻苹果于采收前20～30d喷施1次50mg/L的萘乙酸钠，可减少落果80%以上。

5. 生长素

对新红星苹果在采前12d、20d、27d喷布20mg/L 2,4-D，对控制采前落果有显著效果。

二、梨的保花保果

梨采前落果与植物内源激素有密切关系，但不同品种间有差异，冯军仁认为梨采前落果主要是因为果实内生长素含量降低，乙烯含量升高所致；鸭梨、茌梨在成熟前，果实呼吸强度和乙烯释放量进入跃变期。生长素、赤霉素可以防止脱落，果实接近成熟期，这些促进物质含量下降，脱落区域生长素供应的破坏和短期缺乏，最终导致果实脱落。

1. 赤霉素

在开花或幼果期用赤霉素10～20mg/L喷花或幼果一次，能促进坐果，增加产量。砂梨初蕾期喷赤霉素50mg/L，京白梨盛花期及幼果膨大期喷赤霉素25mg/L，能明显提高坐果率和单果重。对晚霜受冻后的莱阳茌梨、安梨，于盛花期喷洒50mg/L的赤霉素，可提高坐果率。对砀山酥梨，在盛花期和幼果期喷洒25mg/L赤霉素，也可提高坐果率26%。采果前一个月对满天红梨、美人酥梨树冠喷洒100mg/L赤霉素，对防止梨采前落果具有极显著作用。

2. 萘乙酸

当安梨80%的花朵开放时，喷施100mg/L萘乙酸溶液，可提高坐果率40%以上。对30年生莱阳茌梨，于盛花期喷洒250～750mg/L萘乙酸钠，能提高当年的坐果率。采果前一个月对满天红梨、美人酥梨树冠喷布10mg/L和20mg/L萘乙酸，对防止采前落果具有显著作用。

3. 矮壮素

梨芽萌动前和新梢幼叶长出时，各喷500mg/L矮壮素1次，可明显减少枝条生长量，增加短枝和叶丛数，提高坐果率和产量。

4. 多效唑

盛花后3周喷450mg/L PP_{333}，梨成花率显著提高。多效唑（PP_{333}）土施5g/株或喷500mg/L+

土施 5g/株，对库尔勒香梨幼树的花芽形成有明显的促进作用。

5. 丁酰肼

对大多数日本梨或砂梨系品种应用丁酰肼也可获得良好的促花效果。罗来水等在二宫白梨幼树上试验表明，于 5 月上旬间隔 10～15d 喷施 1500mg/L 丁酰肼 2 次，对花芽形成有显著效果，使 2～4 年生幼树花芽量增加 0.25～11.4 倍，5～6 年生幼树增加 28%～35%。喷施 1500mg/L 丁酰肼与 250mL/L 乙烯利混合液，促花效果较好。

6. CPPU

在盛花后 10d 喷布 10mg/L CPPU，可显著提高青花梨的坐果率和产量。

三、李的保花保果

1. 赤霉素

通常在花期喷洒 20mg/L 或在幼果期喷洒 50mg/L 赤霉素，可减少因气温不稳定或连续阴雨等引起的落花落果。在实际生产中，一般谢花后 4～6 周（6 月落果前）喷施 50～100mg/L 赤霉素，同时混用 0.2%磷酸二氢钾和 0.1%尿素，可获得良好的坐果率。但应用时应注意：喷施 2 次低浓度的赤霉素比喷施 1 次高浓度赤霉素的效果好。且应用赤霉素处理后使第二次花芽量减少，故喷布浓度不能过高。彭文云等（2001）在布朗李树盛花期喷 30mg/L 赤霉素加 300mg/L 氯化稀土，隔 5～7d 连喷 1～2 次，可明显提高布朗李的坐果率，增加树体营养积累，有利于生产优质果。

2. 防落素

张春桃等报道，花谢 70%后树冠喷布 30mg/L 防落素，能显著提高李的坐果率，且能增大果实，提高糖度。彭文云等（2001）在布朗李花有 75%凋谢时喷布 30mg/L 防落素＋2000mg/L 硼砂＋2000mg/L 磷酸二氢钾，不仅提高了坐果率，而且加强了叶片光合作用，补充了树体营养，且花束状短果枝比例有所提高，为李树来年丰产打下了基础。

3. PBO

在花露红期用 100～250 倍液的 PBO 粉剂对树冠喷施，可有效地提高李树的坐果率，减轻因气温不稳定或连续阴雨等引起的落花落果。刘新社等对美国杏李在花前 7～9d（花蕾露红前）和果实膨大期各喷 1 次 200～250 倍 PBO，能够控制新梢的生长，增加杏李花芽分化能力，提高坐果率，增加树体产量。肖艳等试验表明，在上年香蕉李采后 1 个月喷 1 次 300 倍的 PBO 药液，翌年花后第 2 周和落花后第 5 周幼果期再各喷 1 次 300 倍的 PBO 药液，其生理落果大为降低，坐果率显著提高，单果重、果实的含糖量增加，果实品质得到一定程度改善，叶片叶绿素含量也有所提高。

4. CPPU

欧毅等于青脆李谢花 3d 和落花后 30d 各喷 1 次 30mg/L CPPU 药液，明显提高了青脆李的坐果率和产量，并使平均单果重增加，CPPU 处理果实的坐果率、平均单果重和单株产量分别为对照的 207.97%、127.53%和 223.31%。肖艳等试验表明，在上年香蕉李采后 1 个月喷 1 次 30mg/L CPPU，翌年花后第 2 周和落花后第 5 周幼果期再各喷 1 次 30mg/L CPPU，坐果率大幅度提高。

四、梅的保花保果

果梅的开花量很大，但花器发育不完全的现象很普遍。花器中缺少雌蕊或子房枯萎、子房畸形、花柱短缩的花统称为不完全花。不完全花没有受精能力，开花后脱落。不完全花比例的高低与树体养分积累、花期早晚、气候影响有关，如结果过量、树体衰弱、落叶过早、储藏养分不足、冬季偏暖、开花提前等，均会使得不完全花率提高。

果梅多数品种有自花不实现象，如广东的主栽品种横核、大核青自花授粉结实率低，两品种互作授粉树，结实率高。梅品种间授粉亲和力差异大，常有自花不实和异花授粉不亲和以及某些组合正交亲和反交不亲和等现象。可施用生长调节剂提高梅树坐果率。

1. 赤霉素

在连续阴雨条件下，花期喷洒浓度为 20mg/L 的赤霉素溶液、幼果期喷洒浓度为 50mg/L 的赤霉素溶液，可有效提高果梅的坐果率。张传和等在盛花期对金光杏梅喷洒 50mg/L 赤霉素溶液，马文江等在黄杏梅花期喷 50mg/L 赤霉素，均提高了坐果率。

2. 防落素

在盛花末期喷洒浓度为 30mg/L 的防落素溶液，在第一次生理落果后期到第二次生理落果开始前喷洒 30mg/L 防落素＋70mg/L 复合核苷酸药液，对果梅的保果效果良好。

3. PBO

马文江等对黄杏梅于萌发前 10d 喷施 250 倍 PBO，有效地提高了坐果率，比对照提高了 10%。

五、樱桃的保花保果

樱桃的坐果率较低，主要有两方面的原因。一方面，不同樱桃种类之间自花结实能力差别很大。中国樱桃和酸樱桃自花结实率很高，在生产上无需配置授粉品种和人工授粉仍能达到高产的要求。而甜樱桃的大部分品种都存在明显的自花不实现象，且甜樱桃极性生长旺盛，花束状结果枝难形成，自花授粉结果率很低。另一方面，水肥不足或者施肥不当。如对樱桃幼树偏施氮肥，易引起生长过旺，造成适龄树不开花不结果，或者只开花不结果；樱桃硬核期，新梢与幼果争夺养分和水分，幼果因得不到充足养分而造成果核软化，果皮发黄脱落；花芽分化期因树体养分不足，影响花芽的质量，出现雌蕊败育花而不能坐果；或缺少微量元素，尤其缺硼时，樱桃结果树花粉粒的萌发和花粉管形成及伸长速度减缓，造成受精不良而脱落。樱桃的保花保果植物生长调节剂有：

1. 赤霉素和 6-BA

在盛花期每隔 10d 叶面喷布 20～60mg/L 赤霉素，连喷两次，可提高坐果率 10%～20%。大棚栽培樱桃在初花期喷布 15～20mg/L 赤霉素，盛花期喷布 0.3%尿素和 0.3%硼砂，幼果期喷布 0.3%磷酸二氢钠，对促进坐果和提高产量效果显著。刘丙花等对九年生红灯甜樱桃于盛花期喷布 30～40mg/L 赤霉素，显著提高了坐果率，坐果率达 50%以上。赤霉素与 6-BA 配合施用，提高坐果率的效果比单独施用赤霉素更显著。20mg/L 6-BA 与 30mg/L 赤霉素配合使用时，坐果率高达 56.9%，比单独施用赤霉素提高 6.8%，比自然坐果率提高 21.2%。

2. 促控剂 PBO

红灯、先锋、美早、滨库等大樱桃于初花期、盛花期各喷布 1 次 250 倍 25%PBO 粉剂药液(若遇冻害则在幼果期再喷 1 次)，可显著提高大樱桃坐果率，防止生理落果，并在霜冻条件下仍具有保花保果的效果。在 6 月上旬至 7 月上旬连喷两次 200 倍 PBO，可显著增加花芽量，使花芽饱满，为翌年丰产打下基础；同时，可有效地控制新梢的营养生长，促进生殖生长，利于早果、丰产。

3. 复硝酚钠水剂

于红灯、先锋、美早、滨库等大樱桃初花期、盛花期各喷布 1 次 5000 倍复硝酚钠药剂（若遇冻害则在幼果期再喷 1 次 250 倍液 PBO)，同样可显著提高大樱桃坐果率。

4. 萘乙酸

对三年生豫樱桃（中国樱桃），在采前 10～20d，于新梢及果柄喷布 0.5～1mg/L 萘乙酸 1～2 次，可有效防止其采前落果；但浓度过大时易造成药害，造成大量的小僵果。对雷尼尔甜樱桃，在采前 25d 喷 40mg/L 萘乙酸药液，可防止采前落果。

5. 芸薹素内酯

一般于开花前、盛花期和幼果期各喷施 1 次 0.01～0.02mg/L 芸薹素内酯溶液，保花保果效果良好。

六、杏的保花保果

1. 赤霉素

花后5～10d喷洒10～50mg/L赤霉素药液或者15～25mg/L赤霉素＋1％蔗糖＋0.2％磷酸二氢钾药液，提高杏坐果率效果较好。于振盈在杏树盛花期喷施50mg/L赤霉素，坐果率为对照的146.5％。大棚杏在盛花期叶面喷50mg/L赤霉素或花后5～10d喷10～50mg/L赤霉素，可促进坐果。但有的试验表明，于盛花期对10年生荷苞臻、关爷脸、崂山红杏喷布50mg/L、60mg/L、70mg/L赤霉素，对坐果影响不显著。

2. 果树促控剂(PBO)

朱凤云等于杏树花前1周、新梢长出7～8片叶时、6月初、7月中旬各喷施1次150～300倍液的PBO，使平均短果枝率比对照提高25.1％，成花率提高34.4％，坐果率提高21.0％，单果重提高18.8g，优质果率提高15.9％。汪景彦等分别于花前10d、6月9日和8月9日各喷布1次250倍液的PBO药液，结果表明：施用PBO后华县大接杏、骆驼黄杏的败育花减少62.6％和46.3％，坐果率提高1.84倍和2.74倍，单果重增长17.9％和33.3％，固形物增加4.0％和3.7％，杏果实斑点病的发病率减少60％以上。

3. 2,4-D

在杏落果前4～7d，用10mg/L 2,4-D溶液喷洒，可控制落果，有效期可以持续14周。

七、荔枝的保花保果

荔枝有3～5次生理落果高峰，其中焦核品种如糯米糍、桂味等有5次生理落果高峰期，大核品种如怀枝等有3次生理落果高峰期。

① 第1次生理落果高峰期出现在雌花谢后7～12d，此期落果数量最多，比例最大，约占总落果量的60％，严重时甚至全部脱落，主要是由于雌花授粉受精不良引起。

② 第2次生理落果高峰期于雌花谢花后25d左右，此期落果除与受精不良有关外，还与胚乳发育受阻有关。低温、阴雨天气加重脱落。

③ 第3次生理落果高峰期出现在雌花谢花后40d左右，这是焦核品种如糯米糍所特有的。此期由于胚的败育，在种子内失去营养和植物激素的来源，造成落果。

④ 第4次生理落果高峰期出现在雌花谢花后55d左右。这时果肉从种子基部长出，包过种子的1/3左右，是果肉迅速生长发育阶段，需要消耗大量的营养。此外，夏梢开始萌发，根系生长旺盛，造成营养生长和生殖生长失调，引起落果。

⑤ 第5次生理落果高峰期出现在雌花谢花后70～80d左右，此期又称采前落果，通常在采收前10～15d发生。此次落果也是焦核品种等所特有的。

减少荔枝落果、提高坐果率的植物生长调节剂有赤霉素、萘乙酸、2,4-D、2,4,5-T以及细胞分裂素类。但常用的是赤霉素和2,4-D。赤霉素的有效使用浓度为30～50mg/L，2,4-D的有效使用浓度为5～10mg/L，两者也可以混合使用，但必须注意使用浓度，适宜的浓度才有保果效果。

1. 三十烷醇

用1.0mg/L三十烷醇在荔枝盛花后和第一次生理落果前各喷1次，产量、单果重、坐果率分别为13.7kg、28.3g、2.39％，而对照分别为11.2kg、26.3g、1.17％。

2. 细胞分裂素和2,4-D

在荔枝谢花后7d左右用10～20mg/L细胞分裂素或5mg/L 2,4-D药液喷洒，可明显提高坐果率。蔡丽池等在荔枝花后喷施两次600倍细胞分裂素＋8mg/L 2,4-D＋0.3％ KH_2PO_4，能极显著提高花后14d坐果率。

3. 赤霉素或萘乙酸

在荔枝谢花后30d用20mg/L赤霉素或40～100mg/L萘乙酸溶液喷洒，亦能使落果减少，提高坐果率，增大果实，提高产量。

4. 2,4-D和赤霉素

在谢花后5d内喷一次3～5mg/L 2,4-D、谢花后15d左右喷一次20～25mg/L赤霉素，既能提高坐果率，又能增加单果重。

5. 2,4,5-TP

在果实发育到1～2g大小时喷施25～50mg/L 2,4,5-TP（2,4,5-三氯苯氧丙酸），可减轻落果。

6. 乙烯利

在现蕾期（即3月上中旬）用200～400mL/L乙烯利溶液全树喷洒，有很好的疏花蕾作用，使结果数成倍提高，产量增加40%以上，改变荔枝开花多、结果少的状况。

八、枣的保花保果

枣树落花落果与品种、树势、开花多少及授粉受精状况、植物激素水平、肥水供应有关。大部分枣树品种能自花授粉，但自花授粉品种配置授粉树可显著提高坐果率；不同树势对冬枣的落果程度有影响；枣树的花芽分化、开花、幼果发育是同步进行的，导致营养生长和生殖生长激烈争夺养分，这一花芽分化的特点影响落花落果；枣树花期和幼果期需要适宜的温湿度，温湿度过高或者过低都不利于开花结果；花器中内源IAA和ABA是影响枣自然坐果率的主要因素。用于枣的保花保果植物生长调节剂有：

1. 赤霉素

在枣树每一花序平均开放5～8朵花时，用10～15mg/L GA_3＋0.5%尿素溶液全树均匀喷洒1次，可提高坐果率1倍左右。金丝小枣盛花末期用15mg/L GA_3，间隔5～7d连喷2次。1个月后坐果率为对照的189%。在大枣树的盛花期，喷布10～15mg/L GA_3，坐果率比对照分别提高17%～21%。在山西大枣盛花中末期喷施10～30mg/L GA_3，提高坐果率30.9%～51.9%。在冬枣盛花期喷1～15mg/L GA_3、0.05%～0.2%硼砂、0.3%～0.4%尿素混合溶液，可有效提高冬枣结果率。生产上使用时应注意：花期应用一定浓度的GA_3可明显提高坐果率，但花期和幼果期多次过量使用GA_3会出现负面效应，如导致枝条徒长、枣吊增长、坐果过多、过密、枣果畸形、果皮增厚及品质下降等，一般在花期喷GA_3 1～2次为宜。

2. 2,4-D

花期喷施5～10mg/L 2,4-D溶液，对新乐大枣、郎枣等均有不同程度提高坐果率的效果。在花期喷布10mg/L 2,4-D溶液，冬枣果吊比（枣吊挂果数/调查枣吊数）达到0.96，比对照提高60%。在盛花初期或盛花期大枣或小枣树上喷施5～10mg/L 2,4-D能提高坐果率15.4%～68%。山西黄土丘陵的大枣在花期喷布5mg/L GA_3＋25mg/L 2,4-D，可显著提高坐果率，增加单果重。

以8年生灰枣为试材，在枣树盛花期及幼果期喷施5g/L尿素＋20mg/L 2,4-D，可增产168.9%，喷施5g/L尿素＋20mg/L NAA可增产150.6%。武之新在冬枣上的试验结果表明，盛花期使用2,4-D，坐果率比对照提高20%左右，但浓度不宜超过10mg/L，否则易产生药害。冬枣的花器和叶片对2,4-D特别敏感，稍不慎就会烧叶、烧花。

3. NAA

在大枣树上用浓度15～30mg/L的NAA全树喷施，坐果率比对照提高15%～16%。在金丝小枣盛花末期全树喷施浓度低于10mg/L的NAA，效果不显著；喷施10～15mg/L时显效；喷施15～20mg/L时可提高坐果率15%～20%；喷施20mg/L以上时会抑制幼果膨大，或引起大面积落果。于金丝小枣采前40d和25d左右各喷布1次50～80mg/L萘乙酸或其钠盐，预防风落效果显著。试验表明，浓度为20～30mg/L时，后期防落率可达83.6%；低于这个浓度，防落效果不明显；浓度在50mg/L以上时，虽然防落效果好，但使用时间过早，会影响后期果实膨大，使用时间过晚，会影响后期果实成熟和适期收获。于小枣果收前30～40d（即8月10～20日左右）喷布60～70mg/L萘乙酸溶液，可防止枣树后期生理落果。萘乙酸不宜与石灰、磷酸二氢钾等混用，使用时应注意。

4. IAA和IBA

在大枣盛花末期分别用50mg/L IAA和30mg/L IBA喷施全树，坐果率分别提高25%～45%和177%。

5. 防落素(PCPA)

金丝小枣盛花末期用20mg/L防落素溶液喷施全树，坐果率可提高25%～30%；使用20～40mg/L防落素溶液，坐果率可提高40%～70%；使用50mg/L以上的防落素溶液，坐果率可提高70%以上。

6. 三十烷醇

三十烷醇是通过提高酶的活性和新陈代谢水平而起作用。据山西省果树所试验，在枣树盛花初期喷2次1mg/L三十烷醇，可提高坐果率27%～35%，生理落果期喷1次0.5～1mg/L三十烷醇，可减轻落果17%～28%，并能促进果实膨大。

7. 枣丰灵

其主要成分为赤霉素和6-BA，在幼果期全树喷施枣丰灵1号（用少量的酒精或高浓度白酒将1g枣丰灵1号溶解，再加水25kg)，既能显著防止幼果脱落，又可促进幼果快速膨大。8月上旬百果鲜重比喷用清水增加20.6%。在金丝小枣幼果期施用复混剂枣丰灵2号或枣丰灵5号1g，用酒溶解后，对水25～35L全树喷洒，幼果的防落率高达85%～90%，且果实膨大速度加快。金丝小枣的发育中、后期，使用枣丰灵2号或枣丰灵5号有明显防落效果。8月中旬，枣色变白前40d和25d左右各使用1次，每1g对水35～50L全树喷洒，防落率高达85%～90%。但喷施不宜过晚，否则会引起返青晚熟。对冬枣，也可以用枣丰灵2号或枣丰灵5号防止后期落果，并促进后期果实膨大。这项措施对坐果晚、果小的枣园特别有效。对大小正常的冬枣要慎用，特别是雨水较多的南方，使用过晚或浓度过大会引起裂果。

九、柿的保花保果

1. 赤霉素

对柿树于盛花期和幼果期各喷一次浓度为50mg/L的赤霉素，能有效增加花量和坐果率，同时结合防病虫喷药时加入0.2%～0.3%磷酸二氢钾进行根外追肥，补充树体对磷、钾等养分的需求，效果更好。于恭城月柿幼果期（4～5月）喷布15mg/L的赤霉素，可提高坐果率；花后幼果期喷赤霉素400～600mg/L，并混用0.5%～1%尿素、硼肥和磷酸二氢钾等，能有效提高坐果率，减少落果；盛花期喷30mg/L的赤霉素，可提高坐果率20%左右。对新次郎甜柿于盛花期喷1次80mg/L赤霉素，可显著提高坐果率，果实可溶性固形物、维生素C和单宁含量与对照无显著差异，但喷赤霉素可明显减小单果重。

2. 吲哚丁酸(IBA)

在幼果期用1000mg/L IBA涂果顶或涂萼片可防止柿子生理落果。

3. 2，4-D

在盛花期喷施5～10mg/L 2,4-D药液，可以防止生理落果并促进幼果膨大。

4. 芸薹素内酯(BR)

在开花前3d对雌花蕾喷洒1次0.1mg/L芸薹素内酯，14d后再喷1次，可提高柿子坐果率，防止生理落果。

十、板栗的保花保果

1. 多效唑

板栗结果树于花穗米粒大小时喷施 2000mg/L 多效唑，坐果数比对照增加 126%，产量增加 76.3%，效果显著。5 月上中旬，喷施浓度为 1000～1500mg/L 的多效唑，至叶片滴水为止，15d 后再喷一次，能有效抑制板栗植株枝条生长，与不喷施的对照相比，其板栗植株的枝长生长量可减少 56.2%～65.9%，枝粗增加 0.09～0.11cm，提高板栗的结实率达 17.4%～22.2%。

2. 防落素(PCPA)和 2,4-D

试验发现，在 6 月 12 日板栗开花时喷施 20g/L PCPA 与 10g/L 2,4-D，对防止金华板栗落果效果最好，落果率仅为 28.6%。

十一、核桃的保花保果

核桃是经济价值较高的经济林树种，目前我国核桃普遍存在着幼树结果晚、早期丰产性差和大树产量低等问题，致使核桃生产效益一直较低。实践证明，核桃晚实低产的原因主要是树体营养生长过旺所致，因此，协调营养生长和生殖生长之间的关系是核桃生产中急需解决的一个关键问题。对核桃进行保花保果的植物生长调节剂有：

1. 多效唑(PP_{333})

以云新早实核桃为试材，设置 3 个浓度（500mg/L、1000mg/L、1500mg/L）PP_{333} 进行核桃叶面喷施，结果表明，施用 1500mg/L PP_{333}，单株平均产量达最高，较对照高出 121.6%。对 5 年生早实核桃品种岱丰于 7 月上旬摘心短截 2 周后土施 3g/株多效唑处理，第二年可以明显增加单株果数和单株产量，3g/株多效唑处理的单株果数为 176 个，比对照增加 45.5%，当年株产为 2233.44g，比对照增加 50.9%。朱丽华等在 8 年生晚实嫁接核桃上的试验表明，于春季新梢长 15cm 左右时，叶面喷施 2000mg/L PP_{333}，可显著抑制核桃树营养生长，新梢长度、节间长度、新梢粗度、干径和叶面积分别比对照（喷清水）降低 61.5%、21.4%、29.1%、28.2% 和 59.9%。单株坚果数和产量分别比对照增加 57.9% 和 64.9%。

2. 矮壮素

贾瑞芬等试验表明，矮壮素对核桃新梢生长具有显著的影响，能抑制核桃的营养生长，矮壮素的浓度以 200mg/L 为宜，浓度过高会影响光合作用。另外，矮壮素用作坐果剂，虽能提高坐果率，但降低了果实品质。在实际生产中可考虑与硼酸混合使用，既可提高坐果率，增加产量，又不降低果实品质。

3. 吲哚乙酸

王立新等研究结果表明，喷布吲哚乙酸能够显著提高核桃的坐果率，其有效浓度范围是 5～7mg/L。适宜喷布次数为 2 次，即 5 月上旬和 5 月下旬各喷 1 次。以喷 2 次 7mg/L 为最佳处理，其坐果率比对照提高 22.7%。

4. 6-BA

7 月份对哈利（Hartley）和福兰克蒂（Franguette）两个品种喷施 10mg/L 和 1000mg/L 6-BA，能刺激芽的发育，增加每个侧枝上的坚果数。

5. 乙烯利

在枝梢生长前期喷施两次（间隔 15d）1500mg/L 乙烯利，能降低核桃幼树的树高，促进幼树提早结实。

十二、葡萄的保花保果

1. 防落素

巨峰葡萄用 15～20mg/L 防落素在采前 4～7d 喷施或采前喷施再结合采收当日浸蘸，对减轻采后贮藏期落粒效果极显著，但对减轻采前落粒效果不显著；采前过早（10d）处理的效果也差。

2. 矮壮素

葡萄开花前5～10d叶面喷施200～500mg/L矮壮素，可提高坐果率，增加穗重，减少大小粒，使果穗整齐与美观。玫瑰香葡萄盛花前7d，用0.1%～0.2%矮壮素溶液喷花穗或浸蘸花穗，可提高坐果率22.3%，使果穗紧凑、外形美观、果粒大小均匀一致。矮壮素的使用与树势有关，负载量小可以适当提高浓度，花序较多、树势较弱的则要降低使用浓度。

3. 多效唑

多效唑对葡萄新梢生长有良好的抑制作用，同时可提高坐果率和穗重。土壤施用时以每平方米1.0～1.5g为好，叶面喷施时以1000～2500mg/kg为好，抑制效果可维持20d左右。巨峰葡萄盛花期或花后3周，叶面喷布0.3%～0.6%多效唑，能明显抑制当年或第2年的新梢生长，增加单枝花序量、果枝比率和产量，但第3年的产量有所下降；土壤施用每平方米0.5～1.0g有效成分，能明显延缓地上部分生长，增强根的活性和提高根冠比；在新梢枝条2叶期，用多效唑0.05%～0.1%涂抹枝条，可明显抑制节间的长度。

4. 果树促控剂(PBO)

PBO在葡萄上的使用时间一般在花前和花后。第1次于花前7～10d（新梢约有8～11片大叶）喷施，树势较强时喷PBO 50～80倍液，中等强树喷100～150倍液，中庸树喷200～250倍液。每亩用PBO的量为棚架栽植园250g左右、篱架园375g左右，对于干旱地区或长势较差的树其用量可减半。第2次施用在花后20d左右进行，对于酿酒品种应在秋季旺长时再喷1次，其喷施浓度和用量与第1次相同。处理后不仅可提高坐果率，而且能促进果粒细胞体积增大，使粒重和产量明显提高。

5. 萘乙酸

葡萄豌豆粒大时用300mg/L萘乙酸浸蘸果粒，可提高坐果率。用萘乙酸1万～2万倍于采前1周左右喷洒或浸果穗1～2次，可防止葡萄落果。在采前7d喷NAA 20～100mg/L或BA 100mg/L＋NAA 100g/L，也可减轻成熟葡萄的果穗落粒。

6. 丁酰肼(比久)

不同株龄的葡萄以丁酰肼处理葡萄花序，增加了达到胚珠的花粉管数量，使有籽果坐果增加。6～7年生巨峰葡萄开花前10～4d喷布500～5000mg/L B_9，都可明显提高坐果率，3000mg/L综合效果最佳，坐果率比对照增加47%～109%。盛花期前12～10d以3000mg/L B_9喷布，可显著提高坐果率，比对照提高50%～97%。

7. 细胞分裂素

在采前7d喷细胞分裂素500mg/L或100mg/L BA＋100mg/L NAA，可减轻成熟葡萄的果穗落粒。

十三、无花果的保花保果

1. 赤霉素

以中间型无花果优选系M105为试验材料，经过不同浓度（100mg/L、250mg/L、500mg/L）GA_3处理后，果实坐果率显著提升，使用100mg/L、250mg/L和500mg/L 3种浓度赤霉素处理后坐果率分别达到30.89%、46.67%、45.78%。

2. 促控剂PBO

分别用50mg/L、100mg/L、150mg/L、200mg/L、250mg/L等5个浓度PBO进行叶面喷施，结果表明，PBO对无花果结果枝生长具有显著的调控作用，50mg/L、100mg/L、150mg/L处理的产量为对照的65.5%～80.6%，而200mg/L和250mg/L处理有明显增加趋势，分别为对照的136.4%和123.6%。在浓度200～250mg/L范围，无花果喷施PBO增产效果较明显。

3. 多效唑

在无花果品种麦司依陶芬新梢生长到40～50cm时喷施100mg/L、200mg/L和300mg/L的多效唑，结果显示，100mg/L多效唑处理无花果产量显著高于对照，增产幅度显著。于3月5日和3月20日，结果枝新梢长15cm、40cm时，两次叶面喷施浓度为500mg/L、750mg/L、3000mg/L的多效唑，于3月14日新梢生长初期，每株树下环形土施粉剂7g、10g、13g多效唑，发现多效唑施用浓度越高，坐果量越低。3个土施处理及叶施3000mg/L的产量为对照的42.7%～53.4%，叶施750mg/L和500mg/L有明显增加趋势，分别为对照的132.8%和121.1%。

十四、草莓的保花保果

1. 芸薹素内酯(BR)

草莓在盛花期和花后7d各喷施1次芸薹素内酯，能提高草莓的产量，因为提高了坐果率，且促进果实生长，提高了单果重。但是草莓使用芸薹素内酯后畸形果率提高。生产上建议只使用1次，且浓度应适当降低，控制在0.01～0.02mg/L。当芸薹素内酯的浓度为0.02～0.03mg/L时，可促进草莓提早开花，提前结果，促进草莓生长，提高草莓产量，且对草莓品质的影响不大；当芸薹素内酯的浓度达到0.04～0.05mg/L时，反而延迟草莓开花结果。于11月8日（草莓盛花期）及11月24日（花后1周）对丰香草莓各施药一次，结果显示，施用0.01%芸薹素内酯乳油0.02mg/L、0.04mg/L和0.06mg/L后使草莓的坐果率有不同程度的提高。0.01%芸薹素内酯乳油0.04mg/L和0.06mg/L处理的坐果率相仿，而高于0.01%芸薹素内酯浓度0.02mg/L处理的。用0.01%芸薹素内酯乳油处理的坐果率均高于空白对照。

在花序显露期和终花期喷500倍液BR-120 1次，叶面和叶背均匀喷布，草莓产量比对照有较大幅度的增加，增产幅度为19.1%。

2. 赤霉素

在准促成品种春香上，用10mg/L GA_3溶液在花芽分化后1个月每株喷5mL，隔1周再喷1次，共喷2次。从11月中旬至下旬气温开始下降时就用塑胶布覆盖。这样处理同样可以增加开花数，增加早期产量。

3. NAA

在哈尼草莓初花期、盛花期和着果期喷施100mg/L NAA，并在开花前10d叶面喷施0.3%硼酸，能显著提高坐果率，增加产量，全期坐果率增加17.04%，产量增加27.57%。

4. 吡效隆(CPPU)

用不同浓度（5mg/L、10mg/L、20mg/L、40mg/L）的CPPU处理，各处理从初花期（4月9日）开始每隔7d喷布花序一次，连续4次。CPPU处理后草莓在结果个数和产量上有所增加，并且在5～40mg/L浓度范围内随浓度升高，增产效果更好。

十五、柑橘的保花保果

柑橘在幼果发育阶段生长素、赤霉素不足，尤其是无核品种，使果柄发生离层而引起落花落果。脐橙属单性结实，主要靠子房产生激素促进幼果膨大。树体赤霉素含量与脐橙幼果脱落呈显著负相关，赤霉素含量越多，落果越少。脱落酸抑制生长，促进果实脱落，脐橙树体脱落酸含量越多，幼果脱落越多。柑橘落花落果大体分3次：第一次生理落果（谢花后10～20d带果梗脱落）、第二次生理落果（谢花后20～70d不带果梗自蜜盘处脱落）、采前落果（6月份稳果后至采收前落果）。坐果率一般只有0.3%～5%。

1. 2,4-D

在天气异常高温发生半天后，对柑橘树冠喷洒8mg/L 2,4-D+100mg/L萘乙酸或8mg/L 2,4-D+50mg/L赤霉素，能显著减轻异常高温引起的落果。在冬季低温来临前或采收前喷施10～40mg/L 2,4-D，可减少落果和落叶。但是2,4-D作为一种除草剂，高浓度可杀除杂草，低浓度则起到保果的作用，因为2,4-D能降低纤维素酶和果胶酶的活性，抑制离层的产生，这也是植物激素的双重性，保花保果使用浓度应控制在10mg/L以内。

2. 赤霉素

在温州蜜柑、椪柑等柑橘树花谢2/3和谢花后10d左右，树冠分别喷洒1次30～50mg/L赤霉素，坐果率显著提高；而对花量较少的柑橘树，谢花后幼果涂布100～200mg/L赤霉素1次，保果效果十分显著。蒋艳华研究10mg/L、50mg/L、100mg/L、150mg/L、200mg/L赤霉素对温州蜜柑的保果效果，以喷施100mg/L赤霉素效果最佳。金橘谢花后7d喷施一次30mg/L GA_3，间隔7d和14d后再分别喷施一次5mg/L CTK＋10mg/L NAA，可有效提高果实产量。

无核砂糖橘因缺乏种子发育产生的赤霉素、生长素和细胞分裂素等植物激素，果实发育中因植物激素水平低，不能满足生长发育的需要而出现大量落果。谢花后20～25d树冠喷布75%赤霉素1g＋水35～50kg＋0.4%尿素＋0.2%磷酸二氢钾＋0.1%硼酸，间隔15d再喷第二次，可显著提高无核砂糖橘坐果率。华盛顿脐橙和凤梨甜橙在1月份上旬喷施100mg/L赤霉素＋1.0%尿素可降低落果。琯溪蜜柚谢花70%时喷施不同浓度的赤霉素，以喷施50mg/kg、100mg/kg赤霉素的坐果率、产量和产值较高。

3. 细胞分裂素

在第一次生理落果期，树冠喷布浓度为200～400mg/L的细胞分裂素，每10d左右喷1次，共2～3次，对提高柑橘坐果率有显著作用。

4. 吡效隆

在盛花期及第一次生理落果时期，对温州蜜柑树冠喷施吡效隆0.1～0.5mg/L药液，可以明显促进坐果，提高坐果率。

5. 三十烷醇

在开花坐果期喷布0.05～0.1mg/L三十烷醇，每隔10d左右喷1次，共3～4次，对提高柑橘坐果率有显著作用。

6. 赤霉素＋6-苄氨基嘌呤

在华盛顿脐橙的幼果期使用250mg/L赤霉素＋200mg/L 6-苄氨基嘌呤涂果，坐果率达31.78%，比对照0.85%显著提高，增产作用显著。

十六、杨梅的保花保果

杨梅花量虽多，但是坐果率仅为2%～4%，落花落果现象比较严重。杨梅自开花后2周大量落花，约总花数的60%～70%凋萎脱落，称前期落果高峰。再过2周，又出现一次后期落果高峰。在此之后，幼果期至果实成熟期也不断落果。影响杨梅落果的主要因素有品种、花序着生部位、结果枝的新梢抽生状况、根系生长情况、花期天气状况等。生产上杨梅的保花保果植物生长调节剂有：

1. 多效唑

多效唑能有效地抑制杨梅枝梢生长，缓和树势，促进花芽分化，提高坐果率，促进杨梅早结丰产。施用后幼龄树结果提早1～2年，应用于初结果树，每亩荸荠梅增产145kg，本地水梅增产2.7kg；于8月2日、次年4月3日和5月4日，分别叶面喷施18mg/L、28mg/L和38mg/L的15%多效唑可湿性粉剂，增产效果18mg/L＞28mg/L＞38mg/L，增产幅度为4.71%～33.17%，生产上对杨梅进行叶面喷施多效唑浓度以18mg/L为宜。

2. 赤霉素

在终花期喷洒20～30mg/L赤霉素，隔5d后再喷1次，有利于保果。小年树采果后应立即喷洒30～50mg/L赤霉素，每隔15d喷1次，共喷3～4次，可减少次年花量。

3. 烯效唑

烯效唑主要是通过缩短枝梢节间长度，抑制枝梢生长。烯效唑对杨梅当年夏梢、秋梢有极显著的增粗效果。于7月中旬喷2次5%烯效唑超微可湿性粉剂200倍液和喷1次400倍液，可显著增加荸荠种杨梅花芽数量，提高花芽质量，明显提高结果枝比例。对旺树、坐果太少的树，可在夏、秋梢长度达1cm时，喷洒330～670mg/L烯效唑，抑制夏、秋梢生长，促进花芽形成。

4. 促控剂PBO

花前喷施PBO的杨梅坐果率比对照增加1.5～2倍，采前自然落果率只有3%～4%，而对照园落果率15%，增产1倍以上。对已结果杨梅在开花前10d，幼果膨大期和秋梢旺长期各喷1次PBO 200～250倍液，可显著提高坐果率。

十七、龙眼的保花保果

龙眼的生理落果主要有三次：①第1次生理落果出现在受精后3～20d，此期落果最多，约占总落果量的40%～70%，其落果的多少决定于授粉受精情况，外界因素也有影响；②第2次生理落果期在雌花谢花后的35～45d，此时子房的两室已"并粒"分大小，果实迅速生长，此期落果与树体营养和结果量有关；③第3次生理落果的高峰期出现在谢花后70～80d，此时为果肉的迅速发育期，需要消耗较多的营养，如得不到充足的养分供应，就会大量落果。应用植物生长调节剂可以减少龙眼落花落果，提高坐果率，并可以促进龙眼果实发育，起到增大果实的作用。常用的生长调节剂有赤霉素、细胞分裂素等。

1. 生长素类

据试验，浓度为1～4mg/L的萘乙酸，可提高龙眼花粉的萌发率5.5%～5.7%。生产上以2,4-D应用最广，浓度为1～2mg/L的2,4-D可极显著提高龙眼花粉的萌发率。生产上常用3～5mg/L 2,4-D在花期和幼果期喷布，可起到保花保果、提高坐果率的作用。

2. 细胞分裂素

应用较多的是6-BA，在雌花谢花后1周喷洒浓度为5～40mg/L的6-BA，可显著提高龙眼的坐果率。

3. 赤霉素

以GA_3应用较广泛，用浓度为15～30mg/L的GA_3，可提高花粉萌发率；在雌花谢花后50～70d，即第2次生理落果期，喷洒浓度为10～50mg/L的GA_3，能起到保果壮果的作用。

4. 芸薹素

在龙眼早熟种谢花后喷洒浓度为0.4～0.5mg/L的芸薹素；在龙眼早熟种的幼果两个落果高峰期前各喷一次浓度为0.15～0.3mg/L的芸薹素，可提高坐果率，且果实增大明显。

5. 混合施用生长调节剂

在谢花后5d内喷一次3～5mg/L 2,4-D和谢花后15d左右喷一次20～25mg/L赤霉素；在雌花谢花后25～30d喷洒50mg/L赤霉素+5mg/L 2,4-D混合液；在雌花谢花后50～70d喷洒10mg/L赤霉素+5mg/L 2,4-D，能起到提高坐果、保果壮果的作用。

十八、芒果的保花保果

芒果花粉萌发率不高，能授粉受精的两性花比率也低，坐果率很低，一般为0.1%～6.0%。芒果果实从幼果开始膨大生长至果实成熟需110～150d，因品种和气候条件而异。整个果实发育期有两个明显的生理落果期：第1次发生在谢花后2～3周内幼果发育至黄豆大小时，此次落果绝对数量最多；第2个落果高峰期出现在谢花后2个月左右，幼果为花生米至橄榄大小时。谢花2个半月后，大多数品种较少落果，但如遇风害，或营养失调、裂果及病虫为害等也会引起落果。也有少数品种在果实已达生理成熟后，还会出现1次落果（采前落果）。为了提高坐果率，常用植物生长调节剂赤霉素、6-BA、萘乙酸、2,4-D、三十烷醇等进行处理。

1. 赤霉素

在芒果谢花后7～10d喷1次50mg/L赤霉素，在果实如黄豆大小时再喷1次100mg/L赤霉素；或在谢花后15～20d喷1次，连续喷2～3次50～100mg/L赤霉素，能有效减少落果，提高坐果率。在谢花后开始叶面喷施GA_3，可明显提高贵妃芒果坐果率，增加产量，且不同程度地改善果实品质，其中以GA_3 150mg/L和250mg/L浓度效果较好，两者的产量、果形指数、单果重、可食率、糖酸比均显著高于对照。

2. 6-BA

在芒果花期喷250～400mg/L 6-BA，能有效提高坐果率。

3. 萘乙酸

在芒果谢花后和果实呈豌豆大小时各喷1次浓度为50～100mg/L的萘乙酸，可减少生理落果。

4. 2,4-D

在芒果谢花后7～10d用浓度为5～10mg/L的2,4-D喷施树冠，也可减轻落果，提高坐果率3%～15%；在谢花后15～20d喷1次，连续喷2～3次10～15mg/L 2,4-D溶液，都可有效提高芒果的坐果率。但是2,4-D容易造成药害，轻者造成果实变形，重者芒果树落叶，所以不能随便提高使用浓度。

5. 三十烷醇

用1.0mg/L三十烷醇喷布青皮芒，或用0.5mg/L三十烷醇喷布秋芒，可增产80%～100%。

6. 生长素和萘乙酸

在芒果开花前或果实子弹大小时喷施10～40mg/L 2,4-D和20～40mg/L萘乙酸，可有效提高芒果的坐果率。在果实纵径为10～12cm时喷10～20mg/L 2,4-D和30～40mg/L萘乙酸，可减少采前落果，较早应用效果不明显。

十九、其他果实的保花保果

（一）桃

桃树的生理性落花落果原因主要是由于桃树枝梢容易旺长，枝叶生长消耗养分过大，同化产物积累少，从而影响花芽分化的数量和质量；或由于负果量过大，营养生长、生殖生长矛盾突出，相互争夺养分，导致桃胚胎发育停止而落果。桃幼树、旺树用多效唑可抑制新梢生长，促进花芽分化，提高坐果率。

赤霉素宜用于老弱树盛花期或在连续的低温阴雨天气喷施，使用浓度为10～80mg/L。在桃树盛花后15～20d，用1000mg/L赤霉素喷洒，可显著提高桃树的坐果率。幼龄结果树及旺长树不宜使用，否则会导致新梢旺长，加重生理落果。

在花期用15～20mg/L防落素喷施，生理落果期用25～40mg/L防落素，均有显著防落果效果。

在桃树盛花后期喷施20mg/L萘乙酸，也能提高桃树的坐果率。

（二）银杏

银杏雌株盛花期喷施500～1000mg/L多效唑，明显提高坐果率，使来年花量增加43.1%～102.6%；喷施500～2000mg/L B_9，也显著提高坐果率，抑制银杏营养生长。

使用50～200mg/L GA_3或100mg/L 2,4-D溶液对银杏种实进行浸果，平均坐果率比对照分别提高7.3%～21.4%和17.4%，并且种核鲜重不减，即在保持银杏种核商品性的同时能增产26%～32%。

（三）猕猴桃

吲哚乙酸能刺激猕猴桃花粉的发育，保证授粉受精的正常进行，提高其坐果率。在中华猕猴桃盛花的中、末期用30mg/L吲哚乙酸溶液喷施全树，可以提高坐果率37%；或者用10mg/L吲哚乙酸溶液浸蘸猕猴桃果实1～2s，也可以使坐果率提高到56%。

CPA的水溶液较稳定，用10mg/L 4-氯苯氧乙酸溶液浸蘸猕猴桃果实1～2s，可以使其坐果率提高到46%。

（四）番石榴

在果实生长期叶面喷洒0.5%尿素、1%过磷酸钙浸出液、0.3%磷酸二氢钾、50mg/L防落素或1mg/L三十烷醇，有显著增产效果。

于5月下旬和7月喷施500mg/L多效唑，能抑制徒长植株的枝梢生长，促进成花，效果较明显。

第八节 疏花疏果

疏花疏果可避免果树过量结实，减少养分消耗，提高果实品质，是克服果树大小年结果的措施之一。植物生长调节剂常用作疏花疏果药剂应用于果树生产。如萘乙酸及其同类物质、乙烯利、BA、茉莉酸类似物（PDJ）、吲熟酯、MCPE。萘乙酸及其同类物质疏果作用较强，缺点是疏花疏果效果不稳定，较易引起叶片畸形生长和抑制果实生长等，一般使用浓度为5～20mg/L。

一、苹果的疏花疏果

苹果化学疏花疏果的研究始于20世纪30年代，最初引起研究者注意的是，果农在使用铜制剂防治病虫害时，发现铜制剂导致落花。从此，Auchter等（1993）就用硫酸铜、沥青蒸馏液、石硫合剂等进行疏花试验。1940年以发现NAA具有疏花作用为契机，进入实质性研究，随后取得了诸多成果。应用最广泛的化学疏花疏果剂有NAA、甲萘威（西维因）、石硫合剂和NAA用于疏果，石硫合剂用于疏花。但这类疏花疏果剂及其应用还存在一定的问题。

1. 萘乙酸

NAA类化合物虽有较强的疏果作用，但同时引起叶片偏上生长、叶畸形，抑制果实肥大，有时发生侏儒果等后遗症。

在岳帅苹果盛花期和盛花后期3d连续2次喷施10mg/L萘乙酸，起到疏花疏果作用，提高果实品质。嘎拉和红将军苹果适合于盛花后2周喷施5mg/L或10mg/L萘乙酸1次。信浓红苹果适合于盛花后2周、3周喷施5mg/L萘乙酸2次或5mg/L与10mg/L配合。红富士苹果采用30mg/L NAA在盛花后2周喷布，进行疏花疏果，对克服红富士苹果大小年有明显作用，而且能显著提高好果率，好果率达到92%。用硫代硫酸铵（ATS）、NAA、萘乙酰胺、萘乙酸钠等化学药剂对8年生寒富苹果进行疏花疏果。结果表明，从坐果率及各坐果比率综合来看，以Amidthin（1-萘乙酰胺）和萘乙酸钠疏除效果较好，单果花序比率均在50%以上，并且能够提高苹果果实品质。

2. 乙烯利

在花蕾期、盛花期和落花后3个时期单用800mL/L乙烯利会出现红富士苹果疏除过量现象，喷施800mL/L乙烯利＋10mg/L萘乙酸，可降低高浓度乙烯利的过量疏除效果，使得效果更加稳妥。盛花期对4年生富士苹果喷洒400mL/L乙烯利，疏花疏果效果较好。随着喷布时间推迟，疏花效果逐渐下降，适宜的疏花疏果时间为盛花期前2d至盛花期后2d。乙烯利与其他疏果剂混用，效果更好。

在国光苹果盛花期喷300mL/L乙烯利，盛花后10d再喷20mg/L NAA＋300mL/L乙烯利，对疏除国光过多的花果、增加大年的单果重、缓和大小年结果现象有明显的效果。

在富士苹果花蕾膨大期，用300mL/L乙烯利＋20mg/L萘乙酸溶液喷布第1次，再在花开始凋谢后10d喷1次，可减轻大小年产量的差异，增加1级、2级果产量。

3. 6-苄氨基嘌呤(6-BA)

6-BA对金冠、红富士等多个品种有明显的疏果效果。6-BA除具有疏果的作用外，还可增加果实重量，促进次年花芽形成。红富士苹果在盛花期和落花后连喷2次200mg/L BA疏除效果较好。张秀美等（2014）比较不同疏花疏果剂对8年生岳帅苹果疏花疏果效果，发现0.3g/L 6-BA

效果较好，疏除率达65%，处理后果实品质得到改善，但浓度太低则起不到疏除的效果。有机钙150倍+0.2g/L 6-BA于盛花期、盛花后3d、15d、25d各喷施1次，苹果空台率高达20.2%。单喷施BA疏除效果不明显，但喷施400mg/L BA+400mg/L GA_{4+7}不但疏除效果明显，还可改善果实品质。

4. 甲萘威

Batjer等于1960年报道了甲萘威具有疏果的作用，其后又有许多研究证实它是当时最好的疏果剂。其优点是无药害，对果实发育无不良影响，没有疏除过量的危险，使用时期和适宜浓度范围宽，在疏果的同时兼治虫害。甲萘威疏花疏果的效果因苹果品种而异，喷施浓度在600～3600倍（85%有效成分）范围内都有效，以1200倍稀释液可治虫与疏果兼用。在盛花后1～4周喷施都有效，以盛花后2～3周之间喷施效果最好。

5. 2-甲-4-氯丁酸乙酯(MCPB-ethyl)

MCPB-ethyl在日本作为苹果疏花剂注册。该试剂在开花期使用，最适喷布时期为中心花盛开后1～3d，使用浓度为10～20mg/L，叶片有轻微偏上生长，对果实生长发育无副作用，喷后1周可恢复正常。1998年Guak等在6年生富士/M26的试验中却发现，MCPB-ehtyl在盛花期喷布能起到疏花的作用，但受气温的影响较大，效果不稳定。

6. 石硫合剂

花期喷50～100倍石硫合剂、150～250倍疏花剂、30～50g/L花生油和橄榄油、0.3～0.5g/L乙烯利，对王林苹果花、果均有不同程度的疏除作用，从坐果率、空台率、单果比例等多方面考虑，效果最好的为石硫合剂75倍和疏花剂1号200倍。药剂处理后单果重、果形指数、果面色泽、果面光洁度、可溶性固形物含量和可溶性糖含量较对照均有不同程度的提高，而对果肉硬度和可滴定酸含量影响不一，正负作用同时存在。

二、梨树的疏花疏果

1. 萘乙酸

对欧梨于盛花期喷施20mg/L萘乙酸效果较好。对鸭梨和雪花梨，在盛花期喷施6～8mg/L萘乙酸效果较好，且1～2mg/L萘乙酸和200mL/L乙烯利配合使用效果更佳。于巴梨盛花后1周叶面喷施30mg/L萘乙酸坐果率明显降低，达到人工疏果效果。于晚三吉梨盛花期叶面喷施25mg/L萘乙酸，其疏果率与人工疏果相近，而盛花后10d喷同样浓度的萘乙酸，则有疏果过度的现象，喷布300mL/L乙烯利，也达到显著的疏花疏果作用。在鸭梨树开花后40d喷洒40mg/L萘乙酸钠溶液，可使花序坐果比对照减少21%～41%，提高了鸭梨的单果重，节省人工疏果量44%～67%。

2. 乙烯利

在梨盛花期喷施300mL/L乙烯利，在幼果期喷施20mg/L萘乙酸铵+100mL/L乙烯利，疏花疏果效果极显著。鸭梨和雪花梨在初花期使用乙烯利效果不明显，在盛花期喷布200～400mL/L乙烯利效果较好；2～10mg/L萘乙酸和200～400mL/L乙烯利配合使用效果更好。在梨盛花期使用200～400mg/L效果好，坐果率达到12%～18%，疏除效果较适宜。

3. 甲萘威(西维因)

在梨树盛花期或盛花后10d，喷洒1000～1500mg/L甲萘威，有较好的疏花疏果效应。

在15年生鸭梨树上，于盛花后14d喷布2500mg/L甲萘威，有显著疏除效果。

4. 茉莉酸

茉莉酸是一种新型的化学疏花疏果药剂。它主要通过抑制花粉的萌发和种子的发育而发挥疏除花果的作用。在酥梨盛花期前15d左右喷施0.5mL/L二氢茉莉酸丙酯（PDJ）疏果效果较好，还促进次年花芽分化。

5. 单氰胺

于15年生红富士苹果盛花期时应用单氰胺，进行疏花疏果试验，疏除率高于96%；而人工疏除的坐果花序单果比例低，仅为 50%。

三、李树的疏花疏果

乙烯利、萘乙酸（NAA）和甲萘威等对李树都有疏花疏果作用，但是，应用生长调节剂对李树进行化学疏果，至今未有满意的疏果剂应用于生产。Harangozo 等（1996）用乙烯利、萘乙酸、多效唑在几个果园进行了疏果试验，发现不同品种间、不同时期疏除效果差异大，但一般都增加了单果重且降低产量，对果实可溶性糖和酸含量无影响。

1. 乙烯利

Basak 等（1993）报道，花后 2 周喷布 200mL/L 乙烯利疏果效果好。在结果过多年份，喷布乙烯利不仅能增加单果重，且促进成花，减轻隔年结果，对李树却无伤害。于李树花后喷施 200mL/L 乙烯利疏果效果也较好。

2. 多效唑

在维多利亚李树盛花期（或 6 月初）用 1000～2000mg/L 多效唑溶液喷施，可以起疏果作用，使果实体积增大。

3. 萘乙酸

以风味皇后、恐龙蛋和味帝杏李品种为试材，于盛花期 1～2d 分别喷施 1 次 20mg/L、30mg/L、30mg/L NAA，疏花效果较好，坐果率均低于清水对照，果实品质得到改善。于 6 年生农大 4 号欧李盛花期喷施 20mg/L 萘乙酸疏花，结果表明：可显著提高平均单果重和可溶性固形物含量，平均单枝果重和可滴定酸含量也有提高。

4. 石硫合剂

在风味皇后、恐龙蛋和味帝 3 个品种杏李盛花期 1～2d 分别喷布 1 次 0.3°Bé（°Bé 为波美度单位）、0.4°Bé 石硫合剂，其疏花效果较好，坐果率均低于清水对照，可溶性固形物含量及含糖、含酸量和果形指数均有显著提高。对 6 年生农大 4 号欧李盛花期喷施 1.0°Bé 石硫合剂疏花后，可显著提高平均单果重和可溶性固形物含量，平均单枝果重和可滴定酸含量也有提高，建议在欧李盛花期喷施 1.0°Bé 石硫合剂进行疏花。

四、葡萄的疏花疏果

对于坐果率高的葡萄品种，一个花序上常常有上千个小花，需要对花序进行整理，否则会造成坐果过多、果穗过紧、果粒偏小，甚至导致果粒相互挤压形成裂果。因此，生产中需要进行疏花疏果。

1. 乙烯利

葡萄盛花期喷布 15mg/L 乙烯利，起到疏花、疏果作用，降低坐果率 9.5%。

2. 赤霉素

于盛花期前 20～25d 用 5mg/L GA_3 溶液处理花（果）序时，可促使早生康拜尔葡萄品种的果梗伸长，减少果粒密度，起到疏粒的作用。采用 5mg/L、10mg/L、25mg/L、50mg/L、100mg/L 五种不同浓度的赤霉素溶液，在花前 15d 及花后 10d，分别蘸穗处理早熟葡萄品种青岛早红的果穗，其效果可延长穗轴，起到疏花、疏果、增大果粒的作用，并提早开花、着色和成熟，与浓度呈正相关。花前 15d 用 100mg/L 赤霉素溶液蘸穗处理，虽穗轴延长最大，但是出现穗尖和副穗弯曲，花蕾小，开花不齐，以及大小粒严重等 GA 药害症状。用 20mg/L GA_3＋3.0mg/L CCPU 连续 2 次浸蘸夏黑葡萄果穗＋单穗留果 65 粒，疏果效果明显，明显地改善果实品质，综合处理效果最佳。

五、柑橘的疏花疏果

1. 萘乙酸

常用于柑橘的疏花疏果剂为 200～300mg/L 萘乙酸，最佳时间为盛花后 20～30d，温度 30℃

条件下效果较明显，不仅疏果效果明显，还可增加大果率，提高可溶性固形物的含量。若温度低于20℃，疏果效果较差。温州蜜柑于盛花期后1周喷施萘乙酸200mg/L、400mg/L或600mg/L，经过较长时间后均有显著的疏花疏果效果，坐果率均低于1%，且600mg/L处理能达到完全疏除的效果；盛花后2周只有喷施400mg/L或600mg/L萘乙酸在经过较长时间后能有显著的疏花疏果效果，且600mg/L处理能达到完全疏除的效果。利用萘乙酸疏花疏果会增加特大级果实的比例。

2. 吲熟酯

吲熟酯常用浓度为100～200mg/L，在盛花后30～50d喷施最理想，其中本地早和早熟温州蜜柑以盛花后30d、普通温州蜜柑以盛花后40～50d为宜。喷后1周大量小果变黄脱落，落果高峰期维持5～10d，落果期2～3周，能使成熟果大小均匀，浮皮减少，提早着色5～9d，糖分增加。温州蜜柑、本地早及椪柑的疏除率可达20%～60%。

3. 乙烯利

以30年生国庆1号温州蜜柑盛花期喷施400mg/L或800mg/L乙烯利以及盛花后1周或2周喷施200mg/L、400mg/L或800mg/L乙烯利，经过一定时间均能达到完全疏除的效果。

六、荔枝的疏花疏果

荔枝花穗为复总状圆锥花序，由主轴、侧轴、支轴和小穗组成。小穗通常由3朵小花组成，但主轴、侧轴和支轴的顶端往往只有中央一朵花能发育，两朵侧花常在中途败育而成单花状。一个或数个小穗着生于支轴或侧轴上构成支穗或侧穗；若干个侧穗着生于主轴上形成圆锥花序。荔枝的花为三形雌雄同株异花（trimonoecy），在一个花序中雌、雄混生，还有两性花和变态花。每个花序着生的花数差异很大，有几十朵至几千朵不等，花的多少与品种特性、结果母枝状况和气候因子等相关，一般单花300～500朵。荔枝花多，坐果率虽低，总体小果量不少，过多的花果会消耗营养，使果实发育受阻，生产上往往要疏花疏果。

1. 多效唑

以"兰竹"荔枝品种为试材，在雄花盛开前进行疏蕾或人工疏花，之后在雄花20%～30%开放时喷施15%多效唑可湿性粉剂600mg/L或15%多效唑可湿性粉剂450mg/L+40%乙烯利32mL/L 1次，可明显地缩短雄花花期4d；雌花花期推迟5～8d，花期延长5～6d，雌花分别增加10.3%、15.9%；中性花分别减少9.2%、13.6%；坐果率比对照（喷施清水）分别增加54.4%、53.9%；平均穗重分别增加659.3g和686.4g。在花前处理2次还可增强花期的抗逆性，综合效果较好。

2. 乙烯利

以"兰竹""乌叶""早红"荔枝品种为试材，喷施200mL/L、400mL/L和600mL/L乙烯利。结果发现，开花时对照的花序比处理的长2～5倍，总花数对照比处理多2～9倍。在开花前约1个月（即3月上旬）喷施200～600mL/L乙烯利利于疏蕾，可提高荔枝产量，且200mL/L效果最佳。以"妃子笑"荔枝品种为试材，发现在见白后至第一批花现蕾前，当花穗长3～10cm时，喷施500～800mL/L 40%乙烯利+1000～1500mg/L 50%青鲜素杀蕾和疏蕾后，其雌花数比对照增加，雌雄花比率比对照高，提高其坐果率和产量。在花蕾期对"黑叶"荔枝喷施200～600mL/L乙烯利，随着其浓度的增加，对花蕾的疏除效果也增强，有效减少花量，加速落花进程，降低坐果率和提高雌花比例，对果实品质无不良影响，且200mL/L乙烯利效果最佳。对于"白糖罂"品种荔枝，其最佳喷施时期为雌蕊柱头露白期，最佳浓度为400mL/L乙烯利，此时疏除效果最佳，可加速果实发育进程但不影响果实最终大小和果实品质，提高果实的单果重和可食率。

3. 萘乙酸

以10～60mg/L萘乙酸对"黑叶"和"白糖罂"品种荔枝处理均有疏除效果，且其疏除效果随浓度的增加而增大。对于“黑叶”荔枝，其最佳的疏除时期为雌蕊柱头转褐期，作为疏果剂时其最佳浓度为10mg/L，能加快果实发育进程，增加果实大小、重量和可食率。另外，20～60mg/L萘乙酰胺对“黑叶”荔枝有较好的疏除效应，可提高雌花量，而对落花进程无影响。作为疏果剂时，以浓度为20mg/L于雌蕊柱头转褐期或浓度为40mg/L于开始谢花期喷施效果最佳。用萘乙酸喷施“妃子笑”荔枝，可在一定程度上加快雌花开放进程，缩短了雌花开放时间，其雌花量比人工疏花和人工疏花＋药物疏蕾处理要多，提高了坐果率，改善了果实品质。

七、龙眼的疏花疏果

龙眼花为圆锥形聚伞花序，由混合花芽发育而成。每花序一般有10余分枝，多者20余分枝。着花数百朵至3000朵，多者达5000余朵。雄花为数最多，占总花数80%左右。雌花可发育成果实，是龙眼最重要的花型。两性花极少，难发育结果。

1. 6-苄氨基嘌呤(6-BA)

以石硖龙眼品种为试材，与对照相比人工疏除30%、50%、70%果穗可明显地改善果实品质。在花期使用6-BA、NAA、GA_3等植物生长调节剂，疏花效果明显，对果实品质影响不明显；在花后15d喷施6-BA疏果效果明显，对果实品质改善效果较好。

2. 乙烯利

在石硖龙眼品种结果母枝上喷施不同浓度的乙烯利、百草枯和脱落酸均可诱导龙眼果实脱落。其中乙烯利的效果最明显且用2mL/L乙烯利喷施果穗10d内可造成62.46%的果实脱落，但也导致果柄离层水解酶迅速上升，因此使用时需谨慎。

八、其他果树的疏花疏果

（一）桃树

早生桃在盛花期喷布500～1000mg/L多效唑，有显著的疏花疏果效果。多效唑抑制幼果彭大，成熟时处理的单果重明显地高于对照果。

40～60mg/L萘乙酸溶液在花后20～45d喷洒均有疏除效果。比较不同浓度6-BA和NAA对桃树的疏果效果，发现80mg/L BA＋8mg/L NAA效果较好。萘乙酸、乙烯利、多效唑的疏花疏果效果在果园间、品种间、不同时期疏果效果差异较大；一般会增加单果重量和降低产量，对果实可溶性糖和酸没有影响。

应用200mL/L乙烯利在桃花后8d喷洒，有疏除效果。黄桃盛花期喷洒300mL/L乙烯利疏除效果良好。

桃树花后30d用50～100mL/L乙烯利和100mg/L赤霉素混合液喷施，可减少50%～80%的人工疏果量，而对桃树无伤害。

（二）樱桃

在甜樱桃盛花期使用浓度为10g/L和12.5g/L的蚁酸钙制剂（CFA）都有疏除效果，浓度越高，疏除效果越明显，增加单果重也更明显。CFA的各种浓度处理对果实的品质没有不良影响，对树体也没有产生药害。

对Blaze Star、Samba、Tecblovan三个樱桃品种喷施8.82g/L和17.64g/L硫代硫酸铵疏花剂，可明显地减少负载量，改善果实品质，对果实大小、重量影响不明显。

（三）杏

在杏盛花期1～2d喷施1次20～30mg/L NAA，疏花效果较好，坐果率均低于清水对照，使果实品质得到改善。

对Patterson杏在6月份第1周喷施GA_3后，当年疏花效果明显，改善了果实品质，其中100mg/L GA_3效果最显著。

（四）银杏

对银杏喷施100～200mg/L萘乙酸后，30%～50%的果实在7～10d内脱落。药剂疏果要适时，过迟会使植株养分消耗过多，达不到疏果的效果。

（五）山楂

3年生山楂末花期或落花期喷施有效浓度为10～40mg/L的萘乙酸，疏除作用达35%以上，树势生长状况良好。

（六）枣

以50年生、生长势一致的灰枣品种为试材，在盛花末期喷施40mg/L萘乙酸+3000mg/L磷酸二氢钾，或单独喷施40mg/L萘乙酸。结果发现，化学疏花疏果后可促进果实生长发育，减轻中后期生理落果，增加平均单果重和产量。

（七）番石榴

比较不同浓度萘乙酸对番石榴疏花疏果作用以及果实产量、品质的影响，结果发现：于4月最后一周和5月第一周期间喷施500mg/L萘乙酸疏花效果较好，疏花率达69.45%；以400mg/L萘乙酸的产量最高，高可达32.75kg/株；但此时的TTS（可溶性固形物）较低（达5.35%），而喷施200mg/L NAA时其TTS为7.13%。以Sardar番石榴品种为试材，进行人工疏花、施用600mg/L和800mg/L NAA处理，发现疏花效果明显，且可提高果实产量，增加收益。

第九节　诱导无核果

无核果又称无籽果，无籽是果实优良性状之一，单性结实无籽果具有更高的商品价值。无籽果实通常是指果实没有种子或只有少量败育种子，甚至种子数量比正常品种少的果实。1934年Yasudae用花粉提取物处理雌蕊，得到无籽果（单性结实），后来发现花粉里含有大量的生长素，Gustafson用人工合成的吲哚乙酸和吲哚丁酸等混合于羊毛脂里处理番茄、青椒、茄子、南瓜的子房，也得到无籽果实。随后，许多学者用各种植物生长调节剂及其化学物质处理各种植物的雌蕊获得成功，我国科学家黄昌贤在1938年已经利用生长素诱导产生无籽西瓜。1967年Frank等从未成熟的苹果种子中提取了一种含有赤霉素的物质，并将之应用于同一品种未授粉的花中，也得到了成熟无籽果实。

已经明确果实的形成和发育与植物激素有关，外施生长素、赤霉素和细胞分裂素均可刺激正常情况下不能单性结实的树种单性结实，形成无籽果实。目前，赤霉素在葡萄、枇杷等品种的无核研究中已经取得成功，并已应用于栽培中。用赤霉素等药剂处理花序，可以避免子房受精，产生种子，形成无籽果实。太田象一郎发现胚囊在发育过程中的减数分裂期，GA_3阻止葡萄子房受精产生种子的机制为：①使苹果酸脱氢酶活性受阻，导致呼吸减弱，能量不足，胚囊异常或不分化，由此造成葡萄果实无籽；②开花期胚囊发育不成熟，赤霉素促进珠心和子房壁发育而提早开花，胚囊尚未成熟，影响受精；③ GA_3 抑制花粉成熟过程中营养核与生殖核的分裂，使得无生殖核的花粉增多，降低了花粉的发芽率。

一、诱导梨无核果

1. 赤霉素

在梨盛花期前1～2d，使用浓度为200～500mg/L的GA_{4+7}水溶液处理花蕾，盛花期第5～7d，再次用其处理花，可有效诱导梨的单性结实。单性结实的果实外形较好，无畸形果，可食率高，且核小、无籽、果心小，风味更优，丰产性能好。在砀山酥梨花蕾期进行套袋隔离处理，盛花期解袋，并喷布25mg/L GA_{4+7}，喷后及时套袋，结果处理果实果核直径仅为15.21mm，而对照组的为31.45mm。GA_{4+7}不仅诱导砀山酥梨单性结实，而且显著提高了果实可溶性固形物含量，处理果可溶性固形物含量平均为12.4%，高于对照组的11.4%。

2. 赤霉素和萘乙酸混合剂

梨树在春季开花较早，花期经常遭受霜冻的危害而不能正常受精结实，造成减产甚至绝收。花器各部分的抗冻能力不同，雌蕊抗冻能力最差，特别是柱头较子房更易受冻，在盛花期将开放的花朵剪去柱头与雌蕊，用 3000mg/L GA＋20mg/L NAA 喷施花朵，可提高单性结实率，达 45.0%。因此在部分花朵柱头受冻坏死而子房尚活的情况下，喷施一定浓度的 GA、NAA 可形成单性结实，减轻灾害损失。

3. 其他

在梨霜冻后对部分柱头受冻而子房完好的花朵喷施 40mg/L GA_3 ＋25mg/L 促生灵、100mg/L GA_3 ＋40mg/L CTK、50mg/L GA_3 ＋150mg/L 链霉素，也可显著促进早酥梨和五九香梨单性结实。

二、诱导葡萄无核果

1. 赤霉素

GA_3 是最早用于葡萄无核处理的生长调节剂，其作用途径主要是通过降低花粉发芽力或使胚囊发育不成熟，从而诱导形成无籽果实，同时 GA_3 能使子房细胞核酸含量增加，加速细胞分裂，诱导植物激素合成，促进细胞肥大，最终使果实膨大。在开花后期和花后 1 周，用 200mg/L 和 300mg/L GA_3 喷施葡萄叶片和果穗，可增加 20%的无籽果，并增大有籽果实的体积，玫瑰香葡萄于花前和花后 10d，以 50mg/L GA_3 分 2 次处理花序和果穗，可使其全部无核，并增重 50%。单独使用赤霉素诱导无核率低，一般达到 70%～80%，处理有效期短，仅 2～3d，时期不当还会使穗轴脆化、扭曲、易落粒等；但与其他药剂混用，效果较好。在花前 12d 至初花期用 100mg/L 链霉素＋20～100mg/L 赤霉素处理 1 次，于盛花后 10～15d 再用 50～100mg/L 赤霉素处理 1 次，促进无核化效果明显。

2. GA_3 吡效隆(CPPU)

用不同浓度 GA_3 和 CPPU 混合处理黄玉葡萄，发现两次处理无核化效果较一次处理好，其中盛花期 25mg/L GA_3、花后 10d 25mg/L GA_3 ＋5mg/L 吡效隆两次处理无核率最高，达 86%。各处理均可显著增大果粒，两次处理显著高于一次处理和对照，单果重最大为 11.86g，其次为 11.18g。而同样药剂处理凉玉葡萄，发现盛花期 50mg/L GA_3 结合盛花后 11d 50mg/L GA_3 ＋5mg/L 吡效隆处理的无核率最高（达 100%），单果最重（为 5.05g），果形指数为 1.59。

三、诱导柑橘无核果

1. 赤霉素

在砂糖橘花蕾期至盛花期用不同浓度（10mg/L、30mg/L 和 50mg/L）赤霉素喷施 2 次（时间间隔为 10d），发现喷施 50mg/L GA_3 效果最好，可以有效形成少（无）核果，单果种子 1.4 粒以下（比对照少 12.9 粒），无核果率达到 46.7%。对自交不亲和的克里迈丁橘，在无花粉存在情况下，于盛花期喷 50mg/L GA_3 能促进单性结实。

2. 赤霉素与吡效隆混合剂

用 30mg/L 吡效隆＋50mg/L GA_3 的混合溶液在沙田柚花前 1 周喷花，直到滴水为止；花后 2 周和花后 3 周幼果期再喷幼果各 1 次，可显著减少果实种子数，处理单果种子数平均为 10 粒，远远低于对照（花期喷清水）的 129 粒。本地早是我国亚热带地区推广的宽皮柑橘良种，用 500mg/L GA_3 ＋10mg/L CPPU 在盛花期喷布，可显著提高无核果率，无核果率为 80%，而对照为 0%。其有核果的单果饱满种子数和单果种子重均显著低于对照，无核果的单果重、可食率和可溶性固形物含量也显著低于对照。

四、诱导枇杷无核果

1. 赤霉素和吡效隆

枇杷种子多、核大、食用率低是其缺点，用 1000mg/L GA_3 处理大房和田中枇杷品种的花蕾，再用 1000mg/L GA_3＋20mg/L CPPU 在花后 1 月下旬、2 月下旬、3 月下旬分期喷果 3 次，对增大无核果和防止无核果落果有显著效果，但可溶性固形物含量极显著低于对照，果形指数显著大于对照，成熟较早。

从花蕾期开始对早钟六号和东湖早枇杷用 600mg/L GA_3＋20mg/L CPPU 处理 2～4 次，发现诱导枇杷单性结实的无核率、果形、可食率与处理次数无关，但一定时期内单果重随处理次数增加而显著变大。可溶性固形物含量显著高于对照，处理次数对其影响不大。无核果实成熟期提前，随处理次数增加成熟期提前程度减弱。

2. 赤霉素(GA_3)和 6-糠氨基嘌呤(KT)

1994 年 Takagi 等分别用 500mg/L GA_3 和 500mg/L GA_3＋20mg/L KT 对枇杷花序进行处理，均得到了无核果实。而且加有 KT 处理的比单独用 GA_3 的效果要好，得到的无核果实比正常果略小，但果肉更厚。

3. 其他

在 3 月下旬幼果开始膨大时用 300mg/L 抑芽丹钠盐水剂＋150mg/L GA_3 溶液喷洒，可抑制种子发育，使得种子变小，不饱满籽粒和瘪粒增多，果实籽粒重只为未处理的 20%，处理后坐果率和单果重增加，产量提高。在枇杷花后每月 1 次用 30mg/L 吡效隆＋500mg/L GA 喷雾 4 次，可获得商品果大小的无核果。

五、诱导荔枝无核果

在荔枝果实发育初期，使用 MH 等生长抑制剂，可以抑制植物分生组织的细胞分裂，主要是抑制珠被细胞和幼胚细胞的分裂，从而导致种子败育，形成焦核果。

1. 杂环脲类细胞分裂素

对广东省廉江市良垌镇果园无单性结实的桂味、广良红、妃子笑和单性结实的海南无核荔枝，于花期应用 2mg/L 杂环脲类细胞分裂素处理果穗。结果表明，杂环脲类细胞分裂素使无单性结实的桂味、广良红、妃子笑和单性结实的海南无核荔枝品种产生无核单性结实果和异常果，比正常果实小；桂味、广良红、妃子笑单性结实果和海南无核异常果的单果重比正常果降低；桂味、广良红荔枝单性结实果的可溶性固形物比正常果高，而妃子笑单性结实果和海南无核果的可溶性固形物比正常果低。

2. 青鲜素(MH)

对青鲜素诱导荔枝大核品种焦核结果的效果进行研究，发现青鲜素是十分有效的焦核化诱导剂，但单一的青鲜素处理常导致严重的幼果脱落或成熟果实偏小等不良后果，若与 2-萘氧基乙酸（BNOA）配合使用，则可基本克服单一青鲜素处理产生的副作用。应用 0.8g/L MH＋30mg/L BNOA 在雪怀子品种雌花谢后 15d、25d 连续喷布两次，可获得焦核率达 87.5%的优质果实，而对坐果率和产量无任何不良影响。使用 800mg/L MH 诱导黑叶荔枝焦核效果较好，但导致一定程度的落果，MH 与 2,4-D 混合处理可以减轻落果的问题。用 800mg/L MH＋5mg/L 2,4-D 喷施花穗，对黑叶荔枝诱导焦核效果较好，焦核率可达 8.79%，平均单核重下降 20%以上。

六、诱导龙眼无核果

1. 细胞分裂素类生长调节剂

对福建主栽的大核龙眼品种乌龙岭，于花蕾期喷施 100mg/L 6-BA 或 800mg/L MH 2 周后，喷施 30mg/L CPPU 1 次，1 周后再喷施同浓度 CPPU 1 次，可诱导龙眼果实形成小核果，其果实核重分别比对照减少 38.5%和 38%，单果重分别为 9.77g 和 8.42g，小核率分别达 62.2%和 83.3%。

2. 青鲜素(MH)

在乌龙岭龙眼花蕾期喷施不同浓度（600mg/L，800mg/L，1000mg/L 和 1200mg/L）MH，

使用2周后喷施30mg/L CPPU，1周后再喷1次，发现600mg/L MH处理焦核果效率显著，焦核率高达88.33%～93.33%，核重最小仅为0.26g；且MH诱导焦核果效果稳定，重复性好，是一种很好的龙眼果实焦核诱导剂。在闽焦64-1龙眼雌花开放后40～45d，喷施1000mg/L MH，闽焦64-1焦核率可达82.2%，而对照仅为6.9%。

七、诱导其他果树无核果

(一)猕猴桃

在猕猴桃花前，于大枝上用0.2% 2,4-D羊毛脂涂花梗，其单果平均种子数426.3粒，单果种子重0.68g；而对照为945.3粒，1.46g。表明2,4-D有诱导猕猴桃形成无籽或少籽果的作用。在中华猕猴桃花期和幼果期分别喷施20mg/L 2,4-D一次，两次时间间隔为15d左右，可显著降低果实籽粒数，提高果实重量，与对照相比单果平均籽粒数比对照减少了26.1粒，单果重提高了20.7g。

(二)番木瓜

在番木瓜即将开花前用50mg/L 2,4-D或100mg/L 2,4-D或50mg/L 2,4,5-T处理并套袋，均可诱导两性花或雌花产生无核果。2,4-D处理的果实与正常大小接近，果实平均重70g；2,4,5-T处理的有6%果实单果重超过100g，但稍呈畸形。

(三)番石榴

用5000mg/L萘氧乙酸（NOA）和5000mg/L 2,4-D分别处理处于盛花期的番石榴花，实验结果表明两种处理均能诱导番石榴单性结实，但果实细小，果面起棱，成熟期也推迟。

第十节　调控果实品质

果实品质包括以糖、酸、芳香物质及生物活性物质等食用品质，果实大小和色泽等外观品质。果实品质主要由品种遗传特性决定，但是，也受到外界条件的影响。随着果树产量的增加和消费量日趋饱和，消费者对果实品质提出了更高的要求。

通常果实在授粉受精以后，就开始发育。多数果树的果实首先是经历一段细胞分裂期，此时果实体积有所增大。然后转为胚迅速发育期，随后才是果肉细胞体积增大期，果实再次迅速膨大。影响果实细胞分裂与膨大的因素，除生态条件、营养物质外，植物激素也起着重要作用。因为，在果实发育过程中，植物激素能调动碳水化合物和其他营养物质、水分移向果实。许多研究结果证实，生长素、赤霉素和细胞分裂素可促进子房、花托等的细胞分裂，生长素、赤霉素与果实细胞膨大有关，而乙烯、脱落酸则与果实的成熟衰老关系密切。

一、调控苹果果实品质

1. 吡效隆(CPPU)

新红星苹果在盛花期喷洒12.5mg/L CPPU，可以显著促进苹果幼果的细胞分裂和果实生长发育。而盛花后3周对辽伏苹果果面喷布20mg/L CPPU可以增大果实20%左右，对果实品质和花芽分化无不良影响。在花后1个月对幼果喷布10mg/L CPPU+25mg/L GA_3混合液可促进大部分品种果实纵径和横径的生长，提高果形指数，增加单果重。

2. 6-苄氨基嘌呤(6-BA)和赤霉素(GA)

元帅系苹果花期（盛花和落瓣期）喷施50～200mg/L 6-BA可显著提高果形指数，刺激果实萼端发育，五棱明显突起，增加单果重，提高其商品价值。在50～200mg/L浓度范围内于花期使用GA_{4+7}，效果与6-BA一样；在落瓣期后7d喷GA_{4+7}可显著减轻果锈，在10～200mg/L范围内，随着浓度增加果锈程度降低。

花期喷布8～10mg/L GA_{4+7}明显改善了新红星苹果的果实形状，减少果锈，GA_{4+7}处理对成花和坐果没有影响。

3. 噻苯隆

红富士苹果在初花期和盛花期用2～4mg/L噻苯隆液剂喷花处理2次，可促进果实纵向生长，提高高桩果实比率。

4. 普洛马林

普洛马林有提高果形指数、促进元帅系苹果果顶五棱发育的作用，使元帅系苹果的果形更为标准。1992年在新红星苹果上应用普洛马林，结果喷普洛马林的果形指数达1的高桩果率为32%～61%，而不喷药的对照仅为5%。使用的最适时期是元帅系苹果中心花初开至终花期；以初花期喷1次，隔7～10d再喷1次效果最好。

二、调控梨果实品质

1. 吡效隆

梨树于盛花后第2周用20mg/L吡效隆喷布幼果，使单果重增加12%。另外，多数试验表明，吡效隆喷施后增加了畸形果，而添加0.1%PVAC（聚乙酸乙烯酯）或添加0.1%Triton助剂，吡效隆的促进效应明显增强，畸形果减少，因为CPPU可促进果实植物激素水平提高，间接促进果实分裂和膨大。在梨树盛花后1周喷布30mg/L吡效隆，或盛花后1周和2周用60mg/L吡效隆对梨浸果2次，可显著提高单果重、株产。

2. 吡效隆和赤霉素

于花后1月对幼果喷布10mg/L吡效隆+25mg/L GA_3，可促进大部分梨品种果实纵径和横径的生长，提高鸭梨的单果重。

3. 果树促控剂(PBO)和萘乙酸(NAA)

PBO和NAA能降低宿萼果率，对库尔勒香梨初花期、盛花期分别喷施10～50mg/L NAA和10mg/L NAA，均可增加脱萼率，降低宿萼突顶率。

4. 多效唑

多效唑可控制梨突顶果。在库尔勒香梨花蕾露红期喷洒600mg/L多效唑，使突顶果率由83.8%降至8.7%，果形指数由1.25降至1.05，多数果实由纺锤形变为宽卵形。

三、调控桃果实品质

1. 吡效隆(CPPU)

于早蜜桃盛花后30d用20mg/L CPPU加1g/kg吐温20溶液喷布幼果表面，果实果重和体积都显著增大，平均单果重增加33.3%，果肉硬度下降，可溶性固形物含量及果实着色率显著提高，并有促进早熟的作用。对鄂桃1号在盛花后7d和14d连续两次果面喷布20～30mg/L CPPU溶液，果实单果重、果形指数和总糖含量增加，可滴定酸含量显著降低，糖酸比提高，风味佳，成熟期提前，但是使用CPPU后果实硬度下降，裂果率升高。

2. 赤霉素

早蜜桃盛花后30d用100～150mg/L赤霉素喷布桃幼果表面，可使果实膨大，果重增加，果实的糖酸比及硬度显著提高，但对果实维生素C含量和着色率无明显影响。

3. 萘乙酸

桃果实着色前15～20d喷一次5～10mg/L萘乙酸，10～15d再喷施一次10～15mg/L萘乙酸，也可有效防止采前落果，促进桃果实着色。

四、调控李果实品质

1. 萘乙酸(NAA)

以11年生“风味皇后”“恐龙蛋”“味帝”杏李品种为试材，在盛花期1～2d时，分别喷施

10mg/L、20mg/L、30mg/L NAA，以喷施清水为对照，在果实成熟后测定果实品质指标。结果表明："风味皇后"和"恐龙蛋"品种杏李经萘乙酸处理后，果形指数均变大，尤以30mg/L的处理最显著，分别为0.91和0.93；20mg/L NAA处理之后，可溶性固形物、总糖及维生素C含量比其余处理有显著提高，可滴定酸的含量明显高于对照，为8.63g/kg。"恐龙蛋"品种杏李经10mg/L和20mg/L NAA处理对果肉硬度的影响不太明显，但喷施30mg/L NAA能明显降低果实硬度，同时显著提高可溶性固形物和总糖含量，但是对维生素C、可滴定酸的含量影响不大。"味帝"品种杏李经30mg/L NAA处理，其果形指数、可溶性固形物含量以及糖、酸含量等较其他处理均有显著提高。

2. 吡效隆(CPPU)

以12年生青脆李为试材，在谢花后用2.47mg/L吡效隆进行处理，可以改善果实的品质，其中果实维生素C含量显著提高。

3. 赤霉素(GA_3)

以12年生青脆李为试材，在谢花后用2.11mg/L赤霉素进行处理，果实的可溶性固形物、总糖、维生素C及含酸量显著提高，果实的品质得到改善。

4. 果树促控剂(PBO)

PBO处理对果实可溶性固形物和总糖含量提高较其他处理效果最显著，可达12.9%和95.62mg/kg，并且可以明显降低果实酸含量。因此，在适当的时期选择适宜的植物生长调节剂对于改善果实的品质具有明显的促进作用。

五、调控梅果实品质

1. 赤霉素

以健壮15年生横核青梅树为试材，在青梅核硬化前对其喷布不同浓度和种类的生长调节剂2次，果实发育期间测量果实大小，果实成熟后测定其各品质指标。试验表明：喷布40mg/L、80mg/L NAA，果实的含酸量为5.05%和5.09%，比对照的4.42%明显提高（青梅有机酸的增加，可以提高青梅营养价值，改良饮料的风味）；喷布40mg/L NAA，单果重以及可溶性固形物分别为15.2g和7.0%，比对照的13.9g和6.8%有所增加，但80mg/L NAA处理效果比40mg/L处理稍逊色；喷布NAA对果实的大小影响不大。

2. 丁酰肼(B_9)

在梅果实核硬化前喷布2次B_9可以增加单果重。1000mg/L B_9处理之后，青梅果实含酸量可达5.21%，比对照的4.42%显著提高，可以明显提高横核青梅果实的含酸量，同时也可以增加单果重。

3. 防落素

防落素对青梅果实单果重增加的效果在各处理中最为明显：相比于对照的13.9g，20mg/L和40mg/L防落素处理可使单果重高达16.1g和15.1g；对可溶性固形物和含酸量的增加并不显著；20mg/L防落素较其他处理来说，对于果实纵径、横径、侧径的增长最为明显，增长率最高，可达28.2%、34.2%和36.4%。

4. 助壮素

助壮素又名缩节安或调节啶，可以提高横核青梅果实的可溶性固形物含量。喷布500mg/L、1000mg/L助壮素可使横核青梅果实的可溶性固形物含量达7.4%、7.2%，比对照（6.8%）增高。

六、调控枣果实品质

1. 赤霉素(GA_3)

以6年生"崭山"米枣为试材，在枣树盛花期（枣树花量为25%～75%）以及幼果膨大初期对米枣喷施植物生长调节剂，结果表明：不同浓度 GA_3 均能增加米枣单果重；米枣鲜重增长最大的处理为 30mg/L GA_3，与对照相比，处理之后米枣鲜重增加 0.5179g，增重 13.3%；综合考虑米枣的外观品质以及内在营养品质，低浓度（20mg/L）GA_3 处理的效果最好。以 6 年生灰枣为试材，在盛花期喷 0.5mg/L 噻苯隆+15mg/L 赤霉素 1 次，盛花末期喷 1mg/L 噻苯隆 1 次，果实纵径增加最大为 32.10cm，而对照为 28.39cm，同时果实表面的光泽度好，颗粒饱满，但果实的甜度以及香味不及对照。

2. 萘乙酸

萘乙酸各浓度处理均能有效降低落果率，提高单果重以及纵径、横径。20mg/L 萘乙酸处理，平均单果重为最大值 4.63g，比对照增加 16.7%。10mg/L 萘乙酸处理，可溶性糖含量和维生素 C 含量均最高，可溶性糖含量比对照提高 10.02%，可滴定酸变化不明显，糖酸比提高 10.02%，有利于提高果实的内在品质以及风味。

3. 防落素

在米枣幼果膨大初期喷施防落素后，果实横径增加，落果率明显降低，且果实的维生素 C、可溶性糖含量也降低。除 10mg/L 外，其余浓度防落素均显著增加单果重和果实纵径；除 20mg/L 防落素处理外，其余处理均使米枣糖酸比降低。

4. 噻苯隆(TDZ)

在枣树盛花期喷 0.5mg/L 噻苯隆 + 15mg/L 赤霉素 1 次，盛花期末喷 1mg/L 噻苯隆 1 次，可提高单果重量（干、鲜）以及果形指数。噻苯隆的使用浓度与骏枣的产量呈正相关，同时随着其使用浓度的增加，枣树的裂果率呈下降趋势。

七、调控板栗果实品质

1. 水杨酸(SA)

以 10 年生“遵玉”品种板栗为试材，在盛花时期喷施 0.2nmol/L SA 对于提高果实品质效果较好。与其他处理相比，0.2nmol/L SA 显著提高板栗实蓬率；每苞中有板栗 3 颗，比对照的 1.6 颗显著提高；可溶性糖、淀粉和蛋白质含量分别比对照提高 19.20%、11.20%和 6.09%。

2. 芸薹素内酯(BR)

BR 对板栗的营养成分含量影响显著。以 10 年生“遵玉”品种板栗为试材，在幼胚发育前期喷施 0.01mg/L BR，可以提高板栗可溶性糖和蛋白质含量，比对照提高 26.37%、5.69%。

3. 6-苄氨基嘌呤

应用 6-BA 对板栗进行处理的结果表明，1000mg/L 6-BA 能够促进结蓬量、出实率及单株产量。6-BA 对果实品质提高具有促进作用。200mg/L 6-BA 对蛋白质含量增加最显著，比对照增大 5.42%；100mg/L 的处理显著增加脂肪含量，比对照增大 5.47%；50mg/L 的处理对可溶性糖含量增加最显著，比对照增大 12.77%。

八、调控葡萄果实品质

1. 吡效隆(CPPU)

葡萄花后使用 CPPU 5～20mg/L 促进果实膨大效果明显，并且随浓度升高效应增强，果粒由椭圆形变为近圆形，果形指数降低。5～20mg/L CPPU 与 20～50mg/L GA_3 混用较单用对葡萄果实膨大具有更明显的增效作用。

2. 赤霉素

目前世界各国几乎均对无核品种施用 GA_3 来增大果粒。GA_3 增大葡萄果实的机理是促进果实的细胞分裂，特别是顶端分生组织的细胞分裂，并使果肉细胞伸长、增大。施用 GA_3 在 0.5～1500mg/L 浓度范围内与葡萄果增大成正相关，超过一定浓度后，对果粒的增大作用有限。不同葡萄品种对 GA_3 的敏感性不同，一般胚珠为大败育型的无核品种，其增大效果不及胚珠为小败育型的品种。在无核葡萄上使用GA_3，一般采取花后一次处理的办法，浓度通常为50～200mg/L，使用适期在盛花后10～18d，使用方法以浸蘸果穗为主，或以果穗为重点进行喷布。无核白葡萄的使用时间为盛花后9～12d，当30%幼果横径达2～3mm时开始，1周内完成。GA_3对有核品种，尤其是种子少和果粒大小不整齐的品种果实增大作用也不可忽视。GA_3在藤稔、甜峰、巨峰上使用较多，处理时间为花后10～15d，浓度通常为25mg/L。

此外还有BA、ETH（乙烯利）、茉莉酸甲酯。多数情况下，2种或2种以上物质混合处理比单一效果要好。

九、调控柑橘果实品质

1. 脱落酸和赤霉素

柑橘品种多，果实类型和糖酸含量差异大，果实发育期也长，调控报道较多。用不同浓度的脱落酸和赤霉素对红肉脐橙幼果期和着色前分2次喷施，发现着色前较低浓度脱落酸（10mg/L和50mg/L）处理可提高一种或几种糖的含量；而较高浓度的赤霉素（250mg/L和500mg/L）处理则严重阻碍了果肉中糖的积累。

2. 生长素

生长素（2,4-D、NAA）效果比赤霉素更好。GA_3、2,4-D混合处理红血橙对提高果实品质效果更好。

3. 硝酸钙和生长素

在花期、花后1周、花后3周、采前2周对龟井蜜柑进行$Ca(NO_3)_2$、IAA和IAA+$Ca(NO_3)_2$喷布，经处理果实的可溶性固形物和可滴定酸均显著低于对照，各处理糖酸比显著高于对照，采后30d时IAA+$Ca(NO_3)_2$喷布和采后浸钙处理果实的维生素C及完熟采收果实的可溶性固形物和可溶性糖含量均显著高于对照和其他处理。

4. 苄氨基嘌呤和赤霉素

在柑橘开花期喷1.8%苄氨基嘌呤（10kg/hm^2）和20%赤霉素可湿性粉剂（1.5kg/hm^2）有显著的增产效果。2种药液各喷1次（开花和坐果期，间隔15d）的处理产量最高，果肉可溶性固形物、维生素C和含糖量均增加，可滴定酸含量减少；如二药液混用（用量减半）喷1次，其产量和品质次之；单用赤霉素产量虽增加，但品质下降。苄氨基嘌呤和赤霉素联用，可起到增产和增加营养、改善口感的作用。

十、调控芒果果实品质

优质的芒果果实应包括以下几种因素：①果形好，大小适中；②果皮色泽好，无伤病斑；③种子较小，肉厚，纤维少，可食率高；④汁多，可溶性固形物含量高，香甜。在芒果果实发育过程中，由于天气、温度、光照的影响，造成芒果果实品质低下，主要表现在果实不耐压、难运输、风味差、果汁少等，使用植物生长调节剂可有效提高芒果果实的品质。

1. 赤霉素

在幼果期每隔7d连续喷3次赤霉素，浓度为200mg/L以下，能增加单果重、可溶性固形物、含糖量及维生素C的含量。用100mg/L赤霉素处理可增加单果重及果实纵横径。

2. 吡效隆(CPPU)

谢花后5～10mg/L CPPU处理能明显促进贵妃芒果果实膨大，且促进芒果果实膨大的效果比GA_3处理明显，但较高浓度CPPU处理也明显增加畸形果数量，同时使糖酸比明显下降。在芒果果树开花14d之后喷施10mg/L吡效隆也可以提高单果重、果实体积。

3. 2,4,5-三氯苯氧丙酸

200mg/L 2,4,5-三氯苯氧丙酸处理，果实总糖、可溶性固形物含量最高，含酸量少。

4. 生长素、乙烯利等

芒果属于呼吸跃变型水果，通常在果实黄绿或绿色时采收，经过后熟，才能达到可食的成熟状态。成熟时果皮颜色有红色、金黄色和青色。在芒果果实后熟过程中，使用植物生长调节剂可以调节其色泽，用2,4-D、赤霉素、萘乙酸等生长调节剂可以延缓果皮转黄，而用乙烯利、脱落酸等可加速果皮的转黄。原理是2,4-D、赤霉素、萘乙酸抑制了芒果果皮中类胡萝卜素的合成及叶绿素的降解，从而延缓了果实转黄的过程；乙烯利、脱落酸的作用则刚好相反，加速了叶绿素的降解和类胡萝卜素的合成。

十一、调控香蕉果实品质

香蕉果实数量和大小是产量的直接构成因素。在香蕉断蕾时，对果实喷洒2,4-D、赤霉素、细胞分裂素等溶液，利于增长果指。

1. 壮果素

在香蕉断蕾5～7d喷施主要成分为细胞分裂素的壮果素（50g药剂对水15L），以喷湿果穗为度，对提高产量有明显的效果，增产幅度平均在15%～25%；喷施壮果素的果肉中的干物质和淀粉积累基本上能与果指长度、粗度同步增加，且处理果可食部分（即果肉）比对照增加3.9%，果实中总糖和可溶性糖也比对照有所增加。

2. 芸薹素内酯

在氮磷钾肥的基础上盛长期（定植第173d）喷施芸薹素内酯（BR），能够提高香蕉单梳果指数，比对照处理多8.4%；单株产量增产5.3%，苗期喷施BR单株产量增产6.3%；在施用镁肥的基础上苗期（定植第97d）喷施BR对香蕉单株产量增产12.4%；苗期喷施BR增产16.0%，果实内在品质的影响效果最好，还原糖含量比对照处理高2.02%，总糖含量提高1.55%，可滴定酸含量比对照处理低了0.03%，糖酸比也比对照处理的高，同时提高了果实中维生素C和粗蛋白的含量。

3. 1-甲基环丙烯(1-MCP)

香蕉是呼吸跃变型水果，果实通常在绿色时采收，经催熟后达到成熟。在成熟过程中，使用植物生长调节剂可有效调节果实的着色。用100μL/L和300μL/L 1-甲基环丙烯（1-MCP）处理可明显延缓果皮叶绿素的降解，抑制果皮转色，对延缓果皮黄化有明显的作用，但效果与处理时香蕉的成熟度及1-MCP的使用浓度有关。200μL/L 1-MCP处理显著地抑制了在20℃条件下香蕉果实采后硬度的下降、可溶性固形物和可溶性糖含量的上升以及可滴定酸含量的变化，从而延缓香蕉后熟进程，但不会降低香蕉的综合食用品质。

4. 细胞分裂素

"威廉斯"香蕉断蕾5～7d喷施复合植物生长调节剂（主要成分为细胞分裂素），明显增长果指长度和径围大小。香蕉采收时，处理组果指和径围分别比对照增长了2.6cm和0.8cm，香蕉产量比对照增加14.8%～16.7%。

十二、调控菠萝果实品质

菠萝为聚合花序，果实由许多小果聚合而成。小果发育不均，容易出现畸形果，利用植物生长调节剂可促进果实发育增大，提高果实产量和品质。

1. 萘乙酸

巴厘菠萝开花一半或谢花后5～10d各喷1次500mg/L萘乙酸，平均单果重比对照增加16%。在开花一半和谢花后各喷1次100～200mg/L萘乙酸或萘乙酸钠+0.5%尿素溶液，可明显使果实增大。如果冠芽摘除后用萘乙酸处理，会使药液渗透到果心上，使果心变粗，降低果实的品质，萘乙酸或萘乙酸钠浓度要控制在100～200mg/L之间，浓度过高，果心变粗、果肉酸而粗糙，果实也不耐贮藏。此外，萘乙酸或萘乙酸钠对芽有抑制作用，喷洒时如果药液滴到叶腋上或小吸芽上，会导致提早抽蕾，使果实变小。

2. 赤霉素和吡效隆(CPPU)

在巴厘菠萝初花期、开花一半及开花末期各喷1次50～100mg/L赤霉素＋1%尿素溶液，正造果平均单果重比对照增加60g，冬果平均比对照增重150～200g，春果比对照增重150g，但成熟期延迟7～10d。用赤霉素喷果时要均匀，使雾滴均匀分布于全果表面，以果实达到湿润为度，喷施不均匀会引起畸形果。对巴厘品种花后20d和35d的果实分别喷施5mg/L、10mg/L、20mg/L、50mg/L的CPPU和赤霉素，结果表明：20mg/L CPPU和50mg/L赤霉素显著促进菠萝果实重量的增加，与对照相比单果重分别增加9.1%和14.9%；促进可溶性总糖的积累，其中50mg/L赤霉素处理更为显著，使可溶性总糖增加量达36.9%；并促进总酸含量的增加，使果实的pH值略有降低；但对提高可溶性固形物和维生素C含量没有显著性差异。

3. 碳化钙

用碳化钙诱导种植后10个月和12个月的菠萝开花，可提高果实的可溶性固形物含量；若对种植后16个月的菠萝用碳化钙进行诱花处理，可提高果重和产量。

十三、调控其他果树果实的品质

（一）樱桃

收获前21d应用10mg/L GA_3可提高甜樱桃果实可溶性固形物的含量，而且非醇溶性物质和灰分也有增加，同时10～200mg/L GA_3可明显增加果实的硬度。GA_3还可以促进果实着色，增大果个。

以“Bigarreau Noir Gross”樱桃品种为试材，施用多效唑以及赤霉素能够提高果实的质量。施用多效唑能够降低花梗的长度、伤果以及凹陷果的产生，从而大大提高果实的质量性状，但是施用赤霉素会使多效唑的作用效果降低，因此两种植物生长调节剂不可同时使用。

（二）杏

凯特杏萌芽后新梢长至4cm时，对其土施PP_{333}后，单果质量和单株产量显著增加，经处理后的凯特杏百果质量比对照增加7.9g，可达104.5g，单株产量达39.95kg，而不处理的单株产量仅为30.86kg，有利于提高产量和经济效益。

在New Castle品种杏盛花期后30d和50d喷布不同浓度（2.5mg/L，5mg/L，7.5mg/L和10mg/L）的三十烷醇，结果表明，使用三十烷醇可以有效地提高水果质量、叶面积和叶片干重，而且5mg/L三十烷醇能够使单果重增加36.62%，体积增加32.96%。

（三）银杏

以12年生泰兴大佛指品种银杏为试材，在盛花期对银杏雌株叶面喷施多效唑、B_9、GA_3、GA_3＋6-BA，结果表明：50mg/L GA_3＋150mg/L 6-BA对果实的单果重及体积增加最明显，处理后种子的单重、纵径、横径增加至13.46g、3.55cm和2.62cm，是对照的1.5倍、1.2倍和1.1倍。

（四）猕猴桃

在猕猴桃花后20d用5～40mg/L CPPU处理可增大果实20%～190%，但10～30mg/L范围内的处理效果似乎没有显著差异。对美味猕猴桃在盛花后15d以5mg/L CPPU蘸果，可增加单果重，提高果实中糖及维生素C等营养成分含量，但过高浓度CPPU处理后，反而使猕猴桃果实风味变酸，氨基酸、维生素及β-胡萝卜素含量下降，导致果实品质下降。对翠玉猕猴桃幼果用5mg/L CPPU处理能使单果重增加17.8%，显著降低果实的可溶性固形物含量，加速常温下果实软化和腐烂速度，增加烂果率；而用1mg/L处理可使单果重增加11.4%，对果实硬度、可溶性固形物含量及腐烂速度无不良影响。

在猕猴桃盛花后20～30d，以5～10mg/L KT-30浸幼果1次，可促进细胞体积的增大，使果实增重50%～80%，浓度过高易形成畸形果和影响贮藏期与内在品质。

（五）枇杷

在霜诱导产生的无籽枇杷上喷布500mg/L GA或者500mg/L GA＋20mg/L KT混合液，能使果实达到与有籽枇杷果实同样的大小。相比于未处理的有籽枇杷，用GA处理过的无籽枇杷果实更加细长，果皮更薄，而且GA和KT同时使用增大果实的效果要比单独使用GA好。

以Tanaka品种枇杷为试材，在第一个生长季节的始花期和盛花期喷布20mg/L NAA，能够显著降低果实数量，单果重和体积不受任何开花时期喷布的NAA的影响，但是在第二个生长季节的盛花期喷布20mg/L NAA能够显著提高单果重和体积。10～15年生Algerie和Gold nugget枇杷品种花后10～15d喷施20mg/L萘乙酸，可改善果实品质，利于果实着色，且促进果实成熟和使其收获期提前。

（六）草莓

在盛岗草莓品种始花期、盛花期、坐果期喷布3次GA_3，不仅能提高产量，而且增加了糖酸比。100mg/L GA_3处理平均单果重最大（9.00g），较对照（8.27 g）增加0.73g，糖酸比达7.02，较对照（4.53）有显著提高，提高了果实风味，具有推广价值。

在草莓谢花后不同时期进行1次或2次CPPU处理，对促进草莓果实膨大有一定效果，而对果实风味品质均无不良影响，以谢花后6～11d处理对果实膨大作用最为显著，而对果实风味品质均无不良影响。用CPPU处理，使草莓结果个数和产量都有所增加，并且在5～40mg/L浓度范围内随浓度升高，增产效应增加，CPPU对二级序果重和最大单果重无影响。

（七）柿子

对甜柿次郎于花后10d喷施100～200mg/L 6-BA药液，可促进果实的膨大，提高果实横径、纵径和果形指数、果实单果重。

于甜柿次郎、禅寺丸花后10d喷施10～25mg/L CPPU药液，能显著促进果实的膨大，提高果实的果形指数和果实单果重；采收时延迟褪绿，着色期提高果皮花青素含量。

在盛花后10d喷洒10mg/L KT-30液，可防止落果，促进果实膨大。

（八）荔枝

荔枝花后喷布两次600倍细胞分裂素＋8mg/L 2,4-D＋0.3% KH_2PO_4，能增大果实纵经、横径，提高果实可溶性固形物含量，降低可滴定酸含量，提高固酸比和可食率，改善果实品质。

用多效唑、乙烯利、NAA、B_9、6-BA等药剂于盛花后45d对荔枝进行树冠喷布处理，果实的可溶性固形物含量变化不大，但维生素C含量均升高。

对14年生的实生荔枝树在第1、2次生理落果初期喷布0.15%芸薹素乳油各一次，处理树果实种核较对照轻，并出现部分焦核，可食率增加5.85%。

用蔗糖基聚合物处理“妃子笑”荔枝，可溶性固形物、总糖、维生素C含量均明显上升，分别比对照增加了7.80%、27.78%、84.67%；而可滴定酸含量明显下降，比对照下降27.55%。

（九）龙眼

龙眼的坐果率较高。果实成熟则果核由白色变成黑色，果皮颜色变化不大，由青褐色变为褐色，成熟后很快退糖，要提高果实品质也不容易。

对龙眼早熟种，在幼果两个生理落果高峰期前喷布0.15～0.3mg/L芸薹素内酯，可增加果实可食率，且均无小果；而对晚熟种，在谢花和幼果一次生理落果期喷布芸薹素内酯，亦可增加可食率并提高可溶性固形物含量，小果率也减少。

在龙眼花后5d、40d和55d，用芸薹素内酯对树冠进行喷布处理，提高了果实的单果重、可溶性固形物含量。

龙眼开花10～15d后喷50mg/L赤霉素＋5mg/L 2,4-D，以后每隔20d喷一次，共喷2～3

次；在采果前50d开始喷施复方三十烷醇乳粉，以后每隔10d喷一次，连喷3次，可显著提高龙眼的品质。

（十）番木瓜

喷施蔗糖基聚合物水溶液，可提高水果的可溶性固形物含量，增加总糖含量，同时降低酸度，有很好的增甜降酸效果，可明显提高糖酸比，从而达到改善水果品质、增强口感的功效。用蔗糖基聚合物处理番木瓜后，可溶性固形物、总糖、维生素C含量均明显上升，分别比对照增加了4.76%、14.69%、50.57%，而可滴定酸含量明显比对照下降9.42%。

第十一节　预防果实裂果

果实裂果是一种生理失调症，生产中很多果树的果实都出现裂果现象，特别是少核、小核、肉厚的品质优良品种，如柑橘中的脐橙、红江橙，荔枝中的糯米糍、桂味、黄皮品种的无核果实都出现裂果现象。裂果常发生在果实生长期和着色期或采前。裂果有多种类型：爆裂式，由于果皮应变力的下降和果肉的突发性猛长而造成，如荔枝的裂果；陷痕裂式，是一种渐变而非爆发的过程，如柑橘的大部分裂果，其白皮层先开裂，果面出现陷痕，后表皮开裂。裂果一般与果皮结构有关，生产上通过使用植物生长调节剂，改善果皮结构，减少裂果。

一、预防苹果裂果

苹果裂果的发生部位、开裂方式和开裂形状多种多样。在果实的梗洼部、中部、萼洼部均可发生裂果。主要有以下症状：①以果柄为始点向两边开裂至梗洼上部，形成一个弓形“一”字裂口，该症状比较普遍，占裂果总数的90%以上，严重时裂口不断扩大，可发展到果肩部位；②在梗洼处围绕果柄形成若干小皱纹状裂口，或以果柄为圆心开裂，并在不规则圆或半圆形的裂口上出现新的纵向裂口，有的还发展到果实中部；③在中部横向开裂，裂口较大，甚至发展到果肉内部，最深可达3～5mm；④在萼洼内围绕中心形成横向小裂口。

1. 多效唑(PP_{333})

红富士苹果谢花后3～4周，新梢长度达30cm左右，用15% PP_{333}可湿性粉剂300倍液，于6月下旬至7月上旬连喷2次，间隔15～20d。傍晚喷布于果实着生部位，特别是易发生裂果的树冠下部更应该重喷。PP_{333}可有效抑制新梢过旺生长，缓和树势，减少裂果的发生。

2. 丁酰肼和赤霉素

在红富士苹果果实套袋期间于摘袋前一个月开始，间隔10d喷2～3次2000mg/L丁酰肼（比久）。摘袋后喷1次30mg/L赤霉素，刺激果皮生长，使其与果肉细胞生长速度保持一致，减少裂果。

3. 6-BA和赤霉素

从Pink Lady苹果花后60d开始，喷施0.2%（体积分数）的Superlon试剂（40mg/L 6-BA＋40mg/L GA_{4+7}），每14d喷1次，连续喷3次，可减少苹果萼洼部的开裂。

二、预防梨裂果

梨裂果属混合型，裂口大多发生于果实的腰部或近腰部，呈不规则形。裂果发生的时期多数在近熟期，有的则在生长早期，或在整个发育期都可出现。裂果可能由于促进果肉生长的抑制激素剧增，果皮与果肉中植物激素含量分配不均。

用3%的赤霉酸脂膏涂抹于绿宝石梨花后10d的果柄基部长度1.5cm处，可以有效地减少绿宝石梨裂果率（较对照减少裂果25.38%），增大果个，提高产量（较对照增长14.15%），明显提高经济效益，并使可溶性固形物的含量增加2.55%，果心减小3.48%。

在花后30d的杂4-5-73品系梨树上将思必达赤霉酸脂膏（有效成分：2% GA_3、1% GA_{4+7}）

均匀涂抹靠近果台一端的果柄上，每果涂抹15～20mg，经试验可有效防止裂果，裂果率为4.87%，显著低于清水对照的裂果率（37.36%），但对果实品质影响无显著性差异。

三、预防樱桃裂果

甜樱桃的果实发育有3个阶段：第1阶段为第1次迅速生长期，从谢花至硬核前，主要特点是子房及子房内壁迅速生长，胚乳也发育迅速；第2阶段为硬核期，主要特点是果实生长减慢，果核木质化，胚乳逐渐为胚的发育所吸收消耗；第3阶段从硬核到果实成熟，为果实第2次迅速生长期，果实细胞迅速膨大并开始着色，直至成熟，是裂果发生的主要时期。甜樱桃裂果可分为顶裂、梗端裂及侧裂3个类型。顶裂是发生在果实顶部小的裂口，梗端裂是围绕在果梗部位的圆形及半圆形裂纹，顶裂及梗端裂裂痕浅，通常发生在果实发育的早期，随着果实的生长，微裂伤口能愈合。

1. 萘乙酸

采收前30～35d喷布1mg/L萘乙酸可减轻遇雨引起的裂果，并有效减轻采前落果的发生。

2. 吡效隆(CPPU)

在那翁樱桃盛花后13d喷洒CPPU，研究发现5mg/L CPPU加重了樱桃的裂果，而20mg/L CPPU处理却能显著减少裂果。这可能与低浓度CPPU显著促进了樱桃果肉细胞分裂和细胞膨大有关，所以在易裂果的樱桃品种上应用CPPU时要注意施用浓度。

3. 赤霉素

研究发现，在0900 Ziraat樱桃的浅黄期（采前30～40d）喷施20mg/L GA_3可使裂果率降低至5.6%，显著低于对照的25.5%，同时还能增加果粒重量、大小和硬度。

四、预防柑橘裂果

1. 萘乙酸

在柑橘果实发育初期用NAA加Zn^+喷施果实，可降低果胶水解酶活性，缓解原果胶的降解，使果皮增厚，有效地减少陷痕裂果。

2. 赤霉素、生长素和硝酸钙

在柑橘果实幼果膨大期喷施GA_3或2,4-D 1～2次，可预防裂果。在第1次生理落果后叶面喷50mg/L GA_3或5mg/L 2,4-D+0.1% $Ca(NO_3)_2$；在果实迅速膨大期再喷100mg/L GA_3或5mg/L 2,4-D+0.1% $Ca(NO_3)_2$，可有效降低陷痕裂果率30%～50%。果实成熟期久旱不雨时，用5mg/L 2,4-D每周喷1次，连续2次，可减少裂果。但是，此期喷施2,4-D会推迟果实成熟。

3. 赤霉素和细胞分裂素

在谢花70%～80%时（5月上旬），对南部脆香甜柚的幼果喷施40mg/L GA+400mg/L BA，于5月下旬再对果实喷雾1次，其裂果率显著降低，仅为对照的27.34%。

五、预防荔枝裂果

荔枝的裂果多为爆裂式裂果。植物激素能调节树体及果实的生长，内源激素的变化与坐果及裂果有关。裂果的果肉含有较高水平的生长类激素，刺激果肉异常猛长。同时，果实各部分激素分配不平衡，特别是果皮生长素含量低，果皮生长受阻，与裂果有很大关系。另外，植物激素的比例与平衡失调也是导致裂果的主要内部原因之一。

1. 萘乙酸

生产上萘乙酸能减少荔枝果实的裂果；用30mg/L萘乙酸在花蕾期或谢花后以及果实着色前喷果穗，防止荔枝裂果效果较好。

2. 赤霉素

于盛花期、幼果期和果实膨大期对糯米糍荔枝叶面喷施1 mmol/L GA，可显著降低裂果率。

3. 细胞分裂素

在雌花凋谢后 15d 和 30～40d 喷 30mg/L 细胞分裂素于幼果上，可促进果皮的细胞分裂和正常发育，减少荔枝裂果。

4. 乙烯利

在荔枝硬核期及其 1 个月后各喷 1 次 10mL/L 乙烯利，可将早大红荔枝裂果率从 12%降到 6%。也有报道，在荔枝果实绿豆大时用 10mL/L 乙烯利喷果，隔 1 个月再喷 1 次，可减轻裂果；在裂果初期用浓度为 80mL/L 的 40%乙烯利于上午露水干后喷果穗，可增强果皮弹性，抑制果肉猛长，使果皮柔软，减少裂果。但是，这一方法在生产上有一定风险，需要慎用。

六、减少其他果实的裂果

（一）李

“绥李 3 号”李的裂果病防治研究中，在采收前 30d 左右，向果实均匀喷布 0.5g/L 乙烯利，第 2d 再用 0.5g/L GA_3 喷布 1 次。其裂果率仅为 0.4%（对照 21.2%），防治效果达 98.13%，果实可溶性糖、维生素 C 含量显著高于对照，可滴定酸、含水量显著低于对照。

（二）枣

枣果实发育过程中，伴随果实的成熟，不断增加的可溶性固形物导致果实水势的降低则为枣吸水、破裂提供了内部动力；枣裂果最直接的原因则是果皮破裂应力降低。果实在发育后期，连接细胞间层的果胶等物质水解，果皮强度降低，会加大裂果风险。在无法控制自然界的降雨以及减少果实可溶性固形物会降低果实品质的情况下，减少细胞壁多糖类物质的降解成为防止裂果的有效手段。

利用植物生长调节剂预防裂果的方法有：喷施 GA_3 可以降低果胶甲酯酶和果胶酶的活性，于膨大期至白熟期每 10d 喷施 1 次 20mg/L GA_3，可有效降低壶瓶枣裂果率。

6-BA 可有效延缓枣果实细胞壁中纤维素的降解，在壶瓶枣果进入白熟期时叶面喷施 10mg/L 6-BA 有较好的防裂效果。

（三）柿

柿果的花萼越大越不容易在花萼处发生开裂，在太秋柿的新梢生长期喷施 10mg/L CPPU，可显著增大花萼的面积，并降低柿果萼端的开裂率（16.1%），显著低于对照的 46.9%。

在 Triumph 柿坐果后 40d 或 100d 喷施 40mg/L Superlon 试剂（19g/L 6-BA＋19g/L GA_{4+7}），每月 1 次，连续喷 3 次，均可显著降低裂果率。

（四）葡萄

圆叶葡萄采收期果皮开裂较严重，若采前 3d 用 2000mL/L 乙烯利处理可减少裂果，采摘时易落果（用于酿酒），便于采收，对风味无影响。

葡萄裂果主要是由于果皮的生长速度不如果肉快，果肉过度生长胀破果皮而造成裂果。在生产中，合理使用赤霉素，不仅能起到很好的保果膨果作用，还能大大提高产量和减少裂果。

在 6 月上旬（果实膨大期）至 9 月下旬（果实成熟期）喷施 30mg/L GA_3，每周 1 次，可以有效降低木纳格葡萄的裂果率。

（五）龙眼

龙眼的裂果较少，如果裂果也多为爆裂式裂果。生产中用复合型细胞分裂素于雌花谢花 10d、20d、30d 各喷 1 次，共喷 2～3 次，可减少裂果 30%。赤霉素和萘乙酸也是不错的选择，喷施 20mg/L 赤霉素＋50mg/L 萘乙酸＋1.5g/L 硫酸锌或 1g/L 氨基酸钙，可减少裂果。

（六）芒果

红象牙芒的无胚果生长到中后期常出现大量裂果，在 5 月中旬前用 20mg/L 赤霉素，5 月下旬后用 40mg/L 赤霉素，从小果长到黄豆大小时开始喷施，每 10d 左右喷 1 次，进入雨季后尽量在雨前喷，一直到采收为止，可平衡体内生长素的作用，有效减少裂果的发生。

（七）番荔枝

番荔枝果实为聚合浆果，表面呈瘤状突起，裂果常常发生在聚合小果（果鳞）相连接之间的鳞沟，时间多在采前1～2周，正是番荔枝果实的迅速生长期，可溶性糖大量积累，耐压力减小。此时遇上高温干旱，因果皮细胞生长减弱，造成果皮和果肉组织生长不一致；如果突然降雨，果实含水量过大，果肉细胞体积膨大，当膨压超过了果皮与果肉组织承受的最大压力时，就会发生裂果。由于果实鳞沟处的果皮最薄，裂果多发生于该部位。

在番荔枝果实迅速膨大期，用30mg/L NAA或30mg/L GA喷布树体，可以刺激果皮生长，使其与果肉的生长速度保持一致，减少裂果的发生。

第十二节　调控果实成熟

香蕉、番木瓜、菠萝等属于呼吸跃变型水果，完全成熟后变软，易腐烂，很难贮藏和运输；因此，果实贮运时以成熟度为7～9成的青硬期最好，食用前才催熟。贮藏期果实淀粉和含糖量逐渐下降，果肉逐步变软，果实品质达最佳后便逐渐下降，甚至过熟、腐烂。目前贮藏保鲜方法涉及多种植物生长调节剂的应用。

一、调控梨果实的成熟

（一）促进梨果实成熟

在早酥梨正常采收前18～25d，果实横径达到50～60mm时，对果实喷洒50～150mL/L乙烯利，可使其提早7～10d成熟。在菊水梨采收前3～4周，用浓度为100～250mL/L的乙烯利喷洒，可使其提早10d成熟。

在翠冠梨盛花后10～35d用20mg/果梨果早优宝B型（主要成分是GA_3）处理幼果。结果表明，梨果早优宝B型对翠冠梨果实的生长发育有着显著的促进作用，可增大果重24.51%～31.16%，使果实成熟期提早8d以上。

（二）延缓梨果实成熟

于8月中下旬（成熟前1个月），连续3次（即8月13日、8月20日、8月27日）喷施0.02mol/L水杨酸SA，结果表明，SA可明显抑制PG和PME活性、果实呼吸速率，从而延缓果实的衰老。

二、调控桃果实的成熟

桃为真果，由子房壁发育而成。果实由三层果皮构成，中果皮的细胞发育成可食部分，内果皮细胞木质化成果核，外果皮表皮细胞发育成果皮。果实形态发育大致可以分为三个时期：①落花至核层开始硬化期间；②核层开始硬化至硬化完成；③核层硬化完成至果实成熟。在果实形态发育的同时，内部也相应发生一系列的物理和化学变化。桃果实生长进入第三期时有少量乙烯出现，随后第2周，果实开始大量积累物质时乙烯含量很快上升。桃果实的肉质常分成脆肉、溶质和不溶质三种类型。脆肉桃也称硬肉桃，果实初熟时肉质硬而脆，完熟时细胞壁果胶水解，细胞相互分离，细胞膜不破裂，果肉呈粉质状，变软发绵，大多数表现为离核或半离核，如吊枝白、五月鲜、鹰嘴桃、大甜菜桃等。溶质型桃是指南方的水蜜桃和北方的蜜桃。南方的水蜜桃称为软溶质桃，果肉柔软多汁，充分成熟时易剥皮，粘核居多，如玉露、白花等品种。北方的蜜桃称为硬溶质桃，果肉组织较致密，质地较坚实，果皮较厚，剥离稍难，多粘核，如肥城桃、深州蜜桃等。溶质与不溶质桃，在果实发育前两期没有显著的差别，但到成熟期，溶质桃果肉细胞膜显著转薄，有一部分细胞破裂，细胞内容物渗出于细胞间隙，使果肉柔软多汁。

1. 促进果实成熟

(1) 乙烯利　桃果实成熟前15～20d喷洒400～700mL/L乙烯利，可使桃果实提早5～10d

成熟，但乙烯利使用浓度过高或使用剂量过大会引起落果和叶片脱落。

（2）丁酰肼　在早熟或中熟桃品种的硬核期，或晚熟品种采收前45d左右，用1000～3000mg/L丁酰肼喷洒，可促进桃果实着色，成熟加速，提早2～10d收获，成熟整齐度和果实硬度提高。5月上旬单施丁酰肼（1500～3000mg/L）或乙烯利（30～60mL/L）可使桃果实提早2～3d成熟，两种药剂混施，效果更好。

2. 延缓果实成熟

植物生长调节剂在延缓桃果实成熟过程中起重要作用。

（1）赤霉素　GA_3处理可推迟秦光油桃脂氧合酶（LOX）活性峰的到来，提高果实清除活性氧的能力，使H_2O_2含量降低，减少MDA含量，使果实膜脂过氧化程度减轻，从而延缓油桃衰老。采前10d喷洒50mg/L GA_3可明显延缓果实的软化进程，提高桃的耐藏性。经赤霉素处理的大久保桃，在采收时硬度为10.1kg/cm^2，未处理则为9.2kg/cm^2，说明在采前赤霉素就已发挥了作用。贮藏17d后，硬度为3.5kg/cm^2，未处理则为1.7kg/cm^2，两者相差1倍。因为赤霉素可提高果实的活性氧清除能力，减轻膜脂过氧化程度，在采前和采后使用都能延长贮藏期。

（2）水杨酸　桃果实采后用浓度为0.3g/L的水杨酸（SA）溶液浸果15min，然后分别放置在23～25℃和（10±1）℃条件下贮藏。与水浸的对照相比，SA处理的果实在贮藏期间超氧阴离子生成的速率加快，说明SA延缓了桃果实的衰老。

三、调控李果实的成熟

1. 促进果实成熟

在李树成熟前1个月左右，喷洒500mL/L的乙烯利对多数李树品种果实具有明显的催熟作用。而对有些李树品种在谢花50%时喷洒50～100mL/L的乙烯利药液，既可增大果实体积，又可提高果实可溶性固形物含量。

2. 延缓果实成熟

将6月7日采收的海湾红宝石李果实（半熟果，果实部分着色）和6月12日采收的李86-7果实（果实开始着色）在室温下静置24h后，用0.05mmol/L水杨酸浸果12h后取出沥干，然后装入0.03mm厚的聚乙烯薄膜袋内，不扎袋口，置于室温条件下贮藏。结果表明：水杨酸明显抑制乙烯释放，果实乙烯释放量明显下降，增强了果实的贮藏性。

四、调控葡萄果实的成熟

葡萄果实从谢花始到浆果开始着色止，一般早熟种35～60d，中熟种60～80d，晚熟种在80d以上。葡萄浆果生长图形为双S形曲线，前期果实生长很快，需要大量养分。浆果成熟期从浆果开始着色到完全成熟为止，一般为20～30d。此时浆果停止增大，变得柔软而有光泽，有色品种在皮层积累色素，白色品种叶绿素大量分解，呈黄白色且透明，并出现果粉，种皮也逐渐变色。浆果含糖量迅速增加，含酸量及单宁量降低。

1. 促进果实成熟

（1）乙烯利　葡萄果实开始上色时用乙烯利300～700mL/L喷布或浸蘸果穗，可提前成熟4～11d。但是，乙烯利促进葡萄着色的浓度与其造成落叶的浓度较为接近，生产上难以掌握，为了避免副作用的产生，加入10～20mg/L NAA或10～15mg/L 2,4,5-TP，可消除副作用或减轻脱落。

（2）脱落酸复合制剂　用有效含量1.25%的脱落酸复合制剂50～100mg/L处理温可和红地球葡萄，能有效促进葡萄果实着色，并改善质量。在巨峰葡萄着色初期（约10%的果实着色），用含脱落酸1%的真菌发酵生产的S-诱抗素250mg/L浸泡果穗，能显著提早转色成熟，可溶性固形物和总糖含量提高，而且果肉不软化，果穗不掉粒。

（3）烯效唑　50～100mg/L烯效唑溶液在葡萄果实成熟前20d和10d左右喷施于葡萄果穗上，可明显促进果皮花色素的形成，增加着色，有效降低果实的有机酸含量，增加可溶性糖含量，提高糖酸比；还可增加果重5%左右，提高品质。

(4) 吡效隆（CPPU） CPPU可以抑制花青苷的产生，对葡萄果实上色影响较大。葡萄花后用CPPU处理可推迟果实着色时间2～3d；但果实最终着色整齐，着色期缩短。CPPU+GA配合使用，着色效果更好。

2. 延缓果实成熟

对无核葡萄在花前用GA_3处理花序，可加快着色。对生长旺盛的巨峰葡萄用GA_{4+7}处理，可增加果实可溶性固形物2%和提前上色10d；但采前3个月喷施10mg/L GA_3可明显抑制着色。

五、调控猕猴桃果实的成熟

猕猴桃果实是由多心皮发育而成的浆果，由外果皮、中果皮、内果皮、种子和中轴胎座组成。可食部分为中果皮和胎座，果实由34～35个心皮组成，呈放射状排列，每心皮内有11～45个胚珠，胚珠着生在中胎座上，一般形成两排。每果种子数一般为200～1200粒。猕猴桃栽培品种的果实一般单果重为80～120g，猕猴桃从受精谢花后至果实成熟，其生育期为130～160d，其重量和体积可达到果实成熟时的70%左右。猕猴桃的坐果率较高，在良好的授粉条件下可达80%以上，一般无生理落果现象。

1. 促进果实成熟

猕猴桃是典型的跃变型果实，采后猕猴桃果实对乙烯极为敏感，用0.1μL/L乙烯处理就可以促进果实的软化。

2. 延缓果实成熟

(1) 甲基环丙烯（1-MCP） 用0.27g/L 1-MCP（商业粉末形式）处理能降低乙烯的生成量和乙烯峰值，并能推迟乙烯峰值出现的时间。提高保护酶SOD、POD活性，有效延缓果实硬度的下降，推迟软化。因此，1-MCP对称猴桃有比较显著的保鲜效果，具有应用前景。

(2) 生长素 以猕猴桃海沃特品种为材料，用50mg/L IAA浸果2min后于室温存放，然后对果实的硬度进行测定，发现在果实的存放过程中，IAA处理的果实硬度显著高于未处理的果实；当果实内源IAA含量下降的同时，果实的乙烯跃变峰也出现，表明IAA对猕猴桃果实具有保鲜作用。

六、调控荔枝果实的成熟

荔枝果皮着色与叶绿素的降解和花青苷的合成密切相关，多数品种先褪绿转黄，然后逐渐显现红色并逐渐加深，果实成熟时的表面颜色为红色；但有些品种如妃子笑和三月红品种褪绿缓慢，达到最佳食用成熟度时，果皮仍为绿色带局部红色，着色不良，若等到自然全红，由于含糖量下降(俗称退糖)，食用品质已经下降。着色不良的原因主要是叶绿素分解慢，阻碍了花青苷的合成。

1. 促进果实成熟

(1) 多效唑与乙烯利 在妃子笑荔枝盛花后20d和50d，分别用多效唑、乙烯利等植物生长调节剂直接喷洒荔枝果面后，均能不同程度地促进花青苷的形成，促进果皮的着色，使阴阳面果面着色差异减小，果面着色均匀。调控荔枝着色的关键期在花后50d，多效唑的最佳浓度为200mg/L，乙烯利的最佳浓度为200mL/L。乙烯和脱落酸在荔枝果实着色上起着协同作用，脱落酸在花色素苷合成中发挥更重要的作用，乙烯使叶绿素降解，脱落酸可以提高果皮组织对乙烯敏感度。

(2) 乙烯利和NAA 在妃子笑荔枝盛花后45d，分别对树冠喷布100mg/L和200mg/L多效唑、200mL/L和400mL/L乙烯利、40mg/L和80mg/L NAA，均明显促进了果实现红，有利于果实的着色。

2. 延缓果实成熟

(1) 赤霉素 在采前3周用浓度为25mg/L或50mg/L的GA_3喷布荔枝果穗，可延迟果实成熟4～5d；在荔枝即将成熟时使用浓度为20～30mg/L的赤霉素可适当推迟成熟期5～10d。

(2) 矮壮素和丁酰肼　用2000mg/L矮壮素和丁酰肼喷布果穗，也能延迟果实成熟9～11d。

(3) 生长素　在荔枝即将成熟时使用浓度为50～100mg/L的生长素可适当推迟成熟期5～10d。

(4) 吡效隆　成熟时使用浓度为30～50mg/L的吡效隆（CPPU、KT-30），可适当推迟成熟期5～10d。

(5) 细胞分裂素和丁酰肼　对树冠分别喷50mg/L和100mg/L 6-BA、1000mg/L和2000mg/L丁酰肼后，能够抑制荔枝果实现红，不利于荔枝果实着色。外施赤霉素、生长素、细胞分裂素及乙烯形成抑制剂等可提早或延迟荔枝的成熟期。

七、调控芒果果实的成熟

芒果果实属跃变型果实，果实成熟时出现一个明显的呼吸高峰，发生一系列急速的成分上的变化，包括细胞构成物的水解和变软、有机酸的变化、乙烯生成量的上升、色泽的变化等。

1. 乙烯利

果实如豌豆大小时喷布200mL/L乙烯利，可使果实提前成熟10d；在贮藏室中通入10～20μL/L乙烯，每2h更换一次贮藏室空气，保持92%～95%的相对湿度，可使果实成熟，用乙烯处理时提高室温至30℃，可加速成熟过程，最适处理时间为12～24h，依果实成熟度不同而异，处理后果实可比对照提前2～3d成熟；也可用乙烯利溶液浸蘸以加速成熟，有效浓度范围为480～500mL/L，浸渍时间1～2min或至10min，溶液温度为26℃，浸蘸后将果实放在21℃下，温度高则加速成熟。

2. CPPU和GA_3

CPPU和低浓度GA_3处理（50mg/L和150mg/L）会延缓果皮叶绿素的降解，减缓果皮后熟过程中转黄；而较高浓度GA_3（250mg/L和500mg/L）则相反。GA_3和CPPU处理均促进了果皮类胡萝卜素的积累，较高浓度的GA_3处理促进了果皮花青素的合成，CPPU处理则会抑制果皮花青素的合成。

八、促进香蕉果实的成熟

香蕉的催熟方法中涉及乙烯利和乙烯催熟，对7～8成熟的香蕉喷洒500～700mL/L乙烯利溶液，48h后香蕉果实开始着色和软化，4～5d后果肉松软，甜度增加，并有香味。在催熟房中通入用量为容积的0.1%的乙烯气体，可催熟香蕉。为了避免催熟室内累积过多的二氧化碳，以至延缓后熟过程，可每隔24h通风一次，通风1～2h，再密闭加入乙烯，待香蕉显现初熟颜色后取出。

把香蕉直接放入1000～2000mL/L乙烯利溶液（40%乙烯利水剂配制）里浸泡1min，捞起稍晾干，置于密闭的库房内催熟，隔24h通风换气1～2h，果实经4～5d后可褪绿变黄。香蕉数量少时，可以装入薄膜袋中密封后置于适宜的室温下后熟。还可用喷雾器将浓度为1500～2000mL/L的乙烯利溶液喷洒在装满香蕉的筐上和周围，喷雾均匀后，堆码在一起，用塑料布盖严，掌握好温湿度，使其产生乙烯，闷2d后揭掉塑料布，3d后香蕉黄熟，即可上市销售和食用。

九、促进菠萝果实的成熟

菠萝自花序抽生到果实成熟约需120～180d。由于菠萝抽蕾有3个时期，果实成熟也相应分为3个时期：①2～3月抽蕾，6～8成熟，约占全年62%，此期果实称为正造果，果小品质好；②4～5月抽蕾，9～10成熟，约占全年25%，此期果实称为二造果，品质与正造果差不多；③6～7月抽蕾，11～12成熟，约占全年13%，此期果实称为三造果，果大品质差。如抽蕾晚于7月，则成熟期要延迟至次年1～2月。此外，由于定植时苗木大小不一致，以及管理水平低，都会造成抽蕾不一致，果实成熟也不一致，不利于管理。

应用乙烯利进行菠萝催熟，可获得较好效果。乙烯利的使用浓度一般为500～1000mg/L，其浓度高低及处理时间应根据天气及果实的成熟度而定。夏季采收的果实，气温高，果实成熟快，要提早10～15d催熟，浓度宜低，以500～800mg/L为宜；冬天采收的果实，气温低，果实成熟慢，应提早15～20d催熟。如果实已接近成熟，乙烯利浓度宜低；如果实成熟度较低，则可适当加大浓度。利用乙烯利很容易使菠萝果实成熟，但为了保证产量和果实的品质，果实成熟度应在7成以上才能催熟。当果皮由青绿色变成绿豆青时为最适宜的用药时间。喷施的方法是直接均匀喷布到果面，以喷湿果面为度。喷果要均匀，着色才能一致，不要把药液喷到吸芽上，否则诱导吸芽提早开花。经催熟的果实表观好，但风味比自然成熟的果实差，催熟后果实不耐贮藏和运输，宜尽早销售或加工。

利用乙烯利1500～2000mL/L对无刺卡因进行催熟处理，可使果实提早7～15d成熟，且成熟度一致。在菠萝采收前20d左右，用浓度为800～1000mL/L的乙烯利溶液均匀喷湿整个果面，至有少量药液流下为度，可使菠萝提前成熟，且成熟度一致。如喷洒不均匀，会出现成熟度不一致的情况。

Perola栽培种菠萝经500～2000mL/L乙烯利处理后，8d内全部转黄。采前9d每公顷（15亩）施5L乙烯利，果实可一致成熟。

十、调节枇杷果实的成熟

1. 促进枇杷果实成熟

在枇杷自然成熟前15d喷洒500～1000mL/L乙烯利，可使枇杷提早成熟5～8d；而在成熟前20～30d的果实褪绿期喷洒1500mL/L乙烯利，则可使成熟期提早10～15d。

以10～15年生Algerie和Gold nugget枇杷品种为试材，在花后10～15d喷施20mg/L萘乙酸，可改善果实品质，利于果实着色，且促进果实成熟使其收获期提前。

2. 延缓枇杷果实成熟

50nL/L甲基环丙烯（1-MCP）处理能提高枇杷果实抗氧化酶活性，延缓果实中亚油酸、亚麻酸含量的下降，较好地保护细胞膜的完整性，从而延缓枇杷果实的成熟。喷布2000mg/L B_9可使枇杷果实延迟4d成熟，而且都能保持果实原有品质，延长枇杷的供应期。

十一、调控其他果树的果实成熟

1. 苹果

苹果一般自然成熟才采收，生产上也可促进苹果果实着色和成熟。在苹果成熟前10～30d，用200～1000mL/L乙烯利溶液喷布1次，可促进苹果提早成熟。施用乙烯利时，早熟品种的时间宜晚，浓度应低，范围为200～500mL/L；中晚熟品种宜早，使用浓度可高些，范围为500～1000mL/L。为防止乙烯利引起落果，可加喷30～50mL/L的萘乙酸。红星、富士、红玉等品种盛花后3～4周和采收前45～60d各喷一次，一次1～2g/L B_9，使苹果显著增色。

PBO也可增加苹果果实的着色，使果面光洁、着色艳丽。5月中下旬喷施2次PBO 500倍液，可促进苹果果实膨大，7月份施用对增糖、增色和早熟具有促进作用。

2. 梅

（1）促进果实的成熟　在青梅核硬化前喷布两次250～350mL/L乙烯利，即在2月中旬喷施第1次，间隔10d再喷1次，可使青梅提前5～6d成熟，且保持原有品质。

（2）延缓果实成熟　在2月中旬间隔10d连续喷施40～80mg/L GA_3溶液2次，可延迟4～5d成熟，并能保持原有品质，有效减少落果，提高坐果率。

3. 樱桃

（1）促进樱桃成熟　盛花后2周用2000mg/L B_9处理Napoleon樱桃，可明显提高果实成熟的整齐度。当对照仅有35%的果实成熟时，B_9处理的果实有60%达到成熟。另有报道，在开花后

8d，用 B_9（0.15g/m^2）喷于嫁接在 F12 砧木上的 7 个酸樱桃品种，使果实提前 5～7d 成熟，且成熟整齐。单喷乙烯利能使甜樱桃果实早熟，乙烯利能使甜樱桃提早成熟 1～2d，但品种间存在一定差异。

（2）延缓樱桃成熟　甜樱桃果实生长第二期喷布 10mg/L GA_3，可延迟果实发红 3～4d，利于避开雨水引起裂果的最敏感时期，从而使果实变硬，耐贮运。

4. 杏

（1）促进杏果成熟　在硬核期，用浓度为 50～150mL/L 的乙烯利溶液喷洒全树冠，一般可使杏果实提早 7～10d 成熟。采摘 7 成熟的杏果，在 100mL/L 乙烯利液中浸果 5～10min，置于室温下 3d，果实变黄，果肉变软，酸味消失，即可食用或上市销售，以减少集中采收时的销售压力。

（2）延缓杏果成熟　对仰韶黄杏果实采后用 200mg/L GA_3＋0.1％多菌灵溶液浸果 3min，然后自然晾干，装入厚 0.03mm 的聚乙烯薄膜袋（不扎口），置室内阴凉处堆放，室温保持在 22～30℃。结果表明，具有延缓绿熟杏果实采后的成熟和黄熟果实采后衰老的生理效应，可使适期采收的鲜杏果实保鲜期达 12d，比对照延长 5～7d，好果率平均达 85％以上。

5. 枣

（1）促进枣成熟　在金丝小枣正常收获前 5 周，用 750mL/L 40％乙烯利全株喷洒，5～6d 后枣果全部自然脱落，比人工打枣提高工效 10 倍，红枣完熟率高。提高枣果可溶性固形物含量和含糖量，降低采收果实的水含量，提高制干率。处理时间以下午 4:00 或上午 9:00 以前为好，用药量以树叶滴水为度，控制药液浓度不超过配方给出的量，防止催落过程遇雨。经乙烯利处理后，4～5d 落果率可达 80％～95％，5～6d 可使成熟果全落，而且品质有所提高，可溶性固形物含量增加。

（2）延缓枣成熟　用 50μg/L GA_3 处理采后冬枣，结果表明赤霉素可以有效抑制冬枣果皮中叶绿素的降解，抑制了 PAL 的活性，推迟了 CAT 高峰出现时间，维持了果实较低的红色素水平，从而延缓了果实的红变时间，说明 GA_3 具有明显的延熟作用。

6. 柿

（1）促进柿果成熟　将乙烯利溶液喷至柿果表面，也可以将柿果浸泡在乙烯利溶液中，然后密封。脱涩速度的快慢与柿果自身因素和乙烯利的浓度、处理时间、外界温度有关系。这种脱涩方法较简单，脱涩后风味较好，适合大量生产。用 100mL/L 乙烯利处理“西条”柿，结果表明，所有乙烯利处理的果实在处理后 6d 开始变软，着色得到改善，果实硬度线性降低，可溶性单宁浓度在开始处理后 3d 降低，并且在第 6d 完全除去涩味。目前，乙烯利处理被认为是生产成熟的“西条”柿的最快和最可靠的方法。

（2）延缓柿果成熟　赤霉素对乙烯有拮抗作用，并可抑制叶绿素的分解。可有效地保持柿果蒂的绿色。用质量分数为 0.02％的赤霉素水溶液浸果，30min 晾干后，可以显著地延长柿果的贮藏保鲜时间。

7. 核桃

核桃于采收前 27～10d 喷施 500～2000mL/L 乙烯利。可使其提前成熟 5～10d。青皮开裂时间一致，有利于一次性采收和脱青皮；但采用树上喷乙烯利催熟的方法常导致严重落叶。在采收前 2～3 周树上喷布 125mL/L 乙烯利和 250（或 500）mg/L NAA 混合液，可使青皮开裂率达 100％，而落叶率仅在 20％左右。

8. 柑橘

（1）促进柑橘果实成熟　果实着色前 15～20d，使用有效成分含量 250～500mL/L 的 40％乙烯利加 10～20mg/L 2,4-D 树体喷雾或加 2,4-D 50mg/L 浸果。单纯使用乙烯利催熟的果实色泽不正常，颜色不光亮，而且树体会伴随出现不正常的落叶、落果等现象。因此，乙烯利适合与

2,4-D、萘乙酸（40mg/L）等混合使用。

（2）延迟柑橘成熟　在锦橙果实采前喷布15～30mg/L GA+30mg/L 2,4-D，留至12月底采收，贮藏到翌年4月下旬，腐烂率和干疤率均低，可溶性固形物高，柠檬酸较少，风味酸甜适中，果实新鲜饱满，品质优良。结合塑料薄膜包裹降低果实失重，提高贮藏效果。

9. 杨梅

（1）促进杨梅果实成熟　在杨梅大枝序上喷布250mL/L乙烯利可使大部分果实成熟期提早8d左右，但有部分果实未提早成熟，整个大枝序内的果实成熟期延长到17d，而未处理的对照成熟期只有11d左右。

（2）延缓杨梅果实成熟　在杨梅大枝序上分别喷布40mg/L防落素、30mg/L赤霉素、0.4%尿素，都能延缓果实的成熟期；但赤霉素的效果不甚明显，成熟期只延迟1～2d；防落素使一部分果实延迟成熟，另一部分果实则未延迟，但使整个成熟期比对照延长。

10. 龙眼

福建龙眼成熟期以8月下旬至9月中旬居多。成熟期过于集中，易造成鲜果积压，致使在某一段时期内，果品供过于求，价格较低，经济效益差，往往“丰产不丰收”，影响果农的种植积极性。因此，通过产期调控，拉开龙眼成熟期，缓解上市集中问题，是目前龙眼生产中面临的困难。

对龙眼早熟种在幼果两个生理落果高峰期前喷布浓度为0.15～0.3mg/L的芸薹素，果实成熟期提前7～10d，可食率增加。

在龙眼枝梢全部老熟、冬梢全部抹去后，用500～550mg/L多效唑或400mL/L乙烯利喷施树冠，发现多效唑对龙眼有明显的提早开花、提早成熟的作用（提早7～14d达到成熟可食的最佳状态）。乙烯利对龙眼也有促花早熟的作用，但不如多效唑的作用明显。

11. 番木瓜

番木瓜催熟方法：在高温的7～8月，用45%乙烯利2000倍液；在低温的10～11月，可用1000～1500倍液，将药液喷洒或涂于果皮即可。番木瓜果皮呈黄绿色时可用乙烯利1500～2000倍液进行树上催熟，但乙烯利不可涂到果柄上，否则会引起落果。

第十三节　果实的保鲜

一、苹果果实的保鲜

对富士苹果用1μL/L 1-MCP处理，在气调贮藏条件下，基本可以达到周年供应市场。在贮藏温度为0～2℃时，用1-MCP处理红富士苹果时间以24h为宜。当温度高于20℃时，不建议使用1-MCP处理，因为温度过高会导致库内短时间内二氧化碳浓度过高产生伤害。

二、梨果实的保鲜

梨果实自幼产生乙烯，果实接近成熟时，果实乙烯含量增加。促进或阻止果实内乙烯合成的因素，也是促进或延迟果实成熟的因素。

1. 1-甲基环丙烯(1-MCP)

1-MCP处理可降低翠冠梨贮藏期间的呼吸量，推迟乙烯峰的出现，从而降低果实的代谢速率，延缓果实硬度、可溶性固形物及可滴定酸含量的下降。经1-MCP处理的梨果实贮藏20d后，好果率保持93.33%，其货架期达到20d，比对照延长10d。1-MCP是一种乙烯竞争性抑制剂，阻断乙烯与受体的正常结合，对采后丰水梨在室温下用有效浓度为1μL/L的1-MCP密封处理15h，可明显延缓梨果实的硬度和可滴定酸含量的下降，有利于果实外观和风味的保持。

2. 乙烯利

西洋梨与中国梨的成熟机制不同，采后果实质地坚硬，一般需要经过7～10d的后熟期，使果实变软才可食用。采前25d用250～500mL/L乙烯利喷施巴梨（一种西洋梨），可提早15～20d成熟。高浓度乙烯利虽可缩短后熟期，但会造成采前落果。因此，适宜方法是在成熟前期采收，在250～500mL/L的乙烯利溶液中浸蘸2～3min，能促使成熟整齐，缩短后熟期，提高商品价值。

三、桃果实的保鲜

桃的果实含水量较高、收获季节多集中于8月多雨、高温季节，采收后后熟速度较快，且极易腐烂变质。一般采后2～3d果肉迅速变软、褐变；之后便失去食用价值。桃的后熟作用主要受到激素、酶类等的影响，病原菌对桃果实侵染也是桃果实腐烂的一个重要原因。因此，做好采后保鲜，对减少采后腐烂损失、延长供应期有重要意义。应用于桃采前和采后保鲜的植物生长调节剂的种类：

1. 水杨酸(SA)

水杨酸对保持果实硬度效果不显著，对维生素C（VC）的保持效果较明显，使用后可溶性固形物也处于较低水平，可有效地抑制水蜜桃果实的后熟。用0.1g/L水杨酸处理抑制后熟效果最佳，0.2g/L水杨酸处理对保持VC效果最好。保鲜剂组合的最优组合是1g/L柠檬酸＋4g/L氯化钙＋1g/L AsA＋0.05g/L水杨酸，对果实重量、可滴定酸等影响最小。凤凰水蜜桃在冷藏条件（3±1）℃下，用2% $CaCl_2$＋0.3g/L SA处理浸泡15min保鲜效果最佳，可有效地抑制果实冷害和褐变的发生，保持果实品质。大久保桃果实采后经0.1g/L水杨酸处理，在室温环境下贮藏期间其呼吸速率和过氧化物酶活性明显受到抑制，乙烯释放高峰明显推迟但峰高不变，多酚氧化酶活性在处理后2d显著下降，随后增加，一直高于对照。在20℃用1mmol/L SA浸泡10min，再用包装袋包装，放于温度为0～1℃、相对湿度为90%的环境下贮藏，其保鲜效果明显。

2. 赤霉素(GA_3)

采前GA_3处理可明显提高桃果实的硬度与贮藏性。Flordasum和Shartatic两个品种的桃在盛花期喷施800mg/L GA_3，可分别延长贮藏期10d及24d。采前用50mg/L GA_3＋50mg/L 2,4-D＋多菌灵2000倍混合液处理，可减慢果实生理代谢，保持品质，腐烂和褐变指数分别比对照降低7.7%和4.0%。

用浓度150mg/L、200mg/L、250mg/L赤霉素溶液涂膜处理油桃果实30min，可有效地减轻果实失重现象，延缓了糖分和VC损失，具有防止腐烂、保持硬度作用，对含酸量影响不大，其中200mg/L赤霉素溶液对油桃保鲜效果最好。

3. 1-甲基环丙烯

雨花三号桃果实采收后，在20℃下用0.5μL/L 1-甲基环丙烯（1-MCP）密闭处理24h，贮藏于聚乙烯薄膜塑料袋中，能够延缓果实后熟软化进程，降低了桃果实乙烯释放量，抑制果实快速软化阶段的ACC氧化酶的活性。秦光2号油桃和秦王桃采收后放于装有1μL/L 1-MCP的容器内，室温（20℃）下密封12h，0℃贮藏，能显著降低秦光2号油桃和秦王桃的呼吸速率和乙烯释放速率，减缓果实软化，减少果肉褐变，减轻桃低温伤害，但对可滴定酸和可溶性固形物含量无明显影响。

在（0±0.5）℃条件下用0.5μL/L或1μL/L 1-甲基环丙烯处理Maria Aurelia桃24h，后放于（0±0.5）℃环境下贮藏，可明显地减少果实冷害指数，减少多酚氧化酶等的降解，保持果实品质，延长贮藏时间，保鲜效果明显。

四、李果实的保鲜

李果实属于呼吸跃变型果实，成熟于高温季节，采收后生理代谢非常旺盛，出现明显的呼吸高峰和乙烯高峰，冷藏过程中极易发生果肉褐变，主要分为非酶褐变和酶促褐变，加上皮薄多汁，果实极易受损伤或受病原菌侵染而腐烂，难以贮存和长途运销。采用（0±0.5）℃左右低温贮藏李果实，可延长其采后寿命，但多会导致冷害的发生，致使果实风味淡化，果肉褐变软化，丧失商品价值。一般可在采前和采后采取延缓或减轻李果实冷害的措施，以延长其贮藏期和延缓果实变质。

1. 水杨酸(SA)

以 Santa Rosa 李品种为试材，在 18～20℃、相对湿度 85%～90%环境下用 200mg/L 水杨酸处理，转入（2±0.5）℃进行贮藏，贮藏环境的相对湿度为 90%，其保鲜效果明显。

2. 1-甲基环丙烯(1-MCP)

用去离子水浸泡安诺格李果实 5min，晾干后将果实放于塑料箱内，用 5μg/L 1-甲基环丙烯在（20±0.5）℃条件下熏蒸 24h，之后转入 20℃或 0℃进行贮藏，相对湿度为 95%左右，可提高 0℃贮藏及货架期间李果实的综合品质。用 1mmol/L 水杨酸浸泡 5min，再用 5μg/L 1-MCP 在（20±0.5）℃熏蒸 24h，之后转入相同条件贮藏，可显著延缓（20±0.5）℃贮藏及货架期间李果实品质的劣变。

3. 赤霉素

在红宝石李果实膨大期前 1 周、果实膨大期、果实膨大期后 1 周，用 100mg/L 赤霉素对树体喷洒，再结合采后 0.04mm 塑料膜限气包装（MAP），并以 14d 为周期的间歇升温处理，可明显抑制果实的苯丙烷代谢，提高抗氧化酶的活性，减轻李果实（0±0.5）℃贮藏期的冷害症状。Erogul 等在 Angelion 李开花后 10 周、12 周、14 周分别用 50mg/L 和 75mg/L 赤霉素喷施果树，采后把果实放于 0℃、相对湿度 90～95%的环境下贮藏 90d，可明显延缓果实品质劣变。

五、杏果实的保鲜

1. 水杨酸(SA)

用 0.5g/L SA 溶液处理梅杏，能较好地降低梅杏的呼吸强度和失重率，抑制细胞膜透性和丙二醛含量的增加，保持较高的硬度、可滴定酸、可溶性固形物、VC 含量，减少腐烂发生，延长贮藏期。用 10mg/L SA 处理新疆塞买提杏，也能显著地降低冷害发病率、冷害指数及细胞膜透性、丙二醛含量，保持果实硬度，有利于果实保鲜。

2. 萘乙酸

采前用萘乙酸（NAA）喷施 Castlebrite 杏品种果实，与对照相比，其单果重和果实品质得到改善。在贮藏期间经萘乙酸处理的果实失水率较低，维持良好的果实品质，利于延长果实贮藏时间和果实保鲜。

3. 1-甲基环丙烯(1-MCP)

1-MCP 是乙烯作用抑制剂。金太阳杏果实采后用 0.35μL/L 1-MCP 熏蒸处理 12h，能较好地保持果实的硬度，降低果实腐烂率，降低呼吸强度，对于维生素 C、可滴定酸、可溶性固形物的保持也有较好效果。凯特杏果实采后用 1.0μL/L 1-MCP 处理，可以显著地降低乙烯释放速率和呼吸速率，延长贮藏期。对火村红杏果实用 1.0μL/L 1-MCP 真空渗透处理后，于 0℃贮藏 2 周，再转到货架期（23～25℃）贮藏，结果表明 1-MCP 处理能有效地抑制货架期杏果实呼吸强度和乙烯释放量，延缓果实硬度、可滴定酸和抗坏血酸含量的下降，抑制类胡萝卜素的合成，推迟果实色泽的转变，明显延缓货架期杏果实后熟软化，使果实的品质风味更加突出。

六、枣果实的保鲜

枣属于非呼吸跃变型果实，在贮藏过程中容易软化、霉烂、变色、缩果和风味劣变。引起果实衰老软化的主要原因是采后枣植物激素 ABA 含量和乙烯释放量增加，因此有效抑制激素的增加是延缓鲜枣果实衰老软化的重要途径之一。

1. 水杨酸(SA)

冬枣采摘后经3℃预冷24h，用20mg/L、40mg/L、80mg/L、120mg/L SA溶液进行喷雾处理，每次喷洒后晾干，再喷1次，共喷3次，以清水为对照，处理后转入聚乙烯保鲜袋中，置于10℃环境下冷藏。经检测，SA处理可提高冬枣GA、IAA和ZR的含量，保持较高的可溶性糖含量，延缓冬枣的衰老进程，提高冬枣含水量和硬度；以20mg/L水杨酸处理效果最佳。

2. 茉莉酸甲酯(MeJA)

在中国冬枣白熟期和脆熟期分别用0μmol/L、50μmol/L、100μmol/L和200μmol/L茉莉酸甲酯（MeJA）处理24h，然后放到20℃环境下贮藏。经检测经茉莉酸甲酯处理后果实硬度和果实颜色变化较小，呼吸次数减少，抑制过氧化氢和丙二醛的形成，增加了SOD、CAT、AsA和MDA的含量，维持细胞膜和细胞器的完整性。同时果实的成熟度影响MeJA的使用效果，在白熟期使用100μmol/L MeJA对抗氧化系统有积极影响；而在脆熟期使用100μmol/L MeJA则可明显地延长果实贮藏期，有利于果实采后保鲜。

3. 甲基环丙烯

用不同浓度（500nL/L、1000nL/L、1500nL/L）1-MCP处理鄂北冬枣，发现在常温条件下贮藏21d时，1-MCP处理能够延缓冬枣在贮藏过程中硬度、可滴定酸含量和维生素C含量的下降，提高可溶性固形物含量，降低果实的呼吸速率，其中以1000nL/L保鲜效果最佳。用1-MCP+GA处理，效果更佳，因为1-甲基环丙烯（1-MCP）或赤霉素处理枣果实后放于2℃或20℃环境下贮藏，可有效减少呼吸次数，延迟果实变软和维生素C的降解。

七、柿果实的保鲜

1. 1-甲基环丙烯(1-MCP)

1-MCP是通过阻止乙烯和受体的结合，减少内源乙烯的产生从而达到延迟衰老的目的，在柿果保鲜方面有积极的意义。在装有柿果的密闭容器中充入600mg/L 1-MCP，可使得脱涩后柿果的贮藏时间比对照延长2倍，而且没有产生不良影响，如果浓度高反而没有效果。以火柿果实为试材，在常温［(15±2)℃］条件下用1-MCP处理果实，发现1-MCP处理延缓了果实硬度的下降，抑制了可溶性固形物、可溶性单宁含量的变化进程，抑制了果实色泽转变以及失水皱缩的发生，对果实VC的降解无明显抑制作用。

2. 赤霉素(GA_3)

以果面开始变黄的七成熟柿果实为试材，用20mg/L和60mg/L赤霉素溶液浸泡果实2min，晾干后放于室温条件下贮藏。20mg/L和60mg/L赤霉素溶液均可延缓柿果实贮藏期间还原糖含量以及硬度下降，且60mg/L赤霉素溶液可明显地延缓柿果实后熟，有利于延长货架期。常温下用60mg/L GA_3和20mg/L α-萘乙酸处理富平尖柿果实，结果GA_3和NAA处理果实的贮藏时间分别比对照延长了4d和10d，有效延缓了果实的后熟软化，延长其贮藏期限，并以GA_3的效果最为显著。

3. 抗坏血酸(AsA)

早熟牛心柿品种柿果实经5% AsA处理脱涩，其保鲜作用明显，可更好地延缓柿果实硬度的降低和总色差的升高，抑制POD活性和MDA的积累，提高果实还原糖含量和果实品质，从而延长脱涩后鲜食柿果的货架期。对晚熟品种恭城月柿，经30mmol/L、120mmol/L、240mmol/L AsA处理可减缓乙烯利刺激后果实的软化，以240mmol/L AsA处理效果最佳。

八、核桃的保鲜

鲜核桃脆嫩香甜，少油不腻，氨基酸总量、必需氨基酸及其他氨基酸含量均显著高于干制核桃。前期研究发现，采后青皮酚类含量的增加与青皮核桃耐贮性关系密切，研究绿色、营养、健康的青皮核桃坚果采后鲜贮技术至关重要。

1. 乙烯利

以中熟品种鲁光核桃为试材，在0℃、相对湿度70%～80%条件下预冷24h，再用10mL/L、500mL/L、800mL/L乙烯利处理青皮核桃10min，转入（0±0.5）℃，相对湿度70%～80%条件下贮藏。结果表明，10mL/L、500mL/L乙烯利处理可有效地抑制青皮核桃的腐烂，且500mL/L乙烯利效果最显著；而800mL/L乙烯利则促进其腐烂。与对照相比，500mL/L乙烯利处理延缓果实失重的发生及果实硬度的下降，使得果实在贮藏过程中保持较高总酚含量、较低的PPO和POD活性、较高的PAL活性。

2. 布洛芬(IBU)

以中熟品种鲁光核桃为试材，在0℃、相对湿度70%～80%条件下预冷24h，再用10μmol/L IBU浸果4h后，室温下晾干，用PE50包装，转入0℃下冷库贮藏，湿度控制在70%～80%。此法降低了整个贮藏期的脱氢抗坏血酸还原酶活性，提高了抗坏血酸和过氧化物酶活性，延长了果实贮藏期。

九、葡萄的保鲜

1. 赤霉素

用3mg/L赤霉素（GA_3）溶液浸泡黑奥林葡萄5min，取出风干，每3kg装入0.05mm聚氯乙烯薄膜袋中，在0～1℃条件下贮藏3个月。经检测，果实耐压力提高161gf，果梗耐压力提高119gf，鲜梗率提高41%，好果率提高11%，果糖比率提高1.2，明显地延长了果实的贮藏期。对红地球和克瑞森葡萄果实采前用30mg/L GA_3处理，可使两种无核葡萄果实单粒重量分别提高29.33%和32.30%，单穗重分别增加49.71%和33.36%。在冷藏期，可有效地控制果实的腐烂和落粒，保持贮藏期间果实品质。

2. 2,4-D

对黑奥林葡萄果实用50mg/L 2,4-D浸泡5min，取出风干，每3kg装入0.04mm聚乙烯薄膜袋中，转入0～1℃条件下贮藏3个月。结果显示果实耐压力提高396gf，果梗耐压力提高147gf，鲜梗率提高39%，好果率提高13%，果糖比率提高1.0，有利于果实采后保鲜。

3. 水杨酸(SA)

巨峰葡萄在果实转色期和成熟采收后分别喷施0.1nmol/L、1.0nmol/L、10nmol/L SA溶液，发现SA处理可明显地抑制葡萄的腐烂，维持较高的可溶性固形物含量，减缓果实电解质渗透率的提高，保持良好的品质，延缓果实成熟和衰老，且1.0nmol/L SA溶液处理效果最佳。用1mmol/L、2mmol/L、4mmol/L SA处理Bidaneh Sefid葡萄，各浓度处理均可明显减少果实失水率和烂果率，延长果实贮藏周期，保持果实品质；其中4mmol/L SA处理效果最佳。

4. 6-苄氨基嘌呤(6-BA)

用20mg/L 6-BA溶液处理红地球和克瑞森葡萄采前果实，可显著增加葡萄果实单粒重和单穗重，有效地控制了贮藏期间果实腐烂和落粒，提高葡萄的贮藏品质。在葡萄采收前用250～500mg/L 6-BA喷洒或进行采后浸蘸，对果实有良好的贮藏保鲜作用，可以减少浆果在箱贮藏和运输过程中脱落，若用100mg/L 6-BA＋100mg/L NAA混合处理，效果更好。

十、蓝莓的保鲜

1. 水杨酸(SA)

以蓝金蓝莓品种为试材，用0.5mmol/L和1.0mmol/L SA浸泡果实10min，晾干后装入聚氯乙烯薄膜袋后松扎口，贮藏于0℃条件下，结果表明0.5mmol/L和1.0mmol/L SA处理均可促进蓝莓果实苯丙烷代谢进程，增加了果实硬度并可有效抵御微生物的入侵，减少果实腐烂，延长果实保质期。

2. 茉莉酸甲酯(MeJA)

将灿烂蓝莓品种果实在5℃环境下预冷12h，再用20 mmol/L MeJA溶液处理，置于温度(5±0.5)℃、相对湿度85%～90%条件下贮藏，有利于诱导抗病酶的活性，提高果实抗病性，延长果实贮藏期。

3. 壳聚糖

用1%壳聚糖复合膜处理蓝莓，再放于温度（2±0.5)℃及相对湿度70%～80%条件下贮藏，低温20d的贮藏过程中涂膜处理与对照组相比，贮藏期能延长5～7d，可较好地保证蓝莓的口感、风味和营养价值。同时，结合水杨酸处理可有效抑制蓝莓的呼吸作用，有利于延长其货架期。

4. 1-甲基环丙烯(1-MCP)

以蓝丰蓝莓品种八成熟蓝莓果实为试材，在0～1℃条件下预冷8h，分别用0.5μL/L、1.0μL/L保鲜剂处理18h，放入0.1mm的聚氯乙烯膜制成的容积为1m^3的塑料帐中，添加配好的1-MCP粉剂，室温条件下处理18h。结果证明，1-MCP处理可明显抑制果实的呼吸强度和乙烯的生成，延缓果实还原糖含量、细胞膜透性的升高，并减缓硬度、总可溶性固形物、可滴定酸、总酚含量的下降，有效减少膜脂过氧化物的产生，显著抑制果实的腐烂、保持果实的采后品质。其中0.5μL/L 1-MCP处理保鲜效果较好。

十一、草莓的保鲜

草莓果实由果柄、萼片、花托、瘦果组成。食用部分是由肉质的花托膨大而成，植物学上称假果；因果实柔软多汁，栽培上叫浆果。因其肉质的花托上着生大量由离生雌蕊发育而成的小瘦果，又称为聚合果。瘦果数多者，果形整齐而大。瘦果在花托上呈规则整齐螺旋状排列，则受精完全，整个花托发育均匀一致，形成形状整齐匀称的果实；而受精不完全，则形成畸形果实。果实生长曲线为S形。幼果为绿色，生长缓慢；进入迅速增大期，果实逐渐变白色，而后生长又转缓慢；开始进入成熟期的果实逐渐变为红色，肉质变软，含糖量逐渐增加，酸度逐渐减小；果实全面变为红色，即完全成熟，并散发出特殊香气（成熟草莓果实中的芳香物质包括酯、醛、酮、醇、萜、呋喃和硫化物等）。利用植物生长调节剂可以有效地延缓草莓的成熟衰老，从而延长草莓的货架期。

1. 萘乙酸(NAA)

萘乙酸用于延长草莓保鲜期，使用方法是用10mg/L萘乙酸+0.3%硼酸钙溶液喷洒果穗，在白天20～25℃、夜间14～18℃下保存。采后第2d浆果含钙量增加，贮后第4d果实硬度提高1倍，果实腐烂指数低。

2. 激动素

草莓采收后用1mg/L激动素溶液喷洒浆果或浸果，待稍干后用浅盆盛装，再分装为每盒200～500g。此法可保持草莓浆果新鲜，延长贮藏期和市场供应期。

3. 水杨酸(SA)

以法拉第品种八成熟草莓果实为试材，用高浓度（0.1mmol/L、0.2mmol/L、0.5mmol/L）和低浓度（10μmol/L、20μmol/L、50μmol/L）SA处理，吸干水分后放于（20±0.5)℃条件下贮藏。结果发现，高浓度（0.1mmol/L、0.2mmol/L、0.5mmol/L）SA对草莓采后保鲜效果不明显；而低浓度（10μmol/L、20μmol/L、50μmol/L）SA处理，可明显延长草莓采后贮藏时间，其中20μmol/L SA处理2min效果最好，处理后的草莓可在常温下保鲜6d以上。壳聚糖和SA对草莓均有一定的保鲜作用，且二者配合效果更明显，壳聚糖加水杨酸处理对草莓的保鲜作用最好。以Sabrosa草莓品种为试材，用（0mmol/L、1mmol/L、2mmol/L）SA和（0mmol/L、8mmol/L、16mmol/L）茉莉酸甲酯（MeJA）配合处理草莓果实，再置于（1±0.5)℃、相对湿度90%～95%条件下14d，转到20℃放置24h。结果显示，SA和MeJA单独或配合使用均有利于增加抗氧化剂的含量，增强过氧化氢酶和过氧化物酶活性。

十二、柑橘果实的保鲜

1. 2,4-D

2,4-D处理可上调相关防御基因和蛋白质，来提高其应激防御能力，改善果实内部激素含量，明显地延缓柑橘果实衰老。以大小、颜色和成熟度一致的砂糖橘为试材，杀菌剂施保功和2,4-D混合处理可显著地提高砂糖橘的贮藏保鲜效果，30d内可较好地保持果实糖度，防止VC损失，并维持一定的酸度；同时30d后2,4-D含量降至一个较低水平，符合柑橘的食用安全标准。用成熟度为7～8成熟、二级果以上的温州蜜柑为试材，经300mg/L菌毒清和200mg/L 2,4-D混合处理，置于8～20℃、相对湿度41%～90%条件下保鲜贮藏，经过120d的贮藏，其好果率为95.8%，比对照好果率提高42.1%，有效地抑制了柑橘贮藏病害，感官指标也达到良好以上，起到了较好的保鲜效果。

2. 赤霉素(GA_3)

不同浓度赤霉素处理能有效延缓纽荷尔脐橙果实内源赤霉素、生长素、玉米素核苷含量的下降20～40d，推迟内源脱落酸含量的积累20d左右，有效延缓果实内源脱落酸/赤霉素、脱落酸/生长素比值的上升速度，并能减少留树保鲜过程中的落果。以赤霉素和20mg/L 2,4-D混合处理的效果最好，可留树保鲜60d。

十三、枇杷的保鲜

1. 1-甲基环丙烯(1-MCP)

对白玉枇杷采后用0.10g/kg 1-MCP室温熏蒸处理14h之后，在6℃冷藏保存，可以显著降低枇杷果实的失重率，延缓总糖、总酸含量的下降，有利于枇杷品质的保持。对大红袍枇杷果实用5mg/L 1-MCP处理12h，然后贮藏于20℃下，可明显抑制果实组织中PAL、LOX、ACO的活性和乙烯释放量，减缓组织木质化，减小贮藏后期的果实腐烂率，维持良好的果实品质。

2. 赤霉素(GA_3)

对解放钟枇杷果实采后用50～100mg/L GA_3浸30min，在6℃下冷藏，也有延缓枇杷果实木质化的作用，可延长枇杷的贮藏期。

3. 2,4-D

生产上多用1000mg/L多菌灵+200mg/L 2,4-D浸果4min后，放在通风场所“发汗”1～2d，蒸发果实表面多余水分，然后用0.02mm厚的聚乙烯薄膜袋包装后装至竹筐，或果实经单果吸水纸包装后装筐，在筐外再套聚乙烯薄膜袋，每个袋上有8个直径1.5cm的圆孔，扎紧袋口贮藏，可延长贮藏期。

4. 水杨酸(SA)

对枇杷果实于低温冷藏下喷施浓度为0.1g/L的SA，可抑制活性氧的积累，维持活性氧代谢的平衡，提高保护酶的活性，延缓果实的衰老。用0.13g/L SA溶液浸泡采后枇杷果实20min，结合低温贮藏（1～5℃），能够有效抑制果实腐烂和保持果实品质，保质期可达20d以上。

5. 茉莉酸甲酯(MeJA)

在20℃下对枇杷果实采用10μmol/L MeJA熏蒸处理24h，后置于1℃下冷藏35d。MeJA能够维持枇杷果实冷藏期间活性氧代谢的平衡，使果实中O_2^-·和H_2O_2得以及时清除，减轻膜脂过氧化程度，抑制果实木质化败坏的发生，延缓果实衰老，并能显著抑制果实冷害的发生。

十四、龙眼的保鲜

1. 棓酸丙酯(3,4,5-三羟基苯甲酸正丙酯)

以“福眼”龙眼果实为试材，采后用5mmol/L棓酸丙酯溶液浸泡龙眼果实20min，晾干后用0.015mm厚的聚乙烯薄膜袋包装，放于(20±0.5)℃的环境下贮藏，并以蒸馏水处理的果实为对照。结果表明，经棓酸丙酯处理可有效降低龙眼果实的呼吸强度，延缓果皮细胞膜相对渗透率升高，保持良好果实品质，降低龙眼果皮褐变指数和果肉自溶指数，提高果实好果率。在(20±0.5)℃的环境下贮藏6d时，棓酸丙酯处理的龙眼果实好果率为85%，而对照只有72%。可见采后用5mmol/L棓酸丙酯浸泡20min可有效延缓采后龙眼果实衰老，提高龙眼果实贮藏品质和保鲜效果。

2. 茶多酚

用不同浓度（0、1%、5%、10%）茶多酚（成分：黄烷醇类、花色苷类、黄酮类）溶液浸泡石峡龙眼采后果实10min，晾干后放于25℃环境下贮藏。结果表明，不同浓度的茶多酚溶液均可显著提高龙眼果实贮藏期间的好果率、减缓果实失重、提高可溶性固形物含量、延缓可滴定酸含量的变化。经茶多酚处理，可滴定酸含量提高70%，还原糖含量提高16.49%，总糖含量提高29%，VC含量提高49.58%。

3. 抗坏血酸(AsA)

立冬本龙眼采后用3mg/L施保克＋500mg/L多菌灵＋15mg/L柠檬酸浸泡果实15min，并以此作为对照（CK），另外在此溶液中添加100mg/L AsA浸泡15min，晾干后分别放于高温(28～30℃)和低温［(4±1)℃］环境下贮藏。结果表明，高温和低温下，抗坏血酸处理均能提高果肉的超氧化物歧化酶和过氧化氢酶的活性，降低过氧化物酶的活性，降低丙二醛和过氧化氢含量。因此，认为抗坏血酸处理可起到保鲜效果，且低温的贮藏效果相对高于常温贮藏。

4. 赤霉素和2,4-D

以不同混合型药剂处理对采后龙眼果实贮藏保鲜效果的影响，结果以40倍仲丁胺（2-AB）＋500mg/L特克多（TBZ）＋500mg/L抑霉唑为基本药剂（代号A），分别添加100mg/L 2,4-D(A＋2,4-D)和100mg/L赤霉素（A＋赤霉素），并以清水处理为对照（CK）。结果表明，仲丁胺、特克多和抑霉唑以适当浓度混合处理对龙眼果实有一定的防腐保鲜效果；在此基础上添加2,4-D、赤霉素效果更佳，显著优于对照。常温下贮藏3d，好果率在95%以上；贮藏7d，好果率87%以上；对照全部腐烂。

十五、芒果的保鲜

1. 赤霉素

采前用0.5g/L和1.0g/L GA_3喷洒红贵妃芒果果实，与对照相比，经0.5g/L和1.0g/L GA_3处理的果实具有较低的病情指数、果皮相对电导率和丙二醛含量，较高的果实硬度和较慢的可溶性固形物含量、VC含量和可滴定酸含量变化速率。说明0.5g/L和1.0g/L GA_3溶液处理果实有利于延缓果实采后生理变化，保持贮藏品质。以10年生台农芒果为试材，采后用0.3g/L、0.5g/L、1.0g/L、2.0g/L、3.0g/L赤霉素处理果实，发现几种浓度处理均可延缓叶绿素的降解和类胡萝卜素、花青素的积累，延缓可溶性固形物（TSS）含量的变化和果实病害发生，减少VC的损失，抑制丙二醛的积累。综合外观和内在品质，2.0g/L赤霉素处理保鲜效果最佳。

2. 水杨酸(SA)

低浓度水杨酸处理可提高芒果的保鲜率和抗病性。用0.5mmol/L、1.0mmol/L、5.0mmol/L SA溶液处理采后马蹄酥芒果果实，发现各浓度SA处理都可延缓芒果果实在常温和低温下贮藏过程中色泽的转黄和硬度的下降，延缓可溶性固形物和可溶性糖含量的上升、可滴定酸和AsA含量的下降，有效降低果实的腐烂率和发病率，抑制果实病斑的扩展。其中1.0mmol/L SA处理效果最佳，而5.0mmol/L SA溶液处理延缓果实衰老的能力不仅没有1.0mmol/L SA处理强，反而加重果实的腐烂。以台农芒果为试材，用2mmol/L SA浸果10min，自然晾干后放于(18±2)℃条件下贮藏，与对照相比明显降低果实中可滴定酸、VC和可溶性糖的消耗和转化，延缓果实软化和衰老进程，起到良好的保鲜效果。

用0.1mmol/L水杨酸处理生长期芒果，能延缓芒果果实后熟过程中色泽的转黄，降低果实呼吸强度；而1mmol/L SA处理则加速了果实后熟中的色泽转黄。两种浓度SA处理都能降低果实腐烂率和抑制损伤接种的发病程度，同时与抗病相关的过氧化物酶活性显著增强。

3. 1-甲基环丙烯(1-MCP)

在室温（28～35℃）下用1-MCP处理12h，再放于20℃、相对湿度70%～85%条件下贮藏，可显著地延缓其贮藏过程VC含量、可溶性总糖含量、可滴定酸含量的下降和色泽的转黄，使得转黄率比对照推迟10d，显著延长贮藏寿命。虽然1-MCP处理能显著地加重贮藏过程的发病率，但$CaCl_2$可极显著地防止发病率的升高。后期研究提出，1-MCP处理的最佳方式：4%热［(54±1)℃］$CaCl_2$溶液处理5 min后再用50μmol/L 1-MCP常温（25～35℃）处理12h。

4. 茉莉酸甲酯

对台农1号芒果采前喷施50μmol/L茉莉酸甲酯（MeJA），显著降低了采收时病果率和贮藏期的病情指数，减小接种炭疽菌果实的病斑直径，同时，提高了芒果果皮中苯丙氨酸解氨酶（PAL）、过氧化物酶（POD）、多酚氧化酶（PPO）等防御酶的活性。以上研究表明，采前低浓度SA和MeJA处理可激活芒果防御系统，提高芒果采后抗病性和耐贮性。

5. 苯异噻重氮(BTH)

用人工合成植物诱抗剂苯并噻重氮（BTH）50mg/L水溶液对芒果果实喷雾处理后，贮藏于(20±1)℃、相对湿度80%的恒温箱内，结果表明，BTH处理不仅能显著降低芒果果实自然发病的病情指数，而且明显提高了过氧化物酶、过氧化氢酶（CAT）、多酚氧化酶、苯丙氨酸解氨酶（PAL）和β-1,3-葡聚糖酶（GUN）等抗病相关酶的活性。此外，BTH处理也提高了过氧化氢（H_2O_2）和总酚的含量，降低了丙二醛（MDA）的含量。

十六、番木瓜的保鲜

番木瓜果实属真果，由子房发育而成，果中空，种子着生于果腔内。番木瓜果形多样，有长圆形、椭圆形、近球形、牛角形等，因品种、株性、季节、环境等因素而异。未成熟时，果皮绿色，果肉淀粉含量高，故只供作蔬菜食用；成熟后，果皮橙黄色，果肉黄色或红色，淀粉含量低，糖含量高，全糖约10%以上，其中蔗糖较多，约占80%，其次为葡萄糖。

1. 赤霉素和生长素类植物生长调节剂

将番木瓜果实用1000mg/L多菌灵+500mg/L赤霉素+200mg/L 2,4-D配成的保鲜剂洗涤后，放置在温度为6～8℃的冷藏库内，可保鲜番木瓜200d以上，好果率达90%。

2. 1-甲基环丙烯(1-MCP)

乙烯吸收剂和1-MCP能显著抑制番木瓜果实病情指数的上升，延缓果实硬度的下降和含糖量的积累，维持较高的超氧化物歧化酶（SOD）活性和较低含量的丙二醛（MDA），有利于保持果实品质，延长贮藏时间。

3. 壳聚糖保鲜剂

壳聚糖处理明显地提高了贮藏期间番木瓜的硬度，抑制了VC和总酸含量的下降，保持了果实的良好品质，延长了贮藏寿命。在常温下用壳聚糖保鲜剂（1.5%壳聚糖，1.5%乙酸，1.0% 1,2-丙二醇，0.01%吐温20）涂膜处理也可以明显降低贮藏期间番木瓜的腐烂率和失水率，有效地抑制叶绿素含量的下降，达到了较好的保绿效果。

十七、香蕉的保鲜

香蕉果实的生长发育可分为3个时期：①细胞分裂期（至抽蕾后4周）；②细胞膨大期（抽蕾后4～12周）；③成熟期（抽蕾后12～15周）。不同类型香蕉果皮、果肉颜色有明显差异。未软熟的香蕉富含淀粉和单宁，软熟后淀粉转化为糖，单宁则分解。香蕉成熟需80d（高温季节）至120d（冷凉季节），而大蕉和粉蕉需180d。高温季节的果实生长快速，果形正常，色泽好；低温季节的果实则往往果穗小，果指短，果色暗淡。采收时期根据市场对蕉指粗度的要求、运输距离远近和预期贮藏时间长短来确定采收成熟度，即果指的饱满度。果指饱满度到6.5成时催熟后基本可食；饱满度超过9成时，催熟后果皮易开裂。因此宜在饱满度7～9成之间采收。供长期贮藏或远运的采收饱满度要求低些，饱满度7成即可，供当地销售的可在8～9成熟时采收。

1. 1-甲基环丙烯(1-MCP)

在香蕉果实青硬状态下，用1-MCP处理香蕉果实，可以明显延缓香蕉果实变黄和硬度的下降，推迟呼吸高峰的到来，有效延迟后熟，从而延长香蕉的贮藏期，其中以浓度为100μL/L和300μL/L处理效果最明显。

2. 水杨酸

用69mg/L和138mg/L水杨酸处理可延缓香蕉果实的软化，延长香蕉果实的贮藏寿命。

3. 赤霉素

在香蕉采收前20～30d，用50mg/L赤霉素溶液喷洒1遍，收获后在包装时以20%多菌灵溶液洗果，可使香蕉保鲜效果更好。对新采摘下来的香蕉用1mg/L CPPU+50mg/L GA_3喷施，可以延缓果面颜色的变化，降低其呼吸速率，延缓自然褐变的发生，此外还可以使可溶性糖分的积累、水分散失速度降低。这些都能够延缓果实成熟和变软，从而保持颜色不变和抵抗真菌侵染，延长货架期。

4. 乙烯吸收剂

香蕉、大蕉和粉蕉经防腐剂处理后用聚乙烯薄膜袋包装并加入乙烯吸收剂，在常温下可延长其贮藏寿命20～40d。其中，以活化铝颗粒或珍珠岩作载体制成的乙烯吸收剂效果较好。将乙烯吸收剂应用于商业性香蕉运输保鲜，使好果率从62.5%提高至95.7%，取得显著的经济效益。

十八、菠萝的保鲜

菠萝采收后仍然进行着新陈代谢过程，其呼吸作用较旺盛，菠萝果实含糖量逐渐下降，果肉组织逐步变软，果实品质达最佳后即逐渐下降，以致过熟、衰败腐烂。由于菠萝主要在高温季节成熟，给贮藏保鲜带来很大困难。目前应用的贮藏保鲜方法主要有低温贮藏法、气调贮藏法和药剂保鲜法。

1. 赤霉素

印度的贮藏试验结果表明，萘乙酸和赤霉素（GA_3）有延长贮藏寿命的作用。其中500mg/L萘乙酸处理的果实贮存时间最长（室温下安全贮存达41d，对照安全贮存仅2～15d）；100mg/L赤霉素处理的果实损失最小。赤霉素和苯来特处理是最有效的延长菠萝贮藏寿命的方法。

2. 2,4,5-涕（2,4,5-T）

对半黄的无刺卡因果实采后用100mg/L 2,4,5-T浸渍，可延长室温下贮藏的寿命6～14d。对绿熟的Kew果实用500mg/L 2,4,5-T处理后，在21℃下可延长存放寿命12～30d。

3. 联苯酚

将果柄在用联苯酚2.7kg加水378.5kg配成的药液中浸一下，在通气较好的箱中贮运，或用聚乙烯袋包装，相对湿度90%左右，可贮藏15d以上。冷藏的适宜条件是：温度8～10℃，相对湿度90%～95%。

4. 萘乙酸和2,4-D

用250mg/L萘乙酸和250mg/L 2,4-D配成的溶液喷洒菠萝果实，对黑心病有一定程度的抑制作用。

5. 壳聚糖

采用0.5%、1.0%、1.5%壳聚糖溶液处理鲜切菠萝，具有较好的抑菌、抑制菠萝多酚氧化酶活性的效果，能显著提高VC的保存率和减缓总糖含量的下降，鲜切菠萝的外观品质得到改善，延长了贮藏期。

十九、其他果实的保鲜

（一）梅

青梅采后在室温下用20～40mg/L GA_3 溶液浸3min，显著地抑制了呼吸速率的上升和果实的乙烯释放量，保持了果实的硬度，对青梅果实有保鲜效果。

将青佳青梅品种七成熟果实置于4℃预冷12h，然后用0.1%多菌灵浸果3min，晾干后用0.06mm厚的聚乙烯薄膜袋包装，袋中放置6g乙烯吸收剂（乙烯吸收剂成分为硅藻土：$CaCl_2$：$KMnO_4$＝1：1：1），置于温度为25℃、相对湿度为85%的培养箱中贮藏，可抑制果实呼吸强度和乙烯释放量上升，延缓果实叶绿素含量和ABA含量降低，保持果实硬度，延缓果实衰老。

（二）樱桃

以“砂蜜豆”樱桃品种为试材，用50mg/L、100mg/L、150mg/L GA_3 处理果实2min，在(0±0.5)℃贮藏条件下，与对照相比，GA_3 处理明显降低了果实的腐烂和果柄干枯率，减少可溶性固形物、VC和可溶性糖的损失，保持了较高的果实鲜食品质，抑制了POD和CAT活性的下降和PPO活性的上升，延缓了MDA的增加。100mg/L GA_3 处理效果最佳。

以红灯樱桃为试材，用外源水杨酸（100mg/L SA）和脱落酸（50mg/L ABA）处理甜樱桃果实，(0±0.5)℃贮藏，结果表明SA和ABA处理明显减小了甜樱桃贮藏过程中的果实失水率，抑制果实腐烂，其中50mg/L ABA对果实失水率的控制效果较好。

（三）银杏

采前向42年生的“大梅核”银杏树上果实喷洒500mg/L乙烯利溶液，之后种子贮藏90d，除霉变率稍高外，浮水率、失水率、硬化率都较低，还原糖、脂肪、淀粉、蛋白质含量还保持较高水平，适合以食用为目的的贮藏。500mg/L脱落酸虽与500mg/L乙烯利贮藏效果相似，但易引起落叶。

在42年生“大梅核”银杏品种果实采前，向树体上的银杏种子喷洒500mg/L 8891植物促长素后，种子的发芽率升高，脂肪酶、β-淀粉酶、CAT、PG、PE活性升高，适合用于以留种为目的的贮藏。

（四）杨梅

杨梅采收后其光合作用基本停止，生理代谢活动则以呼吸作用为中心展开，可延续生长期间的各种生理过程，但由于水分缺失，呼吸作用加强，大量乙烯形成。致使成熟衰老加快；同时因自身衰老而对病原菌生物的抵抗能力下降，导致抗病能力减弱，最终造成腐烂变质。

乙烯是杨梅采收后产生果实变味、变质的主要因素。用1000mg/L水杨酸处理杨梅采后果实，能有效抑制果实乙烯的释放速率和呼吸强度，延缓果实中1-氨基环丙烷-1-羧酸（ACC）含量上升，使杨梅果实保持较好的品质。

以“乌种”杨梅品种为试材，用1μmol/L、10μmol/L、100μmol/L MeJA处理杨梅，发现1μmol/L和10μmol/L MeJA处理可显著地防止果实腐烂发生，同时在20℃贮藏时抑制果实腐烂的作用比在1℃贮藏时更加明显，还可延缓果实总固形物（TSS）、维生素C和总酸度（TA）含量的下降，促进花青素的合成，而且对果实失重率和果实硬度变化没有显著影响。100μmol/L MeJA处理在两个贮藏温度条件下对果实失重率、腐烂和品质变化均无显著影响。

（五）板栗

高浓度（1mmol/L、3.5mmol/L、7.5mmol/L）水杨酸（SA）处理可抑制冷藏板栗腐烂的发生，其中1.0mmol/L和3.5mmol/L SA处理可减少过氧化氢酶、超氧化物歧化酶、过氧化物酶活性的变化和抑制其活性的下降，抑制了丙二醛含量及电导率的升高；而7.5mmol/L SA处理则表现出相反的作用。低浓度（10μmol/L、50μmol/L、100μmol/L）的SA处理可极显著地抑制冷藏板栗腐烂的发生，其中10μmol/L和50μmol/L SA处理能降低贮藏后期呼吸强度，较好地保持了板栗在贮藏期间的水分、VC、可溶性糖含量，降低淀粉的降解速率。

（六）荔枝

水杨酸以及水杨酸与壳聚糖复配对荔枝的保鲜效果明显，结果表明，采后用水杨酸处理荔枝果实能降低腐烂率、褐变率和失水率，使果实保持较好的风味和品质，且比使用水杨酸和壳聚糖的混合液效果更佳。以黑叶荔枝品种为试材，研究了壳聚糖-水杨酸盐（CTS-SA）作为涂膜剂对荔枝常温保鲜的作用，结果发现：CTS-SA可有效地抑制贮藏期间荔枝的失重和褐变，延缓果皮花色素苷含量、果肉中可溶性固形物与可滴定酸的下降；同时CTS-SA对荔枝贮藏期果皮细菌的抑制作用显著优于壳聚糖（CTS）单独使用的效果，贮藏72h之后，CTS-SA涂膜剂组荔枝果皮的细菌总数只有CTS处理组的61.7%。

（七）猕猴桃

猕猴桃果实经0.1μL/L、1.0μL/L、10μL/L和50μL/L浓度的1-MCP处理12h，20℃下贮藏，能够延缓猕猴桃果实的后熟软化进程，推迟了乙烯跃变高峰的出现。对猕猴桃适期采后的果实及时使用1-MCP熏蒸处理，可以有效延长保鲜期；提高好果率30%左右，货架期可延长1～3倍。

对中华猕猴桃早鲜品种和美味猕猴桃海德特品种于采收当天用50mg/L IAA浸果2min，处理后贮藏于20℃条件下，结果表明：外源IAA处理促进了内源IAA的积累，并推迟了内源ABA峰值和脂氧合酶活性峰值的到来，延缓了果实的后熟软化。

（八）无花果

在（20± 0.5)℃室温条件下，用1.0μL/L、1.5μL/L、2.0μL/L 1-甲基环丙烯（1-MCP）处理“果绿”无花果品种的果实24h，晾干后装入0.02mm厚的PE塑料保鲜袋中，置于低温［(0±0.5)℃］环境下贮藏。发现每个浓度1-MCP处理均可延缓果实硬度和VC含量的下降，抑制果实呼吸强度，减少乙烯的释放量，保持良好的果实贮藏品质，延缓无花果成熟和衰老进程，延长贮藏时间，其中以1.5μL/L处理效果最佳。在20℃环境下用10μL/L 1-MCP处理Bardakci品种无花果12h，转入0℃、相对湿度90%～92%条件下贮藏，可明显延缓果实衰老，延长贮藏期，保持果实品质。

（九）番石榴

用0.04mm厚保鲜袋密封包装番石榴果实，每袋果实上方放1/8张纸片型安喜布（有效成分为0.15mg/L的1-甲基环丙烯），置于低温［(6±1)℃］、相对湿度85%的条件下贮藏。结果显示，1-甲基环丙烯（1-MCP）处理可有效地延缓果实硬度、VC、可溶性固形物和可滴定酸含量的下降速度，延长番石榴贮藏时间7～10d，有效延缓番石榴果实后熟衰老，延长果实保鲜期。

（十）番荔枝

“非洲骄傲”番荔枝果实经1.8μL/L 1-MCP处理后，放于15℃贮藏；结果1.8μL/L 1-MCP处理能显著提高番荔枝果实的好果率，延缓贮藏前期TSS含量的上升，推迟其成熟软化进程，抑制VC含量的下降，提高果实贮藏后期SOD、POD、CAT的活性，抑制PPO活性的升高和MDA含量的积累，有利于延长果实保鲜期。

参考文献

[1] 安丽君，金亮，杨春琴，等．外源赤霉素对桃的成花效应及其作用机制．中国农业科学，2009，42（2）：605-611.

[2] 白建军．外源物质对大扁杏花器抗寒性的影响．西北林学院学报，2008，23（1）：82-86.

[3] 白晓燕．“中桃抗砧1号”茎尖快繁与扦插生根技术的研究．北京：中国农业科学院，2014.

[4] 白芝兰，刘本勇，杨大平，等．外源赤霉素对纽荷尔脐橙容器大苗花芽分化的影响．中国南方果树，2016，（3）：70-74.

[5] 蔡金术，王中炎．低浓度CPPU对猕猴桃果实重量及品质的影响．湖南农业科学，2009，（9）：146-148.

[6] 曹慕明，白先进，李杨瑞，等．脱落酸对巨峰葡萄着色和果实品质的影响．广东农业科学，2010，（2）：111-113.

[7] 曹尚银，张秋明，张俊畅，等．喷施烯效唑对苹果顶芽激素水平和花芽分化的影响．植物生理与分子生物学学报，2003，29（5）：375-379.

[8] 曹亚萍，张林．植物生长调节剂和遮光对草莓开花结果的影响．中国南方果树，2015，44 (2)：84-86.
[9] 曹玉翠．木瓜扦插繁殖技术及生根机理研究：[学位论文]．泰安：山东农业大学，2010.
[10] 曾凯芳，姜微波．杧果生长期喷施水杨酸处理对果实采后品质和病害的影响．园艺学报，2008，(3)：427-432.
[11] 常世敏．冬枣采后红变及其调控方法的研究．北京：中国农业大学，2005.
[12] 陈大明，沈德绪，李载龙．多效唑对桃实生苗开花的促进作用．浙江农业学报，1995，(1)：20-23.
[13] 陈昆松，李方，张上隆，等．ABA 和 IAA 对猕猴桃果实成熟进程的调控．园艺学报，1999，26 (2)：81-86.
[14] 陈启亮，杨晓平，张靖国，等．不同处理对梨果实裂果及果实品质的影响．中国南方果树，2016，45 (6)：110-112.
[15] 陈在新，廖咏玲．喷布 CPPU 对鄂桃 1 号桃果实生长和品质的影响．长江大学学报：自然科学版，2005，2 (11)：15-17.
[16] 程奇，吴翠云，阿依买木．不同处理对梨种子休眠与萌发的影响．塔里木大学学报，2005，17 (1)：28-30.
[17] 丁亦男，兰兰，张丽娇，等．赤霉素对蓝莓种子发芽影响的研究．长春师范学院学报：自然科学版，2013，32 (6)：78-80.
[18] 董朝霞，叶明儿．植物生长调节剂在杏树上的应用．黑龙江农业科学，2013，(6)：156-157.
[19] 段留生，田晓莉．作物化学控制原理与技术．北京：中国农业出版社，2005.
[20] 樊秀彩，张继澍．1-甲基环丙烯对采后猕猴桃果实生理效应的影响．园艺学报，2001，(5)：399-402.
[21] 范国荣，刘勇，刘善军，等．CPPU 对甜柿果实大小与果皮色素含量的影响．江西农业大学学报（自然科学），2004，(5)：754-758.
[22] 范灵姣．抗坏血酸对柿果实采后软化的调控作用及其机制研究：[学位论文]．南宁：广西大学，2016.
[23] 冯斗，禤维言，黄政树，等．茉莉酸甲酯对低温胁迫下香蕉幼苗的生理效应．果树学报，2009，26 (3)：390-393.
[24] 冯彤，庞杰，于新．采前激素处理对银杏种子的脱皮与保鲜效果的研究．农业工程学报，2005，21 (1)：146-151.
[25] 弓德强，谷会，张鲁斌，等．杧果采前喷施茉莉酸甲酯对其抗病性和采后品质的影响．园艺学报，2013，40 (1)：49-57.
[26] 韩静．几种无性繁殖方式对苹果砧木生根的影响：[学位论文]．杨凌：西北农林科技大学，2015.
[27] 韩明玉，张满让，田玉命，等．植物激素对几种核果类种子休眠破除和幼苗生长的效应研究．西北植物学报，2002，22 (6)：68-74.
[28] 韩涛，李丽萍，葛兴．外源水杨酸对桃果实采后生理的影响．园艺学报，2000，27 (5)：367-368.
[29] 何昊．脱落酸对葡萄抗逆性和果实品质的影响研究：[学位论文]．雅安：四川农业大学，2013.
[30] 胡春霞．植物生长调节剂及复配对南果梨苗木抗寒性的影响．中国农学通报，2010，26 (13)：179-182.
[31] 胡香英，胡福初，范鸿雁，等．5 种植物生长调节剂对妃子笑荔枝开花坐果调控效应的比较．西南农业学报，2016，29 (4)：915-919.
[32] 胡章琼．GA_3＋CPPU 处理次数对枇杷单性结实的影响．江西农业学报，2008，(2)：44-45.
[33] 黄昌贤，罗士韦．植物激素．上海：上海科学技术出版社，1963：203.
[34] 黄铭慧，冯舒涵，冯颜，等．采前喷洒赤霉素对‘红贵妃’芒果贮藏品质和采后生理的影响．食品科学，2015，36 (10)：239-244.
[35] 黄雯．不同外源激素处理对枣嫩枝扦插生根机理研究：[学位论文]．长沙：中南林业科技大学，2015.
[36] 纪淑娟，周倩，马超，等．1-MCP 处理对蓝莓常温货架品质变化的影响．食品科学，2014，35 (2)：322-327.
[37] 蒋迎春，万志成．PP_{333} 对猕猴桃生长和结果的影响．果树科学，1995，(增刊)：109-110.
[38] 焦竹青．CPPU 对山葡萄（Vitis amurensis Rupr.）雄花性别转换机理的研究．北京：中国农业科学院，2012.
[39] 康国章，欧志英，王正询，等．水杨酸诱导提高香蕉幼苗耐寒性的机制研究．园艺学报，2003，30 (2)：141-146.
[40] 寇艳茹，苏淑钗．生长调节剂对板栗结实情况和果实品质的影响．中国农学通报，2015，31 (16)：83-87.
[41] 雷新涛，夏仁学，李国怀，等．GA_3 和 CEPA 喷布对板栗花性别分化和生理特性的影响．果树学报，2001，18 (4)：221-223.
[42] 李超．外源褪黑素和多巴胺对苹果抗旱耐盐性的调控功能研究：[学位论文]．杨凌：西北农林科技大学，2016.
[43] 李凯．“新丰”核桃不同繁殖技术研究：[学位论文]．泰安：山东农业大学，2015.
[44] 李玲，肖浪涛．植物生长调节剂．北京：化学工业出版社，2013：412.
[45] 李明．诱导龙眼焦核果实的研究：[学位论文]．福州：福建农林大学，2008.
[46] 李娜．1-MCP 和 MeJA 对杨梅果实采后品质和抗病性的影响：[学位论文]．南京：南京农业大学，2006.
[47] 李三玉，季作樑．植物生长调节剂在果树上的应用．北京：化学工业出版社，2002.
[48] 李向东，东金浩．巨峰葡萄应用赤霉素（GA_4＋GA_7）诱导无核、增大果粒的效应研究．上海农学院学报，1993，11 (4)：302-308.
[49] 李兴军，李三玉，吕均良，等．GA_3 对杨梅叶片木质素水平及其相关酶活性和成花的影响．园艺学报，2001，28 (2)：156-158.

[50] 里程辉，刘志，王宏，等．不同化学疏花剂对岳帅苹果疏花疏果及果实品质的影响．江苏农业科学，2014，(11)：180-182.
[51] 厉恩茂，徐锴，安秀红，等．寒富苹果化学药剂疏花疏果试验．中国果树，2015，(4)：30-33.
[52] 刘德兵，魏军亚，李绍鹏，等．油菜素内酯提高香蕉幼苗抗冷性的效应．植物研究，2008，28 (2)：195-198.
[53] 刘广勤，常有宏，邵明灿，等．CPPU 和 GA_3 对巨峰葡萄坐果及果实发育的影响．果树科学，1997，14 (4)：257-259.
[54] 刘广文．脱落酸对鲜枣贮期品质变化的影响：[学位论文]．西安：陕西师范大学，2000.
[55] 刘殊，何华平． CPPU对二宫白梨果实膨大的效应．中国果树，1999，(4)：26-27.
[56] 陆少峰，廖奎富，区善汉，等．不同植物生长调节剂对金橘果实生长及产量的影响．南方农业学报，2015，46 (3)：471-474.
[57] 陆胜民，席玙芳，金勇丰，等．采后处理对青梅果实的生理和品质的影响．园艺学报，2000，(5)：326-330.
[58] 马书尚，唐燕，武春林，等．1-甲基环丙烯和温度对桃和油桃贮藏品质的影响．园艺学报，2003，30 (5)：525-529.
[59] 潘学军，张文娥，樊卫国．外源激素处理对贵州毛葡萄种子发芽的影响．种子，2007，(1)：25-27.
[60] 庞发虎，赵爱玲，余明玉，等．脱落酸和乙烯利与采后梨枣生理及质量指标的相关性分析．南方农业学报，2015，46 (11)：2001-2005.
[61] 彭刚，梁刚，杨艺渊，等．生长调节剂对灰枣产量和果实品质的影响．中国南方果树，2016，(1)：95-97.
[62] 彭坚，李永红，席嘉宾，等．化学调控四季花龙眼成花坐果的初步研究．西北植物学报，2005，25 (7)：1440-144.
[63] 乔勇进，王海宏，方强，等．1-MCP 处理对“白玉”枇杷贮藏效果的影响．上海农业学报，2007，23 (3)：1-4.
[64] 邱杭，冼柏伟，江剑址，等．西番莲种子促进萌发的研究．仲恺农业工程学院学报，2016，(4)：13-17.
[65] 申小丽，杨昌军，杨尤玉，等．赤霉素抑制草莓休眠和促进开花试验．贵州农学院学报，1996，15 (3)：43-45.
[66] 石尧清，彭成绩．南方主要果树生长发育与调控技术．北京：中国农业出版社，2001.
[67] 史国栋，植物生长调节剂对葡萄无核化、着色及品质的影响：[学位论文]．南京：南京农业大学，2010.
[68] 宋宏伟，孙文奇，宋小菊，等．几种化学药剂对枣树花果疏除的效应．果树科学，2000，17 (2)：119-122.
[69] 汤福义，廖明安，杨桦．PP_{333} 对枇杷幼树控梢促花效应的研究．中国南方果树，2003，32 (4)：41-42.
[70] 唐晶，李现昌，杜德平，等．紫花杧花期调控试验．果树科学，1995，12 (增刊)：82-84.
[71] 陶陶．米枣落果生理机理及植物生长调节剂对其果实发育、品质的影响： [学位论文]．雅安：四川农业大学，2012.
[72] 田志喜，张玉星，于艳军，等．水杨酸对鸭梨果实 PG、PME 和呼吸速率的影响．果树学报，2002，19 (6)：381-384.
[73] 童昌华，李三玉．植物生长调节剂防止温州蜜柑异常高温落花落果的效应．植物学报，1996，13 (4)：54-55.
[74] 万泉．植物生长调节剂诱导龙眼果实无核化效应．南京林业大学学报（自然科学版），2007，31 (6)：39-42.
[75] 王东昌，赵长星．化学调控对梨优质高产的作用．北京农业科学，2000，18 (6)：26-27.
[76] 王福德，王鑫，翁海龙．赤霉素对野生笃斯越橘种子萌发的影响．黑龙江生态工程职业学院学报，2014，(4)：10-11.
[77] 王关林，吴海东，苏东霞，等．NAA、IBA 对樱桃砧木插条的生理、生化代谢和生根的影响．园艺学报，2005，32 (4)：691-694.
[78] 王贵元，孙茜．不同层积时间和赤霉素处理对桃种子萌发的影响．种子，2009，28 (1)：89-90.
[79] 王贵元，夏仁学，曾祥国，等．外源脱落酸和赤霉素对红肉脐橙果肉糖含量的影响．应用生态学报，2007，18 (11)：2451-2455.
[80] 王欢，韩建伟，史良，等．冬枣种子休眠及促进萌发的研究．核农学报，2015，(6)：1204-1210.
[81] 王建，杨毅敏．生长调节利处理对银杏结实的影响．武汉植物学研究，2001，19 (1)：52-56.
[82] 王进．几种次生代谢调节剂与水气耦合对青皮核桃保鲜效应及其生理机制研究：[学位论文]．杨凌：西北农林科技大学，2015.
[83] 王丽，王燕凌，廖康．外源水杨酸处理对全球红葡萄植株抗寒性的影响．新疆农业大学学报，2005，28 (2)：51-54.
[84] 王连荣，薛拥志，常美花，等．外源激素对杏扁抗寒生理指标的影响．核农学报，2016，30 (2)：396-403.
[85] 王令霞，曾丽萍，李新国．不同浓度烯效唑和乙烯利对‘妃子笑’荔枝成花效应的影响．中国园艺文摘，2012，(8)：5-6.
[86] 王鹏飞，张建成，曹琴，等．化学疏花对欧李果实产量和品质的影响．山东农业科学，2014，46 (2)：56-58.
[87] 王庆莲，吴伟民，赵密珍，等．GA_3 处理对欧亚种葡萄种子发芽的影响．江苏农业科学，2015，(11)：244-246.
[88] 王如福，吴彩娥，范三红．采后 GA_3 和 2,4-D 处理对葡萄贮藏效果的影响．山西农业大学学报，2000，(3)：262-264.

[89] 王三根．植物生长调节剂在林果生产中的应用．北京：金盾出版社，2003.
[90] 王尚堃，杜红阳．多胺及其合成抑制剂对干旱胁迫下杏苗生理指标的影响．南方农业学报，2016，49（9）：1475-1479.
[91] 王尚堃，杜红阳．多胺及其抑制剂对干旱胁迫下李幼苗叶片光合作用和游离态多胺含量的影响．安徽农业大学学报，2016，43（5）：815-819.
[92] 王绍华，杨建东，段春芳，等．猕猴桃果实采后成熟生理与保鲜技术研究进展．中国农学通报，2013，29（10）：102-107.
[93] 王祥和，胡福初，范鸿雁，等．不同花穗处理对妃子笑荔枝开花坐果的影响．西南农业学报，2011，24（1）：206-210.
[94] 王小媚，唐文忠，任惠，等．水杨酸对低温胁迫番木瓜幼苗生理指标及叶片组织结构的影响．南方农业学报，2016，47（8）：1290-1296.
[95] 王雄，陈金印，刘善军．喷施 GA_3 和 2,4-D 对留树保鲜脐橙落果和内源激素含量的影响．园艺学报，2012，39（3）：539-544.
[96] 王学府，孟玉平，曹秋芬，等．苹果化学疏花疏果研究进展．果树学报，2006，(3)：437-441.
[97] 王雪娇．蓝莓组培苗扦插繁殖技术与生根机理的研究：[学位论文]．黑龙江：东北农业大学，2016.
[98] 王亚红，赵晓琴，韩养贤，等．氨基寡糖素对猕猴桃抗逆性诱导效果研究初报．中国果树，2015，(2)：40-43.
[99] 王阳光，席芳，陆胜民，等．气调和乙烯对采后青梅果实保绿效果及生理的影响．食品科学，2002，23（9）：102-105.
[100] 王玉华，范崇辉，沈向，等．大樱桃花芽分化期内内源激素含量的变化．西北农业学报，2002，11（1）：64-67.
[101] 魏安智，杨途熙，张睿，等．外源 ABA 对仁用杏花期抗寒力及相关生理指标的影响．西北农林科技大学学报（自然科学版），2008，36（5）：79-84.
[102] 魏书，刘以仁，梁应物．桃绿枝扦插繁殖技术研究．果树科学，1994，11（4）：247-249.
[103] 魏雅君，徐业勇，冯贝贝，等．不同化学疏花剂对杏李果实品质的影响．新疆农业科学，2017，(1)：1-9.
[104] 温银元，王玉国，尹美强，等．银杏试管苗的雌雄鉴别与调控．核农学报，2010，(1)：31-35.
[105] 吴锦程，黄晓尊．水杨酸对枇杷冷藏效果的影响．云南农业大学学报，2005，20（6）：65-70.
[106] 吴月燕．化学药剂与 GA_3 对休眠期葡萄内源激素及硫水化合物分布和萌芽的影响．浙江大学学报，2004，30（2）：197-201.
[107] 吴振林．李裂果病防治研究．园艺学报，2012，39（12）：2361-2368.
[108] 吴振旺，唐征，熊自力．烯效唑对荸荠种杨梅控梢促花的效应．中国南方果树，2001，30（1）：30-31.
[109] 向小奇，陈军．2,4-D 和 GA_3 促进猕猴桃果实无核的效果．中国南方果树，1999，28（2）：50.
[110] 向旭，欧良喜，邱燕萍，等．荔枝大核品种诱导焦核结果研究．果树学报，2002，19（2）：111-114.
[111] 向中伦．几种化学药剂对荔枝疏花疏果效应及果实品质影响的研究：[学位论文]．广州：华南农业大学，2010.
[112] 肖华山，吕柳新，陈志彤．荔枝花发育过程中雌雄蕊内源激素的动态变化．应用与环境生物学报，2003，(1)：11-15.
[113] 肖千文，廖运红．多效唑和矮壮素对核桃生长发育的影响．安徽农业科学，2009，37（26）：12492-12493.
[114] 谢天柱，呼丽萍，卢建奇，等．5 种药剂对大樱桃坐果率的影响．天水师范学院学报，2009，29（2）：33-34.
[115] 徐继忠，陈海江，李晓东，等．外源多胺对核桃雌雄花芽分化及叶片内源多胺含量的影响．园艺学报，2004，(4)：437-440.
[116] 徐晴晴，郜海燕，陈杭君．茉莉酸甲酯对蓝莓贮藏品质及抗病相关酶活性的影响．核农学报，2014，28（7）：1226-1231.
[117] 许家辉，黄金松，郑少泉，等．MH 处理对焦核龙眼品种果实形质的影响．中国南方果树，1999，28（2）：28-29.
[118] 闫国华，甘立军，孙瑞红，等．赤霉素和细胞分裂素调控苹果果实早期生长发育机理的研究．园艺学报，2000，27（1）：11-16.
[119] 扬子琴，李卫亮，张蕾，等．不同疏果剂对龙眼幼果脱落和离区水解酶活性的影响．中国南方果树，2015，44（2）：81-83.
[120] 杨国顺，刘昆玉，倪建军，等．植物生长调节剂对板栗花芽性别分化及结果枝生长的影响．湖南农业大学学报（自然科学版），2001，27（6）：467-468.
[121] 杨吉安，张艳，罗小华．化学调控技术在我国葡萄生产上的应用及研究进展．西北林学院学报，2009，(5)：317-321.
[122] 杨巧云，刘杰，周小娟，等．植物生长调节剂对枇杷叶荚蒾嫩枝扦插的影响．山东农业科学，2013，45（1）：79-80.
[123] 杨清，刘国杰．多效唑浸种对番木瓜幼苗生长的影响．中国果树，2008，(6)：31-32.
[124] 叶明儿，李三玉．多效唑对温州蜜柑晚秋梢生长及抗寒生理指标的影响．浙江农业学报，1996，8（1）：44-46.

[125] 尹欣幸，帕热达木，依米尔，等．乙烯利和萘乙酸对温州蜜柑疏花疏果的影响．中国南方果树，2015，44（5）：34-36.
[126] 于建娜，任小林，陈柏，等．采前6-苄基腺嘌呤处理对葡萄品质和贮藏生理特性的影．植物生理学报，2012，48（7）：714-720.
[127] 于建娜，任小林，雷琴，等．赤霉素处理对两种葡萄品质和贮藏生理的影响．食品科学，2013，34（2）：277-281.
[128] 于咏，孟江飞，惠竹梅，等．GA_3＋CPPU结合疏果处理对“夏黑”葡萄果实品质的影响．北方园艺，2016，（23）：33-39.
[129] 余璐璐，曹中权，朱春娇，等．不同浓度水杨酸处理对草莓采后保鲜的影响．植物生理学报，2015，51（11）：2047-2053.
[130] 俞菊，卞祥彬，陶俊．GA_3与2,4-D对银杏保果的效应．中国南方果树，2005，34（2）：54.
[131] 张才喜，杨春光，王世平，等．PP_{333}对美味猕猴桃生长发育和果实贮藏性影响．上海交通大学学报：农业科学版，2001，19（6）：96-101.
[132] 张承，龙友华，吴小毛，等．植物生长调节剂对猕猴桃产量及品质的影响．北方园艺，2014，（21）：31-34.
[133] 张传来，张建华，刘遵春，等．几种植物生长调节剂对满天红梨采前落果的影响．中国农学通报，2006，22（2）：298-300.
[134] 张谷雄，康丽雪，高志红，等．GA和CPPU对枇杷无核果品质的影响．果树科学，1999，16（1）：55-59.
[135] 张谷雄．GA_3和CPPU对诱导本地早无核果及其品质的影响．中国南方果树，2003，32（6）：8-8.
[136] 张健夫．酸枣硬枝扦插育苗试验初报．中国南方果树，2012，41（6）：61-63.
[137] 张良英，刘林，牛歆雨．不同处理对光核桃种子萌发的影响．种子，2011，（12）：83-84.
[138] 张玲．黄腐酸和甜菜碱对苹果抗旱生理及果实产量品质的影响：［学位论文］．杨凌：西北农林科技大学，2016.
[139] 张明晶，姜微波，李庆鹏，等．生长调节剂处理对高州矮香蕉贮藏品质的影响．核农学报，2008，22（5）：665-668.
[140] 张庆伟，宋春晖，邢利博，等．6-BA和$GA_{(4+7)}$喷施处理及其他措施促进长富2号苹果幼苗分枝的效果．果树学报，2011，（6）：1071-1076.
[141] 张秀美，刘志，张广仁．不同疏花剂对岳帅苹果果实品质的影响．江苏农业科学，2014，（8）：157-159.
[142] 张延晖．1-MCP处理对番石榴采后若干生理生化变化的影响：［学位论文］．福州：福建农林大学，2010.
[143] 张一姝．壳聚糖可食膜的制备及其对蓝莓的保鲜作用：［学位论文］．青岛：中国海洋大学，2013.
[144] 张英．植物生长调控技术在园艺中的应用．北京：中国轻工业出版社，2009.
[145] 张振文．1-MCP对采后芒果贮藏品质及贮藏生理影响的研究：［学位论文］．海口：华南热带农业大学，2004.
[146] 章建红，施娟娟，夏国华，等．薄壳山核桃硬枝扦插及生根机理研．安徽农业大学学报，2014，41（2）：203-208.
[147] 章铁，彭潮，周群．赤霉素处理对梅树开花和座果的影响．安徽农业大学学报，1997，（04）：78-80.
[148] 赵春香，黄秀清，陈颖仪，等．植物生长调节剂对番木瓜种子活力及幼苗生长的影响．中国南方果树，2004，33（1）：36-37.
[149] 周龙，彭妮，王超，等．不同激素处理对天山樱桃绿枝扦插生根效果研究．新疆农业科学，2013，50（12）：2236-2240.
[150] 周玉婵，唐友林，谭兴杰．植物生长调节物质对紫花杧果后熟的作用．热带作物学报，1996，17（1）：32-37.
[151] 朱春琴．梨授粉亲和力测定及单性结实诱导初探，［学位论文］．杨凌：西北农林科技大学，2015.
[152] 朱广文．水杨酸和壳聚糖对提高荔枝抗寒性、品质及保鲜效果的影响：［学位论文］．武汉：华中农业大学，2011.
[153] 朱敏，邓穗生，麦贤家，等．GA_3和CPPU对海南贵妃杧产量和果实品质的影响．热带作物学报，2014，35（9）：1784-1790.
[154] 俎文芳，刘国俭，赵永波，等．生长调节剂促进桃实生苗提早成花的研究．华北农学报，2005，20（6）：107-109.
[155] Abbas M M，Ahmed S，Javaid M A. Effect of naphthalene acetic acid on flower and fruit thinning of summer crop of guava. J Agric Res，2016，52（1）.
[156] Abbas M M，Raza M K，Javed M A，et al. Production of True-To-Type Guava nursery plants via application of IBA on soft wood cuttings. Journal of Agricultural Research，2013.
[157] Agusti M，Juan M，Almela V，et al. Loquat fruit size is increased through the thinning effect of naphthaleneacetic acid. Plant Growth Regulation，2000，31（3）：167-171.
[158] Akaura K，Sun N，Itamura H. Effect of ethylene and fatty acid treatment on soft-ripening in japanese persimmon（Diospyros kaki Thunb.）‘Saijo’ fruit. Horticultural Research，2008，7（7）：111-114.
[159] Ana P C，Jordi G，Christian L，et al. Roles of climacteric ethylene in the development of chilling injury in plums. Postharvest Biol Technol，2008，47，107-112.
[160] Asghari M，Hasanlooe A R. Interaction effects of salicylic acid and methyl jasmonate on total antioxidant content，catalase and peroxidase enzymes activity in “Sabrosa” strawberry fruit during storage. Scientia Horticulturae，2015，

197：490-495.
[161] Bal E. Combined treatment of modified atmosphere packaging and salicylic acid improves postharvest quality of nectarine (Prunus persica L.) Fruit. Journal of Agricultural Science and Technology，2016，18 (5)：1345-1354.
[162] Batjer L P. 1-Naphthyl N-methylcarbamate，a new chemical for thinning apples. Proceedings American Society for Horticultural Science，1960.
[163] Bhat S K，Chogtu S K，Muthoo A K. Effect of exogenous auxin application on fruit drop and cracking in litchi (Litchi chinensis Sonn.) cv. Dehradun. Advances in Plant Sciences，1997，10：83-86.
[164] Blankenship S M，Dole J M. 1-Methylcyclopropene：a review. Postharvest Biology & Technology，2003，28 (1)：1-25.
[165] Cao S，Zheng Y，Wang K，et al. Methyl jasmonate reduces chilling injury and enhances antioxidant enzyme activity in postharvest loquat fruit. Food Chemistry，2009，115 (4)：1458-1463.
[166] Clark H E，Kerns K R. Control of flowering with phytohormones. Science，1942，95 (2473)：536-537.
[167] Cooper W C. Hormones in relation to root formation on stem cuttings. Plant Physiology，1935，10 (10)：89-94.
[168] Crane J C. Apricot fruit growth and abscission abortion as affected by maleic hadrazide-induced seed abortion. Amer. Soc. Sci，1970，95 (3)：302-306.
[169] Dong Y，Zhi H H，Xu J，et al. Effect of methyl jasmonate on reactive oxygen species，antioxidant systems，and microstructure of Chinese winter jujube at two major ripening stages during shelf life. The Journal of Horticultural Science and Biotechnology，2016，91 (3)：316-323.
[170] Erogul D，Sen F. The effect of preharvest gibberellic acid applications on fruit quality of Angelino plums during storage. Scientia Horticulturae，2016，202：111-116.
[171] Giovanaz M A，Amaral P A，Pasa M S，et al. Chemical thinning affects yield and return flowering in 'Jubileu' peach. Revista Ceres，2016，63 (3)：329-333.
[172] Gözlekçi S，Erkan M，Karaçahin I，et al. Effect of 1-methylcyclopropene (1-MCP) on fig (Ficus carica cv. Bardakci) storage. //III International Symposium on Fig 798. 2005：325-330.
[173] Gustafson F G. Inducement of fruit development by growth-promoting chemicals. proceedings of the National Academy of Sciences，1936，22 (22)：628-636.
[174] Hieke S，Menzel C M，Doogan V J，et al. The relationship between fruit and leaf growth in lychee (Litchi chinensis Sonn.). Journal of Horticultural Science and Biotechnology，2002，77：320-325.
[175] Huang H，Jiang Y M. Effect of plant growth regulators on banana fruit and broccoli during storage. Scientia Horticulturae，2012，(145)：62-67.
[176] Li J，Liang C H，Liu Xiangyu Y，et al. Effect of Zn and NAA co-treatment on the occurrence of creasing fruit and the peel development of 'Shatangju' mandarin. Scientia Horticulturae，2016，(201)：230-237.
[177] Kareem A，Jaskani M J，Fatima B，et al. Clonal multiplication of guava through softwood cuttings under mist conditions. Pakistan Journal of Agricultural Sciences，2013，50 (1)：23-27.
[178] Kishor A，Srivastav M，Dubey A K，et al. Paclobutrazol minimises the effects of salt stress in mango (Mangifera indica L.). Journal of Horticultural Science & Biotechnology，2009，84 (4)：459-465.
[179] Ma Q，Ding Y，Chang J，et al. Comprehensive insights on how 2,4-dichlorophenoxyacetic acid retards senescence in post-harvest citrus fruits using transcriptomic and proteomic approaches. Journal of experimental botany，2014，65 (1)：61-74.
[180] Mahajan B V C，Parmar C. Effect of triacontanol on fruit size quality and leaf area of apricot (Prunus armeniaca L.). Indian Journal of Agricultural Research，1994，28 (3)：183-188.
[181] Manoj K S，Upendra N D. Delayed ripening of banana fruit by salicylic acid. Plant Science，2000，158：87-96.
[182] Mcdonald B，Harman J E. Controlled-atmosphere storage of kiwifruit. I. Effect on fruit firmness and storage life. Scientia Horticulturae，1982，17 (2)：113-123.
[183] Nagao M A，Furutani S C. Improving Germination of Papaya Seed by Density Separation，Potassium Nitrate，and Gibberellic Acid. HortScience，1986，21 (6)：1439-1440.
[184] Nawaz M A，Ahmad W，Ahmad S，et al. Role of growth regulators on preharvest fruit drop，yield and quality in kinnow mandarin. Pakistan Journal of Botany，2008，40 (5)：1971-1981.
[185] Olesen T，Whalan K，Muldoon S，et al. On the control of bud release in macadamia (Macadamia integrifolia). Australian Journal of Agricultural Research，2006，57：939-945.
[186] özkaya O，Yildirim D，Dündar ö，et al. Effects of 1-methylcyclopropene (1-MCP) and modified atmosphere packaging on postharvest storage quality of nectarine fruit. Scientia Horticulturae，2016，198：454-461.
[187] Racskó J，Nagy J，Nyéki J，et al. Rootstock effects on fruit drop and quality of 'Arlet' apples. International Journal

of Horticultural Science，2006，12 (2)：69-75.

[188] Ray P K，Sharma S B. Delaying litchi harvest by growth regulator or urea spray. Scientia horticulturae，1986，28 (1-2)：93-96.

[189] Saleem B A，Malik A U，Pervez M A，et al. Spring application of growth regulators affects fruit quality of 'Blood Red' Sweet Orange. Pakistan Journal of Botany，2008，40 (3)：1013-1023.

[190] Shoji K. et al. Auxin in relation to leaf abscission. Plant Physiol，1951，26：189-191.

[191] Shrestha G K. Effects of ethephon on fruit cracking of Lychee (Litchi chinensis Sonn.). Hortscience，1981，16 (4)：498-498.

[192] Stern R，Benarie R，Ginzberg I. Reducing the incidence of calyx cracking in 'Pink Lady' apple using a combination of cytokinin (6-benzyladenine) and gibberellins (GA). Journal of Horticultural Science & Biotechnology，2015，88 (2)：147-153.

[193] Subhadrabandhu S，Nontaswatsri C. Combining ability analysis of some characters of introduced and local papaya cultivars. Scientia Horticulturae，1997，71 (3—4)：203-212.

[194] Talon M，Zacarias L，Primo-Millo E. Gibberellins and parthenocarpic ability in developing ovaries of seedless mandarins. Plant Physiology，1992，99 (99)：1575-1581.

[195] Tetsumura T，Fujii Y，Yoda S，et al. Cutting propagation of some dwarfing rootstocks for persimmons. Acta Horticulturae，2003，601 (601)：145-149.

[196] Thimann K V，Went F W. On the chemical nature of the root forming hormone. Proceedings Koninklijke Nederlandse Akadamie van Wetenschappen，1934，37：456-459.

[197] Tiwari J P，Lal S. Effect of NAA，flower bud thinning and pruning on crop regulation in guava (Psidium guajava L.) cv. Sardar. //I International Guava Symposium 735. 2005：311-314.

[198] Wang H，Huang H，Huang X. Differential effects of abscisic acid and ethylene on the fruit maturation of Litchi chinensis Sonn. Plant Growth Regulation，2007，52 (3)：189-198.

[199] Wani W M，Banday F A，Bhat Z A，et al. Effect of Growth Regulators on Fruit Cracking，Pitting，and Yield of 'Bigarreau Noir Gross' ('Misiri') Sweet Cherry. International Journal of Fruit Science，2010，10 (3)：294-300.

[200] Whiley A W，Saranah J B，Wolstenholme B N，et al. Use of paclobutrazol sprays at mid-anthesis for increasing fruit size and yield of avocado (Persea americana Mill. cv. Hass). Journal of Horticultural Science，1991，66：593-600.

[201] Yasuda S. The second report on the behoviur of the pollen tubes in the production of seedless fruits caused by interspecific pollination. Japan Journal of Genetics，1934，9：118-124.

[202] Yildirim A N，Koyuncu F. The effect of gibberellic acid applications on the cracking rate and fruit quality in the '0900 Ziraat' sweet cherry cultivar. African Journal of Biotechnology，2010，9 (38)：6307-6311.

[203] Zimmerman P W，Wilcoxon F. Several chemical growth substances which cause initiation of roots and other responses in plants. Contrib Boyce Thompson Inst. 1935，7：209-229.

09 Chapter

第九章 植物生长调节剂在观赏植物上的应用

第一节 概 述

一、观赏植物的概念

观赏植物通常是指人工栽培的，具有一定观赏价值和生态效应，可应用于花艺、园林以及室内外环境布置和装饰，以改善和美化环境、增添情趣为目标的植物，主要有草本和木本植物。虽然狭义上“花卉”往往指“可供观赏的花草”，但广义上花卉与观赏植物一样，泛指有观赏及应用价值的草本和木本植物等。观赏植物的观赏性十分广泛，包括观花、观果、观叶、观芽、观茎、观根、观姿、观色、观势、观韵、观趣及闻其芳香等。

总体而言，观赏植物种植是为了体现其美学价值和生态意义。不过，根据应用目的不同通常将观赏植物种植大致分为生产性种植和观赏性种植。生产性种植是以商品化生产为目的，主要是生产盆花、切花、种苗和种球等，从栽培、采收到包装、贮运完全商品化，进入市场流通，为消费者提供各类观赏植物产品。观赏性种植则以观赏为目的，利用观赏植物的品质特色及园林绿化配置，美化、绿化公共场所、庭院以及室内等。在园林应用中，植物配置及造景则是在科学的基础上，将各种观赏植物进行艺术结合，构成能反映自然或高于自然的人工植物群落，创造出优美舒适的环境。

二、观赏植物的分类

观赏植物种类繁多，来源甚广，习性各异，分类方法也多种多样（表 9-1）。其中，按照观赏植物的生态习性和生活习性为主的综合分类是目前观赏植物生产中最为普遍采用的分类方法，并据此将观赏植物分为：①一、二年生花卉；②球根花卉；③宿根花卉；④多肉植物；⑤室内观叶植物；⑥兰科花卉；⑦水生花卉；⑧木本观赏植物。另外，按照观赏植物在花卉市场交易中的形态进行分类也是目前观赏植物商品化生产中普遍采用的分类方法，并据此将观赏植物分为切花(含切叶和切枝)、盆栽观赏植物（盆栽观花植物、盆栽观叶植物)、种球、种苗和种子等。

三、观赏植物的生长与发育

观赏植物通过细胞的不断分裂和伸长在细胞数量、体积的量变积累过程称为观赏植物的生长，这种体积和重量的增长是不可逆的。在生长中，通过细胞分化，形成观赏植物根、茎、叶等器官，并且一些营养体向生殖器官——花朵、果实转化，这种使观赏植物结构和功能从简单到复杂的变化过程称为观赏植物的发育。观赏植物的生长和发育是紧密相连的，体现于整个生命活动过程中，不仅受到观赏植物内在遗传基因的支配控制，还受到环境条件的影响。观赏植物个体在整个一生中既有生命周期的变化，也有年周期的变化。

表 9-1 观赏植物常见分类方法比较

分类方法	分类依据	主要类别
植物学分类	门、纲、目、科、属、种	蕨类植物、裸子植物、被子植物等三大类，每类中再按科、属进一步划分
按环境条件要求分类	水分要求	水生花卉、湿生花卉、中生花卉、旱生花卉等
	温度要求	耐寒花卉、喜凉花卉、中温花卉、喜温花卉、耐热花卉等
	光照要求	依光照强度分为喜光花卉、耐阴花卉和喜阴花卉；依光照时间分为短日性花卉、中日性花卉和长日性花卉
按主要观赏部位分类	观赏植物器官	观花类、观果类、观叶类、观茎类、观根类等
按生态与习性综合分类	以生态习性和生活习性为主，并结合植物分类系统与栽培方法	一、二年生花卉，球根花卉，宿根花卉，多肉植物，室内观叶植物，兰科花卉，水生花卉，木本观赏植物等
按园林用途分类	观赏植物在园林中的应用	庭院树、行道树、绿篱植物、草坪草、地被植物、花坛花卉、室内花卉等
按花卉市场产品分类	观赏植物流通过程中的产品形态	切花、盆栽观赏植物、种球、种苗、种子等

（一）观赏植物的生命周期

观赏植物的生命周期是指观赏植物从形成新的生命开始，经过多年的生长、开花或结果，出现衰老、更新，直到观赏植物死亡的整个时期。观赏植物的生命周期一般经历种子的休眠与萌发、营养生长、生殖生长三大时期。不同观赏植物的个体发育从种子萌发开始，直至个体衰老死亡的全过程长短不同。一年生花卉的一生是在一年中一个生长季节内完成的。例如，凤仙花和鸡冠花等，一般于春季播种后，可在当年内完成其生长、开花、结实、衰老、死亡整个生命周期；二年生花卉在相邻两年的生长季节内完成的，如雏菊和金盏菊，一般第一季播种萌芽，进行营养生长，越冬后于次年春夏开花结实和死亡；多年生的观赏树木幼年期长，一般要经历多年生长后才能开花结实，一旦开花结实，就能持续多年开花结实，然后经过十几年或数十年甚至成百上千年才趋于衰老死亡。

（二）观赏植物的年周期

观赏植物年周期表现最明显的有两个阶段，即生长期和休眠期的规律性变化。由于观赏植物种类繁多，原产地环境条件也极为复杂，因此不同观赏植物年周期的情况也不一样，尤其是休眠期的类型和特点多种多样，参见表 9-2。

表 9-2 几类观赏植物的年周期变化规律

类型	春	夏	秋	冬
一年生花卉	播种，萌芽，营养生长	营养生长，后期开花	开花，地上部位开始枯萎	死亡
二年生花卉	开花	枯死，或处于休眠（半休眠）状态	播种，萌芽，营养生长	低温下以幼苗状态越冬
春植球根	（种植）萌芽	开花、结实		地上部分死亡，地下部分以球根越冬
秋植球根	迅速生长及开花	地上部分枯死，地下以球根越夏	种植或萌芽	芽出地面或不出地面
宿根（落叶）	萌芽	开花、结实		地上部位死亡，地下部位根系宿存越冬

四、植物生长调节剂在观赏植物生产中的主要应用

在观赏植物生产中，植物生长调节剂的应用越来越广泛，几乎应用于观赏植物生产的所有环节，并日益成为提高观赏植物产量和品质的重要手段之一。目前，植物生长调节剂在观赏植物生产中的应用主要有如下几个方面：

（一）在苗木繁殖上的应用

育苗繁殖是进行苗木数量扩大的重要环节，花卉类型不同，繁殖手段也不相同。对一年生、二年生花卉而言，主要是通过播种的形式进行育苗繁殖；对宿根花卉，在播种育苗的基础上，还可以通过压条、扦插、分株以及嫁接等方式进行育苗繁殖；而球根花卉一般是进行分球育苗繁殖。

观赏植物的种类繁多，繁殖方式各异，归纳起来可分为有性繁殖（种子繁殖）、无性繁殖和组织培养等。其中无性繁殖又称为营养繁殖，包括扦插、分生（包括分株、分球等）、压条、嫁接繁殖等（表 9-3）。

表 9-3 观赏植物的主要繁殖方法

观赏植物类别	主要繁殖方法
一、二年生草本	种子繁殖、无性繁殖（扦插、分株）、组织培养
宿根及球根类	种子繁殖、无性繁殖（分根、分球）、组织培养
室内观叶植物	无性繁殖（扦插）、组织培养
地被植物	无性繁殖（扦插、分株）、组织培养
观赏树木	种子繁殖、无性繁殖（扦插、分株、嫁接）、组织培养
草坪草	种子繁殖、无性繁殖（分株）
藤本植物	无性繁殖（扦插、分株、嫁接）、组织培养

植物生长调节剂在观赏植物繁殖中的应用十分广泛，如促进种子萌发、打破球根休眠、促进扦插生根、组织培养等，并在分生、压条、嫁接等繁殖方法上也有应用。利用植物生长调节剂，不仅可改进传统的繁殖技术，并且使一些用传统繁殖技术难以解决的问题迎刃而解。例如，一些需要特殊条件才能萌发的种子或球根（比如需要低温），在传统生产中，操作往往费时费力，而使用赤霉素等植物生长调节剂处理往往可轻易解决这一问题；利用组织培养技术，则可以在较短时间内快速繁育以营养繁殖为主的观赏植物，而在这一过程中，生长素类和细胞分裂素类植物生长调节剂的应用起着至关重要的作用。另外，采用吲哚丁酸、萘乙酸等植物生长调节剂处理，可有效提高观赏植物扦插、分生、压条和嫁接繁殖的成活率。

1. 打破种子休眠，促进萌发

种子繁殖是用植物种子进行播种，通过一定的培育过程得到新植株的方法。由种子得到的实生苗，具有根系发达、生活力旺盛、对环境适应能力强等优点。另外，实生苗还可用作营养繁殖的母本，即作为插条、压条、分株的母株等。

一些观赏植物种子有休眠的习性，这种习性是植物经过长期演化而获得的一种对环境条件及季节性变化的生物学适应性，对观赏植物生存及种族繁衍有重要意义。但在生产上，观赏植物种子在采收后需经过一段休眠期才能萌发，这样给观赏植物的生产带来一定的困难。例如，休眠的种子如果不经过处理，则播种后发芽率低，出苗不整齐，不便于管理，直接影响观赏植物苗木的产量和质量。

合理运用一些植物生长调节剂处理，可使种子提早结束休眠状态，促进种子萌发，使出苗快、齐、匀、全、壮，从而有效缩短育苗周期，并提高观赏植物苗木产量和质量。其中以赤霉素处理最为普遍。赤霉素可以代替低温，使一些需经低温层积处理才能萌发的种子无需低温处理

就能发芽。甚至用低温处理也难以打破的一些种子的休眠，用赤霉素处理可有效打破休眠，促进萌发。赤霉素还能使一些喜光的种子在暗环境中发芽。另外，生长素类和细胞分裂素类等处理对有些观赏植物种子萌发也有促进作用，它们与赤霉素一起使用时往往效果更好。运用植物生长调节剂促进种子萌发的处理方法主要有浸泡法、拌种法等。对于不同观赏植物的种子，所用植物生长调节剂的种类、处理方法以及使用的浓度和处理时间往往有些差别，具体处理时可参照一些实例进行，最好是进行有关试验后才大量应用。

2. 打破球根花卉种球休眠

球根花卉成熟的球根除了有若干个花芽外，还有营养芽和根，并储藏着丰富的营养物质和水分。在自然条件下，这些球根以休眠的方式度过环境条件较为恶劣的季节（寒冷的冬季或干旱炎热的夏季），当环境条件适合时，便再度生长、开花。球根有两种功能：一是储存营养，为球根花卉新的生长发育提供最初营养来源；二是用于繁殖，球根可通过分株或分割等形式进行营养繁殖。球根花卉种球的休眠习性，一方面可以躲避自然界季节性的不良生长环境，另一方面也可人为地将它们置于一些特定的条件下，有效地调控球根的发育进程。

应用植物生长调节剂对球根花卉进行种球处理，在一定程度上补救因低温时间不足或温度不适宜对种球发芽、开花的影响，不仅可打破休眠、促进种球发芽，而且有助于提早开花和提高球根花卉的品质。用于打破球根休眠的植物生长调节剂主要有赤霉素、乙烯（或乙烯利）、萘乙酸和 6-苄氨基嘌呤等，其中以赤霉素处理最为普遍。用植物生长调节剂打破球根休眠时，需依据生产和市场的要求选定植物生长调节剂的种类，并用单一或几种植物生长调节剂浸泡或喷洒球根。若用乙烯进行处理则可采用气熏法。另外，植物生长调节剂处理时还可视需要结合低温处理。

3. 促进扦插生根

利用植物营养器官的再生能力，切取根、茎或叶的一部分，插入沙或其他基质中，长出不定根和不定芽，进而长成新的植株，叫扦插繁殖。扦插是观赏植物最常用的繁殖方法之一。扦插繁殖获得的小植株长至成品苗直到开花比种子繁殖更快，且能保持原品种特性。对不易产生种子的观赏植物，扦插繁殖更有其优越性。

为提高插穗成活率和培育壮苗，促进不定根的早发、快发和多发十分重要。应用植物生长调节剂对插穗进行扦插前处理，不仅生根率、生根数以及根的粗度、长度都有显著提高，而且苗木生根期缩短、生根一致，是目前促进扦插成活的有效技术措施。常用的植物生长调节剂主要有吲哚丁酸、萘乙酸、2,4-滴和吲哚乙酸等，其中又以吲哚丁酸和萘乙酸最为常用。除生长素类物质常用于促进生根外，6-苄氨基嘌呤、激动素等细胞分裂素类对有些植物的生根也有促进作用。另外，在扦插实践中，生长素类物质往往与一些辅助因子（微量元素、维生素、黄腐酸等）混合使用，可进一步促进插穗生根和提高成活率。再者，把几种促进生根的生长调节剂混合使用，其效果往往优于单独使用。植物生长调节剂处理插穗的方法主要有浸渍法、沾蘸法、粉剂法、叶面喷洒法和羊毛脂制剂涂布法等，其中以浸渍法最为常用。

近年兴起的水培扦插就是以水作“基质”扦插繁殖观赏植物，并使之产生新根成为独立植物体的方法。与沙土或其他扦插基质相比，采用水培扦插进行扦插繁殖具有以下优点：一是操作简单，省时省力且节约开支，还可以避免扦插生根后向田间移栽过程中大量伤根，从而提高成活率，并为以后水培观赏奠定基础；二是水中有害微生物少，清洁无污染，成苗率高，不受地区性土质限制，减少了土壤的病虫危害，也可避免土壤的连作障碍和土壤栽培中易产生积水烂根等问题；三是水温稳定，昼夜温差小，水面空气湿度大，枝条易吸水；四是插条水培生根时整个生根过程都易于跟踪掌握，可以根据插条生根诱导和生长等情况，及时调整培养液和植物生长调节剂种类及浓度。

4. 促进分生繁殖和成活

分生繁殖是将丛生的植株分离，或将植物营养器官的一部分（如吸芽、珠芽、长匍茎、变态茎等）与母株分离，另行栽植而形成独立新植株的繁殖方法。分生繁殖所获得的新植株能保持母株的遗传性状，且方法简便、易于成活、成苗较快。观赏植物分生繁殖时，可采用吲哚乙酸、吲哚丁酸、萘乙酸等生长素类物质，浸渍或喷施处理从丛生的观赏植物母株分离得到的吸芽、珠芽、长匍茎、变态茎等，促进其快速生根和提高成活率。

5. 促进嫁接成活

嫁接繁殖是把植物体的一部分（接穗）嫁接到另外一植物体上（砧木），其组织相互愈合后，培养成独立新个体的繁殖方法。通过对亲缘关系较近的植物进行嫁接，能够保持亲本的优良特性，提早开花和结果，增强抗逆性和适应性，提高产量，改善品质；而通过远缘嫁接所改变的观赏性状，可将其培育成新品种。另外，嫁接还被广泛用于观赏植物的造型，如塔菊、瀑布式的蟹爪兰、一花多色的月季等。嫁接还可使生长缓慢的山茶花快速形成树桩盆景。观赏植物嫁接时，可采用吲哚乙酸、吲哚丁酸、萘乙酸等生长素类物质，分别通过处理接穗或砧木，来促进观赏植物嫁接伤口愈合，提高嫁接成活率。

6. 促进压条生根和成活

压条繁殖是无性繁殖的一种，是将母株上的枝条或茎蔓埋压土中或在树上将欲压枝条的基部经适当处理包埋于生根介质中，使之生根，再从母株割离，成为独立、完整的新植株。压条繁殖具有保持母本优良性状、变异性小、开花早等优点。观赏植物压条繁殖时，运用吲哚丁酸或萘乙酸等生长素类植物生长调节剂处理往往可促进压条生根和提高成活率。

（二）在调控观赏植物生长上的应用

观赏植物的生长快慢及株型特征直接关系到其产量和品质。运用赤霉素类、生长素类、细胞分裂素类等植物生长促进剂及矮壮素、多效唑、烯效唑等植物生长延缓剂人为调控观赏植物生长的做法，已经在穴盘育苗、苗木移栽、切花生产以及观赏植物矮化和株形整饰等方面广泛应用。目前，利用植物生长调节剂调控观赏植物生长和株形整饰以叶面喷施处理最为普遍，另外也可以采用土施处理以及种子或球茎浸泡处理等方法。植物生长调节剂的种类及其处理方法、处理的浓度和剂量、次数和间隔时间，必须根据种植目的、不同观赏植物的敏感程度和栽培长势等灵活适度掌握。浓度过小，效果不明显；浓度过大，生长过快或停止生长，甚至造成茎叶花朵畸形，丧失常态。

1. 控制穴盘苗徒长

观赏植物育苗是花卉产业化链条中的一个重要环节，幼苗质量的优劣直接影响到观赏植物产品的产量和质量。穴盘育苗技术作为一种适合工厂化种苗生产的育苗方式，近年来在我国得到空前发展，并对观赏植物种苗的规模化生产和商品化供应起着重要的作用。不过，在穴盘育苗条件下，由于高度集约化的生产和穴盘构造的特殊性，穴盘苗根际和光合的营养面积很小，观赏植物幼苗地上部与地下部的生长常常受到限制，如果再遇到光照不足、高温高湿、幼苗拥挤以及移植或定植不及时等情况，容易造成秧苗徒长，导致质量下降。为了培育适龄壮苗，可运用多效唑、烯效唑、丁酰肼等植物生长延缓剂对观赏植物穴盘苗的生长加以调控，具有成本低、见效快、操作简单等优点。

2. 促进苗木移栽成活

移栽是观赏植物种植的一个重要生产环节，移栽过程对其成活和生长发育有重要的影响。近年来，我国经济持续、快速发展，城市化进程日益加快。观赏植物苗木作为城市绿化和环境美化的重要素材，异地种植变得越来越普遍。不过，观赏植物苗木在移栽过程中，移栽的苗木有时仅有主根，而没有或者只有很少的吸收根。另外，对于已经生长了一段时间的苗木而言，移栽后会出现一段持续时间较长的缓苗期。一般来说，随着树龄增大，细胞再生能力降低。所以，实施苗木移栽之后，不仅那些在移栽过程中损伤的根系恢复缓慢，而且新根、新枝的再生能力也弱。这样就会影响移栽成活率，并延缓苗木在城市绿地中的成景速度。

为了提高观赏植物苗木（尤其是大规格苗木和大树）的移栽成活率，除了选择适宜的移栽苗木和改良移栽技术外，还可运用吲哚丁酸和萘乙酸等生长素类进行喷施或浸渍处理，促进根系生长。在大树起掘时，大量须根丧失，主根、侧根等均被截伤，树木根系既要伤口愈合，又要促发新根以恢复水分平衡，可运用植物生长调节剂促进根系愈合、生长。大树移植时，在植株吊进移植穴后，依次解开包裹土球的包扎物，修整伤损根系，然后用吲哚丁酸或萘乙酸溶液喷根，可促进移栽后快发、多发新根，加速恢复树势。另外，绿化大树移栽成活后，为了有效促发新根，可结合浇水加施萘乙酸或吲哚丁酸等。再者，对枝干伤口及时修复防止腐烂，可用萘乙酸羊毛脂混合物涂抹伤口。

3. 加快观赏植物生长和提高品质

盆栽观赏植物在开花之前，运用赤霉素类、生长素类、细胞分裂素类等处理，可促进茎叶生长和花梗伸长，从而加快生产和提高观赏性。切花产品对花茎有一定的长度标准，在栽培过程中应用赤霉素类等处理可促进切花植株的生长，尤其是花梗的伸长，从而增加花枝长度，这对切花的剪取和品质等级的提高极为重要。在盆景制作过程中，使用萘乙酸、吲哚丁酸、赤霉素、细胞分裂素类等可加速盆景植物的培育进程。例如，在树苗栽植前用萘乙酸、吲哚丁酸等溶液浸渍处理，可促发新根；在生长期间用赤霉素、细胞分裂素类等处理，可加快生长速度；刺伤树桩并涂抹萘乙酸、吲哚丁酸等溶液，可加速伤口愈合和结瘤，从而增加苍老的效果。观赏树木在快速生长阶段，其生长量处于上升期，且对植物生长调节剂敏感，期间可运用一些生长促进剂处理加速观赏树木生长。在水培花卉生产中，运用适宜浓度的吲哚丁酸、萘乙酸等处理，有助于及早形成适应水培环境的新根，缩短水培花卉的生产周期。同时由于其根系生长更为旺盛，可进一步突出水培花卉的观根特色，提高观赏价值和商品价值。另外，运用一些植物生长调节剂处理可使一些矮生性或蔓生性的观赏植物生长快且健壮，提高其观赏价值。

4. 观赏植物矮化和株形整饰

美化的株形是观赏植物突出的特征之一，植物生长延缓剂和抑制剂的应用，为控制观赏植物株型提供了一条高效的途径。采用多效唑、烯效唑、矮壮素、丁酰肼等喷施或土施处理，可有效抑制盆栽植物的伸长生长，控制株高，并促进分枝及花芽分化，使之形成理想的株形，提高观赏价值。应用多效唑、矮壮素、丁酰肼、缩节胺等控制盆景植物树冠生长，可使新梢生长缓慢，节间缩短，叶色浓绿，枝干粗壮，株型紧凑，树体矮化，获得良好的造型效果。矮化已成为花坛植物栽培的一个趋势，采用矮壮素、多效唑、烯效唑、丁酰肼等喷洒处理矮牵牛、紫菀、鼠尾草、百日草、金鱼草、金盏花、藿香蓟、龙面花等地坛花卉幼苗，均可使株型矮化。一些用作绿篱的灌木或小乔木植物，往往需要打尖或整枝来改善其观赏性，因此在生长旺盛时期通常要用大量劳力来从事这项繁杂的工作，而利用青鲜素、矮壮素、多效唑、烯效唑等喷施处理代替人工打尖，可减少修剪次数，降低人工成本。另外，在春季行道树腋芽开始生长时用青鲜素等溶液进行叶面喷洒，可控制行道树树形。

（三）在调控观赏植物开花和坐果上的应用

植物生长调节剂可用于促进观赏植物花芽分化、增加花数、促进开花和保花保果。一方面，利用植物生长调节剂促进采种的观赏植物母株开花和坐果，可提高种子产量；另一方面，由于观赏植物一般在相对固定的季节开花，而商品化花卉生产要求的花期往往是由市场来决定，因此利用各种手段调控观赏植物的花期，对观赏植物商品化生产非常重要。目前，利用植物生长调节剂调控花期已经在多种观赏植物中得到应用。适时施用生长调节剂调节花蕾的生长发育，可达到预期开花的效果，还可克服光、温等处理成本高的问题。例如，赤霉素处理可促进多数观赏植物提前开花，乙烯利则常用于促进凤梨科植物开花。一些盆景以观花观果为主要特色，而运用多效唑、乙烯利、整形素等植物生长调节剂可调控盆景植物的开花与结果。

1. 调节开花

观赏植物的开花与否、开花迟早以及开花数量、花的品质，都直接影响其观赏价值和经济价值。利用人为措施使观赏植物提前或延后开花称为花期调控，也称催延花期技术。观赏植物的开花调节主要是指花期调控，目的在于根据市场或应用需求提供产品，以丰富节日或日常的需要。

花期调控可使观赏植物集中在同一时间开花，以举办各种展览，又能为节日或其他特定需求定时供花，还能缓解市场供应旺淡不均的矛盾。在观赏植物的大规模生产中，通过花期调控，保证按时、按质、按量供应，是花卉企业经营的重要基础。花期调控的技术途径除了利用对温度、光照的控制以及借助修剪、摘心、摘蕾等常规园艺措施之外，还可应用植物生长调节剂进行处理。赤霉素、生长素类、细胞分裂素类、乙烯利等常用于促进开花，而多效唑、烯效唑等可抑制某些观赏植物的花芽形成而延迟开花。

2. 调节坐果

观果类观赏植物是指以果实为主要观赏部位的植物，主要有草本观果植物和木本观果植物等。要使观果类观赏植物达到理想的观赏效果，必须保证果实分布、大小均匀，坐果率高，成熟整齐。因此，对于坐果较为困难的种类要尽量减少落花落果、提高坐果率；坐果率过高则要适当疏花疏果，以增加观赏效果的持续性。利用植物生长调节剂可调节观果类观赏植物果实的营养物质输送，减少果实脱落，提高坐果率。常用的植物生长调节剂有2,4-滴、萘乙酸、防落素等生长素类物质及多效唑、烯效唑、矮壮素等生长延缓剂。生长素类植物生长调节剂在草本观果植物上应用较多，但使用时要注意尽量采取涂抹浸蘸花朵（或幼果）的方法，避免使用喷施法，因为容易将药剂喷在幼叶上，造成伤害。赤霉素在一些木本观果植物上具有促进坐果的作用，但对于多种植物而言，主要用于诱导无籽果实，有时使用不当，反而会引起落果。生长延缓剂可抑制新枝徒长，减少养分消耗，保证幼果得到充足的营养，从而促进坐果。生长延缓剂的使用，还兼有控制株型、提高观赏价值的作用。近年来，植物生长调节剂在果树盆景上的应用越来越普遍，有些药物对抑制生长、促进成花也有显著作用。另外，也可运用乙烯利等对部分观赏植物进行必要的疏花疏果。

（四）在观赏植物养护和采后贮运保鲜上的应用

观赏植物的叶片、花和果实等器官乃至整个植株的衰老、脱落以至死亡，是其生长发育进程中的必然现象。不过，人们种植观赏植物总是期望能有效地延长其观赏寿命，比如：延长观花植物的花期、较长时间保持观叶植物叶片鲜绿、延迟观果植物的果实脱落、维持切花较长时间的采后寿命和观赏品质、延长草坪草绿期等。事实上，如何延缓观赏植物衰老、有效延长其观赏寿命和保证贮运期间的观赏品质是观赏植物生产者、经营者和消费者均十分关心的问题。

应用植物生长促进剂（如6-苄氨基嘌呤、噻苯隆、萘乙酸等）、生长延缓剂（矮壮素、多效唑、烯效唑等）及乙烯受体抑制剂（1-甲基环丙烯等）等处理，已经在盆栽观赏植物的养护、古树名木的复壮和养护、切花和盆栽植物的贮运保鲜以及延长草坪草观赏期等方面得到较为广泛的应用。植物生长调节剂的施用方法以叶面喷施、土施处理和基部浸渍等处理较为普遍，植物生长调节剂的种类及其处理方式，与观赏植物种类和应用目的密切相关。

1. 盆栽观赏植物的养护

盆栽植物通常包括盆花和盆栽观叶植物。盆栽植物的生长环境多在室内（如温室、厅堂等），往往光照强度低，空气较为干燥，加之人为浇水不当、时干时涝，易缩短观赏植物的观赏寿命。为此，除改善观赏植物的生长环境和加强肥水管理外，还可辅以植物生长调节剂处理来延缓叶片和花朵的衰老以及防止落叶、落花和落果现象。处理方法多选择在观赏植物蕾期或幼果期用萘乙酸、2,4-滴、6-苄氨基嘌呤、矮壮素、多效唑等进行喷洒处理或涂抹离层部位，近年也有用1-甲基环丙烯气熏处理来延长盆栽植物的观赏期。

2. 古树名木的复壮和养护

古树名木是人类历史发展过程中保存下来的年代久远或具有重要科研、历史、文化价值的树木，往往树龄较高、树势衰老，根系吸收水分、养分的能力和新根再生的能力较弱，树冠枝叶的生长较为缓慢，如遇外部环境的不适，极易导致树体生长衰弱或死亡。在古树名木的复壮和养护中，植物生长调节剂应用可发挥其特殊的效果。一般而言，当植物缺乏营养或生长衰退时，常出现多花多果的现象，这是植物生长发育的自我调节。但大量结果会造成植物营养失调，古树发生这种现象时后果更为严重。采用植物生长调节剂则可抑制古树的生殖生长，促进营养生长，恢复树势而达到复壮的效果。另外，有人用含有细胞分裂素的生物混合制剂对古圆柏、古侧柏实施叶面喷施和灌根处理，可明显促进枝、叶与根系的生长，增强耐旱力。

3. 切花的贮运保鲜

切花（含切叶、切枝）采后的贮藏和运输是切花生产的重要环节，切花的贮藏可以调节其上市时间和供应期，通过运输则可实现异地交易和调节供需。不过，由于切花是鲜活的园艺产品，其生命活动和衰老过程在贮运期间并未停止，加之贮运条件的不利影响，易使切花发生花芽花瓣的脱落、叶片变黄和向地性弯曲等现象。乙烯被认为是加速切花采后衰老的关键物质，切花采后如遭机械损伤、病虫害侵袭、高温、缺水等情况，都会使乙烯产生速度加快。遭病菌感染或受伤的组织要比正常组织产生乙烯量更高，甚至一些断梗或霉烂的残花都能产生大量乙烯，且花朵因缺水而枯萎时，也会产生大量乙烯。为了保持切花的采后品质和延缓衰老，通常用一些含有乙烯抑制剂和乙烯拮抗剂（如1-甲基环丙烯及其类似物、硫代硫酸盐等）以及细胞分裂素类、生长素类等化学药剂或商品化的切花保鲜剂予以处理。在切花采后各环节，采用适宜的切花保鲜剂能使花朵增大，保持叶片和花瓣的色泽，从而提高花卉品质，延长货架寿命和观赏时间。另外，如若能在采前运用细胞分裂素类以及多效唑、丁酰肼等植物生长调节剂进行处理，也可有效延缓切花衰老和保持观赏品质。

4. 盆栽观赏植物的贮运保鲜

盆栽观赏植物采后贮运过程中，通常会因光照强度、温度、湿度等环境条件不适或发生剧烈变化而导致观赏性下降和观赏期缩短。盆栽观赏植物经较长时间运输及贮藏后，往往易出现叶片黄化和脱落、新梢过度生长、花蕾和花朵脱落及花蕾不开放等品质问题。一般说来，盆栽观赏植物对乙烯的反应不如切花敏感，但乙烯对许多盆栽植物（尤其是盆栽观花植物）会产生有害影响。比如，乙烯可引起花蕾枯萎以及花瓣、花蕾、花朵、整个花序和果实脱落，并增加花的畸形。另外，乙烯还可引起叶片的黄化、脱落。在盆栽观赏植物贮藏与运输前，用乙烯抑制剂（氨基乙氧基乙烯基甘氨酸等）和乙烯拮抗剂（硫代硫酸银、1-甲基环丙烯等）进行处理，可减轻乙烯的危害。例如，在上市前2～3周喷施硫代硫酸银可抑制盆栽花卉乙烯的产生，减少花蕾和花朵脱落，控制叶片黄化和脱落，使其在整个采后环节得到保护。1-甲基环丙烯可抑制一些盆花的落花、落叶和落蕾现象，有效延长观赏寿命。另外，用萘乙酸、2,4-滴等喷施盆栽观赏植物可减少贮运过程中的器官脱落。

5. 延长草坪草绿期

草坪草在一年当中保持绿色的天数（绿期）主要是由其遗传因子决定，但也受气候和环境条件的影响。特别是遇到不适宜的环境条件和病虫害发生，都会诱发、加速草坪草衰老枯黄，使绿期缩短，导致整个草坪观赏性降低。除了围绕选择合适的草坪草种、适时修剪、科学施肥、合理灌溉、病虫害防治等几方面开展工作外，还可运用植物生长调节剂来延长草坪草观赏期。目前，延长草坪草绿期的常用植物生长调节剂有细胞分裂素类（如6-苄氨基嘌呤等）和赤霉素类以及烯效唑、多效唑等。施用植物生长调节剂的时机主要有两种选择：一是在草坪草衰老枯黄前使用，通过延缓草坪草衰老，推迟休眠，缩短枯黄期，进而延长草坪绿期；二是在草坪枯黄、草坪草进入休眠期后使用，其目的是打破草坪草休眠，使其提前萌发，加快返青。

第二节　在一、二年生草本花卉上的应用

一、二年生草本花卉泛指在当地气候条件下，个体生长发育在一年内或需跨年度完成其生命周期的草本观赏植物。通常包括三大类：一类是一年生花卉，一般在一个生长季内完成其生活史，多在春季播种，夏秋季是主要的观赏期，如鸡冠花、百日草、凤仙花、蒲包花、波斯菊、万寿菊、醉蝶花等；另一类是二年生花卉，在两个生长季内完成其生活史，通常在秋季播种，当年只生长营养体，翌年春季为主要观赏期，如紫罗兰、彩叶草、羽衣甘蓝等；还有一类是多年生但

作一、二年生栽培的花卉，其个体寿命超过两年，能多次开花结实，但再次开花时往往株形不整齐，开花不繁茂，因此常作一、二年生花卉栽培，如一串红、金鱼草、矮牵牛、瓜叶菊、美女樱等。

一、二年生草本花卉以观花为主，具有种类繁多、色彩纷呈、花期相对集中、栽培管理简易、生育期短、成本低且销量大、能为节日增添气氛等优点，是园林绿化中应用最广泛的植物材料之一。一、二年生草本花卉既可地栽也可盆栽，是花境与草坪中重要的点缀材料。盆栽一、二年生草本花卉更是公园、街头和单位用于节假日（如五一、国庆及春节等）摆花和制作立体花坛的主要花卉类型。另外，一些花梗较长的一、二年生草本花卉也可用作切花观赏。一些流行的一、二年草本花卉切花（如金鱼草、满天星、紫罗兰等），色彩十分丰富，姿态富于变化，具有很高的观赏价值，且价格较为低廉。一、二年草本花卉的少数种类还可用作垂直绿化材料（如矮牵牛、茑萝等）。

植物生长调节剂在一、二年生草本花卉生产上的应用十分广泛，涉及促进繁殖、调控生长、调节花期、贮运保鲜等各个方面。以下简要介绍植物生长调节剂在一、二年生草本花卉的部分应用实例。

一、矮牵牛

矮牵牛（彩图 9-1）又称碧冬茄，为茄科碧冬茄属多年生草本，常作一、二年生栽培。矮牵牛栽培品种极多，株型有丛生型、垂吊型，花型有单瓣、重瓣，花色有紫红、鲜红、桃红、纯白、肉色及多种带条纹品种。矮牵牛花朵硕大，花冠漏斗状，花色及花形变化丰富，加之易于栽培、花期长，广泛用于营造花坛、花境，也作盆栽花卉或吊篮、花钵栽培，是目前园林绿化中备受青睐的草花种类之一。

植物生长调节剂在矮牵牛上的主要应用：

1. 促进扦插繁殖

矮牵牛育苗方法主要是播种繁殖，对于一些重瓣或大花品种及品质优异品种，常采用扦插繁殖，以保留优良性状。取当年现蕾盆栽大花类矮牵牛健壮嫩枝，基部平剪，去掉下部叶片，仅留上部 2～3 片叶，去顶，插穗长约 8cm。扦插前将插穗用 500mg/L 吲哚丁酸溶液或 200mg/L 萘乙酸＋300mg/L 吲哚丁酸的混合溶液速蘸 3s，可促进早生根，且幼苗生长较快。

2. 控制穴盘苗徒长

穴盘播种育苗是矮牵牛繁殖的主要方式，但在穴盘育苗条件下，特别是在高温高湿的夏季，矮牵牛幼苗容易徒长，从而影响播种苗质量。采用传统的炼苗方法往往不能控制幼苗生长，而使用多效唑、矮壮素等植物生长延缓剂可有效调控播种苗的生长，生产出优质的种苗。例如，在矮牵牛（品种为“幻想”系列粉色品种）2～3 片真叶展开期用 60mg/L 多效唑溶液喷施处理，可有效地控制穴盘苗的生长，并增大根冠比、增加叶绿素含量。另外，在矮牵牛（品种为“Miragemid Blue”）2～3 片真叶展开期用 20mg/L 烯效唑溶液进行灌施处理，可安全有效地抑制矮牵牛穴盘苗的生长高度，使其株型紧凑、叶色加深、根系发达、抗性增强，从而提高穴盘苗质量。

3. 提高植株观赏性

在矮牵牛（品种为“梦幻”白色品种）幼苗有 2 对真叶展开时叶面喷施 1 次 2500mg/L 丁酰肼溶液或 1500mg/L 丁酰肼＋0.3%矮壮素的混合溶液，均可抑制矮牵牛植株生长，使其株型紧凑、叶色加深、根系发达、叶片厚实，从而提高观赏价值。另外，在矮牵牛苗高 5～6cm 时用 40mg/L 多效唑溶液喷施处理可使茎基部提前分枝，扩大冠幅，降低高度，增加现蕾数和开花朵数，提高观赏性。

4. 促进开花

在盆栽矮牵牛缓苗期过后，用 40～80mg/L 多效唑溶液浇施处理（每盆浇液约 100mL），可使开花部位集中、始花期提前、盛花期延长，还能有效地抑制营养生长、矮化株型，使枝叶紧凑，防止倒伏，显著提高观赏价值。另外，在矮牵牛植株刚现花蕾时用 200mg/L 乙烯利溶液叶面喷洒，可使矮牵牛花期提前4d。

二、百日草

百日草又名百日菊、步步高、火球花、状元红，为菊科百日草属一年生草本，其茎直立，花大艳丽，花期长，株型美观，被广泛应用于花坛、花境、花带等景观，是城市园林绿化的常用草本花卉。一些矮生品种盆栽也是很受欢迎的年宵花。

植物生长调节剂在百日草上的主要应用：

1. 控制穴盘苗株型和提高抗热性

百日草喜温暖，生长适温为20～25℃，但不耐酷暑，当气温高于35℃时，易徒长、倒伏，叶色变淡，影响穴盘苗质量。在百日草穴盘苗长到3～4叶期时，用30mg/L烯效唑溶液连续2d根灌处理，每天1次，每株每次灌施约7mL，可减轻百日草穴盘苗高温胁迫下的徒长变细，并减缓高温对植株的伤害作用。另外，在百日草（品种为“芳菲1号”）长至3～4叶的穴盘苗移入营养钵7d后用60mg/L水杨酸溶液叶面喷施处理，可增强百日草的根系活力及耐高温能力。

2. 提高盆栽植株观赏性

在盆栽百日草第1次摘心后待腋芽长至3cm时开始喷施0.25%～0.5%丁酰肼（比久）溶液，每7d喷施1次，共喷3次，可有效地控制植株高度，使株型紧凑、整齐，同时还能增加植株的花朵数，适当延迟花期，调节市场供应。另外，多效唑处理配合摘心处理也可有效降低盆栽百日草株高、减小株幅，并增加盛花期花朵数量和花径大小，延缓始花期，明显改善其观赏性状。具体做法是：在百日草主茎3对真叶完全展开时进行摘心，并在大多数侧枝具3对真叶时叶面喷施800mg/L多效唑溶液，连续2次，间隔7d，每次药量喷至植株叶面滴水为止。

三、波斯菊

波斯菊又名秋英、秋樱、八瓣梅、扫帚梅、大波斯菊，为菊科秋英属一年生草本花卉，花色丰富艳丽，有白、粉、粉红、红、深红、玫瑰红、紫红、蓝紫等各色品种，加之花期长、易种植，常作为花坛、花境、花群或在草地边缘、树丛周围及路旁成片栽植作背景材料，也可以作为切花材料。

植物生长调节剂在波斯菊上的主要应用：

1. 防止种苗徒长、倒伏

在波斯菊种苗生产过程中常出现枝叶徒长现象，为此常使用植物生长延缓剂防止种苗徒长、倒伏。例如，用667mg/L多效唑溶液在波斯菊（品种为“奏鸣曲”混色）播种前浸种处理2h，种苗整齐度高、矮化效果明显。另外，分别在波斯菊两叶一心、四叶一心和六叶一心期用400mg/L矮壮素或3000mg/L丁酰肼溶液共喷施3次，可对波斯菊的株高、茎粗和节间实现有效控制，抑制穴盘幼苗徒长，使其株型紧凑、抗性增强，从而明显起到提高穴盘苗的质量、培育壮苗的作用。

2. 控制盆栽植株高度

盆栽波斯菊因株型相对较高、稀疏，分枝较多，茎秆较弱，故容易出现倒伏而降低其观赏价值。为此，可在盆栽波斯菊摘心后，用5000mg/L丁酰肼溶液喷洒叶片，每10～14d 1次，连续喷至现蕾为止，可明显降低株高，提高观赏价值。

四、彩叶草

彩叶草（彩图9-2）也称五彩苏、五色草、洋紫苏、锦紫苏，是唇形科鞘蕊花属多年生草本植物或亚灌木，在我国大多数地区不能露地越冬，常作一、二年生栽培。彩叶草品种繁多，以叶色、叶形、叶面图案都富有特点的杂种彩叶草为主。彩叶草的叶面色彩斑斓，以绿或紫红为基色，缀以黄、红、橙或紫等多种斑纹，或多色同在，色彩对比鲜明，加之具有生长快、观赏期长、易管理等特点，在城市园林绿化中有着十分广泛的应用，是优良的花坛、室内盆栽与地栽花卉，主要用于夏秋季节专用盆栽或地栽花坛布置，同时也用作切花或配置花篮。

植物生长调节剂在彩叶草上的主要应用：

1. 促进水培扦插繁殖

彩叶草水培扦插繁殖可缩短其育苗时间和生产周期，短时间内为生产提供大量的幼苗，且降低育苗成本。具体做法是：选取彩叶草约长10cm左右的枝条，基部仅留2节对生叶片，将上部剪下（剪口要平滑），基部斜剪。将剪好的插穗用0.1%高锰酸钾溶液消毒30min，取出后用清水冲洗干净，在清水中培养3d后置于20mg/L萘乙酸溶液浸泡插穗基部2h，然后用清水培养，可明显促进插穗生根，缩短生根时间和加速幼苗生长。

2. 控制盆栽植株高度

用500mg/L矮壮素溶液喷洒彩叶草植株，可使分枝增多，效果与摘心一样。另外，盆栽彩叶草摘心后，当侧枝展开1～2对新叶时，用5000mg/L丁酰肼溶液喷洒，每7～10d 1次，共喷3～4次，可降低株高，使株型紧凑，提高观赏价值。

五、翠菊

翠菊（彩图9-3）别名八月菊、江西腊等，为菊科翠菊属一、二年生草本。翠菊头状花序单生枝顶，花型、花色丰富多彩，且花枝坚挺，观赏价值高，是目前在国际、国内主要的盆栽花卉和装饰植物之一。目前，翠菊的矮生品种经常用来布置花坛、花境或作观赏盆栽，一些高秆品种则可用于切花生产。

植物生长调节剂在翠菊上的主要应用：

1. 控制盆栽植株高度

在盆栽翠菊生长期，用50～100mg/L多效唑溶液喷施处理，使植株矮化，观赏性增加。另外，用0.3%丁酰肼溶液处理也能有效地控制翠菊的株高。

2. 提高切花茎秆长度

用作切花的翠菊，需适当地增加茎秆高度。当植株开始现蕾时，将100mg/L赤霉素溶液均匀地喷洒在中上部茎秆上，可增加切花茎秆长度。

3. 切花保鲜

翠菊切花的瓶插保鲜可插于含6%蔗糖＋250mg/L 8-羟基喹啉柠檬酸盐＋70mg/L矮壮素＋50mg/L硝酸银的保鲜液中。

六、凤仙花

凤仙花又名指甲花、女儿花、金凤花等，为凤仙花科凤仙花属一年生草本。凤仙花如鹤顶、似彩凤，姿态优美，妩媚悦人。凤仙花因其花色、品种极为丰富，花形奇特美丽，是美化花坛、花境的常用材料，可丛植、群植和盆栽观赏。

植物生长调节剂在凤仙花上的主要应用：

1. 促进种子萌发

凤仙花目前的繁殖方式以播种居多。用150～200mg/L赤霉素或100～300mg/L萘乙酸溶液浸泡凤仙花种子1～2d可促进萌发，并加快根的生长。

2. 控制株型

凤仙花在普通栽培条件下，常出现株高茎瘦、花叶稀疏、脱脚等现象，容易倒伏，影响观赏价值。为此，从凤仙花定植后的第10d起，用1000mg/L矮壮素溶液叶面喷施植株，每隔10d喷1次，共喷施4次，可使植株矮化、株型紧凑、生长茁壮，观赏价值提高。

七、瓜叶菊

瓜叶菊又名千日莲、瓜叶莲、瓜子菊等，为菊科千里光属多年生草本，常作一、二年生栽培。瓜叶菊园艺品种繁多，根据其高度可分为高生种和矮生种，根据花瓣又可分为单瓣和重瓣两种。瓜叶菊叶片宽大，叶面翠绿，背面紫红，花朵密集地长在枝的顶部，整齐饱满，颜色鲜艳，色彩丰富，有白色、粉色、蓝色、紫色等多种颜色，花形秀丽典雅，花姿雍容华贵，花期持久(每年的12月至翌年的4月)，是冬春时节主要的观花植物，也广泛用于室内、街头、广场摆花及绿地种植。

植物生长调节剂在瓜叶菊上的主要应用：

1. 控制盆栽植株高度

瓜叶菊常规盆栽植株茎叶易徒长，花葶易倒伏，从而降低观赏价值。为此，可在幼苗定植成活1个月后，每隔10d，喷施一次500mg/L多效唑或50mg/L烯效唑溶液，共喷施3次，可使瓜叶菊株型紧凑、生长健壮，花期延长3～5d，观赏价值显著提高。另外，用3000倍丁酰肼（比久）溶液或2000倍矮壮素溶液浇灌根部，半月浇1次，现蕾后停用，可使植株矮化粗壮，花期整齐。

2. 提高切花茎秆长度

对用作切花的瓜叶菊，为使花序达到一定高度，当花序基部的花蕾开始透色时，用100mg/L赤霉素溶液涂抹在总花序梗上，每隔5～6d涂抹1次，一直到花序达到要求为止。

3. 调控开花

在瓜叶菊实生苗刚现蕾时，每隔10d喷施1次100～150mg/L赤霉素溶液，连续喷施至开花，共计4次，可使植株开花更早、花期更长及花数更多，而且整体观赏效果较为理想。另外，在瓜叶菊花蕾直径4～5mm时或显色时喷200mg/L乙烯利溶液，均可显著推迟开花期。

八、金鱼草

金鱼草又名龙头花、龙口花、洋彩雀等，是玄参科金鱼草属多年生草本，常作一、二年生花卉栽培。金鱼草花朵大而多，花色丰富且艳丽，花形奇特，花期长，并具有地被、盆花、垂吊和切花等多种类型的栽培品种。矮生和超矮生品种主要用于盆花栽培，点缀窗台、阳台和门庭，或成片摆放于城市公园、广场、街道花坛；高型品种和中型品种，主要布置于花境和建筑物旁，或用作切花材料制作花篮或瓶插观赏。

植物生长调节剂在金鱼草上的主要应用：

1. 促进种子萌发和齐苗壮苗

金鱼草目前主要采用播种繁殖，然而易出现出苗不齐、长势缓慢等现象。为此，可在播种前用60～140mg/L水杨酸溶液在常温下（26℃左右）浸泡金鱼草种子20min，可提高种子的发芽率和发芽势，并显著降低植株高度。另外，用100mg/L赤霉素溶液浸种12h，也可促进种子萌发和幼苗生长。再者，用25mg/L 6-苄氨基嘌呤或100mg/L赤霉素溶液叶面喷施幼苗植株（每3d处理1次，连续3次），能有效促进金鱼草植株的生长。

2. 促进扦插繁殖

金鱼草种子极小，在生产中易出现撒播不易掌握均匀度、出苗不整齐等问题。为此，也可于春、秋两季进行金鱼草扦插繁殖。春插取材于打尖后萌发的大量侧枝，秋插取材于露地植株的未开花枝条。扦插前用500mg/L吲哚丁酸或1000mg/L萘乙酸溶液速蘸30s，显著促进生根。

3. 控制盆栽植株高度

为防止盆栽金鱼草小苗徒长，移栽后，选择生长一致、株高6～10cm的植株，用5000mg/L丁酰肼溶液喷洒植株，每10d1次，共喷2～3次，至现蕾止，可明显提高观赏价值。另外，用50～500mg/L多效唑溶液叶面喷施金鱼草幼苗，10～15d后再喷1次，也可使植株低矮、粗壮，株型紧凑，叶色加深，叶片加厚，提高观赏价值。

4. 提高切花茎秆长度

在金鱼草切花生长初期，用50～100mg/L赤霉素溶液喷洒叶面，可促进植株茎秆增长。另外，在抽花序前用50mg/L赤霉素溶液喷施4次生长点，也可使茎秆长度增加。

5. 促进开花和防止落花

在金鱼草3～7片真叶时，喷施50mg/L多效唑溶液，可显著增加花序数和每枝花序上着生的小花数目，并使花期提前。另外，在金鱼草蕾期用10～30mg/L 2,4-滴溶液喷洒植株叶片，可防止落蕾落花。

6. 切花保鲜

金鱼草切花的瓶插保鲜可用1mmol/L硫代硫酸银预处理20min后再插于含1.5%蔗糖+300mg/L 8-羟基喹啉柠檬酸盐+10mg/L丁酰肼的保鲜液中。

九、金盏菊

金盏菊别名金盏花、黄金盏、灯盏花等，是菊科金盏菊属一、二年生草本。金盏菊花朵密集，花色鲜艳夺目，开花早，花期长，是早春常见的草本花卉，可以直接栽植于花坛、花境，也可以将盆栽布置在广场、公园、会议场所等，另外还可用作切花观赏。

植物生长调节剂在金盏菊上的主要应用：

1. 控制盆栽植株高度

在盆栽金盏菊播种后4～5周和显芽阶段用1000mg/L丁酰肼溶液2次喷施植株，可通过降低花梗和节间长度而获得理想的高度，对开花时间则有明显影响。

2. 调控开花

待盆栽金盏菊长至6cm左右高时，用100mg/L赤霉素溶液喷施全株，每隔15d喷施1次，共3次，可使金盏菊花期提前18d，并可促进茎叶伸长；反之，若用100mg/L多效唑溶液喷施，则可使金盏菊推迟20d开花。

3. 切花保鲜

金盏菊切花的瓶插保鲜可插于含2%蔗糖+200mg/L 8-羟基喹啉+100mg/L柠檬酸+10mg/L 6-苄氨基嘌呤的保鲜液中。

十、孔雀草

孔雀草，又名孔雀菊、老来红，为菊科万寿菊属一年生草本。孔雀草花色鲜艳丰富，有红褐、黄褐、淡黄、紫红色斑点等，花形与万寿菊相似，但花朵较小而繁多，具有很强的观赏性，且观赏期长，常用于道路两旁的观景及节假日花坛、花境及室内环境布置。

植物生长调节剂在孔雀草上的主要应用：

1. 控制穴盘苗徒长

孔雀草穴盘育苗因夏季温度和湿度过高等原因易发生徒长，使穴盘苗质量降低。采用10～30mg/L多效唑溶液在孔雀草种子萌发前或者其子叶期、一对真叶期、二对真叶期对穴盘苗进行喷施处理，均可安全有效地降低穴盘苗高度，提高花卉种苗的质量及抗逆性，其中以萌发前喷施30mg/L多效唑溶液效果最佳。

2. 提高盆栽植株观赏性

在盆栽孔雀草5片真叶时用200～500mg/L多效唑或500～1000mg/L矮壮素溶液叶面喷洒，每7d喷施1次，连续喷4次，可使植株矮化、节间缩短、茎加粗、叶色加深、花期和总生育期延长，并提高观赏价值和延长观赏时间，效果优于摘心。

十一、满天星

满天星又名锥花丝石竹、霞草，为石竹科丝石竹属植物多年生草本，但常作一年生栽培。其茎枝纤细，分枝繁茂，花丛蓬松而轻盈，姿态雅致，富有立体感，主要作切花衬花，能与月季、香石竹、菊花、非洲菊等多种切花配饰观赏，享有插花“伴娘”之美誉，是切花生产中的大宗商品。

植物生长调节剂在满天星上的主要应用：

1. 促进种子萌发

用 0.5mg/L 6-苄氨基嘌呤溶液浸泡满天星（品种为“胭脂红”）种子 12h，可促进萌发和提高出苗整齐度。

2. 促进扦插生根

重瓣类满天星常采用扦插繁殖获取大量幼苗，扦插苗比播种苗生长快、开花时间早，繁殖容易，繁殖量大，能保持原品种特性，但根系生长较慢。于 4～7 月，剪取长 5～10cm、含 4～5 节的枝条作插穗，去掉下部 2 节上的叶片，并用 30～50mg/L 吲哚丁酸溶液处理，可促进生根。另外，用 100mg/L 吲哚丁酸溶液浸插穗 3h，或用 2000mg/L 吲哚丁酸溶液快蘸 20s，也可促进插穗生根。

3. 促进水培生根

将通过组培增殖得到的满天星丛生苗切成单株（株高约 2cm），用含 5mg/L 吲哚丁酸的营养液进行瓶外水培，可促进生根和幼苗生长，并有利于移栽成活和适应满天星的规模化生产。

4. 防止莲座化生长

在短日照、弱光照非诱导条件下，满天星常出现莲座态生长现象，许多节间未伸长的侧枝集中在很短的主枝上。新梢一旦呈莲座态，就难以抽薹开花。在满天星促成栽培时，可对即将进入莲座化的株苗在栽种到 15℃和长日照条件下的同时，喷施 300mg/L 6-苄氨基嘌呤或赤霉素溶液，防止莲座化而继续保持生长状态，从而提早开花。如果处理前先进行一段时期低温处理，再喷施 300mg/L 6-苄氨基嘌呤或赤霉素溶液处理，效果更好。

5. 促进开花

用赤霉素处理可使满天星提前开花。具体做法是：选择生长状态良好，生育期在 75d 以上的植株，以 200～300mg/L 赤霉素溶液叶面喷施，每隔 3d 喷 1 次，连续喷 3 次。注意一般夏花应掌握在 2 月底左右喷施，冬季花要求在 10 月中旬喷施。

6. 切花保鲜

满天星切花花朵繁多，采后贮运中易于失水并导致小花蕾瓶插中不能开放，且观赏期较短。用 20nL/L 1-甲基环丙烯密闭处理 6h 后再瓶插，可促进小花开放，并显著延长观赏寿命。

十二、美女樱

美女樱又名草五色梅、铺地马鞭草、铺地锦、美人樱，为马鞭草科马鞭草属多年生宿根草本，但因宿根在北方不能露地越冬，通常作一、二年生栽培。美女樱常见的品种有细叶美女樱（又名裂叶美女樱）、羽裂美女樱和杂交种美女樱等。其株形优美，花色鲜艳繁多，花色丰富，具有很高的观赏价值，被广泛用于盆栽观赏、吊盆装饰和布置花坛、花境。

植物生长调节剂在美女樱上的主要应用：

1. 促进种子萌发和幼苗生长

美女樱的繁殖方式主要靠播种，但由于美女樱种子发芽缓慢，出芽不齐，萌发率低，严重影响其商业化生产。为此，可用 10mg/L 6-苄氨基嘌呤或 300mg/L 赤霉素溶液浸种 46h，可提高发芽率，并促进幼苗生长。另外，用 150mg/L 乙烯利溶液浸种 48h，也可显著促进种子萌发和幼苗生长。

2. 促进穴盘苗健壮生长

在穴盘育苗过程中，美女樱幼苗常出现细弱、健壮性差的情况。在美女樱（“cooler”系列红色品种）3～4 片真叶展开时的穴盘苗每穴一次性灌施 20mg/L 烯效唑溶液（施用量约 7mL），同时叶面喷施 50mg/L 水杨酸溶液，可降低幼苗高度，并增加茎粗和根冠比，使苗生长健壮。

十三、蒲包花

蒲包花又名荷包花，亦称拖鞋花，为玄参科蒲包花属多年生草本花卉，在园林上多作一、二年生栽培。蒲包花株型丰满，叶色鲜绿敦厚，花形奇特，色彩艳丽，花期长，是点缀厅堂、几案陈设、美化居室的首选花卉之一，深受人们的喜爱。另外，蒲包花一般在冬春季节开花，是圣诞、元旦和春节花卉市场的主打盆花之一。

植物生长调节剂在蒲包花上的主要应用：

1. 控制盆栽植株高度

在盆栽蒲包花花芽初露时，用400mg/L矮壮素溶液喷施叶面或浇灌根部1次，间隔2周后再处理1次，或者仅用800mg/L矮壮素溶液喷施或浇灌1次，均可有效控制株高和改善株型，提高观赏性。

2. 促进开花

当盆栽蒲包花的花序完全长出后，用20～50mg/L赤霉素溶液涂抹在花梗上，每4～5d涂1次，共处理2～3次，可促进开花。

十四、三色堇

三色堇（彩图9-4）别名猫儿脸、蝴蝶花等，为堇菜科堇菜属多年生草本，常作二年生花卉栽培。三色堇花形奇特美观，花色丰富多彩，开花早，花期长，适应性强，园林上常用作花坛、花境或镶边材料，也可作盆花栽培，是当前我国优良的重要花坛绿化植物。另外，三色堇较耐低温，可耐－15℃低温，在昼温15～25℃、夜温3～5℃条件下植株发育良好，因此也是我国冬、春季节不可多得的优良草花。

植物生长调节剂在三色堇上的主要应用：

1. 控制植株株形

三色堇植株茎生长快，并常倾卧地面，单纯依靠人工修剪，此现象并不能完全避免且需要投入较多人力和物力，为此可用植物生长调节剂来控制植株株型。例如，在三色堇穴盘育苗子叶展开前用4mg/L醇草啶、400mg/L矮壮素、1.5mg/L多效唑或1.0mg/L烯效唑溶液喷洒，2周后可再喷1次，可有效控制植株高度，缩短节间长度，增加茎秆粗度，明显改善株型。

2. 花期调控

待盆栽三色堇长出4片真叶时，用100mg/L赤霉素溶液喷施全株，每隔15d喷施1次，共3次，可使花期提前12d；若用100mg/L多效唑溶液喷施全株，每隔15d喷施1次，共3次，则可使三色堇推迟18d开花。

十五、四季秋海棠

四季秋海棠又名四季海棠、秋海棠、瓜子海棠、玻璃海棠，为秋海棠科秋海棠属多年生常绿宿根草本，目前市场上常作一、二年生栽培。四季秋海棠株型圆整，姿态优美，叶色娇嫩光亮，花朵成簇，四季开放，且稍带清香，为室内外装饰的主要盆花之一。四季秋海棠在园林上应用十分广泛，除盆栽观赏以外，还可作花坛、吊盆、栽植槽、窗箱和室内布置的材料。

植物生长调节剂在四季秋海棠上的主要应用：

1. 促进穴盘苗生长

四季秋海棠穴盘苗在生长过程中，易出现植株生长缓慢、叶片皱缩不舒展现象，严重时叶柄下垂，影响幼苗生长，以致延缓出圃时间。为此，可对播种45d的穴盘苗喷施20～40mg/L赤霉素溶液，有助于幼苗健康生长，表现为叶片正常生长、侧枝数增加、株高增加又不易徒长。

2. 促进扦插生根

在扦插四季秋海棠繁殖过程中，易出现生根率低、生根慢等问题。为此，扦插时挑选节间短、芽壮枝粗、带有2～3个侧芽并带顶芽的嫩枝，剪成长约7～8cm的插条，将插条切口剪平，摘去基部1～2片叶，并去掉顶部已开放的花，每枝插条留下3～4片叶，并在扦插前用50mg/L吲哚丁酸或30mg/L吲哚乙酸溶液浸渍插穗基部1min处理，可显著提高生根率和成活率。

3. 控制植株株型

穴盘苗3～4片真叶期（此时种苗根系成团、穴孔下可看到白根伸出）是防止徒长的关键阶段，可用50%矮壮素水剂2500倍液灌根或叶面喷施，每15d灌1次，现蕾后停用，可使植株矮化粗壮，花株整齐，明显提高株型质量。另外，在四季秋海棠幼苗形成4片真叶后，用500～1000mg/L矮壮素溶液叶面喷施，也可以矮化植株。

十六、万寿菊

万寿菊又名金菊花、蜂窝菊、臭芙蓉等，为菊科万寿菊属一年生草本花卉。万寿菊株型紧凑，花大且繁多，花形繁盈，花色鲜艳，花期又长，适应性强，栽培管理易，是一种园林绿化美化的优良花卉，可作花坛、花境、花池和草坪边缘的美化材料，也可盆栽和作切花观赏。

植物生长调节剂在万寿菊上的主要应用：

1. 培育穴盘苗壮苗

在万寿菊穴盘苗2对真叶展开时用100～300mg/L矮壮素或10～60mg/L多效唑溶液进行喷施处理，共喷施1次，可安全有效地控制万寿菊穴盘苗的生长高度，使株型紧凑、叶色加深、根系发达、叶片厚实，从而提高穴盘苗质量，在供试浓度范围内浓度越高，效果越明显。另外，待万寿菊穴盘苗长至2～3片真叶展开时用10～20mg/L烯效唑溶液灌施（每穴施用量为7mL），也可明显提高穴盘苗质量。再者，在穴盘苗（“发现”系列黄色品种）3～4片真叶展开时一次性灌施10mg/L烯效唑溶液（每穴施用量7mL），同时叶面喷施100mg/L水杨酸溶液（以叶片滴水为度），培育的穴盘苗质量更好，可显著降低万寿菊穴盘苗株高、冠幅，并提高茎粗及根冠比，为万寿菊后期的生长发育打下良好的基础。

2. 提高盆栽植株观赏性

夏季高温往往使万寿菊植株生长衰弱，茎秆增高，株型松散，花朵小而少，使其观赏价值大大降低。万寿菊幼苗上盆后，用2.5～10mg/L烯效唑或多效唑溶液进行灌根处理，均可明显缩短节间距离，抑制株高，使叶片变绿变厚，增加花朵数，从而提高观赏价值。另外，用0.3%～0.5%丁酰肼溶液叶面喷施处理后，万寿菊植株明显缩短，观赏价值明显提高。

3. 开花调控

在万寿菊（品种为“安提瓜”）幼苗上盆3～4d后，用375mg/L赤霉素溶液喷施，直至现蕾前，每3d喷施1次，可使花朵数多、开花整齐一致，且花期提早4d。另外，在万寿菊（黄色品种“奇迹”）幼苗长到6～7片真叶时喷施800mg/L多效唑溶液，喷药间隔期为1周，连喷3次，除了使株高变矮外，还可使花径变大，开花率增加，开花时间延迟5d左右。

十七、香石竹

香石竹（彩图9-5）又名康乃馨、麝香石竹，是石竹科石竹属多年生常绿宿根草本，但切花生产中常作一、二年生栽培。香石竹品种及花色极为丰富，茎叶清秀，花朵绮丽、高雅，观赏期长，周年均可生产，为世界四大切花之一，也是著名的“母亲节”之花。除了用作切花外，还可用于盆栽和地栽观赏。

植物生长调节剂在香石竹上的主要应用：

1. 促进扦插生根

香石竹生产用种苗通常采用扦插繁殖，除炎热的夏季外其他时间一般均可进行。插穗宜选留种母株中部粗壮的、节间在1cm左右的侧枝，用手将其掰下，使基部主干略带一些皮层，以利扦插成活。插前将插穗基部在150mg/L吲哚丁酸或100mg/L萘乙酸溶液浸泡2min，可促进生根。将香石竹（品种为“马斯特”）插穗留四叶一心，用75mg/L或150mg/L萘乙酸溶液浸泡插穗基部10min，可促进插穗生根，并增加根重与根长，明显改善种苗质量。另外，用500mg/L吲哚乙酸＋500mg/L萘乙酸混合溶液喷洒插穗基部，促进生根的效果明显。再者，将香石竹（品种为“马斯特”）插穗基部在2000mg/L萘乙酸溶液中蘸一下，也可有效提高生根率和成苗率。

2. 提高盆栽植株观赏性

盆栽香石竹为近年比较流行的盆花品种之一，从春节到五一，盆栽香石竹市场需求量较大。用0.2%丁酰肼溶液叶面喷施或根基浇施盆栽香石竹，隔2d处理1次，连续进行3次，可使植株生长高度有所降低，且提早开花，有效提高盆栽香石竹观赏性。另外，用50mg/L多效唑溶液喷施盆栽香石竹也可降低其植株高度，改善观赏效果，且花期提前。

3. 切花保鲜

在香石竹切花的瓶插保鲜液中往往添加不同浓度的6-苄氨基嘌呤或水杨酸，如：3%蔗糖＋200mg/L 8-羟基喹啉＋200mg/L柠檬酸＋50mg/L 6-苄氨基嘌呤、5%蔗糖＋200mg/L硝酸银＋30mg/L 6-苄氨基嘌呤、4%蔗糖＋200mg/L 8-羟基喹啉、5%蔗糖＋250mg/L硝酸银＋50mg/L 6-苄氨基嘌呤、3%蔗糖＋150mg/L 8-羟基喹啉＋250mg/L柠檬酸＋25mg/L水杨酸等。另外，用50mg/L 1-甲基环丙烯-β-环糊精溶液在密闭体系中处理8h，可使香石竹切花瓶插时间延长、花枝硬挺、观赏品质提高。蕾期采切的香石竹切花可用5%蔗糖＋200mg/L 8-羟基喹啉柠檬酸盐＋20～50mg/L 6-苄氨基嘌呤等催花液处理，使花蕾快速绽开，以便能适时出售。

十八、香豌豆

香豌豆别名花豌豆、麝香豌豆、香豆花，为蝶形花科香豌豆属一、二年生蔓性攀援草本。香豌豆作为冬、春季优良切花，花姿优雅，色彩艳丽，轻盈别致，芳香馥郁，可广泛用于插花、花篮、花束、餐桌装饰等。另外，香豌豆在园林绿化中应用广泛，可用于花坛、花篱，也可盆栽和花钵栽培观赏。

植物生长调节剂在香豌豆上的主要应用：

1. 促进种子萌发和幼苗生长

用20mg/L 6-苄氨基嘌呤、200mg/L赤霉素或15mg/L萘乙酸等溶液浸种7h可提高香豌豆种子的发芽率，缩短发芽时间，并促进幼苗生长。另外，用10～100mg/L赤霉素溶液喷施香豌豆幼苗生长点，可显著促进株高增加。

2. 防止花朵脱落

用50mg/L萘乙酸溶液在盆栽香豌豆蕾期喷离层部位，可防止落花，延长观花期。

3. 切花保鲜

香豌豆切花的瓶插保鲜，可插入含5%蔗糖＋300mg/L 8-羟基喹啉柠檬酸盐＋50mg/L矮壮素等瓶插液中。

十九、洋桔梗

洋桔梗又称草原龙胆、土耳其桔梗，属于龙胆科草原龙胆属多年生宿根草本，生产上常作一、二年生栽培。洋桔梗株态轻盈潇洒，花色典雅明快，花形别致可爱，有“无刺玫瑰”的美誉，是目前国际上十分流行的盆花种类之一，并已跻身世界十大切花之列。

植物生长调节剂在洋桔梗上的主要应用：

1. 促进种子萌发

用50mg/L赤霉素溶液浸泡洋桔梗种子24h，可以打破休眠和促进萌发。

2. 促进生长

目前洋桔梗已基本实现周年生产，但其在幼苗期间生长较为缓慢。为此，在洋桔梗幼苗定植成活后，用200mg/L赤霉素溶液进行叶面喷施，可有效提高植株生长，增加高度、茎粗和叶面积，并缩短缓苗期。

3. 防止莲座化生长

洋桔梗在栽培中易发生莲座化现象，一旦发生便不易发育成为正常植株，并将使得花期延后且零散不齐，产量不稳定。为此，在洋桔梗（品种为“Green Pelleted”）定植4周并摘心1周后用50～150mg/L赤霉素溶液处理，每周喷洒1次，连喷4周，可明显降低洋桔梗植株苗期的莲座率，促进开花，并可增加株高。另外，在洋桔梗（品种为“雪莱香槟”）定植30～60d后用100～150mg/L赤霉素溶液喷施处理莲座植株（表现为植株生长缓慢，节间短缩，叶片密集为莲座化），可有效促进洋桔梗抽薹并打破莲座化。

4. 切花保鲜

洋桔梗采后主要问题是贮运及瓶插过程中易出现花叶干萎等现象，瓶插寿命也短。为此，可将洋桔梗（品种为“CeremonyWhite”）切花基部（约6cm）插于2%蔗糖＋50mg/L水杨酸＋3g/L氯化钙＋20mg/L 6-苄氨基嘌呤＋200mg/L丁酰肼预措液预处理24h，可延长切花瓶插寿命、增加花枝鲜重和花径、促进开花。另外，用120nL/L 1-甲基环丙烯密闭熏蒸洋桔梗切花6h后再瓶插，可显著延长其瓶插观赏时间。

二十、一串红

一串红又名爆竹红、墙下红、西洋红，唇形科鼠尾草属多年生草本或半灌木，因其抗寒性差，常作一年生栽培。一串红花序成串，色红鲜艳，花期长，适应性强，常用于布置花丛、花坛、花带、花境或进行盆栽，是节日装点环境、烘托喜庆气氛最常用的草花。

植物生长调节剂在一串红上的主要应用：

1. 促进种子萌发

播种繁殖是一串红繁殖的主要方法，但一串红种子种壳坚实且具有休眠特性，给播种育苗带来不利。用500mg/L赤霉素溶液浸种处理45min，可打破休眠和促进萌发。另外，也可先用1mol/L盐酸浸种45min，然后再用100mg/L赤霉素溶液浸种处理45min，也可明显提高发芽率和发芽势。

2. 促进扦插生根

取一串红枝条上段嫩枝作为插穗，扦插前用1000mg/L吲哚乙酸溶液浸泡处理插穗基部，可显著提高插穗生根率、生根数。另外，在扦插前用2500mg/L吲哚丁酸溶液速浸插穗，也可使生根迅速和整齐。

3. 控制穴盘苗徒长

在工厂化育苗的条件下，为了控制一串红穴盘苗的徒长，提高穴盘苗的质量，可用矮壮素处理使植株矮化。具体做法是：于9月上旬进行一串红（品种为“展望”）接种育苗，每穴内播种3粒，播种后覆无纺布以保持湿度，每天浇水1～2次。出苗整齐后间苗，每穴内留1棵幼苗。待幼苗有2对真叶展开时用800～1000倍50%矮壮素水剂进行喷施处理，每个穴盘（72孔）喷施1次，可显著抑制一串红穴盘苗的株高，使其株型紧凑、苗壮，叶色浓绿。另外，在一串红（品种为“圣火”）三叶一心期用50mg/L多效唑喷施处理，也可显著降低株高，根系活力和壮苗指数显著提高。

4. 提高植株观赏性

高品质的一串红要求株型矮小紧凑、茎秆粗壮、花繁叶茂，但在普通栽培条件下，一串红大多数植株高而瘦弱，花叶稀疏，脱脚现象严重（即植株下部叶片脱落现象严重），影响观赏价值。目前生产上常应用多次摘心的方法来控制株高，但费时费工且效果不好。运用植物生长延缓剂处理可有效控制植株高度，弥补育种与栽培工作中的不足。例如，用20～30mg/L烯效唑溶液浸泡处理一串红（品种为“妙火”）3h后再播种，可矮化植株，缩短节间距，使叶色加深、花序整齐、花期适中、叶片大小均一。另外，当一串红（品种为“展望”）播种穴盘幼苗有2对真叶展开时，用0.08%矮壮素溶液叶面喷施，之后每隔1周喷1次，共喷施5次，可使植株矮化，明显提高观赏价值。

5. 促进开花

当地栽一串红长出花蕾时，用40mg/L赤霉素溶液均匀地喷洒在茎叶表面，4～6d处理1次，共处理1～2次，可促使提前开花。另外，在盆栽1年生一串红株高约15cm、有3～4个主干时，用50mg/L赤霉素溶液喷施植株，可使花期提前半个月。再者，在一串红（品种为“圣火”）穴盘苗二叶一心期用30mg/L多效唑溶液喷施1次（以植株叶片全部湿润、水往下滴即可），可使花期提前7～10d，且植株节间变短，叶片增厚，叶片浓绿。

二十一、羽衣甘蓝

羽衣甘蓝（彩图9-6）为十字花科芸薹属甘蓝种的园艺变种，二年生草本。观赏用的羽衣甘蓝叶形美观多变，心叶色彩丰富艳丽，整个植株形如盛开的牡丹花，而被形象地称为叶牡丹，广泛用于公园或街头的花坛，成片组合成各种不同的图案和形状，或是用于花坛镶边和花柱的组合，具有很高的观赏效果。又因其耐寒性强，观赏期长，应用形式灵活多样，是我国北方特别是华东地带深秋、冬季或早春美化环境不可多得的园林景观植物。羽衣甘蓝还可盆栽观赏或制成组合盆栽，用于装饰家庭的室内、阳台、庭院等，新颖时尚。另外，部分羽衣甘蓝品种可用于切花观赏。

植物生长调节剂在羽衣甘蓝上的主要应用：

1. 促进扦插生根

选取成熟健壮的羽衣甘蓝植株，切取中层的叶片，要求基部中肋带1个腋芽和1小块茎，用0.1%高锰酸钾快速处理切口，用10mg/L吲哚丁酸溶液浸泡处理插穗基部2h或100mg/L萘乙酸溶液速蘸，然后再扦插于基质（珍珠岩+蛭石）中，可显著提高插穗生根率、生根数。相比而言，萘乙酸处理在生根速度和生根数量上有优势，吲哚丁酸处理在根长的生长上有优势。

2. 控制穴盘苗徒长

羽衣甘蓝育苗过程中极易出现苗期徒长现象，影响后期的观赏效果。用20mg/L多效唑溶液喷淋羽衣甘蓝（品种为“名古屋”）育苗基质或者在穴盘苗子叶期用40mg/L多效唑溶液叶面喷施，均可明显矮化植株。

3. 提高盆栽植株观赏性

盆栽羽衣甘蓝在光照不足、温度过高、湿度过大时，易徒长，基部叶易落，叶色变浅。在羽衣甘蓝（圆叶紫红品种）的穴盘苗上盆并使植株恢复生长约1个月后，用1000～1500mg/L丁酰肼溶液喷施叶面1次，间隔1周再连喷2次，可安全有效地抑制羽衣甘蓝的生长高度，使其茎秆粗壮、株型紧凑、叶片增厚、叶色加深、观赏期延长，显著提高观赏性。

二十二、紫罗兰

紫罗兰别名草桂花、香桃、草紫罗兰等，为十字花科紫罗兰属多年生草本植物，现常作为一、二年生花卉栽培。紫罗兰花朵繁茂，花色丰富鲜艳，香气浓郁，花期长。另外，因其耐寒性较强，加温等方面的费用少，所需劳动力也少，栽培价值较高，从定植到收获的周期短，成为目前冬、春季节重要的花卉。紫罗兰露地栽培主要用于布置花坛、花境，也可盆栽摆放在庭院、厅堂和居室，同时也可作为切花观赏。

植物生长调节剂在紫罗兰上的主要应用：

1. 促进开花

在紫罗兰6～8片叶时，用100～1000mg/L赤霉素溶液喷洒叶面，可不经低温，加速开花。另外，用1000mg/L赤霉素溶液涂抹紫罗兰花芽多次，也能促进提早开花。

2. 切花保鲜

由于紫罗兰花序及叶片较大，易失水，且花茎在瓶插期间易出现“弯颈”现象，导致紫罗兰切花瓶插寿命短。将紫罗兰（“弗吉诺”奶油色品种）切花瓶插于50mg/L赤霉素溶液可延长其瓶插寿命，而且有利于保持较高的开花率和良好的观赏品质。另外，用5～10μmol/L噻苯隆溶液预处理24h后瓶插，可明显减轻叶片黄化和花瓣萎蔫，并显著延长瓶插寿命。再者，将重瓣紫罗兰（品种为“艾达”）切花瓶插于含1%蔗糖＋200mg/L 8-羟基喹啉硫酸盐＋25mg/L $AgNO_3$＋50mg/L $Al_2(SO_4)_3$＋25mg/L水杨酸的保鲜液中，可延长瓶插寿命达1倍，且能较好地保持其花瓣、叶片形态及色泽。

二十三、醉蝶花

醉蝶花别名凤蝶草、西洋白花菜、紫龙须等，是白花菜科醉蝶花属一年生草本。醉蝶花花枝娇柔，花朵轻盈飘逸，似彩蝶飞舞，一花多色，花期较长，栽培管理简便，是庭园、花坛、花境、盆花和切花的优良花卉品种。

植物生长调节剂在醉蝶花上的主要应用：

1. 促进种子萌发

醉蝶花目前主要以种子繁殖，但生产上醉蝶花种子发芽率往往偏低。为此，用150mg/L赤霉素溶液浸种处理12h，可显著提高醉蝶花种子的发芽率和发芽指数。

2. 防止种苗徒长

醉蝶花种苗后期生长迅速，若任其自然生长，易徒长、倒伏。可在醉蝶花种苗生长到5～6cm高时，喷施600mg/L多效唑溶液，以促进醉蝶花种苗节间变短，防止种苗徒长。待大部分幼苗已长出4～6片叶，即可定植。

3. 提高植株观赏性

在醉蝶花第1次摘心后侧枝长到4cm左右时，喷施1000mg/L多效唑溶液，可使株型矮化紧凑、分枝较多、茎部粗壮、花大而密，显著提高观赏性。另外，在醉蝶花7～8片叶时用600～700mg/L多效唑溶液喷1次，10d后再喷1次，也可矮化株型、增加分枝数，并使花大而密，提早开花40多天，显著提高观赏价值。

第三节　在宿根花卉上的应用

宿根花卉泛指个体寿命超过2年，可连续生长，多次开花、结实，且地下根系或地下茎形态正常，不发生变态的一类多年生草本观赏植物。依其地上部茎叶冬季枯死与否，宿根花卉又分为落叶类（如菊花、芍药、铃兰、荷兰菊、玉簪等）与常绿类（非洲菊、君子兰、萱草、铁线蕨等）。

宿根花卉种类繁多，生态类型多样，且花色鲜艳、花型丰富，观赏期长，可以一次种植、多年观赏。同时宿根花卉比一、二年生草花有着更强的生命力，具有适应性强、繁殖容易、管理简便、抗逆性强、群体效果好等优点，适合大面积培育和栽植，被广泛应用到绿化带、花坛、花境、地被、岩石园中，在园林景观配置中占有极为重要的地位。另外，宿根花卉还大量用作盆栽（如菊花、鸢尾、玉簪、芍药、红掌等）和切花观赏（菊花、非洲菊等），一些水生宿根草本花卉（如睡莲、千屈菜、马蔺等）常用于水体绿化和丰富水景变化。

植物生长调节剂在宿根花卉生产上应用，涉及促进繁殖、调控生长、调节花期、贮运保鲜等各个方面。以下简要介绍植物生长调节剂应用于宿根花卉的部分实例。

一、大花飞燕草

大花飞燕草别名鸽子花、翠雀，其花形似飞鸟，为毛茛科翠雀属多年生宿根草本，花形别致，花序硕大成串，花色淡雅而高贵，有蓝、紫、白、粉红等色，是一种适宜园林绿化、美化的重要花卉，既可用于栽植花坛、花境，也是一种颇具魅力的高档切花和压花材料。

植物生长调节剂在大花飞燕草上的主要应用：

1. 促进种子萌发和幼苗生长

用10mg/L赤霉素、0.5mg/L萘乙酸或0.1mg/L 6-苄氨基嘌呤溶液分别浸泡飞燕草（品种为“白色骑士”）种子16h，均可明显促进发芽，不仅可缩短发芽进程，而且还明显提高种子的发芽率和发芽势，并有利于幼苗的生长。

2. 切花保鲜

大花飞燕草采切后极易掉瓣，严重影响其观赏品质及瓶插寿命。将大花飞燕草（品种为“夏季天空”）切花插于含3%蔗糖＋300mg/L 8-羟基喹啉硫酸盐＋50mg/L硝酸银＋50mg/L硫酸铝＋25mg/L水杨酸的保鲜液中，可显著延长大花飞燕草切花的瓶插寿命，并可较好地保持切花的形态及色泽。另外，在该切花瓶插前用0.4μL/L 1-甲基环丙烯密闭处理14h，也可延长其瓶插寿命和保持观赏品质。

二、非洲菊

非洲菊（彩图9-7）又名扶郎花，是菊科大丁草属多年生常绿宿根草本花卉。由于其花朵硕大、花枝挺拔、花色丰富而艳丽、花形独特优美，栽培适应性强，在保护地条件下栽培可周年开花，是艺术插花、制作花束和花篮的理想材料，也可布置花坛、花境，或盆栽作为厅堂、会场等装饰摆放。

植物生长调节剂在非洲菊上的主要应用：

1. 促进开花和提高品质

用200mg/L赤霉素＋200mg/L激动素的混合液喷施苗龄为1个月的非洲菊（品种为“玲珑”），每周喷洒1次，共喷洒3次，可使花葶提早开放，且可显著提高非洲菊产花量及切花质量。另外，在非洲菊（品种为“洛斯”）现蕾时用50mg/L赤霉素溶液喷施叶面、花茎和花蕾，每隔15d喷施1次，连续3次，可有效提高非洲菊的高度、茎粗，开花比例也有提高，从而提高切花的产量和质量。

2. 切花保鲜

非洲菊采后易出现花头下垂、花茎弯折、花瓣萎蔫等现象，严重影响观赏品质及经济价值。贮藏前用30mg/L 6-苄氨基嘌呤＋10%蔗糖＋250mg/L 8-羟基喹啉柠檬酸盐预措液预处理非洲菊切花（品种为“Jamilla”）4h，贮藏2周后的弯颈现象较未处理的明显减轻。经该预措液处理的切花贮后再配合200mg/L硫酸铝溶液瓶插处理，保鲜效果更佳。非洲菊切花的瓶插保鲜可插于2%蔗糖＋200mg/L 8-羟基喹啉＋150mg/L柠檬酸＋10mg/L烯效唑、2%蔗糖＋200mg/L 8-羟基喹啉＋10mg/L丁酰肼、2%蔗糖＋50mg/L水杨酸＋20mg/L 6-苄氨基嘌呤、3%蔗糖＋20mg/L硝酸银＋75mg/L水杨酸等保鲜液中。

三、观赏凤梨

观赏凤梨（彩图9-8）为凤梨科多年生草本，种类繁多，约有50多个属2500余种。目前国内常见的观赏凤梨有5个属：擎天属、莺歌属、蜻蜓属、铁兰属、赪凤梨属。其中最流行的主要集中在擎天属和莺歌属，主栽品种如下：擎天属的有丹尼斯、火炬、平头红、小红星、吉利红星、大擎天、橙擎天、黄擎天、紫擎天等；莺歌属的有红剑、红莺歌、黄边莺歌、彩苞莺歌等。另外，蜻蜓属的有粉凤梨，铁兰属的有紫花凤梨等。观赏凤梨株形优美，叶片和花穗色泽艳丽，花形奇特，花期可长达2～5个月，可供盆栽观赏和切花之用，是冬令高档的室内观赏植物品种之一。

植物生长调节剂在观赏凤梨上的主要应用：

1. 促进萌芽

在观赏凤梨生育期用1% 6-苄氨基嘌呤羊毛脂糊涂布芽头，可促进萌芽。

2. 促进开花

观赏凤梨的开花往往参差不齐，不能满足商品化生产的要求，为此可用植物生长调节剂进行调节。乙烯利在促进观赏凤梨开花方面的应用最为广泛，其成本低、效果好。具体方法是：当观赏凤梨的营养生长达到一定程度，满足商品的大小、叶数要求后，利用 6～60mg/L 乙烯利溶液灌心叶，每株用量 30～50mL，也可喷洒心叶或整株喷洒，一般处理 25～45d 后即可开花。

四、荷兰菊

荷兰菊又名柳叶菊、山白菜、纽约紫菀等，为菊科紫菀属多年生宿根草本。荷兰菊分枝和根蘖能力强，花繁叶茂，花色丰富，有蓝紫、橙红、紫红、蓝、白等，适应性强，耐寒、耐旱、耐瘠薄、较耐涝，栽培管理简单，广泛应用于城市花坛、花境、庭院及道路的绿化、美化。

植物生长调节剂在荷兰菊上的主要应用：

1. 促进扦插生根

选取生长健壮无病害植株剪截粗壮枝条（一级枝），去顶梢，插穗长约 8cm，上部留 3～4 叶片或 2 个腋芽。扦插前用 60mg/L 2,4-滴或 90mg/L 吲哚丁酸溶液浸蘸 30s，可显著提高插穗生根率、生根数和根长。

2. 增加切花茎秆高度

对需用作切花的地栽荷兰菊，当植株第一次修剪后，侧枝开始抽生时，植株高度约 15cm，用 200mg/L 赤霉素溶液喷洒处理，一般处理 2～3 次，可增加植株高度。

五、鹤望兰

鹤望兰别名为天堂鸟花、极乐鸟花，为旅人蕉科鹤望兰属多年生常绿宿根草本，其花形奇特、优美，总苞紫色、花萼橙黄色、花瓣天蓝色，形如飞鸟，其叶片四季常青，叶面有光泽，似一把出鞘的剑，体态优美。开花时花叶并茂，是一种观赏价值很高的盆花和庭院绿化美化的高档花卉，并被称为“切花之王”。

植物生长调节剂在鹤望兰上的主要应用：

1. 促进种子萌发和幼苗生长

鹤望兰种子种皮坚硬且厚，内含大量油脂，种子表面有蜡质，导致播种繁殖中种子发芽率较低。另外，随着种子离开母体时间的增加，其发芽率逐步降低。若将鹤望兰种子在 98%浓硫酸中软化 8min 后，再用 100mg/L 赤霉素溶液浸泡 24h，可明显促进萌发和提高发芽率。

2. 切花保鲜

将鹤望兰切花插于 30g/L 蔗糖＋300mg/L 8-羟基喹啉柠檬酸盐＋20mg/L 6-苄氨基嘌呤＋200mg/L $Co(NO_3)_2$＋1g/L 明矾＋0.2g/L NaCl 溶液中，可明显延长其瓶插寿命并持久保持其观赏品质。另外，用 2μL/L 1-甲基环丙烯在常温（25℃）或低温（12℃）下封闭熏蒸 6h 处理，可有效延长鹤望兰切花的贮运期，贮运保鲜效果明显。

六、红掌

红掌（彩图 9-9）又名安祖花、花烛或红鹤芋，为天南星科花烛属常绿宿根草本。红掌品种多样，同属植物达 500 多种。红掌株形秀美飘逸，花葶挺拔，佛焰苞形状独特，色彩艳丽多变，叶形秀美，可周年开花，是不可多得的观花及观叶花卉。近几年红掌成为国内外流行的高档切花材料与盆栽品种，其销售额仅次于热带花卉兰花，广泛应用于室内、室外装饰。

植物生长调节剂在红掌上的主要应用：

1. 促进植株生长

用 300mg/L 5-氨基乙酰丙酸溶液或其与 5g/L 硫酸镁的混合液喷施红掌（品种为“热情”）幼苗，可促进植株的生长。另外，用 700mg/L 6-苄氨基嘌呤溶液对红掌杂交组培苗侧芽进行涂抹诱导，每周涂抹 1 次，可促进侧芽萌发。

2. 促进水培生根

水培红掌是家庭、办公场所的常见摆花。将土栽红掌植株进行分株和用水清洗，每小株保留健壮根系4～5根，并剪至10～15cm长度，其余的根系全部除去，留4～5片叶片。用50mg/L吲哚丁酸溶液处理基部24h后用清水洗净，并置于清水中水培，可促进早生根、多生根。另外，水培红掌（品种为“火焰”）植株在洗根后，用10mg/L萘乙酸溶液处理24h再水培，可使得植株根系生长旺盛，须根较多。再者，取温室栽培的盆栽红掌健壮小苗（株高10cm），洗净并将根全部剪除，用0.1%高锰酸钾溶液浸泡植株根部10～15min进行伤口消毒处理，然后用10mg/L吲哚丁酸溶液处理1～3d，可促进红掌生根及根系生长。

3. 防止盆栽植株徒长

盆栽红掌在特殊的温室条件下，易发生徒长的现象，主要表现在：植株上部叶片尤其是新生叶的叶柄明显伸长，上下叶层间距拉大，下部空间郁蔽，基部幼小花苞难以孕育显现，盆中株形难成倒锥体，易成狭窄的长筒形，致使盆体头重脚轻，码放重心不稳。另外，盆栽红掌可多年栽培利用，多年开花观赏，一旦出现徒长，会损害当年的商品性和多年的观赏性。采用100mg/L丁酰肼溶液喷施盆栽红掌（品种为“亚历桑娜”），前后喷施4次，间隔15～20d，可安全有效地塑造盆栽红掌的理想株型。另外，按每个花盆（直径15cm）20mg多效唑的用量浇灌红掌，也可延缓叶柄与花梗伸长，促进分枝，改善株型。

4. 促进开花

在红掌上盆1周后叶面喷施100mg/L赤霉素溶液或50mg/L赤霉素+50mg/L激动素的混合液，每7d喷1次，连续喷4次，可使红掌花期提早29d和33d，并且能改善开花质量，提高其观赏价值。

5. 提高抗寒性

红掌属于热带花卉，生长温度要求在14℃以上，气温下降到12℃以下时，植株就会受到冷害。用300mg/L水杨酸溶液喷施红掌（品种为“粉冠军”）小苗（株高约12cm），可提高其抗寒能力。

6. 切花保鲜

红掌切花的瓶插观赏期本身较长，若插于含2%蔗糖+20mg/L激动素或含有2%蔗糖+1.0mg/L 6-苄氨基嘌呤+0.1mg/L激动素+310mg/L抗坏血酸等的瓶插液中，可进一步延长观赏寿命和维持其观赏品质。

七、椒草

椒草为胡椒科椒草属（豆瓣绿属）多年生常绿观叶植物，其种类繁多，常见的有圆叶椒草、花叶椒草、三色椒草、红沿椒草、皱叶椒草、西瓜皮椒草、白脉椒草等。在椒草中，还有一类叶片更为肥厚，可归于多肉植物，如塔椒草、斧叶椒草、红背椒草、灰背椒草、琴叶椒草、石豆椒草等。椒草株形玲珑可爱，叶片肥厚，叶色或碧绿如翠，或斑驳多彩，四季碧绿，清雅宜人，多用于装点室内环境，作为盆栽常常摆放在客厅、书房、办公室等，装饰效果佳。其中日常多见的圆叶椒草，因叶片翠绿光亮，如玉似碧，在花卉市场常称之为“碧玉”，也称豆瓣绿，并因其株型娇小、清秀及明亮的光泽和天然的绿色受到大家的青睐。

植物生长调节剂在椒草上的主要应用：

1. 促进叶插生根和成苗

椒草扦插繁殖常用叶插方式。取健壮叶片，将叶片连同叶柄剪下，用500mg/L萘乙酸溶液速浸叶柄基部，可加快生根，提高成苗率。

2. 促进水插生根和水培生长

选择叶色浓绿、叶片肥厚、长势好的豆瓣绿植株，剪取顶端健壮枝条作插条，长10cm左右，带3～4片叶。将插条下部蘸入高锰酸钾溶液5～6s进行消毒，用清水冲洗后将插条下部插入盛有清水的容器中浸泡3d，然后用10～30mg/L吲哚丁酸溶液浸泡基部12h，再插于营养液水培，促根效果十分明显。

八、金钱树

金钱树又名金币树、雪铁芋、泽米叶天南星、龙凤木等，为天南星科雪铁芋属多年生草本观叶植物。金钱树圆筒形的叶轴粗壮碧绿，富有光泽，叶轴上面肥厚的叶片呈羽状排列，看起来像一串串连起来的钱币，故被称为“金钱树”。金钱树株型优美，色泽亮丽，耐阴耐旱，室内摆设效果佳，为室内观叶植物新宠。

植物生长调节剂在金钱树上的主要应用：

1. 促进叶插生根和成苗

金钱树的繁殖一般是采用分株的方法，也可用叶片扦插繁殖育苗。取金钱树剪取健壮带柄的金钱树叶片作为插穗，叶片（4～6叶位为最佳）用50%多菌灵消毒，然后叶柄切口用300mg/L吲哚丁酸溶液浸泡处理2s，可促进金钱树的扦插生根和提高成活率。另外，扦插前用200mg/L萘乙酸溶液处理插穗24h，对金钱树叶插的生根率、生根数、根长和块茎生长均具有明显的促进作用。

2. 促进水培扦插生根

选择金钱树叶片已经充分展开、叶质厚实、叶色光亮、叶柄健壮、长度40cm左右的金钱树大型羽状复叶，从叶柄离开球茎3cm处切下作为插条。用清水清洗切好的金钱树插条切口，通风处晾干，再于0.1%高锰酸钾溶液中消毒15min，用清水冲洗干净。水培扦插前用150mg/L萘乙酸或吲哚丁酸溶液浸泡叶柄切口处1h，可促进早生根，并显著提高根数和根长。

3. 矮化盆栽植株，提高观赏性

盆栽金钱树的观赏价值主要取决于复叶品质，温室栽培中其复叶生长大多叶轴细长、易倒伏，小叶间距大，株型松散。为此，在盆苗约20cm高时用200mg/L多效唑或100mg/L烯效唑溶液灌根处理，共施药3次，每次间隔15d，可减缓金钱树的复叶生长，减小小叶间距，使复叶基部粗壮挺立，达到株型紧凑美观的效果，明显改善观赏品质。另外，对不同年龄盆栽金钱树所采用的植物生长延缓剂种类及处理方式和浓度有所不同，才能取得理想的株型矮化效果：1年生苗用300mg/L烯效唑溶液喷叶处理；2年生苗用300mg/L烯效唑溶液灌根处理或600mg/L多效唑溶液灌根处理；3年生苗用1200mg/L多效唑溶液喷叶处理。

九、菊花

菊花（彩图9-10）又名黄花、节花、九花、金蕊、鞠、金英等，是菊科菊属多年生宿根草本。菊花品种繁多，其花型、瓣型变化极大，色、姿、韵、香四美皆备，可供盆栽观赏、布置园林和切花水养，为中国传统名花和最大众化的切花，也是世界四大切花之一。

植物生长调节剂在菊花上的主要应用：

1. 促进扦插生根

在9～10月待菊花花蕾形成后，剪取带蕾的嫩绿健壮枝梢约10cm作为插穗，基部速蘸500mg/L萘乙酸和250mg/L吲哚丁酸的混合液后扦插，可显著促进生根。另外，将插穗在1000～1500mg/L吲哚丁酸溶液中速蘸5s，然后扦插于蛭石：珍珠岩为1：1的基质中，对促进切花小菊生根和根的生长特别有效。再者，对不同品种菊花嫩枝扦插所采用的植物生长延缓剂种类及处理浓度有所不同，才能取得理想的促进生根效果：“霞光四射”品种采用500mg/L萘乙酸或吲哚丁酸溶液速蘸插穗基部3～5s，可促进生根和根系的生长；“紫玉”品种采用500mg/L吲哚丁酸溶液速蘸处理插穗生根量多，且根系生长好；“麦浪”和“金背大红”两个品种用250mg/L或500mg/L吲哚丁酸溶液速蘸插穗基部，根系生长好。

2. 调节植株高度

菊花用作盆栽时需要植株低矮紧凑，用作切花时要求植株较高。为此，在菊花定植后10d起，每10d喷1次150mg/L矮壮素溶液，共4次，其高度可控制在20～25cm，达到商品切花的要求；在菊花苗上盆后1～3d及3周后各喷施150mg/L赤霉素溶液1次，其高度可增加10～20cm，使盆菊生长矮壮、株形美观。

3. 开花调节

用赤霉素100mg/L溶液喷洒需长日照才开花的菊花，每3周喷1次，共喷2次，可以促使菊花在冬季开花。夏菊在生育初期，每10d用5～50mg/L赤霉素溶液叶面喷洒1次，共2次，可提早开花。另外，赤霉素溶液处理对于解除菊花莲座化、恢复生长活性以及早期生长具有一定的辅助作用，具体做法是：定植后10d开始，间隔10d连续喷施3次100mg/L赤霉素溶液，可促进植株迅速生长，提前开花。用5mg/L 2,4-滴溶液喷洒处理可以使菊花延迟30d开花。另外，用300～400mg/L 6-苄氨基嘌呤溶液叶面喷施处理，也可延迟菊花开花。在菊花花芽分化早期，用50mg/L多效唑或5mg/L烯效唑溶液喷施植株2～3次，能够控长增绿，延长赏花时间。

4. 切花保鲜

菊花瓶插前在1mg/L 6-苄氨基嘌呤溶液中浸基部24h，或直接插入2%～5%蔗糖＋30mg/L硝酸银＋75mg/L柠檬酸、2%蔗糖＋30mg/L硝酸银＋0.2mg/L 2,4-滴＋6-苄氨基嘌呤1.0mg/L等保鲜液中，可延长瓶插寿命和维持其观赏品质。另外，用500nL/L 1-甲基环丙烯熏气6h，可有效抑制外源乙烯对切花菊（品种为“优香”）的伤害，该预处理可显著延缓叶片黄化，延长瓶插寿命，增大花径。

十、君子兰

君子兰别名剑叶石蒜、大叶石蒜，为石蒜科君子兰属多年生常绿草本花卉。君子兰叶片苍翠挺拔，花姿端庄典雅，花大色艳，果实红亮，叶花果并美，可一季观花、三季观果、四季观叶，具有极高的观赏价值，主要用于室内陈设。

植物生长调节剂在君子兰上的主要应用：

1. 促进分株繁殖

将成龄君子兰假鳞茎和根部连接处萌生的腋芽从母株上切下，可用来进行分株培养。分株可结合翻盆换土进行，同时将母株和分株出来的幼苗栽植前采用20mg/L萘乙酸溶液浸基部12h，可促进快出新根。

2. 促进水培生根和生长

将土培君子兰（二年生以上）取出后冲洗根系，在0.2%高锰酸钾中消毒30min，然后置于含50～100μmol/L水杨酸的水培营养液中水培，可促进生根和加快根系生长。

3. 促进开花和结实

选5年以上君子兰盆栽，用50mg/L赤霉素溶液涂抹在花葶基部，每2～3d涂1次，共处理2～3次，可促进紧缩在叶丛中的花葶伸长。另外，在君子兰（品种为“油匠”）花葶抽出前用50mg/L赤霉素溶液每天喷施1次，连续处理1周，可使君子兰的花葶显著提高，开花提前21d，且增加花朵和果实数量。

十一、绿萝

绿萝为天南星科藤芋属多年生常绿藤本。绿萝叶色斑斓，四季常绿，长枝披垂，摇曳生姿，既可让其攀附于用棕扎成的圆柱、树干绿化上，也可培养成悬垂状置于书房、窗台、墙面、墙垣等，还可用于林荫下作地被植物，是目前花卉市场上销售量相当大的一种室内观叶植物。

植物生长调节剂在绿萝上的主要应用：

1. 促进扦插生根和成苗

绿萝的繁殖目前主要采用扦插方法。选取生长健壮、无机械损伤的当年生嫩枝，将插条剪成1叶1芽的插穗，插穗上下剪口均剪成马耳形斜面，上切口距上芽约1cm，下切口位于节下约3cm，扦插基质为椰糠＋珍珠岩（体积比为5∶1）。扦插前用100mg/L吲哚丁酸、200mg/L萘乙酸溶液或者 50mg/L 吲哚丁酸＋200mg/L 萘乙酸的混合液浸插穗基部 8h 处理，可显著促进生根和根系生长，其中以 50mg/L 吲哚丁酸＋200mg/L 萘乙酸的混合溶液处理效果最佳。

2. 促进水插生根和水培生长

选择健壮、近半木质化绿萝（品种为“青叶”）植株，每枝保留 3～5 片叶，剪成 12～15cm 长、下切口在节下 1～2cm 左右，45°斜切。将枝条基部（约 5～6cm）置于含 0.5mg/L 6-苄氨基嘌呤＋0.5mg/L 萘乙酸的水培液中，可明显促进生根，表现为须根数量多、根径粗、根系色泽白亮，显著提高水培品质。另外，选择长度为 15～25cm 的健壮植株，留 3 片或 4 片展开的叶片，把修剪好的植株基部放在 0.5％高锰酸钾溶液中消毒 5s，冲洗干净后放在 20mg/L 吲哚丁酸或 40mg/L 萘乙酸溶液中浸泡 8h，对绿萝的生根数和根长都有明显的促进作用。

十二、芍药

芍药别名将离、离草，为芍药科芍药属多年生宿根草本植物。芍药株型紧凑隽逸，花朵硕大，花姿妩媚，芳香馥郁，花色娇艳、丰富，有红、白、紫、蓝、黄、绿、黑及复色，叶片繁茂，叶色油亮翠绿，观赏价值高，是我国传统名花之一，被称作“花后”“花相”，并与牡丹并称为“花中二绝”。芍药是早春绿化庭院、公园等的主要品种，可与其他植物搭配使用，植于楼阁旁、亭榭下，作为点缀形成美丽的园林小品。也可建造芍药专类园、岩石园，欣赏其群体开花的盛景。芍药除广泛用于园林布置外，还是优良的室内切花品种，常用于各种礼仪花卉装饰和艺术插花。

植物生长调节剂在芍药上的主要应用：

1. 促进种子萌发

种子繁殖是培育芍药品种的重要途径。不过，芍药种子具有上、下胚轴双重休眠的特性，给育种工作造成了一定困难。芍药的双重休眠特性决定其种子必须经过严格的低温催芽，而用赤霉素处理能有效代替低温打破种子休眠。具体做法是：取芍药（品种为“紫凤羽”）种子用温水浸泡 48h 后经 0.5％高锰酸钾消毒 40min，再经流水洗净，然后用 500mg/L 赤霉素溶液浸泡 12h，晾干后用 80％硫酸处理 2min 及大量清水冲洗，可有效打破种子休眠，提高发芽率。

2. 促进扦插生根

选择发育充实的芍药（品种为“大富贵”）茎枝，将之剪截成段，使每段含 3 节作为插穗，其上切口距上芽约 1cm，下切口位于节下。最下端一片复叶去除，上端两片复叶则各保留 2/3。插穗基部用 0.5％高锰酸钾进行表面消毒并晾干后，再用 2000mg/L 吲哚丁酸溶液处理 10s，可促进早生根，显著增加根数和根长。

3. 调控株形，提高观赏性

在自然生长状态下，芍药植株茎的伸长生长较快，花梗较长且花秆细软，容易倒伏，从而影响其观赏价值。对萌芽期的芍药用 50～150mg/L 多效唑溶液进行叶面喷施处理，可以有效抑制茎秆伸长，缩短节间长度，增加茎粗，提高植株的观赏效果，以 100mg/L 多效唑溶液处理为最佳。

4. 切花保鲜

将芍药（品种为“春晓”）切花插于含 3％蔗糖＋200mg/L 8-羟基喹啉＋150mg/L 柠檬酸＋200mg/L 多效唑或含 3％蔗糖＋200mg/L 8-羟基喹啉＋150mg/L 柠檬酸＋200mg/L 矮壮素等的瓶插液中，可显著延长瓶插寿命，提高观赏品质。

十三、松果菊

松果菊别名紫松果菊、紫锥花，为菊科紫锥花属多年生宿根草本植物，是一种菊科野生花卉，因头状花序很像松果而得名。松果菊花茎挺拔，花朵较大，色彩丰富艳丽，花形奇特有趣，花群高低错落，抗性强，尤其耐高温，又能耐寒，成为园林景观宿根花卉的首选之一。松果菊可广泛展示在园林景观中，适于自然式丛栽；可布置于庭院隙地、花坛、篱边、湖旁、石前，显得花境活泼自然，也可作墙前屋后的背景材料，增加红绿色彩。盆栽的松果菊，既可置于家庭室内或阳台，又可摆放于建筑物内外。松果菊还是优良的切花材料。

植物生长调节剂在松果菊上的主要应用：

1. 培育穴盘苗壮苗

在松果菊穴盘播种苗两叶一心期，用4000mg/L矮壮素或3000mg/L丁酰肼溶液叶面喷施处理，可有效控制松果菊的株高、茎粗、节间，抑制幼苗徒长，使其株型紧凑、抗性增强，从而提高穴盘苗的质量，发挥培育壮苗的明显作用。

2. 控制盆栽植株高度

在设施栽培条件下，用750～1000mg/L多效唑或2000mg/L矮壮素溶液喷施盆栽2年生松果菊种苗，隔周再喷施1次，共处理2次，可显著降低植株高度，同时也使花朵颜色更加鲜艳，质地更加厚重，观赏性明显提高。

十四、天竺葵

天竺葵又名石蜡红、洋绣球、洋葵等，为牻牛儿苗科牻牛儿苗属多年生草本。天竺葵花色丰富艳丽，花球硕大，叶片四季常绿或多彩，叶片上的马蹄形花纹也极富观赏性，成花容易，花期长达数月。天竺葵可分为直立天竺葵和垂吊天竺葵两大类，直立天竺葵是盆栽花卉中的佼佼者，适用于家庭、广场、会场、花坛、花境；垂吊天竺葵品种，花朵略小，有蔓生茎，着花密集，非常适宜悬挂种植，是首选阳台花卉之一。垂吊天竺葵还可造型成花柱，繁花累累的花柱设在路旁，有着鲜明的立体花卉之感。

植物生长调节剂在天竺葵上的主要应用：

1. 促进扦插生根和壮苗

选取天竺葵12～14cm长的顶枝切段作为插穗，每枝留2～3片叶，在100mg/L萘乙酸或25mg/L吲哚丁酸溶液中浸泡30min，然后插于河沙基质，可提高生根率和生根数。另外，在秋冬季截取天竺葵健壮顶芽全叶作为插穗（长约5～6cm，留5～6片）涂抹草木灰，阴干24h后将基部浸入100～200mg/L吲哚丁酸溶液8～10s，再插于插花花泥，放入泡沫塑料穴盘浮于水面进行全光照扦插快繁，可明显促进生根，降低插穗腐烂率，并培育出健壮的扦插苗，提高移植缓苗成活率和长势。

2. 促进盆栽苗生长

对当年经扦插繁殖的盆栽天竺葵小苗，选生长健壮的植株，用50mg/L赤霉素溶液喷洒在茎秆叶片上，每周处理1次，通常3～4次，可促使茎秆伸长。

3. 控制植株高度

天竺葵不耐高温及水湿，栽培中易发生新梢徒长、节间过长、叶片发黄、枝条下部光秃、株型较差等品质问题。在播种苗有5～6片叶、长势较好时用800mg/L多效唑溶液叶面喷施处理1次，可矮化植株，调整株型。对长势特旺、喷过后效果不太明显的，可补喷1次。

4. 促进开花

在天竺葵花芽分化之前用1500mg/L矮壮素溶液喷施茎叶处理，可加速花芽的发育，提前开花。另外，天竺葵花朵刚露色时用10～100mg/L矮壮素溶液叶面喷洒，可促进开花，使花朵增大、开花持久。

十五、宿根福禄考

宿根福禄考又名天蓝绣球、锥花福禄考、草夹竹桃等，为花荵科福禄考属多年生草本。花开于茎顶，由许多长桶状小花组成一个大花球，花色绚丽娇艳，花姿优美动人，花期正值其他花卉开花较少的夏季。加之适应性强，具有抗寒、耐热等优势，广泛用于布置花坛、花境，可进行丛植、盆栽、岩石园栽培，也可点缀于草坪中，是优良的庭院宿根花卉，也可用作盆栽观赏或切花材料。

植物生长调节剂在宿根福禄考上的主要应用：

1. 促进扦插生根

宿根福禄考多用嫩枝扦插繁殖，扦插时间从春季植株发芽到秋季生长停止均可进行。选择生长健壮、无病虫害的母株，剪取当年生或一年生半木质化嫩枝，剪成 8～10cm 长枝条作为插穗，下剪口距上边的侧芽约 2cm，保留嫩枝顶端的 4 片叶，茎段保留最上边 2 片叶。用 100mg/L 吲哚丁酸溶液浸渍插条基部 3h，或者用 100mg/L 萘乙酸溶液浸渍插条基部 5h，均可促进生根和提高成活率。

2. 控制株型和提高观赏性

大部分宿根福禄考品种在一般栽培条件下株型较高、茎瘦，叶柄和花梗较长，易折断，且花朵较松散，影响整体的观赏性。对此一般采取摘心的方法来矮化植株，但这种方法费工较多，不适合大批量生产。在宿根福禄考（品种为“pan-01”）返青生长开始时用 3000mg/L 矮壮素溶液进行叶面喷施，可使植株株高适中，节间缩短，叶片增厚，且花序紧凑，提高观赏性。另外，用 600mg/L 多效唑溶液土壤浇灌宿根福禄考幼苗，不仅可促使株型明显矮化，株茎也明显变粗，而且生长态势良好、抗倒伏能力增强。再者，在宿根福禄考（品种为“桃红”）幼苗快速生长前期土壤浇灌 400～600mg/L 多效唑溶液或在快速生长后期叶面喷施 600～800mg/L 多效唑溶液，均可有效矮化植株，抗倒伏能力有所加强，植株生长良好，叶片饱满，花期延迟，且成花率高，观赏价值提高。

十六、宿根鸢尾

鸢尾属植物可大致分为宿根鸢尾和球根鸢尾，而德国鸢尾、西伯利亚鸢尾、马蔺、黄菖蒲等是宿根鸢尾中很常见的种类。大多数宿根鸢尾株型别致，花朵美丽、奇特，花色丰富，花期早，叶片碧绿青翠，适应性强，栽培管理简单，具有很高的观赏价值，可丛栽、盆栽或布置花坛，也可用于林缘或疏林下的花境栽植，是极好的观叶、观花植物，也是优良的切花材料。

植物生长调节剂在宿根鸢尾上的主要应用：

1. 打破种子休眠和促进萌发

很多宿根鸢尾的种子有休眠习性，种子采集后必须经过冷藏处理或低温处理才能够正常发芽。马蔺是鸢尾属植物中分布很广的园林植物，其植株低矮丛生，根系发达，花色独特，抗逆性强，在生态环境建设中有很高的观赏价值和良好的固沙、保水作用。用 100mg/L 赤霉素溶液浸种 2h，可显著打破马蔺种子休眠，提高发芽势和发芽率。又如，黄菖蒲是鸢尾属植物中既能湿生又能旱生的两栖植物，其叶片翠绿如剑，花朵如飞燕群飞起舞，靓丽无比，既可观叶亦可观花。用 100mg/L 赤霉素溶液浸种 24h 可明显提高黄菖蒲的种子发芽率，并且使种子萌芽期较为集中。

2. 促进休眠芽萌发

德国鸢尾根茎上春秋两季萌发新芽，并会在花后（即 6～7 月）形成隐芽，隐芽休眠至第 2 年春季萌发形成新的侧芽，继而形成新的根状茎。由于顶端优势，春季根茎上的休眠芽受到顶芽的抑制。用 3000mg/L 或 5000mg/L 6-苄氨基嘌呤溶液喷施德国鸢尾（品种为“Lovely Again”）植株，可解除隐芽的休眠，显著促进根茎芽的萌发和根状茎的形成。另外，用 1000mg/L 6-苄氨基嘌呤或 750mg/L 赤霉素溶液喷施德国鸢尾（品种为“黑骑士”）植株根茎部，并在分株后 30d、60d、90d 时各再喷施 1 次，可有效提高新芽萌出率。

3. 矮化植株和提高观赏性

黄菖蒲在栽培应用中往往株高生长量大，并出现叶片生长超出其应用高度和发生倒伏的现象，使得其观赏性下降。用 500～700mg/L 多效唑溶液喷施植株，每 10d 喷施 1 次，连续 3 次，可降低黄菖蒲株高和促进根系生长，并使花序分蘖增加，花色更为艳丽，提高观赏性。

十七、萱草

观赏用途的萱草为百合科萱草属多年生宿根草本，其植株健壮，根系肥大，花大色艳，叶形、叶姿、叶色优美，且抗旱、抗病虫能力强，栽培管理较为简单。观赏萱草的品种繁多，其中主要有大花萱草、金娃娃萱草、重瓣萱草、红宝石萱草等，而又以大花萱草最为常见，其花形秀丽典雅，花姿清雅孤秀，是一种优良的地被绿化及庭院观赏植物，多丛植或片植于花坛、花境、路旁，或作疏林地被及岩石园装饰，还可作切花。

植物生长调节剂在大花萱草上的主要应用：

1. 促进分蘖和侧芽萌发

大花萱草短缩茎上的侧芽和隐芽一般在花后分化形成，部分侧芽当年秋季即可萌发，继而形成新的根状茎，称之为分蘖。但由于顶端优势，一部分侧芽萌发可能受到顶芽的抑制，成为隐芽。在大花萱草（品种为“红运”）盛花之后的末花期用 1000～1500mg/L 6-苄氨基嘌呤、25mg/L 多效唑溶液或二者的混合溶液叶面喷施植株，隔 10d 后再喷 1 次，可显著提高分蘖能力，促进侧芽萌发。另外，在大花萱草旺盛生长期，用 10～20mg/L 多效唑溶液土壤浇灌植株根部，可显著提高其分蘖数和促进侧芽萌发。

2. 矮化植株和提高观赏性

在大花萱草旺盛生长期，用 80mg/L 多效唑溶液叶面喷施植株，不仅能降低株高，使其株型紧凑、挺拔，还能显著抑制花葶的生长和增加花葶的粗度，使花色更艳，大大提高花期的观赏价值，并可有效防止花期后期花葶的倒伏。

十八、薰衣草

薰衣草又称蓝香花、灵香草等，为唇形科薰衣草属多年生草本或半灌木植物。薰衣草叶形花色优美典雅，叶茎花全株浓香，香味浓郁而柔和，还有驱蚊蝇逐虫蚁的效能，具有较高的观赏价值和利用价值，在世界各地已被广泛应用于园林观赏、庭院绿化。薰衣草植物本身低矮，耐修剪，可作为花境、花丛、花带进行设计布置，也可用于公园、广场的花坛或者乔灌木的地被或草坪。另外，薰衣草开花的枝条可插入花瓶中欣赏，即使干燥的花也可用于制作花环或干花。

1. 促进种子萌发

用 550mg/L 赤霉素溶液浸种 4h，可显著提高法国薰衣草、小姑娘薰衣草、狭叶薰衣草 3 个薰衣草品种的发芽率和发芽势。另外，用 500mg/L 赤霉素溶液浸泡种子 2h，可不同程度地提高 6 个薰衣草品种（“孟士德”“希德”“维琴察”“莱文丝”“紫带”“蓝神香”）的出苗率。

2. 促进扦插生根

选未现蕾开花、节间短、枝条粗壮、无病害、当年生半木质化的薰衣草枝条茎梢作为插穗，在春或冬季进行扦插。扦插前用 50mg/L 吲哚丁酸溶液处理插穗 3h 或 50mg/L 萘乙酸溶液处理 6h，可显著提高成活率、平均根长和生根数。

第四节　在球根花卉上的应用

球根花卉是指地下器官膨大形成球状或块状储藏器官的多年生草本观赏植物。在不良环境条件下，球根花卉在植株地上部茎叶枯死之前，地下部分的茎或根发生变态，并以地下球根的形式度过休眠期，至环境条件适宜时，再度生长并开花。根据地下储藏器官的形态与功能通常将球根花卉分为：鳞茎类（如百合、郁金香、风信子等）、球茎类（如唐菖蒲、小苍兰、番红花等）、块茎类（马蹄莲、大岩桐、仙客来等）、根茎类（如球根鸢尾、美人蕉、荷花等）和块根类（大丽花、花毛茛等）。另外，也可根据球根花卉的栽培习性将其分为春植球根（如美人蕉、唐菖蒲、大丽花、晚香玉等）和秋植球根（如风信子、郁金香、百合等）。

球根花卉种类繁多，品种极为丰富，株形美观，花色艳丽，花期较长，且适应性强，栽培较为容易，加之种球贮运便利，因而在全球观赏植物产业占有举足轻重的地位。目前，全世界球根花卉的生产面积已达3万多公顷，普遍栽培的品种有郁金香、唐菖蒲、百合、风信子、水仙、球根鸢尾、石蒜等。在环境绿化和园林景观布置中，球根花卉广泛应用于花坛、花带、花境、地被和点缀草坪等，极富色彩美、季相美和层次美。球根花卉还是切花和盆花生产中的重要花卉类型，其中用于切花生产的球根花卉主要有百合、唐菖蒲、马蹄莲、小苍兰和晚香玉等，用于盆花生产的球根花卉主要有朱顶红、花毛茛、风信子、水仙和球根秋海棠等。

植物生长调节剂在球根花卉生产上的应用主要涉及促进繁殖、调控生长、调节花期、贮运保鲜等各个方面。以下简要介绍植物生长调节剂在球根花卉的部分应用实例。

一、百合

百合（彩图9-11）为百合科百合属多年生球根草本花卉的总称，其地下部分由肉质鳞片抱合而成，故得名百合。百合品种繁多，目前用作观赏百合的商品栽培类型主要有东方百合系、亚洲百合系和麝香百合系。百合株形端直，花姿雅致，花朵硕大，叶片青翠娟秀，给人以洁白、纯雅之感，又寓有百年好合的吉祥之意，加之观花期长，既可花坛种植，也可盆栽观赏，同时也是世界著名切花之一。

植物生长调节剂在百合上的主要应用：

1. 打破鳞茎休眠和促进开花

百合鳞茎具有自发休眠的特性，生产中常出现种球发芽率低、发芽不整齐、切花质量较差等现象，而且存在花期集中、供花期短的问题。用50mg/L赤霉素＋100mg/L乙烯利＋100mg/L激动素的混合溶液浸种24h处理冷藏的麝香百合（又名铁炮百合）鳞茎，能缩短冷藏时间，打破休眠，促进开花。另外，选取东方百合（品种为“Sorbonne”）种球于12月上旬定植，并在拔节初期用100～300mg/L赤霉素、200～600mg/L乙烯利或200mg/L激动素溶液单独喷雾或组合处理，均可使开花提前和提高开花的整齐度，其中以100mg/L赤霉素＋200mg/L乙烯利＋100mg/L激动素的混合处理效果更佳。

2. 促进扦插生根

百合通常用地下茎节上生的小鳞茎进行培育。如大量繁殖，也可用大鳞茎上的鳞片进行扦插。扦插时，切取外形成熟饱满的鳞片，用100mg/L赤霉素、150mg/L萘乙酸或150mg/L吲哚丁酸溶液浸泡5h处理，有利于亚洲百合（品种为“精粹”）的鳞片产生小鳞茎，小鳞茎发生率高达100%。另外，经100mg/L赤霉素、300mg/L萘乙酸或300mg/L吲哚丁酸溶液处理后，兰州百合小鳞茎重量明显增加。再者，淡黄花百合鳞片扦插前用50mg/L萘乙酸溶液浸泡鳞片12h处理，可促进扦插成活和壮苗。

3. 控制盆栽植株高度和提高观赏性

用20～40mg/L烯效唑溶液浸泡百合种球1h，可使其株型明显矮化，且茎秆粗壮，叶片缩短，叶宽增大，叶片增厚，显著提高盆栽百合的观赏价值。也可在盆栽百合株高6～7cm时，用6000mg/L矮壮素溶液浇灌，每盆200mL，可使其株型矮化，控制徒长，使开花植株高度达到商品规格。另外，在黄百合长至株高15～20cm时，用50～100mg/L多效唑溶液灌心处理（15mL/株），1周后重复1次，可使植株显著矮化，叶色深绿，花期花型完好。

4. 增加切花茎秆高度

在麝香百合营养生长旺盛期，用200mg/L赤霉素溶液进行叶面喷施，对株高和花苞长度有显著的促进作用，从而提高切花品质。

5. 切花保鲜

用3%蔗糖＋250mg/L 8-羟基喹啉柠檬酸盐＋120mg/L赤霉素的预措液对东方百合（品种为

“Sorbonne”）预处理12h，可延长其瓶插寿命，增加花枝鲜重，并对百合切花叶片有较好的保绿效果。另外，麝香百合的瓶插保鲜可直接插于5%蔗糖+50mg/L 8-羟基喹啉+150mg/L柠檬酸+10mg/L 6-苄氨基嘌呤、2%蔗糖+200mg/L 8-羟基喹啉+300mg/L柠檬酸+90mg/L 6-苄氨基嘌呤+100mg/L赤霉素等保鲜液中。再者，用10μL/L 1-甲基环丙烯密封处理东方百合（品种为“西伯利亚”）6h，可明显延缓其外观品质劣变，并延长其瓶插寿命。

二、大丽花

大丽花（彩图9-12）又名大理花、大丽菊、天竺牡丹、洋芍药等，为菊科大丽花属多年生球根草本花卉。其花姿优美，花形多样，色彩绚丽，花期长，品种繁多，各品种高矮差异较大，既可盆栽，又可露地栽植，是栽种十分广泛的观花植物，在园林景观配置时常用于布置花坛、花境或盆栽、庭院栽植。

植物生长调节剂在大丽花上的主要应用：

1. 促进扦插生根

大丽花传统上多采用块根繁殖，但由于块根少，有些块根无茎芽而不能发芽，现在生产上多用扦插法繁育大丽花苗。取大丽花带有健壮顶芽和成熟叶片的嫩枝，剪成长约10cm的插穗，插前用50mg/L吲哚丁酸溶液浸泡基部4h，可提高扦插成活率。另外，扦插前将大丽花（品种为“粉西施”）插穗在50mg/L萘乙酸溶液中速蘸10s，可加快生根和提高生根率。

2. 矮化盆栽植株和提高观赏性

大丽花品种多为高生型，易出现倒伏折茎现象，适于盆栽的矮生型大丽花品种较少。为此，在大丽花（品种为“茶花”）定植后约10d，用15mg/L烯效唑溶液进行叶面喷施处理，每隔7d喷施1次，直至现蕾。喷施烯效唑后，大丽花株型变矮、节间缩短，叶片肥厚、浓绿并具有光泽，无脱脚现象，可改善盆栽大丽花的观赏性。另外，在盆栽大丽花幼苗期用400mg/L丁酰肼溶液或100mg/L多效唑溶液喷施植株，可控制植株高度，改善株型，并使枝条生长粗壮，花期一致，从而达到矮化和美化的目的。再者，在大丽花高生品种“大金红”和“陇上雄鹰”株高20cm时，用3000mg/L矮壮素溶液进行1次叶面喷施，可使二者株高矮化，茎秆增粗，花朵直径增加，有效改善大丽花观赏价值。

三、大岩桐

大岩桐又名落雪尼，为苦苣科大岩桐属多年生球根草本花卉，花冠宽阔，花形奇特，花色丰富艳丽，有丝绒感，是一种极好的盆栽观花植物。其花朵典雅高贵，花色新奇艳丽，是中高档盆花中不可多得的花卉品种，深受人们喜爱。花有单瓣、重瓣之分，花色丰富，颜色有红、粉红、白、蓝、紫及双色等，配合镶边和斑点的变化，姿态万千，优雅迷人，雍容华贵。

植物生长调节剂在大岩桐上的主要应用：

1. 促进扦插生根

大岩桐叶片扦插繁殖时，用250～300mg/L吲哚丁酸速蘸组织培养移栽成活的大岩桐离体叶柄基部，然后扦插于河沙基质或河沙与泥炭混合基质（体积比为1∶1）中，可促进生根和成活。

2. 控制盆栽植株高度

当大岩桐植株上盆10～14d或第一对叶片伸展到盆沿时，使用1250mg/L丁酰肼溶液喷洒叶片，以防止主茎或叶柄过分伸长，影响株形美观。如果需要，可以在7～10d后对在弱光条件下的标准型品种系列施用第2次1250mg/L丁酰肼溶液。另外，也可用2500mg/L丁酰肼溶液土壤浇灌大岩桐根部，可矮化株高，并延迟开花。

四、地涌金莲

地涌金莲（彩图9-13）又名千瓣莲花、地莲花、地金莲等，为芭蕉科地涌金莲属植物，具根状茎多年生大型丛生草本。其苞片颜色金黄，由外到内层层展开，尚未展开的苞片则紧紧相裹，犹如盛开的莲花里端坐着的一个圣子。在假茎的叶腋中也能开出众多的小花朵，形成“众星捧月”的奇观，极具观赏价值。观赏期长达半年以上，多用于园林造景，也可作盆花。

植物生长调节剂在地涌金莲上的主要应用：

1. 促进植株生长

地涌金莲（品种为“佛乐”）1年生组培苗定植后，每15d喷施1次200mg/L吲哚乙酸+300mg/L 6-苄氨基嘌呤的混合溶液，对地涌金莲植株的生长具有良好的协同促进效果，并显著增加其假茎的直径。

2. 矮化盆栽植株和提高观赏性

地涌金莲成年植株可高达2米，株型较大，为满足不同消费群体需要的室内盆栽观赏植物，需对其进行矮化处理。将地涌金莲种子用浓硫酸溶液处理10min后充分洗净，然后浸于40mg/L多效唑或8mg/L烯效唑溶液处理24h，可有效降低植株高度。另外，用175mg/L烯效唑溶液每间隔30d对地涌金莲幼苗进行灌根处理，可达到较为理想的矮化效果，使株型更紧凑，提高其观赏性。

五、风信子

风信子（彩图9-14）又名五色水仙、洋水仙，为百合科风信子属多年生鳞茎类花卉。其花色鲜艳，花序端庄，株形雅致，在光洁鲜嫩的绿叶衬托下，恬静典雅，是早春开花的著名球根花卉之一，也是重要的盆花种类，可广泛用于庭园布置、盆栽、水养或切花观赏等。

植物生长调节剂在风信子上的主要应用：

1. 打破种子休眠和促进萌发

将风信子（品种为“粉珍珠”）自然结实的种子用自来水在室温下浸泡24h，然后用10mg/L赤霉素溶液浸泡72h，促进萌发和提高种子发芽率。

2. 促进鳞片扦插繁殖

在风信子（品种为“安娜玛丽”）鳞片扦插时，将消毒后的种球鳞片用0.5mg/L吲哚乙酸或1.0mg/L萘乙酸溶液中浸泡30min，然后扦插在珍珠岩：泥炭＝1：1的基质中，可显著促进小鳞茎的形成和生长，表现为有助于小鳞茎数量和重量的增加。

3. 促进植株生长发育和延长花期

在风信子（品种为“Blue Jacket”）株高约5cm时第1次叶面喷施100mg/L赤霉素溶液，之后每隔7d喷施1次，可促进植株生长发育，株高、叶长、叶片厚度、单叶面积、小花直径、花序长度和花葶高度均明显增加，且现蕾时间提前5d，花期延长4d。另外，在风信子“白珍珠”和“蓝星”两个品种现蕾时，第1次叶面喷施50mg/L 6-苄氨基嘌呤溶液，之后每隔7d喷施1次，共喷施3次，可增加二者的株高、叶长和叶面积，花期延长4～5d。

4. 矮化水培植株和提高观赏性

将风信子种球以水培方式培养，避光暗处理5d后，用200mg/L多效唑溶液喷施幼苗，1d喷2次，连续喷3d，可使水培风信子矮化，并明显提高观赏性。另外，风信子品种“蓝夹克”，在栽植第40d（植株高度大约为5cm）时开始叶面喷施100mg/L多效唑溶液，第1次喷施之后每隔7d喷施1次，共喷施4次，可使植株适量矮化、叶面积适度减小，株型更紧凑。

六、荷兰鸢尾

荷兰鸢尾为鸢尾科鸢尾属的球根花卉，是以西班牙鸢尾与丁吉鸢尾杂交培育而成的园艺品种，其株形别致，姿态优美，花葶直立，花形独特，如鸢似蝶，花茎直立，花色有蓝色、白色、黄色等，叶片青翠碧绿，似剑若带，是一种理想的切花材料。

植物生长调节剂在荷兰鸢尾上的主要应用：

1. 打破种球休眠，提早开花

在室温条件下贮藏的荷兰鸢尾（品种为“展翅”，深蓝色）种球，6～9月上旬都处于休眠状态。用1000mg/L乙烯利溶液浸泡4h，接着用100mg/L赤霉素溶液浸泡处理24h，然后再用8～10℃低温处理40d，可使荷兰鸢尾提前112d开花。另外，在9月中旬荷兰鸢尾休眠自然解除后，用100mg/L赤霉素溶液浸泡处理24h，然后再用8～10℃低温处理40d，可使荷兰鸢尾提前52d开花。

2. 切花保鲜

将预冷的荷兰鸢尾（品种为“罗萨里奥”）直接瓶插于5%蔗糖＋300mg/L 8-羟基喹啉柠檬酸盐＋50mg/L矮壮素＋10mg/L 6-苄氨基嘌呤的瓶插液中，可有效延长瓶插寿命，并延缓花瓣褪色、叶片黄化等现象的发生。

七、姜荷花

姜荷花为姜科姜荷属多年生草本热带球根花卉，因其粉红色的苞片酷似荷花而得名，又因其外形似郁金香，故又有“热带郁金香”的别称。姜荷花具有优美的花姿、娇艳的花色，很受消费者欢迎，是目前国际上十分流行的新兴切花品种。另外，姜荷花花期正值炎热的夏季，可弥补我国南方各地夏季切花种类及产量的不足。

植物生长调节剂在姜荷花上的主要应用：

1. 促进种球繁育

在姜荷花谢花后用0.50mmol/L茉莉酸甲酯或0.25mmol/L萘乙酸溶液喷施植株叶片，间隔30d后再喷施1次，可增加种球数量、种球直径大小及储藏根数量，有效促进姜荷花种球繁育。

2. 控制盆栽植株高度

目前姜荷花大多数品种为切花类型，而用于盆栽的品种相对较少。其中主要商业品种“清迈粉”的花茎相对细长、易倒伏，且株型相对发散、叶片下垂。为此，用300mg/L多效唑或50～150mg/L烯效唑溶液对姜荷花（品种为“清迈粉”）小苗根部进行浇灌处理（浇灌量以200mL/株），可使花茎和植株明显矮化，并增加分蘖。

3. 切花保鲜

姜荷花（品种为“清迈粉”）切花贮运前经4μL/L 1-甲基环丙烯熏蒸24h，可显著延缓切花衰老及鲜重损失，对姜荷花切花常温贮运有良好的保鲜效果。

八、马蹄莲

马蹄莲为天南星科马蹄莲属球根花卉，地下部分具肉质块茎，并容易分蘖形成丛生植物，叶为箭形盾状，花为佛焰花序，被白、红、橘红、橙黄、粉或红黄等大型佛焰苞包在里面。马蹄莲品种繁多，常见的栽培品种主要有白色马蹄莲以及彩色马蹄莲两类。马蹄莲佛焰苞硕大，宛如马蹄，形状奇特，叶片翠绿，观赏价值高，可露地土栽、室内盆栽或切花观赏，是国内外重要的花卉品种之一。

植物生长调节剂在马蹄莲上的主要应用：

1. 打破种球休眠和促进开花

将彩色马蹄莲（品种为“粉色信服”）种球用100mg/L赤霉素溶液浸泡30min左右，捞出晾干后种植，可有效解除其种球休眠，促进其发芽和开花。另外，在定植前用250mg/L赤霉素＋20mg/L 6-苄氨基嘌呤的混合溶液浸泡彩色马蹄莲种球10min，可明显促进其花芽分化，开花率比未用生长调节剂处理的提高52%，并使花茎增长18cm、花朵直径增加1.4cm。

2. 矮化盆栽植株和提高观赏性

盆栽马蹄莲自然条件下植株有时高达40～50cm，影响其观赏价值。用50mg/L多效唑溶液浸泡种球24h，可使盆栽马蹄莲的株型明显矮化，茎秆增粗，叶片增厚，叶色加深，有效提高马蹄莲的观赏价值。另外，在盆栽彩色马蹄莲（品种“Fire glow”和“Lip stick”）芽长至2～10cm时，用250mg/L矮壮素溶液叶面喷施处理，可促使株高明显降低，茎秆增粗，且使开花提前，花多而壮。

3. 切花保鲜

马蹄莲切花在采后贮运和瓶插期间佛焰苞常常出现条纹、坏死斑等现象，使观赏期缩短，降低观赏品质。为此，用1%蔗糖+100mg/L硝酸钴+150mg/L硫酸铝+100mg/L赤霉素的预措液对马蹄莲切花进行预处理24h，可有效延缓切花衰老，显著增加最大花径和花长，提高观赏品质，延长瓶插寿命。

九、美人蕉

美人蕉又名大花美人蕉、红蕉昙花、红艳蕉、兰蕉等，为美人蕉科美人蕉属多年生大型草本，具肉质根壮茎。因其叶似芭蕉，花大色艳而得名。美人蕉品种繁多，其花色有黄、粉、大红、红黄相间等色，并具有各种条纹和斑点；其叶片翠绿繁茂，对氯气及二氧化硫有一定抗性。美人蕉园林用途广泛，可作花境的背景或在花坛中心栽植，可成丛状或带状种植在林缘、草坪边缘或台阶两旁，也可用于盆栽作街头摆花图案的主景，在开阔式绿地内大面积种植更能体现其独到之美，具有“花坛皇后”的美誉。

植物生长调节剂在美人蕉上的主要应用：

1. 促进种子萌发

美人蕉种子先用98%浓硫酸溶液浸种2h，再在流水下冲洗干净之后，用200mg/L萘乙酸溶液浸种24h，可明显促进种子萌发。

2. 促进植株生长

美人蕉根茎用300mg/L吲哚丁酸或30mg/L 6-苄氨基嘌呤溶液浸泡1.5h后种植，可促进植株生长，出芽数、株高和芽高均高于未处理。

3. 矮化植株和提高观赏性

开春后或夏季再生期间，当美人蕉长出1～2片叶时，用200mg/L多效唑溶液喷施植株，不仅能使美人蕉的高度控制在70cm以内，还能增强抗倒伏能力，延长花期，增加观赏性。

十、水仙

水仙别名中国水仙、雅蒜、天葱等，为石蒜科水仙属多年生球根花卉，是我国传统十大名花之一，素有“凌波仙子”的美称。其花幽香淡雅，盛开于元旦和春节期间，在花语上有“吉祥如意”的寓意，盆栽、水养观赏对烘托节日气氛有很好的效果，是冬春重要的时令花卉。

植物生长调节剂在水仙上的主要应用：

1. 矮化水养植株和提高观赏性

水仙一般都采用清水培养观赏，但常常出现茎叶徒长、易倒伏等现象，影响植株的整体造型和观赏效果。用20～40mg/L多效唑溶液处理浸泡水仙（品种为“金盏银台”）鳞茎24～72h后再用清水浸泡，以后每1～2d换1次水，可使水仙株型紧凑、高度适宜、花葶粗壮、叶片浓绿厚实，且不同程度地推迟始花期、延长开花时间和使花径明显增大。另外，也可用5～15mg/L多效唑溶液培养水仙鳞茎，可使株型矮壮，叶片浓绿，根系发达，花大且花期明显延长，观赏价值提高。

2. 促进盆栽植株开花

盆栽水仙用1000～2000mg/L乙烯利溶液浇灌栽培的土壤，连续3次，可促使提前开花。另外，也可用赤霉素注射水仙种球，促进开花。

十一、唐菖蒲

唐菖蒲（彩图9-15）又名菖兰、剑兰、什样锦，是鸢尾科唐菖蒲属多年生球根花卉。其叶形似菖蒲且挺拔如剑，花形变化多姿，花色五彩缤纷，花瓣如薄绢，花梗长且挺直，小花排成蝎尾状多达20余朵，花期长，非常适宜作切花使用，为世界“四大切花”之一。

植物生长调节剂在唐菖蒲上的主要应用：

1. 打破休眠，促进发芽

用10～50mg/L 6-苄氨基嘌呤溶液于定植前浸球根24h处理，可提早发芽。另外，用1000mg/L乙烯利溶液喷洒唐菖蒲鳞茎也可打破种球的休眠，并促其提早发芽。

2. 促进籽球发育

在唐菖蒲（品种为“超级玫瑰”）种植前用100mg/L吲哚乙酸溶液浸泡4h，然后再定植45d后用同样溶液叶面喷施处理，可促进籽球数量增多、直径增大，提高新球品质。

3. 促进开花

唐菖蒲（品种为“江山美人”）定植前用40mg/L赤霉素＋20mg/L 6-苄氨基嘌呤的混合溶液浸泡种球10min，可促进植株开花，有效提升切花质量等级。另外，在唐菖蒲球茎播种后，用800mg/L矮壮素溶液淋洒球茎周围的土壤，第1次在种植后立即使用，第2次在4周后，第3次在7周后使用，可以使唐菖蒲的株型矮壮，提早开花，并能够增加每穗的开花数。

4. 切花保鲜

唐菖蒲（品种为“粉秀”）切花用50mg/L赤霉素预措液预处理20h后，再瓶插于含3%蔗糖的瓶插液中，可有效延长切花的瓶插寿命，提高观赏品质。另外，用30mg/L激动素预处理24h唐菖蒲切花（品种为“粉秀”）后，再插于含3%蔗糖＋30mg/L 6-苄氨基嘌呤的瓶插液中，可有效延长切花瓶插寿命，增加切花鲜重和开花率。再者，唐菖蒲切花的瓶插保鲜可直接插入含4%蔗糖＋300mg/L 8-羟基喹啉＋150mg/L硼酸＋20mg/L 6-苄氨基嘌呤＋200mg/L丁酰肼、3%蔗糖＋30mg/L激动素等的瓶插液中。

十二、晚香玉

晚香玉又名夜来香、月下香、玉簪花，为石蒜科晚香玉属多年生球根草本，其花茎粗壮直立，穗状花序，每个花序可开数朵花，花成对着生，由下至上递次开放，花朵洁白质厚似玉雕，香味浓郁，入夜香味更浓，花期长，在园林绿化中常用来布置花境、花台、花丛，既可盆栽又可作切花生产，是良好的花坛及切花材料。

植物生长调节剂在晚香玉上的主要应用：

1. 打破休眠，促进萌发

晚香玉热带地区无休眠期，一年四季均可开花，而在其他地区冬季落叶休眠。用100～200mg/L赤霉素溶液浸泡处理晚香玉的休眠球根24h，可促进萌发，加速发芽。

2. 矮化盆栽植株和提高观赏性

目前晚香玉品种和类型主要用于切花生产，往往花葶较长、植株较高。盆栽晚香玉时用300～400mg/L多效唑溶液进行叶面喷施处理，萌芽后每半个月再喷1次，可使其株型矮化、紧凑，叶片变短，整体整齐匀称，更适于盆栽观赏。

3. 切花保鲜

用50～200mg/L 6-苄氨基嘌呤溶液喷施花序，可延长晚香玉切花的瓶插寿命，并可减少顶端小花蕾的黄化。晚香玉切花瓶插于含1.2%蔗糖＋60mg/L 6-苄氨基嘌呤＋400mg/L 8-羟基喹啉柠檬酸盐＋100mg/L酒石酸的保鲜液，可促进花序上小花开放，且使花枝瓶插寿命比未处理的延长6d。

十三、仙客来

仙客来（彩图9-16）又名兔子花、兔耳花、一品冠等，为报春花科仙客来属块茎类花卉。因其叶形奇特、花形别致、花色艳丽、花期长而备受人们的喜爱，是世界花卉市场的十大畅销盆花之一，尤其是在元旦、春节等重大节日开花，更弥足珍贵。

植物生长调节剂在仙客来上的主要应用：

1. 打破休眠，促进萌发

种子繁殖是仙客来的常规繁殖方法，但其种子正常播种的萌发率不高，且萌发时间长达30～50d。将休眠的仙客来种球先浸入0.1%高锰酸钾溶液中消毒10min，再放入5～10mg/L赤霉素溶液中浸泡15min，取出晾干后重新栽入盆中，可解除休眠，促进萌发。另外，采用20mg/L吲哚丁酸、25mg/L吲哚乙酸或17mg/L萘乙酸溶液等浸泡处理仙客来种子6h，发芽率可比未处理的提高近2倍。

2. 促进开花

在盆栽仙客来（品种为“皱边玫瑰”）花芽初露、花蕾尚未膨大时，用20mg/L赤霉素溶液滴入花蕾部位及球根上植株，使花梗及幼蕾达到湿润为止，可使盆花提早约30d开花，而且能使仙客来的株高和花茎高度适宜、花数增多、花径增大。另外，用100mg/L 6-苄氨基嘌呤溶液在9月中下旬喷施仙客来花蕾部分，可使其在年末同时开花。再者，在9～10月份用1～50mg/L赤霉素溶液喷洒仙客来生长点，可促进花梗伸长和植株开花。

十四、小苍兰

小苍兰又名香雪兰、洋晚香玉等，为鸢尾科小苍兰属多年生球根类花卉，其观赏栽培的园艺品种非常丰富，且花姿优美、玲珑清秀、花形秀丽、花色丰富素雅，香气清幽似兰，开花期又长，广泛用于城市绿化、节日装饰、家庭盆栽、切花欣赏等。

植物生长调节剂在小苍兰上的主要应用：

1. 打破休眠、促进萌发

用10～40mg/L 6-苄氨基嘌呤溶液浸泡小苍兰球茎12～24h，可打破休眠，促进萌发。另外，在小苍兰30℃贮藏期间（2～8周），用0.75μL/L乙烯每天处理6h，持续1～3d，也可促进萌发。

2. 矮化盆栽植株

用60mg/L多效唑溶液浸泡小苍兰（品种为“上农金黄后”）种球10h或用120mg/L多效唑溶液浸泡种球5h，可使株高降低、株型挺拔、叶片缩短、花梗变短、花朵秀丽，有利于小苍兰盆花的优质生产。另外，用150mg/L多效唑溶液对小苍兰（品种为“香玫”）球茎进行播前浸泡12h处理，也可有效减低植株高度和花序长度，对株型控制效果明显。

3. 促进开花

用5mg/L乙烯利溶液浸泡小苍兰种球24h，在室温贮存1个月后，再用10～30mg/L赤霉素浸泡24h，在10～12℃下贮存45d后播种。这种处理方法可以使小苍兰提前3个月开花。另外，也可在小苍兰种球低温处理前，用10～40mg/L赤霉素溶液浸泡24h，可提前40d左右开花。

4. 切花保鲜

小苍兰切花对乙烯敏感，且在水养瓶插过程中往往有20%～30%小花不能开放或畸形。用20%蔗糖+200mg/L 8-羟基喹啉+0.2mmol/L硫代硫酸银+0.5mmol/L 6-苄氨基嘌呤、10%蔗糖+1.0mmol/L 6-苄氨基嘌呤+250mg/L 8-羟基喹啉等预措液预处理，可显著提高开放率，并延长瓶插寿命。另外，小苍兰切花的瓶插保鲜也可直接插于含5%蔗糖+300mg/L 8-羟基喹啉柠檬酸盐+50mg/L激动素等的瓶插液中。

十五、小丽花

小丽花又名小丽菊、小理花等，为菊科大丽花属多年生球根草本，具纺锤状肉质块根。小丽花形态与大丽花相似，是大丽花矮生类型品种群，其植株较为低矮，花色艳丽、丰富，有深红、紫红、粉红、黄、白等多种颜色，花形富于变化，并有单瓣与重瓣之分，花期又长，是一种优良的地被植物，也可布置花坛、花境等处，还可盆栽观赏或作切花使用。

植物生长调节剂在小丽花上的主要应用：

1. 促进种子萌发

将小丽花种子用1000mg/L高锰酸钾溶液浸泡30min杀菌，然后冲洗干净，再用100mg/L萘乙酸或500mg/L吲哚乙酸溶液浸种24h，可提高种子发芽率，并促进幼苗生长。

2. 降低盆栽植株高度和提高观赏性

在盆栽小丽花（品种为“XAC-026”和“XAC-027”）定植植株分枝长10cm左右时，用2000～3000mg/L丁酰肼或40～80mg/L多效唑溶液首次喷施后，隔15d左右再喷1次，至花蕾露色为止，可使植株明显矮化，且叶色浓绿，枝条粗壮，花朵顺利开放，观赏价值提高。

3. 促进开花

在2月下旬时将小丽花块根种植于花盆，待4月份苗高30～40cm并出现花蕾时，用500mg/L赤霉素溶液每日涂抹花蕾1次，连续3次，花期可提前约1周，同时还可使植株明显增高。

十六、郁金香

郁金香（彩图9-17）别名洋荷花、郁香、草麝香等，为百合科郁金香属多年生球根花卉，其花茎挺拔，花朵似荷花，花瓣厚实，花色繁多，色彩丰润、艳丽，叶丛素雅，为世界著名的球根花卉。郁金香品种繁多，园林应用十分广泛。高茎品种适于作切花或配置花境，也可丛植于草坪边缘；中、矮品种特别适合盆栽，用于点缀庭院、室内，增添欢乐气氛。

植物生长调节剂在郁金香上的主要应用：

1. 打破鳞茎休眠，促进发育

用100mg/L乙烯利＋100mg/L赤霉素＋100mg/L激动素的混合溶液浸泡郁金香鳞茎（品种为“金色阿波罗”）24h，可有效打破休眠。另外，用0.5μL/L乙烯熏郁金香鳞茎3d，可促进鳞茎发育。

2. 促进花葶生长和提高切花品质

在郁金香（品种为“金色阿波罗”）现蕾期，用50mg/L赤霉素喷施植株，可明显增加花葶长度、花苞大小，显著改善切花品质。另外，在郁金香抽葶期喷施50～100mg/L赤霉素或50mg/L赤霉素＋50mg/L吲哚丁酸的混合溶液，也可促进花柄伸长，增加花朵直径，明显提高切花品质。再者，在郁金香（品种“早矮红”）苗高5cm时，用400mg/L赤霉素溶液滴注鞘状叶，每次每株0.8mL，间隔1周，共滴注3次，可增加花茎长度，使花色更加鲜艳。

3. 降低盆栽植株高度和提高观赏性

盆栽郁金香往往因花茎过高而降低观赏品质，为控制高度，可在盆栽前将郁金香球茎浸入30mg/L烯效唑溶液中约40min，1个月后的植株比未处理的要矮40%左右，且观赏价值提高。另外，盆栽郁金香遮阴后，叶片长至6～8cm时，每个直径15cm的盆用5mg多效唑灌注，可使叶片深绿而厚、花梗矮壮，提高观赏价值。再者，用250～500mg/L乙烯利进行土壤浇灌，每盆施50mL，在温室内进行，也可有效地控制郁金香植株高度。

4. 促进开花

用100～150mg/L赤霉素溶液浸泡郁金香鳞茎24h处理，可代替低温预冷处理，使郁金香提前在冬季温室中开花，花的直径也有所增加。另外，在郁金香株高5～10cm时，每株滴300～400mg/L赤霉素水溶液1mL，或滴加200mg/L赤霉素＋5～10mg/L 6-苄氨基嘌呤的混合液，均可使其提早开花。

5. 切花保鲜

将花蕾初绽时采切的郁金香（品种为“摩力”）切花基部插入4mmol/L硫代硫酸银溶液中（浸没花枝约2cm）预处理20min，随后插于含3%蔗糖＋200mg/L 8-羟基喹啉柠檬酸盐＋150mg/L柠檬酸＋15mg/L 6-苄氨基嘌呤、3%蔗糖＋200mg/L 8-羟基喹啉柠檬酸盐＋150mg/L柠檬酸＋10mg/L多效唑等的瓶插液中，可延长瓶插寿命1倍以上。另外，郁金香可直接插于含

3%蔗糖+150mg/L柠檬酸+300mg/L 8-羟基喹啉柠檬酸盐+5mg/L烯效唑、5%蔗糖+300mg/L 8-羟基喹啉柠檬酸盐+50mg/L矮壮素等的瓶插液中。

十七、朱顶红

朱顶红（彩图9-18）又名百枝莲、华胄兰，为石蒜科朱顶红属（孤挺花属）多年生球根花卉。其花枝挺拔，叶丛浓绿，花朵硕大，色彩艳丽，婀娜多姿，花叶繁茂，十分适合造园布景，可配置庭院及公共场所的花坛、花境等，也可作为盆花、切花观赏，特别适合室内装饰用于重要节日装点和烘托喜庆氛围。

植物生长调节剂在朱顶红上的主要应用：

1. 促进鳞茎扦插繁殖

在朱顶红（品种为"红狮子"）鳞茎切块繁殖时，可将鳞茎竖着放置，鳞茎盘在底部，把鳞茎顶端切平，顺着鳞茎弧面弧线纵切，每次纵切经过鳞茎中心，每个鳞茎大致分为16等份，每个扦插鳞茎携带的鳞茎盘大小基本一致。扦插前用150mg/L吲哚乙酸溶液浸泡鳞茎插穗8min处理，促进仔球的产生和生长。

2. 矮化盆栽植株和提高观赏性

盆栽朱顶红虽姿容美丽，但因花葶太高、叶片太长、叶片易折断、花葶易倒伏，从而影响其观赏价值。为此，待朱顶红（品种为"橙色塞维"）发芽后用300～800mg/L丁酰肼或300mg/L矮壮素溶液浇于盆土中，以溶液刚好流出盆底为准，1周后再浇1次，可使花茎显著矮化，株型紧凑，更为美观。另外，用100～300mg/L多效唑或300mg/L矮壮素溶液灌根处理朱顶红（品种为"孔雀花"），可使植株矮化，观赏价值明显提高，其中以300mg/L多效唑溶液处理的效果最佳。

第五节　在多肉植物上的应用

多肉植物又被称为多浆植物、肉质植物、多肉花卉等，隶属于不同的科属，不同科属之间有不同的形态特征，但基本的形态特征相似：其茎、叶或根（少数种类兼有两部分）特别肥大，具有发达的薄壁组织用以储藏水分和养分，在外形上显得肥厚多汁。广义的多肉植物包含仙人掌在内，而狭义的则指除仙人掌以外的多肉植物，即时下颇为流行的"肉迷"最爱。多肉植物特有的肉质化器官及退化叶形成了多肉植物独特的外形，既是其十分重要的观赏特征，同时也是品种识别以及大部分品种命名的重要依据。

多肉植物家族庞大、种类繁多，已知目前全世界共有1万余种，隶属五十余科，从带刺的仙人掌到"小清新"的芦荟都是它们的成员，常见栽培的植物主要有仙人掌科、番杏科、大戟科、景天科、百合科、萝藦科、龙舌兰科、菊科、凤梨科、鸭跖草科、夹竹桃科、马齿苋科、葡萄科等。近年来，福桂花科、龙树科、葫芦科、桑科、辣木科和薯蓣科的多肉植物也有引进和栽培。多肉植物形态别致、色泽瑰丽、纹理多样，叶、茎、花、刺（毛）等一年四季都有很高的观赏价值，且具有管理粗放、繁殖力强、病虫害少、生态适应性强等特点，在园林绿化和现代家庭中具有广泛的应用。近年来，多肉植物由于具有极强的耐旱、耐瘠薄能力的特性，在管理过程中相较于其他园林植物更加节水节肥，符合园林绿化可持续发展战略，已经越来越多地应用于城市公园及小区的绿化中。一些多肉植物体型较小，生长缓慢，相较于一般观赏植物其观赏期要长得多，不论是孤赏还是组合成盆景，都可以保持较长时间的景观。多肉植物大多对水需求量小，对土壤的干湿程度要求低，便于居住者管理和清洁，因而特别适宜室内绿化装饰，既能适应城市高层住宅降雨通风较差的环境，又适合快节奏都市生活状态下的简易养护，受到广大花卉爱好者的青睐。也有一些多肉植物（如垂盆草、佛甲草等）目前常用于屋顶花园。另外，与草本植物、木本植物不同，不少多肉植物有一副萌萌的外表，十分惹人怜爱。一些多肉植物小盆栽形态奇特、小巧可掬，非常适合妆点窗台、阳台和桌面。多肉植物凭借其多彩的颜色、丰富的造型、顽强的生命力和绿色低碳的特点，成为一种符合现代环保理念的绿色礼品。

植物生长调节剂在多肉植物上的应用主要涉及促进繁殖、调控生长、调节花期、贮运保鲜等各个方面。以下简要介绍植物生长调节剂应用于多肉植物的部分实例。

一、八宝景天

八宝景天又名蝎子草，是景天科景天属多年生肉质草本植物，因其适应能力强，耐高温，抗低温，四季常绿，秋冬开花，无花时色彩亮绿、开花时一片粉红，群体效果极佳，被作为屋顶绿化、布置花坛、花境和点缀草坪、岩石园的好材料。

植物生长调节剂在八宝景天上的应用：

八宝景天在莳养时，由于叶柄、花梗较长，易折断，株型松散，影响其观赏价值。为此，在八宝景天越冬芽萌发生长时，用100mg/L多效唑或3000mg/L矮壮素溶液对八宝景天植株进行叶面喷施处理，7d后再喷1次，可有效抑制八宝景天地上部分的生长，使株高明显矮化，节间缩短，茎秆增粗，叶片增厚，叶色加深，叶长叶宽变小，观赏性提高。

二、金边虎尾兰

金边虎尾兰为龙舌兰科虎尾兰属的多年生草本观赏植物，因其生性强健，叶形耸直、坚挺，斑纹美丽、清雅，四季青翠，很适合庭园美化或盆栽，为一种常见的绝佳观叶植物。

植物生长调节剂在金边虎尾兰上的应用：

金边虎尾兰叶片扦插繁殖是其主要的繁殖方式。扦插时，选取成熟叶片横切成长度约10cm的片段，每一片段为一插穗，用400mg/L萘乙酸溶液浸泡插穗基部3h，可促进插穗生根和根系生长。另外，对金边虎尾兰插穗叶段用300mg/L吲哚乙酸或400mg/L萘乙酸溶液浸泡基部3h后再用自来水（液面高约3cm）培养，每3d换水1次，室温（20℃～28℃）培养50d，可促进生根和成活。再者，用100mg/L吲哚丁酸或萘乙酸溶液浸泡金边虎尾兰叶基段1h，或者100～200mg/L吲哚丁酸或200mg/L萘乙酸溶液浸泡叶尖段1h，扦插效果良好。

三、生石花

生石花是番杏科生石花属多年生小型肉质植物，未开花前的形态像石头半埋在地下，故又名石头花。因其形态独特，色彩斑斓，株型小巧，高度肉质，叶形、叶色、花色都富于变化，成为目前很受欢迎的观赏植物。

植物生长调节剂在生石花上的应用：

生石花作为多肉植物的一种，其繁殖方式以种子繁殖为主。不过，生石花种子细小，且有休眠特性。为此，可用100mg/L赤霉素溶液浸泡4h后播种在1/2 MS培养基，可显著促进种子萌发及幼苗生长。

四、昙花

昙花又名琼花、昙华等，为仙人掌科昙花属多年生常绿肉质植物，其花朵生于叶状枝的边缘上，怒放时花大如碗，花外围的淡绛红色的长形线裂状外瓣逐渐向后运动，成飞舞漫射状，如羽衣临风，飘逸多姿；里层薄而富有光泽的花瓣，洁白典雅。加之香气浓郁、淡雅素洁，又因其花朵在晚上开放，是世界较为知名的珍奇花卉。

植物生长调节剂在昙花上的应用：

昙花一般用扦插方法繁殖。在每年春季3～4月间，取二年生的昙花叶状肉质茎，长度为10～15cm，用30mg/L萘乙酸溶液浸泡插条基部5～10min，放在背阴处风干1～2d后进行扦插，有利于生根和提高成活率。

五、落地生根

落地生根别名天灯笼、叶爆芽，为景天科落地生根属肉质植物，其形态奇特，极易栽培，是一种比较常见的观赏植物。

植物生长调节剂在落地生根上的应用：

在短日照开始后3～5周用500mg/L丁酰肼溶液叶面喷施落地生根植株，4～5周后进行第2次处理；也可以在打尖后，侧枝生长达4～5cm时处理。经处理的落地生根植株矮化，株形美观。另外，用250mg/L吲哚丁酸溶液喷洒落地生根植株，可延长开花时间2周。

六、仙人球

仙人球（彩图9-19）俗称草球，为仙人球属仙人掌类植物。由于其形态奇特优美、花形花色各异而深受消费者喜爱。

植物生长调节剂在仙人球上的应用：

用100mg/L赤霉素溶液浸泡仙人球（品种为“巨鹫玉”）种子12h，然后置于25℃光照条件下培养，每日光照12h，可促进种子萌发，且使发芽时间缩短、萌发整齐。另外，从仙人球母体上取下幼株，栽植前用100mg/L萘乙酸溶液浸泡20min左右，也可促进发根。

七、蟹爪兰

蟹爪兰（彩图9-20）又名蟹爪莲、仙指花、圣诞仙人掌，是仙人掌科蟹爪兰属的多年生植物。其叶形独特，且开花时间正逢圣诞、元旦，是观赏性很强的冬日观花植物。

植物生长调节剂在蟹爪兰上的应用：

1. 促进扦插苗出芽

采用10～50mg/L 6-苄氨基嘌呤溶液喷施蟹爪兰（品种“骑士”）扦插苗，可显著增加其出芽数。另外，将10～50mg/L 6-苄氨基嘌呤与1～5mg/L萘乙酸的混合溶液进行喷施处理，促进扦插苗出芽的效果更好。

2. 促进嫁接繁殖

蟹爪兰常采用嫁接繁殖，它具有繁殖快、生长迅速和开花早的特点，嫁接还用来培育新优品种。在蟹爪兰嫁接时，用500～1000mg/L萘乙酸溶液浸蘸接穗基部，可促进愈伤组织形成，并提高成活率。

3. 促进开花

蟹爪兰需在短日照条件下诱导开花，当短日照开始时若先端茎节不成熟，则难以形成花蕾。为此，可在短日照处理开始前40d，先用1000mg/L赤霉素溶液喷施处理使新茎节同时长出，再用50～100mg/L 6-苄氨基嘌呤溶液喷洒处理，可以促进花芽分化，增加花的数量。另外，用80mg/L 6-苄氨基嘌呤＋20mg/L赤霉素＋10mg/L萘乙酸＋10mg/L辅助维生素溶液喷施蟹爪兰植株，可有效促进开花，且使长势更好，花朵更大，开花数量更多，开花时间更久。

八、长寿花

长寿花又名矮生伽蓝菜、圣诞伽蓝菜、寿星花等，属景天科伽蓝菜属多年生常绿肉质植物，其植株较为矮小，株型紧凑，叶色碧绿，花序上小花排列紧密拥簇成团，花期可长达4～5个月，故名长寿花。长寿花品种繁多（单瓣、重瓣），色彩丰富（大红、黄色、橘黄色、粉色、玫粉色、白色等），盛花期正值圣诞、元旦、春节，可为喜庆节日增添欢乐气氛。长寿花既可露地栽培，也可盆栽观赏。在园林应用时，可把不同花色品种组合在一起，也可用于公共场所的花槽、橱窗、大厅等栽培观赏。

植物生长调节剂在长寿花上的应用：

1. 促进扦插生根

长寿花较易生根成活，若用生长调节剂扦插处理可进一步提早生根和增加生根数。具体做法是：剪取长寿花5～6cm长的茎段，摘除基部的叶片，只保留上部节间的叶片，然后用刀片把插条基部削成平滑、整齐的斜口。扦插前，先用小木棍在基质上扎眼，防止插穗下端受损。用

1000mg/L 萘乙酸溶液速浸插穗 2min 后放置在阴凉处，短暂愈合后将插条插入草炭、纯沙和纯土等比配合的基质营养钵中。

2. 矮化盆栽植株和提高观赏性

盆栽长寿花往往因枝干过长而易倒伏并呈现出老化的状态，影响观赏价值。为此，在盆栽长寿花（品种为“红霞”）4 叶 1 心时，用 200mg/L 多效唑溶液浇灌基质（草炭：蛭石为 1：1），每盆施用量为 40mL，可有效抑制长寿花生长，对株高和主花枝有显著矮化作用，显著改善盆栽长寿花的观赏品质。

第六节　在兰科花卉上的应用

兰科花卉俗称兰花，为多年生草本，极少数为藤本。兰花的形态、习性千变万化，花部结构高度特化和极度多样，如唇瓣的特化、合蕊柱的形成等。依兰花的生态习性不同，可分为地生兰类和附生兰类等，地生兰类有春兰、蕙兰、建兰、墨兰、寒兰等，多生于热带地区及亚热带地区；附生兰类主要有蝴蝶兰、兜兰、万带兰、石斛兰等，多生于温带地区及亚热带地区。另外，花卉市场上还往往根据地理分布把兰花笼统地分为国兰和洋兰。国兰特指兰科兰属中的部分小花型地生兰，如春兰、蕙兰、建兰、墨兰、寒兰、莲瓣兰等，其特点是花茎直立，花小而素雅，且具有奇妙的幽香，叶片细而长，叶姿优美。洋兰是相对于国兰而言的，涵盖了除国兰之外的兰科所有观赏植物种类，常见的商品洋兰多为热带兰，主要有蝴蝶兰、大花蕙兰、石斛兰、文心兰、万代兰、兜兰等。与国兰相比，洋兰种类更丰富，而且花大花多，花色艳丽多彩，花期持久。

兰花品种极为繁多，常见的有兰属、蝴蝶兰属、石斛属、卡特兰属、万带兰属、文心兰属、兜兰属等许多栽培种。兰科花卉作为高雅、美丽而又带神秘色彩的观赏植物，以其花形优美别致、花色绚丽多彩、花味清馨芬芳的特色而享誉全球，深受各国人民的喜爱。兰花具有不同的体型、花期、花色，其在园林绿化中的配植方式也多种多样。对于兰花中植株体型较大、花大色艳的可进行孤植；体型相对较小的可片植成群，营造花团锦簇的效果。除了用于花坛、花境、水景等各类园林绿化之外，一些兰科花卉（如蝴蝶兰、石斛兰、大花蕙兰、文心兰、卡特兰等）还是高档的盆花和切花，并在国内外花卉市场上占有非常重要的地位。另外，兰花在我国还具有浓厚的文化艺术价值，历史悠久，钟情者众。几千年来，兰花成为文人墨客的诗词歌赋及国画中的重要题材，形成了我国独特的兰花文化，是我国传统文化的重要组成部分。如今，兰花既可实现园林景观功能，同时又满足居民更高的审美要求，在打造城市文化、促进城市现代文明建设中发挥着越来越重要的作用。

植物生长调节剂在兰科花卉上的应用主要涉及促进繁殖、调控生长、调节花期、贮运保鲜等各个方面。以下简要介绍植物生长调节剂在兰科花卉的部分应用实例。

一、春兰

春兰俗称小兰，又名草兰、幽兰、朵兰、山兰等，是兰科兰属中的地生种，以香气馥郁、色彩淡雅、花姿优美、叶态飘逸见长，有“花中君子”的美誉，也是中国兰花大家族中品种最为丰富多彩的一个种，常见的有梅瓣、水仙瓣、荷瓣、素心瓣和蝴蝶瓣等。

植物生长调节剂在春兰上的应用：

1. 促进种子萌发

春兰种子细小，种皮细胞壁加厚，表面覆盖一层不透水不透气的膜状物质，种胚为发育不完全的球胚，仅含脂类作为储存营养物质，常规播种难以萌发。只有在无菌条件下，借助适宜的培养基质才能萌芽。在播种培养基中加入 0.1mg/L 萘乙酸和 0.01mg/L 激动素对春兰种子快速萌发有明显的促进作用。另外，用 0.1mol/L 氢氧化钠先浸泡春兰种子 20min 后再进行无菌播种，在基本培养基（1/2MS＋4.5g/L 琼脂＋30g/L 蔗糖＋0.1g/L 活性炭）中添加 0.5mg/L 6-苄氨基嘌呤可有效使春兰种子的初始萌动时间提前和提高种子的萌发率。

2. 促进盆栽植株成活和幼苗生长

春兰根部栽植时受损会影响随后植株的生长发育，为此可将其假鳞茎在盆栽前用 200mg/L 萘乙酸溶液浸泡约 15min，促进萌生新根和提高成活率。另外，在 5 月底至 6 月中旬，用 100mg/L 赤霉素溶液喷洒春兰幼苗，并隔 1 周喷 1 次，共喷 2～3 次，能促进幼苗生长。

3. 促进开花

在冬末春初，用 1000mg/L 多效唑溶液喷洒春兰全株，大致隔半个月喷 1 次，共喷 2～3 次，可有效抑制春兰的营养生长，并促进生殖生长，使之多开花和花径增大。另外，在 8 月下旬至 9 月上旬，用 200mg/L 赤霉素溶液喷洒春兰全株 3～4 次（间隔 1 周），可促进花芽生长，并提前开花（比正常花期提前约 10～15d）。再者，用 100mg/L 赤霉素＋25mg/L 水杨酸的混合溶液叶面喷施春兰植株，每周喷 1 次，连续喷 10 次，可促进叶芽和花芽发生和生长，并使花期提前。

二、大花蕙兰

大花蕙兰（彩图 9-21）又称西姆比兰等，为兰科兰属植物，是以大花附生种、小花垂生种以及一些地生兰为原始材料，通过人工杂交培育出的花朵硕大、色泽艳丽的一个品种的统称，即为品种群的统称。大花惠兰的植株和花朵大致分为大型和中小型，有黄、白、绿、红、粉红及复色等多种颜色，色彩鲜艳、异彩纷呈。部分大花蕙兰还具有香味，既具有国兰的幽香典雅，又有洋兰的丰富多彩，是国际上五大盆栽兰花之一。

植物生长调节剂在大花蕙兰上的应用：

1. 调控盆栽植株生长

在盆栽 2 年生大花蕙兰（品种为“Christmas Rose”）组培苗时，栽植前用 100mg/L 6-苄氨基嘌呤＋200mg/L 多效唑的混合溶液浸根 10h，可显著提高大花蕙兰分蘖率，同时使大花蕙兰植株明显矮化。

2. 调节开花

在盆栽 3 年生大花蕙兰（品种为“Greensleeves”）组培苗时，用 30mg/L 多效唑以灌根方式一次性施用，在减缓大花蕙兰营养生长的同时，还可明显降低花箭高度，并使初花期提前，开花率提高，且整个花期延长 3～10d。另外，用 50～200mg/L 多效唑溶液喷施大花蕙兰的叶片和假鳞茎，可促进大花蕙兰的花芽分化，使其提早开花，溶液浓度越高则提早天数越多；而用 50～200mg/L 萘乙酸溶液喷施大花蕙兰的叶片和假鳞茎，则可使大花惠兰推迟 4～11d 开花。

三、蝴蝶兰

蝴蝶兰（彩图 9-22）又称蝶兰，为兰科蝴蝶兰属附生性多年生草本。其花朵造型独特，形似蝴蝶，花数多而且排列有序，花形优美，花色鲜艳，每株花期长达 2～3 月，是深受消费者喜爱的盆花和切花，也是热带兰中的珍品，享有“兰中皇后”的美誉。

植物生长调节剂在蝴蝶兰上的应用：

1. 矮化盆栽植株和提高观赏性

在蝴蝶兰规模化生产中，采用 20～100mg/L 多效唑或 1000mg/L 丁酰肼溶液进行灌根处理，可安全有效地控制蝴蝶兰花葶高度，延长花期，使其叶片增厚，从而提高蝴蝶兰的花卉品质。另外，蝴蝶兰（品种为“婚宴”）在花葶 10～20cm 时，用 50～100mg/L 多效唑溶液喷施处理，可有效降低花葶高度，增加观赏性。

2. 调节开花

在蝴蝶兰栽培时用毛笔蘸 100mg/L 6-苄氨基嘌呤涂抹于花蕾上，可促进花蕾发育和提前开花。另外，用 3000mg/L 矮壮素溶液涂抹蝴蝶兰（品种为“巨宝”）腋芽，可提前开花 25d 左右。再者，用 5mg/L 赤霉素溶液每周喷施蝴蝶兰植株 1 次，共喷施 3 次，可显著增加花朵数量，但具体应用时应考虑其有延迟开花的效应。

3. 盆花和切花保鲜

蝴蝶兰盆花经过800nL/L 1-甲基环丙烯密闭处理24h后贮运，能很好地防止萎蔫和脱落，增加花朵寿命。另外，蝴蝶兰切花的贮运保鲜主要采用在花梗基部插上小型保鲜管的方法，所用的保鲜液为0.3%蔗糖+5mg/L 6-苄氨基嘌呤，这样既能保鲜，又便于包装。然后将其置于相对湿度为90%～95%的环境中进行贮藏，存放地点不需要光照，贮藏温度为13～15℃，贮藏时间可达10～20d。

四、卡特兰

卡特兰又名卡特利亚兰或嘉得丽亚兰，为兰科卡特利亚兰属多年生草本植物。卡特兰是热带兰中花朵最大、花色最艳丽的种类，均为附生兰，常附生于林中树上或林下岩石上。因其花型花色千姿百态、艳丽非凡，并具有特殊的芳香，被誉为“热带兰之王”“洋兰之王”。

植物生长调节剂在卡特兰上的应用：

1. 促进盆栽植株生长和提高观赏性

在盆栽（基质为水苔藓，容器为塑料盆）卡特兰（品种为“s/c. Tutankamen ‘Pop’ SM/JGP96”）营养生长阶段，用含40mg/L 6-苄氨基嘌呤+50mg/L 赤霉素+50mg/L 激动素的营养液每5d浇施1次，能显著促进植株地上部生长发育；在生殖生长阶段用含60mg/L 6-苄氨基嘌呤+50mg/L 赤霉素+100mg/L 激动素的营养液每5d浇施1次，则可促使提早形成新芽，增加侧枝，有效提高卡特兰的观赏品质。

2. 促进开花

在卡特兰花芽分化阶段，用300～600mg/L 赤霉素溶液叶面喷施植株，可使花柄和花葶的长度显著增加，使盛花期分别提前约9d。另外，在5年生卡特兰（品种为“Green World”）花芽分化期花鞘注射60～120mg/L 赤霉素溶液，可使盛花期提前13～22d，且使花朵增大，萼片、花瓣、花柄和花葶的长度也显著增加。

五、墨兰

墨兰又称为报岁兰、入岁兰，为兰科兰属地生兰多年生草本花卉，其花色素雅，花瓣幽香四溢，叶片形态独特飘逸，为五大类传统国兰之一。墨兰是我国南方最常栽培的国兰品种之一，于春节前后开花，是一种名贵的盆栽年宵花卉。

植物生长调节剂在墨兰上的应用：

1. 调控盆栽植株生长和提高观赏性

部分墨兰品种盆栽时叶片偏长，可达60～70cm，摆设厅堂影响观赏价值。为此，可在盆栽墨兰叶芽出土后，每隔20～30d喷施1000mg/L 多效唑溶液1次，共喷3～4次，每次每盆喷约20mL溶液。经此处理，墨兰叶片缩短增宽，叶色更浓绿，新芽数和每株花数也增多。

2. 开花调控

“银拖”墨兰品种属银边墨兰类，较传统的银边墨兰叶阔、质硬、覆轮大、花香，为艺兰的名贵品种，作为年宵花，每年销往全国各地，上市量逐年增多。用200mg/L 赤霉素溶液喷施“银拖”墨兰植株，每隔7d喷1次，连续喷4次，可提早抽箭和促进开花。另外，用200mg/L 6-苄氨基嘌呤溶液叶面喷施“银拖”墨兰叶片和假鳞茎，每隔7d喷1次，连续喷4次，可使花箭长度适中、生长粗壮、着色均匀，开花时间早，持续时间长，花朵观赏品质优良。

六、石斛兰

石斛兰又称石斛，为兰科石斛属植物的总称，在园艺上一般简单地把在春季开花的石斛称为春石斛，把在秋季开花的石斛称为秋石斛。石斛兰（特别是春石斛）花姿优雅，花色鲜艳，花期长，观赏价值高，为“四大观赏洋兰”之一，既可盆栽，也可作切花观赏。

植物生长调节剂在石斛兰上的应用：

1. 促进扦插生根

石斛兰扦插前用 500～1000mg/L 吲哚乙酸溶液速蘸再铺种条，可促进生根和提高成活率。

2. 调控植株生长和提高观赏性

在石斛兰分蘖期用 10mg/L 6-苄氨基嘌呤溶液浸根 2h 处理，可增加有效分蘖数。另外，在 7 月中旬用 50mg/L 多效唑溶液喷施春石斛植株，可抑制春石斛假鳞茎生长，提高石斛兰观赏价值。

3. 开花调控

春石斛开花需要一个低温诱导过程，即在夜温 13℃、日温 25℃、温差 10～15℃条件下诱导 1 周，可促其花芽形成，而用植物生长调节剂并结合外界低温处理可刺激春石斛提前到元旦或春节开花。具体做法是：11 月下旬，先用 200mg/L 6-苄氨基嘌呤＋2000mg/L 多效唑的混合液喷雾春石斛（大苞鞘石斛 2 年生野生苗），7d 后再喷施 200mg/L 多效唑＋200mg/L 噻苯隆的混合溶液，2 周后重喷 1 次，可促进大苞鞘石斛花芽提前形成和正常开花，其中花芽出现时间提前约 30d，开花时间提前约 20d。另外，在春石斛（品种为“White Christmas”）假鳞茎生长成熟后进行低温处理时，用 100mg/L 6-苄氨基嘌呤溶液进行叶面喷洒，每株用量约 10mL，可使 1 年生鳞茎上增加坐花数，并提早开花。

七、文心兰

文心兰别名跳舞兰、舞女兰等，是兰科文心兰属植物的总称。文心兰植株轻巧、动感，花茎轻盈下垂，花朵奇异可爱，外形像飞翔的金蝶，花色亮丽，花形优美，观赏价值很高，在国际花卉市场非常受青睐。

植物生长调节剂在文心兰上的应用：

1. 增加切花植株新芽高度

用 30mg/L 吲哚丁酸溶液喷施文心兰切花品种“南茜”2 年生组培苗植株，每 10d 喷 1 次，共喷 6 次，可明显促进新芽生长和增加植株高度，可能与其促进文心兰气生根的形成与生长而有利于营养成分吸收有关。

2. 开花调节

用 200mg/L 赤霉素＋25mg/L 6-苄氨基嘌呤的混合溶液叶面喷施文心兰植株，可使文心兰的花期显著提前，且使花朵变大，花葶长度增加。另外，对处于假鳞茎形成期的文心兰植株用 250mg/L 多效唑溶液叶面喷施，可使花期推迟和延长。

八、杂交兰

杂交兰是国兰与大花蕙兰的种间杂交品种，集大花蕙兰的花大、色艳、花期长及国兰的幽香、典雅和韵味为一体，具有较高的观赏价值和市场前景。

植物生长调节剂在杂交兰上的应用：

1. 促进分株繁殖

杂交兰分株繁殖是把成簇的兰株以 2 代以上的连体为单位分离另植的繁殖方法，具有操作简单、成活率高、保持品质特性等优点。在杂交兰（品种为“黄金小神童”）分株繁殖时，将带一个腋芽的分生单株先用百菌清 1000 倍液处理 0.5h，再用 500～1000mg/L 吲哚丁酸溶液速浸 5s，然后将其植于繁殖基质（为 7～12mm 的树皮，厚度为 6cm），可使分生出来的单株快速生根，根数量及鲜重均显著优于未处理者。

2. 促进开花

在杂交兰“黄金小神童”和“基红美人”花芽分化前用 200mg/L 6-苄氨基嘌呤溶液或

20mg/L赤霉素+200mg/L 6-苄氨基嘌呤的混合溶液叶面喷施处理，均可明显提高两个杂交兰品种的花芽分化数，赤霉素的添加对花芽分化作用有一定的增效作用，在较低温度下增效作用尤为明显。另外，在墨兰与大花蕙兰杂交选育的“玉女”杂交兰花芽长约5cm时，用棉花蘸取400～800mg/L赤霉素溶液对花芽进行均匀涂抹，共涂抹2次，间隔15d，可促进花序的生长，使花朵变大，花期提早，败花率降低。

第七节 在木本观赏植物上的应用

木本观赏植物泛指所有可供观赏的木本植物，其茎是木质化的，树体主干明显，生长年限及寿命较长。木本观赏植物主要包括乔木、灌木、木质藤本和竹类。乔木的主干明显而直立，分枝繁茂，植株高大，分枝在距离地面较高处形成树冠，如松、杉、杨、榆、槐等；灌木则一般比较矮小，没有明显的主干，近地面处枝干丛生，如月季、栀子花、茉莉花等；木质藤本的茎干细长，不能直立，通常为蔓生，如迎春花、金银花、紫藤、凌霄、炮仗花、使君子等；竹类是观赏植物中的特殊分支，如紫竹、佛肚竹、毛竹等。另外，还往往根据观赏部位和特性把木本观赏植物分为观花类、观果类、观叶类、观干类和观形类等，其中观花、观果类主要欣赏其花形、花色、花香及果实的果形、果色；观叶、观干及观形类主要欣赏其树冠形态、整体姿态、树干颜色、树皮纹痕、枝条形态及颜色、树叶形状及颜色变化等。

木本观赏植物品种繁多，生态型丰富，株型、色彩多种多样，观赏特色迥异，可孤植或丛植于公园、庭院的草坪、池畔、湖滨或列植于道路两旁，也可在山地或丘陵坡地成片栽植。随着人们对园林绿地品质要求的不断提高，以观花、观叶、观果、观形为主的木本观赏植物在园林绿地中的应用日益增多。城市园林绿化多以各类乔、灌木为主，通常春夏季观花、叶，秋季观花、叶、果，冬季观果、枝干，形成城市园林绿化中独具特色的景观。观花、观果树种既能增加景观美感，又能引来昆虫、鸟禽等驻足嬉戏、鸣叫，使植物与动物和谐相处，营造出景观与人居环境融洽的氛围；观干、观叶类植物中的常绿针叶树种与落叶阔叶乔、灌木树种相互搭配成景，能很好地体现四季变化的自然美感。特别是一些彩叶树种（红叶李、山乌桕、红叶石楠等）的应用不仅可以改善绿色树种营造的单调、乏味感，还能增加景观的色彩变化及景观的灵动感。另外，一些木本观花植物不仅有美丽的颜色，还有不同的香味，例如茉莉的清香、含笑的甜香、白玉兰的浓香等，通过嗅觉影响人们对植物景观的观感。木本观赏植物除了广泛用于各类园林绿化之外，亦有部分用于盆栽、盆景和切花观赏。

植物生长调节剂在木本观赏植物上的应用主要涉及促进繁殖、调控生长、调节花期、贮运保鲜等各个方面。以下简要介绍植物生长调节剂应用于木本观赏植物的部分实例。

一、白桦

白桦为桦木科桦木属落叶乔木，其枝叶扶疏，姿态优美，尤其是树干修直，树皮洁白如雪，被誉为“林中美少女”，可孤植、丛植于庭园、公园的草坪、池畔、湖滨或列植于道旁，是城市风景园林绿化的优选树种。

植物生长调节剂在白桦上的主要应用：

1. 促进扦插生根

白桦扦插繁殖时，取半木质化嫩枝，剪成长10～15cm的插条，保留1对叶片，基部划几道伤痕。用2000mg/L吲哚乙酸溶液浸蘸基部5s，随即扦插于用珍珠岩与泥炭配制的混合基质，遮光保湿，可显著提高插条生根率和生根数。

2. 提高移栽成活率

白桦对种植环境要求较为苛刻，移植后生根缓慢。用200mg/L吲哚乙酸溶液浸泡白桦裸根苗6h或50mg/L萘乙酸溶液浸泡12h后再移栽，可显著提高成活率和生长势。

二、白玉兰

白玉兰又名白兰花、黄葛兰、把兰等，是木兰科含笑属常绿阔叶植物，其枝干挺拔，树形美观，叶色翠绿，花朵洁白、香郁，是优良的园景观赏树种和著名的香花树种。白玉兰备受人们的青睐，在南方可露地栽培，常用作庭荫树和行道树；在北方是传统盆花，可布置庭院、厅堂、会议室等。

植物生长调节剂在白玉兰上的主要应用：

1. 促进种子萌发

白玉兰种子经 400mg/L 赤霉素＋200mg/L 6-苄氨基嘌呤的混合液浸种处理 48h 后，在湿度 50%、温度 7～10℃条件下层积 8 周，可有效打破种子休眠和提高发芽率。

2. 促进扦插生根

扦插育苗是目前白玉兰的主要繁殖方法。从两年生以上白玉兰母树上选取中上部粗壮、发育充实、无病虫害、腋芽饱满的当年生枝条，剪穗长 10～15cm，每穗保留上端 1～2 片叶，下端剪成马蹄形，将切好的插穗按 30～50 枝捆成一捆，用 500mg/L 吲哚丁酸溶液快蘸，随蘸随插，可促进生根。另外，用 200mg/L 萘乙酸溶液浸泡 24h，也可促使白玉兰插穗生根成苗。

3. 调控盆栽植株株形和提高观赏性

用 5%多效唑与 0.1%丁酰肼（比久）的混合溶液土施和喷洒结合处理一年生盆栽白玉兰幼苗，可降低株高，增加分枝，延长花期，明显提高观赏价值。土施是将上述混合溶液均匀施于树冠的投影范围内，药液渗下后覆土，仅处理 1 次；喷施则是在幼苗新梢长至 5～10cm 时开始，每隔 15d 喷 1 次，连续喷 3 次，喷药量以树体开始滴水为宜。

三、北美冬青

北美冬青又称轮生冬青、美洲冬青，为冬青科冬青属多年生落叶树种，其株形紧密，树形优美，秋季变身为金黄色或红色的色叶树种，冬季亮丽红果缀满枝头，十分耀眼和喜庆。北美冬青可孤植、群植、对植或作绿篱，具有较高的园林观赏价值，为良好的庭园观赏和城市绿化植物。另外，还可作切枝或盆栽观赏。

植物生长调节剂在北美冬青上的主要应用：

1. 促进扦插生根

从 3 年生北美冬青（品种为“奥斯特”）植株选取生长健壮、株芽饱满、无病害的当年生半木质化枝条，剪成一叶一芽、长度为 2～3cm 的插穗，采用平切口，切口平滑不损伤，上切口离芽 0.5cm 左右，插穗剪好后，洒水保湿，扦插前在 500mg/L 吲哚丁酸溶液中速蘸 10s，可显著提高插穗生根率、根数和根长。

2. 促进压条生根

从 3～4 年生北美冬青（品种为“奥斯特”）盆栽苗选取直径 0.3～1.5cm、长 20～40cm 的结果密集的枝（干）进行压条，用 125～250mg/L 萘乙酸＋50～100mg/L 吲哚丁酸的混合溶液处理环剥处，可促进压条生根，生根率可达 100%。

3. 矮化盆栽植株

用 300mg/L 多效唑溶液叶面喷施 1 年生北美冬青（品种为“奥斯特”）扦插容器苗，间隔 7d 喷施 1 次，共 3 次，可有效矮化盆栽北美冬青的株型，提高封顶枝比例，使株型紧凑饱满。不过，多效唑处理对北美冬青盆栽苗坐果数量有一定的负作用。

四、茶梅

茶梅又名小茶梅、海红，是山茶科山茶属常绿灌木，其花型兼具茶花和梅花的特点，树形优美、花叶茂盛、花色艳丽、花期长，且易修剪造型，是赏花、观叶俱佳的观赏植物，在园林绿化中多用于点缀成景，配置花坛、花境，效果俱佳。另外，茶梅因树形较为低矮、枝条生长开放，特别适合盆植观赏，是布置会场、厅堂和点缀阳台、几案的理想佳品。茶梅盆栽还可造型制作盆景或利用老桩嫁接制作桩景。

植物生长调节剂在茶梅上的主要应用：

1. 促进扦插生根

选取生长健壮、无病虫害、无机械损伤的当年生半木质化茶梅枝条，剪取长度为 8～10cm、含 4～5 个芽，保留上部的 1～2 片叶作为插条，插条上端距第 1 个饱满芽约 1.5cm，上切口平剪，下切口斜剪。插条先用 0.1% 高锰酸钾溶液浸泡 3min，之后在 1200mg/L 吲哚丁酸或 1000mg/L 萘乙酸溶液中速蘸 30s，随即扦插，可显著促进生根和根系生长。

2. 提高嫁接成活率

利用上百年的野生山茶老桩嫁接茶梅，具有资源丰富、成形快、当年能开花等优点。在秋末冬初的十月或阳春时节掘取山茶老桩，对断残老根要及时修剪，为促进发根、根系发达，可用 3000mg/L 吲哚丁酸溶液蘸药棉涂布根部，待药稍干吸收后，按桩头大小分别盆栽于土中。经此处理，可提高嫁接成活率。

五、常春藤

常春藤（彩图 9-23）又名中华常春藤、爬树藤，为五加科常春藤属多年生常绿藤本攀援观叶植物。其枝叶稠密，叶形多变，叶色多样，四季常绿，观赏期长，且耐阴、耐修剪，适于造型，常用作室内垂吊栽培、绿雕栽培以及室外绿化。另外，常春藤还是一种优良的切花辅助材料。

植物生长调节剂在常春藤上的主要应用：

1. 促进扦插生根

选取一年生、生长健壮充实、无病虫害、节间长、无二次分枝的常春藤枝条作插穗，剪取带有 1 片叶和 1 个腋芽、长 3～4cm 的茎段作插条，用 150mg/L 萘乙酸溶液浸泡插条基部 5min 后轻插于珍珠岩基质，可促进生根和提高成活率。

2. 促进水培生长

取一或二年生、长度 10～15cm、粗细基本一致、生长健壮的常春藤插条，枝条下部剪成楔形，上部平剪。在水培前用 500mg/L 吲哚丁酸溶液速浸插条基部 5s 或 30mg/L 萘乙酸＋50mg/L 吲哚丁酸的混合液处理 12h，均有助于常春藤水培根系的诱导和生长，表现出生根早、生根量大和生长快等特点。

六、大叶黄杨

大叶黄杨又名四季青、卫矛、扶芳树，为常绿灌木或小乔木，其枝叶繁密，四季常青，叶片亮绿，且有许多花叶、斑叶变种，是一种优良的观叶树种。另外，它耐修剪性好，亦较耐阴、耐寒，是城市园林和住宅庭院中的常见绿篱树种，亦可经整形环植门旁道边，或作花坛中心。

植物生长调节剂在大叶黄杨上的主要应用：

1. 促进扦插生根

取优良母树上当年生半木质化的大叶黄杨新梢作为插条，一般以 4 个节（约 10～15cm，保留 2～3 个芽）为一段，上切口在芽的上部 0.5～1.0cm 处平剪，下切口斜剪，保留上部 2/3 的叶片。用 50～100mg/L 吲哚丁酸溶液浸泡大叶黄杨插条基部 2h，可促进生根。另外，在 5～6 月剪取 1 年生健壮枝条作插穗，长约 10～12cm，插前用 500～1000mg/L 萘乙酸溶液快蘸插穗基部 3～10s，促进生根和提高成活率。

2. 控制植株生长和提高观赏性

用 20mg/L 烯效唑溶液叶面喷施大叶黄杨幼苗，可降低植株的垂直生长速度，增加横向生长量，叶片颜色浓绿，叶片增厚，从而提高其观赏价值。

3. 绿篱植株的矮化整形

大叶黄杨植株长势较旺，成枝力强。为此，可用多效唑对大叶黄杨绿篱进行化学修剪。具体做法是：在5月份进行一次人工修剪，之后每隔15d用0.1%多效唑或0.2%矮壮素溶液喷施1次，连续喷3次，即可达到代替人工修剪矮化整形的效果。

七、倒挂金钟

倒挂金钟又名吊钟海棠、吊钟花、灯笼花、宝铃花和灯笼海棠等，为柳叶菜科倒挂金钟属常绿亚灌木，其花色艳丽，花形奇特，花期较长，是一种优良的观赏植物，盆栽适于客厅、花架、案头点缀，凉爽地区可地栽布置花坛。

植物生长调节剂在倒挂金钟上的主要应用：

1. 促进扦插生根

倒挂金钟开花后不易结实，通常用扦插繁殖。取当年生、尚未木质化的枝条，长10～15cm，用剪刀截成带1个节的枝段作为插穗，上剪口距芽1cm，下剪口在芽的下方0.5cm处，顶梢保留1对成熟叶片。插穗用500mg/L萘乙酸或500～1000mg/L吲哚丁酸溶液处理，显著促进生根。

2. 促进盆栽植株健壮生长

选择经扦插繁殖健壮的盆栽植株，用50mg/L赤霉素溶液喷洒在已成形的枝叶上，每周1次，处理3～4次，使茎秆较长，经摘心后，可形成球形树冠，提高观赏价值。另外，在倒挂金钟树形促成栽培的过程中，喷施250mg/L赤霉素溶液，可促使植株更加健壮。

3. 开花调节

在长日照条件下，倒挂金钟便开始花芽分化，如果在长日照开始时，使用10～100mg/L赤霉素溶液进行叶面喷洒，则可以延缓其花诱导过程，推迟开花。

八、丁香

丁香为木犀科丁香属多年生灌木或乔木的统称，其品种繁多，枝叶繁茂，开花时花团锦簇，芬菲满目，清香远溢，且耐寒性强，栽培管理较易，在园林建设中具有独特的优势，常用于公园、庭院、街头绿地等，可孤植、对植、列植、片植，也可盆栽或作为切花观赏。

植物生长调节剂在丁香上的主要应用：

1. 促进扦插生根

在春季剪取新生叶已经成熟的枝条，穗长12～15cm，去掉基部叶片，先用多菌灵800倍液浸泡基部消毒，再用100～200mg/L吲哚丁酸液浸泡14h或100mg/L萘乙酸溶液浸泡处理8h后扦插。另外，剪取羽叶丁香约15cm长的硬枝或嫩枝作插穗，插前用2000mg/L吲哚丁酸溶液浸泡处理约1min，或用100mg/L吲哚丁酸溶液浸泡2～4h，可促进生根。

2. 矮化盆栽植株

在丁香扦插定植1周后，用多效唑溶液（用量为每盆20mg）浇灌土壤，1个月后浇灌第2次，可矮化植株，并促进侧枝生长。另外，用1000mg/L矮壮素溶液均匀喷洒在蓝丁香和什锦丁香枝叶上，可有效缩短节间长度，矮化植株。

3. 促进开花

在冬季用100mg/L赤霉素溶液喷洒丁香休眠植株3次，可促进开花。

九、冬红果

冬红果为蔷薇科苹果属落叶灌木或小乔木，主要观赏特征是果实呈簇状，每簇5～10个果。果实小巧，晶莹剔透，果色鲜红艳丽，观果期长。另外，易形成腋花芽，结果早，全株果实累累。因此，冬红果除了适合园林绿化栽培应用，也是盆栽和制作观果盆景的主要树种之一。

植物生长调节剂在冬红果上的主要应用：

1. 控制盆栽(盆景)植株旺长

处于休养期的冬红果盆栽（盆景），春季如果管理不当，会出现营养生长过旺的现象，严重影响当年花芽的形成。为此可于5月下旬开始每隔12d喷1次300～400mg/L多效唑溶液，连续喷2次，可有效控制新梢伸长生长，促使节间变短，茎干加粗，促进花芽形成。

2. 防止盆栽(盆景)植株落果

用30～50mg/L萘乙酸或赤霉素溶液喷施，可防止或减少冬红果盆栽（盆景）落果，提高挂果能力，延长挂果期。一般在果实变红时开始喷第1次（9月中旬），以后每隔15d喷1次，连续喷施3次，喷施浓度由第1次的30mg/L逐次提高到50mg/L。

十、杜鹃花

杜鹃花（彩图9-24）又名映山红，为杜鹃花科杜鹃花属植物。杜鹃花品种繁多，千姿百态，花色多而艳，观赏性较高，是举世公认的名贵观赏花卉，也是我国十大名花之一，已广泛用于盆栽或庭院、街道美化和园林小品配置。通常根据花期和引种来源，将杜鹃花分为毛鹃、东鹃、夏鹃和西鹃四大类。其中，西鹃植株矮壮，树冠紧凑，叶厚色浓，花色多样，花大，多重瓣，盛花时节，花团锦簇，色彩缤纷，花期长久，成为我国近年市场上销售成品盆花的主要品种。

植物生长调节剂在杜鹃花上的主要应用：

1. 促进扦插生根

取杜鹃花健壮枝条约10cm作为插穗，用150mg/L吲哚丁酸溶液浸泡插穗18～20h，或用2000mg/L吲哚丁酸溶液快蘸5～10s，均可显著提高生根率。

2. 矮化植株和提高观赏性

用50～70mg/L多效唑溶液喷施杜鹃花植株，可使其节间变短，叶面积变小，叶色加深，株型矮化密集，提高观赏性。另外，用1500～6000mg/L丁酰肼或100mg/L缩节胺溶液处理，均可抑制杜鹃花的营养生长，使其株型矮小、枝叶紧凑、开花集中。

3. 开花调节

用1000mg/L赤霉素溶液每周喷洒杜鹃花植株1次，约喷5次，直到花芽发育健全为止，可以有效地延长花期达5周，且使花朵直径增加，又不影响花的色泽。另外，在杜鹃花开花前1～2个月，用1000mg/L丁酰肼溶液喷洒蕾部，可使整个花期延迟10d。喷洒时期越接近自然开花期，抑制开花的效果越低，故宜早使用。多效唑也能够延迟杜鹃花开花，可在杜鹃花摘心4～5周后，用15mg/L多效唑溶液土壤灌施，不仅能够降低植株的高度，还能推迟花期。

十一、椴树

椴树为椴树科椴树属植物的统称，其品种约50多种，如紫椴、糠椴、华椴、南京椴、蒙椴等。大多椴树树干高挺、树冠大、树姿优美，且萌芽能力强、生长较快、适应性强，是优良的行道树和庭园绿化树种。

植物生长调节剂在椴树上的主要应用：

1. 促进种子萌发

椴树种子存在深休眠现象，采用1000mg/L赤霉素溶液处理6h，可有效打破休眠和提高种子发芽率。

2. 促进扦插生根

取2～3年生健壮糠椴的当年生半木质化新梢，插穗长10～15cm，留2片1/2叶。扦插前插穗基部用500mg/L吲哚丁酸溶液浸泡1min，可显著提高插条生根率，增加成活苗的生根数和根长，明显缩短生根时间。另外，取2年生紫椴的当年生半木质化枝条的中上部剪制插穗，穗长8～12cm，保留1～2个侧芽和1～2片叶，每片叶约保留1/3，插穗上切口直切，且离最近的芽1～2cm，下切口单面斜切且距离最近的芽0.5～1.0cm左右。扦插前用100mg/L萘乙酸溶液浸泡 8h 可促进生根和提高成活率。

3. 促进植株生长

用 200～400mg/L 赤霉素溶液喷洒 1～2 年生椴树植株全株，可促进幼树生长，增加株高。

十二、鹅掌楸

鹅掌楸别名马褂木、双飘树，属木兰科鹅掌楸属落叶大乔木，其树干通直光滑，树姿高大挺拔，叶片大而形似马褂，秋季叶色金黄，花大而且清香，生长快，耐旱，病虫害抗性强，是一种著名的园林观赏树种。

植物生长调节剂在鹅掌楸上的主要应用：

1. 促进扦插生根

鹅掌楸自然结籽率较低，多采用扦插繁殖，主要以 1～2 年生枝条进行硬材扦插。一年可进行 2 次扦插：第一次于 3 月中旬，剪取上一年生枝条进行硬枝扦插；第二次于春末夏初，插条取材于枝条基部，组织充实、芽饱满部分。扦插前用 500mg/L 吲哚丁酸或 500mg/L 萘乙酸溶液速蘸处理，扦插深度为插穗长度的 1/2～2/3。另外，也可取当年嫩枝，将其剪成 10cm 长的插条，每根插条带 3～4 个芽，插条上剪口平剪，下剪口斜剪。20 根一捆，用 100mg/L 萘乙酸或吲哚丁酸溶液浸泡基部 1h，可促进生根。

2. 促进苗木生长

用 100mg/L 吲哚丁酸和 30mg/L 6-苄氨基嘌呤溶液浇施移栽成活后鹅掌楸 2 年生实生苗，可显著促进苗木增高和增粗生长。

十三、富贵竹

富贵竹（彩图 9-25）又名万年竹、开运竹，是龙舌兰科龙血树属常绿灌木状观赏植物。生产上常取富贵竹茎干为主材，将其剪切成不等长的茎段，捆扎成 3、5 或 7 层宝塔状，或将茎干弯曲别致的富贵竹扎成一把用于水养观赏。

植物生长调节剂在富贵竹上的主要应用：

1. 促进扦插生根

从 12 个月株龄富贵竹植株剪取 30～35cm 长顶枝插穗，剥掉插穗基部第 1 张叶片，留裸茎 2～3cm，先把插穗全部浸在 1.0g/L 甲基托布津药液中杀菌 10s，然后将基部垂直放在同样浓度的甲基托布津溶液中浸泡 24h。杀菌处理完后，用 10mg/L 吲哚丁酸溶液浸泡基部 24h，可显著促进生根和根系生长，并获得长势基本一致的植株。

2. 防止采后加工和贮运中黄化及品质下降

富贵竹在采后加工过程中，茎段上端切口易出现开裂、黄化、干枯等现象，下端切口在水养及贮藏运输中易出现黄化、软腐等现象，最终导致富贵竹整根茎段的死亡。用 200mg/L 硫酸铝＋100mg/L 抗坏血酸＋200mg/L 氯化钙＋1％蔗糖＋250mg/L 8-羟基喹啉柠檬酸盐＋0.02％矮壮素＋0.1％甲基托布津（70％）保鲜液于冬季浸渍富贵竹（株龄 13 个月）茎段两端各 12h 后，再瓶插于 200mg/L 硫酸铝＋0.05mg/L 2,4-滴＋10mg/L 维生素 B_5 中，可很好地解决富贵竹茎段上端切口开裂、失水皱缩和黄化问题，以及茎段基部黄化、植株腐烂、死亡等问题。另外，加工后的富贵竹成品货柜运输的温度保持为 15～16℃，并配合含 1.0mg/L 6-苄氨基嘌呤＋0.1％硫菌灵的保水剂包根处理，可显著降低贮运中的损失率。

十四、广玉兰

广玉兰又名大花玉兰、荷花玉兰、洋玉兰，为木兰科木兰属常绿乔木，其树姿雄伟壮丽，树冠庞大浓密，叶片厚实光亮、四季常青，花朵形似硕大洁白的荷花，芳香馥郁，可孤植、对植或丛植、群植配置，可作行道树和庭院观赏。在园林绿化中，广玉兰若与有色叶树种配植，往往能产生显著的色相对比，使景观色彩更为鲜艳和丰富。

植物生长调节剂在广玉兰上的主要应用：

1. 促进扦插生根

广玉兰叶片扦插，一般在7～8月进行，从枝条上部取叶作扦插材料。扦插前用500mg/L萘乙酸溶液快蘸15s，可促进生根。

2. 促进压条繁殖

高空压条是广玉兰常用的繁殖方法，但实践中生根率和成活率往往不高。为此，可在环剥时用1000mg/L萘乙酸溶液沾棉球涂一下环剥处，可加快生根和提高移栽成活率。

十五、桂花

桂花又名木犀，属木犀科木犀属常绿乔木，主要品种有金桂、银桂、丹桂和四季桂。桂花树冠圆整，叶茂而常绿，飘香怡人，是优良的观赏性芳香植物，也是我国十大传统名花之一，在园林绿化上应用十分广泛。

植物生长调节剂在桂花上的主要应用：

1. 促进种子萌发

桂花种子内果皮极坚厚，含有角质层，水分和氧不易透过，对其种子萌发有影响。采用3000mg/L赤霉素溶液浸泡2d后再低温层积处理（用湿纱布卷裹好，外套塑料袋，放入3～5℃冰箱中）60d，可打破桂花种子的休眠，并提高桂花种子发芽率。

2. 促进扦插生根

桂花扦插时，剪取夏季新梢，截成5～10cm的插条，每一插条仅留上部2～3片绿叶，插条基部置于500mg/L吲哚丁酸溶液中浸渍5min，晾干后插于苗床中，苗床覆盖遮阴，可使发根提前，成活率提高。另外，在5月下旬至7月中下旬，取桂花半木质化稍强的枝条，长约10cm或更短些，留上部2～3片叶片。剪好的插条下端对齐，按每捆30～50株扎好。然后将插条整齐竖直地排放在配制好的100mg/L萘乙酸溶液中浸泡6～8h后取出，用清水清洗一下根部，即可扦插。再者，用200mg/L吲哚丁酸溶液浸泡处理半年生丹桂插条0.5h，然后插于河沙与草木灰的混合基质，可明显提高扦插成活率。

3. 促进压条繁殖

在已经开过花的桂花树上，选择树形较好、无病虫害、直径为3cm左右的枝条进行环状剥皮，在伤口处涂上浓度为50mg/L的萘乙酸或萘乙酸钠溶液，再用湿润的苔藓和肥沃的土壤均匀混合敷在伤口处，外面用塑料带扎好，再灌足水，经常保持土壤湿润，可有效促进压条繁殖。

4. 促进移栽成活

在桂花移栽前1～3年进行断根处理，一般以离地面15cm处按树干胸径的3～4倍为半径画圆（以树干为圆心），沿圆圈挖宽20～30cm、深50～60cm的沟，将沟内侧根切断，并用10mg/L萘乙酸溶液进行根部喷施并填好土，以促其萌发新根。定植时，在根部特别是裸根部，喷施10mg/L萘乙酸溶液，可促进新根生长和提高成活率。

5. 矮化盆栽植株和提高观赏性

盆栽桂花以株型矮小紧凑、茎部粗壮、花繁叶茂为佳，为此可在每年春季抽梢前叶面喷施1次800mg/L多效唑溶液，使新叶变小变厚，节间缩短，植株显得紧凑耐看，观赏价值明显提高。另外，用1500mg/L多效唑或6000mg/L矮壮素溶液喷施3年生盆栽桂花，可使桂花植株矮化，新梢茎显著增粗，且桂花花量增加，花期延迟。

十六、国槐

国槐又名槐树、家槐、中国槐等，为豆科蝶形花亚科槐属落叶乔木。其树姿优美，树冠宽广，枝叶生长茂密，生长速度中等，寿命长，栽培容易，适应能力强，是我国城市园林绿化优选的行道树和庭荫树。

植物生长调节剂在国槐上的主要应用：

1. 促进种子萌发

国槐种子存在硬实性，不利于种子萌发，用150mg/L赤霉素、萘乙酸或吲哚丁酸溶液浸泡种子1h，可明显促进萌发和提高萌发率。若在上述溶液处理之前先将国槐种子用98%浓硫酸浸泡10min，更有利于打破种子休眠和促进萌发。

2. 疏花疏果

国槐开花结果过于旺盛，会消耗大量树体生长的营养成分，严重影响其生长量，容易造成国槐营养不良，使树叶变黄、树体衰弱和树势矮化，加快国槐的老化速度。另外，国槐开花结果期间花絮随风脱落，会影响市容环境。为此，可用80mg/L萘乙酸溶液喷施国槐花蕾，脱蕾效果明显，既降低坐果率，又促进国槐生长。

十七、含笑

含笑又名香蕉花、含笑梅、酒醉花等，是木兰科含笑属常绿灌木，其树形幽雅，四季葱笼，花开时花冠常不张开而下垂，倩笑半含，吐放出极似香蕉的清香，是我国重要而名贵的园林花卉，常植于江南的公园及庭院，也是居室盆栽的常见树种之一。

植物生长调节剂在含笑上的主要应用：

1. 促进种子萌发

将含笑（品种为“福建含笑”）种子在1200mg/L赤霉素溶液中浸泡12h或1500mg/L赤霉素溶液中浸泡8h后，再在50℃水浴中浸种30min，可促进种子萌发和提高萌发率，并明显缩短种子发芽期。

2. 促进扦插生根

含笑属于扦插难生根的树种，为愈伤组织生根型。在6～9月取含笑半木质化稍强的枝条，长约10cm，也可更短些，留上部2～3叶片。插穗基部用500～1000mg/L吲哚丁酸或萘乙酸溶液浸蘸5s，或者用100mg/L吲哚丁酸溶液浸泡2h，稍晾后再扦插，均可促进生根。另外，含笑还可用水插繁殖，具体做法是：从地栽含笑植株选取健壮、长约10cm的1～2年生枝条作为插穗，保留上部2～3片叶，且插穗切口要平滑。将剪下来的插穗用0.3%高锰酸钾溶液浸泡40min，然后用清水清洗多次，并于水插前用3mg/L萘乙酸或吲哚丁酸溶液浸泡基部2～6h，可提高插穗生根率和生根数。

十八、黑果腺肋花楸

黑果腺肋花楸又名野樱莓、不老莓，为蔷薇科腺肋花楸属落叶灌木，树型小而美观，入秋叶色变红，整个冬天果实可宿存树上，具有四季皆宜的观赏效果，是集花、叶、果观赏于一体的园林绿化优良树种，加之耐阴、耐寒、抗旱性强，已在城乡园林绿化中得到较为广泛的应用。

植物生长调节剂在黑果腺肋花楸上的主要应用：

1. 促进种子萌发

黑果腺肋花楸种子具有深休眠性，用200mg/L 6-苄氨基嘌呤溶液浸泡种子2d，可打破种子休眠和提高发芽率。

2. 促进扦插生根

在2月份剪取一年生黑果腺肋花楸枝条存于0～5℃窖内，于4月下旬取出剪成12～13cm长度的插穗，扦插前将插穗基部用50mg/L吲哚丁酸或萘乙酸溶液浸泡24h，可显著促进根系生长和提高成活率。

十九、红檵木

红檵木为金缕梅科常绿灌木或小乔木，其树姿优美，花叶俱佳，艳丽夺目，别具一格，1年内能多次开花，发枝力强，耐修剪，耐蟠扎整形，可以制作树桩盆景，也是美化公园、庭院、道路的优良观赏树种。

植物生长调节剂在红檵木上的主要应用：

1. 促进扦插生根

红檵木扦插繁殖成本低，效益高，苗木质量好，同时能保持母本的优良特性，并能使植株提前开花。扦插时，选取生长健壮的一年生枝条截成长10～15cm作插穗，每条插穗上有3～4个芽和适量叶片，在距插穗最上芽约1cm处剪平上切口，下切口紧靠插穗最后一个芽的基部。剪后浸水，然后用0.5%高锰酸钾溶液消毒。消毒后的插穗用90mg/L萘乙酸溶液处理6h，然后插于沙土中，扦插的生根率、成活率都明显提高。另外，取当年生半木质化的红檵木嫩枝，将其剪成插条，基部置于200mg/L吲哚乙酸溶液中浸泡6～8h，然后插入以蛭石作基质的盆内，用薄膜覆盖保湿。插后15d开始生根，1个月后生根率达90%以上。

2. 促进开花

在红檵木修剪前1周和修剪后2周，用50mg/L多效唑溶液叶面喷施，有利于花芽的分化与形成。在花芽形成后，即肉眼能识别花蕾时，用50～100mg/L赤霉素溶液叶面喷施，每隔3d 1次，连续3～4次，可促进开花。

二十、红千层

红千层（彩图9-26）又称瓶刷子树、红瓶刷、金宝树等，为桃金娘科红千层属的常绿乔木。红千层主干直立，嫩枝红色，枝条密集且细长柔软，金黄或鹅黄色叶片密集分布于锥形树冠，树形十分优美。其分枝性能好又耐修剪，生长速度快，广泛用于庭院景观、小区绿化和道路美化。

植物生长调节剂在红千层上的主要应用：

取两年生红千层木质化或半木质化的嫩枝剪成约9cm插穗，然后立即放入水中，每30根扎成1捆，用100mg/L萘乙酸溶液浸泡插穗2h，扦插前放入5%多菌灵消毒20min，捞出并用清水冲洗干净后蘸糊状滑石粉扦插于混合基质，平均生根率可达90%以上，且生根及新梢抽出时间早，侧根数量多。

二十一、红瑞木

红瑞木又名红梗木、凉子木等，为山茱萸科红瑞木属落叶灌木，其树形优美、枝干挺拔，聚伞状花序大而亮丽，枝干及秋叶为红色，颇为美观，春夏观花，秋赏红叶，周年观茎，且适应能力强，耐寒、耐修剪，适宜栽植于绿地、河岸湖畔等，是理想的庭院绿化观赏树种。

植物生长调节剂在红瑞木上的主要应用：

红瑞木播种繁殖存在隔年发芽现象，因此扦插常作为其主要繁殖方式，但红瑞木在自然条件下扦插成活率不高，繁殖效率低。于3月份剪取红瑞木早春硬枝直径0.3～0.7cm的一年生枝条，在上端距顶芽1cm处剪为平口，下端于最末端芽对面剪为斜口，插穗长16～18cm。将插穗（100支/捆）基部6cm在500mg/L萘乙酸溶液中浸泡3～6h，促进生根和成活。另外，红瑞木硬枝容器扦插时，用150mg/L吲哚丁酸溶液中浸泡插穗2h，并采用泥炭：珍珠岩：蛭石=1：1：1的扦插基质，扦插成活率高。红瑞木绿枝扦插前用40mg/L萘乙酸溶液中浸泡插穗6h处理，可明显提高生根率、生根条数和根长。

二十二、红叶李

红叶李又名紫叶李，为蔷薇科李属落叶小乔木，树冠圆球形，以叶色艳丽而闻名，嫩叶鲜红，老叶紫红，花叶同放，观赏期长，是一种优良的观叶、观花树种，加之适应性强、萌蘖性强、耐湿，在园林绿化中广泛应用于丛植、片植及行道树种植，也是园林绿化中色块组合的重要树种。

植物生长调节剂在红叶李上的主要应用：

深秋落叶后从树龄3～4年红叶李母树上剪取无机械损伤、无病虫害、直径3～10mm的优质当年生健壮萌条或枝条作为插条，剪成40～50cm枝段，按100～200支打捆，湿沙贮藏。将刚剪下或湿沙贮藏的插条剪去细弱枝和失水干缩部分，最好选木质化程度较高的插条中下部，自下而上将长枝条剪成10～12cm长、有3～5个芽的插穗。插穗上端离芽眼0.8～1cm处平剪，50～100个为一捆。扦插前用50mg/L萘乙酸溶液浸泡2h，可促进生根和成活。另外，扦插前用100mg/L吲哚丁酸+200mg/L萘乙酸的混合溶液浸蘸插穗基部下端2～3cm约5～10s，也可促进生根成活和苗木生长。

二十三、火棘

火棘又名火把果、红子、赤阳子等，为蔷薇科火棘属多年生常绿灌木，其枝繁叶茂，春夏银花满树，秋冬红果累累，十分美观。加之火棘适应性强，生长迅速，耐修剪，易成形，可作绿篱或成丛栽植，也很适宜盆栽和制作树桩盆景。另外，火棘果枝还可作切花瓶插观赏。

植物生长调节剂在火棘上的主要应用：

1. 促进种子萌发

由于火棘种子包被角质而发芽缓慢，用45%浓硫酸浸种30min、温水浸种1h后，再用5mg/L赤霉素溶液处理10min，可明显提高其发芽势和发芽率。

2. 促进扦插生根

选择1年生火棘枝条，剪成约10cm长插条，然后将插条基部2～4cm浸入0.1mg/L萘乙酸溶液处理10s后土培或沙培，有利于插条生根。另外，取火棘健壮、带果实的枝条剪成10～15cm插穗，并留2～3串果实，在扦插前用50mg/L萘乙酸+50mg/L 6-苄氨基嘌呤的混合液浸泡插穗基部3h，可加快生根。这种带果扦插方法可大大缩短火棘的生长和挂果周期，提早上盆造型，成为微型盆景。

3. 改善盆栽(盆景)株形和提高观赏性

在盆栽3年生扦插火棘开花前20d左右，用500mg/L多效唑溶液叶面喷施处理，可使新梢缩短，叶片变小、变厚，初花期推迟，花期延长，结果量增多，果梗变短，明显提高盆栽（盆景）火棘的观赏价值。另外，用300～500mg/L多效唑溶液喷施3年生未结实盆栽火棘实生苗（初步修剪造型），以叶片湿润为止，半个月后再重喷1次，可改善火棘的株型，提高火棘盆栽（盆景）的观赏价值。

二十四、夹竹桃

夹竹桃又名柳叶桃、半年红，为夹竹桃科夹竹桃属常绿大型灌木，夹竹桃叶片如柳似竹、四季常青，常见花色有红色、黄色和白色，略有香气，花期长，常植于公园、绿地、路旁、草坪边缘和交通绿岛上，既可单植，亦可丛植。另外，夹竹桃适应性强、萌蘖性强，对二氧化硫、氯气、烟尘等有较强的抵抗力和吸收能力，不仅适用于庭院、甬道、建筑物周围、主干道路等的绿化，而且也是污染区理想的绿化树种。

植物生长调节剂在夹竹桃上的主要应用：

1. 促进扦插生根

夹竹桃的繁殖方式目前主要以扦插繁殖为主。扦插时，选择1～2年生的半木质化枝条，剪成15～20cm带2～3个芽的小段，留1～2张叶片，上剪口的位置在芽上方1cm左右，下剪口在基部芽下0.5～1cm处或靠近节处，用400mg/L吲哚乙酸溶液速蘸插穗基部或在200mg/L萘乙酸溶液中浸渍10min，可促进插穗生根和成活率。另外，从夹竹桃健壮母株选取粗度约0.5cm、生长健壮的半木质化当年生枝，剪下放入清水中清洗剪口的分泌液，浸泡2d，将浸过水的枝条剪除顶梢后剪成长约15cm的茎段作为插穗，保留上部4～5片叶。剪好的插穗用0.5%高锰酸钾液浸泡20min消毒，用清水冲洗后晾干，置于200mg/L吲哚丁酸或200mg/L萘乙酸溶液中浸泡12h，然后在清水中水插培养，可促进生根和根系生长。

2. 整形促花

夹竹桃多实施修剪造型绿化，但修剪后的枝条长势强，树冠形状变化大，需常修剪，并造成花量减少甚至不开花，花期也明显缩短。为此，在新梢萌动时或新梢长10～15cm时叶面喷施1500mg/L多效唑溶液，对夹竹桃具有良好的整形促花效果。

二十五、金边瑞香

金边瑞香（彩图9-27）为瑞香的园艺变种，是瑞香科瑞香属常绿小灌木。其叶质较肥厚，四季常绿，花团锦簇，花香宜人，浓香扑鼻，是我国传统名花之一。特别是盆栽金边瑞香，株型小巧优美、花朵清纯、香气浓郁，花期正值新春伊始，契合了人们"瑞气盈门""花开富贵"的美好愿望，是一种很受欢迎的年宵花卉。

植物生长调节剂在金边瑞香上的主要应用：

1. 促进扦插生根

取当年生金边瑞香的半木质化枝条，剪取6～8cm长的插条，保留枝条上部3～4片叶，扦插前用100mg/L萘乙酸溶液浸泡10min，可促进生根成活。另外，插穗扦插前在200mg/L＋300mg/L吲哚丁酸＋50mg/L维生素C溶液中浸泡3min，可明显提高生根率。

2. 控制组培苗移栽后株形和提高观赏性

金边瑞香组培苗具有无病毒、生长快速、叶片宽大平整、苗木质量高等优点，在生产中应用越来越广泛，但其在移栽后，往往表现生长前期顶端优势强烈，不萌发侧枝，影响了其株型与观赏价值。为此，对1年生金边瑞香组培苗土壤浇施300mg/L多效唑溶液，可抑制顶端优势，显著降低植株高度，提高观赏性。

二十六、金花茶

金花茶为山茶科山茶属的常绿灌木或小乔木，其花朵单生于叶腋，花色金黄，花瓣玉蕊，鲜丽俏致，叶质光亮深绿，具有很高的观赏价值，被誉为"茶族皇后""植物界的大熊猫"，为世界珍贵稀有的观赏植物和种质资源。金花茶是山茶科植物中唯一带有黄色基因的植物，还可以利用其黄色基因，将其与各种颜色的山茶父本进行远缘杂交，培育出稀有的观赏品种。

植物生长调节剂在金花茶上的主要应用：

1. 促进扦插生根

于4～5月份选择生长健壮、无病虫害、具饱满腋芽的一年生金花茶春梢枝条作插条，插条长度5cm左右，上切口平切，切口距第1芽1cm左右，下切口45°斜切，保留1片全叶，每30枝插条扎成1捆备用。扦插前插穗基部用1000mg/L萘乙酸溶液浸泡2.5h，可促进生根和提高成活率。另外，金花茶插穗用100mg/L萘乙酸和吲哚丁酸等体积混合溶液浸泡24h，扦插在基质为黄心土的插床上，也可明显提高成活率。

2. 促进空中压条繁殖

选择生长健壮、木质化较好、枝条年龄为3～5年、分布于金花茶树冠外围中上部、向阳的枝条，在其光滑部位环割2刀，2刀口相距约3cm，深度仅达木质部。将两割口之间的皮层全部剥除，刮净附在木质部的形成层。用毛刷蘸1000～1500mg/L萘乙酸和吲哚丁酸的等体积混合溶液均匀涂抹环割口处，再将黄心土加入适量的水，围着环割口及周围形成纺锤形的泥团，用薄膜将整个泥团包好，可明显提高金花茶压条繁殖苗的生根率。

3. 改善株型结构和提高观赏性

金花茶在栽培中，易出现枝叶稀疏、株型结构较为分散的情形。用1800～2000mg/L多效唑溶液对 10 年生、重剪过的金花茶盆栽植株进行土壤施药处理，可明显缩短枝条节间、增加短枝比例和增加分枝数目，从而提高了观赏性。

二十七、金露梅

金露梅又名金老梅、金蜡梅，为蔷薇科委陵菜属落叶灌木，其株形美观秀丽，花色金黄，花形似梅，花量大，花期长，加之对干旱和贫瘠适应能力强，在园林绿化中广泛应用。适宜在园林中作花篱，可孤植于园路石级一侧或亭、廊角隅，可配植于高山园或岩石园，也可片植于公园、花园等处点缀在草坪中、花地边缘。另外，金露梅枝干柔韧容易塑形，生命力强，耐修剪，适合作盆景树。

植物生长调节剂在金露梅上的主要应用：

目前扦插是金露梅的主要繁育方法。扦插时，剪取当年生枝条中上段半木质化部分，剪后立即放在水桶里，插穗剪成长约 10cm，插穗上端切口不要远离叶或节的位置，应从长叶处稍上一点成直角剪切，仅留顶端 2～3 片复叶，其余叶片从叶柄基部剪除，基部切口削成马耳形，切面平滑。扦插前用 500mg/L 萘乙酸或 1000mg/L 吲哚丁酸溶液处理 15s，对插穗生根起到良好的促进作用。另外，用 200mg/L 萘乙酸或吲哚丁酸溶液处理金露梅硬枝插条 3min，也可有效促进插条成活。

二十八、金丝桃

金丝桃又名金丝海棠，为金丝桃科金丝桃属常绿或落叶灌木，其花冠状似桃花，色泽金黄，雄蕊纤细，灿若金丝，绚丽可爱，花期长，是一种优良的园林绿化植物，广泛应用于园林景观路的绿岛或分隔带和小庭园，常配置成一列花木或丛栽灌木旁花圃、花坛、草坪，或用作花篱、花径等。

植物生长调节剂在金丝桃上的主要应用：

1. 促进种子萌发

对金丝桃种子采用人工湿润低温处理的方法，可打破其休眠，促进萌发。赤霉素溶液处理对金丝桃种子萌发有极明显的促进作用。可将种子撒在浸有 500mg/L 赤霉素溶液的滤纸、纱布上，置于 1～4℃条件下放 20d 再行播种，在气温达 15～25℃范围内，可得到理想的出苗效果。

2. 促进扦插生根

金丝桃的硬枝扦插在 3 月上中旬进行，剪取 3～5 年生母本的硬枝作为插穗，长 10～15cm。插前将插穗基部在 500mg/L 萘乙酸溶液中蘸 5s，可促进生根和加快成活。

3. 防止盆栽植株新梢徒长

在盆栽金丝桃新梢长 10cm 以下时，可用 1000～1500mg/L 丁酰肼溶液喷洒叶面，共 2 次，间隔 10d，有很好的控梢、防徒长的效果。

二十九、金银花

金银花又名忍冬、金银藤，为忍冬科忍冬属半常绿木质藤本，其植株轻盈，姿态优美，藤蔓缭绕，金花间银蕊，色美芳香，加之适应性强，根系发达，耐寒、耐旱和耐湿，常用于花架、花廊、屋顶花园、庭院绿化，也可盆栽或制作盆景摆置、观赏。

植物生长调节剂在金银花上的主要应用：

1. 促进种子萌发

金银花种子经 100mg/L 赤霉素溶液浸泡处理 12h，可促进萌发和提高发芽率。

2. 促进扦插生根

将生长 3 个月的小叶金银花组培苗剪成长度约 10cm 的茎段，基部削成平滑的斜面，以 100 根扎成一捆，扦插前用 30mg/L 吲哚丁酸溶液浸泡插穗基部 30s，可促进生根和发芽，提高成活率。

3. 控制盆栽植株茎蔓旺长

在盆栽金银花枝条萌出5cm左右时，用700～1000mg/L多效唑或1000～2000mg/L矮壮素溶液进行叶面喷施处理，可抑制茎蔓旺长，矮化树形。

4. 促进开花

在金银花叶片完全展开且花芽分化前喷施300～1000mg/L赤霉素溶液，可使金银花的始花期提前4～6d、盛花期提前8～10d，而且还提高金银花的花蕾长度，改善开花品质。

三十、蜡梅

蜡梅（彩图9-28）又名黄梅、腊梅，是蜡梅科蜡梅属落叶丛生灌木。其姿态优美，花黄如蜡，清香四溢，色香兼具，品格高雅，被誉为“花中君子”，是我国特产的传统名贵观赏花木，在园林观赏方面广泛应用。蜡梅的栽培变种有素心蜡梅、磬口蜡梅、狗绳蜡梅和小花蜡梅，其中素心蜡梅在切花中应用最普遍。另外，蜡梅也可通过造型制作成“疙瘩梅”“垂枝梅”等形态各异的桩景。

植物生长调节剂在蜡梅上的主要应用：

1. 促进扦插生根

从生长健壮的蜡梅母株上剪取当年生半木质化枝梢8～10cm，并保留顶端2～4枚叶片。把剪好的插穗基部置于50mg/L萘乙酸或吲哚丁酸溶液浸泡3～5h，或用500mg/L上述溶液进行快蘸处理，均可促使插穗提早生根，并提高成活率。

2. 切花保鲜

蜡梅切花在运输和瓶插过程中常出现香味散失和花朵脱落等衰老现象。蜡梅切花采后置于5%蔗糖+15mg/L 6-苄氨基嘌呤+100mg/L硫代硫酸银+0.5%硝酸钙或5%蔗糖+15mg/L 6-苄氨基嘌呤+100mg/L 8-羟基喹啉硫酸盐等预措液中预处理4h再瓶插，可获得较好的保鲜效果。另外，将切花直接插入4%蔗糖+5～10mg/L 6-苄氨基嘌呤+25～50mg/L 8-羟基喹啉硫酸盐的保鲜液中，也能推迟花的衰老，延长瓶插寿命。再者，将蜡梅切枝插入含5mg/L氯吡苯脲的瓶插液中，可促进开花和延长插瓶寿命。

三十一、蓝花楹

蓝花楹为紫葳科蓝花楹属高大乔木，其树姿优美绮丽，高大壮观，树冠呈椭圆形，绿荫如伞，枝梢舒展；蓝紫色花朵缀满枝头，壮观典雅，花期长；具有大型羽状复叶，叶绿轻盈，疏密有致；果实造型奇特，像两片龟壳贴在一起，经久不落。总之，蓝花楹可观树形、观花、观叶、观果，四季风姿奇特，在园林景观应用中可作为行道树、孤植树和庭院树，并起着点缀空间、美化环境、景观地标的作用，增加园林景观的色彩，为人们提供浪漫、宁静、清爽的空间环境。

植物生长调节剂在蓝花楹上的主要应用：

1. 促进种子萌发

蓝花楹种子在自然条件下发芽率较低，导致其有性繁殖能力和繁殖系数偏低。不过，蓝花楹种子经100～200mg/L吲哚乙酸或200mg/L萘乙酸溶液浸泡处理24h，可明显促进萌发和提高发芽率。

2. 加速培养壮苗

蓝花楹苗期生长迅速，但干高比容易失调，树干柔弱易倒伏，给壮苗培育带来较大挑战。用100mg/L多效唑或400mg/L矮壮素溶液喷施处理蓝花楹成品苗（胸径约3.8cm），每周喷施2次，连续喷3周，可明显促进植物横向生长，即促进树干胸径生长，若结合抹顶芽处理，可达到快速培育高质量蓝花楹苗木出圃的目标。

三十二、蓝雪花

蓝雪花（彩图 9-29）又名蓝花丹、蓝花肌松、蓝茉莉、蓝雪丹，为白花丹科白花丹属多年生常绿灌木。其花序集生于枝端或腋芽的短柄上，花朵呈青蓝色，集生如绣球状，淡雅秀美，叶色翠绿。可盆栽蓝雪花用于点缀居室、阳台及公共场馆等，也可与其他观赏植物进行组合造景，用于城市建筑物、道路、立交桥绿化，还可丛植于树缘或草坪边缘，也可修剪制成花树、绿篱等，花盛开时美不胜收。

植物生长调节剂在蓝雪花上的主要应用：

选取 4～5 年生成熟蓝雪花植株作为取穗母株，用锋利剪刀剪取带有顶芽、生长健壮、半木质化的幼嫩枝条作为插穗，插穗保留 2～3 节，长 5～8cm，从叶柄底端剪去插穗最下端的 2 片叶，插穗底端紧靠节部位平剪，插穗上部保留 2～3 片嫩叶，较大的叶片要剪去 1/3～1/2。扦插前用 1000mg/L 萘乙酸或 1500mg/L 吲哚乙酸或 1500mg/L 吲哚丁酸溶液浸蘸插穗基部 30s，然后插于蛭石河沙混合基质，可促进生根和提高成活率。

三十三、棱角山矾

棱角山矾又名棱枝山矾、留春树或山桂花，为山矾科山矾属常绿稀落叶乔木，其树形优美，树冠圆球形，枝叶茂密，是可观花、观叶的一种优良园林观赏树种。

植物生长调节剂在棱角山矾上的主要应用：

1. 促进种子萌发

棱角山矾种子既存在由种壳导致的强迫休眠，又存在生理休眠。为此，可采用酸蚀处理增加种皮透气性，再用赤霉素处理调控解除休眠。具体做法是：将棱角山矾风干种子直接浸入浓硫酸（相对密度 1.84）溶液中，经 1.5h 处理后再置于流水中冲洗 18h，然后用 500mg/L 赤霉素溶液浸泡 24h 并晾干，再继续清水浸种 24h 并晾干。在 1～5℃下 16h 及 20℃下 8h 变温沙藏 3 个月后，可有效促进萌发和提高发芽率。

2. 促进扦插生根

从生长健壮的棱角山矾母株上剪取当年生半木质化枝梢，剪取粗度为 6～8mm，长度 10～12cm，保留 1～2 片叶及 2～3 个腋芽的嫩枝梢作为插穗，然后将其基部置于 100～400mg/L 吲哚乙酸或 200mg/L 萘乙酸溶液浸泡 2h，再用黄心土作扦插基质进行育苗，均可促使插穗提早生根，并提高成活率。

三十四、连香树

连香树又名五君树、山白果、紫荆叶木，为连香树科连香树属高大落叶乔木，被列为国家二级保护植物稀有种。连香树树干通直，树形优美，花白色、小而美观，且有淡香；叶形奇特，秀丽别致。叶色四季变化，春天为紫红色，夏天为翠绿色，秋天为金黄色，冬天为深红色，是典型的彩叶树种。连香树已成为著名的观赏树种，越来越多地用于城乡、庭院绿化以及作为园林造景中的园林绿化树种和行道树种。

植物生长调节剂在连香树上的主要应用：

1. 促进种子萌发

将连香树种子用 0.5～2.0mg/L 赤霉素溶液浸泡处理 2～8h，可明显促进萌发和提高发芽率。

2. 促进扦插生根

从生长健壮的连香树母株上剪取当年生半木质化枝梢，把剪好的插穗基部置于 100mg/L 吲哚丁酸＋100mg/L 萘乙酸的混合液中浸泡 4h，或者 200mg/L 吲哚丁酸溶液浸泡 6h，或者用 500mg/L 吲哚丁酸溶液快蘸 8s，均可促使插穗提早生根，并提高成活率。其中，以采用 100mg/L 吲哚丁酸＋100mg/L 萘乙酸的混合液浸泡嫩枝插条 4h，促进连香树插条生根效果最佳。

三十五、龙船花

龙船花又名仙丹花、英丹花，为茜草科龙船花属常绿小灌木，其株形美观，花朵奇特密集，花色丰富，既可盆栽，又可作园林造景种植或作花坛中心植物和绿篱，在南方可露地栽植，适合庭院、宾馆、风景区布置。

植物生长调节剂在龙船花上的主要应用：

1. 促进扦插生根

取未着花的龙船花半成熟顶芽或茎段枝条，剪取长度12cm，每根穗条留2～3片叶，每片叶剪去1/2。先将穗条在1000倍多菌灵稀释液中杀菌，然后将这些插条的形态学下端置于1000mg/L萘乙酸＋1000mg/L吲哚丁酸的混合溶液快蘸插穗基部15s，可显著促进生根和成活。另外，对一些较难生根龙船花种类，可将插条基部浸渍在2500mg/L吲哚丁酸＋5000mg/L萘乙酸的混合溶液中5s，可显著促进生根。

2. 开花调节

用35～50mg/L多效唑溶液对盆栽大王龙船花进行根施（每盆施药量为500mL），处理1次，可促进开花，花朵数多，花茎大，花期一致。另外，选取2年生地栽龙船花枝条从其下部3～4叶处修剪，修剪部位为芽眼上方约1cm处。当新芽达0.2cm时，用300mg/L赤霉素溶液喷施刚抽新芽的枝条，药液量以整个枝条湿润为止，之后每15d喷施1次，连续喷3次，可显著促进龙船花枝条的生长，并延迟花期14～30d，且不影响龙船花的观赏品质。若改用400mg/L 6-苄氨基嘌呤溶液喷施处理，则可使龙船花花期提前14d。

三十六、梅花

梅花为蔷薇科李亚科李属植物。梅花有多种类型，品种繁多，观赏价值高。由于梅花神、韵、姿、香、色俱佳，开花早，先花后叶，且栽培管理容易，在我国得以广泛流传与发展，位居中国十大传统名花之首，在中国园林和花文化中有着重要的地位和影响。

植物生长调节剂在梅花上的主要应用：

1. 促进扦插生根

在北方，梅花多数品种都不易扦插，采用吲哚丁酸溶液处理可促进生根和成活。具体做法是：清早或阴天采集梅花插条用塑料袋保湿，且当天采穗当天尽快扦插。插穗选取顶梢未停长的半木质化嫩枝，粗0.30～0.45cm。用刀片将上下切口削整齐，无毛茬，长10～15cm。去掉下切口附近1～2片叶，保留顶部2～3片叶。插穗基部1～2cm速蘸1500～2500mg/L吲哚丁酸溶液5～8s后扦插。另外，梅花（品种为“南京红”）组培大苗嫩枝进行扦插时，在5～8月选长10～15cm、粗0.5～0.6cm的插条，用100mg/L萘乙酸与100mg/L吲哚丁酸的混合液浸泡处理2h后再扦插于沙：砻糠灰：珍珠岩＝1：2：2（体积比）混合基质中，可促进扦插生根和提高成活率。再者，在3月下旬从梅花母株上采集1年生硬枝，截成15cm长的插穗后及时浸入清水中，然后在100mg/L萘乙酸溶液中浸泡插穗下端3cm处2h，可有效提高梅花的扦插成活率。

2. 促进杂交育种

在2～3月份采集浓香并浓红型的真梅系多品种的混合花粉，阴干后密封在小瓶中，贮放在冰箱冷冻室内，4月上中旬对初花期和盛花期的母本树进行液体人工授粉。具体做法是：用手持微型喷雾器对母树的花朵全树喷布含50mg/L赤霉素溶液及0.1%梅花的混合花粉，每天上午1次，连续3～4次。赤霉素溶液与梅花粉的混合液随配随用，并用4层细纱布过滤。授粉前要疏除已开过的花，授粉后要疏除未开的花蕾。这种方法速度快且省力，并能获得更多的杂交种核。

3. 调控植株生长发育

根据梅树新梢春季生长特点，在生长初期先用3000mg/L矮壮素溶液每隔7～10d喷洒1次，并结合叶面施肥，促使枝条粗壮；进入生长发育快速发展阶段时，用5000mg/L矮壮素溶液，间隔 5～7d 喷雾 1 次，并结合叶面施肥，以削弱顶端优势，促使侧枝萌发，并为花芽分化作准备；在生长末期，枝条已长到一定长度而营养生长即将停止时，改用 150mg/L 多效唑溶液处理，促使枝条早日停止营养生长，储备足够的养分进行花芽分化。

4. 开花调节

于 10 月底至 11 月用 2000mg/L 赤霉素溶液喷雾处理盆栽梅花“江南朱砂”和地栽“粉红朱砂”植株，可使始花期提前 20d 以上，但开花量略有下降。若改在 1 月份进行上述处理则可使始花期、末花期延迟，整个观赏期延长，且同时开花量增加。另外，用 1000mg/L 或 2000mg/L 赤霉素溶液喷施处理梅花（品种为“江梅”）植株，间隔 5d，共处理 3 次，喷施的量为每株树 1000mL，可使花期提前。若在 10 月份用 500mg/L 或 1000mg/L 多效唑溶液喷施植株，则可推迟其花期。

5. 切花保鲜

紧蕾期采切的梅花（品种为“三轮玉蝶”）插于含 3％蔗糖＋10mg/L 6-苄氨基嘌呤＋200mg/L 8-羟基喹啉的瓶插液，可促进花朵开放，并延长观赏寿命。另外，将梅花切花插于含 5％蔗糖＋10mg/L 6-苄氨基嘌呤＋100mg/L 8-羟基喹啉＋100mg/L 水杨酸的瓶插液，也可延缓切花衰老，提高观赏品质。

三十七、美国红枫

美国红枫又名加拿大红枫、北美红枫等，为戚树科戚树属落叶小乔木，其树姿美观，冠型圆满，枝序整齐，层次分明，错落有致，叶形宽大优美，红色鲜艳持久，加之适应范围广、耐寒性很强，是彩叶树种中最具代表性的树种之一，也是优良的盆栽彩叶植物。

植物生长调节剂在美国红枫上的主要应用：

1. 促进扦插生根

剪取美国红枫长 10～15cm 并带 3～4 个芽的枝条，上端切口于芽上方 1cm 左右斜剪，下端切口于节下 0.5cm 左右平剪。9 月中旬的插穗剪掉全部叶片，2 月中旬的插穗无需剪叶。将插穗按粗细分类，粗度基本一致的每 20 枝扎成一捆，下切口平齐，上盖湿布，放阴凉处待处理。插穗在 200mg/L 萘乙酸溶液中浸泡 14h 或 2000mg/L 萘乙酸溶液中浸泡 30min，然后扦插于蛭石基质，可促进插穗生根和显著提高扦插成活率。

2. 促进苗木生长

用 50mg/L 赤霉素＋10mg/L 6-苄氨基嘌呤的混合溶液喷施山地成片栽植成活的美国红枫扦插苗，可促进苗木生长，对苗木增高、增粗具有显著的促进效果。

3. 延长色叶期

针对美国红枫色叶期较短的情况，用 20mg/L 防落素或 10mg/L 萘乙酸溶液叶面喷施美国红枫 3 年生苗，相较于未处理者，延长 70％以上色叶期持续时间，效果显著。

三十八、米兰

米兰又称米仔兰、碎米兰、珍珠兰、树兰等，是楝科米仔兰属植物，其树姿秀丽，花型小而繁密，花香似兰，枝叶茂盛，叶绿光亮，花期长又略耐阴，在华南各地常庭园栽培观赏，长江流域一带及北方广大地区多见于盆栽，深受人们的喜爱。

植物生长调节剂在米兰上的主要应用：

1. 促进扦插生根

取带有顶芽的一年生米兰枝条作插条，剪成 6～8cm 长，除去下部叶片，在 800～1000mg/L 吲哚丁酸溶液中浸泡 5～10s，或者在 20～25mg/L 吲哚丁酸溶液中浸泡 12～24h，可促进生根和提高成活率。另外，米兰水培扦插前将基部插入 5mg/L 萘乙酸溶液浸泡 24h，也可促进生根。

2. 促进压条繁殖

取萘乙酸和吲哚丁酸各 75mg，溶于 2mL 酒精中，将此溶液涂在 10cm×20cm 的滤纸上，待滤纸晾干后，将药纸裁成1cm×2cm的纸条备用。米兰进行空中压条时，先将药纸包于米兰枝条的环剥处，再在外面包裹苔藓或泥土，外套塑料小袋，经2～3个月在环剥处便长出新根。与未用植物生长调节剂处理的相比，育苗时间明显缩短，根数比对照增加3倍，根长比对照增加1～4倍。

三十九、茉莉花

茉莉花又名茉莉，属木樨科茉莉属多年生常绿攀援灌木，其叶色翠绿、花色洁白、芳香馥郁、清雅宜人，为常见庭院及观赏芳香花卉，并在花境配置、花篱种植以及室内盆栽等方面均有广泛应用。

植物生长调节剂在茉莉花上的主要应用：

1. 促进扦插生根

茉莉花通常不结果，一般采用扦插方式进行繁殖。取健壮茉莉花带有4～6芽的插条，剪成12cm长，摘去基部部分叶片，在500mg/L吲哚丁酸溶液中浸泡基部5～10s，可促进生根和提高成活率。

2. 控制盆栽植株新梢生长

在盆栽茉莉花枝条萌芽的初期，在新梢基部1cm处喷施200～300mg/L多效唑溶液，可显著抑制新梢的长度、增加新梢的直径，使株形更为紧凑、美观。

四十、牡丹

牡丹（彩图9-30）为芍药科芍药属牡丹组亚灌木植物。其花型硕大，多姿多彩，雍容华贵，秀丽端庄，香味浓郁，是我国特有的名贵花卉，素有“国色天香”“百花之王”的美誉，一直受到国人的推崇，长盛不衰。牡丹是园林中重点美化的种类，也可栽植于室内或作切花观赏。

植物生长调节剂在牡丹上的主要应用：

1. 打破种子休眠，促进萌发

9月初将牡丹（品种为“紫斑”）种子于室温下沙藏，2个月后将根长超过3cm的已生根“紫斑”种子置于200mg/L赤霉素溶液中浸泡2h，然后继续进行室温沙藏，处理14d后可得到牡丹幼苗，从而缩短实生苗的成苗时间。

2. 促进扦插生根

取牡丹2年生粗壮充实的枝条，于秋分前后，剪成10～15cm长的插穗，插前用500～1000mg/L赤霉素或500mg/L吲哚乙酸溶液速蘸插穗基部，可促进生根。另外，用当年生健壮萌蘖枝，将枝条剪成带2～3个芽的插穗，插前用500mg/L萘乙酸或300mg/L吲哚丁酸溶液速浸基部，也可提高生根率和成活率。

3. 促进压条繁殖

在牡丹开花后10d左右枝条半木质化时，选择健壮嫩枝，从基部第2、3芽下0.5～1cm处环剥宽约1.5cm，用浸过50～70mg/L吲哚丁酸溶液的棉花缠绕，然后用薄膜常规吊包，可促进压条生根和育苗。

4. 开花调节

用500mg/L赤霉素溶液对牡丹（品种为“胡红”）涂蕾，每隔5d涂蕾1次，共涂蕾3次，催花效果明显。另外，用500mg/L乙烯利喷洒牡丹植株1次，也可促使开花提前。再者，分别在5～7年生成品牡丹（品种为“瑛珞宝珠”“胡红”“盛丹炉”“银粉金鳞”“葛巾紫”“十八号”）生长的小风铃期、大风铃期、圆桃期，用100mg/L丁酰肼＋400mg/L多效唑的混合液进行叶面喷施处理，可显著延迟牡丹初花期、末花期，使整体花期推迟，并延长4～7d。

5. 切花保鲜

牡丹（品种“百花丛笑”）切花插于2％蔗糖＋200mg/L 8-羟基喹啉柠檬酸盐＋0.2mg/L 6-

苄氨基嘌呤的瓶插液，可显著延长其瓶插寿命。另外，用 10 nL/L 1-甲基环丙烯密闭处理牡丹（品种“洛阳红”）切花 6h，可显著延缓花朵衰老进程，并延长最佳观赏期的持续时间。再者，对花蕾期的牡丹（品种为“种生白”）植株用 60mg/L 赤霉素＋5000mg/L 氯化钙的混合溶液进行采前喷施处理，可延长牡丹切花采后的瓶插寿命。

四十一、南蛇藤

南蛇藤是卫矛科南蛇藤属落叶藤状灌木，植株姿态优美，茎、蔓、叶、果都具有较高的观赏价值，特别是秋季叶片经霜变红或变黄时，美丽壮观；成熟的累累硕果，竞相开裂，露出鲜红色的假种皮，宛如颗颗宝石。

植物生长调节剂在南蛇藤上的主要应用：

1. 促进种子萌发

用 0.1％氯化汞溶液对南蛇藤种子消毒 15min，然后用清水冲洗 3～5 次，再置于 150mg/L 萘乙酸溶液中浸泡 24h 处理，可促进种子萌发和显著提高发芽率。

2. 促进扦插生根

选 1 年生南蛇藤枝条，剪取中上部枝蔓作插条，每条 10～12cm 长，在 1000mg/L 吲哚丁酸溶液中浸泡基部 5s，可提高生根率。另外，用 200～400mg/L 吲哚丁酸溶液浸泡短梗南蛇藤插穗 2h 后进行扦插，也可促进扦插生根。再者，用 20mg/L 蔗糖＋50mg/L 萘乙酸的混合溶液浸泡大芽南蛇藤 2 年生带嫩梢的硬枝插穗（长度一般不短于 15cm）3h，可有效提高插穗成活率。

四十二、山茶花

山茶花（彩图 9-31）又名茶花、山茶、曼陀罗树等，为山茶科山茶属常绿灌木和小乔木。山茶花的品种繁多，且树形优美，花大色艳，花姿丰盈，端庄高雅，叶色浓绿，为我国传统十大名花之一，也是世界名花之一。

植物生长调节剂在山茶花上的主要应用：

1. 促进种子萌发

山茶花种子在收获后播种，不易萌发。用 100mg/L 赤霉素溶液浸种 24h，可有效促进种子萌发和幼苗生长。

2. 促进扦插生根

大多数名贵的山茶花品种多采用扦插繁殖。例如，在 11 月份将杜鹃红山茶半木质化的枝条修剪成 10～15cm 长的枝条，每个枝条保留 1～2 个芽点，同时留 1～2片叶，将枝条底端切成约 45°的斜面，上端剪成平面，并速蘸溶化的蜡液封顶；将枝条底端对齐，置于 500mg/L 萘乙酸溶液浸泡约 2h 后用清水冲洗，然后扦插于红壤土：河沙＝1：1（体积比）的混合基质，可显著促进插穗生根和提高成活率。另外，东南山茶扦插前用 500mg/L 萘乙酸溶液处理 20min 浸渍插条，也可促进生根。

3. 促进压条繁殖

选择山茶花壮实枝条，在其基部进行环割，在不脱离母株的情况下，用 5000mg/L 哚吲丁酸羊毛脂膏或者 1000mg/L 吲哚乙酸溶液涂于环割部位，外加苔藓以保持湿度，再用塑料薄膜包裹，可以促进压条生根。

4. 提高嫁接成活率

取山茶花树冠外围中、上部生长粗壮、腋芽明显、无病虫害的当年生木质化的春梢或半木质化的夏梢作接穗，粗细一般 0.25～0.32cm，将采下的穗条剪去多余的叶片，用湿布包裹备用。嫁接前用 150mg/L 萘乙酸或 100mg/L 吲哚丁酸溶液处理接穗 48h，可提高嫁接成活率。

5. 提高移栽成活率

山茶花移植较为困难，特别是树龄 10 年以上、冠幅 1.5m 以上的壮龄树。挖掘山茶花植株时，将土球挖制成圆苹果状，保留主根不切断。挖掘完毕后，用10mg/L 吲哚乙酸或吲哚丁酸溶液涂刷侧根断口处以刺激须根生长，也可均匀撒布极少量上述生长调节剂的粉末，在球体外可见一层白色即可。经此处理，可提高其移栽成活率，促进成活后尽快恢复树势。

6. 促进开花

山茶花从花芽分化到分化完成一般需要半年以上的时间。用500～1000mg/L 赤霉素溶液点涂花蕾，每周2次，半个月后花芽就快速生长而提前开花。另外，剥离山茶花（品种为“满白”和“唐凯拉”）花蕾外部鳞片后用800mg/L 赤霉素溶液涂抹处理（每周1次，连续5次），也可促进二者花期提前，且均延长达1个月以上。

7. 切花保鲜

山茶花切花采后花瓣容易褐变凋落，瓶插寿命短。将山茶花切花瓶插于2%蔗糖＋50mg/L 水杨酸＋0.2mmol/L 硫代硫酸银＋30mg/L 6-苄氨基嘌呤＋75mg/L 硫酸铝的保鲜液，可明显延缓切花衰老和延长观赏寿命。

四十三、苏铁

苏铁（彩图9-32）别名铁树、凤尾蕉，为苏铁科苏铁属常绿植物。其树干挺拔壮丽，树冠呈巨伞状，花序奇特，叶片光洁翠绿、羽状簇生，四季常青，呈现出一种自然美、姿态美、色彩美和风韵美，是著名的园林绿化和盆栽植物。另外，苏铁是地球上现存最古老、最原始的种子植物，素有“植物活化石”“植物界的大熊猫”之称，是一种珍贵的树种。

植物生长调节剂在苏铁上的主要应用：

1. 促进扦插生根

适当刻伤苏铁吸芽，洗净伤口黏液，阴干后用0.1%高锰酸钾溶液对伤口消毒20min，用清水漂洗干净。待风干表面水分后，用200mg/L 吲哚丁酸溶液处理1min，随即植于种植箱内，基质可用炭灰、蛭石、沙按2∶1∶1的比例配制，可促进扦插生根和提高成活率。

2. 促进水培生根

将去根后的苏铁球基部浸入0.5%高锰酸钾溶液中消毒10s，待苏铁球略干、剪口收敛后将苏铁球基部浸入添加0.2mg/L 萘乙酸的改良霍格兰营养液中水培生长（以珍珠岩为基质），可有效促进不定根形成，显著增加生根数。

3. 调控植株生长，提高观赏性

在苏铁新叶弯曲时，用0.1%～0.3%矮壮素溶液每周喷洒1次，连喷3次，可使新叶弯曲长短适中，叶色更为浓绿，观赏价值提高。另外，盆景苏铁植株的叶片以短而小为宜，在叶片未达到快速生长期之前，用2500mg/L 矮壮素溶液涂抹叶柄可显著抑制叶片生长。

四十四、香樟

香樟又名樟树、乌樟，为樟科樟属常绿乔木，其树冠庞大，枝叶茂盛，冠大荫浓，树姿雄伟，是长江以南城市绿化的优良树种，广泛用于庭荫树、行道树、防护林及风景林，可植于溪边、池畔，孤植、丛植、片植、群植作背景树。

植物生长调节剂在香樟上的主要应用：

1. 促进种子萌发

香樟种子湿沙包埋后于4℃冰箱贮藏，再用80mg/L 赤霉素溶液浸泡处理12h，可打破种子休眠，缩短发芽天数，促进种子提早发芽，提高发芽率，使发芽较整齐一致。

2. 促进移植成活

由于香樟是直根性树种，移植时侧根的萌发能力不强，根团不发达，在长江以北地区的园林绿化实践上，香樟的移植成活率一直不高。在移植香樟苗（干径4cm、干高3米截干苗，土球40cm）时，用50～100mg/L 吲哚丁酸溶液配制好的黄泥浆蘸根处理，当日起苗、发货，次日栽植，移植成活率达 90%以上。

四十五、绣球花

绣球花（彩图 9-33）又名八仙花、草绣球、紫阳花、粉团花等，为虎耳草科八仙花属落叶观赏灌木。其植株矮壮紧凑，花朵大、近似球形，着生于枝头，花色丰富靓丽，花期长。绣球花是我国的传统花卉栽培品种，既可地栽观赏，也特别适合盆栽和切花观赏。

植物生长调节剂在绣球花上的主要应用：

1. 促进扦插生根

绣球花扦插培育时，在母株新梢开始露花至 2～4cm 时，及时剪下扦插。穗长 10～12cm，去掉基部 1～2 对叶片，留上部 3～4 对叶片，利刃削平下端切口，基部速蘸 500mg/L 吲哚丁酸溶液，晾干后插入基质中，采用全日光间歇喷雾方法育苗，可促进扦插生根和有效提高成活率。另外，从绣球花母株上剪取半木质化枝条，再截成 5～8cm 长的插穗，每段插穗带有 1 个节位，并保留半片叶，插穗下端剪成斜口，扦插前用 150mg/L 萘乙酸溶液浸泡处理 30min，也可促进扦插生根。

2. 矮化盆栽植株和提高观赏性

由于绣球花植株较高，盆栽时需矮化，以提高其观赏价值。为此，对上盆 1 周后的绣球花植株用 1000～2000mg/L 丁酰肼溶液进行叶面喷施，药液量以整株完全湿润为止，每 15d 喷施一次，连喷 4 次，可显著降低株高，改善其观赏品质。

3. 开花调节

绣球花一般在秋季停止营养生长，开始花芽分化。如果在夏天用 0.1～10mg/L 赤霉素溶液喷施茎叶，会造成植株迅速生长，花芽分化却大大延迟。八仙花需通过一定时间的低温处理，促使花芽进一步分化完全，才能使其在促成栽培时开出正常的花序。若低温积累不够则促成栽培期生长缓慢，且花序形态异常或小花畸形。为此，在八仙花促成期，叶面喷施 5mg/L 赤霉素溶液，可使促成栽培八仙花花期提前 7～9d，并有效促进其株高、冠幅、花序直径、当年新生枝长增长。再者，用 100mg/L 多效唑溶液喷施植株，可有效地刺激花蕾的形成，促进开花。

4. 切花保鲜

将八仙花（品种为“经典红”）切花瓶插于 2%蔗糖＋200mg/L 8-羟基喹啉＋200mg/L 柠檬酸的瓶插液中，可明显增大花径，减缓花枝失水，显著延长瓶插寿命。

四十六、悬铃木

悬铃木为悬铃木科悬铃木属落叶乔木，速生、阔叶，有一球悬铃木（美国梧桐）、二球悬铃木（英国梧桐）、三球悬铃木（法国梧桐）之分，是常见的行道树和庭园绿化树。

植物生长调节剂在悬铃木上的主要应用：

1. 促进扦插生根

在 6～8 月份取一球悬铃木（即美国梧桐）0.6～0.7cm 粗度的插条，用 50mg/L 萘乙酸＋50mg/L 吲哚丁酸的混合液浸泡处理 1h 后，扦插于混合基质（等体积的沙＋砻糠灰＋珍珠岩）中，可促进生根和提高成活率。

2. 抑制球果生长，减轻种毛危害

在悬铃木春季开花早期，用 400～1000mg/L 乙烯利溶液喷洒植株，可抑制其球果生长，使之萎缩，从而有效减少果实成熟时散发种毛的数量，减轻环境污染。

四十七、叶子花

叶子花（彩图 9-34）又称三角花、三角梅、宝巾、勒杜鹃、九重葛等，为紫茉莉科叶子花属攀援性灌木。其树姿优美，枝条柔黄，开花时苞片艳丽夺目，是十分理想的盆栽花卉和园林绿化材料。

植物生长调节剂在叶子花上的主要应用：

1. 促进扦插生根

扦插时，取两年生木质化枝条10～15cm的切段作为插穗，用50mg/L萘乙酸或80mg/L吲哚丁酸溶液浸泡基部12h，或者100～200mg/L萘乙酸或吲哚丁酸溶液处理10～20s，可提高生根率和成活率。另外，以4年生叶子花健壮母树上1年生枝条10cm切段作为插穗，将其基部的1/3浸泡在50mg/L吲哚乙酸溶液中24h，可有效促进扦插生根和提高成活率。

2. 调控植株生长和提高观赏性

用500mg/L多效唑溶液喷施叶子花植株，可明显减少新梢生长，缩短节间长度，树冠更加紧凑，叶片浓绿、变厚，并使花苞片增多，提高观赏效果。另外，在夏秋季用2000mg/L丁酰肼溶液叶面喷施，每周1次，连续2～3次，也可促使株型矮壮。

3. 盆花保鲜

叶子花盆花出货的前7d与前2d，用20mg/L 2,4-滴或50mg/L萘乙酸溶液进行喷施处理，可有效防止叶子花叶片与苞片在运输过程中的脱落。另外，用50mg/L萘乙酸溶液在叶子花蕾期喷施离层部位，可延长盆栽叶子花的花期达20d。

四十八、一品红

一品红别名圣诞树、猩猩木、象牙红等，为大戟科大戟属常绿直立灌木，其主要观赏部位是苞片，颜色鲜艳，观赏期长，又正值圣诞、元旦开花，最适宜盆栽观赏，南方暖和地区也可植于庭院点缀景色。

植物生长调节剂在一品红上的主要应用：

1. 促进插穗生根

一品红常规嫩枝扦插繁殖，生根时间长。用900mg/L萘乙酸溶液处理插穗5s，扦插于泥炭和珍珠岩（配比为1∶2）的基质，可有效促进插穗生根和提高成活率。

2. 矮化植株和提高观赏性

一品红生长快，节间长，不加调控易破坏株形，影响观赏效果。叶面喷施500mg/L多效唑溶液或盆土浇施10～20mg/L多效唑溶液，可使一品红植株显著矮化，有效提高其观赏价值。另外，用500mg/L矮壮素溶液喷洒一品红植株，可使分枝增多，效果和摘心一样。再者，在植株花芽分化前，当嫩枝长2.5～5cm时，用2000～3000mg/L丁酰肼溶液进行叶面喷施，或者用1000～2000mg/L矮壮素与丁酰肼的混合液喷施，均可有效地控制株高，提高盆栽一品红观赏效果。

3. 开花调节

一品红在短日照条件下花芽开始分化，此时用40mg/L赤霉素溶液对植株进行叶面喷施，每7d喷1次，连续喷2个月，可使一品红开花时间延迟。用50～500mg/L矮壮素溶液对株型整齐、平均株高为25cm的一品红进行土壤浇灌，每7d进行1次，可促进一品红侧枝萌发，提早开花，随着矮壮素浓度升高，株高明显变短，侧枝数增加，节间变短，枝条变粗，开花率提高。

4. 延长观赏期

在10月中旬用40mg/L赤霉素溶液或40mg/L赤霉素+50mg/L 6-苄氨基嘌呤的混合溶液叶面喷施一品红植株，可延缓和防止在温室或家庭种养条件下生长的叶片、苞片和花序的脱落。另外，用10mg/L赤霉素+1～2mg/L 2,4-滴溶液喷洒一品红花苞部，也可抑制或减缓一品红的红叶和苞片脱落，延长观赏期1～2个月。

四十九、银杏

银杏又名白果树、公孙树，为银杏科银杏属植物，其树形优美，主干通直挺拔，高耸入云，冠似华盖，叶形清雅，春夏翠绿，深秋金黄，树龄长久，为一种出类拔萃的园林绿化树种，在城市中作为古树名木、行道树绿化。银杏是现存种子植物中最古老的孑遗植物，被称为植物界的

“活化石”，并与雪松、南洋杉、金钱松一起，被称为世界四大园林树种。

植物生长调节剂在银杏上的主要应用：

1. 促进扦插生根

取5年生银杏树冠下部的当年生半木质化嫩枝作插穗，穗长10cm、粗0.5cm，带2～3个芽，上切口在芽上方约1cm，下切口在芽下方约1cm，切口平滑，每插穗保留上部2～3片叶，其余叶片剪除。将插穗800mg/L萘乙酸溶液中速蘸2s，可促进扦插生根。另外，以银杏半木质化嫩枝为插穗，用200mg/L吲哚丁酸溶液浸泡1h，也可促进生根和提高成活率。

2. 促进嫁接繁殖

银杏嫁接成活率往往不高。将接穗浸入25mg/L萘乙酸溶液中8h，取出后采用贴皮芽接法嫁接（砧木为3年生一般银杏实生苗），可显著提高嫁接成活率。

3. 提高移栽成活率

银杏的移栽成活率不高，特别是胸径10cm以上的大银杏树。一般移栽前2～3年，在树干四周一定范围内开沟断根，每年只断圆周长的1/3～1/2。断根范围一般以树干直径的5倍画圆圈，在圆周处开挖一个宽30～40cm的沟，挖断细根，仅保留1cm以上的粗根，于土球表面对粗根做宽约10cm的环状剥皮，并涂上1%萘乙酸溶液，以促发新根，然后填入表土，及时灌水。栽植当天及3d后可继续浇水，并可在水中加入200mg/L萘乙酸溶液，有利于提高其移栽成活率。

五十、樱花

樱花类植物隶属蔷薇科樱属，其品种繁多，全世界观赏樱花类共200余种，我国樱花资源丰富，约有50种，主要分布在西部和西南地区。樱花花色丰富，花形美丽，花期整齐，花朵繁密，树姿洒脱，盛开时如玉树琼花、堆云叠雪，甚是壮观，是一种优良的园林观赏植物，作为行道树、庭院树等广泛应用于城市绿化。

植物生长调节剂在樱花上的主要应用：

1. 促进扦插生根

选取健壮嫩枝，剪成约1～15cm长，插穗基部纵切向上切一深1～1.5cm刀口，在扦插前用500mg/L萘乙酸溶液浸泡5s，可促进插穗生根和提高扦插成活率。另外，在樱花硬枝扦插前用200mg/L吲哚丁酸溶液浸泡插穗基部4h，可显著提高成活率。

2. 促进压条繁殖

选取樱花树上合适枝条进行环剥，先用200mg/L萘乙酸溶液对环剥枝涂抹，用稀黄泥包裹，然后用薄膜包好，再用纤维绳将两端扎实。经过30d后，即能从所包薄膜外面看到有少量根露出泥面。该做法可显著促进樱花生根和根系生长，生长数量明显增加。

五十一、月季

月季（彩图9-35）为蔷薇科蔷薇属落叶或半常绿灌木。其品种极多，花姿卓越，花色丰富多彩，部分品种芳香宜人，花期较长，是园林布置的好材料，可作花坛、花境及基础栽植用，也可作盆栽及切花用，为我国10大名花和世界四大切花之一，并被称为“花中皇后”。

植物生长调节剂在月季上的主要应用：

1. 促进扦插生根

单芽扦插是月季繁殖中一种比较节省扦插材料的方法，尤其适用于插穗材料较少的新品种繁殖。在6～9月选用月季健壮的半木质化新枝，以开花枝花谢数天且腋芽已萌发时取芽为佳。在每节腋芽上端3～5mm处斜切，保留1个芽和2片小叶。插穗用500mg/L萘乙酸溶液速蘸处理后扦插，成活率高。另外，取月季（品种为“卡罗拉”）半木质化枝条，剪成长5～10cm，保留两个芽及半片小叶的插穗，扦插前用250mg/L萘乙酸和250mg/L吲哚丁酸的混合溶液速蘸

2～3s处理，可明显提高扦插成活率。再者，在月季早春扦插时将插穗在4000～5000mg/L吲哚丁酸溶液中浸蘸5～10s，也可提高扦插成活率。

2. 促进嫁接繁殖

在月季单株嫁接多色花时，选择3～4种不同颜色月季品种的1年生枝条（直径1cm左右），制作接穗。选用红色系蔷薇枝条繁殖砧木植株，并在嫁接前将接穗枝条基部浸入500mg/L吲哚乙酸溶液15min，可通过植物生长调节剂对接穗预处理提高嫁接成活率。

3. 矮化盆栽植株和提高观赏性

用500mg/L多效唑或20mg/L烯效唑溶液叶面喷施盆栽月季（品种为“Baby1”“Orange2”“Baby2”），可明显矮化植株，且使其生长健壮，叶色加深，观赏性提高。

4. 开花调节

用50mg/L赤霉素溶液喷施月季幼枝可解除休眠，增加开花枝条的数量，促生花枝。另外，当月季新生枝条上的花蕾如大豆大小时，可用1500mg/L丁酰肼溶液叶面喷施，喷1次可推迟花期2～3d。

5. 延长盆花观赏期

用500mg/L矮壮素溶液浇灌盆栽月季根部，可减少花的败育。另外，用10mg/L 6-苄氨基嘌呤或吲哚乙酸溶液喷洒植株处理则可防止月季落花。在月季发育早期（小绿芽期），用75mg/L多效唑溶液喷施，可延长观花期。

6. 切花保鲜

月季（品种为“卡罗拉”）切花插于含2%蔗糖＋100mg/L苯甲酸钠＋100mg/L硝酸钙＋60mg/L激动素的保鲜液中，可延缓其衰老，显著延长其瓶插寿命。另外，月季切花瓶插于含2%蔗糖＋200mg/L 8-羟基喹啉柠檬酸盐＋5mg/L赤霉素＋5mg/L 6-苄氨基嘌呤、4%蔗糖＋200mg/L 8-羟基喹啉柠檬酸盐＋10～50mg/L 6-苄氨基嘌呤等的瓶插液中，有良好的保鲜效果，可显著延长切花的瓶插寿命和改善切花观赏品质。再者，用50nL/L 1-甲基环丙烯气熏法预处理4h，也可有效延缓月季切花的衰老，使切花花枝硬挺、蓝变时间延迟，观赏期显著延长。

五十二、栀子花

栀子花是茜草科栀子属常绿灌木，其花朵大而洁白，芳香馥郁，玉洁动人，是我国十大香花之一，是一种常见的绿化、美化、香化树种，可用作林缘和庭院配置点缀，以及草地边缘、人行道旁、厂矿四周的绿化设施，还可盆栽或作为切花观赏。

植物生长调节剂在栀子花上的主要应用：

1. 促进扦插生根

从10年生栀子花母株上剪取生长健壮的嫩枝作穗材，将穗材按20cm长并带2～3个节截成插穗，剪掉基部全部叶片，保留穗梢1片叶。然后将插穗每20根绑扎成1把，放入代森锰锌500倍溶液中消毒5min。扦插前置于100mg/L吲哚丁酸或吲哚乙酸溶液中浸泡3h，可有效促进生根和根系生长。另外，500～1000mg/L吲哚丁酸溶液中浸泡插条基部5～10min，也可加速生根。再者，取长8～10cm的栀子花嫩枝，带叶片4～6枚，去掉基部叶片作为插穗，将基部在500mg/L吲哚乙酸＋500mg/L萘乙酸＋2%蔗糖的溶液中浸泡15s，用珍珠岩＋蛭石＋泥炭（1∶1∶1）作为扦插基质，可促进扦插苗提前生根，缩短繁育周期。

2. 切花保鲜

栀子花切花瓶插于含10～50mg/L 6-苄氨基嘌呤的保鲜液中，可有效延缓切花衰老和延长瓶插寿命。

五十三、紫薇

紫薇又名满堂红、痒痒树等，为千屈菜科紫薇属落叶乔木，其树干光滑扭曲，花色艳丽，色彩丰富，既可观花又能赏干，花期又长，具有较高的园林观赏和应用价值，在我国园林绿化中已被广泛应用，是观赏价值很高的环境绿化、美化树种。

植物生长调节剂在紫薇上的主要应用：

1. 促进种子萌发

用 500mg/L 赤霉素、5mg/L 6-苄氨基嘌呤或 15mg/L 萘乙酸溶液浸种 12h，均可提高紫薇种子的发芽率和发芽势，其中尤以 5mg/L 6-苄氨基嘌呤溶液处理效果最明显。另外，用 200mg/L 赤霉素或 0.02mg/L 噻苯隆溶液浸泡毛萼紫薇种子 2h，可提高发芽力和促进幼苗生长。

2. 促进扦插生根

取紫薇 1 年生半木质化枝条、长度约 15～20cm，用 500mg/L 吲哚乙酸或萘乙酸溶液速蘸 5s 后在河沙基质上扦插繁育，可有效地促进扦插生根。另外，用 300mg/L 吲哚丁酸溶液处理插穗基部 1h，也可促进紫薇生根。再者，用紫薇老枝干扦插培植是获得盆景材料的一个捷径，可在 3 月中下旬紫薇未萌芽之前，截取形状优美的树干，粗 1～3cm，长 15～25cm，修去枯枝及影响美观的枝条，保留一部分细枝，使其带 5～6 个芽，扦插前将插穗浸于 500mg/L 吲哚丁酸溶液约 15min，可加快生根和成活。

3. 矮化盆栽(盆景)植株和提高观赏性

盆栽紫薇当年生枝抽发长至 5cm 时，用 1000mg/L 丁酰肼溶液喷施叶面，可矮化植株，提高观赏价值。另外，对紫薇树桩盆景，多效唑处理可起到培养“小老树”的效果。通常在 3 月中旬新梢萌发 5cm 左右时，用 2000 倍多效唑（产品为 15%可湿性粉剂）溶液灌洒处理，到 4 月中旬再进行一次同样的处理（两次用量约 0.5～1g），即能起到明显的抑制生长、促进开花的作用，并表现出枝短而粗壮、叶片厚、开花早、花朵多、花期长等优良的观赏性状。

五十四、紫玉兰

紫玉兰又名木笔、辛夷，为木兰科玉兰属落叶大灌木，其树形姿态婀娜，叶茂荫浓，花大而艳，孤植、丛植或作为行道树都很美观，是庭院绿化、美化、香化的优良树种。

植物生长调节剂在紫玉兰上的主要应用：

1. 促进扦插生根

选 2 年生紫玉兰木质化的枝条，剪成 8～10cm 长插条，在 25mg/L 吲哚丁酸溶液中浸泡基部 5～10min 处理，有利于扦插生根和提高成活率。

2. 促进压条繁殖

4 月中旬取紫玉兰健壮根蘖枝，用利刀环剥，宽 0.5～1cm，深达木质部，涂抹 50mg/L 萘乙酸溶液，再用 0.1%高锰酸钾溶液清洗环剥部位，然后用腐叶土、田园土、砻糠灰的混合土堆埋至需发根处以上 8～10cm，可缩短育苗周期，成活率高。

五十五、朱槿

朱槿又名扶桑、大红花，为锦葵科木槿属植物，常绿灌木，其生长茂盛，开花数量多，花型较大，直径可达 10～17cm，花色鲜艳，花期较长，叶色浓绿，在南方主要用于园林布景，在北方主要作观赏盆栽，是一种优良的观赏植物。

植物生长调节剂在朱槿上的主要应用：

1. 促进扦插生根

由于较难获得朱槿种子，而且实生苗变异大，苗生长慢，因此其繁殖主要以扦插为主。选择生长健壮、无病虫害的朱槿植株，取 2 年生的侧枝中部，截成 15cm 长的插穗，去掉 1/2 叶片，扦插前用 500mg/L 吲哚丁酸溶液浸蘸 5s，可促进生根和提高出苗率。另外，在室内塑料小拱棚嫩枝扦插时，取朱槿半木质化新梢，剪成长 10～15cm、留 3 片叶的扦插条，将插条基部 3cm 在 500mg/L 吲哚丁酸溶液中浸泡 2s，晾 1～5min 后扦插，也可促进生根。再者，将 1 年生朱槿枝条修剪成 6cm 左右长、含 2 个节的插穗，插穗上端保留 2 枚完整叶片，用 350～450mg/L 萘乙酸溶液浸泡插穗 10～15s，以红壤：河沙：营养泥炭（3 ：2：1）组合而成的混合扦插基质，有利于朱槿的扦插生根。

2. 矮化盆栽植株，提高观赏性

为使盆栽朱槿枝条粗短紧凑、多开花或缩小冠幅，可在出室前用 500～1000mg/L 多效唑溶液施入盆中。根据矮化的效果，还可在 6 月补喷 1000mg/L 多效唑溶液。也可在盆栽朱槿摘顶后，用 200mg/L 多效唑溶液喷施，可抑制新梢的伸长生长而使植株矮化、株型紧凑。另外，用 2000～5000mg/L 多效唑溶液喷施经过修剪的朱槿，可降低株高。再者，用 4000mg/L 矮壮素＋500mg/L 丁酰肼的混合溶液根施七彩朱槿植株，可明显抑制其生长发育，不仅提高其观赏性，还可大大减轻常规人工修剪的劳动强度。

第八节　在草坪草上的应用

草坪是指多年生低矮草本植物在天然形成或人工建植后经养护管理而形成的相对匀称、平整的草地植被，而草坪草则是指能够经受一定修剪而形成草坪的草本植物。草坪草种类繁多，但主要以多年生和丛生性强的矮性禾本科或莎草科多年生草本为主。通常依据草坪草的生态习性，大体可分为冷季型草坪草和暖季型草坪草，前者在 15～25℃下生长良好，主要种植在北方冷湿和冷干旱、半干旱地区等，而后者适宜的生长温度为 26～35℃，广泛分布于气候温暖的湿润、半湿润及半干旱地区等。

草坪具有绿化美化、水土保持、调节小气候、降低噪声、观赏和运动等功能，目前草坪草已被广泛应用于城市建设、园林景观、体育场地、娱乐休闲、环境保护等各个方面。不过，不同功能的草坪在草坪草选择上有所不同。例如，公园、公共场所、商业广场园林及家庭院落休息场地的草坪多选择紫羊茅、绒毛翦股颖、沟叶结缕草、细叶结缕草、中华结缕草、地毯草等。运动场、高尔夫球场草坪在草种选择时要求耐践踏和易于管理，可选择草地早熟禾、匍匐翦股颖（尤多用于高尔夫球场）、狗牙根和结缕草属植物等。运动场草坪在冬季休眠期为增添绿色可补种一些多年生黑麦草、一年生黑麦草等。装饰的草坪草要求草种叶片细、手感好、颜色绿，可选用紫羊茅、细羊茅、沟叶结缕草、地毯草等。公路、高速公路两侧护坡固定土壤时可选择的草种有匍匐翦股颖、地毯草、狗牙根、美洲雀稗等。用于水土保持的草坪，要求根深并能够快速形成草皮、管理粗放和易于成活，可选择野牛草、普通地毯草、结缕草属植物等。

植物生长调节剂在草坪草上的应用主要有：促进分蘖，增加草坪密度；延缓生长和降低修剪频率；增加绿度，改善草坪质量；提高草坪草的耐寒、耐热和耐旱等抗逆性，延长草坪绿色期；有些草坪草使用种子繁殖，在种子生产中，植物生长调节剂处理可增加草坪草种子产量。以下简要介绍植物生长调节剂在草坪草应用的部分实例。

一、白三叶

白三叶又叫白车轴草、白花苜蓿等，为豆科三叶草属的一种优良草种，其叶色深绿，花朵密集，花叶俱佳，草质细软，繁殖快，成坪竞争力强，抗性好，易建植、易养护，是一种优良的草坪草。白三叶可单独成片种植，亦可与早熟禾、高羊茅等禾本科草种混播，正常生长时，由于茎匍匐生长，株高不会超过草坪草，花期时花梗伸出，高于草坪草，在一片浓浓绿色中点缀着朵朵白花，可丰富草坪色彩和观赏性。另外，白三叶也被广泛应用到机场、高速公路、江堤湖岸等固土护坡绿化方面，起到良好的地面覆盖和绿化美化效果。

植物生长调节剂在白三叶上的应用：

1. 促进种子萌发

用 20mg/L 吲哚乙酸或萘乙酸溶液浸种处理，不仅可加快白三叶种子萌发、提高发芽率，而且可促进种子早期萌发及胚根胚芽生长，提高根芽比，而根的迅速生长有利于草种扎根，固定植株，加速成坪。

2. 调控植株生长

用250～750mg/L多效唑溶液喷施白三叶植株，可明显抑制其叶片生长和节间生长，叶宽变窄，茎粗增大。另外，对建植3年的白三叶草坪施用750mg/L多效唑溶液，40d后不仅使白三叶生长高度及节间生长明显受到抑制，叶片绿色加深，还可增强茎与叶片对低温的抵抗力，显著提高白三叶经霜后的生长能力。

3. 提高抗旱性

在2～6月份对白三叶植株喷施75mg/L脱落酸溶液，可明显减少白三叶叶片蒸发量，提高白三叶的抗旱性。

二、草地早熟禾

草地早熟禾又名六月禾，为禾本科早熟禾属冷季型草坪草，其质地纤细，色泽诱人，再生能力强，成坪后形成紧密而弹性良好的草坪绿地，加之耐寒、耐阴、耐修剪、绿期长，成为温带地区重要的草坪草种之一，广泛应用于北方园林、生态的绿化美化。

植物生长调节剂在草地早熟禾上的应用：

1. 促进种子萌发

用150～300mg/L乙烯利溶液浸种24h处理，可提高“Midnight”和“Nuglade”2个草地早熟禾品种的种子发芽势，并促进二者胚芽和胚根生长。

2. 促进生长和提前返青

在草地早熟禾返青初期，用42.5mg/L赤霉素溶液叶面喷施草坪，可加快其生长，提前返青，且药效可以维持1个月左右。另外，用30～50mg/L赤霉素溶液叶面喷施草地早熟禾，并配合水肥管理，可加快草坪生长，提早完成返青过程。

3. 调控生长和减少人工修剪

在草地早熟禾“菲尔金”（Fylking）和“优异”（Merit）两个品种的幼苗出土后20d左右，先用150mg/L多效唑溶液叶面喷施1次，然后每隔5d左右再用200mg/L多效唑溶液连续喷施3次，可起到控长矮化的效果，使草坪保持良好的外观。另外，用0.9%丁酰肼溶液对草地早熟禾壁式草毯每2个月进行一次喷雾处理后，其单株叶量明显变少，根量相应增加，可以获得抑制叶片生长、增强根系生长的理想效果。

4. 提高抗逆性

在草地早熟禾（品种为“Crest”和“Alpine”）秋季播种后40d（三叶期），进行留茬6cm的修剪，在第一次修剪2d后喷施多效唑（25～50mg/m^2）或烯效唑溶液（20～40mg/m^2），有助于提高早熟禾草坪的抗寒能力，且作用较持久（将近2个月），可用于幼坪以抗御冻害，延长冬季草坪的生长期（绿期）。另外，在夏季高温来临之前，对草地早熟禾喷施多效唑（25～50mg/m^2）或烯效唑溶液（20～40mg/m^2），能使它们顺利越夏。在西北干旱地区，对草地早熟禾草坪叶面喷施0.3%丁酰肼或0.2%多效唑溶液，即使遇上很干旱的情形（土壤绝对含水量降至14%），草坪仍能保持绿色。再者，对处于荫蔽条件下的草地早熟禾（品种为“肯塔基”）草坪喷施100～200mg/L烯效唑溶液，可有效提高草坪的耐阴性，草坪颜色加绿，叶片厚度、宽度增加，茎节变短，植株的抗性提高。

三、地毯草

地毯草别名大叶油草，为禾本科地毯草属多年生暖季型草坪草，地毯草植株低矮、平铺地面呈毯状，地上匍匐茎扩展蔓延生长所形成的草坪色泽油绿，质地厚实，踩踏犹如地毯，生长势强，成坪快，适应性强，耐践踏，耐粗放管理，常被用作运动场草坪、公共绿地的园林绿化草和固土护坡的草坪材料等。

植物生长调节剂在地毯草上的应用：

1. 调控植株生长

用50～200mg/L多效唑或10～50mg/L烯效唑溶液喷施地毯草草坪，均可明显降低植株生长，同时还能促进分蘖，达到矮化和美化草坪的目的。

2. 提高抗旱性

用5mg/L脱落酸、50mg/L多效唑或10mg/L烯效唑溶液喷施地毯草草坪，均可提高其抗旱性，并明显减轻干旱条件下叶片焦枯程度。

四、高羊茅

高羊茅又名苇状羊茅、苇状狐茅，为禾本科羊茅属多年生冷季型草坪草。高羊茅属丛生型，叶片宽阔，色泽浓绿，绿期长，分蘖能力强，具有发达的根系，适应性强。其是最耐旱、耐践踏的冷季型草坪草之一，可用于建植多种草坪绿地，应用于公园、机关和住宅的绿化以及高质量的运动场。

植物生长调节剂在高羊茅上的应用：

1. 促进种子萌发

用100～200mg/L赤霉素溶液浸泡高羊茅（品种为“猎狗五号”）种子48h，可促进种子萌发和幼苗生长。另外，用0.5mmol/L水杨酸或300mg/L赤霉素溶液浸泡高羊茅种子8h，促进其种子萌发。

2. 促进生长和提前返青

用100mmol/L萘乙酸溶液喷施高羊茅草坪（“三A”“爱美”“佛浪”3个品种混播的草坪），可明显促进根系发育和增加分蘖数。另外，在高羊茅返青前期，用30～50mg/L赤霉素溶液叶面喷施植株，可明显加快草坪草生长，促进草坪的提早返青。

3. 调控生长和减少人工修剪

高羊茅生长快、修剪频率高，是生产中令人困扰的问题。在高羊茅剪草前5～7d，用200～400mg/L烯效唑溶液叶面喷施植株，可明显抑制生长，且叶色浓绿，通常喷药1次，药效维持约3个月。用600mg/L多效唑溶液喷施高羊茅也能强烈抑制生长，使叶片变短增厚，节间缩短，并减少草坪修剪次数。另外，600～1000mg/L矮壮素溶液喷施高羊茅植株，可降低其生长速率，使根系变短，单株分蘖增多。

4. 提高抗逆性

用0.5mmol/L水杨酸溶液浸泡高羊茅种子24h，可显著增强高羊茅种子萌发阶段的抗旱性。另外，用200mg/L多效唑溶液喷施高羊茅植株，使根系活力增强，并增强植株的耐热性和延缓植株的衰老，获得较好越夏能力。再者，冬季低温胁迫下，用15mg/L脱落酸溶液叶面喷施高羊茅，每隔15d喷施1次，共喷3次，可提高植株生长势和抗寒能力。

五、狗牙根

狗牙根别名为绊根草、爬根草、百慕大草、天堂草等，为禾本科画眉草亚科狗牙根属多年生暖季型草坪草，其质地细腻，色泽浓绿，再生能力强，成坪速度快，耐践踏，是一种典型的暖季型“当家草种”。狗牙根一般包括普通狗牙根和杂交狗牙根等多个品种，具有强大的根茎，能形成致密的草皮，被广泛应用于高尔夫球场、足球场、公园及庭院等。

植物生长调节剂在狗牙根上的应用：

1. 促进种子萌发

用5mg/L赤霉素溶液浸泡百慕大狗牙根种子24h，可显著促进其萌发。另外，用1mg/L赤霉素或2,4-滴溶液浸泡狗牙根种子48h，也可明显提高其发芽率和发芽势。

2. 促进生长和加速成坪

于5月初对狗牙根草坪喷施50mg/L赤霉素溶液，半个月后再喷施一次，可明显促进狗牙根茎生长，而且叶片变长变宽，对于早期成坪有很大作用。另外，用 5mg/L 6-苄氨基嘌呤溶液喷施于狗牙根草坪，喷施 10d 后，其分蘖明显增加，匍匐茎也有伸长，过 20d 后，仍能促进狗牙根分蘖，且成坪速度比不施用的约快 10d。

3. 调控生长和减少人工修剪

用 400mg/L 矮壮素溶液喷施狗牙根草坪，可缩短主茎和节间长度，产生明显的矮化效应，可用来替代人工修剪，并能增加分蘖，提高草坪质量，使草坪更耐践踏。另外，在狗牙根拔节前后，用 3000mg/L 矮壮素溶液进行叶面喷施，可明显抑制主茎和分蘖茎的伸长，矮化作用明显，可代替人工修剪，降低草坪管理成本，并且还可促进分蘖的大量发生。

4. 增强抗逆性

在入冬前用 15mg/L 脱落酸溶液叶面喷施狗牙根（品种为“新农 1 号”和“喀什狗牙根”）植株，可提高二者对低温的适应能力。另外，用 5mg/L 脱落酸、50mg/L 多效唑或 10mg/L 烯效唑溶液喷施矮生狗牙根，可显著提高其抗旱性。

5. 延长绿期

11 月初用 50mg/L 或 100mg/L 赤霉素溶液喷施狗牙根草坪，能改善秋季枯黄，达到延绿的效果，其中喷 2 次（中间间隔 1 周）的效果比只喷 1 次显著。另外，在 10 月初用 150mg/L 赤霉素或 1～10mg/L 6-苄氨基嘌呤溶液喷施狗牙根草坪，可延缓叶片枯黄，提高草坪质量，延长观赏期。再者，对留茬高度 3～5cm 的狗牙根植株喷施 150mg/L 赤霉素溶液 15d 后，即可明显延缓叶片枯黄，减少草丛中的枯黄叶片数。

六、黑麦草

黑麦草为禾本科黑麦草属草本植物的统称，常用于建置草坪的黑麦草有一年生黑麦草（别名多花黑麦草、意大利黑麦草）和多年生黑麦草（别名宿根黑麦草），均为冷季型草坪草。黑麦草茎叶柔嫩，色泽深绿，分蘖发达，生长快，抗病虫能力和分蘖能力强，耐践踏性较好，是全世界最受欢迎的草坪草之一。

植物生长调节剂在黑麦草上的应用：

1. 促进种子萌发

用 0.5mmol/L 水杨酸溶液浸种 24h 处理，可有效地提高黑麦草（品种为“托亚”）种子的发芽率和发芽势，促进幼苗生长。另外，用 0.15～1mol/L 水杨酸溶液浸泡 3 个不同品种的黑麦草（“欧必克”“多福”“凤凰”）种子 24h，也可明显增高萌发率，同时还可促进黑麦草在干旱胁迫条件下胚根和胚芽的伸长。

2. 调控生长和减少人工修剪

在黑麦草播种期，用 750mg/L 多效唑或 3000mg/L 丁酰肼溶液浸种 8h，均可在不影响其发芽、成坪的前提下，有效控制黑麦草幼苗株高，减少成坪前修剪次数。另外，对分蘖初期的多年生黑麦草（品种为“卡特”）进行 1 次修剪后喷施 200～400mg/L 矮壮素或 25～75mg/L 烯效唑溶液，可明显抑制植株生长，促进分蘖。其次，对黑麦草喷施 400mg/L 缩节胺溶液，也可延缓黑麦草的生长，减少修剪次数。再者，用 200mg/L 多效唑溶液喷施处理对多年生黑麦草（品种“爱神特Ⅱ号”）株高、叶长及地上部植株鲜重、干重的抑制作用显著，可作为多年生黑麦草的化学修剪手段。

3. 增强抗旱性

在黑麦草（商品名“百灵鸟”）生长时期叶片喷施 40mg/L 烯效唑溶液，可提高黑麦草的抗旱性，对草坪节水灌溉有重要意义。另外，用 200mg/L 多效唑溶液喷施多年生黑麦草（品种“轰炸机”），也可显著提高其抗旱性。

4. 延长观赏期

用 1000mg/L 多效唑溶液喷施多年生黑麦草，可增强植株代谢能力，延长草坪草的观赏期。

另外，选择在5月中旬（留茬8.0cm）和6月中旬（留茬5.0cm）对多年生黑麦草叶面喷施600mg/L多效唑溶液，则越夏能力得到加强，到8月份整个草坪枯黄程度降低，且枯黄部位均为叶尖，叶片叶绿素含量提高，草坪质量明显改善。

七、假俭草

假俭草属于禾本科蜈蚣草属多年生草本植物，是世界三大暖季型草坪草之一。其匍匐生长性能强，扩展蔓延迅速，成坪速度快，根深具备较强的抗性，耐旱、耐阴、耐贫瘠，具有植株低矮、覆盖率高、易建植、耐粗放管理等显著优点，广泛用于公共绿地草坪、运动场草坪、水土保持和公路边坡草坪建植等。

植物生长调节剂在假俭草上的应用：

1. 促进种子萌发

用200mg/L赤霉素溶液浸泡假俭草种子3d，可促进种子萌发和有效提高发芽率。

2. 促进扦插生根

用100mmol/L萘乙酸溶液浸泡假俭草带叶茎枝5min后再扦插种植，可促进生根和生长。

3. 增强抗性和延长绿期

假俭草全年枯黄期达4个多月，且枯黄的叶片黄中带褐，降低了假俭草的观赏价值和景观效应。用10mg/L 6-苄氨基嘌呤溶液喷施假俭草植株，可提高抗寒性，并延长其绿期16～17d。另外，用1000mg/L丁酰肼溶液喷施假俭草，也可提高其抗寒性，延缓低温条件下的叶绿素分解，并延长绿期4～5d。

八、匍匐翦股颖

匍匐翦股颖又叫匍茎翦股颖，为禾本科翦股颖属多年生冷季型草坪草，其茎秆基部平卧地面，所形成的草坪葱翠青绿，再生能力强，耐寒、耐修剪，青绿期长，是一种优质的城市园林绿化草种，也常用于高尔夫果岭草坪。

植物生长调节剂在匍匐翦股颖上的应用：

1. 调控植株生长和提高观赏性

在匍匐翦股颖（品种为“绿洲”）生长初期（播种50d，植株高度约6cm），连续3d用多效唑（用量为100mg/m^2）或烯效唑（用量为60mg/m^2）进行叶面喷施处理，均可增加草坪地下部分生长量，提高根冠比，并有效降低匍匐翦股颖在春秋两个生长高峰期的生长高度，提高观赏性。另外，用浓度为1000～5000mg/L的矮壮素溶液叶面喷施匍匐翦股颖，可有效减缓其地上部分生长，提高根冠比，并使叶片变短增厚，降低草坪管理成本，提高草坪观赏价值。再者，用0.3%～0.9%丁酰肼溶液对壁式草毯匍匐翦股颖进行喷雾处理，可明显抑制叶片生长，促进根系生长，提高根冠比。

2. 增强抗性和延长观赏期

用10mg/L 6-苄氨基嘌呤溶液喷施匍匐翦股颖（品种为“开拓”）植株，有利于其抵御高温，并促进高温胁迫下的生长，并增加叶绿素含量。另外，用100mg/L烯效唑溶液喷施匍匐翦股颖处理，且每隔10d喷施1次，可使植株高度降低、叶片宽度变宽、叶片厚度变厚，并有效提高抗逆性和延长草坪的观赏期。

九、结缕草

结缕草为禾本科结缕草属多年生暖地型草坪草，主要有日本结缕草（又叫锥子草、老虎皮、崂山草等）、细叶结缕草（又叫天鹅绒草、台湾草）和沟叶结缕草（又叫马尼拉草、半细叶结缕草）等种类。三者生态特性与栽培方法相似，具有发达的横走根状茎，生长旺盛，适应性强，耐瘠薄，耐践踏，耐粗放管理，广泛应用于城市园林绿化、运动草坪建植和环境治理等。

植物生长调节剂在结缕草上的应用：

1. 促进种子萌发

用7%～10%氢氧化钠溶液浸种15min后再加入40～160mg/L赤霉素溶液浸种24h处理，可有效解除结缕草种子的休眠，并显著提高发芽率。

2. 促进植株生长和加速成坪

用5mg/L 6-苄氨基腺嘌呤溶液喷施沟叶结缕草，喷施15d后，分蘖增加，匍匐茎明显伸长，成坪速度也比不施用的快约14d。另外，在沟叶结缕草分蘖期用25～50mg/L赤霉素溶液或1～5mg/L 6-苄氨基嘌呤溶液喷洒植株，10d后再喷洒1次，可明显促进匍匐茎的伸长生长和分蘖，缩短成坪天数。再者，用为50mg/L赤霉素溶液喷施处理沟叶结缕草，可提早约半个月成坪，在草坪品质方面也可使草丛增高、盖度增大、叶色变浅。

3. 延长绿期

沟叶结缕草是南方草坪建植中经常选择的暖季型草坪草，但会有一段冬季枯黄期。为此，在9月底至10月初，用25～150mg/L赤霉素溶液喷洒沟叶结缕草草坪，每隔10d喷洒1次，共喷洒3次，15d后叶片枯黄即可明显延缓，草丛中的枯黄叶片数减少，其效果随浓度的增大而增强，作用持续时间长达50d。同样的喷洒条件下，喷洒1～10mg/L 6-苄氨基嘌呤溶液25d后，枯黄叶片数也会明显减少。再者，在广东地区冬季来临前（11月份），对沟叶结缕草喷施250～350mg/L多效唑溶液，可明显改善草坪冬季的质量，延长沟叶结缕草的绿期。

4. 增强抗逆性

对细叶结缕草草坪施用200mg/L烯效唑或500mg/L多效唑溶液后，有助于提高草坪的抗寒能力。另外，用多效唑溶液（用量约为50mg/m^2）喷施高尔夫球场日本结缕草植株，可有效提高其根冠比，并增强草坪草的抗逆性，从而节约管护成本。再者，在冬季喷施200mg/L烯效唑或500mg/L多效唑溶液可明显增加细叶结缕草叶绿素含量，加深叶色，延缓植株的生长，增强结缕草的抗寒能力，提高细叶结缕草越冬能力。

十、马蹄金

马蹄金又名马蹄草、黄胆草、九连环、小金钱等，为旋花科马蹄金属多年生匍匐草本，其植株低矮，形态优美，叶小呈马蹄状，花淡黄色，株丛致密，可形成低矮、均匀、平整而美观的草坪植被，耐轻度践踏，青绿期较长，易于繁殖和管理，是一种除禾本科、豆科、莎草科之外应用较多的草坪草种之一，在我国南方地区及长江流域广泛应用。

植物生长调节剂在马蹄金上的应用：

1. 促进种子萌发

用50mg/L赤霉素溶液浸泡野生马蹄金种子4h，可明显提高种子发芽率和发芽势。

2. 调控植株生长和增强抗寒性

用30～50mg/L多效唑溶液叶面喷洒马蹄金植株，可使其分枝增多，叶片密度加大，有效提高草坪的质量和观赏性，并增强其抗寒性。

十一、野牛草

野牛草为禾本科虎尾草亚科野牛草属多年生草本。其叶片色泽优美、质地柔软，具有匍匐茎，可形成低矮、整齐、细密的草坪，有极强的抗旱性，且具有耐践踏、耐热和抗病虫害能力，被称为草坪植物中的“耐旱冠军”，是理想的节水型低维护草坪草种，很适合建植管理粗放的开放性绿地草坪。

植物生长调节剂在野牛草上的应用：

1. 促进种子萌发

用60mg/L赤霉素溶液浸泡野牛草（品种为“中坪一号”）种子24h，可打破种子休眠和促进萌发。

2. 促进生长和延长绿色期

用100mmol/L萘乙酸溶液喷施野牛草草坪，可明显增加分蘖数，促进根系发育。另外，在草皮生产中，在野牛草4叶龄时施用1mmol/L矮壮素溶液有利于成坪、打卷，可提早20d成坪。再者，用25～200mg/L赤霉素溶液喷洒处理野牛草，可使其绿色期延长10～15d。

3. 降低修剪频率

野牛草在夏季高温到来之际，修剪高度保持在3cm左右，然后浇足水，2～3d后喷施1mmol/L矮壮素溶液，可维持1个月不用修剪。随后，可根据草坪的长势情况再喷1次矮壮素，浓度要稍低于上次，可进一步降低修剪频率，减少养护成本。

十二、紫羊茅

紫羊茅又叫红狐茅、红牛尾草，为禾本科羊茅属冷季型草坪草，其具有横走根状茎和短的匍匐茎，色泽鲜绿，质地柔软，能形成整齐的优质草坪，且富有弹性，绿色期长，有很强的耐寒能力，在−30℃的寒冷地区也能安全越冬，被广泛用于建立休闲娱乐、绿地、观赏、环境保护和运动场的草坪，成为用途最广的冷季型草坪草之一，也是一种北方常见的冷季型草坪草。

植物生长调节剂在紫羊茅上的应用：

1. 抑制生长，矮化植株

用200mg/L多效唑或16mg/L烯效唑溶液叶面喷施紫羊茅（品种为“派尼”），可显著提高紫羊茅的叶绿素含量，使草坪颜色变深。另外，用250mg/L多效唑溶液叶面喷施紫羊茅草坪，每隔1个月喷施1次，喷施后2～3d再喷水，1周后就能取得抑制生长的效果，并且草坪颜色变深，药效可以维持28d左右。

2. 增强抗逆性

用2mmol/L水杨酸溶液在26℃下浸泡紫羊茅种子24h，有助于提高紫羊茅抗冷能力。另外，用200mg/L水杨酸溶液喷施紫羊茅（品种为“百琪Ⅱ代”），可明显提高其抗盐性。

参考文献

[1] 宋军阳，张显．1-MCP对东方百合开放与衰老的影响．武汉植物学研究，2010，28（1）：109-113.
[2] 陈卓梅，杜国坚，胡卫滨，等．2种植物生长调节剂对盆栽桂花的矮化效果试验．浙江林业科技，2012，32（2）：53-56.
[3] 徐永艳，宋妍，汪琼．3种生长调节剂对茶梅扦插生根的影响．西部林业科学，2012，41（6）：37-42.
[4] 徐永艳，单丽丽，汪琼，等．4种生长调节剂对三角梅扦插生根的影响．西部林业科学，2012，43（1）：23-28.
[5] 殷怀刚，陈卫平，周琴，等．6-BA对匍匐翦股颖耐热性的影响．江苏农业科学，2012，40（1）：150-151.
[6] 胡吉燕，张星星，张敏，等．6-BA和GA_3配伍对玫瑰切花保鲜效果的影响．浙江农业学报，2014，26（5）：1223-1226.
[7] 刘碧容，王艳，周荣，等．6-苄氨基腺嘌呤与温度对“银拖”墨兰开花性状的影响．2016，（7）：74-76.
[8] 甄红丽，苑兆和，冯立娟，等．CCC对大丽花表型和2种内源激素的影响．林业科学，2012，48（9）：30-35.
[9] 贺丹，吕博雅，王雪玲，等．GA_3、6-BA和根长对牡丹凤丹白成熟胚解除上胚轴休眠的影响．河南农业科学，2015，44（10）：122-126.
[10] 孙丽，刘振威，赵润洲，等．NAA、IBA处理及不同营养液配方对水培常春藤的影响．西北农业学报，2009，18（4）：359-362.
[11] 郝木征，王甜甜，李萍，等．NAA对美国红枫硬枝扦插生根关联酶活性的影响．园林科技，2016，139（1），19-21，34.
[12] 马关喜，齐振宇，沈伟桥，等．PP_{333}对蝴蝶兰婚宴生长的影响．浙江农业科学，2011（4）：799-801.
[13] 王彩梅．白三叶草在现代生态农业中的应用．现代园艺，2013，（3）：32-33.
[14] 韩琴，于勇杰，张晶，等．保鲜剂对山茶花切花保鲜效果的研究．中国野生植物资源，2015，34（1）：1-4.
[15] 林萍，李宗艳，吴荣，等．保鲜剂对晚香玉切花的保鲜效应．植物生理学报，2012，48（5）：472-476.
[16] 韩武章，陈小玲，林碧英．不同IAA、水杨酸对红掌、常春藤及其组合水生根系诱导的研究．福建热作科技，2014，39（1）：3-7.

[17] 张彬，杜芳．不同矮化剂对盆栽八宝景天矮化效应研究．山西农业大学学报（自然科学版），2013，33（6）：488-492.
[18] 陆銮眉，林金水，谢志明．不同保鲜液对龙船花切花的保鲜效果．园艺学报，2010，37（8）：1351-1356.
[19] 刘恒，蒋向辉．不同处理对金银花种子萌发及解剖结构的影响．湖北农业科学，2015，54（17）：4221-4224，4227.
[20] 姜宗庆，汤庚国，肖文华，等．不同处理对银杏嫩枝扦插生根及相关酶活性的影响．江苏农业科学，2014，42（5）：162-164.
[21] 周锦业，李春牛，卢家仕，等．不同处理方式对茉莉根插繁殖的影响．河南农业科学，2016，45（8）：112-117.
[22] 何莉，张天伦，贾文庆．不同处理下紫羊茅种子的发芽特性．江苏农业科学，2012，40（8）：192-193.
[23] 武新琴，智顺．不同基质及激素对倒挂金钟扦插生根的影响．山西林业科技，2010，39（3）：34-36.
[24] 曹基武，袁帅，刘春林，等．不同基质及激素浓度对野含笑扦插生根的影响．北方园艺，2015，（2）：64-67.
[25] 杨翠芹，秦耀国，童川．不同基质与植物生长调节剂对扶桑插条生根的影响．北方园艺，2012，（5）：88-90.
[26] 李敏，王朴，路喆，等．不同激素、处理时间及基质对两种大马士革玫瑰扦插生根率的影响．江苏农业学报，2016，32（1）：207-210.
[27] 殷爱华，李鑫，万利鑫，等．不同激素对金花茶圈枝繁殖生根的影响．热带农业学报，2016，36（5）：60-63.
[28] 文沛玲，瞿杨，叶光明，等．不同浓度 6-BA 对黑麦草种子出愈率的影响．草原与草坪，2014，34（3）：20-23，30.
[29] 张林，颜婷美，高雨秋，等．不同浓度 NAA 对五个紫薇品种扦插生根的影响．山东农业科学，2015，47（2）：49-51，81.
[30] 陈武荣，耿开友，宋知春，等．不同浓度多效唑对盆栽彩色马蹄莲的矮化影响．北方园艺，2009，（12）：175-177.
[31] 赵秀荣．不同浓度激素处理对棱角山矾扦插育苗的影响．安徽农学通报，2015，21（13）：88-90.
[32] 刘海臣，张冬梅，舒遵静，等．不同浓度生长激素对红瑞木扦插生根的影响．内蒙古民族大学学报（自然科学版），2011，26（6）：679-681.
[33] 陈婧婧，王小德，马进，等．不同瓶插液对梅花品种三轮玉蝶采后生理特性的影响．江苏农业科学，2012，40（7）：252-254.
[34] 王丽英，蔡建国，臧毅，等．不同生根剂对北美冬青嫩枝扦插生根的影响．江苏农业科学，2014，42（9）：157-159.
[35] 汤勇华，张栋梁，顾俊杰．不同生长延缓剂对盆栽玫瑰的矮化效果．江苏农业科学，2013，41（3）：138-140.
[36] 刘开业，陆肇伦，杨烈．不同外源激素处理对狗牙根种子发芽的影响．草原与草坪，2011，31（5）：26-29.
[37] 刘付东标，王俊宁，李润唐，等．不同长度富贵竹种苗及 IBA 处理对其生根及幼苗黄化的影响．北方园艺，2013，（3）：76-78.
[38] 丁华侨，刘建新，王炜勇，等．不同植物生长延缓剂对姜荷花的矮化效果．浙江农业科学，2013（5）：559-562.
[39] 陈志飞，宋书红，张晓娜，等．赤霉素对干旱胁迫下高羊茅萌发及幼苗生长的缓解效应．草业学报，2016，25（6）：51-61.
[40] 张鸽香，侯飞飞．赤霉素对盆栽风信子 Blue Jacket 生长与开花的调节．江苏农业科学，2012，40（11）：179-181.
[41] 王艳，周荣，任吉君，等．赤霉素对银拖墨兰生长发育及开花的影响．黑龙江农业科学，2015，（1）：60-62.
[42] 潘伟，张爽，卞勇，等．赤霉素和温度对野生长柱金丝桃种子萌发的影响．江苏农业科学，2013，41（4）：175-176.
[43] 杜玉婷，黄牡丹，程聪，等．赤霉素和蔗糖对唐菖蒲切花的保鲜效应．湖北农业科学，2011，50（13）：2685-2688.
[44] 纪书琴，刘宪东，郭翼，等．赤霉素诱导紫丁香提早开花试验初报．南方农业学报，2013，44（12）：2046-2048.
[45] 黄雪梅．春兰花期调控技术及其生理特性研究：[学位论文]．桂林：广西师范大学，2010.
[46] 张婷婷．大花惠兰成花质量综合调控技术：[学位论文]．北京：北京林业大学，2015.
[47] 窦全丽，张仁波．短梗南蛇藤种子的萌发特性．植物生理学报，2013，49（1）：75-80.
[48] 朱红波，林士杰，张忠辉，等．椴树属树种种子休眠原因及提高种子萌发率概述．中国农学通报，2011，27（22）：1-4.
[49] 王竞红，刘素欣，王非，等．多效唑对不同生境多年生黑麦草抗旱性的影响．草业科学，2016，33（5）：926-934.
[50] 罗平，李会彬，左启华，等．多效唑对狗牙根草坪生长的影响．草原与草坪，2010，30（2）：66-68，73.
[51] 余有祥，查琳，徐旻昱，等．多效唑对盆栽"奥斯特"北美冬青生长和坐果的影响．江苏林业科技，2015，42（3）：21-23，46.
[52] 宁云芬，黄春亮，杨再云，等．多效唑与遮光处理对盆栽一品红生长及花期的影响．北方园艺，2013，（1）：56-58.
[53] 曹春燕．多效唑与矮壮素对盆栽一品红观赏品质的影响．中国园艺文摘，2014，（7）：9-11.
[54] 徐银保，欧阳雪灵，周华．多效唑对金边瑞香的矮化效果．江西林业科技，2011，（1）：13-14.
[55] 何文芳．多效唑对水培风信子矮化作用研究．中国园艺文摘，2013，（5）：29-30.
[56] 崔向东，史素霞．多效唑对水仙高度和花期的影响．安徽农业科学，2011，39（12）：6979-6980.

[57] 吕文涛，周玉珍，娄晓鸣．多效唑和矮壮素对盆栽朱顶红矮化的影响．湖北农业科学，2016，55（16）：4214-4216.
[58] 周翠丽．肥料、外源激素和光照对地涌金莲生长及生理的影响．北京：中国林业科学研究院，2013.
[59] 奎万花．干旱区不同处理对金露梅嫩枝扦插成苗及苗期生长的影响．中国农学通报，2011，27（10）：88-91.
[60] 王英，张超，付建新．桂花花芽分化和花开放研究进展．浙江农林大学学报，2016，33（2）：340-347.
[61] 蒋建定，王福银，季建清，等．花叶夹竹桃嫩枝扦插育苗试验．江苏林业科技，2010，37（1）：18-20.
[62] 王书胜，单文，张乐华，等．基质和 IBA 浓度对云锦杜鹃扦插生根的影响．林业科学，2015，51（9）：165-172.
[63] 黎雯茜，胡春梅，蔡信欢，等．基质和激素对八仙花嫩枝扦插生根的影响．湖南农业科学，2013，（15）：159-160.
[64] 周航，王京文，杨文叶．基质和激素对一品红扦插生根的影响．浙江农业科学，2010，（5）：978-979.
[65] 孙莉莉，孙晓梅，张正伟，等．激素对风信子（*Hyacinthus orientalis*）鳞片扦插繁殖的影响．西北农业学报，2008，17（3）：290-293.
[66] 张锁科，马晖玲．激素调控草地早熟禾分蘖及品种间分蘖力比较研究．草地学报，2015，23（2）：316-321.
[67] 潘佑找，杨小维，侯凤娟．几种生长调节剂对栀子嫩枝扦插生根的影响．现代农业科技，2009，（19）：208-209.
[68] 李国树，李文春，徐成东，等．几种植物生长调节剂对山茶花扦插生根的影响．北方园艺，2011，（14）：65-69.
[69] 蒋运生，韦霄，漆小雪，等．金花茶高空压条繁殖技术．福建林业科技，2010，37（1）：68-71.
[70] 郑宝强．卡特兰花期调控及其关键栽培技术研究．北京：中国林业科学研究院，2009.
[71] 李帆．蓝花楹种子萌发与幼苗生长特性研究．成都：四川农业大学，2013.
[72] 宗树斌，顾立新，陈少卿，等．蓝雪花嫩枝扦插技术．福建林业科技，2015，42（3）：121-124.
[73] 麦苗苗，王米力，石大兴．连香树嫩枝扦插繁殖技术研究．福建林业科技，2011，38（3）：103-106，120.
[74] 张翠萍，仇硕，赵健，等．两种植物生长调节物质对姜荷花种球繁育的影响．南方农业学报，2012，43（3）：283-285.
[75] 周红艳，林文雄．磷、钾肥与多效唑互作对沟叶结缕草养分吸收和细胞质膜透性的影响．草原与草坪，2014，34（6）：68-73.
[76] 叶升．罗汉松扦插繁殖技术研究．绿色科技，2016，（13）：45-46，49.
[77] 江波．梅花花期调控机理初步研究：[学位论文]．杭州：浙江农林大学，2014.
[78] 何淑玲，马令法．萘乙酸对腊梅扦插生根的影响．湖北农业科学，2012，51（21）：4804-4806.
[79] 闫海霞，卢家仕，黄昌艳，等．萘乙酸和吲哚丁酸对月季扦插成活效果的影响．南方农业学报，2013，44（11）：1870-1873.
[80] 黄诚梅，江文，韦昌联，等．萘乙酸与多效唑对茉莉成花及新梢等生理指标的影响．北方园艺，2009，（12）：166-169.
[81] 陈楚载．浅谈红千层在园林景观中的应用及管理．福建热作科技，2015，40（2）：39-41.
[82] 李骏捷，黄超，徐慧，等．三种生长延缓剂对八仙花矮化及开花影响．中国观赏园艺研究进展，2013，431-435.
[83] 玉舒中，吕文玲，李悦，三种植物生长调节剂对七彩朱槿生长的影响．北方园艺，2011（14）：75-77.
[84] 马小丽．三种植物生长调节剂复配剂对盐胁迫下草地早熟禾生长的影响研究：[学位论文]．北京：北京林业大学，2016.
[85] 李永欣，余格非，王晓明，等．美国红叶紫薇扦插技术研究．湖南林业科技，2012，39（5）：112-114.
[86] 韩琴．山茶花切花保鲜和衰老机理的研究：[学位论文]．宁波：宁波大学，2014.
[87] 蔡新赟，邵秋雨，张新新，等．生长调节剂对坪用多年生黑麦草生长特性的影响．草业科学，2013，30（7）：1014-1018.
[88] 贺涛，苏丹萍，李楠，等．生长调节剂和基质对东南山茶扦插生根的影响．亚热带植物科学，2016，45（1）：83-86.
[89] 廖林正，周友兵，吴涤，等．生长调节物质及木质化程度对金银花扦插繁育的影响．北方园艺，2012，（4）：161-163.
[90] 汤楠．生长延缓剂对盆栽小苍兰生长发育的影响：[学位论文]．上海：上海交通大学，2012.
[91] 张利娟，钟天秀，许立新，等．外施氮肥、生长调节剂对结缕草幼苗生长的影响．草地学报，2014，22（5）：1038-1044.
[92] 马孟莉，刘艳红，张建华，等．外源赤霉素对仙客来开花的影响．北方园艺，2013，（22）：89-91.
[93] 杜坤，王军辉，沙红，等．外源激素对金露梅、唐古特莸、胡颓子扦插生根的影响．林业实用技术，2014，（8）：62-64.
[94] 杨锋利，汪茜，杜保国．温度和不同激素及其浓度和浸种时间对美人蕉种子萌发的影响．中国农学通报，2015，31（13）：126-129.
[95] 彭芳．文心兰花芽形态分化及其生理生化的研究：[学位论文]．桂林：广西大学，2011.
[96] 李黛，张仁波．野生淡黄花百合鳞片的扦插繁殖技术研究．贵州农业科学，2012，40（7）：173-175.
[97] 苏瑞娟．一品红花期调控措施分析研究．现代农业科技，2014，（23）：174，177.

[98] 张咏新．银边八仙花的扦插繁殖试验．北方园艺，2012，(21)：69-70.
[99] 孙明伟，赵统利，邵小斌，等．郁金香花期调控研究进展．江苏农业科学，2014，42 (2)：149-150.
[100] 潘晓韵，潘刚敏，葛亚英，等．杂交兰花期调控试验初探．浙江农业科学，2016，57 (4)：542-545.
[101] 李玉娟，张健，李敏，等．蔗糖和不同外源激素处理对美国红枫色叶的影响．广西农学报，2009，24 (6)：27-28，42.
[102] 冯朝元．珍稀树种连香树种子发芽特性的研究．湖北林业科技，2012，173：9-12.
[103] 何素芬，刘军，顾大勤，等．植物生长调节剂对鹅掌楸生长的影响．现代园艺，2016，(4)：5.
[104] 宋魏，李志辉，张起华，等．植物生长调节剂对高羊茅草坪草的应用效果研究．河北农业科学，2012，16 (1)：48-50，57.
[105] 刘娜，秦安臣，陈雪，等．植物生长调节剂对牡丹花期调控及花朵畸形的影响．河南农业大学学报，2014，48 (5)：567-574.
[106] 蔡祖国，李鹏鹤，赵兰．枝植物生长调节剂对苏铁水培生根诱导的影响．北方园艺，2012，(21)：60-62.
[107] 吴月燕，李波，朱平，等．植物生长调节剂对西洋杜鹃花期及内源激素的影响．园艺学报，2011，38 (8)：1565-1571.
[108] 章志红，蒋联方．植物生长调节剂对栀子扦插生根的影响．湖北农业科学，2012，51 (5)：934-936.
[109] 曲善民，冯乃杰，郑殿峰，等．植物生长调节剂在草坪草上的化控应用技术．草业与畜牧，2011，187 (6)：38-40.
[110] 于明斌，裘玉珩，王晶，等．植物生长延缓剂 S_{3307} 对大叶黄杨生长的影响．中国园艺文摘，2016，(5)：3-4，21.
[111] 王翊，马月萍，戴思兰．观赏植物花期调控途径及其分子机制．植物学报，2010，45 (6)：641-653.
[112] 岳静．光质和植物生长调节剂对杜鹃花期观赏性状及相关特性的影响：[学位论文]．成都：四川农业大学，2012.
[113] 廖绍波，陈勇，孙冰，等．深圳市观花植物资源调查及观赏特性研究．生态科学，2015，34 (5)：52-57.
[114] 王钰，龚固堂，杨宇栋，等．四川野生木本园林植物资源的筛选及观赏特性研究．四川林业科技，2016，37 (1)：77-80.
[115] 邓彬．植物生长调节剂在园林植物景观中的应用．现代园艺，2016，(8)：103-104.
[116] 程桂平，刘伟，何生根，等．植物生长调节剂在花卉生产上的应用研究概述．湖北农业科学，2009，48 (7)：1757-1759.
[117] 罗金环，羊金殿，张孟锦，等．植物生长调节剂在蝴蝶兰花期调控中的应用研究现状．现代园艺，2014，(11)：6-7.
[118] 廖伟彪，张美玲，杨永花，等．植物生长调节剂浓度和处理时间对月季扦插生根的影响．甘肃农业大学学报，2012，47 (3)：47-51.
[119] 刘娜，秦安臣，陈雪，等．植物生长调节剂对牡丹花期调控及花朵畸形的影响．河南农业大学学报，2014，48 (5)：567-574.
[120] 张丹，赵洁，安小勇，等．植物生长调节剂对兰州百合鳞片扦插繁殖的影响．北方园艺，2014，(20)：68-71.
[121] 刘娜，秦安臣，陈雪，等．牡丹花期对生长调节剂调控响应的研究．河北农业大学学报，2014，37 (2)：31-39.
[122] 杨迪，甘林叶，李文亭，等．光周期与植物生长调节剂对春石斛生长发育的影响．湖北农业科学，2016，55 (4)：935-960.
[123] 吴士彬，李许明，刘顺兴，等．不同植物生长调节剂对水仙花贮运的影响．福建热作科技，2013，38 (1)：29-34.
[124] 赵庆柱，张占彪，邱玉宾，等．不同植物生长调节剂对“夕阳红”槭扦插生根、生长和光合的影响．中国农学通报，2014，30 (10)：52-56.
[125] 何生根，李红梅，刘伟，等．植物生长调节剂在观赏植物上的应用．北京：化学工业出版社，2010.
[126] 隋艳晖，张剑，张志国．比久和矮壮素对矮牵牛穴盘苗生长的控制作用．中国农学通报，2009，25 (23)：343-346.
[127] 李杰，任如意，李春一，等．不同生长调节剂对凤仙花种子萌发及根生长的影响．黑龙江农业科学，2015，(4)：57-59.
[128] 李宁毅，杨卓，韩晓芳，等．烯效唑及与水杨酸配施对美女樱幼苗生长及光合特性的影响．种子，2012，31 (3)：93-95.
[129] 李俊玲，邹志荣．四季秋海棠穴盘育苗技术．甘肃农业科技，2013，(1)：62-63.
[130] 李宁毅，孙莉娟，刘冰．S_{3307} 及其与 SA 复配对万寿菊穴盘苗生长和抗性生理的影响．种子，2010，29 (8)：38-41.
[131] 冯莹，潘东明．香石竹保鲜技术研究进展．北方园艺，2011，(21)：182-185.
[132] 李军萍，徐峥嵘，师进霖．1-甲基环丙烯对洋桔梗切花的保鲜效应．江苏农业科学，2013，41 (3)：212-214.
[133] 雷国平．不同赤霉素浓度对一串红种子萌发的影响．山西林业，2015，(6)：38-39.
[134] 刘志强，韩靖玲．多效唑对羽衣甘蓝幼苗株高的影响．现代农业科技，2012，(14)：132-133.

[135] 黄海泉，江婷，王万宁．不同保鲜剂对紫罗兰切花生理效应的影响．云南农业大学学报，2014，29（4）：528-532.
[136] 徐洪辉，陈晓德，谢世友，等．叶面喷施多效唑对醉蝶花的生长和开花的影响．北方园艺，2010，（11）：79-82.
[137] 刘旭，刘博，吕春华，等．不同激素处理对非洲菊开花的影响．北方园艺，2012，（24）：83-84.
[138] 史清云，王姗，张荣良．外源乙烯利、萘乙酸和赤霉素对3种空气凤梨开花性状的影响．江苏林业科技，2013，40（2）：11-13，22.
[139] 田丹青，葛亚英，潘刚敏，等．不同外源物质处理对红掌抗寒性的影响．浙江农业科学，2012，（8）：1142-1144.
[140] 姜英，彭彦，李志辉，等．多效唑、烯效唑和矮壮素对金钱树的矮化效应．园艺学报，2010，37（5）：823-828.
[141] 杨红超，马丽，吴有花．6-BA与2,4-D混合保鲜剂对菊花切花保鲜效果研究．北方园艺，2013，（1）：166-168.
[142] 张文洋，于春雷．北方盆栽菊花植株矮化及花期调控技术．现代园艺，2013，（5）：30.
[143] 陈燕，王健．不同激素处理对绿萝生根的影响．热带林业，2015，43（2）：19-24，28.
[144] 李康，李丹青，张佳平，等．鸢尾属植物种子休眠研究进展．植物科学学报，2016，34（4）：662-668.
[145] 赵玉芬，储博彦，尹新彦，等．喷施6-BA和PP_{333}对大花萱草“红运”分蘖能力的影响研究．北方园艺，2011，（19）：81-83.
[146] 陈丽娟，沈彩华，张昕昕，等．化学诱变剂及赤霉素对狭叶薰衣草种子萌发的影响．种子，2012，31（12）：1-4，8.

第十章　植物生长调节剂在林业上的应用

林业是指培育和保护森林以取得木材和其他林产品、利用林木的自然特性以发挥防护作用的产业，是国民经济的重要组成部分之一。林木作为林业发展的基础和条件，不仅为生物质能源的原料来源和粮食生产的安全提供了有力保证，而且在保持人类赖以生存的生态环境的稳定以及维持生态平衡等方面发挥着不可替代的作用。林业上树木均为多年生植物，其生长发育不仅受遗传和环境因素的影响，同时还受植物生长物质的调控。作为林业科学研究中的新领域，林业系统化学调控技术是指通过对林木应用植物生长调节剂，改变其体内植物激素水平及其平衡，从而影响相关基因的表达，调控林木的生长发育使其朝着人们预期的方向和程度发生变化的技术。不同的植物生长调节剂，其作用特点和方式不同。因此，在生产中应根据实际需要选择使用不同的植物生长调节剂，通过改善用材林中林木的质量，提高经济林中林产品的产量和质量，从而提高林木的经济效益和社会效益。

第一节　植物生长调节剂林业应用概述

一、在林业上的使用原则

植物生长调节剂的林业应用日益广泛，由于各类植物生长调节剂的性质和作用不同，使用目的不一，安全性也有差别。因此，植物生长调节剂的林业应用需要把握一些基本原则。

1. 与气候的关系

植物生长调节剂的使用效果与温度、湿度和光照等外界环境条件关系非常密切。我国地域范围广阔，跨越纬度宽，四季气温变化特别明显。因而，在不同季节使用植物生长调节剂时应调整其使用浓度，以达到理想效果。光照和湿度对植物生长调节剂的药效也有影响。空气湿度高，叶面上的药液不易干燥，其吸收时间大大延长，可以增强植物生长调节剂的应用效果，而适宜的光照促使植物叶片气孔开放，促进了植物生长调节剂的吸收。因此，植物生长调节剂宜在晴天使用。但如果光照过强，会减少药液在叶面的停留时间，不利于叶片的吸收，反而会影响药液的应用效果。此外，风、雨对植物生长调节剂的应用也有影响，在风速过大或喷后不久遇雨都会降低应用效果。在干旱气候条件下，药液浓度应降低；反之，雨水充足时使用，应适当加大浓度。

2. 与林木生长状况的关系

林木生长发育状况在一定程度上取决于其体内植物激素水平及其动态平衡，这也导致不同树种、品种及不同器官对植物生长调节剂的敏感程度不同。例如，多效唑在桃树、葡萄树、山楂树上应用见效较快，处理当年即产生明显效果；而在苹果树和梨树上起作用的时间较慢，往往要在处理的第二年才产生明显效果。另外，植物生长调节剂仅在植物生长发育的某一过程中起作用，因此，一定要根据树种、品种的反应及其生长状况来选用不同的植物生长调节剂种类和使用浓度。值得注意的是，施用植物生长调节剂虽然可以解决植物生长发育过程中的某些问题，但其不能代替肥料、农药和其他耕作措施。要使植物健壮地生长，一定要综合应用其他农业技术措施。用萘乙酸、吲哚乙酸处理插条促进生根，就必须保持苗床内一定湿度和温度，否则生根是难以有保证的。因此，我们应首先加强肥水管理及病虫害防治，在增强树势的基础上使用植物生长调节剂，以发挥其应有的效果。

3. 把握植物生长调节剂的作用时期和方法

植物生长调节剂的生理效应往往与植物的特定生长发育时期相联系，如果使用时机不当，就不能收到理想效果，甚至会产生“副作用”。如应用乙烯利催熟枇杷，宜在果实褪绿期（即果实由青绿转淡绿时）对果穗均匀喷布，可以提前10d左右采收。如处理过早则影响产量和品质；处理过迟作用不大。植物生长调节剂的适宜使用期主要取决于植物的发育阶段和应用目的。如萘乙酸在幼果时使用起疏果作用，而在采果前使用可防采前落果。因此，植物生长调节剂的适宜使用时期，不能简单地以某一日期为准，要根据使用目的、生育阶段、药剂特性等因素，从当地实际情况出发，经过试验确定最适宜的药剂种类和用药时期。

一般而言，植株长势好的浓度可稍高，长势弱的浓度要稍低。但有的农户总怕用量少了没有效果，随意加大植物生长调节剂用量或使用浓度，这样做不但不能促进植物生长，反而会使其生长受到抑制，严重的甚至导致叶片畸形、干枯脱落、整株死亡。如生长素类，低浓度促进生长，高浓度抑制生长，甚至杀死植物。因此，使用植物生长调节剂时，要严格控制浓度和用药量，在能达到调控目的的前提下，尽可能减小剂量，既可降低成本，又可减少药液残留。对于林木来说，由于其根系对土壤溶液中的有机化合物的选择性较强，植物生长调节剂易被根系吸收进入树体内，所以土壤浇灌比叶面喷施的效果明显。然而，由于土壤浇灌的需要量较大，同时受土壤微粒吸附和土壤微生物等多方面因素影响，在生产实际中还是以叶面喷施为主。除上述两种方法外，植物生长调节剂在林业的使用方法还有浸泡、涂抹、底施、拌种等。底施是在林木基肥中加入一些植物生长调节剂，可以促进生根，同时促进树木对肥料的吸收和利用，提高抗逆性。拌种和种衣法主要用于种子处理，以促进生根，调节植株生长。而打点滴是近年来在造林中采用得越来越多的施用方式，大大提高了利用效率，并可节约一定的成本。

二、应用的主要领域

植物生长调节剂参与了树木的花芽分化、性别分化、开花结实以及对环境因子的反应等各个过程。近几十年来，随着林木育苗和造林进程的快速发展，有些实际问题，如幼苗高径（株高和地径）生长慢、扦插条生根难、造林成活率低等也可通过使用植物生长调节剂进行解决，并得到了较为广泛的应用。如促进（或抑制）林木生长、促进插条生根、控制性别分化、化学整形、提高坐果率、增强树体抗逆性等。

1. 促进扦插条生根

为了拓宽林木丰产栽培渠道，并在短时间内迅速提高林木产量，在优良种子生产不足的情况下，采用扦插、嫁接和组织培养等营养繁殖方式可以弥补实生林业的不足。从技术的经济和简便角度来说，扦插繁殖是较理想的技术。

促进插条生根的方法主要研究不同植物生长调节剂和不同处理方式对林木扦插条生根能力的影响。虽然不同树种的结果不尽相同，但总体来看，只要处理方法得当，植物生长调节剂在植物不定根形成中起着核心作用，它们可以诱导根原基的产生，影响新根的形成，但这取决于不同生长调节剂的配比，如在NAA的基础上增加低浓度的IBA，不仅可以大大增加皮部诱导根原基的数量，而且可诱导切口愈伤组织产生根原基并迅速发育，保证插穗的发根和成活。植物生长调节剂亦能促进木本植物插条生根，一般只要插条上保留一定数量的芽或叶片，在保持适宜的温度和湿度的条件下，可使插条根原基发生。特别是一些不易生根的果树和造林树种等，经处理后，插枝生根快而多，抗旱力强，成活率高，苗木生长快，而且能保持其主要优良特性不发生变异，这一技术已成为林木良种生产的重要手段。

需要注意的是，用于扦插的材料的成熟度和位置效应。这些效应在当代发生作用，而不能遗传给后代，称这些效应为“C”效应。如取样材料是水平枝或下垂枝，就会造成后代的位置效应，冠形、干形、分枝等性状就会出现偏差；如取样材料进入成年期，就会造成成熟效应，使材料很快开花结实，生长速率降低，这将严重阻碍无性系改良的进程。因此，在对中等生根甚至难生根树种进行无性繁殖时，应先对母株采取继代扦插、化学调控复壮措施，以有效解决“C”效应。

2. 种质资源离体保存

利用生物技术对树木的组织或细胞进行培养和保存，不仅保存迅速、保存量大，可在短期内获得大量无性系后代，而且保存所占空间很小，可节省土地资源、降低保存成本。张力平等对葡萄种质资源保存的研究结果表明，在培养基中加入适量多效唑可以有效延长继代周期，减少保存成本。李毅等对毛白杨的研究表明，MS＋0.5mg/L 6-BA＋0.1mg/L IAA 对愈伤组织诱导率可达 90％。

3. 促进林木速生

木材是国际公认的四大原材料之一，世界各地的实践证明，经济越发达，对木材和林产品的需求量越大。因而速生丰产成为了用材林出材率和林化产品质量的重要保证。有研究表明，林木的速生阶段对植物生长调节剂的反应十分敏感，处理后能显著促进林木的生长。目前应用的主要植物生长调节剂有萘乙酸、芸薹素内酯、吲哚丁酸、赤霉素、6-苄氨基嘌呤及多效唑等。如用 200～400mg/L 赤霉素药液喷洒一、二年生的槭树、橡树、桦树及樟树等，可促进幼树生长，高度显著增加。用 0.5～1mg/L 芸薹素内酯溶液在早春淋浇一年生湿地松苗木，夏季能促进植株长高，秋季则促进茎枝加粗生长，并能提高耐热性和抗寒性。然而，要达到植物生长调节剂理想的应用效果，实际操作中应注意与其他措施进行配合，如适当水肥、防虫除草等。

4. 促进林木木质化

林木幼苗生长到一定时期后，其生长会逐渐减缓，进入木质化过程。但这一过程受外界环境因素的影响很大，温度表现尤为突出。温度的骤然升高会导致木质化进程减缓，而骤然的低温则可能会使木质化程度不高的幼嫩部分受到损伤。我国一年四季气候变化剧烈，给许多木质化程度差的树木幼苗造成了很大的危害，如北美香柏苗木顶端或部分侧枝鳞叶出现枯黄现象，严重时会导致全部枝条枯死。为此，在林木生产中，往往使用植物生长延缓剂来加速苗木木质化进程，提高苗木的抗逆性。一般情况下，在林木达到规定的高度后即可采用茎叶处理的方式施用植物生长延缓剂，促进其木质化。常用的植物生长调节剂有烯效唑、多效唑、乙烯利、矮壮素、甲哌鎓、丁酰肼（比久）、调节膦、整形素等。如在樟子松幼苗生长旺盛时期，用 1mg/L 多效唑处理，可有效促进樟子松苗木的木质化，促进茎干增粗生长，并使造林成活率提高 30％以上。当然，如果当年施用的植物生长延缓剂剂量太大时，则会影响来年苗木生长（如到了生长季节仍处于休眠状态），这时可采用喷施赤霉素等药剂的方法解除休眠。

5. 林木的化学整形

矮化栽培是指利用各种措施使植株比正常生长显著矮小的栽培方法，多用于果树、桑和观赏植物等的生产，它有利于提早结果、增加产量、改善品质、提高土地利用率或增加观赏效果。通过植物生长调节剂抑制或延缓树体生长，从而达到矮化树体的目的。常用的植物生长调节剂有乙烯利、矮壮素、丁酰肼、多效唑等。如盆栽桂花需要进行矮化整形时，可在春季新梢萌发前，用 800mg/L 施必矮药液对其植株进行喷洒，促进节间缩短，新叶增厚，株形紧凑，提高观赏性。

由于大径材和珍贵阔叶用材的需求量大，而一些人工阔叶林在生长早期就很易发生分叉现象，给优质用材林的培育和利用带来了严重影响。若使用调节膦或者百草枯喷洒，可以杀死侧芽，达到减少分叉目的，且功效较高。行道树的树冠生长过旺，会影响交通运输和高压输电线路的安全及遮挡夜间照明等。可用 1000～2500mg/L 青鲜素在春季腋芽开始生长时进行喷洒，使叶片吸收部位附近的顶芽受到抑制，从而控制疯杈和枝条疯长。一般在 2～4 月份的晴朗天气，树身干燥时喷洒，以利吸收。对于需要打尖、整枝、整形的观赏植物也可利用植物生长抑制剂青鲜素、乙烯利等替代，从而减少生产用工，降低成本。常用的化学整形药剂有青鲜素、脂肪族醇素和多效唑等。

6. 其他应用

（1）提高林木抗逆性　当植物受到逆境胁迫时，植物体内的酶和植物激素都会发生变化，从而影响一系列的生理活动或生化变化来产生防御胁迫的能力。其中，植物激素的种类和含量变化明显，如脱落酸含量明显上升。外施适当浓度（10^{-6}～10^{-4} mol/L）的脱落酸可以提高植物的抗寒、抗冻、抗盐和抗旱能力。用浓度为100～1000mg/L的矮壮素溶液均匀喷雾，能显著增加桃花花芽的抗寒、抗逆能力，使其花繁叶茂，提高观赏效果。在秋末冬初，用300～1000mg/L多效唑药液喷洒赤桉叶面，或用1000mg/L施必矮药液浇施土中，能够抑制冬梢生长和腋芽萌芽，停止冬季生长，增强抗寒力。

（2）提高造林成活率　当前，植苗造林是我国主要的造林方式，而其所用苗木大部分都是裸根苗，经过一系列的造林技术环节，会不同程度地对裸根苗造成损伤，进而影响其根系生长和造林成活率。采用ABT生根粉、绿色植物生长调节剂（GGR）、萘乙酸、吲哚乙酸等植物生长调节剂处理苗木，能促进苗木生根，增强其抗逆能力，显著提高造林成活率。如对黄山松一年生裸根苗用100mg/kg ABT生根粉混拌黄泥浆蘸根处理后造林，其成活率比常规处理提高了18.3%。

（3）控制林木的花芽分化　花芽分化是指植物茎生长点由分生出叶片、腋芽转变为分化出花芽或花序的过程，是植物由营养生长向生殖生长转变的生理和形态标志。应用植物生长调节剂可以改变营养生长转变到生殖生长的时间。如赤霉素对针叶树的柏科和杉科有明显的促进成花效果；使用赤霉素处理松树，可以缩短其从营养生长到生殖生长的过渡时间，从而使母树林提早结实；使用赤霉素也可抑制苹果、梨、杏、柑橘、葡萄、杜鹃花属等多种树木的成花；而阿拉（丁酰肼）、矮壮素则可促进柑橘类、梨、杜鹃的成花。

（4）营造人工复层林、保持生物的多样性　不同层次林木生长在一起时需防止竞争植物的危害，而生长延缓剂或除草剂可起到有效控制各层次和同层次之间的相互竞争。有些复层林在自然条件下不易形成，因为竞争植物太多，难以生存。使用植物生长延缓剂或除草剂为解决这一问题提供了新的途径。利用化控技术，可以营造出人工群落，创造最合理的生态结构与高产结构，改善林地生态，美化环境。

第二节　在杉木上的应用

杉木（*Cunninghamia lanceolata* Hook）为杉科（Taxodiaceae）杉木属常绿乔木，又名刺杉。其生长快，一般20～30年即可成材，单位面积产量高，每公顷最高蓄积量可达1000m^3左右，又可美化环境，净化空气，吸毒防尘，消除噪声等。杉木作为我国重要的速生商品用材和造林树种，因其木材纹理直，材质轻软，易干燥，少翘曲开裂，耐腐性强，质量系数高，广泛用于建筑、家具、器具、桥梁、船舶及造纸等行业。当前，我国正大力推进集体林权制度的改革，林农经营杉木的积极性加大，经营水平和良种意识提高，对杉木良种壮苗的需求日益增加。因此，利用现代科学技术，加快杉木优良品种的选育及栽培技术革新，成为当前杉木造林中的重要选择。杉木造林有实生苗造林、插条造林和萌芽更新等方法，而植物生长调节剂在其中发挥着重要作用。

一、促萌繁苗

杉木以有性繁殖为主，因此，可采用播种育苗。常规育苗技术出苗周期长，受气候因素影响较大，现大多采用苗床播种育苗或容器播种育苗。为促进种子发芽，加速幼苗生长，提高出苗率，在其播种前可用植物生长调节剂处理种子。据高智慧等报道，50mg/L GA对杉木种子的萌发具有明显的促进作用。张武兆等研究表明，植物生长调节剂对杉木种子发芽势、发芽率、田间出苗数均有显著影响，其中以25×10^{-6} mol/L赤霉素溶液处理杉木种子的效果最佳，发芽率和发芽势分别比对照提高20%和50%，田间出苗数比对照平均增加约50%。GA溶液处理也能显著增加杉木幼苗高度、针叶干重、基干重、根长、根数和根干重，幼苗地径、高度以及苗木出圃合格率都较对照高。但要注意，GA 处理后播种时要适当稀播，这样可以提高杉木合格苗的比例，多出壮苗，为苗木的早期速生丰产打下良好的基础。

杉木具有很强的萌芽能力，因此，可以用扦插的无性繁殖方式把亲本的优良性状固定下来。自明、清以来，我国的广大林农就采取杉木下部的枝条进行扦插造林。20 世纪 90 年代初，杉木扦插无性林生长迅速，其平均树高、胸径和单株立木材积分别比同龄实生林增加，表现出了无性林比实生林具有明显的生长优势。研究表明，杉木短穗扦插苗（无性系）造林具有早期速生性，在生产中利用杉木优质短穗扦插苗培育短轮伐期的中小径材优势更为明显。且不同部位萌条扦插成活率、生长量差异显著，而根际萌条扦插成活率最高，主干上萌条次之，老枝最差。这可能与扦插枝条中植物激素的含量密切相关。

杉木萌条萌发依赖于根茎部位的大量潜伏芽，其萌发主要受植物激素的作用控制。过去生产上多采取浅栽、弯干、截顶等物理措施，抑制母株顶端优势，来促进根茎萌条萌发。但随着人们对植物激素的认识，发现植物生长调节剂可以打破休眠，促进植物萌发。黄利斌等用 5×10^{-6} mol/L 2,4-D 处理杉木母株的根茎，表明处理总萌条数量比对照增加 52.5%；用 5×10^{-6} mol/L 和 10×10^{-6} mol/L 两个浓度的 6-BA 进行处理可以使杉木母株根茎萌条的萌发时间提早，其萌发时间比对照提早 22.%和 18.5%，但对萌条数量没有影响。

李晓储等认为杉木 4 年以上母株取条扦插所需生根时间较长，需用植物生长调节剂快速浸泡（3～5min）处理基部，可促进提早生根。浓度 700mg/L 的 NAA、IBA 和 ABT 都能促进提早生根，其效果表现为 ABT＞IBA＞NAA。赖文胜等报道，台湾杉木不具顶芽的 1 年生二级侧枝，用 100mg/L ABT 1 号生根粉处理 4h，可以获得较好的生根率。高革等报道，杉木硬枝（或嫩枝）扦插的插穗放入 25mg/L ABT 3 号生根粉溶液中浸 3h（或嫩枝插穗放入 25mg/L ABT 3 号生根粉溶液中浸 2h）后扦插，可以大大促进其生根。

二、组织培养

杉木传统的播种育苗方式有许多缺陷，如苗木参差不齐、育苗成本高、分化明显、良种潜力未能充分发挥等，这严重制约了许多优质品种的推广应用。由于杉木轮伐期较长，从长远利益考虑，应用组织培养技术，加速繁育杉木优株及优质苗后代，对发挥杉木优株的当代优势，保持母本的优良特性，以及使老龄优株获得具有复壮特性的无性系苗木均有明显效果。同时，组培苗的获得对缓解杉木丰产林营建的良种需求，加快杉木育种进程和提高林地的效益具有重要的意义。

研究表明，杉芽中含有生长素、赤霉素、细胞分裂素等生长促进物质，其中生长素含量较低，而赤霉素和细胞分裂素含量都较高，特别是细胞分裂素的效应最为明显。因此，在杉木组织培养中，通过控制培养基中细胞分裂素和生长素的比例，可有效诱导愈伤组织、不定芽、根、茎器官的发生和完整植株的形成。

陈剑勇报道，以茎尖为材料，在改良培养基（MS＋1.0mg/L 2,4-D＋0.2mg/L KT）上可诱导形成结构致密、呈瘤状突起的愈伤组织，诱导率达 86.7%；而改良培养基（MS＋0.5mg/L IBA＋1.0mg/L KT）有利于不定芽分化和增殖；在培养基（1/2 MS＋0.2mg/L IBA＋0.5mg/L NAA）上生根率可达 93%；而增殖培养基中加入 100mg/L 维生素 C 或 200mg/L 半胱氨酸均能有效控制愈伤组织褐化的发生。席梦利等以杉木成熟合子胚为外植体在培养基（1/2 MS＋30g/L 蔗糖＋2.0mg/L 2,4-D＋1.0mg/L 6-BA＋1.0mg/L KT）上成功诱导出愈伤组织；而诱导不定芽发生的最佳培养基为 DCR＋20g/L 蔗糖＋1.5mg/L 6-BA＋1.5mg/L KT；在培养基（1/4 MS＋20g/L 蔗糖＋0.2mg/L IBA＋0.1mg/L NAA）上，其生根率达 100%。黄碧华以 5 年生杉木优良无性系半木质化穗条为材料，采用培养基（1/2 MS＋0.8mg/L 6-BA）对芽进行增殖，取得较好效果，增殖倍数达 4 倍以上；而采用生根培养基（MS＋30g/L 蔗糖＋1.2mg/L IBA＋0.2mg/L NAA＋1.5mg/L ABT 1 号）进行生根，根系发育好，生根率达 80%以上，生根数平均达 5 条/株，根长 2.0cm 左右。林景泉的研究表明，杉木组培苗芽增殖最佳的继代培养基为 1/3 MS＋

30g/L 蔗糖＋0.7mg/L 6-BA＋0.5mg/L IBA，最适的生根培养基是 1/2 MS＋30g/L 蔗糖＋1.2mg/L IBA＋0.4mg/L NAA。席梦利等以杉木实生苗子叶和下胚轴为外植体，其不定发芽发生和下胚轴体胚诱导培养基为 DCR＋1.0mg/L 6-BA＋0.003mg/L TDZ＋0.1mg/L NAA；而子叶体胚诱导培养基则为 DCR＋1.0mg/L 6-BA＋0.002mg/L TDZ＋0.1mg/L NAA；不定芽在 DCR 基本培养基中可有效伸长；而诱导不定芽有效生根的培养基为 1/4 MS＋0.2mg/L IBA＋0.1mg/L NAA。同时也有研究表明，杉木苗龄在 1～10d 时，随着苗龄的增大，子叶和下胚轴的体胚发生频率、不定芽诱导频率、平均不定芽数及不定芽的形成能力均有所下降，但下降趋势并不明显。当苗龄大于 10d 时，子叶和下胚轴的体胚发生频率、不定芽诱导频率、平均不定芽数及不定芽的形成能力均迅速下降。

杉木无性系生根能力既受无性系本身遗传因素制约，也受培养体系中 IBA、蔗糖、NAA 等因素影响，但不同无性系材料在相同条件下的培养效率存在很大差异。庞丽等利用混合正交实验设计，探讨了基本培养基、IBA 和 NAA 不同浓度配比及活性炭等对杉木优良无性系 FS01 和 FS05 组培生根的影响。结果表明，FS01 和 FS05 在培养基（1/4 MS＋0.14mg/L IBA＋0.075mg/L NAA）中的生根率分别达到 93.3％和 100％，并且 MS 基本培养基对 FS01 和 FS05 生根率的影响达极显著水平，IBA 对 FS001 生根率影响显著，NAA 对 FS05 生根率影响显著，FS01 和 FS05 在加入活性炭处理的生根率、生根数及根长明显低于不加活性炭处理。吴幼媚等将培养了 35d、高 2.5～4cm 的杉木优良无性系柳 327 组培继代芽扦插于培养基（1/2 改良 ER＋2.0mg/L IBA＋2.0mg/L IAA＋20.0mg/L VC）上，培养 20d，生根率达 97.1％。林景泉等的研究表明，杉木优良无性系组培芽在培养基（1/2 MS＋1.2mg/L IBA＋0.4mg/L NAA）中生根率可达到 80％以上。

吴擢溪研究表明，当试管苗根长 2.0cm 时，就应及时炼苗。曾雷等提出炼苗 20d 后，方可将杉木瓶苗移栽到基质上。杉木组培苗移栽基质以黄心土、泥炭土、珍珠岩、河沙、红心土等为主，以一种基质单独培养或以不同比例配制混合基质均有报道。吴擢溪用根长 2.0cm 的组培生根苗移栽到表层覆盖 1～2cm 黄心土的土壤基质中，成活率达 80％左右。曾雷等将组培生根苗分别移栽到黄心土、田泥、泥炭土、黄心土和河沙混合的基质中进行培养，其成活率分别为 69％、59％、47％和 67％，但移栽成活率还不能达到生产上的要求。苏秀城等研究表明，杉木无性系组培苗在黄心土和细沙（3：2）的混合基质中移栽平均成活率达 71.1％，并且组培苗造林在树高、地径等指标上均高于实生苗及常规无性繁殖苗。

三、促进生长

杉木林的生长发育一般可分为四个阶段：幼树阶段（2～4 年生）、速生阶段（5～15 年生）、干材阶段（15～20 年生）和成熟阶段（25～30 年生）。随着对杉木的遗传改良，尤其是不断采集人工抚育管理和科学施肥等措施进行集约经营后，杉木的轮伐期缩短为 13～15 年，林分的生长发育过程也发生了巨大的变化，各个生长期都明显提前，第 1～4 年为幼树阶段，第 5～9 年为速生阶段，第 10～12 年为干材阶段，第 13～15 年开始进入成熟阶段。林木育苗中应用植物生长调节剂旨在调节苗木营养生长。研究表明，植物生长调节剂可通过刺激细胞的伸长和分裂作用促进杉木苗木生长和苗茎显著增粗；同时，由于叶面积的增大，光合同化面积的增加，有利于营养物质的积累，又促进了植物体内储藏的营养物质的转化和利用，促进树木更好地生长。

张植中等报道，在定植后的 1 年生杉树幼树上 1：5000 倍喷施 BR-120，6 个月后进行取样调查，高生长比对照平均提高 20.7％，地径比对照平均提高 15.7％，冠幅比对照平均提高 29.4％。总的来讲，杉木幼树喷 BR-120 对生长有促进作用，但促进枝叶生长作用更大。在苗圃对杉木幼苗喷 1：5000 倍 BR-120 一次，6 个月后进行调查，处理幼苗比对照高生长平均提高 20.7％，地径粗生长提高 19％。对高生长的促进作用比地径的效果更好。吴庆初等报道，对 2 月播种的杉木幼苗于 8～10 月每月中旬喷施三十烷醇和 GA_3 处理，结果表明，苗木高和地径生长量都明显增加，其中以喷洒三十烷醇和 GA_3 混合液的苗木最高，喷洒三十烷醇的苗木最粗壮。陈世正等在杉木苗生长的3年中，分4～5次喷施800倍5406细胞分裂素，发现杉木分叉明显提早，杉苗质量提高，Ⅰ、Ⅱ级苗产量明显增加。

四、控制开花

在杉木双系种子园的研建过程中，最理想的办法就是选择在自然状态下，其母本偏雌而父本偏雄那些建园材料，不会产生双系种子园近交及其导致的衰退效应，进而生产出品质优良的种子。而提早杉木开花结实年龄，则可加快杉木的人工杂交进程，缩短林木的育种周期。

齐明等对11年生杉木双系种子园无性系进行植物生长调节剂叶面喷布，结果表明，40mg/L NAA＋200mg/L GA_3＋100mg/L H_3BO_3 可诱导雌球花的产生，400mg/L GA_3＋100mg/L H_3BO_3 可诱导雄球花的产生；而通过茎干注射5g/L GA_3＋2g/L NAA＋10g/L KH_2PO_4＋5g/L H_3BO_3 则可提高雌雄花球数量。迟健等用不同浓度的 GA_3 与羟甲基纤维素调成糊状，对4年生不结实嫁接杉木进行茎干注射，结果表明，每株注射2.5～5.0mg GA_3 可显著促进开花结实，而 GA_3 10mg/株效果达到极显著水平，增产球数达到1～9倍。处理时间以7月上旬至中旬为佳。王赵民等以5～6年生种子园杉木为材料进行生长调节剂（GA_3、CCC）喷施，结果表明，与对照相比，结果枝数、单果鲜重、出籽率、千粒重和发芽率均有较大幅度提高。其中，喷施100mg/L和500mg/L GA_3 后，其千粒重和发芽率分别提高13%和30%以上；2000mg/L CCC不但提高了母树的种子品质，还起到了矮化树干的作用。

第三节　在松树上的应用

松树是松科松属植物的通称，绝大多数为常绿高大乔木，极少数为灌木状。松树用途广泛，木材可作建筑、桥梁、器具、家具等用材，例如马尾松可作铁路的枕木、矿井的顶板；树干割取的松脂可以提取松香和松节油；松木中高含量的纤维素和木质素可作为造纸的优良原料；某些松树种子富含蛋白质和油脂，具有食用价值；松叶具有超高的药用价值等。在松树造林过程中也出现了某些不足，许多松林出现生长不良，树干变曲，大大影响了其利用价值。因此，加快松树优质苗木的繁殖，提高人工林生长力，是当前松树研究的重要内容，其中，植物生长调节剂发挥了重要作用。

一、扦插快繁

虽然马尾松、黄松、油松、沙松等树种的扦插繁殖已获得成功，但在实际生产过程中还应根据树种、扦插材料、季节以及场地等具体情况采取适当措施。研究表明，松树的扦插生根与植物激素有关，可能原因是通过植物激素作用调运大量营养物质至插条切口，从而促进细胞分裂和再分化，进而形成不定根。由于松树属于难生根树种，生根时间较长，所以植物生长调节剂的效果除取决于其生理机制外，很大程度上也取决于其稳定性。植物生长调节剂稳定性越好，对插条的作用时间就越长。

朱林海等报道，植物生长调节剂种类和浓度均极显著地影响马尾松插条生根率。采用IBA和GGR处理的插条生根率显著高于采用NAA和IBA＋NAA处理的插条，采用200mg/L IBA和100mg/L GGR处理的插条可以获得较高的生根率，分别为78.9%和79.7%。郭祥泉报道，用50～100mg/L IBA混拌黄泥浆蘸根处理，可使马尾松一年实生Ⅰ级裸根苗造林成活率达到97.8%的高标准，同时对幼树当年高生长量及第3年高生长量平均值达到最高，即126.55～127.67cm/株。每公顷造林费用低，仅为容器苗造林投资的35.88%。谢遵国等研究认为，沙松由于硬枝扦插生根率低，且不能形成完好的顶芽，而适于嫩枝扦插，嫩枝以ABT 1号生根粉500g/m^3 处理，生根率达95%。杜超群等用100mg/L IBA浸泡处理湿地松插条1h，其生根率达70%左右。何武江等发现，日本落叶松嫩枝扦插以500mg/L NAA或200×10^{-6} mg/g ABT 1号和5号处理后，生根率达到最高，根量和根长也得到明显增加。

二、组织培养

松属树种的离体培养和再生体系的建立取得了一定的进展，自 1974 年 Sommer 首次利用种胚、子叶、下胚轴等幼嫩材料进行研究，获得火炬松组培苗以来，已从几十个松属树种的离体培养过程中诱导出器官分化的幼芽，但根系再生体系成功建立的报道较少，且不同树种对培养基类型和植物生长调节剂浓度的要求均有不同。

在许多针叶树培养中，仅细胞分裂素处理就可以诱导不定芽发生。阙国宁等在火炬松、湿地松和晚松的组织培养中发现，不定芽分化的 BA 浓度以 3～5mg/L 为佳。唐巍等的实验也证实，BA 浓度为 2～4mg/L 时火炬松不定芽的诱导率最高。有报道指出，较高浓度的 BA 有利于松属树种不定芽的诱导。张海兰等在 (27±1)℃黑暗条件下，用 1/2 MS＋10.0mg/L 2,4-D＋4.0mg/L KT＋4.0mg/L 6-BA 培养基成功诱导出黑松和马尾松成熟胚愈伤组织，诱导率分别高达 89％和 90％。而用 1/2 MS＋1.0mg/L 2,4-D＋0.1mg/L IBA＋0.5mg/L NAA＋1.0mg/L GA_3＋100mg/L 水解乳蛋白培养基进行继代培养可防止黑松愈伤组织褐变，其 10d 增殖倍数保持在 1.5 以上。陈碧华等（2010）对马尾松成熟胚在黑暗条件下进行了愈伤组织诱导，发现 DCR＋0.5mg/L 2,4-D＋0.5mg/L BA 能有效诱导愈伤组织的产生，且经过 5 次继代培养繁殖仍能保持旺盛生长。王永波等以油松成熟胚为材料，在 1/2 MS＋1.5mg/L 6-BA＋0.05mg/L NAA 培养基上成功诱导出了不定芽，其诱导率为 59.3％。阙国宁等将火炬松、湿地松和晚松成熟种子胚置于改良 GD＋30g/L 蔗糖＋3-5mg/L 6-BA 的培养基中，3～4 周就可分化出小芽，其分化率达 75％～85％；当嫩梢长至 1.5cm 时可转入改良 GD＋30g/L 蔗糖＋0.5mg/L 6-BA 培养基进行生根诱导 15～20d，后转至无植物生长物质培养基中 15～20d 后即可生根，移栽小植株成活率可达 80％～95％。杨模华等将马尾松嫩茎诱导产生的愈伤组织接种于改良 GD＋3.0g/L 肌醇，有效防止了愈伤组织增殖培养中的褐化问题，而用 DCR＋1.0-2.0mg/L KT＋0.5mg/L NAA 可有效实现愈伤组织从暗培养到光培养的过渡，并保持增殖；DCR＋1.0mg/L KT＋0.5mg/L TDZ 可促进愈伤组织向丛生芽分化。陆燕元等用 DCR＋2.0mg/L 6-BA 培养基对美国花旗松成熟胚成功诱导出了不定芽，诱导率达到 74％，而在培养基中添加 0.1％活性炭有利于不定芽的生长和伸长。李科友等在 GD＋0.5mg/L 6-BA 培养基上成功诱导了美国黄松不定芽的产生，诱导率达 55％，但在 1/2 SH＋0.5mg/L NAA 培养基上的生根诱导率仅为 3.3％。

针叶树种体细胞胚胎发生中，一定浓度的外源 ABA、PEG、AC 组合能促进体胚的发育成熟，提高体胚的数量和质量。吴丽君等研究表明，湿地松体胚较理想的培养基为 LP＋70mg/L ABA＋150g/L PEG8000＋0.2g/L AC＋60g/L 麦芽糖。

由于大多数针叶树种属于难生根树种，不定根形成困难，严重制约了针叶树种组培苗的应用。许多研究指出，采用 IBA 或 NAA 进行生根诱导，均诱导了不定根的产生，但生根诱导率均不高。朱丽华等（2010）将诱导出根的组培苗转移至无生长素而添加活性炭的培养基上，促进了不定根的伸长。而李清清等（2012）将普通黑松和抗性黑松的根诱导出后，转接到无植物生长物质的珍珠岩培养基中，使培养液进入珍珠岩空隙中，促进了植株生长和根的伸长，但不同黑松无性系根数、根长和苗高表现不一致。

在黑松×马尾松 F_1 代二年生苗上采集针叶束，经 H_2O_2 与酒精消毒后进行组培。试验包括三阶段目标：诱导不定芽，诱导愈伤组织，促进愈伤组织分化生长不定根直至获得试管苗。此外，国外还对欧洲黑松、南欧海松、欧洲赤松、白松、西方白松、阿富汗松、短叶松、美国海岸扭叶松、喜马拉雅松、叶松、多脂松、乔松、美国白皮松、新疆五针松、扭叶松、美国黄松、沙滨松等通过组织培养行了无性繁殖的研究。

三、促进生长

松属中许多树种的种子发芽率低，幼苗生长速度缓慢，因此应用植物生长调节剂进行调控，对于加快育苗进程、提高经济效益具有重要意义。许多松属植物种子自然萌发率低，出苗不整齐，可通过种子引发等预处理的方式来提高种子的活力，常用种子引发试剂包括无机盐类如 KNO_3、$CaCl_2$、PEG 等，植物生长调节剂如赤霉素（GA_3）、吲哚乙酸（IAA）、2,4-二氯苯氧乙酸（2,4-D）等。贾婕等发现，通过适当浓度 GA 浸泡南亚松种子，可以使种子提早萌发；用 0.5mg/L GA_3 浸种 24h，于 30℃恒温催芽时，其种子发芽势、发芽指数和活力指数均达到最高。

大别山五针松的野生状态种子萌发率极低，韩建伟等发现，用 0.2mg/L GA_3 对破壳大别山五针松种子浸种 12h，可以大大促进其萌发。细叶云南松在苗期存在蹲苗现象，地上部分生长极其缓慢，这一特性不仅影响成林速度和质量，还严重影响造林保存率。杨川等用植物生长调节剂吲哚乙酸、萘乙酸、赤霉素对细叶云南松种子进行处理，结果表明，30mg/L GA_3 能显著提高种子发芽率。孙昂等对松针覆盖的云南松苗木用 0.2g/L IBA 溶液进行喷施，发现其平均地径显著增大，表明对苗龄 90d 的云南松苗木叶面喷施 0.2g/L IBA 可显著促进苗木地径的生长。刘文彰等在日本落叶松定苗后，用 50mg/L GA_3 溶液每隔 20d 喷洒一次，共 4 次，使顶芽成活率提高，幼苗茎生长也明显加快，如附加追施磷肥可以促进根系生长，使主根生长较长，侧根数量明显增加。

高樟贵等报道，用多效唑对马尾松苗进行叶面喷洒，能够抑制苗木生长，促进加粗，降低高径比。随着多效唑处理浓度的加大，马尾松苗木的株高生长下降，径生长加大，高径比逐渐降低。其中 1000～2000mg/kg 多效唑浓度处理的马尾松苗木生长与对照有明显差异，高径比明显低于对照，处在较为理想的高径比（60～70）范围内。多效唑处理苗木的造林成活率明显提高，其平均成活率比对照提高 11.2%。马尾松和黄山松属深根性树种，起苗时伤根多，而栽后根系恢复又较慢，其造林成活率往往低于杉木。郭祥泉用 50～100mg/L IBA 混拌黄泥浆蘸根处理马尾松一年实生苗，结果发现，其造林成活率达到 97.8%，同时对幼树当年高生长量及第 3 年高生长量均有明显促进作用，达到 126.55～127.67cm/株。李建春等用 100mg/kg ABT 生根粉蘸根处理黄山松一年生实生Ⅰ、Ⅱ级裸根苗造林，造林成活率最高达 97.0%，比常规造林成活率提高 18.3%，同时对幼树当年高生长量有明显促进作用，比常规的当年高生长量提高 44.1%。薄颖生等采用双吉尔 GGR 6 号 20mg/kg 对油松种子进行播前浸种 2h，并在生长期用双吉尔 GGR 6 号 15mg/kg 进行叶面喷施，发现该处理对油松容器育苗提早出苗 2～3d，苗全期提前 4～7d；当年高生长增加 66.4%，地径生长增加 71.8%，地上、地下部鲜重分别增加 2.3 倍和 3.2 倍。金锦子发现，GA 和 NAA 对红松幼苗生长均有明显的促进作用；100mg/L 左右的 GA_3 水溶液对红松幼苗地上部分枝有明显的促进效果，而 100mg/L 左右的 NAA 水溶液对红松幼苗的根部生长和发根率有明显的促进作用。

四、其他作用

在松树种子园建立初期，种子园开花往往是雌球花多而雄球花少，影响种子园的种子产量。而植物生长调节剂可在一定程度上调控植物的性别分化。黄众等在马尾松花芽分化前采用主干环割羊毛脂包埋和主干注射方法进行植物生长调节剂处理，发现马尾松种子园植株的雄球花受到赤霉素 GA_{4+7} 或脱落酸（剂量 250mg/株）处理显著增加，赤霉素 GA_3 对雄球花有一定程度的促进作用。同时，环割羊毛脂包埋 ABA 对雌球花成花也有较明显的促进作用。

汪安琳等在秋季对马尾松幼苗浇灌 25mg/L 和 50mg/L 多效唑，使幼苗的抗寒性明显提高，同时延缓了株高生长而促进了根系和枝叶的发展，有利于松苗越冬。用 1mg/L 芸薹素内酯对 1 月龄湿地松幼苗处理 2h，可明显减轻干旱、低温、盐碱和酸胁迫对湿地松幼苗的损害。

第四节　在桉树上的应用

桉树是桃金娘科（Myrtaceae）桉属（*Eucalyptus*）植物的统称，约 700 余种，原产于澳大利亚大陆及塔期马尼亚岛，部分分布在菲律宾、新几内亚。桉树具有适应性强、速生丰产性能好、经营周期短（一般 5～8 年可采伐利用）等优良特性，因而在热带亚热带地区广泛种植，是世界三大人工林树种之一，也是我国重要的经济林树种。据联合国粮农组织（FAO）统计，目前全球桉树人工林已有1700万公顷，在世界人工林总面积中占到了10%以上，约占热带地区每年造林面积的40%～50%。桉树用途广泛，其木材质细、耐腐，心材可抗白蚁，因而广泛应用于建筑、桥梁、造船、造纸、矿井、家具等行业；桉树叶中提取的桉叶油被广泛用作化妆品或药品原料。我国引种桉树已有120多年的历史，桉树人工林种植面积也已突破368万公顷，年木材总产量达4000 m^3，但仍然满足不了我国对木材的需求和浆纸材的供应，因此，在南方地区大力发展桉树人工林已成为我国发展现代造纸业和现代林业的必然选择。其中，培育出适应性强的优良桉树品种以满足当前的生产需求是急切需要解决的问题。植物生长调节剂能够发挥重要作用。

一、扦插育苗

桉树优良无性系苗的繁殖是实现桉树人工林速生、高产、轮伐期短的重要保证。桉树为异花授粉树种，种间种内易杂交，子代分化较大，很难保证生产林的一致性。为了固定桉树天然杂交、人工杂交以及突变后经人工选择的优良基因型，保持桉树种质资源的多样性，无性繁殖已成为一种重要手段。扦插成为桉树无性繁殖中应用前景最广的一种。使用植物生长调节剂处理（如IAA、NAA、IBA等），可大大缩短插穗的生根时间，有效增加根量，大幅度提高成活率。

温茂元等用500mg/L和1000mg/L吲哚乙酸处理14种桉树扦插条，结果表明，两种浓度处理都可以提高桉树生根率。如尾叶桉提高生根率33%～35%，扦插生根率86%～88%；斑皮桉提高生根率31%～33%，扦插生根率82%～84%；刚果12号桉提高生根率19%～20%，扦插生根率达90%～91%；赤桉提高生根率15%～16%，扦插生根率81%～82%。林加根等用1000mg/L IBA和500mg/L NAA处理尾叶桉插条，与对照相比，其插条成活率得到显著提高，且IBA处理后，桉树的生根质量和苗相都较好；高浓度NAA处理，穗条叶片易发黄脱落，部分穗条顶芽有发黑现象。唐熙等报道，用100mg/kg GGR 6号处理巨尾桉插条2h，能显著提高其扦插育苗的成活率，并缩短其生根时间。唐再生等（2001）发现，用1000mg/L ABT 6号和800mg/kg ABT 2号蘸根处理，能明显促进良种桉无性系插条生根，且对扦插苗木的高径生长和地上、地下部分生物量表现出一定的促进作用。周群英等用“根太阳”处理桉树插条，使桉树插穗提早4d左右生根、提前1周出圃，生根率高于常见生根产品11%～26.5%，平均生根数提高1.8～8.5根/插穗。郭丙雄用100mg/L GGR 6号处理桉树移栽大苗，其成活率有较大提高，比未处理高出4%～10%。

二、组织培养

作为富含酚类物质的多年生木本植物，桉树是不定芽分化比较困难的树种。组织培养中，外植体极易褐化，细胞脱分化与再分化均比较难发生，且不同品种间再生条件差异较大。目前，利用桉树木质茎、节间、下胚轴及子叶、茎节、成年桉树嫩枝段等不同器官成功诱导出了完整植株。

使用1/2 MS+1.5mg/L 2,4-D+1.5mg/L KT或1/2 MS+1.5mg/L 2,4-D+1.5mg/L ZET较好地诱导了史密斯桉新枝茎尖愈伤组织形成；使用1/2 MS+2.0mg/L 6-BA+0.2mg/L NAA培养基能较好诱导愈伤组织分化成芽，进而成苗。陈碧华等以 B_1+1.0mg/L 6-BA+0.1mg/L NAA进行尾叶桉顶芽和茎段的诱导；以 B_1+2.0mg/L 6-BA+1.0mg/L NAA进行芽增殖；而以 B_2+0.5mg/L ABT 1号进行生根。刘莹等以尾叶桉无菌苗芽茎段为外植体，其芽分化最佳培养基为MS+0.5mg/L ZT+0.4mg/L NAA；芽继代增殖最佳培养基为MS+0.5mg/L ZT+0.2mg/L NAA；适合生根的培养基为1/2 MS+2.0mg/L NAA+0.3mg/L IBA。裘珍飞等用欧阳权等改良的H+0.02-0.05mg/L TDZ培养基成功诱导出巨尾桉组培苗茎段愈伤组织，愈伤诱导率在92.9%以上，直径最大达5.3mm。欧阳乐军等以巨尾桉无菌苗茎段为外植体，在改良MS+2.0mg/L PBU+0.05mg/L IAA培养基上5d后愈伤组织诱导率达96%以上；在MS+1.0mg/L 6-BA+0.05mg/L NAA培养基上诱芽率达90.8%。随后在1/2 MS+0.8mg/L PBU+0.05mg/L

IAA 培养基上诱导芽伸长，并用 1/2 MS＋0.5mg/L IBA 诱导生根。燕丽萍等用改良 WPM＋0.5mg/L 6-BA＋0.5mg/L KT＋0.5mg/L IBA＋30g/L 葡萄糖较好地诱导了邓恩桉芽增殖，且芽质量较好。但经增殖培养基长期继代所形成的大量丛芽，不长高，叶边缘出现白色颗粒，需进行壮苗培养才能进行生根培养，最佳壮苗培养基为改良 WPM＋0.5mg/L KT＋0.2mg/L TDZ＋0.01mg/L NAA，而最适生根培养基为改良 1/2 MS＋3.0mg/L IBA＋0.01mg/L NAA＋0.05mg/L KT＋20g/L 蔗糖。赵晓军用邓恩桉新梢半木质化芽在 Eu＋3mg/L 6-BA＋0.3mg/L NAA＋30g/L 蔗糖培养基上进行增殖，并分别在 Eu＋0.1mg/L NAA＋30g/L 蔗糖培养基和 1/3 Eu＋0.5mg/L IBA＋3mg/L ABT 1 号＋30g/L 蔗糖培养基进行壮苗和生根，获得了组培苗。石大兴等用巨桉下胚轴在改良 H＋1.0mg/L 2,4-D＋1.0mg/L BA＋0.1mg/L NAA 培养基上诱导出愈伤组织，并在改良 H＋1.0mg/L BA＋0.1mg/L NAA 培养基的诱导下发生月增殖率 8～10 倍的丛生苗。沙月娥等在 MS＋7g/L 琼脂＋30g/L 蔗糖的基本培养基上，添加 0.8mg/L 6-BA 和 0.1mg/L NAA 的 1/2MS 培养基诱芽效果最好，0.1mg/L NAA 和 0.8mg/L PBU 组合时，芽增殖、生长情况较好，0.5mg/L NAA、0.5mg/L IBA 组合时生根效果最佳。范春节等指出，TDZ 对尾细桉的再生诱导起着明显的促进作用，9 个尾细桉无性系都获得了植株诱导再生，再生过程中不同的无性系呈现出不同的 TDZ 响应浓度，TDZ 浓度在 0.005～0.010mg/L 时获得较高的再生效率。这也间接表明，桉树基因型对其植株再生具有重要影响。

此外，桉树组培快繁存在着芽的伸长问题，特别是对于那些极难伸长的品系，虽然在增殖阶段获得了大量的不定芽，但这些芽往往茎轴不明显，节间极短，芽虽多但却无法选出适宜的生根材料，降低了产量和质量。一般可通过调整生长素和细胞分裂素的种类和组合水平或改良基本培养基的成分来达到伸长的目的，但这些措施并非对所有品系都有效。卜朝阳报道，GA_3 对桉树离体培养中难伸长品系的分化芽伸长具有明显的促进作用，且与其浓度成正相关，但也会导致分化芽的形态异常。其中改良 MS＋0.2mg/L GA_3＋0.2mg/L BA＋0.5mg/L NAA 培养基既使节间伸长，提高分化芽的利用率，同时又能使芽正常生长，从而保证了芽的质量，获得了较高的发根率和移栽成活率。

三、调控生长

桉树品种、立地条件和经营措施是影响桉树速生丰产的重要因素，目前对桉树生长的调控主要是“肥控”，而植物生长调节剂的应用是桉树人工林进一步取得速生丰产的重要技术措施。梁机等用以氯化胆碱为主要成分的“施施乐”（CCR）对尾叶桉进行根部淋施处理，发现 CCR 对桉幼树的生长具有明显的促进作用，尤其能显著促进根系的生长发育，并能明显提高桉幼树的根系活力和叶片硝酸还原酶活性，极大地改善植物的光合性能。在实践中，通常将测定叶绿素含量作为衡量叶片光合作用强度大小的一项重要指标，其数值的高低直接反映光合作用的强弱，在很大程度上反映植株的生长状况。黄晨等以巨尾桉幼苗为材料，采用丙酮乙醇混合液法，研究了不同浓度的 GGR、IBA 和 PP_{333} 等三种生长调节剂对巨尾桉幼苗叶绿素含量的影响。结果表明，喷施了植物生长调节剂的各处理叶绿素含量都高于对照（CK），其中，以 20mg/L、40mg/L 和 80mg/L 的 IBA 处理效果较为明显，叶绿素含量分别为 3.02mg/g、2.81mg/g 和 2.77mg/g。邓福春等将赤霉素和氯化胆碱混合液（300mg/L 氯化胆碱＋100mg/L 赤霉素）对尾叶桉幼苗进行叶面喷施处理，结果表明，复合药剂对尾叶桉幼苗的生长、根系的发育具有明显的促进作用。幼苗的株高、地径、生物量的增长分别比对照大 36.7cm、0.25cm、3g，达到显著差异。据张植中等报道，在定植后的 1 年生桉树幼树上，喷施 BR-120 对幼树有促进生长的作用。1∶5000 喷施 BR-120，高生长比对照平均增长 57cm，地径比对照平均增粗 0.6cm。对当年 6～7 月定植的桉树喷施 1∶5000 BR-120，高生长比对照平均提高 23.5%。在苗圃对桉树苗喷 1∶5000 BR-120 一次，上山造林后比未喷的高生长提高 10.9%，地径粗生长提高 15.7%，冠幅提高 29.4%。这表明，在苗圃以 BR-120 喷施桉树，有促进桉树幼苗生长作用，对促进枝叶生长作用更大。

由于桉树生长极快，1d 可以长高 3cm，给桉树育种工作的开展带来困难。桉树太高，在进行人工授粉时，操作难度大，危险性高，严重制约桉树新品种的培育。因此，矮化桉树，可减少人工控制授粉的难度，缩短育种周期，加速品种培育。目前，常用的矮化技术有嫁接、药物处理、截顶、压枝等。韦颖文等（2006）采用多效唑和矮壮素对巨尾桉苗进行处理，200μg/g 浓度药剂处理对巨尾桉苗的高生长均具明显延缓作用，在供试浓度范围内延缓作用随药剂浓度的升高而加剧，但以 400μg/g 矮壮素处理效果最为显著，但药剂浓度过高会对植物产生严重药害。罗建中通过用多效唑处理桉树 17 个无性系的结果表明，多效唑对桉树无性系均有较好的矮化作用，且随着多效唑用量的增加矮化强度增大、时间增长；施用多效唑后及时施肥有利于植株健康成长。此外，试验还发现，施用多效唑能显著地促进桉树各无性系提早开花，开花最早的无性系仅 14 个月树龄。邱运亮等（1994）对 1 年生赤桉叶面喷施和土壤施用多效唑，发现均能明显抑制当年冬梢生长和腋芽萌发，还能增加叶片叶绿素和可溶性糖含量，提高赤桉的抗寒性。

四、其他应用

桉树是一个既有经济效益、社会效益，又具有生态效益的树种，只要科学合理地种植，就能发挥桉树的多种功能。有些桉树的花十分鲜艳，可作为观赏树种。通过种子园营建获得优良品种是当前的主要措施。蓝贺胜（2005）应用多效唑对巨桉嫁接种子园，发现多效唑对巨桉嫁接植株提早开花无显著影响，但对单株开花量有显著促进作用，其开花量随着多效唑用量增加而增多，以最大用量（0.2g/cm 根颈周长），处理区中开花植株开花量最大，坐果数最多。曹加光等报道，多效唑处理了 18 种桉树品种，明显矮化了植株，并使桉树开花提早了 2 年以上。

第五节　在杨树上的应用

杨树是杨柳科（Salicaceae）杨属（*Populus*）落叶乔木植物的通称，是世界上分布最广、适应性最强的树种，主要分布在亚洲、欧洲、北美洲的温带与寒带地区，从北纬 22°到北纬 70°，从低海拔到海拔 4800m 均有分布。我国的杨树分布广泛，为重要的造林绿化树种和经济树种之一，且在生态建设及水土保持中具有非常重要的作用。

杨树具有早期速生、无性繁殖容易、适应性强的特点，其短期集约人工林的地位逐年提高，经济价值日益凸显，在城市绿化、生态建设和木材生产中发挥着不可替代的作用。如意大利杨树人工林仅占全国森林面积的 2.5%（约 $15km^2$），却能为全国提供 50% 的木材。此外，杨树在世界各国林业和农村的发展中，其重要性也日益得到增强，传统林业和木纤维工业正谋求从杨树资源获得越来越多的原料。作为当前全球性的开发有效生物质能源生产系统中的重要树种，杨木的用途非常广泛，不仅用作木材，而且主要用于加工业，杨树已成为胶合板、纤维板、纸、火柴、卫生筷和包装材料的重要加工原料。随着全球经济的迅速发展，全世界对木材需求量的日益加大，尤其是我国作为森林资源贫乏的国家，每年需要进口大量木材才能满足经济建设的需要。利用杨树能迅速恢复植被、生态效能高的特点来发展用材林，为短期内解决国家木材短缺提供了一条重要途径。

一、扦插育苗

毛白杨起源于我国北方，具有生长快、材质好、寿命长，较耐干旱、盐碱，抗污染能力强的特点，是工厂、矿山、四旁绿化的良好乡土树种。但毛白杨雌雄异株，母树分布不均，授粉不易，结实率低，且有严重败育现象，难以建立其种子园。此外，毛白杨也是较难扦插繁殖的树种。

郑均宝等用 NAA 处理毛白杨和加拿大杨插穗后，发现 50～100mg/L NAA 处理可提高难生根的毛白杨硬枝产生不定根的能力，也可加速易生根的加拿大杨产生不定根。宋德义用 20mg/L NAA 溶液浸泡银中杨插穗，可有效提高其生根率和成活率，分别达到 90.4% 和 88.6%，且根系粗壮，植株长势良好。张曦燕等将新疆杨枝条用自来水浸泡 24h 后，用最适浓度移栽灵蘸根（基部 3.0～4.0cm)，在 30℃恒温 2d，然后 28℃恒温，根系诱导率可达 100%。梁军等用吲哚丁酸和树木菌根菌组成的复合制剂处理 108 杨插穗基部，结果表明，与对照相比，扦插苗木的根系生长、苗木根系的毛根数、菌根侵染率及根茎比指标得到了显著提高；而苗木地上部分的生长发育指标如成活率、苗高、地径、生物量、叶绿素含量、长势等较对照显著增加；苗木的抗病能力、苗木的树皮相对膨胀度也得到明显增加。

何青宝用 50mg/kg 生根粉 2、3 号处理青杨一年生萌蘖枝条 3h 后，青杨插穗苗成活率分别比对照提高 20.6%和 26.6%，而苗高比对照高 5～13cm，增高率达 12.7%～30.6%。刘玉梅用 40mg/kg GGR 6 号溶液浸泡中杨 46 号插穗基部 10h 后，插穗成活率明显提高，达 95%，且苗木生长较为健壮。魏志国等用 25mg/kg GGR6 号绿色植物生长调节剂溶液浸泡欧美 107 杨树 8h，扦插成活率达 95%，与对照相比，扦插成活率、苗高、地径和苗木合格率、产苗量显著提高。冯体华在柴达木地区进行青杨深栽过程中，造林前 1～2d 用 100mg/L 植物生长调节剂 GGR6 号浸泡插穗基部 30min，结果表明，杨树呼吸强度增加，细胞分裂加快，对氮、磷、钾的吸收与转化加速，苗木移栽成活率得到了明显提高。其原因可能是，经 GGR 系列处理可提高叶部叶绿素、发根区蛋白、植物体内生长素、赤霉素、细胞分裂素的含量，增加发根区过氧化物酶和吲哚乙酸氧化酶的活性，调节脱落酸（初期降低，后期提高）的水平，进而提高扦插成活率，促进苗木的生长。

二、调控成花

由于杨树的树形高大，姿态优美，是城市绿化的一种优良树种，为改善城市生态环境和形成鲜明特色的城市园林景观发挥了不可替代的作用。然而，由于人们在实践中用雌株进行繁殖，导致每年持续近一个月漫天飞舞的飞絮，给城市环境造成严重的生物污染，给居民生活带来了不便。同时，飞絮还可能携带和传播病菌。为了治理杨树飞絮，不仅原有绿地中的杨树雌株被大量砍伐，而且在新建绿地中杨树很少被应用，给城市景观、环境质量造成不良的影响。魏强报道，在秋季花芽分化前期对小黑杨雌株树干注射 GA_3，控花效果好。浓度为 200mg/株的控花率均达到 88%以上，小径级的可达到 100%；对于同一浓度径级越小控花率越高，同一径级浓度越大控花率越高。徐德兰发现，用 25mg/株、50mg/株、100mg/株、200mg/株的 GA_3 分别对不同径级小黑杨雌株树在花芽分化前期进行处理，能完全干扰当年的小黑杨雌株的花芽分化，而第二年彻底控制小黑杨雌株飞絮，控花率达 100%；在花芽分化后期对不同径级小黑杨雌株用药对当年控花无效，而第二年控花率都达到 100%。如在开花前期处理，GA_3 对不同径级的控花效果差异比较显著，其效应与药剂量、时间和树木个体大小有关；不同剂量与不同径级之间控花效果也差异显著。但不同浓度乙烯利和 100mg/L 生长素溶液都可以有效促进小黑杨花枝蒴果凋落，凋落率分别达 100%和 76%。王建红等研究发现，毛白杨雌雄株的花芽分化持续时间均约为 10d 左右，未注射"抑花一号"毛白杨雌株，2375 个侧芽中只有 41 个侧芽分化为叶芽，其余都分化为雌花芽，雌花芽分化率达 98.3%。但适时注射"抑花一号"（0.035g/cm 胸径）后的毛白杨雌株，98.9%～100%的侧芽分化为叶芽。

杨孟冬等的研究结果表明，在毛白杨授粉前对雌花序喷施 25mg/L GA_3 或者 25mg/L GA_3 + 1000mg/L IBA 均可提高其杂交结籽率；而在杂交过程中用 10mg/L GA_3 喷雌花枝，则可明显提高杂交种子的成苗率。李俊英等（2011）发现，在 5%蔗糖+50mg/L 硼酸培养基上 15～20 年生大叶杨花粉萌发率达到最高，为 56.33%；而培养基中添加 50～200mg/L GA_3 对大叶杨花粉的萌发具有明显的抑制作用。

三、组织培养

杨树具有生长周期短、离体操作容易、基因组相对较小等特点，被喻为林木中的"烟草"，是研究林木的生理及遗传特性的理想树种。在 20 世纪 60 年代中期，美国学者 Mathes MC 利用三倍体美洲山杨的茎作外植体培养出愈伤组织，并诱导出根和茎；1968 年，Wolter 改良了基本培养基，在其中加入适量6-BA（0.2～0.5mg/L），成功诱导出美洲山杨的茎，并生长出根。另一位学者Winton利用改良的Wolter培养基，在三倍体美洲山杨的愈伤组织上诱导出茎，随后他又进一步在培养基中加入适量的2,4-D和激动素，诱导出了根。我国的杨树组织培养工作始于20世纪70年代，徐妙珍等在黑杨、胡杨、大青杨、小黑杨和山杨中首先获得了组织器官的分化苗，随后李春启和陈维伦在山新杨也取得了成功。某些品种（如毛白杨、河北杨等）已进入工厂化生产。

姚娜等的研究表明，毛白杨TC152愈伤组织在MS＋1.5mg/L 2,4-D液体培养基中振荡培养，12d可建立悬浮细胞系；悬浮细胞系继代培养基为MS＋0.8mg/L 2,4-D，继代周期为7d，悬浮细胞在MS＋1.0mg/L 6-BA＋0.1mg/L NAA＋0.5-1.0mg/L ZT培养基中悬浮培养，可分化大量不定芽，每个培养瓶中可得到40～50个芽，个别不定芽玻璃化；不定芽在1/2 MS＋0.6mg/L IBA＋20g/L蔗糖＋5.5g/L琼脂培养基上可分化不定根。悬浮细胞通过固体平板培养增殖为愈伤组织块后，在MS＋1.0mg/L 6-BA＋0.1mg/L NAA＋1.0mg/L ZT琼脂的固体培养基上，不定芽分化率可达到70.00％。李慧等以毛白杨无性系30号的茎段为外植体，在MS＋0.5mg/L 6-BA和MS＋0.0015mg/L TDZ＋0.01mg/L NAA培养基上不定芽诱导率分别达到86.7％和83.3％，而在MS＋0.7mg/L 6-BA＋0.05mg/L NAA培养基上，增殖率达628％，最佳生根培养基为1/2 MS＋0.01mg/L NAA。

刘艳军等（2016）以塔杨试管苗叶片为外植体，在1/4 MS＋2.0mg/L 2,4-D＋1.0mg/L BA＋10g/L蔗糖培养基上进行松散型愈伤组织的诱导，然后转入MS＋2.0mg/L 2,4-D＋2.0mg/L BA＋100mg/L VC＋30g/L蔗糖的培养基上进行继代培养2～3次，最后转到MS＋0.5mg/L 2,4-D＋3mg/L BA＋100mg/L VC＋40g/L蔗糖的培养基上，进行松散型的胚性愈伤组织的诱导，转接3～5次后即可诱导出塔杨的松散型的胚性愈伤组织。康薇等以中嘉8号杨试管苗叶片为外植体，筛选出最适不定芽分化培养基为1/2 MS＋0.2mg/L BA＋0.02mg/L NAA，不定芽分化率达85％，而最适生根培养基为MS＋0.08mg/L KT＋0.02mg/L NAA，生根率为82.2％。

杜晓艳等以青海青杨茎段为外植体进行组织培养发现，诱导茎段分化最佳的培养基为1/2 MS＋0.5mg/L 6-BA＋0.05mg/L NAA，其分化率82.0％；伸长及壮苗效果最好的培养基为MS＋0.005mg/L NAA；增殖效果最好的培养基为MS＋6-BA 0.1mg/L＋NAA 0.3mg/L；生根效果最好的培养基为1/2 MS＋0.3mg/L IBA。郭斌等以美洲黑杨与大青杨杂种无性系的茎段作为外植体，研究了杂种无性系的离体培养及叶片再生体系。结果表明，最佳分化培养基为MS＋2.0mg/L 6-BA＋0.1mg/L NAA＋0.5mg/L ZT；MS＋0.5mg/L 6-BA＋0.05mg/L NAA培养基可对不定芽实现增殖与复壮；最佳生根培养基为MS＋0.3mg/L NAA。杨传平等（2006）以美洲黑杨与欧洲黑杨杂交品种欧美杨“山地1号”叶片为外植体，发现1/2 MH＋0.5mg/L 6-BA＋0.05mg/L NAA可以诱导分化获得再生芽；而用MH＋0.5mg/L 6-BA＋0.05mg/L NAA进行继代培养可获得丛生芽；用MH＋0.1mg/L 6-BA＋0.05mg/L NAA进行抽茎培养可获得丛壮无根苗；1/2MH＋0.3mg/L IBA可诱导生根。

张大江等和夏正林等指出，MS＋1.0mg/L 6-BA＋0.1mg/L NAA培养基为南方四季杨带腋芽茎段的芽最佳初代培养基配方，诱导率可达到98.7％。叶片不定芽分化最佳培养基为MS＋0.25mg/L 6-BA＋0.09mg/L NAA，分化率可达99.07％；茎段诱导愈伤组织最佳培养基为1/2 MS＋0.1mg/L 6-BA＋0.1mg/L NAA＋0.1mg/L IAA，诱导所得的愈伤组织在分化培养基上可以再分化出大量再生芽；用1/2 MS＋0.05mg/L IBA＋0.1mg/L IAA作为生根培养基培养15d，生根率可达100％。代仕高等以光果西南杨带芽茎段为外植体，在MS＋0.1mg/L NAA＋2.0mg/L 6-BA培养基上获得了较好的芽增殖效果，增殖系数达到5.8；经过在MS＋0.1mg/L NAA＋0.5mg/L 6-BA培养基上的壮苗过程之后，在1/2 MS＋0.5mg/L NAA培养基中生根效果最佳。

陶延珍等的研究表明，箭杆杨脱分化最佳培养基为MS＋1.0mg/L 6-BA＋0.1mg/L IBA，该条件下的愈伤组织诱导率为90％；不定芽分化诱导培养基为1/2 MS＋0.1mg/L IBA＋0.5mg/L

6-BA，该条件下的诱导分化率为67.1%；芽增殖培养基为MS+1.0mg/L 6-BA+0.1mg/L IBA，该条件下的增殖系数为5.8；最佳生根培养基为1/2 MS+1.0mg/L IBA，该条件下的生根率为81.3%。赵鑫闻等以辽宁杨叶片为外植体发现，以MS+0.3mg/L BA+0.05mg/L NAA为不定芽诱导培养基配方，以1/2 MS+0.3mg/L IBA为生根培养基配方，其诱导率和生根率都达到了100%。温安娜等以三抗杨叶片为外植体，接种于附加不同浓度的生长素（NAA、IAA）和细胞分裂素（6-BA）的MS培养基上，筛选出叶片分化不定芽的最佳培养基为MS+1.0mg/L 6-BA+0.1mg/L NAA，不定芽分化率为83.3%；而不定芽最佳生根培养基为MS+0.1mg/L IBA+0.1mg/L NAA，生根率为91.7%。

四、其他应用

应拉木是树木中的非正常木材组织，通常是指在外力作用下而形成的弯曲树干或树枝试图恢复到它原来位置，从而形成了解剖和物理力学性质明显不同的木材。杨树应拉木的存在使木材具有较大的生长应力和轴向干缩性，并最终导致了杨树木材制材时的夹锯、干燥时的变形、旋切单板时的表面起毛、造纸时的纸张力学性能降低等问题。目前，对于应拉木形成的原因有许多不同的认识，其中以植物激素分布学说和生长应力学说较有影响力。余敏等的研究表明，植物激素在倾斜杨树树干不同区域分布不均衡对应拉木产生和分布有较大的影响。刘凯等（2016）以人工倾斜45°的当年生中林46杨枝条为试材，连续施加不同含量的IAA（0.01mg/g、0.10mg/g和1.00mg/g）和GA_3（0.10mg/g、1.00mg/g和10.00mg/g）对枝条生长进行调控，分别观测不同处理条件下枝条的生长量、角度、偏心率、纤维形态、组织比量和胶质纤维比率。结果表明，施加1.00mg/g外源IAA抑制了纤维细胞的生长及胶质纤维和导管的形成，不仅枝条角度变大，而且枝条生长受到限制；施加1.00mg/g和10.00mg/g外源GA_3可促进纤维细胞、胶质纤维的形成和枝条的生长，使枝条偏心率显著增大，且高含量GA_3的作用效果更明显；0.01mg/g IAA和0.10mg/g GA_3对枝条的作用效果基本一致，均促进了枝条横向疏导组织的形成，使其偏心率明显减小，但对倾斜枝条应拉木形成的作用并不明显。

焦顺兴等用3mg/L三十烷醇胶体溶液喷施I-69杨树叶面，叶片中N、K含量明显提高，而根系对N、K的吸收能力也大大增强。外施10μmol/L芸薹素内酯（BR）可提高胡杨、新疆杨和俄罗斯杨一年生幼苗叶片的光合特性，明显缓解逆境胁迫对杨树PSⅡ反应中心造成的伤害。

齐中武报道，在杨树苗木扦插后，根据其生长高峰期对进行3次赤霉素（浓度分别为80mg/L、85mg/L、100mg/L）喷施处理，结果表明，杨树苗期的树高、地径、年生长量差异极显著，苗高平均达3.5m以上，地径平均达2.5cm以上的优质苗出圃率可达85%以上，与常规育苗相比，苗木的粗度、高度分别比对照高28%和32%。

在干旱、半干旱地区造林，为了保持较高的林木成活率，需要采用多种技术措施，费时费工，即使树木成活，由于各种环境和病害胁迫也很难正常生长，导致树木树势衰弱，在突发性的外界因素作用下，林木极易大面积死亡而使造林失败。李静等（2016）研究发现，用2500mg/L对氨基苯甲酸和100mg/L 6-BA对银中杨叶片进行喷施处理，可以明显提高银中杨叶片抗寒能力。梁军等以菌剂、吲哚丁酸、复合肥和保水剂按一定质量配比混合对河北杨苗木进行拌土处理，结果发现，杨树造林成活率、树皮相对膨胀度、树体电容、树木的高生长和胸径生长都得到了明显提高，而林木的发病率和感病指数则明显降低。

第六节　在油茶上的应用

油茶（*Camellia oleifera* Abel）属山茶科（Theaceae）山茶属（*Camellia*）植物，为常绿小乔木或灌木，是中国特有的木本食用油料树种，有2300多年的栽培和利用历史，与油橄榄、油棕、椰子并称为世界四大木本油料植物，与乌桕、油桐和核桃并称为我国四大木本油料植物。进入21世纪以来，由于大批高产稳产油茶良种的选育、油茶加工产业的发展以及政府对油茶种植的重视，我国油茶产业得到快速发展。特别是2006年国家林业局出台了《国家林业局关于发展油茶产业的意见》，并于2006年、2008年分别在江西和湖南组织召开了两次“全国油茶产业发展现场会”，要求科学引导油茶产业发展，使油茶发展成为南方丘陵山区的特色产业和优势产业，从而带动山区农民兴林增收致富，推动社会主义新农村建设。当然，实现中国油茶产业的快速发展，需要从如下几个方面下功夫：掌握油茶适生地区的土地资源现状；加快对油茶新品种和栽培技术的研究和推广应用；对现有油茶林进行抚育、更新和改造，以及在宜林荒山荒地新造高产油茶林等。其中，植物生长调节剂将发挥重要作用。

一、扦插育苗

油茶的培育过去基本上是采用直播方式，虽然简单易行，但成活率和保存率较低，出苗不整齐，管理困难，而且实生后代变异很大，品种良莠不齐。采用无性繁殖育苗能使油茶尽可能地保持优良母本的性状，培育苗木个体差异小，是实现油茶高产稳产的重要基础。扦插繁殖由于其技术要求比较简单，繁殖系数高，全年穗芽利用率高，成苗率高，生产成本低，因而易于在生产上进行广泛推广应用，但需克服其育苗周期长、繁殖系数低、根系不发达、造林成活率不高（仅40%左右）的缺点，解决后期生长缓慢问题是今后研究的方向。

谢一青等报道，生长素类植物生长调节剂对油茶插穗生根具有明显的促进作用，利用100mg/L ABT 3号生根粉浸泡插穗基部2h，插穗生根率达92.2%。王瑞等用300mg/L KIBA或NAA处理油茶夏梢插穗60s，大大提高了油茶扦插成活率、生根率和根系数量，而更高质量浓度的植物激素则具有抑制作用。庄朱辉（2003）用不同浓度吲哚乙酸浸泡处理油茶扦插条，结果表明，不同处理扦插成活率差异极显著，其最适宜浓度为100mg/L。林光平发现，用ABT 6号生根粉处理油茶穗条比萘乙酸处理穗条成活率高15.90%～22.78%，生根数多1.1～4.6条，根长长0.2～1.9cm。与慢浸法相比，速蘸法的育苗成活率高，生根多，根系发达，因而在油茶扦插育苗中用500mg/L ABT 6号处理穗条10s较适宜。张汉永等发现，用50mg/L ABT 6号生根粉处理软枝油茶带顶芽并保留2片以上小叶的插条，扦插于90%黄心土加10%细沙的基质中，插条生根率达93%，移苗成活率达98%。焦晋川等用500mg/L NAA＋100mg/L KT处理半木质化的油茶新梢插条，发现该处理能较好地促进油茶生根，生根率达到68.3%，且插条基部约有3～4根粗而短的根。2000倍和4000倍“802”处理油茶枝条插穗，其扦插成活率比对照显著提高，普通油茶提高31.8%～44.3%，越南油茶提高32.0%～41.2%，且“802”还能极显著地促进扦插苗根系生长，提高苗木质量。

黄建华用100mg/L GGR 6号处理小果油茶半木质化枝条2h，其生根率达到92.2%，而且促进了不定根的生长。佘远国等用911生根剂、GGR6号和ABT 3号生根粉处理油茶嫁接芽苗，结果表明，3种生根剂对油茶芽苗的生长产生了显著影响，苗木移栽成活率、苗高、地径、生根数和须根长度都得到了显著增加。移栽成活率分别比对照高出8个百分点、12个百分点、9个百分点，平均苗高分别比对照高0.34cm、2.07cm、1.73cm，平均地径粗度分别比对照提高40.1%、46.9%和34.9%。

二、组织培养

通过组织培养建立油茶的无性快繁体系，明显缩短育种周期，培育出整齐一致的高产优良无性系苗木，用于更新造林或新林营造，同时也可为油茶基因工程育种奠定技术基础。

在油茶组织培养中，常用的激素有2,4-D、NAA、IBA、6-BA、KT等。由于不同油茶品种植物激素水平不同，对特定植物生长调节剂的敏感性不同，因此，调节剂的种类、浓度、配比都会有所不同。阙生全等用MS＋2.0mg/L 2,4-D＋1.0mg/L KT＋100mg/L VC培养基成功将油茶茎段以实高频率诱导出愈伤组织，并可有效控制褐变。陈春的研究表明，油茶优良无性系的腋芽在MS＋0.8mg/L 6-BA＋0.1mg/L NAA＋30g/L蔗糖培养基上能较好地继代增殖，而在1/2 MS＋0.5mg/L IBA＋0.2mg/L NAA＋20g/L蔗糖培养基上诱导生根，生根率达87.5%。王瑞等在对油茶叶片进行离体诱导愈伤组织时发现，不同油茶品种对植物生长物质种类和浓度表现很不一致。湘林1号和湘林4号分别在MS＋0.01mg/L IBA＋0.5mg/L KT＋0.5mg/L 2,4-D＋2.0mg/L NAA和MS＋0.1mg/L IBA＋1.0mg/L KT＋0.5mg/L 6-BA＋2.0mg/L NAA培养基上进行愈伤组织诱导，诱导率均达100％，但低温预处理、光照以及取材部位对愈伤组织的诱导也有一定的影响。毕方铖等用MS＋3.0mg/L 6-BA＋1.0mg/L NAA对油茶茎段进行芽诱导，诱导率达到83.33％，进一步继代可得到丛生芽，增殖比例为1∶20。而幼胚和子叶在MS＋2.0mg/L 2,4-D＋1.0mg/L KT培养基上较好地诱导出了愈伤组织，并在MS＋3.0mg/L 6-BA＋0.05mg/L NAA和MS＋2.5mg/L 6-BA＋1.5mg/L IAA培养基上诱导出不定芽，诱导率达到90％以上；芽苗增殖以MS＋2.5mg/L 6-BA＋1.5mg/L IAA培养基为好。将无菌苗在MS＋7.0mg/L NAA培养基上诱导生根，生根率达93％。范晓明等以WPM＋2.0mg/L 6-BA＋1.5mg/L NAA成功将油茶幼胚诱导出再生植株；在WPM＋1.0mg/L 6-BA＋0.5mg/L NAA培养基上成功诱导出子叶胚性愈伤组织；而胚性愈伤组织在MS＋2.0mg/L 6-BA＋0.01mg/L NAA培养基上可分化出健壮植株。李泽等以油茶“华硕”带芽茎段为外植体，研究了植物生长调节剂、珍珠岩对其快速繁殖及试管苗生根的影响，结果表明：腋芽萌发的最佳培养基为MS＋2.0mg/L 6-BA＋0.1mg/L IAA，萌发率达88.68％；最佳继代增殖培养基为WPM＋3.0mg/L 6-BA＋0.01mg/L IBA＋6.0mg/L GA_3，增殖系数可达11.27；最佳壮苗伸长培养基为WPM＋0.05mg/L IAA＋6.0mg/L GA_3；最佳生根培养基为1/2 MS＋1.0mg/L IBA＋50g/L珍珠岩，生根率95.83％。炼苗后移栽到泥炭土、珍珠岩、黄土体积比为1∶1∶1的混合基质中，成活率达85％以上。

三、调控生长

春梢是油茶来年的结果枝，春梢的多少、长度及健壮程度，不仅影响树势，更会影响下一年的产量。周席华等用570倍溶液绿多收（含芸薹素）对油茶容器苗叶片正反面进行喷施，发现绿多收对油茶容器苗抽梢率和抽梢长度具有明显的促进作用。胡玉玲等报道，适宜浓度的园丰素（0.33mg/L）可以促进油茶春梢和秋梢的生长，提高叶绿素的含量和提高光合速率，增强树势，但当浓度过高时会抑制油茶的生长。而浓度0.067mg/L的芸薹素内酯可促进油茶春梢生长，对秋梢生长最有利的芸薹素内酯浓度为0.025mg/L。李培庆等采用多种植物生长调节剂和植物必需的某些营养元素（无机盐）复混配制的UF_1和UF_2在油茶年发育周期的不同物候期施用，结果表明，在油茶春梢生长到一定时期，喷施UF_1可适度抑制其生长，但促进翌年抽梢数和结果枝的增加；在油茶开花盛期喷施UF_2（2次）则可明显提高坐果率，降低落果率，使单株产果量提高。然而，植物生长调节剂只是在一定程度上调节植物的生长发育，不能代替肥水，同时又与肥水有着密切的关系，只有在足够的肥水供应条件下才能发挥其效果。因此，油茶养分管理中运用植物生长调节剂时必须结合油茶林地的管理水平、立地环境、气候条件、林龄、树体结构及生长阶段选择相应的浓度。

矮化密植和提早结果是提高油茶单产的有效措施。利用某些植物生长调节剂处理油茶植株，进而矮化树冠和促进生殖生长是一个有效途径。黄文道报道，在油茶新梢萌发初期采用1500～2500mg/L浓度范围的B_9进行叶面喷施，对油茶的营养生长有强烈的抑制作用，促进了短枝比例大幅度增加，可以有效地控制树冠。B_9抑制枝条生长，使节变短、株型紧凑，便于通风透光，为油茶的矮化密植营造良好的基础。B_9处理油茶植株后，可以明显提高叶片的叶绿素含量、蛋白质含量和光合速率，通过叶片制造更多的有机物质，为油茶的生长发育提供了物质基础。胡哲森报道，多效唑对油茶的生长有强烈的抑制作用，春季新梢开始萌发（新梢长1～2cm）时以1000～2000mg/L浓度进行叶面喷施，见效迅速和显著。在植物体内多效唑是通过专一性地阻碍贝壳杉烯氧化为异贝壳杉烯酸而抑制赤霉素的生物合成。因此应把握在新梢萌发时喷施，才能达到及时有效地抑制植物生长的目的。多效唑的这种作用可以为施用赤霉素所逆转。在喷施时加入展着剂可以加强多效唑的溶解，并使多效唑的吸收时间延长。

四、促花保果

油茶产业普遍存在着单位面积产量低和经济效益差两大问题，其中花期不遇和授粉受精不良导致的坐果率低、落花落果严重是最重要的原因之一。因此，如何提高油茶坐果率、如何保花保果以促其丰产稳产，成为生产中亟待解决的问题。高超等的研究表明，造成油茶坐果率低的重要原因之一是花果期本身植物激素和营养水平不足。油茶属于异花授粉树种，因而可以通过外施植物生长调节剂和营养元素提高油茶的授粉率和油茶籽含油率，但值得注意的是，由于油茶产量与开花习性、立地条件、树体营养和施肥管理等有关，外施营养元素和植物生长调节剂时应考虑油茶树体及土壤本身条件。

蔡坚等发现，用10mg/L 2,4-D和0.3%尿素混合处理四会普通油茶，而用30mg/L萘乙酸和0.3%尿素混合处理广州普通油茶，保果率最高，都达到了63.33%。谭晓凤等报道，适宜浓度的植物生长调节剂可以显著促进油茶花粉的萌发率。其中单因素处理时，维生素C浓度为20.0mg/L时，花粉萌发率达到最高（65.86%），比对照提高了23.80%；GA_3 浓度为10mg/L时，花粉萌发率最高，达74.22%；NAA和2,4-D处理花粉萌发率在浓度为1.0mg/L时最高，分别达到61.33%和60.09%；IAA在质量浓度为5.0mg/L时花粉萌发率达到最高（为71.52%）；适宜浓度的IAA、GA_3 和维生素配合使用能显著提高油茶花粉萌发率，其浓度配比为5.0mg/L IAA+5.0mg//L GA_3 +20.0mg/L 维生素C时最优，油茶花粉萌发率达到82.91%。赵海鹊等采用不同生长调节剂在油茶花芽分化期和盛花期进行喷施，结果表明，花芽分化期采用2000mg/L细胞分裂素或1000mg/L乙烯利进行喷雾可促进花芽分化，比对照枝条花芽数高出40%；盛花期采用200mg/L防落素+0.5% 尿素或500mg/L细胞分裂素处理可较大幅度增加花朵的授粉受精率，促进坐果，其坐果率分别达到61.6%和58.0%，坐果率比对照高出33%以上。潘德森的研究表明，在油茶花期喷施赤霉素可提高坐果率，且在油茶花期过后喷施赤霉素对提高其坐果率和含油量都有较好的效果。其中，赤霉素最佳喷施浓度为100μg/L，坐果率比对照提高73.4%，且喷施2～3次比只在盛花期（50%花开放）喷施1次的坐果率提高了10%～15%，因此，整个油茶花期中以喷施3次左右100μg/L赤霉素效果最佳。

五、其他应用

采用芽苗砧嫁接技术繁殖良种苗木已成为当前繁殖生产用苗的主要方式，而砧木和穗条能否很好地愈合是嫁接成活的首要条件。袁婷婷等研究表明，GGR6、IBA、芸薹素内酯能够明显促进油茶芽苗砧嫁接苗砧木和穗条愈伤组织连接与延伸，进而加快嫁接苗愈合进程，各处理愈伤比例均值较对照的增幅为28.01%，其最佳处理方式为：0.030g/L GGR6号、0.2g/L IBA及0.14～0.28mL/L芸薹素内酯混合液500mL+1.42 L浸基质处理2h。

陈永忠等（2007）报道，不同植物生长调节剂对油茶鲜果含油率的影响差异很大，B_9（600×10^{-5}mg/kg）、GA（30×10^{-5}mg/kg）和乙烯利（300×10^{-5}mg/kg）等3种生长调节剂对油茶鲜果产量的提高有明显的促进作用，与对照相比，增幅分别达到22.4%、16.2%和11.2%。喷施生长调节剂后，还可使油茶鲜果提前到9月上旬，即进入较快速的增长阶段。叶面喷施GA和B_9可以促进油茶种仁含油量增加42.6%和40.4%，分别比对照高18.0%和11.9%。油茶果实后熟期喷施赤霉素，对茶果出油率和出干籽率提高有促进作用，其出油率为5.95%，比对照提高20.9%，其出干籽率为22.68%，比对照高10.3%。张彦雄等研究了YTs（主要成分为高活性甾体化合物）对油茶果实油脂转化的影响，结果表明，在油茶果仁含油率进入快速增长期之前或期间喷施1.2mg/L复配YTs，能促进油茶仁生长，加速油脂形成，果实的含油量比对照提高26.4%。彭选民等用4种调节剂对油茶进行叶面喷施，均可以提高油茶单果重、干籽率和含油率，并提高茶油产量。温玥等用不同浓度的多效唑对湘林系列高产油茶良种在花芽生理分化前期进行叶面喷施，结果发现，不同浓度的多效唑对油茶春梢生长均有显著的抑制作用，其中浓度1000mg/L的多效唑对油茶春梢生长的抑制作用最大，春梢数量和春梢长度分别比对照减少

14.96%和17.35%；不同浓度的多效唑对油茶花芽分化率及花芽饱满度均有不同程度的提高作用，其作用大小依次为：1500mg/L，1000mg/L，500mg/L。1000mg/L的多效唑对果实品质的提高作用最显著，单果果仁重和出仁率分别达到7.42g、42.84%，比对照增加7.70%、9.17%。1000mg/L多效唑可显著抑制油茶枝梢生长、促进花芽分化及提高果实品质，可产生理想的经济效益。

第七节　在橡胶树上的应用

橡胶树［*Hevea brasiliensis*（Willd. ex A. Juss.）Muell. Arg］，又名巴西橡胶树、三叶橡胶树，俗称胶树。大戟科橡胶树属植物，原产于亚马逊森林。中国专用国家植胶区主要分布于海南、广东、广西、福建、云南等地区，此外台湾也可种植，其中以海南为主要植胶区。橡胶树为落叶乔木，有乳状汁液，要求年平均降水量1150～2500mm，但不宜在低湿的地方栽植，适于在土层深厚、肥沃而湿润、排水良好的酸性沙壤土生长。实生树的经济寿命为35～40年，芽接树为15～20年，生长寿命约60年。种子和树叶有毒。制作橡胶的主要原料是天然橡胶。天然橡胶就是由橡胶树割胶时流出的胶乳经凝固及干燥而制得的，用途极广。

一、橡胶树育苗

1. 籽苗芽接育苗技术

橡胶树种子在沙床催芽后约2周、苗高13～18cm时，将籽苗带种子拔起，在茎基部开长4～5cm、宽约1/2茎周的芽接口，从直径约1cm的小芽条上取芽片进行开窗芽接，芽接后移栽于营养袋等，营养袋置于荫棚下，进行浇水和喷洒植物生长调节剂等管理措施，芽接后15d时对芽片成活的砧木植株摘顶，30d时解绑，定期抹除砧木芽并加强水肥管理等。此技术具有育苗时间短，植株根系完整，生长快，成活率高，土地利用率高，芽接劳动强度低，便于运输、定植等诸多技术优势。

2. 促进芽接苗接穗萌发

6-BA可促进籽苗芽接苗接穗的萌发和提高接穗萌发的整齐度，400μmol/L 6-BA对橡胶树籽苗芽接苗的萌发促进作用最好。赤霉素（GA_3）对籽苗芽接苗接穗萌发和接穗整齐度有明显的促进作用，200μmol/L促进作用最好。

萘乙酸（NAA）对接穗萌发起到明显抑制作用。

玉米素（ZT）对接穗萌发无明显作用，对接穗株高和茎围增长具有促进作用，与光合效率和叶绿素含量的提高呈正相关关系。10～40μmol/L ZT对橡胶树籽苗芽接苗的生长促进作用最好，浓度过高反而呈现下降趋势。

二、组织培养

王泽云等试验结果表明，加入0.5～1.0mg/L 2,4-D、0.5～1.0mg/L KT均可促进橡胶树花药胚性愈伤组织的诱导；Sushamakumari等的研究结果显示，培养基中同时加入1.0mg/L 2,4-D、0.5mg/L NAA和0.5mg/L KT对橡胶树花药愈伤组织的诱导率最高。

橡胶树体细胞胚再生途径分3个阶段：愈伤组织的诱导、胚状体诱导和植株再生。吴蝴蝶等研究的结果表明：培养基中加入6-BA后，橡胶体细胞胚和植株的诱导率提高。添加一定浓度的ABA对橡胶花药体细胞的形成及植株再生也有良好的效应。这可能是由于ABA可降低培养基中腐胺水平，从而抑制体细胞过早萌发，增加储藏蛋白质的积累量，从而提高体细胞胚质量。吴蝴蝶等研究GA_3影响橡胶体细胞胚萌发成苗的结果表明，低浓度GA_3比高浓度的培养效果好；较高浓度GA_3的培养基可促进较大的胚状体在短期内生长，但易于褐化，产生畸形胚，早期夭亡也多，以致成苗率低，而且植株的茎干细长，叶片小，不易移栽成活。因此，GA_3的浓度以0.5～1.0mg/L较合适，不宜超过2.0mg/L。Kumari Jayasree等的结果表明，在改良的MS培养基中加入0.7mg/L KT和0.2mg/L NAA，橡胶树胚状体诱导率最高。Kumari Jayasree和Thulaseedharan研究GA影响橡胶树体胚诱导和植株再生的实验表明，添加2.0mg/L GA_3，正常胚状体的诱导率提高，畸形胚较少。

橡胶树幼苗嫩茎的愈伤组织可进行悬浮培养，Veisseire等采用未成熟种子内珠被诱导的愈伤组织进行悬浮培养，研究不同细胞分裂素类物质和脱落酸对诱导体细胞胚的结果表明，MH1增殖培养基中添加适量的ABA，有利于胚状体的诱导；然后将诱导出来的胚转到含有0.9mg/L 6-苄氨基嘌呤的培养基中，胚状体生长好。添加5.0mg/L ABA于液体培养基中可以诱导体胚发生。

橡胶树微体繁殖技术是指将无菌苗切成带有腋芽或顶芽的1～2cm的茎段接种到增殖培养基上，新芽长到3～5cm时，再用同样方法切取顶芽或带腋芽的茎段接种到相同的培养基上进行芽条的增殖。陈雄庭等将橡胶花药苗切段接种在MS＋2mg/L6-BA＋60g/L蔗糖的培养基上，1周左右侧芽萌发，30～40d新芽可长至3～5cm高，继代增殖1次后，将增殖芽作为插条，其基部以50～100mg/L IBA预处理后再插到生根培养基上，最快的10d左右即可长出根系，大部分在20d左右长出根系，生根率达95%，生根植株移栽成活率达85%以上。Seneviratne等研究不同培养基组成影响根和苗的结果表明：芽接种在1/2 MS＋2mg/L IBA的固体培养基上培养4周后，根的诱导率、平均长度、质量以及苗的生长都是最好的。Huang等用2周龄大的橡胶树无菌苗的茎尖和茎段进行增殖培养的结果显示，培养基中添加低浓度的GA可促进芽的分化；MS＋2.5mg/L6-BA＋0.1mg/L NAA培养基更有利于芽的增殖。

三、调控生长

在天然橡胶产区，橡胶树高大易被大风吹断，使用调节膦等植物生长延缓剂可以使橡胶树矮化生长。具体方法是在早春橡胶树第一蓬叶展开后，用1200～1500mg/L调节膦对丛生叶由上向下喷洒，直到滴水为止。处理后可以抑制顶芽生长，诱发3～6个侧芽，侧芽第一蓬叶展开后，用上面的方法再喷一次。成龄的胶树树干已经定型，难以进行人工矮化，矮化最好对幼树进行处理。

四、促进产胶

割胶新技术是以乙烯利刺激为手段，以减刀、浅割、低浓度、短周期刺激割胶为主要内容的新割胶技术体系。按照农业部制定的技术规程，在相同树龄的橡胶林里，芽接树在离开地面110cm左右的树干，树围达到50cm以上的胶树占总橡胶数的50%的时候，正式开割。一株橡胶树的原生皮，至少应割25年以上。新割线下段离地面高度应为110cm左右。割胶深度要均匀，割线的走向是由左上方向右下方倾斜，同一片橡胶林内的割面方向应一致，这样便于割胶操作和生产管理。3天一刀或者4天一刀。另外树皮是产量采割的宝库，注意保护和节约树皮。以海南地区为例，每年5～10月间，气温、光照、雨水均适宜胶树的生长，避开开花和抽叶，其他时间都可以割胶。低温期，应停止割胶。一株树有50%叶片发黄时，单株即应停割。

1. 乙烯利

15年以上的实生橡胶树，乳胶黏稠，出胶量逐年减少，用乙烯利处理可以降低胶乳黏性(图10-1)，防止乳管堵塞，加快出胶速度，提高产量。使用时，先将割线下2cm宽的老树皮刮去，露出青皮，用棕榈油等配制10%的乙烯利药液，均匀涂抹在青皮上，处理后一天就能增加排胶量。经处理的橡胶树，适宜每两天割胶1次，可节省人工，提高效率和产量。

施用乙烯利后橡胶树产出的胶乳有15%～20%的增加量，是橡胶生产中常见的增加产量和提高割胶劳动效益的手段。图10-1中产量少的没有施用乙烯利，产量多的施用了乙烯利。

乙烯利对低产老龄橡胶增产效果显著（图10-2），但本身对胶乳合成没有直接作用。使用时应注意只用于15年以上的实生树，严格掌握剂量，配套适宜的割胶制度，并加强橡胶林管理。如果滥用或不按规程操作，可能会使树皮溃烂，缩短产胶寿命，甚至死亡。越冬前用2000～

图 10-1　乙烯利处理降低乳胶黏性

3000mg/L 乙烯利药液喷洒 1 次，可以使橡胶树提前落叶。中国热带农业科学院针对不同品系和割龄的橡胶树，使用不同浓度和配方的乙烯利乳剂，并配合割制改革，避免了乙烯利使用的副作用，提高割胶效率和效益。具有以下优点：①每月只需涂药 1 次、割 7～8 刀，全年涂药 3 次、割 53～63 刀，比常规割制减少割胶用工 40%～50%，减少耗皮量 1/3，增产干胶 5%～20%，适于高效低频的割胶制度使用；②不良副作用小，由于添加的微量营养元素，能调节胶树生理平衡，施药后产胶量与干胶含量平稳，长流胶少，死皮发生率低，对胶树生长抑制不明显；③使用方便，产品摇匀后直接涂施在割线及上方的再生皮，不必刮皮和拔胶线；④促进再生皮生长，剖面再生皮厚度比常规大 25%，再生皮乳管列数多 20%。

图 10-2　乙烯利施用于割线和新割开的割面上

乙烯利使用方法和割胶制度：

① 5%浓度的复方乙烯利乳剂适用于无系性 PRI07、PB86 的成龄芽接树（5 割龄以上）及实生树使用。每次用 2g/株，涂药后 3d 割 1 刀，割 7 刀后休息 5d，再开始下一周期涂药割胶。

② 3.5%复方乙烯利乳剂适用于无系性 RRIM600 的成龄芽接树（5 割龄以上）使用。每次用药约 1.5g/株，涂药后 4d 割 1 刀，割 7 刀后继续下一周期涂药和割胶，全年施药 8 次。

③ 2.5%复方乙烯利乳剂适用于幼龄 RRIM600（第 3～6 割龄）及 PRI07 幼树用，每次施药 1.5g/株，用药后 4d 割 1 刀，割 7 刀后继续下一周期施药和割胶，全年施药 7～8 次，使用时把药液摇匀，用毛刷蘸药液，涂在割线及上方的再生皮上，宽度为 1.5cm。

使用乙烯利时应加强管理，挖深沟盖草培肥，每株开割树施用 1～1.2kg 橡胶高产专用复合肥，以满足胶高产的营养需求。要严格遵守高效低频割胶制度的技术规程，不要擅自加刀（白天也不补刀）、加药、深割。控制割胶深度在 0.2～0.22cm 为宜；刀耗皮量为 0.2cm；保持干胶含量 PRI07 不低于 26%，RRIM600 不低于 25%。当干胶含量低于警戒指标点，采取降低割胶频率或短期休割措施，促使干胶含量回升，保持橡胶树健康高产。

2. 乙烯灵

乙烯灵是由乙烯利与稀土、钼等营养元素等复配，用化学糊剂作载体，加入成膜剂制成的。黏着力强，涂药均匀，药剂容易渗透树皮，涂药后形成薄膜，避免药剂挥发和暴雨冲刷，见效快，药效期长。一般施药后 24h 有明显效果，产量和干胶产量提高，药效高峰期增产 100%～200%。处理后树皮好割，少长流胶和橡胶树死皮病减少，再生皮生长快，冬天割面抗寒力增强。该产品已在我国橡胶垦区广为开发应用，在马来西亚、柬埔寨及西非、南美等产橡胶地区也有应用。

使用时，与常规方法相同，每 205 株用 0.5kg，每 15～30d 涂 1 次。本品可长期贮放（一般可达 5 年以上），若有沉淀不影响药效，但用前必须搅匀。注意本品不能用金属容器盛装。

3. 增产素

由乙烯利、胶黏剂、植物营养元素、产量调节剂等配制而成。增产素不但具有刺激增产的效应，而且能克服或减少单独使用乙烯利所产生的不良影响。增产幅度大，比同浓度乙烯利增产 15%～20%；增产持续时间长且平稳，每涂药 1 次药效期可持续 1 个月；有效地减少乳胶长流，减少死皮；黏着性好，不易被雨水冲刷，不发霉。使用时每株次用药约 2g，年涂药 6～12 次。

参考文献

[1] 洪国奇，王国萍．植物生长调节剂对林木生长的控制．森林工程，2000，1：7，38.

[2] 张海线，刘海莹，戴继先．高浓度多效唑对樟子松苗木木质化和造林成活率的影响．河北林果研究，1999，14（1）：17-20.

[3] 高智慧，史忠礼．几种外源激素对杉木种子萌发的影响．热带亚热带植物学报，1994，2（3）：77-83.

[4] 黄碧华．速生优良杉木组培快繁技术试验．福建林业科技，2007，34（2）：133-134.

[5] 林景泉．速生优良杉组培继代及生根培养研究．安徽农业科学，2011，39（15）：8933-8934，8937.

[6] 席梦利，施季森．杉木子叶和下胚轴的器官发生与体胚发生．分子植物育种，2005，3（6）：846-852.

[7] 王燕兰．激素浓度对杉木扦插生根的影响．湖南林业科技，1982，（2）：26-27.

[8] 高革，谢力文，史廷先．ABT 生根粉在育苗、造林中的应用．安徽农业，2000，（2）：16.

[9] 陈世正．细胞分裂素在杉木育苗上应用．浙江林业科技，1990，10（2）：36-38.

[10] 张武兆，邱国金，贾永正．植物激素对杉木种子发芽和幼苗生长的影响．江苏林业科技，1996，23（4）：29-32.

[11] 吴庆初．植物激素能促进杉木幼苗生长．广西林业科技，1986，3：17-19.

[12] 邹卫东，刘勇，尹立春，等．杉木苗期喷施广增素 802 效应．湖南林业科技，1991，1：13-15.

[13] 王赵民，吴隆高，王嫩良，等．GA_3 等 3 种植物生长调节剂对杉木结实和种子品质的影响．林业科技通讯，1993，9：27-29.

[14] 陈清波，伊藤辉胜．杉木促进开花结实方法的探讨．湖北林业科技，2000，增刊：24-28.

[15] 齐明，王始平，翁春梅．杉木双系种子园性别分化的化学调控试验．林业科学研究，2003，16（1）：58-62.

[16] 迟健，傅金和．赤霉素促进杉木开花结实试验初报．浙江林学院学报，1989，6（3）：333-335.

[17] 庞丽，林思祖，曹光球，等．杉木优良无性系组培苗诱导根的研究．江西农业大学学报，2008，30（2）：283-286

[18] 吴幼媚，蔡玲，王以红，等．杉木优良无性系柳 327 组培不定根诱导．广西林业科学，2013，42（4）：310-314

[19] 徐振华，刘巧哲，董太祥，等．绿色植物生长调节剂促进油松种子萌发的生理研究．林业科技通讯，1998，5：11-13.

[20] 张增福．植物生长调节剂在针叶树上的应用潜力（一）国外林业，1996，2：32-35.

[21] 朱林海，何丙辉．重庆地区马尾松嫩枝扦插技术研究．西南大学学报，2010，32（2）：33-37.

[22] 郭祥泉．植物生长调节剂处理马尾松裸根苗造林效果研究．福建林学院学报，1996，16（4）：383-385.

[23] 李建春，林盛松．植物生长调节剂处理黄山松裸根苗造林效果．林业科技开发，2005，19（6）：70-71.

[24] 高樟贵，刘建灵，郑贵夏，等．多效唑处理对马尾松苗木质量影响．浙江林业科技，2007，27（2）：54-56，76.

[25] 汪安琳，高强．多效唑提高广西种源马尾松苗抗寒性的效应．南京林业大学学报，1994，18（2）：1-5.

[26] 黄众，陈天华，王章荣，等．植物生长调节剂对马尾松种子园植株雄球花成花的作用．南京林业大学学报，1999，23（3）：86-88.

[27] 黄众，邱进清，肖石海，等．马尾松球花分化的化学调控．福建林学院学报，2000，20（4）：341-344.

[28] 汪安琳，王永银．油菜素内酯对湿地松幼苗抗逆性的影响．南京林业大学学报，1993，17（3）：27-30.

[29] 朱明会．绿色植物生长调节剂 6 号在油松育苗上的应用及机理研究．山西农业大学学报，2002，22（2）：138-143.

[30] 谢遵国，刘平，王辉忠等．沙松紫椴扦插繁殖技术．北方园艺，1999，2：44-45.

[31] 薄颖生，韩恩贤，杨培华，等．五种植物生长调节剂在油松容器育苗上的应用．陕西林业科技，2004，4：6-9，19.

[32] 金锦子．生长调节剂对红松幼苗生长的衰乱．延边农学院学报，1988，2：88-91.

[33] 李沁．植物生长调节剂在油松育羁上的应用．东北林业大学学报，2009，37（8）：13-14，21.

[34] 杜超群，许业洲，李婷婷．湿地松萌芽条扦插生根试验研究．湖北林业科技，2011，5：11-14，46.

[35] 张海兰，林晓佳，赵博光．激素对黑松愈伤组织褐变和增殖的作用．山东农业大学学报（自然科学版），2002，33（4）：413-417.

[36] 陈碧华，梁一池，Krystyna Klimaszewska 等．马尾松成熟胚愈伤组织的增长研究．林业科技开发，2010，24（6）：

114-115.
[37] 杨模华，李志辉，张冬林，等．马尾松嫩茎愈伤组织保持、增殖与不定芽分化培养．中国农学通报，2011，27（10）：12-17.
[38] 陆燕元，樊军锋．美国花旗松离体胚愈伤组织诱导与茎芽分化的研究．西北林学院学报，2005，20（2）：96-99.
[39] 李科友，唐德瑞，朱梅兰，等．美国黄松离体胚培养条件下不定芽的形成与根产生的研究．林业科学，2004，40（4）：63-67.
[40] 王永波，唐德瑞，马佩．培养基和生长调节剂对油松离体胚不定芽诱导的影响．北方园艺，2010，12：149-151.
[41] 杨川，段萍果．植物生长调节剂对细叶云南松种子发芽率的影响．防护林科技，2016，3：15-17
[42] 何武江，王拥军．日本落叶松嫩枝扦插试验．中国林副特产，2007，5：15-16
[43] 韩建伟，张智勇，王恩茂，等．大别山五针松种子特性及促进种子萌发的研究．中国农学通报，2014，30（1）：5-10
[44] 贾婕，罗群凤，杨章旗．引发处理对南亚松种子萌发的影响．广西林业科学，2014，43（3）：271-274
[45] 吴丽君，翁秋媛，陈达．湿地松体胚发育成熟的影响因子研究．福建农业学报，2013，28（4）：372-376
[46] 孙昂，李莲芳，段安安，等．云南松苗木生长对水肥和 IBA 的响应试验．西部林业科学，2013，42（5）：87-92
[47] 李清清，叶建仁，吴小芹．黑松直接器官发生和植株再生的优化．林业科技开发，2012，26（6）：31-35
[48] 唐巍，欧阳藩，郭仲琛．火炬松成熟合子胚培养直接器官发生和植株再生．云南植物研究，1997，19（3）：285-288
[49] 阙国宁，房建军，葛万川，等．火炬松、湿地松、晚松组培繁殖研究．林业科学研究，1997，10（3）：227-232
[50] 贾彩凤，李悦，张榕．华山松成熟胚的器官发生研究初探．北京林业大学学报，2006，28（4）：100-105
[51] 刘文彰，孙典兰，马振坤，等．生长调节剂、矿物营养及生长期对日本落叶松顶芽生长的影响．河北林业科技，1984，4：4-6，29
[52] 林加根，陈丽娜，陈石．桉树扦插育苗技术研究．江西农业学报，2011，23（8）：59-60.
[53] 郭丙雄．GGR6 号在桉树大苗移栽造林中的应用效果．湖南林业科技，2006，5：24.
[54] 唐熙，齐清琳．GGR 在桉树扦插育苗的应用试验．福建教育学报，2004，4：120-121.
[55] 唐再生，尹国平，农韧钢，等．绿色植物生长调节剂在良种桉扦插育苗上的应用．四川林业科技，2001，22（2）：64-67.
[56] 周群英，谢耀坚，何国达，等．"根太阳"生根剂在桉树扦插育苗中的应用．林业科技开发，2004，18（3）：50-53.
[57] 温茂元，白嘉雨，林造生，等．桉树萌枝扦插生根成苗的研究．桉树科技，1998，1：29-30.
[58] 卜朝阳．GA_3 在桉树离体培养中对芽的伸长及瓶苗质量的影响．广西农业科学，2004，35（4）：265-268.
[59] 欧阳权，曾炼武，李洁汉．桉树组增育苗新技术．广西科学，1994，1（3）：49-57.
[60] 裘珍飞，曾炳山，李湘阳，等．TDZ 对巨尾桉（GL9）胚性愈伤组织诱导和再生的影响．林业科学研究，2009，22（5）：740-743.
[61] 沙月娥，欧阳乐军，彭舒，等．桉树胚状体再生与遗传转化的研究进展．植物生理学报，2012，48（4）：325-332.
[62] 燕丽萍，夏阳，毛秀红，等．邓恩桉的组织培养．林业科学，2011，47（5）：157-161.
[63] 赵晓军．邓恩桉组织培养应用研究．牡丹江师范学院学报（自然科学版），2011，1：15-16.
[64] 石大兴，石铁松，王米力，等．巨桉下胚轴诱导不定芽与植株再生研究．四川农业大学学报，2002，20（3）：232-234.
[65] 邱璐，王波，王志和，等．史密斯桉愈伤组织的诱导及分化．东北林业大学学报，2006，34（4）：18-21.
[66] 刘莹，徐刚标．尾叶桉丛生芽和生根的诱导．河南林业科技，2009，29（2）：3-5.
[67] 陈碧华，万泉，李乾振，等．尾叶桉组织培养快速繁殖的研究．福建林业科技，2002，29（2）：9-11.
[68] 欧阳乐军，黄真池，沙月娥，等．新型分裂素 PBU 对尾巨桉胚性愈伤组织诱导及植株再生的影响．植物生理学报，2011，47（8）：785-791.
[69] 梁机，杨振德．施施乐（CCR）对尾叶桉幼树生长的促进效应．广西农业生物科学，1999，18（2）：103-108.
[70] 邓福春，韦泳丽，杨振德，等．赤毒舌氯化胆碱对尾叶桉幼苗生长指标的影响．广西林业科学，2012，41（2）：95-100.
[71] 邱运亮，阚文靖，朱宁华．多效唑控制赤桉冬季生长的分析．经济林研究，1994，12（增刊）：18-21.
[72] 韦颖文，黄金使，李薇，等．生长延缓剂对巨尾桉苗生长控制试验．广西林业科学，2006，35（3）：153-154.
[73] 蓝贺胜．多效唑对巨桉种子园母树开花结实的影响．林业科技开发，2005，19（6）：37-38.
[74] 罗建中．多效唑矮化桉树无性系的效果研究．广东林业科技，2000，16（4）：6-9.
[75] 沙月娥，吴志华，欧阳乐军，等．粗皮桉的组织培养与植株再生研究．南方农业学报，2013，44（9）：1511-1516
[76] 黄晨，蓝柳鹏．不同浓度生长调节剂对巨尾桉幼苗叶绿素含量的影响．防护林科技，2016，（4）：27-29
[77] 范春节，王象军，裘珍飞，等．TDZ 对尾细桉叶片离体再生的影响．热带农业科学，2015，35（9）：37-40，45
[78] 黄文道．B-9 对油茶生长发育的影响．福建林学院学报，2003，23（3）：277-279.

[79] 胡玉玲，胡冬南，袁生贵，等．不同肥料与芸薹素内酯处理对5年生油茶光合和和品质的影响．浙江农林大学学报，2011，28（2）：194-199.
[80] 焦晋川，张光国，李昌贵，等．油茶扦插生根剂及营养液试验初报．四川林业科技，2010，31（5）：70-72.
[81] 黄建华．不同生长调节剂对小果油茶扦插生根的影响．安徽农学通报，2011，17（17）：128-129，139.
[82] 余远国，白涛，汪洋，等．不同生根剂对油茶芽苗移栽生长的影响．湖北农业科学，2011，50（18）：3751-3753.
[83] 谢一青，李志真，姚小华，等．油茶扦插生根主要影响因子及生根相关酶动态．福建林学院学报，2012，32（3）：232-237.
[84] 王瑞，陈永忠，罗健，等．油茶扦插育苗试验影响因素分析．经济林研究，2012，30（2）：78-82.
[85] 庄朱辉．油茶扦插育试验研究．福建林业科技，2003，30（3）：83-85.
[86] 林光平．ABT生根粉在油茶扦插育苗上的试验．经济林研究，2005，23（3）：36-38.
[87] 陈表风，张应中，丁晓纲，等．油茶无性繁殖技术研究进展．广东林业科技，2011，27（6）：74-78.
[88] 王瑞，陈永忠，王湘南，等．油茶优良无性系叶片愈伤组织诱导研究．经济林研究，2009，27（2）：35-39.
[89] 范晓明，袁德义，谭晓凤，等．油茶优良无性系幼胚和子叶高效再生体系的建立．湖北农业科学，2011，50（6）：1201-1204.
[90] 陈春．油茶优良无性系组织培养与植株再生．防护林科技，2012，2：24-26.
[91] 李金，李国树，徐成东，等．油茶组织培养研究进展．楚雄师范学院学报，2010，25（6）：28-31.
[92] 王瑞，陈永忠．油茶组织培养与植株再生研究进展．湖南林业科技，2006，33（5）：63-66.
[93] 胡玉玲，胡冬南，幸潇潇，等．不同芸薹素内酯处理对油茶幼龄林生长的影响．经济林研究，2011，29（1）：61-66.
[94] 赵海鹄，张乃燕，王东雪，等．几种植物生长调节剂对油茶花期授粉率的影响．广西林业科学，2009，38（1）：55-57.
[95] 周正魁，唐典禧，石贵玉．三十烷醇对油茶增产效应研究．林业科技通讯，1985，4：10-12.
[96] 潘德林．油茶花期喷施赤霉素等对提高油茶座果率的试验．湖北林业科技，1986，3：20.
[97] 何美林，王春先，肖铁城，等．植物生长调节剂ABT6号在油茶保花保果上的试验．湖南林业科技，2004，31（3）：29-30.
[98] 周席华，徐春永，杜洋文，等．植物生长调节剂对油茶容器苗生长发育的影响研究．湖北林业科技，2010，3：14-16.
[99] 高超，袁德义，袁军，等．花期喷施营养元素及生长调节物质对油茶坐果率的影响．江西农业大学学报，2012，（3）：505-510.
[100] 袁婷婷，钟秋平，丁少净，等．植物生长调节剂对油茶芽苗砧嫁接愈合的影响．林业科学研究，2015，28（4）：457-463.
[101] 李泽，谭晓凤，袁军，等．油茶良种‘华硕’的组织培养及高效生根．植物生理学报，2014，50（11）：1721-1726.
[102] 温玥，苏淑钗，马履一，等．多效唑处理对油茶花芽分化和果实品质的影响．江西农业大学学报，2015，37（6）：1027-1032.
[103] M Maldiney，F Pelèse，G Pilate，et al. Endogenous levels of abscisic acid，indole-3-acetic acid，zeatin and aeatin-riboside during the course of adventitious root formation cuttings of craigella and craigella lateral suppressor tomatoes. Physiol Plant，1986，68：426-430.
[104] 魏志国，刘俊正．GGR6号在杨树、柳树无性繁殖育苗中的试验研究．河西学院学报，2006，22（2）：53-55.
[105] 郑均宝，裴保华，蒋湘宁．NAA处理对杨树茎插穗生根的作用．河北林学院学报，1988，3（2）：1-8.
[106] 刘玉梅．绿色植物生长调节剂（GGR）在杨树育苗中的应用．安徽林业科技，2003，3：6-7.
[107] 王建红，车少臣，邵金丽，等．“抑花一号”对毛白杨花芽分化时间的影响．林业科技开发，2009，23（3）：28-32.
[108] 代仕高，程秦明，贺维，等．光果西南杨带芽茎段的组培技术研究．四川林业科技，2015，36（1）：38-42.
[109] 赵鑫闻，彭儒胜，赵继梅．辽宁杨叶片高频植株再生体系的建立．中国农学通报，2015，31（10）：13-16.
[110] 李慧，樊军锋，高建社，等．毛白杨无性系30号组培再生体系的建立．北方园艺，2012，3：110-113.
[111] 姚娜，安新民，杨凯，等．毛白杨悬浮细胞系的建立及再生植株的获得．植物生理学通讯，2010.
[112] 杜晓艳，韩素英，梁国鲁，等．青海青杨高效再生体系的建立．林业科学研究，2011，24（6）：701-706.
[113] 刘艳军，张超，杨静慧，等．塔杨松散型均质胚性愈伤组织培养体系．植物研究，2016，36（1）：123-128.
[114] 余敏，刘盛全，檀华蓉．人工倾斜杨树应拉木内源激素分布规律的初步研究．安徽农业大学学报，2011，38（6）：877-881.
[115] 刘凯，余敏，陈海燕，等．外源IAA和GA_3对杨树应拉木形成的影响．西北农林科技大学学报（自然科学版），2016，44（3）：125-132.

Chapter 11

第十一章　植物生长调节剂在特种植物上的应用

第一节　在芳香植物上的应用

芳香植物一般指能从其组织中提取出精油、浸膏、难挥发树脂状分泌物（如树脂、香膏、树胶）的一类植物。这些芳香物质是植物体内代谢过程中的一种代谢物，并由某些器官（油腺或腺毛）分泌出来。芳香植物包括全部香料植物、一部分药用植物、一部分园艺植物和一些尚没有被开发利用的野生植物，可以作为蔬菜、水果、中草药、调味料、观赏植物、茶等直接利用，也可以加工成精油、浸膏或油脂等用于食品工业、日化工业、化妆品工业、医药工业等。我国有丰富的芳香植物资源，据不完全统计，我国有近3000种芳香植物，以生产精油和浸膏等芳香成分为目的被开发利用的芳香植物有200余种，是芳香植物资源大国之一，也是芳香植物制品的生产和消费大国之一。芳香植物的精油或其他芳香成分是芳香植物次生代谢的产物，其精油成分的组成及其相对含量决定着精油的质量。芳香植物的出油率和精油成分的相对含量除受遗传、生长期、采收期等因素决定外，还受提取方法、栽培环境和土壤、气候等因素的影响。植物生长调节剂处理对芳香植物的出油率和精油成分及其相对含量都会产生影响。

植物生长调节剂在芳香植物上有着广泛的应用，尤其是在繁殖和生长发育上的应用较多。本节将介绍部分应用的事例。许多植物生长调节剂对精油等芳香成分的形成具有直接或间接的影响，但研究报道不多，也较少见于论著，本节将重点介绍植物生长调节剂对精油等芳香成分的影响。

一、促进繁殖

植物生长调节剂在芳香植物繁殖上的应用与其他类作物一样，应用非常普遍，主要用于种子发芽、扦插繁殖和组织培养等方面，以提高植物的营养生长和繁殖。

1. 促进种子发芽

(1) 深山含笑（*Michelia maudiae*）　深山含笑的花和叶均可以用来提取精油，种子发芽比较困难，研究表明，用50℃的赤霉素（GA_3）300mg/L溶液浸泡去皮沙藏的深山含笑种子，可以明显促进种子的发芽，发芽率、发芽势分别比未处理的种子增加22.7%和17.3%。

(2) 黄兰（*Michelia champaca* L.）　黄兰是一种名贵的热带木本芳香植物，花和叶均可提取精油，用于制造香水、香皂及化妆品。播种前用50～100mg/L赤霉素浸种24h，可使黄兰种子的发芽率提高21.5%～35.7%。同时，还减轻幼苗猝倒病的发病率，提高成苗率。

(3) 降香（*Dalbergia odorifera*）　为豆科黄檀属芳香植物，又名降香黄檀、花梨木等。因其木质结构细致，质地重，极耐腐，花纹美丽，芳香气味长留，成为制造高档家具和精美工艺品的材料。其木材经蒸馏后所得的降香油，可作香料上的定香剂。植物生长调节剂GA_3、6-BA、IBA

等处理均可提高降香黄檀种子的发芽率和发芽势，但开始发芽的天数没有缩短。吴国欣等用GA_3、IBA和6-BA浸种比较，发现降香黄檀种子萌发以6-BA的促进效果较好，GA_3次之，而IBA对降香黄檀种子的发芽促进作用不明显，以50mg/L的6-BA处理6h效果最优，显著提高种子的萌发率。

(4) 南方红豆杉（*Taxus chinensis* var. *mariei*）(彩图11-1) 南方红豆杉提取物紫杉醇是一种重要的天然抗癌物质，野生南方红豆杉种子在自然环境下需要18个月才能出苗，种子休眠时间长，自然繁殖率低，生长缓慢。李孝伟等将南方红豆杉种子用清水或GA_3（0.001mg/L）+6-BA（0.001mg/L）混合液浸泡1周后，进行变温层积处理，结果GA_3浸泡种子的种子裂口数比清水浸泡种子的种子裂口数高出55.88%～83.33%，同时缩短了红豆杉种子的自然裂口周期。

(5) 杉木［*Cunninghamia lanceolata*（Lamb.）Hook.］ 高智慧等分别用50mg/L、100mg/L、200mg/L的GA、6-BA、ABA三种植物生长调节剂处理杉木种子，结果GA对杉木种子发芽有促进作用，发芽率比对照有明显提高，以50mg/L处理的效果最好。不同浓度的6-BA和ABA处理均抑制种子的萌发，随着浓度的增大抑制程度也加大。张武兆等采用100mg/L、50mg/L、25mg/L的赤霉素（GA）、吲哚乙酸（IAA）和萘乙酸（NAA）对杉木种子浸种24h，结果以GA处理种子的发芽势最高，IAA和NAA次之。3种植物生长调节剂的3种浓度发芽势均随着浓度的逐渐提高而降低。发芽率以赤霉素浓度25mg/L的溶液处理杉木种子的效果最为明显，比对照提高44.8%。

2. 促进扦插生根

(1) 百里香属（*Thymus Linn.*）植物 百里香属植物是唇形科的低矮灌木，是重要的芳香植物，可以通过扦插繁殖。NAA、IBA、2,4-D对兴安百里香（*Thymus dahuricus* Serg.）的扦插生根均有促进作用，其中以100mg/L IBA处理30s的效果最好，处理8d即可生根，比对照提前4.8d；生根数为4.4根，比对照的1.8根多2.6根，但浓度过大就会出现抑制作用。25mg/L NAA浸泡30s处理效果较好，生根数比对照多2.4根。2,4-D处理效果稍差。NAA、IBA对东北百里香（*Thymus mandschuricus* Ronn.）的扦插生根也均有促进作用，以25mg/L NAA速蘸处理的效果最好，在处理后6.4d即可生根，比对照提前6.2d。NAA、IBA处理均能促进东北百里香多生根，但IBA溶液随浓度增大、处理时间延长就会起抑制作用，以30mg/L NAA浸泡30s处理效果最佳，根数多达5根，比对照2.2根多2.8根；IBA以100mg/L浓度速蘸效果较好，根数达4.4根，比对照多2.2根。

(2) 香蜂草（*Melissa Officinalis*） 香蜂草是由国外引进种植的芳香植物。研究表明，IBA-Na^+对香蜂草插条生根率具有明显的促进作用。用不同浓度的IBA-Na^+（50～1000mg/L）处理香蜂草的插穗，生根率在72.22%～88.89%之间，显著高于清水对照（44.45%），其中以300mg/L IBA-Na^+处理生根率（88.89%）最高，生根体积也最大。

(3) 栀子（*Gardenia jasminoides*） 栀子花浸膏广泛用作化妆品香料和食品香料，栀子花精油可配制多种花香型香水、香皂、化妆品香精，由栀子花油提取分离的乙酸苄酯和乙酸芳樟酯是日用化妆品的常用主香剂或协调剂，也常作为食品如口香糖的香精。有报道指出，栀子嫩枝扦插育苗时，IAA浓度为100mg/L时成活率最高，平均根长最长；IBA浓度为100mg/L时平均根粗最粗，平均最长新叶叶长最长，平均生根根数最多。NAA、IBA及两者组合溶液预处理栀子插穗均能明显提高插穗生根率、平均生根数和成活率，平均生根数分别较对照提高28.5%、49.5%。NAA与IBA混合溶液预处理插穗，其生根率和成活率分别比对照增加18.7%和15.8%，平均生根数比对照提高58.9%，根多且粗壮，有利于移栽成活，效果最好。章志红等分别用200mg/L、300mg/L、500mg/L三种浓度的IAA、IBA、NAA、ABT 4种植物生长调节剂处理栀子的扦插接穗，可大大提高栀子扦插生根率、平均生根数、平均根长、最长根长和根系效果指数，从而提高扦插成活率，促进枝叶生长。不同浓度的植物生长调节剂对栀子浸基处理1.5h后，以200mg/L IAA、200mg/L IBA、200mg/L ABT及500mg/L NAA处理综合效果为好。

(4) 降香（*Dalbergia odorifera*）(彩图11-2) 不同的植物生长调节剂类型对降香插条生根

的影响程度不同，基部插条用100mg/L ABT 1号生根粉溶液浸泡2h插条诱发的根多且粗；用ABT 1号生根粉处理的IBA诱发的根较多且长；NAA诱发的根少而粗。张淑芬等的试验结果表明：IBA在0.015%～0.025%浓度范围内，能有效提高降香扦插育苗下部穗条、1年生穗条、冬春季扦插的生根率和成活率。刘德朝等（2009）研究结果表明：600mg/kg的ABT 1号生根粉扦插生根率最高，达到86.7%。

（5）地椒（*Thymus quinquecostatus* Celak） 金英花等研究了不同浓度、不同品种的植物生长调节剂、不同时间的处理对长白山区野生地椒嫩枝扦插繁殖的影响。结果表明：植物生长调节剂对平均生根率的影响为ABT＞NAA＞IBA，分别为94.22%、90.69%、81.33%。但是嫩枝扦插后根部长势最好的是1000mg/L NAA（1s）。长白山区野生地椒嫩枝扦插选择500mg/L ABT生根剂处理2min的效果好。

二、促进生长发育

1. 檀香

檀香（*Santalan album* L.）是重要的芳香植物（彩图11-3），树干心材也是名贵中药材。檀香早期的生长速度较快，中期和后期主要是心材形成时期（俗称"结香"），生长速度非常缓慢，而心材的比例和质量在很大程度上决定着檀香的经济价值。为了缩短种植周期，加速心材的形成，对8龄檀香树用40%乙烯利水剂、95% 吲哚丁酸粉剂、85% 赤霉素剂的1%和2%两个浓度进行刮皮涂药与树干钻洞注药的方法处理，结果发现，乙烯利处理组的树皮明显增厚，乙烯利及赤霉素组可促进次生韧皮部生长，增加厚度；赤霉素组可促进木栓层增厚，树皮表面粗糙。乙烯利组可促进木栓形成层活动，促使周皮异常增厚。刘小金等（2013）发现6-苄氨基嘌呤（6-BA）、乙烯利生长调节剂，质量浓度均为6g/L，用量均为3mL，注射到未形成心材的幼龄檀香，均可诱导幼龄檀香形成心材，注入乙烯利能显著促进幼龄檀香心材的形成或扩展，注入6-苄氨基嘌呤对幼龄檀香心材的形成或扩展没有显著影响，较低浓度的脱落酸（1mg/L）可以显著增强檀香幼苗的苗木质量指数，提高叶片的净光合速率、气孔导度和叶绿素a含量，檀香幼苗的生物量也增加。随着ABA施用浓度的增加（10～100mg/L），檀香幼苗生长在一定程度上受到抑制。外源ABA通过提高檀香幼苗叶片光合作用来提高檀香幼苗的长势和生物量，使苗木质量指数显著增强。以1mg/L ABA处理效果最好。

2. 降香

降香（*Dalbergia odorifera*）心材的形成是由植物体内一种或几种特定的植物激素所诱发的，不同植物激素的浓度及含量的失衡会促进心材的形成。周双清等指出，乙烯利诱导能够促进降香心材形成。

3. 油松

油松（*Pinus tabulaeformis*）是提取松节油的主要植物之一。用0.02% ABT 3号生根粉叶面喷洒油松苗，其苗高和地径分别比对照增加了41.1%和27.8%，保苗率比对照增加了37.6%。

三、提高精油含量

1. 薄荷属植物

薄荷属（*Mentha*）植物中有多种是重要的提取精油的芳香植物，精油广泛应用于牙膏、口腔清洁剂、空气清新剂等日用香精中，也广泛用于食用、烟用、酒用香精中。

在亚洲薄荷植株开花阶段，用10～200mg/L赤霉酸溶液进行叶面喷洒，产油量可提高30%～50%；或用100mg/L GA；溶液喷洒叶面，在长日照下可使叶片的含油量提高。

用1～10mg/L激动素、二苯基脲、6-苄氨基嘌呤、玉米素溶液对留兰香（*Mentha spicata*）喷洒叶面，可以提高留兰香的得油率，以激动素处理的效果最好，鲜草得油率可提高2倍。另有研究表明，在留兰香生长期用50mg/L赤霉酸喷洒叶面一次，可使植株的生长量增加2倍多，茎变粗，干重增加，但含油率却有所降低，油中成分无明显变化。

用10mg/L、20mg/L、50mg/L、100mg/L、200mg/L 5种浓度的赤霉素溶液于香柠檬薄荷（*Mentha citrata*）苗叶面喷洒，均使植株增高，产草量和产油量提高，其中以200mg/L处理的增产效果最为显著，产草量和产油量分别比对照提高66.67%和67.39%。用50mg/L、100mg/L、200mg/L矮壮素溶液喷洒叶面，使植株变矮，含油量、产草量、产油量均下降。

在椒样薄荷（*Mentha piperita*）播种前用激动素（2mg/L）溶液浸泡种根，然后播种，促进植株生长，产油量提高5.8%～19.8%；而用10mg/L激动素溶液进行叶面喷洒，叶片含油量提高近2倍。用0.01%、0.02%赤霉酸进行叶面喷洒，刺激植株生长，平均产油量提高18.5%。幼苗期用NAA钠盐及其甲酯、氨化物稀溶液喷洒，可使成熟植株的含油量提高30%～50%。播种前用6-苄氨基嘌呤（2mg/L）溶液浸泡地下根茎（种根），可使椒样薄荷产草量提高15%～20%，含油量提高15%～50%。开花前喷洒0.15%矮壮素（CCC），可提高产草量和产油量。100mg/L B_9溶液叶面喷洒，促进植株生长，产油量提高。

2. 檀香

分别用6-苄氨基嘌呤（6-BA）、乙烯利、茉莉酸甲酯（JA）在6g/L浓度（用量均为3mL）注射到未形成心材的幼龄檀香（*Santalum album*），使檀香心材精油的相对含量和绝对含油量显著增加。其中6-苄氨基嘌呤有利于檀香心材中精油含量的增加或积累，比对照处理分别高98.39%和124.71%，其他处理的精油含量差异均不显著。李应兰等用植物生长抑制剂PGI-1给栽培2年的檀香幼树在树干基部用打孔灌注形式徐徐滴入树干孔中，浓度为1%，用量为1mL和3mL，根和茎精油的含量均有较大幅度的提高。经2%乙烯利刺激2年后的10龄檀香树，心材的色泽、气味、含油量及油中主要成分檀香醇含量均接近同产地25年生自然形成的檀香心材。乙烯利对檀香植株刺激影响范围大。

3. 吐鲁香

吐鲁香（*Myroxylon balsamum*）是从印尼引进的名贵香料植物。用乙烯利处理生长17年龄的吐鲁香树，可以显著提高吐鲁香香脂的产量，产脂量比对照增加155.1%～253.5%。

四、对芳香植物精油成分的影响

芳香植物的精油由多种挥发性成分构成，精油成分的种类和相对含量是影响精油质量的重要因素之一。同种芳香植物的精油都有其相对稳定的组成成分，形成了不同的精油香气特征。也有的芳香植物种内有多种型，构成精油的主成分不同，精油的香气特征也明显不同。除去遗传因素外，精油的组成和各成分的相对含量还受芳香植物的生长环境、栽培措施、采收时期、精油提取方法等因素的影响。一些研究也表明，在芳香植物的生长期间使用生长调节剂对精油组成和相对含量也会产生影响。

1. 薄荷属植物

（1）薄荷（*Mentha haplocalyx* Briq.） 植物生长调节剂影响薄荷精油的成分和相对含量。朱金荣等发现喷施茉莉酸甲酯（MeJA）对薄荷精油成分和含量的影响，喷施MeJA后，薄荷体内的倍半萜类、脂肪族类及芳香族类成分多数相对含量呈下降趋势，甚至有些成分未能检出，可能对薄荷体内倍半萜类、脂肪族类及芳香族类物质的积累产生抑制作用，多数同分异构体的单萜成分在MeJA作用下可能发生相互转化。另有研究表明，用50mg/kg、100mg/kg、200mg/kg矮壮素溶液喷洒叶面，油中芳樟醇含量略有提高，乙酸芳樟酯含量降低，明显影响精油质量。

（2）椒样薄荷（*Mentha piperita*） 研究表明，用激动素（2mg/L）溶液浸泡椒样薄荷的种根，然后播种，植株体内精油中总脑量有所提高，乙酸薄荷酯含量有所降低；而用20mg/kg激动素溶液进行叶面喷洒，对椒样薄荷植物体内的精油成分的影响小。用浓度0.01%和0.02%赤霉酸喷洒椒样薄荷叶面，采收后茎叶精油中的含脑量提高10%；幼苗期用NAA钠盐及其甲酯或氨化物稀溶液喷洒，可使精油中薄荷醇含量提高4.5%～9.0%；用浓度0.1%～0.3%的马来酰肼（MH）溶液喷洒叶面，可使精油中游离脑含量提高5.6%～10.2%，胡薄荷酮含量降低，精油的质量得到改善；开花前喷洒浓度0.15%矮壮素（CCC），油中的薄荷酮、乙酸薄荷酯、异薄荷脑、柠檬烯、α-蒎烯、月桂烯、1,8-桉叶油素含量降低，异薄荷酮、薄荷脑含量提高；1000mg/kg B_9 溶液叶面喷洒，精油的薄荷酮、薄荷脑含量降低，异薄荷酮、新异薄荷酮含量提高。

(3) 香柠檬薄荷（*Mentha citrata*） 分别用浓度10mg/kg、20mg/kg、50mg/kg、100mg/kg和200mg/kg的赤霉素溶液于香柠檬薄荷苗期喷洒叶面，采收时叶油中主成分发生了变化，芳樟醇含量和乙酸芳樟酯含量低于对照（水），随使用浓度的增高，油中芳樟醇含量逐渐降低，乙酸芳樟酯含量逐渐增高；而*d*-胡薄荷酮含量却明显高于对照。

2. 檀香

檀香精油的主要有效成分为檀香醇，包括α-檀香醇和β-檀香醇。乙烯利（6g/L）处理促成的心材精油中α-檀香醇的含量最高，平均值为46.05%，比对照高8.66%；6-苄氨基嘌呤（6g/L）处理促成的心材精油中β-檀香醇的含量最高，平均值为23.25%，比对照高15.16%；乙烯利处理促成的心材精油中总檀香醇含量最高，平均值为83.23%，比对照高6.64%。檀香木油的国际质量标准（ISO3518：2002）要求：同时要满足α-檀香醇的含量在41%～55%、β-檀香醇的含量在16%～24%范围内。6-苄氨基嘌呤和乙烯利处理分别达到该标准，表明生长调节剂处理不仅可以促成幼龄檀香形成一定数量或比例的心材，而且从心材中提取的精油满足质量标准。β-檀香醇是檀香油具特殊芳香气味的主要来源，其含量的高低将直接影响檀香油的香味。6-苄氨基嘌呤和乙烯利处理的心材精油中β-檀香醇含量较高，说明促成的檀香心材精油质量较好。

用植物生长抑制剂PGI-1给栽培2年的植香幼树在树干基部用打孔灌注形式徐徐滴入树干孔中，浓度为1%，用量为1mL和3mL，结果根和茎精油中的α-檀香醇和β-檀香醇的相对含量均有较大幅度的提高。

3. 白木香

白木香（*Aquilaria sinensis*）为瑞香科芳香植物植物，国产沉香为白木香含有树脂的木材，主要含有倍半萜和2-(2-苯乙基）色酮类成分，是重要的中药材，也用于日用化工、宗教和文化需求产品上。3年生白木香茎外施0.4mL 10mmol/L茉莉酸甲酯（MeJA），可诱导白木香产生δ-愈创木烯、α-愈创木烯和α-葎草烯等倍半萜，且含量随着时间延长而增多。水处理的对照未检测到这几种倍半萜成分。

4. 降香

将乙烯利水剂配制成2%的浓度，选取未形成心材的7年生降香树，在离地面50cm高处，钻孔至木质部，孔里注入1mL乙烯利溶液，用保鲜膜和透明胶带密封包裹。结果表明，乙烯利诱导对促进降香心材形成有良好的效果，诱导形成的降香心材挥发油主要化学成分为橙花叔醇。

5. 砂仁

阳春砂是中药砂仁的主流品种之一，其芳香化湿、行气止痛的主要药效物质是挥发油，挥发油主要由单萜、倍半萜及其含氧衍生物组成。阳春砂中含量较高的挥发性萜类成分有乙酸龙脑酯、樟脑、龙脑、蒎烯、柠檬烯和芳樟醇等。王焕等通过不同浓度（0μmol/L、200μmol/L、600μmol/L）MeJA诱导处理阳春砂叶片和果实24h后，分析果皮和种子团中挥发性萜类成分，结果表明，600μmol/L MeJA喷果24h后果皮和种子团中大部分挥发性萜类成分（如乙酸龙脑酯、樟脑和龙脑等）积累量明显增加。200μmol/L MeJA喷施果实比喷施叶片更能提高种子团中挥发性萜类成分的积累量。

6. 烟草

利用植物生长调节剂协调烟草体内代谢平衡是提高烟叶质量的有效途径之一。近年来，关于植物生长调节剂对烟草生长及品质的影响报道增加。

分别用50mg/L的水杨酸、赤霉素、乙烯利喷洒打顶后的烟草叶片，以清水为对照。3种植物生长调节剂处理后，烟草香气物质总量分别比对照增加了28.16%、26.78%和20.43%，水杨酸处理的效果最好。类胡萝卜素是烟叶中的四萜烯类化合物，其降解产物是烟叶中许多致香成分的前体物，对烟叶香味品质的形成有重要作用。三种植物生长调节剂处理后的类胡萝卜素类香气物质总量分别高于对照14.12μg/g、18.98μg/g和3.27μg/g，以赤霉素处理最高。其中6-甲基-5-庚烯-2-酮、β-大马酮、香叶基丙酮和氧化异佛尔酮含量以水杨酸处理最高；巨豆三烯酮、三羟基-β-二氢大马酮、3-氧代-α-紫罗兰酮和法尼基丙酮含量以赤霉素处理最高。烟草苯丙氨酸类降解产物中的苯甲醛、苯甲醇、苯乙醛和苯乙醇也是烟草重要的香气成分。其中赤霉素处理的苯甲醛和苯乙醛含量最高；水杨酸处理的苯乙醇和苯甲醇最高；苯丙氨酸类香气物质、美拉德反应香气物质总量均以水杨酸处理最高。类西柏烷类香气物质主要包括茄酮及其衍生物。此类香气物质总量占香气物质的很小一部分，但对烤烟的香气质量却有较大影响。喷施水杨酸、赤霉素和乙烯利能显著降低茄酮的含量。新植二烯是由叶绿素水解的叶绿醇进一步水解形成的，能增进烟的香气，是烟叶中重要的香味成分，还能进一步分解转化植物呋喃类化合物，能增强烤烟的香气。三种植物生长调节剂处理后的新植二烯含量分别比对照增加了1.7%、28.2%和23.8%，以水杨酸处理含量最高。在其他香气物质中，吲哚含量以水杨酸处理最高，芳樟醇和螺岩兰草酮含量以赤霉素处理最高。

各处理烟叶内中性致香物质总量以水杨酸处理最高，高达1903.49μg/g，其中以苯丙氨酸类、美拉德反应产物和新植二烯含量最高；类胡萝卜素类降解产物和其他三类香气物质总量以赤霉素处理最高；类西柏烷类含量以对照最高。结果表明，喷施不同的植物生长调节剂能有效地增加大多数中性致香物质的含量及总量，降低茄酮含量。其中以水杨酸效果较好，赤霉素和乙烯利次之。不同的植物生长调节剂对烟叶致香物质含量的作用明显，生产中在常规栽培的基础上打顶后喷施水杨酸，对提高该地区烟叶香气物质含量有积极作用，其作用在于增加烟叶香气量可能是增加植物体内的次生代谢物质，如多酚、烯萜类物质，进而提高了烟叶中的香气物质含量。

余金恒指出（表11-1），烟草打顶后分别喷施脱落酸、水杨酸、赤霉素、乙烯利，类胡萝卜素降解产物、类西柏烷类香气物质、新植二烯含量发生变化，其中影响烟叶香味品质的成分苯甲醇、苯乙醛、糠醛、2-乙酰基吡咯、β-大马酮、二氢猕猴桃内酯、巨豆三烯酮Ⅱ、巨豆三烯酮Ⅳ、3-氢基-β-二氢大马酮、法尼基丙酮和茄酮的含量均有不同程度提高。高浓度的脱落酸处理效果最好。

表11-1　植物生长调节剂对烤后烟叶几种主要香气物质的影响　　单位：μg/g

香气物质	A1	A2	B1	B2	C1	C2	D1	D2	CK
β-大马酮	44.91	48.54	41.26	38.83	42.69	38.49	38.66	43.79	45.34
香叶基丙酮	3.88	3.74	4.29	3.85	3.92	3.71	3.03	3.66	4.35
二氢猕猴桃内酯	5.55	7.41	5.09	5.27	5.31	4.76	4.26	5.99	5.93
巨豆三烯酮Ⅰ	1.53	2.43	1.25	1.19	1.17	1.63	1.72	2.47	1.82
巨豆三烯酮Ⅱ	10.49	11.32	7.96	8.62	8.06	7.91	8.64	10.10	8.92
巨豆三烯酮Ⅳ	8.72	13.20	9.29	9.70	9.23	9.52	11.20	10.61	9.17
三羟基-β-二氢大马酮	24.37	51.92	22.00	19.80	22.11	17.00	30.71	27.32	28.91
螺岩兰草酮	15.08	25.09	14.74	13.96	18.44	16.24	14.02	20.43	20.29
3-氧代-α-紫罗兰酮	4.31	10.86	3.91	3.53	3.62	3.78	5.75	4.58	4.54
茄酮	58.50	100.75	69.04	63.68	67.49	76.12	75.65	91.88	88.50
法尼基丙酮	20.47	27.13	15.41	15.65	17.27	15.44	15.51	18.91	18.92
苯甲醇	19.05	31.58	18.98	25.34	32.53	25.47	26.39	25.67	25.80
苯乙醛	0.27	0.73	0.20	0.29	0.43	0.37	0.25	0.45	0.36
苯乙醇	3.50	2.86	4.81	4.35	4.44	3.14	3.40	8.13	6.99
糠醛	15.48	15.21	13.77	14.04	12.86	8.54	11.53	14.19	14.45
新植二烯	1789.0	2163.0	1793.0	1648.0	1898.0	1600.0	1867.0	1921.0	1650.0

注：A1—10mg/L脱落酸；A2—20mg/L脱落酸；B1—50mg/L水杨酸；B2—200mg/L水杨酸；C1—50mg/L赤霉素；C2—200mg/L赤霉素；D1—50mg/L乙烯利；D2—200mg/L乙烯利。

韩锦峰等发现外源喷施 IAA（30mg/L）和 GA_3（20mg/L）可降低烟叶中的烟碱含量，而 ABA（20mg/L）和 6-BA（10mg/L）处理增加了烤烟中烟碱的含量。徐晓燕等的研究表明：IAA（10mg/kg）和丙二酸（30mmol/L）都可以降低烟碱的含量，尤其 IAA 效果最明显。有研究表明，高浓度的脱落酸和乙烯利处理均可使烟叶茄酮含量高于对照，增幅分别为 13.84%、3.82%。高浓度的脱落酸能明显提高烤烟上部叶茄酮和香气物质总量，有利于改善烟叶的内在品质。

7. 白木香细胞培养优化精油成分

将茉莉酸甲酯（MeJA）加入至白木香（*Aquilaria sinensis*）细胞培养的悬浮细胞中，诱导产生了 α-愈创木烯、α-蛇麻烯和 δ-愈创木烯。因为愈创木烯同系物与 α-蛇麻烯骨架不同，并且在悬浮细胞中的量随培养时间不断变化，可能至少 2 种不同类型的白木香倍半萜环化酶被 MeJA 诱导。α-蛇麻烯在 MeJA 诱导早期（36h）量相对较高，可能是由 MeJA 诱导的白木香防御类物质。愈创木烯类化合物是在 MeJA 诱导后期（7d）产生的，它可能是沉香螺醇、枯树醇和 β-沉香萜呋喃的前体化合物。

五、调控芳香水果香气成分

香气是果实品质的重要组成部分，对于水果来讲，主要挥发性成分为酯、醇、酸、醛、酮和萜类物质，它们对果实的风味品质起主要作用，是引起果实种类特有的香味嗅感的香气成分。果实香气物质的组分种类及其含量是风味品质的重要构成因素之一，是评价果实风味品质的重要指标。关于植物生长调节剂在水果类芳香植物上的应用研究大多是在采后保鲜处理上，其中尤以 1-甲基环丙烯（1-MCP）处理为多，已应用于许多呼吸跃变型果蔬的保鲜，如苹果、猕猴桃、番茄、梨等，同时对果实的香气成分种类和相对含量也有一定的影响。

1. 苹果

1-MCP 可以有效地抑制果实的呼吸强度和乙烯生成速率，延缓衰老速率，减缓软化、褐变的发生进程，延长果实的有效货架期，适宜的处理浓度为 1μL/L。已有研究表明 1-MCP 处理对苹果果实香气成分影响较大，经 1-MCP 处理后的苹果果实香气淡薄，香气物质种类和数量都显著下降。即使在货架期，也不能完全恢复。

（1）“嘎拉”苹果 1-MCP 处理显著抑制了“嘎拉”苹果常温贮藏期间醛类、醇类、酯类物质以及草蒿脑的产生，显著减少了芳香物质的种类和总含量。对照果实芳香成分的总含量随贮藏时间延长逐渐增加，在贮藏 12d 达到最高值后下降，1-MCP 处理果实的芳香成分总含量随贮藏时间的延长而降低，其含量显著低于对照的果实。对照果实在贮藏 6d 出现 α-法尼烯，其含量随贮藏时间的延长先增加后降低；而 1-MCP 处理果实则并未检测到 α-法尼烯。对照果实的醇类和酯类物质含量在贮藏期间先升高后降低，均在 12d 达到最大；而 1-MCP 处理果实的醇类和酯类物质含量则始终处于较低水平。对照和 1-MCP 处理果实的醛类物质含量均随贮藏时间的延长而下降，处理果实的醛类物质含量始终低于对照。果实的酮类物质在贮藏期间含量较低，1-MCP 处理果实和对照之间无显著差异。对照和 1-MCP 处理果实的草蒿脑含量在贮藏期间均先升高后降低，但处理果实的草蒿脑含量显著低于对照果实。对照果实的直链酯类含量在贮藏期间显著高于支链酯类，二者在贮藏期间的含量均先升高，在 12d 达到最大值后下降，支链酯类的下降速率较缓慢；1-MCP 处理果实的直链和支链酯类含量均显著低于对照，直链酯类含量在贮藏期间一直处于下降的趋势，支链酯类含量在贮藏 6d 升高后缓慢下降。对照果实的醛类物质所占百分比逐渐降低，酯类物质增加，成为主要挥发性成分，醇类物质所占百分比逐渐升高，但明显低于酯类，草蒿脑所占百分比随贮藏时间延长先增加后降低；1-MCP 处理果实醛类物质所占百分比在贮藏 6d 显著降低后逐渐升高，为贮藏期的主要成分，而酯类和醇类物质所占百分比则始终处于较低水平，草蒿脑所占百分比变化趋势和对照果实相似，但其含量与对照相比，仍然处于较低水平。

（2）“粉红女士”苹果 金宏等研究表明，1-MCP 处理 24h 能显著减少“粉红女士”苹果果实贮藏期间酯类、醇类和烷烃类香气成分种类和相对含量，处理果中酯类、醇类、烷烃类香气成分种类比同期对照分别减少了50%、33.33%、66.67%。1-MCP对“粉红女士”果实主要酯类香气相对含量也有影响，主要香气成分丁酸己酯处理果实比对照减少了61.74%；对照果己酸己酯的相对含量为2.68%～6.94%，而处理果为1.56%～3.43%，比对照减少了61.72%；但乙酸己酯的相对含量是处理果大于对照果。可见，1-MCP处理对“粉红女士”苹果具有良好保鲜效果，也显著地抑制了贮藏期间香气的形成。

(3)“富士”苹果　张鹏等对贮后货架期间1-MCP低温不同处理时期“富士”苹果的挥发性物质进行检测分析。结果表明：苹果的挥发性物质主要是由酯类、醛类和醇类物质组成，对照组果实醇类和酯类物质相对含量要高于1-MCP处理组，而醛类物质相对含量小于1-MCP处理组。

张鹏等研究了1-MCP（1μL/L）结合不同浓度纳他霉素（0mg/L、400mg/L、800mg/L、1200mg/L）处理对贮后常温货架期间“富士”苹果果实芳香物质的影响。结果表明（表11-2），与对照组相比，1-MCP结合纳他霉素处理富士苹果后能更好地减缓果实的失重率增加和硬度的下降，保持了果实维生素C、可滴定酸和可溶性固形物含量，其中800mg/L纳他霉素处理保鲜效果优于其他处理。四种处理醇类物质含量均减少，对照组与1200mg/L纳他霉素组酯类、醛类物质以及总芳香物质含量增加，400mg/L纳他霉素组酯类物质含量增加、800mg/L纳他霉素组酯类物质含量减少，总芳香物质含量略有减少。1-MCP结合纳他霉素处理富士苹果果实的营养价值、衰老速度缓于对照组，可以有效保持果实的品质和香气，延长果实的货架期。其中800mg/L纳他霉素处理最优，400mg/L和1200mg/L纳他霉素处理次之。

表11-2　不同浓度纳他霉素处理贮后常温货架期间苹果芳香物质的相对含量　单位：%

成分	0mg/L		400mg/L		800mg/L		1200mg/L	
	10d	20d	10d	20d	10d	20d	10d	20d
醛类	45.15	58.17	53.66	53.45	55.74	55.48	45.42	57.76
酯类	23.19	30.69	19.71	22.02	20.73	15.87	12.54	22.40
醇类	9.56	6.72	10.22	5.73	6.14	5.79	8.67	5.76
烃类	0.19	0.39	0.58	0.69	0.60	0.33	0.33	0
酸类	0	0	0	0.30	0.44	0.19	1.05	0.06
酮类	0.46	0.18	2.17	0.53	1.84	1.13	6.54	0.31
酚类	0.20	0.32	0.99	0	0	0	0.58	0
其他	2.18	0.77	0.88	4.09	2.09	5.50	10.98	3.45

李鑫以不同糖度富士苹果为实验材料，研究1-MCP（1μL/L）对贮后常温货架期苹果果实风味的影响。结果表明：与对照组相比，在整个货架期间1-MCP组中醛类物质中具有清香、果香味的反式-2-己烯醛相对含量最高。酯类化合物主要由乙酸-2-甲基丁酯和乙酸己酯组成，CK组、1-MCP组的乙酸-2-甲基丁酯相对含量随着贮藏期的延长而增加；CK组的乙酸己酯相对含量随着贮藏期的延长而增加，1-MCP组乙酸己酯相对含量随着贮藏期的延长而降低。醇类化合物主要由正己醇、2-甲基-1-丁醇组成，在贮藏20d时，CK组、Nata组的2-甲基-1-丁醇均高于1-MCP组，CK组的正己醇相对含量随着贮藏期的延长而增加，而1-MCP组随着贮藏期的延长而降低。相同贮藏期，1-MCP处理高糖度富士苹果的醇类化合物相对含量均低于CK组，醛类化合物相对含量均高于CK组；随着货架时间的延长，高糖度富士苹果中CK组果实挥发性物质中醛类、酯类物质相对含量呈下降趋势，而醇类物质相对含量呈上升的趋势；1-MCP处理组果实挥发性物质中醛类、酯类物质相对含量呈上升趋势，而醇类物质相对含量呈下降的趋势。

随着货架时间的延长，低糖度富士苹果中3种处理组果实挥发性物质中醛类呈下降趋势；CK组酯类物质相对含量呈上升趋势，醇类物质相对含量呈下降的趋势；1-MCP处理组酯类物质相对含量呈下降趋势，而醇类物质相对含量呈上升的趋势。其中在整个货架期间1-MCP组中反式-2-己烯醛相对含量最高，表明利用1-MCP处理2种糖度富士苹果能有效地保持果实。

李德英等对红富士苹果采后进行了1500μL/L二苯胺（dipheny lamine，DPA）以及1μL/L 1-甲基环丙烯（1-MCP）处理，并进行气调贮藏，气调贮藏180d及贮后货架期10d，两种处理均抑制了果实香气物质的形成，气调贮藏180d时DPA和1-MCP处理果实酯类香气成分比对照组分别减少了21.7%和69.6%，香气成分总数则分别比对照组减少17.9%和56.4%；经过10d货架期，DPA和1-MCP处理果实的香气成分总数分别为对照组的72.5%和35.3%，表明1-MCP处理对果实香气的抑制作用优于DPA处理。

（4）“红将军”苹果 刘美英等研究表明：谢花后幼果期，给“红将军”苹果喷施“能百旺”植物生长调节剂（0.5%噻苯隆，使用浓度为0.4‰）。从商熟期苹果果实中检测出的香气成分35种，其中酯类物质23种、醇类物质5种、烯类物质3种，分别占香气成分总相对含量的64.37%、9.29%和12.66%；而未处理的对照共检测出香气成分27种，其中酯类物质17种、醇类物质3种、烯类物质3种，分别占香气成分总含量的68.63%、1.42%和16.38%。处理后的“红将军”苹果果实中，主要酯类成分乙酸-2-甲基-1-丁酯、己酸丁酯、2-甲基丁酸己酯、乙酸己酯的相对含量分别为13.06%、13.71%、12.65%、8.52%，而对照中的相对含量分别为10.22%、14.72%、14.81%、5.02%。植物生长调节剂能显著增加果实中的风味物质种类，改变香气成分相对含量。2-己烯醛具有特殊的苹果清香气味，其苹果果实2-己烯醛相对含量为4.36%，高于对照的3.88%。

2. 猕猴桃

猕猴桃中的香气成分主要为酯类、醇类、醛类、酮类以及杂环类化合物。虽然各种香气成分占果实鲜重的比率很小，但影响果实品质。一些保鲜措施尽管显著地延长了果实的贮藏期，但对果实香气品质有影响。

（1）“红阳”猕猴桃 1-甲基环丙烯（1-MCP）处理对“红阳”猕猴桃果实冷藏期间香气成分的影响，与对照果实香气化合物的种类及相对含量有较大差别。在贮藏60d、90d、105d时，1-MCP处理后果实的香气成分含量比同期对照分别减少了37.5%、23.8%、47.5%。在整个贮藏过程中，1-MCP处理猕猴桃果实和对照果实的酮类、醛类、醇类和酯类物质种类总体上呈先上升后下降趋势，在贮藏后期，1-MCP处理组果实醛类、醇类和酯类香气成分含量明显低于对照。其中，在贮藏90d时酯类香气种类比对照减少21.4%，醇类比对照组减少了41.67%，烷烃类比对照组减少了33.3%。在贮藏90d和105d时，1-MCP处理果实的醛类物质相对含量比对照高11.33%和22.18%；而酯类的相对含量却比同期对照低16.81%和38.21%。1-MCP处理果实酮类香气成分相对含量明显低于对照。酯类物质是猕猴桃特征香气的主要成分，是构成猕猴桃果实整体香气品质最重要的成分。1-MCP处理在贮藏过程中抑制了猕猴桃果实酯类香气的产生，并在贮藏后期积累了大量的醇类和醛类香气成分，对果实的整体感官质量有一定影响。在贮藏后期，1-MCP处理组果实的*E*-2-己烯醛和己醛含量明显高于对照，第90d时分别比对照高70.19%和123.3%；丁酸甲酯和丁酸乙酯总体上呈降低趋势，90d时，1-MCP处理果实丁酸乙酯含量是对照的2.36倍。1-MCP处理对香气种类和相对含量具有抑制作用，从而有可能影响果实感官特性，如降低某种果实的特征香气等。

（2）“亚特”猕猴桃 马婷等研究不同剂量（0.2μL/L、0.6μL/L、1.0μL/L）1-甲基环丙烯（1-MCP）处理对“亚特”猕猴桃香气成分种类和含量的影响。结果表明，不同剂量1-MCP处理果均降低了果实醇类、醛类和酮类物质的种类数，0.2μL/L、0.6μL/L 1-MCP处理果中酯类物质种类数与对照果相同，1.0μL/L 1-MCP处理果中酯类物质种类数明显低于对照果，0.2μL/L、0.6μL/L 1-MCP处理果的烃类物质种类数明显高于对照和1.0μL/L 1-MCP处理果（表11-3）。“亚特”猕猴桃主要香气成分为（*E*）-2-己烯醛、正己醛、正己醇、（*E*）-2-己烯醇、苯甲酸乙酯、丁酸乙酯和1-戊烯-3-酮等。4-萜烯醇、*β*-水芹烯、萜品烯、*α*-摩勒烯等萜烯类物质及衍生物仅存在于1-MCP处理果中，尤其是0.2μL/L、0.6μL/L 1-MCP处理果中含量较高，对照果中仅有一种萜类物质，且含量较低。

对“亚特”猕猴桃贮藏时，若只需短期贮藏，为了保留果实的香气，不建议对其进行1-MCP处理；若要延长果实的贮藏期并较好地保留果实的香气，建议1-MCP处理“亚特”猕猴桃的最佳剂量为0.6μL/L。

表 11-3 不同剂量 1-MCP 处理对“亚特”猕猴桃香气成分的影响

香气种类	化合物数				含量/(μg/kg)			
	CK	0.2μL/L	0.6μL/L	1.0μL/L	CK	0.2μL/L	0.6μL/L	1.0μL/L
醇类	8	6	7	7	1718.90a	708.50b	632.55bc	280.80c
醛类	13	12	12	13	34770.75a	4910.10b	9345.75b	5444.55b
酯类	6	6	6	3	594.65a	412.60b	296.05b	59.40c
酮类	4	3	3	3	357.10a	46.45b	50.10b	30.15b
烃类	1	8	9	2	52.80b	438.20a	473.00a	13.05b
总计	32	35	37	28	37494.20a	6515.85b	10797.45b	5827.95b

3. 梨

（1）“早红考密斯”西洋梨　“早红考密斯”（*Pyrus communis* L. cv. early redcomice）是一个世界广泛栽培的西洋梨品种。用不同剂量（1.0μL/L、0.5μL/L 和对照）的 1-甲基环丙烯（1-MCP）处理西洋梨“早红考密斯”，0℃贮藏后货架期 7d 的果实香气成分含量分别为 3.2070μg/g、2.2820μg/g、1.7375μg/g，总含量和香气组分数随 1-MCP 的用量减小均呈现递减趋势。其中 1.0μL/L 1-MCP 处理果实的香气成分种类数、独有香气组分数、特征香气成分的香气值总和、酯类和萜烯类含量及香气总含量均明显高于另两个处理。

各处理的酯类、醇类、萜烯类组分含量在 1-MCP 处理和对照中均呈递减趋势，其他类别香气组分含量无规律性的变化。(3-甲基环氧乙烷-2-基)-甲醇是 1-MCP 处理Ⅰ中醇类组分含量最大的组分，但在另外两个处理上没有检测到；乙醇在 1-MCP 两个浓度处理中均有一定含量（表 11-4）。

表 11-4 “早红考密斯”不同处理条件下特征香气成分及其香气值　　单位：μg/g

化合物名称	香气阈值/(ng/g)	香气值		
		1.0μL/L 1-MCP	0.5μL/L 1-MCP	对照
乙酸丁酯	66	9.867	5.507	3.957
乙酸戊酯	43	1.842	1.496	1.613
乙酸己酯	2	801.331	669.254	529.617
辛酸乙酯	2	7.487	7.545	0
乙酸辛酯	12	4.717	3.635	0.561
香气值总和		825.243	687.437	535.748

（2）南果梨　1-MCP 处理对南果梨香气成分的种类数量有一定的影响，处理果实中检测到的香气成分较 CK 果实减少了 5 种，而且受到抑制的香气成分均为酯类物质；1-MCP 处理果实香气物质的总生成量明显减少，仅为 CK 果实的 42.05%；与对照果实相比，1-MCP 处理果实酯类物质的相对含量和萜类降低，醛类和醇类升高。其中，对 α-法尼烯和己酸乙酯生成量的影响尤为严重，经 1-MCP 处理的果实 α-法尼烯和己酸乙酯生成量仅为 CK 果实的 23.21% 和 36.59%。此外，乙酸乙酯、己酸甲酯和（*E*,*Z*)-2,4-癸二烯酸乙酯分别降低了 1.32%、0.66%、0.25%；酯类物质中乙酸己酯和丁酸乙酯分别升高了 3.87% 和 2.44%，己醛升高了 4.73%。1-MCP 处理抑制了南果梨冷藏后货架期果实香气的生成，致使果实香气变淡。

纪淑娟等以南果梨为试材，研究 1-MCP（0.75μL/L）处理（室温下熏蒸处理 24h）的南果梨冷藏 90d 后水杨酸（SA）处理（浸泡处理 2min）对其挥发性成分的影响，结果表明，SA 处理增加了最佳食用期南果梨酯类香气成分的种类和含量。与 CK 相比，果实挥发性物质增加了 4 种，全为酯类物质；SA 处理的果实挥发性香气物质总量增加了 22.36%，其中酯类化合物相对含量增加了 18.83%。酯类挥发性成分是南果梨特征香气中最重要的组成成分，赋予了成熟南果梨特征香气，SA 大大增加了酯类物质的种类和含量，有助于提高 1-MCP 处理南果梨冷藏后常温后熟期果实的香气品质，在一定程度上恢复了冷藏后果实的香气。

张丽萍等在南果梨采收当天，用 0.75μL/L 1-MCP 保鲜剂处理 24h，在常温条件下放置 7d 后冷藏 5 个月，出库后分别用 2mmol/L、4mmol/L、6mmol/L、8mmol/L 乙烯利处理 2min，除乙酸庚酯和庚酸乙酯的相对含量低于对照组外，2mmol/L 外源乙烯处理的乙酸乙酯、丁酸乙酯、已酸乙酯、乙酸己酯和苯乙酸乙酯的相对含量均明显高于对照和其他几种处理。与对照果实相比，2mmol/L 外源乙烯处理的南果梨酯类香气有极显著影响。1-MCP 处理的南果梨冷藏 3 个月后，乙烯利、水杨酸和茉莉酸甲酯处理对果实常温货架期间酯类物质的影响结果表明：3 种不同信号物质的处理中乙烯利处理组效果最好，酯类香气成分的相对含量最高，经过乙烯利处理的果实丁酸己酯、乙酸庚酯、乙酸乙酯、丁酸乙酯、己酸乙酯、己酸己酯、乙酸己酯的相对含量均明显高于对照果实，说明乙烯利处理更有利于提高 1-MCP 处理的南果梨果实冷藏后常温货架期间香气品质。乙烯参与了南果梨果实中大多数酯类物质的代谢途径。经 1-MCP 处理的南果梨冷藏后用 2mmol/L 乙烯利和水杨酸进行复醒处理，可以通过提高 ACS 酶活性，从而提高果实的酯类物质含量，而乙烯利处理可以使果实在冷藏后常温货架期间呈现更好的商品品质。

（3）黄金梨　田长平等用 1-MCP 熏蒸处理明显延缓了黄金梨风味品质下降，酯类总量降低，而醛类和醇类总量增加。与对照比较，1-MCP 处理显著抑制了 1-己醇、(3*E*)-己烯-1-醇、己醛和 (2*E*)-己烯醛含量的下降；乙酸乙酯、丁酸乙酯、乙酸丙酯、2-甲基乙酸丁酯、(2*E*,4*Z*)-癸二烯酸乙酯和丁酸己酯受 1-MCP 抑制明显。1-MCP 熏蒸处理有效抑制黄金梨贮藏期间醛类、醇类总量下降和酯类总量增加。1-MCP 熏蒸处理通过延缓醛类与醇类物质下降，抑制酯类物质合成，既保持了黄金梨果实新鲜的清香感，也有果香型酯类物质的合成，因此对果实风味品质的保持具有很好的效果。

4. 桃

1-MCP（5μg/L，20℃熏蒸 24 h）处理桃［*Prunus persica*（L.）Batsch］可推迟内酯类物质释放高峰值的出现。1-MCP 处理“大久保”桃在 8℃贮藏 12d 时达到高峰，对照在第 6d 达到高峰。1-MCP 处理同时显著抑制了内酯类物质的释放。内酯类物质包括 γ-癸内酯和 δ-辛内酯，从贮藏 6d 开始，1-MCP 处理组内酯类物质释放量均显著低于对照组。1-MCP 处理显著推迟了醛类和内酯类物质的释放高峰的出现，抑制了内酯类物质的释放量，在贮藏后期显著促进了乙醇的释放。

第二节　在药用植物上的应用

药用植物是指含有预防和治疗疾病的活性物质的植物。药用植物中有效成分大多数为植物次生物质，其种类繁多、结构迥异，至今已发现黄酮类、酚类、香豆素、木质素、生物碱、糖苷、萜类、甾类、皂苷、多炔类、有机酸等。从合成前体的角度来看，次生代谢产物可大致分为 3 大类：萜类化合物、芳香族化合物和生物碱类化合物。

药用植物次生代谢物的产生和分布通常有种属、器官、组织以及生长发育时期的特异性。药用植物次生代谢物的积累具有器官差异性，如杜仲绿原酸主要存在于杜仲叶片中，人参皂苷主要存在于人参、三七根中。次生代谢物合成后可在原处积累或转化，也可转移到其他位点储存、代谢或降解，结果使它们在不同植物体内的分布状况有差异。如青蒿根部不含青蒿素，茎中含有微量青蒿素（0.01%以下），叶中青蒿素含量 5～6 月较低为 0.23%～0.37%，7～10 月上旬较高为 0.5%～0.72%，9 月上旬和下旬叶及花蕾中含量达到高峰值为 0.69%～0.72%，10 月上旬果实中青蒿素含量较低为0.32%；银杏外种皮中银杏黄酮的含量为1.30%，而叶中黄酮含量为5.91%。次生代谢物的积累与生长年限和年生长周期相关，例如，益母草的总生物碱含量在幼苗期、盛叶期、花蕾期、盛花期、晚花期、果熟期、枯草期分别为1.06%、0.97%、0.939%、1.06%、0.70%、0.39%、0.08%；人参随植株年龄增长有效成分逐年增加，5年生植株含量接近6年生植株，但4年生植株只有6年生植株的一半。

药用植物有两种不同的方式储藏次生代谢物，即质体中和质体外，因此，次生代谢物的积累与其积累位点有关。大多亲水性次生代谢物的重要储藏位点是液泡和叶绿体，如黄酮类储藏在叶绿体中，生物碱一般以游离态、盐或氮氧化物的形式储存于液泡中，而一些脂溶性次生代谢物则积累在细胞膜内。

我国是药用植物资源最丰富的国家之一，也是利用药用植物最早的国家之一，我国传统药材中88%为植物药。然而，由于长期以来无计划的采挖，再加上自然资源的破坏以及繁殖和栽培技术未及时跟上等原因，有许多重要的药用植物的天然生产量极少，供应十分困难。据不完全统计，奇缺的中药材有100多种，其中有些甚至被国家列为濒危稀有植物。改革开放30多年来，中药制药行业以每年超过15%的平均增速快速增长，药用资源的供给压力日益增加。中药材由野生转为大规模人工栽培种植是现代医药工业发展的必然要求，也是保证供应的必要手段。

植物生长调节剂作为植物化学调控技术，已成为植物高产、稳产、优质、高效生产的重要技术保障。在药用植物生产中，植物生长调节剂有提高发芽率、育苗速度和质量，促进扦插繁殖，缩短培育时间，促进次生代谢物积累，提高药用有效成分的含量，控制雌雄异株植物性别，增强抗病性等效果。因此，植物生长调节剂的使用在保障药材有效供应方面起到一定作用。

一、促进种子萌发

传统药用植物红景天种子发芽缓慢，发芽率低，这是由种子休眠所致。用植物生长调节剂GA_3、2,4-D和GA_3+2,4-D处理可降低红景天种子胚的内源ABA水平，并使其保持在低水平，加速种子内含物的转化，促进种子的新陈代谢，使得种子在适宜的温度和湿度条件下提前萌发，并能促进其根和芽平衡生长，使幼苗的生活力达到较高水平。

汤前等研究发现1000mg/L赤霉素处理可打破香附子种子休眠，也可极显著提高香附子种子的发芽率。

粉绿铁线莲（*Clematis glauca* willd. Herb. Baumz.）为毛茛科铁线莲属藤本植物。铁线莲属植物原种一般采用种子繁殖的方法。利用GA_3 100mg/L和6-BA 30mg/L处理对促进粉绿铁线莲种子的萌发作用最明显，种子发芽率分别达到64%和67%。

韩晶宏等以0.60mg/L 6-BA处理麦冬种子萌发效果最明显，发芽率、发芽势分别比对照提高了32.70%和80.76%，缩短麦冬出苗时间，达到齐苗的目的。

野罂粟种子发芽的最佳条件为：变温（25℃/15℃）条件下培养，200mg/L赤霉素处理发芽率最高可达99%。

知母（*Anemarrhena asphodeloides* Bunge）又名蒜辫子草、羊胡子根、地参，为百合科多年生草本植物。采用1mg/L 6-BA浸种24h是促进知母种子萌发的最佳处理方法，发芽率达94%，比对照提高了约10%。

香茅开花结实率很低，传统种植以分株繁殖为主。但在香茅品种培育、种质资源创新利用方面，种子繁殖是重要的实生繁殖手段。当GA_3浓度为25mg/L时，发芽率为71.00%，发芽势为63.33%；6-BA浓度为25mg/L时，发芽率为67.33%，发芽势为62.00%，对香茅种子的萌发均具有促进作用。

祖师麻（*Daphne giraldii Nitsche*）为瑞香科植物，即黄瑞香。黄瑞香种子具有硬实习性，透水性能差，自然发芽率极低，成苗率不高。200mg/L GA_3溶液浸种16h，黄瑞香种子发芽率最高为7.33%，比对照增加了5.33%；25mg/L 6-BA溶液浸种16h，黄瑞香种子发芽率最高为6.33%，比对照增加了4.66%。这两种处理对黄瑞香种子萌发均有促进作用。

闫芳等以 200mg/L 赤霉素对苦豆子浸种 8h 和 60mg/L 6-BA 浸种 8h 效果最佳，发芽率分别达到 89.32%和 88.19%，两者无显著差异。

朱霞等研究发现 100mg/L NAA 对决明种子发芽率、幼苗早期生长有很好的促进作用。

俞建妹等发现经过 GA_3、6-BA、IBA 各种浓度分别处理后，提高了降香黄檀种子的发芽率、发芽势，但开始发芽的天数没有缩短，其中 50mg/L GA_3 对提高发芽率效果最好，80mg/L 6-BA 对提高发芽势效果最好。

100mg/L GA_3 和 25mg/L IBA 浸种能够促进罗勒种子发芽和幼苗生长。三分三种子萌发的最佳植物生长调节剂处理是 200mg/L 赤霉素＋20mg/L 6-苄氨基嘌呤，浸种时间 24h，该处理的种子发芽率高达 97.8%以上，并且种子开始发芽时间、发芽持续时间较短，种子发芽势、发芽指数最高，是比较理想的种子萌发处理方法；种子发芽率的最佳处理是 800mg/L 赤霉素＋10mg/L 6-苄氨基嘌呤＋10mg/L 吲哚乙酸，浸种时间 12h。

用适当浓度的赤霉素处理马尿泡种子、西洋参种子、黄连种子、杜仲种子，这些种子在正常条件下很难发芽，但处理后不论发芽率还是幼苗长势都表现出明显的促进作用。

孙莹莹等发现喷施 CCC 后，半夏单株珠芽数提高 58.9%，单株珠芽产量提高 10.6%。CCC 促进半夏珠芽形成的主要原因是其提高了生育期内分化的叶片数目。彩图 11-4 为半夏幼苗。

杨苏亚等用 BA（1.0～2.0mg/L）和 NAA（0.4～0.8mg/L）组合对百合鳞片进行处理，促进了百合鳞片芽分化和鳞芽生根。

二、调控生长，提高产量

元胡是块茎入药、花期较长的药用植物。长时间的开花使其生理消耗大量的光合产物，并对块根等营养体的生长发育具有显著的抑制作用。为协调元胡营养物质的合理分配，促进块茎生长，需要在开花前及时摘除花蕾。在盛花期前，用 1000mg/L 40%乙烯利液喷施元胡，疏花效果显著；除蕾后再喷洒 0.5～1mg/L 三十烷醇 1～2 次，能提高块茎产量 25%以上。

三七是多次开花的多年生名贵中药材，营养体与生殖体可以同时生长和长期并存。三七栽培第二年就开始开花，生殖体占了上风，且对营养体有显著的抑制作用，对根系有机物质的分配也显著减少，从而影响根部产量。广西药用植物园在三七出苗期，用 MH 抑制剂对三七进行叶面喷施，使其不能如期转入生殖生长，确保了大量的营养物质在根部积累。

30mg/L GA_3 在川白芷（彩图 11-5）的连作期进行喷施，可保证川白芷的生长发育，使川白芷产量提高 30.6%，另外也可以保证其含有较高的有效成分（欧前胡素、异欧前胡素）。从 3 月上旬开始，用 50mg/L 赤霉素连续多次喷施块茎膨大期的延胡索植株，可以使植株增高 27%，地上茎叶增长 15%，块茎重量增加 25%，同时还能提高其活性成分（生物碱）含量，改善其品质。

蔓性千斤拔植株密度为 60 株/m^2，喷施多效唑浓度为 600mg/L 增产效果最好。在人参苗期，用多效唑喷洒植株，能有效控制人参的营养消耗，加快生殖生长，减轻病害发生。

矮壮素处理齐苗期的山药可以明显提高叶片内淀粉酶活性，使源叶储藏的淀粉向块茎库运输，促进山药块茎的膨大（彩图 11-6）。

外施矮壮素对半夏块茎产量影响大小依次为施用时期＞施用量＞施用方法，最佳施用时期为倒苗前期，表明矮壮素影响半夏生育期内同化物运输分配，增加经济产量的主要原因在于影响成熟叶片的高效同化和运输分配。

50mg/L 生根粉（ABT）浸泡苦参幼苗 12 h，幼苗的成活率略高于对照，并显著促进地上和地下部分的生长，产量增加 113.97%，同时显著促进苦参根系的生长，从而增强苦参抗旱、固沙固土的能力，能更好地适应原产地的生态环境。

杜岳峰等发现，不同浓度吲哚乙酸和激动素处理水飞蓟，虽然水飞蓟宾含量提高不明显，但水飞蓟产量有一定提高。

三、促进次生代谢物积累，提高有效成分含量

植物生长调节剂可通过影响药用植物体内核酸、蛋白质和酶，对植物生长发育、代谢及衰老等多种生理过程进行调控，提高产量和质量。

1. 茉莉酸甲酯

采用 0.15mmol/L MeJA（茉莉酸甲酯）浸泡牛膝种子 3h，牛膝根及叶中三萜化合物齐墩果酸的含量分别比对照组增加了 114.3%和 60%，并显著促进根中的蜕皮甾酮积累，有利于牛膝药材产量和品质的提高。

MeJA 在 $5\times10^{-9}\sim5\times10^{-3}$ mol/L 的浓度范围内，喷施处理丹参幼苗（彩图 11-7）48h 内，其茎与叶中的丹酚酸和丹酚酸 B 含量均增加，叶内丹酚酸 B 含量较对照增加了 30.7%～117%，茎中丹酚酸 B 含量较对照增加了 3%～57%。外施 0.2mmol/L MeJA 处理丹参幼苗，发现能够显著提高根中丹参素、原儿茶酸，咖啡酸、迷迭香酸、丹酚酸 B 以及总酚酸含量。

对甘西鼠尾草幼苗喷施 MeJA 240h，叶中丹参酮ⅡA 的含量是对照组的 2.97 倍，丹参酮Ⅰ的含量达到对照组的 6.3 倍。

在贯叶连翘小植株的生长过程中用 5mmol/L 茉莉酸甲酯处理叶面后的 0～6h 内，酚类化合物金丝桃苷和黄酮类化合物芦丁、槲皮苷、槲皮素的含量在整体上有一定的提高。

在阳春砂果皮和种子团中挥发性萜类成分研究中，发现用 600μmol/L MeJA 喷果 24h 后，在果皮和种子团中大部分挥发性萜类成分的积累量明显增加，如乙酸龙脑酯、樟脑和龙脑等；而 200μmol/L MeJA 喷施叶片或果实，对果皮及种子团中不同挥发性萜类含量的影响存在差异，且 200μmol/L MeJA 喷施果实比喷施叶片更能提高种子团中挥发性萜类成分的积累量，说明阳春砂的不同部位对不同浓度 MeJA 的诱导具有不同的响应。

浓度 0.412mg/L 和 4.12mg/L 的 MeJA 喷雾处理薄荷 10d 后，用固相微萃取技术提取叶片次生代谢产物，用气-质联用方法（GC-MS）测定化学成分及其相对含量，喷施 MeJA 后，薄荷单体成分相对含量随 MeJA 浓度未能出现规律性变化，但相同类型组成的薄荷单体成分的相对含量出现了规律性变化，如薄荷中多数倍半萜类、脂肪族类及芳香族类成分的相对含量呈下降趋势，并推测多数同分异构体的单萜成分在 MeJA 的作用下发生了相互转化。

2. 植物生长延缓剂

对 3 月龄苗期黄花蒿叶片喷施 Domesticoside（DOM）和矮壮素（CCC）后，能显著提高黄花蒿叶片中青蒿素、青蒿乙素含量，使青蒿素含量提高至 0.5%左右，但 DOM 和 CCC 都是速效、强效的调节剂，处理次数不能过多，CCC 的使用次数不能超过 2 次，DOM 的使用浓度应以不超过 1.74mg/L 为宜，可在生长前期喷施 1 次，以达到植物生长的最佳状态，在盛蕾期收货前 1 周再喷施 1 次，以达到青蒿素的最大含量。

对一年生毛脉酸模叶面喷洒矮壮素、萘乙酸 45d 后，根中白藜芦醇和白藜芦醇苷含量呈明显的上升趋势，萘乙酸的效果比矮壮素的效果好，其中萘乙酸高浓度（0.025%）促进作用更明显。

3. 低聚壳聚糖

丹参种子先用 0.1% $HgCl_2$ 溶液浸泡 5～10min，然后用蒸馏水冲洗数次，再置于浓度为 0.4%的壳寡糖调节剂溶液中浸泡 24h，以蒸馏水浸泡作对照。浸泡处理后播种，待苗长至 5～8cm 后进行移栽，移栽后，对照组喷施未添加植物生长调节剂的溶液，叶喷组在植物叶部每 12d 施 0.6%低聚壳寡糖溶液 1 次；根施＋叶喷组在根部及叶喷施低聚壳聚糖稀释 800 倍液，每 12d 施 1 次，待苗长成后每 12d 叶面喷施 0.6%低聚壳寡糖溶液 1 次。施用药物组药材与对照组药材相比较，苗粗壮；根部收获后，须根极少，根系粗壮，大小均匀，以根施＋叶喷组单株产量最高，叶喷组次之，对照组最低。根施＋叶喷组、叶喷组的丹参次生代谢产物丹参酮$Ⅱ_A$ 含量分别为对照组的 1.65 倍和 1.18 倍。

黄芪种子先用 0.1%升汞溶液浸泡 5～10min 消毒，再用蒸馏水冲洗数次，然后在不同溶液中浸泡 24h（其中，根施拌种组、根施叶喷组种子浸泡于 0.3%低聚壳聚糖溶液中，对照组浸泡

于蒸馏水中)。浸泡处理后播种，待苗长至 8～10cm 后进行移栽。移栽后，对照组喷施未添加植物生长调节剂的溶液，根施拌种组在植物根部每 12d 施 0.3%低聚壳聚糖溶液 1 次；根施叶喷组在根部及叶喷施低聚壳聚糖稀释 800 倍液，每 12d 施 1 次；待苗长成后每 12d 叶面喷施 0.3%低聚壳聚糖溶液 1 次。与对照组相比，根施拌种、根施叶喷处理组的黄芩苗期幼苗壮，生长迅速；根部收获后，须根极少，根系粗壮，大小均匀。根施叶喷组及根施拌种组的黄芪多糖及黄芪甲苷的含量明显高于对照组，其中根施拌种组的黄芪甲苷含量最高。

4. 其他植物生长调节剂

采用不同植物生长调节剂对大田种植的展叶期远志进行叶面喷施，以 50mg/L 赤霉素效果最佳，远志根中皂苷含量比对照提高了 22.33 倍。

芸薹素内酯通过促进青蒿素生物合成关键基因（ADS、DBR2 和 CYP71AV1）的表达而增加青蒿素的合成，不同浓度的芸薹素内酯溶液，叶面喷施处理 5 周龄青蒿幼苗，处理时间为 10d，每天处理一次。处理结束 4d 后，采用 HPLC 分析叶片中的青蒿素含量，其中 80μmol/L 的芸薹素内酯处理组的青蒿素含量比对照增加 1 倍多。

紫苏籽含油率、产量及 α-亚麻酸含量是紫苏油及紫苏油胶囊工业化的重要指标，而紫苏花期及蕾期是紫苏籽产量形成的关键时期。0.8mg/L 的吡效隆（膨大剂）在紫苏花期外施，不仅显著提高了紫苏籽的含油率和千粒质量，而且能使紫苏籽的 α-亚麻酸含量增加（彩图 11-8）。

四、扦插生根，提高繁殖速度

扦插繁殖具有取材方便、育苗周期短、繁殖系数大等优点，并利于保持品种优良特性，是一种较理想的繁殖方法。经过植物生长调节剂处理过的扦插材料，插枝生根快而多，成活率高，而且能保持其优良特性不发生变异。目前扦插生根使用的主要生长调节剂有 NAA、IBA、ABT 等。银杏是世界上最古老的中生代孑遗植物，被称为活化石，因其种子产量低，雌雄株难以鉴别，扦插繁殖意义很大。一般于 7 月上旬枝条呈半木质化时，采当年生幼嫩长枝扦插清水中浸泡保水，然后浸蘸适量生长素，促进生根。外施生长素可使插穗变软，皮部膨胀，代谢加强，有利于愈伤组织的形成和不定根的产生。插穗基部用生长素处理后可使插穗养分和其他物质加速集中于切口附近，为生根提供物质基础，还可促进插条的光合作用。用 100mg/L ABT 1 号生根粉浸泡银杏插穗基部 1h，成活率为 70%～80%，用 1000mg/L ABT 1 号生根粉或 1000mg/L 吲哚丁酸速浸 10s，其插条生根率高达 95%。

金银花主要采用扦插方式进行种苗生产，用 50mg/L IBA 浸泡处理插穗 10min 时，扦插苗的成活率达 94.00%，比对照提高了 44%，生根数达 46.67 条，根长达 4.52cm，扦插苗质量较好。

孙永超等研究了 3 种植物生长调节剂对两种百里香茎尖扦插生根的影响，试验结果表明：对于兴安百里香，IBA 100mg/L 浸泡 30s 的处理方式最好，生根时间为 8d；东北百里香，NAA 25mg/L 速蘸生根时间最短，为 6.4d；就生根数来说，最佳处理方式为 NAA 30mg/L 浸泡 30s。

马千里等通过筛选生长调节剂组合、插穗规格以提高五味子插穗生根率，发现 100mg/L NAA，40mg/L KT 和 60mg/L IBA 混剂处理一叶一芽的硬枝和嫩枝插穗生根率较高，45d 时的生根率分别为 71.41%和 85.1%。

适宜浓度的植物生长调节剂能显著提高白木香插穗的生根率，其中，1500mg/L IAA 处理的最好，其生根率达 43.08%；其次是 1500mg/L IBA 和 1000mg/L IAA 处理，其生根率分别为 40.17%和 36.07%。IBA 处理的白木香插穗，其生根量优于其他植物生长调节剂处理，尤其在浓度 1500mg/L 时，表现最显著。

黄结雯等研究白木香扦插生根时，认为 10mg/L 6-BA＋1500mg/L NAA、10mg/L VB_6＋1500mg/L NAA 组合处理在同类中的效果最好，其生根率分别达到了 61.3%、62.0%。

在研究卷丹百合鳞片扦插繁殖方面，周秀玲等发现以 200mg/L 2,4-D 处理对小鳞茎的芽生长效果最佳，对根生长的促进作用则以浓度 150mg/L 的 2,4-D 处理最好。NAA 虽在提高卷丹百合的繁殖率方面不及 2,4-D，但对小鳞茎的生长量有促进作用，可以促进苗壮苗大，提高未来种球的质量。有研究发现，NAA处理能明显提高百合鳞片扦插繁殖的小鳞茎数目。

表11-5为部分植物生长调节剂促进药用植物扦插生根的情况。

表11-5 植物生长调节剂促进药用植物扦插生根情况

药用植物种类	处理浓度	处理部位	处理方法	处理效果
钩藤	200mg/L NAA	二年生枝条插穗	液面高度5cm，浸泡5min	成活率53%，平均生根数14条
	1000mg/L生根粉(ABT)	二年生枝条插穗	液面高度5cm，浸泡5min	成活率50%，平均生根数13条
滇桂艾纳香	2.0mg/L NAA+2.0mg/L IBA	老茎：长约8～10cm、带2～3节芽的茎段	浸泡5h	成活率73.89%，平均生根数3.50条
牛至	100mg/L NAA	茎中部作插穗	浸泡4h	成活率95.00%，有芽株81.65%，芽数30.67个，芽长9.07cm，生根量15.67条
三叶木通	50mg/L IBA	2～4年生半木质化枝条，15～25cm长并带有4～5个腋芽的茎段	浸泡6h	成活率75.00%，生根率80%

五、提高抗性

1. 提高抗病性

人参锈腐病是人参（*Panax ginseng* C. A. Meyer）根部最为严重的病害之一，一般发病率为20%～30%，个别严重地块可达70%以上。该致病菌毁灭柱孢菌（*C. destructans*）是一种常见的土壤习居菌，可侵染参根、茎和芽孢等部位，危害严重，造成巨大的产量损失。用外源诱导因子来提高人参植株的抗性，代替高毒、高残留农药的施用是实现人参无公害GAP栽培的重要途径。

傅俊范等发现低浓度MeJA溶液（0～200μg/mL）对人参锈腐病菌无直接毒害作用，但是高浓度MeJA溶液强烈抑制锈腐病菌的生长。当浓度为800μg/mL时，菌丝生长量和菌落直径都被完全抑制。经MeJA处理的人参植株锈腐病发病率和病害严重度显著降低。发病率较只接种锈腐菌的处理下降了31.8%。人参根系PAL、PPO和POD活性较对照均表现上升趋势。这说明低浓度MeJA对人参锈腐病菌无影响，但是可以提高人参根部防御酶系的活性，减轻人参锈腐病的发生。因此，MeJA处理提高人参植株的抗病性可能是通过激活人参的防御系统而发挥作用。同时，发现浓度为200mg/L的水杨酸（SA）溶液对人参锈腐病菌无直接毒害作用，而经SA处理的人参植株锈腐病发病率和病害严重度显著降低，SA的诱抗效果优于MeJA（彩图11-9）。

2. 提高耐寒力

在低温胁迫下，外源SA通过提高狭叶红景天抗氧化酶活性、抗氧化物质含量及渗透调节物质含量，减少了膜脂过氧化产物MDA的产生，叶绿体膜Ca^{2+}-ATP活性、Mg^{2+}-ATP活性增强，减轻了细胞膜的损伤，提高了狭叶红景天幼苗耐低温胁迫的能力。提高狭叶红景天耐寒力的外源物质SA的最适浓度为0.3mg/L。

六、调控性别

1. 促雌诱导

田砚亭等用GA（1000mg/L）和Ethly（1000mg/L）对银杏冬芽进行处理，银杏植株在90d

苗龄期后开始性别分化，植物生长调节剂处理可以改变银杏的性比。其中，赤霉素具有诱雄作用，乙烯利具有诱雌作用。温银元等研究发现：取10d银杏试管苗，用赤霉素和乙烯利处理可改变银杏试管苗雌雄株数的比例，且与植物生长调节剂的浓度有关，当GA_3浓度为10mg/L时，雄株的比例最大，为86.67%；乙烯利浓度为5mg/L时，雌株比例最大，达90%。

强晓霞对三叶期大麻幼苗进行植物生长调节剂处理，结果发现，6-BA具有促进大麻雌性分化作用，促雌效果与处理浓度（30～120mg/L）呈正相关；低浓度IAA（30mg/L）对大麻3叶幼苗促雌作用显著。但是120mg/L 6-BA和30mg/L IAA只限于大麻幼苗3叶期起促雌作用。也有报道采用6-BA、IAA处理大麻幼苗，可使大麻雌株比例均在70%以上。

用100mg/L NAA喷施30d龄番木瓜幼苗，过30d再喷一次后，发现NAA对木瓜幼苗具有促雌作用。在番木瓜实生苗幼苗2叶期，采用ZR处理，雌花诱导率达90%，为对照组的3倍。在番木瓜苗期及营养生长转入生殖生长阶段各喷施一次乙烯利，240～960mg/L乙烯利处理可诱导90%的植株开出雌花。20～80mg/L的整形素对番木瓜具有促雌诱导作用，所诱导的雌花或两性花都能结果。

2. 促雄诱导

强晓霞对3叶期大麻幼苗进行植物生长调节剂处理时发现，GA_3具有促进大麻雄性分化作用，促雄效果随浓度增加（50～200mg/L）而增强，一直到大麻幼苗5叶期，GA_3都具有促雄作用，其中3叶期促雄效果明显。于静娟等发现，外源玉米赤霉烯酮（ZEN）处理可提高大麻的雄株/雌株比例，同时降低性别决定关键时期的CTK含量。说明ZEN可能通过降低细胞分裂素的含量促进大麻的雄性表达。

采用GA_3喷施诱导番木瓜幼苗，虽不能改变雄雌株的比例，但可使雄性特征的出现早于其他两种性型，因而可通过适时喷洒GA_3，达到早期鉴别雄株的目的。

植物生长调节剂在药用植物上的推广应用要注意以下几点：

（1）植物生长调节剂施用对药用植物不同时期产品的品质影响不同　对大田栽培金银花开花前期进行喷施矮壮素、缩节胺和多效唑等植物生长调节剂处理，3种植物生长调节剂均可不同程度提高金银花的单株产量。其中，缩节胺增产效果最为明显，50mg/L和200mg/L的缩节胺使单株产量分别提高了80.25%和79.88%。从绿原酸和总黄酮含量来看，3种植物生长调节剂均会不同程度地降低幼蕾期、三青期、二白期花蕾中两者的含量，却提高了大白期花蕾中绿原酸和总黄酮含量，原因可能与调节剂施用的时间有关。目前生产的金银花产品中主要包括三青期、二白期、大白期的花蕾，要提高金银花产品的品质，须提高各时期花蕾中活性物质的含量。

（2）植物生长调节剂对产量和药效成分的影响不同　黄芩是一种常用中药材，其主要活性成分为黄酮类化合物，包括黄芩苷、黄芩素、汉黄芩苷、汉黄芩素等。胡国强等在一年生黄芩展叶期喷施缩节胺，可以提高黄芩根的生长和黄芩苷、总黄酮的含量，但黄芩素、汉黄芩素含量显著降低。李先恩等研究了植物生长调节剂对丹参产量和品质的影响，壮根灵可使分根繁殖的丹参产量显著增加，多效唑可使种苗繁殖的丹参显著增产；壮根灵和多效唑对丹参有效成分含量的影响不显著，但是二者可以极显著地降低丹参的抗氧化活性。

（3）严格控制植物生长调节剂的使用　林秋霞等研究多效唑、膨大素对川麦冬产量影响，多效唑与膨大素分段合用能显著提高川麦冬产量，增产可高达276.26%。产地调研发现，长期使用膨大素、多效唑等植物生长调节剂，可能导致药材畸形、空心、不耐储藏、环境污染及土壤微生物环境改变等严重负效应。使用植物生长调节剂在增加川麦冬药材产量的同时，对药材化学成分的积累量和组成比有明显的影响，进而可能影响药材的药效。因此，在川麦冬栽培过程中应严格控制植物生长调节剂的使用，以保证药材的临床疗效。

第三节　在能源作物上的应用

随着世界化石能源渐趋枯竭，能源战争及能源危机频繁发生。由于化石能源燃烧，造成大量温室气体排放导致全球变暖，给人类的生存带来巨大的威胁。生物质能源具有可储藏性及连续转化能源的特征，成为最有前景的可再生替代能源。我国能源总量和人均占有量严重不足，能源消耗增长速度惊人，2004年我国已成为世界第二大石油消费国，第三大石油进口国。我国的能源作物研究起步晚，与世界发达国家相比存在着很大的差距。

《中华人民共和国可再生能源法》明确定义了能源作物是指经专门种植，用以提供能源原料的草本和木本植物。根据形成能源载体物质的成分，能源作物一般分为3类：①淀粉和糖料作物类，富含淀粉和糖类，用于生产燃料乙醇，主要包括禾谷类作物玉米、高粱，薯类作物甘薯、木薯、马铃薯，糖料作物甜菜和甘蔗等；②油脂类植物，富含油脂，通过脂化过程形成脂肪酸甲酯类物质，即生物柴油，包括以采收种子榨油为主要用途的草本植物和木本植物，如油菜、向日葵、蓖麻和大豆等；③木质纤维素作物类，富含纤维素、半纤维素和木质素，可以通过转化获得热能、电能、乙醇和生物气体等，包括甜高粱、柳枝稷等。

与一般的农作物相比，能源作物具有较好的抗旱、抗涝、耐盐碱等特性，适合在盐碱地、干旱地等边际土壤种植。目前，能源作物的栽培技术研究相对滞后，关于生长的化学调控技术的研究也相对滞后。本节以甜高粱、甜菜和木薯为例，介绍植物生长调节剂在这三种能源作物上的应用技术。

一、在甜高粱上的应用

甜高粱（*Sorghum bicolor* L.）属禾本科 C_4 植物，是普通高粱的变种，能充分利用光热资源，具有很高的光合速率，适合作为能源作物大面积发展。主要表现在：①分蘖能力较强，具有很强的再生能力；②根系发达，分布广，茎叶表面的白色蜡粉层可以减少干旱时的水分蒸腾和蒸发，对干旱的忍耐能力极强，干旱过后恢复能力极快，非常适合我国半干旱地区生长；③根和茎中髓部组织发达，有一定的通气作用，茎叶表面的蜡粉层在遇水淹时能防止水分渗入茎叶内部，使得甜高粱有较强的耐涝能力。

甜高粱与高粱的生物学特性基本相似，但是甜高粱主要追求较大的地上部生物产量和较高的茎秆产糖量。倒伏和产量之间的矛盾是甜高粱生产中的一对主要矛盾。甜高粱倒伏通常会影响甜高粱的发育和物质积累，使产量下降、品质降低。植物生长调节剂在高粱和甜高粱生产中的应用主要有：

1. 促进发芽和幼苗生长

（1）赤霉酸　赤霉酸浸种可以促进发芽，刺激胚轴伸长，提早出苗，用浓度为10～20mg/L的赤霉素溶液浸种高粱种子24h后，能刺激根茎伸长，且处理后出苗速度和幼苗地上部鲜重也大大增加。赤霉酸的商品制剂主要有4%乳油和10%可溶性片剂等，可以选择10%赤霉酸可溶性片剂，取少量水进行溶解，根据片剂的净重稀释成浓度10～20mg/L进行处理，如片剂的净重为1g时，取1片10%赤霉酸可溶性片剂溶解稀释到5～10L的水中，即得10～20mg/L赤霉酸药液。

（2）矮壮素　使用50～200mg/L矮壮素溶液浸种24h，捞出晾干，进行播种。经过矮壮素浸种处理后，可推迟甜高粱出苗，延缓生长，使得植株矮化，提高甜高粱叶片的叶绿素含量和光合作用速率，促进根系生长及干物质的累积，提高产量。生产应用时取50%矮壮素水剂稀释2500～10000倍，浸种24h，捞出晾干，即可播种。

（3）S-诱抗素　使用S-诱抗素2.5～10mg/L浸种24h可推迟出苗，延缓生长，达到壮苗，从而达到增产效果。S-诱抗素的商品制剂有0.1%水剂和0.02%水剂等。生产应用时取0.1%水剂对水稀释100～400倍进行浸种处理即可。

2. 防止倒伏，提高产量

（1）乙烯利　乙烯利处理高粱，能使节间缩短，增加气生根发生。在甜高粱拔节初期，使用200～1000mg/L乙烯利进行叶面喷雾处理，能使甜高粱植株明显矮化，抽穗期株高降低26～43cm（20.0%～33.0%）；乙烯利处理也能促进甜高粱根系生长，处理后根条数增加58%，根鲜重增加63%。乙烯利对高粱根系生长发育的促进作用，不但促进了植株对水肥的吸收，提高了植株抗旱抗贫瘠的能力，而且增强了植株的抗倒伏能力。乙烯利对叶片的影响，表现出乙烯利能够刺激旗叶的生长，叶片长度增长2.7cm，宽度增加0.3cm，叶面积增加12%～15%，叶片干重增加15%～20%。通过在不同时期取样研究高粱籽粒的产量形成过程，结果发现乙烯利促进了高粱的灌浆速度，延长了高速灌浆时间，提高了千粒重，最终导致乙烯利处理比对照籽粒增产10%～15%。

生产中应用时可以使用40%乙烯利水剂对水进行喷雾处理。在甜高粱拔节期，每亩取40%乙烯利水剂30～50mL对水稀释为500～1000倍液，每亩用药液量30～50L进行喷雾。

(2) 矮壮素　在甜高粱拔节初期，叶面喷施1000～2000mg/L矮壮素，能显著降低甜高粱的株高；抽穗期株高降低10%～15%，抽穗期株高降低20%～30%；矮壮素处理有促进高粱多种生理代谢和提高光合性能的作用，对高粱的气孔导度、蒸腾速率和净光合速率亦有显著的增强效应，蒸腾速率的提高促进了水分的吸收和循环，有利于高粱对矿物质的吸收和利用，最终使籽粒产量增加（产量增加达5%～10%）。

生产应用时可以使用50%矮壮素水剂，对水稀释250～500倍，在甜高粱拔节初期进行叶面喷雾一次即可。

(3) 多效唑　在甜高粱拔节初期，叶面喷施150～300mg/L多效唑，能降低甜高粱成熟时的株高5%～10%，增加茎粗，增产5%～10%。多效唑的登记开发以15%可湿性粉剂为主。生产应用时，在甜高粱拔节初期，使用15%多效唑可湿性粉剂稀释500～1000倍，即得150～300mg/L多效唑，进行叶面喷雾一次即可。

(4) 调环酸钙　调环酸钙也是一种赤霉素生物合成抑制剂，应用于农作物处理能缩短节间，提高抗倒伏能力，控制横纵向生长，能使作物有一定的增产作用。主要用于大麦、水稻、小麦和草皮的生长调节，具有显著的抗倒伏及矮化性能。对水稻（包括再生稻）的抗倒伏效果明显，对草坪的生长抑制作用显著。

研究发现，使用9mg/m² 调环酸钙在甜高粱拔节初期叶面喷施处理，由顶部向下的第三、第四片叶的长度和叶片面积，以及第四片叶与茎秆的夹角都明显低于对照，显著缩短了植株中部节间的伸长，降低了抽穗前的茎秆高，与对照在生物量和籽粒产量方面没有显著差异。

3. 减少贮藏期间糖分损失

在甜高粱采收前7d，使用50～100mg/L萘乙酸对茎秆进行植株喷雾处理，能显著提高甜高粱采后在田间自然贮藏条件下的干基含糖量保存率，延长甜高粱茎秆贮藏期3～4个月。目前农药登记的有80%萘乙酸，使用时将80%的萘乙酸稀释8000～16000倍，即得50～100mg/L萘乙酸溶液，用配好的萘乙酸溶液对甜高粱茎秆进行植株喷雾处理即可。

二、在木薯上的应用

木薯（*Manihot esculenta* Crantz）为直立灌木，高1.5～3m，块根圆柱状。原产于巴西，现在全世界热带地区广泛栽培，中国福建、广东、广西等省（自治区）有栽培，在中国栽培已有百余年。木薯的块根富含淀粉，是工业淀粉原料之一。木薯适应性强，耐旱耐瘠，最适于在年平均温度27℃左右，日平均温差6～7℃，年降雨量1000～2000mm且分布均匀，pH6.0～7.5，阳光充足，土层深厚，排水良好的土地生长。

木薯是无性繁殖的淀粉作物，收获的产品主要是地下部营养体——块根。木薯地上部和地下部生长有明显的相互促进和相互制约作用，地上部茎叶生长不良，光合产物少，影响块根分化发育和淀粉积累，即“弱株长不出大薯”；反之，如果地上部茎叶生长过旺，同化物向地下部转运少，影响块根发育和淀粉积累，其结果是“叶茂少薯”。因此，协调好木薯地上部和地下部生长的关系，既要促进茎叶健壮生长，生产较多的光合产物，又要促进光合产物向地下部转运，促进块根发育和淀粉积累，达到“壮株大薯”，是木薯高产栽培的关键。

近年来，芸薹素内酯、乙烯利、多效唑等多种植物生长调节剂在木薯生产上应用，有明显的调控作用，主要体现以下几个方面：

1. 促进种茎的根芽萌发和幼苗生长

木薯生长期较长，目前生产上栽培木薯一般是春天种植，冬天收获，一些生长期较长、产量较高的迟熟品种，由于工艺成熟迟，12 月份收获，往往块根淀粉含量比较低，影响木薯加工的经济效益。生产上可以使用芸薹素内酯进行浸种处理。

在木薯下种前，使用 0.01～0.04mg/L 芸薹素内酯溶液浸种处理 24h，可以促进木薯种茎根芽萌发，提高种茎萌发率。主要表现在：①根茎种芽萌发比对照提早 3～4d，每株种芽发根数增加 8～10 条，根长增加 5cm 以上，根系和幼苗茎叶发生都明显改善，鲜重和根干重都有显著增加，发芽率从对照的 70%左右提高到 90%左右；②对种茎进行浸种处理还能促进木薯幼苗的生长，株高增加 10%左右，茎粗、叶片数、单株根数、根长都表现出显著增加，幼苗鲜重和干重增加 15%～20%左右，显著促进幼苗生长。

生产上登记开发的芸薹素内酯制剂主要有 0.1%可溶粉剂、0.01%可溶性液剂、0.01%乳油、0.15%乳油、0.0075%水剂和 0.0016%水剂等。使用芸薹素内酯进行木薯浸种处理时，可以使用有效成分在 0.01%左右的制剂稀释 1000～4000 倍，即得 0.01～0.04mg/L 芸薹素内酯溶液。

2. 培育壮株，提高生理机能

在木薯的生育期，也可以使用其他植物生长调节剂进行叶面处理，部分植物生长调节剂能提高木薯根系活力，提高叶片叶绿素含量，增强光合强度，以及增加茎叶生长和干物质积累，为木薯的块根发育提供营养和物质保障。在木薯不同生育期应用的调节剂主要有：

(1) 芸薹素内酯　在木薯生长的苗期、结薯期、块根膨大期，使用 0.01～0.04mg/L 芸薹素内酯溶液进行叶面喷雾处理，能促进植株生长，不同生育时期植株的根系活力增加 30%～50%以上，显著提高叶绿素含量增加 30%以上，光合强度提高 30%～50%。无论是苗期、结薯期、块根膨大期还是工艺成熟期，植株株高都显著增加，其中工艺成熟期株高可增加到接近 3 m，茎粗、叶面积指数都有显著提高，使干物质积累提高 25%左右。

使用芸薹素内酯进行木薯茎叶喷雾处理时，可以使用有效成分在 0.01%左右的制剂稀释 2500～10000 倍，即得 0.01～0.04mg/L 芸薹素内酯溶液，在木薯生长的苗期、结薯期、块根膨大期进行处理。

(2) 乙烯利　在木薯生产上应用乙烯利进行叶面喷雾处理，能延缓植株生长，表现为株高降低；但是，乙烯利也能促进根系生长，根鲜重和根干重明显增加，不同生育时期根系活力提高 15%～20%。乙烯利对木薯的叶绿素含量和光合强度提高幅度有限。乙烯利用于木薯，可在木薯生长的苗期、结薯期、块根膨大期使用 100～200mg/L 芸薹素内酯溶液进行叶面喷雾处理。生产上，可使用 40%乙烯利水剂对水稀释 2000～4000 倍进行叶面喷雾处理。

(3) 多效唑　在木薯生产上应用多效唑进行叶面喷雾处理，能降低木薯株高，不同生育时期株高可以降低 15%～20%，在一定程度上能够促进根系吸收能力，增加茎粗，提高叶片干物质积累。多效唑的处理浓度以 100～200mg/L 较宜。生产上可以使用 10%多效唑可湿性粉剂对水稀释 500～1000 倍，得到浓度 100～200mg/L 的溶液，在木薯生长的苗期、结薯期、块根膨大期进行叶面喷雾处理即可。

3. 提高块根产量和淀粉含量

木薯是以收获地下营养器官——块根为生产目的的。因此，理论上能促进植株生长的植物生长促进剂，一般都能促进根系生长，提高根系活力，进而提高叶片的叶绿素含量和干物质含量；另外，部分植物生长延缓剂虽然在一定程度上抑制茎秆伸长，但也能培育壮株，塑造健壮株型，提高抗倒伏能力，对根系的生长、吸收以及叶片光合物质制造能力也有适当的提高和改善，最终表现为块根产量的增加和淀粉含量的提高。

(1) 芸薹素内酯　在木薯生长的苗期、结薯期、块根膨大期，使用 0.01～0.04mg/L 芸薹素内酯溶液进行叶面喷雾处理，能增加木薯的单株块根数，单个块根长和直径都有显著增加。在工艺成熟期，每株木薯的块根数可增加1～2条，块根长增加8～10cm，块根直径增加0.5～1.0cm，引起块根产量增加20%以上。芸薹素内酯也能提高木薯块根的淀粉含量，在不同的收获时期，木薯块根淀粉含量均可以增加1～2个百分点。

芸薹素内酯用于木薯块根增产，需要在木薯生长的苗期、结薯期、块根膨大期进行处理。生产上可以使用有效成分在0.01%左右的制剂稀释2500～10000倍，得浓度为0.01～0.04mg/L的芸薹素内酯溶液，在不同生育时期进行叶面喷雾处理即可。

(2) 多效唑和乙烯利　这两种调节剂都能延缓木薯植株的生长，能培育壮株，防止倒伏。在木薯生长的苗期、结薯期和块根膨大期，应用多效唑或乙烯利处理，能增加木薯块根产量10%以上，不同收获时期木薯块根淀粉含量增加2～3个百分点。

多效唑在木薯不同生育期处理浓度一般为100～200mg/L，生产上可以使用10%多效唑可湿性粉剂对水稀释500～1000倍进行叶面喷雾处理；乙烯利在木薯不同生育期处理浓度一般以100～200mg/L较适宜，生产上一般使用40%乙烯利水剂对水稀释2000～4000倍进行叶面喷雾处理。

三、在甜菜上的应用

甜菜（*Beta vulgaris*）又名恭菜，二年生草本植物，原产于欧洲西部和南部沿海，是除甘蔗以外的一个主要糖来源。糖甜菜起源于地中海沿岸，1906年糖用甜菜引进中国。甜菜的栽培种有糖用甜菜、叶用甜菜、根用甜菜、饲用甜菜。甜菜是我国重要的经济作物之一，也是制糖工业的重要原料，具耐旱、耐寒、耐盐碱和适应性广等特点。

我国引进的国外甜菜品种的种植面积占总面积的95%以上，虽然产量较高，但块根含糖率较低；而国内品种虽然在含糖率方面表现突出，但单产较国外品种低。因此，甜菜生产的主要目标是通过利用植物生长调节剂促进地上部源器官的生理性能，抑制生长后期的徒长引起的糖分消耗，促进糖分往块根的运输，提高块根产量和含糖率。近年来，一些植物生长调节剂在甜菜生产上表现出显著的调控功能。主要的产品和应用技术如下：

1. 提高块根产量

(1) 芸薹素内酯　在甜菜的营养生长期始期（8～10片叶）和块根膨大始期，叶面喷雾0.02～0.04mg/L芸薹素内酯各处理1次，能促进叶色深绿，增加甜菜块根产量15%～20%，对糖含量的影响变化较小。生产上可以使用有效成分在0.01%左右的制剂稀释2500～5000倍，得0.02～0.04mg/L芸薹素内酯溶液，在不同生育时期进行叶面喷雾处理即可。

(2) 其他植物生长延缓剂　在植物不同生育时期，应用生长延缓剂处理，不但能降低植物株高，增粗茎秆，促进根系生长，进而培育壮苗，提高源器官制造光合产物的能力；同时也能促进光合产物往产量器官的运输，增加产量。甜菜上应用植物生长延缓剂，能一定程度上增加块根产量，提高块根含糖率和单位面积产糖量。

① 矮壮素　在甜菜封垄后期喷施矮壮素处理，能提高甜菜块根产量10%～15%，含糖率提高不显著，单位面积产糖量提高15%～20%。生产应用时，可以在封垄后期进行两次处理，每次处理浓度为500～1000mg/L，间隔期7～10d。具体操作时取50%矮壮素水剂对水稀释为500～1000倍液进行叶面喷雾即可。

② 甲哌鎓　甲哌鎓是一种植物生长延缓剂，能抑制赤霉素的生物合成。在甜菜封垄后期叶面处理，能控制地上部的生长，促进叶片光合作用，利于光合产物往地下部块根运输。甲哌鎓处理能提高甜菜块根产量5%～8%，单位面积产糖量提高8%～10%；如果在封垄后期处理2～3次，对块根产量和产糖量的提高效果更显著。甜菜使用甲哌鎓处理，应用处理剂量为100～200mg/L。生产上用96%甲哌鎓可溶性粉剂对水稀释为2000～5000倍液进行叶面喷雾即可。

③ 烯效唑　甜菜应用烯效唑也能控制地上部的生长，提高块根产量，增加单位面积糖产量。在甜菜封垄后期使用烯效唑的适宜浓度为25～50mg/L。生产上用5%烯效唑可湿性粉剂对水稀释为1000～2000倍液进行叶面喷雾即可。

2. 提高种子产量和质量

在采种甜菜抽薹至开花前期，喷施芸薹素内酯处理，能增加株高8%左右，增加单株分枝2～3个，茎秆增粗0.5～1.0cm，坐果率提高2%～5%，提早成熟3～5d。另外，经过芸薹素内酯处理后的甜菜，能提高种子质量和种子产量，具体表现在种子色泽比对照黄，发芽率提高2%～5%，千粒重增加2g左右，种子产量提高10%～15%。

用于甜菜种子产量和质量改善时，芸薹素内酯处理剂量以0.01～0.02mg/L比较适宜。生产上可以使用有效成分在0.01%左右的制剂稀释5000～10000倍，得0.01～0.02mg/L芸薹素内酯溶液进行叶面喷雾处理即可。

第四节 在甘蔗上的应用

甘蔗（*Saccharum officinarum* L.）是我国乃至世界第一大糖料作物，目前全球主要产糖国有巴西、印度、中国、澳大利亚、泰国、美国等。我国是世界第三大甘蔗糖生产国，每年甘蔗种植面积2300多万亩。甘蔗在我国农业经济中占有重要地位，其产量和产值仅次于粮食、油料和棉花，居第4位，主要种植于广西、云南、广东、海南、福建、四川、湖南等地，自2007/2008榨季产糖量达1379万吨以来，我国糖蔗种植面积和甘蔗糖产量连续大幅下降（表11-6），食糖进口量逐年攀高（图11-1）。

表 11-6 近几年我国糖蔗种植面积及甘蔗糖产量

榨季	糖蔗种植面积/万亩	甘蔗糖产量/万吨
2013/2014	2400	1257.17
2014/2015	1927.2	981.82
2015/2016	1694	880

注：数据来源于《糖业信息》2016年第1期。

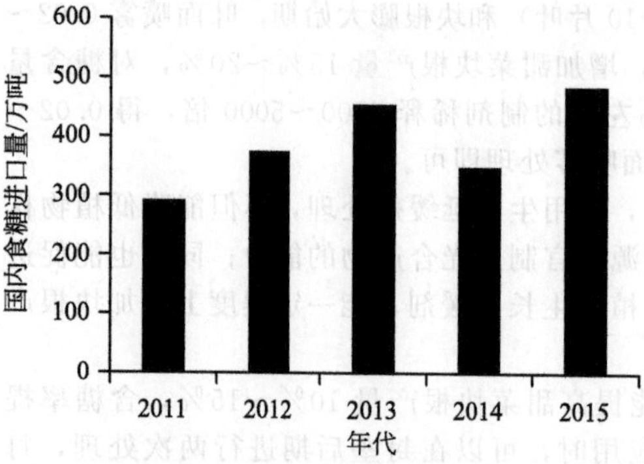

图 11-1 近几年我国食糖的进口量
（数据来源于《广东省统计年卷2016》）

广东地处热带、亚热带，气候温和，雨量充沛，土壤肥沃，霜冻少，特别适合甘蔗生长，是我国第三大蔗糖产区，仅次于广西、云南，甘蔗种植种类包括糖蔗和果蔗两大类。据统计，2015年广东省甘蔗种植面积16.24万公顷，总产量为1452.85万吨。其中糖蔗种植面积为14.15万公顷，总产量为1250.93万吨，果蔗2.09万公顷，总产量为201.92万吨（表11-7）。糖蔗主要分布在湛江、茂名、清远、韶关及江门等地，其中湛江种植面积和产量均为广东省第一，2015年湛江市种植甘蔗125675.47公顷，甘蔗产量为1127.26万吨，分别占广东省的88.82%和90.11%（表11-8）。果蔗主要分布在广州、韶关、湛江、江门、清远、阳江、肇庆、云浮、惠州和茂名等市。

表 11-7 2013～2015年广东甘蔗种植面积和总产量

作物	2013年		2014年		2015年	
	面积/万公顷	总产量/万吨	面积/万公顷	总产量/万吨	面积/万公顷	总产量/万吨
糖蔗	15.29	1358.77	14.85	1308.80	14.15	1250.93
果蔗	2.01	194.46	2.00	195.80	2.09	201.92
甘蔗	17.30	1553.23	16.85	1504.60	16.24	1452.85

注：数据来源于《广东省统计年鉴2016》。

表 11-8　2015 年广东各地级市糖蔗种植面积和产量

地市	种植面积/hm^2	单产/(t/hm^2)	产量/万吨
湛江	125675.47	89.70	1127.26
茂名	4546.73	73.28	33.32
清远	3265.27	82.47	26.93
韶关	2780.80	78.24	21.76
江门	2016.40	93.68	18.89
阳江	1024.07	63.47	6.50
惠州	840.27	75.93	6.38
珠海	35.07	51.39	0.18
肇庆	547.07	74.17	4.06
河源	406.60	62.37	2.54
揭阳	126.27	75.59	0.95
潮州	72.33	121.51	0.88
汕尾	66.67	75.00	0.50
广州	54.13	99.20	0.54
云浮	10.73	77.70	0.08
中山	28.73	58.02	0.17

注：数据来源于《广东省统计年鉴 2016》。

甘蔗（*Saccharum officinarum* L.）是最早被利用的 C_4 高光效植物，具有喜高温、需水量大、吸肥多、生长期长的特点，其单位面积的光能利用率和土地生产率均比其他很多作物高。在高产情况下，每生产 1t 蔗茎从土壤中平均吸收养分量分别为 N 1.81kg、P_2O_5 0.36kg 和 K_2O 2.11kg。甘蔗吸收的钾素养分量比氮素、磷素多，属典型的喜钾作物。钾对甘蔗生长、产量、品质等各方面都产生很大影响。钾肥对甘蔗增产潜力有很大帮助。钾对甘蔗细胞的结构、光合作用、碳水化合物的形成、蔗糖的积累等各种生理活动也都有促进作用，能增加甘蔗产量，提高糖分含量，改善锤度、重力纯度，提高了甘蔗品质。因时因地合理采用早植、地膜覆盖栽培、合理搭配氮磷钾肥、化学促熟和将收获期适当推迟等措施，对促进甘蔗成熟、提高蔗糖分将有良好的效果。

蔗糖的积累与代谢的各个环节都受激素的调控。自从 20 世纪 80 年代初乙烯利被用于甘蔗催熟以来，植物生长调节剂在甘蔗上的应用取得了一系列的进展。

一、打破休眠，促进发芽和生根

甘蔗杂交种子是甘蔗选育种的重要基础，为了保持甘蔗花穗种子活力，目前主要采用低温保存，随着贮藏时间的延长，甘蔗种子的发芽力逐渐降低。为了打破种子休眠，提高种子活力，利用植物生长调节剂刺激种子萌发得到广泛应用。盆栽条件下，10mg/L、20mg/L 和 50mg/L 的 GA_3 处理均可刺激蔗芽生长，其中，以 50mg/L GA_3 浸种 24h，发芽率较清水对照（70%）提高 20%（绝对值）。100mg/L GA_3 浸种 24h 对促进甘蔗种子发芽与幼苗生长的效果最佳；50mg/L IBA 浸种 24h 能提高甘蔗种子的发芽率，但对甘蔗幼苗的苗高和根长则表现出抑制作用；10mg/L 6-BA 浸种 24h 以增加甘蔗种子的发芽势、发芽率和苗高，但对根长有一定的抑制作用。

二、促进茎伸长，提高产量

自 20 世纪 50 年代末以来，赤霉素对甘蔗的效应已基本得到肯定，最突出的效应是刺激甘蔗茎的伸长。50mg/L 赤霉素促进甘蔗生长效果较好，在生长前期呈逐渐增加趋势，后期则逐渐下降，到收获时其总高度比对照增加 26.3%，基部茎径比对照要粗，叶片比对照增宽 17.5%～26%，分蘖数比对照减少 9.42%～36%。甘蔗伸长初期以 200mg/L GA_3 进行叶面喷施，主要促进甘蔗茎伸长，通过增加茎长和单茎重来提高产量。赤霉素对蔗株伸长的促进作用与施用浓度呈正比，最佳浓度范围为200～250mg/L，促进效应持续时间在30d左右。

三、催熟，提高糖分和品质

在甘蔗生长后期喷施400mg/L乙烯利，可显著提高未成熟节间的甘蔗蔗糖，降低蔗汁还原糖分，提高蔗汁重力纯度，改良甘蔗品质，而且不抑制甘蔗继续生长。其生理基础是通过提高节间中性和酸性转化酶活性，促进甘蔗蔗糖积累和成熟；然后通过降低转化酶活性抑制甘蔗回糖，使甘蔗糖分较长时间保持在高水平。进一步研究发现，乙烯利处理首先是诱导了编码ACC合成酶和ACC氧化酶基因表达，使甘蔗组织内出现一个乙烯释放高峰，改变了蔗株体内五大内源激素之间的平衡关系，从而影响到许多功能基因的表达，因此影响到各种生理代谢，影响细胞的分裂、伸长和分化，并进一步影响器官、组织的发育和蔗株的生长。对叶面喷施乙烯利后诱发的过氧化物酶和IAA氧化酶活性提高加快了IAA的氧化分解，使组织中的IAA含量降低，使蔗株地上部分的生长受到暂时抑制。但是，组织内较高的乙烯浓度会反过来加速IAA的合成，因此短暂抑制过后蔗株能够快速生长。如果所用的乙烯利浓度过高，会导致蔗株的生长在较长时间内受阻，但在糖分积累时期，有利于蔗茎中的蔗糖积累，起到催熟增糖作用。

在甘蔗生长盛期用0.03%草甘膦进行叶面喷施，能显著提高蔗茎早期的糖分和中期的蔗汁重力纯度，改善品质，但抑制甘蔗继续生长。

甘蔗种植210d或240d后，每公顷喷施2.4L乙烯利（480g/L）和0.4L禾草灵（212g/L）复配液对甘蔗产量和品质性状（蔗糖分、锤度、蔗汁重力纯度等）的提高效果最好。

抗倒酯（trinexapac-ethyl）在巴西被作为一种主要的甘蔗催熟剂。在甘蔗生长中期每公顷喷施0.2 L抗倒酯，显著提高糖产量，但不影响产量。抗倒酯主要是通过抑制赤霉素20（GA_{20}）向赤霉素1（GA_1）的合成，降低未成熟组织中酸性转化酶的活性，从而抑制营养生长，提高甘蔗茎中蔗糖的积累。

四、提高抗逆性

喷施100μmol/L ABA于甘蔗幼苗叶片能有效缓解低温胁迫对细胞膜的破坏，降低GA_3以及膜脂过氧化产物丙二醛的含量，提高脯氨酸、ABA含量及ABA/GA_3，从而提高甘蔗幼苗的抗寒性。在干旱胁迫下，喷施0.04%乙烯利后，蔗株受旱害的程度较清水对照的轻，保持了较多绿叶数，说明乙烯利可以提高甘蔗抗旱性。在甘蔗伸长初期喷施100mg/L乙烯利，有利于提高甘蔗在干旱胁迫下叶片束缚水含量和束缚水/自由水比值，维持其稳定性，提高甘蔗体内脯氨酸含量及综合抗旱能力。100～200mg/L乙烯利浸种同样能有效地提高甘蔗的抗旱性。

第五节　在烟草上的应用

烟草是高税利、高效益的经济作物。我国烟草的种植面积和产量均居世界首位。烟草叶片经调制后成为制烟工业的主要原料。烟草生产不仅要求有稳定和适宜的产量，更要求烟叶品质优良。从烟叶产量品质形成过程来看，要实现优质稳产，就须正确解决烟叶的产量与品质之间的矛盾，在从品种、栽培技术和调制方法三个方面着手的同时，适时合理地运用植物生长调节剂进行化学调控。目前，我国烟叶质量存在烟叶钾含量偏低、烟碱含量偏高的问题。钾是烟草重要的元素之一，对烟草外观和内在品质均有一定影响。含钾量高的烟叶色泽呈深橘黄色，香气足，吃味好，富含弹性和韧性，阴燃性和燃烧性好。利用植物生长调节剂来提高烟草钾离子的含量、改善烟叶品质也成为研究的热点。在烟草上应用的植物生长调节剂主要有S-诱抗素、三十烷醇、烯效唑、萘乙酸、生长素、吲哚丁酸、抑芽敏和氟节胺等品种，在培育壮苗、抑制腋芽生长、提高优质烟叶产量、提高植株对病害和干旱等不良环境的抵抗能力、改善烟叶质量等方面显示出重要的作用。

一、促进萌发生长，培育壮苗

烟草是一种育苗移栽作物，在最适宜移栽的季节培育出足够数量、整齐一致的壮苗是获得烟叶优质稳产的首要环节。烟草种子体积小，表皮硬而皱缩，易形成水膜；且蛋白质、脂肪含量高，需氧多，后熟期长。这些特点导致种子不易萌发，即使能发芽，幼苗生命力也弱，于烟草幼苗期喷施S-诱抗素可以促进烟苗生长，根多苗壮，提高植株生长期间对逆境的抵抗能力，从而为高产优质奠定基础。

1. S-诱抗素

在烟草幼苗阶段，用含有有效成分2.7～3.5mg/L的S-诱抗素药液进行叶面喷雾，也可以选在移栽前2～3d或移栽后7～10d使用含有有效成分2.5～4.0mg/L的S-诱抗素药液进行叶面喷施。若烟草植株弱，可以适当加大对水量。

S-诱抗素的商品制剂有0.1%水剂和0.02%水剂，前者在烟草上登记用于苗床的调节生长，后者主要登记应用于烟草花叶病的防治。

2. 多效唑和烯效唑

在烟草生长至幼苗3叶1心期，使用含有有效成分为150～200mg/L的多效唑药液，或每亩对水60～80L喷洒幼苗，均能有效控制烟苗高度，促进主茎的加粗生长；增加叶片叶绿素含量，提高光合效率和烟苗抗逆性，培育壮苗。但是，在使用多效唑和烯效唑时，一定要严格控制用药浓度，若浓度过大将会导致烟苗叶片皱褶，且烟苗太矮，不利于移栽。

多效唑的登记开发以15%可湿性粉剂为主，烯效唑的商品化制剂主要为5%可湿性粉剂。生产应用时可以使用15%多效唑可湿性粉剂稀释750～1000倍，或使用5%烯效唑可湿性粉剂对水稀释2500倍，即得浓度为150～200mg/L的多效唑溶液或浓度为20mg/L的烯效唑药液，进行苗床喷洒即可。

3. 芸薹素内酯

使用含有有效成分为0.01～0.05mg/L的芸薹素内酯溶液浸种，可提高种子的发芽率和发芽势，一般可提高种子发芽率10%以上、发芽势15%以上，并可提高种子在发芽过程中的抗寒性。在烟草植株移栽后20～50d，含有有效成分为0.01mg/L的芸薹素内酯，每亩幼苗喷洒40L药液，可显著促进烟苗生长。

生产上登记开发的芸薹素内酯制剂主要有0.1%可溶粉剂、0.01%可溶性液剂、0.01%乳油、0.15%乳油、0.0075%水剂和0.0016%水剂等。使用芸薹素内酯处理烟草时，可以使用有效成分在0.01%左右的制剂稀释10000倍进行处理。

二、抑制腋芽生长

在烟株现蕾后，大量营养物质流向生殖器官，影响烟叶品质，造成叶片小、叶色淡、品质下降，因此，烟株现蕾后需要及时打顶。打顶后虽然消除了烟株的顶端优势，却促进了腋芽的萌发，尤其是烟株上部腋芽，每个腋芽都可开花结实，影响烟叶品质。所以，抑制腋芽生长也是烟草栽培过程中的一个重要环节。

1. 氟节胺

在烟草花蕾伸长期至始花期及时打顶（又叫摘心），在打顶后24h内用氟节胺进行处理，抑制腋芽生长，既能省工，又可提高烟叶品质，并表现出一定的增产效果。

氟节胺，又名抑芽敏，为一种较为优秀的接触性及局部内吸性烟草抑芽剂，能抑制腋芽的发生和生长速度，抑芽率可达80%以上，对腋芽的鲜重抑制率能达到98%以上。在打顶后24h内进行施药处理。将氟节胺的商品制剂配制成500mg/L的溶液，每株烟草植株使用药液量大约20mL左右，可用喷雾器淋、杯（壶）淋、毛笔涂抹及专用施药器等方法施药。用喷雾器施药时，应采用低压喷雾，或把喷嘴的孔片去掉，使药液成水流状沿烟株主茎流下，施用时药液必须接触每一个腋芽。一季最多施药一次。按推荐施药量及施药时期使用，施药一次即可维持至收获期不用抹杈。施药时应注意避免药雾飘移到邻近的作物上。

氟节胺属于低残留的植物生长调节剂。施药后，烟叶和土壤中的氟节胺降解代谢很快，在10d和20d后测定氟节胺的残留量均低于10mg/kg，施药后30d残留量均低于3mg/kg，低于规定的20mg/kg最大残留浓度值。

氟节胺的商品制剂主要有125g/L氟节胺乳油和25%氟节胺乳油，其中以125g/L氟节胺乳油为主。以125g/L氟节胺乳油为例，生产应用时对水稀释250倍即得含有效成分500mg/L的氟节胺溶液，每株使用药液量20mL左右进行杯淋，在打顶后24 h内进行施药处理即可。

2. 二甲戊乐灵及混剂

使用二甲戊乐灵控制烟草腋芽生长时，需要先进行打顶和抹去腋芽的田间操作。在烟草田间50%中心花开放时进行打顶，顶部留叶的叶片最小长度不少于20cm，抹去长度超过2cm的腋芽。施药时可以杯淋或者采用矿泉水瓶盛装药液，并在瓶盖上戳几个小孔进行施药，使药液均匀接触每一个叶腋部位。特别是要注意打顶后烟株的第1个顶腋芽，要从不同的角度喷淋，不要遗漏打顶伤口周围的腋芽。喷淋施药时，应将倾斜的烟株扶正后再施药。

使用有效成分50mg/株的二甲戊乐灵抑制烟草腋芽处理效果理想，可以提高烟草中上部叶单叶重，增加烟叶产量。田间操作时应注意对全部腋芽施药处理，防止随着时间推移抑芽效果下降。建议生产中视情况对再生腋芽进行人工抹杈或2次施药。

二甲戊乐灵作为一种常用的除草剂，其商品制剂很多，以330g/L二甲戊乐灵乳油为主。除了进行土壤喷雾，能有效防治大豆、玉米和甘蓝地一年生杂草及部分阔叶杂草外，多家企业登记用于抑制烟草腋芽生长。在进行打顶和抹去腋芽的田间操作后，使用33%二甲戊乐灵乳油进行抑制烟草的腋芽生长时，每株烟草植株使用制剂量约0.2～0.25mL，有效成分约60～80mg进行杯淋施药处理；尽量使药液均匀接触每一个叶腋部位。

市场上有30%二甲戊乐灵·烯效唑乳油的混剂产品在烟草上进行了登记，用于抑制腋芽生长。使用时对水160～200倍进行杯淋处理，处理的时间、方法及注意事项可以参考上面介绍的二甲戊乐灵的处理办法。

氟节胺和二甲戊乐灵混剂用于抑制烟草腋芽的生长具有明显的增效作用，作用迅速；对烟草植株及烟叶无伤害；打顶后施药一次，能抑制烟草腋芽发生直至收获。与氟节胺和二甲戊乐灵单剂相比，能节省大量打侧芽的人工，并使自然成熟度一致，提高烟叶上、中级的比例，还可以减轻田间烟草花叶病的接触传染，对预防花叶病有一定的作用；复配制剂可减少用药量，降低农药在烟叶上的残留量，与氟节胺和二甲戊乐灵单剂相比，能降低农业成本1/3以上。

3. 仲丁灵

仲丁灵为选择性芽前土壤处理的除草剂，其作用与氟乐灵相似，药剂进入植物体后，主要抑制分生组织的细胞分裂，从而抑制杂草幼芽及幼根生长。适用于大豆、棉花、水稻、玉米、向日葵、马铃薯、花生、西瓜、甜菜、甘蔗和蔬菜等作物田中防除稗草、牛筋草、马唐，狗尾草等1年生单子叶杂草及部分双子叶杂草。对大豆田菟丝子也有较好的防除效果。

仲丁灵控制烟草腋芽生长。在烟草田使用仲丁灵进行腋芽生长抑制时，施药前先将所有烟草的顶芽和超过2cm的腋芽抹去，在抹顶的当天进行施药。每株烟草使用3～6g/L仲丁灵药液，采用杯淋法施药1次，每株烟草用药液量为20mL。施药后45d内，烟草腋芽抑制率可以达到80%以上，且对烟草不产生药害，对施药者安全。对病虫害和其他生物无明显影响。不影响烟草的产量和内在品质。

仲丁灵的登记开发主要用于除草剂，有不同有效成分含量的单剂，也有和异噁松、乙草胺、扑草净等除草剂的复配产品。开发用于烟草抑制腋芽生长的商品化制剂主要为360g/L仲丁灵乳油。使用360g/L仲丁灵乳油进行烟草腋芽抑制时，对水稀释80～100倍，采用杯淋方式进行施药处理，每株使用仲丁灵有效成分54～90mg即可。

4. 其他植物生长调节剂

除氟节胺、二甲戊乐灵和仲丁灵外，用于烟草腋芽生长抑制的植物生长调节剂还有青鲜素和癸醇等。只有研究报道，没有进行农药登记。

(1) 青鲜素　又名抑芽丹，能有效抑制侧芽生长，但不杀死侧芽，在施后 6h 便进入植株体内，而且多积累在腋芽发生部位。摘心后即可喷药，过晚时应摘去长出的腋芽。在生产上，抑芽丹一般在打顶后 24h 内，使用含有青鲜素有效成分 500mg/L 的药液，沿茎喷施，以湿为度；或在摘心后 10d，使用青鲜素有效成分 2000～2500mg/L 的药液，每株用药液量约 20mL，喷上部茎叶。抑芽丹对烟叶品质有一定的副作用，所以，应用时要严格用药浓度。

(2) 癸醇　癸醇是一种触杀剂，除芽速度快，无残毒，但有时也会杀死部分嫩叶。它能破坏烟草腋芽中正在发育的细胞核膜，使细胞致死。本剂在打顶后沿茎喷施，使药液与腋芽细胞接触。本剂对成熟的细胞无影响，对长至 3cm 的腋芽无效。癸醇乳剂使用 30 倍液，每株 30mL，沿茎喷施。不要洒到叶片上。

三、催黄

由于气候或栽培等因素造成烟叶晚熟，有的称为绿烟、黑暴烟、老憨烟等，烤制后品质低劣，优质烟叶产量降低，同时影响下茬作物种植。在生育后期用乙烯利处理，可促进叶片呼吸与叶绿素的分解，提高叶片内糖与蛋白质比例，从而促进烟叶落黄。使用适当，产量升高或持平，烟叶质量、单价和产值都有增长，产值一般比对照增加 11.8%。

乙烯利催熟烟叶可以在生长后期茎叶处理或采后处理烟片。采用茎叶处理时，一般采用全株喷洒的方法。对早、中烟，在夏季晴天喷施 500～700mg/L 乙烯利，每亩用 40%乙烯利水剂 62.5～87.5mL，对水 50～100L。3～4d 后烟株自下向上约 2～4 台叶（每台 2 片）即能由绿转黄，和自然成熟一样。对晚烟，浓度要增加到 1000～2000mg/L，5～6d 后浅绿色的叶片转黄。也可以用 15%乙烯利溶液涂于叶基部茎的周围；或者把茎表皮纵向剥开约 4.0cm×1.5cm，然后抹上乙烯利原液，3～5d 抹药部位以上的烟叶即可褪色促黄，乙烯利在烟草上药效持续 8～12d；也可以在烟草生长季节，针对下部叶片和上部叶片使用两次。

对达到生理成熟的上部烟叶，在高温快烤前，提前 2d 喷施浓度为 200mg/L 的乙烯利溶液，能使烤后烟叶成熟度提高，化学成分含量的适宜性和协调性得到改善。乙烯利处理的高温快烤能提高上等烟和上中等烟比例，与未使用乙烯利处理比较提高 15%左右。

需要注意的是，在使用乙烯利进行烟叶催黄时要注意掌握乙烯利的使用时间、使用浓度及其用量，防止过度催熟烟叶导致严重挂灰和大量杂色。使用乙烯利对烟叶进行采后处理时，将刚采下的烟叶用浓度为 500～1000mg/L 的乙烯利溶液浸渍烟片，然后进行烘烤，烤烟颜色较黄。这种方法对不能正常褪色的大绿烟催熟最有效果。

使用乙烯利对烟叶进行催黄时，需要注意的是：①乙烯利催熟效果与喷施浓度、季节和叶色等有关，未熟嫩叶比成熟烟促黄慢、效果差，但对在烘烤过程中不易变黄的浓绿烟叶，采收前最好喷施乙烯利来提高烤后质量；②乙烯利处理对烟叶产量的影响主要决定于施药时间和药液浓度，施用过早、浓度过高都会造成减产；③经乙烯利处理的烟片，烘烤时间短，有些已经转黄的叶片，可直接进入小二火或中火期烘烤；④土壤施入氮肥多，达到成熟期时仍不落黄，可再加喷 1～2 次，烟叶即可落黄；⑤喷洒部位以叶背面效果最好。

乙烯利的商品制剂主要是 40%乙烯利水剂，有多家企业在烟草催黄方面进行了农药登记。生产应用时，可以使用这些企业生产的 40%乙烯利水剂对水稀释后进行处理，根据生产上不同的具体情况适当调整，参考上面提到的方法进行处理。

四、提高烟叶产量和质量

烟草产量和质量是由遗传特性、环境条件、栽培方法、调制技术等因素综合作用的结果，要解决烟草产量和质量的矛盾，就得从以上几个方面综合考虑。这些年来，南方烟区大面积推广种植优良烤烟品种，择土种植，调整密度，合理施肥，规范栽培，成熟采收，科学烘烤，烟株长成圆筒形或腰鼓形，单株有效叶 18～20 片，单叶重 7～8 g，基本实现了优质适产。植物生长调节剂的科学运用，也能在一定程度上提高烟叶产量和质量。目前登记和报道应用的植物生长调节剂主要有三十烷醇和芸薹素内酯等。

1. 三十烷醇

在烟草定植后10d开始，连续使用200mg/L三十烷醇处理4次，间隔期20d左右，各时期剂量分别为每株10mL、25mL、40mL和50mL。三十烷醇促进烟草茎叶生长和提高产量的效果十分显著，主要是通过提高酶活性、增加叶绿素含量以及提高光合强度等生理效应来实现的；赤霉酸能增加烟草的株高，促进硝酸还原酶活力，但是不能明显促进叶片干重和产量。三十烷醇和赤霉酸的混用能增加三十烷醇对烟草生理及产量的效应，存在明显的增效关系。

三十烷醇的商品制剂有0.1%三十烷醇微乳剂等，生产应用时，使用0.1%三十烷醇微乳剂对水稀释2000倍左右进行叶面喷雾，在烟草团棵期至生长旺期叶面喷雾处理2～3次即可。

2. 芸薹素内酯

烟草中上部叶质量最好，下部叶质量最差。芸薹素内酯处理，可促进烟株生长发育，扩大单株叶面积，促进光合作用和物质运输分配；改善烟叶化学成分，烟碱含量可增加40%～75%；提高上等烟比例。烟草团棵期以后，下午高温过后又有一定光照时，用0.01mg/kg的芸薹素内酯，每亩喷洒50～75kg药液，喷洒叶背面效果较好。可先喷下部叶，随收获依次向上喷洒。喷药时，若加入0.1%的硫酸锌，效果更好。

生产上登记开发的芸薹素内酯制剂主要有0.1%可溶粉剂、0.01%可溶性液剂、0.01%乳油、0.15%乳油、0.0075%水剂和0.0016%水剂等。生产上使用芸薹素内酯进行烟草植株处理时，可以使用0.01%可溶性液剂稀释为2500～5000倍液进行叶面喷雾处理，在烟草团棵期至生长旺期叶面喷雾处理2～3次即可。

3. 赤霉素

烟草使用赤霉素处理后，烟叶面积增大，产量增加15%～20%，中上等烟比例、烟叶品质和色度无明显变化，烟碱含量减小，但糖/蛋白质的比例增加。经济效益增加15%左右。使用方法：在烟草大苗期培土后，用15mg/L赤霉素叶面喷施，相隔5d再喷一次。

赤霉酸的商品制剂主要有4%乳油和10%可溶性片剂等，可以在苗期培土后选择10%的赤霉酸可溶性片剂，取少量水进行溶解，根据片剂的净重稀释成10～20mg/L进行处理，如片剂的净重为1g时，取一片10%赤霉酸可溶性片剂溶解稀释到5～10L的水中，即得10～20mg/L赤霉酸药液。

4. 萘乙酸

钾素含量是衡量烟叶品质的一项重要指标，它主要影响烟叶的燃烧性能。在烟叶的生产过程中，打顶被作为保证烟叶产量和品质而采取的一项技术措施，它能阻止叶片中的光合产物和根系吸收的矿物质养分向花器官中转移而造成浪费。但是，打顶也存在一些不利影响，主要有：第一，打顶破坏了烟株茎顶端强大的生长库，使库源关系发生变化，影响植株体内同化产物和矿物质养分的分配。另外，地上部的钾回流到根系的比例增加，结果造成地上部特别是叶片中含钾量下降而影响烟叶品质。许多研究发现，生产中在打顶后用生长素处理，能够提高烟叶中的含钾量，同时降低烟叶中的烟碱浓度，提高烟叶品质。这些生长素类物质包括吲哚乙酸、吲哚丁酸和萘乙酸，其中以萘乙酸效果最佳。

研究报道的药剂处理方式有叶面喷雾，插入萘乙酸浸泡过的药签，涂抹含有萘乙酸的羊毛脂等方法，其中后两种处理方式对维持叶片钾素含量，降低烟叶烟碱含量效果显著。在烟草植株打顶后，涂抹4.0～8.0mg萘乙酸，能提高各部位烟叶钾素相对含量20%～50%，降低烟碱相对含量15%～25%。

五、提高抗旱性

干旱胁迫容易对烟草幼苗造成伤害。生产上通过喷施6-苄氨基嘌呤（6-BA）、2,4-D和吲哚丁酸（IBA）等植物生长调节剂，在一定程度上减轻干旱胁迫伤害。在幼苗遭受干旱胁迫3～5d时开始喷施效果好。2,4-D 和 IBA 的处理最适浓度为 20～30mg/L，而 6-BA 处理最适浓度为 5～30mg/L。

第六节　在茶树上的应用

一、促进种子萌发

现在我国有很多优良的有性繁殖群体品种需要使用种子繁殖。茶籽成熟采收后立即播种到土壤中不易在短期内发芽。生产实践中，秋冬播种选用合格茶籽就可以播种，一般不用进行特别处理。春播一般需要在播种前进行清水选种、浸种、催芽以及其他物理和化学处理。将茶籽浸在清水中，每天换水一次并搅拌 3～4 次，2～3d 后，除去浮在水面的种子，取出下沉的种子作为播种材料。选种、浸种后要进行催芽，将已浸过的种子取出放入木盆中，先在盆内铺上 3～4cm 厚的细沙，沙上放茶籽 7～10cm 厚，茶籽上盖一层沙，沙上盖稻草或麦秸，喷水后置于温室中，室温保持在 30℃左右。催芽所需时间约 15～20d，当有 40%～50%茶籽露出胚根时，即可取出播种。催芽前可以采用复硝酚钾、赤霉素、乙烯利等植物生长调节剂或硫酸铜、钼酸铵和硼酸等含有微量元素的盐溶液进行处理，促进齐苗、壮苗。

复硝酚钾为 2,4-二硝基苯酚钾、对硝基苯酚钾、邻硝基苯酚钾的混合物，在 2%的复硝酚钾制剂中，三者的含量分别为 0.1%，1%和 0.9%，是一种低毒的植物生长调节剂。在生产应用时，使用 2%复硝酚钾水剂稀释为 4000～6000 倍液后直接浸种即可。使用有效成分为 3～5mg/L 的复硝酚钾溶液浸泡茶籽 6～8h 后，经清水洗涤进行播种，能促进茶籽萌发，促进苗齐、苗壮，增强幼苗的抵抗能力。

二、促进扦插生根

茶树扦插繁殖时，使用吲哚丁酸、萘乙酸等生长素类植物生长调节剂处理插穗，能加速新根生长，培育壮苗。

1. 吲哚丁酸及混剂

扦插前使用有效成分为 100mg/L 的吲哚丁酸处理插穗浸穗 1h，能增加发根，100mg/L 浓度处理能提高酶的活性，增强物质转化，促进新陈代谢，加快组织细胞的生长，有利于插穗对矿物质营养和水分的吸收，促进地上部枝叶的生长，培育壮苗。

使用吲哚丁酸时，也可以采用蘸穗处理，但是生根效果不如浸穗处理。吲哚乙酸能诱导不定根的生成，并能促进侧根增多；萘乙酸进入植物体内有诱导乙烯生成的作用，内源乙烯在低浓度下也有促进生根的作用。研究表明，吲哚丁酸和萘乙酸混用，扦插成活率、发根率、发根数较为理想。吲哚乙酸和萘乙酸混用后，既可诱导根的生成，也能刺激作物根系的生长发育，使根系生长量明显增加。

已登记开发的吲哚乙酸和萘乙酸的混用产品是 50%吲哚乙酸·萘乙酸可溶性粉剂，其中有效成分吲哚乙酸和萘乙酸的含量分别为 30%和 20%。生产应用时可以使用 50%吲哚乙酸·萘乙酸可溶性粉剂稀释 5000～10000 倍对插穗浸穗 1h，再进行扦插即可。

2. 三十烷醇

三十烷醇能促进植物的生长、分化和发育。经三十烷醇处理后茶树插穗成活率高，植株生长量大，而且根量多，分布均匀，根系入土深而广，为加强肥水的吸收、促进植株的生长发育、加强干物质累积奠定了基础。移栽前，对裸根茶苗使用三十烷醇进行药液浸穗或蘸穗处理，可以促进裸根茶苗根系的再生能力，增加根冠比值，提高茶苗素质，增强新植茶苗抗旱能力，明显地提高植株成活率。使用浓度 1.0mg/L 浸穗 16h 最佳，扦插成活率比对照提高 30%，大大提高生长量和干物质累积。三十烷醇处理插穗也可以采用蘸根处理，使用 8.0mg/L 的溶液进行蘸穗处理即可，此方法简单方便，效果较好。

三十烷醇的商品制剂有0.1%三十烷醇微乳剂等，生产应用时使用0.1%三十烷醇微乳剂对水稀释1000倍左右进行浸穗处理16h即可。

三、抑制生长，调节株型

用时可以使用15%多效唑可湿性粉剂稀释500倍，即得300mg/L的多效唑溶液，在茶树生长期进行叶面喷雾处理即可。生产应用时，注意均匀喷施叶面和叶背、冠内和冠外，以叶片滴水为适中。

四、促进生长，提高产量

1. 赤霉素·吲哚乙酸·芸薹素内酯混剂

赤霉素、吲哚乙酸和芸薹素内酯三者进行混用后，能促进茶叶生长，提高产量。

已登记开发的赤霉素、吲哚乙酸和芸薹素内酯的混用产品是0.136%赤霉素·吲哚乙酸·芸薹素内酯可湿性粉剂，其中有效成分赤霉素、吲哚乙酸和芸薹素内酯的含量分别为0.135%、0.00052%和0.00031%。在茶树生长期，每亩使用0.136%赤霉素·吲哚乙酸·芸薹素内酯可湿性粉剂3.5～7.0g，对水30kg稀释进行叶面均匀喷雾2～3次，每两次之间间隔1个星期，可以增加发芽密度，提高一芽三叶长度和百芽重，同时增加新梢生长量、百梢重和鲜叶产量。

2. 复硝酚钠

在茶叶幼芽生长至一芽一叶初展盛期，使用3～6mg/L的复硝酚钠溶液进行叶面喷雾，可使茶树发芽密度增加，提高20%左右，一芽三叶长度提高12%～15%左右，一芽三叶百芽重提高12%左右。新梢生长量增加8%，百梢重增加15%，鲜叶产量增加20%以上。

复硝酚钠登记的产品有0.7%、1.4%和1.8%水剂等，生产应用时使用1.8%复硝酚钠水剂稀释为3000～6000倍液在茶树生长期进行叶面喷雾处理即可。

3. 芸薹素内酯

在上一季茶叶采收后，使用0.08mg/L的芸薹素内酯溶液叶面喷雾一次，在茶叶抽新梢时喷施第2次，抽梢后施第3次，能调节茶叶生长、增加产量、增长芽梢，同时降低茶叶的粗纤维含量，提高茶多酚含量。经过芸薹素内酯处理后，茶叶亩产增加16%左右，平均梢长增加13.8%，粗纤维含量降低2%（绝对量），茶多酚含量降低1%（绝对量）。与喷施尿素相比，能提高产量3%，芽头密度增加2.8%，茶叶中氨基酸提高20%，咖啡碱提高9%，水浸出物提高1.3%，对形成优良的绿茶品质具有促进作用，与尿素配合使用效果更佳。

芸薹素内酯生理活性很高，生产上登记开发的芸薹素内酯制剂的有效成分产品主要有0.1%可溶粉剂、0.01%可溶性液剂、0.01%乳油、0.15%乳油、0.0075%水剂和0.0016%水剂等。生产应用时，使用0.01%芸薹素内酯可溶性液剂对水稀释为2500～5000倍液，采用喷雾方法对茶树均匀喷雾，以叶面受药湿润而不下滴为宜。

4. 三十烷醇

在夏茶生育期使用三十烷醇进行叶面喷雾，0.5mg/L能增加茶青产量20%以上。有研究表明，三十烷醇处理茶树，以茶树生育基础较好的丰产园增产效果好，低产茶园喷施浓度高反而有减产趋势。一般喷后新梢密度、长度和粗度都有增加，叶片较肥厚，干茶制率也增加，但由于喷施后鲜叶持嫩性较差，所以外形松泡，尤其是高浓度处理更明显。

三十烷醇的商品制剂有0.1%三十烷醇微乳剂等，使用0.1%三十烷醇微乳剂对水稀释2000倍左右，进行叶面喷雾处理2～3次即可。

参考文献

[1] 陈碧华，姚庆端，李乾振，等. 降香黄檀组织培养技术研究. 武夷科学，2010，26（12）：47-51.
[2] 陈沛杨. 激素与热水处理对黄兰种子萌发及幼苗发病的影响. 亚热带植物通讯，1983，（10）：54～56.
[3] 陈小燕，王友升，李丽萍，等. 1-MCP对桃果实低温贮藏期间挥发性物质的影响——主成分分析法. 北京工商大学

学报（自然科学版），2010，28（3）：48～54.
[4] 董萍，辛广，张博，等．1-MCP 处理对南果梨 20℃贮藏期间香气成分的影响．食品科学，2010，31（22）：477～479.
[5] 樊丽，向春燕，周轲，等．利用 GC-MS 和电子鼻研究 1-MCP 对‘嘎拉’苹果常温贮藏期间芳香物质的影响．果树学报，2014，31（5）：931-938.
[6] 韩锦峰，赫冬梅，刘华山，等．不同植物激素处理方法对烤烟内烟碱含量的影响，中国烟草学报，2001，7（2）：22-25.
[7] 黄士诚．生长调节剂对薄荷属（*Mentha*）植物产质量的影响．香料香精化妆品，1992，(3)：25-26，13.
[8] 黄士诚．若干种化学成分对薄荷油质量的影响．香料香精化妆品，1996，(2)：8-10.
[9] 纪淑娟，卜庆状，李江阔等．1-MCP 处理对“南果梨”冷藏后货架期果实香气的影响．果树学报，2012，29（4）：656-660.
[10] 纪淑娟，董玲，周鑫，等．水杨酸对 1-MCP 处理南果梨冷藏后酯类香气的影响及作用机理．中国食品学报，2016，16（6）：167-173.
[11] 金宏，惠伟，丁雅荣，等．1-MCP 对“粉红女士”苹果冷藏期间品质变化和香气形成的影响．西北植物学报，2009，29（4）：0754-0761.
[12] 金英花，AHN Younghee，全雪丽等．长白山区野生地椒百里香嫩枝扦插繁殖研究．北方园艺，2016，（03）：138-141.
[13] 李伯林，赵群华，卢山，等．红豆杉植物愈伤组织的培养及其紫杉醇形成的初探．南京大学学报，1995，31（3）：424-429.
[14] 李德英，惠伟，贾小会，等．二苯胺、1-甲基环丙烯处理对红富士苹果气调贮藏品质及香气成分的影响．陕西师范大学学报（自然科学版），2008，36（5）：91～97.
[15] 李娟娟，王羽梅．薄荷精油成分和含量的影响因素综述．安徽农业科学，2011，39（36）：22313-22316.
[16] 李丽，张湮帆，何康，等．两种红豆杉植物的愈伤组织培养及褐化抑制．复旦学报（自然科学版），2006，45（6）：702-707.
[17] 李孝伟，孟丽，王鸿升．河南太行山南方红豆杉种子催芽研究．安徽农业科学，2006，34（18）：4522，4524.
[18] 李鑫，张鹏，李江阔，等．1-甲基环丙烯、纳他霉素处理对富士苹果贮后货架品质和风味的影响．食品与发酵工业，2016，42（9）：241-250.
[19] 李应兰，陈福莲．人工促成檀香结香的研究．热带亚热带植物学报，1994，2（3）：39-45.
[20] 林奇艺，钟永强，袁亮，等．激素对檀香生长的影响．中药材，2000，23（8）：437-438.
[21] 林奇艺，蔡岳文，袁亮钟，等．外界刺激檀香“结香”试验研究．中药材，2000，23（7）：376-377.
[22] 刘德朝，许洋．降香黄檀容器扦插育苗技术试验研究．林业资源管理，2009，(3)：77-80.
[23] 刘凤伶．叶面肥及调节剂对油松容器苗生长的影响．林业科技与通讯，2016，(6)：23-24.
[24] 刘福平，宋志瑜，张小杭．福建厦门几种乡土香化植物的人工繁殖试验．亚热带植物科学，2014，43（3）：251-254.
[25] 刘美英，田世恩，宋世志，等．“能百旺”对红将军苹果品质和风味物质的影响．烟台果树，2016，(3)：14-15.
[26] 刘小金，徐大平，杨曾奖，等．几种生长调节剂对幼龄檀香生长、心材形成和精油成分的影响．林业科学，2013，49（7）：143～149.
[27] 马婷，任亚梅，张艳宜，等．1-MCP处理对“亚特”猕猴桃果实香气的影响．食品科学，2016，37（02）：276-281.
[28] 潘佑找，杨小维，侯凤娟．几种生长调节剂对栀子嫩枝扦插生根的影响．现代农业科技，2009，(19)：208-209.
[29] 施福军，俞建妹，王凌晖．降香黄檀扦插繁殖技术研究．广东农业科学，2011，(1)：50-52.
[30] 孙永超，王春光．3 种植物生长调节剂对两种百里香扦插生根的影响．林业勘察设计，2015，(3)：56-59.
[31] 田长平，王延玲，刘遵春，等．1-MCP 和 NO 处理对黄金梨主要贮藏品质指标及脂肪酸代谢酶活性的影响．中国农业科学，2010，43（14）：2962-2972.
[32] 王传增，董飞，孙家正，等．1-MCP 处理对“早红考密斯”贮藏后货架期品质及香气组分的影响．食品科学，2014，35（20）：296-300.
[33] 王焕，杨锦芬，邓可，等．茉莉酸甲酯影响阳春砂挥发性萜类代谢和基因转录．世界科学技术——中医药现代化，2014，16（7）：1528-1536.
[34] 王羽梅，肖艳辉，任安祥，等．中国芳香植物．北京：中国科学出版社，2008.
[35] 王羽梅，任安祥，任晓强，等．中国芳香植物精油成分手册．武汉：华中科技大学出版社，2015.
[36] 王战义，代丽，宋朝鹏，等．植物生长调节剂对烤烟叶致香物质的影响．浙江农业科学，2009，(6)：1159-1162.
[37] 吴国欣，王凌晖，梁惠萍，等．三种植物生长调节剂对降香黄檀种子发芽的影响．基因组学与应用生物学，2010，29（1）：120-124.
[38] 吴丽君．高精油互叶白千层组培产业化技术研究．福建农业学报，2014，29（12）：1246-1250.

[39] 吴丽君，翁秋媛，陈碧华，等．高精油玉叶白千层组培快繁技术．福建林学院学报，2010，30（4）：314-319.
[40] 徐晓燕，王华松，武雪萍．施肥及生长调节剂对烟草烟碱和钾含量的影响，山西农业大学学报，2002，22（1）：18-21.
[41] 杨丹，曾凯芳．1-MCP处理对冷藏“红阳”猕猴桃果实香气成分的影响．食品科学，2012，33（08）323-329.
[42] 俞建妹，李付伸，刘晓璐，等．植物生长调节剂对降香黄檀种子发芽及幼苗生长的影响．广西农业科学 2010，41（7）：649-652.
[43] 余金恒，王建安，代丽，等．植物生长调节剂对烤烟上部叶中性致香物质的影响．河南农业科学，2009，（2）：37-40.
[44] 章志红，蒋联方．植物生长调节剂对栀子扦插生根的影响．湖北农业科学，2015，51（5）：934-936.
[45] 张丽萍，纪淑娟．乙烯利对1-MCP处理南果梨冷藏后香气及香气合成过程中关键酶活的影响．食品科学，2013，34（10）：294-298.
[46] 张鹏，李鑫，李江阔，等．1-MCP结合不同浓度纳他霉素对富士苹果贮后货架品质和芳香物质的影响．食品科学，2016，37（20）：234-240.
[47] 张秀英，韩锦峰，岳彩鹏，等．丙二酸对烤烟烟碱含量的影响研究初报．中国烟草科学，2002，（03）：23-24.
[48] 张争，杨云，魏建和，等．白木香茎中内源茉莉酸类和倍半萜类物质对机械伤害的响应．园艺学报，2013，40（1）：163－168.
[49] 周亮．芳香植物香蜂草扦插繁殖技术研究．云南农业大学学报（自然科学），2016，30（2）：372-376.
[50] 周双清，周亚东，盛小彬，等．乙烯利诱导形成降香黄檀心材挥发油的GC-MS分析．热带林业，2014，42（3）：8-10.
[51] 朱金荣，黄宝康，吴锦忠，等．茉莉酸甲酯胁迫处理对薄荷次生代谢产物的影响．时珍国医国药，2008，19（8）：2011-2012.
[52] Michiho I，Ken-Ichiro O，Toru Y，et al. Induction of sesquiterpenoid product ion by methyl jasmonate in Aquilaria sinensis cell suspension culture. J Essent Oil Res，2005，17（2）：175-180.
[53] 杨波，苏鸿雁，刘硕然．干旱胁迫下不同植物生长调节剂对烟草幼苗抗逆性的影响．西南农业学报，2014，27（6）：2661-2664.
[54] 何阳，刘健，张小良．植物生长调节剂对烟草钾离子含量的影响研究进展．宁夏农林科技，2012，53（12）：104-105.
[55] 李玉明，王洪钟，谢莉萍，等．利用植物生长调节剂诱导烟草器官分化的基础教学实验．实验技术与管理，2016，33（1）：32-34.
[56] 王杰，刘硕然．不同植物生长调节剂对烟草（*Nicotiana tabacum*）幼苗在UV-B照射下抗逆性的影响．楚雄师范学院学报，2014，29（6）：75-79.
[57] Jiang F，Li C J，Jeschke W D，et al. Effect of top excision and replacement by l-naphthylacetic acid on partition and flow of potassium in tobacco plants. Journal of Experimental Botany，2001，52：2143-2150.
[58] 赵正雄．云南烤烟打顶后的干物质与钾素积累规律及其调控：［学位论文］．北京：中国农业大学，2003.
[59] 冀宏杰，李春俭，徐慧，等．打顶后NAA处理对烟草生长烟叶中钾和烟碱浓度的影响．中国农学通报，2008，24（12）：274-279.
[60] 郭丽琢，张福锁，李春俭．打顶对烟草生长、钾素吸收及其分配的影响．应用生态学报，2002，13（7）：819-822.
[61] 俞海君．吲哚丁酸和萘乙酸在茶树短穗扦插上的应用效果．热带农业科技，2004，27（1）：18-20.
[62] 梁一萍，兰海东，黄礼勒，等．植物生长调节剂对苦丁茶的矮化作用研究．广西科学院学报，2006，22（2）：82-84，93.
[63] 石春华，朱俊庆．爱多收在茶树上的应用试验初报．中国茶叶，2005，2：32-33.
[64] 韦锦坚．云大120在茶叶上的应用研究．广西农业科学，2002，5：248-249.
[65] 温仙明．芸薹素内酯对春茶产量与品质影响的初步试验．福建农业科技，2004，5：22-23.
[66] 范娜，白文斌，董良利，等．2种生长调节剂对高粱生长、产量和品质影响的研究．农学学报，2015，5（10）：6-10.
[67] 范娜，白文斌，李振海，等．4种生长调节剂对高粱矮化效果的影响．山西农业科学，2014，42（5）：443-444，489.
[68] 孔凡信，刘志，赵术伟，辛宗绪．4种植物生长调节剂对高粱株高、茎粗的影响．农业灾害研究，2015，05：20-21.
[69] 阿布都艾尼．甜高粱不同基因型间生物量与糖分积累的差异：［学位论文］．北京：中国农业大学，2007.
[70] 陈旭．内蒙古荒草地施氮量对能源高粱产量、氮素利用率和土壤硝态氮含量的影响：［学位论文］．北京：中国农业大学，2015.
[71] 郭光强．植物生长调节剂复配剂对甜高粱生长和抗倒伏的影响：［学位论文］．北京：中国农业大学，2008.
[72] 韩立朴．甜高粱茎秆生长、氮磷钾积累规律和抗倒伏研究：［学位论文］．北京：中国农业大学，2011.

[73] 赵廷昌．利用生物调节剂改进高粱的产量．国外农学-杂粮作物，1996，06：57.
[74] 刘惠惠．中国不同地区能源作物甜高粱规模化生产的可持续性：[学位论文]．北京：中国农业大学，2015.
[75] 孙川东．种植密度对能源高粱光合效率及干物质积累与分配的影响：[学位论文]．北京：中国农业大学，2015.
[76] 梅晓岩，刘荣厚，曹卫星．植物生长调节剂对甜高粱茎秆贮藏中糖分变化的影响．农业工程学报，2012（15）：179-184.
[77] 罗兴录．木薯生长、块根发育和淀粉积累化学调控及生理基础研究：[学位论文]．福州：福建农林大学，2003.
[78] 闫志山，范有君，张金海，等．甜菜叶面喷施生长调节剂试验．中国糖料，2013，(1)：45-46.
[79] 刘娜，于海彬．SA 型植物生长调节剂对甜菜植株生长和内源激素的影响．中国糖料，2008，(4)：31-32，36.
[80] 岳林旭，宋晴晴，何群，等．芸薹素 481 对采种甜菜种子产量质量的影响．内蒙古农业科技，2002，(5)：17-18.
[81] Abo El-Hamd A S，Bekheet M A，Gadalla A F I. Effect of chemical ripeners on juice quality，yield and yield components of some sugarcane varieties under the conditions of Sohag Governorate. American-Eurasian Journal of Agricultural & Environmental Sciences，2013，13 (11)：1458.
[82] Crusciol C A C，Leite G H P，Siqueira G F D，Silva M D A. Response of Application of Growth Inhibitors on Sugarcane Productivity and Sucrose Accumulation in the Middle of Cropping Season in Brazil. Sugar Tech，2016，1-10.
[83] Guimaraes E R，Mutton M A，Mutton M J. Sugarcane growth，sucrose accumulation and invertase activities under trinexapac-ethyl treatment. Scientific Jaboticabal，2005，33 (1)：20-26.
[84] Karmollachaab A，Bakhshandeh A，Telavat M R M，Moradi F，Shomeili M. Sugarcane Yield and Technological Ripening Responses to Chemical Ripeners. Sugar Tech，2016，18 (3)：285-291.
[85] Morgan T，Jackson P，Mcdonald L，Holtum J. Chemical ripeners increase early season sugar content in a range of sugarcane varieties. Australian Journal of Agricultural Research，2007，58 (3)：233-241.
[86] Radha Jain，S. N. Singh，S. Solomon，A. Chandra. 赤霉素对甘蔗发芽和早期蔗茎生长的潜在调节作用（英文）、广西农业科学，2010，(09)：1025-1028.
[87] Shukla SK，Yadav RL，Singh PN，Ishwar S. Potassium nutrition for improving stubble bud sprouting，dry matter partitioning，nutrient uptake and winter initiated sugarcane (Saccharum spp. hybrid complex) ratoon yield. European Journal of Agronomy，2009，30 (1)：27-33.
[88] Yuan H，Wu Y，Liu W，Liu Y，Gao X，Lin J，Zhao Y. Mass spectrometry-based method to investigate the natural selectivity of sucrose as the sugar transport form for plants. Carbohydrate Research，2015，407：5-9.
[89] 董素钦．施用氯化钾对甘蔗产量和品质影响的研究．甘蔗糖业，2007，(4)：16-18.
[90] 黄杏，陈明辉，杨丽涛，张保青，李杨瑞．低温胁迫下外源 ABA 对甘蔗幼苗抗寒性及内源激素的影响．华中农业大学学报，2013，(04)：6-11.
[91] 梁阗，罗亚伟，黄杏，丘立杭，周主贵，吴建明，邓国富．不同浓度赤霉素对甘蔗产量和品质的影响．中国糖料，2015，(02)：43-44.
[92] 廖维政，李杨瑞，林炎坤，农友业，刘宇，杨丽涛．甘蔗生长后期不同时间乙烯利催熟增糖的效应．西南农业学报，2003，(04)：60-64.
[93] 刘子凡，林电，彭春燕．钾肥施用量对甘蔗产质量的影响．中国糖料，2009，(4)：34-35.
[94] 邵廷富．赤霉素对甘蔗生长的影响．植物生理学通讯，1965，(04)：8-10.
[95] 吴建明，李杨瑞，王爱勤，杨柳，杨丽涛．赤霉素处理对甘蔗节间伸长及产质量的影响．中国糖料，2010，(4)：24-26.
[96] 吴凯朝，叶燕萍，李杨瑞，李永健，杨丽涛．喷施乙烯利对甘蔗群体冠层结构及一些抗旱性生理指标的影响．西南农业学报，2004，(06)：724-729.
[97] 谢如林，谭宏伟，黄美福，周柳强，黄金生，黄献华，曾艳，杨瑞青，董文斌，王磊．高产甘蔗的植物营养特征研究．西南农业学报，2010，(03)：828-831.
[98] 叶燕萍，李杨瑞，罗霆，庞国雁，杨丽涛．乙烯利浸种对甘蔗抗旱性的影响．中国农学通报，2005，(6)：387-389.
[99] 张会民．长期施肥下我国典型农田土壤钾素演变特征及机理：[学位论文]．咸阳：西北农林科技大学，2007，118.
[100] 赵丽宏，王俊刚，杨本鹏，张树珍，蔡文伟，吴转娣．甘蔗体内的蔗糖积累．基因组学与应用生物学，2009，(02)：385-390.
[101] 朱建荣，刘家勇，赵培方，赵俊，陈学宽，吴才文．植物生长调节剂对冷藏 4 年的甘蔗种子发芽的影响．安徽农业科学，2015，(27)：390-392.
[102] 李杨瑞，杨丽涛，叶燕萍，姚瑞亮，王爱勤，林炎坤．甘蔗应用乙烯利增产增糖的机理研究．西南农业学报，2007，20 (1)：151-156.
[103] 廖维政，李杨瑞，林炎坤，农友业，刘宇，杨丽涛．甘蔗生长后期不同时间乙烯利催熟增糖的效应．西南农业学报，2003，16 (4)：60-64.
[104] 徐良年，邓祖湖，张华，郭志雄．草甘膦和乙烯利对糖能兼用甘蔗 FN95-1702 的催熟增糖效应．中国糖料，2009，

(4)：24-26，31.
[105] 姚瑞亮，李杨瑞，杨丽涛．乙烯利对甘蔗成熟和未成熟节间的催熟增糖效应．西南农业学报，2000，13 (2)：89-94.
[106] 宋德勋．药用植物．北京：中国中医药出版社，2003.
[107] 张康健，董娟娥．药用植物次生代谢．西安：西北大学出版社，2001.
[108] 黄璐琦，王康才．药用植物生理生态学．北京：中国中医药出版社，2012.
[109] 王强，阮晓，颜启传．植物激素调节和预先冷处理对破除红景天种子休眠和发芽的影响．浙江大学学报：农业与生命科学版，2005，31 (4)：423-432.
[110] 王磊，周余华，关雪莲，张虎，陈少卿．GA_3和6-BA对粉绿铁线莲种子发芽特性的影响．种子，2010，29 (3)：44-45，50.
[111] 韩晶宏，史宝胜，李淑晓．6-BA和GA_3浸种对麦冬种子萌发及幼苗生长的影响．江苏农业科学，2011，39 (4)：189-190.
[112] 王兵，刘金川，刘冬云．不同处理对野罂粟种子萌发特性的影响．山西农业大学学报（自然科学版），2014，34 (6)：548-552.
[113] 王秋燕，张瑜，严琳玲，罗小燕，白昌军．不同植物外源激素处理对香茅种子萌发的影响．热带农业科学，2015，35 (10)：6-8，18.
[114] 毛著鸿，闫芳，王勤礼，许耀照，张亚娟，王富贵．赤霉素、6-苄氨基腺嘌呤浸种对祖师麻原植物黄瑞香种子萌发的影响．甘肃中医学院学报，2012，29 (6)：64-67.
[115] 闫芳，张春梅，王勤礼，李志颜，马小兵．赤霉素和6-BA对苦豆子种子萌发生理特性的影响．中国野生植物资源，2012，31 (6)：28-31.
[116] 朱霞，胡勇，王晓丽，陈诗．几种植物生长调节剂对决明种子萌发及幼苗生长的影响．作物杂志，2010 (1)：46-48.
[117] 俞建妹，李付伸，刘晓璐，王凌晖，周妍，李桂娥，陈钰婵，何菁．植物生长调节剂对降香黄檀种子发芽及幼苗生长的影响．广西农业科学，2010，41 (7)：649-652.
[118] 陈林，赵昱，李海峰．植物生长调节剂对药用植物三分三种子萌发的影响．湖北农业科学，2013，52 (14)：3361-3363.
[119] 孙莹莹，杜禹珊，罗睿，朱燕燕．不同植物生长调节剂对半夏珠芽产量及发育的影响．贵州农业科学，2015，43 (8)：217-219.
[120] 杨苏亚，刘锦霞，郭振军．植物生长调节剂对兰州药用百合鳞片快速催芽的影响．内蒙古中医院，2013，(30)：131-132.
[121] 赵维合，凌征柱，陈超君．化控技术在药用植物栽培上的应用范例．广西医学，2006，28 (6)：948-950.
[122] 刘龙元，陈桂葵，贺鸿志，黎华寿．3种植物生长调节剂对苦参生长的影响．广东农业科学，2015 (9)：16-22.
[123] 杜岳峰，刘广娜，朱熹，杨祥波．植物生长调节剂对水飞蓟中水飞蓟宾含量及其他生理指标的影响．南方农业，2015，9 (22)：66-68.
[124] 李金亭，齐婉桢，郭晓双，王灿，张元昊，王迪，苏换换．茉莉酸甲酯对牛膝生长及主要药用成分积累的影响．广西植物，2015，35 (6)：875-879.
[125] 李明，冯世阳。茉莉酸甲酯对丹参茎叶丹酚酸和丹酚酸B含量的影响．时珍国医国药，2009，20 (8)：1921-1923.
[126] 王旭云，杨柳，何晓晶，来文婷，曾文华，张佼．茉莉酸甲酯对贯叶连翘中芦丁、金丝桃苷、槲皮苷、槲皮素含量的影响．中国医药导报，2012，9 (24)：115-117.
[127] 王焕，杨锦芬，邓可，何雪莹，詹若挺，唐粱．茉莉酸甲酯影响阳春砂挥发性萜类代谢和基因转录．世界科学技术-中医药现代化，2014，16 (7)：1528-1536.
[128] 朱金荣，黄宝康，吴锦忠，秦路平．茉莉酸甲酯胁迫处理对薄荷次生代谢产物的影响．时珍国医国药，2008，19 (8)：2011-2012.
[129] 刘成，吴秀丽，陈靖，张彩芳，徐小龙，卢杰，纪红燕，王金辉．4种植物激素对黄花蒿叶片中倍半萜积累的影响．宁夏医科大学学报，2012，34 (10)：1039-1045.
[130] 门敬菊，王振月，王宗权．植物生长调节剂对毛脉酸模根中白藜芦醇及白藜芦醇苷的影响．中医药学报。2011，39 (5)：60-62.
[131] 张元，林强．低聚壳寡糖植物生长调节剂对丹参生长及次生代谢产物的影响．安徽农业科学，2010，38 (34)：19316-19318.
[132] 林强，张元，崔玉梅．低聚壳寡糖植物生长调节剂对黄芪生长及次生代谢产物的影响．安徽农业科学，2010，38 (9)：4534-4535.
[133] 池剑亭，申亚琳，舒位恒，王红．油菜素内酯促进药用植物青蒿中青蒿素的生物合成．中国科学院大学学报，

2015，32（4）：476-481.
[134] 孙永超，王春光．3种植物生长调节剂对两种百里香扦插生根的影响．林业勘查设计，2015（3）：56-59.
[135] 黄结雯，李明，唐堃，赵盼，董闪，李龙明，黎韵琪．植物生长调节剂对白木香扦插生根的影响．湖北农业科学，2015，54（10）：2428-2431，2434.
[136] 周秀玲，李家敏．不同植物生长调节剂对卷丹百合鳞片扦插繁殖的影响研究．种子，2011，30（12）：38-40.
[137] 毕兆东，孙淑萍，王燕．不同基质与NAA对百合鳞片扦插繁殖的影响．南京农专学报，2002，18（3）：45-48.
[138] 宁云芬，黄玉源，王凤兰，黄子锋，林尤英，王文通，周厚高．5种因素对新铁炮百合鳞片繁殖的影响．仲恺农业技术学院学报，2002，15（1）：10-13.
[139] 李群，谭韵雅，梁红英，唐明，马丹炜，王亚男．不同外源激素对灰毡毛忍冬“渝蕾1号”愈伤组织生物量生长和绿原酸含量的影响．广西植物，2015，35（5）：692-696.
[140] 朱宏涛，李江，李元，张颖君．茉莉酸甲酯对三七组培苗中总皂苷含量的影响．西北林业科学，2014，43（2）：72-78.
[141] 韩树，常蓬勃，张云，王俊儒．几种植物生长调节剂对金银花产量及品质的影响．安徽农业科学，2013，41（8）：3469-3471.
[142] 胡国强，张学文，李旻辉，宋国虎，袁媛，林淑芳，吴志刚．植物生长调节剂缩节胺对黄芩活性成分含量的影响．中国中药杂志，2012，37（21）：3215-3218.
[143] 李先恩，张晓阳．植物生长调节剂对丹参药材产量和品质的影响．中国中药杂志，2014，39（11）：1992-1994.
[144] 林秋霞，李敏，罗远鸿，黄潇，杨冰月．植物生长调节剂对川麦冬生长发育影响的研究．时珍国医国药，2014，25（8）：1994-1996.

第十二章　植物生长调节剂应用的发展趋势

植物生长调节剂在作物高产、优质、低耗生产中发挥了重要作用。近年来，随着对植物激素理论与应用基础的深入研究，逐步阐明了植物激素作用的分子机理，并不断分离鉴定出一些新的植物激素。同时，通过人工合成和提取获得与植物激素结构和生理功能相近的植物生长调节剂，并在生产上得以推广应用。为了推动植物生长调节剂产业健康和可持续发展，有必要对植物生长调节剂的吸收、运输、代谢、作用的分子机理及产业发展趋势等方面进行介绍。

第一节　植物生长调节剂的吸收与运输

一、施用和吸收

植物生长调节剂施用方法因商品生产工艺、剂型和有效成分的不同而存在很大差异，包括溶液喷施、点滴、涂抹、灌注和浸泡等，挥发性的植物生长调节剂常在密闭条件下采用气体熏蒸的办法。但无论采用何种施用方法，植物生长调节剂都必须首先从植物体表吸收进入植物体内才能发挥它的生理作用。

1. 通过植物地上部分吸收

植物地上部分对植物生长调节剂的吸收主要是叶片的吸收，此外还可通过茎、花和果实的表皮来吸收。

首先，喷洒到植物体表的药液需要有一定时间的停留才能有效吸收。而药液在植物体表的停留与植物表面的形态结构和药液的理化性状密切相关。植物表面形态对药液存留的数量和时间有重要影响。如叶面积大、叶角大的叶片比叶面积小、叶角小的叶片会留存更多的药液；又如表皮毛状体多、表面粗糙的叶片比毛状体少、表面光滑的叶片留存较多的药液。叶、茎、花或果实表面角质层厚、有蜡质层的比角质层薄、无蜡质层的药液留存多。药液的理化性状，如雾滴大小、表面张力、药剂的化学性质也是药液存留的重要因素。雾滴越小，越易黏附在植物表面，而且可节省药液量。药液的表面张力决定药滴与植物体表接触面的大小，药液表面张力大时，液滴成球形，与植物表面接触面小，容易滚落。在药液中加入表面活性剂是有助于药液留存在植物表面的好措施。表面活性剂（包括聚乙二醇、吐温、去污剂及其他可增加叶表面湿润性的药剂）能降低液体表面张力，使药液容易附着在植物体表不易滚落。

其次，存留在植物体表的药液可以通过表皮和气孔或皮孔进入植物体内。存留在植物体表的药液很难全部吸收，其中一部分因挥发而散失到空气中，另一部分则可能干燥浓缩而结晶不能吸收进入植物体内。药剂通过叶片表皮吸收需要穿过角质层和细胞壁，其中角质层是对植物生长调节剂吸收的主要障碍，因此幼叶或幼茎角质层薄，药剂更易吸收进入。由于木本植物的茎表面周皮木栓化不透水，药液则很难透入。细胞壁可以允许药液自由进出，但药剂通过原生质膜进入细胞质中需要消耗代谢能。而通过气孔或皮孔的吸收，只在吸收初期起作用，乳油型或挥发性的药剂很容易通过气孔或皮孔进入气腔，再通过角质层和细胞壁到达原生质膜。

2. 通过根系吸收

施入土壤或直接处理根系的植物生长调节剂，可通过根系吸收，以根尖部分最为活跃，并随蒸腾流或有机物运输到植物的地上部分，如作为除草剂的植物生长调节剂以土施效果更好。

施入土壤中的植物生长调节剂可以集流和扩散的方式到达根表面或根自由空间，然后通过主动吸收的方式进入根内。影响植物根系吸收植物生长调节剂及施用效果的因素包括土壤的理化性状、温度、光照、通气状况或土壤墒情、土壤微生物活性以及药剂本身的理化性状和浓度等。因此，施入土壤中的植物生长调节剂起作用的时间较叶面喷施要慢。

3. 影响植物生长调节剂吸收的因素

(1) pH 值　植物生长调节剂的吸收与 pH 值有密切关系。当 pH 值在 2～10 范围内，2,4-D 随 pH 值下降而减少进入叶内。2,4-D、生长素、萘乙酸等，配制时用中性至酸性的水，药物就容易进入细胞，提高吸收效果。

(2) 温度　在 5～35℃范围内，萘乙酸透入植物体随温度升高而加快，吸收时间短。

(3) 湿度　大气湿度低，叶片上的药液雾滴干燥快，影响植物吸收药液的效率。高湿有利于药剂的进入，因为高湿延长了药液的干燥时间，有利于气孔的开放，增加角质层的渗透性。

(4) 光照　阳光可提高温度，促进药物进入细胞；光照也使气孔开度加大，使药液进入植物体。但有些植物生长调节剂（如生长素）在光下易分解。因此，一般于傍晚或早晨露水刚干时喷药，效果较好。

(5) 叶片角质层的发育状况　药液通常进入充分成熟的叶片比进入正在扩大的叶片困难。药液进入双子叶植物叶片下表面要比进入上表面容易，因为下表面角质层薄、蜡质的方向性差、气孔密度高。

二、在体内的转运

药剂进入植物体内后，必须运输到作用部位（或称“靶器官”）才能发挥生理效应。植物生长调节剂在植物体内的传导，可分为两种情况：一种是传导；另一种是不能或很少传导，当进入薄壁组织后，与细胞原生质发生不可逆的结合，引起附近细胞的破坏或起调节作用，或者被某些氧化酶分解，变成不起作用的化合物，不运转到其他组织中去。例如 6-苄氨基嘌呤和 ACC 在植物体内移动性极差，用时要注意。对于能够运转的植物生长调节剂，其在植物体内的运输途径和方向决定施用的部位和方法。一般而言，包括共质体运输、质外体运输和共质体与质外体间的交替运输。

1. 共质体运输

共质体途径是指植物生长调节剂经胞间连丝从一个细胞进入另一个细胞的移动途径。胞间连丝在共质体途径的短距离运输中起重要作用，共质体长距离运输则通过韧皮部进行，韧皮部是同化物长距离运输的主要途径，也是化学信号长距离传递的主要途径，植物体内许多化学信号物质，如 ABA 可通过韧皮部途径传递（图 12-1）。一般韧皮部信号传递的速度在 0.1～1mm/s 之间，最高可达 4mm/s。

植物生长调节剂在共质体系统中运输，与光合产物的运输方向是一致的，即总是从“源”到“库”运输。“源”是指制造或输出有机物，为其他器官提供营养的器官，对绿色植物而言主要指成熟的叶片。“库”是指消耗或输入有机物的器官，如幼叶、茎、根、花、果实、种子等。如果将化合物施用于根系，它则积累于根系及附近的库组织中，很少运至地上部，此后被释放于土壤中。如果将它施用于叶片，则通过韧皮部运出叶片后，可能运向茎尖，也可能运向果实或其他部位。总之，库活性最强的生长中心得到的植物生长调节剂最多。

由于植物体同时存在着不同的源库单位，且源库单位随生育期不同而变化，因此同样施于叶片的植物生长调节剂可被运向不同的库器官中，这也是植物生长调节剂在不同时期产生不同生理效果的原因之一。例如，对迅速生长的新梢，使用植物生长延缓剂有最大的抑制生长的效果，这与植物生长延缓剂在使用后可被迅速运往此时的生长中心——茎尖，并抑制那里的细胞伸长有关。

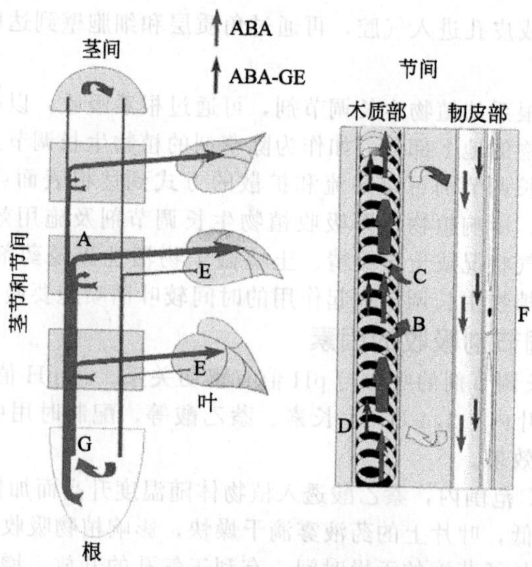

图 12-1　植物体内 ABA 长距离运输示意图

A—当 ABA 运输至叶片时，木质部中 ABA 含量显著降低；
B—当木质部 ABA 含量较高时，木质部中 ABA 通过再分配回至茎薄壁组织中；
C—当木质部 ABA 含量较低时，茎薄壁组织中游离 ABA 进入木质部；
D—游离 ABA 具有亲水性，不同组分的游离 ABA 在茎中运输不会使含量增减；
E—位于叶片质外体的 ABA 可被再分配至叶肉细胞中；
F—叶片合成的 ABA 可通过韧皮部运输至根部；
G—在根部 ABA 一部分储存，另一部分通过木质部向上运输

2. 质外体运输

质外体途径是指生长调节剂不经过任何生物膜，而通过细胞壁和细胞间隙移动的过程。质外体的短距离运输是通过细胞壁微纤丝之间的孔隙及细胞间隙所组成的运输通道进行的，长距离运输则通过木质部进行。

通过质外体运输的植物生长调节剂，如果施于根部，则可随蒸腾流转运至植物各部分，大树则多通过树干注射到木质部中；但如果施于叶片，则在正常情况下被保留于处理叶片中，只有在极干燥的土壤和极高的空气湿度条件下，蒸腾流发生逆向运输时，那些保留于叶片的药剂才有可能运出。如多效唑只在木质部中向顶运输。

许多环境因素影响蒸腾作用，从而影响了水分传导及调节剂运输的速率。如大气湿度低、温度高、光照强、土壤供水良好，则会加强蒸腾作用，从而促进木质部液流中生长调节剂的运输。植物本身叶面积和根系的相对大小也会影响木质部液流的运输速率。

3. 交替运输

有些植物生长调节剂，如青鲜素、赤霉素等，可通过共质体和质外体迅速自由移动。可在两种运输途径间交替运输的调节剂，对施用部位的要求不严格。但为了减少调节剂在运输过程中的代谢降解，应以靠近靶器官施用为宜。

植物生长调节剂在植株中运输的速度，除药液本身的理化特性外，还受外界条件的影响。阳光强，水分蒸腾量大，会加快传导的速度。植株生长旺盛，光合产物积累多，则进入叶中的药液也容易被送出去。

第二节　植物生长调节剂的代谢

植物生长调节剂的代谢一般包括钝化、降解、转化和分泌等，其在植物体内的代谢，尤其是钝化、降解的速度关系到植物生长调节剂的活性和作用效果。有的生长调节剂进入植物体内一

段时间后失去生理效应，是因为在植物体内被迅速代谢（如吲哚乙酸在吲哚乙酸氧化酶的作用下失活）；也有的代谢后的产物生理活性更强（如玉米素核苷）。在生长调节剂研制和应用过程中，需要考虑这些情况，通过改变或保护影响生理活性的结构，使其保持稳定，具有持续的高活性。生长调节剂代谢物产生的生理效应和毒副效应对分析生长调节剂的积极和不利效应很重要，以便在应用时克服其毒副作用。此外，调节剂降解产物关系到该调节剂在植物体、土壤和环境中的残留动态和安全，是决定生长调节剂能否在生产上应用的重要因素。

一、代谢的方式

(1) 钝化　钝化是指调节剂的分子未受破坏，但失去了活性，一般有酶钝化和非酶钝化两种方式。酶钝化最常发生的是通过结合反应形成衍生物，可通过羟基和羧基形成结合态生长调节物质，普遍形成糖苷或糖酯，如 ABA 糖酯是在 CYP707A 酶的催化下产生的；GA_4 的生理活性强，涉及 GA-20-氧化酶和 GA-3-氧化酶的作用，分别使 GA_{12} 在第 19 位发生内酯化，形成 19 个 C 的赤霉素，然后在第 3 位发生羟基化。GA 结构中的活性基团位于第 3 位，而第 2 位发生羟基化就不可逆失去活性。非酶钝化主要指化合物被吸附到某部位或组织上不能移动发生作用，如除草剂百草枯在土壤中易吸附钝化。

(2) 降解　降解是指调节剂的分子结构破坏或部分基团解离，形成了一些分子较小的物质。化合物在植物体中的降解也可分为酶性降解和非酶性降解两种（如植物体内的吲哚乙酸氧化酶能够使吲哚乙酸氧化分解，酶氧化是 IAA 的主要降解过程）。

(3) 转化　转化指同类植物生长调节剂分子之间的结构发生改变，从而造成调节剂生物活性改变。例如，不同赤霉素种类之间可以相互转化。有些调节剂分子的化学结构未变化，但进行顺反异构、旋光异构等变化，生理活性也会发生改变。脱落酸、CTK 等可以发生顺、反异构变化，影响其活性。赤霉素有 135 个种类，根据其羟基化的不同，互相发生转化。

(4) 分泌和挥发　进入植物体的调节剂或代谢产物有两种途径运出植物：一是简单扩散；二是根系和叶片等器官的活跃分泌作用。分泌需要较高的温度和供氧，如 2,4-D 可从棉花根中分泌到周围的溶液中。调节剂还可在植物表面进行挥发，如各种生长素的酯。

二、生长素类的代谢

生长素的氧化分解主要包括酶解和光解两种方式。酶解途径可以通过氧化 IAA 吲哚环，形成羟吲哚-3-乙酸（oxindole-3-acetic acid，oxIAA）或 oxIAA 结合物，也可以通过 IAA 侧链的氧化脱羧反应实现（图 12-2）。在植物体外，过氧化物酶可以催化脱羧反应。目前已在植物体内检测到氧化反应的中间产物及终产物，包括脱羧反应途径的产物去羧基吲哚类物质以及羟吲哚类物质。非脱羧氧化途径的两条具体路径：一条是直接将 IAA 氧化成羟吲哚乙酸（oxIAA），oxIAA 可进一步与糖结合；另一条是羟 IAA 与氨基酸结合，主要有 IAA-天冬氨酸、IAA-谷氨酸、IAA-丙氨酸等。在植物体外，IAA 在光照下可以被非酶促氧化，产生光解反应，并被一些物质（如核黄素）所促进。

IAA 和其他物质的结合可使生长素钝化，改变其运输和代谢。不同植物及同种植物不同器官对生长素的敏感性有很大差异，可能与其形成结合态生长素的能力不同有关。

NAA 不易被 IAA 氧化酶降解，在植物体内保留时间相对较长，因而外用时有较强的生理活性。不同植物对 2,4-D 的代谢有很大的不同，即使是同种植物的不同品种、不同器官对 2,4-D 的敏感性也表现出很大的差别。例如，苹果品种橘苹能耐高浓度的 2,4-D，在浓度高达 1000mg/L 时不表现生长反应；相反，布雷姆利（Bramely）实生品种对 5mg/L 的 2,4-D 即表现出强烈的生长反应，500mg/L 可使其致死。这是因为橘苹中含有一种酶，可催化脱去 2,4-D 脂肪酸侧链的羧基，而 Bramely 中不存在这种酶的缘故。

三、赤霉素类的代谢

赤霉素（GA_3）合成与代谢途径对活性 GA_3 的影响，一方面通过改变 GA 合成反应（影响

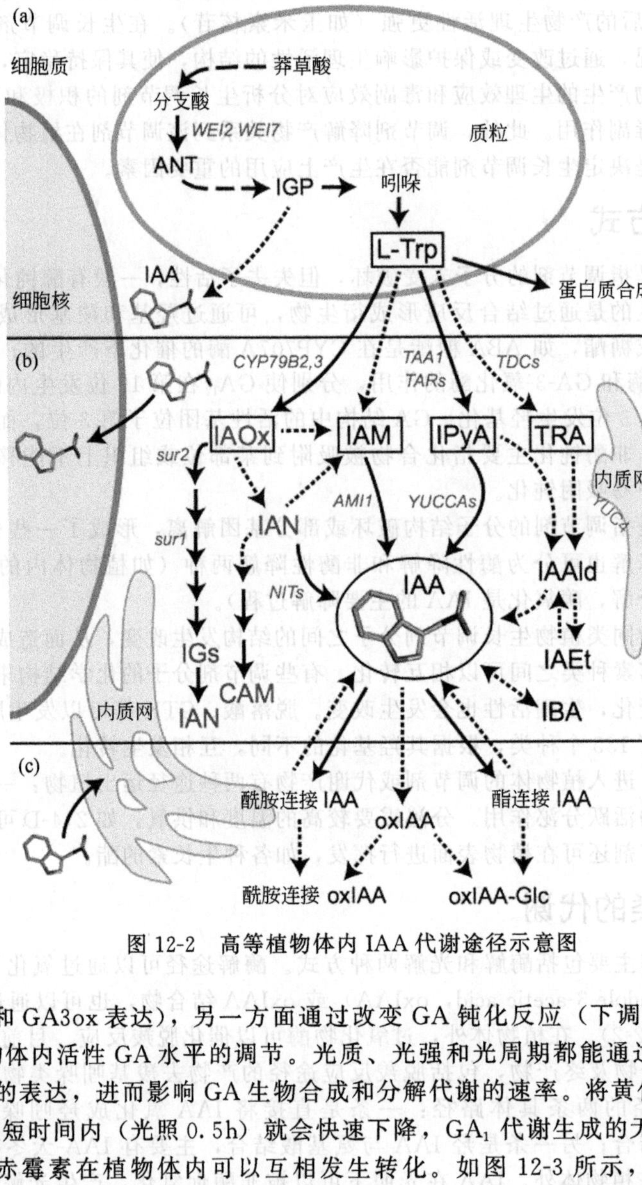

图 12-2　高等植物体内 IAA 代谢途径示意图

关键酶 GA20ox 和 GA3ox 表达），另一方面通过改变 GA 钝化反应（下调或上调 *GA2ox* 基因表达），来实现植物体内活性 GA 水平的调节。光质、光强和光周期都能通过影响 GA 合成与代谢途径中特定基因的表达，进而影响 GA 生物合成和分解代谢的速率。将黄化豌豆幼苗曝光后，茎尖 GA_1 含量在很短时间内（光照 0.5h）就会快速下降，GA_1 代谢生成的无活性产物 GA_8 含量则升高。不同种类赤霉素在植物体内可以互相发生转化。如图 12-3 所示，生理活性高的赤霉素（如 GA_4、GA_1、GA_3）可能转变为活性低的赤霉素（GA_{53}、GA_9 等）；因而植物某一器官或组织在同一发育时期含有数种赤霉素。另外，植物不同发育时期的赤霉素种类和数量也不同。外施赤霉素的活性在很大程度上取决于它进入植物体内是否能转化为生理活性赤霉素。

四、细胞分裂素代谢

细胞分裂素的氧化分解是调节细胞分裂素含量动态平衡的一种重要方式。这一反应受到细胞分裂素氧化酶（cytokinin oxidase/dehydrogehase，CKX）催化。CKX 在玉米中首先被发现。该酶能使细胞分裂素 N6 上不饱和侧链不可逆裂解，从而释放出游离腺嘌呤或游离腺嘌呤核苷，使细胞分裂素失去生物活性。细胞分裂素氧化酶可能对细胞分裂素起钝化作用，防止细胞分裂素积累过多，产生毒害。过量表达 *CKX* 基因的转基因植物种子明显增大，暗示细胞分裂素在提高农作物产量方面的潜在价值。水稻许多重要农艺性状都受数量遗传性状基因（quantitative trait loci，QTL）控制，其中一个主要 QTLGN1A 编码一个细胞分裂素氧化酶（OsCKX）。通过对低

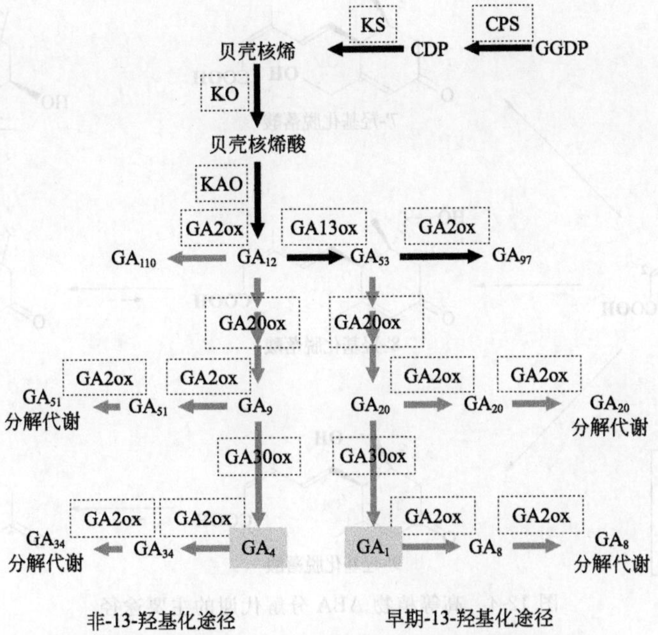

图 12-3　植物体内不同种类赤霉素互相转化示意图

CPS—珐琲基焦磷酸合酶；KS—贝壳松烯合酶；KD—贝壳松烯氧化酶；

GA2ox—GA_2 氧化酶；GA13ox—GA_{13} 氧化酶

产品种和高产品种的分析发现，高产品种中 *OsCKX*2 基因均携带不同的功能性缺失突变，促使体内细胞分裂素含量增加，特别是在分生组织与生殖器官中增加更为显著，因而导致小穗数和小穗中籽粒数显著增加。

五、脱落酸代谢

ABA 的钝化包括氧化降解和形成结合态两个途径。ABA 氧化失活主要有三个位点，即 ABA 的 7′、8′和 9′位甲基发生羟基化反应，分别生成 7′-羟基-ABA（7′-OH-ABA）、8′-羟基-ABA（8′-OH-ABA）、9′-羟基-ABA（9′-OH-ABA），继而引发进一步失活，其中 8′-甲基羟基化途径是高等植物 ABA 分解代谢的主要途径（图 12-4）。经 6-羟甲基脱落酸（HMABA）转化为红花菜豆酸（PA），再还原成二氢红花菜豆酸（DAP）；PA 是 8′-甲基羟基化途径的主要代谢产物，植物体内 98% ABA 的 8′-羟化产物以 PA 的形式存在。常见的结合态 ABA 有脱落酰葡糖酯（ABA-GE）和脱落酰葡糖苷（ABA-GS）。不同植物 ABA 的代谢途径可能不同，同种植物的不同发育阶段也可能不同。ABA-GE 是落叶松体细胞胚、苍耳、向日葵木质部汁液、蓖麻根和叶以及玉米根的主要代谢物，而玉米细胞悬浮培养物和白云杉中 ABA 大部分转变成 PA。有些植物还有（+）-7-OHABA、反式-ABA 和反式-1′,4′-二醇 ABA 等代谢物的少量积累。

六、乙烯代谢

调控乙烯代谢因素主要分为三类：外界环境因子的调控、乙烯自身信号途径的调控以及其他激素信号的调控。1-MCP（1-甲基环丙烯）作为一种的乙烯拮抗剂，通过与乙烯受体优先结合的方式，阻止内源乙烯和外源乙烯与乙烯受体的结合，抑制乙烯的生理作用。300nL/L 1-MCP 能显著抑制果实乙烯释放，延缓乙烯高峰的出现，延缓果实硬度和可滴定酸含量的下降，但对可溶性固形物含量无影响。冬枣贮藏期的酒软受呼吸代谢和乙烯代谢的双重调节，适宜的 1-MCP 处理可以延缓酒软的发生。

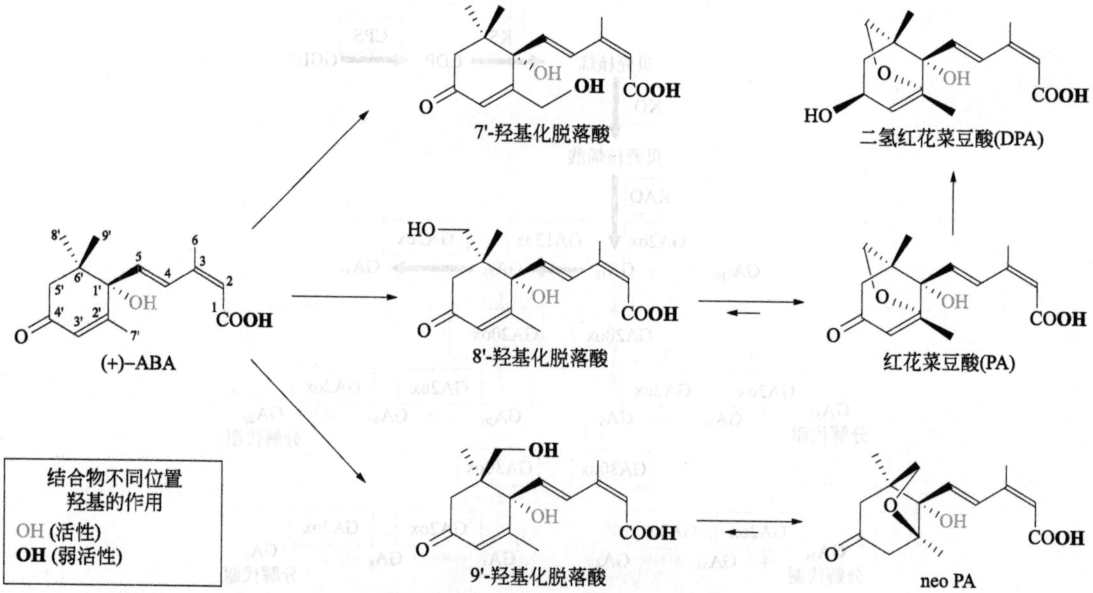

图 12-4　高等植物 ABA 分解代谢的主要途径

七、芸薹素甾体类代谢

植物体内活性芸薹素甾醇（BR）的水平受到代谢和修饰机制的调控。各种喂食实验表明，添加到植物体内的 BR 能够被迅速代谢，包括差向异构化、羟基化、去甲基化、侧链裂解、氧化、磺化、酰化和糖基化作用。BR 的代谢主要通过甾类骨架以及侧链的修饰来实现。超表达 BR 失活代谢的酶（如 CYP72B1）可以产生 BR 缺失的表型，如 *bsal-D* 突变体中过表达细胞色素 P450（CYP72B1）增加了 BR 26 位碳的羟基化，降低了 BR 的含量，并导致植物矮化。在植物生长调节剂应用过程中，需考虑保护其分子的有效活性基团（如赤霉素的 C-3 位、C-13 位的羟基，芸薹素内酯 BR_1 侧链 23、24 位的不饱和键），使其更为稳定，具有长时期的高活性。生长调节剂的降解产物还关系到其在植物体、土壤和环境中的残留动态和安全，是决定其能否在生产上应用的重要因素。

第三节　作用的分子机理

植物激素作为植物体内自身产生的一类微量信号物质，对植物的生长发育起重要的调节作用。植物激素的作用机理通常是指从植物感受到植物激素分子信号开始到引起相应生理反应的一系列信号转导过程。人工合成的植物生长调节剂为植物激素的结构类似物，其生理活性和作用机理与植物激素相似。

一、生长素类

目前发现 2 类生长素受体，分别是生长素结合蛋白 ABP1（auxin binding protein 1）和运输抑制蛋白 TIR1（transport inhibitor 1）。ABP1 主要通过与细胞表面的蛋白质之间的相互作用而产生与生长素相关的快速生理效应，即早期反应（early responses）；而 TIR1 则主要通过激活生长素响应基因的转录因子而发生不可逆生长等长效生理效应，即晚期效应（late responses）。

尽管生长素的发现已超过百年，对生长素受体的探索也经过了数十年的曲折历程，直到 2005 年才确认运输抑制剂响应蛋白 TIR1（transport inhibitor response protein 1）为生长素的受体，并于 2007 年解析了其晶体结构。这类蛋白定位于细胞质和细胞核中，属于 E3 泛素连接酶复合体的一个亚基，而泛素化降解是生物体内普遍存在的蛋白质降解方式，主要通过 E3 泛素连接酶将泛素链接到目标蛋白上，然后由26S蛋白酶对被泛素化的目标蛋白进行降解。

基于TIR1的生长素信号途径发生在细胞核中。首先TIR1识别IAA分子并与之结合以感受生长素信号，同时，由于IAA分子结构与生长素响应转录因子ARF的抑制蛋白Aux/IAA的DⅡ结构域也存在互补关系，IAA分子实际上起着“分子胶”作用，使TIR1受体蛋白和Aux/IAA抑制蛋白连接起来形成共受体（TIR1-IAA-Aux/IAA）。共受体形成后TIR1行使E3泛素连接酶的功能，使Aux/IAA抑制蛋白被泛素化并最终被26S蛋白酶降解，使Aux/IAA对ARF的抑制作用解除，而使下游的多种生长素响应基因得以表达。

二、细胞分裂素类

通过研究一些不需要细胞分裂素（CK）也能进行细胞分裂的突变体，先后在一些植物中发现了几种定位于质膜的细胞分裂素受体，它们分别是低等植物中发现的CRE1（cytokinin receptor 1）、HK1（histidine kinase 1），以及高等植物中发现的AHK2、AHK2和AHK4。这些受体蛋白均为组氨酸激酶，有H（histidine kinase domain）和D（receiver domain）两个结构域，在质膜上以二聚体的形式存在。当这些受体与细胞分裂素结合完成信号感受后，H结构域首先被磷酸化，然后磷酸基团经由D结构域被转移至细胞质中的组蛋白磷酸转移酶（histidinephosphotransferase，HPT）蛋白，HPT携带磷酸基团进入细胞核，通过激活两类细胞分裂素响应调节蛋白（Type A and Type B response regulator）分别激活细胞分裂素响应基因和光敏色素B介导的生理效应。

三、赤霉素类

通过研究一种对赤霉素（GA）不敏感的赤霉素信号相关矮化水稻突变体，发现赤霉素受体是GID1（gibberellin insensitive dwarf 1）蛋白。此外，通过对水稻*slr1*和拟南芥*gai*等突变体的研究证明一类N端前5个氨基酸为DELLA的含17个氨基酸基序的蛋白（DELLA蛋白）为赤霉素信号途径的抑制蛋白。GID1受体定位于细胞核中，可以与赤霉素特异结合完成信号感受而启动赤霉素信号途径。结合了赤霉素的GID1受体与赤霉素信号响应抑制蛋白DELLA结合形成GA-GID1-DELLA复合物，该复合物为泛素降解途径中的泛素连接酶SCF^{SLY1}复合体所识别并发生结合，使DELLA抑制蛋白发生泛素化降解而解除抑制作用，诱导赤霉素响应基因的表达而表现出赤霉素的生理效应。

四、脱落酸

关于脱落酸（BAB）受体的研究经过了漫长且曲折的过程，直到2009年才获得重要突破。借助于拟南芥脱落酸不敏感突变体*abi1*和ABA选择性激活剂pyrabactin，证实了定位于细胞核的脱落酸受体是PYR（pyrabactin resistance）及其类似蛋白PYL（pyrabactin resistance 1-like）的蛋白家族。此外，发现抑制ABA响应的抑制蛋白为ABI1（abscisic acid insensive 1）/PP2C（protein phosphatase 2C）蛋白，通过抑制ABA响应所必需的SnRK激酶（Snf1 related protein kinase）而起抑制作用。当ABA受体PYR/PYL结合ABA后，可与抑制蛋白ABI1/PP2C结合形成复合物，从而解除ABI1对SnRK激酶的抑制，产生下游的脱落酸生理效应。

五、乙烯

从一系列乙烯不敏感突变体中，已先后发现ETR1（ethylene resistant 1）、ETR2、ERS1（ethylene response sensor 1）、ERS2和EIN4（ethylene insensitive 4）等乙烯受体，其中，ETR1以二聚体的形式定位于内质网。在乙烯浓度较低时，乙烯反应的负调控因子CTR1（constitutive triple response 1）通常和正调控因子EIN2结合而使EIN2失活，在ETR1与乙烯结合后，ETR1二聚体发生变构，形成能与CTR1结合的结构域，于是ETR1结合CTR1，解除CTR1对EIN2的抑制。随后游离具活性的EIN2进入细胞核，与乙烯响应的转录因子EIN3或EIL1（ethylene insensitive like 1）互相作用，激发下游与乙烯响应相关的级联反应。包括其他一些乙烯响应转录因子，以及下游由这些转录因子控制的乙烯响应基因，从而表现出乙烯的生理效应。

六、芸薹素甾体类

基于BR不敏感突变体分离出BR受体BRI1（brassinosteroid insensitive 1），定位于质膜。在组织BR浓度较低时，BRI1通常与抑制蛋白BKI1（BRI1 kinase inhibitor 1）在一起，受体处于失活状态。进一步的研究发现，BRI1起BR受体作用时还需要BAK1（BRI1 associated receptor kinase 1）作为共受体参与。感受到高浓度BR信号后，BAK1与结合了BR的BRI1受体结合成二聚体共受体，使BKI1和BR信号途径激酶BSK1（BR-signaling kinase 1）磷酸化。抑制蛋白BKI1被磷酸化后脱离受体，抑制作用解除。BSK1被磷酸化后被活化，将下游的磷酸酶BSU1（BRI1 suppressor 1）活化，活化的BSU1将下游的负调控因子激酶BIN2（BR insensitive 2）去磷酸化，解除Bin2对BR效应转录因子BZR1/2（brassiazole resistant 1/2，也称BES1，BRI1 EMS suppressor 1）的磷酸化失活能力。被14-3-3蛋白固定在胞质中的BR效应转录因子去磷酸化，使之活化，BZR1/2进入核中，激活BR效应基因的转录，从而表现出BR的生理效应。

七、茉莉酸

基于茉莉素不敏感突变体于1998年分离出茉莉素受体COI1（coronatine insensitive 1），定位于细胞质和细胞核中，也属于E3泛素连接酶复合体的一个亚基，可特异性地感受JA-Ile信号。在低茉莉素浓度下，茉莉素信号途径抑制蛋白JAZ（jasmonate-zim domain）对茉莉酸信号转录因子MYC2起抑制作用。在高茉莉素浓度下，JA-Ile-COI1复合体发挥E3泛素连接酶的作用，与JAZ结合并将其泛素化，使JAZ经泛素化途径被26S蛋白酶降解，抑制作用得到解除，因而使下游的茉莉素响应基因得以表达。

八、独脚金内酯(SL)

其于2008年才被确认为植物激素，2012年分离出其抑制蛋白D53，2016年鉴定其受体蛋白D14，并发现D14与SL结合后将SL水解为活性固子CLIM，引起D53蛋白的泛素化降解，从而启动下游SL效应基团表达。

九、水杨酸(SA)

对水杨酸受体的探索也经历了相对曲折的过程。虽然1991年就分理出水杨酸结合蛋白（SA binding protein，SABP），但直到2012年才确认NPR3（non-expressor of PR genes 3）和NPR4为水杨酸受体。目前关于水杨酸信号途径下游事件尚未完全明确，已知有抑制因子NPR1的参与，也存在SA信号感受引发NPR1的泛素化降解，有转录因子WRKY的参与，甚至还存在不依赖于NPR1的信号途径。

第四节　应用新技术的研究与展望

植物生长调节剂在调控作物生长发育方面已经发挥了巨大的作用，为我国农业生产和发展作出了重要的贡献，已经成为实现农业生产中高产、优质、低耗的主要措施之一。在农业种植向规模化、产业化发展的今天，市场对农资产品的环保和高效应用的要求更为迫切。为了不断适应农业社会的发展，植物生长调节剂将沿着研制绿色环保新品种、发展多功能复合制剂和开发应用新技术的方向发展。

一、高效低毒生物源的研究开发

随着人们对农产品质量安全和环保意识的不断提高，农业生产中对无公害、生物源的植物生长调节剂的需求将越来越大。在开发新型植物生长调节剂的使用安全性方面，不仅要求对作物本身安全，还需要系统研究新产品的动物急性和慢性毒性试验，并测定相应残留量。生物源植物生长调节剂主要指生物体内或微生物发酵过程中所产生的生理活性物质，以这些生物资源作为原料提取的植物生长调节剂对于发展绿色食品、实现农业的可持续发展具有重要意义。近年来，生物源植物生长调节剂如海藻酸、腐植酸、甲壳素、氨基酸、核苷酸、酵素和水杨酸等在调控作物生长方面具有非常独特的作用，具有防病、促长、抗旱、抗逆和改善产品质量等多功能作用，并且具有环境友好、适用性广、使用安全等优点，随着现代农业生产技术的发展，其应用前景将更加广阔。下面以海藻酸、甲壳素、腐植酸为例进行介绍：

海藻酸是从褐藻类植物例如海带、马尾藻中提取出来的复合型多糖聚合物，含有大量的钾、钙、镁、锌、碘等40多种矿物质元素、非含氮有机物和丰富的维生素，特别含有海藻中所特有的海藻多糖、藻朊酸、高度不饱和脂肪酸和多种天然植物生长调节剂，具有高活性、多功能、易被植物吸收、良好的生物降解性及络合能力，能促进作物的光合作用，使植物从土壤中吸收更多的营养元素。其中，所含高活性物质可减少植株发病率，提高作物免疫力，增根壮苗，提质增产。张运红研究表明，海藻酸钠寡糖促进植物生长是由于其吸收进入植物质外体空间内与 Ca^{2+} 结合，形成糖-钙复合物，打破植物体内的钙稳态平衡，使［Ca^{2+}］cyt增加，从而激活与生长发育相关的酶类，促进叶绿体对光能的吸收和转化，加快碳氮代谢进程。海藻酸可使农作物提早成熟，在提高产量、改善品质以及水果保鲜和抵抗病虫害等方面均有明显效果。海藻肥在粮食、蔬菜、果树等作物上均有明显增产效果，增产率7.7%～11.1%，产投比14.3～45.3，每亩一次用量，以粮食和蔬菜60g、果树120g为宜。

甲壳素（chitin）也叫几丁质，化学名称为（1,4)-2-乙酰氨基-2-脱氧-β-D-葡聚糖。1811年法国人 Herri Brocounof 从菌类中首次提得。甲壳素大量存在虾、蟹等甲壳动物的外壳，蟑螂、蚕（蛹）等昆虫的表皮，以及蘑菇等菌类的细胞壁中，是自然界中产量最高的氨基多糖类，在地球上的储藏量仅次于纤维素。甲壳素及其衍生物具有天然、无毒、良好的生物相溶性、可降解性和独特的分子结构以及物理、化学、生物学性质，使它在医学、环保等许多领域有着广泛的应用。甲壳素及其衍生物在我国农业上的研究主要集中在抗病方面，目前研究最多的是壳聚糖和羧甲基壳聚糖。如低分子量的壳聚糖（分子量≤3000）可有效抑制梨褐斑病、苜蓿花叶病的发生；浓度0.05%可抑制尖镰菌的生长；25～30mg/L壳聚糖喷施黄瓜叶片，可增加黄瓜产量，提高抗病能力。

腐植酸（humic acid，HA）是在一定自然条件下，动植物残骸经生物降解和一系列复杂的化学过程而形成的一类有机芳香类弱酸复合物。腐植酸通过影响植物细胞膜的透性，加速土壤营养元素进入植物体内，并通过调节植物多种酶的活性（如过氧化氢酶、吲哚乙酸氧化酶等)，进而影响植物多方面的生理生化过程。有研究表明，腐植酸能有效地缩小植物叶片气孔张开度，减少水分蒸腾。同时，它能通过刺激植物根系生长发育以及提高根系活力，从而促进植物对水分和养分的吸收，提高植物的抗逆性。如以300mg/L浸种，可以使水稻幼苗呼吸作用加强，促进生根和生长；葡萄、甜菜、甘蔗、瓜果、番茄等以300～400mg/L浇灌，可不同程度提高含糖量或甜度；杨树等插条以300～500mg/L浸渍，可促进不定根生长；小麦在拔节后以400～500mg/L喷洒叶面，可提高抗旱能力，提高产量。

二、多功能复合制剂的研制应用

在植物生长发育过程中，任何生理过程都不是单一植物激素或植物生长调节剂在起作用。因此，开发高效和多功能的植物生长调节剂的混合制剂也是今后的发展方向之一。每一种植物生长调节剂都有它独特的有利作用，但同时也可能带来一定的副作用，为达到农业生产中某一特殊要求，往往需要将两种或两种以上的调节剂混合使用，取长补短，充分发挥各自的调节作用，起到相加或相乘的效应。

1. 植物生长调节剂复合剂型

复合制剂不等同于混用，它是将两种或两种以上的调节剂经加工制造而成为一种新的产品，需要单独进行农药产品登记。复合制剂需要满足以下条件：①两种以上调节剂经加工制造成为一个均匀体，可存放1年或2年以上；②用化学分析法或食品法可随时按某种方法测定其有效成分含量，为企业和国家有关部门的质量检测提供分析依据，并能编制出企业标准；③有特定的加工工艺、方法和加工设备，产品有冷、热贮存稳定性等测试数据，各组分年分解率小于7%，有相关的毒性及环境监测数据。

植物生长调节剂的复合制剂发展迅速，目前这一类复配剂已有较大应用市场，如：赤霉酸＋芸薹素内酯、赤霉酸＋吲哚乙酸、赤霉酸＋生长素＋细胞分裂素、乙烯利＋芸薹素内酯等，这类复合剂的出现，使各种作用的植物生长调节剂形成优势互补。

2. 与农药、肥料的复合剂型

植物生长调节剂与农药、肥料或微量元素及其他化合物混用，有利于提高综合利用率，减少使用环节，降低农业生产成本，兼具植物营养、治虫防病和生长调节功能。因此，植物生长调节剂与农药、肥料及微量元素等混用将是未来的发展趋势。

如异戊烯腺嘌呤＋井冈霉素、异戊烯腺嘌呤＋盐酸吗啉胍，使植物生长调节剂产品同时具有杀菌及调节植物生长发育的功效。

植物生长调节剂与肥料，尤其是水溶性肥料混合一般不会影响其活性，而且液体水溶性肥多为含氨基酸水溶肥料，侧重于补充植物生长所需的微量元素，是对施用基础肥料的补充，通过植物生长调节剂和水溶性肥料的综合作用，能更好地促进植物生长发育。如复合氨基酸中的—NH_2、—OH、—COOH和蛋白水解后的小肽类水溶性物质，都可刺激作物生长，具有一定的生理活性。复合氨基酸与微量元素肥料混用，特别是其中的—COOH与Cu、Fe、Zn、Mn等形成的螯合态微量元素，提高了微量元素进入植物细胞膜的亲和力和利用率。因此，氨基酸与微量元素螯合复配，在小剂量的情况下，可以显示明显的效果。

三、应用新技术的研究与开发

现代农业的发展已离不开信息技术的支持，人工智能技术可贯穿于农业生产的各个环节中，以其独特的技术优势提升农业生产技术水平，实现智能化的动态管理，减轻农业劳动强度，展示出巨大的应用潜力。在植物生长调节剂应用方面，应用农业专家系统可进行查询和计算机模拟、应用农业机器人或无人机可进行影像识别、质量监测、喷施等。

1. 农业专家系统

运用人工智能的专家系统技术，集成了地理信息系统、信息网络、智能计算、机器学习、知识发现、优化模拟等多方面高新技术，汇集农业领域知识、模型和专家经验等，采用适宜的知识表示技术和推理策略，运用多媒体技术并能以信息网络为载体，向农业生产管理提供咨询服务，指导科学种田，在一定程度上代替农业专家的作用。因此，利用信息化技术开发农业专家系统对于指导农民在农业生产过程中节水节肥、高产高效、定向生长调控，促使我国农业由传统粗放型向现代集约型信息农业的转变，对于提高作物产量、改善品质、提高农业管理的智能化决策水平、提高农业生产效益具有重要现实意义。如实用农作物生长调控专家系统，由知识库、推理机和诊断解释、决策模块组成。以Internet为运行基础，系统采用客户层、应用层和数据层三层体系结构。应用农作物生长调控专家系统可以指导农作物生产，也可以对农作物栽培管理中出现的问题，如病虫害、高温、低温、高湿生理病害等问题进行诊断，并提出解决问题的生产管理措施，也可以对生产进行决策，找到最优的栽培管理方案。

近年来，农业专家系统与其他技术、领域结合成为信息技术领域研究的趋势。如专家系统将与3S技术集成。随着计算机辅助决策技术3S（全球定位系统GPS、地理信息系统GIS和遥感系统Rs）等单项技术在农业领域的应用逐渐成熟，专家系统与3S技术的集成将成为当今专家系统的发展趋势。农业专家系统的网络化是推广农业科学技术、指导生产实践的有效手段之一。随着互联网的普及，基于浏览器/服务器（B/s）网络模式的农业专家系统必将成为其发展的趋势。随着Windows图形界面技术的成熟以及可视化编程语言的不断进步，多媒体技术的应用，将使得农业专家系统更加生动、直观，更易于用户操作和使用。

2. 农业机器人

农业机器人是一种集传感技术、监测技术、人工智能技术、通信技术、图像识别技术、精密及系统集成技术等多种前沿科学技术于一身的机器人。其在提高农业生产力，改变农业生产模式，解决劳动力不足，实现农业的规模化、多样化、精准化等方面显示出极大的优越性，可以改善农业生产环境，防止农药、化肥对人体造成危害，实现农业的工厂化生产。如日本开发的喷农药机器人外形很像一部小汽车，机器人上装有感应传感器、自动喷药控制装置及压力传感器等。

计算机视觉识别技术能用于检验农产品的外观品质，检验效率高，可替代传统人工视觉检验法，给消费者的健康提供保证。

农用无人机喷药技术，就是利用无人机搭载喷药装置，并通过控制系统和传感器进行操控，达到对作物进行定量的精准喷药。该技术为提高我国农业生产信息化，农业生产过程机械化提供良好的技术支撑和平台。无人机喷药适用范围广，喷药效果好，还能够完成人工作业所达不到的地域。无人机喷药技术将大幅度促进相关喷洒技术的研发，如将智能技术和计算机技术应用于无人机喷洒农药，让喷药装置具有“识别”能力从而自动决定是否喷雾，做到“对靶喷雾”，提高作业精度。

植物生长调节剂在调节生长、提高作物产量、改善品质、增强抗逆性等方面起到了很积极的作用，在我国农业生产中占有重要地位。随着国家政策的调整和国际农药市场的变化，我国植物生长调节剂将快速发展。

参 考 文 献

[1] 段留生，田晓莉．作物化学控制原理与技术．第二版．北京：中国农业出版社，2011.

[2] 潘瑞炽，李玲．植物生长调节剂：原理与应用．广州：广东高等教育出版社，2007.

[3] 张宗俭，邵振润，束放．植物生长调节剂科学使用指南．北京：化学工业出版社，2015.

[4] 许智宏，薛红卫．植物激素作用的分子机理．上海：上海科学技术出版社，2012.

[5] 李玲，肖浪涛．植物生长调节剂应用手册．北京：化学工业出版社，2013.

[6] 王斌，袁洪印．无人机喷药技术发展现状与趋势．农业与技术，2016，36（7）：59-62.

[7] 黄文晓，翁飞，查满荣，等．水稻突变体 D12W191 多分蘖表型产生与细胞分裂素的关系．南京农业大学学报，2016（39）：711-721.

[8] 孔静，王伯初，王益川，等．拟南芥根中生长素极性运输的研究进展．生命科学研究．2013，17（5）：452-457.

[9] 牛亚利，赵芊，张肖晗，等．赤霉素信号在非生物胁迫中的作用及其调控机制研究进展．生物技术通报，2015，31（10）：31-37.

[10] 裴海荣，李伟，张蕾，等．植物生长调节剂的研究与应用．山东农业科学，2015（7）：142-146.

[11] 陶龙兴，王熹，黄效林，等．植物生长调节剂在农业中的应用及发展趋势．浙江农业学报，2001（5）：322-326.

[12] 张月琴，陈耀锋，王晶晶，等．植物生长调节剂对小麦幼胚茎尖丛生芽诱导的影响．核农学报，2015（9）：1641-1648.

[13] 赵黎明，李明，冯乃杰，等．植物生长调节剂对寒地水稻产量和品质的影响．中国农学通报，2015，31（3）：43-48.

[14] 周芸伊，张静，王亚伦，等．赤霉素调控植物块茎形态建成的研究进展，2016（4）：20-25.

[15] 祝军，柴璐，侯柄竹，等．果实中脱落酸的研究进展与展望．园艺学报，2015，42（9）：1664-1672.

[16] 张运红．高活性寡糖筛选及其促进植物生长的生理机制研究：[博士学位论文]．武汉：华中农业大学，2011.

[17] Ali G，Daryush T，Hawa Z E J，et al. Plant-growth regulators alter phytochemical constituents and pharmaceutical quality in Sweet potato（Ipomoea batatas L.）. BMC Complementary and Alternative Medicine，2016，(16)：152.

[18] Alice T，Vanina Z，Alfredo S N，et al. On the role of ethylene，auxin and a GOLVEN-like peptide hormone in the regulation of peach ripening. BMC Plant Biology，2016，16：44.

[19] Chaiwanon J，Wang W，Zhu J Y，et al. Information Integration and Communication in Plant Growth Regulation. Cell，2016，(164)：1257-1268.

[20] Ebe M，Pirko J，Hannes K，et al. The Role of ABA Recycling and Transporter Proteins in Rapid Stomatal Responses to Reduced Air Humidity，Elevated CO2，and Exogenous ABA. Molecular Plant，2016，(8)：657-659.

[21] Hartung W，Sauter A，Hose E. Abscisic acid in the xylem：Where does it come from，where does it go to? Journal of

Experimental Botany，2002，(53)：27-32.

[22] Karin L. Auxin metabolism and homeostasis during plant development. Development，2013，(140)：943-950.

[23] Lisa G，Omar R S，Domenico M，et al. Gibberellin metabolism in *Vitisvinifera* L. during bloom and fruit-set：functional characterization and evolution of grapevine gibberellin oxidases. Journal of Experimental Botany，2013，(14)：4403-4419.

[24] Mohd A，Iqbal R，Naser A，et al. Minimising toxicity of cadmium in plants-role of plant growth regulators. Protoplasma，2015，(252)：399-413.

[25] Nandhitha G K.，Sivakumar R.，Vishnuveni M. Impact of seed treatment with plant growth regulators and nutrients on alleviation of salinity stress in tomato under in vitro conditions. Applied Biological Research，2016，(18)：203-207.

[26] Shivani S，Isha S，Pratap K P. Versatile roles of brassinosteroid in plants in the context of its homoeostasis，signaling and crosstalks. Frontiers in Plant Science，2016，6：950.

[27] Spence C，Bais H. Role of plant growth regulators as chemical signals in plant-microbe interactions：a double edged sword. Current Opinion in Plant Biology，2015，(27) 52-58.

[28] Wang G L，Que F，Xu Z S，et al. Exogenous gibberellin altered morphology，anatomic and transcriptional regulatory networks of hormones in carrot root and Shoot. BMC Plant Biology，2015，15：290.

[29] Wilhelm R. Plant Growth Regulators：Backgrounds and Uses in Plant Production. J Plant Growth Regul，2015，34：845-872.

[30] Yang C，Jiao D Y，Cai Z Q，et al. Vegetative and Reproductive Growth and Yield of Plukenetiavolubilis Plants in Responses to Foliar Application of Plant Growth Regulators. HortScience，2016，(51)：1020-1025.

索　引

一、植物生长调节剂品种中文索引

二、植物生长调节剂品种英文索引

化工版农药、植保类科技图书

分类	书号	书名	定价
农药手册性工具图书	122-22028	农药手册（原著第16版）	480.0
	122-27929	农药商品信息手册	360.0
	122-22115	新编农药品种手册	288.0
	122-22393	FAO/WHO农药产品标准手册	180.0
	122-18051	植物生长调节剂应用手册	128.0
	122-15528	农药品种手册精编	128.0
	122-13248	世界农药大全——杀虫剂卷	380.0
	122-11319	世界农药大全——植物生长调节剂卷	80.0
	122-11396	抗菌防霉技术手册	80.0
	122-00818	中国农药大辞典	198.0
农药分析与合成专业图书	122-15415	农药分析手册	298.0
	122-11206	现代农药合成技术	268.0
	122-21298	农药合成与分析技术	168.0
	122-16780	农药化学合成基础（第2版）	58.0
	122-21908	农药残留风险评估与毒理学应用基础	78.0
	122-09825	农药质量与残留实用检测技术	48.0
	122-17305	新农药创制与合成	128.0
	122-10705	农药残留分析原理与方法	88.0
农药剂型加工专业图书	122-15164	现代农药剂型加工技术	380.0
	122-23912	农药干悬浮剂	98.0
	122-20103	农药制剂加工实验（第2版）	48.0
	122-22433	农药新剂型加工与应用	88.0
	122-23913	农药制剂加工技术	49.0
农药专利、贸易与管理专业图书	122-18414	世界重要农药品种与专利分析	198.0
	122-29426	农药商贸英语	80.0
	122-24028	农资经营实用手册	98.0
	122-26958	农药生物活性测试标准操作规范——杀菌剂卷	60.0
	122-26957	农药生物活性测试标准操作规范——除草剂卷	60.0
	122-26959	农药生物活性测试标准操作规范——杀虫剂卷	60.0
	122-20582	农药国际贸易与质量管理	80.0
	122-19029	国际农药管理与应用丛书——哥伦比亚农药手册	60.0
	122-21445	专利过期重要农药品种手册（2012-2016）	128.0
	122-21715	吡啶类化合物及其应用	80.0
	122-09494	农药出口登记实用指南	80.0

续表

分类	书号	书名	定价
农药研发、进展与专著	122-16497	现代农药化学	198.0
	122-26220	农药立体化学	88.0
	122-19573	药用植物九里香研究与利用	68.0
	122-21381	环境友好型烃基膦酸酯类除草剂	280.0
	122-09867	植物杀虫剂苦皮藤素研究与应用	80.0
	122-10467	新杂环农药——除草剂	99.0
	122-03824	新杂环农药——杀菌剂	88.0
	122-06802	新杂环农药——杀虫剂	98.0
	122-09521	螨类控制剂	68.0
	122-18588	世界农药新进展（三）	118.0
	122-08195	世界农药新进展（二）	68.0
	122-04413	农药专业英语	32.0
	122-05509	农药学实验技术与指导	39.0
农药使用类实用图书	122-10134	农药问答（第5版）	68.0
	122-25396	生物农药使用与营销	49.0
	122-29263	农药问答精编（第二版）	60.0
	122-29650	农药知识读本	36.0
	122-29720	50种常见农药使用手册	28.0
	122-28073	生物农药科学使用指南	50.0
	122-26988	新编简明农药使用手册	60.0
	122-26312	绿色蔬菜科学使用农药指南	39.0
	122-24041	植物生长调节剂科学使用指南（第3版）	48.0
	122-28037	生物农药科学使指南（第3版）	50.0
	122-25700	果树病虫草害管控优质农药158种	28.0
	122-24281	有机蔬菜科学用药与施肥技术	28.0
	122-17119	农药科学使用技术	19.8
	122-17227	简明农药问答	39.0
	122-19531	现代农药应用技术丛书——除草剂卷	29.0
	122-18779	现代农药应用技术丛书——植物生长调节剂与杀鼠剂卷	28.0
	122-18891	现代农药应用技术丛书——杀菌剂卷	29.0
	122-19071	现代农药应用技术丛书——杀虫剂卷	28.0
	122-11678	农药施用技术指南（第2版）	75.0
	122-21262	农民安全科学使用农药必读（第3版）	18.0
	122-11849	新农药科学使用问答	19.0
	122-21548	蔬菜常用农药100种	28.0
	122-19639	除草剂安全使用与药害鉴定技术	38.0
	122-15797	稻田杂草原色图谱与全程防除技术	36.0

续表

分类	书号	书名	定价
农药使用类实用图书	122-14661	南方果园农药应用技术	29.0
	122-13875	冬季瓜菜安全用药技术	23.0
	122-13695	城市绿化病虫害防治	35.0
	122-09034	常用植物生长调节剂应用指南（第2版）	24.0
	122-08873	植物生长调节剂在农作物上的应用（第2版）	29.0
	122-08589	植物生长调节剂在蔬菜上的应用（第2版）	26.0
	122-08496	植物生长调节剂在观赏植物上的应用（第2版）	29.0
	122-08280	植物生长调节剂在植物组织培养中的应用（第2版）	29.0
	122-12403	植物生长调节剂在果树上的应用（第2版）	29.0
	122-27745	植物生长调节剂在果树上的应用（第3版）	48.0
	122-09568	生物农药及其使用技术	29.0
	122-08497	热带果树常见病虫害防治	24.0
	122-27882	果园新农药手册	26.0
	122-07898	无公害果园农药使用指南	19.0
	122-07615	卫生害虫防治技术	28.0
	122-27411	菜园新农药手册	22.8
	122-09671	堤坝白蚁防治技术	28.0
	122-18387	杂草化学防除实用技术（第2版）	38.0
	122-05506	农药施用技术问答	19.0
	122-04812	生物农药问答	28.0
	122-03474	城乡白蚁防治实用技术	42.0
	122-03200	无公害农药手册	32.0
	122-01987	新编植物医生手册	128.0

彩图 7-1　黄瓜（华北型）

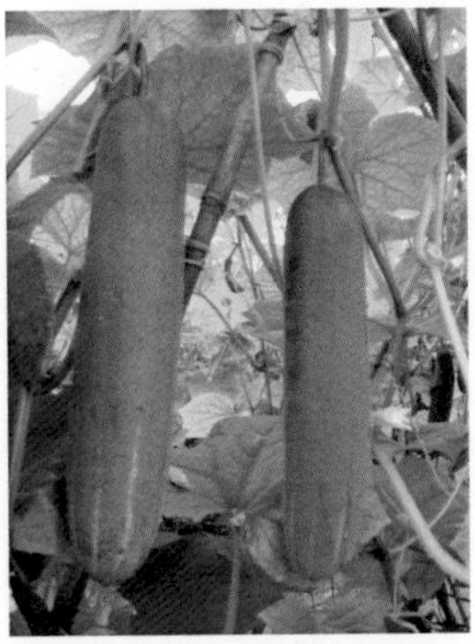

彩图 7-2　黄瓜（华南型）

彩图 7-3　中国南瓜

彩图 7-4　印度南瓜

彩图 7-5　西瓜

彩图 7-6　厚皮甜瓜

彩图 7-7　薄皮甜瓜

彩图 7-8　广东黑皮冬瓜

彩图 7-9　小型冬瓜

彩图 7-10　香芋冬瓜

彩图 7-11　节瓜

彩图 7-12　普通丝瓜

彩图 7-13　有棱丝瓜

彩图 7-14　苦瓜（油瓜类型）

彩图 7-15　珍珠苦瓜

彩图 7-16　瓠瓜

彩图 7-17　番茄

彩图 7-18　樱桃番茄

彩图 7-19　牛角椒

彩图 7-20　灯笼椒

彩图 7-21　紫长茄

彩图 7-22　青茄

彩图 7-23　结球甘蓝

彩图 7-24　花椰菜

彩图 7-25　西蓝花

彩图 7-26　芥蓝

彩图 7-27　小白菜

彩图 7-28　菠菜

彩图 7-29　芹菜

彩图 7-30　豇豆

彩图 7-31　菜豆

彩图 7-32　豌豆

彩图 7-33　平菇

彩图 9-1　矮牵牛

彩图 9-2　彩叶草

彩图 9-3　翠菊

彩图 9-4　三色堇

彩图 9-5　香石竹

彩图 9-6　羽衣甘蓝

彩图 9-7　非洲菊

彩图 9-8　观赏凤梨

彩图 9-9　红掌

彩图 9-10　菊花

彩图 9-11　百合

彩图 9-12　大丽花

彩图 9-13　地涌金莲

彩图 9-14　风信子

彩图 9-15　唐菖蒲

彩图 9-16　仙客来

彩图 9-17　郁金香

彩图 9-18　朱顶红

彩图 9-19　仙人球

彩图 9-20　蟹爪兰

彩图 9-21　大花蕙兰

彩图 9-22　蝴蝶兰

彩图 9-23　常春藤

彩图 9-24　杜鹃花

彩图 9-25　富贵竹

彩图 9-26　红千层

彩图 9-27　金边瑞香

彩图 9-28　蜡梅

彩图 9-29　蓝雪花

彩图 9-30　牡丹

彩图 9-31　山茶花

彩图 9-32　苏铁

彩图 9-33　绣球花

彩图 9-34　叶子花

彩图 9-35　月季

彩图 11-1　南方红豆杉

彩图 11-2　降香

彩图 11-3　檀香

彩图 11-4　半夏幼苗

彩图 11-5　川白芷

彩图 11-6　山药

彩图 11-7　紫花丹参

彩图 11-8　紫苏

彩图 11-9　人参